C. G. J. JACOBI

CANON ARITHMETICUS

MATHEMATISCHE LEHRBÜCHER UND MONOGRAPHIEN

HERAUSGEGEBEN VON DER
DEUTSCHEN AKADEMIE DER WISSENSCHAFTEN ZU BERLIN
FORSCHUNGSINSTITUT FÜR MATHEMATIK

II. ABTEILUNG
MATHEMATISCHE MONOGRAPHIEN

BAND II

CANON ARITHMETICUS

VON

C. G. J. JACOBI

1956

AKADEMIE-VERLAG · BERLIN

CANON ARITHMETICUS

VON

C. G. J. JACOBI

NACH BERECHNUNGEN VON

WILHELM PATZ

IN VERBESSERTER UND ERWEITERTER FORM
NEU HERAUSGEGEBEN VON

HEINRICH BRANDT
O. PROFESSOR AN DER UNIVERSITÄT HALLE
† 9. 10. 1954

1956

AKADEMIE-VERLAG · BERLIN

Erschienen im Akademie-Verlag GmbH, Berlin W 8, Mohrenstraße 39
Lizenz-Nr. 202 · 100/329/56

Gesamtherstellung: Druckerei „Thomas Müntzer" Langensalza
Bestell- und Verlagsnummer: 5086 · Printed in Germany

I. Einleitung

Der im Jahre 1839 erschienene Canon arithmeticus ist seit langem vergriffen. Er brachte Index- und Numerustafeln für die ungeraden Primzahlen und Primzahlpotenzen sowie die Potenzen von 2 als Moduln, so weit sie unter 1000 liegen. Leider wurde der Wert dieses verdienstlichen Werkes dadurch sehr vermindert, daß man bei der Drucklegung, vielleicht auch schon bei der Herstellung des Manuskriptes nicht mit der erforderlichen Sorgfalt gearbeitet hatte, weshalb in dem Werk eine sehr große Zahl von Fehlern festzustellen ist. Der Canon selbst bringt am Schluß 5 Seiten Berichtigungen, weitere sind im Laufe der Zeit von verschiedenen Seiten mitgeteilt worden. Ganz abgesehen davon, ob alle Fehler ermittelt sind, bleibt es sehr mühsam, in einem Tabellenwerk festgestellte Fehler zu berichtigen. Deshalb dürften die Verbesserungen auch nur in den seltensten Fällen eingetragen worden sein. Dazu kommt noch, daß die Korrekturen teilweise in schwer oder heute gar nicht zugänglichen Zeitschriften erschienen sind.

Nun sind aber Fehler in einem Tabellenwerk von der Art des Canon arithmeticus sehr viel hinderlicher als in einer Logarithmentafel oder überhaupt einer Tafel irgend einer stetigen Funktion. In einer solchen Tabelle würden größere Fehler eben wegen des stetigen Fortschreitens sofort bemerkt werden, kleinere in den Endziffern das Resultat aber nur ungenau, im allgemeinen aber nicht unbrauchbar machen. Anders ist es bei Index- und Numerustafeln. Hier gibt es keine kleinen Fehler. Wird aus der Tafel in einer sonst richtigen Rechnung ein falscher Wert entnommen, so wird das Resultat vollständig unbrauchbar.

Unter diesen Umständen dürfte eine fehlerfreie Neuausgabe des Canon arithmeticus von den Mathematikern der ganzen Welt, so weit sie an zahlentheoretischen Rechnungen interessiert sind, freudig begrüßt werden.

Die Berechnungen sind von Herrn Wilhelm Patz, der durch seine (jetzt neu in erweiterter Form erschienen) Kettenbruchtabellen bekannt geworden ist, ausgeführt worden. Es handelt sich nicht um eine einfache Berichtigung der Jacobischen Tafeln, sondern um eine vollständige Neuberechnung, die zugleich die früheren Tafeln in zweifacher Hinsicht erweitert.

Dabei werden für die primitiven Wurzeln g immer die kleinsten positiven Werte zugrunde gelegt. Zwar ist es richtig, daß für gewöhnlich die Auswahl von g gleichgültig ist. Von dieser Erwägung ausgehend, hatte man bei der Herstellung der Jacobischen Tafel willkürlich einen Wert gewählt, welcher gerade für die Berechnung bequem schien. Die ziemlich künstlichen Auswahlprinzipien sind in der Einleitung auseinander gesetzt. Die kleinsten positiven primitiven Wurzeln sind nur bei den Primzahlen $p=5$,

7, 11, 41, 73, 101, 313, 337, 449, 641, 757, 859 benutzt, in einigen weiteren Fällen sind kleine negative primitive Wurzeln gewählt worden. Im übrigen hat man sich von dem Grundsatz leiten lassen, g so zu bestimmen, daß der Index von 10 oder wenn das noch möglich war, der Index von —10 möglichst klein wird. Dadurch ist aber gar nicht der bequemste Weg für die Berechnung gefunden worden. So hat man für p = 907 den erstaunlich unbequemen Wert g = 539 genommen, nur weil die dritte Potenz —10 gibt, während doch die einfachste und bequemste Wahl g = 2 möglich gewesen wäre. Es kann gar kein Zweifel darüber bestehen, daß für die praktische Berechnung die kleinstmöglichen positiven Werte von g weitaus die besten sind. Jedenfalls findet man bei der Durchmusterung der von Jacobi gewählten Werte nicht einen einzigen, der bequemer wäre. Diese Auswahl befriedigt auch theoretisch am meisten. Da es tiefer liegende Probleme in der Zahlentheorie gibt, bei denen die natürlichen Reste, d. h. die kleinsten positiven eine ausgezeichnete Rolle spielen, so ist es auch durchaus denkbar, daß die kleinsten positiven primitiven Wurzeln eines Tages bei neuen Problemen hervortreten.

Die Tabellen erfassen alle Moduln unter 1000, für die es primitive Wurzeln gibt, außerdem wie die Jacobischen Tafeln auch die Potenzen von 2. Es werden also nicht nur die ungeraden Primzahlen und Primzahlpotenzen, sondern auch diese Zahlen doppelt genommen berücksichtigt. Zwar können einzelne Aufgaben für den Modul $P = 2\,P_0$, wo P_0 ungerade Primzahl oder Primzahlpotenz ist, leicht mit Hilfe der Tabellen für den Modul P_0 gelöst werden. Indessen sollte ein Werk wie das vorliegende Vollständigkeit anstreben. Deshalb schien es zweckmäßig, auch die Moduln $2\,P_0$ aufzunehmen. Auch ist es möglich, daß man den Index einer und derselben Zahl für verschiedene Moduln feststellen will. Dann soll die Tabelle den Index angeben, ohne daß Zwischenrechnungen erforderlich sind.

Die zweite Erweiterung gegenüber den Jacobischen Tafeln besteht darin, daß für die ungeraden Primzahlen als Moduln Tabellen aufgenommen sind, welche den Additions- und Subtraktionslogarithmen entsprechen. Einzelne solcher Tabellen hatte ich mir selbst schon im Jahre 1917 gelegentlich der Korrektur des Bandes I 6 der neuen Eulerausgabe berechnet und habe mehrfach nützlichen Gebrauch davon gemacht, zuerst bei der Richtigstellung der Vorzeichen in den beiden Beispielen auf Seite 195 und 196, welche in zunächst hoffnungslos scheinende Verwirrung geraten waren. Indem ich die Beispiele nach den Moduln 101 und 113 durchrechnete, gelang es in kurzer Zeit, die Vorzeichen richtig zu stellen. Hinterher war es dann leicht, sie auch durch algebraische Rechnung zu bestätigen.

Die Vorteile dieser Tabellen sind zunächst bei längeren zusammengesetzten Rechnungen dieselben wie die der Additions- und Subtraktionslogarithmen beim gewöhnlichen logarithmischen Rechnen, die Rechnung wird abgekürzt, was zwar bei einer einzelnen Aufgabe noch kaum ins Gewicht fällt, wohl aber, wenn mehrere gleichartige Probleme nebeneinander zu lösen sind. Darüber hinaus geben die neuen Tabellen die Möglichkeit, Aufgaben zu behandeln, welche ohne dies Hilfsmittel nicht anders als durch Probieren lösbar sind. In den weiter unten folgenden Anweisungen zum Gebrauch der Tafeln werden Beispiele dafür mitgeteilt.

Die ausgewählten kleinsten primitiven Wurzeln g sind für ungerade Primzahlen p und zusammengesetzte Zahlen P aus den folgenden Aufstellungen ersichtlich, für die Potenzen von 2 wurde g = 3 zugrunde gelegt.

Aufstellung der benutzten primitiven Wurzeln für die 167 ungeraden Primzahlen unter 1000.

p	g	p	g	p	g	p	g	p	g	p	g	p	g	p	g	p	g
3	2	79	3	181	2	293	2	421	2	557	2	673	5	821	2	953	3
5	2	83	2	191	19	307	5	431	7	563	2	677	2	823	3	967	5
7	3	89	3	193	5	311	17	433	5	569	3	683	5	827	2	971	6
11	2	97	5	197	2	313	10	439	15	571	3	691	3	829	2	977	3
13	2	101	2	199	3	317	2	443	2	577	5	701	2	839	11	983	5
17	3	103	5	211	2	331	3	449	3	587	2	709	2	853	2	991	6
19	2	107	2	223	3	337	10	457	13	593	3	719	11	857	3	997	7
23	5	109	6	227	2	347	2	461	2	599	7	727	5	859	2		
29	2	113	3	229	6	349	2	463	3	601	7	733	6	863	5		
31	3	127	3	233	3	353	3	467	2	607	3	739	3	877	2		
37	2	131	2	239	7	359	7	479	13	613	2	743	5	881	3		
41	6	137	3	241	7	367	6	487	3	617	3	751	3	883	2		
43	3	139	2	251	6	373	2	491	2	619	2	757	2	887	5		
47	5	149	2	257	3	379	2	499	7	631	3	761	6	907	2		
53	2	151	6	263	5	383	5	503	5	641	3	769	11	911	17		
59	2	157	5	269	2	389	2	509	2	643	11	773	2	919	7		
61	2	163	2	271	6	397	5	521	3	647	5	787	2	929	3		
67	2	167	5	277	5	401	3	523	2	653	2	797	2	937	5		
71	7	173	2	281	3	409	21	541	2	659	2	809	3	941	2		
73	5	179	2	283	3	419	2	547	2	661	2	811	3	947	2		

Aufstellung der benutzten primitiven Wurzeln für die 123 zusammengesetzten Zahlen P unter 1000, welche primitive Wurzeln besitzen.

P	g	P	g	P	g	P	g	P	g	P	g	P	g	P	g	P	g
6	5	54	5	134	7	242	7	343	3	478	7	614	5	734	11	886	5
9	2	58	3	142	7	243	2	346	7	482	7	622	17	746	5	898	3
10	3	62	3	146	5	250	3	358	7	486	5	625	2	758	3	914	13
14	3	74	5	158	3	254	3	361	2	502	11	626	15	766	5	922	3
18	5	81	2	162	5	262	17	362	21	514	3	634	3	778	3	926	3
22	7	82	7	166	5	274	3	382	19	526	5	662	3	794	5	934	5
25	2	86	3	169	2	278	3	386	5	529	5	674	15	802	3	958	13
26	7	94	5	178	3	289	3	394	3	538	3	686	3	818	21	961	3
27	2	98	3	194	5	298	3	398	3	542	15	694	5	838	11	974	3
34	3	106	3	202	3	302	7	422	3	554	5	698	7	841	2	982	7
38	3	118	11	206	5	314	5	446	3	562	3	706	3	842	23	998	7
46	5	121	2	214	5	326	3	454	5	566	3	718	7	862	7		
49	3	122	7	218	11	334	5	458	7	578	3	722	3	866	5		
50	3	125	2	226	3	338	7	466	3	586	3	729	2	878	15		

noch 8 Potenzen von 2

II. Berechnung der Tabellen

Die Berechnung der Tabellen ist auf folgende Weise erfolgt. Es sei P eine einfach oder doppelt genommene ungerade Primzahlpotenz und $\varphi = \varphi$ (P) bezeichne die Anzahl der Restklassen, welche nur zum Modul teilerfremde Zahlen enthalten. Ist dann g eine primitive Wurzel für P, so sind die Potenzen g^{ξ}, wobei ξ von 1 bis φ läuft, modulo P alle verschieden und geben daher alle zum Modul teilerfremden Restklassen. Um nun die Numerustafel N der kleinsten positiven Reste $x_{\xi} \equiv \text{num}\,\xi \equiv g^{\xi}$, (P) herzustellen, ist erst eine Hilfstabelle, die nicht mit veröffentlicht wird, berechnet worden, welche die

Vielfachen von g, auf kleinste positive Reste modulo P reduziert, angibt. Aus dieser Hilfstabelle M erhält man die Tafel N durch einfaches Ablesen. Es ist nämlich modulo P $x_1 \equiv g$, $x_2 \equiv x_1 g$, $x_3 \equiv x_2 g \ldots$ überhaupt $x_h \equiv x_{h-1} g$ bis zum Schlußwert $x_\varphi \equiv x_{\varphi-1} g \equiv 1$. So ergibt sich für $P = p = 61$ und $g = 2$ die Multiplikationstafel

M

	0	1	2	3	4	5	6	7	8	9
0		2	4	6	8	10	12	14	16	18
1	20	22	24	26	28	30	32	34	36	38
2	40	42	44	46	48	50	52	54	56	58
3	60	1	3	5	7	9	11	13	15	17
4	19	21	23	25	27	29	31	33	35	37
5	39	41	43	45	47	49	51	53	55	57
6	59									

Hieraus erhält man die Werte $x_1 \equiv 2$, $x_2 \equiv 2 \cdot 2 \equiv 4$, $x_3 \equiv 4 \cdot 2 \equiv 8$ usw., also überhaupt die Numerustafel N, welche für $\xi = 1, 2, \ldots 60$ die Zahlen $x_\xi \equiv 2^\xi$, (61) abzulesen gestattet:

N

	0	1	2	3	4	5	6	7	8	9
0		2	4	8	16	32	3	6	12	24
1	48	35	9	18	36	11	22	44	27	54
2	47	33	5	10	20	40	19	38	15	30
3	60	59	57	53	45	29	58	55	49	37
4	13	26	52	43	25	50	39	17	34	7
5	14	28	56	51	41	21	42	23	46	31
6	1									

Diese Art der Berechnung hat den Vorteil, daß alle Werte miteinander gekoppelt sind, so daß ein Fehler bei der Berechnung nicht unbemerkt bleiben kann. Die Methode ist der direkten Berechnung der Potenzen von g vorzuziehen. Hier wird jeder Rechner sich verleiten lassen, die rechnerischen Vorteile, welche eine einzelne Potenz möglicherweise bietet, auszunutzen. Dadurch ginge aber die enge Verknüpfung der berechneten Werte verloren, so daß die Möglichkeit besteht, daß einzelne Fehler unbeachtet bleiben können.

I

	0	1	2	3	4	5	6	7	8	9
0		60	1	6	2	22	7	49	3	12
1	23	15	8	40	50	28	4	47	13	26
2	24	55	16	57	9	44	41	18	51	35
3	29	59	5	21	48	11	14	39	27	46
4	25	54	56	43	17	34	58	20	10	38
5	45	53	42	33	19	37	52	32	36	31
6	30									

Aus der Tafel N ergibt sich durch Umkehrung die Indextafel I. Während bei N der Wert $x \equiv \text{num}\,\xi$

mod P an der Stelle ξ steht, wird I dadurch hergestellt, das der Wert $\xi \equiv \text{ind}\,x$

mod φ an der Stelle x eingetragen wird. So entsteht für den Modul 61 die vorstehende Tafel.

In entsprechender Weise sind die Numerus- und Indextafeln N und I für alle Moduln P und auch für die Potenzen von 2 unter Zugrundelegung der Basis $g = 3$ berechnet worden.

Für die ungeraden Primzahlmoduln $P = p$ sind indessen noch die weiteren Tafeln I′ und I″ beigefügt worden. Sie finden sich jeweils auf der rechten Seite, während die Tafeln N und I links stehen. Die Tabelle I′ liefert für das Argument ind x den Wert von ind $(x + 1)$, die Tabelle I″ für das Argument ind x den Wert von ind $(x - 1)$. Jede dieser Tabellen ist also die Umkehrung der anderen. Wenn $x \equiv p - 1$, also ind $x \equiv \frac{p-1}{2}$, ist an Stelle des nicht existierenden Wertes ind $(x + 1)$ in der Tabelle I′ ein Stern gesetzt. Ebenso wenn $x \equiv 1$ also ind $x \equiv p - 1$, ist an Stelle des nicht existierenden Wertes ind $(x - 1)$ in der Tabelle I″ ein Stern gesetzt. Dieser Stern müßte folgerichtig auch bei den Eingängen stehen, wenn in der Tabelle I′ ind $(x + 1) \equiv p - 1$ und in der Tabelle I″ ind $(x - 1) \equiv \frac{p-1}{2}$ ist. In einer Folge von Ziffern könnte der Stern auch an einer beliebigen Stelle, z. B. am Anfang oder am Ende untergebracht werden, aber der Stern fügt sich nicht der dekadischen Ordnung, welche nach der Anordnung der Tafeln dadurch bedingt ist, daß von den drei Ziffern für den Eingang die Zehner und Hunderter in der vertikalen Eingangsspalte, die Einer in der Kopfzeile stehen. Da die Eingangsstelle 00 in den Tabellen N und I leer geblieben ist, eignet sich dieser Platz am besten, um die Stelle zu bezeichnen, welche der Stern einnehmen sollte. Es ist deshalb darauf zu achten, daß *bei den Tabellen* I′ *und* I″ *die Eingangsstelle* 00 *nicht* ind $x \equiv 0$, d. h. $x \equiv 1$ *sondern* ind x *unmöglich*, d. h. $x \equiv 0$ *bedeutet*.

Die Konstruktion der Tafeln I′ und I″ kann in der Weise erfolgen, daß für ind $x \equiv 1$, 2 ... die Werte von x aus Tafel N entnommen werden, worauf die Tafel I die Werte von ind $(x + 1)$ und ind $(x - 1)$ liefert. Da indessen bei diesem Verfahren sehr viele Tafelablesungen erforderlich sind und falsche vielleicht durch Überspringen in die benachbarte Zeile oder Spalte entstehende Lesungen eingetragen und unbemerkt bleiben können, so ist der folgende Weg für die Herstellung der Tafel I′ gewählt worden, der eine viel größere Sicherheit gibt. Man durchläuft die Tafel I der Reihe nach und schreibt in der Tafel I′ an die Stelle, welche ein Indexwert angibt, den folgenden ein. So kommt für $p = 61$ an die Stelle 60 der Wert 1, an die Stelle 1 der Wert 6, an die Stelle 6 der Wert 2 usw. bis zur letzten Stelle 30, welche mit einem Stern besetzt wird, weil kein folgender Indexwert möglich ist. Bei diesem Verfahren sind Ablesefehler durch Überspringen in eine benachbarte Zeile oder Spalte wegen des gleichmäßigen Fortgangs so gut wie ausgeschlossen. Dagegen kann möglicherweise bei der Eintragung in die Tabelle I′, namentlich bei größeren Primzahlmoduln ein falscher Platz besetzt werden. Das muß sich aber dann beim Fortgang der Eintragung dadurch bemerkbar machen, daß der betreffende Platz anderweitig benötigt wird.

So entsteht für p = 61 die Tafel

I′

	0	1	2	3	4	5	6	7	8	9
0	60	6	22	12	47	21	2	49	40	44
1	38	14	23	26	39	8	57	34	51	37
2	10	48	7	15	55	54	24	46	4	59
3	*	30	36	19	58	29	31	52	45	27
4	50	18	33	17	41	53	25	13	11	3
5	28	35	32	42	56	16	43	9	20	5
6	1									

Die Herstellung der Tafel I″ kann in analoger Weise erfolgen. Man durchläuft die Tafel I rückwärts der Reihe nach und schreibt in der Tafel I″ an die Stelle, welche ein Indexwert angibt, den vorhergehenden ein. So kommt für p = 61 an die Stelle 30 der Wert 31, an die Stelle 31 der Wert 36, an die Stelle 36 der Wert 32, an die Stelle 32 der Wert 52 usw. bis herab zur Stelle 60, die mit einem Stern besetzt wird, weil kein Indexwert vorhergeht.

Ein zweites Verfahren besteht darin, daß man die Tabelle I′ umkehrt, d. h. man vertauscht den Stellenwert mit dem Ablesewert. So kommt für p = 61 an die Stelle 60 der Tabelle I″ der Stellenwert 00 aus I′, d. i. ein Stern, an die Stelle 6 der Wert 1, an die Stelle 22 der Wert 2, an die Stelle 12 der Wert 3, an die Stelle 47 der Wert 4 usw. bis zur letzten Stelle 1, welche mit dem Wert 60 besetzt wird.

Beide Verfahren sind angewandt worden, das eine zur Eintragung, das andere zur Kontrolle. Auf diese Weise bekommt man für p = 61 die Tafel

I″

	0	1	2	3	4	5	6	7	8	9
0	30	60	6	49	28	59	1	22	15	57
1	20	48	3	57	11	23	55	43	41	33
2	58	5	2	12	26	46	13	39	50	35
3	31	36	52	42	17	51	32	19	10	14
4	8	44	53	56	9	38	27	4	21	7
5	40	18	37	45	25	24	54	16	34	29
6	*									

III. Verwendung der Tabellen

Die folgenden Tabellen geben im ersten Teil für die ungeraden Primzahlen unter 1000 vier Tafeln N, I, I′, I″, im zweiten Teil für die übrigen Zahlen unter 1000, so weit sie primitive Wurzeln besitzen, zwei Tafeln N und I und in dem kleinen Schlußteil für die Potenzen von 2 ebenfalls zwei Tafeln N und I. Mit Rücksicht darauf, daß man von diesen letzten Tafeln erst bei höheren Potenzen wirkliche Vorteile hat, sind sie noch auf die beiden über 1000 liegenden Moduln 1024 und 2048 ausgedehnt worden.

Am Kopf der Tafeln, die für den Modul P konstruiert sind, finden sich, wenn $\varphi = \varphi$ (P) die Anzahl der teilerfremden Restklassen bezeichnet, Angaben über den Wert von P, der ausgewählten primitiven Wurzeln g und der Primfaktorzerlegung von φ (P). Im ersten Teil ist p statt P und p — 1 statt φ (P) geschrieben. Die Tafel N gibt für ind x $\equiv$ 1, 2, ... $\varphi = \varphi$ (P) die kleinsten positiven Reste x modulo P. Dabei sind die Zehner der Zahl ind x in der vertikalen Eingangsspalte, die Einer in der Kopfzeile zu suchen.

Die Tafel I gibt für die zu P teilerfremden Zahlen aus dem Intervall 1, 2, ... P den kleinsten positiven Wert von ind x. Wenn P ungerade, werden die Zehner der Zahl x in der vertikalen Eingangsspalte, die Einer in der Kopfzeile gesucht. Wenn P aber gerade, schreitet die vertikale Eingangsspalte nach Zwanzigern fort, während in der Kopfzeile die 10 ungeraden Zahlen 1, 3 ... 19 stehen. Dann bedeutet z. B. 4 in der Eingangsspalte und 13 in der Kopfzeile 53.

Wenn $P = 2^n$, tritt $\frac{1}{2}\varphi$ an die Stelle von φ. In der Tafel N fehlen die Zahlen von der Form 8m + 5 und 8m + 7, weil sie positiv genommen keinen Index haben. Dagegen sind sie wegen des gleichmäßigen Fortgangs in der Tafel I aufgeführt. Zur Unterscheidung wurde dann der Indexwert, weil er sich auf den negativen Wert des Arguments bezieht, kursiv gedruckt. Die Tafeln N sind nach dem Zehnersystem, die Tafeln I aber wieder nach dem Zwanzigersystem angeordnet.

In den nur für ungerade Primzahlen p als Moduln aufgestellten Tafeln I' und I'' bedeuten Eingänge und Tafelablesungen Indexwerte. Es tritt aber außer den Indexwerten 1, 2, ... p — 1 noch ein Stern auf. Er vertritt den nicht existierenden Index der Zahlklasse x $\equiv$ 0, (p).

Für das Argument ind x $\equiv$ *, 1, 2 .. gibt I' den Wert von ind (x + 1), I'' den Wert von ind (x — 1), und es ist in jeder dieser Tabellen ein Stern gesetzt, wenn der betreffende Index nicht existiert, in der Tabelle I', wenn x + 1 $\equiv$ 0 (p) und in der Tabelle I'', wenn x — 1 $\equiv$ 0, (p). Weil der Stern bei den dekadisch angeordneten Eingängen keinen Platz findet, ist er der Stelle 00 zugeordnet worden. Es ist also darauf zu achten, daß bei den Tabellen I' und I'' der Eingang

00 nicht ind x $\equiv$ 0, (p — 1), sondern x $\equiv$ 0, (p), d.h. ind x $\equiv$ * bedeutet. Ist a nicht durch p teilbar, so ist mit dem Stern modulo p — 1 folgendermaßen wie mit einem Symbol ∞ zu rechnen, es ist a * $\equiv$ *, * $\pm$ ind a $\equiv$ *, * + * $\equiv$ *, dagegen ist ein Symbol * — *, wenn es auftreten sollte, unbestimmt.

Die Möglichkeit einer Verwendung der Tafeln ist so außerordentlich groß, daß es schwer ist, eine Auswahl zu treffen. Wir geben zuerst einige Aufgaben, bei denen nur die Tafel N oder nur die Tafel I benutzt wird.

1. Welche Zahlklassen gehören für den Modul p = 239 zum Exponenten 7?

Weil 239 — 1 = 238 = 7 · 34, so wird $x \equiv g^{\text{ind}\,x}$ der Kongruenz $x^7 \equiv 1$ genügen, wenn ind x durch 34 teilbar ist. Falls $x \not\equiv 1$, wird zugleich keine frühere Potenz kongruent 1 werden. Somit ergeben sich die 6 Indexwerte: 34, 68, 102, 136, 170, 204, denen nach der Tabelle N die Lösungen x $\equiv$ 24, 98, 201, 44, 100, 10, (239) entsprechen.

2. Welche Zahlen sind für den Modul 239 17-te Potenzreste?

Weil der Index durch 17 teilbar sein muß, erhält man aus der Tabelle N für die Vielfachen von 17 als Argument die 14 Werte: 1, 10, 24, 38, 44, 98, 100, 139, 141, 195, 201, 215, 229, 238.

3. Wie lang ist die Periode des Dezimalbruchs $\frac{1}{643}$?

Die Länge l des Dezimalbruchs ist der Exponent, zu dem die Zahl 10 gehört. Die Tabelle I gibt ind $10 \equiv 480$, der größte gemeinsame Teiler von 480 und 642 ist 6. Also gehört 10 zum Exponenten $\frac{642}{6} = 107$, und so lang ist die Periode des Dezimalbruchs $\frac{1}{643}$.

4. Man zeige, daß die 5-te Fermatsche Zahl $2^{32} + 1$ durch die Primzahl $p = 641$ teilbar ist.

Wenn $a + 1 \equiv 0$, (p), hat $a \equiv -1$ den Index $\frac{p-1}{2}$. Tatsächlich ist 32 ind $2 \equiv 32 \cdot 470 \equiv 320$, (640).

5. Es bezeichne $\Pi_n = 2 \cdot 3 \cdot 5 \ldots p_n$ das Produkt der ersten n Primzahlen. Dann soll man feststellen, ob die Primzahl $p = 347$ in einer der Zahlen $\Pi_n \pm 1$ aufgeht. Wenn $\Pi_n \equiv -1$, (p), gilt ind $\Pi_n \equiv \frac{p-1}{2}$, wenn $\Pi_n \equiv 1$, (p), gilt ind $\Pi_n \equiv p-1$. Man findet für $p = 347$.

	ind Π_n	
ind $2 \equiv 1$	1	
ind $3 \equiv 152$	153	
ind $5 \equiv 277$	84	
ind $7 \equiv 289$	27	
ind $11 \equiv 272$	299	
ind $13 \equiv 238$	191	
ind $17 \equiv 183$	28	
ind $19 \equiv 145$	173	deshalb gilt

$$2 \cdot 3 \cdot 5 \cdot 7 \cdot 11 \cdot 13 \cdot 17 \cdot 19 + 1 \equiv 0, \ (347)$$

6. Man soll für den Primzahlmodul p das Produkt der aufeinanderfolgenden Zahlen in Teilprodukte vom Kongruenzwert 1 zerlegen.

Man addiert die Indexwerte der aufeinanderfolgenden Zahlen, bis die Summe durch $p-1$ teilbar wird. So ergibt sich für $p = 23$: 22, $2 + 16 + 4$, $1 + 18 + 19 + 6$, $10 + 3 + 9$, $20 + 14 + 21 + 17 + 8 + 7 + 12 + 15 + 5 + 13$ und somit die Zerlegung

$(1)\ (2 \cdot 3 \cdot 4)\ (5 \cdot 6 \cdot 7 \cdot 8)\ (9 \cdot 10 \cdot 11)\ (12 \cdot 13 \cdot 14 \cdot 15 \cdot 16 \cdot 17 \cdot 18 \cdot 19 \cdot 20 \cdot 21)$.

Es folgen jetzt Aufgaben, bei denen die Tafeln N und I zusammen benutzt werden.

7. Man gebe Auflösungen der Gleichung $85\,x + 23\,y = 3860$ in positiven Zahlen x, y.

$85x \equiv 3860, (23)$, $16x \equiv 19, (23)$, $\text{ind } x \equiv \text{ind } 19 - \text{ind } 16 \equiv 15 - 8 \equiv 7, (22)$, $x \equiv 17, (23)$, $x = 17 + 23k$, $y = 105 - 85k$

gibt für $k = 0$, $x = 17$, $y = 105$

und für $k = 1$, $x = 40$, $y = 20$.

8. Man löse die Kongruenz $37x \equiv 507, (1537)$. $1537 = 29 \cdot 53$. $37x \equiv 507, (29)$. $8x \equiv 14, (29)$

$\text{ind } x \equiv \text{ind } 14 - \text{ind } 8 \equiv 13 - 3 \equiv 10, (28)$, $x \equiv 9, (29)$, $x = 9 + 29k$, $37(9 + 29k) \equiv 507, (29 \cdot 53)$, $37 \cdot 29k \equiv 174, (29 \cdot 53)$, $37k \equiv 6, (53)$, $\text{ind } k \equiv \text{ind } 6 - \text{ind } 37 \equiv 18 - 30 \equiv 40, (52)$, $k \equiv 46, (53)$, $x \equiv 9 + 29k \equiv 1343, (1537)$.

9. $x^2 \equiv 267, (787)$.
$2 \text{ ind } x \equiv 632, (786)$, $\text{ind } x \equiv 316, (393)$, $x \equiv \pm 76, (787)$.

10. Man soll für den Modul 61 die Kongruenz $34x^2 + 27x + 19 \equiv 0$ auflösen.

Weil $\frac{19}{34} \equiv 49$ und $27 \equiv -34$, kann man schreiben $x^2 - x + 49 \equiv 0$ oder $x^2 + 60x + 49 \equiv 0$. Also ist $(x + 30)^2 \equiv 851 \equiv 58$, somit $2 \text{ ind } (x + 30) \equiv 36, (60)$ oder $\text{ind } (x + 30) \equiv 18, 48, (60)$ und daher $x + 30 \equiv 27, 34, (61)$, $x \equiv -3, 4, (61)$.

11. $x^9 \equiv 7, (73)$ $9 \text{ ind } x \equiv 33, (72)$ ist unlösbar.

12. $13x^{12} \equiv 205, (512)$, $12 \text{ ind } (\pm x) \equiv \text{ind } 205 - \text{ind } 13 \equiv 117 - 69 \equiv 48, (128)$, $\text{ind } (\pm x) \equiv 4, (32)$, $\text{ind } (\pm x) \equiv 4 + 32k \equiv 4, 36, 68, 100, (128)$, $x \equiv \pm 81, \pm 209, \pm 175, \pm 47, (512)$.

13. $73^r \equiv 19, (643)$, $r \text{ ind } 73 \equiv \text{ind } 19, (642)$, $\text{ind } 73 \equiv 365$, $\text{ind } 19 \equiv 539, (642)$, $365r \equiv 539, (6 \cdot 107)$, $44r \equiv 4, (107)$, $11r \equiv 1, (107)$, $r \equiv 39, (107)$, $r \equiv 1, (6)$, $r \equiv 253, (642)$, $73^{253} \equiv 19, (643)$.

14. Welchen Kongruenzwert hat $630! + 1$ für den Modul 641?

Nach dem Wilsonschen Satz ist $640! \equiv -1, (641)$ und $\frac{640!}{630!} \equiv 640 \cdot 639 \ldots 631 \equiv 1 \cdot 2 \ldots 10 \equiv 10! \equiv 99, (641)$. Deshalb wird $630! \cdot 99 \equiv -1, (641)$ und $(630! + 1)\,99 \equiv 98, (641)$. Daher ist $\text{ind } (630! + 1) \equiv \text{ind } 98 - \text{ind } 99 \equiv 98 - 518 \equiv 220, (640)$ also $630! + 1 \equiv 383, (641)$.

15. Man braucht für den Modul $p = 769$ statt der in der Tafel angegebenen auf $g = 11$ bezogenen Indexwerte (ind x) die Indexwerte (Ind x) für die primitive Wurzel $g = 13$. Es ist $x \equiv 11^{\text{ind } x} \equiv 13^{\text{Ind } x}, (769)$, also $\text{ind } x \equiv \text{Ind } x \cdot \text{ind } 13 \equiv 487 \text{ Ind } x$. Daher hat man $\text{Ind } x \equiv \frac{\text{ind } x}{487} \equiv 727 \text{ ind } x \equiv -41 \text{ ind } x, (768)$. Somit ergeben sich für $\text{ind } x \equiv 1, 2, 3, 4, 5 \ldots (768)$ die Werte $\text{Ind } x \equiv 727, 686, 645, 604, 563, \ldots (768)$.

Bei den folgenden Aufgaben finden auch die Tabellen I′ und I″ Verwendung.

16. Wenn ind a und ind b bekannt sind, sucht man ind (a + b) und ind (a − b).

$$\text{ind } (a + b) \equiv \text{ind } b + \text{ind } \left(\frac{a}{b} + 1\right)$$

$$\text{ind } (a - b) \equiv \text{ind } b + \text{ind } \left(\frac{a}{b} - 1\right).$$

Man geht mit $\text{ind } \left(\frac{a}{b}\right) \equiv \text{ind } a - \text{ind } b$ in die Tabelle I′ und addiert den gefundenen Wert zu ind b, es ergibt sich ind (a + b).

Man geht mit ind $\left(\frac{a}{b}\right)$ in die Tabelle I'' und addiert den gefundenen Wert zu ind b, es ergibt sich ind (a — b).

Wiederholte Anwendung solcher Schlüsse führt zur Berechnung des Indexwertes von algebraischen Ausdrücken, wenn die Indexwerte der einzelnen Glieder bekannt sind.

17. Man benötigt eine Angabe darüber, wie oft zwei aufeinanderfolgende Zahlen für den Modul 37 sechste Potenzreste sind. Die Tabelle I' oder I'' liefert die Indexpaare *, 36; 12, 6; 18, *; 24, 30. Der Fall tritt also zweimal ein, wenn man sich auf zum Modul teilerfremde Zahlen beschränkt und viermal, wenn man auch den Rest 0 als Potenzrest zuläßt.

18. Man soll für den Modul 997 aufeinanderfolgende Zahlen bestimmen, welche gleichzeitig 3-te und 8-te Potenzreste sind. Man geht in die Tabelle I' mit Werten ind $x \equiv 0, (24)$ und sucht die Stellen, für die auch ind $(x + 1) \equiv 0, (24)$. Man findet so die Indexpaare 96, 600 und 384, 936, denen nach der Tafel N die Zahlwerte 249, 250 und 74, 75 entsprechen, welche zugleich die einzigen sind, wenn man die triviale Folge 0, 1 ausschließt.

19. Dieselbe Aufgabe kann auch mit der Tafel I'' gelöst werden. Man geht mit den Werten ind $x \equiv 0, (24)$ in die Tafel ein und sucht die Stellen, für die auch ind $(x - 1) \equiv 0, (24)$. Man findet so wie vorhin die Indexpaare 600, 96 und 936, 384.

20. Wenn man mit Indexwerten rechnet, ohne die Zahlwerte zu benutzen, so ist trotzdem eine kurze Bezeichnung für die Zahlwerte nützlich. Wir setzen, wenn ind $x \equiv \xi$ statt $x \equiv \text{num}\, \xi$ kurz $x \equiv [\xi]$.

Man wünscht für den Modul 101 den Index des Polynoms

$$x^5 - [27]\, x^3 - [34]\, x^2 + [49]\, x + [19]$$

zu bestimmen, wenn ind $x \equiv 30$ gesetzt wird. Es handelt sich also um die Bestimmung von ind $\{[50] - [17] - [94] + [79] + [19]\}$.

Nach den Tabellen I' und I'' findet man ind $\{[50] - [17]\} \equiv 31 + 17 \equiv 48$, ind $\{[48] - [94]\} \equiv 80 + 94 \equiv 74$, ind $\{[74] + [79]\} \equiv 74 + 82 \equiv 56$, ind $\{[56] + [19]\} \equiv 12 + 19 \equiv 31$.

Derartige Aufgaben zeigen, wie vorteilhaft es ist, daß beide Tabellen I' und I'' zur Verfügung stehen.

Tritt in der Schlußrechnung ein Stern auf, so bedeutet das: Der betreffende x-Wert ist Nullstelle des Polynoms. Tritt in der Zwischenrechnung ein Stern auf, so ist mit $[*] \equiv 0$ zu rechnen, man kann aber auch mit dem Stern in die Tabelle I' oder I'' eingehen, man findet dann, wie es sein muß, ind $(* + 1) \equiv$ ind 1, ind $(* - 1) \equiv$ ind (-1).

21. Man bestimme (in Anlehnung an eine Aufgabe von Diophant) für den Modul 29 vier quadratische Reste, so daß die 6 Produkte zu je zweien um 1 vermehrt wieder quadratische Reste geben. Dabei soll in allen Fällen der Rest 0 ausgeschlossen sein.

Man beginnt mit $a \equiv 1$ und sucht Zahlen x mit geradem Index, so daß auch $a\,x + 1 \equiv x + 1$ geraden Index bekommt. Man findet aus der Tafel I' die Werte ind $x \equiv 2, 6, 8, 20, 22, 26$. Geht man mit den Summen dieser Werte zu je zweien in die Tafel I', so ergeben sich gerade Werte für folgende Paare: $2 + 6$, $2 + 20$, $6 + 20$,

$8 + 22$, $8 + 26$, $22 + 26$, woraus sich zwei Lösungen für die Indexwerte: 2, 6, 20 und 8, 22, 26 ergeben. Das Problem hat also die Lösungen:

$$a \equiv 1,\ b \equiv 4,\ \ c \equiv 6,\ d \equiv 23$$
$$a \equiv 1,\ b \equiv 24,\ c \equiv 5,\ d \equiv 22.$$

Schließt man den Wert 1 aus, so können die Bedingungen der Aufgabe nur für 3, aber nicht für 4 Zahlen erfüllt werden, es sind also alle Lösungen gefunden.

22. Auflösung der Kongruenz $x^5 + y^5 + z^5 \equiv 0$, (31) in zum Modul teilerfremden Zahlen.

Offenbar sind x, y, z nur bis auf 5-te Einheitswurzeln bestimmt, deshalb darf man ind x, ind y, ind z auf die Werte 0, 1, 2, 3, 4, 5 beschränken. Setzt man $\xi \equiv \frac{x}{z}$, $\eta \equiv \frac{y}{z}$, so wird $\xi^5 + \eta^5 + 1 \equiv 0$ und ξ^5 wie auch $\xi^5 + 1 \equiv -\eta^5$ haben durch 5 teilbare Indexwerte. Die Tabelle I' gibt folgende Lösungen:

$$\text{ind}\ \xi^5 \equiv 10,\ \text{ind}\ (\xi^5 + 1) \equiv 5,\ \ \text{also ind}\ \eta^5 \equiv 20$$
$$\text{ind}\ \xi^5 \equiv 20,\ \text{ind}\ (\xi^5 + 1) \equiv 25,\ \text{also ind}\ \eta^5 \equiv 10\,.$$

Beide Lösungen unterscheiden sich also nur durch die Reihenfolge. Sieht man davon ab, so hat man ind $\xi \equiv 2$, (6), ind $\eta \equiv 4$, (6). Die kleinsten Lösungen sind $\xi \equiv 5$, $\eta \equiv 7$, (31) und die allgemeinste Lösung der Aufgabe wird dann $x \equiv 5\,e_1\,z$, $y \equiv 7\,e_2\,z$, z beliebig, wobei e_1 und e_2 5-te Einheitswurzeln sind.

23. Es soll die Kongruenz $\frac{x^{20} + 1}{y^{20} + 1} \equiv z^{20}$, (101) aufgelöst werden. Offenbar sind x, y, z nur bis auf Faktoren, die 20-te Einheitswurzeln sind, bestimmt. Sieht man noch von dem möglichen Fall ab, daß x, y, z selbst 20-te Einheitswurzeln sind, so kann man ind x, ind y, ind z auf die Werte 1, 2, 3, 4 beschränken. Die Tabelle I' gibt dann

ind (x^{20})	20	40	60	80
ind $(x^{20} + 1)$	74	56	16	54

Weil $74 \equiv 54$, (20) und $56 \equiv 16$, (20), so ergeben sich die Lösungen

ind x	1	4	2	3
ind y	4	1	3	2
ind z	1	4	2	3

also

x	2	16	4	8
y	16	2	8	4
z	2	16	4	8

24. Für einen Primzahlmodul $p = lm + 1$ werden die primitiven Reste x nach dem Kongruenzwert von ind x modulo l in Klassen (0), (1) ... $(l - 1)$ eingeteilt, welche der Untergruppe der l-ten Potenzreste und ihren Nebengruppen entsprechen. Wir

bilden dann nach dem Vorbild von Gauß die l^2 Übergangszahlen (i, k), welche abzählen, wie oft man von der Klasse (i) in die Klasse (k) kommt, wenn x durch $x + 1$ ersetzt wird. Diese Übergangszahlen können natürlich durch Abzählen gefunden werden, wenn die l-ten Potenzreste und ihre Nebengruppen bekannt sind. Sie lassen sich aber auch mit derselben Leichtigkeit aus der Tabelle I' direkt ablesen. So erhält man für $p = 31$ und $l = 3$ das Schema

$$\begin{pmatrix} 3 & 4 & 2 \\ 4 & 2 & 4 \\ 2 & 4 & 4 \end{pmatrix}$$

oder für $l = 4$ und $p = 5, 13, 17, 29, 37, 41, 53, 61, 73, 89, 97$ die von Gauß berechneten Übergangszahlen (Werke II, 78).

H. Brandt.

I. TEIL

Numerus- und Indextafeln für die ungeraden Primzahlen unter 1000

N: ind x → x .

I: x → ind x .

I′: ind x → ind (x + 1) .

I″: ind x → ind (x — 1) .

Bei den Tafeln I′ und I″ ist statt der Eingangsstelle oo ein Stern zu denken, vgl. Einleitung S. 6.

$p = 3,\ g = 2,\ p - 1 = 2$

N											I										
	0	1	2									0	1	2							
0		2	1								0		2	1							

$p = 5,\ g = 2,\ p - 1 = 2^2$

N											I										
	0	1	2	3	4							0	1	2	3	4					
0		2	4	3	1						0		4	1	3	2					

$p = 7,\ g = 3,\ p - 1 = 2 \cdot 3$

N											I										
	0	1	2	3	4	5	6					0	1	2	3	4	5	6			
0		3	2	6	4	5	1				0		6	2	1	4	5	3			

$p = 11,\ g = 2,\ p - 1 = 2 \cdot 5$

N											I										
	0	1	2	3	4	5	6	7	8	9		0	1	2	3	4	5	6	7	8	9
0		2	4	8	5	10	9	7	3	6	0		10	1	8	2	4	9	7	3	6
1	1										1	5									

$p = 13,\ g = 2,\ p - 1 = 2^2 \cdot 3$

N											I										
	0	1	2	3	4	5	6	7	8	9		0	1	2	3	4	5	6	7	8	9
0		2	4	8	3	6	12	11	9	5	0		12	1	4	2	9	5	11	3	8
1	10	7	1								1	10	7	6							

$p = 17,\ g = 3\ \ p - 1 = 2^4$

N											I										
	0	1	2	3	4	5	6	7	8	9		0	1	2	3	4	5	6	7	8	9
0		3	9	10	13	5	15	11	16	14	0		16	14	1	12	5	15	11	10	2
1	8	7	4	12	2	6	1				1	3	7	13	4	9	6	8			

p = 3

I′											I″										
	0	1	2									0	1	2							
0	2	*	1								0	1	2	*							

p = 5

I′											I″										
	0	1	2	3	4							0	1	2	3	4					
0	4	3	*	2	1						0	2	4	3	1	*					

p = 7

I′											I″										
	0	1	2	3	4	5	6					0	1	2	3	4	5	6			
0	6	4	1	*	5	3	2				0	3	2	6	5	1	4	*			

p = 11

I′											I″										
	0	1	2	3	4	5	6	7	8	9		0	1	2	3	4	5	6	7	8	9
0	10	8	4	6	9	*	5	3	2	7	0	5	10	8	7	2	6	3	9	1	4
1	1										1	*									

p = 13

I′											I″										
	0	1	2	3	4	5	6	7	8	9		0	1	2	3	4	5	6	7	8	9
0	12	4	9	8	2	11	*	6	10	5	0	6	12	4	11	1	9	7	10	3	2
1	7	3	1								1	8	5	*							

p = 17

I′											I″										
	0	1	2	3	4	5	6	7	8	9		0	1	2	3	4	5	6	7	8	9
0	16	12	3	7	9	15	8	13	*	6	0	8	14	10	2	13	12	9	3	6	4
1	2	10	5	4	1	11	14				1	11	15	1	7	16	5	*			

$p = 19,\ g = 2,\ p - 1 = 2 \cdot 3^2$

N											I										
	0	1	2	3	4	5	6	7	8	9		0	1	2	3	4	5	6	7	8	9
0		2	4	8	16	13	7	14	9	18	0		18	1	13	2	16	14	6	3	8
1	17	15	11	3	6	12	5	10	1		1	17	12	15	5	7	11	4	10	9	

$p = 23,\ g = 5,\ p - 1 = 2 \cdot 11$

N											I										
	0	1	2	3	4	5	6	7	8	9		0	1	2	3	4	5	6	7	8	9
0		5	2	10	4	20	8	17	16	11	0		22	2	16	4	1	18	19	6	10
1	9	22	18	21	13	19	3	15	6	7	1	3	9	20	14	21	17	8	7	12	15
2	12	14	1								2	5	13	11							

$p = 29,\ g = 2,\ p - 1 = 2^2 \cdot 7$

N											I										
	0	1	2	3	4	5	6	7	8	9		0	1	2	3	4	5	6	7	8	9
0		2	4	8	16	3	6	12	24	19	0		28	1	5	2	22	6	12	3	10
1	9	18	7	14	28	27	25	21	13	26	1	23	25	7	18	13	27	4	21	11	9
2	23	17	5	10	20	11	22	15	1		2	24	17	26	20	8	16	19	15	14	

$p = 31,\ g = 3,\ p - 1 = 2 \cdot 3 \cdot 5$

N											I										
	0	1	2	3	4	5	6	7	8	9		0	1	2	3	4	5	6	7	8	9
0		3	9	27	19	26	16	17	20	29	0		30	24	1	18	20	25	28	12	2
1	25	13	8	24	10	30	28	22	4	12	1	14	23	19	11	22	21	6	7	26	4
2	5	15	14	11	2	6	18	23	7	21	2	8	29	17	27	13	10	5	3	16	9
3	1										3	15									

$p = 37,\ g = 2,\ p - 1 = 2^2 \cdot 3^2$

N											I										
	0	1	2	3	4	5	6	7	8	9		0	1	2	3	4	5	6	7	8	9
0		2	4	8	16	32	27	17	34	31	0		36	1	26	2	23	27	32	3	16
1	25	13	26	15	30	23	9	18	36	35	1	24	30	28	11	33	13	4	7	17	35
2	33	29	21	5	10	20	3	6	12	24	2	25	22	31	15	29	10	12	6	34	21
3	11	22	7	14	28	19	1				3	14	9	5	20	8	19	18			

p = 19

	I′											I″									
	0	1	2	3	4	5	6	7	8	9		0	1	2	3	4	5	6	7	8	9
0	18	13	16	8	10	7	3	11	17	*	0	9	18	13	6	11	15	14	5	3	10
1	9	4	15	2	6	5	14	12	1		1	4	7	17	1	16	12	2	8	*	

p = 23

	I′											I″									
	0	1	2	3	4	5	6	7	8	9		0	1	2	3	4	5	6	7	8	9
0	22	18	16	9	1	13	10	12	7	20	0	11	4	22	10	16	15	19	8	17	3
1	3	*	15	11	21	5	4	8	19	6	1	6	13	7	5	20	12	2	21	1	18
2	14	17	2								2	9	14	*							

p = 29

	I′											I″									
	0	1	2	3	4	5	6	7	8	9		0	1	2	3	4	5	6	7	8	9
0	28	5	22	10	21	2	12	18	16	24	0	14	28	5	12	27	1	22	25	20	11
1	23	9	3	27	*	14	19	26	13	15	1	3	21	6	18	15	19	8	24	7	16
2	8	11	6	25	17	7	20	4	1		2	26	4	2	10	9	23	17	13	*	

p = 31

	I′											I″									
	0	1	2	3	4	5	6	7	8	9		0	1	2	3	4	5	6	7	8	9
0	30	18	14	16	8	3	7	26	29	15	0	15	24	12	5	26	10	21	6	4	16
1	5	22	2	10	23	*	9	27	20	11	1	13	19	28	27	2	9	3	29	1	23
2	25	6	21	19	1	28	4	13	12	17	2	18	22	11	14	30	20	7	17	25	8
3	24										3	*									

p = 37

	I′											I″									
	0	1	2	3	4	5	6	7	8	9		0	1	2	3	4	5	6	7	8	9
0	36	26	23	16	7	20	34	17	19	5	0	18	36	26	32	13	9	12	4	20	14
1	12	33	6	4	9	29	24	35	*	18	1	29	28	10	33	21	31	3	7	19	8
2	8	14	31	27	30	22	2	32	11	10	2	5	34	25	2	16	35	1	23	30	15
3	28	15	3	13	21	25	1				3	24	22	27	11	6	17	*			

$p = 41,\ g = 6,\ p - 1 = 2^3 \cdot 5$

N

	0	1	2	3	4	5	6	7	8	9
0		6	36	11	25	27	39	29	10	19
1	32	28	4	24	21	3	18	26	33	34
2	40	35	5	30	16	14	2	12	31	22
3	9	13	37	17	20	38	23	15	8	7
4	1									

I

	0	1	2	3	4	5	6	7	8	9
0		40	26	15	12	22	1	39	38	30
1	8	3	27	31	25	37	24	33	16	9
2	34	14	29	36	13	4	17	5	11	7
3	23	28	10	18	19	21	2	32	35	6
4	20									

$p = 43,\ g = 3,\ p - 1 = 2 \cdot 3 \cdot 7$

N

	0	1	2	3	4	5	6	7	8	9
0		3	9	27	38	28	41	37	25	32
1	10	30	4	12	36	22	23	26	35	19
2	14	42	40	34	16	5	15	2	6	18
3	11	33	13	39	31	7	21	20	17	8
4	24	29	1							

I

	0	1	2	3	4	5	6	7	8	9
0		42	27	1	12	25	28	35	39	2
1	10	30	13	32	20	26	24	38	29	19
2	37	36	15	16	40	8	17	3	5	41
3	11	34	9	31	23	18	14	7	4	33
4	22	6	21							

$p = 47,\ g = 5,\ p - 1 = 2 \cdot 23$

N

	0	1	2	3	4	5	6	7	8	9
0		5	25	31	14	23	21	11	8	40
1	12	13	18	43	27	41	17	38	2	10
2	3	15	28	46	42	22	16	33	24	26
3	36	39	7	35	34	29	4	20	6	30
4	9	45	37	44	32	19	1			

I

	0	1	2	3	4	5	6	7	8	9
0		46	18	20	36	1	38	32	8	40
1	19	7	10	11	4	21	26	16	12	45
2	37	6	25	5	28	2	29	14	22	35
3	39	3	44	27	34	33	30	42	17	31
4	9	15	24	13	43	41	23			

$p = 53,\ g = 2,\ p - 1 = 2^2 \cdot 13$

N

	0	1	2	3	4	5	6	7	8	9
0		2	4	8	16	32	11	22	44	35
1	17	34	15	30	7	14	28	3	6	12
2	24	48	43	33	13	26	52	51	49	45
3	37	21	42	31	9	18	36	19	38	23
4	46	39	25	50	47	41	29	5	10	20
5	40	27	1							

I

	0	1	2	3	4	5	6	7	8	9
0		52	1	17	2	47	18	14	3	34
1	48	6	19	24	15	12	4	10	35	37
2	49	31	7	39	20	42	25	51	16	46
3	13	33	5	23	11	9	36	30	38	41
4	50	45	32	22	8	29	40	44	21	28
5	43	27	26							

p = 41

	I′										I″										
	0	1	2	3	4	5	6	7	8	9		0	1	2	3	4	5	6	7	8	9
0	40	39	32	27	17	11	20	23	3	34	0	20	22	21	8	13	17	35	11	30	16
1	18	7	22	4	29	12	9	5	19	21	1	28	5	15	36	34	26	33	4	10	18
2	*	2	1	28	33	37	15	31	10	36	2	6	19	12	7	37	31	40	3	23	14
3	8	25	35	16	14	6	13	24	30	38	3	38	27	2	24	9	32	29	25	39	1
4	26										4	*									

p = 43

	I′										I″										
	0	1	2	3	4	5	6	7	8	9		0	1	2	3	4	5	6	7	8	9
0	42	12	10	5	33	41	21	4	17	31	0	21	27	39	17	7	3	22	14	40	34
1	30	34	25	32	7	16	40	3	14	37	1	2	41	1	30	18	36	15	8	23	29
2	26	*	6	18	38	28	24	1	35	19	2	32	6	33	31	26	12	20	42	25	38
3	13	23	20	22	9	39	15	36	29	2	3	10	9	13	4	11	28	37	19	24	35
4	8	11	27								4	16	5	*							

p = 47

	I′										I″										
	0	1	2	3	4	5	6	7	8	9		0	1	2	3	4	5	6	7	8	9
0	46	38	29	44	21	28	25	10	40	15	0	23	36	28	39	11	25	37	19	32	31
1	11	4	45	43	22	24	12	31	20	7	1	7	10	16	24	29	9	26	42	46	40
2	36	26	35	*	13	5	16	34	2	14	2	18	4	14	41	15	6	21	44	5	2
3	42	9	8	30	33	39	1	6	32	3	3	33	17	38	34	27	22	20	45	1	35
4	19	23	17	41	27	37	18				4	8	43	30	13	3	12	*			

p = 53

	I′										I″										
	0	1	2	3	4	5	6	7	8	9		0	1	2	3	4	5	6	7	8	9
0	52	17	47	34	10	23	19	39	29	36	0	26	52	17	14	12	33	48	31	22	11
1	35	9	4	33	3	12	46	2	14	24	1	4	23	15	46	18	24	51	1	47	6
2	42	28	8	11	15	51	*	26	43	40	2	39	44	32	5	19	42	27	43	21	8
3	38	7	22	5	48	37	30	49	41	20	3	36	49	45	13	3	10	9	35	30	7
4	44	50	25	27	21	32	13	18	6	31	4	29	38	20	28	40	50	16	2	34	37
5	45	16	1								5	41	25	*							

$p = \mathbf{59},\ g = 2,\ p - 1 = 2 \cdot 29$

	N											I									
	0	1	2	3	4	5	6	7	8	9		0	1	2	3	4	5	6	7	8	9
0		2	4	8	16	32	5	10	20	40	0		58	1	50	2	6	51	18	3	42
1	21	42	25	50	41	23	46	33	7	14	1	7	25	52	45	19	56	4	40	43	38
2	28	56	53	47	35	11	22	44	29	58	2	8	10	26	15	53	12	46	34	20	28
3	57	55	51	43	27	54	49	39	19	38	3	57	49	5	17	41	24	44	55	39	37
4	17	34	9	18	36	13	26	52	45	31	4	9	14	11	33	27	48	16	23	54	36
5	3	6	12	24	48	37	15	30	1		5	13	32	47	22	35	31	21	30	29	

$p = \mathbf{61},\ g = 2,\ p - 1 = 2^2 \cdot 3 \cdot 5$

	N											I									
	0	1	2	3	4	5	6	7	8	9		0	1	2	3	4	5	6	7	8	9
0		2	4	8	16	32	3	6	12	24	0		60	1	6	2	22	7	49	3	12
1	48	35	9	18	36	11	22	44	27	54	1	23	15	8	40	50	28	4	47	13	26
2	47	33	5	10	20	40	19	38	15	30	2	24	55	16	57	9	44	41	18	51	35
3	60	59	57	53	45	29	58	55	49	37	3	29	59	5	21	48	11	14	39	27	46
4	13	26	52	43	25	50	39	17	34	7	4	25	54	56	43	17	34	58	20	10	38
5	14	28	56	51	41	21	42	23	46	31	5	45	53	42	33	19	37	52	32	36	31
6	1										6	30									

$p = \mathbf{67},\ g = 2,\ p - 1 = 2 \cdot 3 \cdot 11$

	N											I									
	0	1	2	3	4	5	6	7	8	9		0	1	2	3	4	5	6	7	8	9
0		2	4	8	16	32	64	61	55	43	0		66	1	39	2	15	40	23	3	12
1	19	38	9	18	36	5	10	20	40	13	1	16	59	41	19	24	54	4	64	13	10
2	26	52	37	7	14	28	56	45	23	46	2	17	62	60	28	42	30	20	51	25	44
3	25	50	33	66	65	63	59	51	35	3	3	55	47	5	32	65	38	14	22	11	58
4	6	12	24	48	29	58	49	31	62	57	4	18	53	63	9	61	27	29	50	43	46
5	47	27	54	41	15	30	60	53	39	11	5	31	37	21	57	52	8	26	49	45	36
6	22	44	21	42	17	34	1				6	56	7	48	35	6	34	33			

$p = \mathbf{71},\ g = 7,\ p - 1 = 2 \cdot 5 \cdot 7$

	N											I									
	0	1	2	3	4	5	6	7	8	9		0	1	2	3	4	5	6	7	8	9
0		7	49	59	58	51	2	14	27	47	0		70	6	26	12	28	32	1	18	52
1	45	31	4	28	54	23	19	62	8	56	1	34	31	38	39	7	54	24	49	58	16
2	37	46	38	53	16	41	3	21	5	35	2	40	27	37	15	44	56	45	8	13	68
3	32	11	6	42	10	70	64	22	12	13	3	60	11	30	57	55	29	64	20	22	65
4	20	69	57	44	24	26	40	67	43	17	4	46	25	33	48	43	10	21	9	50	2
5	48	52	9	63	15	34	25	33	18	55	5	62	5	51	23	14	59	19	42	4	3
6	30	68	50	66	36	39	60	65	29	61	6	66	69	17	53	36	67	63	47	61	41
7	1										7	35									

p = 59

I′

	0	1	2	3	4	5	6	7	8	9
0	58	50	6	42	40	17	51	25	10	14
1	26	33	46	32	11	53	23	41	3	56
2	28	30	35	54	44	52	15	48	57	*
3	29	21	47	27	20	31	13	9	8	37
4	43	24	7	38	55	19	34	22	16	5
5	2	18	45	12	36	39	4	49	1	

I″

	0	1	2	3	4	5	6	7	8	9
0	29	58	50	18	56	49	2	42	38	37
1	8	14	53	36	9	26	48	5	51	45
2	34	31	47	16	41	7	10	33	20	30
3	21	35	13	11	46	22	54	39	43	55
4	4	17	3	40	24	52	12	32	27	57
5	1	6	25	15	23	44	19	28	*	

p = 61

I′

	0	1	2	3	4	5	6	7	8	9
0	60	6	22	12	47	21	2	49	40	44
1	38	14	23	26	39	8	57	34	51	37
2	10	48	7	15	55	54	24	46	4	59
3	*	30	36	19	58	29	31	52	45	27
4	50	18	33	17	41	53	25	13	11	3
5	28	35	32	42	56	16	43	9	20	5
6	1									

I″

	0	1	2	3	4	5	6	7	8	9
0	30	60	6	49	28	59	1	22	15	57
1	20	48	3	47	11	23	55	43	41	33
2	58	5	2	12	26	46	13	39	50	35
3	31	36	52	42	17	51	32	19	10	14
4	8	44	53	56	9	38	27	4	21	7
5	40	18	37	45	25	24	54	16	34	29
6	*									

p = 67

I′

	0	1	2	3	4	5	6	7	8	9
0	66	39	15	12	64	32	34	48	26	61
1	17	58	16	10	22	40	59	62	53	24
2	51	57	11	3	54	44	49	29	42	50
3	20	37	65	*	33	6	56	21	14	2
4	23	19	30	46	55	36	31	5	35	45
5	43	25	8	63	4	47	7	52	18	41
6	28	27	60	9	13	38	1			

I″

	0	1	2	3	4	5	6	7	8	9
0	33	66	39	23	54	47	35	56	52	63
1	13	22	3	64	38	2	12	10	58	41
2	30	37	14	40	19	51	8	61	60	27
3	42	46	5	34	6	48	45	31	65	1
4	15	59	28	50	25	49	43	55	7	26
5	29	20	57	18	24	44	36	21	11	16
6	62	9	17	53	4	32	*			

p = 71

I′

	0	1	2	3	4	5	6	7	8	9
0	70	18	62	66	3	51	26	54	13	50
1	21	30	28	68	59	44	40	53	52	42
2	22	9	65	14	49	33	12	37	32	64
3	57	38	1	48	31	*	67	15	39	7
4	27	35	4	10	56	8	25	61	43	58
5	2	23	34	36	24	29	45	55	16	19
6	11	41	5	47	20	46	69	63	60	17
7	6									

I″

	0	1	2	3	4	5	6	7	8	9
0	35	32	50	4	42	62	70	39	45	21
1	43	60	26	8	23	37	58	69	1	59
2	64	10	20	51	54	46	6	40	12	55
3	11	34	28	25	52	41	53	27	31	38
4	16	61	19	48	15	56	65	63	33	24
5	9	5	18	17	7	57	44	30	49	14
6	68	47	2	67	29	22	3	36	13	66
7	*									

$p = 73,\ g = 5,\ p - 1 = 2^3 \cdot 3^2$

N											I										
	0	1	2	3	4	5	6	7	8	9		0	1	2	3	4	5	6	7	8	9
0		5	25	52	41	59	3	15	2	10	0		72	8	6	16	1	14	33	24	12
1	50	31	9	45	6	30	4	20	27	62	1	9	55	22	59	41	7	32	21	20	62
2	18	17	12	60	8	40	54	51	36	34	2	17	39	63	46	30	2	67	18	49	35
3	24	47	16	7	35	29	72	68	48	21	3	15	11	40	61	29	34	28	64	70	65
4	32	14	70	58	71	63	23	42	64	28	4	25	4	47	51	71	13	54	31	38	66
5	67	43	69	53	46	11	55	56	61	13	5	10	27	3	53	26	56	57	68	43	5
6	65	33	19	22	37	39	49	26	57	66	6	23	58	19	45	48	60	69	50	37	52
7	38	44	1								7	42	44	36							

$p = 79,\ g = 3,\ p - 1 = 2 \cdot 3 \cdot 13$

N											I										
	0	1	2	3	4	5	6	7	8	9		0	1	2	3	4	5	6	7	8	9
0		3	9	27	2	6	18	54	4	12	0		78	4	1	8	62	5	53	12	2
1	36	29	8	24	72	58	16	48	65	37	1	66	68	9	34	57	63	16	21	6	32
2	32	17	51	74	64	34	23	69	49	68	2	70	54	72	26	13	46	38	3	61	11
3	46	59	19	57	13	39	38	35	26	78	3	67	56	20	69	25	37	10	19	36	35
4	76	70	52	77	73	61	25	75	67	43	4	74	75	58	49	76	64	30	59	17	28
5	50	71	55	7	21	63	31	14	42	47	5	50	22	42	77	7	52	65	33	15	31
6	62	28	5	15	45	56	10	30	11	33	6	71	45	60	55	24	18	73	48	29	27
7	20	60	22	66	40	41	44	53	1		7	41	51	14	44	23	47	40	43	39	

$p = 83,\ g = 2,\ p - 1 = 2 \cdot 41$

N											I										
	0	1	2	3	4	5	6	7	8	9		0	1	2	3	4	5	6	7	8	9
0		2	4	8	16	32	64	45	7	14	0		82	1	72	2	27	73	8	3	62
1	28	56	29	58	33	66	49	15	30	60	1	28	24	74	77	9	17	4	56	63	47
2	37	74	65	47	11	22	44	5	10	20	2	29	80	25	60	75	54	78	52	10	12
3	40	80	77	71	59	35	70	57	31	62	3	18	38	5	14	57	35	64	20	48	67
4	41	82	81	79	75	67	51	19	38	76	4	30	40	81	71	26	7	61	23	76	16
5	69	55	27	54	25	50	17	34	68	53	5	55	46	79	59	53	51	11	37	13	34
6	23	46	9	18	36	72	61	39	78	73	6	19	66	39	70	6	22	15	45	58	50
7	63	43	3	6	12	24	48	13	26	52	7	36	33	65	69	21	44	49	32	68	43
8	21	42	1								8	31	42	41							

$p = 89,\ g = 3,\ p - 1 = 2^3 \cdot 11$

N											I										
	0	1	2	3	4	5	6	7	8	9		0	1	2	3	4	5	6	7	8	9
0		3	9	27	81	65	17	51	64	14	0		88	16	1	32	70	17	81	48	2
1	42	37	22	66	20	60	2	6	18	54	1	86	84	33	23	9	71	64	6	18	35
2	73	41	34	13	39	28	84	74	44	43	2	14	82	12	57	49	52	39	3	25	59
3	40	31	4	12	36	19	57	82	68	26	3	87	31	80	85	22	63	34	11	51	24
4	78	56	79	59	88	86	80	62	8	24	4	30	21	10	29	28	72	73	54	65	74

p = 73

	I′										I″										
	0	1	2	3	4	5	6	7	8	9		0	1	2	3	4	5	6	7	8	9
0	72	14	67	53	47	23	16	32	6	55	0	36	16	30	27	25	43	8	41	72	12
1	27	40	9	54	33	11	1	39	49	45	1	66	15	24	71	1	35	6	62	67	58
2	62	20	59	58	12	4	56	3	64	34	2	21	32	55	5	33	65	53	10	34	61
3	2	38	21	24	28	15	*	52	66	63	3	46	54	7	14	29	49	44	50	31	17
4	61	7	44	5	36	48	30	51	60	35	4	11	59	52	68	42	19	63	4	45	18
5	37	71	42	26	31	22	57	68	19	41	5	69	47	37	3	13	9	26	56	23	22
6	69	29	17	46	70	25	10	18	43	50	6	48	40	20	39	28	70	38	2	57	60
7	65	13	8								7	64	51	*							

p = 79

	I′										I″										
	0	1	2	3	4	5	6	7	8	9		0	1	2	3	4	5	6	7	8	9
0	78	8	66	61	1	53	32	52	62	34	0	39	4	12	38	78	62	21	77	1	68
1	19	67	2	46	44	31	21	28	73	36	1	37	61	53	26	51	33	63	59	24	10
2	69	6	42	47	18	37	13	41	50	27	2	56	16	50	44	55	69	72	29	17	48
3	59	71	70	15	57	74	35	10	3	*	3	64	15	6	65	9	36	19	25	46	43
4	43	51	77	39	23	60	38	40	29	76	4	47	27	22	40	14	71	13	23	73	58
5	22	14	65	12	72	24	20	63	49	17	5	28	41	7	5	70	60	67	34	75	30
6	55	11	5	16	30	33	68	56	9	25	6	45	3	8	57	76	52	2	11	66	20
7	54	45	26	48	75	58	64	7	4		7	32	31	54	18	35	74	49	42	*	

p = 83

	I′										I″										
	0	1	2	3	4	5	6	7	8	9		0	1	2	3	4	5	6	7	8	9
0	82	72	27	62	56	14	22	61	3	17	0	41	82	72	8	17	38	70	26	73	77
1	12	37	18	34	57	45	55	4	38	66	1	52	51	10	37	5	22	76	9	12	34
2	48	44	15	76	74	60	7	73	24	80	2	64	69	6	61	28	80	71	2	62	47
3	40	42	68	65	19	64	33	13	5	70	3	67	43	49	36	13	57	50	11	18	66
4	81	*	41	31	49	58	79	29	67	32	4	30	42	31	68	21	15	55	63	20	44
5	36	11	10	51	78	46	63	35	50	53	5	58	53	78	59	75	16	4	14	45	79
6	75	23	28	47	20	69	39	30	43	21	6	25	7	3	56	35	33	19	48	32	65
7	6	26	2	8	77	54	16	9	52	59	7	39	81	1	27	24	60	23	74	54	46
8	25	71	1								8	29	40	*							

p = 89

	I′										I″										
	0	1	2	3	4	5	6	7	8	9		0	1	2	3	4	5	6	7	8	9
0	88	32	86	25	37	13	18	55	5	71	0	44	16	48	39	46	8	64	68	83	23
1	29	51	57	56	82	69	1	81	35	66	1	21	34	82	5	35	43	88	70	6	78
2	27	10	63	9	30	59	76	53	72	28	2	50	30	85	33	51	3	61	20	29	10
3	21	80	70	23	11	14	75	61	58	3	3	24	87	1	84	63	18	41	4	56	52
4	42	36	46	15	*	60	4	83	2	52	4	77	66	40	75	60	76	42	69	81	57

p = 89 (Fortsetzung)

N	0	1	2	3	4	5	6	7	8	9
5	72	38	25	75	47	52	67	23	69	29
6	87	83	71	35	16	48	55	76	50	61
7	5	15	45	46	49	58	85	77	53	70
8	32	7	21	63	11	33	10	30	1	

I	0	1	2	3	4	5	6	7	8	9
5	68	7	55	78	19	66	41	36	75	43
6	15	69	47	83	8	5	13	56	38	58
7	79	62	50	20	27	53	67	77	40	42
8	46	4	37	61	26	76	45	60	44	

p = 97, g = 5, p − 1 = $2^5 \cdot 3$

N	0	1	2	3	4	5	6	7	8	9
0		5	25	28	43	21	8	40	6	30
1	53	71	64	29	48	46	36	83	27	38
2	93	77	94	82	22	13	65	34	73	74
3	79	7	35	78	2	10	50	56	86	42
4	16	80	12	60	9	45	31	58	96	92
5	72	69	54	76	89	57	91	67	44	26
6	33	68	49	51	61	14	70	59	4	20
7	3	15	75	84	32	63	24	23	18	90
8	62	19	95	87	47	41	11	55	81	17
9	85	37	88	52	66	39	1			

I	0	1	2	3	4	5	6	7	8	9
0		96	34	70	68	1	8	31	6	44
1	35	86	42	25	65	71	40	89	78	81
2	69	5	24	77	76	2	59	18	3	13
3	9	46	74	60	27	32	16	91	19	95
4	7	85	39	4	58	45	15	84	14	62
5	36	63	93	10	52	87	37	55	47	67
6	43	64	80	75	12	26	94	57	61	51
7	66	11	50	28	29	72	53	21	33	30
8	41	88	23	17	73	90	38	83	92	54
9	79	56	49	20	22	82	48			

p = 101, g = 2 p − 1 = $2^2 \cdot 5^2$

N	0	1	2	3	4	5	6	7	8	9
0		2	4	8	16	32	64	27	54	7
1	14	28	56	11	22	44	88	75	49	98
2	95	89	77	53	5	10	20	40	80	59
3	17	34	68	35	70	39	78	55	9	18
4	36	72	43	86	71	41	82	63	25	50
5	100	99	97	93	85	69	37	74	47	94
6	87	73	45	90	79	57	13	26	52	3
7	6	12	24	48	96	91	81	61	21	42
8	84	67	33	66	31	62	23	46	92	83
9	65	29	58	15	30	60	19	38	76	51
10	1									

I	0	1	2	3	4	5	6	7	8	9
0		100	1	69	2	24	70	9	3	38
1	25	13	71	66	10	93	4	30	39	96
2	26	78	14	86	72	48	67	7	11	91
3	94	84	5	82	31	33	40	56	97	35
4	27	45	79	42	15	62	87	58	73	18
5	49	99	68	23	8	37	12	65	92	29
6	95	77	85	47	6	90	83	81	32	55
7	34	44	41	61	57	17	98	22	36	64
8	28	76	46	89	80	54	43	60	16	21
9	63	75	88	53	59	20	74	52	19	51
10	50									

p = 103, g = 5, p − 1 = 2 · 3 · 17

N	0	1	2	3	4	5	6	7	8	9
0		5	25	22	7	35	72	51	49	39
1	92	48	34	67	26	27	32	57	79	86
2	18	90	38	87	23	12	60	94	58	84
3	8	40	97	73	56	74	61	99	83	3
4	15	75	66	21	2	10	50	44	14	70

I	0	1	2	3	4	5	6	7	8	9
0		102	44	39	88	1	83	4	30	78
1	45	61	25	72	48	40	74	70	20	80
2	89	43	3	24	69	2	14	15	92	86
3	84	57	16	100	12	5	64	93	22	9
4	31	50	87	77	47	79	68	85	11	8

p = 89

	I'										I''									
	0	1	2	3	4	5	6	7	8	9	0	1	2	3	4	5	6	7	8	9
5	20	24	39	67	65	78	38	49	79	87	62	11	49	27	73	7	13	12	38	25
6	44	26	50	34	6	74	41	77	7	47	45	37	79	22	71	54	19	53	74	15
7	17	64	73	54	68	43	45	40	19	62	32	9	28	72	65	36	26	67	55	58
8	85	48	12	8	33	22	84	31	16		31	17	14	47	86	80	2	59	*	

p = 97

	I'										I''									
	0	1	2	3	4	5	6	7	8	9	0	1	2	3	4	5	6	7	8	9
0	96	8	59	13	58	24	44	85	31	46	48	68	76	18	39	69	31	95	1	13
1	52	50	26	9	62	84	91	73	3	95	93	66	75	3	84	45	32	23	59	91
2	22	33	82	17	77	65	94	32	29	72	49	53	20	88	5	42	12	60	50	28
3	41	6	16	30	70	86	63	55	83	4	33	8	27	21	96	44	62	87	90	85
4	89	88	25	64	35	15	74	67	*	20	71	30	86	67	6	58	9	55	82	56
5	28	66	87	21	79	47	49	61	45	18	11	61	10	72	92	37	79	94	4	2
6	27	51	36	93	80	71	11	43	1	5	74	57	14	36	43	25	51	47	70	81
7	68	40	53	90	60	12	2	76	81	56	34	65	29	17	46	80	77	24	89	54
8	75	69	48	92	14	39	42	37	23	78	64	78	22	38	15	7	35	52	41	40
9	38	19	54	10	57	7	34				73	16	83	63	26	19	*			

p = 101

	I'										I''									
	0	1	2	3	4	5	6	7	8	9	0	1	2	3	4	5	6	7	8	9
0	100	69	24	38	30	82	90	11	37	3	50	100	69	9	93	84	47	67	23	70
1	93	91	65	71	86	62	21	98	49	51	66	7	37	25	78	42	60	57	73	52
2	74	63	36	8	70	13	78	45	76	95	59	16	98	68	2	38	96	35	64	92
3	39	33	55	40	44	27	64	12	25	96	4	82	81	31	55	97	22	8	3	30
4	56	61	15	60	41	79	89	6	67	99	33	44	79	54	34	27	76	85	72	18
5	*	50	19	59	43	34	97	17	73	20	51	19	74	88	80	32	40	61	87	53
6	16	57	87	75	28	92	10	7	23	2	43	41	15	21	36	12	71	48	99	1
7	9	66	48	18	52	88	46	85	14	42	24	13	86	58	20	63	28	95	26	45
8	54	32	31	81	5	47	72	58	53	80	89	83	5	90	94	77	14	62	75	46
9	83	94	29	4	84	77	26	35	22	68	6	11	65	10	91	29	39	56	17	49
10	1										*									

p = 103

	I'										I''									
	0	1	2	3	4	5	6	7	8	9	0	1	2	3	4	5	6	7	8	9
0	102	83	14	24	30	64	33	58	46	31	51	88	69	43	83	12	67	46	11	22
1	96	8	5	56	15	92	100	28	75	23	76	85	100	42	2	14	57	34	53	71
2	80	76	9	91	69	72	36	81	98	71	70	99	93	19	3	61	98	96	17	38
3	78	50	52	35	17	41	101	90	29	88	4	9	55	6	62	33	26	52	94	44
4	74	66	13	3	39	61	7	79	40	67	48	35	73	89	102	78	8	77	72	63

p = 103 (Fortsetzung)

N											I										
	0	1	2	3	4	5	6	7	8	9		0	1	2	3	4	5	6	7	8	9
5	41	102	98	78	81	96	68	31	52	54	5	46	7	58	97	59	62	34	17	28	98
6	64	11	55	69	36	77	76	71	46	24	6	26	36	101	82	60	73	42	13	56	63
7	17	85	13	65	16	80	91	43	9	45	7	49	67	6	33	35	41	66	65	53	18
8	19	95	63	6	30	47	29	42	4	20	8	75	54	94	38	29	71	19	23	91	99
9	100	88	28	37	82	101	93	53	59	89	9	21	76	10	96	27	81	55	32	52	37
10	33	62	1								10	90	95	51							

p = 107, g = 2, p − 1 = 2 · 53

N											I										
	0	1	2	3	4	5	6	7	8	9		0	1	2	3	4	5	6	7	8	9
0		2	4	8	16	32	64	21	42	84	0		106	1	70	2	47	71	43	3	34
1	61	15	30	60	13	26	52	104	101	95	1	48	22	72	14	44	11	4	29	35	78
2	83	59	11	22	44	88	69	31	62	17	2	49	7	23	62	73	94	15	104	45	32
3	34	68	29	58	9	18	36	72	37	74	3	12	27	5	92	30	90	36	38	79	84
4	41	82	57	7	14	28	56	5	10	20	4	50	40	8	59	24	81	63	66	74	86
5	40	80	53	106	105	103	99	91	75	43	5	95	99	16	52	105	69	46	42	33	21
6	86	65	23	46	92	77	47	94	81	55	6	13	10	28	77	6	61	93	103	31	26
7	3	6	12	24	48	96	85	63	19	38	7	91	89	37	83	39	58	80	65	85	98
8	76	45	90	73	39	78	49	98	89	71	8	51	68	41	20	9	76	60	102	25	88
9	35	70	33	66	25	50	100	93	79	51	9	82	57	64	97	67	19	75	101	87	56
10	102	97	87	67	27	54	1				10	96	18	100	55	17	54	53			

p = 109, g = 6, p − 1 = $2^2 \cdot 3^3$

N											I										
	0	1	2	3	4	5	6	7	8	9		0	1	2	3	4	5	6	7	8	9
0		6	36	107	97	37	4	24	35	101	0		108	57	52	6	76	1	40	63	104
1	61	39	16	96	31	77	26	47	64	57	1	25	83	58	67	97	20	12	93	53	75
2	15	90	104	79	38	10	60	33	89	98	2	82	92	32	33	7	44	16	48	46	34
3	43	40	22	23	29	65	63	51	88	92	3	77	14	69	27	42	8	2	5	24	11
4	7	42	34	95	25	41	28	59	27	53	4	31	45	41	30	89	72	90	17	64	80
5	100	55	3	18	108	103	73	2	12	72	5	101	37	73	49	105	51	103	19	91	47
6	105	85	74	8	48	70	93	13	78	32	6	26	10	71	36	18	35	84	95	99	85
7	83	62	45	52	94	19	5	30	71	99	7	65	78	59	56	62	96	81	15	68	23
8	49	76	20	11	66	69	87	86	80	44	8	88	100	102	70	98	61	87	86	38	28
9	46	58	21	17	102	67	75	14	84	68	9	21	107	39	66	74	43	13	4	29	79
10	81	50	82	56	9	54	106	91	1		10	50	9	94	55	22	60	106	3	54	

p = 113, g = 3, p − 1 = $2^4 \cdot 7$

N											I										
	0	1	2	3	4	5	6	7	8	9		0	1	2	3	4	5	6	7	8	9
0		3	9	27	81	17	51	40	7	21	0		112	12	1	24	83	13	8	36	2
1	63	76	2	6	18	54	49	34	102	80	1	95	74	25	22	20	84	48	5	14	99
2	14	42	13	39	4	12	36	108	98	68	2	107	9	86	41	37	54	34	3	32	89
3	91	47	28	84	26	78	8	24	72	103	3	96	50	60	75	17	91	26	67	111	23
4	83	23	69	94	56	55	52	43	16	48	4	7	94	21	47	98	85	53	31	49	16

p = 103

	I′										I″										
	0	1	2	3	4	5	6	7	8	9		0	1	2	3	4	5	6	7	8	9
5	87	*	37	18	94	32	63	16	97	62	5	31	95	32	65	75	81	13	84	7	97
6	73	25	34	49	93	53	65	6	85	2	6	82	45	59	56	5	66	41	49	79	24
7	20	19	48	42	70	54	10	47	45	68	7	74	29	25	60	40	18	21	87	30	47
8	89	55	60	4	57	11	84	77	1	43	8	20	27	101	1	86	68	92	50	39	80
9	95	99	86	22	38	51	27	59	26	21	9	37	23	15	64	54	90	10	58	28	91
10	12	82	44								10	16	36	*							

p = 107

	I′										I″										
	0	1	2	3	4	5	6	7	8	9		0	1	2	3	4	5	6	7	8	9
0	106	70	47	34	29	92	61	23	59	76	0	53	106	70	43	11	27	77	49	40	20
1	28	4	27	10	44	104	52	54	100	75	1	13	44	32	21	72	94	99	55	96	67
2	9	13	72	62	81	88	91	5	77	35	2	41	33	48	7	59	102	31	12	10	4
3	90	26	12	21	48	78	38	83	79	58	3	92	103	45	42	3	29	90	89	36	83
4	8	20	33	3	11	32	42	71	22	7	4	50	68	46	71	14	104	69	2	34	78
5	40	68	105	*	53	17	96	64	80	24	5	84	98	16	54	17	100	87	82	39	8
6	102	93	73	66	97	85	74	19	41	46	6	76	6	23	81	57	80	63	97	51	105
7	2	43	14	94	86	101	60	6	49	84	7	1	47	22	62	66	19	9	28	35	38
8	65	63	57	39	50	98	95	56	82	37	8	58	24	88	37	79	65	74	101	25	91
9	36	89	30	103	15	99	18	67	51	16	9	30	26	5	61	73	86	56	64	85	95
10	55	87	25	31	45	69	1				10	18	75	60	93	15	52	*			

p = 109

	I′										I″										
	0	1	2	3	4	5	6	7	8	9		0	1	2	3	4	5	6	7	8	9
0	108	40	5	54	29	24	76	44	2	94	0	54	76	8	106	13	2	52	33	42	50
1	71	31	93	4	69	68	48	64	35	91	1	26	24	20	43	77	81	44	90	36	103
2	12	107	60	88	11	83	10	42	21	79	2	97	28	55	68	5	104	47	69	38	4
3	89	45	33	7	77	84	18	73	28	66	3	41	11	92	32	46	18	71	101	86	107
4	63	30	8	13	16	41	34	26	46	105	4	1	45	27	74	7	31	48	91	16	73
5	9	103	6	75	*	22	62	52	67	56	5	79	105	57	93	3	94	59	108	83	78
6	106	87	96	104	80	78	74	97	23	27	6	22	98	56	40	17	85	39	58	15	14
7	98	36	90	49	43	82	1	14	59	50	7	102	10	89	37	66	53	6	34	65	29
8	101	15	92	58	95	65	38	86	100	72	8	64	96	75	25	35	99	87	61	23	30
9	17	47	32	53	55	99	81	20	61	85	9	72	19	82	12	9	84	62	67	70	95
10	102	37	70	19	25	51	3	39	57		10	88	80	100	51	63	49	60	21	*	

p = 113

	I′										I″										
	0	1	2	3	4	5	6	7	8	9		0	1	2	3	4	5	6	7	8	9
0	112	24	95	32	106	14	46	94	36	86	0	56	12	36	34	19	48	66	23	13	107
1	72	82	1	8	99	45	66	91	39	4	1	62	55	112	83	5	52	49	75	81	73
2	84	47	20	7	83	22	67	80	76	42	2	22	94	25	111	1	74	91	69	104	109
3	65	49	89	88	3	73	2	54	63	58	3	97	53	3	40	54	82	8	41	77	18
4	33	37	103	70	100	44	52	98	5	16	4	106	86	29	51	45	15	6	21	84	31

p = 113 (Fortsetzung)

N

	0	1	2	3	4	5	6	7	8	9
5	31	93	53	46	25	75	112	110	104	86
6	32	96	62	73	106	92	50	37	111	107
7	95	59	64	79	11	33	99	71	100	74
8	109	101	77	5	15	45	22	66	85	29
9	87	35	105	89	41	10	30	90	44	19
10	57	58	61	70	97	65	82	20	60	67
11	88	38	1							

I

	0	1	2	3	4	5	6	7	8	9
5	66	6	46	52	15	45	44	100	101	71
6	108	102	62	10	72	105	87	109	29	42
7	103	77	38	63	79	55	11	82	35	73
8	19	4	106	40	33	88	59	90	110	93
9	97	30	65	51	43	70	61	104	28	76
10	78	81	18	39	58	92	64	69	27	80
11	57	68	56							

p = 127, g = 3, $p - 1 = 2 \cdot 3^2 \cdot 7$

N

	0	1	2	3	4	5	6	7	8	9
0		3	9	27	81	116	94	28	84	125
1	121	109	73	92	22	66	71	86	4	12
2	36	108	70	83	122	112	82	119	103	55
3	38	114	88	10	30	90	16	48	17	51
4	26	78	107	67	74	95	31	93	25	75
5	98	40	120	106	64	65	68	77	104	58
6	47	14	42	126	124	118	100	46	11	33
7	99	43	2	6	18	54	35	105	61	56
8	41	123	115	91	19	57	44	5	15	45
9	8	24	72	89	13	39	117	97	37	111
10	79	110	76	101	49	20	60	53	32	96
11	34	102	52	29	87	7	21	63	62	59
12	50	23	69	80	113	85	1			

I

	0	1	2	3	4	5	6	7	8	9
0		126	72	1	18	87	73	115	90	2
1	33	68	19	94	61	88	36	38	74	84
2	105	116	14	121	91	48	40	3	7	113
3	34	46	108	69	110	76	20	98	30	95
4	51	80	62	71	86	89	67	60	37	104
5	120	39	112	107	75	29	79	85	59	119
6	106	78	118	117	54	55	15	43	56	122
7	22	16	92	12	44	49	102	57	41	100
8	123	4	26	23	8	125	17	114	32	93
9	35	83	13	47	6	45	109	97	50	70
10	66	103	111	28	58	77	53	42	21	11
11	101	99	25	124	31	82	5	96	65	27
12	52	10	24	81	64	9	63			

p = 131, g = 2, $p - 1 = 2 \cdot 5 \cdot 13$

N

	0	1	2	3	4	5	6	7	8	9
0		2	4	8	16	32	64	128	125	119
1	107	83	35	70	9	18	36	72	13	26
2	52	104	77	23	46	92	53	106	81	31
3	62	124	117	103	75	19	38	76	21	42
4	84	37	74	17	34	68	5	10	20	40
5	80	29	58	116	101	71	11	22	44	88
6	45	90	49	98	65	130	129	127	123	115
7	99	67	3	6	12	24	48	96	61	122
8	113	95	59	118	105	79	27	54	108	85
9	39	78	25	50	100	69	7	14	28	56
10	112	93	55	110	89	47	94	57	114	97
11	63	126	121	111	91	51	102	73	15	30
12	60	120	109	87	43	86	41	82	33	66
13	1									

I

	0	1	2	3	4	5	6	7	8	9
0		130	1	72	2	46	73	96	3	14
1	47	56	74	18	97	118	4	43	15	35
2	48	38	57	23	75	92	19	86	98	51
3	119	29	5	128	44	12	16	41	36	90
4	49	126	39	124	58	60	24	105	76	62
5	93	115	20	26	87	102	99	107	52	82
6	120	78	30	110	6	64	129	71	45	95
7	13	55	17	117	42	34	37	22	91	85
8	50	28	127	11	40	89	125	123	59	104
9	61	114	25	101	106	81	77	109	63	70
10	94	54	116	33	21	84	27	10	88	122
11	103	113	100	80	108	69	53	32	83	9
12	121	112	79	68	31	8	111	67	7	66
13	65									

p = 113

	I'										I''									
	0	1	2	3	4	5	6	7	8	9		0	1	2	3	4	5	6	7	8	9
5	60	43	15	31	34	11	*	68	92	90	5	96	65	46	85	37	79	68	80	39	88
6	75	104	10	79	69	51	6	111	56	27	6	50	70	102	38	92	30	16	26	57	64
7	61	108	105	19	25	17	78	38	81	55	7	43	101	10	35	95	60	28	103	76	63
8	57	18	35	13	48	53	41	109	59	96	8	27	78	11	24	20	98	9	105	33	32
9	110	26	64	97	21	74	50	30	85	107	9	59	17	58	110	7	2	89	93	47	14
10	101	71	62	77	28	87	40	9	102	29	10	44	100	108	42	61	72	4	99	71	87
11	93	23	12								11	90	67	*							

p = 127

	I'										I''									
	0	1	2	3	4	5	6	7	8	9		0	1	2	3	4	5	6	7	8	9
0	126	18	33	7	26	96	45	113	125	63	0	63	72	90	40	123	82	47	3	23	64
1	24	101	44	47	121	43	92	114	87	94	1	52	21	92	83	116	55	22	125	1	68
2	98	11	16	8	81	124	23	52	58	79	2	76	42	122	26	10	99	4	65	111	75
3	95	82	93	68	46	83	38	104	74	112	3	98	124	114	2	113	93	88	60	36	120
4	3	100	21	56	49	109	108	6	40	102	4	48	57	53	15	12	6	34	13	91	44
5	70	80	10	42	55	15	122	41	77	119	5	97	95	27	77	117	54	43	102	28	85
6	37	88	71	*	9	27	103	60	19	110	6	67	94	80	9	81	96	70	89	33	108
7	66	86	1	115	84	29	20	53	118	85	7	50	62	126	87	38	107	110	58	106	29
8	62	64	5	13	105	59	89	73	36	67	8	51	24	31	35	74	79	71	18	61	86
9	2	48	12	35	61	51	65	50	30	25	9	115	121	16	32	19	30	5	109	20	101
10	123	99	57	111	120	116	78	75	69	97	10	41	11	49	66	37	84	119	112	46	45
11	76	28	107	34	32	90	14	54	117	106	11	69	103	39	7	17	73	105	118	78	59
12	39	91	22	4	31	17	72				12	104	14	56	100	25	8	*			

p = 131

	I'										I''									
	0	1	2	3	4	5	6	7	8	9		0	1	2	3	4	5	6	7	8	9
0	130	72	46	14	43	128	64	66	111	121	0	65	130	72	96	118	29	110	67	31	83
1	88	40	16	55	47	35	41	117	97	86	1	27	127	44	95	3	43	12	55	74	92
2	26	84	91	75	105	101	87	10	127	5	2	115	33	37	57	60	114	20	84	50	119
3	110	8	83	21	37	48	90	22	57	124	3	78	68	53	116	42	15	41	34	48	126
4	89	36	34	15	12	95	73	56	38	126	4	11	16	117	4	128	71	2	14	35	90
5	28	119	82	32	116	17	74	23	60	104	5	85	98	107	69	94	13	47	38	124	123
6	24	114	93	70	129	*	65	7	31	53	6	58	104	76	109	6	66	7	111	79	108
7	94	45	2	96	18	92	62	109	30	68	7	63	129	1	46	56	23	105	81	120	112
8	108	77	120	9	27	50	98	102	122	125	8	100	106	52	32	21	91	19	26	10	40
9	49	85	19	115	54	13	3	118	51	107	9	36	22	75	62	70	45	73	18	86	102
10	80	106	99	113	61	76	81	52	69	63	10	113	25	87	122	59	24	101	99	80	77
11	6	67	79	100	25	20	33	42	4	29	11	30	8	121	103	61	93	54	17	97	51
12	78	112	103	59	58	123	39	11	44	71	12	82	9	88	125	39	89	49	28	5	64
13	1										13	*									

$p = 137$, $g = 3$, $p - 1 = 2^3 \cdot 17$

	N											I									
	0	1	2	3	4	5	6	7	8	9		0	1	2	3	4	5	6	7	8	9
0		3	9	27	81	106	44	132	122	92	0		136	10	1	20	75	11	42	30	2
1	2	6	18	54	25	75	88	127	107	47	1	85	122	21	25	52	76	40	38	12	46
2	4	12	36	108	50	13	39	117	77	94	2	95	43	132	125	31	14	35	3	62	91
3	8	24	72	79	100	26	78	97	17	51	3	86	73	50	123	48	117	22	102	56	26
4	16	48	7	21	63	52	19	57	34	102	4	105	119	53	97	6	77	135	19	41	84
5	32	96	14	42	126	104	38	114	68	67	5	24	39	45	131	13	61	72	47	101	104
6	64	55	28	84	115	71	76	91	136	134	6	96	134	83	44	60	100	133	59	58	126
7	128	110	56	31	93	5	15	45	135	131	7	127	65	32	128	112	15	66	28	36	33
8	119	83	112	62	49	10	30	90	133	125	8	115	4	129	81	63	113	107	92	16	109
9	101	29	87	124	98	20	60	43	129	113	9	87	67	9	74	29	121	51	37	94	124
10	65	58	37	111	59	40	120	86	121	89	10	34	90	49	116	55	118	5	18	23	130
11	130	116	74	85	118	80	103	35	105	41	11	71	103	82	99	57	64	111	27	114	80
12	123	95	11	33	99	23	69	70	73	82	12	106	108	8	120	93	89	54	17	70	98
13	109	53	22	66	61	46	1				13	110	79	7	88	69	78	68			

$p = 139$, $g = 2$, $p - 1 = 2 \cdot 3 \cdot 23$

	N											I									
	0	1	2	3	4	5	6	7	8	9		0	1	2	3	4	5	6	7	8	9
0		2	4	8	16	32	64	128	117	95	0		138	1	41	2	86	42	50	3	82
1	51	102	65	130	121	103	67	134	129	119	1	87	76	43	64	51	127	4	107	83	61
2	99	59	118	97	55	110	81	23	46	92	2	88	91	77	27	44	34	65	123	52	94
3	45	90	41	82	25	50	100	61	122	105	3	128	56	5	117	108	136	84	80	62	105
4	71	3	6	12	24	48	96	53	106	73	4	89	32	92	115	78	30	28	98	45	100
5	7	14	28	56	112	85	31	62	124	109	5	35	10	66	47	124	24	53	102	95	21
6	79	19	38	76	13	26	52	104	69	138	6	129	37	57	132	6	12	118	16	109	68
7	137	135	131	123	107	75	11	22	44	88	7	137	40	85	49	81	75	63	126	106	60
8	37	74	9	18	36	72	5	10	20	40	8	90	26	33	122	93	55	116	135	79	104
9	80	21	42	84	29	58	116	93	47	94	9	31	114	29	97	99	9	46	23	101	20
10	49	98	57	114	89	39	78	17	34	68	10	36	131	11	15	67	39	48	74	125	59
11	136	133	127	115	91	43	86	33	66	132	11	25	121	54	134	103	113	96	8	22	19
12	125	111	83	27	54	108	77	15	30	60	12	130	14	38	73	58	120	133	112	7	18
13	120	101	63	126	113	87	35	70	1		13	13	72	119	111	17	71	110	70	69	

$p = 149$, $g = 2$, $p - 1 = 2^2 \cdot 37$

	N											I									
	0	1	2	3	4	5	6	7	8	9		0	1	2	3	4	5	6	7	8	9
0		2	4	8	16	32	64	128	107	65	0		148	1	87	2	104	88	142	3	26
1	130	111	73	146	143	137	125	101	53	106	1	105	109	89	53	143	43	4	124	27	84
2	63	126	103	57	114	79	9	18	36	72	2	106	81	110	95	90	60	54	113	144	120
3	144	139	129	109	69	138	127	105	61	122	3	44	132	5	48	125	98	28	72	85	140
4	95	41	82	15	30	60	120	91	33	66	4	107	41	82	93	111	130	96	138	91	136
5	132	115	81	13	26	52	104	59	118	87	5	61	63	55	18	114	65	145	23	121	57
6	25	50	100	51	102	55	110	71	142	135	6	45	38	133	20	6	9	49	116	126	34
7	121	93	37	74	148	147	145	141	133	117	7	99	67	29	12	73	147	86	103	141	25
8	85	21	42	84	19	38	76	3	6	12	8	108	52	42	123	83	80	94	59	112	119
9	24	48	96	43	86	23	46	92	35	70	9	131	47	97	71	139	40	92	129	137	135

p = 137

I′

	0	1	2	3	4	5	6	7	8	9
0	136	20	85	62	129	18	77	88	120	74
1	1	42	46	61	35	66	109	70	23	41
2	75	25	102	130	39	52	105	114	36	121
3	2	14	128	115	90	3	33	94	12	45
4	38	84	30	132	60	131	95	101	117	116
5	123	37	76	97	17	118	26	64	126	58
6	100	72	91	113	111	32	28	9	*	78
7	98	103	47	50	29	11	40	135	68	7
8	106	63	99	44	24	122	73	67	69	54
9	49	86	16	89	124	43	134	6	110	57
10	133	104	56	82	96	119	108	92	8	87
11	79	27	15	107	80	4	55	22	5	53
12	93	51	21	48	34	31	127	65	112	81
13	71	13	125	59	83	19	10			

I″

	0	1	2	3	4	5	6	7	8	9
0	68	10	30	35	115	118	97	79	108	67
1	136	75	38	131	31	112	92	54	5	135
2	1	122	117	18	84	21	56	111	66	74
3	42	125	65	36	124	14	28	51	40	24
4	76	19	11	95	83	39	12	72	123	90
5	73	121	25	119	89	116	102	99	59	133
6	44	13	3	81	57	127	15	87	78	88
7	17	130	61	86	9	20	52	6	69	110
8	114	129	103	134	41	2	91	109	7	93
9	34	62	107	120	37	46	104	53	70	82
10	60	47	22	71	101	26	80	113	106	16
11	98	64	128	63	27	33	49	48	55	105
12	8	29	85	50	94	132	58	126	32	4
13	23	45	43	100	96	77	*			

p = 139

I′

	0	1	2	3	4	5	6	7	8	9
0	138	41	86	82	107	117	12	18	22	46
1	66	15	118	72	38	67	109	71	13	130
2	36	129	19	101	53	121	33	44	98	97
3	28	114	92	122	65	10	131	57	73	48
4	85	2	50	64	34	100	23	124	74	81
5	3	127	94	102	134	116	5	132	120	25
6	90	88	105	126	51	123	47	39	137	*
7	69	110	119	58	125	63	43	27	30	104
8	62	75	87	61	80	49	42	76	91	32
9	26	77	115	55	128	21	8	99	45	9
10	35	20	95	113	31	89	60	83	136	68
11	70	17	7	96	29	78	135	108	16	111
12	133	54	93	52	24	59	106	4	56	37
13	14	11	6	112	103	79	84	40	1	

I″

	0	1	2	3	4	5	6	7	8	9
0	69	138	41	50	127	56	132	112	96	99
1	35	131	6	18	130	11	118	111	7	22
2	101	95	8	46	124	59	90	77	30	114
3	78	104	89	26	44	100	20	129	14	67
4	137	1	86	76	27	98	9	66	39	85
5	42	64	123	24	121	93	128	37	73	125
6	106	83	80	75	43	34	10	15	109	70
7	110	17	13	38	48	81	87	91	115	135
8	84	49	3	107	136	40	2	82	61	105
9	60	88	32	122	52	102	113	29	28	97
10	45	23	53	134	79	62	126	4	117	16
11	71	119	133	103	31	92	55	5	12	72
12	58	25	33	65	47	74	63	51	94	21
13	19	36	57	120	54	116	108	68	*	

p = 149

I′

	0	1	2	3	4	5	6	7	8	9
0	148	87	104	26	124	48	9	32	115	49
1	101	146	73	75	30	35	21	64	114	8
2	6	36	56	121	51	108	105	84	72	12
3	76	100	10	66	99	31	7	19	133	128
4	92	82	123	4	132	38	70	97	125	116
5	78	122	42	143	113	18	37	45	118	112
6	54	63	17	55	22	145	11	29	14	127
7	39	139	85	147	*	74	13	68	117	58
8	94	110	93	80	106	140	103	2	142	53
9	60	136	129	111	59	90	138	71	28	67

I″

	0	1	2	3	4	5	6	7	8	9
0	74	148	87	142	43	132	20	36	19	6
1	32	66	29	76	68	127	134	62	55	37
2	133	16	64	145	102	141	3	124	98	67
3	14	35	7	115	126	15	21	56	45	70
4	139	107	52	143	120	57	118	131	5	9
5	101	24	108	89	60	63	22	121	79	94
6	90	136	135	61	17	114	33	99	77	117
7	46	97	28	12	75	13	30	100	50	122
8	83	106	41	123	27	72	147	1	104	109
9	95	138	40	82	80	110	130	47	125	34

p = 149 (Fortsetzung)

	N											I									
	0	1	2	3	4	5	6	7	8	9		0	1	2	3	4	5	6	7	8	9
10	140	131	113	77	5	10	20	40	80	11	10	62	17	64	22	56	37	19	8	115	33
11	22	44	88	27	54	108	67	134	119	89	11	66	11	146	102	24	51	122	79	58	118
12	29	58	116	83	17	34	68	136	123	97	12	46	70	39	128	134	16	21	36	7	32
13	45	90	31	62	124	99	49	98	47	94	13	10	101	50	78	117	69	127	15	35	31
14	39	78	7	14	28	56	112	75	1		14	100	77	68	14	30	76	13	75	74	

p = 151, g = 6, $p - 1 = 2 \cdot 3 \cdot 5^2$

	N											I									
	0	1	2	3	4	5	6	7	8	9		0	1	2	3	4	5	6	7	8	9
0		6	36	65	88	75	148	133	43	107	0		150	70	81	140	112	1	67	60	12
1	38	77	9	54	22	132	37	71	124	140	1	32	94	71	41	137	43	130	58	82	90
2	85	57	40	89	81	33	47	131	31	35	2	102	148	14	115	141	74	111	93	57	114
3	59	52	10	60	58	46	125	146	121	122	3	113	28	50	25	128	29	2	16	10	122
4	128	13	78	15	90	87	69	112	68	106	4	22	51	68	8	84	124	35	26	61	134
5	32	41	95	117	98	135	55	28	17	102	5	144	139	31	129	13	56	127	21	34	30
6	8	48	137	67	100	147	127	7	42	101	6	33	119	98	79	120	3	95	63	48	46
7	2	12	72	130	25	150	145	115	86	63	7	99	17	72	117	86	5	80	11	42	147
8	76	3	18	108	44	113	74	142	97	129	8	92	24	121	123	138	20	78	45	4	23
9	19	114	80	27	11	66	94	111	62	70	9	44	108	105	109	96	52	131	88	54	106
10	118	104	20	120	116	92	99	141	91	93	10	64	69	59	136	101	110	49	9	83	143
11	105	26	5	30	29	23	138	73	136	61	11	126	97	47	85	91	77	104	53	100	125
12	64	82	39	83	45	119	110	56	34	53	12	103	38	39	132	18	36	149	66	40	89
13	16	96	123	134	49	143	103	14	84	51	13	73	27	15	7	133	55	118	62	116	146
14	4	24	144	109	50	149	139	79	21	126	14	19	107	87	135	142	76	37	65	6	145
15	1										15	75									

p = 157, g = 5, $p - 1 = 2^2 \cdot 3 \cdot 13$

	N											I									
	0	1	2	3	4	5	6	7	8	9		0	1	2	3	4	5	6	7	8	9
0		5	25	125	154	142	82	96	9	45	0		156	141	82	126	1	67	147	111	8
1	68	26	130	22	110	79	81	91	141	77	1	142	28	52	26	132	83	96	40	149	124
2	71	41	48	83	101	34	13	65	11	55	2	127	73	13	135	37	2	11	90	117	129
3	118	119	124	149	117	114	99	24	120	129	3	68	62	81	110	25	148	134	116	109	108
4	17	85	111	84	106	59	138	62	153	137	4	112	21	58	113	154	9	120	92	22	138
5	57	128	12	60	143	87	121	134	42	53	5	143	122	152	59	75	29	102	50	114	45
6	108	69	31	155	147	107	64	6	30	150	6	53	85	47	155	66	27	95	72	10	61
7	122	139	67	21	105	54	113	94	156	152	7	133	20	119	121	101	84	94	19	93	15
8	132	32	3	15	75	61	148	112	89	131	8	97	16	6	23	43	41	98	55	139	88
9	27	135	47	78	76	66	116	80	86	116	9	150	17	105	144	77	125	7	131	123	36
10	109	74	56	123	144	92	146	102	39	38	10	128	24	107	153	137	74	44	65	60	100
11	33	8	40	43	58	133	37	28	140	72	11	14	42	87	76	35	136	99	34	30	31
12	46	73	51	98	19	95	4	20	100	29	12	38	56	70	103	32	3	140	146	51	39
13	145	97	14	70	36	23	115	104	49	88	13	12	89	80	115	57	91	151	49	46	71
14	126	2	10	50	93	151	127	7	35	18	14	118	18	5	54	104	130	106	64	86	33
15	90	136	52	103	44	63	1				15	69	145	79	48	4	63	78			

p = 149

	I'											I''									
	0	1	2	3	4	5	6	7	8	9		0	1	2	3	4	5	6	7	8	9
10	77	50	24	141	88	109	81	41	52	89	10	31	10	146	86	2	26	84	140	25	105
11	95	130	119	144	65	33	126	69	46	131	11	81	93	59	54	18	8	49	78	58	112
12	44	57	79	83	27	98	34	15	134	137	12	144	23	51	42	4	48	116	69	39	92
13	96	47	5	20	16	62	61	135	91	40	13	111	119	44	38	128	137	91	129	96	71
14	107	25	3	43	120	23	102	86	1		14	85	103	88	53	113	65	11	73	*	

p = 151

	I'											I''									
	0	1	2	3	4	5	6	7	8	9		0	1	2	3	4	5	6	7	8	9
0	150	67	16	95	23	80	145	133	84	83	0	75	112	29	120	45	86	65	15	68	49
1	122	42	32	56	115	7	10	72	36	107	1	16	80	60	129	148	27	2	99	132	146
2	78	34	51	44	121	128	61	15	50	2	2	138	127	122	4	92	50	35	73	113	128
3	33	129	94	119	30	26	149	65	39	132	3	34	139	12	30	21	124	18	76	103	38
4	89	137	147	130	108	4	99	85	46	9	4	66	71	11	137	23	78	48	97	63	110
5	25	68	131	100	106	118	127	114	82	136	5	28	22	96	104	88	133	13	93	130	69
6	12	134	116	48	69	6	40	60	8	59	6	67	26	118	95	106	37	149	1	51	64
7	81	41	117	27	111	*	37	104	45	120	7	150	94	17	89	141	145	142	91	20	98
8	11	140	90	143	124	91	5	135	54	73	8	5	70	58	9	8	47	117	107	131	40
9	102	77	24	57	71	63	52	47	79	17	9	82	85	147	111	32	3	109	126	119	46
10	125	110	148	38	53	109	64	87	105	96	10	53	136	90	125	77	108	54	19	44	105
11	49	93	1	28	113	141	146	86	62	98	11	101	74	140	114	57	14	62	72	55	33
12	3	123	22	138	35	103	97	21	29	13	12	79	24	10	121	84	100	143	56	25	31
13	58	88	18	55	144	142	101	43	20	31	13	43	52	39	7	61	87	59	41	123	144
14	112	74	76	126	139	75	19	92	14	66	14	81	115	135	83	134	6	116	42	102	36
15	70										15	*									

p = 157

	I'											I''									
	0	1	2	3	4	5	6	7	8	9		0	1	2	3	4	5	6	7	8	9
0	156	67	11	140	63	54	23	131	142	120	0	78	126	37	32	48	18	16	125	111	154
1	61	90	89	135	42	97	6	105	5	93	1	72	2	39	73	100	93	97	150	118	94
2	119	58	138	43	107	148	132	95	52	102	2	133	112	92	6	128	110	52	66	142	75
3	31	38	3	69	30	136	128	2	56	12	3	34	30	103	86	99	76	123	135	31	51
4	149	98	87	41	65	53	71	155	4	46	4	96	43	14	23	74	114	49	85	79	151
5	114	39	26	85	104	139	70	91	113	75	5	102	146	28	45	5	98	38	115	21	152
6	100	133	81	78	86	60	27	147	62	145	6	65	10	68	4	106	44	155	1	129	33
7	103	118	10	13	44	29	35	125	*	48	7	56	46	95	127	137	59	87	144	63	145
8	115	110	126	96	94	47	33	76	150	80	8	89	62	141	132	101	53	64	42	139	12
9	117	151	22	15	19	72	40	16	55	34	9	11	57	120	19	84	27	83	15	41	136
10	14	84	50	32	130	144	64	153	112	108	10	60	121	29	70	54	17	130	24	109	116
11	25	8	21	154	45	57	109	129	18	121	11	81	147	108	58	50	80	134	90	71	20
12	92	101	152	36	127	7	1	73	24	68	12	9	119	143	131	149	77	82	124	36	117
13	106	123	83	20	116	37	99	74	143	88	13	104	7	26	61	148	13	35	153	22	55
14	146	82	28	122	77	79	51	111	134	124	14	3	156	8	138	105	69	140	67	25	40
15	17	49	59	137	9	66	141				15	88	91	122	107	113	47	*			

$p = 163,\ g = 2,\ p - 1 = 2 \cdot 3^4$

	N											I									
	0	1	2	3	4	5	6	7	8	9		0	1	2	3	4	5	6	7	8	9
0		2	4	8	16	32	64	128	93	23	0		162	1	101	2	15	102	73	3	40
1	46	92	21	42	84	5	10	20	40	80	1	16	47	103	51	74	116	4	57	41	125
2	160	157	151	139	115	67	134	105	47	94	2	17	12	48	9	104	30	52	141	75	107
3	25	50	100	37	74	148	133	103	43	86	3	117	69	5	148	58	88	42	33	126	152
4	9	18	36	72	144	125	87	11	22	44	4	18	160	13	38	49	55	10	28	105	146
5	88	13	26	52	104	45	90	17	34	68	5	31	158	53	144	142	62	76	64	108	135
6	136	109	55	110	57	114	65	130	97	31	6	118	78	70	113	6	66	149	25	59	110
7	62	124	85	7	14	28	56	112	61	122	7	89	92	43	137	34	131	127	120	153	95
8	81	162	161	159	155	147	131	99	35	70	8	19	80	161	100	14	72	39	46	50	115
9	140	117	71	142	121	79	158	153	143	123	9	56	124	11	8	29	140	106	68	147	87
10	83	3	6	12	24	48	96	29	58	116	10	32	151	159	37	54	27	145	157	143	61
11	69	138	113	63	126	89	15	30	60	120	11	63	134	77	112	65	24	109	91	136	130
12	77	154	145	127	91	19	38	76	152	141	12	119	94	79	99	71	45	114	123	7	139
13	119	75	150	137	111	59	118	73	146	129	13	67	86	150	36	26	156	60	133	111	23
14	95	27	54	108	53	106	49	98	33	66	14	90	129	93	98	44	122	138	85	35	155
15	132	101	39	78	156	149	135	107	51	102	15	132	22	128	97	121	84	154	21	96	83
16	41	82	1								16	20	82	81							

$p = 167,\ g = 5,\ p - 1 = 2 \cdot 83$

	N											I									
	0	1	2	3	4	5	6	7	8	9		0	1	2	3	4	5	6	7	8	9
0		5	25	125	124	119	94	136	12	60	0		166	40	94	80	1	134	118	120	22
1	133	164	152	92	126	129	144	52	93	131	1	41	28	8	103	158	95	160	53	62	58
2	154	102	9	45	58	123	114	69	11	55	2	81	46	68	99	48	2	143	116	32	150
3	108	39	28	140	32	160	132	159	127	134	3	135	90	34	122	93	119	102	61	98	31
4	2	10	50	83	81	71	21	105	24	120	4	121	97	86	87	108	23	139	132	88	70
5	99	161	137	17	85	91	121	104	19	95	5	42	147	17	109	156	29	72	152	24	113
6	141	37	18	90	116	79	61	138	22	110	6	9	66	130	140	74	104	162	165	133	27
7	49	78	56	113	64	153	97	151	87	101	7	159	45	142	89	101	96	138	146	71	65
8	4	20	100	166	162	142	42	43	48	73	8	161	44	137	43	126	54	127	78	148	154
9	31	155	107	34	3	15	75	41	38	23	9	63	55	13	18	6	59	128	76	110	50
10	115	74	36	13	65	158	122	109	44	53	10	82	79	21	157	57	47	149	92	30	107
11	98	156	112	59	128	139	27	135	7	35	11	69	155	112	73	26	100	64	125	153	5
12	8	40	33	165	157	117	84	86	96	146	12	49	56	106	25	4	3	14	38	114	15
13	62	143	47	68	6	30	150	82	76	46	13	144	19	36	10	39	117	7	52	67	115
14	63	148	72	26	130	149	77	51	88	106	14	33	60	85	131	16	151	129	164	141	145
15	29	145	57	118	89	111	54	103	14	70	15	136	77	12	75	20	91	111	124	105	37
16	16	80	66	163	147	67	1				16	35	51	84	163	11	123	83			

$p = 173,\ g = 2,\ p - 1 = 2^2 \cdot 43$

	N											I									
	0	1	2	3	4	5	6	7	8	9		0	1	2	3	4	5	6	7	8	9
0		2	4	8	16	32	64	128	83	166	0		172	1	27	2	39	28	95	3	54
1	159	145	117	61	122	71	142	111	49	98	1	40	23	29	130	96	66	4	73	55	33
2	23	46	92	11	22	44	88	3	6	12	2	41	122	24	20	30	78	131	81	97	144
3	24	48	96	19	38	76	152	131	89	5	3	67	102	5	50	74	134	56	162	34	157
4	10	20	40	80	160	147	121	69	138	103	4	42	138	123	84	25	93	21	64	31	18

p = 163

I′

	0	1	2	3	4	5	6	7	8	9
0	162	101	15	40	57	148	66	139	29	104
1	28	8	48	38	72	102	47	12	160	80
2	82	96	128	90	109	59	156	145	105	140
3	52	158	151	126	131	155	26	54	49	46
4	16	125	33	137	122	114	50	103	9	55
5	115	74	141	144	27	10	124	41	88	110
6	133	63	76	134	108	24	149	86	147	5
7	113	45	39	3	116	107	64	112	70	99
8	161	*	81	20	154	35	150	32	42	92
9	129	136	43	98	79	19	83	121	44	71
10	14	2	73	51	30	146	68	117	135	91
11	89	23	65	6	123	56	4	69	78	94
12	153	84	138	7	11	17	152	120	97	93
13	119	127	22	111	77	118	130	34	85	67
14	106	75	62	61	142	157	31	87	58	25
15	36	159	18	95	21	132	60	143	53	37
16	13	100	1							

I″

	0	1	2	3	4	5	6	7	8	9
0	81	162	101	73	116	69	113	123	11	48
1	55	124	17	160	100	2	40	125	152	95
2	83	154	132	111	65	149	36	54	10	8
3	104	146	87	42	137	85	150	159	13	72
4	3	57	88	92	98	71	39	16	12	38
5	46	103	30	158	37	49	115	4	148	25
6	156	143	142	61	76	112	6	139	106	117
7	78	99	14	102	51	141	62	134	118	94
8	19	82	20	96	121	138	67	147	58	110
9	23	109	89	129	119	153	21	128	93	79
10	161	1	15	47	9	28	140	75	64	24
11	59	133	77	70	45	50	74	107	135	130
12	127	97	44	114	56	41	33	131	22	90
13	136	34	155	60	63	108	91	43	122	7
14	29	52	144	157	53	27	105	68	5	66
15	86	32	126	120	84	35	26	145	31	151
16	18	80	*							

p = 167

I′

	0	1	2	3	4	5	6	7	8	9
0	166	134	143	14	3	49	59	52	103	66
1	39	123	75	18	38	144	151	109	6	36
2	91	157	41	139	113	4	100	159	8	72
3	107	121	150	60	122	51	10	35	114	117
4	94	28	147	126	137	142	68	149	2	56
5	82	84	67	62	127	13	106	47	81	128
6	85	98	58	55	125	161	130	115	99	155
7	42	65	152	26	104	20	110	12	148	21
8	1	46	79	*	163	131	87	108	70	101
9	34	111	30	119	80	160	138	86	31	48
10	64	96	61	158	162	37	25	69	23	156
11	50	124	73	9	15	33	32	7	120	102
12	22	97	93	83	105	153	54	78	76	164
13	140	16	88	27	118	90	77	43	146	132
14	74	145	89	116	19	136	71	17	154	92
15	135	129	24	5	63	112	29	57	95	45
16	53	44	165	11	141	133	40			

I″

	0	1	2	3	4	5	6	7	8	9
0	83	80	48	4	25	153	18	117	28	113
1	36	163	77	55	3	114	131	147	13	144
2	75	79	120	108	152	106	73	133	41	156
3	92	98	116	115	90	37	19	105	14	10
4	166	22	70	137	161	159	81	57	99	5
5	110	35	7	160	126	63	49	157	62	6
6	33	102	53	154	100	71	9	52	46	107
7	88	146	29	112	140	12	128	136	127	82
8	94	58	50	123	51	60	97	86	132	142
9	135	20	149	122	40	158	101	121	61	68
10	26	89	119	8	74	124	56	30	87	17
11	76	91	155	24	38	67	143	39	134	93
12	118	31	34	11	111	64	43	54	59	151
13	66	85	139	165	1	150	145	44	96	23
14	130	164	45	2	15	141	138	42	78	47
15	32	16	72	125	148	69	109	21	103	27
16	95	65	104	84	129	162	*			

p = 173

I′

	0	1	2	3	4	5	6	7	8	9
0	172	27	39	54	73	50	169	111	124	114
1	44	167	148	103	165	57	153	99	79	77
2	30	64	129	29	20	93	38	2	95	130
3	78	18	121	41	157	118	127	52	94	28
4	23	122	138	108	115	164	14	135	160	133

I″

	0	1	2	3	4	5	6	7	8	9
0	86	172	27	95	66	102	149	107	139	89
1	152	58	146	68	46	135	91	63	31	121
2	24	93	53	40	122	84	171	1	39	23
3	20	64	72	55	162	105	110	170	26	2
4	54	33	157	151	10	167	69	75	142	101

p = 173 (Fortsetzung)

	N											I									
	0	1	2	3	4	5	6	7	8	9		0	1	2	3	4	5	6	7	8	9
5	33	66	132	91	9	18	36	72	144	115	5	79	100	132	155	82	62	98	60	145	147
6	57	114	55	110	47	94	15	30	60	120	6	68	13	103	149	6	169	51	70	75	47
7	67	134	95	17	34	68	136	99	25	50	7	135	15	57	166	163	105	35	118	158	151
8	100	27	54	108	43	86	172	171	169	165	8	43	108	139	8	124	112	85	171	26	38
9	157	141	109	45	90	7	14	28	56	112	9	94	53	22	129	65	72	32	121	19	77
10	51	102	31	62	124	75	150	127	81	162	10	80	143	101	49	133	161	156	137	83	92
11	151	129	85	170	167	161	149	125	77	154	11	63	17	99	154	61	59	146	12	148	168
12	135	97	21	42	84	168	163	153	133	93	12	69	46	14	165	104	117	150	107	7	111
13	13	26	52	104	35	70	140	107	41	82	13	170	37	52	128	71	120	76	142	48	160
14	164	155	137	101	29	58	116	59	118	63	14	136	91	16	153	58	11	167	45	164	116
15	126	79	158	143	113	53	106	39	78	156	15	106	110	36	127	119	141	159	90	152	10
16	139	105	37	74	148	123	73	146	119	65	16	44	115	109	126	140	89	9	114	125	88
17	130	87	1								17	113	87	86							

p = 179, g = 2, p − 1 = 2 · 89

	N											I									
	0	1	2	3	4	5	6	7	8	9		0	1	2	3	4	5	6	7	8	9
0		2	4	8	16	32	64	128	77	154	0		178	1	108	2	138	109	171	3	38
1	129	79	158	137	95	11	22	44	88	176	1	139	15	110	114	172	68	4	166	39	54
2	173	167	155	131	83	166	153	127	75	150	2	140	101	16	135	111	98	115	146	173	118
3	121	63	126	73	146	113	47	94	9	18	3	69	62	5	123	167	131	40	149	55	44
4	36	72	144	109	39	78	156	133	87	174	4	141	155	102	80	17	176	136	36	112	164
5	169	159	139	99	19	38	76	152	125	71	5	99	96	116	121	147	153	174	162	119	160
6	142	105	31	62	124	69	138	97	15	30	6	70	72	63	31	6	74	124	86	168	65
7	60	120	61	122	65	130	81	162	145	111	7	132	59	41	33	150	28	56	8	45	11
8	43	86	172	165	151	123	67	134	89	178	8	142	76	156	24	103	126	81	48	18	88
9	177	175	171	163	147	115	51	102	25	50	9	177	107	137	170	37	14	113	67	165	53
10	100	21	42	84	168	157	135	91	3	6	10	100	134	97	145	117	61	122	130	148	43
11	12	24	48	96	13	26	52	104	29	58	11	154	79	175	35	163	95	120	152	161	159
12	116	53	106	33	66	132	85	170	161	143	12	71	30	73	85	64	58	32	27	7	10
13	107	35	70	140	101	23	46	92	5	10	13	75	23	125	47	87	106	169	13	66	52
14	20	40	80	160	141	103	27	54	108	37	14	133	144	60	129	42	78	34	94	151	158
15	74	148	117	55	110	41	82	164	149	119	15	29	84	57	26	9	22	46	105	12	51
16	59	118	57	114	49	98	17	34	68	136	16	143	128	77	93	157	83	25	21	104	50
17	93	7	14	28	56	112	45	90	1		17	127	92	82	20	49	91	19	90	89	

p = 181, g = 2, p − 1 = $2^2 \cdot 3^2 \cdot 5$

	N											I									
	0	1	2	3	4	5	6	7	8	9		0	1	2	3	4	5	6	7	8	9
0		2	4	8	16	32	64	128	75	150	0		180	1	56	2	156	57	15	3	112
1	119	57	114	47	94	7	14	28	56	112	1	157	62	58	164	16	32	4	175	113	135
2	43	86	172	163	145	109	37	74	148	115	2	158	71	63	53	59	132	165	168	17	48
3	49	98	15	30	60	120	59	118	55	110	3	33	99	5	118	176	171	114	26	136	40
4	39	78	156	131	81	162	143	105	29	58	4	159	83	72	20	64	88	54	13	60	30

p = 173

I′

	0	1	2	3	4	5	6	7	8	9
5	74	70	128	22	40	33	162	166	11	146
6	145	59	98	17	31	72	4	102	13	46
7	75	120	32	55	134	47	142	80	131	100
8	143	97	62	92	25	171	*	86	113	9
9	152	16	63	21	53	3	66	144	60	154
10	132	49	5	149	117	35	110	7	139	126
11	36	170	85	87	125	109	106	150	158	141
12	76	19	24	84	112	88	140	119	71	65
13	96	81	155	161	56	15	91	83	123	8
14	89	159	48	101	67	147	12	68	168	6
15	107	43	10	58	61	82	137	42	151	90
16	136	156	34	105	116	104	163	45	69	51
17	37	26	1							

I″

	0	1	2	3	4	5	6	7	8	9
5	5	169	37	94	3	73	134	15	153	61
6	98	154	82	92	21	129	96	144	147	168
7	51	128	65	4	50	70	120	19	30	18
8	77	131	155	137	123	112	87	113	125	140
9	159	136	83	25	38	28	130	81	62	17
10	79	143	67	13	165	163	116	150	43	115
11	106	7	124	88	9	44	164	104	35	127
12	71	32	41	138	8	114	109	36	52	22
13	29	78	100	49	74	47	160	156	42	108
14	126	119	76	80	97	60	59	145	12	103
15	117	158	90	16	99	132	161	34	118	141
16	48	133	56	166	45	14	57	11	148	6
17	111	85	*							

p = 179

I′

	0	1	2	3	4	5	6	7	8	9
0	178	108	138	38	166	123	74	10	45	22
1	75	142	51	66	113	110	135	176	88	90
2	49	104	46	125	103	21	9	7	56	84
3	73	6	27	150	94	163	112	14	139	54
4	149	33	78	154	141	11	105	87	18	91
5	127	143	133	100	140	44	8	26	32	41
6	129	122	5	31	58	132	52	165	4	62
7	72	30	63	85	124	23	156	93	34	175
8	17	48	20	25	57	64	168	106	177	*
9	89	19	82	157	151	120	116	145	115	96
10	134	16	80	126	50	12	169	137	2	171
11	114	98	164	67	172	146	121	61	69	160
12	152	147	130	167	86	47	81	92	77	42
13	148	40	59	144	97	111	36	170	109	15
14	101	155	76	128	60	117	173	153	43	55
15	28	158	161	174	79	102	24	83	29	71
16	70	159	119	95	99	53	39	131	65	13
17	37	3	68	118	162	35	136	107	1	

I″

	0	1	2	3	4	5	6	7	8	9
0	89	178	108	171	68	62	31	27	56	26
1	7	45	105	169	37	139	101	80	48	91
2	82	25	9	75	156	83	57	32	150	158
3	71	63	58	41	78	175	136	170	3	166
4	131	59	129	148	55	8	22	125	81	20
5	104	12	66	165	39	149	28	84	64	132
6	144	117	69	72	85	168	13	113	172	118
7	160	159	70	30	6	10	142	128	42	154
8	102	126	92	157	29	73	124	47	18	90
9	19	49	127	77	34	163	99	134	111	164
10	53	140	155	24	21	46	87	177	1	138
11	15	135	36	14	110	98	96	145	173	162
12	95	116	61	5	74	23	103	50	143	60
13	122	167	65	52	100	16	176	107	2	38
14	54	44	11	51	133	97	115	121	130	40
15	33	94	120	147	43	141	76	93	151	161
16	119	152	174	35	112	67	4	123	86	106
17	137	109	114	146	153	79	17	88	*	

p = 181

I′

	0	1	2	3	4	5	6	7	8	9
0	180	56	156	112	175	118	140	76	137	123
1	35	49	29	60	111	3	32	48	11	87
2	64	104	93	85	81	39	136	8	95	50
3	133	174	4	99	125	124	34	10	18	82
4	159	142	149	120	84	23	116	98	33	36

I″

	0	1	2	3	4	5	6	7	8	9
0	90	180	56	15	32	99	127	79	27	95
1	37	18	87	54	155	57	164	168	38	82
2	72	151	67	45	116	170	114	80	86	12
3	60	163	16	48	36	10	49	96	169	25
4	136	77	75	141	160	68	130	167	17	11

p = **181** (Fortsetzung)

	N											I									
	0	1	2	3	4	5	6	7	8	9		0	1	2	3	4	5	6	7	8	9
5	116	51	102	23	46	92	3	6	12	24	5	133	51	166	97	169	38	18	11	49	36
6	48	96	11	22	44	88	176	171	161	141	6	34	125	100	127	6	140	119	102	177	109
7	101	21	42	84	168	155	129	77	154	127	7	172	129	115	80	27	8	137	77	41	142
8	73	146	111	41	82	164	147	113	45	90	8	160	44	84	121	73	151	21	104	65	145
9	180	179	177	173	165	149	117	53	106	31	9	89	179	55	155	14	111	61	163	31	174
10	62	124	67	134	87	174	167	153	125	69	10	134	70	52	131	167	47	98	117	170	25
11	138	95	9	18	36	72	144	107	33	66	11	39	82	19	87	12	29	50	96	37	10
12	132	83	166	151	121	61	122	63	126	71	12	35	124	126	139	101	108	128	79	7	76
13	142	103	25	50	100	19	38	76	152	123	13	141	43	120	150	103	144	178	154	110	162
14	65	130	79	158	135	89	178	175	169	157	14	173	69	130	46	116	24	81	86	28	95
15	133	85	170	159	137	93	5	10	20	40	15	9	123	138	107	78	75	42	149	143	153
16	80	160	139	97	13	26	52	104	27	54	16	161	68	45	23	85	94	122	106	74	148
17	108	35	70	140	99	17	34	68	136	91	17	152	67	22	93	105	147	66	92	146	91
18	1										18	90									

p = **191**, g = 19, $p - 1 = 2 \cdot 5 \cdot 19$

	N											I									
	0	1	2	3	4	5	6	7	8	9		0	1	2	3	4	5	6	7	8	9
0		19	170	174	59	166	98	143	43	53	0		190	44	116	88	50	160	171	132	42
1	52	33	54	71	12	37	130	178	135	82	1	94	85	14	112	25	166	176	98	86	1
2	30	188	134	63	51	14	75	88	144	62	2	138	97	129	134	58	100	156	158	69	33
3	32	35	92	29	169	155	80	183	39	168	3	20	175	30	11	142	31	130	15	45	38
4	136	101	9	171	2	38	149	157	118	141	4	182	165	141	8	173	92	178	123	102	152
5	5	95	86	106	104	66	108	142	24	74	5	144	24	10	9	12	135	113	117	77	4
6	69	165	79	164	60	185	77	126	102	28	6	64	111	29	23	74	162	55	168	186	60
7	150	176	97	124	64	70	184	58	147	119	7	75	13	174	143	59	26	89	66	82	62
8	160	175	78	145	81	11	18	151	4	76	8	36	84	19	151	185	148	52	149	27	163
9	107	123	45	91	10	190	172	21	17	132	9	136	93	32	101	167	51	146	72	6	127
10	25	93	48	148	138	139	158	137	120	179	10	188	41	68	122	54	147	53	90	56	114
11	154	61	13	56	109	161	3	57	128	140	11	179	131	157	177	161	184	121	154	48	79
12	177	116	103	47	129	159	156	99	162	22	12	108	170	155	91	73	150	67	169	118	124
13	36	111	8	152	23	55	90	182	20	189	13	16	159	99	172	22	18	40	107	104	105
14	153	42	34	73	50	186	96	105	85	87	14	119	49	57	7	28	83	187	78	103	46
15	125	83	49	167	117	122	26	112	27	131	15	70	87	133	140	110	35	126	47	106	125
16	6	114	65	89	163	41	15	94	67	127	16	80	115	128	164	63	61	5	153	39	34
17	121	7	133	44	72	31	16	113	46	110	17	2	43	96	181	3	81	71	120	17	109
18	180	173	40	187	115	84	68	146	100	181	18	180	189	137	37	76	65	145	183	21	139
19	1										19	95									

p = **193**, g = 5, $p - 1 = 2^6 \cdot 3$

	N											I									
	0	1	2	3	4	5	6	7	8	9		0	1	2	3	4	5	6	7	8	9
0		5	25	125	46	37	185	153	186	158	0		192	34	84	68	1	118	104	102	168
1	18	90	64	127	56	87	49	52	67	142	1	35	183	152	141	138	85	136	31	10	145
2	131	76	187	163	43	22	110	164	48	47	2	69	188	25	162	186	2	175	60	172	123
3	42	17	85	39	2	10	50	57	92	74	3	119	82	170	75	65	105	44	5	179	33
4	177	113	179	123	36	180	128	61	112	174	4	103	151	30	24	59	169	4	29	28	16

p = 181

I′

	0	1	2	3	4	5	6	7	8	9
5	96	166	131	59	13	155	2	15	164	132
6	30	163	58	53	88	145	92	22	45	130
7	52	63	20	151	148	42	141	41	75	7
8	27	86	19	72	121	94	28	12	54	179
9	*	90	146	105	122	9	37	169	117	5
10	127	108	177	144	65	147	74	78	128	172
11	162	61	157	135	26	80	24	170	176	102
12	150	73	106	138	126	100	139	6	79	115
13	46	167	165	51	70	158	40	77	107	101
14	119	43	160	153	178	89	91	66	152	143
15	103	21	67	161	110	14	57	62	71	83
16	44	68	173	31	16	168	97	47	17	38
17	25	114	129	69	134	113	171	109	154	55
18	1									

I″

	0	1	2	3	4	5	6	7	8	9
5	29	133	70	63	88	179	1	156	62	53
6	13	111	157	71	20	104	147	152	161	173
7	134	158	83	121	106	78	7	137	107	128
8	115	24	39	159	44	23	81	19	64	145
9	91	146	66	22	85	28	50	166	47	33
10	125	139	119	150	21	93	122	138	101	177
11	154	14	3	175	171	129	46	98	5	140
12	43	84	94	9	35	34	124	100	108	172
13	69	52	59	30	174	113	26	8	123	126
14	6	76	41	149	103	65	92	105	74	42
15	120	73	148	143	178	55	2	112	135	40
16	142	153	110	61	58	132	51	131	165	97
17	117	176	109	162	31	4	118	102	144	89
18	*									

p = 191

I′

	0	1	2	3	4	5	6	7	8	9
0	190	138	43	81	64	153	127	28	173	12
1	9	142	135	174	112	45	159	109	40	151
2	175	139	18	74	10	166	89	163	83	23
3	11	130	101	20	2	126	84	76	182	34
4	107	68	94	96	116	38	70	106	79	57
5	160	146	149	90	147	168	114	7	100	26
6	75	5	36	61	111	145	82	169	122	33
7	87	120	6	150	162	13	65	4	103	108
8	115	71	62	187	19	14	1	133	50	66
9	56	73	178	32	85	*	181	129	86	172
10	156	167	152	46	105	119	125	104	170	180
11	35	29	25	117	179	128	88	77	124	49
12	17	154	54	102	16	80	47	188	164	134
13	15	157	42	140	58	113	93	37	97	95
14	110	8	31	59	24	183	72	53	52	27
15	67	185	144	39	48	91	158	177	69	99
16	171	184	55	136	63	141	176	51	186	118
17	155	132	22	92	143	30	98	161	123	131
18	189	3	165	21	121	148	60	78	41	137
19	44									

I″

	0	1	2	3	4	5	6	7	8	9
0	95	86	34	181	77	61	72	57	141	10
1	24	30	9	75	85	130	124	120	22	84
2	33	183	172	29	144	112	59	149	7	111
3	175	142	93	69	39	110	62	137	45	153
4	18	188	132	2	190	15	103	126	154	119
5	88	167	148	147	122	162	90	49	134	143
6	186	63	82	164	4	76	89	150	41	158
7	46	81	146	91	23	60	37	117	187	48
8	125	3	66	28	36	94	98	70	116	26
9	53	155	173	136	42	139	43	138	176	159
10	58	32	123	78	107	104	47	40	79	17
11	140	64	14	135	56	80	44	113	169	105
12	71	184	68	178	118	106	35	6	115	97
13	31	179	171	87	129	12	163	189	1	21
14	133	165	11	174	152	65	51	54	185	52
15	73	19	102	5	121	170	100	131	156	16
16	50	177	74	27	128	182	25	101	55	67
17	108	160	99	8	13	20	166	157	92	114
18	109	96	38	145	161	151	168	83	127	180
19	*									

p = 193

I′

	0	1	2	3	4	5	6	7	8	9
0	192	118	175	114	29	179	8	129	22	161
1	145	53	142	46	37	93	36	77	99	132
2	143	95	97	27	59	162	89	76	16	28
3	24	10	58	103	84	183	115	157	166	86
4	181	71	45	150	5	56	108	116	41	106

I″

	0	1	2	3	4	5	6	7	8	9
0	96	68	186	150	169	44	72	55	6	140
1	31	147	80	114	184	58	28	115	109	113
2	176	86	8	178	30	188	160	23	29	4
3	151	136	64	179	192	168	16	14	53	91
4	127	48	181	81	105	42	13	153	89	165

p = 193 (Fortsetzung)

	N											I									
	0	1	2	3	4	5	6	7	8	9		0	1	2	3	4	5	6	7	8	9
5	98	104	134	91	69	152	181	133	86	44	5	36	115	17	77	94	184	14	37	157	148
6	27	135	96	94	84	34	170	78	4	20	6	153	47	116	80	12	142	109	18	99	54
7	100	114	184	148	161	33	165	53	72	167	7	139	177	78	91	39	86	21	95	67	167
8	63	122	31	155	3	15	75	182	138	111	8	137	144	185	122	64	32	58	15	93	147
9	169	73	172	88	54	77	192	188	168	68	9	11	53	38	166	63	146	62	158	50	159
10	147	156	8	40	7	35	175	103	129	66	10	70	134	149	107	51	189	111	154	128	160
11	137	106	144	141	126	51	62	117	6	30	11	26	89	48	41	71	163	191	117	182	135
12	150	171	83	29	145	146	151	176	108	154	12	187	174	81	43	150	3	114	13	46	108
13	191	183	143	136	101	119	16	80	14	70	13	176	20	143	57	52	61	133	110	88	190
14	157	13	65	132	81	19	95	89	59	102	14	173	113	19	132	112	124	125	100	73	155
15	124	41	12	60	107	149	166	58	97	99	15	120	126	55	7	129	83	101	140	9	161
16	109	159	23	115	189	173	93	79	9	45	16	171	74	178	23	27	76	156	79	98	90
17	32	160	28	140	121	26	130	71	162	38	17	66	121	92	165	49	106	127	40	181	42
18	190	178	118	11	55	82	24	120	21	105	18	45	56	87	131	72	6	8	22	97	164
19	139	116	1								19	180	130	96							

p = 197, g = 2, $p - 1 = 2^2 \cdot 7^2$

	N											I									
	0	1	2	3	4	5	6	7	8	9		0	1	2	3	4	5	6	7	8	9
0		2	4	8	16	32	64	128	59	118	0		196	1	181	2	89	182	146	3	166
1	39	78	156	115	33	66	132	67	134	71	1	90	29	183	25	147	74	4	159	167	154
2	142	87	174	151	105	13	26	52	104	11	2	91	131	30	120	184	178	26	151	148	36
3	22	44	88	176	155	113	29	58	116	35	3	75	141	5	14	160	39	168	192	155	10
4	70	140	83	166	135	73	146	95	190	183	4	92	110	132	78	31	59	121	66	185	96
5	169	141	85	170	143	89	178	159	121	45	5	179	144	27	72	152	118	149	139	37	8
6	90	180	163	129	61	122	47	94	188	179	6	76	64	142	116	6	114	15	17	161	105
7	161	125	53	106	15	30	60	120	43	86	7	40	19	169	45	193	163	156	175	11	107
8	172	147	97	194	191	185	173	149	101	5	8	93	136	111	42	133	52	79	21	32	55
9	10	20	40	80	160	123	49	98	196	195	9	60	171	122	126	67	47	186	82	97	195
10	193	189	181	165	133	69	138	79	158	119	10	180	88	145	165	28	24	73	158	153	130
11	41	82	164	131	65	130	63	126	55	110	11	119	177	150	35	140	13	38	191	9	109
12	23	46	92	184	171	145	93	186	175	153	12	77	58	65	95	143	71	117	138	7	63
13	109	21	42	84	168	139	81	162	127	57	13	115	113	16	104	18	44	162	174	106	135
14	114	31	62	124	51	102	7	14	28	56	14	41	51	20	54	170	125	46	81	194	87
15	112	27	54	108	19	38	76	152	107	17	15	164	23	157	129	176	34	12	190	108	57
16	34	68	136	75	150	103	9	18	36	72	16	94	70	137	62	112	103	43	173	134	50
17	144	91	182	167	137	77	154	111	25	50	17	53	124	80	86	22	128	33	189	56	69
18	100	3	6	12	24	48	96	192	187	177	18	61	102	172	49	123	85	127	188	68	101
19	157	117	37	74	148	99	1				19	48	84	187	100	83	99	98			

p = 199, g = 3, $p - 1 = 2 \cdot 3^2 \cdot 11$

	N											I									
	0	1	2	3	4	5	6	7	8	9		0	1	2	3	4	5	6	7	8	9
0		3	9	27	81	44	132	197	193	181	0		198	106	1	14	138	107	142	120	2
1	145	37	111	134	4	12	36	108	125	176	1	46	189	15	172	50	139	28	123	108	55
2	130	191	175	127	182	148	46	138	16	48	2	152	143	97	118	121	78	80	3	156	70
3	144	34	102	107	122	167	103	110	131	194	3	47	164	134	190	31	82	16	11	161	173
4	184	154	64	192	178	136	10	30	90	71	4	60	167	51	88	5	140	26	76	29	86

p = 193

I′										
	0	1	2	3	4	5	6	7	8	9
5	159	189	61	38	139	7	87	52	15	169
6	172	133	158	146	32	105	121	167	1	188
7	134	163	6	155	178	65	156	94	91	98
8	12	43	170	101	68	136	21	131	190	48
9	66	39	165	147	184	67	*	164	90	54
10	73	140	168	151	102	44	127	51	176	18
11	88	154	124	19	13	17	80	182	104	82
12	126	92	64	119	125	100	55	40	160	83
13	96	72	112	110	149	187	31	144	85	177
14	9	138	109	57	185	69	62	11	153	107
15	3	30	141	47	128	120	79	148	50	70
16	26	171	186	191	180	49	63	137	35	4
17	75	74	123	113	81	60	20	78	23	33
18	130	42	135	152	14	122	2	174	25	111
19	173	117	34							

I″										
	0	1	2	3	4	5	6	7	8	9
5	158	107	57	11	99	126	45	143	32	24
6	175	52	146	166	122	75	90	95	84	145
7	159	41	131	100	171	170	27	17	177	156
8	116	174	119	129	34	138	39	56	110	26
9	98	78	121	15	77	21	130	22	79	18
10	125	83	104	33	118	65	49	149	46	142
11	133	189	132	173	3	36	47	191	1	123
12	155	66	185	172	112	124	120	106	154	7
13	180	87	19	61	70	182	85	167	141	54
14	101	152	12	20	137	10	63	93	157	134
15	43	103	183	148	111	73	76	37	62	50
16	128	9	25	71	97	92	38	67	102	59
17	82	161	60	190	187	2	108	139	74	5
18	164	40	117	35	94	144	162	135	69	51
19	88	163	*							

p = 197

I′										
	0	1	2	3	4	5	6	7	8	9
0	196	181	89	166	159	14	114	63	76	109
1	92	107	190	38	160	17	104	161	44	169
2	54	32	128	157	73	147	151	72	24	183
3	120	59	55	189	12	140	75	8	191	168
4	19	51	133	173	162	193	81	186	84	123
5	53	20	79	124	170	60	69	94	65	121
6	171	102	112	115	142	95	185	47	101	61
7	137	117	152	158	4	141	64	58	31	21
8	86	194	97	99	187	127	22	164	145	182
9	29	131	110	136	70	143	179	195	*	98
10	83	48	172	43	18	40	135	93	57	77
11	132	42	103	16	15	113	6	138	149	177
12	184	66	126	85	80	46	67	188	33	176
13	119	30	78	52	50	41	111	62	7	37
14	13	5	116	71	27	165	3	74	36	139
15	35	148	118	130	91	10	175	129	153	167
16	39	105	174	156	23	28	90	154	192	45
17	125	122	49	134	106	11	34	150	26	144
18	88	2	146	25	178	96	82	100	68	56
19	108	9	155	163	87	180	1			

I″										
	0	1	2	3	4	5	6	7	8	9
0	98	196	181	146	74	141	116	138	37	191
1	155	175	34	140	5	114	113	15	104	40
2	51	79	86	164	28	183	178	144	165	90
3	131	78	21	128	176	150	148	139	13	160
4	105	135	111	103	18	169	125	67	101	172
5	134	41	133	50	20	32	189	108	77	31
6	55	69	137	7	76	58	121	126	188	56
7	94	143	27	24	147	36	8	109	132	52
8	124	46	186	100	48	123	80	194	180	2
9	166	154	10	107	57	65	185	82	99	83
10	187	68	61	112	16	161	174	11	190	9
11	92	136	62	115	6	63	142	71	152	130
12	30	59	171	49	53	170	122	85	22	157
13	153	91	110	42	173	106	93	70	117	149
14	35	75	64	95	179	88	182	25	151	118
15	177	26	72	158	167	192	163	23	73	4
16	14	17	44	193	87	145	3	159	39	19
17	54	60	102	43	162	156	129	119	184	96
18	195	1	89	29	120	66	47	84	127	33
19	12	38	168	45	81	97	*			

p = 199

I′										
	0	1	2	3	4	5	6	7	8	9
0	198	14	46	156	75	140	197	99	39	24
1	59	161	170	141	138	172	11	147	52	196
2	38	43	19	148	127	85	76	54	123	86
3	10	82	36	17	168	65	94	12	6	113
4	149	104	112	8	53	171	189	164	116	122

I″										
	0	1	2	3	4	5	6	7	8	9
0	99	106	120	80	166	88	38	100	43	154
1	30	16	37	197	1	189	82	33	178	22
2	89	101	177	52	9	87	140	171	139	76
3	163	190	93	66	180	91	32	147	20	8
4	127	125	144	21	196	141	2	70	136	188

p = 199 (Fortsetzung)

N

	0	1	2	3	4	5	6	7	8	9
5	14	42	126	179	139	19	57	171	115	146
6	40	120	161	85	56	168	106	119	158	76
7	29	87	62	186	160	82	47	141	25	75
8	26	78	35	105	116	149	49	147	43	129
9	188	166	100	101	104	113	140	22	66	198
10	196	190	172	118	155	67	2	6	18	54
11	162	88	65	195	187	163	91	74	23	69
12	8	24	72	17	51	153	61	183	151	55
13	165	97	92	77	32	96	89	68	5	15
14	45	135	7	21	63	189	169	109	128	185
15	157	73	20	60	180	142	28	84	53	159
16	79	38	114	143	31	93	80	41	123	170
17	112	137	13	39	117	152	58	174	124	173
18	121	164	94	83	50	150	52	156	70	11
19	33	99	98	95	86	59	177	133	1	

I

	0	1	2	3	4	5	6	7	8	9
5	184	124	186	158	109	129	64	56	176	195
6	153	126	72	144	42	112	98	105	137	119
7	188	49	122	151	117	79	69	133	81	160
8	166	4	75	183	157	63	194	71	111	136
9	48	116	132	165	182	193	135	131	192	191
10	92	93	32	36	94	83	66	33	17	147
11	37	12	170	95	162	58	84	174	103	67
12	61	180	34	168	178	18	52	23	148	89
13	20	38	6	197	13	141	45	171	27	54
14	96	77	155	163	30	10	59	87	25	85
15	185	128	175	125	41	104	187	150	68	159
16	74	62	110	115	181	130	91	35	65	146
17	169	57	102	179	177	22	19	196	44	53
18	154	9	24	127	40	149	73	114	90	145
19	101	21	43	8	39	113	100	7	99	

p = 211, g = 2, p − 1 = 2 · 3 · 5 · 7

N

	0	1	2	3	4	5	6	7	8	9
0		2	4	8	16	32	64	128	45	90
1	180	149	87	174	137	63	126	41	82	164
2	117	23	46	92	184	157	103	206	201	191
3	171	131	51	102	204	197	183	155	99	198
4	185	159	107	3	6	12	24	48	96	192
5	173	135	59	118	25	50	100	200	189	167
6	123	35	70	140	69	138	65	130	49	98
7	196	181	151	91	182	153	95	190	169	127
8	43	86	172	133	55	110	9	18	36	72
9	144	77	154	97	194	177	143	75	150	89
10	178	145	79	158	105	210	209	207	203	195
11	179	147	83	166	121	31	62	124	37	74
12	148	85	170	129	47	94	188	165	119	27
13	54	108	5	10	20	40	80	160	109	7
14	14	28	56	112	13	26	52	104	208	205
15	199	187	163	115	19	38	76	152	93	186
16	161	111	11	22	44	88	176	141	71	142
17	73	146	81	162	113	15	30	60	120	29
18	58	116	21	42	84	168	125	39	78	156
19	101	202	193	175	139	67	134	57	114	17
20	34	68	136	61	122	33	66	132	53	106
21	1									

I

	0	1	2	3	4	5	6	7	8	9
0		210	1	43	2	132	44	139	3	86
1	133	162	45	144	140	175	4	199	87	154
2	134	182	163	21	46	54	145	129	141	179
3	176	115	5	205	200	61	88	118	155	187
4	135	17	183	80	164	8	22	124	47	68
5	55	32	146	208	130	84	142	197	180	52
6	177	203	116	15	6	66	206	195	201	64
7	62	168	89	170	119	97	156	91	188	102
8	136	172	18	112	184	121	81	12	165	99
9	9	73	23	158	125	76	48	93	69	38
10	56	190	33	26	147	104	209	42	131	138
11	85	161	143	174	198	153	181	20	53	128
12	178	114	204	60	117	186	16	79	7	123
13	67	31	207	83	196	51	202	14	65	194
14	63	167	169	96	90	101	171	111	120	11
15	98	72	157	75	92	37	189	25	103	41
16	137	160	173	152	19	127	113	59	185	78
17	122	30	82	50	13	193	166	95	100	110
18	10	71	74	36	24	40	159	151	126	58
19	77	29	49	192	94	109	70	35	39	150
20	57	28	191	108	34	149	27	107	148	106
21	105									

p = 199

	I′										I″										
	0	1	2	3	4	5	6	7	8	9		0	1	2	3	4	5	6	7	8	9
5	139	88	23	154	96	152	176	102	84	87	5	172	167	18	44	27	108	64	169	162	10
6	167	180	110	194	56	146	33	61	159	133	6	173	67	74	157	129	35	83	103	150	79
7	47	111	144	114	62	183	29	155	80	69	7	156	194	126	149	159	4	26	96	121	117
8	3	160	16	66	174	185	184	25	5	20	8	78	133	31	94	58	25	29	59	51	148
9	145	35	93	32	83	162	77	118	105	*	9	114	130	191	92	36	170	54	143	112	7
10	7	21	179	67	187	137	1	142	55	129	10	113	145	57	174	41	98	198	138	123	158
11	115	136	98	100	90	181	132	79	121	188	11	62	71	42	39	73	110	48	151	97	137
12	2	78	151	108	186	41	72	40	175	64	12	142	118	49	28	184	175	153	24	185	109
13	91	192	165	81	190	131	48	119	107	28	13	181	135	116	69	164	193	111	105	14	50
14	26	45	120	97	42	101	169	37	89	73	14	5	13	107	152	72	90	65	17	23	40
15	68	117	143	126	9	163	70	63	109	74	15	187	122	55	195	53	77	3	183	186	68
16	166	173	58	30	134	182	4	51	178	57	16	81	11	95	155	47	132	160	60	34	146
17	95	27	50	60	103	125	195	22	18	177	17	12	45	15	161	84	128	56	179	168	102
18	34	130	193	157	124	128	158	150	49	15	18	61	115	165	75	86	85	124	104	119	46
19	31	92	191	135	71	153	44	13	106		19	134	192	131	182	63	176	19	6	*	

p = 211

	I′										I″										
	0	1	2	3	4	5	6	7	8	9		0	1	2	3	4	5	6	7	8	9
0	210	43	132	86	199	205	66	123	22	73	0	105	210	43	139	175	115	15	79	164	99
1	71	98	165	193	65	6	79	183	112	127	1	110	120	81	50	202	116	186	135	172	152
2	53	46	124	158	40	103	147	107	191	49	2	181	163	8	73	36	189	33	149	57	77
3	82	207	146	26	149	39	24	189	56	150	3	122	67	55	190	108	70	74	92	69	35
4	159	137	131	2	139	144	54	68	93	192	4	24	103	209	1	132	162	21	124	76	29
5	13	202	177	128	145	32	190	28	77	185	5	82	196	180	20	46	68	38	150	126	113
6	117	88	168	167	62	194	206	31	55	38	6	204	200	64	194	201	14	6	123	47	93
7	35	74	157	23	36	92	48	29	122	7	7	109	10	98	9	71	157	125	58	185	16
8	164	12	50	196	142	161	133	154	118	170	8	183	121	30	207	130	138	3	199	61	168
9	101	188	37	69	109	100	90	156	72	9	9	96	156	75	48	192	166	169	119	11	165
10	110	171	136	41	209	*	105	148	34	70	10	95	90	188	25	147	106	148	27	191	94
11	10	120	184	59	204	5	15	186	155	97	11	100	171	18	127	178	176	203	60	88	170
12	11	81	30	67	47	76	58	113	178	141	12	111	184	78	7	22	158	151	19	53	145
13	84	138	44	162	182	17	172	160	85	3	13	208	42	2	86	154	187	102	41	131	44
14	175	179	197	174	140	129	208	104	106	27	14	144	129	84	161	45	54	32	26	107	34
15	57	126	19	181	134	187	91	75	125	151	15	39	159	173	198	87	118	97	72	23	40
16	173	143	45	21	8	99	95	169	89	96	16	137	85	133	182	80	12	193	63	62	167
17	119	111	18	152	198	4	115	203	114	176	17	89	101	136	160	143	140	179	52	128	141
18	52	20	163	80	121	78	16	135	102	25	18	197	153	134	17	112	59	117	155	91	37
19	33	108	94	166	63	201	51	180	153	87	19	56	28	49	13	65	206	83	142	174	4
20	61	64	14	116	60	200	195	83	130	42	20	205	195	51	177	114	5	66	31	146	104
21	1										21	*									

$p = \mathbf{223}, \; g = 3, \; p - 1 = 2 \cdot 3 \cdot 37$

N

	0	1	2	3	4	5	6	7	8	9
0		3	9	27	81	20	60	180	94	59
1	177	85	32	96	65	195	139	194	136	185
2	109	104	89	44	132	173	73	219	211	187
3	115	122	143	206	172	70	210	184	106	95
4	62	186	112	113	116	125	152	10	30	90
5	47	141	200	154	16	48	144	209	181	97
6	68	204	166	52	156	22	66	198	148	221
7	217	205	169	61	183	103	86	35	105	92
8	53	159	31	93	56	168	58	174	76	5
9	15	45	135	182	100	77	8	24	72	216
10	202	160	34	102	83	26	78	11	33	99
11	74	222	220	214	196	142	203	163	43	129
12	164	46	138	191	127	158	28	84	29	87
13	38	114	119	134	179	91	50	150	4	12
14	36	108	101	80	17	51	153	13	39	117
15	128	161	37	111	110	107	98	71	213	193
16	133	176	82	23	69	207	175	79	14	42
17	126	155	19	57	171	67	201	157	25	75
18	2	6	18	54	162	40	120	137	188	118
19	131	170	64	192	130	167	55	165	49	147
20	218	208	178	88	41	123	146	215	199	151
21	7	21	63	189	121	140	197	145	212	190
22	124	149	1							

I

	0	1	2	3	4	5	6	7	8	9
0		222	180	1	138	89	181	210	96	2
1	47	107	139	147	168	90	54	144	182	172
2	5	211	65	163	97	178	105	3	126	128
3	48	82	12	108	102	77	140	152	130	148
4	185	204	169	118	23	91	121	50	55	198
5	136	145	63	80	183	196	84	173	86	9
6	6	73	40	212	192	14	66	175	60	164
7	35	157	98	26	110	179	88	95	106	167
8	143	4	162	104	127	11	76	129	203	22
9	49	135	79	83	8	39	13	59	156	109
10	94	142	103	75	21	78	38	155	141	20
11	154	153	42	43	131	30	44	149	189	132
12	186	214	31	205	220	45	170	124	150	119
13	194	190	24	160	133	92	18	187	122	16
14	215	51	115	32	56	217	206	199	68	221
15	137	209	46	146	53	171	64	177	125	81
16	101	151	184	117	120	197	62	195	85	72
17	191	174	34	25	87	166	161	10	202	134
18	7	58	93	74	37	19	41	29	188	213
19	219	123	193	159	17	15	114	216	67	208
20	52	176	100	116	61	71	33	165	201	57
21	36	28	218	158	113	207	99	70	200	27
22	112	69	111							

$p = \mathbf{227}, \; g = 2, \; p - 1 = 2 \cdot 113$

N

	0	1	2	3	4	5	6	7	8	9
0		2	4	8	16	32	64	128	29	58
1	116	5	10	20	40	80	160	93	186	145
2	63	126	25	50	100	200	173	119	11	22
3	44	88	176	125	23	46	92	184	141	55
4	110	220	213	199	171	115	3	6	12	24
5	48	96	192	157	87	174	121	15	30	60
6	120	13	26	52	104	208	189	151	75	150
7	73	146	65	130	33	66	132	37	74	148
8	69	138	49	98	196	165	103	206	185	143
9	59	118	9	18	36	72	144	61	122	17
10	34	68	136	45	90	180	133	39	78	156
11	85	170	113	226	225	223	219	211	195	163
12	99	198	169	111	222	217	207	187	147	67
13	134	41	82	164	101	202	177	127	27	54
14	108	216	205	183	139	51	102	204	181	135
15	43	86	172	117	7	14	28	56	112	224
16	221	215	203	179	131	35	70	140	53	106
17	212	197	167	107	214	201	175	123	19	38
18	76	152	77	154	81	162	97	194	161	95
19	190	153	79	158	89	178	129	31	62	124
20	21	42	84	168	109	218	209	191	155	83
21	166	105	210	193	159	91	182	137	47	94
22	188	149	71	142	57	114	1			

I

	0	1	2	3	4	5	6	7	8	9
0		226	1	46	2	11	47	154	3	92
1	12	28	48	61	155	57	4	99	93	178
2	13	200	29	34	49	22	62	138	156	8
3	58	197	5	74	100	165	94	77	179	107
4	14	131	201	150	30	103	35	218	50	82
5	23	145	63	168	139	39	157	224	9	90
6	59	97	198	20	6	72	75	129	101	80
7	166	222	95	70	78	68	180	182	108	192
8	15	184	132	209	202	110	151	54	31	194
9	104	215	36	17	219	189	51	186	83	120
10	24	134	146	86	64	211	169	173	140	204
11	40	123	158	112	225	45	10	153	91	27
12	60	56	98	177	199	33	21	137	7	196
13	73	164	76	106	130	149	102	217	81	144
14	167	38	223	89	96	19	71	128	79	221
15	69	67	181	191	183	208	109	53	193	214
16	16	188	185	119	133	85	210	172	203	122
17	111	44	152	26	55	176	32	136	195	163
18	105	148	216	143	37	88	18	127	220	66
19	190	207	52	213	187	118	84	171	121	43
20	25	175	135	162	147	142	87	126	65	206
21	212	117	170	42	174	161	141	125	205	116
22	41	160	124	115	159	114	113			

p = 223

	I'										I''									
	0	1	2	3	4	5	6	7	8	9	0	1	2	3	4	5	6	7	8	9
0	222	138	47	126	162	211	73	58	39	6	111	180	96	105	143	172	9	134	83	86
1	202	76	108	59	66	114	215	15	187	41	161	127	82	39	192	17	122	159	92	37
2	154	78	49	91	160	87	110	112	218	188	141	75	203	118	190	34	98	200	36	41
3	44	205	56	165	25	157	28	19	155	13	131	214	115	71	174	164	57	74	78	8
4	212	29	43	131	149	170	146	107	82	135	73	19	153	42	30	220	209	2	128	22
5	55	115	176	171	144	198	217	36	93	156	121	215	208	146	90	50	32	201	7	13
6	164	71	195	80	177	163	175	208	221	111	175	116	197	145	171	211	14	216	199	112
7	200	33	191	40	37	21	129	140	38	83	99	61	85	6	93	103	11	102	21	135
8	183	101	12	8	173	72	9	166	95	181	63	125	48	79	196	195	173	25	179	138
9	54	121	18	74	142	106	2	178	26	70	168	23	133	58	109	88	210	163	157	207
10	116	151	77	75	127	3	167	139	102	94	176	81	108	142	162	178	95	47	12	156
11	179	*	69	207	216	32	61	120	23	194	26	69	27	158	15	51	100	184	169	150
12	197	50	16	193	150	81	128	11	48	203	117	91	187	219	170	177	3	104	126	76
13	148	30	186	92	7	79	145	209	89	147	152	43	189	160	202	49	198	221	1	107
14	152	20	103	4	182	63	53	168	185	189	77	155	94	167	54	136	46	139	130	44
15	119	184	130	42	153	141	109	98	113	17	124	101	140	154	20	38	59	35	218	193
16	133	10	104	97	35	201	161	143	90	118	24	166	4	65	60	33	87	106	147	204
17	124	64	5	86	34	60	100	125	105	88	45	53	182	84	191	66	52	64	97	110
18	1	210	172	196	117	204	214	122	213	132	222	89	144	80	151	148	132	18	29	149
19	24	174	14	159	190	85	84	62	136	68	194	72	212	123	119	62	183	120	55	206
20	27	57	134	22	169	220	199	99	52	46	70	165	10	129	185	31	217	113	67	137
21	96	65	192	219	31	51	67	206	158	123	181	5	40	188	186	16	114	56	28	213
22	45	137	180								205	68	*							

p = 227

	I'										I''									
	0	1	2	3	4	5	6	7	8	9	0	1	2	3	4	5	6	7	8	9
0	226	46	11	92	99	74	72	196	58	90	113	226	46	154	57	197	20	137	156	224
1	153	47	28	200	131	184	188	219	127	71	45	2	92	178	107	192	214	36	88	96
2	6	137	62	145	134	175	55	60	48	34	198	33	49	82	120	43	152	91	12	200
3	103	194	136	21	49	218	17	88	223	157	150	54	176	199	29	103	215	143	167	139
4	123	160	174	25	152	10	2	154	61	22	204	116	170	121	111	225	1	11	28	34
5	82	186	213	193	31	176	98	4	197	97	218	189	207	109	151	26	60	155	8	90
6	56	155	138	168	211	206	190	181	180	67	27	48	22	145	86	126	220	69	78	221
7	78	128	75	164	100	129	106	179	68	221	95	19	6	196	5	72	164	94	70	128
8	166	144	23	120	171	210	64	126	18	96	101	217	50	186	118	133	146	142	37	223
9	59	27	12	178	77	70	19	198	177	93	9	153	3	99	165	222	89	59	56	4
10	165	80	217	35	215	148	130	14	192	53	74	129	149	30	194	163	76	179	182	208
11	151	44	225	*	113	159	41	170	84	133	202	122	158	114	159	124	205	212	187	185
12	24	43	111	158	115	205	65	220	79	101	83	171	203	40	160	141	87	18	71	75
13	149	201	209	85	146	162	195	7	156	39	106	14	184	119	24	175	32	21	62	168
14	204	125	87	37	167	63	86	142	216	102	173	161	147	216	81	23	134	162	105	130
15	30	54	26	91	3	57	8	224	112	114	201	110	44	10	47	61	138	39	123	115
16	124	141	147	105	76	94	222	38	139	173	41	174	135	195	73	100	80	144	63	211
17	42	121	203	140	161	135	32	199	13	107	117	84	210	169	42	25	55	98	93	77
18	182	191	108	208	132	119	83	118	185	51	68	67	180	191	15	188	51	213	16	219
19	207	183	15	214	104	163	73	5	20	33	66	181	108	53	31	136	7	58	97	177
20	29	150	110	122	40	116	212	52	109	202	13	131	209	172	140	125	65	190	183	132
21	172	169	117	187	16	36	143	81	50	189	85	64	206	52	193	104	148	102	35	17
22	66	69	95	89	9	45	1				127	79	166	38	157	112	*			

$p = \mathbf{229}$, $g = 6$, $p - 1 = 2^2 \cdot 3 \cdot 19$

N

	0	1	2	3	4	5	6	7	8	9
0		6	36	216	151	219	169	98	130	93
1	100	142	165	74	215	145	183	182	176	140
2	153	2	12	72	203	73	209	109	196	31
3	186	200	55	101	148	201	61	137	135	123
4	51	77	4	24	144	177	146	189	218	163
5	62	143	171	110	202	67	173	122	45	41
6	17	102	154	8	48	59	125	63	149	207
7	97	124	57	113	220	175	134	117	15	90
8	82	34	204	79	16	96	118	21	126	69
9	185	194	19	114	226	211	121	39	5	30
10	180	164	68	179	158	32	192	7	42	23
11	138	141	159	38	228	223	193	13	78	10
12	60	131	99	136	129	87	64	155	14	84
13	46	47	53	89	76	227	217	157	26	156
14	20	120	33	198	43	29	174	128	81	28
15	168	92	94	106	178	152	225	205	85	52
16	83	40	11	66	167	86	58	119	27	162
17	56	107	184	188	212	127	75	221	181	170
18	104	166	80	22	132	105	172	116	9	54
19	95	112	214	139	147	195	25	150	213	133
20	111	208	103	160	44	35	210	115	3	18
21	108	190	224	199	49	65	161	50	71	197
22	37	222	187	206	91	88	70	191	1	

I

	0	1	2	3	4	5	6	7	8	9
0		228	21	208	42	98	1	107	63	188
1	119	162	22	117	128	78	84	60	209	92
2	140	87	183	109	43	196	138	168	149	145
3	99	29	105	142	81	205	2	220	113	97
4	161	59	108	144	204	58	130	131	64	214
5	217	40	159	132	189	32	170	72	166	65
6	120	36	50	67	126	215	163	55	102	89
7	226	218	23	25	13	176	134	41	118	83
8	182	148	80	160	129	158	165	125	225	133
9	79	224	151	9	152	190	85	70	7	122
10	10	33	61	202	180	185	153	171	210	27
11	53	200	191	73	93	207	187	77	86	167
12	141	96	57	39	71	66	88	175	147	124
13	8	121	184	199	76	38	123	37	110	193
14	19	111	11	51	44	15	46	194	34	68
15	197	4	155	20	62	127	139	137	104	112
16	203	216	169	49	101	12	181	164	150	6
17	179	52	186	56	146	75	18	45	154	103
18	100	178	17	16	172	90	30	222	173	47
19	211	227	106	116	91	195	28	219	143	213
20	31	35	54	24	82	157	223	69	201	26
21	206	95	174	198	192	14	3	136	48	5
22	74	177	221	115	212	156	94	135	114	

$p = \mathbf{233}$, $g = 3$, $p - 1 = 2^3 \cdot 29$

N

	0	1	2	3	4	5	6	7	8	9
0		3	9	27	81	10	30	90	37	111
1	100	67	201	137	178	68	204	146	205	149
2	214	176	62	186	92	43	129	154	229	221
3	197	125	142	193	113	106	85	22	66	198
4	128	151	220	194	116	115	112	103	76	228
5	218	188	98	61	183	83	16	48	144	199
6	131	160	14	42	126	145	202	140	187	95
7	52	156	2	6	18	54	162	20	60	180
8	74	222	200	134	169	41	123	136	175	59
9	177	65	195	119	124	139	184	86	25	75
10	225	209	161	17	51	153	226	212	170	44
11	132	163	23	69	207	155	232	230	224	206
12	152	223	203	143	196	122	133	166	32	96
13	55	165	29	87	28	84	19	57	171	47
14	141	190	104	79	4	12	36	108	91	40
15	120	127	148	211	167	35	105	82	13	39
16	117	118	121	130	157	5	15	45	135	172
17	50	150	217	185	89	34	102	73	219	191
18	107	88	31	93	46	138	181	77	231	227
19	215	179	71	213	173	53	159	11	33	99

I

	0	1	2	3	4	5	6	7	8	9
0		232	72	1	144	165	73	222	216	2
1	5	197	145	158	62	166	56	103	74	136
2	77	223	37	112	217	98	230	3	134	132
3	6	182	128	198	175	155	146	8	208	159
4	149	85	63	25	109	167	184	139	57	212
5	170	104	70	195	75	130	206	137	204	89
6	78	53	22	224	200	91	38	11	15	113
7	227	192	218	177	80	99	48	187	231	143
8	221	4	157	55	135	36	97	133	181	174
9	7	148	24	183	211	69	129	203	52	199
10	10	226	176	47	142	156	35	180	147	210
11	202	9	46	34	209	45	44	160	161	93
12	150	162	125	86	94	31	64	151	40	26
13	163	60	110	126	83	168	87	13	185	95
14	67	140	32	123	58	65	17	213	152	19
15	171	41	120	105	27	115	71	164	215	196
16	61	102	76	111	229	131	127	154	207	84
17	108	138	169	194	205	88	21	90	14	191
18	79	186	220	54	96	173	23	68	51	225
19	141	179	201	33	43	92	124	30	39	59

p = 229

	I'											I''									
	0	1	2	3	4	5	6	7	8	9		0	1	2	3	4	5	6	7	8	9
0	228	107	220	136	155	74	179	122	121	152	0	114	98	205	14	197	48	150	70	124	151
1	33	51	181	176	3	46	172	16	45	111	1	122	111	101	25	192	44	17	178	75	193
2	62	208	117	25	82	13	206	53	219	105	2	155	228	162	218	54	23	201	210	195	99
3	222	35	170	61	68	54	50	110	123	71	3	90	213	189	10	194	31	120	123	76	57
4	159	118	98	196	15	154	194	211	5	101	4	217	134	208	109	51	18	15	173	136	169
5	67	44	186	200	24	102	146	39	130	108	5	36	11	179	27	35	163	186	96	204	161
6	209	202	127	188	214	120	88	126	197	201	6	84	33	20	107	131	166	71	50	34	223
7	7	66	166	93	177	18	38	86	84	224	7	85	39	170	191	5	146	199	187	128	133
8	160	205	157	182	60	70	167	183	175	226	8	148	142	24	118	78	190	77	140	66	102
9	30	195	140	207	135	174	57	161	1	29	9	172	116	209	73	156	206	141	113	42	145
10	178	12	89	100	112	142	116	63	144	43	10	103	49	55	154	137	29	227	1	59	183
11	193	11	203	97	*	212	91	128	83	162	11	37	19	104	220	135	221	106	22	41	188
12	36	184	10	37	8	225	215	139	78	158	12	65	8	7	38	147	165	67	62	117	160
13	131	64	189	79	41	114	48	104	168	137	13	58	130	159	225	176	94	3	139	196	127
14	87	96	81	213	204	99	75	124	80	145	14	92	167	105	219	108	149	56	175	182	168
15	6	9	190	171	103	20	94	223	165	132	15	164	224	9	185	45	4	212	82	129	40
16	129	59	22	55	150	125	65	141	149	49	16	80	97	119	215	181	158	72	86	138	216
17	72	210	90	47	198	147	134	221	17	52	17	32	153	16	222	95	88	13	74	100	6
18	185	164	148	109	199	153	56	77	119	32	18	202	12	83	87	121	180	52	207	63	132
19	85	73	14	19	34	28	138	4	192	76	19	152	200	198	110	46	91	43	68	174	184
20	191	26	180	216	58	2	95	187	42	92	20	53	69	61	112	144	81	26	93	21	60
21	27	227	156	31	217	163	169	40	23	143	21	171	47	115	143	64	126	203	214	226	28
22	113	115	173	69	151	133	218	106	21		22	2	177	30	157	79	125	89	211	*	

p = 233

	I'											I''									
	0	1	2	3	4	5	6	7	8	9		0	1	2	3	4	5	6	7	8	9
0	232	144	5	134	157	197	182	148	208	46	0	116	72	216	230	221	2	132	174	146	202
1	226	15	66	185	191	113	18	213	119	171	1	199	38	82	87	90	11	122	65	16	152
2	190	90	224	68	183	109	163	115	117	81	2	193	88	53	173	148	63	40	105	49	42
3	39	64	123	43	209	180	97	112	11	59	3	124	94	140	201	46	156	135	223	91	30
4	26	120	29	92	160	44	34	142	187	28	4	151	171	178	33	45	209	9	176	99	189
5	178	225	199	22	96	135	103	212	65	82	5	172	68	203	78	220	157	166	139	123	39
6	110	102	166	25	151	17	122	140	51	129	6	163	196	158	85	31	58	12	95	23	211
7	195	164	1	222	136	130	111	223	53	186	7	104	115	232	165	103	195	102	136	89	191
8	99	121	12	168	108	63	94	13	21	78	8	177	29	59	126	207	149	125	168	205	204
9	14	38	124	150	31	67	173	133	230	48	9	21	200	43	161	86	185	54	36	217	80
10	106	228	76	74	70	27	189	193	138	167	10	118	214	61	56	170	120	100	153	84	25
11	126	229	217	227	214	71	*	188	100	114	11	60	76	37	15	119	27	188	28	121	18
12	105	118	16	58	30	86	83	154	198	203	12	41	81	66	32	92	162	110	131	182	69
13	206	127	6	181	132	36	77	204	169	57	13	75	229	134	97	3	55	74	206	108	184
14	32	179	156	221	165	158	8	210	24	85	14	67	225	47	231	1	197	155	180	7	159
15	162	40	19	107	207	146	35	55	62	149	15	93	64	213	228	127	175	142	4	145	208
16	161	93	125	60	215	73	56	184	87	194	16	44	160	150	26	71	144	62	109	83	138
17	104	41	50	23	7	155	47	80	42	201	17	212	19	219	96	181	198	226	218	50	141
18	147	174	128	211	139	95	220	231	116	49	18	35	133	6	24	167	13	79	48	117	106
19	219	79	218	20	205	75	61	145	175	10	19	20	14	227	107	169	70	215	5	128	52

p = **233** (Fortsetzung)

N										
	0	1	2	3	4	5	6	7	8	9
20	64	192	110	97	58	174	56	168	38	114
21	109	94	49	147	208	158	8	24	72	216
22	182	80	7	21	63	189	101	70	210	164
23	26	78	1							

I										
	0	1	2	3	4	5	6	7	8	9
20	82	12	66	122	16	18	119	114	214	101
21	228	153	107	193	20	190	219	172	50	178
22	42	29	81	121	118	100	106	189	49	28
23	117	188	116							

p = **239**, g = 7, p − 1 = 2 · 7 · 17

N										
	0	1	2	3	4	5	6	7	8	9
0		7	49	104	11	77	61	188	121	130
1	193	156	136	235	211	43	62	195	170	234
2	204	233	197	184	93	173	16	112	67	230
3	176	37	20	140	24	168	220	106	25	175
4	30	210	36	13	91	159	157	143	45	76
5	54	139	17	119	116	95	187	114	81	89
6	145	59	174	23	161	171	2	14	98	208
7	22	154	122	137	3	21	147	73	33	231
8	183	86	124	151	101	229	169	227	155	129
9	186	107	32	224	134	221	113	74	40	41
10	48	97	201	212	50	111	60	181	72	26
11	182	79	75	47	90	152	108	39	34	238
12	232	190	135	228	162	178	51	118	109	46
13	83	103	4	28	196	177	44	69	5	35
14	6	42	55	146	66	223	127	172	9	63
15	202	219	99	215	71	19	133	214	64	209
16	29	203	226	148	80	82	96	194	163	185
17	100	222	120	123	144	52	125	158	150	94
18	180	65	216	78	68	237	225	141	31	217
19	85	117	102	236	218	92	166	206	8	56
20	153	115	88	138	10	70	12	84	110	53
21	132	207	15	105	18	126	165	199	198	191
22	142	38	27	189	128	179	58	167	213	57
23	160	164	192	149	87	131	200	205	1	

I										
	0	1	2	3	4	5	6	7	8	9
0		238	66	74	132	138	140	1	198	148
1	204	4	206	43	67	212	26	52	214	155
2	32	75	70	63	34	38	109	222	133	160
3	40	188	92	78	118	139	42	31	221	117
4	98	99	141	15	136	48	129	113	100	2
5	104	126	175	209	50	142	199	229	226	61
6	106	6	16	149	158	181	144	28	184	137
7	205	154	108	77	97	112	49	5	183	111
8	164	58	165	130	207	190	81	234	202	59
9	114	44	195	24	179	55	166	101	68	152
10	170	84	192	131	3	213	37	91	116	128
11	208	105	27	96	57	201	54	191	127	53
12	172	8	72	173	82	176	215	146	224	89
13	9	235	210	156	94	122	12	73	203	51
14	33	187	220	47	174	60	143	76	163	233
15	178	83	115	200	71	88	11	46	177	45
16	230	64	124	168	231	216	196	227	35	86
17	18	65	147	25	62	39	30	135	125	225
18	180	107	110	80	23	169	90	56	7	223
19	121	219	232	10	167	17	134	22	218	217
20	236	102	150	161	20	237	197	211	69	159
21	41	14	103	228	157	153	182	189	194	151
22	36	95	171	145	93	186	162	87	123	85
23	29	79	120	21	19	13	193	185	119	

p = **241**, g = 7, p − 1 = $2^4 \cdot 3 \cdot 5$

N										
	0	1	2	3	4	5	6	7	8	9
0		7	49	102	232	178	41	46	81	85
1	113	68	235	199	188	111	54	137	236	206
2	237	213	45	74	36	11	77	57	158	142
3	30	210	24	168	212	38	25	175	20	140
4	16	112	61	186	97	197	174	13	91	155
5	121	124	145	51	116	89	141	23	161	163
6	177	34	238	220	94	176	27	189	118	103
7	239	227	143	37	18	126	159	149	79	71
8	15	105	12	84	106	19	133	208	10	70
9	8	56	151	93	169	219	87	127	166	198

I										
	0	1	2	3	4	5	6	7	8	9
0		240	190	182	140	138	132	1	90	124
1	88	25	82	47	191	80	40	111	74	85
2	38	183	215	57	32	36	237	66	141	154
3	30	151	230	207	61	139	24	73	35	229
4	228	6	133	219	165	22	7	114	222	2
5	226	53	187	134	16	163	91	27	104	118
6	220	42	101	125	180	185	157	166	11	239
7	89	79	214	153	23	218	225	26	179	78
8	178	8	196	148	83	9	169	96	115	55
9	212	48	197	93	64	223	172	44	192	149

p = **233**

	I′										I″									
	0	1	2	3	4	5	6	7	8	9	0	1	2	3	4	5	6	7	8	9
20	91	33	9	52	89	88	137	84	159	45	224	179	210	129	137	194	130	154	8	34
21	202	69	170	152	101	196	2	98	177	172	147	183	57	17	114	164	222	112	192	190
22	54	4	216	37	200	141	176	192	153	131	186	143	73	77	22	51	10	113	101	111
23	3	143	72								98	187	*							

p = **239**

	I′										I″									
	0	1	2	3	4	5	6	7	8	9	0	1	2	3	4	5	6	7	8	9
0	238	198	104	213	206	183	16	223	72	235	119	140	100	131	204	49	106	56	172	89
1	167	46	73	193	103	136	149	134	65	13	232	88	122	19	41	141	6	167	86	21
2	237	19	218	169	179	62	52	96	184	79	161	120	134	80	195	147	212	105	144	85
3	135	221	75	187	38	86	95	91	109	30	39	42	155	51	63	227	151	213	34	62
4	188	14	31	67	195	230	177	174	129	5	160	159	139	206	114	177	11	220	136	112
5	142	33	214	172	191	166	7	201	165	114	209	203	26	127	201	179	90	96	164	202
6	143	106	39	34	124	147	74	212	152	159	174	226	25	70	230	18	238	43	101	211
7	63	88	173	203	132	70	163	97	118	120	75	200	8	12	66	32	143	108	92	29
8	23	234	176	115	192	29	18	123	11	9	110	190	173	178	170	123	35	162	71	224
9	56	116	78	186	122	171	57	112	99	141	169	37	188	145	156	36	27	77	117	98
10	2	68	150	228	126	27	6	110	77	222	113	166	236	14	2	208	61	180	154	38
11	80	164	49	100	44	200	128	98	139	*	107	183	97	129	59	83	91	221	78	185
12	21	219	12	85	168	225	175	53	208	113	79	223	94	87	64	135	104	191	116	48
13	207	3	138	160	22	125	48	205	140	42	165	192	74	222	17	30	15	184	132	118
14	1	15	199	76	28	93	224	25	204	158	138	99	50	60	181	171	215	65	198	16
15	161	36	170	182	108	32	94	153	181	41	102	194	68	157	205	214	210	228	149	69
16	40	20	87	233	58	130	101	17	231	90	133	150	186	76	111	58	55	10	124	23
17	84	145	8	82	60	209	215	45	83	55	152	95	53	72	47	126	82	46	233	24
18	107	144	189	111	137	119	162	220	92	194	225	158	153	5	28	193	93	33	40	182
19	81	127	131	185	151	24	227	211	148	229	207	54	84	13	189	44	216	237	1	142
20	71	54	59	51	4	154	43	190	105	50	115	57	234	73	148	137	4	130	128	175
21	156	69	26	37	155	146	196	236	217	232	235	197	67	3	52	176	231	218	22	121
22	47	117	133	121	89	180	61	35	157	226	187	31	109	7	146	125	229	196	103	199
23	64	216	10	178	202	210	102	197	66		45	168	219	163	81	9	217	20	*	

p = **241**

	I′										I″									
	0	1	2	3	4	5	6	7	8	9	0	1	2	3	4	5	6	7	8	9
0	240	90	226	69	210	221	133	114	196	169	120	132	222	159	208	60	228	22	178	83
1	217	239	18	126	67	41	163	189	20	181	41	166	121	99	136	113	134	201	12	144
2	62	186	7	218	73	82	179	104	76	72	18	34	165	153	139	88	225	91	203	56
3	151	150	36	94	21	229	237	65	183	56	154	110	57	143	150	73	32	46	85	123
4	111	10	101	136	192	99	37	191	197	129	80	15	220	211	172	142	131	82	212	216
5	232	174	103	187	171	212	29	32	198	146	170	188	164	226	195	115	39	215	128	198
6	5	139	70	158	223	60	141	173	112	137	65	207	20	95	93	37	237	14	171	3
7	120	167	164	35	85	97	128	168	178	214	62	200	29	24	111	174	28	213	179	89
8	40	84	47	9	236	38	116	110	25	79	191	137	25	148	81	74	107	181	124	239
9	124	27	175	64	199	63	115	130	143	13	1	163	168	197	33	177	169	75	105	45

p = 241 (Fortsetzung)

	N											I									
	0	1	2	3	4	5	6	7	8	9		0	1	2	3	4	5	6	7	8	9
10	181	62	193	146	58	165	191	132	201	202	10	176	159	3	69	137	81	84	236	206	227
11	209	17	119	110	47	88	134	215	59	172	11	113	15	41	10	217	195	54	171	68	112
12	240	234	192	139	9	63	200	195	160	156	12	170	50	232	188	51	174	75	97	130	161
13	128	173	6	42	53	130	187	104	5	35	13	135	233	107	86	116	204	201	17	189	123
14	4	28	196	167	205	230	164	184	83	99	14	39	56	29	72	164	52	103	184	213	77
15	211	31	217	73	29	203	216	66	221	101	15	168	92	175	235	216	49	129	203	28	76
16	225	129	180	55	144	44	67	228	150	86	16	128	58	198	59	146	105	98	143	33	94
17	120	117	96	190	125	152	100	218	80	78	17	199	209	119	131	46	37	65	60	5	221
18	64	207	3	21	147	65	214	52	123	138	18	162	100	238	224	147	211	43	136	14	67
19	2	14	98	204	223	115	82	92	162	170	19	173	106	122	102	234	127	142	45	99	13
20	226	136	229	157	135	222	108	33	231	171	20	126	108	109	155	193	144	19	181	87	110
21	233	185	90	148	72	22	154	114	75	43	21	31	150	34	21	186	117	156	152	177	95
22	60	179	48	95	183	76	50	109	40	39	22	63	158	205	194	231	160	200	71	167	202
23	32	224	122	131	194	153	107	26	182	69	23	145	208	4	210	121	12	18	20	62	70
24	1										24	120									

p = 251, g = 6, $p - 1 = 2 \cdot 5^3$

	N											I									
	0	1	2	3	4	5	6	7	8	9		0	1	2	3	4	5	6	7	8	9
0		6	36	216	41	246	221	71	175	46	0		250	235	16	220	130	1	248	205	32
1	25	150	147	129	21	126	3	18	108	146	1	115	211	236	182	233	146	190	74	17	163
2	123	236	161	213	23	138	75	199	190	136	2	100	14	196	24	221	10	167	48	218	83
3	63	127	9	54	73	187	118	206	232	137	3	131	186	175	227	59	128	2	207	148	198
4	69	163	225	95	68	157	189	130	27	162	4	85	4	249	247	181	162	9	185	206	246
5	219	59	103	116	194	160	207	238	173	34	5	245	90	152	103	33	91	203	179	68	51
6	204	220	65	139	81	235	155	177	58	97	6	116	153	171	30	160	62	212	104	44	40
7	80	229	119	212	17	102	110	158	195	166	7	113	7	237	34	192	26	133	209	183	92
8	243	203	214	29	174	40	240	185	106	134	8	70	64	239	94	234	204	232	99	166	174
9	51	55	79	223	83	247	227	107	140	87	9	147	180	244	202	170	43	191	69	231	243
10	20	120	218	53	67	151	153	165	237	167	10	230	136	75	52	137	144	88	97	18	117
11	249	239	179	70	169	10	60	109	152	159	11	76	223	188	150	164	154	53	214	36	72
12	201	202	208	244	209	250	245	215	35	210	12	101	172	138	20	156	140	15	31	145	13
13	5	30	180	76	205	226	101	104	122	230	13	47	226	197	161	89	178	29	39	25	63
14	125	248	233	143	105	128	15	90	38	228	14	98	201	242	143	222	213	19	12	177	200
15	113	176	52	61	115	188	124	242	197	178	15	11	105	118	106	194	66	168	45	77	119
16	64	133	45	19	114	182	88	26	156	183	16	55	22	49	41	224	107	79	109	219	114
17	94	62	121	224	89	32	192	148	135	57	17	189	195	217	58	84	8	151	67	159	112
18	91	44	13	78	217	47	31	186	112	170	18	132	238	165	169	229	87	187	35	155	46
19	16	96	74	193	154	171	22	132	39	234	19	28	241	176	193	54	78	216	158	228	27
20	149	141	93	56	85	8	48	37	222	77	20	215	120	121	81	60	134	37	56	122	124
21	211	11	66	145	117	200	196	172	28	168	21	129	210	73	23	82	127	3	184	102	50
22	4	24	144	111	164	231	131	33	198	184	22	61	6	208	93	173	42	135	96	149	71
23	100	98	86	14	84	2	12	72	181	82	23	139	225	38	142	199	65	21	108	57	111
24	241	191	142	99	92	50	49	43	7	42	24	86	240	157	80	123	126	5	95	141	110
25	1										25	125									
	0	1	2	3	4	5	6	7	8	9		0	1	2	3	4	5	6	7	8	9

p = **241**

	I′									
	0	1	2	3	4	5	6	7	8	9
10	238	125	234	184	118	98	122	86	109	155
11	31	74	170	15	222	55	204	156	220	131
12	*	12	102	39	88	180	108	142	58	203
13	161	46	1	219	16	233	14	81	132	24
14	138	154	45	33	19	208	105	211	83	176
15	34	230	177	23	30	193	152	166	205	3
16	200	135	100	91	52	22	11	202	92	96
17	50	68	44	106	75	235	159	95	8	78
18	185	87	140	215	213	157	117	134	51	123
19	182	80	149	144	231	54	148	93	59	209
20	71	17	145	28	201	194	227	61	4	119
21	121	43	48	77	153	57	49	195	225	165
22	42	162	2	172	147	26	53	113	6	228
23	207	160	188	107	127	216	206	66	224	89
24	190									

	I″									
	0	1	2	3	4	5	6	7	8	9
10	162	42	122	52	27	146	173	233	126	108
11	87	40	68	227	7	96	86	186	104	209
12	70	210	106	189	90	101	13	234	76	49
13	97	119	138	6	187	161	43	69	140	61
14	182	66	127	98	193	202	59	224	196	192
15	31	30	156	214	141	109	117	185	63	176
16	231	130	221	16	72	219	157	71	77	9
17	112	54	223	67	51	92	149	152	78	26
18	125	19	190	38	103	180	21	53	232	17
19	240	47	44	155	205	217	8	48	58	94
20	160	204	167	129	116	158	236	230	145	199
21	4	147	55	184	79	183	235	10	23	133
22	118	5	114	64	238	218	2	206	229	35
23	151	194	50	135	102	175	84	36	100	11
24	*									

p = **251**

	I′									
	0	1	2	3	4	5	6	7	8	9
0	250	248	207	184	249	95	208	237	151	185
1	167	105	177	47	196	31	220	163	117	12
2	156	108	49	82	221	63	133	215	241	39
3	160	145	115	91	192	155	72	56	142	25
4	113	224	135	191	40	77	28	226	218	41
5	61	116	137	214	78	22	122	111	84	128
6	134	6	212	98	239	21	168	159	51	231
7	64	139	101	23	17	52	223	119	216	109
8	123	60	127	131	8	4	240	187	97	178
9	152	203	70	173	234	141	149	18	201	166
10	14	172	50	33	44	118	194	79	57	219
11	125	86	132	7	189	211	153	76	106	55
12	121	81	124	126	129	*	5	3	2	210
13	1	186	238	209	37	96	75	144	20	225
14	15	110	199	222	88	13	190	180	198	71
15	164	67	103	171	53	46	140	80	228	112
16	62	89	9	100	154	169	174	48	45	229
17	43	30	138	42	147	227	193	200	29	68
18	244	162	233	92	102	206	175	35	150	195
19	74	69	26	54	66	217	24	161	85	65
20	11	242	170	179	232	32	246	148	93	183
21	73	236	104	19	36	120	158	58	83	114
22	130	10	213	188	107	38	197	59	27	87
23	136	243	99	146	204	16	182	34	165	94
24	157	176	143	230	202	90	245	181	205	247
25	235									
	0	1	2	3	4	5	6	7	8	9

	I″									
	0	1	2	3	4	5	6	7	8	9
0	125	130	128	127	85	126	61	113	84	162
1	221	200	19	145	100	140	235	74	97	213
2	138	65	55	73	196	39	192	228	46	178
3	171	15	205	103	237	187	214	134	225	29
4	44	49	173	170	104	168	155	13	167	22
5	102	68	75	154	193	119	37	108	217	227
6	81	50	160	25	70	199	194	151	179	191
7	92	149	36	210	190	136	117	45	54	107
8	157	121	23	218	58	198	111	229	144	161
9	245	33	183	208	239	5	135	88	63	232
10	163	72	184	152	212	11	118	224	21	79
11	141	57	159	40	219	32	51	18	105	77
12	215	120	56	80	122	110	123	82	59	124
13	220	83	112	26	60	42	230	52	172	71
14	156	95	38	242	137	31	233	174	207	96
15	188	8	90	116	164	35	20	240	216	67
16	30	197	181	17	150	238	99	10	66	165
17	202	153	101	93	166	186	241	12	89	203
18	147	247	236	209	3	9	131	87	223	114
19	146	43	34	176	106	189	14	226	148	142
20	177	98	244	91	234	248	185	2	6	133
21	129	115	62	222	53	27	78	195	48	109
22	16	24	143	76	41	139	47	175	158	169
23	243	69	204	182	94	250	211	7	132	64
24	86	28	201	231	180	246	206	249	1	4
25	*									
	0	1	2	3	4	5	6	7	8	9

$p = 257$, $g = 3$, $p - 1 = 2^8$

N

	0	1	2	3	4	5	6	7	8	9
0		3	9	27	81	243	215	131	136	151
1	196	74	222	152	199	83	249	233	185	41
2	123	112	79	237	197	77	231	179	23	69
3	207	107	64	192	62	186	44	132	139	160
4	223	155	208	110	73	219	143	172	2	6
5	18	54	162	229	173	5	15	45	135	148
6	187	47	141	166	241	209	113	82	246	224
7	158	217	137	154	205	101	46	138	157	214
8	128	127	124	115	88	7	21	63	189	53
9	159	220	146	181	29	87	4	12	36	108
10	67	201	89	10	30	90	13	39	117	94
11	25	75	225	161	226	164	235	191	59	177
12	17	51	153	202	92	19	57	171	256	254
13	248	230	176	14	42	126	121	106	61	183
14	35	105	58	174	8	24	72	216	134	145
15	178	20	60	180	26	78	234	188	50	150
16	193	65	195	71	213	125	118	97	34	102
17	49	147	184	38	114	85	255	251	239	203
18	95	28	84	252	242	212	122	109	70	210
19	116	91	16	48	144	175	11	33	99	40
20	120	103	52	156	211	119	100	43	129	130
21	133	142	169	250	236	194	68	204	98	37
22	111	76	228	170	253	245	221	149	190	56
23	168	247	227	167	244	218	140	163	232	182
24	32	96	31	93	22	66	198	80	240	206
25	104	55	165	238	200	86	1			

I

	0	1	2	3	4	5	6	7	8	9
0		256	48	1	96	55	49	85	144	2
1	103	196	97	106	133	56	192	120	50	125
2	151	86	244	28	145	110	154	3	181	94
3	104	242	240	197	168	140	98	219	173	107
4	199	19	134	207	36	57	76	61	193	170
5	158	121	202	89	51	251	229	126	142	118
6	152	138	34	87	32	161	245	100	216	29
7	188	163	146	44	11	111	221	25	155	22
8	247	4	67	15	182	175	255	95	84	102
9	105	191	124	243	109	180	241	167	218	198
10	206	75	169	201	250	141	137	31	99	187
11	43	220	21	66	174	83	190	108	166	205
12	200	136	186	20	82	165	135	81	80	208
13	209	7	37	210	148	58	8	72	77	38
14	236	62	211	46	194	149	92	171	59	227
15	159	9	13	122	73	41	203	78	70	90
16	39	113	52	237	115	252	63	233	230	212
17	223	127	47	54	143	195	132	119	150	27
18	153	93	239	139	172	18	35	60	157	88
19	228	117	33	160	215	162	10	24	246	14
20	254	101	123	179	217	74	249	30	42	65
21	189	204	185	164	79	6	147	71	235	45
22	91	226	12	40	69	112	114	232	222	53
23	131	26	238	17	156	116	214	23	253	178
24	248	64	184	5	234	225	68	231	130	16
25	213	177	183	224	129	176	128			

$p = 263$, $g = 5$, $p - 1 = 2 \cdot 131$

N

	0	1	2	3	4	5	6	7	8	9
0		5	25	125	99	232	108	14	70	87
1	172	71	92	197	196	191	166	41	205	236
2	128	114	44	220	48	240	148	214	18	90
3	187	146	204	231	103	252	208	251	203	226
4	78	127	109	19	95	212	8	40	200	211
5	3	15	75	112	34	170	61	42	210	261
6	253	213	13	65	62	47	235	123	89	182
7	121	79	132	134	144	194	181	116	54	7
8	35	175	86	167	46	230	98	227	83	152
9	234	118	64	57	22	110	24	120	74	107
10	9	45	225	73	102	247	183	126	104	257
11	233	113	39	195	186	141	179	106	4	20
12	100	237	133	139	169	56	17	85	162	21
13	105	262	258	238	138	164	31	155	249	193
14	176	91	192	171	66	67	72	97	222	58

I

	0	1	2	3	4	5	6	7	8	9
0		262	190	50	118	1	240	79	46	100
1	191	166	168	62	7	51	236	126	28	43
2	119	129	94	156	96	2	252	150	197	221
3	241	136	164	216	54	80	218	170	233	112
4	47	17	57	154	22	101	84	65	24	158
5	192	176	180	189	78	167	125	93	149	163
6	169	56	64	179	92	63	144	145	244	206
7	8	11	146	103	98	52	161	245	40	71
8	237	200	207	88	247	127	82	9	212	68
9	29	141	12	186	255	44	214	147	86	4
10	120	259	104	34	108	130	117	99	6	42
11	95	220	53	111	21	157	77	162	91	205
12	97	70	246	67	254	3	107	41	20	204
13	253	203	72	122	73	151	172	238	134	123
14	198	115	201	228	74	222	31	208	26	152

p = 257

I′

	0	1	2	3	4	5	6	7	8	9
0	256	96	103	181	67	234	147	37	72	13
1	24	111	40	122	254	182	213	156	35	134
2	82	66	247	253	246	155	238	153	145	188
3	42	99	161	160	87	60	57	210	236	113
4	69	203	65	220	11	91	194	54	1	85
5	125	251	237	131	143	49	192	76	8	227
6	157	193	211	233	184	189	174	15	231	112
7	90	235	77	41	249	169	61	38	70	6
8	208	80	165	190	102	144	244	32	228	51
9	39	226	171	239	104	84	55	106	219	187
10	216	123	105	196	242	191	133	199	166	180
11	154	221	114	52	232	252	214	33	152	150
12	50	202	73	179	243	151	142	47	*	176
13	16	26	119	56	207	81	186	31	34	172
14	98	137	118	195	2	110	44	71	58	92
15	27	86	138	93	3	22	116	88	121	9
16	215	245	10	146	79	135	205	218	140	201
17	158	59	18	107	83	255	128	183	248	217
18	241	94	175	224	5	164	20	43	163	204
19	108	124	120	170	149	132	97	168	206	19
20	136	250	89	78	185	200	75	36	209	7
21	148	46	223	177	23	162	29	74	198	173
22	21	25	53	127	129	68	12	159	117	126
23	212	130	222	230	225	45	62	115	17	139
24	197	167	240	109	28	100	14	4	64	30
25	141	229	63	178	101	95	48			

I″

	0	1	2	3	4	5	6	7	8	9
0	128	48	144	154	247	184	79	209	58	159
1	162	44	226	9	246	67	130	238	172	199
2	186	220	155	214	10	221	131	150	244	216
3	249	137	87	117	138	18	207	7	77	90
4	12	73	30	187	146	235	211	127	256	55
5	120	89	113	222	47	96	133	36	148	171
6	35	76	236	252	248	42	21	4	225	40
7	78	147	8	122	217	206	57	72	203	164
8	81	135	20	174	95	49	151	34	157	202
9	70	45	149	153	181	255	1	196	140	31
10	245	254	84	2	94	102	97	173	190	243
11	145	11	69	39	112	237	156	228	142	132
12	192	158	13	101	191	50	229	223	176	224
13	231	53	195	106	19	165	200	141	152	239
14	168	250	126	54	85	28	163	6	210	194
15	119	125	118	27	110	25	17	60	170	227
16	33	32	215	188	185	82	108	241	197	75
17	193	92	139	219	66	182	129	213	253	123
18	109	3	15	177	64	204	136	99	29	65
19	83	105	56	61	46	143	103	240	218	107
20	205	169	121	41	189	166	198	134	80	208
21	37	62	230	16	116	160	100	179	167	98
22	43	111	232	212	183	234	91	59	88	251
23	233	68	114	63	5	71	38	52	26	93
24	242	180	104	124	86	161	24	22	178	74
25	201	51	115	23	14	175	*			

p = 263

I′

	0	1	2	3	4	5	6	7	8	9
0	262	240	252	107	120	110	42	51	11	212
1	160	146	186	194	13	142	83	57	224	121
2	204	157	101	188	158	225	152	155	43	141
3	183	208	18	5	108	60	209	35	32	87
4	71	20	95	119	214	61	100	17	195	45
5	118	236	161	111	80	143	64	154	49	131
6	231	27	7	144	179	24	19	254	29	106
7	246	237	122	151	222	113	69	162	167	46
8	218	140	9	175	65	33	4	211	247	226
9	66	205	63	149	156	220	2	70	52	6
10	191	84	39	98	34	182	202	41	130	132
11	90	21	47	14	30	201	219	99	1	129
12	259	133	73	198	55	93	28	82	251	94
13	117	*	249	227	123	217	164	230	193	75
14	213	12	139	10	145	244	103	86	178	163

I″

	0	1	2	3	4	5	6	7	8	9
0	131	118	96	254	86	33	99	62	206	82
1	143	8	141	14	113	234	217	47	32	66
2	41	111	154	153	65	227	208	61	126	68
3	114	222	38	85	104	37	256	193	187	102
4	245	107	6	28	255	49	79	112	223	58
5	190	7	98	220	216	124	169	17	209	181
6	35	45	168	92	56	84	90	246	212	76
7	97	40	203	122	228	139	219	157	189	240
8	54	199	127	16	101	185	147	39	207	184
9	110	162	179	125	129	42	156	205	103	117
10	46	22	243	146	259	257	69	3	34	210
11	5	53	233	75	171	198	258	130	50	43
12	4	19	72	134	175	167	236	247	235	119
13	108	59	109	121	238	251	241	173	182	142
14	81	29	15	55	63	144	11	214	188	93

p = **263** (Fortsetzung)

	N											I									
	0	1	2	3	4	5	6	7	8	9		0	1	2	3	4	5	6	7	8	9
15	27	135	149	219	43	215	23	115	49	245	15	242	184	89	226	173	137	230	248	261	239
16	173	76	117	59	32	160	11	55	12	60	16	165	235	128	251	135	217	16	83	175	124
17	37	185	136	154	244	168	51	255	223	63	17	55	143	10	160	199	81	140	213	258	116
18	52	260	248	188	151	229	93	202	221	53	18	219	76	69	106	202	171	114	30	183	229
19	2	10	50	250	198	201	216	28	140	174	19	234	15	142	139	75	113	14	13	194	223
20	81	142	184	131	129	119	69	82	147	209	20	48	195	187	38	32	18	224	256	36	209
21	256	228	88	177	96	217	33	165	36	180	21	58	49	45	61	27	155	196	215	232	153
22	111	29	145	199	206	241	153	239	143	189	22	23	188	148	178	243	102	39	87	211	185
23	156	254	218	38	190	161	16	80	137	159	23	85	33	5	110	90	66	19	121	133	227
24	6	30	150	224	68	77	122	84	157	259	24	25	225	260	250	174	159	257	105	182	138
25	243	163	26	130	124	94	207	246	178	101	25	193	37	35	60	231	177	210	109	132	249
26	242	158	1								26	181	59	131							

p = **269**, g = 2, $p - 1 = 2^2 \cdot 67$

	N											I									
	0	1	2	3	4	5	6	7	8	9		0	1	2	3	4	5	6	7	8	9
0		2	4	8	16	32	64	128	256	243	0		268	1	109	2	208	110	19	3	218
1	217	165	61	122	244	219	169	69	138	7	1	209	230	111	142	20	49	4	105	219	223
2	14	28	56	112	224	179	89	178	87	174	2	210	128	231	176	112	148	143	59	21	187
3	79	158	47	94	188	107	214	159	49	98	3	50	259	5	71	106	227	220	56	224	251
4	196	123	246	223	177	85	170	71	142	15	4	211	200	129	254	232	158	177	32	113	38
5	30	60	120	240	211	153	37	74	148	27	5	149	214	144	196	60	170	22	64	188	203
6	54	108	216	163	57	114	228	187	105	210	6	51	12	260	237	6	82	72	132	107	17
7	151	33	66	132	264	259	249	229	189	109	7	228	47	221	174	57	257	225	249	252	30
8	218	167	65	130	260	251	233	197	125	250	8	212	168	201	235	130	45	255	28	233	26
9	231	193	117	234	199	129	258	247	225	181	9	159	161	178	100	33	163	114	122	39	180
10	93	186	103	206	143	17	34	68	136	3	10	150	265	215	102	145	68	197	35	61	79
11	6	12	24	48	96	192	115	230	191	113	11	171	165	23	119	65	116	189	92	204	124
12	226	183	97	194	119	238	207	145	21	42	12	52	192	13	41	261	88	238	182	7	95
13	84	168	67	134	268	267	265	261	253	237	13	83	152	73	242	133	267	108	207	18	217
14	205	141	13	26	52	104	208	147	25	50	14	229	141	48	104	222	127	175	147	58	186
15	100	200	131	262	255	241	213	157	45	90	15	258	70	226	55	250	199	253	157	31	37
16	180	91	182	95	190	111	222	175	81	162	16	213	195	169	63	202	11	236	81	131	16
17	55	110	220	171	73	146	23	46	92	184	17	46	173	256	248	29	167	234	44	27	25
18	99	198	127	254	239	209	149	29	58	116	18	160	99	162	121	179	264	101	67	34	78
19	232	195	121	242	215	161	53	106	212	155	19	164	118	115	91	123	191	40	87	181	94
20	41	82	164	59	118	236	203	137	5	10	20	151	241	266	206	216	140	103	126	146	185
21	20	40	80	160	51	102	204	139	9	18	21	69	54	198	156	36	194	62	10	80	15
22	36	72	144	19	38	76	152	35	70	140	22	172	247	166	43	24	98	120	263	66	77
23	11	22	44	88	176	83	166	63	126	252	23	117	90	190	86	93	240	205	139	125	184
24	235	201	133	266	263	257	245	221	173	77	24	53	155	193	9	14	246	42	97	262	76
25	154	39	78	156	43	86	172	75	150	31	25	89	85	239	138	183	154	8	245	96	75
26	62	124	248	227	185	101	202	135	1		26	84	137	153	244	74	136	243	135	134	
	0	1	2	3	4	5	6	7	8	9		0	1	2	3	4	5	6	7	8	9

p = **263**

	I′											I″									
	0	1	2	3	4	5	6	7	8	9		0	1	2	3	4	5	6	7	8	9
15	197	172	242	23	22	196	96	77	192	257	15	252	73	26	232	57	27	94	21	24	174
16	199	245	91	169	216	235	168	125	62	56	16	10	52	77	149	136	239	191	78	166	163
17	233	114	238	137	159	124	180	210	243	92	17	218	202	151	226	250	83	192	231	148	64
18	189	59	138	229	89	85	255	38	148	78	18	176	249	105	30	242	211	12	195	23	180
19	50	166	176	37	223	187	215	221	115	81	19	262	100	158	138	13	48	155	150	123	160
20	207	228	171	72	253	97	8	88	26	58	20	237	115	106	253	20	91	244	200	31	36
21	109	185	68	258	147	232	54	16	170	76	21	177	87	9	140	44	196	164	135	80	116
22	53	241	31	48	256	260	173	25	74	234	22	95	197	74	194	18	25	89	133	201	183
23	248	177	153	112	15	128	126	200	134	165	23	137	60	215	170	229	165	51	71	172	261
24	79	136	184	102	206	40	67	127	261	181	24	1	221	152	178	145	161	70	88	230	132
25	174	135	150	203	3	44	36	105	116	104	25	260	128	2	204	67	186	224	159	213	120
26	250	239	190								26	225	248	*							

p = **269**

	I′											I″									
	0	1	2	3	4	5	6	7	8	9		0	1	2	3	4	5	6	7	8	9
0	268	109	208	218	105	71	82	95	245	14	0	134	268	109	19	49	259	237	182	154	193
1	80	236	260	41	246	172	46	228	217	3	1	62	202	51	192	9	80	131	107	207	110
2	49	187	64	119	98	160	159	25	233	167	2	142	59	170	165	43	27	233	44	255	248
3	212	37	113	163	78	61	194	213	149	180	3	252	157	177	100	67	197	156	31	113	122
4	87	261	97	24	27	255	173	221	104	4	4	191	13	246	166	234	130	16	228	141	20
5	259	12	192	155	198	250	224	257	186	21	5	187	203	124	184	69	226	220	174	147	143
6	170	79	10	202	188	116	77	34	197	54	6	196	35	194	169	22	119	263	101	145	185
7	226	106	132	242	136	84	89	117	164	171	7	258	5	82	152	244	96	262	66	34	61
8	15	131	72	152	137	239	93	181	238	85	8	10	236	6	95	75	89	190	40	261	76
9	190	123	204	240	151	83	75	262	120	162	9	117	115	189	86	181	7	245	42	24	160
10	33	67	145	126	222	219	227	17	207	2	10	178	264	215	140	48	4	71	132	267	1
11	19	142	148	38	122	91	189	90	115	65	11	208	230	176	32	163	118	65	77	164	23
12	263	179	39	191	52	184	146	175	231	254	12	98	162	114	91	204	139	103	222	210	200
13	45	16	107	267	*	134	243	153	183	125	13	235	81	72	242	135	243	74	84	239	205
14	103	48	20	59	196	68	185	58	143	214	14	216	229	111	148	214	102	126	175	112	38
15	265	241	73	244	8	193	36	31	177	161	15	180	94	83	137	183	53	198	253	232	26
16	99	178	121	114	118	23	43	234	201	63	16	25	159	99	33	78	171	247	29	212	195
17	22	165	247	256	57	147	112	32	100	264	17	60	79	15	46	221	127	231	158	161	121
18	150	94	7	154	53	69	258	50	203	92	18	39	87	238	138	125	146	58	21	64	116
19	86	40	13	9	62	169	60	35	156	253	19	90	123	52	155	36	213	144	68	54	250
20	129	235	11	51	124	139	216	18	110	230	20	211	168	63	188	92	240	266	108	2	218
21	128	200	168	195	144	102	140	229	209	223	21	223	251	30	37	149	265	206	18	3	105
22	56	174	127	210	251	249	55	220	47	141	22	227	47	104	219	56	257	70	106	17	217
23	111	176	158	26	44	130	81	6	182	138	23	209	128	254	28	167	201	11	260	88	85
24	205	266	133	135	74	96	42	166	29	252	24	93	151	73	136	153	8	14	172	256	225
25	199	211	30	157	232	28	248	225	70	5	25	55	224	249	199	129	45	173	57	186	50
26	237	88	76	66	101	215	206	108	1		26	12	41	97	120	179	150	241	133	*	
	0	1	2	3	4	5	6	7	8	9		0	1	2	3	4	5	6	7	8	9

p = **271**, g = 6, $p-1 = 2 \cdot 3^3 \cdot 5$

N	0	1	2	3	4	5	6	7	8	9	I	0	1	2	3	4	5	6	7	8	9
0		6	36	216	212	188	44	264	229	19	0		270	154	117	38	170	1	142	192	234
1	114	142	39	234	49	23	138	15	90	269	1	54	238	155	165	26	17	76	194	118	9
2	259	199	110	118	166	183	14	84	233	43	2	208	259	122	15	39	70	49	81	180	225
3	258	193	74	173	225	266	241	91	4	24	3	171	228	230	85	78	42	2	148	163	12
4	144	51	35	210	176	243	103	76	185	26	4	92	204	143	29	6	134	169	237	193	14
5	156	123	196	92	10	60	89	263	223	254	5	224	41	203	236	235	138	64	126	109	139
6	169	201	122	190	56	65	119	172	219	230	6	55	178	112	106	114	65	239	214	232	132
7	25	150	87	251	151	93	16	96	34	204	7	196	127	156	221	32	187	47	110	166	96
8	140	27	162	159	141	33	198	104	82	221	8	246	198	88	140	27	94	183	72	160	56
9	242	97	40	240	85	239	79	203	134	262	9	18	37	53	75	121	179	77	91	168	202
10	217	218	224	260	205	146	63	107	100	58	10	108	113	195	46	87	159	120	107	119	217
11	77	191	62	101	64	113	136	3	18	108	11	22	265	218	115	10	185	263	129	23	66
12	106	94	22	132	250	145	57	71	155	117	12	209	206	62	51	266	240	260	175	268	146
13	160	147	69	143	45	270	265	235	55	59	13	219	215	123	151	98	251	116	233	16	258
14	83	227	7	42	252	157	129	232	37	222	14	80	84	11	133	40	125	105	131	186	197
15	248	133	256	181	2	12	72	161	153	105	15	71	74	201	158	264	128	50	145	250	83
16	88	257	187	38	228	13	78	197	98	46	16	130	157	82	254	242	255	24	222	181	60
17	5	30	180	267	247	127	220	236	61	95	17	248	243	67	33	226	212	44	256	210	188
18	28	168	195	86	245	115	148	75	179	261	18	172	153	191	25	207	48	229	162	5	223
19	211	182	8	48	17	102	70	149	81	215	19	63	111	231	31	245	182	52	167	86	21
20	206	152	99	52	41	246	121	184	20	120	20	262	61	267	97	79	104	200	249	241	247
21	178	255	175	237	67	131	244	109	112	130	21	43	190	4	244	261	199	3	100	101	68
22	238	73	167	189	50	29	174	231	31	186	22	176	89	149	58	102	34	269	141	164	8
23	32	192	68	137	9	54	53	47	11	66	23	69	227	147	28	13	137	177	213	220	95
24	125	208	164	171	213	194	80	209	170	207	24	93	36	90	45	216	184	205	174	150	257
25	158	135	268	253	163	165	177	249	139	21	25	124	73	144	253	59	211	152	161	30	20
26	126	214	200	116	154	111	124	202	128	226	26	103	189	99	57	7	136	35	173	252	19
27	1										27	135									

p = **277**, g = 5, $p-1 = 2^2 \cdot 3 \cdot 23$

N	0	1	2	3	4	5	6	7	8	9	I	0	1	2	3	4	5	6	7	8	9
0		5	25	125	71	78	113	11	55	275	0		276	147	188	18	1	59	22	165	100
1	267	227	27	135	121	51	255	167	4	20	1	148	7	206	222	169	189	36	103	247	252
2	100	223	7	35	175	44	220	269	237	77	2	19	210	154	208	77	2	93	12	40	74
3	108	263	207	204	189	114	16	80	123	61	3	60	47	183	195	250	23	118	87	123	134
4	28	140	146	176	49	245	117	31	155	221	4	166	126	81	55	25	101	79	218	224	44
5	274	262	202	179	64	43	215	244	112	6	5	149	15	240	67	159	8	187	164	221	246
6	30	150	196	149	191	124	66	53	265	217	6	207	39	194	122	54	223	66	220	121	120
7	254	162	256	172	29	145	171	24	120	46	7	170	4	265	171	234	190	270	29	5	116
8	230	42	210	219	264	212	229	37	185	94	8	37	200	273	266	228	104	202	262	172	98
9	193	134	116	26	130	96	203	184	89	168	9	248	244	226	235	89	253	95	257	191	107
10	9	45	225	17	85	148	186	99	218	259	10	20	181	162	271	111	211	214	113	30	237
11	187	104	243	107	258	182	79	118	36	180	11	155	275	58	6	35	209	92	46	117	125
12	69	68	63	38	190	119	41	205	194	139	12	78	14	186	38	65	3	269	199	201	243
13	141	151	201	174	39	195	144	166	276	272	13	94	180	213	274	91	13	268	179	267	129
14	252	152	206	199	164	266	222	2	10	50	14	41	130	151	229	136	75	42	232	105	63

p = **271**

I′

	0	1	2	3	4	5	6	7	8	9
0	270	142	148	100	244	223	134	136	69	208
1	185	133	92	137	224	39	258	76	37	135
2	103	262	265	66	222	207	17	94	13	6
3	20	245	187	226	269	173	90	53	170	70
4	125	203	2	190	256	216	87	110	229	81
5	145	266	167	75	238	178	18	7	102	211
6	248	267	51	111	126	239	209	33	176	227
7	49	74	160	144	201	121	194	91	42	104
8	84	180	254	130	11	78	21	159	140	149
9	45	168	204	36	183	93	246	79	251	57
10	101	68	34	189	200	131	114	119	113	139
11	166	231	106	195	65	10	233	38	9	217
12	107	179	15	151	73	105	109	156	50	23
13	157	186	196	40	169	*	35	177	64	55
14	27	164	192	29	253	250	219	28	163	58
15	257	98	161	191	117	165	221	82	264	120
16	56	30	5	12	8	26	96	86	202	237
17	1	228	153	252	150	268	89	213	112	77
18	225	60	52	72	205	263	197	47	172	99
19	4	25	234	14	118	46	127	71	88	3
20	249	158	108	236	143	174	62	48	259	206
21	188	152	44	220	232	123	184	22	115	215
22	95	32	181	63	41	171	212	147	230	162
23	85	31	132	16	54	138	235	193	155	214
24	260	247	255	67	261	182	198	43	243	241
25	83	116	19	59	242	24	210	124	80	122
26	175	199	61	129	128	218	240	97	146	141
27	154									

I″

	0	1	2	3	4	5	6	7	8	9
0	135	170	42	199	190	162	29	57	164	118
1	115	84	163	28	193	122	233	26	56	252
2	30	86	217	129	255	191	165	140	147	143
3	161	231	221	67	102	136	93	18	117	15
4	133	224	78	247	212	90	195	187	207	70
5	128	62	182	37	234	139	160	99	149	253
6	181	262	206	223	138	114	23	243	101	8
7	39	197	183	124	71	53	17	179	85	97
8	258	49	157	250	80	230	167	46	198	176
9	36	77	12	95	27	220	166	267	151	189
10	3	100	58	20	79	125	112	120	202	126
11	47	63	178	108	106	218	251	154	194	107
12	159	75	259	215	257	40	64	196	264	263
13	83	105	232	11	6	19	7	13	235	109
14	88	269	1	204	73	50	268	227	2	89
15	174	123	211	172	270	238	127	130	201	87
16	72	152	229	148	141	155	110	52	91	134
17	38	225	188	35	205	260	68	137	55	121
18	81	222	245	94	216	10	131	32	210	103
19	43	153	142	237	76	113	132	186	246	261
20	104	74	168	41	92	184	209	25	9	66
21	256	59	226	177	239	219	45	119	265	146
22	213	156	24	5	14	180	33	69	171	48
23	228	111	214	116	192	236	203	169	54	65
24	266	249	254	248	4	31	96	241	60	200
25	145	98	173	144	82	242	44	150	16	208
26	240	244	21	185	158	22	51	61	175	34
27	*									

p = **277**

I′

	0	1	2	3	4	5	6	7	8	9
0	276	59	93	269	265	116	35	206	187	138
1	238	182	40	268	186	240	72	99	1	210
2	181	205	165	118	43	101	49	160	272	5
3	237	84	258	127	124	209	103	200	65	194
4	74	130	232	158	149	185	117	183	152	146
5	9	31	96	119	223	25	177	45	6	22
6	47	131	175	61	242	3	220	159	145	108
7	16	173	157	249	60	42	73	2	14	218
8	217	55	204	26	68	192	80	123	106	253
9	128	13	46	12	180	257	33	88	248	168
10	148	79	153	247	202	63	110	20	83	241
11	236	211	57	30	109	227	37	125	87	233
12	170	120	54	134	64	78	81	142	135	41
13	151	141	52	24	166	62	75	17	*	156
14	215	203	32	167	196	10	21	188	7	15

I″

	0	1	2	3	4	5	6	7	8	9
0	138	18	77	65	170	29	58	148	159	50
1	145	153	93	91	78	149	70	137	188	252
2	107	146	59	250	133	55	83	238	264	270
3	113	51	142	96	236	6	189	116	186	207
4	12	129	75	24	224	57	92	60	176	26
5	156	174	132	245	122	81	260	112	275	1
6	74	63	135	105	124	38	223	240	84	177
7	215	230	16	76	40	136	251	208	125	101
8	86	126	259	108	31	204	182	118	97	235
9	242	274	209	2	243	253	52	227	172	17
10	165	25	205	36	228	232	88	191	69	114
11	106	271	161	214	157	233	5	46	23	53
12	121	220	194	87	34	117	166	33	90	267
13	41	61	167	249	123	128	229	196	9	197
14	231	131	127	254	173	68	49	276	100	44

p = **277** (Fortsetzung)

	N										I									
	0	1	2	3	4	5	6	7	8	9		0	1	2	3	4	5	6	7	8	9
15	250	142	156	226	22	110	273	257	177	54	15	61	131	141	203	176	48	152	216	263	255
16	270	242	102	233	57	8	40	200	169	14	16	184	230	71	173	144	196	137	17	99	168
17	70	73	88	163	261	197	154	216	249	137	17	251	76	73	249	133	24	43	158	245	53
18	131	101	228	32	160	246	122	56	3	15	18	119	233	115	227	97	88	106	110	236	34
19	75	98	213	234	62	33	165	271	247	127	19	124	64	242	90	128	135	62	175	254	143
20	81	128	86	153	211	224	12	60	23	115	20	167	132	52	96	33	127	142	32	258	259
21	21	105	248	132	106	253	157	231	47	235	21	82	204	85	192	260	56	177	69	108	83
22	67	58	13	65	48	240	92	183	84	143	22	26	49	146	21	205	102	153	11	182	86
23	161	251	147	181	74	93	188	109	268	232	23	80	217	239	163	193	219	264	28	272	261
24	52	260	192	129	91	178	59	18	90	173	24	225	256	161	112	57	45	185	198	212	178
25	34	170	19	95	198	159	241	97	208	209	25	150	231	140	215	70	16	72	157	114	109
26	214	239	87	158	236	72	83	138	136	126	26	241	174	51	31	84	68	145	10	238	27
27	76	103	238	82	133	111	1				27	160	197	139	156	50	9	138			

p = **281**, g = 3, $p - 1 = 2^3 \cdot 5 \cdot 7$

	N										I									
	0	1	2	3	4	5	6	7	8	9		0	1	2	3	4	5	6	7	8	9
0		3	9	27	81	243	167	220	98	13	0		280	204	1	128	186	205	182	52	2
1	39	117	70	210	68	204	50	150	169	226	1	110	253	129	9	106	187	256	166	206	221
2	116	67	201	41	123	88	264	230	128	103	2	34	183	177	197	53	92	213	3	30	172
3	28	84	252	194	20	60	180	259	215	83	3	111	62	180	254	90	88	130	135	145	10
4	249	185	274	260	218	92	276	266	236	146	4	238	23	107	132	101	188	121	75	257	84
5	157	190	8	24	72	216	86	258	212	74	5	16	167	137	210	207	159	234	222	96	200
6	222	104	31	93	279	275	263	227	119	76	6	35	147	266	184	104	195	178	21	14	198
7	228	122	85	255	203	47	141	142	145	154	7	12	153	54	125	59	93	69	155	214	240
8	181	262	224	110	49	147	160	199	35	105	8	162	4	227	39	31	72	56	173	25	245
9	34	102	25	75	225	113	58	174	241	161	9	112	191	45	63	279	127	181	109	8	255
10	202	44	132	115	64	192	14	42	126	97	10	220	176	91	29	61	89	134	237	131	120
11	10	30	90	270	248	182	265	233	137	130	11	83	136	158	95	146	103	20	11	124	68
12	109	46	138	133	118	73	219	95	4	12	12	239	226	71	24	190	278	108	219	28	133
13	36	108	43	129	106	37	111	52	156	187	13	119	157	102	123	225	189	218	118	122	217
14	280	278	272	254	200	38	114	61	183	268	14	216	76	77	262	258	78	49	85	263	242
15	242	164	211	71	213	77	231	131	112	55	15	17	259	273	168	79	248	138	50	164	211
16	165	214	80	240	158	193	17	51	153	178	16	86	99	208	264	151	160	243	6	235	18
17	253	197	29	87	261	221	101	22	66	198	17	276	223	260	271	97	274	229	201	169	231
18	32	96	7	21	63	189	5	15	45	135	18	36	80	115	148	249	41	267	139	203	185
19	124	91	273	257	209	65	195	23	69	207	19	51	252	105	165	33	196	212	171	179	87
20	59	177	250	188	2	6	18	54	162	205	20	144	22	100	74	15	209	233	199	265	194
21	53	159	196	26	78	234	140	139	136	127	21	13	152	58	154	161	38	55	244	44	126
22	100	19	57	171	232	134	121	82	246	176	22	7	175	60	236	82	94	19	67	70	277
23	247	179	256	206	56	168	223	107	40	120	23	27	156	224	117	215	261	48	241	272	247
24	79	237	149	166	217	89	267	239	155	184	24	163	98	150	5	275	270	228	230	114	40
25	271	251	191	11	33	99	16	48	144	151	25	202	251	32	170	143	73	232	193	57	37
26	172	235	143	148	163	208	62	186	277	269	26	43	174	81	66	26	116	47	246	149	269
27	245	173	238	152	175	244	170	229	125	94	27	113	250	142	192	42	65	46	268	141	64
28	1										28	140									
	0	1	2	3	4	5	6	7	8	9		0	1	2	3	4	5	6	7	8	9

p = **277**

	I′										I″									
	0	1	2	3	4	5	6	7	8	9		0	1	2	3	4	5	6	7	8	9
15	231	229	216	11	208	275	50	114	245	8	15	178	130	48	102	210	237	139	72	43	67
16	197	112	271	193	221	100	126	132	251	189	16	27	256	181	239	187	22	134	143	99	222
17	4	234	98	144	51	254	48	69	150	267	17	120	265	262	71	241	62	203	56	212	268
18	213	162	86	195	230	198	38	164	18	36	18	94	20	11	47	255	45	14	8	147	169
19	270	107	260	219	122	250	137	139	212	201	19	234	257	85	163	39	183	144	160	185	269
20	273	243	262	176	85	102	222	39	77	92	20	37	199	104	141	82	21	7	246	154	35
21	154	214	178	274	113	70	263	239	224	264	21	19	111	198	180	211	140	152	80	79	193
22	121	246	169	66	44	256	235	97	104	136	22	66	164	206	54	218	261	244	115	266	151
23	71	140	105	115	190	89	34	155	27	163	23	184	150	42	119	171	226	110	30	10	217
24	67	174	90	94	226	53	207	252	244	133	24	15	109	64	201	248	158	221	103	98	73
25	23	76	19	95	143	184	161	191	259	82	25	195	168	247	89	175	263	225	95	32	258
26	56	225	172	255	28	171	228	129	179	199	26	192	272	202	216	219	4	273	179	13	3
27	29	111	261	266	91	58	147				27	190	162	28	200	213	155	*			

p = **281**

	I′										I″									
	0	1	2	3	4	5	6	7	8	9		0	1	2	3	4	5	6	7	8	9
0	280	128	110	30	227	275	235	175	255	106	0	140	204	52	213	162	150	243	126	109	129
1	238	124	153	152	198	209	167	259	276	67	1	145	20	198	194	21	74	84	242	235	94
2	11	14	100	107	190	245	116	156	133	61	2	103	178	144	238	71	173	66	277	219	91
3	172	72	170	196	183	147	80	43	55	31	3	3	39	251	165	221	200	231	57	161	227
4	202	267	65	174	126	63	268	246	241	85	4	114	249	192	37	244	191	65	116	261	78
5	164	252	2	92	125	244	173	37	154	93	5	138	185	182	197	153	38	72	193	152	125
6	236	89	180	279	140	46	26	70	239	155	6	175	29	111	45	141	42	81	19	124	93
7	277	24	56	232	15	257	77	262	49	248	7	67	226	31	143	100	121	216	76	258	168
8	115	66	94	136	16	263	99	144	130	134	8	36	174	236	120	257	49	211	179	90	61
9	88	29	213	69	19	146	200	274	150	208	9	254	176	53	59	82	158	222	271	163	86
10	74	188	123	20	195	165	187	132	219	8	10	22	132	157	146	184	252	9	23	278	181
11	253	62	191	250	40	148	47	215	122	157	11	2	172	245	269	230	80	26	224	218	133
12	83	75	217	225	68	59	7	181	186	9	12	131	188	118	102	11	54	44	279	1	253
13	135	120	101	119	237	145	158	210	50	203	13	88	237	107	28	89	130	83	167	248	267
14	*	64	192	73	22	10	103	266	249	269	14	64	268	250	170	87	135	95	35	115	246
15	5	160	58	54	161	214	224	102	95	234	15	98	264	13	12	58	69	27	119	136	207
16	243	38	4	98	211	33	206	137	79	231	16	151	154	240	247	50	105	256	16	273	201
17	143	179	111	25	81	60	91	197	21	87	17	32	212	30	56	43	7	220	183	195	171
18	254	109	52	177	104	51	205	256	121	218	18	62	127	205	34	266	203	128	106	101	225
19	278	45	42	57	13	178	212	53	12	265	19	24	112	142	232	265	104	33	177	14	233
20	35	169	251	185	1	182	221	159	264	233	20	96	229	40	139	280	186	166	210	99	15
21	207	86	171	3	240	261	76	216	118	28	21	137	164	196	92	155	117	217	122	189	108
22	176	34	96	260	117	189	71	39	230	201	22	255	206	234	276	156	123	239	4	270	274
23	114	36	193	199	222	18	82	131	23	226	23	228	169	73	209	159	6	60	134	10	68
24	162	272	17	6	44	112	149	163	138	41	24	214	48	263	160	55	25	47	272	79	148
25	142	32	105	129	90	220	166	84	78	273	25	113	202	51	110	180	8	187	75	262	17
26	271	48	258	242	151	194	184	139	141	113	26	223	215	77	85	208	199	147	41	46	149
27	228	97	247	168	229	270	223	27	108	127	27	275	260	241	259	97	5	18	70	190	63
28	204										28	*									
	0	1	2	3	4	5	6	7	8	9		0	1	2	3	4	5	6	7	8	9

$p = \mathbf{283},\ g = 3,\ p - 1 = 2 \cdot 3 \cdot 47$

N											I										
	0	1	2	3	4	5	6	7	8	9		0	1	2	3	4	5	6	7	8	9
0		3	9	27	81	243	163	206	52	156	0		282	159	1	36	233	160	278	195	2
1	185	272	250	184	269	241	157	188	281	277	1	110	152	37	254	155	234	72	221	161	207
2	265	229	121	80	240	154	179	254	196	22	2	269	279	29	100	196	184	131	3	32	168
3	66	198	28	84	252	190	4	12	36	108	3	111	175	231	153	98	229	38	59	84	255
4	41	123	86	258	208	58	174	239	151	170	4	146	40	156	165	188	235	259	263	73	274
5	227	115	62	186	275	259	211	67	201	37	5	61	222	8	69	162	103	191	208	45	86
6	111	50	150	167	218	88	264	226	112	53	6	270	78	52	280	108	205	30	57	257	101
7	159	194	16	48	144	149	164	209	61	183	7	106	246	197	248	218	185	243	148	132	117
8	266	232	130	107	38	114	59	177	248	178	8	23	4	199	238	33	172	42	169	65	212
9	251	187	278	268	238	148	161	200	34	102	9	112	250	136	176	140	158	232	194	151	154
10	23	69	207	55	165	212	70	210	64	192	10	220	268	99	130	167	230	228	83	39	187
11	10	30	90	270	244	166	215	79	237	145	11	262	60	68	190	85	51	204	256	245	217
12	152	173	236	142	143	146	155	182	263	223	12	147	22	237	41	211	135	157	150	267	166
13	103	26	78	234	136	125	92	276	262	220	13	82	261	189	203	216	236	134	266	260	215
14	94	282	280	274	256	202	40	120	77	231	14	265	264	123	124	74	119	125	275	95	75
15	127	98	11	33	99	14	42	126	95	2	15	62	48	120	223	25	126	9	16	276	70
16	6	18	54	162	203	43	129	104	29	87	16	182	96	163	6	76	104	115	63	192	226
17	261	217	85	255	199	31	93	279	271	247	17	49	209	201	121	46	180	224	87	89	26
18	175	242	160	197	25	75	225	109	44	132	18	271	240	127	79	13	10	53	91	17	281
19	113	56	168	221	97	8	24	72	216	82	19	35	277	109	253	71	206	28	183	31	174
20	246	172	233	133	116	65	195	19	57	171	20	97	58	145	164	258	273	7	102	44	77
21	230	124	89	267	235	139	134	119	74	222	21	107	56	105	247	242	116	198	171	64	249
22	100	17	51	153	176	245	169	224	106	35	22	139	193	219	129	227	186	67	50	244	21
23	105	32	96	5	15	45	135	122	83	249	23	210	149	81	202	133	214	122	118	94	47
24	181	260	214	76	228	118	71	213	73	219	24	24	15	181	5	114	225	200	179	88	239
25	91	273	253	193	13	39	117	68	204	46	25	12	90	34	252	27	173	144	272	43	55
26	138	131	110	47	141	140	137	128	101	20	26	241	170	138	128	66	20	80	213	93	14
27	60	180	257	205	49	147	158	191	7	21	27	113	178	11	251	143	54	137	19	92	177
28	63	189	1								28	142	18	141							

$p = \mathbf{293},\ g = 2,\ p - 1 = 2^2 \cdot 73$

N											I										
	0	1	2	3	4	5	6	7	8	9		0	1	2	3	4	5	6	7	8	9
0		2	4	8	16	32	64	128	256	219	0		292	1	157	2	173	158	213	3	22
1	145	290	287	281	269	245	197	101	202	111	1	174	115	159	243	214	38	4	220	23	111
2	222	151	9	18	36	72	144	288	283	273	2	175	78	116	207	160	54	244	179	215	129
3	253	213	133	266	239	185	77	154	15	30	3	39	46	5	272	221	94	24	154	112	108
4	60	120	240	187	81	162	31	62	124	248	4	176	91	79	82	117	195	208	103	161	134
5	203	113	226	159	25	50	100	200	107	214	5	55	85	245	188	180	288	216	268	130	120
6	135	270	247	201	109	218	143	286	279	265	6	40	278	47	235	6	124	273	198	222	72
7	237	181	69	138	276	259	225	157	21	42	7	95	166	25	144	155	211	113	36	109	205
8	84	168	43	86	172	51	102	204	115	230	8	177	44	92	106	80	101	83	286	118	233
9	167	41	82	164	35	70	140	280	267	241	9	196	164	209	203	104	284	162	282	135	137
10	189	85	170	47	94	188	83	166	39	78	10	56	17	86	139	246	251	189	58	181	64
11	156	19	38	76	152	11	22	44	88	176	11	289	19	217	51	269	88	131	265	121	141
12	59	118	236	179	65	130	260	227	161	29	12	41	230	279	248	48	227	236	253	7	239
13	58	116	232	171	49	98	196	99	198	103	13	125	191	274	32	199	60	223	256	73	183
14	206	119	238	183	73	146	292	291	289	285	14	96	260	167	66	26	10	145	291	156	172

p = 283

I′

	0	1	2	3	4	5	6	7	8	9
0	282	36	110	32	199	114	76	102	69	16
1	53	251	90	10	113	181	276	281	141	92
2	80	210	237	4	15	126	271	173	183	100
3	57	174	168	172	252	277	233	254	59	187
4	156	211	169	55	77	86	180	24	120	209
5	244	204	280	91	137	241	105	257	145	84
6	68	222	48	192	249	212	20	50	190	162
7	182	206	221	274	119	62	104	107	52	13
8	213	202	261	39	255	51	270	89	239	26
9	34	17	177	14	47	75	163	58	229	130
10	196	106	44	191	115	247	246	56	205	253
11	152	175	250	178	225	63	198	23	94	125
12	223	46	118	124	74	275	9	79	66	227
13	167	3	117	214	266	157	176	19	128	193
14	158	*	18	54	272	164	40	22	132	81
15	267	154	37	98	220	234	165	150	232	1
16	278	207	103	6	258	188	82	230	111	65
17	138	64	42	144	97	231	140	142	11	88
18	224	5	96	31	131	243	67	262	235	203
19	85	208	226	219	151	2	184	248	171	238
20	179	121	133	216	256	30	28	269	45	201
21	149	135	112	93	122	265	236	147	185	129
22	268	161	8	25	87	200	49	186	83	38
23	228	153	194	160	72	259	134	41	33	12
24	127	170	116	148	21	217	197	242	218	139
25	136	143	27	71	155	146	245	101	273	263
26	215	189	60	73	123	264	260	166	99	279
27	78	240	43	7	61	95	70	109	195	29
28	108	35	159							

I″

	0	1	2	3	4	5	6	7	8	9
0	141	159	195	131	23	181	163	273	222	126
1	13	178	239	79	93	24	9	91	142	137
2	66	244	147	117	47	223	89	252	206	279
3	205	183	3	238	90	281	1	152	229	83
4	146	237	172	272	102	208	121	94	62	226
5	67	85	78	10	143	43	107	30	97	38
6	262	274	75	115	171	169	128	186	60	8
7	276	253	234	263	124	95	6	44	270	127
8	20	149	166	228	59	190	45	224	179	87
9	12	53	19	213	118	275	182	174	153	268
10	29	257	7	162	76	56	101	77	280	277
11	2	168	212	14	5	104	242	132	122	74
12	48	201	214	264	123	119	25	240	138	219
13	99	184	148	202	236	211	250	54	170	249
14	176	18	177	251	173	58	255	217	243	210
15	157	194	110	231	151	254	40	135	140	282
16	233	221	69	96	145	156	267	130	32	42
17	241	198	33	27	31	111	136	92	113	200
18	46	15	70	28	196	218	227	39	165	261
19	68	103	63	139	232	278	100	246	116	4
20	225	209	81	189	51	108	71	161	191	49
21	21	41	65	80	133	260	203	245	248	193
22	154	72	61	120	180	114	192	129	230	98
23	167	175	158	36	155	188	216	22	199	88
24	271	55	247	185	50	256	106	105	197	64
25	112	11	34	109	37	84	204	57	164	235
26	266	82	187	259	265	215	134	150	220	207
27	86	26	144	258	73	125	16	35	160	269
28	52	17	*							

p = 293

I′

	0	1	2	3	4	5	6	7	8	9
0	292	157	173	22	220	272	124	239	170	290
1	145	147	27	261	61	249	138	86	50	217
2	241	114	174	111	154	144	10	148	168	257
3	254	59	199	98	42	204	109	219	4	46
4	278	230	99	105	92	271	5	235	227	263
5	87	269	127	178	244	85	17	63	181	255
6	223	262	49	18	289	9	26	12	97	33
7	142	165	95	183	150	126	52	206	116	82
8	101	194	117	286	187	245	139	264	131	193
9	81	79	106	153	24	166	260	13	200	231
10	285	83	133	161	284	100	80	90	176	205
11	77	175	108	36	242	159	207	195	233	277
12	40	141	70	197	273	191	151	270	45	39
13	120	265	186	84	55	137	16	56	250	246
14	229	41	34	210	155	291	*	146	11	67

I″

	0	1	2	3	4	5	6	7	8	9
0	146	292	157	213	38	46	235	253	258	65
1	26	148	67	97	200	280	136	56	63	289
2	171	212	3	220	94	166	66	12	261	224
3	237	190	274	69	142	210	113	242	214	129
4	120	141	34	204	177	128	39	278	248	62
5	18	217	76	206	160	134	137	250	189	31
6	199	14	249	57	181	259	167	149	184	275
7	122	197	222	256	169	240	218	110	175	91
8	106	90	79	101	133	55	17	50	269	152
9	107	176	44	271	221	72	183	68	33	42
10	105	80	194	208	203	43	92	153	112	36
11	219	23	154	211	21	174	78	82	286	267
12	130	265	276	234	6	239	75	52	178	215
13	268	88	193	102	161	282	281	135	16	86
14	264	121	70	165	25	10	147	11	27	168

p = **293** (Fortsetzung)

	N											I									
	0	1	2	3	4	5	6	7	8	9		0	1	2	3	4	5	6	7	8	9
15	277	261	229	165	37	74	148	3	6	12	15	212	21	114	242	37	219	110	77	206	53
16	24	48	96	192	91	182	71	142	284	275	16	178	128	45	271	93	153	107	90	81	194
17	257	221	149	5	10	20	40	80	160	27	17	102	133	84	187	287	267	119	277	234	123
18	54	108	216	139	278	263	233	173	53	106	18	197	71	165	143	210	35	204	43	105	100
19	212	131	262	231	169	45	90	180	67	134	19	285	232	163	202	283	281	136	16	138	250
20	268	243	193	93	186	79	158	23	46	92	20	57	63	18	50	87	264	140	229	247	226
21	184	75	150	7	14	28	56	112	224	155	21	252	238	190	31	59	255	182	259	65	9
22	17	34	68	136	272	251	209	125	250	207	22	290	171	20	241	218	76	52	127	270	152
23	121	242	191	89	178	63	126	252	211	129	23	89	193	132	186	266	276	122	70	142	34
24	258	223	153	13	26	52	104	208	123	246	24	42	99	231	201	280	15	249	62	49	263
25	199	105	210	127	254	215	137	274	255	217	25	228	225	237	30	254	258	8	170	240	75
26	141	282	271	249	205	117	234	175	57	114	26	126	151	192	185	275	69	33	98	200	14
27	228	163	33	66	132	264	235	177	61	122	27	61	262	224	29	257	169	74	150	184	68
28	244	195	97	194	95	190	87	174	55	110	28	97	13	261	28	168	149	67	12	27	148
29	220	147	1								29	11	147	146							

p = **307**, g = 5, $p-1 = 2 \cdot 3^2 \cdot 17$

	N											I									
	0	1	2	3	4	5	6	7	8	9		0	1	2	3	4	5	6	7	8	9
0		5	25	125	11	55	275	147	121	298	0		306	93	81	186	1	174	116	279	162
1	262	82	103	208	119	288	212	139	81	98	1	94	4	267	253	209	82	66	204	255	168
2	183	301	277	157	171	241	284	192	39	195	2	187	197	97	179	54	2	40	243	302	263
3	54	270	122	303	287	207	114	263	87	128	3	175	293	159	85	297	117	42	184	261	28
4	26	130	36	180	286	202	89	138	76	73	4	280	224	290	211	190	163	272	287	147	232
5	58	290	222	189	24	120	293	237	264	92	5	95	285	133	136	30	5	89	249	50	113
6	153	151	141	91	148	126	16	80	93	158	6	268	245	80	278	252	254	178	301	84	260
7	176	266	102	203	94	163	201	84	113	258	7	210	146	135	49	277	83	48	120	121	282
8	62	3	15	75	68	33	165	211	134	56	8	67	18	11	122	77	205	304	38	283	46
9	280	172	246	2	10	50	250	22	110	243	9	256	63	59	68	74	169	240	138	19	166
10	294	242	289	217	164	206	109	238	269	117	10	188	258	72	12	226	198	229	128	123	106
11	278	162	196	59	295	247	7	35	175	261	11	98	265	182	78	36	180	143	109	206	14
12	77	78	83	108	233	244	299	267	107	228	12	55	8	32	305	173	3	65	196	39	292
13	219	174	256	52	260	72	53	265	97	178	13	41	223	271	284	88	244	177	145	47	17
14	276	152	146	116	273	137	71	48	240	279	14	303	62	239	257	228	264	142	7	64	222
15	167	221	184	306	302	282	182	296	252	32	15	176	61	141	60	213	294	214	23	69	217
16	160	186	9	45	225	204	99	188	19	95	16	160	295	111	75	104	86	215	150	170	200
17	168	226	209	124	6	30	150	136	66	23	17	298	24	91	241	131	118	70	194	139	192
18	115	268	112	253	37	185	4	20	100	193	18	43	218	156	20	152	185	161	208	167	53
19	44	220	179	281	177	271	127	21	105	218	19	262	296	27	189	231	29	112	251	259	276
20	169	231	234	249	17	85	118	283	187	14	20	281	76	45	73	165	225	105	35	13	172
21	70	43	215	154	156	166	216	159	181	291	21	291	87	16	227	221	212	216	103	199	130
22	227	214	149	131	41	205	104	213	144	106	22	191	151	52	230	275	164	171	220	129	274
23	223	194	49	245	304	292	232	239	274	142	23	273	201	236	124	202	288	299	57	107	237
24	96	173	251	27	135	61	305	297	257	57	24	148	25	101	99	125	233	92	115	266	203
	0	1	2	3	4	5	6	7	8	9		0	1	2	3	4	5	6	7	8	9

p = 293

	I'										I''									
	0	1	2	3	4	5	6	7	8	9	0	1	2	3	4	5	6	7	8	9
15	184	192	89	107	112	211	172	2	213	243	74	126	270	93	24	144	291	1	173	115
16	54	134	282	202	209	143	25	66	149	74	207	103	284	232	196	71	95	260	28	257
17	240	20	212	158	115	78	91	44	128	215	8	290	156	2	22	111	108	205	53	244
18	288	64	259	96	68	275	266	287	180	58	188	58	255	73	150	192	132	84	245	251
19	31	274	185	132	102	208	164	71	222	60	238	125	151	89	81	117	233	123	273	32
20	14	280	283	104	43	177	53	160	103	203	98	231	163	209	35	109	77	116	195	164
21	35	113	21	3	38	129	268	51	76	110	143	155	172	158	243	179	288	19	241	37
22	23	94	72	256	29	237	252	236	225	247	4	272	198	60	262	228	247	48	263	140
23	279	201	163	196	123	6	253	30	190	125	41	99	285	118	277	47	227	225	252	7
24	75	218	37	214	179	188	251	226	48	62	170	20	114	159	54	85	139	229	279	15
25	57	189	238	7	258	182	73	169	8	65	138	246	226	236	30	59	223	29	254	182
26	167	28	224	228	140	121	276	119	130	88	96	13	61	49	87	131	186	287	216	51
27	152	93	221	198	32	69	122	234	47	248	127	45	5	124	191	185	266	119	40	230
28	15	136	135	281	162	232	118	267	216	19	201	283	162	202	104	100	83	187	180	64
29	171	156	1								9	145	*							

p = 307

	I'										I''									
	0	1	2	3	4	5	6	7	8	9	0	1	2	3	4	5	6	7	8	9
0	306	174	40	65	267	89	140	64	32	126	153	186	54	173	94	30	238	142	55	247
1	37	122	226	172	55	102	227	303	11	166	119	18	72	35	206	34	87	47	67	138
2	152	154	110	69	91	101	250	189	280	112	156	269	140	214	298	148	207	296	261	231
3	5	195	305	234	15	13	180	58	283	292	136	108	8	154	44	105	78	10	304	196
4	243	223	184	218	34	73	256	17	120	277	2	292	117	192	250	76	283	145	83	135
5	113	219	230	262	2	8	100	107	137	68	249	102	151	167	179	14	235	299	37	63
6	213	141	239	59	222	196	204	18	74	217	141	176	303	256	7	3	82	282	59	23
7	194	127	12	165	169	104	45	205	36	300	118	137	258	45	68	111	281	122	182	248
8	278	186	66	48	260	297	215	16	244	249	245	93	209	277	301	159	104	291	284	5
9	193	241	115	81	4	285	242	179	265	125	149	24	233	306	162	232	203	197	106	101
10	114	99	51	199	86	35	98	237	31	206	56	25	15	216	75	225	123	57	181	143
11	149	75	251	268	157	266	279	42	70	10	22	295	29	50	100	92	174	297	131	134
12	121	282	77	106	202	233	269	181	123	274	48	120	11	128	236	99	9	71	229	220
13	191	118	248	136	119	49	30	71	19	192	199	241	286	285	300	146	133	58	240	194
14	22	60	7	109	238	47	135	232	25	90	6	61	264	180	270	177	210	287	237	110
15	170	52	185	*	33	207	20	247	183	85	215	191	20	246	21	193	218	114	242	293
16	295	208	94	272	171	225	188	53	187	240	217	185	279	190	275	73	19	208	255	74
17	200	220	291	3	116	293	61	145	301	54	150	164	13	305	1	263	222	244	254	97
18	143	108	78	289	261	161	1	197	258	231	36	127	265	158	42	152	81	168	166	27
19	163	151	43	155	139	270	39	97	229	130	211	130	139	90	70	31	65	187	226	103
20	298	236	288	96	255	304	14	26	167	82	170	273	124	266	66	77	109	155	161	253
21	146	190	216	294	23	150	103	160	156	235	260	290	221	60	294	86	212	69	43	51
22	129	212	176	271	290	105	198	221	264	128	171	227	64	41	280	165	12	16	257	198
23	275	29	95	92	246	56	124	148	6	257	52	189	147	125	33	219	201	107	144	62
24	138	131	158	302	177	80	153	9	79	50	169	91	96	40	88	268	234	157	132	89
	0	1	2	3	4	5	6	7	8	9	0	1	2	3	4	5	6	7	8	9

p = 307 (Fortsetzung)

N											I										
	0	1	2	3	4	5	6	7	8	9		0	1	2	3	4	5	6	7	8	9
25	285	197	64	13	65	18	90	143	101	198	25	96	242	158	183	289	286	132	248	79	300
26	69	38	190	29	145	111	248	12	60	300	26	134	119	10	37	58	137	71	127	181	108
27	272	132	46	230	229	224	199	74	63	8	27	31	195	270	144	238	6	140	22	110	149
28	40	200	79	88	133	51	255	47	235	254	28	90	193	155	207	26	250	44	34	15	102
29	42	210	129	31	155	161	191	34	170	236	29	51	219	235	56	100	114	157	247	9	126
30	259	67	28	140	86	123	1				30	269	21	154	33	234	246	153			

p = 311, g = 17, p − 1 = 2 · 5 · 31

N											I										
	0	1	2	3	4	5	6	7	8	9		0	1	2	3	4	5	6	7	8	9
0		17	289	248	173	142	237	297	73	308	0		310	22	164	44	196	186	140	66	18
1	260	66	189	103	196	222	42	92	9	153	1	218	135	208	80	162	50	88	1	40	207
2	113	55	2	34	267	185	35	284	163	283	2	240	304	157	283	230	82	102	182	184	241
3	146	305	209	132	67	206	81	133	84	184	3	72	247	110	299	23	26	62	139	229	244
4	18	306	226	110	4	68	223	59	70	257	4	262	245	16	233	179	214	305	210	252	280
5	15	255	292	299	107	264	134	101	162	266	5	104	165	124	264	204	21	206	61	263	47
6	168	57	36	301	141	220	8	136	135	118	6	94	145	269	158	132	276	11	34	45	137
7	140	203	30	199	273	287	214	217	268	202	7	48	293	84	8	161	246	251	275	266	152
8	13	221	25	114	72	291	282	129	16	272	8	284	36	267	260	38	197	255	95	201	170
9	270	236	280	95	60	87	235	263	117	123	9	236	220	17	101	232	93	274	231	302	153
10	225	93	26	131	50	228	144	271	253	258	10	126	57	187	13	146	190	286	54	226	234
11	32	233	229	161	249	190	120	174	159	215	11	43	303	228	20	83	169	285	98	69	141
12	234	246	139	186	52	262	100	145	288	231	12	116	270	167	99	291	278	180	194	154	87
13	195	205	64	155	147	11	187	69	240	37	13	298	103	33	37	56	68	67	272	159	122
14	7	119	157	181	278	61	104	213	200	290	14	70	64	5	215	106	127	30	134	183	213
15	265	151	79	99	128	310	294	22	63	138	15	268	151	273	19	297	133	288	142	174	118
16	169	74	14	238	3	51	245	122	208	115	16	306	113	58	28	289	185	282	261	60	160
17	89	269	219	302	158	198	256	309	277	44	17	219	225	277	4	117	222	223	211	192	188
18	126	276	27	148	28	165	6	102	179	244	18	258	143	242	309	39	25	123	136	254	12
19	105	230	178	227	127	293	5	85	201	307	19	115	271	296	224	253	130	14	238	175	73
20	243	88	252	241	54	296	56	19	12	204	20	148	198	79	71	209	131	35	301	168	32
21	47	177	210	149	45	143	254	275	10	170	21	212	281	308	147	76	119	248	77	256	172
22	91	303	175	176	193	171	108	281	112	38	22	65	81	15	46	250	100	42	193	105	112
23	24	97	94	43	109	298	90	286	197	239	23	191	129	307	111	120	96	91	6	163	239
24	20	29	182	295	39	41	75	31	216	251	24	138	203	292	200	189	166	121	287	3	114
25	224	76	48	194	188	86	218	285	180	261	25	300	249	202	108	216	51	176	49	109	279
26	83	167	40	58	53	279	78	82	150	62	26	10	259	125	97	55	150	59	24	78	171
27	121	191	137	152	96	77	65	172	125	259	27	90	107	89	74	294	217	181	178	144	265
28	49	211	166	23	80	116	106	247	156	164	28	92	227	86	29	27	257	237	75	128	2
29	300	124	242	71	274	304	192	154	130	33	29	149	85	52	195	156	243	205	7	235	53
30	250	207	98	111	21	46	160	232	212	183	30	290	63	173	221	295	31	41	199	9	177
31	1										31	155									
	0	1	2	3	4	5	6	7	8	9		0	1	2	3	4	5	6	7	8	9

p = **307**

	I'											I''									
	0	1	2	3	4	5	6	7	8	9		0	1	2	3	4	5	6	7	8	9
25	44	259	254	209	178	168	63	228	72	276	25	26	112	278	267	252	204	46	239	188	251
26	210	28	296	175	142	182	203	253	245	21	26	84	184	53	302	228	98	115	4	113	126
27	144	284	287	201	273	164	281	83	252	162	27	195	223	163	274	129	230	259	49	80	116
28	224	76	67	46	88	133	132	147	299	286	28	28	276	121	38	271	95	289	272	202	183
29	211	87	41	159	214	111	27	117	24	57	29	224	172	39	175	213	160	262	85	200	288
30	134	84	263	62	38	173	93				30	79	178	243	17	205	32	*			

p = **311**

	I'											I''									
	0	1	2	3	4	5	6	7	8	9		0	1	2	3	4	5	6	7	8	9
0	310	40	149	114	117	215	163	235	161	177	0	155	88	128	287	277	64	91	205	84	199
1	259	34	115	146	238	46	233	101	218	297	1	279	276	254	187	130	81	245	220	66	273
2	83	206	164	26	78	123	62	257	289	27	2	228	204	310	299	59	39	23	29	58	86
3	134	41	212	37	45	301	267	56	197	25	3	127	295	168	103	11	131	284	33	260	309
4	207	199	193	303	196	137	250	94	293	109	4	1	31	100	234	164	34	15	263	137	176
5	88	176	195	290	226	150	68	187	28	24	5	162	216	85	235	286	97	37	126	113	150
6	160	263	139	173	5	81	18	272	67	141	6	261	206	26	290	70	172	140	68	56	98
7	64	209	247	148	294	128	119	256	171	71	7	122	79	241	175	89	237	147	248	24	198
8	162	15	102	169	8	52	29	298	1	74	8	208	65	230	20	293	149	227	154	50	107
9	107	6	227	274	145	201	91	55	69	291	9	171	96	265	232	47	255	120	125	285	167
10	42	232	182	33	165	112	127	89	216	279	10	250	17	82	298	280	193	215	90	202	49
11	299	120	191	58	300	271	270	222	306	248	11	247	307	105	306	3	12	141	4	174	76
12	96	287	70	136	264	97	57	30	2	307	12	111	166	159	25	165	259	153	106	75	191
13	14	35	276	288	183	208	254	48	203	229	13	253	209	158	297	30	218	123	45	239	62
14	66	116	174	242	265	269	190	76	198	85	14	186	69	288	258	178	94	13	308	73	2
15	59	273	284	126	87	*	243	283	132	122	15	55	268	266	302	194	177	195	304	269	272
16	219	246	50	239	44	124	121	99	32	285	16	60	8	80	6	22	104	189	270	301	83
17	236	90	65	221	118	73	49	155	144	214	17	201	78	256	63	142	238	51	9	181	233
18	194	178	184	213	241	282	140	13	258	166	18	278	217	102	134	182	289	196	57	192	200
19	286	129	188	105	154	156	186	255	79	9	19	146	112	211	42	180	52	44	38	148	41
20	189	170	108	292	21	7	61	240	80	131	20	292	95	249	138	264	243	21	40	135	71
21	252	192	281	268	305	106	51	181	135	225	21	305	223	32	183	179	5	108	294	18	160
22	17	295	223	211	253	277	234	86	20	244	22	236	173	117	222	296	219	54	92	303	139
23	82	302	93	179	43	53	220	75	175	138	23	283	274	101	16	226	7	170	257	14	163
24	304	72	309	205	262	16	251	110	77	202	24	207	184	143	156	229	262	161	72	119	300
25	100	275	280	130	12	95	172	237	143	125	25	46	246	210	224	136	197	77	27	188	10
26	38	60	245	47	204	92	152	260	151	158	26	267	282	244	61	124	144	275	36	213	145
27	167	296	159	19	231	266	11	4	180	10	27	116	115	67	151	93	251	132	225	291	109
28	104	308	261	230	36	98	54	3	142	185	28	252	212	185	157	152	169	190	121	133	28
29	63	278	200	84	217	31	224	133	103	23	29	53	99	203	48	74	221	271	19	87	110
30	249	168	153	228	157	210	113	111	147	39	30	114	35	231	43	240	214	118	129	281	242
31	22										31	*									
	0	1	2	3	4	5	6	7	8	9		0	1	2	3	4	5	6	7	8	9

$p = 313, \; g = 10, \; p - 1 = 2^3 \cdot 3 \cdot 13$

	N											I									
	0	1	2	3	4	5	6	7	8	9		0	1	2	3	4	5	6	7	8	9
0		10	100	61	297	153	278	276	256	56	0		312	274	56	236	39	18	123	198	112
1	247	279	286	43	117	231	119	251	6	60	1	1	148	292	214	85	95	160	205	74	108
2	287	53	217	292	103	91	284	23	230	109	2	275	179	110	27	254	78	176	168	47	182
3	151	258	76	134	88	254	36	47	157	5	3	57	211	122	204	167	162	36	163	70	270
4	50	187	305	233	139	138	128	28	280	296	4	237	209	141	13	72	151	301	37	216	246
5	143	178	215	272	216	282	3	30	300	183	5	40	261	138	21	130	187	9	164	144	191
6	265	146	208	202	142	168	115	211	232	129	6	19	3	173	235	84	253	166	71	129	83
7	38	67	44	127	18	180	235	159	25	250	7	124	102	310	99	125	134	32	271	232	132
8	309	273	226	69	64	14	140	148	228	89	8	199	224	171	184	103	244	287	238	34	89
9	264	136	108	141	158	15	150	248	289	73	9	113	25	263	267	311	147	178	210	208	260
10	104	101	71	84	214	262	116	221	19	190	10	2	101	223	24	100	218	295	142	92	29
11	22	220	9	90	274	236	169	125	311	293	11	149	219	283	120	126	66	106	14	153	16
12	113	191	32	7	70	74	114	201	132	68	12	293	296	277	265	135	117	197	73	46	69
13	54	227	79	164	75	124	301	193	52	207	13	215	143	128	231	33	207	91	152	45	44
14	192	42	107	131	58	267	166	95	11	110	14	86	93	64	50	272	221	61	302	87	289
15	161	45	137	118	241	219	312	303	213	252	15	96	30	306	5	233	250	194	38	94	77
16	16	160	35	37	57	257	66	34	27	270	16	161	150	186	252	133	243	146	217	65	116
17	196	82	194	62	307	253	26	260	96	21	17	206	220	249	242	200	201	308	247	51	189
18	210	222	29	290	83	204	162	55	237	179	18	75	284	299	59	225	202	229	41	273	291
19	225	59	277	266	156	308	263	126	8	80	19	109	121	140	137	172	309	170	262	222	282
20	174	175	185	285	33	17	170	135	98	41	20	276	127	63	305	185	248	298	139	62	256
21	97	31	310	283	13	130	48	167	105	111	21	180	67	257	158	104	52	54	22	303	155
22	171	145	198	102	81	184	275	246	269	186	22	111	107	181	269	245	190	82	131	88	259
23	295	133	78	154	288	63	4	40	87	244	23	28	15	68	43	288	76	115	188	290	281
24	249	299	173	165	85	224	49	177	205	172	24	255	154	258	280	239	285	227	10	97	240
25	155	298	163	65	24	240	209	212	242	229	25	79	17	159	175	35	300	8	165	31	286
26	99	51	197	92	294	123	291	93	304	223	26	177	294	105	196	90	60	193	145	307	228
27	39	77	144	188	2	20	200	122	281	306	27	169	297	53	81	114	226	7	192	6	11
28	243	239	199	112	181	245	259	86	234	149	28	48	278	55	213	26	203	12	20	234	98
29	238	189	12	120	261	106	121	271	206	182	29	183	266	23	119	264	230	49	4	251	241
30	255	46	147	218	302	203	152	268	176	195	30	58	136	304	157	268	42	279	174	195	80
31	72	94	1								31	212	118	156							

$p = 317, \; g = 2, \; p - 1 = 2^2 \cdot 79$

	N											I									
	0	1	2	3	4	5	6	7	8	9		0	1	2	3	4	5	6	7	8	9
0		2	4	8	16	32	64	128	256	195	0		316	1	249	2	243	250	50	3	182
1	73	146	292	267	217	117	234	151	302	287	1	244	288	251	149	51	176	4	263	183	303
2	257	197	77	154	308	299	281	245	173	29	2	245	299	289	192	252	170	150	115	52	29
3	58	116	232	147	294	271	225	133	266	215	3	177	280	5	221	264	293	184	138	304	82
4	113	226	135	270	223	129	258	199	81	162	4	246	285	300	112	290	109	193	201	253	100
5	7	14	28	56	112	224	131	262	207	97	5	171	196	151	66	116	215	53	236	30	204
6	194	71	142	284	251	185	53	106	212	107	6	178	166	281	232	6	76	222	256	265	125
7	214	111	222	127	254	191	65	130	260	203	7	294	61	185	10	139	103	305	22	83	156
8	89	178	39	78	156	312	307	297	277	237	8	247	48	286	174	301	190	113	278	291	80
9	157	314	311	305	293	269	221	125	250	183	9	110	199	194	213	202	230	254	59	101	154

p = 313

	I′											I″									
	0	1	2	3	4	5	6	7	8	9		0	1	2	3	4	5	6	7	8	9
0	312	148	101	173	251	233	11	192	165	164	0	156	112	260	19	49	306	192	226	300	187
1	97	48	20	72	153	68	293	159	123	3	1	227	6	203	141	106	28	153	79	39	191
2	234	130	303	119	100	263	203	254	15	149	2	12	138	54	266	223	113	213	110	259	92
3	306	286	271	207	89	300	163	216	94	18	3	96	165	134	231	238	175	162	301	194	236
4	261	273	279	288	86	44	69	182	278	4	4	246	229	268	68	45	152	73	168	11	230
5	272	189	54	81	22	213	236	211	136	225	5	64	247	104	297	52	278	274	182	241	299
6	193	302	256	305	50	116	106	257	43	215	6	90	221	139	127	93	217	126	180	15	46
7	270	129	151	46	108	284	115	161	176	17	7	163	166	13	197	205	189	288	94	254	240
8	212	114	131	124	253	95	93	289	259	113	8	195	53	190	129	235	214	44	302	131	34
9	60	152	29	64	77	160	30	240	183	125	9	196	207	142	86	38	85	289	10	234	310
10	218	223	310	244	52	196	14	181	275	121	10	24	2	124	184	158	294	66	111	74	291
11	27	107	1	25	226	188	206	197	156	264	11	179	155	198	89	81	76	65	135	212	23
12	126	140	204	198	102	134	66	63	231	83	12	283	109	211	18	83	99	120	276	143	71
13	187	88	199	243	32	117	304	172	21	62	13	21	82	232	252	125	265	58	140	261	298
14	137	13	92	128	191	307	217	178	292	219	14	121	209	295	215	164	193	243	311	1	29
15	186	301	45	16	258	111	*	268	104	175	15	161	72	91	14	255	303	118	304	257	17
16	205	150	36	70	144	31	71	162	47	297	16	95	77	167	36	9	8	253	204	176	228
17	262	184	309	235	195	35	168	294	210	110	17	309	224	137	3	279	159	78	286	147	275
18	67	269	57	266	103	248	252	9	290	75	18	256	107	47	98	171	305	150	130	115	51
19	82	19	6	145	38	80	90	73	112	224	19	245	144	7	60	250	174	105	117	123	132
20	201	308	229	12	167	74	220	91	260	141	20	242	200	225	26	122	160	116	33	210	237
21	208	122	118	26	85	143	246	65	295	283	21	178	57	80	55	292	69	37	146	100	149
22	249	61	282	24	171	202	7	10	169	41	22	206	272	262	101	199	59	114	285	307	202
23	49	33	132	250	98	84	39	209	34	285	23	264	128	271	5	20	173	56	270	287	280
24	79	58	200	146	287	190	40	51	298	242	24	97	251	249	133	103	269	216	308	185	220
25	194	241	133	166	78	154	180	158	280	28	25	233	4	186	84	27	281	62	67	154	88
26	2	138	222	267	230	135	23	311	42	245	26	208	40	170	25	119	277	183	263	157	181
27	237	232	221	291	56	179	127	265	55	174	27	70	32	50	41	312	108	282	296	48	42
28	239	255	276	120	299	227	177	238	76	96	28	258	290	222	219	75	239	31	244	43	87
29	281	109	214	296	105	142	277	53	139	59	29	188	273	148	16	177	218	293	169	248	284
30	8	37	87	155	157	185	5	228	247	170	30	35	151	61	22	136	63	30	145	201	172
31	99	147	274								31	102	267	*							

p = 317

	I′											I″									
	0	1	2	3	4	5	6	7	8	9		0	1	2	3	4	5	6	7	8	9
0	316	249	243	182	263	221	76	45	20	102	0	158	316	249	50	176	280	232	73	123	60
1	139	33	94	258	312	205	128	306	209	187	1	185	272	308	38	118	31	143	104	162	122
2	46	155	83	207	161	105	135	219	279	177	2	8	102	305	129	86	145	296	168	114	52
3	204	15	143	140	131	267	41	257	13	118	3	236	119	271	11	94	43	55	223	309	70
4	237	268	266	35	55	77	188	173	286	181	4	54	36	257	95	72	7	20	155	247	242
5	3	176	29	236	40	36	223	274	153	101	5	250	149	115	215	71	44	77	211	229	254
6	9	185	121	163	234	214	116	69	310	117	6	124	294	134	106	98	195	151	226	225	67
7	39	54	44	7	123	255	222	56	211	198	7	310	216	96	233	164	231	6	45	188	277
8	110	284	246	156	90	160	24	145	240	314	8	291	137	304	22	207	92	130	141	127	206
9	157	159	85	130	34	43	72	233	64	195	9	84	160	208	307	12	258	217	282	107	200

p = 317 (Fortsetzung)

N

	0	1	2	3	4	5	6	7	8	9
10	49	98	196	75	150	300	283	249	181	45
11	90	180	43	86	172	27	54	108	216	115
12	230	143	286	255	193	69	138	276	235	153
13	306	295	273	229	141	282	247	177	37	74
14	148	296	275	233	149	298	279	241	165	13
15	26	52	104	208	99	198	79	158	316	315
16	313	309	301	285	253	189	61	122	244	171
17	25	50	100	200	83	166	15	30	60	120
18	240	163	9	18	36	72	144	288	259	201
19	85	170	23	46	92	184	51	102	204	91
20	182	47	94	188	59	118	236	155	310	303
21	289	261	205	93	186	55	110	220	123	246
22	175	33	66	132	264	211	105	210	103	206
23	95	190	63	126	252	187	57	114	228	139
24	278	239	161	5	10	20	40	80	160	3
25	6	12	24	48	96	192	67	134	268	219
26	121	242	167	17	34	68	136	272	227	137
27	274	231	145	290	263	209	101	202	87	174
28	31	62	124	248	179	41	82	164	11	22
29	44	88	176	35	70	140	280	243	169	21
30	42	84	168	19	38	76	152	304	291	265
31	213	109	218	119	238	159	1			

I

	0	1	2	3	4	5	6	7	8	9
10	172	276	197	228	152	226	67	69	117	311
11	216	71	54	40	237	119	31	15	205	313
12	179	260	167	218	282	97	233	73	7	45
13	77	56	223	37	257	42	266	269	126	239
14	295	134	62	121	186	272	11	33	140	144
15	104	17	306	129	23	207	84	90	157	315
16	248	242	49	181	287	148	175	262	302	298
17	191	169	114	28	279	220	292	137	81	284
18	111	108	200	99	195	65	214	235	203	165
19	231	75	255	124	60	9	102	21	155	47
20	173	189	277	79	198	212	229	58	153	275
21	227	225	68	310	70	39	118	14	312	259
22	217	96	72	44	55	36	41	268	238	133
23	120	271	32	143	16	128	206	89	314	241
24	180	147	261	297	168	27	219	136	283	107
25	98	64	234	164	74	123	8	20	46	188
26	78	211	57	274	224	309	38	13	258	95
27	43	35	267	132	270	142	127	88	240	146
28	296	26	135	106	63	163	122	19	187	210
29	273	308	12	94	34	131	141	87	145	25
30	105	162	18	209	307	93	130	86	24	161
31	208	92	85	160	91	159	158			

p = 331, g = 3, p − 1 = 2 · 3 · 5 · 11

N

	0	1	2	3	4	5	6	7	8	9
0		3	9	27	81	243	67	201	272	154
1	131	62	186	227	19	57	171	182	215	314
2	280	178	203	278	172	185	224	10	30	90
3	270	148	113	8	24	72	216	317	289	205
4	284	190	239	55	165	164	161	152	125	44
5	132	65	195	254	100	300	238	52	156	137
6	80	240	58	174	191	242	64	192	245	73
7	219	326	316	286	196	257	109	327	319	295
8	223	7	21	63	189	236	46	138	83	249
9	85	255	103	309	265	133	68	204	281	181
10	212	305	253	97	291	211	302	244	70	210
11	299	235	43	129	56	168	173	188	233	37
12	111	2	6	18	54	162	155	134	71	213
13	308	262	124	41	123	38	114	11	33	99
14	297	229	25	75	225	13	39	117	20	60
15	180	209	296	226	16	48	144	101	303	247
16	79	237	49	147	110	330	328	322	304	250
17	88	264	130	59	177	200	269	145	104	312
18	274	160	149	116	17	51	153	128	53	159
19	146	107	321	301	241	61	183	218	323	307

I

	0	1	2	3	4	5	6	7	8	9
0		330	121	1	242	236	122	81	33	2
1	27	137	243	145	202	237	154	184	123	14
2	148	82	258	295	34	142	266	3	323	271
3	28	220	275	138	305	317	244	119	135	146
4	269	133	203	112	49	238	86	205	155	162
5	263	185	57	188	124	43	114	15	62	173
6	149	195	11	83	66	51	259	6	96	296
7	108	128	35	69	240	143	256	218	267	160
8	60	4	254	88	324	90	233	272	170	230
9	29	226	207	221	326	250	276	103	283	139
10	54	157	306	92	178	318	309	191	245	76
11	164	120	235	32	136	201	183	147	294	265
12	270	274	316	134	132	48	204	262	187	113
13	172	10	50	95	127	239	217	59	87	232
14	229	206	249	282	156	177	190	163	31	182
15	264	315	47	186	9	126	58	228	281	189
16	181	46	125	280	45	44	209	210	115	290
17	211	16	24	116	63	223	291	174	21	212
18	150	99	17	196	328	25	12	321	117	84
19	41	64	67	252	224	52	74	292	260	215

p = 317

I′

	0	1	2	3	4	5	6	7	8	9
10	171	154	21	305	17	162	63	98	200	193
11	199	108	290	278	28	52	215	311	14	31
12	271	186	19	8	60	294	239	88	206	23
13	86	141	270	120	62	106	283	81	304	103
14	144	87	127	16	104	25	296	261	175	51
15	115	66	226	275	172	47	247	315	*	158
16	91	208	18	122	74	231	281	218	27	114
17	150	196	276	189	301	262	4	280	166	260
18	147	287	244	303	138	10	272	210	78	277
19	113	169	252	201	213	65	151	228	212	194
20	99	253	230	165	178	313	89	84	92	307
21	273	57	229	202	235	53	71	96	282	136
22	292	264	256	37	309	68	67	225	152	58
23	254	75	6	73	164	203	30	119	133	295
24	146	180	49	250	288	299	285	48	242	2
25	50	149	170	100	59	124	265	42	95	217
26	167	297	302	183	293	125	269	132	238	126
27	142	32	11	308	224	227	197	79	291	220
28	5	232	97	107	111	300	174	148	251	192
29	109	80	137	184	61	134	26	168	191	289
30	112	190	298	245	82	22	129	93	12	38
31	70	216	259	179	241	248	1			

I″

	0	1	2	3	4	5	6	7	8	9
10	253	59	9	139	144	25	135	283	111	290
11	80	284	300	190	169	150	66	69	39	237
12	133	62	163	74	255	265	269	142	16	306
13	93	34	267	238	295	26	219	292	184	10
14	33	131	270	32	140	87	240	180	287	251
15	170	196	228	58	101	21	83	90	159	91
16	85	24	105	63	234	203	178	260	297	191
17	252	100	154	47	286	148	51	29	204	313
18	241	49	3	263	293	61	121	19	46	173
19	301	298	289	109	199	99	171	276	79	110
20	108	193	213	235	30	15	128	23	161	18
21	187	78	198	194	65	116	311	259	167	27
22	279	5	76	56	274	227	152	275	197	212
23	202	165	281	97	64	214	53	40	268	126
24	88	314	248	2	182	303	82	156	315	1
25	243	288	192	201	230	75	222	37	13	312
26	179	147	175	4	221	256	42	35	41	266
27	132	120	186	210	57	153	172	189	113	28
28	177	166	218	136	81	246	48	181	244	299
29	112	278	220	264	125	239	146	261	302	245
30	285	174	262	183	138	103	17	209	273	224
31	68	117	14	205	89	157	*			

p = 331

I′

	0	1	2	3	4	5	6	7	8	9
0	330	242	27	323	254	107	96	278	227	126
1	50	83	321	257	148	62	24	196	36	319
2	98	212	97	222	116	12	144	137	220	226
3	314	182	136	2	142	69	301	310	298	213
4	251	64	61	114	209	44	125	186	204	238
5	95	259	74	91	157	193	42	188	228	87
6	4	194	173	223	67	5	51	252	255	240
7	285	77	37	214	292	234	164	166	302	152
8	26	33	258	66	41	161	205	232	324	169
9	233	308	178	247	216	127	296	39	327	17
10	129	307	53	283	311	100	158	68	128	105
11	55	85	49	172	15	290	63	84	268	135
12	235	1	81	14	43	280	58	239	35	312
13	93	261	48	203	132	146	201	243	305	54
14	303	322	266	256	153	202	269	294	82	195
15	99	109	140	13	184	162	177	306	168	253
16	60	56	263	31	120	*	286	198	101	225
17	230	94	10	149	21	7	30	190	318	288
18	279	46	264	147	123	57	9	113	124	181
19	163	245	167	106	65	11	328	70	246	130

I″

	0	1	2	3	4	5	6	7	8	9
0	165	121	33	266	60	65	259	175	314	186
1	172	195	25	153	123	114	211	99	312	288
2	222	174	278	289	16	328	80	2	271	230
3	176	163	235	81	295	128	18	72	277	97
4	320	84	56	124	45	280	181	315	132	112
5	10	66	224	102	139	110	161	185	126	217
6	160	42	15	116	41	194	83	64	107	35
7	197	287	319	251	52	308	245	71	310	284
8	241	122	148	11	117	111	238	59	254	253
9	324	53	306	130	171	50	6	22	20	150
10	105	168	325	276	298	109	193	5	296	151
11	303	268	203	187	43	210	24	321	304	244
12	164	330	236	184	188	46	9	95	108	100
13	199	273	134	269	316	119	32	27	275	283
14	152	257	34	240	26	243	135	183	14	173
15	212	299	79	144	237	205	282	54	106	255
16	267	85	155	190	76	286	77	192	158	89
17	272	261	113	62	291	215	248	156	92	313
18	227	189	31	201	154	263	47	262	57	281
19	177	309	302	55	61	149	17	301	167	307

p = 331 (Fortsetzung)

N

	0	1	2	3	4	5	6	7	8	9
20	259	115	14	42	126	47	141	92	276	166
21	167	170	179	206	287	199	266	136	77	231
22	31	93	279	175	194	251	91	273	157	140
23	89	267	139	86	258	112	5	15	45	135
24	74	222	4	12	36	108	324	310	268	142
25	95	285	193	248	82	246	76	228	22	66
26	198	263	127	50	150	119	26	78	234	40
27	120	29	87	261	121	32	96	288	202	275
28	163	158	143	98	294	220	329	325	313	277
29	169	176	197	260	118	23	69	207	290	208
30	293	217	320	298	232	34	102	306	256	106
31	318	292	214	311	271	151	122	35	105	315
32	283	187	230	28	84	252	94	282	184	221
33	1									

I

	0	1	2	3	4	5	6	7	8	9
20	175	7	278	22	97	39	213	297	299	151
21	109	105	100	129	312	18	36	301	197	70
22	285	329	241	80	26	144	153	13	257	141
23	322	219	304	118	268	111	85	161	56	42
24	61	194	65	5	107	68	255	159	253	89
25	169	225	325	102	53	91	308	75	234	200
26	293	273	131	261	171	94	216	231	248	176
27	30	314	8	227	180	279	208	289	23	222
28	20	98	327	320	40	251	73	214	277	38
29	298	104	311	300	284	79	152	140	303	110
30	55	193	106	158	168	101	307	199	130	93
31	247	313	179	288	19	319	72	37	310	78
32	302	192	167	198	246	287	71	77	166	286
33	165									

p = 337, g = 10, $p - 1 = 2^4 \cdot 3 \cdot 7$

N

	0	1	2	3	4	5	6	7	8	9
0		10	100	326	227	248	121	199	305	17
1	170	15	150	152	172	35	13	130	289	194
2	255	191	225	228	258	221	188	195	265	291
3	214	118	169	5	50	163	282	124	229	268
4	321	177	85	176	75	76	86	186	175	65
5	313	97	296	264	281	114	129	279	94	266
6	301	314	107	59	253	171	25	250	141	62
7	283	134	329	257	211	88	206	38	43	93
8	256	201	325	217	148	132	309	57	233	308
9	47	133	319	157	222	198	295	254	181	125
10	239	31	310	67	333	297	274	44	103	19
11	190	215	128	269	331	277	74	66	323	197
12	285	154	192	235	328	247	111	99	316	127
13	259	231	288	184	155	202	335	317	137	22
14	220	178	95	276	64	303	334	307	37	33
15	330	267	311	77	96	286	164	292	224	218
16	158	232	298	284	144	92	246	101	336	327
17	237	11	110	89	216	138	32	320	167	322
18	187	185	165	302	324	207	48	143	82	146
19	112	109	79	116	149	142	72	46	123	219
20	168	332	287	174	55	213	108	69	16	160
21	252	161	262	261	251	151	162	272	24	240
22	41	73	56	223	208	58	243	71	36	23
23	230	278	84	166	312	87	196	275	54	203
24	8	80	126	249	131	299	294	244	81	136
	0	1	2	3	4	5	6	7	8	9

I

	0	1	2	3	4	5	6	7	8	9
0		336	304	314	272	33	282	318	240	292
1	1	171	250	16	286	11	208	9	260	109
2	305	296	139	229	218	66	320	270	254	257
3	315	101	176	149	313	15	228	148	77	330
4	273	220	264	78	107	325	197	90	186	300
5	34	323	288	331	238	204	222	87	225	63
6	283	311	69	274	144	49	117	103	281	207
7	319	227	196	221	116	44	45	153	298	192
8	241	248	188	265	232	42	46	235	75	173
9	293	334	165	79	58	142	154	51	268	127
10	2	167	291	108	256	329	299	62	206	191
11	172	126	190	326	55	262	193	308	31	327
12	251	6	279	198	37	99	242	129	112	56
13	17	244	85	91	71	303	249	138	175	263
14	287	68	195	187	164	290	189	278	84	194
15	12	215	13	301	121	134	266	93	160	309
16	209	211	216	35	156	182	233	178	200	32
17	10	65	14	324	203	48	43	41	141	328
18	261	98	302	289	133	181	47	180	26	252
19	110	21	122	332	19	27	236	119	95	7
20	306	81	135	239	259	253	76	185	224	280
21	297	74	267	205	30	111	174	83	159	199
22	140	25	94	223	158	22	294	4	23	38
23	230	131	161	88	276	123	335	170	295	100
24	219	322	310	226	247	333	166	125	5	243
	0	1	2	3	4	5	6	7	8	9

p = 331

	I'											I''									
	0	1	2	3	4	5	6	7	8	9		0	1	2	3	4	5	6	7	8	9
20	293	183	237	112	262	155	249	221	289	210	20	234	136	145	133	48	86	229	226	279	44
21	115	16	150	297	277	175	231	59	267	304	21	209	290	21	39	73	260	94	239	256	322
22	275	326	20	291	52	325	207	180	281	206	22	28	207	23	63	252	169	29	8	58	232
23	29	248	229	272	200	32	122	154	86	217	23	170	216	87	90	75	120	242	202	49	127
24	143	80	236	145	119	76	287	313	176	282	24	69	329	1	137	317	191	198	93	231	206
25	276	73	224	89	88	159	218	141	295	6	25	326	40	67	159	4	68	143	13	82	51
26	215	171	187	185	315	270	3	160	111	133	26	292	131	204	162	182	294	142	218	118	146
27	274	28	170	131	316	138	103	38	22	208	27	265	323	233	293	270	220	250	214	7	180
28	45	189	156	139	79	329	165	71	19	23	28	125	228	249	103	300	70	166	246	179	208
29	211	174	260	273	265	34	108	299	104	151	29	115	223	74	200	147	258	96	213	38	297
30	284	197	192	110	118	317	92	199	75	191	30	311	36	78	140	219	138	157	101	91	318
31	78	300	18	179	8	47	134	244	309	72	31	37	104	129	247	30	264	274	305	178	19
32	40	117	219	271	90	102	250	320	25	241	32	327	12	141	3	88	225	221	98	196	285
33	121										33	*									

p = 337

	I'											I''									
	0	1	2	3	4	5	6	7	8	9		0	1	2	3	4	5	6	7	8	9
0	336	171	167	169	23	243	279	306	269	260	0	168	292	127	82	294	125	251	95	317	208
1	65	208	215	301	324	228	286	244	258	27	1	32	286	194	215	65	313	250	56	132	332
2	80	122	294	38	130	94	252	236	59	157	2	97	110	158	4	73	140	180	19	53	258
3	111	327	10	282	323	156	70	99	230	113	3	205	308	200	272	300	216	54	198	23	151
4	179	141	46	41	45	153	235	180	43	117	4	177	43	232	48	116	44	42	181	203	144
5	61	268	105	28	36	262	17	255	142	151	5	234	154	96	284	255	326	112	231	79	28
6	183	307	206	283	97	14	320	214	195	274	6	316	50	299	225	210	10	218	243	287	311
7	163	303	150	24	267	173	185	330	107	58	7	36	91	124	80	297	235	253	148	264	165
8	73	135	3	159	194	91	102	225	276	86	8	20	306	184	174	278	244	89	222	161	147
9	186	71	177	160	223	7	52	20	302	242	9	197	85	277	266	25	119	246	64	261	37
10	219	176	152	281	146	162	237	325	256	305	10	295	315	86	117	201	52	312	78	291	260
11	21	174	56	271	201	231	44	103	184	95	11	252	30	129	39	150	143	221	49	179	236
12	155	134	332	335	72	5	190	2	137	112	12	163	301	21	276	169	166	172	268	307	242
13	321	161	18	181	266	239	168	277	175	229	13	24	230	202	289	121	81	146	128	249	296
14	25	328	154	115	49	317	136	89	77	313	14	199	41	58	237	274	183	104	269	228	176
15	114	39	234	298	51	202	182	275	22	199	15	72	59	102	45	142	120	35	29	223	83
16	309	88	245	120	290	79	125	291	*	124	16	93	131	105	70	187	334	333	2	136	3
17	295	250	126	293	83	263	149	40	200	118	17	335	1	191	75	111	138	101	92	233	40
18	26	47	233	145	82	224	300	164	265	278	18	47	133	156	60	118	76	90	195	248	290
19	326	172	241	308	12	187	221	90	37	140	19	126	206	298	262	84	68	227	325	279	159
20	32	104	132	48	222	30	191	319	9	211	20	178	114	155	324	238	267	62	281	11	309
21	64	216	284	212	210	13	35	312	66	322	21	214	209	213	321	67	12	211	285	229	100
22	264	116	87	158	280	63	247	196	148	218	22	273	196	204	94	185	87	310	319	15	139
23	131	57	42	178	50	75	119	143	204	259	23	38	115	265	182	152	46	27	106	331	135
24	292	248	129	67	85	316	96	333	188	138	24	318	192	99	5	17	162	275	226	241	303
	0	1	2	3	4	5	6	7	8	9		0	1	2	3	4	5	6	7	8	9

p = 337 (Fortsetzung)

N

	0	1	2	3	4	5	6	7	8	9
25	12	120	189	205	28	280	104	29	290	204
26	18	180	115	139	42	83	156	212	98	306
27	27	270	4	40	63	293	234	318	147	122
28	209	68	6	60	263	271	14	140	52	183
29	145	102	9	90	226	238	21	210	78	106
30	49	153	182	135	2	20	200	315	117	159
31	242	61	273	34	3	30	300	304	7	70
32	26	260	241	51	173	45	113	119	179	105
33	39	53	193	245	91	236	1			

I

	0	1	2	3	4	5	6	7	8	9
25	67	214	210	64	97	20	80	73	24	130
26	321	213	212	284	53	28	59	151	39	113
27	271	285	217	312	106	237	143	115	231	57
28	255	54	36	70	163	120	155	202	132	18
29	258	29	157	275	246	96	52	105	162	245
30	316	60	183	145	317	8	269	147	89	86
31	102	152	234	50	61	307	128	137	277	92
32	177	40	179	118	184	82	3	169	124	72
33	150	114	201	104	146	136	168			

p = 347, g = 2, p − 1 = 2 · 173

N

	0	1	2	3	4	5	6	7	8	9
0		2	4	8	16	32	64	128	256	165
1	330	313	279	211	75	150	300	253	159	318
2	289	231	115	230	113	226	105	210	73	146
3	292	237	127	254	161	322	297	247	147	294
4	241	135	270	193	39	78	156	312	277	207
5	67	134	268	189	31	62	124	248	149	298
6	249	151	302	257	167	334	321	295	243	139
7	278	209	71	142	284	221	95	190	33	66
8	132	264	181	15	30	60	120	240	133	266
9	185	23	46	92	184	21	42	84	168	336
10	325	303	259	171	342	337	327	307	267	187
11	27	54	108	216	85	170	340	333	319	291
12	235	123	246	145	290	233	119	238	129	258
13	169	338	329	311	275	203	59	118	236	125
14	250	153	306	265	183	19	38	76	152	304
15	261	175	3	6	12	24	48	96	192	37
16	74	148	296	245	143	286	225	103	206	65
17	130	260	173	346	345	343	339	331	315	283
18	219	91	182	17	34	68	136	272	197	47
19	94	188	29	58	116	232	117	234	121	242
20	137	274	201	55	110	220	93	186	25	50
21	100	200	53	106	212	77	154	308	269	191
22	35	70	140	280	213	79	158	316	285	223
23	99	198	49	98	196	45	90	180	13	26
24	52	104	208	69	138	276	205	63	126	252
25	157	314	281	215	83	166	332	317	287	227
26	107	214	81	162	324	301	255	163	326	305
27	263	179	11	22	44	88	176	5	10	20
28	40	80	160	320	293	239	131	262	177	7
29	14	28	56	112	224	101	202	57	114	228
30	109	218	89	178	9	18	36	72	144	288
31	229	111	222	97	194	41	82	164	328	309
32	271	195	43	86	172	344	341	335	323	299
33	251	155	310	273	199	51	102	204	61	122
34	244	141	282	217	87	174	1			
	0	1	2	3	4	5	6	7	8	9

I

	0	1	2	3	4	5	6	7	8	9
0		346	1	152	2	277	153	289	3	304
1	278	272	154	238	290	83	4	183	305	145
2	279	95	273	91	155	208	239	110	291	192
3	84	54	5	78	184	220	306	159	146	44
4	280	315	96	322	274	235	92	189	156	232
5	209	335	240	212	111	203	292	297	193	136
6	85	338	55	247	6	169	79	50	185	243
7	221	72	307	28	160	14	147	215	45	225
8	281	262	316	254	97	114	323	344	275	302
9	236	181	93	206	190	76	157	313	233	230
10	210	295	336	167	241	26	213	260	112	300
11	204	311	293	24	298	22	194	196	137	126
12	86	198	339	121	56	139	248	32	7	128
13	170	286	80	88	51	41	186	200	244	69
14	222	341	73	164	308	123	29	38	161	58
15	15	61	148	141	216	331	46	250	226	18
16	282	34	263	267	317	9	255	64	98	130
17	115	103	324	172	345	151	276	288	303	271
18	237	82	182	144	94	90	207	109	191	53
19	77	219	158	43	314	321	234	188	231	334
20	211	202	296	135	337	246	168	49	242	71
21	27	13	214	224	261	253	113	343	301	180
22	205	75	312	229	294	166	25	259	299	310
23	23	21	195	125	197	120	138	31	127	285
24	87	40	199	68	340	163	122	37	57	60
25	140	330	249	17	33	266	8	63	129	102
26	171	150	287	270	81	143	89	108	52	218
27	42	320	187	333	201	134	245	48	70	12
28	223	252	342	179	74	228	165	258	309	20
29	124	119	30	284	39	67	162	36	59	329
30	16	265	62	101	149	269	142	107	217	319
31	332	133	47	11	251	178	227	257	19	118
32	283	66	35	328	264	100	268	106	318	132
33	10	177	256	117	65	327	99	105	131	176
34	116	326	104	175	325	174	173			
	0	1	2	3	4	5	6	7	8	9

p = **337**

	I'										I''									
	0	1	2	3	4	5	6	7	8	9		0	1	2	3	4	5	6	7	8	9
25	16	6	110	76	257	54	329	315	29	253	25	171	327	26	259	270	57	108	254	18	239
26	109	98	193	287	78	232	93	205	127	147	26	9	328	55	175	220	188	134	74	51	8
27	254	285	33	220	144	246	123	92	84	198	27	320	113	314	330	69	157	88	137	189	6
28	297	207	318	311	53	217	11	68	331	133	28	224	103	33	63	212	271	16	263	323	302
29	189	108	1	334	4	100	139	74	192	62	29	164	167	240	173	22	170	305	280	153	329
30	34	121	289	249	314	296	81	128	31	209	30	186	13	98	71	336	109	7	61	193	160
31	226	69	106	15	272	101	60	8	240	227	31	322	283	217	149	304	257	245	145	282	207
32	270	213	310	288	203	197	55	251	261	299	32	66	130	219	34	14	107	190	31	141	256
33	273	238	19	166	165	170	304				33	77	288	122	247	293	123	*			

p = **347**

	I'										I''									
	0	1	2	3	4	5	6	7	8	9		0	1	2	3	4	5	6	7	8	9
0	346	152	277	304	183	78	169	128	63	255	0	173	346	152	289	83	54	247	32	266	317
1	177	251	223	214	147	61	265	33	282	118	1	132	47	70	27	160	58	329	249	226	257
2	124	195	194	21	298	259	213	13	160	38	2	309	23	298	310	293	166	241	71	307	123
3	284	127	7	266	263	328	59	57	161	67	3	119	138	248	17	282	66	162	122	29	284
4	199	186	320	314	280	225	250	11	70	242	4	87	51	218	158	146	215	331	133	245	168
5	185	41	218	77	5	247	139	60	15	329	5	79	88	108	191	84	338	121	37	161	36
6	140	148	101	129	98	327	35	162	340	222	6	57	15	265	8	255	117	283	39	199	244
7	12	27	307	164	228	312	157	219	184	50	7	48	242	221	341	179	205	190	53	5	169
8	88	143	182	4	54	338	198	40	51	108	8	286	270	237	290	192	136	126	285	80	143
9	207	155	189	206	90	273	322	114	130	105	9	94	273	235	181	144	279	315	254	64	327
10	268	149	171	324	175	131	318	217	52	191	10	264	62	129	115	326	99	268	142	89	207
11	291	203	300	343	323	103	326	65	283	30	11	239	212	260	253	97	130	176	256	19	124
12	138	56	37	29	119	197	86	285	170	102	12	197	339	163	308	20	195	137	31	7	63
13	115	176	10	47	245	337	85	126	31	248	13	98	105	318	332	201	296	193	196	120	56
14	330	216	107	89	94	279	44	215	141	269	14	60	148	269	81	182	305	159	14	61	101
15	287	276	2	289	238	208	232	313	43	146	15	171	345	1	277	272	91	189	76	219	306
16	14	58	36	122	308	258	25	241	49	79	16	28	38	67	340	73	228	294	336	246	6
17	286	150	345	*	173	325	116	256	227	74	17	128	102	324	174	325	104	131	10	251	342
18	205	93	144	305	220	243	200	333	231	156	18	301	236	82	4	78	50	41	320	234	92
19	76	53	84	136	196	125	137	120	339	68	19	206	109	291	297	22	21	194	125	86	40
20	244	134	296	292	311	75	190	109	239	335	20	186	333	211	111	300	180	93	90	155	232
21	295	202	111	260	224	45	331	319	42	158	21	230	334	240	26	13	147	141	107	52	77
22	306	72	341	252	261	281	18	257	165	294	22	184	243	69	12	214	45	250	178	74	312
23	210	334	209	230	188	92	181	82	290	110	23	233	188	156	313	321	274	302	271	154	208
24	212	26	71	221	69	48	168	6	32	17	24	335	167	49	185	200	134	337	55	139	330
25	226	178	342	113	97	64	117	19	309	299	25	46	11	223	261	316	9	177	227	165	25
26	112	253	316	267	100	62	8	317	106	142	26	213	224	281	34	328	16	33	263	100	149
27	81	237	154	91	235	302	288	153	272	95	27	287	303	278	95	322	344	151	2	304	145
28	315	262	34	66	39	87	80	270	303	3	28	44	225	18	118	30	127	170	150	276	153
29	83	192	297	24	166	336	135	193	22	310	29	238	110	203	311	229	210	202	292	24	259
30	204	180	236	271	278	145	159	28	123	20	30	112	343	275	288	3	183	220	72	164	258
31	23	293	229	233	321	96	254	9	132	332	31	299	204	75	157	43	280	262	267	106	217
32	187	234	274	344	172	174	104	99	264	16	32	42	314	96	114	103	175	116	65	35	59
33	249	46	133	201	211	240	167	246	55	121	33	140	216	319	187	231	209	295	135	85	198
34	163	73	179	301	275	151	1				34	68	222	252	113	323	172	*			
	0	1	2	3	4	5	6	7	8	9		0	1	2	3	4	5	6	7	8	9

p = **349**, g = 2, $p - 1 = 2^2 \cdot 3 \cdot 29$

	N											I									
	0	1	2	3	4	5	6	7	8	9		0	1	2	3	4	5	6	7	8	9
0		2	4	8	16	32	64	128	256	163	0		348	1	26	2	314	27	67	3	52
1	326	303	257	165	330	311	273	197	45	90	1	315	21	28	271	68	340	4	258	53	188
2	180	11	22	44	88	176	3	6	12	24	2	316	93	22	184	29	280	272	78	69	146
3	48	96	192	35	70	140	280	211	73	146	3	341	156	5	47	259	33	54	126	189	297
4	292	235	121	242	135	270	191	33	66	132	4	317	264	94	137	23	18	185	75	30	134
5	264	179	9	18	36	72	144	288	227	105	5	281	284	273	303	79	335	70	214	147	287
6	210	71	142	284	219	89	178	7	14	28	6	342	231	157	119	6	237	48	276	260	210
7	56	112	224	99	198	47	94	188	27	54	7	34	61	55	38	127	306	190	88	298	219
8	108	216	83	166	332	315	281	213	77	154	8	318	104	265	82	95	224	138	172	24	65
9	308	267	185	21	42	84	168	336	323	297	9	19	338	186	182	76	154	31	295	135	73
10	245	141	282	215	81	162	324	299	249	149	10	282	333	285	117	274	59	304	217	80	170
11	298	247	145	290	231	113	226	103	206	63	11	336	152	71	115	215	150	148	323	288	325
12	126	252	155	310	271	193	37	74	148	296	12	343	42	232	290	158	246	120	327	7	163
13	243	137	274	199	49	98	196	43	86	172	13	238	345	49	255	277	44	261	131	211	234
14	344	339	329	309	269	189	29	58	116	232	14	35	101	62	292	56	112	39	160	128	109
15	115	230	111	222	95	190	31	62	124	248	15	307	248	191	310	89	122	299	206	220	329
16	147	294	239	129	258	167	334	319	289	229	16	319	251	105	9	266	13	83	165	96	194
17	109	218	87	174	348	347	345	341	333	317	17	225	240	139	199	173	347	25	313	66	51
18	285	221	93	186	23	46	92	184	19	38	18	20	270	339	257	187	92	183	279	77	145
19	76	152	304	259	169	338	327	305	261	173	19	155	46	32	125	296	263	136	17	74	133
20	346	343	337	325	301	253	157	314	279	209	20	283	302	334	213	286	230	118	236	275	209
21	69	138	276	203	57	114	228	107	214	79	21	60	37	305	87	218	103	81	223	171	64
22	158	316	283	217	85	170	340	331	313	277	22	337	181	153	294	72	332	116	58	216	169
23	205	61	122	244	139	278	207	65	130	260	23	151	114	149	322	324	41	289	245	326	162
24	171	342	335	321	293	237	125	250	151	302	24	344	254	43	130	233	100	291	111	159	108
25	255	161	322	295	241	133	266	183	17	34	25	247	309	121	205	328	250	8	12	164	193
26	68	136	272	195	41	82	164	328	307	265	26	239	198	346	312	50	269	256	91	278	144
27	181	13	26	52	104	208	67	134	268	187	27	45	124	262	16	132	301	212	229	235	208
28	25	50	100	200	51	102	204	59	118	236	28	36	86	102	222	63	180	293	331	57	168
29	123	246	143	286	223	97	194	39	78	156	29	113	321	40	244	161	253	129	99	110	107
30	312	275	201	53	106	212	75	150	300	251	30	308	204	249	11	192	197	311	268	90	143
31	153	306	263	177	5	10	20	40	80	160	31	123	15	300	228	207	85	221	179	330	167
32	320	291	233	117	234	119	238	127	254	159	32	320	243	252	98	106	203	10	196	267	142
33	318	287	225	101	202	55	110	220	91	182	33	14	227	84	178	166	242	97	202	195	141
34	15	30	60	120	240	131	262	175	1		34	226	177	241	201	140	176	200	175	174	

p = **353**, g = 3, $p - 1 = 2^5 \cdot 11$

	N											I									
	0	1	2	3	4	5	6	7	8	9		0	1	2	3	4	5	6	7	8	9
0		3	9	27	81	243	23	69	207	268	0		352	164	1	328	309	165	99	140	2
1	98	294	176	175	172	163	136	55	165	142	1	121	60	329	337	263	310	304	228	166	70
2	73	219	304	206	265	89	267	95	285	149	2	285	100	224	6	141	266	149	3	75	156
3	94	282	140	67	201	250	44	132	43	129	3	122	93	116	61	40	56	330	107	234	338
4	34	102	306	212	283	143	76	228	331	287	4	97	302	264	38	36	311	170	218	305	198
5	155	112	336	302	200	247	35	105	315	239	5	78	229	313	67	167	17	239	71	320	187
6	11	33	99	297	185	202	253	53	159	124	6	286	172	257	101	280	294	225	33	204	7
7	19	57	171	160	127	28	84	252	50	150	7	220	207	142	20	271	267	46	159	150	307
8	97	291	167	148	91	273	113	339	311	227	8	261	4	114	300	76	185	202	157	200	25
9	328	278	128	31	93	279	131	40	120	7	9	123	84	334	94	30	27	117	80	10	62

p = **349**

	I′											I″									
	0	1	2	3	4	5	6	7	8	9		0	1	2	3	4	5	6	7	8	9
0	348	26	314	52	258	47	237	163	12	266	0	174	348	26	67	340	156	119	327	250	105
1	196	192	164	83	227	300	132	74	185	338	1	203	249	8	266	142	123	262	136	23	65
2	270	28	184	18	65	313	2	67	271	280	2	51	315	93	137	172	347	1	314	21	184
3	134	295	125	54	61	101	86	305	127	160	3	75	154	46	259	210	234	208	60	55	112
4	244	289	232	130	261	124	32	259	276	255	4	321	324	343	254	277	144	155	5	237	345
5	269	20	315	188	126	38	112	168	216	304	5	312	66	3	258	33	61	292	331	116	274
6	37	55	292	180	337	19	51	3	340	146	6	209	34	101	222	171	24	313	27	271	78
7	214	115	332	282	133	30	154	145	69	335	7	335	152	294	135	17	185	182	279	272	303
8	170	223	95	165	178	221	102	218	298	122	8	217	103	265	13	227	207	36	305	190	310
9	143	278	183	22	137	224	194	202	106	110	9	268	256	187	316	264	82	165	242	252	129
10	291	62	222	81	265	9	203	308	247	307	10	233	35	86	218	318	251	98	110	159	128
11	107	159	39	321	149	215	58	274	236	6	11	99	291	56	168	151	71	332	285	230	157
12	327	205	299	15	262	296	189	306	109	99	12	246	309	89	143	45	32	54	38	160	253
13	233	211	301	283	281	73	17	23	172	199	13	43	261	16	74	30	295	263	94	224	240
14	176	226	14	123	45	155	341	287	323	322	14	201	195	267	90	278	77	69	214	150	114
15	148	114	71	294	31	46	5	119	246	108	15	215	169	336	181	76	145	341	231	290	111
16	128	253	344	238	193	96	242	320	113	151	16	39	244	326	7	12	83	178	330	57	216
17	336	64	24	347	*	174	200	241	166	330	17	80	223	138	199	175	200	140	226	84	221
18	293	153	76	279	29	75	182	92	316	297	18	63	337	186	92	22	18	338	257	53	126
19	88	310	197	239	225	141	267	311	346	173	19	306	248	11	164	96	202	10	192	239	139
20	175	140	195	10	249	328	220	85	36	60	20	176	241	97	106	308	121	299	228	235	275
21	34	234	229	286	147	150	169	80	103	318	21	260	131	301	334	70	115	58	304	87	298
22	329	179	63	171	138	240	177	84	207	235	22	206	85	102	81	95	194	141	14	300	212
23	118	157	290	100	35	208	275	48	345	198	23	286	342	42	130	211	229	118	6	163	193
24	139	201	97	252	161	326	120	309	191	11	24	225	177	166	320	40	289	158	108	307	204
25	8	105	98	129	43	277	91	187	53	33	25	328	319	243	161	344	49	269	339	4	47
26	210	131	16	136	94	82	13	142	90	256	26	276	44	124	296	317	104	9	196	311	50
27	339	68	78	303	59	209	260	44	144	77	27	20	28	280	284	117	236	48	255	91	183
28	272	284	333	302	273	117	230	342	325	245	28	29	134	73	133	281	333	213	147	323	41
29	158	111	56	331	72	135	263	317	219	206	29	232	100	62	180	153	31	125	189	88	122
30	228	212	334	79	217	87	190	248	204	121	30	15	132	283	273	59	37	127	109	107	247
31	89	268	50	66	27	21	93	264	104	251	31	191	197	346	25	2	52	188	297	219	329
32	243	40	324	288	41	343	162	7	250	319	32	167	113	149	148	322	288	245	120	205	220
33	167	57	116	285	213	70	152	181	186	257	33	179	293	72	282	302	79	170	64	19	270
34	4	156	231	42	254	49	312	25	1		34	68	146	287	325	162	238	198	173	*	

p = **353**

	I′											I″									
	0	1	2	3	4	5	6	7	8	9		0	1	2	3	4	5	6	7	8	9
0	352	328	121	75	114	148	141	220	289	252	0	176	164	140	149	261	284	224	204	23	26
1	62	144	188	12	111	278	319	239	112	45	1	80	110	13	321	72	168	312	167	278	219
2	271	345	129	8	333	123	9	117	209	79	2	142	136	254	259	201	200	333	30	183	83
3	27	44	219	204	65	217	311	169	36	106	3	94	318	279	225	54	301	38	96	264	92
4	56	211	346	208	183	306	159	245	276	118	4	61	253	129	195	31	19	267	89	182	209
5	314	86	128	254	34	233	330	231	283	262	5	323	108	342	137	147	115	40	125	162	139
6	329	40	242	193	258	255	238	167	73	223	6	121	116	10	247	146	34	77	313	119	303
7	285	320	14	105	92	156	185	66	229	241	7	166	239	349	68	265	3	300	217	198	29
8	10	348	240	29	334	131	235	161	126	47	8	117	277	112	199	123	180	51	134	214	250
9	317	95	39	116	30	196	37	302	120	140	9	325	222	74	122	334	91	106	338	327	165

p = **353** (Fortsetzung)

	N											I									
	0	1	2	3	4	5	6	7	8	9		0	1	2	3	4	5	6	7	8	9
10	21	63	189	214	289	161	130	37	111	333	10	242	253	41	211	125	57	231	291	331	324
11	293	173	166	145	82	246	32	96	288	158	11	181	108	51	86	235	315	132	339	351	327
12	121	10	30	90	270	104	312	230	337	305	12	98	120	336	303	69	223	265	74	92	39
13	209	274	116	348	338	308	218	301	197	238	13	106	96	37	169	197	312	16	319	171	279
14	8	24	72	216	295	179	184	199	244	26	14	32	219	19	45	306	113	184	199	83	29
15	78	234	349	341	317	245	29	87	261	77	15	79	241	210	230	323	50	314	350	119	68
16	231	340	314	236	2	6	18	54	162	133	16	73	105	168	15	278	18	112	82	240	322
17	46	138	61	183	196	235	352	350	344	326	17	349	72	14	111	321	13	12	188	189	145
18	272	110	330	284	146	85	255	59	177	178	18	287	190	248	173	146	64	258	288	194	102
19	181	190	217	298	188	211	280	134	49	147	19	191	344	281	249	244	295	174	138	226	147
20	88	264	86	258	68	204	259	71	213	286	20	54	34	65	255	205	259	23	8	289	130
21	152	103	309	221	310	224	319	251	47	141	21	221	195	43	208	103	347	143	192	136	21
22	70	210	277	125	22	66	198	241	17	51	22	345	213	272	282	215	268	250	89	47	245
23	153	106	318	248	38	114	342	320	254	56	23	127	160	296	274	151	175	163	308	139	59
24	168	151	100	300	194	229	334	296	182	193	24	262	227	284	5	148	155	115	55	233	301
25	226	325	269	101	303	203	256	62	186	205	25	35	217	77	66	238	186	256	293	203	206
26	262	80	240	14	42	126	25	75	225	322	26	270	158	260	299	201	24	333	26	9	252
27	260	74	222	313	233	346	332	290	164	139	27	124	290	180	85	131	326	335	222	91	95
28	64	192	223	316	242	20	60	180	187	208	28	196	318	31	44	183	28	209	49	118	104
29	271	107	321	257	65	195	232	343	323	263	29	277	81	348	110	11	144	247	63	193	343
30	83	249	41	123	16	48	144	79	237	5	30	243	137	53	254	22	129	42	346	135	212
31	15	45	135	52	156	115	345	329	281	137	31	214	88	126	273	162	58	283	154	232	216
32	58	174	169	154	109	327	275	119	4	12	32	237	292	269	298	332	251	179	325	90	317
33	36	108	324	266	92	276	122	13	39	117	33	182	48	276	109	246	342	52	128	134	87
34	351	347	335	299	191	220	307	215	292	170	34	161	153	236	297	178	316	275	341	133	152
35	157	118	1								35	177	340	176							

p = **359**, g = 7, p − 1 = 2 · 179

	N											I									
	0	1	2	3	4	5	6	7	8	9		0	1	2	3	4	5	6	7	8	9
0		7	49	343	247	293	256	356	338	212	0		358	314	186	270	118	142	1	226	14
1	48	336	198	309	9	63	82	215	69	124	1	74	42	98	205	315	304	182	306	328	157
2	150	332	170	113	73	152	346	268	81	208	2	30	187	356	190	54	236	161	200	271	123
3	20	140	262	39	273	116	94	299	298	291	3	260	107	138	228	262	119	284	326	113	33
4	242	258	11	77	180	183	204	351	303	326	4	344	60	143	257	312	132	146	80	10	2
5	128	178	169	106	24	168	99	334	184	211	5	192	134	117	97	156	160	227	343	79	155
6	41	287	214	62	75	166	85	236	216	76	6	216	217	63	15	94	323	184	115	218	18
7	173	134	220	104	10	70	131	199	316	58	7	75	331	240	24	282	64	69	43	347	166
8	47	329	149	325	121	129	185	218	90	271	8	300	28	16	109	99	66	213	309	268	95
9	102	355	331	163	64	89	264	53	12	84	9	88	206	102	293	36	275	324	211	316	56
10	229	167	92	285	200	323	107	31	217	83	10	148	220	90	185	73	305	53	106	112	131
11	222	118	108	38	266	67	110	52	5	35	11	116	154	183	23	299	308	35	219	111	307
12	245	279	158	29	203	344	254	342	240	244	12	172	84	173	246	19	354	329	170	50	85
13	272	109	45	315	51	357	345	261	32	224	13	279	76	140	158	71	318	174	289	332	251
14	132	206	6	42	294	263	46	322	100	341	14	31	266	287	247	196	241	338	188	238	82

p = 353

I′

	0	1	2	3	4	5	6	7	8	9
10	224	280	191	347	277	168	96	234	51	246
11	11	321	82	184	300	55	61	80	104	68
12	336	60	93	84	290	57	273	160	134	42
13	221	326	339	152	87	212	21	53	226	59
14	2	266	20	192	247	287	64	54	155	3
15	307	175	177	236	232	115	122	200	260	150
16	296	153	58	308	1	99	70	17	15	197
17	218	279	257	146	138	163	*	340	316	325
18	85	108	48	28	199	202	256	286	189	145
19	248	344	136	343	102	43	318	312	78	83
20	25	24	157	206	7	259	270	142	103	49
21	230	125	214	272	88	268	237	77	305	19
22	207	195	91	265	6	33	147	284	166	313
23	323	291	216	301	338	315	297	292	186	71
24	322	210	253	137	295	127	342	63	173	244
25	89	179	124	41	22	205	293	101	288	23
26	299	4	227	310	38	74	149	46	250	298
27	158	267	282	162	151	341	109	81	18	32
28	294	249	215	154	5	100	172	190	194	130
29	180	331	269	203	225	174	274	178	332	201
30	76	35	264	69	228	198	113	261	139	165
31	304	170	16	67	350	132	275	182	31	171
32	187	13	349	50	181	90	335	98	309	337
33	107	324	251	26	94	222	303	263	97	351
34	176	133	52	243	281	213	135	143	110	72
35	119	327	164							

I″

	0	1	2	3	4	5	6	7	8	9
10	285	257	194	208	118	73	39	330	181	276
11	348	14	18	306	4	155	93	27	49	350
12	98	2	156	25	252	211	88	245	52	22
13	289	85	315	341	128	346	192	243	174	308
14	99	6	207	347	11	189	173	226	5	266
15	159	274	133	161	283	148	75	202	270	46
16	127	87	273	175	352	309	228	67	105	37
17	311	319	286	248	295	151	340	152	297	251
18	290	324	317	44	113	76	238	320	12	188
19	287	102	143	63	288	221	95	169	305	184
20	157	299	185	293	33	255	203	220	43	28
21	241	41	135	345	212	282	232	35	170	32
22	7	130	335	69	100	294	138	262	304	78
23	210	57	154	55	107	86	153	216	66	17
24	82	79	62	343	249	47	109	144	190	281
25	268	332	9	242	53	65	186	172	64	205
26	158	307	59	337	302	223	141	271	215	292
27	206	20	213	126	296	316	48	104	15	171
28	101	344	272	58	227	70	187	145	258	8
29	124	231	237	256	280	244	160	236	269	260
30	114	233	97	336	310	218	45	150	163	328
31	263	36	197	229	50	235	178	90	196	16
32	71	111	240	230	331	179	131	351	1	60
33	56	291	298	24	84	326	120	329	234	132
34	177	275	246	193	191	21	42	103	81	322
35	314	339	*							

p = 359

I′

	0	1	2	3	4	5	6	7	8	9
0	358	226	192	125	333	144	269	135	209	159
1	2	177	77	181	74	94	109	68	75	354
2	208	340	171	299	282	320	277	267	16	199
3	187	266	145	344	245	219	275	334	37	294
4	214	327	98	347	230	58	178	180	339	317
5	85	223	22	106	236	52	148	233	86	9
6	143	152	17	15	69	101	213	352	108	43
7	265	318	153	305	42	331	140	104	322	155
8	10	302	20	49	173	279	249	210	206	130
9	185	7	21	330	323	88	215	156	205	66
10	264	55	293	203	301	298	112	138	87	99
11	353	307	131	33	281	218	154	97	142	284
12	202	345	283	260	46	136	252	3	290	120
13	34	116	146	78	117	179	26	32	228	250
14	158	204	1	257	273	96	80	105	220	127

I″

	0	1	2	3	4	5	6	7	8	9
0	179	142	10	127	202	294	252	91	177	59
1	80	233	163	313	226	63	28	62	218	246
2	82	92	52	183	240	208	136	281	300	204
3	157	251	137	113	130	308	293	38	242	197
4	290	269	74	69	223	162	124	193	164	83
5	170	341	55	305	190	101	316	340	45	261
6	344	203	159	217	282	346	99	198	17	64
7	169	158	210	185	14	18	279	12	133	343
8	146	286	238	298	172	50	58	108	95	274
9	220	297	302	342	15	268	145	117	42	109
10	255	65	206	243	77	147	53	260	68	16
11	153	219	106	326	215	184	131	134	270	262
12	129	207	355	271	176	3	232	149	351	214
13	89	112	312	311	192	7	125	235	107	353
14	76	178	118	60	5	32	132	292	56	336

p = **359** (Fortsetzung)

N	0	1	2	3	4	5	6	7	8	9	I	0	1	2	3	4	5	6	7	8	9
15	233	195	288	221	111	59	54	19	133	213	15	20	208	25	320	357	225	303	355	122	283
16	55	26	182	197	302	319	79	194	281	172	16	256	191	342	93	330	346	65	101	55	52
17	127	171	120	122	136	234	202	337	205	358	17	22	171	169	70	265	237	224	341	51	223
18	352	310	16	112	66	103	3	21	147	311	18	44	230	162	45	58	86	249	348	350	201
19	23	161	50	350	296	277	144	290	235	209	19	231	234	280	244	167	151	272	163	12	77
20	27	189	246	286	207	13	91	278	151	339	20	104	301	176	124	46	178	141	204	29	199
21	219	97	320	86	243	265	60	61	68	117	21	261	59	9	159	62	17	68	108	87	210
22	101	348	282	179	176	155	8	56	33	231	22	72	153	110	353	139	250	337	319	255	100
23	181	190	253	335	191	260	25	175	148	318	23	264	229	349	150	175	198	67	352	263	351
24	72	145	297	284	193	274	123	143	283	186	24	128	290	40	214	129	120	202	4	333	295
25	225	139	255	349	289	228	160	43	301	312	25	310	291	285	232	126	252	6	269	41	327
26	30	210	34	238	230	174	141	269	88	257	26	235	137	32	145	96	215	114	281	27	267
27	4	28	196	295	270	95	306	347	275	130	27	274	89	130	34	245	278	288	195	207	121
28	192	267	74	159	36	252	328	142	276	137	28	345	168	222	248	243	103	203	61	152	254
29	241	251	321	93	292	249	307	354	324	114	29	197	39	294	5	144	273	194	242	38	37
30	80	201	330	156	15	105	17	119	115	87	30	334	258	164	48	339	335	276	296	313	13
31	250	314	44	308	2	14	98	327	135	227	31	181	189	259	325	311	133	78	322	239	165
32	153	353	317	65	96	313	37	259	18	126	32	212	292	147	105	298	83	49	317	286	81
33	164	71	138	248	300	305	340	226	146	304	33	302	92	21	340	57	233	11	177	8	209
34	333	177	162	57	40	280	165	78	187	232	34	336	149	127	3	125	136	26	277	221	253
35	188	239	237	223	125	157	22	154	1		35	193	47	180	321	297	91	7	135	179	

p = **367**, g = 6, p − 1 = 2 · 3 · 61

N	0	1	2	3	4	5	6	7	8	9	I	0	1	2	3	4	5	6	7	8	9
0		6	36	216	195	69	47	282	224	243	0		366	292	75	218	267	1	12	144	150
1	357	307	7	42	252	44	264	116	329	139	1	193	163	293	28	304	342	70	289	76	275
2	100	233	297	314	49	294	296	308	13	78	2	119	87	89	296	219	168	320	225	230	165
3	101	239	333	163	244	363	343	223	237	321	3	268	340	362	238	215	279	2	248	201	103
4	91	179	340	205	129	40	240	339	199	93	4	45	142	13	335	15	51	222	6	145	24
5	191	45	270	152	178	334	169	280	212	171	5	94	364	246	206	151	64	156	350	91	210
6	292	284	236	315	55	330	145	136	82	125	6	194	182	266	162	288	295	164	278	141	5
7	16	96	209	153	184	3	18	108	281	218	7	205	209	294	208	174	243	127	175	29	329
8	207	141	112	305	362	337	187	21	126	22	8	337	300	68	244	305	190	261	240	307	128
9	132	58	348	253	50	300	332	157	208	147	9	343	40	148	49	298	176	71	235	316	313
10	148	154	190	39	234	303	350	265	122	365	10	20	30	290	199	172	354	132	330	77	153
11	355	295	302	344	229	273	170	286	248	20	11	356	323	82	338	276	197	17	178	136	301
12	120	353	283	230	279	206	135	76	89	167	12	120	326	108	217	192	69	88	229	214	44
13	268	140	106	269	146	142	118	341	211	165	13	221	245	90	287	204	126	67	306	297	19
14	256	68	41	246	8	48	288	260	92	185	14	131	81	135	191	220	66	134	99	100	262
15	9	54	324	109	287	254	56	336	181	352	15	169	186	53	73	101	241	321	97	255	281
16	277	194	63	11	66	29	174	310	25	150	16	263	308	226	33	360	139	170	129	231	56
17	166	262	104	257	74	77	95	203	117	335	17	116	59	187	344	166	180	233	285	54	41
18	175	316	61	366	361	331	151	172	298	320	18	269	158	332	257	74	149	341	86	224	237
19	85	143	124	10	60	360	325	115	323	103	19	102	50	363	349	161	4	242	299	239	48

p = 359

I′

	0	1	2	3	4	5	6	7	8	9
15	175	272	254	110	183	216	160	30	71	62
16	227	200	45	12	48	212	300	151	222	70
17	50	169	84	246	289	198	124	8	141	*
18	321	189	306	23	115	73	270	356	238	259
19	54	342	134	47	242	207	241	39	67	261
20	271	231	4	61	29	315	102	121	25	336
21	72	316	292	309	129	114	217	63	18	111
22	90	253	248	44	341	303	14	343	262	349
23	162	234	126	11	280	137	161	224	82	165
24	24	338	38	103	167	278	19	196	243	348
25	337	31	6	193	197	100	191	312	164	325
26	107	59	119	351	229	237	287	274	95	41
27	118	123	163	194	89	324	296	221	288	76
28	244	27	64	256	326	232	81	247	195	332
29	40	285	147	36	5	310	313	91	83	308
30	28	176	92	355	182	53	328	172	35	268
31	291	133	132	13	186	304	56	286	174	255
32	357	297	239	184	211	311	113	235	157	170
33	346	240	251	295	258	276	149	319	188	335
34	57	51	93	79	60	168	65	166	350	150
35	201	128	263	139	329	122	190	225	314	

I″

	0	1	2	3	4	5	6	7	8	9
15	349	167	61	72	116	79	97	328	140	9
16	156	236	230	272	258	239	347	244	345	171
17	329	22	307	84	318	150	301	11	46	135
18	47	13	304	154	323	90	314	30	338	181
19	356	256	2	253	273	288	247	254	175	29
20	161	350	120	103	141	98	88	195	20	8
21	87	324	165	66	40	96	155	216	115	35
22	148	277	168	51	237	357	1	160	138	264
23	44	201	285	57	231	327	54	265	188	322
24	331	196	194	248	280	34	173	287	222	86
25	139	332	126	221	152	319	283	143	334	189
26	123	199	228	352	100	70	31	27	309	6
27	186	200	151	144	267	36	335	26	245	85
28	234	114	24	122	119	291	317	266	278	174
29	128	310	212	102	39	333	276	321	105	23
30	166	104	81	225	315	73	182	111	299	213
31	295	325	257	296	358	205	211	49	71	337
32	25	180	78	94	275	259	284	41	306	354
33	93	75	289	4	37	339	209	250	241	48
34	21	224	191	227	33	121	330	43	249	229
35	348	263	67	110	19	303	187	320	*	

p = 367

I′

	0	1	2	3	4	5	6	7	8	9
0	366	12	248	352	242	205	145	122	318	34
1	333	27	144	335	93	51	107	178	65	131
2	30	104	188	63	94	111	22	274	304	329
3	290	46	55	360	291	258	113	8	227	234
4	148	269	137	125	221	142	271	42	312	298
5	363	222	254	73	41	179	116	78	284	187
6	357	251	38	181	156	185	134	306	244	88
7	289	235	280	101	149	218	275	153	7	283
8	98	135	338	365	35	348	224	89	229	296
9	287	210	259	155	364	347	32	255	72	100
10	262	241	50	45	273	345	253	213	217	183
11	346	26	105	272	123	232	59	154	319	87
12	326	211	61	250	57	80	67	175	343	231
13	133	81	330	52	99	191	301	351	58	170
14	173	5	13	303	150	24	212	315	49	341
15	193	64	196	356	146	265	350	85	332	121
16	311	4	288	293	278	268	180	339	320	186
17	129	355	354	336	243	29	71	216	136	157
18	233	277	266	*	84	96	53	344	324	39
19	261	220	69	163	182	184	325	17	152	172

I″

	0	1	2	3	4	5	6	7	8	9
0	183	267	279	236	161	141	222	78	37	252
1	346	365	1	142	200	335	355	197	286	297
2	313	309	26	334	145	357	111	11	293	175
3	20	227	96	226	9	84	351	249	62	189
4	343	54	47	216	214	103	31	348	239	148
5	102	15	133	186	285	32	231	124	138	116
6	310	122	273	23	151	18	220	126	300	192
7	342	176	98	53	257	292	289	330	57	352
8	125	131	323	345	184	157	341	119	69	87
9	245	350	302	14	24	324	185	321	80	134
10	99	73	237	201	21	112	259	16	326	258
11	211	25	347	36	202	359	56	251	303	275
12	301	159	7	114	311	43	204	243	307	170
13	203	19	354	130	66	81	178	42	280	360
14	265	278	45	291	12	6	154	260	40	74
15	144	206	198	77	117	93	64	179	269	253
16	223	349	266	193	295	230	344	274	219	262
17	139	315	199	140	208	127	298	322	17	55
18	166	63	194	109	195	65	169	59	22	328
19	305	135	217	150	210	327	152	276	234	290

p = **367** (Fortsetzung)

	N										I									
	0	1	2	3	4	5	6	7	8	9		0	1	2	3	4	5	6	7	8	9
20	251	38	228	267	134	70	53	318	73	71	20	312	353	322	177	216	43	125	80	98	72
21	59	354	289	266	128	34	204	123	4	24	21	280	138	58	284	256	236	3	352	79	283
22	144	130	46	276	188	27	162	238	327	127	22	282	317	249	37	8	318	264	314	202	114
23	28	168	274	176	322	97	215	189	33	198	23	123	250	309	21	104	273	62	38	227	31
24	87	155	196	75	83	131	52	312	37	222	24	46	271	252	9	34	291	143	303	118	319
25	231	285	242	351	271	158	214	183	364	349	25	361	200	14	93	155	265	140	173	336	260
26	259	86	149	160	226	255	62	5	30	180	26	147	315	171	355	16	107	213	203	130	133
27	346	241	345	235	309	19	114	317	67	35	27	52	254	359	115	232	331	223	160	311	124
28	210	159	220	219	213	177	328	133	64	17	28	57	78	7	122	61	251	117	154	146	212
29	102	245	2	12	72	65	23	138	94	197	29	358	310	60	357	25	111	26	22	188	324
30	81	119	347	247	14	84	137	88	161	232	30	95	347	112	105	345	83	365	11	27	274
31	291	278	200	99	227	261	98	221	225	249	31	167	339	247	334	23	63	181	277	207	328
32	26	156	202	111	299	326	121	359	319	79	32	189	39	234	198	152	196	325	228	286	18
33	107	275	182	358	313	43	258	80	113	311	33	65	185	96	32	55	179	157	85	348	47
34	31	186	15	90	173	304	356	301	338	193	34	42	137	351	36	113	272	270	302	92	259
35	57	342	217	201	105	263	110	293	290	272	35	106	253	159	121	211	110	346	10	333	327
36	164	250	32	192	51	306	1				36	195	184	84	35	258	109	183			

p = **373**, g = 2, $p - 1 = 2^2 \cdot 3 \cdot 31$

	N										I									
	0	1	2	3	4	5	6	7	8	9		0	1	2	3	4	5	6	7	8	9
0		2	4	8	16	32	64	128	256	139	0		372	1	238	2	169	239	198	3	104
1	278	183	366	359	345	317	261	149	298	223	1	170	245	240	90	199	35	4	126	105	27
2	73	146	292	211	49	98	196	19	38	76	2	171	64	246	351	241	338	91	342	200	284
3	152	304	235	97	194	15	30	60	120	240	3	36	318	5	111	127	367	106	254	28	328
4	107	214	55	110	220	67	134	268	163	326	4	172	84	65	95	247	273	352	235	242	24
5	279	185	370	367	361	349	325	277	181	362	5	339	364	92	361	343	42	201	265	285	346
6	351	329	285	197	21	42	84	168	336	299	6	37	145	319	302	6	259	112	45	128	217
7	225	77	154	308	243	113	226	79	158	316	7	368	122	107	20	255	204	29	71	329	77
8	259	145	290	207	41	82	164	328	283	193	8	173	208	85	268	66	295	96	150	248	310
9	13	26	52	104	208	43	86	172	344	315	9	274	288	353	184	236	196	243	33	25	349
10	257	141	282	191	9	18	36	72	144	288	10	340	316	365	326	93	233	362	40	344	300
11	203	33	66	132	264	155	310	247	121	242	11	43	120	202	75	266	148	286	194	347	324
12	111	222	71	142	284	195	17	34	68	136	12	38	118	146	322	320	135	303	137	7	333
13	272	171	342	311	249	125	250	127	254	135	13	260	305	113	225	46	139	129	162	218	9
14	270	167	334	295	217	61	122	244	115	230	14	369	101	123	335	108	81	21	262	256	17
15	87	174	348	323	273	173	346	319	265	157	15	205	307	30	230	72	115	330	159	78	227
16	314	255	137	274	175	350	327	281	189	5	16	174	177	209	48	86	280	269	141	67	180
17	10	20	40	80	160	320	267	161	322	271	17	296	131	97	155	151	164	249	212	311	220
18	169	338	303	233	93	186	372	371	369	365	18	275	58	289	11	354	51	185	371	237	168
19	357	341	309	245	117	234	95	190	7	14	19	197	103	244	89	34	125	26	63	350	337
20	28	56	112	224	75	150	300	227	81	162	20	341	283	317	110	366	253	327	83	94	272
21	324	275	177	354	335	297	221	69	138	276	21	234	23	363	360	41	264	345	144	301	258
22	179	358	343	313	253	133	266	159	318	263	22	44	216	121	19	203	70	76	207	267	294
23	153	306	239	105	210	47	94	188	3	6	23	149	309	287	183	195	32	348	315	325	232
24	12	24	48	96	192	11	22	44	88	176	24	39	299	119	74	147	193	323	117	321	134
	0	1	2	3	4	5	6	7	8	9		0	1	2	3	4	5	6	7	8	9

p = **367**

	I′ 0	1	2	3	4	5	6	7	8	9		I″ 0	1	2	3	4	5	6	7	8	9
20	14	103	114	130	126	209	151	328	174	294	20	361	248	314	213	287	5	246	277	294	205
21	194	110	358	203	44	279	43	192	267	168	21	91	121	146	107	229	238	177	108	75	296
22	66	245	6	160	237	230	33	31	286	214	22	191	44	51	331	86	320	308	38	325	88
23	165	56	331	285	198	316	3	102	215	48	23	225	129	115	180	39	71	256	224	362	299
24	307	321	299	127	305	90	206	334	201	37	24	261	101	4	174	68	221	364	339	2	317
25	309	117	9	159	359	281	236	74	109	106	25	123	61	271	106	52	97	284	332	35	92
26	147	240	169	308	314	140	162	1	340	158	26	336	190	100	281	318	155	182	218	165	41
27	302	252	270	62	167	119	197	207	141	2	27	272	46	113	104	27	76	338	181	164	215
28	138	263	317	282	256	54	18	204	295	76	28	72	255	283	79	58	233	228	90	162	70
29	199	143	75	28	208	164	219	19	176	239	29	30	34	366	163	209	288	89	306	49	242
30	68	120	92	118	342	190	297	128	226	21	30	337	136	270	143	28	244	67	240	263	250
31	60	124	353	20	202	171	313	249	264	361	31	358	160	48	316	264	147	235	282	8	118
32	225	97	177	82	95	228	108	195	189	337	32	168	241	353	356	188	196	120	333	207	29
33	77	223	257	327	23	15	260	300	276	247	33	132	232	158	10	247	13	173	329	82	167
34	362	86	70	40	166	83	10	112	47	161	34	268	149	304	128	187	105	110	95	85	363
35	91	36	79	322	132	16	323	25	310	115	35	156	137	3	312	172	171	153	60	212	254
36	139	200	238	349	246	11	292				36	33	319	340	50	94	83	*			

p = **373**

	I′ 0	1	2	3	4	5	6	7	8	9		I″ 0	1	2	3	4	5	6	7	8	9
0	372	238	169	104	126	111	259	333	100	369	0	186	372	238	198	35	318	302	137	161	218
1	50	354	53	276	156	228	306	205	69	203	1	57	289	189	221	98	79	261	256	215	121
2	255	262	359	363	339	349	63	171	328	71	2	107	81	271	234	242	33	125	105	254	204
3	230	314	348	25	125	4	318	145	118	299	3	307	182	195	243	89	199	284	346	324	232
4	344	264	201	120	216	128	139	279	86	166	4	362	360	343	300	258	112	225	176	209	56
5	370	185	187	355	59	165	49	10	289	356	5	10	354	188	12	276	152	210	219	275	54
6	250	281	336	350	246	95	295	180	292	206	6	165	87	124	26	171	84	268	141	214	18
7	76	329	115	192	147	266	207	173	227	15	7	203	29	230	298	119	202	70	329	159	99
8	261	21	271	94	65	268	280	61	124	34	8	334	108	252	327	172	208	48	166	102	244
9	199	342	361	233	272	247	150	155	14	79	9	240	338	364	326	83	65	295	131	222	160
10	334	123	88	244	170	27	254	20	81	252	10	8	369	167	197	3	126	367	122	335	282
11	366	127	45	225	158	330	133	321	146	74	11	317	5	259	305	229	72	192	323	38	299
12	202	19	107	335	62	26	105	367	217	162	12	43	216	368	101	88	34	4	111	45	139
13	154	97	222	331	136	303	332	7	161	129	13	179	296	191	116	321	320	134	303	224	46
14	179	67	214	257	301	319	322	193	286	309	14	279	269	358	263	345	37	118	74	266	294
15	248	164	55	210	163	151	277	175	226	78	15	96	155	277	178	130	97	14	228	114	330
16	99	8	218	211	249	60	87	102	197	239	16	223	138	129	154	151	55	49	370	237	2
17	245	64	84	208	177	278	47	209	153	130	17	104	27	328	77	227	157	226	174	278	140
18	296	313	31	195	236	371	*	186	52	12	18	67	292	308	287	353	51	187	52	355	290
19	221	132	116	323	347	32	243	103	3	35	19	312	297	73	147	286	183	236	168	239	90
20	284	265	75	70	29	307	293	267	85	48	20	342	42	120	19	255	17	69	76	173	177
21	56	219	311	291	68	18	121	368	9	57	21	153	163	249	357	142	257	44	128	162	211
22	275	13	98	160	138	46	176	174	157	114	22	311	190	132	331	304	113	158	78	15	306
23	72	298	39	362	23	242	196	168	2	198	23	30	314	325	93	272	352	184	371	1	169
24	90	338	24	33	89	240	351	273	310	212	24	245	351	235	196	103	170	64	95	150	164
	0	1	2	3	4	5	6	7	8	9		0	1	2	3	4	5	6	7	8	9

p = **373** (Fortsetzung)

	N										I									
	0	1	2	3	4	5	6	7	8	9		0	1	2	3	4	5	6	7	8	9
25	352	331	289	205	37	74	148	296	219	65	25	136	332	304	224	138	161	8	100	334	80
26	130	260	147	294	215	57	114	228	83	166	26	261	16	306	229	114	158	226	176	47	279
27	332	291	209	45	90	180	360	347	321	269	27	140	179	130	154	163	211	219	57	10	50
28	165	330	287	201	29	58	116	232	91	182	28	370	167	102	88	124	62	336	282	109	252
29	364	355	337	301	229	85	170	340	307	241	29	82	271	22	359	263	143	257	215	18	69
30	109	218	63	126	252	131	262	151	302	231	30	206	293	308	182	31	314	231	298	73	192
31	89	178	356	339	305	237	101	202	31	62	31	116	133	331	223	160	99	79	15	228	157
32	124	248	123	246	119	238	103	206	39	78	32	175	278	178	153	210	56	49	166	87	61
33	156	312	251	129	258	143	286	199	25	50	33	281	251	270	358	142	214	68	292	181	313
34	100	200	27	54	108	216	59	118	236	99	34	297	191	132	222	98	14	156	277	152	55
35	198	23	46	92	184	368	363	353	333	293	35	165	60	250	357	213	291	312	190	221	13
36	213	53	106	212	51	102	204	35	70	140	36	276	54	59	356	290	189	12	53	355	188
37	280	187	1								37	52	187	186							

p = **379**, g = 2, $p - 1 = 2 \cdot 3^3 \cdot 7$

	N										I									
	0	1	2	3	4	5	6	7	8	9		0	1	2	3	4	5	6	7	8	9
0		2	4	8	16	32	64	128	256	133	0		378	1	137	2	144	138	155	3	274
1	266	153	306	233	87	174	348	317	255	131	1	145	217	139	313	156	281	4	115	275	232
2	262	145	290	201	23	46	92	184	368	357	2	146	292	218	24	140	288	314	33	157	255
3	335	291	203	27	54	108	216	53	106	212	3	282	205	5	354	116	299	276	318	233	72
4	45	90	180	360	341	303	227	75	150	300	4	147	60	293	107	219	40	25	323	141	310
5	221	63	126	252	125	250	121	242	105	210	5	289	252	315	37	34	361	158	369	256	339
6	41	82	164	328	277	175	350	321	263	147	6	283	364	206	51	6	79	355	264	117	161
7	294	209	39	78	156	312	245	111	222	65	7	300	185	277	201	319	47	234	372	73	238
8	130	260	141	282	185	370	361	343	307	235	8	148	170	61	132	294	259	108	14	220	211
9	91	182	364	349	319	259	139	278	177	354	9	41	90	26	342	324	376	142	272	311	113
10	329	279	179	358	337	295	211	43	86	172	10	290	286	253	352	316	58	38	308	35	367
11	344	309	239	99	198	17	34	68	136	272	11	362	77	159	199	370	168	257	209	340	270
12	165	330	281	183	366	353	327	275	171	342	12	284	56	365	197	207	54	52	242	7	244
13	305	231	83	166	332	285	191	3	6	12	13	80	19	356	9	265	177	118	246	162	96
14	24	48	96	192	5	10	20	40	80	160	14	301	82	186	152	278	21	202	69	320	358
15	320	261	143	286	193	7	14	28	56	112	15	48	182	235	11	373	349	74	267	239	174
16	224	69	138	276	173	346	313	247	115	230	16	149	179	171	225	62	120	133	228	295	248
17	81	162	324	269	159	318	257	135	270	161	17	260	128	109	164	15	65	221	98	212	102
18	322	265	151	302	225	71	142	284	189	378	18	42	303	91	123	27	84	343	332	325	188
19	377	375	371	363	347	315	251	123	246	113	19	377	136	143	154	273	216	312	280	114	231
20	226	73	146	292	205	31	62	124	248	117	20	291	23	287	32	254	204	353	298	317	71
21	234	89	178	356	333	287	195	11	22	44	21	59	106	39	322	309	251	36	360	368	338
22	88	176	352	325	271	163	326	273	167	334	22	363	50	78	263	160	184	200	46	371	237
23	289	199	19	38	76	152	304	229	79	158	23	169	131	258	13	210	89	341	375	271	112
24	316	253	127	254	129	258	137	274	169	338	24	285	351	57	307	366	76	198	167	208	269
25	297	215	51	102	204	29	58	116	232	85	25	55	196	53	241	243	18	8	176	245	95
26	170	340	301	223	67	134	268	157	314	249	26	81	151	20	68	357	181	10	348	266	173
27	119	238	97	194	9	18	36	72	144	288	27	178	224	119	227	247	127	163	64	97	101
28	197	15	30	60	120	240	101	202	25	50	28	302	122	83	331	187	135	153	215	279	230
29	100	200	21	42	84	168	336	293	207	35	29	22	31	203	297	70	105	321	250	359	337
	0	1	2	3	4	5	6	7	8	9		0	1	2	3	4	5	6	7	8	9

p = 373

	I'											I''									
	0	1	2	3	4	5	6	7	8	9		0	1	2	3	4	5	6	7	8	9
25	357	270	82	327	28	204	17	215	44	112	25	60	281	109	366	106	20	262	143	301	6
26	305	16	256	143	345	285	148	294	66	141	26	333	80	21	359	41	201	75	207	85	280
27	358	22	234	352	288	58	54	152	178	140	27	251	82	94	247	310	220	13	156	175	47
28	269	251	109	317	36	346	194	183	353	11	28	86	61	336	341	200	265	148	309	274	58
29	189	312	181	308	149	96	131	191	73	119	29	356	213	68	206	267	66	180	313	231	39
30	43	258	6	137	224	113	229	30	182	287	30	344	144	319	135	332	260	16	205	293	149
31	274	220	190	297	231	325	365	110	5	302	31	248	212	291	181	31	348	340	283	36	145
32	135	134	320	117	38	232	93	83	172	77	32	322	117	146	193	347	315	365	253	28	71
33	159	223	304	260	80	108	282	341	91	364	33	115	133	136	7	100	123	62	350	241	24
34	316	283	200	42	300	144	37	324	315	340	34	349	337	91	361	40	264	285	194	32	25
35	337	241	235	184	51	188	290	213	142	263	35	63	246	273	288	11	53	59	250	270	22
36	41	343	40	360	92	326	253	106	122	101	36	363	92	233	23	339	316	110	127	217	9
37	167	237	1								37	50	185	*							

p = 379

	I'											I''									
	0	1	2	3	4	5	6	7	8	9		0	1	2	3	4	5	6	7	8	9
0	378	137	144	274	115	354	79	244	176	265	0	189	378	137	155	281	205	51	242	18	356
1	348	373	88	210	220	65	93	175	8	356	1	181	235	130	258	108	164	194	240	243	80
2	68	202	31	287	140	323	342	84	334	103	2	151	278	230	291	218	40	90	123	328	213
3	296	203	254	157	361	367	360	34	308	322	3	229	22	287	314	37	308	251	315	58	106
4	25	90	303	86	129	236	371	234	182	262	4	219	211	102	335	261	183	200	319	358	337
5	78	6	242	241	52	196	365	307	38	106	5	363	206	54	196	207	269	284	351	316	71
6	293	132	120	100	97	221	346	180	357	320	6	147	170	225	126	163	15	93	150	20	202
7	105	59	147	238	267	166	198	159	263	355	7	297	317	233	372	349	306	366	362	50	6
8	19	151	186	331	343	192	304	110	374	341	8	244	95	301	122	27	334	43	129	12	210
9	26	123	345	66	150	81	301	101	212	329	9	41	303	193	16	175	245	162	64	221	125
10	121	302	42	335	249	321	39	219	14	164	10	63	97	212	29	296	70	59	293	259	128
11	305	350	285	290	231	275	299	161	246	227	11	87	374	271	311	280	4	354	264	177	224
12	133	330	83	27	328	99	63	163	109	87	12	62	100	302	91	345	222	226	247	260	44
13	12	258	294	228	214	153	143	2	155	313	13	236	169	61	120	330	187	377	1	144	217
14	288	310	272	154	138	217	292	60	170	179	14	24	323	376	136	2	274	232	72	238	174
15	67	20	278	215	273	3	281	255	369	199	15	94	81	186	135	143	138	313	33	361	77
16	184	300	96	64	15	194	268	208	257	131	16	263	117	246	127	109	305	75	198	370	237
17	61	225	223	178	149	94	245	118	224	171	17	148	179	347	266	239	17	8	265	173	149
18	347	10	235	45	200	277	152	135	377	*	18	67	357	48	262	160	300	82	331	325	190
19	189	326	344	92	16	240	53	207	167	370	19	326	333	85	304	165	268	55	365	76	159
20	46	319	69	297	353	5	51	54	269	340	20	184	277	21	31	254	282	364	197	167	257
21	89	41	102	29	229	279	312	139	24	40	21	13	220	98	329	134	153	273	145	292	107
22	211	98	125	226	119	62	126	247	295	30	22	14	65	346	172	178	171	223	119	133	214
23	22	291	146	72	372	11	130	169	148	174	23	279	114	275	318	47	182	45	371	73	267
24	17	243	7	18	80	95	162	127	260	336	24	195	53	52	241	7	176	118	227	295	104
25	359	36	315	352	204	282	339	209	13	108	25	321	309	289	286	32	157	369	168	131	294
26	128	44	183	160	117	177	173	239	195	55	26	248	336	49	78	355	9	348	74	166	208
27	284	112	311	216	145	232	318	201	21	230	27	340	375	142	154	3	115	299	185	152	215
28	114	4	205	364	56	351	253	32	314	252	28	312	156	255	339	270	112	290	23	140	310
29	286	23	218	107	259	248	104	70	317	276	29	113	231	146	60	132	228	30	203	353	116
	0	1	2	3	4	5	6	7	8	9		0	1	2	3	4	5	6	7	8	9

p = 379 (Fortsetzung)

	N											I									
	0	1	2	3	4	5	6	7	8	9		0	1	2	3	4	5	6	7	8	9
30	70	140	280	181	362	345	311	243	107	214	30	49	262	183	45	236	130	12	88	374	111
31	49	98	196	13	26	52	104	208	37	74	31	350	306	75	166	268	195	240	17	175	94
32	148	296	213	47	94	188	376	373	367	355	32	150	67	180	347	172	223	226	126	63	100
33	331	283	187	374	369	359	339	299	219	59	33	121	330	134	214	229	30	296	104	249	336
34	118	236	93	186	372	365	351	323	267	155	34	261	44	129	87	110	305	165	194	16	93
35	310	241	103	206	33	66	132	264	149	298	35	66	346	222	125	99	329	213	29	103	335
36	217	55	110	220	61	122	244	109	218	57	36	43	86	304	193	92	345	124	328	28	334
37	114	228	77	154	308	237	95	190	1		37	85	192	344	327	333	191	326	190	189	

p = 383, g = 5, p − 1 = 2 · 191

	N											I									
	0	1	2	3	4	5	6	7	8	9		0	1	2	3	4	5	6	7	8	9
0		5	25	125	242	61	305	376	348	208	0		382	134	208	268	1	342	198	20	34
1	274	221	339	163	49	245	76	380	368	308	1	135	317	94	237	332	209	154	156	168	130
2	8	40	200	234	21	105	142	327	103	132	2	269	24	69	246	228	2	371	242	84	296
3	277	236	31	155	9	45	225	359	263	166	3	343	32	288	143	290	199	302	293	264	63
4	64	320	68	340	168	74	370	318	58	290	4	21	107	158	234	203	35	380	369	362	14
5	301	356	248	91	72	360	268	191	189	179	5	136	364	123	87	376	318	218	338	48	145
6	129	262	161	39	195	209	279	246	81	22	6	95	5	166	232	40	238	277	170	42	72
7	110	167	69	345	193	199	229	379	363	283	7	333	274	54	358	45	210	16	133	197	93
8	266	181	139	312	28	140	317	53	265	176	8	155	68	241	287	292	157	368	122	337	165
9	114	187	169	79	12	60	300	351	223	349	9	169	53	132	240	121	131	114	115	148	351
10	213	299	346	198	224	354	238	41	205	259	10	270	138	116	28	257	25	221	149	128	201
11	146	347	203	249	96	97	102	127	252	111	11	70	119	352	186	90	247	182	271	279	354
12	172	94	87	52	260	151	372	328	108	157	12	229	252	139	315	300	3	366	117	174	60
13	19	95	92	77	2	10	50	250	101	122	13	372	309	29	328	304	243	176	258	206	82
14	227	369	313	33	165	59	295	326	98	107	14	85	195	26	172	188	297	110	222	179	214
15	152	377	353	233	16	80	17	85	42	210	15	344	125	150	190	267	33	331	129	227	295
16	284	271	206	264	171	89	62	310	18	90	16	289	62	202	13	375	144	39	71	44	92
17	67	335	143	332	128	257	136	297	336	148	17	291	164	120	350	256	200	89	353	299	59
18	357	253	116	197	219	329	113	182	144	337	18	303	81	187	213	266	294	374	91	255	58
19	153	382	378	358	258	141	322	78	7	35	19	265	57	248	74	249	64	282	183	103	75
20	175	109	162	44	220	334	138	307	3	15	20	22	378	272	112	250	108	162	280	9	65
21	75	375	343	183	149	362	278	241	56	280	21	159	311	355	100	283	235	262	230	335	184
22	251	106	147	352	228	374	338	158	24	120	22	204	11	253	98	104	36	320	140	224	76
23	217	319	63	315	43	215	309	13	65	325	23	381	341	316	153	23	370	31	301	106	379
24	93	82	27	135	292	311	23	115	192	194	24	363	217	4	276	273	15	67	367	52	113
25	204	254	121	222	344	188	174	104	137	302	25	137	220	118	181	251	365	308	175	194	109
26	361	273	216	314	38	190	184	154	4	20	26	124	330	61	38	163	88	80	373	56	281
27	100	117	202	244	71	355	243	66	330	118	27	377	161	310	261	10	319	340	30	216	66
28	207	269	196	214	304	371	323	83	32	160	28	219	307	329	79	160	339	306	305	322	312
29	34	170	84	37	185	159	29	145	342	178	29	49	323	244	360	356	146	313	177	348	101
30	124	237	36	180	134	287	286	281	256	131	30	96	50	259	346	284	6	324	207	19	236
31	272	211	289	296	331	123	232	11	55	275	31	167	245	83	142	263	233	361	86	47	231
32	226	364	288	291	306	381	373	333	133	282	32	41	357	196	286	336	239	147	27	127	185
33	261	156	14	70	350	218	324	88	57	285	33	278	314	173	327	205	171	178	189	226	12
34	276	231	6	30	150	367	303	366	298	341	34	43	349	298	212	254	73	102	111	8	99
	0	1	2	3	4	5	6	7	8	9		0	1	2	3	4	5	6	7	8	9

p = 379

	I'											I''									
	0	1	2	3	4	5	6	7	8	9		0	1	2	3	4	5	6	7	8	9
30	185	82	122	91	193	165	75	366	35	251	30	161	96	101	42	86	110	350	57	38	322
31	289	113	280	156	33	37	58	71	233	47	31	141	272	216	139	288	252	352	298	276	201
32	358	250	309	141	376	188	190	333	28	213	32	69	105	39	25	342	332	191	344	124	99
33	134	187	325	191	85	43	261	49	363	283	33	121	83	343	327	28	103	249	359	368	256
34	270	375	324	332	327	124	222	172	266	74	34	209	89	26	84	192	92	66	180	10	373
35	306	57	316	298	116	264	9	181	48	337	35	111	285	253	204	5	79	19	68	320	250
36	368	158	77	50	206	197	76	362	338	256	36	36	34	367	338	283	56	307	35	360	158
37	168	237	73	349	111	271	142	136	1		37	199	46	234	11	88	341	324	188	*	

p = 383

	I'											I''									
	0	1	2	3	4	5	6	7	8	9		0	1	2	3	4	5	6	7	8	9
0	382	342	371	366	276	166	324	151	99	65	0	191	268	228	300	217	95	284	211	111	280
1	319	253	43	375	136	67	133	325	141	236	1	261	204	226	202	362	273	210	77	345	207
2	34	107	378	370	69	221	172	127	257	328	2	198	63	75	153	269	257	195	147	116	309
3	216	301	288	331	135	380	320	55	163	71	3	340	370	343	267	20	203	104	193	61	144
4	238	357	72	349	92	210	285	231	145	323	4	232	231	170	12	71	358	141	86	338	312
5	259	180	113	132	358	260	281	248	265	303	5	96	275	367	169	274	37	373	265	255	299
6	372	38	202	21	282	159	219	367	241	246	6	174	330	289	264	249	9	216	15	155	24
7	119	44	333	102	249	22	381	17	321	160	7	201	39	42	254	248	103	224	192	215	329
8	373	187	85	142	296	195	47	376	80	353	8	88	303	206	245	242	82	361	123	163	200
9	247	255	291	155	237	5	50	223	104	334	9	186	374	44	197	317	145	101	334	253	8
10	283	96	111	75	36	275	379	158	162	124	10	355	348	73	183	98	152	301	21	250	194
11	222	8	250	137	115	148	28	174	181	352	11	297	102	272	52	131	114	138	366	220	70
12	350	131	337	87	330	150	326	185	201	227	12	164	240	368	364	109	344	285	27	149	331
13	269	114	240	197	208	317	364	220	116	315	13	168	121	53	16	382	34	14	113	270	252
14	224	46	263	290	39	95	313	27	351	128	14	320	18	83	288	375	48	356	239	115	221
15	190	192	105	23	156	68	168	368	234	311	15	125	7	223	316	209	93	154	292	107	65
16	339	310	280	88	120	169	232	245	130	53	16	79	377	108	38	291	337	5	236	156	165
17	42	178	188	327	60	194	258	348	189	214	17	277	205	26	314	117	308	243	313	171	222
18	193	251	271	103	204	278	90	213	297	226	18	51	118	247	282	335	127	352	81	172	178
19	267	*	77	37	109	26	286	93	20	302	19	150	325	151	180	175	85	357	133	342	290
20	89	70	13	35	11	171	82	19	268	154	20	256	128	62	234	184	327	258	324	134	332
21	16	7	254	266	344	78	66	4	338	307	21	45	225	298	187	179	260	30	363	318	66
22	118	149	179	152	76	211	12	295	2	252	22	137	25	110	97	140	326	189	129	246	354
23	335	41	40	361	203	262	167	332	277	147	23	262	47	166	263	158	283	19	94	40	336
24	121	287	84	176	360	83	228	182	74	64	24	132	68	371	304	323	167	69	90	57	74
25	108	365	139	98	73	58	200	25	206	346	25	112	181	229	11	212	91	350	28	176	50
26	215	10	230	233	63	57	294	33	1	24	26	55	310	235	142	293	58	213	190	208	130
27	138	279	112	15	54	51	273	170	314	354	27	351	182	378	276	333	105	4	238	185	271
28	9	377	183	235	6	126	336	292	143	62	28	162	56	64	100	346	46	196	241	32	295
29	199	164	157	264	374	289	343	110	212	59	29	143	92	287	302	266	227	84	188	349	353
30	3	106	293	81	243	322	305	329	175	29	30	315	31	199	59	328	306	339	219	365	372
31	261	355	49	177	173	300	153	94	218	340	31	161	159	322	146	278	139	341	135	376	10
32	140	359	312	244	207	191	225	205	304	79	32	36	78	305	49	6	17	126	173	29	307
33	61	129	209	274	97	184	239	165	48	306	33	124	33	237	72	99	230	286	122	218	160
34	30	316	198	32	125	18	284	345	101	298	34	319	381	1	296	214	347	259	359	177	43
	0	1	2	3	4	5	6	7	8	9		0	1	2	3	4	5	6	7	8	9

p = 383 (Fortsetzung)

N

	0	1	2	3	4	5	6	7	8	9
35	173	99	112	177	119	212	294	321	73	365
36	293	316	48	240	51	255	126	247	86	47
37	235	26	130	267	186	164	54	270	201	239
38	46	230	1							

I

	0	1	2	3	4	5	6	7	8	9
35	334	97	223	152	105	275	51	180	193	37
36	55	260	215	78	321	359	347	345	18	141
37	46	285	126	326	225	211	7	151	192	77
38	17	325	191							

p = 389, g = 2, $p - 1 = 2^2 \cdot 97$

N

	0	1	2	3	4	5	6	7	8	9
0		2	4	8	16	32	64	128	256	123
1	246	103	206	23	46	92	184	368	347	305
2	221	53	106	212	35	70	140	280	171	342
3	295	201	13	26	52	104	208	27	54	108
4	216	43	86	172	344	299	209	29	58	116
5	232	75	150	300	211	33	66	132	264	139
6	278	167	334	279	169	338	287	185	370	351
7	313	237	85	170	340	291	193	386	383	377
8	365	341	293	197	5	10	20	40	80	160
9	320	251	113	226	63	126	252	115	230	71
10	142	284	179	358	327	265	141	282	175	350
11	311	233	77	154	308	227	65	130	260	131
12	262	135	270	151	302	215	41	82	164	328
13	267	145	290	191	382	375	361	333	277	165
14	330	271	153	306	223	57	114	228	67	134
15	268	147	294	199	9	18	36	72	144	288
16	187	374	359	329	269	149	298	207	25	50
17	100	200	11	22	44	88	176	352	315	241
18	93	186	372	355	321	253	117	234	79	158
19	316	243	97	194	388	387	385	381	373	357
20	325	261	133	266	143	286	183	366	343	297
21	205	21	42	84	168	336	283	177	354	319
22	249	109	218	47	94	188	376	363	337	285
23	181	362	335	281	173	346	303	217	45	90
24	180	360	331	273	157	314	239	89	178	356
25	323	257	125	250	111	222	55	110	220	51
26	102	204	19	38	76	152	304	219	49	98
27	196	3	6	12	24	48	96	192	384	379
28	369	349	309	229	69	138	276	163	326	263
29	137	274	159	318	247	105	210	31	62	124
30	248	107	214	39	78	156	312	235	81	162
31	324	259	129	258	127	254	119	238	87	174
32	348	307	225	61	122	244	99	198	7	14
33	28	56	112	224	59	118	236	83	166	332
34	275	161	322	255	121	242	95	190	380	371
35	353	317	245	101	202	15	30	60	120	240
36	91	182	364	339	289	189	378	367	345	301
37	213	37	74	148	296	203	17	34	68	136
38	272	155	310	231	73	146	292	195	1	
	0	1	2	3	4	5	6	7	8	9

I

	0	1	2	3	4	5	6	7	8	9
0		388	1	271	2	84	272	328	3	154
1	85	172	273	32	329	355	4	376	155	262
2	86	211	173	13	274	168	33	37	330	47
3	356	297	5	55	377	24	156	371	263	303
4	87	126	212	41	174	238	14	223	275	268
5	169	259	34	21	38	256	331	145	48	334
6	357	323	298	94	6	116	56	148	378	284
7	25	99	157	384	372	51	264	112	304	188
8	88	308	127	337	213	72	42	318	175	247
9	239	360	15	180	224	346	276	192	269	326
10	170	353	260	11	35	295	22	301	39	221
11	257	254	332	92	146	97	49	186	335	316
12	358	344	324	9	299	252	95	314	7	312
13	117	119	57	202	149	121	379	290	285	59
14	26	106	100	204	158	131	385	151	373	165
15	52	123	265	142	113	381	305	244	189	292
16	89	341	309	287	128	139	338	61	214	64
17	73	28	43	234	319	108	176	217	248	102
18	240	230	361	206	16	67	181	160	225	365
19	347	133	277	76	193	387	270	83	327	153
20	171	31	354	375	261	210	12	167	36	46
21	296	54	23	370	302	125	40	237	222	267
22	258	20	255	144	333	322	93	115	147	283
23	98	383	50	111	187	307	336	71	317	246
24	359	179	345	191	325	352	10	294	300	220
25	253	91	96	185	315	343	8	251	313	311
26	118	201	120	289	58	105	203	130	150	164
27	122	141	380	243	291	340	286	138	60	63
28	27	233	107	216	101	229	205	66	159	364
29	132	75	386	82	152	30	374	209	166	45
30	53	369	124	236	266	19	143	321	114	282
31	382	110	306	70	245	178	190	351	293	219
32	90	184	342	250	310	200	288	104	129	163
33	140	242	339	137	62	232	215	228	65	363
34	74	81	29	208	44	368	235	18	320	281
35	109	69	177	350	218	183	249	199	103	162
36	241	136	231	227	362	80	207	367	17	280
37	68	349	182	198	161	135	226	79	366	279
38	348	197	134	78	278	196	77	195	194	
	0	1	2	3	4	5	6	7	8	9

p = 383

	I'											I''									
	0	1	2	3	4	5	6	7	8	9		0	1	2	3	4	5	6	7	8	9
35	256	270	186	299	229	100	146	196	45	347	35	120	148	119	89	279	311	360	41	54	321
36	356	86	14	217	123	308	117	52	122	362	36	244	233	369	379	136	251	3	67	157	380
37	31	242	309	56	91	144	318	161	272	363	37	23	2	60	80	294	13	87	281	22	106
38	369	341	134								38	35	76	*							

p = 389

	I'											I''									
	0	1	2	3	4	5	6	7	8	9		0	1	2	3	4	5	6	7	8	9
0	388	271	84	154	376	55	116	312	251	299	0	194	388	271	328	355	297	94	314	343	324
1	294	35	167	274	223	180	67	280	320	143	1	352	260	210	173	238	360	206	367	235	266
2	255	38	301	370	156	99	106	233	43	208	2	258	34	295	54	377	284	59	63	73	81
3	374	354	329	37	21	295	46	330	256	221	3	152	171	273	168	259	11	167	33	21	301
4	237	174	318	234	368	53	296	356	334	186	4	125	212	72	28	208	166	36	330	145	97
5	111	264	123	369	23	377	148	202	105	26	5	383	372	165	45	296	5	116	119	289	285
6	63	214	232	27	73	363	159	181	349	177	6	138	338	137	60	214	228	205	16	280	109
7	245	317	42	28	81	386	193	195	278	366	7	306	336	213	64	363	132	277	196	134	226
8	207	29	152	327	272	172	211	126	308	341	8	362	74	386	270	2	154	262	303	188	292
9	184	96	146	115	6	314	185	49	383	157	9	219	253	332	322	298	252	91	146	283	25
10	204	229	240	162	129	203	100	216	176	69	10	106	216	248	199	288	58	26	233	319	281
11	306	187	304	381	282	147	56	119	201	57	11	382	50	264	142	321	93	6	312	311	117
12	289	379	141	265	236	40	212	337	139	163	12	201	149	164	52	369	302	87	308	287	104
13	150	385	75	277	78	226	231	62	60	338	13	203	158	364	347	197	161	241	339	286	128
14	242	380	113	321	333	48	97	283	378	121	14	163	122	265	19	255	331	92	115	56	202
15	164	373	30	171	85	262	371	384	131	364	15	130	385	82	327	3	376	24	99	204	66
16	225	135	241	140	122	52	45	36	33	259	16	181	198	103	129	150	373	209	12	274	268
17	353	31	273	13	238	247	217	350	190	345	17	326	153	85	211	41	318	108	69	245	359
18	224	160	198	249	342	315	335	307	88	292	18	15	67	349	218	90	96	49	111	304	244
19	351	325	269	387	*	194	77	134	161	103	19	178	345	276	76	195	77	278	348	182	249
20	288	120	149	130	158	66	16	367	44	166	20	310	118	57	105	100	229	361	80	29	374
21	12	173	41	72	64	228	101	248	183	90	21	261	86	126	337	61	232	107	176	350	293
22	253	257	267	275	346	365	79	362	65	205	22	300	39	237	14	180	160	135	231	215	101
23	361	227	215	107	319	18	266	222	14	360	23	240	136	62	27	43	368	124	40	174	247
24	230	136	339	291	189	178	359	239	102	199	24	102	162	140	380	305	70	317	175	217	183
25	310	313	95	91	332	144	331	254	20	34	25	342	8	299	220	257	20	38	221	267	169
26	11	210	86	303	112	142	19	258	169	326	26	353	375	155	371	51	123	236	222	275	192
27	83	2	328	32	168	268	192	76	196	348	27	387	1	84	172	13	223	346	133	78	366
28	68	109	382	98	25	59	138	128	104	58	28	17	320	114	147	378	290	340	309	200	120
29	285	340	89	219	300	22	54	5	94	252	29	379	243	189	351	10	35	46	356	323	9
30	220	39	125	87	188	244	70	336	127	287	30	294	22	370	263	112	381	110	187	88	341
31	200	118	117	311	7	343	358	246	175	108	31	250	313	7	251	95	185	335	71	42	234
32	281	114	93	298	9	352	170	153	3	355	32	18	143	333	357	344	191	269	83	272	32
33	47	145	92	322	357	316	71	213	61	137	33	37	256	254	144	48	186	307	127	139	242
34	286	309	250	8	324	191	276	133	197	182	34	291	89	184	315	358	179	224	365	279	68
35	218	293	10	260	375	4	297	323	344	179	35	177	190	325	170	31	329	47	334	316	246
36	15	206	80	74	132	347	279	17	235	124	36	239	230	227	65	159	225	79	207	44	53
37	302	263	51	165	209	261	155	24	284	290	37	23	156	384	151	30	354	4	55	148	121
38	243	305	110	50	372	151	82	270	1		38	141	113	282	98	157	131	75	193	*	
	0	1	2	3	4	5	6	7	8	9		0	1	2	3	4	5	6	7	8	9

$p = 397,\ g = 5,\ p - 1 = 2^2 \cdot 3^2 \cdot 11$

N

	0	1	2	3	4	5	6	7	8	9
0		5	25	125	228	346	142	313	374	282
1	219	301	314	379	307	344	132	263	124	223
2	321	17	85	28	140	303	324	32	160	6
3	30	150	353	177	91	58	290	259	104	123
4	218	296	289	254	79	395	387	347	147	338
5	102	113	168	46	230	356	192	166	36	180
6	106	133	268	149	348	152	363	227	341	117
7	188	146	333	77	385	337	97	88	43	215
8	281	214	276	189	151	358	202	216	286	239
9	4	20	100	103	118	193	171	61	305	334
10	82	13	65	325	37	185	131	258	99	98
11	93	68	340	112	163	21	105	128	243	24
12	120	203	221	311	364	232	366	242	19	95
13	78	390	362	222	316	389	357	197	191	161
14	11	55	275	184	126	233	371	267	144	323
15	27	135	278	199	201	211	261	114	173	71
16	355	187	141	308	349	157	388	352	172	66
17	330	62	310	359	207	241	14	70	350	162
18	16	80	3	15	75	375	287	244	29	145
19	328	52	260	109	148	343	127	238	396	392
20	372	272	169	51	255	84	23	115	178	96
21	83	18	90	53	265	134	273	174	76	380
22	312	369	257	94	73	365	237	391	367	247
23	44	220	306	339	107	138	293	274	179	101
24	108	143	318	2	10	50	250	59	295	284
25	229	351	167	41	205	231	361	217	291	264
26	129	248	49	245	34	170	56	280	209	251
27	64	320	12	60	300	309	354	182	116	183
28	121	208	246	39	195	181	111	158	393	377
29	297	294	279	204	226	336	92	63	315	384
30	332	72	360	212	266	139	298	299	304	329
31	57	285	234	376	292	269	154	373	277	194
32	176	86	33	165	31	155	378	302	319	7
33	35	175	81	8	40	200	206	236	386	342
34	122	213	271	164	26	130	253	74	370	262
35	119	198	196	186	136	283	224	326	42	210
36	256	89	48	240	9	45	225	331	67	335
37	87	38	190	156	383	327	47	235	381	317
38	394	382	322	22	110	153	368	252	69	345
39	137	288	249	54	270	159	1			
	0	1	2	3	4	5	6	7	8	9

I

	0	1	2	3	4	5	6	7	8	9
0		396	243	182	90	1	29	329	333	364
1	244	140	272	101	176	183	180	21	211	128
2	91	115	383	206	119	2	344	150	23	188
3	30	324	27	322	264	330	58	104	371	283
4	334	253	358	78	230	365	53	376	362	262
5	245	203	191	213	393	141	266	310	35	247
6	273	97	171	297	270	102	169	368	111	388
7	177	159	301	224	347	184	218	73	130	44
8	181	332	100	210	205	22	321	370	77	361
9	212	34	296	110	223	129	209	76	109	108
10	92	239	50	93	38	116	60	234	240	193
11	384	286	113	51	157	207	278	69	94	350
12	120	280	340	39	18	3	144	196	117	260
13	345	106	16	61	215	151	354	390	235	305
14	24	162	6	241	148	189	71	48	194	63
15	31	84	65	385	316	325	373	165	287	395
16	28	139	179	114	343	323	57	252	52	202
17	265	96	168	158	217	331	320	33	208	238
18	59	285	277	279	143	105	353	161	70	83
19	372	138	56	95	319	284	352	137	351	153
20	335	154	86	121	293	254	336	174	281	268
21	359	155	303	341	81	79	87	257	40	10
22	231	122	133	19	356	366	294	67	4	250
23	54	255	125	145	312	377	337	226	197	89
24	363	175	127	118	187	263	282	229	261	392
25	246	269	387	346	43	204	360	222	107	37
26	192	156	349	17	259	214	304	147	62	315
27	394	342	201	216	237	142	82	318	152	292
28	267	80	9	355	249	311	88	186	391	42
29	36	258	314	236	291	248	41	290	306	307
30	274	11	327	25	308	98	232	14	163	275
31	172	123	220	7	12	298	134	379	242	328
32	271	20	382	149	26	103	357	375	190	309
33	170	367	300	72	99	369	295	75	49	233
34	112	68	339	195	15	389	5	47	64	164
35	178	251	167	32	276	160	55	136	85	173
36	302	256	132	66	124	225	126	228	386	221
37	348	146	200	317	8	185	313	289	326	13
38	219	378	381	374	299	74	338	46	166	135
39	131	227	199	288	380	45	198			
	0	1	2	3	4	5	6	7	8	9

p = 397

	I′											I″									
	0	1	2	3	4	5	6	7	8	9		0	1	2	3	4	5	6	7	8	9
0	396	29	344	144	250	47	241	12	185	355	0	198	90	119	18	67	389	162	220	317	80
1	231	327	298	219	163	389	61	259	3	356	1	40	274	7	326	232	195	106	349	39	133
2	382	211	321	188	162	308	103	322	139	329	2	271	180	205	150	305	327	149	324	395	1
3	324	84	276	208	296	247	258	192	116	18	3	188	63	167	320	212	310	42	107	93	340
4	10	290	36	204	181	198	166	64	194	233	4	257	248	391	346	130	380	338	5	71	75
5	93	157	202	376	255	136	95	252	104	285	5	239	113	252	365	250	160	138	323	330	238
6	234	215	315	31	164	385	124	4	339	94	6	116	16	147	194	47	84	132	294	112	278
7	83	48	99	130	338	49	109	361	230	87	7	161	189	300	218	299	295	209	370	358	81
8	9	79	318	372	65	173	121	257	186	363	8	267	341	142	70	31	136	154	79	311	197
9	1	115	239	38	350	319	168	171	232	369	9	182	128	108	50	69	56	265	273	308	72
10	210	176	169	357	371	353	16	37	92	108	10	332	272	270	26	58	143	345	222	109	76
11	223	388	68	51	343	383	60	260	187	2	11	296	368	233	286	179	91	38	196	127	206
12	280	293	133	220	225	145	228	118	91	209	12	350	86	231	172	66	255	225	175	211	223
13	44	227	66	19	379	131	85	351	56	179	13	73	135	256	122	298	166	55	352	372	28
14	272	266	82	105	196	312	200	62	189	26	14	244	393	237	279	3	125	348	304	241	382
15	23	354	292	335	86	303	349	207	217	301	15	344	215	318	351	335	359	192	51	168	177
16	55	70	6	275	178	287	135	32	158	368	16	276	353	24	14	64	373	46	251	96	102
17	367	297	123	302	281	127	183	159	251	114	17	309	97	275	85	336	363	101	388	164	139
18	21	332	90	180	218	313	391	263	30	71	18	183	44	243	176	347	8	88	118	23	148
19	309	213	156	384	63	15	117	89	*	288	19	375	203	37	240	48	339	144	226	45	227
20	317	216	265	191	360	22	119	278	238	76	20	146	342	52	245	43	210	383	157	33	129
21	205	128	34	393	304	151	237	331	73	378	21	100	21	361	191	259	61	201	158	184	13
22	7	348	107	129	347	126	197	199	386	261	22	123	386	360	110	301	124	337	131	126	282
23	365	122	14	112	240	305	291	142	59	50	23	78	10	98	49	60	390	314	216	208	92
24	193	148	328	182	140	203	269	273	41	311	24	234	6	379	396	364	262	392	35	291	355
25	54	167	52	358	336	125	132	40	314	214	25	4	178	57	334	293	54	302	87	36	17
26	345	392	245	282	330	96	310	80	359	387	26	117	229	362	187	322	202	141	292	281	246
27	102	20	101	97	11	172	160	279	69	143	27	297	328	140	247	307	163	32	285	207	277
28	340	268	229	334	352	277	113	395	380	326	28	120	174	263	371	319	59	384	165	199	313
29	306	248	267	254	67	75	110	270	134	74	29	41	236	152	121	366	369	34	171	12	374
30	72	224	256	341	147	24	307	274	98	170	30	367	159	173	155	214	235	290	306	25	190
31	35	88	377	289	236	394	325	8	152	284	31	266	249	145	185	258	62	385	200	82	95
32	33	370	264	57	27	373	13	25	271	333	32	331	22	27	343	30	316	289	11	242	29
33	58	320	100	364	253	154	174	226	46	195	33	264	217	181	329	283	153	254	377	74	68
34	39	81	201	323	150	106	43	184	146	17	34	280	303	394	114	2	260	387	224	221	156
35	120	153	137	161	390	249	366	375	78	155	35	94	137	284	105	151	9	19	103	253	268
36	222	212	262	175	244	53	294	300	111	295	36	204	77	376	89	333	230	356	170	169	99
37	77	283	138	165	299	190	362	337	381	242	37	321	104	83	325	381	357	53	312	219	134
38	45	374	149	206	286	316	221	346	177	5	38	288	378	20	115	193	65	228	269	111	15
39	235	42	246	141	342	28	243				39	354	186	261	213	315	287	*			
	0	1	2	3	4	5	6	7	8	9		0	1	2	6	4	5	6	7	8	9

$p = 401,\ g = 3,\ p - 1 = 2^4 \cdot 5^2$

N

	0	1	2	3	4	5	6	7	8	9
0		3	9	27	81	243	328	182	145	34
1	102	306	116	348	242	325	173	118	354	260
2	379	335	203	208	223	268	2	6	18	54
3	162	85	255	364	290	68	204	211	232	295
4	83	249	346	236	307	119	357	269	5	15
5	45	135	4	12	36	108	324	170	109	327
6	179	136	7	21	63	189	166	97	291	71
7	213	238	313	137	10	30	90	270	8	24
8	72	216	247	340	218	253	358	272	14	42
9	126	378	332	194	181	142	25	75	225	274
10	20	60	180	139	16	48	144	31	93	279
11	35	105	315	143	28	84	252	355	263	388
12	362	284	50	150	49	147	40	120	360	278
13	32	96	288	62	186	157	70	210	229	286
14	56	168	103	309	125	375	323	167	100	300
15	98	294	80	240	319	155	64	192	175	124
16	372	314	140	19	57	171	112	336	206	217
17	250	349	245	334	200	199	196	187	160	79
18	237	310	128	384	350	248	343	227	280	38
19	114	342	224	271	11	33	99	297	89	267
20	400	398	392	374	320	158	73	219	256	367
21	299	95	285	53	159	76	228	283	47	141
22	22	66	198	193	178	133	399	395	383	347
23	239	316	146	37	111	333	197	190	169	106
24	318	152	55	165	94	282	44	132	396	386
25	356	266	397	389	365	293	77	231	292	74
26	222	265	394	380	338	212	235	304	110	330
27	188	163	88	264	391	371	311	131	393	377
28	329	185	154	61	183	148	43	129	387	359
29	275	23	69	207	220	259	376	326	176	127
30	381	341	221	262	385	353	257	370	308	122
31	366	296	86	258	373	317	149	46	138	13
32	39	117	351	251	352	254	361	281	41	123
33	369	305	113	339	215	244	331	191	172	115
34	345	233	298	92	276	26	78	234	301	101
35	303	107	321	161	82	246	337	209	226	277
36	29	87	261	382	344	230	289	65	195	184
37	151	52	156	67	201	202	205	214	241	322
38	164	91	273	17	51	153	58	174	121	363
39	287	59	177	130	390	368	302	104	312	134
40	1									
	0	1	2	3	4	5	6	7	8	9

I

	0	1	2	3	4	5	6	7	8	9
0		400	26	1	52	48	27	62	78	2
1	74	194	53	319	88	49	104	383	28	163
2	100	63	220	291	79	96	345	3	114	360
3	75	107	130	195	9	110	54	233	189	320
4	126	328	89	286	246	50	317	218	105	124
5	122	384	371	213	29	242	140	164	386	391
6	101	283	133	64	156	367	221	373	35	292
7	136	69	80	206	259	97	215	256	346	179
8	152	4	354	40	115	31	312	361	272	198
9	76	381	343	108	244	211	131	67	150	196
10	148	349	10	142	397	111	239	351	55	58
11	268	234	166	332	190	339	12	321	17	45
12	127	388	309	329	159	144	90	299	182	287
13	393	277	247	225	399	51	61	73	318	103
14	162	219	95	113	106	8	232	125	285	316
15	123	370	241	385	282	155	372	135	205	214
16	178	353	30	271	380	243	66	147	141	238
17	57	165	338	16	387	158	298	392	224	60
18	102	94	7	284	369	281	134	177	270	65
19	237	337	157	223	93	368	176	236	222	175
20	174	374	375	22	36	376	168	293	23	357
21	137	37	265	70	377	334	81	169	84	207
22	294	302	260	24	192	98	358	187	216	138
23	365	257	38	341	347	266	43	180	71	230
24	153	378	14	5	335	172	355	82	185	41
25	170	323	116	85	325	32	208	306	313	295
26	19	362	303	118	273	261	251	199	25	47
27	77	193	87	382	99	290	344	359	129	109
28	188	327	245	217	121	212	139	390	132	366
29	34	68	258	255	151	39	311	197	342	210
30	149	348	396	350	267	331	11	44	308	143
31	181	276	398	72	161	112	231	315	240	154
32	204	352	379	146	56	15	297	59	6	280
33	269	336	92	235	173	21	167	356	264	333
34	83	301	191	186	364	340	42	229	13	171
35	184	322	324	305	18	117	250	46	86	289
36	128	326	120	389	33	254	310	209	395	330
37	307	275	160	314	203	145	296	279	91	20
38	263	300	363	228	183	304	249	288	119	253
39	394	274	202	278	262	227	248	252	201	226
40	200									
	0	1	2	3	4	5	6	7	8	9

p = 401

I′

	0	1	2	3	4	5	6	7	8	9
0	400	52	74	114	354	335	280	284	232	110
1	142	44	321	171	5	297	387	45	117	362
2	263	167	36	357	192	47	1	62	163	242
3	271	312	208	254	68	292	376	265	341	311
4	115	170	229	180	308	127	86	77	27	104
5	317	61	48	319	233	58	15	165	268	6
6	102	73	78	220	156	237	147	150	258	80
7	377	230	161	318	194	107	381	193	2	96
8	206	169	185	301	207	325	289	382	49	286
9	299	20	235	368	7	113	345	215	358	290
10	63	283	94	162	383	124	8	130	244	188
11	54	239	231	106	360	31	85	250	273	253
12	389	212	384	370	122	285	328	388	326	109
13	195	67	366	64	177	205	69	37	365	390
14	164	238	397	181	90	296	56	141	349	348
15	196	39	4	378	204	372	367	223	298	144
16	314	112	219	100	386	338	332	356	293	84
17	323	184	355	21	374	174	236	270	353	152
18	71	276	287	304	322	41	364	216	327	320
19	339	186	98	87	53	9	148	342	76	25
20	*	226	278	145	352	214	259	294	306	395
21	149	131	139	29	178	256	138	121	105	95
22	291	373	175	93	60	399	200	248	183	13
23	153	315	125	189	166	173	222	337	57	351
24	154	385	140	66	211	217	50	225	252	288
25	46	199	201	394	310	151	346	38	255	97
26	24	251	227	300	333	70	43	331	234	336
27	65	380	198	261	202	160	398	247	262	91
28	269	134	155	133	369	316	246	393	119	128
29	344	79	136	23	302	19	279	59	392	182
30	363	191	260	118	249	18	313	275	143	329
31	209	197	361	295	203	240	123	218	103	88
32	126	17	324	116	305	32	120	245	89	159
33	307	11	190	83	81	172	92	157	16	12
34	42	347	210	108	359	3	179	266	396	10
35	267	55	379	30	40	82	264	137	187	129
36	75	272	303	228	340	257	34	221	176	281
37	241	213	135	35	375	22	168	334	14	146
38	243	343	99	28	371	282	391	158	309	33
39	132	101	224	277	274	330	350	111	72	51
40	26									
	0	1	2	3	4	5	6	7	8	9

I″

	0	1	2	3	4	5	6	7	8	9
0	200	26	78	345	152	14	59	94	106	195
1	349	331	339	229	378	56	338	321	305	295
2	91	173	375	293	260	199	400	48	383	213
3	353	115	325	389	366	373	22	137	257	151
4	354	185	340	266	11	17	250	25	52	88
5	246	399	1	194	110	351	146	238	55	297
6	224	51	27	100	133	270	243	131	34	136
7	265	180	398	61	2	360	198	47	62	291
8	69	334	355	333	169	116	46	193	319	328
9	144	279	336	223	102	219	79	259	192	382
10	163	391	60	318	49	218	113	75	343	129
11	9	397	161	95	3	40	323	18	303	288
12	326	217	124	316	105	232	320	45	289	359
13	107	211	390	283	281	372	292	357	216	212
14	242	147	10	308	159	203	379	66	196	210
15	67	255	179	230	240	282	64	337	387	329
16	275	72	103	28	140	57	234	21	376	81
17	41	13	335	235	175	222	368	134	214	346
18	43	143	299	228	171	82	191	358	109	233
19	332	301	24	77	74	130	150	311	272	251
20	226	252	274	314	154	135	80	84	32	310
21	342	244	121	371	205	97	187	245	317	162
22	63	367	236	157	392	247	201	262	363	42
23	71	112	8	54	268	92	176	65	141	111
24	315	370	29	380	108	327	286	277	227	304
25	117	261	248	119	33	258	215	365	68	206
26	302	273	278	20	356	37	347	350	58	280
27	177	30	361	118	394	307	181	393	202	296
28	6	369	385	101	7	125	89	182	249	86
29	99	220	35	168	207	313	145	15	158	90
30	263	83	294	362	183	324	208	330	44	388
31	254	39	31	306	160	231	285	50	73	53
32	189	12	184	170	322	85	128	188	126	309
33	395	267	166	264	377	5	269	237	165	190
34	364	38	197	381	290	96	256	341	149	148
35	396	239	204	178	4	172	167	23	98	344
36	114	312	19	300	186	138	132	156	93	284
37	123	384	155	221	174	374	36	70	153	352
38	271	76	87	104	122	241	164	16	127	120
39	139	386	298	287	253	209	348	142	276	225
40	*									
	0	1	2	3	4	5	6	7	8	9

$p = 409, \; g = 21, \; p - 1 = 2^3 \cdot 3 \cdot 17$

	N											I									
	0	1	2	3	4	5	6	7	8	9		0	1	2	3	4	5	6	7	8	9
0		21	32	263	206	236	48	190	309	354	0		408	82	86	164	24	168	323	246	172
1	72	285	259	122	108	223	184	183	162	130	1	106	189	250	321	405	110	328	280	254	309
2	276	70	243	195	5	105	160	88	212	362	2	188	1	271	178	332	48	403	258	79	293
3	240	132	318	134	360	198	68	201	131	297	3	192	51	2	275	362	347	336	97	391	407
4	102	97	401	241	153	350	397	157	25	116	4	270	302	83	303	353	196	260	233	6	238
5	391	31	242	174	382	251	363	261	164	172	5	130	366	77	272	340	213	161	395	375	249
6	340	187	246	258	101	76	369	387	356	114	6	274	339	133	87	84	345	357	359	36	264
7	349	376	125	171	319	155	392	52	274	28	7	21	112	10	125	179	134	65	104	81	177
8	179	78	2	42	64	117	3	63	96	380	8	352	344	384	144	165	304	385	379	27	312
9	209	299	144	161	109	244	216	37	368	366	9	278	236	342	137	315	333	88	41	320	361
10	324	260	143	140	77	390	10	210	320	176	10	212	64	40	330	159	25	354	145	14	94
11	15	315	71	264	227	268	311	396	136	402	11	295	183	243	139	69	202	49	85	331	195
12	262	185	204	194	393	73	306	291	385	314	12	356	378	13	388	215	72	169	197	166	389
13	50	232	373	62	75	348	355	93	317	113	13	19	38	31	224	33	282	118	404	346	160
14	328	344	271	374	83	107	202	152	329	365	14	103	319	194	102	92	317	207	324	261	305
15	303	228	289	343	250	342	229	310	375	104	15	216	267	147	44	186	75	163	47	259	358
16	139	56	358	156	4	84	128	234	6	126	16	26	93	18	266	58	299	226	256	247	234
17	192	351	9	189	288	322	218	79	23	74	17	386	73	59	209	53	371	109	335	394	80
18	327	323	239	111	286	280	154	371	20	11	18	360	355	318	17	16	121	219	61	397	173
19	231	352	30	221	142	119	45	127	213	383	19	7	380	170	300	123	23	402	232	35	311
20	272	395	115	370	408	388	377	146	203	173	20	294	37	146	208	122	326	4	350	241	90
21	361	219	100	55	337	124	150	287	301	186	21	107	239	28	198	227	327	96	374	176	211
22	225	226	247	279	133	339	166	214	404	304	22	377	193	265	15	325	220	221	114	151	156
23	249	321	197	47	169	277	91	275	49	211	23	284	190	131	313	167	257	5	263	277	182
24	341	208	278	112	307	312	8	168	256	59	24	30	43	52	22	95	262	62	222	297	230
25	12	252	384	293	18	378	167	235	27	158	25	154	55	251	367	279	390	248	351	63	12
26	46	148	245	237	69	222	163	151	308	333	26	101	57	120	3	113	296	306	398	115	307
27	40	22	53	295	60	33	284	238	90	254	27	364	142	200	322	78	237	20	235	242	223
28	17	357	135	381	230	331	407	367	345	292	28	185	370	401	373	276	11	184	217	174	152
29	406	346	313	29	200	110	265	248	300	165	29	399	127	289	253	406	273	343	39	387	91
30	193	372	41	43	85	149	266	269	332	19	30	298	218	349	150	229	363	126	244	268	8
31	399	199	89	233	394	94	338	145	182	141	31	157	116	245	292	129	111	341	138	32	74
32	98	13	273	7	147	224	205	215	16	336	32	108	231	175	181	100	369	348	180	140	148
33	103	118	24	95	359	177	36	347	334	61	33	381	285	308	269	338	383	329	214	316	225
34	54	316	92	296	81	65	138	35	326	302	34	60	240	155	153	141	288	291	337	135	70
35	207	257	80	44	106	181	120	66	159	67	35	45	171	191	365	9	136	68	281	162	334
36	180	99	34	305	270	353	51	253	405	325	36	34	210	29	56	400	149	99	287	98	66
37	281	175	403	283	217	58	400	220	121	87	37	203	187	301	132	143	158	71	206	255	396
38	191	330	386	335	82	86	170	298	123	129	38	89	283	54	199	252	128	382	67	205	392
39	255	38	389	398	178	57	379	188	267	290	39	105	50	76	124	314	201	117	46	393	310
40	364	282	196	26	137	14	294	39	1		40	376	42	119	372	228	368	290	286	204	
	0	1	2	3	4	5	6	7	8	9		0	1	2	3	4	5	6	7	8	9

p = 409

I′

	0	1	2	3	4	5	6	7	8	9
0	408	271	275	113	350	263	238	380	157	136
1	125	184	101	388	94	325	121	16	266	38
2	235	112	95	402	168	354	93	312	198	56
3	43	224	74	282	210	311	264	146	31	387
4	330	320	119	52	186	171	393	259	403	85
5	76	2	22	371	199	251	400	120	299	209
6	240	397	222	12	40	104	203	205	281	202
7	45	206	169	59	108	163	124	272	237	293
8	360	177	86	303	345	331	164	84	41	283
9	107	298	317	18	295	262	374	391	66	287
10	369	57	92	319	81	50	189	239	231	335
11	328	341	10	296	151	307	245	46	404	372
12	3	219	326	23	314	179	244	289	382	111
13	366	313	143	87	65	70	68	315	32	69
14	148	288	200	158	165	14	208	44	381	99
15	229	156	399	141	55	153	284	116	71	25
16	103	395	334	47	24	304	389	257	323	197
17	300	191	106	7	152	181	211	352	332	134
18	140	100	30	243	217	370	75	301	1	250
19	131	365	51	265	102	356	260	166	227	252
20	322	117	49	187	*	392	255	324	122	53
21	29	377	64	161	316	72	267	174	349	61
22	221	114	297	185	33	60	256	327	368	363
23	154	175	35	6	386	242	342	20	130	28
24	155	90	223	139	268	292	172	234	351	274
25	321	367	128	406	309	396	247	5	79	358
26	233	305	62	277	21	15	58	147	8	338
27	302	178	340	343	339	362	11	182	236	390
28	254	162	118	54	190	308	204	98	291	253
29	286	337	129	192	37	183	306	230	218	226
30	123	132	83	353	385	216	398	364	269	188
31	376	294	278	167	201	333	225	207	17	194
32	361	405	78	246	261	220	4	96	280	214
33	159	195	48	88	34	394	97	135	383	133
34	213	138	137	39	384	357	160	336	180	150
35	241	63	344	196	145	318	378	359	26	36
36	355	212	347	126	142	9	77	279	290	348
37	401	109	228	276	176	249	42	193	13	27
38	170	285	67	329	144	379	73	91	215	19
39	248	407	105	310	80	375	89	173	115	127
40	149	373	232	258	346	110	273	270	82	
	0	1	2	3	4	5	6	7	8	9

I″

	0	1	2	3	4	5	6	7	8	9
0	204	188	51	120	326	257	233	173	268	365
1	112	276	63	378	145	265	17	318	93	389
2	237	264	52	123	164	159	358	379	239	210
3	182	38	138	224	334	232	359	294	19	343
4	64	88	376	30	147	70	117	163	332	202
5	105	192	43	209	283	154	29	101	266	73
6	225	219	262	351	212	134	98	382	136	139
7	135	158	215	386	32	186	50	366	322	258
8	394	104	408	302	87	49	82	133	333	396
9	241	387	102	26	14	22	327	336	287	149
10	181	12	194	160	65	392	172	90	74	371
11	405	129	21	3	221	398	157	201	282	42
12	57	16	208	300	76	10	363	399	252	292
13	238	190	301	339	179	337	9	342	341	243
14	180	153	364	132	384	354	37	267	140	400
15	349	114	174	155	230	240	151	8	143	330
16	346	213	281	75	86	144	197	313	24	72
17	380	45	246	397	217	231	374	81	271	125
18	348	175	277	295	11	223	44	203	309	106
19	284	171	293	377	319	331	353	169	28	54
20	142	314	69	66	286	67	71	317	146	59
21	34	176	361	340	329	388	305	184	298	121
22	325	220	62	242	31	316	299	198	372	150
23	297	108	402	260	247	20	278	78	6	107
24	60	350	235	183	126	116	323	256	390	375
25	189	55	199	289	280	206	226	167	403	47
26	196	324	95	5	36	193	18	216	244	308
27	407	1	77	406	249	2	373	263	312	367
28	328	68	33	89	156	381	290	99	141	127
29	368	288	245	79	311	94	113	222	91	58
30	170	187	270	83	165	261	296	115	285	254
31	393	35	27	131	124	137	214	92	355	103
32	41	250	200	168	207	15	122	227	110	383
33	40	85	178	315	162	109	347	291	269	274
34	272	111	236	273	352	84	404	362	369	218
35	4	248	177	303	25	360	195	345	259	357
36	80	320	275	229	307	191	130	251	228	100
37	185	53	119	401	96	395	310	211	356	385
38	7	148	128	338	344	304	234	39	13	166
39	279	97	205	46	335	161	255	61	306	152
40	56	370	23	48	118	321	253	391	*	
	0	1	2	3	4	5	6	7	8	9

$p = 419$, $g = 2$, $p - 1 = 2 \cdot 11 \cdot 19$

N

	0	1	2	3	4	5	6	7	8	9
0		2	4	8	16	32	64	128	256	93
1	186	372	325	231	43	86	172	344	269	119
2	238	57	114	228	37	74	148	296	173	346
3	273	127	254	89	178	356	293	167	334	249
4	79	158	316	213	7	14	28	56	112	224
5	29	58	116	232	45	90	180	360	301	183
6	366	313	207	414	409	399	379	339	259	99
7	198	396	373	327	235	51	102	204	408	397
8	375	331	243	67	134	268	117	234	49	98
9	196	392	365	311	203	406	393	367	315	211
10	3	6	12	24	48	96	192	384	349	279
11	139	278	137	274	129	258	97	194	388	357
12	295	171	342	265	111	222	25	50	100	200
13	400	381	343	267	115	230	41	82	164	328
14	237	55	110	220	21	42	84	168	336	253
15	87	174	348	277	135	270	121	242	65	130
16	260	101	202	404	389	359	299	179	358	297
17	175	350	281	143	286	153	306	193	386	353
18	287	155	310	201	402	385	351	283	147	294
19	169	338	257	95	190	380	341	263	107	214
20	9	18	36	72	144	288	157	314	209	418
21	417	415	411	403	387	355	291	163	326	233
22	47	94	188	376	333	247	75	150	300	181
23	362	305	191	382	345	271	123	246	73	146
24	292	165	330	241	63	126	252	85	170	340
25	261	103	206	412	405	391	363	307	195	390
26	361	303	187	374	329	239	59	118	236	53
27	106	212	5	10	20	40	80	160	320	221
28	23	46	92	184	368	317	215	11	22	44
29	88	176	352	285	151	302	185	370	321	223
30	27	54	108	216	13	26	52	104	208	416
31	413	407	395	371	323	227	35	70	140	280
32	141	282	145	290	161	322	225	31	62	124
33	248	77	154	308	197	394	369	319	219	19
34	38	76	152	304	189	378	337	255	91	182
35	364	309	199	398	377	335	251	83	166	332
36	245	71	142	284	149	298	177	354	289	159
37	318	217	15	30	60	120	240	61	122	244
38	69	138	276	133	266	113	226	33	66	132
39	264	109	218	17	34	68	136	272	125	250
40	81	162	324	229	39	78	156	312	205	410
41	401	383	347	275	131	262	105	210	1	

I

	0	1	2	3	4	5	6	7	8	9
0		418	1	100	2	272	101	44	3	200
1	273	287	102	304	45	372	4	393	201	339
2	274	144	288	280	103	126	305	300	46	50
3	373	327	5	387	394	316	202	24	340	404
4	275	136	145	14	289	54	281	220	104	88
5	127	75	306	269	301	141	47	21	51	266
6	374	377	328	244	6	158	388	83	395	380
7	317	361	203	238	25	226	341	331	405	40
8	276	400	137	357	146	247	15	150	290	33
9	55	348	282	9	221	193	105	116	89	69
10	128	161	76	251	307	416	270	198	302	391
11	142	124	48	385	22	134	52	86	267	19
12	375	156	378	236	329	398	245	31	7	114
13	159	414	389	383	84	154	396	112	381	110
14	318	320	362	173	204	322	239	188	26	364
15	227	294	342	175	332	181	406	206	41	369
16	277	324	401	217	138	241	358	37	147	190
17	248	121	16	28	151	170	291	366	34	167
18	56	229	349	59	283	296	10	262	222	344
19	194	232	106	177	117	258	90	334	70	352
20	129	183	162	94	77	408	252	62	308	208
21	417	99	271	43	199	286	303	371	392	338
22	143	279	125	299	49	326	386	315	23	403
23	135	13	53	219	87	74	268	140	20	265
24	376	243	157	82	379	360	237	225	330	39
25	399	356	246	149	32	347	8	192	115	68
26	160	250	415	197	390	123	384	133	85	18
27	155	235	397	30	113	413	382	153	111	109
28	319	172	321	187	363	293	174	180	205	368
29	323	216	240	36	189	120	27	169	365	166
30	228	58	295	261	343	231	176	257	333	351
31	182	93	407	61	207	98	42	285	370	337
32	278	298	325	314	402	12	218	73	139	264
33	242	81	359	224	38	355	148	346	191	67
34	249	196	122	132	17	234	29	412	152	108
35	171	186	292	179	367	215	35	119	168	165
36	57	260	230	256	350	92	60	97	284	336
37	297	313	11	72	263	80	223	354	345	66
38	195	131	233	411	107	185	178	214	118	164
39	259	255	91	96	335	312	71	79	353	65
40	130	410	184	213	163	254	95	311	78	64
41	409	212	253	310	63	211	309	210	209	

p = 419

	I'										I''									
	0	1	2	3	4	5	6	7	8	9		0	1	2	3	4	5	6	7	8	9
0	418	100	272	200	393	387	158	114	192	221	0	209	418	100	44	372	327	244	31	347	282
1	262	72	218	53	289	150	28	234	155	375	1	296	313	402	135	145	247	121	132	85	267
2	265	51	134	403	340	226	364	169	151	412	2	140	47	385	315	202	238	188	120	16	234
3	113	7	347	55	167	119	189	147	355	399	3	397	245	149	290	366	215	240	358	224	330
4	276	369	285	199	3	372	50	21	385	326	4	405	206	98	271	101	304	300	141	124	299
5	373	266	86	219	281	348	229	260	295	283	5	46	21	134	13	289	33	167	165	228	349
6	97	207	308	211	409	130	195	249	160	128	6	92	407	252	310	78	353	345	191	115	89
7	352	79	263	139	268	306	251	408	64	353	7	334	312	11	218	87	127	161	94	311	71
8	223	359	379	395	154	18	267	74	127	69	8	263	242	157	388	383	133	52	219	104	116
9	334	96	60	407	77	311	335	284	42	271	9	258	255	350	182	162	254	91	60	207	417
10	2	44	304	126	88	116	177	185	171	319	10	1	272	287	280	220	193	232	411	152	111
11	318	109	381	413	159	68	89	258	164	168	11	381	153	396	30	7	192	105	177	214	35
12	27	16	132	384	48	299	305	75	161	183	12	189	248	196	390	142	279	103	88	69	352
13	410	233	17	85	52	13	145	357	241	264	13	65	195	122	384	22	403	275	400	217	73
14	20	47	124	279	288	14	247	190	346	32	14	268	301	391	338	274	136	357	37	355	246
15	290	170	108	111	396	235	378	82	388	414	15	15	28	412	382	84	18	375	243	6	114
16	250	76	94	254	259	57	228	56	165	365	16	68	128	183	213	118	168	365	34	119	27
17	291	186	321	204	180	332	257	117	214	367	17	151	108	319	362	293	342	231	106	185	292
18	205	406	93	162	213	178	292	363	26	120	18	174	332	351	129	410	107	171	321	239	36
19	248	67	115	105	232	131	122	390	302	286	19	147	346	8	221	344	66	249	415	270	43
20	273	339	24	238	322	368	41	98	417	*	20	3	393	316	361	173	180	406	61	308	210
21	209	309	253	163	118	35	240	138	73	87	21	309	63	409	184	178	367	323	401	12	53
22	104	193	344	354	38	330	341	294	58	349	22	281	9	262	80	359	237	25	364	166	56
23	256	176	106	411	29	397	329	225	25	188	23	260	343	194	131	17	155	378	360	203	322
24	36	358	81	157	6	31	149	15	121	196	24	216	138	264	376	328	398	356	146	190	67
25	415	307	62	310	95	91	350	333	90	255	25	160	76	408	212	163	259	230	176	117	164
26	230	343	222	80	242	376	374	19	140	301	26	57	295	10	72	139	20	51	86	74	306
27	198	43	101	287	144	136	400	324	298	125	27	416	99	2	200	339	404	40	369	337	143
28	103	220	9	296	336	370	303	102	280	54	28	288	54	348	59	97	42	199	273	144	14
29	33	366	179	174	342	261	10	313	325	49	29	150	170	186	363	227	58	283	336	278	125
30	46	141	391	371	45	300	269	416	208	210	30	305	269	198	286	102	126	75	251	62	211
31	63	78	71	11	402	23	202	361	320	172	31	253	95	335	297	325	386	394	380	110	109
32	362	187	239	216	401	314	386	5	244	398	32	318	172	204	368	277	298	49	373	377	236
33	39	405	181	351	70	312	297	278	143	274	33	225	341	175	257	90	96	284	370	392	201
34	404	331	175	231	194	66	191	8	282	59	34	24	226	294	261	222	354	148	32	55	229
35	92	182	129	65	345	148	246	146	37	224	35	256	333	70	79	223	38	399	137	241	81
36	237	203	173	293	227	166	34	215	323	277	36	379	317	320	187	26	169	291	179	205	41
37	337	392	4	327	377	156	243	328	236	360	37	285	303	45	50	266	19	265	374	156	82
38	317	110	153	84	133	22	315	394	83	383	38	395	112	413	389	123	48	326	5	158	414
39	123	142	338	201	316	380	112	30	245	356	39	197	302	371	4	387	83	154	235	329	39
40	137	217	12	135	275	40	206	61	252	212	40	276	324	314	23	340	331	181	93	77	64
41	184	107	152	382	389	197	270	99	1		41	130	233	29	113	159	250	307	208	*	
	0	1	2	3	4	5	6	7	8	9		0	1	2	3	4	5	6	7	8	9

$p = 421,\ g = 2,\ p - 1 = 2^2 \cdot 3 \cdot 5 \cdot 7$

N

	0	1	2	3	4	5	6	7	8	9
0		2	4	8	16	32	64	128	256	91
1	182	364	307	193	386	351	281	141	282	143
2	286	151	302	183	366	311	201	402	383	345
3	269	117	234	47	94	188	376	331	241	61
4	122	244	67	134	268	115	230	39	78	156
5	312	203	406	391	361	301	181	362	303	185
6	370	319	217	13	26	52	104	208	416	411
7	401	381	341	261	101	202	404	387	353	285
8	149	298	175	350	279	137	274	127	254	87
9	174	348	275	129	258	95	190	380	339	257
10	93	186	372	323	225	29	58	116	232	43
11	86	172	344	267	113	226	31	62	124	248
12	75	150	300	179	358	295	169	338	255	89
13	178	356	291	161	322	223	25	50	100	200
14	400	379	337	253	85	170	340	259	97	194
15	388	355	289	157	314	207	414	407	393	365
16	309	197	394	367	313	205	410	399	377	333
17	245	69	138	276	131	262	103	206	412	403
18	385	349	277	133	266	111	222	23	46	92
19	184	368	315	209	418	415	409	397	373	325
20	229	37	74	148	296	171	342	263	105	210
21	420	419	417	413	405	389	357	293	165	330
22	239	57	114	228	35	70	140	280	139	278
23	135	270	119	238	55	110	220	19	38	76
24	152	304	187	374	327	233	45	90	180	360
25	299	177	354	287	153	306	191	382	343	265
26	109	218	15	30	60	120	240	59	118	236
27	51	102	204	408	395	369	317	213	5	10
28	20	40	80	160	320	219	17	34	68	136
29	272	123	246	71	142	284	147	294	167	334
30	247	73	146	292	163	326	231	41	82	164
31	328	235	49	98	196	392	363	305	189	378
32	335	249	77	154	308	195	390	359	297	173
33	346	271	121	242	63	126	252	83	166	332
34	243	65	130	260	99	198	396	371	321	221
35	21	42	84	168	336	251	81	162	324	227
36	33	66	132	264	107	214	7	14	28	56
37	112	224	27	54	108	216	11	22	44	88
38	176	352	283	145	290	159	318	215	9	18
39	36	72	144	288	155	310	199	398	375	329
40	237	53	106	212	3	6	12	24	48	96
41	192	384	347	273	125	250	79	158	316	211
42	1									
	0	1	2	3	4	5	6	7	8	9

I

	0	1	2	3	4	5	6	7	8	9
0		420	1	404	2	278	405	366	3	388
1	279	376	406	63	367	262	4	286	389	237
2	280	350	377	187	407	136	64	372	368	105
3	263	116	5	360	287	224	390	201	238	47
4	281	307	351	109	378	246	188	33	408	312
5	137	270	65	401	373	234	369	221	106	267
6	264	39	117	334	6	341	361	42	288	171
7	225	293	391	301	202	120	239	322	48	416
8	282	356	308	337	352	144	110	89	379	129
9	247	9	189	100	34	95	409	148	313	344
10	138	74	271	176	66	208	402	364	374	260
11	235	185	370	114	222	45	107	31	268	232
12	265	332	40	291	118	414	335	87	7	93
13	342	174	362	183	43	230	289	85	172	228
14	226	17	294	19	392	383	302	296	203	80
15	121	21	240	254	323	394	49	153	417	385
16	283	133	357	304	309	218	338	298	353	126
17	145	205	111	329	90	82	380	251	130	123
18	248	56	10	23	190	59	101	242	35	318
19	96	256	410	13	149	325	314	161	345	396
20	139	26	75	51	272	165	177	155	67	193
21	209	419	403	277	365	387	375	62	261	285
22	236	349	186	135	371	104	115	359	223	200
23	46	306	108	245	32	311	269	400	233	220
24	266	38	333	340	41	170	292	300	119	321
25	415	355	336	143	88	128	8	99	94	147
26	343	73	175	207	363	259	184	113	44	30
27	231	331	290	413	86	92	173	182	229	84
28	227	16	18	382	295	79	20	253	393	152
29	384	132	303	217	297	125	204	328	81	250
30	122	55	22	58	241	317	255	12	324	160
31	395	25	50	164	154	192	418	276	386	61
32	284	348	134	103	358	199	305	244	310	399
33	219	37	339	169	299	320	354	142	127	98
34	146	72	206	258	112	29	330	412	91	181
35	83	15	381	78	252	151	131	216	124	327
36	249	54	57	316	11	159	24	163	191	275
37	60	347	102	198	243	398	36	168	319	141
38	97	71	257	28	411	180	14	77	150	215
39	326	53	315	158	162	274	346	197	397	167
40	140	70	27	179	76	214	52	157	273	196
41	166	69	178	213	156	195	68	212	194	211
42	210									
	0	1	2	3	4	5	6	7	8	9

p = 421

	I′									
	0	1	2	3	4	5	6	7	8	9
0	420	404	278	388	286	360	341	93	99	189
1	23	159	324	149	77	381	18	294	382	392
2	253	240	58	190	163	50	75	179	411	330
3	231	268	311	408	95	318	168	339	333	117
4	291	170	288	230	30	107	306	281	416	153
5	164	272	157	315	57	22	10	316	241	101
6	347	284	261	367	372	401	208	193	212	178
7	27	257	206	175	271	51	214	150	252	20
8	121	250	380	15	227	172	92	7	128	379
9	82	181	173	342	147	409	256	71	146	94
10	34	242	198	358	115	263	267	31	245	378
11	89	329	29	44	222	359	5	334	414	321
12	239	21	55	248	327	204	145	98	8	247
13	123	216	303	357	103	371	64	270	74	26
14	70	97	127	88	110	205	72	343	313	325
15	215	131	384	417	192	67	195	273	162	24
16	395	345	274	191	154	177	69	140	319	299
17	292	225	228	182	362	207	66	155	213	76
18	14	83	229	43	113	370	135	407	33	100
19	59	275	418	209	211	68	166	397	243	305
20	46	238	120	80	328	111	258	363	402	419
21	*	210	194	156	52	326	124	297	338	37
22	266	106	45	200	390	293	17	16	226	84
23	289	331	265	220	369	185	349	280	47	322
24	254	317	35	398	310	32	188	9	56	54
25	122	130	151	393	323	12	410	28	112	184
26	235	285	4	116	39	332	38	264	232	400
27	65	176	165	196	346	60	386	365	405	376
28	350	307	356	133	348	236	389	224	171	85
29	413	118	300	391	19	79	203	125	353	320
30	119	202	296	217	309	244	108	351	337	218
31	399	269	137	344	161	158	11	255	96	141
32	354	415	48	394	160	314	53	249	81	90
33	412	290	40	340	6	87	143	352	298	169
34	41	361	174	73	138	396	197	102	134	186
35	377	109	144	126	142	336	308	304	199	223
36	287	42	183	259	374	387	3	262	105	221
37	114	104	368	234	260	62	406	187	246	129
38	251	78	295	302	132	283	61	375	279	237
39	201	301	383	152	49	25	139	167	36	219
40	233	373	364	277	2	366	63	136	312	148
41	13	180	91	86	335	355	282	385	276	403
42	1									
	0	1	2	3	4	5	6	7	8	9

	I″									
	0	1	2	3	4	5	6	7	8	9
0	210	420	404	366	262	116	334	87	128	247
1	56	316	255	410	180	83	227	226	16	294
2	79	121	55	10	159	395	139	70	257	112
3	44	107	245	188	100	242	398	219	266	264
4	332	340	361	183	113	222	200	238	322	394
5	25	75	214	326	249	122	248	54	22	190
6	275	386	375	406	136	270	176	155	195	166
7	140	97	146	343	138	26	179	14	381	295
8	203	328	90	181	229	289	413	335	143	110
9	329	412	86	7	99	34	318	141	127	8
10	189	59	347	134	371	368	221	45	306	351
11	144	205	258	184	370	104	263	39	291	300
12	202	80	250	130	216	297	353	142	88	379
13	251	151	384	283	348	186	407	312	344	396
14	167	319	354	336	352	126	98	94	409	13
15	77	252	393	49	164	177	213	52	315	11
16	324	314	158	24	50	272	196	397	36	339
17	41	288	85	92	342	73	271	165	69	27
18	411	91	173	362	259	235	349	377	246	9
19	23	163	154	67	212	156	273	346	102	358
20	223	390	301	296	125	145	72	175	66	193
21	211	194	68	178	76	150	131	303	309	399
22	233	369	114	359	287	171	228	84	172	182
23	43	30	268	400	373	260	285	389	201	120
24	21	58	101	198	305	108	378	129	123	327
25	81	380	78	20	240	317	96	71	206	363
26	374	62	367	105	267	232	220	106	31	311
27	137	74	51	157	162	191	418	403	2	388
28	237	47	416	385	61	261	4	360	42	230
29	331	40	170	225	17	382	302	217	338	169
30	292	391	383	132	357	199	46	281	356	304
31	244	32	408	148	325	53	57	241	35	168
32	299	119	239	254	12	149	215	124	204	111
33	29	231	265	38	117	414	355	308	218	37
34	333	6	93	147	313	161	274	60	284	236
35	280	307	337	298	320	415	282	133	103	115
36	5	341	174	207	402	277	405	63	372	234
37	185	135	64	401	364	387	279	350	109	89
38	82	15	18	392	152	417	276	365	3	286
39	224	293	19	253	323	160	345	197	243	310
40	269	65	208	419	1	278	376	187	33	95
41	256	28	330	290	118	321	48	153	192	209
42	*									
	0	1	2	3	4	5	6	7	8	9

$p = 431,\ g = 7,\ p-1 = 2\cdot 5\cdot 43$

N

	0	1	2	3	4	5	6	7	8	9
0		7	49	343	246	429	417	333	176	370
1	4	28	196	79	122	423	375	39	273	187
2	16	112	353	316	57	399	207	156	230	317
3	64	17	119	402	228	303	397	193	58	406
4	256	68	45	315	50	350	295	341	232	331
5	162	272	180	398	200	107	318	71	66	31
6	217	226	289	299	369	428	410	284	264	124
7	6	42	294	334	183	419	347	274	194	65
8	24	168	314	43	301	383	95	234	345	260
9	96	241	394	172	342	239	380	74	87	178
10	384	102	283	257	75	94	227	296	348	281
11	243	408	270	166	300	376	46	322	99	262
12	110	339	218	233	338	211	184	426	396	186
13	9	63	10	70	59	413	305	411	291	313
14	36	252	40	280	236	359	358	351	302	390
15	144	146	160	258	82	143	139	111	346	267
16	145	153	209	170	328	141	125	13	91	206
17	149	181	405	249	19	133	69	52	364	393
18	165	293	327	134	76	101	276	208	163	279
19	229	310	15	105	304	404	242	401	221	254
20	54	378	60	420	354	323	106	311	22	154
21	216	219	240	387	123	430	424	382	88	185
22	2	14	98	255	61	427	403	235	352	309
23	8	56	392	158	244	415	319	78	115	374
24	32	224	275	201	114	367	414	312	29	203
25	128	34	238	373	25	175	363	386	116	381
26	81	136	90	199	100	269	159	251	33	231
27	324	113	360	365	400	214	205	142	132	62
28	3	21	147	167	307	425	389	137	97	248
29	12	84	157	237	366	407	263	117	388	130
30	48	336	197	86	171	335	190	37	259	89
31	192	51	357	344	253	47	329	148	174	356
32	337	204	135	83	150	188	23	161	265	131
33	55	385	109	332	169	321	92	213	198	93
34	220	247	5	35	245	422	368	421	361	372
35	18	126	20	140	118	395	179	391	151	195
36	72	73	80	129	41	287	285	271	173	349
37	288	292	320	85	164	286	278	222	261	103
38	290	306	418	340	225	282	250	26	182	412
39	298	362	379	67	38	266	138	104	297	355
40	330	155	223	268	152	202	121	416	326	127
41	27	189	30	210	177	377	53	371	11	77
42	108	325	120	409	277	215	212	191	44	308
43	1									
	0	1	2	3	4	5	6	7	8	9

I

	0	1	2	3	4	5	6	7	8	9
0		430	220	280	10	342	70	1	230	130
1	132	418	290	167	221	192	20	31	350	174
2	352	281	208	326	80	254	387	410	11	248
3	412	59	240	268	251	343	140	307	394	17
4	142	364	71	83	428	42	116	315	300	2
5	44	311	177	416	200	330	231	24	38	134
6	202	224	279	131	30	79	58	393	41	176
7	133	57	360	361	97	104	184	419	237	13
8	362	260	154	323	291	373	303	98	218	309
9	262	168	336	339	105	86	90	288	222	118
10	264	185	101	379	397	193	206	55	420	332
11	120	157	21	271	244	238	258	297	354	32
12	422	406	14	214	69	166	351	409	250	363
13	299	329	278	175	183	322	261	287	396	156
14	353	165	277	155	150	160	151	282	317	170
15	324	358	404	161	209	401	27	292	233	266
16	152	327	50	188	374	180	113	283	81	334
17	163	304	93	368	318	255	8	414	99	356
18	52	171	388	74	126	219	129	19	325	411
19	306	427	310	37	78	359	12	302	338	263
20	54	243	405	249	321	276	169	26	187	162
21	413	125	426	337	275	425	210	60	122	211
22	340	108	377	402	241	384	61	106	34	190
23	28	269	48	123	87	227	144	293	252	95
24	212	91	196	110	234	344	4	341	289	173
25	386	267	141	314	199	223	40	103	153	308
26	89	378	119	296	68	328	395	159	403	265
27	112	367	51	18	77	242	186	424	376	189
28	143	109	385	102	67	366	375	365	370	62
29	380	138	371	181	72	46	107	398	390	63
30	114	84	148	35	194	136	381	284	429	229
31	191	207	247	139	82	43	23	29	56	236
32	372	335	117	205	270	421	408	182	164	316
33	400	49	333	7	73	305	301	320	124	121
34	383	47	94	3	313	88	158	76	108	369
35	45	147	228	22	204	399	319	312	146	145
36	272	348	391	256	178	273	294	245	346	64
37	9	417	349	253	239	16	115	415	201	392
38	96	259	217	85	100	331	257	213	298	286
39	149	357	232	179	92	355	128	36	53	25
40	274	197	33	226	195	172	39	295	111	423
41	66	137	389	135	246	235	407	6	382	75
42	203	347	345	15	216	285	127	225	65	5
43	215									
	0	1	2	3	4	5	6	7	8	9

p = 431

I′	0	1	2	3	4	5	6	7	8	9
0	430	230	44	313	341	215	382	73	414	417
1	342	248	302	362	214	216	115	142	77	325
2	31	271	204	29	38	274	187	292	269	56
3	79	350	422	226	190	194	53	78	134	295
4	103	176	116	23	311	147	107	94	123	333
5	188	18	171	25	243	420	236	360	393	240
6	122	106	380	114	9	5	137	366	328	166
7	1	83	46	305	126	203	108	242	359	58
8	254	334	43	428	148	100	90	227	158	378
9	288	196	355	368	3	212	259	104	218	356
10	331	379	67	153	184	86	34	398	369	385
11	234	423	367	283	84	415	315	205	264	296
12	157	383	211	87	121	426	219	225	36	19
13	132	30	418	57	202	246	381	389	371	82
14	307	314	364	109	293	272	145	228	35	357
15	160	282	327	308	323	150	353	21	76	403
16	151	209	413	304	316	277	351	221	336	26
17	324	388	39	386	352	183	133	416	273	92
18	113	72	164	322	419	101	424	162	374	143
19	28	207	20	206	136	172	110	33	377	223
20	330	392	224	347	399	270	55	247	326	401
21	60	340	91	298	69	*	285	85	309	129
22	280	192	118	40	279	65	195	144	22	191
23	130	24	179	266	344	407	372	13	258	16
24	268	384	186	405	238	346	235	139	412	321
25	363	343	95	239	387	8	178	213	297	217
26	154	287	168	54	185	112	152	141	251	48
27	421	244	348	294	197	425	169	155	175	131
28	10	208	317	81	429	127	149	396	222	173
29	167	373	233	252	245	111	68	354	286	329
30	2	320	338	98	93	301	427	394	89	262
31	37	177	146	88	199	300	400	170	255	312
32	124	276	261	291	358	411	80	50	395	278
33	231	257	120	7	163	117	339	275	263	105
34	198	289	70	140	4	15	64	345	391	253
35	174	409	281	165	32	128	52	232	404	12
36	361	97	260	299	71	370	375	51	318	45
37	62	181	335	303	180	365	189	402	119	397
38	138	284	75	47	61	102	267	410	74	135
39	63	256	96	41	17	159	156	193	390	319
40	49	27	241	265	161	249	14	6	182	250
41	11	306	59	125	99	201	200	349	290	237
42	332	408	406	66	376	210	337	310	42	229
43	220									
	0	1	2	3	4	5	6	7	8	9

I″	0	1	2	3	4	5	6	7	8	9
0	215	70	300	94	344	65	407	333	255	64
1	280	410	359	237	406	345	239	394	51	129
2	192	157	228	43	231	53	169	401	190	23
3	131	20	354	197	106	148	128	310	24	172
4	223	393	428	82	2	369	72	383	269	400
5	327	367	356	36	263	206	29	133	79	412
6	210	384	370	390	346	225	423	102	296	214
7	342	364	181	7	388	382	158	18	37	30
8	326	283	139	71	114	217	105	123	313	308
9	86	212	179	304	47	252	392	361	303	414
10	85	185	385	40	97	339	61	46	76	143
11	196	295	265	180	63	16	42	335	222	378
12	332	124	60	48	320	413	74	285	355	219
13	230	279	130	176	38	389	194	66	380	247
14	343	267	17	189	227	146	312	45	84	286
15	155	160	266	103	260	277	396	120	88	395
16	150	404	187	334	182	353	69	290	262	276
17	317	52	195	289	350	278	41	311	256	232
18	374	371	408	175	104	264	242	26	50	376
19	34	229	221	397	35	226	91	274	340	314
20	416	415	134	75	22	117	193	191	281	161
21	425	122	95	257	14	5	15	259	98	126
22	430	167	288	199	202	127	33	87	147	429
23	1	330	357	292	110	246	56	419	244	253
24	59	402	77	54	271	294	135	207	11	405
25	409	268	293	349	80	318	391	331	238	96
26	362	322	309	338	118	403	233	386	240	28
27	205	21	145	178	25	337	321	165	329	224
28	220	352	151	113	381	216	298	261	90	341
29	418	323	27	144	273	39	119	258	213	363
30	315	305	12	373	163	73	411	140	153	218
31	427	44	319	3	141	116	164	282	368	399
32	301	249	183	154	170	19	208	152	68	299
33	200	100	420	49	81	372	168	426	302	336
34	211	4	10	251	234	347	245	203	272	417
35	31	166	174	156	297	92	99	149	324	78
36	57	360	13	250	142	375	67	112	93	108
37	365	138	236	291	188	366	424	198	89	101
38	62	136	6	121	241	109	173	254	171	137
39	398	348	201	58	307	328	287	379	107	204
40	316	209	377	159	358	243	422	235	421	351
41	387	325	248	162	8	115	177	9	132	184
42	55	270	32	111	186	275	125	306	83	284
43	*									
	0	1	2	3	4	5	6	7	8	9

p = **433**, g = 5, p − 1 = $2^4 \cdot 3^3$

N

	0	1	2	3	4	5	6	7	8	9
0		5	25	125	192	94	37	185	59	295
1	176	14	70	350	18	90	17	85	425	393
2	233	299	196	114	137	252	394	238	324	321
3	306	231	289	146	297	186	64	320	301	206
4	164	387	203	149	312	261	6	30	150	317
5	286	131	222	244	354	38	190	84	420	368
6	108	107	102	77	385	193	99	62	310	251
7	389	213	199	129	212	194	104	87	2	10
8	50	250	384	188	74	370	118	157	352	28
9	140	267	36	180	34	170	417	353	33	165
10	392	228	274	71	355	43	215	209	179	29
11	145	292	161	372	128	207	169	412	328	341
12	406	298	191	89	12	60	300	201	139	262
13	11	55	275	76	380	168	407	303	216	214
14	204	154	337	386	198	124	187	69	345	426
15	398	258	424	388	208	174	4	20	100	67
16	335	376	148	307	236	314	271	56	280	101
17	72	360	68	340	401	273	66	330	351	23
18	115	142	277	86	430	418	358	58	290	151
19	322	311	256	414	338	391	223	249	379	163
20	382	178	24	120	167	402	278	91	22	110
21	117	152	327	336	381	173	432	428	408	308
22	241	339	396	248	374	138	257	419	363	83
23	415	343	416	348	8	40	200	134	237	319
24	296	181	39	195	109	112	127	202	144	287
25	136	247	369	113	132	227	269	46	230	284
26	121	172	427	403	283	116	147	302	211	189
27	79	395	243	349	13	65	325	326	331	356
28	48	240	334	371	123	182	44	220	234	304
29	221	239	329	346	431	423	383	183	49	245
30	359	63	315	276	81	405	293	166	397	253
31	399	263	16	80	400	268	41	205	159	362
32	78	390	218	224	254	404	288	141	272	61
33	305	226	264	21	105	92	27	135	242	344
34	421	373	133	232	294	171	422	378	158	357
35	53	265	26	130	217	219	229	279	96	47
36	235	309	246	364	88	7	35	175	9	45
37	225	259	429	413	333	366	98	57	285	126
38	197	119	162	377	153	332	361	73	365	93
39	32	160	367	103	82	410	318	291	156	347
40	3	15	75	375	143	282	111	122	177	19
41	95	42	210	184	54	270	51	255	409	313
42	266	31	155	342	411	323	316	281	106	97
43	52	260	1							
	0	1	2	3	4	5	6	7	8	9

I

	0	1	2	3	4	5	6	7	8	9
0		432	78	400	156	1	46	365	234	368
1	79	130	124	274	11	401	312	16	14	409
2	157	333	208	179	202	2	352	336	89	109
3	47	421	390	98	94	366	92	6	55	242
4	235	316	411	105	286	369	257	359	280	298
5	80	416	430	350	414	131	167	377	187	8
6	125	329	67	301	36	275	176	159	172	147
7	12	103	170	387	84	402	133	63	320	270
8	313	304	394	229	57	17	183	77	364	123
9	15	207	335	389	5	410	358	429	376	66
10	158	169	62	393	76	334	428	61	60	244
11	209	406	245	253	23	180	265	210	86	381
12	203	260	407	284	145	3	379	246	114	73
13	353	51	254	342	237	337	250	24	225	128
14	90	327	181	404	248	110	33	266	162	43
15	48	189	211	384	141	422	398	87	348	318
16	391	112	382	199	40	99	307	204	135	116
17	95	345	261	215	155	367	10	408	201	108
18	93	241	285	297	413	7	35	146	83	269
19	56	122	4	65	75	243	22	380	144	72
20	236	127	247	42	140	317	39	115	154	107
21	412	268	74	71	139	106	138	354	322	355
22	287	290	52	196	323	370	331	255	101	356
23	258	31	343	20	288	360	164	238	27	291
24	281	220	338	272	53	299	362	251	223	197
25	81	69	25	309	324	417	192	226	151	371
26	431	45	129	311	332	351	420	91	315	256
27	415	166	328	175	102	132	303	182	206	357
28	168	427	405	264	259	378	50	249	326	32
29	188	397	111	306	344	9	240	34	121	21
30	126	38	267	137	289	330	30	163	219	361
31	68	191	44	419	165	302	426	49	396	239
32	37	29	190	425	28	276	277	212	118	292
33	177	278	385	374	282	160	213	142	194	221
34	173	119	423	231	339	148	293	399	233	273
35	13	178	88	97	54	104	279	349	186	300
36	171	386	319	228	363	388	375	392	59	252
37	85	283	113	341	224	403	161	383	347	198
38	134	214	200	296	82	64	143	41	153	70
39	321	195	100	19	26	271	222	308	150	310
40	314	174	205	263	325	305	120	136	218	418
41	395	424	117	373	193	230	232	96	185	227
42	58	340	346	295	152	18	149	262	217	372
43	184	294	216							
	0	1	2	3	4	5	6	7	8	9

p = **433**

I′

	0	1	2	3	4	5	6	7	8	9
0	432	46	352	379	65	410	55	35	125	240
1	408	401	103	178	409	207	14	183	149	26
2	288	126	380	180	225	309	271	291	276	190
3	163	343	188	266	121	146	275	29	267	115
4	99	153	140	48	419	129	365	421	189	396
5	249	254	196	299	104	242	122	17	340	252
6	244	60	393	320	143	75	158	301	191	25
7	321	139	236	353	71	243	334	364	400	130
8	416	69	64	269	402	283	381	348	97	109
9	327	315	6	241	366	345	185	54	94	307
10	19	356	132	170	279	286	138	412	93	47
11	33	306	382	341	73	154	95	373	292	423
12	136	21	4	15	274	329	38	247	90	311
13	124	167	303	63	214	116	218	289	354	106
14	317	422	194	41	72	3	83	12	293	262
15	310	371	18	70	107	367	1	333	169	172
16	213	383	43	219	238	302	328	377	427	62
17	387	386	147	119	205	102	159	278	88	202
18	265	404	206	77	294	227	300	8	397	211
19	425	44	226	230	221	100	323	81	134	40
20	296	108	2	260	135	263	357	335	179	406
21	86	384	118	142	200	155	*	372	418	361
22	338	173	308	197	403	128	151	58	363	57
23	232	339	96	273	368	316	127	337	27	37
24	34	285	235	22	209	253	114	42	110	326
25	24	223	85	23	342	101	415	359	31	378
26	407	215	217	325	259	210	162	137	74	56
27	313	222	53	13	11	176	277	212	385	349
28	298	220	160	113	145	297	369	290	360	330
29	52	281	177	399	216	152	82	413	80	362
30	171	36	426	182	394	120	344	204	150	324
31	314	332	16	304	174	256	411	39	391	228
32	270	195	355	370	417	305	32	181	175	67
33	30	255	351	208	428	389	89	250	272	148
34	346	224	237	20	9	261	295	198	318	186
35	414	420	336	51	322	287	258	168	429	280
36	164	68	251	388	123	234	92	10	79	257
37	331	431	184	193	282	392	66	187	50	246
38	144	203	199	347	141	374	319	84	375	5
39	98	112	59	76	229	424	239	111	87	233
40	156	312	133	161	248	264	245	284	201	157
41	358	105	268	7	131	166	430	192	395	165
42	91	390	398	231	117	28	49	405	61	376
43	350	45	78							
	0	1	2	3	4	5	6	7	8	9

I″

	0	1	2	3	4	5	6	7	8	9
0	216	156	202	145	122	389	92	413	187	344
1	367	274	147	273	16	123	312	57	152	100
2	343	121	243	253	250	69	19	238	425	37
3	330	258	326	110	240	7	301	239	126	317
4	199	143	247	162	191	431	1	109	43	426
5	378	353	290	272	97	6	269	229	227	392
6	61	428	169	133	82	4	376	329	361	81
7	153	74	144	114	268	65	393	183	432	368
8	298	197	296	146	387	252	210	398	178	336
9	128	420	366	108	98	116	232	88	390	40
10	195	255	175	12	54	411	139	154	201	89
11	248	397	391	283	246	39	135	424	212	173
12	305	34	56	364	130	8	21	236	225	45
13	79	414	102	402	198	204	120	267	106	71
14	42	384	213	64	380	284	35	172	339	18
15	308	226	295	41	115	215	400	409	66	176
16	282	403	266	30	360	419	415	131	357	158
17	103	300	159	221	314	328	275	292	13	208
18	23	327	303	17	372	96	349	377	32	48
19	29	68	417	373	142	321	52	223	347	382
20	214	408	179	381	307	174	182	15	333	244
21	265	189	277	160	134	261	294	262	136	163
22	281	194	271	251	341	24	192	185	319	394
23	193	423	230	399	365	242	72	342	164	396
24	9	93	55	75	60	406	379	127	404	50
25	337	362	59	245	51	331	315	369	356	264
26	203	345	149	205	405	180	33	38	412	83
27	320	26	338	233	124	36	28	276	177	104
28	359	291	374	85	407	241	105	355	20	137
29	287	27	118	148	184	346	200	285	280	53
30	186	67	165	132	313	325	111	99	222	25
31	150	129	401	270	310	91	235	140	348	386
32	63	70	354	196	309	263	249	90	166	125
33	289	370	311	157	76	207	352	237	220	231
34	58	113	254	31	306	95	340	383	87	279
35	430	332	2	73	138	322	101	206	410	257
36	288	219	299	228	77	46	94	155	234	286
37	323	151	217	117	385	388	429	167	259	3
38	22	86	112	161	211	278	171	170	363	335
39	421	318	375	62	304	418	49	188	422	293
40	78	11	84	224	181	427	209	260	10	14
41	5	316	107	297	350	256	80	324	218	44
42	351	47	141	119	395	190	302	168	334	358
43	416	371	*							
	0	1	2	3	4	5	6	7	8	9

p = **439**, g = 15, p − 1 = 2 · 3 · 73

N

	0	1	2	3	4	5	6	7	8	9
0		15	225	302	140	344	331	136	284	309
1	245	163	250	238	58	431	319	395	218	197
2	321	425	229	362	162	235	13	195	291	414
3	64	82	352	12	180	66	112	363	177	21
4	315	335	196	306	200	366	222	257	343	316
5	350	421	169	340	271	114	393	188	186	156
6	145	419	139	329	106	273	144	404	353	27
7	405	368	252	268	69	157	160	205	2	30
8	11	165	280	249	223	272	129	179	51	326
9	61	37	116	423	199	351	436	394	203	411
10	19	285	324	31	26	390	143	389	128	164
11	265	24	360	132	224	287	354	42	191	231
12	392	173	400	293	5	75	247	193	261	403
13	338	241	103	228	347	376	372	312	290	399
14	278	219	212	107	288	369	267	54	371	297
15	65	97	138	314	320	410	4	60	22	330
16	121	59	7	105	258	358	102	213	122	74
17	232	407	398	263	433	349	406	383	38	131
18	209	62	52	341	286	339	256	328	91	48
19	281	264	9	135	269	84	382	23	345	346
20	361	147	10	150	55	386	83	367	237	43
21	206	17	255	313	305	185	141	359	117	438
22	424	214	137	299	95	108	303	155	130	194
23	276	189	201	381	8	120	44	221	242	118
24	14	210	77	277	204	426	244	148	25	375
25	357	87	427	259	373	327	76	262	418	124
26	104	243	133	239	73	217	182	96	123	89
27	18	270	99	168	325	46	251	253	283	294
28	20	300	110	333	166	295	35	86	412	34
29	71	187	171	370	282	279	234	437	409	428
30	274	159	190	216	167	310	260	388	113	378
31	402	323	16	240	88	3	45	236	28	420
32	154	115	408	413	49	296	50	311	275	174
33	415	79	307	215	152	85	397	248	208	47
34	266	39	146	434	364	192	246	178	36	101
35	198	336	211	92	63	67	127	149	40	161
36	220	227	332	151	70	172	385	68	142	374
37	342	301	125	119	29	435	379	417	109	318
38	380	432	334	181	81	337	226	317	365	207
39	32	41	176	6	90	33	56	401	308	230
40	377	387	98	153	100	183	111	348	391	158
41	175	430	304	170	355	57	416	94	93	78
42	292	429	289	384	53	356	72	202	396	233
43	422	184	126	134	254	298	80	322	1	
	0	1	2	3	4	5	6	7	8	9

I

	0	1	2	3	4	5	6	7	8	9
0		438	78	315	156	124	393	162	234	192
1	202	80	33	26	240	1	312	211	270	100
2	280	39	158	197	111	248	104	69	318	374
3	79	103	390	395	289	286	348	91	178	341
4	358	391	117	209	236	316	275	339	189	324
5	326	88	182	424	147	204	396	415	14	161
6	157	90	181	354	30	150	35	355	367	74
7	364	290	426	264	169	125	256	242	419	331
8	436	384	31	206	195	335	287	251	314	269
9	394	188	353	418	417	224	267	151	402	272
10	404	349	166	132	260	163	64	143	225	378
11	282	406	36	308	55	321	92	218	239	373
12	235	160	168	268	259	372	432	356	108	86
13	228	179	113	262	433	193	7	222	152	62
14	4	216	368	106	66	60	342	201	247	357
15	203	363	334	403	320	227	59	75	409	301
16	76	359	24	11	109	81	284	304	273	52
17	413	292	365	121	329	410	392	38	347	87
18	34	383	266	405	431	215	58	291	57	231
19	302	118	345	127	229	27	42	19	350	94
20	44	232	427	98	244	77	210	389	338	180
21	241	352	142	167	221	333	303	265	18	141
22	360	237	46	84	114	2	386	361	133	22
23	399	119	170	429	296	25	317	208	13	263
24	313	131	238	261	246	10	346	126	337	83
25	12	276	72	277	434	212	186	47	164	253
26	306	128	257	173	191	110	340	146	73	194
27	271	54	85	65	300	328	230	243	140	295
28	82	190	294	278	8	101	184	115	144	422
29	138	28	420	123	279	285	325	149	435	223
30	281	371	3	226	412	214	43	332	398	9
31	305	327	137	213	153	40	49	387	379	16
32	154	20	437	311	102	274	89	255	187	63
33	159	6	362	283	382	41	351	385	130	185
34	53	183	370	48	5	198	199	134	407	175
35	50	95	32	68	116	414	425	250	165	217
36	112	200	23	37	344	388	45	207	71	145
37	293	148	136	254	369	249	135	400	309	376
38	380	233	196	177	423	366	205	401	307	107
39	105	408	120	56	97	17	428	336	172	139
40	122	397	310	129	67	70	176	171	322	298
41	155	99	288	323	29	330	416	377	258	61
42	319	51	430	93	220	21	245	252	299	421
43	411	15	381	174	343	375	96	297	219	
	0	1	2	3	4	5	6	7	8	9

p = 439

I′

	0	1	2	3	4	5	6	7	8	9
0	438	312	386	226	216	198	362	222	101	305
1	346	109	276	263	161	381	154	428	141	350
2	437	245	399	37	11	317	240	42	420	330
3	150	206	68	26	383	355	308	344	347	158
4	49	351	19	332	232	207	84	164	5	387
5	95	430	413	183	85	321	97	231	291	75
6	342	319	4	159	143	300	60	70	116	318
7	176	145	277	194	364	409	359	210	315	103
8	33	284	190	12	114	65	228	34	182	255
9	181	178	218	220	44	32	297	17	244	288
10	280	184	274	390	69	408	66	105	86	81
11	340	248	200	262	2	144	414	209	345	170
12	56	329	397	279	393	256	337	229	257	67
13	185	238	260	22	407	400	254	213	28	122
14	295	360	167	225	422	293	73	204	136	435
15	35	402	62	40	20	99	124	90	197	6
16	168	157	234	64	253	217	132	221	268	125
17	429	322	139	191	343	50	171	423	341	113
18	241	354	424	370	115	53	47	63	353	324
19	294	110	202	7	271	335	177	111	199	134
20	23	247	80	363	396	401	195	71	13	236
21	389	270	186	153	43	58	368	112	239	*
22	21	333	152	281	267	378	412	59	179	27
23	243	302	427	196	192	160	316	46	261	373
24	1	352	419	140	77	252	10	357	104	135
25	165	314	299	306	369	187	242	173	61	372
26	163	246	433	313	169	18	405	151	259	394
27	100	54	404	52	89	339	72	434	8	285
28	39	371	406	382	304	325	348	251	323	286
29	426	57	365	148	278	82	25	219	155	421
30	328	76	118	265	273	327	128	107	55	376
31	129	102	211	131	269	156	275	208	374	51
32	227	92	298	29	326	149	88	137	230	410
33	416	436	398	303	403	287	172	83	180	189
34	146	358	201	375	388	127	126	87	91	166
35	94	385	142	418	30	367	108	203	391	24
36	237	133	283	334	290	121	205	74	106	249
37	48	3	432	235	79	96	380	258	282	16
38	233	174	41	266	31	130	361	379	45	338
39	395	117	38	162	188	289	415	310	9	119
40	309	307	272	320	349	431	36	175	120	301
41	392	15	214	292	425	14	377	224	417	331
42	123	411	138	366	147	250	264	98	336	296
43	93	215	356	193	212	223	384	311	78	
	0	1	2	3	4	5	6	7	8	9

I″

	0	1	2	3	4	5	6	7	8	9
0	219	240	114	371	62	48	159	193	278	398
1	246	24	83	208	415	411	379	97	265	42
2	154	220	133	200	359	296	33	229	138	323
3	354	384	95	80	87	150	406	23	392	280
4	153	382	27	214	94	388	237	186	370	40
5	175	319	273	185	271	308	120	291	215	227
6	66	258	152	187	163	85	106	129	32	104
7	67	207	276	146	367	59	301	244	438	374
8	202	109	295	337	46	54	108	347	326	274
9	157	348	321	430	350	50	375	56	427	155
10	270	8	311	79	248	107	368	307	356	11
11	191	197	217	179	84	184	68	391	302	399
12	408	365	139	420	156	169	346	345	306	310
13	385	313	166	361	199	249	148	327	422	172
14	243	18	352	64	115	71	340	424	293	325
15	30	267	222	213	16	298	315	161	39	63
16	235	14	393	260	47	250	349	142	160	264
17	119	176	336	257	381	407	70	196	91	228
18	338	90	88	53	101	130	212	255	394	339
19	82	173	234	433	73	206	233	158	5	198
20	112	342	192	357	147	366	31	45	317	117
21	77	312	434	137	412	431	4	165	92	297
22	93	167	7	435	417	143	3	320	86	127
23	328	57	44	380	162	373	209	360	131	218
24	26	180	256	230	98	21	261	201	111	369
25	425	287	245	164	136	89	125	128	377	268
26	132	238	113	13	426	303	383	224	168	314
27	211	194	402	304	102	316	12	72	294	123
28	100	223	378	362	81	279	289	335	99	395
29	364	58	413	145	190	140	429	96	322	252
30	65	409	231	333	284	9	253	401	36	400
31	397	437	1	263	251	78	236	25	69	61
32	403	55	171	288	189	285	324	305	300	121
33	29	419	43	221	363	195	428	126	389	275
34	110	178	60	174	37	118	10	38	286	404
35	19	41	241	188	181	35	432	247	341	76
36	141	386	6	203	74	292	423	355	216	254
37	183	281	259	239	318	343	309	416	225	387
38	376	15	283	34	436	351	2	49	344	210
39	103	358	410	124	269	390	204	122	332	22
40	135	205	151	334	272	266	282	134	105	75
41	329	421	226	52	116	396	330	418	353	242
42	28	299	144	177	182	414	290	232	17	170
43	51	405	372	262	277	149	331	20	*	
	0	1	2	3	4	5	6	7	8	9

$p = \mathbf{443},\ g = 2,\ p - 1 = 2 \cdot 13 \cdot 17$

N

	0	1	2	3	4	5	6	7	8	9
0		2	4	8	16	32	64	128	256	69
1	138	276	109	218	436	429	415	387	331	219
2	438	433	423	403	363	283	123	246	49	98
3	196	392	341	239	35	70	140	280	117	234
4	25	50	100	200	400	357	271	99	198	396
5	349	255	67	134	268	93	186	372	301	159
6	318	193	386	329	215	430	417	391	339	235
7	27	54	108	216	432	421	399	355	267	91
8	182	364	285	127	254	65	130	260	77	154
9	308	173	346	249	55	110	220	440	437	431
10	419	395	347	251	59	118	236	29	58	116
11	232	21	42	84	168	336	229	15	30	60
12	120	240	37	74	148	296	149	298	153	306
13	169	338	233	23	46	92	184	368	293	143
14	286	129	258	73	146	292	141	282	121	242
15	41	82	164	328	213	426	409	375	307	171
16	342	241	39	78	156	312	181	362	281	119
17	238	33	66	132	264	85	170	340	237	31
18	62	124	248	53	106	212	424	405	367	291
19	139	278	113	226	9	18	36	72	144	288
20	133	266	89	178	356	269	95	190	380	317
21	191	382	321	199	398	353	263	83	166	332
22	221	442	441	439	435	427	411	379	315	187
23	374	305	167	334	225	7	14	28	56	112
24	224	5	10	20	40	80	160	320	197	394
25	345	247	51	102	204	408	373	303	163	326
26	209	418	393	343	243	43	86	172	344	245
27	47	94	188	376	309	175	350	257	71	142
28	284	125	250	57	114	228	13	26	52	104
29	208	416	389	335	227	11	22	44	88	176
30	352	261	79	158	316	189	378	313	183	366
31	289	135	270	97	194	388	333	223	3	6
32	12	24	48	96	192	384	325	207	414	385
33	327	211	422	401	359	275	107	214	428	413
34	383	323	203	406	369	295	147	294	145	290
35	137	274	105	210	420	397	351	259	75	150
36	300	157	314	185	370	297	151	302	161	322
37	201	402	361	279	115	230	17	34	68	136
38	272	101	202	404	365	287	131	262	81	162
39	324	205	410	377	311	179	358	273	103	206
40	412	381	319	195	390	337	231	19	38	76
41	152	304	165	330	217	434	425	407	371	299
42	155	310	177	354	265	87	174	348	253	63
43	126	252	61	122	244	45	90	180	360	277
44	111	222	1							
	0	1	2	3	4	5	6	7	8	9

I

	0	1	2	3	4	5	6	7	8	9
0		442	1	318	2	241	319	235	3	194
1	242	295	320	286	236	117	4	376	195	407
2	243	111	296	133	321	40	287	70	237	107
3	118	179	5	171	377	34	196	122	408	162
4	244	150	112	265	297	435	134	270	322	28
5	41	252	288	183	71	94	238	283	108	104
6	119	432	180	429	6	85	172	52	378	9
7	35	278	197	143	123	358	409	88	163	302
8	245	388	151	217	113	175	266	425	298	202
9	436	79	135	55	271	206	323	313	29	47
10	42	381	253	398	289	352	184	336	72	12
11	95	440	239	192	284	374	109	38	105	169
12	120	148	433	26	181	281	430	83	7	141
13	86	386	173	200	53	311	379	350	10	190
14	36	146	279	139	198	348	144	346	124	126
15	359	366	410	128	89	420	164	361	303	59
16	246	368	389	258	152	412	218	232	114	130
17	176	159	267	91	426	275	299	422	203	395
18	437	166	80	308	136	363	56	229	272	305
19	207	210	324	61	314	403	30	248	48	213
20	43	370	382	342	254	391	399	327	290	260
21	353	331	185	154	337	64	73	414	13	19
22	96	220	441	317	240	234	193	294	285	116
23	375	406	110	132	39	69	106	178	170	33
24	121	161	149	264	434	269	27	251	182	93
25	282	103	431	428	84	51	8	277	142	357
26	87	301	387	216	174	424	201	78	54	205
27	312	46	380	397	351	335	11	439	191	373
28	37	168	147	25	280	82	140	385	199	310
29	349	189	145	138	347	345	125	365	127	419
30	360	58	367	257	411	231	129	158	90	274
31	421	394	165	307	362	228	304	209	60	402
32	247	212	369	341	390	326	259	330	153	63
33	413	18	219	316	233	293	115	405	131	68
34	177	32	160	263	268	250	92	102	427	50
35	276	356	300	215	423	77	204	45	396	334
36	438	372	167	24	81	384	309	188	137	344
37	364	418	57	256	230	157	273	393	306	227
38	208	401	211	340	325	329	62	17	315	292
39	404	67	31	262	249	101	49	355	214	76
40	44	333	371	23	383	187	343	417	255	156
41	392	226	400	339	328	16	291	66	261	100
42	354	75	332	22	186	416	155	225	338	15
43	65	99	74	21	415	224	14	98	20	223
44	97	222	221							
	0	1	2	3	4	5	6	7	8	9

p = 443

I′

	0	1	2	3	4	5	6	7	8	9
0	442	318	241	194	376	171	85	141	277	35
1	190	439	95	19	98	65	291	315	219	96
2	223	415	186	383	81	280	181	251	41	47
3	248	262	160	121	196	278	146	168	105	69
4	287	252	381	370	333	396	380	42	213	355
5	276	8	378	311	205	271	229	256	367	246
6	402	314	17	413	73	99	261	31	177	106
7	237	94	12	414	21	332	44	204	54	135
8	308	384	140	7	51	172	386	301	163	420
9	274	426	102	282	238	440	220	222	20	74
10	354	49	427	431	119	169	178	118	104	38
11	132	296	265	175	130	405	375	4	179	432
12	148	161	408	358	126	365	359	419	89	158
13	176	68	39	321	270	55	363	344	347	198
14	385	86	357	123	346	138	279	25	433	264
15	112	217	412	63	337	225	392	273	90	267
16	263	149	244	302	361	307	80	24	147	120
17	33	377	52	200	424	266	159	32	170	5
18	429	281	93	71	336	154	416	343	137	145
19	36	373	284	294	242	407	122	143	348	310
20	53	78	436	395	45	312	323	210	401	60
21	324	340	369	43	76	423	174	113	232	316
22	441	*	221	97	14	338	400	208	304	272
23	157	129	114	293	193	3	117	107	283	192
24	234	319	295	111	150	388	368	212	48	101
25	92	182	288	398	391	156	230	411	152	330
26	353	100	249	268	434	297	425	91	250	27
27	322	206	305	393	421	299	356	142	197	139
28	82	430	103	108	374	116	236	70	183	352
29	260	66	404	115	285	320	133	435	202	422
30	215	387	245	59	209	207	227	362	136	188
31	349	379	46	29	403	292	233	240	2	235
32	286	40	28	313	61	329	259	290	16	62
33	153	185	22	371	438	11	72	64	15	328
34	325	390	254	417	364	125	124	345	144	189
35	10	335	184	331	75	214	300	87	409	366
36	58	303	228	56	418	127	410	257	389	341
37	382	23	167	37	109	406	195	34	9	350
38	397	253	342	187	309	199	173	216	151	258
39	326	399	226	306	165	437	334	351	289	327
40	339	211	247	30	67	131	110	243	162	88
41	128	231	218	18	13	224	155	255	57	360
42	164	394	203	77	201	298	275	50	84	6
43	83	428	180	26	269	134	79	166	372	191
44	239	317	1							
	0	1	2	3	4	5	6	7	8	9

I″

	0	1	2	3	4	5	6	7	8	9
0	221	442	318	235	117	179	429	83	51	378
1	350	335	72	414	224	338	328	62	413	13
2	98	74	332	371	167	147	433	269	322	313
3	403	67	177	170	377	9	190	373	109	132
4	321	28	47	213	76	204	312	29	248	101
5	427	84	172	200	78	135	363	418	360	303
6	209	324	329	153	337	15	291	404	131	39
7	287	183	336	64	99	354	214	423	201	436
8	166	24	280	430	428	6	141	357	409	128
9	158	267	250	182	71	12	19	223	14	65
10	261	249	92	282	108	38	69	237	283	374
11	406	243	150	217	232	293	285	236	107	104
12	169	33	196	143	346	345	124	365	410	231
13	114	405	110	296	435	79	308	188	145	279
14	82	7	277	197	348	189	36	168	120	161
15	244	388	258	330	185	416	255	230	129	176
16	32	121	408	88	420	394	437	372	37	105
17	178	5	85	386	216	113	130	68	106	118
18	432	26	251	288	352	331	22	383	309	349
19	10	439	239	234	3	376	34	278	139	385
20	173	424	298	422	77	54	271	305	227	304
21	207	401	247	48	355	300	387	151	412	18
22	96	222	97	20	415	155	392	306	362	56
23	256	411	218	316	240	319	286	70	94	440
24	317	2	194	407	162	302	59	402	30	262
25	268	27	41	381	342	417	57	367	389	326
26	290	66	31	160	149	112	175	159	263	434
27	134	55	229	157	90	426	50	8	35	146
28	25	181	93	238	192	294	320	40	252	398
29	327	16	315	233	193	242	111	265	425	275
30	356	87	163	361	228	272	393	165	80	384
31	199	53	205	323	61	17	219	441	1	241
32	295	133	270	206	210	340	390	399	339	325
33	259	353	75	44	396	351	184	154	225	400
34	211	369	382	187	137	347	144	138	198	310
35	379	397	289	260	100	49	276	142	123	126
36	419	164	307	136	344	125	359	58	246	212
37	43	333	438	191	284	116	4	171	52	311
38	46	42	370	23	81	140	86	301	245	368
39	341	254	156	273	421	203	45	380	253	391
40	226	208	60	314	292	115	375	195	122	358
41	366	257	152	63	73	21	186	343	364	127
42	89	274	299	215	174	266	91	102	431	180
43	281	103	119	148	264	297	202	395	334	11
44	95	220	*							
	0	1	2	3	4	5	6	7	8	9

$p = 449, \; g = 3, \; p - 1 = 2^6 \cdot 7$

N

	0	1	2	3	4	5	6	7	8	9
0		3	9	27	81	243	280	391	275	376
1	230	241	274	373	221	214	193	130	390	272
2	367	203	160	31	93	279	388	266	349	149
3	447	443	431	395	287	412	338	116	348	146
4	438	416	350	152	7	21	63	189	118	354
5	164	43	129	387	263	340	122	366	200	151
6	4	12	36	108	324	74	222	217	202	157
7	22	66	198	145	435	407	323	71	213	190
8	121	363	191	124	372	218	205	166	49	147
9	441	425	377	233	250	301	5	15	45	135
10	405	317	53	159	28	84	252	307	23	69
11	207	172	67	201	154	13	39	117	351	155
12	16	48	144	432	398	296	439	419	359	179
13	88	264	343	131	393	281	394	284	403	311
14	35	105	315	47	141	423	371	215	196	139
15	417	353	161	34	102	306	20	60	180	91
16	273	370	212	187	112	336	110	330	92	276
17	379	239	268	355	167	52	156	19	57	171
18	64	192	127	381	245	286	409	329	89	267
19	352	158	25	75	225	226	229	238	265	346
20	140	420	362	188	115	345	137	411	335	107
21	321	65	195	136	408	326	80	240	271	364
22	194	133	399	299	448	446	440	422	368	206
23	169	58	174	73	219	208	175	76	228	235
24	256	319	59	177	82	246	289	418	356	170
25	61	183	100	300	2	6	18	54	162	37
26	111	333	101	303	11	33	99	297	442	428
27	386	260	331	95	285	406	320	62	186	109
28	327	83	249	298	445	437	413	341	125	375
29	227	232	247	292	427	383	251	304	14	42
30	126	378	236	259	328	86	258	325	77	231
31	244	283	400	302	8	24	72	216	199	148
32	444	434	404	314	44	132	396	290	421	365
33	197	142	426	380	242	277	382	248	295	436
34	410	332	98	294	433	401	305	17	51	153
35	10	30	90	270	361	185	106	318	56	168
36	55	165	46	138	414	344	134	402	308	26
37	78	234	253	310	32	96	288	415	347	143
38	429	389	269	358	176	79	237	262	337	113
39	339	119	357	173	70	210	181	94	282	397
40	293	430	392	278	385	257	322	68	204	163
41	40	120	360	182	97	291	424	374	224	223
42	220	211	184	103	309	29	87	261	334	104
43	312	38	114	342	128	384	254	313	41	123
44	369	209	178	85	255	316	50	150	1	
	0	1	2	3	4	5	6	7	8	9

I

	0	1	2	3	4	5	6	7	8	9
0		448	254	1	60	96	255	44	314	2
1	350	264	61	115	298	97	120	347	256	177
2	156	45	70	108	315	192	369	3	104	425
3	351	23	374	265	153	140	62	259	431	116
4	410	438	299	51	324	98	362	143	121	88
5	446	348	175	102	257	360	358	178	231	242
6	157	250	277	46	180	211	71	112	407	109
7	394	77	316	233	65	193	237	308	370	385
8	216	4	244	281	105	443	305	426	130	188
9	352	159	168	24	397	273	375	414	342	266
10	252	262	154	423	429	141	356	209	63	279
11	166	260	164	389	432	204	37	117	48	391
12	411	80	56	439	83	288	300	182	434	52
13	17	133	325	221	366	99	213	206	363	149
14	200	144	331	379	122	73	39	89	319	29
15	447	59	43	349	114	119	176	69	191	103
16	22	152	258	409	50	361	87	174	359	230
17	249	179	111	393	232	236	384	243	442	129
18	158	396	413	251	422	355	278	163	203	47
19	79	82	181	16	220	212	148	330	72	318
20	58	113	68	21	408	86	229	110	235	441
21	395	421	162	78	15	147	317	67	85	234
22	420	14	66	419	418	194	195	290	238	196
23	10	309	291	93	371	239	302	386	197	171
24	217	11	334	5	310	184	245	292	337	282
25	94	296	106	372	436	444	240	405	306	303
26	271	427	387	54	131	198	27	189	172	382
27	353	218	19	160	12	8	169	335	403	25
28	6	135	398	311	137	274	185	34	376	246
29	327	415	293	400	343	338	125	267	283	223
30	253	95	313	263	297	346	155	107	368	424
31	373	139	430	437	323	142	445	101	357	241
32	276	210	406	76	64	307	215	280	304	187
33	167	272	341	261	428	208	165	388	36	390
34	55	287	433	132	365	205	199	378	38	28
35	42	118	190	151	49	173	248	392	383	128
36	412	354	202	81	219	329	57	20	228	440
37	161	146	84	13	417	289	9	92	301	170
38	333	183	336	295	435	404	270	53	26	381
39	18	7	402	134	136	33	326	399	124	222
40	312	345	367	138	322	100	275	75	214	186
41	340	207	35	286	364	377	41	150	247	127
42	201	328	227	145	416	91	332	294	269	380
43	401	32	123	344	321	74	339	285	40	126
44	226	90	268	31	320	284	225	30	224	
	0	1	2	3	4	5	6	7	8	9

p = **449**

I′

	0	1	2	3	4	5	6	7	8	9
0	448	60	350	104	244	310	135	402	169	92
1	309	334	8	417	66	147	220	133	7	160
2	228	408	152	374	397	6	381	189	42	447
3	224	320	123	326	376	286	390	117	28	89
4	126	150	118	349	314	70	180	79	391	173
5	361	324	17	26	131	287	439	20	113	43
6	96	115	259	279	307	193	419	85	21	191
7	108	112	318	39	339	214	64	316	15	82
8	56	219	181	288	13	234	229	174	446	319
9	268	332	301	371	296	313	255	120	362	213
10	275	357	257	22	425	443	372	368	315	394
11	235	393	407	68	119	298	410	48	190	176
12	347	88	73	344	222	267	226	201	412	158
13	188	198	365	325	136	398	33	274	322	430
14	62	356	445	121	331	416	84	317	330	200
15	247	49	258	140	423	107	45	250	396	168
16	12	146	78	203	389	388	260	272	24	335
17	333	217	382	248	359	102	69	156	231	111
18	211	16	434	336	245	34	340	167	352	172
19	151	103	369	237	195	290	10	171	27	378
20	144	328	81	47	37	199	363	35	165	63
21	406	71	148	206	186	280	4	11	19	329
22	212	366	312	253	*	30	90	145	440	110
23	249	242	236	65	420	441	384	308	196	302
24	405	276	157	442	281	292	327	127	392	179
25	277	422	262	95	1	44	177	360	409	431
26	164	428	154	297	61	153	252	283	31	380
27	53	427	341	375	185	75	210	46	163	166
28	304	105	94	223	225	40	364	433	300	9
29	238	93	337	400	269	435	106	346	97	51
30	182	170	386	271	187	426	303	215	370	291
31	184	137	345	263	2	192	233	67	58	29
32	284	74	100	142	98	221	399	415	227	57
33	72	379	294	183	5	403	295	282	125	285
34	207	261	266	338	321	367	155	256	175	114
35	264	23	159	218	202	278	209	241	178	230
36	358	87	143	149	377	205	99	138	424	3
37	385	239	436	139	265	414	246	41	38	122
38	401	18	353	128	243	216	197	54	36	432
39	55	411	383	232	77	421	413	273	311	124
40	343	32	134	25	270	306	76	109	86	50
41	438	80	354	251	342	293	91	289	194	418
42	14	162	355	429	373	351	130	387	208	141
43	437	116	204	132	52	404	444	323	299	83
44	161	395	129	305	240	101	348	59	254	
	0	1	2	3	4	5	6	7	8	9

I″

	0	1	2	3	4	5	6	7	8	9
0	224	254	314	369	216	334	25	18	12	289
1	196	217	160	84	420	78	181	52	381	218
2	57	68	103	351	168	403	53	198	38	319
3	225	268	401	136	185	207	388	204	378	73
4	285	377	28	59	255	156	277	203	117	151
5	409	299	434	270	387	390	80	329	318	447
6	1	264	140	209	76	233	14	317	113	176
7	45	211	330	122	321	275	406	394	162	47
8	411	202	79	439	146	67	408	361	121	39
9	226	416	9	291	282	253	60	298	324	366
10	322	445	175	191	3	281	296	155	70	407
11	229	179	71	58	349	61	431	37	42	114
12	97	143	379	32	399	338	40	247	383	442
13	426	54	433	17	402	6	134	311	367	373
14	153	429	323	362	200	227	161	15	212	363
15	41	190	22	265	262	346	177	242	129	352
16	19	440	421	278	260	208	279	187	159	8
17	301	197	189	49	87	348	119	256	358	249
18	46	82	300	333	310	274	214	304	130	27
19	118	69	315	65	418	194	238	386	131	205
20	149	127	354	163	432	365	213	340	428	356
21	276	180	220	99	75	307	385	171	353	81
22	16	325	124	283	30	284	126	328	20	86
23	359	178	393	316	85	110	232	193	290	371
24	444	357	231	384	4	184	376	150	173	230
25	157	413	266	223	448	96	347	102	152	62
26	166	341	252	313	350	374	342	125	90	294
27	404	303	167	397	137	100	241	250	355	63
28	215	244	337	267	320	339	35	55	83	417
29	195	309	245	415	332	336	94	263	115	438
30	288	92	239	306	280	443	405	64	237	10
31	5	398	222	95	44	108	77	147	72	89
32	31	344	138	437	51	133	33	246	201	219
33	148	144	91	170	11	169	183	292	343	74
34	186	272	414	400	123	312	297	120	446	43
35	2	425	188	382	412	422	141	101	360	174
36	257	50	98	206	286	132	221	345	107	192
37	308	93	106	424	23	273	34	364	199	331
38	269	26	172	392	236	370	302	427	165	164
39	36	48	248	111	109	441	158	24	135	326
40	293	380	7	335	435	240	210	112	21	258
41	116	391	128	396	375	327	145	13	419	66
42	234	395	251	154	368	104	305	271	261	423
43	139	259	389	287	182	295	372	430	410	56
44	228	235	243	105	436	142	88	29	*	
	0	1	2	3	4	5	6	7	8	9

$p = \mathbf{457},\ g = 13,\ p - 1 = 2^3 \cdot 3 \cdot 19$

N

	0	1	2	3	4	5	6	7	8	9
0		13	169	369	227	209	432	132	345	372
1	266	259	168	356	58	297	205	380	370	240
2	378	344	359	97	347	398	147	83	165	317
3	8	104	438	210	445	301	257	142	18	234
4	300	244	430	106	7	91	269	298	218	92
5	282	10	130	319	34	442	262	207	406	251
6	64	375	305	309	361	123	228	222	144	44
7	115	124	241	391	56	271	324	99	373	279
8	428	80	126	267	272	337	268	285	49	180
9	55	258	155	187	146	70	453	405	238	352
10	6	78	100	386	448	340	307	335	242	404
11	225	183	94	308	348	411	316	452	392	69
12	440	236	326	125	254	103	425	41	76	74
13	48	167	343	346	385	435	171	395	108	33
14	429	93	295	179	42	89	243	417	394	95
15	321	60	323	86	204	367	201	328	151	135
16	384	422	2	26	338	281	454	418	407	264
17	233	287	75	61	336	255	116	137	410	303
18	283	23	299	231	261	194	237	339	294	166
19	330	177	16	208	419	420	433	145	57	284
20	36	11	143	31	403	212	14	182	81	139
21	436	184	107	20	260	181	68	427	67	414
22	355	45	128	293	153	161	265	246	456	444
23	288	88	230	248	25	325	112	85	191	198
24	289	101	399	160	252	77	87	217	79	113
25	98	360	110	59	310	374	292	140	449	353
26	19	247	12	156	200	315	439	223	157	213
27	27	351	450	366	188	159	239	365	175	447
28	327	138	423	15	195	250	51	206	393	82
29	152	148	96	334	229	235	313	413	342	333
30	216	66	401	186	133	358	84	178	29	377
31	331	190	185	120	189	172	408	277	402	199
32	302	270	311	387	4	52	219	105	451	379
33	357	71	9	117	150	122	215	53	232	274
34	363	149	109	46	141	5	65	388	17	221
35	131	332	203	354	32	416	381	383	409	290
36	114	111	72	22	286	62	349	424	28	364
37	162	278	415	368	214	40	63	362	136	397
38	134	371	253	90	256	129	306	322	73	35
39	455	431	119	176	3	39	50	193	224	170
40	382	396	121	202	341	320	47	154	174	434
41	158	226	196	263	220	118	163	291	127	280
42	441	249	38	37	24	312	400	173	421	446
43	314	426	54	245	443	275	376	318	21	273
44	350	437	197	276	389	30	390	43	102	412
45	329	164	304	296	192	211	1			
	0	1	2	3	4	5	6	7	8	9

I

	0	1	2	3	4	5	6	7	8	9
0		456	162	394	324	345	100	44	30	332
1	51	201	262	1	206	283	192	348	38	260
2	213	438	363	181	424	234	163	270	368	308
3	445	203	354	139	54	389	200	423	422	395
4	375	127	144	447	69	221	343	406	130	88
5	396	286	325	337	432	90	74	198	14	253
6	151	173	365	376	60	346	301	218	216	119
7	95	331	362	388	129	172	128	245	101	248
8	81	208	289	27	306	237	153	246	231	145
9	383	45	49	141	112	149	292	23	250	77
10	102	241	448	125	31	327	43	212	138	342
11	252	361	236	249	360	70	176	333	415	392
12	313	402	335	65	71	123	82	418	222	385
13	52	350	7	304	380	159	378	177	281	209
14	257	344	37	202	68	197	94	26	291	341
15	334	158	290	224	407	92	263	268	410	275
16	243	225	370	416	451	28	189	131	12	2
17	399	136	315	427	408	278	393	191	307	143
18	89	215	207	111	211	312	303	93	274	314
19	311	238	454	397	185	284	412	442	239	319
20	264	156	403	352	154	16	287	57	193	5
21	33	455	205	269	374	336	300	247	48	326
22	414	349	67	267	398	110	411	4	66	294
23	232	183	338	170	39	295	121	186	98	276
24	19	72	108	146	41	433	227	261	233	421
25	285	59	244	382	124	175	384	36	91	11
26	214	184	56	413	169	226	10	83	86	46
27	321	75	84	439	339	435	443	317	371	79
28	419	165	50	180	199	87	364	171	230	240
29	359	417	256	223	188	142	453	15	47	182
30	40	35	320	179	452	62	386	106	113	63
31	254	322	425	296	430	265	116	29	437	53
32	405	150	387	152	76	235	122	280	157	450
33	190	310	351	299	293	107	174	85	164	187
34	105	404	298	132	21	8	133	24	114	366
35	440	271	99	259	353	220	13	330	305	22
36	251	64	377	340	369	277	273	155	373	3
37	18	381	9	78	255	61	436	309	20	329
38	17	356	400	357	160	134	103	323	347	444
39	446	73	118	288	148	137	401	379	25	242
40	426	302	318	204	109	97	58	168	316	358
41	178	115	449	297	219	372	355	147	167	194
42	195	428	161	282	367	126	431	217	80	140
43	42	391	6	196	409	135	210	441	32	266
44	120	420	55	434	229	34	429	279	104	258
45	272	328	117	96	166	390	228			
	0	1	2	3	4	5	6	7	8	9

p = 457

I′

	0	1	2	3	4	5	6	7	8	9
0	456	206	399	18	66	33	196	304	133	78
1	83	214	2	330	253	47	287	356	381	72
2	329	8	251	250	114	242	291	306	189	437
3	332	327	266	455	429	320	91	202	260	295
4	35	433	391	212	30	49	321	182	326	141
5	180	201	350	405	389	434	413	193	168	244
6	346	436	386	254	377	71	294	267	197	221
7	176	123	108	118	198	84	235	102	255	419
8	140	208	418	86	439	164	46	364	396	215
9	74	11	263	274	26	331	166	58	276	259
10	44	248	241	323	258	404	113	174	146	97
11	411	211	149	63	366	449	29	96	288	95
12	420	186	280	82	175	31	431	144	245	172
13	88	12	21	24	103	210	315	401	342	54
14	42	112	453	89	447	383	41	167	137	292
15	387	173	76	246	16	373	403	450	290	378
16	134	282	394	270	187	50	390	194	316	226
17	39	230	128	365	85	384	333	281	115	452
18	199	424	40	338	56	284	98	105	142	131
19	310	307	348	5	195	428	409	94	14	87
20	423	262	68	354	109	269	283	111	289	257
21	441	312	138	438	184	207	119	80	216	372
22	13	343	385	188	407	370	10	261	*	34
23	240	145	183	421	163	122	249	153	454	319
24	359	448	426	225	382	101	231	48	81	360
25	77	64	361	151	322	61	223	344	272	353
26	213	233	1	268	156	116	120	398	410	374
27	368	99	328	155	314	243	19	273	393	104
28	157	209	367	192	412	59	325	57	148	27
29	224	341	23	107	232	121	430	219	132	293
30	247	218	318	93	380	22	237	143	445	20
31	351	238	303	402	311	427	358	371	204	264
32	179	75	425	347	345	337	414	43	117	17
33	305	362	51	415	158	65	300	432	170	435
34	369	334	252	406	37	100	301	444	38	67
35	7	299	154	220	139	147	400	160	178	417
36	70	236	388	181	171	376	440	126	308	277
37	416	79	355	3	336	127	60	340	177	25
38	159	9	124	45	36	52	106	152	129	200
39	228	6	313	191	324	375	286	185	110	136
40	357	379	335	352	298	150	130	92	278	135
41	275	4	442	169	349	392	451	256	222	165
42	55	285	395	422	234	296	302	408	161	279
43	265	217	90	227	229	443	309	53	363	339
44	271	32	239	317	446	203	73	69	125	297
45	190	28	62	15	397	205	162			
	0	1	2	3	4	5	6	7	8	9

I″

	0	1	2	3	4	5	6	7	8	9
0	228	262	12	373	411	193	391	350	21	381
1	226	91	131	220	198	453	154	329	3	276
2	309	132	305	292	133	379	94	289	451	116
3	44	125	441	5	229	40	384	344	348	170
4	182	146	140	327	100	383	86	15	247	45
5	165	332	385	437	139	420	184	287	97	285
6	376	255	452	113	251	335	4	349	202	447
7	360	65	19	446	90	321	152	250	9	371
8	217	248	123	10	75	174	83	199	130	143
9	432	36	407	303	197	119	117	109	186	271
10	345	245	77	134	279	187	386	293	72	204
11	398	207	141	106	24	178	265	328	73	216
12	266	295	235	71	382	448	367	375	172	388
13	406	189	298	8	160	409	399	148	212	354
14	80	49	188	307	127	231	108	355	288	112
15	405	253	387	237	352	273	264	280	334	380
16	357	428	456	234	85	419	96	147	58	413
17	338	364	129	151	107	124	70	378	358	320
18	50	363	47	232	214	397	121	164	223	28
19	450	393	283	57	167	194	6	68	74	180
20	389	51	37	445	318	455	1	215	81	281
21	135	111	43	260	11	89	218	431	301	297
22	353	69	418	256	290	243	169	433	390	434
23	171	246	294	261	424	76	361	306	311	442
24	230	102	25	275	59	128	153	300	101	236
25	23	22	342	14	63	78	417	209	104	99
26	38	227	201	92	319	430	32	67	263	205
27	163	440	258	277	93	410	98	369	408	429
28	122	177	161	206	185	421	396	16	118	208
29	158	26	149	299	66	39	425	449	404	351
30	336	346	426	312	7	330	27	191	368	436
31	190	314	211	392	274	136	168	443	302	239
32	35	46	254	103	394	286	48	31	272	20
33	13	95	30	176	341	402	374	325	183	439
34	377	291	138	221	257	324	60	323	192	414
35	52	310	403	259	203	372	17	400	316	240
36	249	252	331	438	87	173	114	282	270	340
37	225	317	219	155	269	395	365	64	159	401
38	304	18	244	145	175	222	62	150	362	54
39	166	42	415	278	162	422	88	454	267	2
40	356	137	313	156	105	53	343	224	427	196
41	268	110	284	56	326	333	370	359	82	79
42	120	233	423	200	181	322	242	315	195	34
43	296	126	337	41	55	339	61	29	213	84
44	366	210	412	435	347	308	444	144	241	115
45	157	416	179	142	238	33	*			
	0	1	2	3	4	5	6	7	8	9

p = **461**, g = 2, p − 1 = $2^2 \cdot 5 \cdot 23$

N

	0	1	2	3	4	5	6	7	8	9
0		2	4	8	16	32	64	128	256	51
1	102	204	408	355	249	37	74	148	296	131
2	262	63	126	252	43	86	172	344	227	454
3	447	433	405	349	237	13	26	52	104	208
4	416	371	281	101	202	404	347	233	5	10
5	20	40	80	160	320	179	358	255	49	98
6	196	392	323	185	370	279	97	194	388	315
7	169	338	215	430	399	337	213	426	391	321
8	181	362	263	65	130	260	59	118	236	11
9	22	44	88	176	352	243	25	50	100	200
10	400	339	217	434	407	353	245	29	58	116
11	232	3	6	12	24	48	96	192	384	307
12	153	306	151	302	143	286	111	222	444	427
13	393	325	189	378	295	129	258	55	110	220
14	440	419	377	293	125	250	39	78	156	312
15	163	326	191	382	303	145	290	119	238	15
16	30	60	120	240	19	38	76	152	304	147
17	294	127	254	47	94	188	376	291	121	242
18	23	46	92	184	368	275	89	178	356	251
19	41	82	164	328	195	390	319	177	354	247
20	33	66	132	264	67	134	268	75	150	300
21	139	278	95	190	380	299	137	274	87	174
22	348	235	9	18	36	72	144	288	115	230
23	460	459	457	453	445	429	397	333	205	410
24	359	257	53	106	212	424	387	313	165	330
25	199	398	335	209	418	375	289	117	234	7
26	14	28	56	112	224	448	435	409	357	253
27	45	90	180	360	259	57	114	228	456	451
28	441	421	381	301	141	282	103	206	412	363
29	265	69	138	276	91	182	364	267	73	146
30	292	123	246	31	62	124	248	35	70	140
31	280	99	198	396	331	201	402	343	225	450
32	439	417	373	285	109	218	436	411	361	261
33	61	122	244	27	54	108	216	432	403	345
34	229	458	455	449	437	413	365	269	77	154
35	308	155	310	159	318	175	350	239	17	34
36	68	136	272	83	166	332	203	406	351	241
37	21	42	84	168	336	211	422	383	305	149
38	298	135	270	79	158	316	171	342	223	446
39	431	401	341	221	442	423	385	309	157	314
40	167	334	207	414	367	273	85	170	340	219
41	438	415	369	277	93	186	372	283	105	210
42	420	379	297	133	266	71	142	284	107	214
43	428	395	329	197	394	327	193	386	311	161
44	322	183	366	271	81	162	324	187	374	287
45	113	226	452	443	425	389	317	173	346	231
46	1									
	0	1	2	3	4	5	6	7	8	9

I

	0	1	2	3	4	5	6	7	8	9
0		460	1	111	2	48	112	259	3	222
1	49	89	113	35	260	159	4	358	223	164
2	50	370	90	180	114	96	36	333	261	107
3	160	303	5	200	359	307	224	15	165	146
4	51	190	371	24	91	270	181	173	115	58
5	97	9	37	242	334	137	262	275	108	86
6	161	330	304	21	6	83	201	204	360	291
7	308	425	225	298	16	207	166	348	147	383
8	52	444	191	363	372	406	25	218	92	186
9	271	294	182	414	174	212	116	66	59	311
10	98	43	10	286	38	418	243	428	335	324
11	138	126	263	450	276	228	109	257	87	157
12	162	178	331	301	305	144	22	171	7	135
13	84	19	202	423	205	381	361	216	292	210
14	309	284	426	124	226	155	299	169	17	379
15	208	122	167	120	349	351	148	398	384	353
16	53	439	445	150	192	248	364	400	373	70
17	407	386	26	457	219	355	93	197	187	55
18	272	80	295	441	183	63	415	447	175	132
19	213	152	117	436	67	194	60	433	312	250
20	99	315	44	366	11	238	287	402	39	253
21	419	375	244	76	429	72	336	102	325	409
22	139	393	127	388	264	318	451	28	277	340
23	229	459	110	47	258	221	88	34	158	357
24	163	369	179	95	332	106	302	199	306	14
25	145	189	23	269	172	57	8	241	136	274
26	85	329	20	82	203	290	424	297	206	347
27	382	443	362	405	217	185	293	413	211	65
28	310	42	285	417	427	323	125	449	227	256
29	156	177	300	143	170	134	18	422	380	215
30	209	283	123	154	168	378	121	119	350	397
31	352	438	149	247	399	69	385	456	354	196
32	54	79	440	62	446	131	151	435	193	432
33	249	314	365	237	401	252	374	75	71	101
34	408	392	387	317	27	339	458	46	220	33
35	356	368	94	105	198	13	188	268	56	240
36	273	328	81	289	296	346	442	404	184	412
37	64	41	416	322	448	255	176	142	133	421
38	214	282	153	377	118	396	437	246	68	455
39	195	78	61	130	434	431	313	236	251	74
40	100	391	316	338	45	32	367	104	12	267
41	239	327	288	345	403	411	40	321	254	141
42	420	281	376	395	245	454	77	129	430	235
43	73	390	337	31	103	266	326	344	410	320
44	140	280	394	453	128	234	389	30	265	343
45	319	279	452	233	29	342	278	232	341	231
46	230									
	0	1	2	3	4	5	6	7	8	9

p = 461

I′

	0	1	2	3	4	5	6	7	8	9
0	460	111	48	222	358	200	83	135	241	37
1	286	238	267	188	145	165	207	379	422	202
2	82	6	171	269	91	218	457	339	277	342
3	265	103	367	356	158	260	333	242	418	253
4	321	416	285	10	366	32	220	258	112	89
5	370	190	444	439	79	272	240	8	97	311
6	433	130	446	415	41	310	59	194	455	385
7	407	101	336	390	100	71	429	129	61	440
8	295	289	203	201	19	329	161	157	34	113
9	180	270	186	197	105	332	36	9	43	315
10	391	408	325	266	12	198	302	160	86	257
11	47	2	259	35	96	58	66	436	396	350
12	349	119	167	154	226	449	263	388	234	430
13	434	151	213	421	18	84	274	262	126	393
14	280	420	133	170	22	189	51	383	398	247
15	192	435	117	377	168	299	177	162	357	4
16	303	330	178	369	50	146	348	120	378	17
17	134	7	57	115	212	132	142	300	331	95
18	114	173	414	63	412	293	271	55	268	23
19	371	363	248	432	60	78	54	187	13	306
20	359	204	423	290	360	381	347	166	122	283
21	309	65	116	152	282	209	292	185	92	355
22	33	88	49	164	15	298	155	256	109	459
23	*	230	341	29	389	73	251	401	287	327
24	273	136	334	428	76	454	68	399	364	314
25	99	74	374	419	141	176	156	87	221	3
26	159	107	275	450	318	343	326	239	56	172
27	181	294	80	328	85	108	228	340	232	452
28	394	376	153	123	426	417	38	402	345	296
29	424	308	210	413	182	441	346	206	16	169
30	143	305	199	5	21	144	14	224	425	284
31	42	98	250	236	365	44	338	27	451	279
32	140	254	448	125	138	409	344	288	81	20
33	304	301	106	261	137	324	102	31	45	458
34	229	231	278	319	410	403	442	382	147	351
35	397	148	438	53	196	93	368	163	223	307
36	291	216	405	372	400	237	11	104	94	179
37	90	24	406	70	75	244	395	118	121	208
38	215	361	443	52	353	456	26	317	264	30
39	337	316	387	127	453	245	437	352	384	69
40	373	252	39	411	184	217	25	386	392	139
41	320	40	64	211	174	447	322	427	243	375
42	281	214	380	205	297	225	124	323	335	72
43	235	313	249	312	431	193	67	246	149	445
44	62	183	404	362	191	150	131	175	255	227
45	276	28	233	128	77	195	354	219	46	110
46	1									
	0	1	2	3	4	5	6	7	8	9

I″

	0	1	2	3	4	5	6	7	8	9
0	230	460	111	259	159	303	21	171	57	97
1	43	366	104	198	306	224	298	169	134	84
2	329	304	144	189	371	406	386	317	451	233
3	389	337	45	220	88	113	96	9	286	402
4	411	64	310	98	315	338	458	110	2	222
5	164	146	383	353	196	187	268	172	115	66
6	194	78	440	183	412	211	116	436	246	399
7	373	75	429	235	251	374	244	454	195	54
8	272	328	20	6	135	274	108	257	221	49
9	370	24	218	355	368	179	114	58	311	250
10	74	71	336	31	367	94	332	261	275	228
11	459	1	48	89	180	173	212	152	377	121
12	167	378	208	283	426	323	138	393	453	77
13	61	446	175	142	170	7	241	334	324	409
14	320	254	176	300	305	14	165	348	351	438
15	445	131	213	282	123	226	256	87	34	260
16	107	86	157	357	223	15	207	122	154	299
17	143	22	269	181	414	447	255	156	162	369
18	90	270	294	441	404	217	92	197	13	145
19	51	444	150	435	67	455	354	93	105	302
20	5	83	19	82	201	423	297	16	379	215
21	292	413	174	132	421	380	361	405	25	457
22	46	258	3	358	307	425	124	449	276	340
23	231	341	278	452	128	430	313	365	11	267
24	56	8	37	418	375	395	437	149	192	432
25	312	236	401	39	321	448	227	109	47	112
26	35	333	137	126	388	30	103	12	188	23
27	91	186	55	240	136	262	450	28	342	319
28	140	420	214	209	309	42	10	238	327	81
29	203	360	216	185	271	80	289	424	225	155
30	177	331	106	160	330	301	199	359	291	210
31	65	59	433	431	249	99	391	387	264	343
32	410	40	416	427	335	102	266	239	273	85
33	161	178	95	36	242	428	72	390	316	27
34	277	232	29	265	326	288	296	206	166	120
35	119	349	397	384	456	219	33	158	4	200
36	204	381	443	191	248	314	44	32	356	163
37	50	190	363	400	252	419	281	153	168	17
38	422	205	347	147	398	69	407	392	127	234
39	73	100	408	139	280	376	118	350	148	247
40	364	237	287	345	442	362	372	70	101	325
41	344	403	184	293	182	63	41	285	38	253
42	141	133	18	202	290	308	284	417	243	76
43	129	434	193	60	130	151	117	396	352	53
44	79	295	346	382	52	439	62	415	322	125
45	263	318	279	394	245	68	385	26	339	229
46	*									
	0	1	2	3	4	5	6	7	8	9

$p = 463,\ g = 3,\ p - 1 = 2 \cdot 3 \cdot 7 \cdot 11$

N

	0	1	2	3	4	5	6	7	8	9
0		3	9	27	81	243	266	335	79	237
1	248	281	380	214	179	74	222	203	146	438
2	388	238	251	290	407	295	422	340	94	282
3	383	223	206	155	2	6	18	54	162	23
4	69	207	158	11	33	99	297	428	358	148
5	444	406	292	413	313	13	39	117	351	127
6	381	217	188	101	303	446	412	310	4	12
7	36	108	324	46	138	414	316	22	66	198
8	131	393	253	296	425	349	121	363	163	26
9	78	234	239	254	299	434	376	202	143	429
10	361	157	8	24	72	216	185	92	276	365
11	169	44	132	396	262	323	43	129	387	235
12	242	263	326	52	156	5	15	45	135	405
13	289	404	286	395	259	314	16	48	144	432
14	370	184	89	267	338	88	264	329	61	183
15	86	258	311	7	21	63	189	104	312	10
16	30	90	270	347	115	345	109	327	55	165
17	32	96	288	401	277	368	178	71	213	176
18	65	195	122	366	172	53	159	14	42	126
19	378	208	161	20	60	180	77	231	230	227
20	218	191	110	330	64	192	113	339	91	273
21	356	142	426	352	130	390	244	269	344	106
22	318	28	84	252	293	416	322	40	120	360
23	154	462	460	454	436	382	220	197	128	384
24	226	215	182	83	249	284	389	241	260	317
25	25	75	225	212	173	56	168	41	123	369
26	181	80	240	257	308	461	457	445	409	301
27	440	394	256	305	452	430	364	166	35	105
28	315	19	57	171	50	150	450	424	346	112
29	336	82	246	275	362	160	17	51	153	459
30	451	427	355	139	417	325	49	147	441	397
31	265	332	70	210	167	38	114	342	100	300
32	437	385	229	224	209	164	29	87	261	320
33	34	102	306	455	439	391	247	278	371	187
34	98	294	419	331	67	201	140	420	334	76
35	228	221	200	137	411	307	458	448	418	328
36	58	174	59	177	68	204	149	447	415	319
37	31	93	279	374	196	125	375	199	134	402
38	280	377	205	152	456	442	400	274	359	151
39	453	433	373	193	116	348	118	354	136	408
40	298	431	367	175	62	186	95	285	392	250
41	287	398	268	341	97	291	410	304	449	421
42	337	85	255	302	443	403	283	386	232	233
43	236	245	272	353	133	399	271	350	124	372
44	190	107	321	37	111	333	73	219	194	119
45	357	145	435	379	211	170	47	141	423	343
46	103	309	1							
	0	1	2	3	4	5	6	7	8	9

I

	0	1	2	3	4	5	6	7	8	9
0		462	34	1	68	125	35	153	102	2
1	159	43	69	55	187	126	136	296	36	281
2	193	154	77	39	103	250	89	3	221	326
3	160	370	170	44	330	278	70	443	315	56
4	227	257	188	116	111	127	73	456	137	306
5	284	297	123	185	37	168	255	282	360	362
6	194	148	404	155	204	180	78	344	364	40
7	312	177	104	446	15	251	349	196	90	8
8	261	4	291	243	222	421	150	327	145	142
9	161	208	107	371	28	406	171	414	340	45
10	318	63	331	460	157	279	219	441	71	166
11	202	444	289	206	316	164	394	57	396	449
12	228	86	182	258	438	375	189	59	238	117
13	214	80	112	434	378	128	398	353	74	303
14	346	457	211	98	138	451	18	307	49	366
15	285	389	383	298	230	33	124	101	42	186
16	295	192	38	88	325	169	277	314	256	110
17	455	283	184	254	361	403	179	363	176	14
18	195	260	242	149	141	106	405	339	62	156
19	440	201	205	393	448	181	374	237	79	377
20	352	345	97	17	365	382	32	41	191	324
21	313	454	253	178	13	241	105	61	200	447
22	236	351	16	31	323	252	240	199	350	322
23	198	197	428	429	91	119	430	9	21	92
24	262	247	120	5	216	431	292	336	10	244
25	409	22	223	82	93	422	272	263	151	134
26	248	328	114	121	146	310	6	143	412	217
27	162	436	432	209	387	293	108	174	337	372
28	380	11	29	426	245	407	132	410	172	130
29	23	415	52	224	341	25	83	46	400	94
30	319	269	423	64	417	273	332	355	264	461
31	67	152	158	54	135	280	76	249	220	369
32	329	442	226	115	72	305	122	167	359	147
33	203	343	311	445	348	7	290	420	144	207
34	27	413	317	459	218	165	288	163	395	85
35	437	58	213	433	397	302	210	450	48	388
36	229	100	294	87	276	109	183	402	175	259
37	140	338	439	392	373	376	96	381	190	453
38	12	60	235	30	239	321	427	118	20	246
39	215	335	408	81	271	133	113	309	411	435
40	386	173	379	425	131	129	51	24	399	268
41	416	354	66	53	75	368	225	304	358	342
42	347	419	26	458	287	84	212	301	47	99
43	275	401	139	391	95	452	234	320	19	334
44	270	308	385	424	50	267	65	367	357	418
45	286	300	274	390	233	333	384	266	356	299
46	232	265	231							
	0	1	2	3	4	5	6	7	8	9

p = 463

I′

	0	1	2	3	4	5	6	7	8	9
0	462	68	159	221	291	216	143	290	261	21
1	244	29	60	241	195	251	31	365	307	334
2	246	92	223	415	399	83	458	413	406	426
3	239	323	41	124	1	153	281	168	88	103
4	312	191	186	69	330	318	400	99	388	366
5	267	24	224	75	135	187	227	396	213	238
6	235	200	156	331	417	367	53	152	125	55
7	443	166	305	456	303	368	249	39	344	377
8	112	271	93	46	212	437	182	276	325	3
9	8	119	262	422	319	452	381	17	138	275
10	294	42	2	250	446	61	405	371	174	183
11	455	127	434	309	121	72	111	214	20	430
12	5	146	167	185	101	35	136	73	398	51
13	23	129	410	113	248	280	296	306	451	391
14	338	106	161	412	207	142	310	203	404	141
15	327	134	158	102	77	204	440	279	54	43
16	370	208	436	395	394	288	202	359	255	277
17	44	414	130	379	337	259	14	104	13	363
18	78	374	258	402	254	37	295	126	116	59
19	453	324	38	154	148	260	90	428	197	350
20	447	205	444	343	180	393	316	27	107	387
21	450	98	301	433	80	335	431	162	165	441
22	369	326	421	82	341	304	115	257	86	100
23	33	*	265	333	320	30	351	79	117	321
24	199	105	149	222	409	407	215	120	328	220
25	89	349	240	178	361	282	110	188	438	140
26	242	4	247	151	461	231	356	65	416	423
27	308	133	263	332	390	401	109	314	70	219
28	76	193	360	184	297	389	300	84	163	206
29	420	243	336	108	87	192	36	123	230	232
30	274	47	210	346	358	122	284	49	385	411
31	6	445	177	454	256	56	164	459	63	269
32	19	427	198	252	313	169	160	145	114	442
33	278	460	355	384	270	408	10	372	439	62
34	45	25	347	311	364	97	457	419	7	196
35	322	16	345	74	66	264	299	418	342	147
36	362	403	104	176	40	382	285	357	225	329
37	170	28	380	376	237	189	96	352	128	425
38	11	190	32	298	266	424	173	293	229	383
39	233	95	373	448	57	85	449	302	353	268
40	94	139	175	179	155	339	171	132	81	22
41	172	435	217	317	340	52	354	273	286	26
42	144	150	272	64	50	131	245	118	429	91
43	9	292	209	397	378	386	432	58	375	392
44	201	71	226	315	289	348	15	236	181	228
45	48	18	234	12	253	283	137	211	287	218
46	157	67	34							
	0	1	2	3	4	5	6	7	8	9

I″

	0	1	2	3	4	5	6	7	8	9
0	231	34	102	89	261	120	310	348	90	430
1	336	380	453	178	176	446	351	97	451	320
2	118	9	409	130	51	341	419	207	371	11
3	235	16	382	230	462	125	296	185	192	77
4	364	32	101	159	170	340	83	301	450	307
5	424	129	415	66	158	69	315	394	437	189
6	12	105	339	318	423	267	354	461	1	43
7	278	441	115	127	353	53	280	154	180	237
8	214	408	223	25	287	395	228	294	38	250
9	196	429	21	82	400	391	376	345	211	47
10	229	124	153	39	177	241	141	208	293	276
11	256	116	80	133	328	226	188	238	427	91
12	247	114	305	297	33	68	187	111	378	131
13	172	425	407	271	151	54	126	456	98	401
14	259	149	145	6	420	327	121	359	194	242
15	421	263	67	35	193	404	62	460	152	2
16	326	142	217	288	316	218	71	122	37	325
17	370	406	410	386	108	402	363	312	253	403
18	204	448	86	109	283	123	42	55	257	375
19	381	41	295	281	362	14	349	198	322	240
20	61	440	166	147	155	201	289	144	161	432
21	302	457	84	58	117	246	5	412	459	279
22	249	3	243	22	52	368	442	56	449	388
23	298	265	299	390	452	60	447	374	59	30
24	252	13	260	291	10	426	20	262	134	76
25	103	15	323	454	184	168	314	227	182	175
26	195	8	92	272	355	232	384	50	399	319
27	334	81	422	417	300	99	87	169	330	157
28	135	36	255	455	306	366	418	458	165	444
29	7	4	431	387	100	186	136	284	383	356
30	286	212	397	74	225	72	137	18	270	113
31	146	343	40	324	277	443	206	413	45	94
32	234	239	350	31	191	88	221	150	248	369
33	44	63	273	233	19	215	292	174	140	405
34	414	224	358	203	78	352	303	342	445	251
35	199	236	377	398	416	332	266	367	304	167
36	282	254	360	179	344	17	49	65	75	220
37	160	107	337	392	181	438	373	79	434	173
38	372	96	365	389	333	308	435	209	48	285
39	274	139	439	205	164	163	57	433	128	24
40	46	275	183	361	148	106	28	245	335	244
41	132	309	143	27	171	23	268	64	357	347
42	290	222	93	269	385	379	29	321	197	428
43	119	216	436	213	112	411	162	85	258	338
44	156	219	329	70	202	311	104	200	393	396
45	210	138	95	190	313	110	73	346	26	317
46	331	264	*							
	0	1	2	3	4	5	6	7	8	9

p = **467**, g = 2, p − 1 = 2 · 233

	N											I									
	0	1	2	3	4	5	6	7	8	9		0	1	2	3	4	5	6	7	8	9
0		2	4	8	16	32	64	128	256	45	0		466	1	450	2	41	451	148	3	434
1	90	180	360	253	39	78	156	312	157	314	1	42	141	452	30	149	25	4	284	435	387
2	161	322	177	354	241	15	30	60	120	240	2	43	132	142	338	453	82	31	418	150	213
3	13	26	52	104	208	416	365	263	59	118	3	26	209	5	125	285	189	436	119	388	14
4	236	5	10	20	40	80	160	320	173	346	4	44	96	133	310	143	9	339	408	454	296
5	225	450	433	399	331	195	390	313	159	318	5	83	268	32	74	419	182	151	371	214	38
6	169	338	209	418	369	271	75	150	300	133	6	27	129	210	116	6	71	126	319	286	322
7	266	65	130	260	53	106	212	424	381	295	7	190	344	437	461	120	66	389	289	15	163
8	123	246	25	50	100	200	400	333	199	398	8	45	402	97	224	134	325	311	197	144	334
9	329	191	382	297	127	254	41	82	164	328	9	10	178	340	193	409	428	455	394	297	109
10	189	378	289	111	222	444	421	375	283	99	10	84	347	269	413	33	173	75	245	420	440
11	198	396	325	183	366	265	63	126	252	37	11	183	103	152	256	372	379	215	464	39	432
12	74	148	296	125	250	33	66	132	264	61	12	28	282	130	80	211	123	117	94	7	294
13	122	244	21	42	84	168	336	205	410	353	13	72	369	127	69	320	459	287	400	323	332
14	239	11	22	44	88	176	352	237	7	14	14	191	392	345	171	438	254	462	280	121	292
15	28	56	112	224	448	429	391	315	163	326	15	67	398	390	252	290	250	16	18	164	58
16	185	370	273	79	158	316	165	330	193	386	16	46	20	403	158	98	166	225	301	135	60
17	305	143	286	105	210	420	373	279	91	182	17	326	355	312	48	198	230	145	22	335	206
18	364	261	55	110	220	440	413	359	251	35	18	11	405	179	113	341	160	194	425	410	100
19	70	140	280	93	186	372	277	87	174	348	19	429	91	456	168	395	55	298	227	110	88
20	229	458	449	431	395	323	179	358	249	31	20	85	303	348	361	270	137	414	306	34	62
21	62	124	248	29	58	116	232	464	461	455	21	174	241	76	328	246	351	421	357	441	445
22	443	419	371	275	83	166	332	197	394	321	22	184	314	104	364	153	50	257	262	373	200
23	175	350	233	466	465	463	459	451	435	403	23	380	273	216	232	465	449	40	147	433	140
24	339	211	422	377	287	107	214	428	389	311	24	29	24	283	386	131	337	81	417	212	208
25	155	310	153	306	145	290	113	226	452	437	25	124	188	118	13	95	309	8	407	295	267
26	407	347	227	454	441	415	363	259	51	102	26	73	181	370	37	128	115	70	318	321	343
27	204	408	349	231	462	457	447	427	387	307	27	460	65	288	162	401	223	324	196	333	177
28	147	294	121	242	17	34	68	136	272	77	28	192	427	393	108	346	412	172	244	439	102
29	154	308	149	298	129	258	49	98	196	392	29	255	378	463	431	281	79	122	93	293	368
30	317	167	334	201	402	337	207	414	361	255	30	68	458	399	331	391	170	253	279	291	397
31	43	86	172	344	221	442	417	367	267	67	31	251	249	17	57	19	157	165	300	59	354
32	134	268	69	138	276	85	170	340	213	426	32	47	229	21	205	404	112	159	424	99	90
33	385	303	139	278	89	178	356	245	23	46	33	167	54	226	87	302	360	136	305	61	240
34	92	184	368	269	71	142	284	101	202	404	34	327	350	356	444	313	363	49	261	199	272
35	341	215	430	393	319	171	342	217	434	401	35	231	448	146	139	23	385	336	416	207	187
36	335	203	406	345	223	446	425	383	299	131	36	12	308	406	266	180	36	114	317	342	64
37	262	57	114	228	456	445	423	379	291	115	37	161	222	195	176	426	107	411	243	101	377
38	230	460	453	439	411	355	243	19	38	76	38	430	78	92	367	457	330	169	278	396	248
39	152	304	141	282	97	194	388	309	151	302	39	56	156	299	353	228	204	111	423	89	53
40	137	274	81	162	324	181	362	257	47	94	40	86	359	304	239	349	443	362	260	271	447
41	188	376	285	103	206	412	357	247	27	54	41	138	384	415	186	307	265	35	316	63	221
42	108	216	432	397	327	187	374	281	95	190	42	175	106	242	376	77	366	329	277	247	155
43	380	293	119	238	9	18	36	72	144	288	43	352	203	422	52	358	238	442	259	446	383
44	109	218	436	405	343	219	438	409	351	235	44	185	264	315	220	105	375	365	276	154	202
45	3	6	12	24	48	96	192	384	301	135	45	51	237	258	382	263	219	374	275	201	236
46	270	73	146	292	117	234	1				46	381	218	274	235	217	234	233			
	0	1	2	3	4	5	6	7	8	9		0	1	2	3	4	5	6	7	8	9

$p = 467$

I′

	0	1	2	3	4	5	6	7	8	9
0	466	450	41	434	284	125	71	294	407	339
1	178	405	308	95	44	163	18	57	164	157
2	403	205	335	385	283	4	209	129	282	24
3	149	418	74	173	62	316	114	128	27	432
4	147	451	141	132	96	402	20	229	198	261
5	257	237	358	86	226	298	156	19	46	354
6	326	240	174	221	161	288	389	398	458	320
7	318	126	369	181	419	245	328	366	92	122
8	211	417	31	268	347	303	359	302	85	53
9	167	456	367	293	7	309	133	224	166	90
10	429	377	255	152	364	375	242	411	346	84
11	88	423	159	341	317	70	6	94	13	388
12	66	292	93	117	188	285	319	69	115	210
13	80	337	142	310	325	60	305	414	384	23
14	29	452	338	9	334	22	139	433	3	25
15	213	371	256	50	202	352	299	165	98	424
16	194	222	401	45	58	300	225	54	395	278
17	253	438	244	75	241	106	426	192	340	113
18	36	370	151	193	314	264	307	12	118	436
19	344	392	427	409	425	176	333	144	230	272
20	380	236	51	422	111	404	11	187	124	5
21	116	123	208	26	38	464	232	234	274	374
22	105	175	195	324	134	301	87	110	204	21
23	145	448	465	*	233	217	381	258	442	349
24	327	76	376	101	439	420	351	155	56	17
25	16	249	290	279	462	378	372	262	382	446
26	271	199	373	219	315	35	180	73	32	413
27	137	447	231	216	235	201	154	247	396	291
28	121	79	130	386	435	189	322	400	162	15
29	250	397	67	368	72	267	83	109	227	353
30	59	135	360	348	239	61	34	265	406	8
31	143	197	48	363	104	220	63	342	321	286
32	459	343	190	332	196	311	355	350	246	277
33	169	391	191	177	10	206	416	81	453	408
34	193	160	64	460	437	171	412	269	361	443
35	356	421	203	228	47	312	444	441	238	304
36	136	270	260	49	153	276	329	457	68	127
37	37	214	379	200	275	365	77	430	463	215
38	273	218	263	185	415	336	131	43	14	289
39	252	170	345	108	297	55	248	251	390	331
40	323	223	97	158	112	179	266	295	454	428
41	100	243	172	33	306	186	207	212	150	182
42	440	357	52	89	99	410	107	393	455	91
43	78	281	28	140	42	387	119	461	254	102
44	183	445	259	362	313	184	383	138	146	40
45	2	148	30	82	296	394	168	330	399	287
46	65	120	280	431	39	449	1			
	0	1	2	3	4	5	6	7	8	9

I″

	0	1	2	3	4	5	6	7	8	9
0	233	466	450	148	25	209	116	94	309	143
1	334	206	187	118	388	289	250	249	16	57
2	46	229	145	139	29	149	213	38	432	140
3	452	82	268	413	306	265	180	370	214	464
4	449	2	434	387	14	163	58	354	312	363
5	153	202	422	89	167	395	248	17	164	300
6	135	305	34	316	342	460	120	292	368	127
7	115	6	294	267	32	173	241	376	430	281
8	130	337	453	296	109	88	53	226	110	423
9	99	429	78	122	117	13	44	402	158	424
10	410	243	439	183	314	220	175	426	393	297
11	227	204	404	179	36	128	210	123	188	436
12	461	280	79	211	208	5	71	369	37	27
13	282	386	43	96	224	301	360	270	447	146
14	433	42	132	310	197	230	448	40	451	30
15	418	182	103	364	276	247	56	19	403	112
16	341	64	288	15	18	157	98	90	456	330
17	391	345	412	33	62	221	195	333	10	405
18	266	73	419	440	445	383	415	207	124	285
19	322	332	177	340	160	222	324	311	48	261
20	373	275	154	352	228	21	335	416	212	26
21	129	80	417	150	371	379	273	235	381	263
22	315	63	161	401	97	166	54	298	353	47
23	198	272	216	234	217	274	201	51	358	304
24	61	174	106	411	172	75	328	277	396	251
25	290	397	390	170	438	102	152	50	237	442
26	362	49	257	382	185	307	406	295	83	347
27	361	260	199	380	218	374	365	329	169	253
28	462	431	28	24	4	125	319	459	65	389
29	252	279	121	93	7	407	454	394	55	156
30	165	225	87	85	359	136	414	186	12	95
31	133	325	355	444	184	264	35	114	70	126
32	69	318	286	400	223	134	60	240	76	366
33	457	399	323	196	144	22	385	131	142	9
34	178	113	317	321	190	392	108	84	303	239
35	327	246	155	299	59	326	350	421	52	86
36	302	348	443	313	104	375	77	92	293	72
37	181	151	256	262	219	105	242	101	255	372
38	200	236	258	446	138	23	283	435	119	66
39	398	331	191	427	455	168	278	291	67	458
40	287	162	45	20	205	11	308	8	339	193
41	425	107	346	269	137	384	336	81	31	74
42	245	351	203	111	159	194	176	192	409	100
43	377	463	39	147	3	284	189	344	171	244
44	420	357	238	349	356	441	259	271	231	465
45	1	41	141	338	408	428	91	367	68	320
46	343	437	254	378	215	232	*			
	0	1	2	3	4	5	6	7	8	9

$p = 479,\ g = 13,\ p - 1 = 2 \cdot 239$

N

	0	1	2	3	4	5	6	7	8	9
0		13	169	281	300	68	405	475	427	282
1	313	237	207	296	16	208	309	185	10	130
2	253	415	126	201	218	439	438	425	256	454
3	154	86	160	164	216	413	100	342	135	318
4	302	94	264	79	69	418	165	229	103	381
5	163	203	244	298	42	67	392	306	146	461
6	245	311	211	348	213	374	72	457	193	114
7	45	106	420	191	88	186	23	299	55	236
8	194	127	214	387	241	259	14	182	450	102
9	368	473	401	423	230	116	71	444	24	312
10	224	38	15	195	140	383	189	62	327	419
11	178	398	384	202	231	129	240	246	324	380
12	150	34	442	477	453	141	396	358	343	148
13	8	104	394	332	5	65	366	447	63	340
14	109	459	219	452	128	227	77	43	80	82
15	108	446	50	171	307	159	151	47	132	279
16	274	209	322	354	291	430	321	341	122	149
17	21	273	196	153	73	470	362	395	345	174
18	346	187	36	468	336	57	262	53	210	335
19	44	93	251	389	267	118	97	303	107	433
20	360	369	7	91	225	51	184	476	440	451
21	115	58	275	222	12	156	112	19	247	337
22	70	431	334	31	403	449	89	199	192	101
23	355	304	120	123	162	190	75	17	221	478
24	466	310	198	179	411	74	4	52	197	166
25	242	272	183	463	271	170	294	469	349	226
26	64	353	278	261	40	41	54	223	25	325
27	393	319	315	263	66	379	137	344	161	177
28	385	215	400	410	61	314	250	376	98	316
29	276	235	181	437	412	87	173	333	18	234
30	168	268	131	266	105	407	22	286	365	434
31	373	59	288	391	293	456	180	424	243	285
32	352	265	92	238	220	465	297	29	377	111
33	6	78	56	249	363	408	35	455	167	255
34	441	464	284	339	96	290	417	152	60	301
35	81	95	277	248	350	239	233	155	99	329
36	445	37	2	26	338	83	121	136	331	471
37	375	85	147	474	414	113	32	416	139	370
38	20	260	27	351	252	402	436	399	397	371
39	33	429	308	172	320	328	432	347	200	205
40	270	157	125	188	49	158	138	357	330	458
41	206	283	326	406	9	117	84	134	305	133
42	292	443	11	143	422	217	426	269	144	435
43	386	228	90	212	361	382	176	372	46	119
44	110	472	388	254	428	295	3	39	28	364
45	421	204	257	467	323	367	460	232	142	409
46	48	145	448	76	30	390	280	287	378	124
47	175	359	356	317	289	404	462	258	1	
	0	1	2	3	4	5	6	7	8	9

I

	0	1	2	3	4	5	6	7	8	9
0		478	362	446	246	134	330	202	130	414
1	18	422	214	1	86	102	14	237	298	217
2	380	170	306	76	98	268	363	382	448	327
3	464	223	376	390	121	336	182	361	101	447
4	264	265	54	147	190	70	438	157	460	404
5	152	205	247	187	266	78	332	185	211	311
6	348	284	107	138	260	135	274	55	5	44
7	220	96	66	174	245	236	463	146	331	43
8	148	350	149	365	416	371	31	295	74	226
9	432	203	322	191	41	351	344	196	288	358
10	36	229	89	48	131	304	71	198	150	140
11	440	329	216	375	69	210	95	415	195	439
12	232	366	168	233	469	402	22	81	144	115
13	19	302	158	419	417	38	367	276	406	378
14	104	125	458	423	428	461	58	372	129	169
15	120	156	347	173	30	357	215	401	405	155
16	32	278	234	50	33	46	249	338	300	2
17	255	153	393	296	179	470	436	279	110	243
18	316	292	87	252	206	17	75	181	403	106
19	235	73	228	68	80	103	172	248	242	227
20	398	23	113	51	451	399	410	12	15	161
21	188	62	433	64	82	281	34	425	24	142
22	324	238	213	267	100	204	259	145	431	47
23	94	114	457	356	299	291	79	11	323	355
24	116	84	250	318	52	60	117	218	353	333
25	286	192	384	20	443	339	28	452	477	85
26	381	263	186	273	42	321	303	194	301	427
27	400	254	251	171	160	212	290	352	262	159
28	466	3	9	411	342	319	307	467	312	474
29	345	164	420	314	256	445	13	326	53	77
30	4	349	40	197	231	418	57	154	392	16
31	241	61	99	10	285	272	289	473	39	271
32	394	166	162	454	118	269	412	108	395	359
33	408	368	133	297	222	189	184	219	364	343
34	139	167	37	128	277	178	180	397	63	258
35	354	383	320	261	163	230	472	407	127	471
36	200	434	176	334	449	308	136	455	90	201
37	379	389	437	310	65	370	287	328	468	275
38	119	49	435	105	112	280	430	83	442	193
39	465	313	56	270	132	177	126	388	111	387
40	282	92	385	224	475	6	413	305	335	459
41	283	244	294	35	374	21	377	346	45	109
42	72	450	424	93	317	27	426	8	444	391
43	165	221	396	199	309	429	386	293	26	25
44	208	340	122	421	97	360	151	137	462	225
45	88	209	143	124	29	337	315	67	409	141
46	456	59	476	253	341	325	240	453	183	257
47	175	369	441	91	373	7	207	123	239	
	0	1	2	3	4	5	6	7	8	9

p = 479

I′

	0	1	2	3	4	5	6	7	8	9
0	478	86	255	9	349	44	413	207	444	411
1	285	323	15	326	237	161	241	75	422	302
2	443	377	81	113	142	208	25	426	452	337
3	357	295	278	46	425	374	229	128	367	271
4	197	351	321	148	220	109	249	94	131	435
5	33	451	60	77	147	5	270	154	372	476
6	117	99	433	258	82	370	174	409	80	210
7	438	198	450	228	226	181	98	4	332	11
8	103	144	281	442	250	381	102	252	209	48
9	201	373	385	317	114	415	66	360	268	10
10	204	447	14	172	125	112	235	138	395	72
11	243	387	280	51	457	19	84	218	269	49
12	156	336	421	239	29	458	388	471	277	169
13	414	304	177	297	330	274	455	462	260	167
14	440	456	324	124	115	431	331	190	350	365
15	140	137	205	393	392	32	347	460	419	466
16	212	188	454	230	420	221	162	37	233	120
17	306	160	248	30	245	369	334	126	180	470
18	397	403	361	257	219	211	273	266	62	184
19	70	41	384	465	301	439	288	231	150	309
20	434	379	130	322	259	247	17	123	340	143
21	95	311	290	267	1	401	375	380	353	364
22	96	396	189	376	475	88	432	398	68	89
23	472	418	366	469	50	73	463	298	213	*
24	453	61	227	316	294	236	134	187	242	338
25	318	171	206	341	251	153	445	175	354	145
26	135	163	159	186	265	54	78	100	363	412
27	132	394	289	42	55	119	406	178	234	110
28	430	34	92	244	107	272	192	328	358	473
29	352	79	87	26	35	74	179	222	217	291
30	2	427	158	194	71	335	76	467	136	429
31	65	348	474	56	256	67	292	27	52	307
32	261	303	191	355	238	240	53	464	468	216
33	202	43	185	286	449	459	182	315	300	28
34	122	325	319	139	196	164	45	173	284	40
35	149	344	262	333	383	116	299	215	36	408
36	151	101	446	382	343	416	168	276	133	441
37	287	31	129	7	21	69	390	346	104	389
38	170	263	448	320	20	224	293	282	111	437
39	121	165	16	296	166	359	199	63	23	410
40	254	405	22	106	152	155	378	127	368	141
41	12	342	108	305	18	195	371	38	57	417
42	314	97	214	428	93	24	8	400	461	386
43	83	47	203	64	176	105	279	310	157	232
44	329	91	193	339	391	13	246	264	327	308
45	424	399	477	183	118	90	59	356	423	283
46	404	58	225	146	223	313	3	312	275	402
47	436	200	407	39	345	6	253	85	362	
	0	1	2	3	4	5	6	7	8	9

I″

	0	1	2	3	4	5	6	7	8	9
0	239	214	300	466	77	55	475	373	426	3
1	99	79	410	445	102	12	392	206	414	115
2	384	374	402	398	425	26	293	317	339	124
3	173	371	155	50	281	294	358	167	417	473
4	349	191	273	331	5	346	33	431	89	119
5	234	113	318	326	265	274	313	418	461	456
6	52	241	188	397	433	310	96	315	228	375
7	190	304	109	235	295	17	306	53	266	291
8	68	22	64	430	116	477	1	292	225	229
9	455	441	282	424	47	210	220	421	76	61
10	267	361	86	80	378	435	403	284	412	45
11	279	388	105	23	94	144	355	60	454	275
12	169	390	340	207	143	104	177	407	37	372
13	202	48	270	368	246	260	308	151	107	343
14	150	409	24	209	81	259	463	54	43	350
15	198	360	404	255	57	405	120	438	302	262
16	171	15	166	261	345	391	394	139	366	129
17	380	251	103	347	66	257	434	132	277	296
18	178	75	336	453	189	332	263	247	161	222
19	147	322	286	442	303	415	344	40	71	396
20	471	90	330	432	100	152	252	7	25	88
21	69	185	160	238	422	357	329	298	117	184
22	44	165	297	464	385	462	74	242	73	36
23	163	197	439	168	278	106	245	14	324	123
24	325	16	248	110	283	174	446	205	172	46
25	84	254	87	476	400	2	314	183	63	204
26	138	320	352	381	447	264	187	213	98	118
27	56	39	285	186	135	468	367	128	32	436
28	112	82	387	459	348	10	333	370	196	272
29	212	299	316	386	244	31	393	133	237	356
30	338	194	19	321	131	413	170	319	449	199
31	437	211	467	465	420	337	243	93	250	342
32	383	42	203	11	142	341	13	448	287	440
33	134	146	78	353	176	305	121	29	249	443
34	208	253	411	364	351	474	377	156	311	4
35	148	41	290	218	258	323	457	30	288	395
36	97	182	478	268	219	149	232	38	408	175
37	65	416	58	91	35	216	223	21	406	201
38	217	85	363	354	192	92	429	111	126	379
39	376	444	154	153	271	108	221	180	227	451
40	427	215	469	181	460	401	276	472	359	67
41	399	9	269	6	130	95	365	419	231	158
42	164	122	18	458	450	34	27	301	423	309
43	280	145	226	62	200	49	470	389	70	195
44	140	369	83	20	8	256	362	101	382	334
45	72	51	28	240	162	136	141	114	125	335
46	157	428	137	236	327	193	159	307	328	233
47	179	127	230	289	312	224	59	452	*	
	0	1	2	3	4	5	6	7	8	9

$p = 487,\ g = 3,\ p-1 = 2 \cdot 3^5$

	N											I									
	0	1	2	3	4	5	6	7	8	9		0	1	2	3	4	5	6	7	8	9
0		3	9	27	81	243	242	239	230	203	0		486	238	1	476	99	239	75	228	2
1	122	366	124	372	142	426	304	425	301	416	1	337	127	477	287	313	100	466	305	240	36
2	274	335	31	93	279	350	76	228	197	104	2	89	76	365	157	229	198	39	3	65	420
3	312	449	373	145	435	331	19	57	171	26	3	338	22	218	128	57	174	478	195	274	288
4	78	234	215	158	474	448	370	136	408	250	4	327	108	314	429	117	101	395	211	467	150
5	263	302	419	283	362	112	336	34	102	306	5	436	306	277	92	241	226	303	37	172	115
6	431	319	470	436	334	28	84	252	269	320	6	90	258	260	77	456	386	366	408	295	158
7	473	445	361	109	327	7	21	63	189	80	7	412	262	230	154	433	199	26	202	40	291
8	240	233	212	149	447	367	127	381	169	20	8	79	4	346	374	66	404	181	421	355	458
9	60	180	53	159	477	457	397	217	164	5	9	339	362	147	23	449	135	219	382	388	129
10	15	45	135	405	241	236	221	176	41	123	10	188	141	58	452	29	175	330	368	479	73
11	369	133	399	223	182	59	177	44	132	396	11	464	196	55	427	275	256	410	289	353	380
12	214	155	465	421	289	380	166	11	33	99	12	328	254	10	109	12	297	315	86	208	430
13	297	404	238	227	194	95	285	368	130	390	13	138	205	118	111	160	102	47	268	396	168
14	196	101	303	422	292	389	193	92	276	341	14	164	212	14	414	468	33	392	151	185	83
15	49	147	441	349	73	219	170	23	69	207	15	437	299	264	307	440	121	278	222	43	93
16	134	402	232	209	140	420	286	371	139	417	16	317	232	242	237	98	227	126	312	304	88
17	277	344	58	174	35	105	315	458	400	226	17	156	38	419	217	173	273	107	116	210	435
18	191	86	258	287	374	148	444	358	100	300	18	91	302	114	259	385	294	261	432	201	78
19	413	265	308	437	337	37	111	333	25	75	19	373	180	457	146	134	387	140	28	367	463
20	225	188	77	231	206	131	393	205	128	384	20	426	409	379	9	296	207	204	159	267	163
21	178	47	141	423	295	398	220	173	32	96	21	413	391	82	263	120	42	231	97	311	155
22	288	377	157	471	439	343	55	165	8	24	22	216	106	434	113	293	200	179	133	27	425
23	72	216	161	483	475	451	379	163	2	6	23	8	203	162	81	41	310	105	292	132	7
24	18	54	162	486	484	478	460	406	244	245	24	80	104	6	5	248	249	347	323	250	375
25	248	257	284	365	121	363	115	345	61	183	25	49	348	67	284	324	405	446	251	182	270
26	62	186	71	213	152	456	394	208	137	411	26	376	422	443	50	356	191	349	459	398	68
27	259	290	383	175	38	114	342	52	156	468	27	340	474	285	363	20	325	148	170	406	24
28	430	316	461	409	253	272	329	13	39	117	28	402	447	450	53	252	136	166	183	220	124
29	351	79	237	224	185	68	204	125	375	151	29	271	383	144	377	389	214	423	130	321	444
30	453	385	181	56	168	17	51	153	459	403	30	189	18	51	142	16	357	59	334	192	453
31	235	218	167	14	42	126	378	160	480	466	31	359	350	30	416	460	176	281	399	331	61
32	424	298	407	247	254	275	338	40	120	360	32	69	369	470	341	480	485	475	74	336	286
33	106	318	467	427	307	434	328	10	30	90	33	465	35	364	197	64	21	56	194	326	428
34	270	323	482	472	442	352	82	246	251	266	34	394	149	276	225	171	257	455	407	411	153
35	311	446	364	118	354	88	264	305	428	310	35	25	290	345	403	354	361	448	381	187	451
36	443	355	91	273	332	22	66	198	107	321	36	329	72	54	255	352	253	11	85	137	110
37	476	454	388	190	83	249	260	293	392	202	37	46	167	13	32	184	298	439	221	316	236
38	119	357	97	291	386	184	65	195	98	294	38	125	87	418	272	209	301	384	431	372	145
39	395	211	146	438	340	46	138	414	268	317	39	139	462	378	206	266	390	119	96	215	112
40	464	418	280	353	85	255	278	347	67	201	40	178	424	161	309	131	103	247	322	48	283
41	116	348	70	210	143	429	313	452	382	172	41	445	269	442	190	397	473	19	169	401	52
42	29	87	261	296	401	229	200	113	339	43	42	165	123	143	213	320	17	15	333	358	415
43	129	387	187	74	222	179	50	150	450	376	43	280	60	469	484	335	34	63	193	393	224
44	154	462	412	262	299	410	256	281	356	94	44	454	152	344	360	186	71	351	84	45	31
45	282	359	103	309	440	346	64	192	89	267	45	438	235	417	300	371	461	265	95	177	308
46	314	455	391	199	110	330	16	48	144	432	46	246	282	441	472	400	122	319	332	279	483
47	322	479	463	415	271	326	4	12	36	108	47	62	223	343	70	44	234	370	94	245	471
48	324	485	481	469	433	325	1				48	318	482	342	233	244	481	243			
	0	1	2	3	4	5	6	7	8	9		0	1	2	3	4	5	6	7	8	9

p = **487**

I′

	0	1	2	3	4	5	6	7	8	9
0	486	476	337	65	346	248	5	80	203	296
1	109	85	297	32	414	333	357	15	51	169
2	325	56	218	449	402	290	202	425	367	175
3	416	438	184	392	63	364	89	172	419	3
4	291	310	231	93	234	31	167	268	283	348
5	356	142	165	252	255	427	194	174	452	334
6	469	69	223	193	21	420	404	284	340	369
7	44	351	54	464	336	228	365	456	373	4
8	104	41	263	437	45	137	208	418	156	76
9	258	302	241	317	245	177	215	311	227	239
10	466	395	47	247	6	292	434	116	314	12
11	46	160	178	293	259	90	210	101	111	96
12	42	278	319	143	271	87	312	477	57	188
13	321	103	7	27	387	219	166	110	205	462
14	28	58	16	213	377	139	134	23	170	276
15	436	185	344	25	433	216	38	229	412	267
16	102	309	81	413	212	123	183	13	164	401
17	406	257	115	273	478	330	281	308	424	133
18	457	421	270	220	298	83	71	451	141	18
19	397	349	453	393	326	274	55	64	39	26
20	179	78	40	162	159	118	266	204	430	301
21	435	467	14	320	423	112	106	173	128	382
22	124	316	43	343	454	171	303	126	2	198
23	154	97	242	244	370	417	125	98	1	75
24	36	226	237	*	481	471	282	322	249	347
25	375	182	136	11	10	352	410	455	260	385
26	77	432	230	120	307	95	390	163	396	442
27	376	383	209	107	288	256	225	92	222	483
28	60	399	441	445	324	363	465	313	327	353
29	345	79	132	200	261	158	207	315	439	264
30	371	384	114	37	88	240	277	440	246	131
31	105	155	304	100	429	86	236	232	482	332
32	17	444	48	250	405	148	428	108	254	72
33	368	61	279	358	192	34	286	127	22	362
34	474	480	233	70	360	403	374	323	67	459
35	30	84	253	380	361	458	191	59	415	350
36	186	448	147	20	197	157	408	463	479	470
37	94	461	145	180	66	49	422	389	206	9
38	328	187	388	144	431	294	366	140	129	214
39	119	82	151	224	149	211	168	473	68	331
40	122	52	447	354	181	446	24	411	295	379
41	289	153	262	391	468	280	460	300	272	217
42	338	355	443	130	161	8	409	275	394	117
43	138	372	201	199	113	91	306	299	235	221
44	121	472	190	50	189	269	251	450	381	135
45	53	329	29	359	152	407	386	146	339	398
46	176	265	378	426	196	35	305	150	33	484
47	341	318	400	19	285	74	99	287	195	73
48	485	243	342	62	335	475	238			
	0	1	2	3	4	5	6	7	8	9

I″

	0	1	2	3	4	5	6	7	8	9
0	243	238	228	39	79	6	104	132	425	379
1	254	253	109	167	212	17	142	320	189	473
2	363	64	338	147	406	153	199	133	140	452
3	350	45	13	468	335	465	240	303	156	198
4	202	81	120	222	70	84	110	102	322	375
5	443	18	401	450	72	196	21	128	141	357
6	280	331	483	34	197	3	374	348	398	61
7	343	186	329	479	475	239	89	260	201	291
8	7	162	391	185	351	11	315	125	304	36
9	115	435	277	43	370	265	119	231	237	476
10	313	117	160	131	80	310	216	273	327	10
11	137	118	215	434	302	172	107	429	205	390
12	263	440	400	165	220	236	227	337	218	388
13	423	309	292	179	146	449	252	85	430	145
14	387	188	51	123	383	372	457	362	325	394
15	467	392	454	411	230	311	88	365	295	204
16	111	424	203	267	168	52	136	46	396	19
17	148	225	37	217	57	29	460	95	112	200
18	373	404	251	166	32	151	360	381	129	444
19	442	356	334	63	56	478	464	364	229	433
20	293	432	26	8	207	138	378	296	86	272
21	116	395	164	143	389	96	155	419	22	135
22	183	439	278	62	393	276	241	98	75	157
23	262	42	317	342	44	438	316	242	486	99
24	305	92	232	481	233	94	308	103	5	248
25	323	446	53	352	328	54	275	171	90	114
26	258	294	412	82	299	461	206	159	47	445
27	182	124	418	173	195	427	149	306	121	332
28	415	176	246	48	67	474	336	477	274	410
29	25	40	105	113	385	408	9	12	184	437
30	417	209	91	226	312	466	436	264	177	161
31	41	97	126	287	108	297	221	93	471	122
32	213	130	247	347	284	20	194	288	380	451
33	175	399	319	15	59	484	74	2	420	458
34	68	470	482	223	152	290	4	249	49	191
35	359	71	255	289	403	421	50	16	333	453
36	344	354	339	285	35	76	386	28	330	69
37	234	300	431	78	346	250	270	144	462	409
38	353	448	219	271	301	259	456	134	382	377
39	266	413	33	193	428	101	268	190	459	281
40	472	169	24	345	66	324	170	455	366	426
41	256	407	158	163	14	358	30	235	87	38
42	65	181	376	214	178	27	463	55	326	314
43	208	384	261	154	106	210	150	83	31	298
44	307	282	269	422	321	283	405	402	361	23
45	447	187	58	192	224	257	77	180	355	349
46	416	371	139	367	73	286	100	211	414	60
47	369	245	441	397	340	485	1	127	174	368
48	341	244	318	279	469	480	*			
	0	1	2	3	4	5	6	7	8	9

p = **491**, g = 2, p − 1 = 2 · 5 · 7^2

N

	0	1	2	3	4	5	6	7	8	9
0		2	4	8	16	32	64	128	256	21
1	42	84	168	336	181	362	233	466	441	391
2	291	91	182	364	237	474	457	423	355	219
3	438	385	279	67	134	268	45	90	180	360
4	229	458	425	359	227	454	417	343	195	390
5	289	87	174	348	205	410	329	167	334	177
6	354	217	434	377	263	35	70	140	280	69
7	138	276	61	122	244	488	485	479	467	443
8	395	299	107	214	428	365	239	478	465	439
9	387	283	75	150	300	109	218	436	381	271
10	51	102	204	408	325	159	318	145	290	89
11	178	356	221	442	393	295	99	198	396	301
12	111	222	444	397	303	115	230	460	429	367
13	243	486	481	471	451	411	331	171	342	193
14	386	281	71	142	284	77	154	308	125	250
15	9	18	36	72	144	288	85	170	340	189
16	378	265	39	78	156	312	133	266	41	82
17	164	328	165	330	169	338	185	370	249	7
18	14	28	56	112	224	448	405	319	147	294
19	97	194	388	285	79	158	316	141	282	73
20	146	292	93	186	372	253	15	30	60	120
21	240	480	469	447	403	315	139	278	65	130
22	260	29	58	116	232	464	437	383	275	59
23	118	236	472	453	415	339	187	374	257	23
24	46	92	184	368	245	490	489	487	483	475
25	459	427	363	235	470	449	407	323	155	310
26	129	258	25	50	100	200	400	309	127	254
27	17	34	68	136	272	53	106	212	424	357
28	223	446	401	311	131	262	33	66	132	264
29	37	74	148	296	101	202	404	317	143	286
30	81	162	324	157	314	137	274	57	114	228
31	456	421	351	211	422	353	215	430	369	247
32	3	6	12	24	48	96	192	384	277	63
33	126	252	13	26	52	104	208	416	341	191
34	382	273	55	110	220	440	389	287	83	166
35	332	173	346	201	402	313	135	270	49	98
36	196	392	293	95	190	380	269	47	94	188
37	376	261	31	62	124	248	5	10	20	40
38	80	160	320	149	298	105	210	420	349	207
39	414	337	183	366	241	482	473	455	419	347
40	203	406	321	151	302	113	226	452	413	335
41	179	358	225	450	409	327	163	326	161	322
42	153	306	121	242	484	477	463	435	379	267
43	43	86	172	344	197	394	297	103	206	412
44	333	175	350	209	418	345	199	398	305	119
45	238	476	461	431	371	251	11	22	44	88
46	176	352	213	426	361	231	462	433	375	259
47	27	54	108	216	432	373	255	19	38	76
48	152	304	117	234	468	445	399	307	123	246
49	1									
	0	1	2	3	4	5	6	7	8	9

I

	0	1	2	3	4	5	6	7	8	9
0		490	1	320	2	376	321	179	3	150
1	377	456	322	332	180	206	4	270	151	477
2	378	9	457	239	323	262	333	470	181	221
3	207	372	5	286	271	65	152	290	478	162
4	379	168	10	430	458	36	240	367	324	358
5	263	100	334	275	471	342	182	307	222	229
6	208	72	373	329	6	218	287	33	272	69
7	66	142	153	199	291	92	479	145	163	194
8	380	300	169	348	11	156	431	51	459	109
9	37	21	241	202	368	363	325	190	359	116
10	264	294	101	437	335	385	276	82	472	95
11	343	120	183	405	308	125	223	482	230	449
12	209	422	73	488	374	148	330	268	7	260
13	219	284	288	166	34	356	273	305	70	216
14	67	197	143	298	154	107	200	188	292	383
15	93	403	480	420	146	258	164	303	195	105
16	381	418	301	416	170	172	349	57	12	174
17	157	137	432	351	52	441	460	59	110	410
18	38	14	22	392	242	176	203	236	369	159
19	364	339	326	139	191	48	360	434	117	446
20	265	353	295	400	102	54	438	389	336	443
21	386	313	277	462	83	316	473	61	96	29
22	344	112	121	280	184	412	406	44	309	40
23	126	465	224	16	483	253	231	24	450	86
24	210	394	423	130	74	244	489	319	375	178
25	149	455	331	205	269	476	8	238	261	469
26	220	371	285	64	289	161	167	429	35	366
27	357	99	274	341	306	228	71	328	217	32
28	68	141	198	91	144	193	299	347	155	50
29	108	20	201	362	189	115	293	436	384	81
30	94	119	404	124	481	448	421	487	147	267
31	259	283	165	355	304	215	196	297	106	187
32	382	402	419	257	302	104	417	415	171	56
33	173	136	350	440	58	409	13	391	175	235
34	158	338	138	47	433	445	352	399	53	388
35	442	312	461	315	60	28	111	279	411	43
36	39	464	15	252	23	85	393	129	243	318
37	177	454	204	475	237	468	370	63	160	428
38	365	98	340	227	327	31	140	90	192	346
39	49	19	361	114	435	80	118	123	447	486
40	266	282	354	214	296	186	401	256	103	414
41	55	135	439	408	390	234	337	46	444	398
42	387	311	314	27	278	42	463	251	84	128
43	317	453	474	467	62	427	97	226	30	89
44	345	18	113	79	122	485	281	213	185	255
45	413	134	407	233	45	397	310	26	41	250
46	127	452	466	426	225	88	17	78	484	212
47	254	133	232	396	25	249	451	425	87	77
48	211	132	395	248	424	76	131	247	75	246
49	245									
	0	1	2	3	4	5	6	7	8	9

p = 491

I′

	0	1	2	3	4	5	6	7	8	9
0	490	320	376	150	270	286	218	260	238	457
1	430	156	174	391	22	252	483	78	113	361
2	201	241	392	85	450	249	41	278	111	344
3	89	140	68	272	356	366	240	21	14	464
4	126	250	463	39	309	397	444	433	360	19
5	108	459	441	388	438	135	173	12	409	110
6	28	96	427	160	289	152	142	197	141	66
7	216	328	373	488	244	246	131	211	484	122
8	118	94	472	316	128	393	210	77	17	345
9	192	144	479	403	119	343	29	226	340	274
10	334	437	54	414	417	381	187	200	20	37
11	410	279	121	79	435	293	264	446	123	404
12	183	280	485	447	481	223	465	452	317	243
13	74	247	395	232	407	439	350	432	47	191
14	90	198	153	298	193	163	258	267	330	455
15	377	477	290	199	107	50	431	137	338	364
16	428	167	379	194	303	355	34	429	10	348
17	172	56	349	136	157	235	203	454	149	3
18	206	221	307	405	412	255	401	382	292	115
19	359	48	346	299	380	105	297	143	91	291
20	188	362	368	236	475	269	4	372	72	422
21	394	132	254	185	296	196	67	32	287	284
22	371	207	229	482	16	88	30	327	71	208
23	449	24	396	45	337	158	369	468	261	323
24	367	202	176	318	489	*	245	75	424	451
25	127	84	23	231	133	413	103	302	164	283
26	219	469	333	100	294	353	282	259	7	476
27	151	65	69	305	341	471	82	462	42	411
28	184	213	354	165	288	64	271	33	166	161
29	478	92	383	436	101	400	186	106	154	347
30	169	416	104	195	215	70	228	222	125	40
31	26	314	461	277	27	60	473	453	177	375
32	2	179	332	262	358	190	139	31	217	6
33	268	205	180	470	275	385	443	46	138	326
34	227	306	182	120	112	18	49	155	11	57
35	440	52	399	295	214	304	273	99	263	116
36	434	114	189	325	339	98	357	324	363	159
37	63	285	5	329	148	178	321	456	9	168
38	300	418	402	93	81	276	313	311	442	336
39	234	175	242	129	423	248	25	310	387	53
40	102	256	419	480	124	308	44	233	390	13
41	38	43	406	134	55	171	170	415	301	257
42	146	487	73	130	76	87	225	97	365	35
43	458	51	351	445	117	80	384	335	389	408
44	58	460	312	386	398	352	265	486	421	209
45	86	425	466	474	204	331	322	239	36	109
46	59	315	83	251	15	224	426	62	370	220
47	181	342	95	61	467	237	8	378	162	145
48	420	448	230	253	212	281	266	147	374	319
49	1									
	0	1	2	3	4	5	6	7	8	9

I″

	0	1	2	3	4	5	6	7	8	9
0	245	490	320	179	206	372	329	268	476	378
1	168	348	57	409	38	464	224	88	345	49
2	108	37	14	252	231	396	310	314	60	96
3	226	327	217	287	166	429	458	109	410	43
4	309	26	278	411	406	233	337	138	191	346
5	155	431	351	399	102	414	171	349	440	460
6	315	473	467	370	285	271	69	216	32	272
7	305	228	208	422	130	247	424	87	17	113
8	435	384	276	462	251	23	450	425	225	30
9	140	198	291	383	81	472	61	427	365	357
10	263	294	400	256	302	195	297	154	50	459
11	59	28	344	18	361	189	359	434	80	94
12	343	112	79	118	404	308	40	250	84	393
13	423	76	211	254	413	55	173	157	338	326
14	31	68	66	197	91	479	420	487	374	178
15	3	270	65	142	298	347	11	174	235	369
16	63	289	478	145	258	283	288	161	379	300
17	416	415	170	56	12	391	242	318	375	321
18	332	470	342	120	280	213	296	106	200	362
19	325	139	90	144	163	303	215	67	141	153
20	107	20	241	176	454	331	180	221	229	449
21	86	77	484	281	354	304	70	328	6	260
22	469	181	307	125	465	426	97	340	306	222
23	482	253	133	407	390	175	203	475	8	457
24	36	21	392	129	74	246	75	131	395	25
25	41	463	15	483	212	185	401	419	146	267
26	7	238	323	358	116	446	486	147	330	205
27	4	286	33	356	99	334	385	313	27	111
28	121	485	266	259	219	371	5	218	284	64
29	152	199	188	115	264	353	214	196	143	193
30	380	418	257	164	355	273	341	182	405	44
31	397	387	442	386	311	461	83	128	243	489
32	1	376	456	239	367	363	339	227	71	373
33	148	455	322	262	100	437	389	234	158	364
34	98	274	471	95	29	89	192	299	169	172
35	136	432	445	265	282	165	34	366	324	190
36	48	19	201	368	159	428	35	240	202	236
37	468	220	207	72	488	319	2	150	477	162
38	194	105	187	292	436	335	443	398	53	438
39	408	13	22	85	210	132	232	45	444	352
40	295	186	382	93	119	183	412	134	439	58
41	110	279	184	255	103	417	301	104	381	402
42	480	448	209	394	248	451	466	62	160	167
43	10	156	137	47	360	114	293	101	54	135
44	350	52	388	336	46	433	117	123	481	230
45	24	249	127	317	177	149	377	9	430	51
46	441	312	277	42	39	126	452	474	237	261
47	333	275	82	316	453	204	269	151	290	92
48	403	124	223	16	78	122	447	421	73	244
49	*									
	0	1	2	3	4	5	6	7	8	9

p = **499**, g = 7, p − 1 = 2 · 3 · 83

N

	0	1	2	3	4	5	6	7	8	9
0		7	49	343	405	340	384	193	353	475
1	331	321	251	260	323	265	358	11	77	40
2	280	463	247	232	127	390	235	148	38	266
3	365	60	420	445	121	348	440	86	103	222
4	57	399	298	90	131	418	431	23	161	129
5	404	333	335	349	447	135	446	128	397	284
6	491	443	107	250	253	274	421	452	170	192
7	346	426	487	415	410	375	130	411	382	179
8	255	288	20	140	481	373	116	313	195	367
9	74	19	133	432	30	210	472	310	174	220
10	43	301	111	278	449	149	45	315	209	465
11	261	330	314	202	416	417	424	473	317	223
12	64	448	142	495	471	303	125	376	137	460
13	226	85	96	173	213	493	457	205	437	65
14	455	191	339	377	144	10	70	490	436	58
15	406	347	433	37	259	316	216	15	105	236
16	155	87	110	271	400	305	139	474	324	272
17	407	354	482	380	165	157	101	208	458	212
18	486	408	361	32	224	71	497	485	401	312
19	188	318	230	113	292	48	336	356	496	478
20	352	468	282	477	345	419	438	72	5	35
21	245	218	29	203	423	466	268	379	158	108
22	257	302	118	327	293	55	385	200	402	319
23	237	162	136	453	177	241	190	332	328	300
24	104	229	106	243	204	430	16	112	285	498
25	492	450	156	94	159	115	306	146	24	168
26	178	248	239	176	234	141	488	422	459	219
27	36	252	267	372	109	264	351	461	233	134
28	439	79	54	378	151	59	413	396	277	442
29	100	201	409	368	81	68	476	338	370	95
30	166	164	150	52	364	53	371	102	215	8
31	56	392	249	246	225	78	47	329	307	153
32	73	12	84	89	124	369	88	117	320	244
33	211	479	359	18	126	383	186	304	132	425
34	480	366	67	469	289	27	189	325	279	456
35	198	388	221	50	350	454	184	290	34	238
36	169	185	297	83	82	75	26	182	276	435
37	51	357	4	28	196	374	123	362	39	273
38	414	403	326	286	6	42	294	62	434	44
39	308	160	122	355	489	429	9	63	441	93
40	152	66	462	240	183	283	484	394	263	344
41	412	389	228	99	194	360	25	175	227	92
42	145	17	119	334	342	398	291	41	287	13
43	91	138	467	275	428	2	14	98	187	311
44	181	269	386	207	451	163	143	3	21	147
45	31	217	22	154	80	61	427	494	464	254
46	281	470	296	76	33	231	120	341	391	242
47	197	381	172	206	444	114	299	97	180	262
48	337	363	46	322	258	309	167	171	199	395
49	270	393	256	295	69	483	387	214	1	
	0	1	2	3	4	5	6	7	8	9

I

	0	1	2	3	4	5	6	7	8	9
0		498	435	447	372	208	384	1	309	396
1	145	17	321	429	436	157	246	421	333	91
2	82	448	452	47	258	416	366	345	373	212
3	94	450	183	464	358	209	270	153	28	378
4	19	427	385	100	389	106	482	316	195	2
5	353	370	303	305	282	225	310	40	149	285
6	31	455	387	397	120	139	401	342	295	494
7	146	185	207	320	90	365	463	18	315	281
8	454	294	364	363	322	131	37	161	326	323
9	43	430	419	399	253	299	132	477	437	413
10	290	176	307	38	240	158	242	62	219	274
11	162	102	247	193	475	255	86	327	222	422
12	466	34	392	376	324	126	334	24	57	49
13	76	44	338	92	279	55	232	128	431	166
14	83	265	122	446	144	420	257	449	27	105
15	302	284	400	319	453	160	252	175	218	254
16	391	48	231	445	301	174	300	486	259	360
17	68	487	472	133	98	417	263	234	260	79
18	478	440	367	404	356	361	336	438	190	346
19	236	141	69	7	414	88	374	470	350	488
20	227	291	113	213	244	137	473	443	177	108
21	95	330	179	134	497	308	156	451	211	269
22	99	352	39	119	184	314	130	418	412	241
23	192	465	23	278	264	26	159	230	359	262
24	403	235	469	243	329	210	313	22	261	312
25	63	12	271	64	459	80	492	220	484	154
26	13	110	479	408	275	15	29	272	216	441
27	490	163	169	379	65	433	368	288	103	348
28	20	460	202	405	59	248	383	428	81	344
29	357	426	194	224	386	493	462	362	42	476
30	239	101	221	125	337	165	256	318	390	485
31	97	439	189	87	112	107	155	118	191	229
32	328	11	483	14	168	347	382	223	238	317
33	111	10	237	51	423	52	196	480	297	142
34	5	467	424	3	409	204	70	151	35	53
35	354	276	200	8	171	393	197	371	16	332
36	415	182	377	481	304	30	341	89	293	325
37	298	306	273	85	375	75	127	143	283	217
38	173	471	78	335	6	226	442	496	351	411
39	25	468	311	491	407	489	287	58	425	41
40	164	188	228	381	50	4	150	170	181	292
41	74	77	410	286	380	73	114	115	45	205
42	32	66	267	214	116	339	71	456	434	395
43	245	46	93	152	388	369	148	138	206	280
44	36	398	289	61	474	33	56	54	121	104
45	251	444	67	233	355	140	349	136	178	268
46	129	277	402	21	458	109	215	432	201	343
47	461	124	96	117	167	9	296	203	199	331
48	340	84	172	495	406	187	180	72	266	394
49	147	60	250	135	457	123	198	186	249	
	0	1	2	3	4	5	6	7	8	9

p = **499**

I′

	0	1	2	3	4	5	6	7	8	9
0	498	309	353	409	150	467	226	414	171	296
1	237	483	271	110	168	29	332	321	315	427
2	460	458	261	278	57	468	159	105	378	272
3	341	455	66	56	392	53	398	161	240	119
4	149	164	476	430	338	205	93	258	231	76
5	4	423	196	354	121	232	54	49	425	248
6	250	474	219	12	459	433	267	233	487	7
7	151	456	266	114	77	127	44	410	335	478
8	492	344	448	265	172	375	327	112	374	293
9	365	82	279	152	450	330	117	439	417	352
10	389	221	247	348	251	302	482	155	95	215
11	479	10	107	213	115	45	339	167	191	184
12	139	104	446	198	96	337	334	143	431	277
13	418	37	477	98	497	457	178	473	206	401
14	349	69	5	283	420	17	185	60	138	285
15	170	35	388	28	13	118	451	246	242	230
16	252	326	102	169	188	256	83	9	347	379
17	181	393	495	471	300	218	307	108	268	134
18	72	292	377	464	314	207	249	180	228	87
19	346	229	465	475	224	2	480	371	186	331
20	8	343	405	199	70	32	280	320	384	270
21	313	269	94	244	116	432	441	173	254	274
22	484	125	422	238	386	310	442	291	381	328
23	359	445	128	355	260	469	141	51	317	101
24	158	192	62	329	137	46	421	193	383	*
25	135	444	175	299	391	86	318	449	416	360
26	79	312	403	234	26	122	394	214	129	99
27	153	64	216	85	162	15	200	402	264	55
28	36	454	225	217	400	31	380	58	103	61
29	176	113	74	325	364	494	203	142	306	132
30	486	174	284	305	30	282	273	38	156	396
31	40	491	63	22	130	281	195	111	390	453
32	90	429	131	43	126	298	323	222	11	210
33	179	340	415	91	24	6	438	165	92	71
34	84	89	295	461	357	373	236	382	20	136
35	488	411	39	370	276	140	361	426	209	262
36	68	336	42	322	363	463	345	404	288	148
37	303	16	208	212	470	75	324	481	19	65
38	73	50	223	428	1	100	493	397	369	106
39	485	48	376	197	147	245	145	120	289	253
40	319	342	21	235	356	59	187	489	275	204
41	286	25	241	290	88	182	366	263	412	399
42	257	333	466	52	3	41	194	385	81	436
43	419	166	201	368	395	447	157	413	190	189
44	367	490	496	177	67	301	144	372	452	27
45	183	211	47	160	294	387	434	123	109	80
46	202	124	362	18	358	23	34	424	311	243
47	350	78	133	443	33	255	239	437	440	408
48	297	304	316	14	154	97	259	472	227	287
49	163	407	220	462	146	406	351	308	435	
	0	1	2	3	4	5	6	7	8	9

I″

	0	1	2	3	4	5	6	7	8	9
0	249	384	195	424	50	142	335	69	200	167
1	111	328	63	154	483	275	371	145	463	378
2	348	402	313	465	334	411	264	449	153	15
3	304	285	205	474	466	151	280	131	307	352
4	310	425	362	323	76	115	245	452	391	57
5	381	237	423	35	56	279	33	24	287	405
6	147	289	242	312	271	379	32	444	360	141
7	204	339	180	380	292	375	49	74	471	260
8	459	428	91	166	340	273	255	189	414	341
9	320	333	338	46	212	108	124	485	133	269
10	385	239	162	288	121	27	389	112	177	458
11	13	317	87	291	73	114	214	96	155	39
12	397	54	265	457	461	221	324	75	232	268
13	314	322	299	472	179	250	349	244	148	120
14	355	236	297	127	446	396	494	394	369	40
15	4	70	93	270	484	107	308	436	240	26
16	453	37	274	490	41	337	431	117	14	163
17	150	8	84	217	301	252	290	443	136	330
18	187	170	415	450	119	146	198	406	164	439
19	438	118	241	247	426	316	52	393	123	203
20	276	432	460	296	409	45	138	185	372	358
21	329	451	373	113	267	109	272	283	175	62
22	492	101	327	382	194	282	6	488	188	191
23	159	48	55	67	263	403	346	10	223	476
24	38	412	158	469	213	395	157	102	59	186
25	60	104	160	399	218	475	165	420	47	486
26	234	22	359	417	278	83	72	66	178	211
27	209	12	29	306	219	408	354	129	23	92
28	206	315	305	143	302	149	410	489	368	398
29	413	227	181	89	454	342	9	480	325	253
30	174	445	105	370	481	303	298	176	497	1
31	225	468	261	210	184	18	482	238	256	400
32	207	17	363	326	376	293	161	86	229	243
33	95	199	16	421	126	78	361	125	44	116
34	331	30	401	201	81	366	190	168	103	140
35	470	496	99	2	53	233	404	344	464	230
36	259	356	462	364	294	90	416	440	433	388
37	353	197	447	345	88	85	392	182	28	169
38	286	228	347	248	208	427	224	455	152	100
39	318	254	34	171	266	434	309	387	36	419
40	284	139	277	262	367	202	495	491	479	3
41	77	351	418	437	7	332	258	98	130	430
42	144	246	222	51	467	58	357	19	383	321
43	43	128	215	65	456	498	429	477	336	97
44	478	216	226	473	251	231	122	435	82	257
45	94	156	448	319	281	31	71	135	21	64
46	20	343	493	365	183	192	422	5	25	235
47	374	173	487	137	61	193	42	132	79	110
48	196	377	106	11	220	390	300	68	350	407
49	441	311	80	386	295	172	442	134	*	
	0	1	2	3	4	5	6	7	8	9

$p = \mathbf{503},\ g = 5,\ p - 1 = 2 \cdot 251$

	N									
	0	1	2	3	4	5	6	7	8	9
0		5	25	125	122	107	32	160	297	479
1	383	406	18	90	450	238	184	417	73	365
2	316	71	355	266	324	111	52	260	294	464
3	308	31	155	272	354	261	299	489	433	153
4	262	304	11	55	275	369	336	171	352	251
5	249	239	189	442	198	487	423	103	12	60
6	300	494	458	278	384	411	43	215	69	345
7	216	74	370	341	196	477	373	356	271	349
8	236	174	367	326	121	102	7	35	175	372
9	351	246	224	114	67	335	166	327	126	127
10	132	157	282	404	8	40	200	497	473	353
11	256	274	364	311	46	230	144	217	79	395
12	466	318	81	405	13	65	325	116	77	385
13	416	68	340	191	452	248	234	164	317	76
14	380	391	446	218	84	420	88	440	188	437
15	173	362	301	499	483	403	3	15	75	375
16	366	321	96	480	388	431	143	212	54	270
17	344	211	49	245	219	89	445	213	59	295
18	469	333	156	277	379	386	421	93	465	313
19	56	280	394	461	293	459	283	409	33	165
20	322	101	2	10	50	250	244	214	64	320
21	91	455	263	309	36	180	397	476	368	331
22	146	227	129	142	207	29	145	222	104	17
23	85	425	113	62	310	41	205	19	95	475
24	363	306	21	105	22	110	47	235	169	342
25	201	502	498	478	378	381	396	471	343	206
26	24	120	97	485	413	53	265	319	86	430
27	138	187	432	148	237	179	392	451	243	209
28	39	195	472	348	231	149	242	204	14	70
29	350	241	199	492	448	228	134	167	332	151
30	252	254	264	314	61	305	16	80	400	491
31	443	203	9	45	225	119	92	460	288	434
32	158	287	429	133	162	307	26	130	147	232
33	154	267	329	136	177	382	401	496	468	328
34	131	152	257	279	389	436	168	337	176	377
35	376	371	346	221	99	495	463	303	6	30
36	150	247	229	139	192	457	273	359	286	424
37	108	37	185	422	98	490	438	178	387	426
38	118	87	435	163	312	51	255	269	339	186
39	427	123	112	57	285	419	83	415	63	315
40	66	330	141	202	4	20	100	500	488	428
41	128	137	182	407	23	115	72	360	291	449
42	233	159	292	454	258	284	414	58	290	444
43	208	34	170	347	226	124	117	82	410	38
44	190	447	223	109	42	210	44	220	94	470
45	338	181	402	501	493	453	253	259	289	439
46	183	412	48	240	194	467	323	106	27	135
47	172	357	276	374	361	296	474	358	281	399
48	486	418	78	390	441	193	462	298	484	408
49	28	140	197	482	398	481	393	456	268	334
50	161	302	1							
	0	1	2	3	4	5	6	7	8	9

	I									
	0	1	2	3	4	5	6	7	8	9
0		502	202	156	404	1	358	86	104	312
1	203	42	58	124	288	157	306	229	12	237
2	405	242	244	414	260	2	326	468	490	225
3	359	31	6	198	431	87	214	371	439	280
4	105	235	444	66	446	313	114	246	462	172
5	204	385	26	265	168	43	190	393	427	178
6	59	304	233	398	208	125	400	94	131	68
7	289	21	416	18	71	158	139	128	482	118
8	307	122	437	396	144	230	268	381	146	175
9	13	210	316	187	448	238	162	262	374	354
10	406	201	85	57	228	243	467	5	370	443
11	245	25	392	232	93	415	127	436	380	315
12	261	84	4	391	435	3	98	99	410	222
13	327	340	100	323	296	469	333	411	270	363
14	491	402	223	166	116	226	220	328	273	285
15	360	299	341	39	330	32	182	101	320	421
16	7	500	324	383	137	199	96	297	346	248
17	432	47	470	150	81	88	348	334	377	275
18	215	451	412	460	16	372	389	271	148	52
19	440	133	364	485	464	281	74	492	54	292
20	106	250	403	311	287	236	259	224	430	279
21	445	171	167	177	207	67	70	117	143	174
22	447	353	227	442	92	314	434	221	295	362
23	115	284	329	420	136	247	80	274	15	51
24	463	291	286	278	206	173	91	361	135	50
25	205	49	300	456	301	386	110	342	424	457
26	27	35	40	212	302	266	23	331	498	387
27	169	78	33	366	111	44	472	183	63	343
28	191	478	102	196	425	394	368	321	318	458
29	428	418	422	194	28	179	475	8	487	36
30	60	152	501	357	41	305	241	325	30	213
31	234	113	384	189	303	399	20	138	121	267
32	209	161	200	466	24	126	83	97	339	332
33	401	219	298	181	499	95	46	347	450	388
34	132	73	249	258	170	69	352	433	283	79
35	290	90	48	109	34	22	77	471	477	367
36	417	474	151	240	112	19	160	82	218	45
37	72	351	89	76	473	159	350	349	254	184
38	140	255	335	10	64	129	185	378	164	344
39	483	141	276	496	192	119	256	216	494	479
40	308	336	452	155	103	123	11	413	489	197
41	438	65	461	264	426	397	130	17	481	395
42	145	186	373	56	369	231	379	390	409	322
43	269	165	272	38	319	382	345	149	376	459
44	147	484	53	310	429	176	142	441	294	419
45	14	277	134	455	423	211	497	365	62	195
46	317	193	486	356	29	188	120	465	338	180
47	449	257	282	108	476	239	217	75	253	9
48	163	495	493	154	488	263	480	55	408	37
49	375	309	293	454	61	355	337	107	252	153
50	407	453	251							
	0	1	2	3	4	5	6	7	8	9

p = 503

I′	0	1	2	3	4	5	6	7	8	9
0	502	358	326	98	391	370	198	500	487	163
1	64	413	237	210	277	51	372	481	71	160
2	138	416	77	331	126	392	265	35	179	188
3	213	6	182	366	22	40	60	375	319	330
4	212	305	58	190	472	72	347	470	109	300
5	205	463	440	310	292	408	369	228	124	304
6	152	355	195	343	129	461	446	70	289	352
7	117	158	351	249	492	253	473	471	33	290
8	274	88	218	97	4	57	104	214	348	76
9	48	361	314	415	131	46	297	339	99	410
10	323	320	196	123	312	235	250	252	476	34
11	342	44	19	384	246	284	226	143	307	256
12	465	267	437	11	288	400	83	436	482	185
13	17	68	73	364	455	50	247	199	121	128
14	255	276	441	174	230	186	175	484	52	376
15	81	240	501	407	488	103	404	306	139	350
16	82	200	262	495	344	272	116	177	43	78
17	69	167	204	91	447	13	142	207	59	475
18	449	499	101	63	140	378	373	448	120	303
19	393	478	119	486	28	317	425	438	431	96
20	466	85	156	42	385	49	173	67	125	161
21	316	497	302	234	371	451	494	75	45	298
22	328	295	327	166	430	359	220	442	243	12
23	268	379	93	398	113	444	259	405	162	217
24	112	325	244	467	414	25	462	80	432	258
25	403	*	153	9	184	335	216	282	170	224
26	2	84	374	480	426	168	23	209	381	165
27	363	148	38	285	15	215	496	134	206	445
28	105	74	108	79	329	360	278	236	157	21
29	90	286	106	454	419	362	469	346	181	341
30	456	386	266	399	233	241	229	122	336	293
31	429	287	203	114	434	261	187	193	458	382
32	421	318	269	296	383	30	468	340	273	420
33	32	498	401	411	377	10	452	107	180	332
34	100	39	424	191	483	149	248	450	334	254
35	349	89	433	227	406	337	29	41	86	31
36	299	135	115	491	485	62	111	417	321	231
37	443	439	389	56	354	309	459	275	164	390
38	315	146	345	137	189	26	110	169	132	271
39	409	435	232	427	368	145	144	130	208	20
40	94	219	223	311	1	242	201	453	37	322
41	222	270	460	489	260	127	18	474	422	14
42	136	7	194	211	457	394	397	178	418	176
43	279	87	47	283	221	3	380	396	65	280
44	133	294	92	245	66	171	313	353	238	257
45	388	412	155	251	61	423	301	27	428	147
46	16	264	172	291	281	338	24	5	490	333
47	150	477	183	159	151	8	239	367	102	308
48	55	395	118	141	53	464	356	36	263	197
49	225	402	54	154	479	493	192	365	387	95
50	324	357	202							
	0	1	2	3	4	5	6	7	8	9

I″	0	1	2	3	4	5	6	7	8	9
0	251	404	260	435	84	467	31	421	475	253
1	335	123	229	175	419	274	460	130	416	112
2	399	289	34	266	466	245	385	457	194	356
3	325	359	330	78	109	27	487	408	272	341
4	35	357	203	168	111	218	95	432	90	205
5	135	15	148	484	492	480	373	85	42	178
6	36	454	365	183	10	438	444	207	131	170
7	67	18	45	132	281	217	89	22	169	283
8	247	150	160	126	261	201	358	431	81	351
9	290	173	442	232	400	499	199	83	3	98
10	340	182	478	155	86	280	292	337	282	48
11	386	366	240	234	313	362	166	70	482	192
12	188	138	307	103	58	208	24	415	139	64
13	397	94	388	440	277	361	420	383	20	158
14	184	483	176	117	396	395	381	459	271	345
15	470	474	60	252	493	452	202	288	71	473
16	19	209	238	9	378	269	223	171	265	387
17	258	445	462	206	143	146	429	167	427	28
18	338	298	32	472	254	129	145	316	29	384
19	43	343	496	317	422	62	102	489	6	137
20	161	406	502	312	172	50	278	177	398	267
21	13	423	40	30	87	275	256	239	82	401
22	226	434	410	402	259	490	116	353	57	306
23	144	369	392	304	213	105	287	12	448	476
24	151	305	405	228	242	443	114	136	346	73
25	106	453	107	75	349	140	119	449	249	236
26	414	315	162	488	461	26	302	121	230	322
27	411	389	165	328	80	377	141	14	286	430
28	439	464	257	433	115	273	291	311	124	68
29	79	463	54	309	441	221	323	96	219	360
30	49	456	212	189	59	41	157	118	479	375
31	53	403	104	446	92	380	210	195	321	38
32	101	368	409	100	500	241	2	222	220	284
33	39	23	339	469	348	255	308	355	465	97
34	327	299	110	63	164	382	297	46	88	350
35	159	72	69	447	374	61	486	501	1	225
36	285	91	295	270	133	497	33	477	394	56
37	5	214	16	186	262	37	149	334	185	231
38	436	268	319	324	113	204	301	498	450	372
39	379	4	25	190	425	481	437	426	233	303
40	125	332	491	250	156	237	354	153	55	390
41	99	333	451	11	244	93	21	367	428	294
42	329	320	418	455	342	196	264	393	458	310
43	224	198	248	352	314	391	127	122	197	371
44	52	142	227	370	235	279	66	174	187	180
45	347	215	336	407	293	134	300	424	318	376
46	412	65	246	51	485	120	200	243	326	296
47	47	77	44	76	417	179	108	471	191	494
48	263	17	128	344	147	364	193	8	154	413
49	468	363	74	495	216	163	276	211	331	181
50	7	152	*							
	0	1	2	3	4	5	6	7	8	9

$p = 509,\ g = 2,\ p - 1 = 2^2 \cdot 127$

N

	0	1	2	3	4	5	6	7	8	9
0		2	4	8	16	32	64	128	256	3
1	6	12	24	48	96	192	384	259	9	18
2	36	72	144	288	67	134	268	27	54	108
3	216	432	355	201	402	295	81	162	324	139
4	278	47	94	188	376	243	486	463	417	325
5	141	282	55	110	220	440	371	233	466	423
6	337	165	330	151	302	95	190	380	251	502
7	495	481	453	397	285	61	122	244	488	467
8	425	341	173	346	183	366	223	446	383	257
9	5	10	20	40	80	160	320	131	262	15
10	30	60	120	240	480	451	393	277	45	90
11	180	360	211	422	335	161	322	135	270	31
12	62	124	248	496	483	457	405	301	93	186
13	372	235	470	431	353	197	394	279	49	98
14	196	392	275	41	82	164	328	147	294	79
15	158	316	123	246	492	475	441	373	237	474
16	439	369	229	458	407	305	101	202	404	299
17	89	178	356	203	406	303	97	194	388	267
18	25	50	100	200	400	291	73	146	292	75
19	150	300	91	182	364	219	438	367	225	450
20	391	273	37	74	148	296	83	166	332	155
21	310	111	222	444	379	249	498	487	465	421
22	333	157	314	119	238	476	443	377	245	490
23	471	433	357	205	410	311	113	226	452	395
24	281	53	106	212	424	339	169	338	167	334
25	159	318	127	254	508	507	505	501	493	477
26	445	381	253	506	503	497	485	461	413	317
27	125	250	500	491	473	437	365	221	442	375
28	241	482	455	401	293	77	154	308	107	214
29	428	347	185	370	231	462	415	321	133	266
30	23	46	92	184	368	227	454	399	289	69
31	138	276	43	86	172	344	179	358	207	414
32	319	129	258	7	14	28	56	112	224	448
33	387	265	21	42	84	168	336	163	326	143
34	286	63	126	252	504	499	489	469	429	349
35	189	378	247	494	479	449	389	269	29	58
36	116	232	464	419	329	149	298	87	174	348
37	187	374	239	478	447	385	261	13	26	52
38	104	208	416	323	137	274	39	78	156	312
39	115	230	460	411	313	117	234	468	427	345
40	181	362	215	430	351	193	386	263	17	34
41	68	136	272	35	70	140	280	51	102	204
42	408	307	105	210	420	331	153	306	103	206
43	412	315	121	242	484	459	409	309	109	218
44	436	363	217	434	359	209	418	327	145	290
45	71	142	284	59	118	236	472	435	361	213
46	426	343	177	354	199	398	287	65	130	260
47	11	22	44	88	176	352	195	390	271	33
48	66	132	264	19	38	76	152	304	99	198
49	396	283	57	114	228	456	403	297	85	170
50	340	171	342	175	350	191	382	255	1	
	0	1	2	3	4	5	6	7	8	9

I

	0	1	2	3	4	5	6	7	8	9
0		508	1	9	2	90	10	323	3	18
1	91	470	11	377	324	99	4	408	19	483
2	92	332	471	300	12	180	378	27	325	358
3	100	119	5	479	409	413	20	202	484	386
4	93	143	333	312	472	108	301	41	13	138
5	181	417	379	241	28	52	326	492	359	453
6	101	75	120	341	6	467	480	24	410	309
7	414	450	21	186	203	189	485	285	387	149
8	94	36	144	206	334	498	313	367	473	170
9	109	192	302	128	42	65	14	176	139	488
10	182	166	418	428	380	422	242	288	29	438
11	53	211	327	236	493	390	360	395	454	223
12	102	432	76	152	121	270	342	252	7	321
13	468	97	481	298	25	117	411	384	310	39
14	415	50	451	339	22	448	187	147	204	365
15	190	63	486	426	286	209	388	221	150	250
16	95	115	37	337	145	61	207	248	335	246
17	499	501	314	82	368	503	474	462	171	316
18	110	400	193	84	303	292	129	370	43	350
19	66	505	15	405	177	476	140	135	489	464
20	183	33	167	173	419	233	429	318	381	445
21	423	112	243	459	289	402	30	442	439	195
22	54	277	212	86	328	198	237	305	494	162
23	391	294	361	57	396	131	455	158	224	372
24	103	280	433	45	77	228	153	352	122	215
25	271	68	343	262	253	507	8	89	322	17
26	469	376	98	407	482	331	299	179	26	357
27	118	478	412	201	385	142	311	107	40	137
28	416	240	51	491	452	74	340	466	23	308
29	449	185	188	284	148	35	205	497	366	169
30	191	127	64	175	487	165	427	421	287	437
31	210	235	389	394	222	431	151	269	251	320
32	96	297	116	383	38	49	338	447	146	364
33	62	425	208	220	249	114	336	60	247	245
34	500	81	502	461	315	399	83	291	369	349
35	504	404	475	134	463	32	172	232	317	444
36	111	458	401	441	194	276	85	197	304	161
37	293	56	130	157	371	279	44	227	351	214
38	67	261	506	88	16	375	406	330	178	356
39	477	200	141	106	136	239	490	73	465	307
40	184	283	34	496	168	126	174	164	420	436
41	234	393	430	268	319	296	382	48	446	363
42	424	219	113	59	244	80	460	398	290	348
43	403	133	31	231	443	457	440	275	196	160
44	55	156	278	226	213	260	87	374	329	355
45	199	105	238	72	306	282	495	125	163	435
46	392	267	295	47	362	218	58	79	397	347
47	132	230	456	274	159	155	225	259	373	354
48	104	71	281	124	434	266	46	217	78	346
49	229	273	154	258	353	70	123	265	216	345
50	272	257	69	264	344	256	263	255	254	
	0	1	2	3	4	5	6	7	8	9

$p = 509$

I′

	0	1	2	3	4	5	6	7	8	9
0	508	9	90	18	408	479	467	321	89	2
1	323	377	180	138	176	405	375	469	91	483
2	202	186	448	308	410	117	357	325	52	438
3	442	231	172	167	496	205	144	337	49	415
4	137	13	65	350	227	77	217	362	446	338
5	451	491	326	211	277	156	130	396	79	244
6	247	207	425	486	175	14	505	261	343	264
7	123	281	306	465	340	120	152	228	346	397
8	460	502	368	291	303	197	328	374	16	322
9	10	470	332	143	36	115	297	481	407	4
10	119	75	432	280	71	238	136	40	301	192
11	400	458	243	59	336	37	383	411	478	5
12	341	270	215	265	434	163	174	64	42	370
13	157	455	230	31	463	489	239	416	181	488
14	135	106	311	333	206	61	364	204	35	94
15	250	269	121	352	258	225	278	371	224	155
16	55	293	391	435	420	427	418	173	126	191
17	109	316	232	419	164	487	139	476	356	26
18	378	417	166	33	283	188	203	147	284	485
19	63	127	302	84	276	54	160	304	237	105
20	141	385	484	189	365	497	334	248	220	388
21	235	327	86	260	67	271	345	78	58	113
22	249	150	431	102	372	259	213	351	153	273
23	456	443	317	429	393	389	493	305	72	490
24	51	28	288	459	80	500	499	245	335	114
25	95	320	7	507	*	254	263	69	353	373
26	87	506	253	255	344	216	46	295	319	251
27	342	68	257	154	159	196	85	212	226	44
28	433	124	495	34	148	387	209	437	29	402
29	348	369	129	56	361	47	382	116	25	179
30	12	41	128	292	161	494	282	184	449	414
31	39	107	472	367	82	399	110	444	381	296
32	96	468	17	3	99	358	492	236	198	355
33	178	299	471	312	498	246	60	145	447	22
34	466	6	252	262	256	272	229	132	403	504
35	66	214	122	70	104	199	477	118	100	453
36	395	57	218	424	62	190	169	473	503	349
37	43	279	103	354	329	406	98	324	27	241
38	422	445	48	38	310	142	93	149	221	394
39	360	294	267	430	222	454	131	347	290	83
40	193	441	30	133	475	177	330	482	19	413
41	309	384	201	20	450	50	240	379	428	233
42	436	287	242	112	219	208	286	421	380	318
43	268	151	76	45	266	392	234	210	53	195
44	275	194	439	457	111	423	363	146	187	185
45	21	339	74	101	223	158	274	440	401	289
46	398	315	171	32	183	307	23	480	97	376
47	11	300	108	170	462	134	140	200	412	409
48	24	298	331	92	386	285	426	165	182	464
49	73	452	359	390	162	125	168	366	313	501
50	81	314	461	474	404	15	88	8	1	
	0	1	2	3	4	5	6	7	8	9

I″

	0	1	2	3	4	5	6	7	8	9
0	254	508	9	323	99	119	341	252	507	1
1	90	470	300	41	65	505	88	322	3	408
2	413	450	339	466	480	298	179	378	241	288
3	402	133	463	183	283	148	94	115	383	310
4	107	301	128	370	279	433	266	295	382	38
5	415	240	28	438	195	160	293	361	218	113
6	336	145	364	190	127	42	350	214	271	257
7	353	104	238	490	452	101	432	45	217	58
8	244	500	314	399	193	276	212	260	506	8
9	2	18	483	386	149	250	320	468	376	324
10	358	453	223	372	354	199	141	311	472	170
11	316	444	423	219	249	95	297	25	357	100
12	75	152	352	70	281	495	168	191	302	292
13	56	396	347	403	475	140	106	40	13	176
14	476	209	385	93	36	337	447	187	284	387
15	221	431	76	228	273	159	55	130	455	274
16	196	304	494	125	174	487	182	33	496	366
17	473	462	32	167	126	64	14	405	330	299
18	12	138	488	464	307	449	21	448	185	203
19	365	169	109	400	441	439	275	85	328	355
20	477	412	20	186	147	35	144	61	425	286
21	437	53	277	226	351	122	265	46	362	424
22	208	388	394	454	158	155	278	44	77	346
23	132	31	172	419	436	210	327	198	105	136
24	416	379	422	112	59	247	335	60	207	220
25	150	269	342	262	255	263	344	272	154	225
26	213	67	343	256	69	123	434	392	430	151
27	121	215	345	229	456	440	194	54	156	371
28	103	71	306	184	188	485	426	421	242	459
29	398	83	303	161	391	267	319	96	481	331
30	471	108	192	84	197	237	72	465	23	410
31	384	142	333	498	501	461	171	232	429	268
32	251	7	89	10	377	27	52	211	86	374
33	406	482	92	143	206	248	114	37	49	451
34	74	120	270	68	264	216	78	397	290	369
35	43	227	153	258	373	329	178	26	325	492
36	390	294	47	446	146	204	497	313	82	291
37	129	157	224	259	87	16	469	11	180	417
38	428	318	296	116	411	201	484	285	209	235
39	493	162	435	234	389	360	57	79	460	315
40	110	458	289	348	504	15	375	98	4	479
41	24	117	478	409	309	39	137	181	166	173
42	164	427	380	445	363	62	486	165	418	233
43	393	222	102	280	124	163	420	287	29	442
44	457	401	30	231	317	381	48	338	22	308
45	414	50	491	359	395	131	230	443	111	243
46	80	502	474	134	489	73	340	6	321	17
47	91	332	312	367	503	404	177	356	118	5
48	467	97	407	19	202	189	63	175	139	135
49	239	51	326	236	305	282	34	205	334	246
50	245	499	81	368	349	66	261	253	*	
	0	1	2	3	4	5	6	7	8	9

$p = 521, \; g = 3, \; p - 1 = 2^3 \cdot 5 \cdot 13$

N

	0	1	2	3	4	5	6	7	8	9
0		3	9	27	81	243	208	103	309	406
1	176	7	21	63	189	46	138	414	200	79
2	237	190	49	147	441	281	322	445	293	358
3	32	96	288	343	508	482	404	170	510	488
4	422	224	151	453	317	430	248	223	148	444
5	290	349	5	15	45	135	405	173	519	515
6	503	467	359	35	105	315	424	230	169	507
7	479	395	143	429	245	214	121	363	47	141
8	423	227	160	480	398	152	456	326	457	329
9	466	356	26	78	234	181	22	66	198	73
10	219	136	408	182	25	75	225	154	462	344
11	511	491	431	251	232	175	4	12	36	108
12	324	451	311	412	194	61	183	28	84	252
13	235	184	31	93	279	316	427	239	196	67
14	201	82	246	217	130	390	128	384	110	330
15	469	365	53	159	477	389	125	375	83	249
16	226	157	471	371	71	213	118	354	20	60
17	180	19	57	171	513	497	449	305	394	140
18	420	218	133	399	155	465	353	17	51	153
19	459	335	484	410	188	43	129	387	119	357
20	29	87	261	262	265	274	301	382	104	312
21	415	203	88	264	271	292	355	23	69	207
22	100	300	379	95	285	334	481	401	161	483
23	407	179	16	48	144	432	254	241	202	85
24	255	244	211	112	336	487	419	215	124	372
25	74	222	145	435	263	268	283	328	463	347
26	520	518	512	494	440	278	313	418	212	115
27	345	514	500	458	332	475	383	107	321	442
28	284	331	472	374	80	240	199	76	228	163
29	489	425	233	178	13	39	117	351	11	33
30	99	297	370	68	204	91	273	298	373	77
31	231	172	516	506	476	386	116	348	2	6
32	18	54	162	486	416	206	97	291	352	14
33	42	126	378	92	276	307	400	158	474	380
34	98	294	361	41	123	369	65	195	64	192
35	55	165	495	443	287	340	499	455	323	448
36	302	385	113	339	496	446	296	367	59	177
37	10	30	90	270	289	346	517	509	485	413
38	197	70	210	109	327	460	338	493	437	269
39	286	337	490	428	242	205	94	282	325	454
40	320	439	275	304	391	131	393	137	411	191
41	52	156	468	362	44	132	396	146	438	272
42	295	364	50	150	450	308	403	167	501	461
43	341	502	464	350	8	24	72	216	127	381
44	101	303	388	122	366	56	168	504	470	368
45	62	186	37	111	333	478	392	134	402	164
46	492	434	260	259	256	247	220	139	417	209
47	106	318	433	257	250	229	166	498	452	314
48	421	221	142	426	236	187	40	120	360	38
49	114	342	505	473	377	89	267	280	319	436
	0	1	2	3	4	5	6	7	8	9

I

	0	1	2	3	4	5	6	7	8	9
0		520	318	1	116	52	319	11	434	2
1	370	298	117	294	329	53	232	187	320	171
2	168	12	96	217	435	104	92	3	127	200
3	371	132	30	299	505	63	118	452	489	295
4	486	343	330	195	414	54	15	78	233	22
5	422	188	410	152	321	350	445	172	518	368
6	169	125	450	13	348	346	97	139	303	218
7	381	164	436	99	250	105	287	309	93	19
8	284	4	141	158	128	239	513	201	212	495
9	372	305	333	133	396	223	31	326	340	300
10	220	440	506	7	208	64	470	277	119	383
11	148	453	243	362	490	269	316	296	166	198
12	487	76	443	344	248	156	331	438	146	196
13	144	405	415	182	457	55	101	407	16	467
14	179	79	482	72	234	252	417	23	48	509
15	423	42	85	189	107	184	411	161	337	153
16	82	228	322	289	459	351	476	427	446	68
17	37	173	311	57	519	115	10	369	293	231
18	170	95	103	126	131	504	451	485	194	14
19	21	409	349	517	124	347	138	380	98	286
20	18	140	238	211	304	395	325	219	6	469
21	382	242	268	165	75	247	437	143	181	100
22	466	481	251	47	41	106	160	81	288	475
23	67	310	114	292	94	130	484	20	516	137
24	285	237	394	5	241	74	142	465	46	159
25	474	113	129	515	236	240	464	473	514	463
26	462	202	203	254	213	204	500	496	255	389
27	373	214	419	306	205	402	334	501	265	134
28	497	25	397	256	280	224	390	354	32	374
29	50	327	215	28	341	420	366	301	307	511
30	221	206	360	441	403	177	507	335	425	8
31	502	122	209	266	479	65	135	44	471	498
32	400	278	26	358	120	398	87	384	257	89
33	149	281	274	454	225	191	244	391	386	363
34	355	430	491	33	109	270	375	259	317	51
35	433	297	328	186	167	216	91	199	29	62
36	488	342	413	77	421	151	444	367	449	345
37	302	163	249	308	283	157	512	494	332	222
38	339	439	207	276	147	361	315	197	442	155
39	145	404	456	406	178	71	416	508	84	183
40	336	227	458	426	36	56	9	230	102	503
41	193	408	123	379	17	210	324	468	267	246
42	180	480	40	80	66	291	483	136	393	73
43	45	112	235	472	461	253	499	388	418	401
44	264	24	279	353	49	27	365	510	359	176
45	424	121	478	43	399	357	86	88	273	190
46	385	429	108	258	432	185	90	61	412	150
47	448	162	282	493	338	275	314	154	455	70
48	83	226	35	229	192	378	323	245	39	290
49	392	111	460	387	263	352	364	175	477	356
	0	1	2	3	4	5	6	7	8	9

p = 521

I′

	0	1	2	3	4	5	6	7	8	9
0	520	116	370	127	141	241	469	208	502	230
1	369	434	96	348	21	78	467	210	140	284
2	516	409	422	48	279	397	358	365	341	62
3	299	326	374	109	377	229	56	173	110	290
4	80	106	85	399	471	112	159	41	509	27
5	327	433	319	232	15	101	9	519	260	312
6	447	412	488	118	470	135	291	310	37	34
7	83	416	234	45	142	247	443	421	233	482
8	66	288	228	226	183	189	88	384	273	149
9	61	199	3	19	130	103	217	139	286	250
10	466	407	503	126	92	287	160	184	258	270
11	262	460	235	129	292	10	52	294	452	383
12	398	478	209	379	347	450	131	200	239	515
13	484	504	30	396	497	44	393	285	380	303
14	238	158	465	181	405	404	196	361	453	281
15	448	444	321	82	455	145	331	512	128	474
16	81	337	282	249	436	75	198	216	12	125
17	95	168	518	311	271	477	424	507	71	79
18	480	100	457	336	411	90	167	320	410	107
19	385	244	378	408	14	414	144	442	487	29
20	371	212	203	254	500	402	360	276	64	266
21	324	304	495	204	419	28	91	435	381	6
22	440	206	339	31	390	191	35	458	322	192
23	102	170	187	22	252	472	240	394	211	513
24	464	74	268	362	391	39	180	437	156	308
25	105	47	417	499	213	389	280	89	432	317
26	*	58	174	352	24	134	479	246	165	316
27	375	59	428	190	454	314	147	119	26	353
28	224	274	493	157	4	237	18	309	475	459
29	392	483	94	231	329	486	166	328	117	505
30	220	307	163	218	395	333	205	511	283	93
31	114	57	376	69	154	197	296	51	1	11
32	171	350	289	245	468	219	340	215	186	53
33	195	438	222	133	501	425	227	153	275	439
34	300	420	413	330	248	302	97	138	346	517
35	445	476	364	49	32	430	272	86	120	176
36	441	315	490	355	175	510	301	449	169	293
37	298	132	305	214	50	259	261	38	323	17
38	98	164	242	148	257	429	363	263	418	373
39	354	386	111	73	5	325	223	256	87	357
40	278	264	334	177	456	415	178	16	123	349
41	152	161	150	77	54	182	508	23	401	306
42	366	151	188	42	121	8	36	446	431	108
43	491	60	185	297	2	104	99	143	146	207
44	506	403	155	344	367	172	68	492	162	345
45	13	485	489	243	225	70	406	55	426	351
46	387	253	202	462	473	46	481	179	267	382
47	277	498	461	514	113	67	427	356	43	65
48	40	251	72	136	20	194	343	76	342	295
49	269	33	313	338	332	372	255	25	400	388
	0	1	2	3	4	5	6	7	8	9

I″

	0	1	2	3	4	5	6	7	8	9
0	260	318	434	92	284	394	219	506	425	56
1	115	319	168	450	194	54	407	379	286	93
2	484	14	233	417	264	497	278	49	215	199
3	132	223	354	491	69	226	426	68	377	245
4	480	47	423	478	135	73	465	251	23	353
5	374	317	116	329	414	457	36	311	261	271
6	431	90	29	505	208	479	80	475	446	313
7	455	178	482	393	241	165	487	413	15	179
8	40	160	153	70	508	42	357	398	86	257
9	185	216	104	309	292	170	12	346	380	436
10	181	55	230	95	435	250	41	189	429	33
11	38	392	45	474	310	519	1	298	63	277
12	358	424	502	408	517	169	103	3	158	113
13	94	126	371	333	265	65	483	516	347	97
14	18	4	74	437	196	155	438	276	383	89
15	412	421	410	337	314	442	248	283	141	46
16	106	411	448	302	381	268	296	186	171	368
17	231	320	445	37	262	364	359	403	406	467
18	246	143	415	84	107	432	328	232	422	85
19	273	225	229	503	485	330	146	315	166	91
20	127	513	462	202	213	306	221	439	7	122
21	17	238	201	254	373	327	167	96	303	325
22	300	511	332	396	280	454	83	336	82	35
23	9	293	53	78	72	112	515	285	140	128
24	236	5	382	453	191	323	267	75	344	163
25	99	481	234	461	203	496	397	384	108	375
26	58	376	110	387	401	501	209	468	242	490
27	109	174	356	88	281	338	207	470	400	24
28	256	149	162	308	19	137	98	105	81	322
29	39	66	114	369	117	489	316	433	370	30
30	340	366	345	139	211	372	419	301	249	287
31	67	173	59	492	275	361	269	259	520	52
32	187	152	228	378	210	395	31	50	297	294
33	343	156	494	305	402	507	183	161	493	222
34	326	28	488	486	443	449	348	124	13	409
35	321	459	263	279	390	363	477	399	26	510
36	206	147	243	386	352	27	420	444	518	10
37	2	200	495	389	32	270	312	34	192	123
38	138	218	469	119	87	190	391	460	499	255
39	224	244	290	136	237	304	133	25	120	43
40	498	418	205	441	145	144	456	101	193	21
41	188	184	61	342	195	405	71	252	388	214
42	341	77	22	509	176	335	458	476	272	385
43	355	428	258	51	11	217	164	247	331	339
44	220	360	197	76	151	350	427	60	150	367
45	125	504	118	148	274	154	404	182	227	289
46	111	472	463	514	240	142	100	16	324	6
47	64	44	235	464	159	288	351	175	121	266
48	180	466	79	291	130	451	295	198	62	452
49	362	430	447	282	512	212	500	134	471	253
	0	1	2	3	4	5	6	7	8	9

p = 521 (Fortsetzung)

N

	0	1	2	3	4	5	6	7	8	9
50	266	277	310	409	185	34	102	306	397	149
51	447	299	376	86	258	253	238	193	58	174
52	1									

I

	0	1	2	3	4	5	6	7	8	9
50	272	428	431	60	447	492	313	69	34	377
51	38	110	262	174	271	59	312	376	261	58
52	260									

p = 523, g = 2, $p - 1 = 2 \cdot 3^2 \cdot 29$

N

	0	1	2	3	4	5	6	7	8	9
0		2	4	8	16	32	64	128	256	512
1	501	479	435	347	171	342	161	322	121	242
2	484	445	367	211	422	321	119	238	476	429
3	335	147	294	65	130	260	520	517	511	499
4	475	427	331	139	278	33	66	132	264	5
5	10	20	40	80	160	320	117	234	468	413
6	303	83	166	332	141	282	41	82	164	328
7	133	266	9	18	36	72	144	288	53	106
8	212	424	325	127	254	508	493	463	403	283
9	43	86	172	344	165	330	137	274	25	50
10	100	200	400	277	31	62	124	248	496	469
11	415	307	91	182	364	205	410	297	71	142
12	284	45	90	180	360	197	394	265	7	14
13	28	56	112	224	448	373	223	446	369	215
14	430	337	151	302	81	162	324	125	250	500
15	477	431	339	155	310	97	194	388	253	506
16	489	455	387	251	502	481	439	355	187	374
17	225	450	377	231	462	401	279	35	70	140
18	280	37	74	148	296	69	138	276	29	58
19	116	232	464	405	287	51	102	204	408	293
20	63	126	252	504	485	447	371	219	438	353
21	183	366	209	418	313	103	206	412	301	79
22	158	316	109	218	436	349	175	350	177	354
23	185	370	217	434	345	167	334	145	290	57
24	114	228	456	389	255	510	497	471	419	315
25	107	214	428	333	143	286	49	98	196	392
26	261	522	521	519	515	507	491	459	395	267
27	11	22	44	88	176	352	181	362	201	402
28	281	39	78	156	312	101	202	404	285	47
29	94	188	376	229	458	393	263	3	6	12
30	24	48	96	192	384	245	490	457	391	259
31	518	513	503	483	443	363	203	406	289	55
32	110	220	440	357	191	382	241	482	441	359
33	195	390	257	514	505	487	451	379	235	470
34	417	311	99	198	396	269	15	30	60	120
35	240	480	437	351	179	358	193	386	249	498
36	473	423	323	123	246	492	461	399	275	27
37	54	108	216	432	341	159	318	113	226	452
38	381	239	478	433	343	163	326	129	258	516
39	509	495	467	411	299	75	150	300	77	154
	0	1	2	3	4	5	6	7	8	9

I

	0	1	2	3	4	5	6	7	8	9
0		522	1	297	2	49	298	128	3	72
1	50	270	299	506	129	346	4	420	73	464
2	51	425	271	410	300	98	507	369	130	188
3	347	104	5	45	421	177	74	181	465	281
4	52	66	426	90	272	121	411	289	301	256
5	99	195	508	78	370	319	131	239	189	453
6	348	435	105	200	6	33	46	503	422	185
7	178	118	75	432	182	395	466	398	282	219
8	53	144	67	61	427	469	91	485	273	494
9	122	112	412	401	290	513	302	155	257	342
10	100	285	196	215	509	474	79	250	371	222
11	320	478	132	377	240	459	190	56	454	26
12	349	18	436	363	106	147	201	83	7	387
13	34	520	47	70	504	418	423	96	186	43
14	179	64	119	254	76	237	433	31	183	430
15	396	142	467	492	399	153	283	472	220	375
16	54	16	145	385	68	94	62	235	428	490
17	470	14	92	488	486	226	274	228	495	354
18	123	276	113	210	413	230	402	168	291	497
19	514	324	303	356	156	330	258	125	343	407
20	101	278	286	316	197	115	216	482	510	212
21	475	23	80	415	251	139	372	232	223	207
22	321	404	479	136	133	170	378	445	241	293
23	460	173	191	499	57	338	455	516	27	381
24	350	326	19	441	437	305	364	448	107	358
25	148	163	202	158	84	244	8	332	388	309
26	35	260	521	296	48	127	71	269	505	345
27	419	463	424	409	97	368	187	103	44	176
28	180	280	65	89	120	288	255	194	77	318
29	238	452	434	199	32	502	184	117	431	394
30	397	218	143	60	468	484	493	111	400	512
31	154	341	284	214	473	249	221	477	376	458
32	55	25	17	362	146	82	386	519	69	417
33	95	42	63	253	236	30	429	141	491	152
34	471	374	15	384	93	234	489	13	487	225
35	227	353	275	209	229	167	496	323	355	329
36	124	406	277	315	114	481	211	22	414	138
37	231	206	403	135	169	444	292	172	498	337
38	515	380	325	440	304	447	357	162	157	243
39	331	308	259	295	126	268	344	462	408	367
	0	1	2	3	4	5	6	7	8	9

p = 521

	I'										I''									
	0	1	2	3	4	5	6	7	8	9	0	1	2	3	4	5	6	7	8	9
50	496	265	122	193	451	63	7	335	84	423	204	334	8	102	131	299	440	177	416	48
51	359	221	494	201	463	236	137	124	368	115	365	307	157	239	473	129	20	349	172	57
52	318										*									

p = 523

	I'									
	0	1	2	3	4	5	6	7	8	9
0	522	297	49	72	420	45	33	387	332	311
1	164	351	224	487	92	384	145	362	436	441
2	204	137	414	80	361	17	349	381	150	140
3	429	183	502	46	520	260	262	310	9	149
4	28	252	63	179	176	421	503	70	127	298
5	270	425	66	144	16	25	454	338	109	483
6	468	427	235	253	119	89	426	61	94	417
7	504	269	50	464	181	432	237	318	370	250
8	415	518	386	7	244	390	449	192	287	120
9	272	485	488	234	62	42	186	368	507	195
10	285	278	175	44	5	200	147	358	246	339
11	511	400	412	210	481	216	393	431	75	254
12	288	411	112	276	406	343	268	71	3	346
13	188	239	377	170	443	169	133	205	231	372
14	151	491	467	60	67	385	82	201	163	10
15	382	373	471	283	341	257	330	243	84	265
16	306	242	157	202	312	327	322	496	291	444
17	378	336	498	191	87	279	180	74	118	64
18	280	465	395	430	117	178	43	103	347	453
19	56	499	450	317	77	508	215	115	501	32
20	6	83	158	334	442	134	403	321	166	229
21	413	22	475	248	473	509	482	59	143	53
22	375	477	320	207	352	227	274	353	495	167
23	402	206	223	12	489	428	30	433	452	189
24	459	293	307	331	8	38	359	456	476	221
25	371	139	29	236	76	194	99	342	125	295
26	521	*	261	36	389	85	365	461	344	505
27	299	410	121	494	228	209	113	315	286	88
28	65	52	219	472	214	196	316	193	255	301
29	513	497	172	460	267	126	48	2	128	506
30	98	256	155	356	447	364	266	294	259	35
31	263	333	203	20	480	114	197	451	238	131
32	478	404	328	355	303	440	19	313	405	124
33	258	308	388	264	159	438	379	515	455	247
34	213	284	100	407	462	419	4	104	435	18
35	326	165	208	275	123	329	156	162	148	39
36	517	81	146	106	448	86	174	102	187	130
37	319	222	232	383	15	54	458	240	445	439
38	325	350	11	233	93	68	519	34	309	37
39	245	108	58	217	397	466	142	218	282	153
	0	1	2	3	4	5	6	7	8	9

	I''									
	0	1	2	3	4	5	6	7	8	9
0	261	522	297	128	346	104	200	83	244	38
1	149	382	233	489	470	374	54	25	349	326
2	313	480	211	475	457	55	454	516	40	252
3	236	433	199	6	387	309	263	389	245	359
4	517	416	95	186	103	5	33	520	296	2
5	72	464	281	219	375	458	190	499	392	217
6	143	67	94	42	179	280	52	144	385	519
7	47	127	3	420	177	118	254	194	508	474
8	23	361	146	201	158	265	365	174	279	65
9	426	469	14	384	68	417	423	409	300	256
10	342	407	367	187	347	435	363	448	391	58
11	483	493	122	276	315	197	501	184	178	64
12	89	272	494	354	329	258	295	48	298	506
13	369	319	478	136	205	403	479	21	414	251
14	29	429	396	218	53	16	362	106	358	39
15	28	140	491	399	512	302	356	162	202	334
16	438	446	357	148	10	351	208	229	402	135
17	133	443	292	460	366	102	44	421	185	43
18	176	74	432	31	502	422	96	368	130	239
19	459	173	87	287	255	99	285	316	451	434
20	105	147	163	312	20	137	231	223	352	275
21	113	481	510	340	284	196	115	393	397	282
22	472	249	371	232	12	487	486	225	274	209
23	413	138	372	383	93	62	253	76	318	131
24	377	445	161	157	84	390	108	339	213	473
25	79	415	41	63	119	288	301	155	330	308
26	35	262	36	310	333	159	306	294	126	71
27	50	425	90	485	226	353	123	406	101	175
28	180	465	398	153	341	100	278	88	120	411
29	401	168	444	241	307	259	521	1	49	270
30	410	289	513	324	440	437	160	242	331	388
31	37	9	164	327	405	277	286	193	77	370
32	222	207	166	496	514	380	350	165	322	355
33	156	243	8	311	203	442	171	498	57	109
34	511	154	257	125	268	505	129	188	453	26
35	381	11	224	227	495	323	303	447	107	246
36	456	24	17	436	305	266	461	408	97	507
37	78	250	139	151	471	220	477	132	170	336
38	515	27	150	373	15	145	82	7	332	264
39	85	449	500	116	431	182	430	394	466	492
	0	1	2	3	4	5	6	7	8	9

p = **523** (Fortsetzung)

	N											I									
	0	1	2	3	4	5	6	7	8	9		0	1	2	3	4	5	6	7	8	9
40	308	93	186	372	221	442	361	199	398	273	40	102	175	279	88	287	193	317	451	198	501
41	23	46	92	184	368	213	426	329	135	270	41	116	393	217	59	483	110	511	340	213	248
42	17	34	68	136	272	21	42	84	168	336	42	476	457	24	361	81	518	416	41	252	29
43	149	298	73	146	292	61	122	244	488	453	43	140	151	373	383	233	12	224	352	208	166
44	383	243	486	449	375	227	454	385	247	494	44	322	328	405	314	480	21	137	205	134	443
45	465	407	291	59	118	236	472	421	319	115	45	171	336	379	439	446	161	242	307	294	267
46	230	460	397	271	19	38	76	152	304	85	46	461	366	174	87	192	450	500	392	58	109
47	170	340	157	314	105	210	420	317	111	222	47	339	247	456	360	517	40	28	150	382	11
48	444	365	207	414	305	87	174	348	173	346	48	351	165	327	313	20	204	442	335	438	160
49	169	338	153	306	89	178	356	189	378	233	49	306	266	365	86	449	391	108	246	359	39
50	466	409	295	67	134	268	13	26	52	104	50	149	10	164	312	203	334	159	265	85	390
51	208	416	309	95	190	380	237	474	425	327	51	245	38	9	311	333	264	389	37	310	263
52	131	262	1								52	36	262	261							

p = **541**, g = 2, $p - 1 = 2^2 \cdot 5 \cdot 3^3$

	N											I									
	0	1	2	3	4	5	6	7	8	9		0	1	2	3	4	5	6	7	8	9
0		2	4	8	16	32	64	128	256	512	0		540	1	104	2	496	105	258	3	208
1	483	425	309	77	154	308	75	150	300	59	1	497	295	106	133	259	60	4	99	209	218
2	118	236	472	403	265	530	519	497	453	365	2	498	362	296	188	107	452	134	312	260	279
3	189	378	215	430	319	97	194	388	235	470	3	61	430	5	399	100	214	210	199	219	237
4	399	257	514	487	433	325	109	218	436	331	4	499	140	363	76	297	164	189	82	108	516
5	121	242	484	427	313	85	170	340	139	278	5	453	203	135	68	313	251	261	322	280	19
6	15	30	60	120	240	480	419	297	53	106	6	62	335	431	466	6	89	400	223	101	292
7	212	424	307	73	146	292	43	86	172	344	7	215	309	211	73	200	16	220	13	238	388
8	147	294	47	94	188	376	211	422	303	65	8	500	416	141	241	364	55	77	383	298	423
9	130	260	520	499	457	373	205	410	279	17	9	165	391	190	534	83	174	109	35	517	503
10	34	68	136	272	3	6	12	24	48	96	10	454	524	204	448	136	318	69	419	314	46
11	192	384	227	454	367	193	386	231	462	383	11	252	303	262	151	323	144	281	341	20	357
12	225	450	359	177	354	167	334	127	254	508	12	63	50	336	244	432	408	467	127	7	180
13	475	409	277	13	26	52	104	208	416	291	13	90	367	401	476	224	268	102	256	293	58
14	41	82	164	328	115	230	460	379	217	434	14	216	186	310	428	212	235	74	80	201	249
15	327	113	226	452	363	185	370	199	398	255	15	17	464	221	307	14	386	239	381	389	172
16	510	479	417	293	45	90	180	360	179	358	16	501	446	417	301	142	355	242	125	365	266
17	175	350	159	318	95	190	380	219	438	335	17	56	426	78	462	384	170	299	123	424	168
18	129	258	516	491	441	341	141	282	23	46	18	166	437	392	439	191	155	535	394	84	30
19	92	184	368	195	390	239	478	415	289	37	19	175	441	110	115	36	193	518	349	504	157
20	74	148	296	51	102	204	408	275	9	18	20	455	327	525	537	205	96	449	396	137	513
21	36	72	144	288	35	70	140	280	19	38	21	319	86	70	413	420	32	315	148	47	177
22	76	152	304	67	134	268	536	531	521	501	22	253	232	304	443	263	120	152	112	324	510
23	461	381	221	442	343	145	290	39	78	156	23	145	117	282	285	342	38	21	492	358	195
24	312	83	166	332	123	246	492	443	345	149	24	64	288	51	520	337	472	245	351	433	345
25	298	55	110	220	440	339	137	274	7	14	25	409	506	468	483	128	159	8	41	181	457
26	28	56	112	224	448	355	169	338	135	270	26	91	487	368	329	402	24	477	527	225	373
27	540	539	537	533	525	509	477	413	285	29	27	269	539	103	495	257	207	294	132	59	98
28	58	116	232	464	387	233	466	391	241	482	28	217	361	187	451	311	278	429	398	213	198
29	423	305	69	138	276	11	22	44	88	176	29	236	139	75	163	81	515	202	67	250	321
	0	1	2	3	4	5	6	7	8	9		0	1	2	3	4	5	6	7	8	9

p = **523**

	I′										I″										
	0	1	2	3	4	5	6	7	8	9		0	1	2	3	4	5	6	7	8	9
40	512	290	168	135	479	314	277	101	367	97	40	111	412	230	206	321	328	124	343	462	424
41	300	289	401	230	138	251	41	95	423	463	41	271	121	112	210	22	80	518	69	504	345
42	73	177	185	96	409	271	90	469	490	141	42	4	45	503	418	463	51	66	61	235	30
43	396	394	182	31	199	105	363	305	160	446	43	183	117	75	237	452	348	18	441	335	379
44	304	437	335	171	292	241	161	357	107	391	44	325	19	204	134	169	378	439	304	364	86
45	500	198	434	348	26	516	360	24	55	190	45	192	317	238	189	56	338	247	476	376	240
46	173	366	408	424	51	281	398	492	484	91	46	293	267	344	419	73	181	395	142	60	427
47	14	374	220	249	79	23	457	376	132	136	47	490	152	283	214	509	212	248	221	320	404
48	21	211	510	110	493	273	226	225	486	13	48	314	114	216	59	468	91	488	13	92	234
49	470	152	399	111	122	354	323	514	337	57	49	428	141	467	484	273	228	167	291	172	191
50	392	116	184	422	418	345	129	369	78	474	50	450	198	32	46	70	269	299	98	195	215
51	212	340	154	302	324	380	27	40	416	69	51	482	110	400	290	497	337	455	360	81	386
52	47	296	1								52	34	260	*							

p = **541**

	I′										I″										
	0	1	2	3	4	5	6	7	8	9		0	1	2	3	4	5	6	7	8	9
0	540	104	496	208	99	399	89	180	41	530	0	270	540	104	258	60	430	466	127	159	331
1	52	414	387	238	386	12	220	464	334	62	1	289	71	15	220	307	72	200	249	321	280
2	357	492	371	526	477	227	92	346	113	440	2	341	38	485	328	402	376	458	434	153	393
3	175	147	315	522	502	517	193	491	21	485	3	84	412	420	532	173	109	115	284	342	481
4	456	181	404	338	149	302	252	177	406	243	4	158	8	530	521	316	418	314	148	339	356
5	336	520	531	421	382	77	426	185	216	98	5	63	288	10	414	240	364	266	255	293	132
6	4	430	335	50	288	332	320	250	313	419	6	259	279	19	357	195	161	514	202	135	318
7	413	11	15	200	80	163	297	383	462	248	7	86	290	308	211	235	139	363	55	426	234
8	201	515	108	174	30	412	70	290	222	400	8	74	163	189	534	394	512	319	333	465	6
9	367	487	228	410	511	395	449	360	217	209	9	180	457	26	346	325	536	205	131	59	4
10	214	292	256	495	2	258	133	452	516	35	10	399	223	268	539	1	496	295	188	82	174
11	115	509	324	347	192	36	284	282	508	111	11	441	119	152	28	440	110	509	145	230	442
12	152	435	167	424	265	365	179	7	159	275	12	263	460	169	299	354	242	407	467	483	370
13	359	97	59	259	312	68	318	513	162	75	13	493	206	294	106	452	203	448	396	197	236
14	363	241	355	340	281	117	230	176	47	339	14	499	416	301	150	323	510	411	31	315	44
15	143	323	112	28	393	535	326	455	40	8	15	302	262	120	435	438	191	348	504	482	128
16	331	65	514	81	189	391	437	436	166	122	16	275	196	138	75	297	423	168	122	424	461
17	299	445	501	34	109	441	231	253	474	366	17	384	380	389	533	83	30	147	47	406	126
18	90	457	377	246	233	427	310	451	107	82	18	7	41	404	473	254	57	216	361	296	164
19	534	155	348	518	287	64	161	138	236	219	19	391	439	114	36	491	358	276	397	213	210
20	16	249	67	135	448	96	131	294	497	218	20	73	80	515	453	524	537	494	257	3	99
21	199	73	235	198	210	309	186	361	498	237	21	214	309	428	398	100	292	58	98	209	199
22	13	307	291	101	268	373	272	478	488	507	22	16	464	88	400	476	527	375	25	92	410
23	118	442	304	247	79	74	139	499	388	381	23	146	176	253	184	427	212	198	219	13	386
24	54	364	125	407	432	351	378	305	463	17	24	415	141	355	49	336	472	183	233	79	201
25	321	261	303	232	184	57	293	207	3	60	25	67	313	46	177	474	267	102	495	105	133
26	279	322	151	120	460	425	56	255	102	539	26	312	251	303	443	353	124	365	475	224	373
27	*	270	374	528	330	160	196	397	429	61	27	271	374	226	478	369	129	359	450	311	260
28	19	341	285	490	37	342	470	519	51	10	28	322	144	117	508	116	282	490	194	64	332
29	71	308	215	58	132	106	188	164	423	123	29	87	222	101	256	207	497	362	76	383	170
	0	1	2	3	4	5	6	7	8	9		0	1	2	3	4	5	6	7	8	9

p = **541** (Fortsetzung)

	N										I										
	0	1	2	3	4	5	6	7	8	9		0	1	2	3	4	5	6	7	8	9
30	352	163	326	111	222	444	347	153	306	71	30	18	334	465	88	222	291	308	72	15	12
31	142	284	27	54	108	216	432	323	105	210	31	387	415	240	54	382	422	390	533	173	34
32	420	299	57	114	228	456	371	201	402	263	32	502	523	447	317	418	45	302	150	143	340
33	526	511	481	421	301	61	122	244	488	435	33	356	49	243	407	126	179	366	475	267	255
34	329	117	234	468	395	249	498	455	369	197	34	57	185	427	234	79	248	463	306	385	380
35	394	247	494	447	353	165	330	119	238	476	35	171	445	300	354	124	265	425	461	169	122
36	411	281	21	42	84	168	336	131	262	524	36	167	436	438	154	393	29	440	114	192	348
37	507	473	405	269	538	535	529	517	493	445	37	156	326	536	95	395	512	85	412	31	147
38	349	157	314	87	174	348	155	310	79	158	38	176	231	442	119	111	509	116	284	37	491
39	316	91	182	364	187	374	207	414	287	33	39	194	287	519	471	350	344	505	482	158	40
40	66	132	264	528	515	489	437	333	125	250	40	456	486	328	23	526	372	538	494	206	131
41	500	459	377	213	426	311	81	162	324	107	41	97	360	450	277	397	197	138	162	514	66
42	214	428	315	89	178	356	171	342	143	286	42	320	333	87	290	71	11	414	53	421	532
43	31	62	124	248	496	451	361	181	362	183	43	33	522	316	44	149	339	48	406	178	474
44	366	191	382	223	446	351	161	322	103	206	44	254	184	233	247	305	379	444	353	264	460
45	412	283	25	50	100	200	400	259	518	495	45	121	435	153	28	113	347	325	94	511	411
46	449	357	173	346	151	302	63	126	252	504	46	146	230	118	508	283	490	286	470	343	481
47	467	393	245	490	439	337	133	266	532	523	47	39	485	22	371	493	130	359	276	196	161
48	505	469	397	253	506	471	401	261	522	503	48	65	332	289	10	52	531	521	43	338	405
49	465	389	237	474	407	273	5	10	20	40	49	473	183	246	378	352	459	434	27	346	93
50	80	160	320	99	198	396	251	502	463	385	50	410	229	507	489	469	480	484	370	129	275
51	229	458	375	209	418	295	49	98	196	392	51	160	331	9	530	42	404	182	377	458	26
52	243	486	431	321	101	202	404	267	534	527	52	92	228	488	479	369	274	330	529	403	376
53	513	485	429	317	93	186	372	203	406	271	53	25	227	478	273	528	375	226	272	374	271
54	1										54	270									

p = **547**, g = 2, p − 1 = 2 · 3 · 7 · 13

	N										I										
	0	1	2	3	4	5	6	7	8	9		0	1	2	3	4	5	6	7	8	9
0		2	4	8	16	32	64	128	256	512	0		546	1	429	2	179	430	103	3	312
1	477	407	267	534	521	495	443	339	131	262	1	180	70	431	286	104	62	4	151	313	230
2	524	501	455	363	179	358	169	338	129	258	2	181	532	71	293	432	358	287	195	105	318
3	516	485	423	299	51	102	204	408	269	538	3	63	303	5	499	152	282	314	487	231	169
4	529	511	475	403	259	518	489	431	315	83	4	182	91	533	145	72	491	294	266	433	206
5	166	332	117	234	468	389	231	462	377	207	5	359	34	288	244	196	249	106	113	319	511
6	414	281	15	30	60	120	240	480	413	279	6	64	235	304	415	6	465	500	340	153	176
7	11	22	44	88	176	352	157	314	81	162	7	283	529	315	484	488	241	232	173	170	327
8	324	101	202	404	261	522	497	447	347	147	8	183	78	92	49	534	330	146	201	73	129
9	294	41	82	164	328	109	218	436	325	103	9	492	389	295	186	267	409	434	398	207	382
10	206	412	277	7	14	28	56	112	224	448	10	360	81	35	99	289	165	245	525	197	95
11	349	151	302	57	114	228	456	365	183	366	11	250	370	107	134	114	472	320	52	512	254
12	185	370	193	386	225	450	353	159	318	89	12	65	140	236	520	305	537	416	440	7	28
13	178	356	165	330	113	226	452	357	167	334	13	466	18	501	333	341	374	154	544	177	310
14	121	242	484	421	295	43	86	172	344	141	14	284	149	530	356	316	497	485	89	489	204
15	282	17	34	68	136	272	544	541	535	523	15	242	111	233	463	174	482	171	76	328	127
16	499	451	355	163	326	105	210	420	293	39	16	184	396	79	163	93	132	50	138	535	26
17	78	156	312	77	154	308	69	138	276	5	17	331	542	147	495	202	461	74	394	130	24
18	10	20	40	80	160	320	93	186	372	197	18	493	392	390	118	296	120	187	221	268	298
19	394	241	482	417	287	27	54	108	216	432	19	410	404	435	122	399	348	208	189	383	476

p = 541

	I' 0	1	2	3	4	5	6	7	8	9		I'' 0	1	2	3	4	5	6	7	8	9
30	354	142	150	262	443	379	385	14	72	211	30	445	417	45	252	232	247	463	221	291	215
31	428	278	260	251	46	148	44	418	69	86	31	186	451	134	68	419	32	522	447	136	513
32	333	18	280	144	510	94	536	525	23	402	32	66	250	261	151	112	347	156	455	486	368
33	529	9	289	87	465	431	244	472	405	48	33	274	160	65	320	18	62	50	520	43	149
34	356	20	38	481	505	409	93	325	156	504	34	143	281	285	470	350	433	27	113	192	518
35	344	433	459	264	124	242	49	63	195	276	35	471	245	378	444	300	142	340	20	492	130
36	450	187	296	76	55	266	475	401	329	274	36	97	217	498	140	241	125	179	90	487	479
37	129	493	538	269	271	226	25	458	352	444	37	484	22	526	225	272	528	403	182	246	305
38	171	389	422	298	170	380	239	415	500	172	38	385	239	54	77	462	306	14	12	238	381
39	533	190	439	29	84	512	137	197	213	100	39	422	165	437	154	535	95	449	277	429	5
40	223	476	24	376	182	473	178	126	467	506	40	89	367	329	529	42	338	48	243	432	345
41	229	146	31	420	53	240	141	301	45	314	41	93	511	85	70	11	387	500	446	317	69
42	32	532	390	165	168	461	78	234	212	398	42	413	53	382	298	123	265	56	185	310	278
43	5	466	408	345	27	153	438	392	154	191	43	61	335	244	351	459	121	167	166	436	392
44	114	110	119	263	353	300	417	317	136	396	44	29	175	231	304	379	171	501	523	204	96
45	277	311	134	203	524	327	486	91	26	434	45	360	187	107	516	503	157	40	181	377	352
46	121	169	384	306	221	88	6	127	483	480	46	264	425	78	248	17	334	431	408	506	489
47	343	350	245	183	254	267	224	527	273	369	47	286	519	337	405	178	366	401	24	227	488
48	484	39	158	128	370	22	328	368	479	469	48	469	343	505	468	480	39	456	91	228	507
49	286	194	358	130	206	257	105	295	362	140	49	283	37	21	371	538	103	2	208	218	237
50	416	446	523	454	157	482	468	489	283	116	50	388	172	34	517	349	344	409	229	118	111
51	145	411	85	319	66	202	453	503	349	471	51	324	94	395	137	162	81	108	35	193	287
52	337	43	316	447	204	537	372	225	375	403	52	51	531	33	502	454	327	23	477	273	330
53	42	521	33	173	83	394	95	205	494	103	53	9	52	421	390	190	155	326	525	372	269
54	1										54	*									

p = 547

	I' 0	1	2	3	4	5	6	7	8	9		I'' 0	1	2	3	4	5	6	7	8	9
0	546	429	179	312	151	499	465	28	225	425	0	273	546	429	103	62	303	415	440	213	41
1	449	37	342	158	85	307	372	332	501	258	1	256	422	334	377	468	517	438	27	466	84
2	344	218	116	391	493	541	331	17	466	44	2	159	539	459	393	130	137	535	439	7	225
3	336	508	247	243	288	99	270	450	375	276	3	278	142	264	205	359	81	421	11	342	453
4	424	9	256	83	467	378	386	199	329	534	4	503	214	211	224	29	336	238	325	77	92
5	138	253	512	445	443	349	321	261	299	290	5	132	471	320	350	456	400	473	419	269	100
6	228	150	4	303	235	140	191	227	60	285	6	68	285	104	318	511	254	448	426	101	311
7	431	293	491	129	394	126	328	48	92	163	7	180	532	145	201	461	481	171	326	183	396
8	98	35	421	257	19	159	479	109	203	489	8	381	360	223	43	467	14	307	354	496	485
9	144	533	49	132	369	250	367	523	164	289	9	168	182	78	163	524	197	406	380	80	35
10	59	68	311	3	62	318	113	134	124	480	10	270	427	178	430	286	195	249	370	353	87
11	462	233	510	319	472	401	219	119	296	220	11	203	242	248	106	134	458	22	391	390	117
12	187	347	399	457	135	161	395	184	388	492	12	296	403	435	352	108	480	75	328	200	73
13	24	137	50	471	114	458	540	25	535	519	13	394	162	93	369	107	124	161	131	50	253
14	236	507	31	264	490	72	201	495	355	530	14	65	191	279	167	90	533	330	542	309	284
15	229	313	282	176	544	272	274	452	343	20	15	61	4	499	340	374	451	275	376	13	85
16	539	136	131	93	524	245	263	143	90	182	16	479	125	395	79	98	289	300	280	486	231
17	327	76	326	170	482	528	283	310	102	430	17	173	482	240	232	463	339	153	544	428	2
18	70	532	91	78	396	408	267	221	475	383	18	312	230	169	327	127	388	295	120	347	208
19	506	141	279	301	317	105	249	95	406	387	19	447	66	227	291	357	287	244	525	324	47

p = 547 (Fortsetzung)

N

	0	1	2	3	4	5	6	7	8	9
20	317	87	174	348	149	298	49	98	196	392
21	237	474	401	255	510	473	399	251	502	457
22	367	187	374	201	402	257	514	481	415	283
23	19	38	76	152	304	61	122	244	488	429
24	311	75	150	300	53	106	212	424	301	55
25	110	220	440	333	119	238	476	405	263	526
26	505	463	379	211	422	297	47	94	188	376
27	205	410	273	546	545	543	539	531	515	483
28	419	291	35	70	140	280	13	26	52	104
29	208	416	285	23	46	92	184	368	189	378
30	209	418	289	31	62	124	248	496	445	343
31	139	278	9	18	36	72	144	288	29	58
32	116	232	464	381	215	430	313	79	158	316
33	85	170	340	133	266	532	517	487	427	307
34	67	134	268	536	525	503	459	371	195	390
35	233	466	385	223	446	345	143	286	25	50
36	100	200	400	253	506	465	383	219	438	329
37	111	222	444	341	135	270	540	533	519	491
38	435	323	99	198	396	245	490	433	319	91
39	182	364	181	362	177	354	161	322	97	194
40	388	229	458	369	191	382	217	434	321	95
41	190	380	213	426	305	63	126	252	504	461
42	375	203	406	265	530	513	479	411	275	3
43	6	12	24	48	96	192	384	221	442	337
44	127	254	508	469	391	235	470	393	239	478
45	409	271	542	537	527	507	467	387	227	454
46	361	175	350	153	306	65	130	260	520	493
47	439	331	115	230	460	373	199	398	249	498
48	449	351	155	310	73	146	292	37	74	148
49	296	45	90	180	360	173	346	145	290	33
50	66	132	264	528	509	471	395	243	486	425
51	303	59	118	236	472	397	247	494	441	335
52	123	246	492	437	327	107	214	428	309	71
53	142	284	21	42	84	168	336	125	250	500
54	453	359	171	342	137	274	1			

I

	0	1	2	3	4	5	6	7	8	9
20	361	223	82	421	36	270	100	59	290	300
21	166	263	246	412	526	324	198	406	96	367
22	251	437	371	353	108	124	135	458	115	401
23	473	56	321	350	53	445	513	210	255	448
24	66	191	141	507	237	385	521	516	306	478
25	538	217	417	363	441	213	8	225	29	44
26	467	84	19	258	502	423	334	12	342	38
27	375	451	155	272	545	428	178	102	311	69
28	285	61	150	229	531	292	357	194	317	302
29	498	281	486	168	90	144	490	265	205	33
30	243	248	112	510	234	414	464	339	175	528
31	483	240	172	326	77	48	329	200	128	388
32	185	408	397	381	80	98	164	524	94	369
33	133	471	51	253	139	519	536	439	27	17
34	332	373	543	309	148	355	496	88	203	110
35	462	481	75	126	395	162	131	137	25	541
36	494	460	393	23	391	117	119	220	297	403
37	121	347	188	475	222	420	269	58	299	262
38	411	323	405	366	436	352	123	457	400	55
39	349	444	209	447	190	506	384	515	477	216
40	362	212	224	43	83	257	422	11	37	450
41	271	427	101	68	60	228	291	193	301	280
42	167	143	264	32	247	509	413	338	527	239
43	325	47	199	387	407	380	97	523	368	470
44	252	518	438	16	372	308	354	87	109	480
45	125	161	136	540	459	22	116	219	402	346
46	474	419	57	261	322	365	351	456	54	443
47	446	505	514	215	211	42	256	10	449	426
48	67	227	192	279	142	31	508	337	238	46
49	386	379	522	469	517	15	307	86	479	160
50	539	21	218	345	418	260	364	455	442	504
51	214	41	9	425	226	278	30	336	45	378
52	468	14	85	159	20	344	259	454	503	40
53	424	277	335	377	13	158	343	453	39	276
54	376	157	452	275	156	274	273			

p = 557, g = 2, $p - 1 = 2^2 \cdot 139$

N

	0	1	2	3	4	5	6	7	8	9
0		2	4	8	16	32	64	128	256	512
1	467	377	197	394	231	462	367	177	354	151
2	302	47	94	188	376	195	390	223	446	335
3	113	226	452	347	137	274	548	539	521	485
4	413	269	538	519	481	405	253	506	455	353
5	149	298	39	78	156	312	67	134	268	536
6	515	473	389	221	442	327	97	194	388	219
7	438	319	81	162	324	91	182	364	171	342
8	127	254	508	459	361	165	330	103	206	412
9	267	534	511	465	373	189	378	199	398	239

I

	0	1	2	3	4	5	6	7	8	9
0		556	1	435	2	529	436	458	3	314
1	530	233	437	173	459	408	4	446	315	320
2	531	337	234	369	438	502	174	193	460	394
3	409	241	5	112	447	431	316	427	321	52
4	532	543	338	384	235	287	370	21	439	360
5	503	325	175	497	194	206	461	199	395	138
6	410	523	242	216	6	146	113	56	448	248
7	432	230	317	190	428	381	322	135	53	378
8	533	72	544	536	339	419	385	273	236	211
9	288	75	371	120	22	293	440	66	361	547

p = 547

I′

	0	1	2	3	4	5	6	7	8	9
20	128	73	461	110	242	33	359	382	189	447
21	255	42	224	8	41	211	362	417	345	402
22	297	268	420	82	43	29	278	192	291	531
23	181	169	173	463	414	304	520	385	46	325
24	172	232	111	248	196	525	412	509	112	106
25	370	437	518	139	65	448	10	422	502	454
26	364	322	411	246	32	205	433	409	298	58
27	100	427	545	*	273	156	376	335	30	142
28	167	486	314	529	149	61	104	195	244	165
29	300	193	357	432	266	186	120	403	410	262
30	166	280	498	5	415	537	478	86	354	148
31	284	69	180	230	487	484	497	302	63	511
32	52	350	365	405	198	47	77	183	127	200
33	146	542	373	341	12	377	45	238	527	175
34	153	374	38	453	259	418	474	188	208	444
35	53	456	123	108	87	496	316	194	287	34
36	81	223	212	441	455	351	436	251	470	133
37	107	353	308	543	154	451	157	13	468	522
38	97	80	360	476	515	521	379	407	185	295
39	118	117	390	23	130	162	79	381	207	348
40	55	473	346	121	435	366	96	380	397	434
41	404	323	526	338	464	6	440	363	260	57
42	269	36	11	334	277	226	67	101	178	2
43	103	286	358	206	398	122	352	371	16	27
44	7	213	504	446	209	513	505	190	66	426
45	271	135	275	39	503	442	54	400	115	22
46	393	74	481	174	339	500	18	84	14	517
47	252	51	320	56	419	222	361	216	538	160
48	125	75	171	240	488	89	168	231	241	204
49	265	294	389	392	460	202	88	485	281	152
50	340	333	423	40	214	514	384	237	337	413
51	234	64	254	210	215	477	306	15	438	536
52	305	516	469	368	94	197	324	239	483	315
53	356	292	71	145	330	26	439	416	217	21
54	459	494	147	309	177	428	1			

I″

	0	1	2	3	4	5	6	7	8	9
20	329	146	495	88	489	265	433	398	348	444
21	513	215	362	441	504	514	477	538	21	116
22	119	187	475	361	212	8	425	67	60	150
23	313	487	241	111	510	64	140	507	337	527
24	483	488	204	33	288	165	263	32	243	196
25	95	367	470	51	512	210	42	83	19	344
26	418	57	299	166	143	490	294	186	221	420
27	36	450	155	274	156	452	39	424	226	192
28	301	498	152	176	310	69	431	358	34	99
29	59	228	531	71	491	389	118	220	268	58
30	290	193	317	63	235	520	516	15	372	543
31	177	102	3	151	282	529	356	194	105	113
32	472	56	261	411	526	239	172	170	76	48
33	534	26	17	501	423	277	30	508	413	464
34	500	333	12	158	20	218	402	121	399	55
35	321	365	436	371	308	148	530	292	432	206
36	382	476	216	417	260	322	405	96	523	94
37	250	437	16	332	341	38	276	335	45	386
38	407	397	207	189	506	237	46	199	128	492
39	392	23	493	460	74	126	184	408	434	122
40	457	115	219	297	410	323	198	387	185	267
41	298	262	246	509	234	304	537	217	345	474
42	222	82	257	502	40	9	449	271	545	1
43	179	70	293	266	409	404	366	251	518	536
44	416	363	455	54	349	53	443	209	255	10
45	37	375	157	343	259	364	351	123	135	540
46	494	202	110	233	414	6	28	44	378	522
47	368	133	114	401	346	188	383	515	306	86
48	109	462	174	528	315	497	281	314	484	89
49	144	72	129	24	541	147	355	316	302	5
50	465	18	258	454	442	446	190	141	31	247
51	112	319	52	445	505	384	521	469	252	139
52	236	385	379	97	164	245	412	338	175	283
53	149	229	181	91	49	138	519	305	478	160
54	136	25	331	373	154	272	*			

p = 557

I′

	0	1	2	3	4	5	6	7	8	9
0	556	435	529	314	446	112	146	263	105	513
1	489	96	548	351	397	300	373	212	203	323
2	359	439	293	95	41	362	259	463	485	341
3	200	364	454	275	249	179	281	168	153	508
4	128	167	37	149	103	297	81	225	202	18
5	382	542	532	378	228	247	448	166	41	253
6	265	258	26	307	478	546	361	25	62	208
7	417	535	544	291	119	371	402	163	386	262
8	7	298	161	344	303	537	309	176	127	40
9	58	512	9	353	124	294	490	505	101	412

I″

	0	1	2	3	4	5	6	7	8	9
0	278	556	435	458	408	241	216	80	298	92
1	353	24	362	267	343	162	403	237	49	382
2	286	370	120	123	354	67	62	307	184	305
3	462	260	220	165	449	510	252	42	149	468
4	89	58	253	330	413	482	218	453	365	238
5	429	426	321	135	214	145	113	222	90	512
6	106	141	68	208	118	292	440	355	142	187
7	133	377	533	271	210	288	302	345	420	474
8	217	46	225	269	290	545	479	326	516	469
9	223	160	299	398	122	23	11	548	256	349

p = 557 (Fortsetzung)

	N										I									
	0	1	2	3	4	5	6	7	8	9		0	1	2	3	4	5	6	7	8	9
10	478	399	241	482	407	257	514	471	385	213	10	504	480	326	87	176	310	498	539	195	186
11	426	295	33	66	132	264	528	499	441	325	11	207	306	462	30	200	342	396	487	139	348
12	93	186	372	187	374	191	382	207	414	271	12	411	466	524	422	243	475	217	80	7	263
13	542	527	497	437	317	77	154	308	59	118	13	147	388	114	222	57	166	449	34	249	276
14	236	472	387	217	434	311	65	130	260	520	14	433	456	231	406	318	367	191	239	429	50
15	483	409	261	522	487	417	277	554	551	545	15	382	19	323	204	136	214	54	228	379	376
16	533	509	461	365	173	346	135	270	540	523	16	534	271	73	291	545	85	537	304	340	346
17	489	421	285	13	26	52	104	208	416	275	17	420	78	386	164	274	404	237	17	212	374
18	550	543	529	501	445	333	109	218	436	315	18	289	302	76	402	372	400	121	123	23	95
19	73	146	292	27	54	108	216	432	307	57	19	294	125	441	355	67	25	362	12	548	97
20	114	228	456	355	153	306	55	110	220	440	20	505	491	481	296	327	516	88	127	177	553
21	323	89	178	356	155	310	63	126	252	504	21	311	443	499	109	540	357	196	143	187	69
22	451	345	133	266	532	507	457	357	157	314	22	208	63	307	27	463	260	31	364	201	268
23	71	142	284	11	22	44	88	176	352	147	23	343	14	397	352	488	550	140	257	349	99
24	294	31	62	124	248	496	435	313	69	138	24	412	102	467	507	525	333	423	493	244	415
25	276	552	547	537	517	477	397	237	474	391	25	476	483	218	46	81	298	8	105	264	329
26	225	450	343	129	258	516	475	393	229	458	26	148	152	389	518	115	470	223	90	58	41
27	359	161	322	87	174	348	139	278	556	555	27	167	129	450	510	35	179	250	156	277	555
28	553	549	541	525	493	429	301	45	90	180	28	434	528	457	313	232	172	407	445	319	336
29	360	163	326	95	190	380	203	406	255	510	29	368	501	192	393	240	111	430	426	51	542
30	463	369	181	362	167	334	111	222	444	331	30	383	286	20	359	324	496	205	198	137	522
31	105	210	420	283	9	18	36	72	144	288	31	215	145	55	247	229	189	380	134	377	71
32	19	38	76	152	304	51	102	204	408	259	32	535	418	272	210	74	119	292	65	546	479
33	518	479	401	245	490	423	289	21	42	84	33	86	309	538	185	305	29	341	486	347	465
34	168	336	115	230	460	363	169	338	119	238	34	421	474	79	262	387	221	165	33	275	455
35	476	395	233	466	375	193	386	215	430	303	35	405	366	238	49	18	203	213	227	375	270
36	49	98	196	392	227	454	351	145	290	23	36	290	84	303	345	77	163	403	16	373	301
37	46	92	184	368	179	358	159	318	79	158	37	401	399	122	94	124	354	24	11	96	490
38	316	75	150	300	43	86	172	344	131	262	38	295	515	126	552	442	108	356	142	68	62
39	524	491	425	293	29	58	116	232	464	371	39	26	259	363	267	13	351	549	256	98	101
40	185	370	183	366	175	350	143	286	15	30	40	506	332	492	414	482	45	297	104	328	151
41	60	120	240	480	403	249	498	439	321	85	41	517	469	89	40	128	509	178	155	554	527
42	170	340	123	246	492	427	297	37	74	148	42	312	171	444	335	500	392	110	425	541	285
43	296	35	70	140	280	3	6	12	24	48	43	358	495	197	521	144	246	188	133	70	417
44	96	192	384	211	422	287	17	34	68	136	44	209	118	64	478	308	184	28	485	464	473
45	272	544	531	505	453	349	141	282	7	14	45	261	220	32	454	365	48	202	226	269	83
46	28	56	112	224	448	339	121	242	484	411	46	344	162	15	300	398	93	353	10	489	514
47	265	530	503	449	341	125	250	500	443	329	47	551	107	141	61	258	266	350	255	100	331
48	101	202	404	251	502	447	337	117	234	468	48	413	44	103	150	468	39	508	154	526	170
49	379	201	402	247	494	431	305	53	106	212	49	334	391	424	284	494	520	245	132	416	117
50	424	291	25	50	100	200	400	243	486	415	50	477	183	484	472	219	453	47	225	82	161
51	273	546	535	513	469	381	205	410	263	526	51	299	92	9	513	106	60	265	254	330	43
52	495	433	309	61	122	244	488	419	281	5	52	149	38	153	169	390	283	519	131	116	182
53	10	20	40	80	160	320	83	166	332	107	53	471	452	224	160	91	512	59	253	42	37
54	214	428	299	41	82	164	328	99	198	396	54	168	282	130	181	451	159	511	252	36	281
55	235	470	383	209	418	279	1				55	180	158	251	280	157	279	278			
	0	1	2	3	4	5	6	7	8	9		0	1	2	3	4	5	6	7	8	9

p = 557

I′

	0	1	2	3	4	5	6	7	8	9
10	331	506	467	150	328	264	60	141	356	540
11	425	430	447	56	222	470	182	477	64	292
12	22	123	94	23	354	441	552	177	509	450
13	181	116	416	70	377	53	214	522	410	348
14	257	61	68	187	246	55	113	388	152	38
15	468	517	389	169	526	554	277	279	251	511
16	91	299	15	403	274	33	449	129	282	390
17	334	444	407	459	193	497	310	553	155	250
18	158	451	471	484	28	305	207	69	133	380
19	428	239	393	460	206	186	143	521	137	395
20	342	268	226	213	136	198	461	306	63	118
21	74	288	374	227	54	145	6	80	46	453
22	32	165	57	90	160	82	269	375	379	189
23	317	406	172	437	369	287	211	17	49	429
24	111	5	216	475	415	132	188	229	432	276
25	156	280	36	42	330	100	98	349	266	363
26	31	220	387	147	329	254	350	13	343	83
27	290	73	210	236	404	455	433	555	*	278
28	157	180	130	519	494	358	20	370	75	302
29	84	545	65	440	125	515	327	104	8	92
30	398	401	76	345	340	29	462	27	184	538
31	498	443	171	232	530	320	427	190	367	336
32	531	52	135	204	496	175	87	516	151	148
33	43	413	492	423	391	500	368	234	384	419
34	346	486	396	14	162	77	420	465	411	99
35	255	549	488	10	24	67	142	196	495	324
36	503	547	12	267	201	48	238	191	501	438
37	21	120	400	301	289	270	534	71	533	376
38	134	322	19	286	235	273	164	221	114	518
39	283	424	110	240	409	138	487	352	93	122
40	121	399	372	16	237	366	318	445	4	241
41	523	466	102	44	482	476	117	209	272	385
42	78	474	243	493	284	541	51	321	381	50
43	426	316	230	456	528	2	458	173	502	360
44	66	355	108	499	335	319	315	431	248	34
45	510	159	224	47	365	405	231	313	3	408
46	394	199	30	260	473	421	524	507	39	89
47	223	452	219	261	79	217	483	183	308	86
48	326	296	45	218	472	464	347	139	550	514
49	295	481	414	244	520	197	205	194	539	109
50	392	192	174	325	480	491	332	525	154	178
51	35	252	59	106	551	126	88	469	115	131
52	245	144	215	242	422	333	170	312	457	436
53	233	337	543	72	271	418	339	304	185	195
54	357	285	383	338	536	85	479	504	97	256
55	140	107	442	311	527	434	1			
	0	1	2	3	4	5	6	7	8	9

I″

	0	1	2	3	4	5	6	7	8	9
10	255	98	412	44	297	8	513	551	442	499
11	392	240	5	146	388	518	131	416	209	74
12	371	400	399	121	94	294	515	88	40	167
13	282	519	245	188	380	322	204	198	395	487
14	550	107	356	196	521	215	6	263	329	43
15	103	328	148	38	508	178	250	280	180	451
16	224	82	344	77	386	221	57	41	37	153
17	526	312	232	437	502	325	87	127	509	35
18	281	130	116	477	308	538	195	143	246	229
19	317	367	501	174	497	539	357	495	205	461
20	30	364	48	18	323	496	194	186	69	417
21	272	236	17	203	136	522	242	475	483	472
22	261	387	114	470	452	47	202	213	54	247
23	432	456	313	530	337	384	273	404	366	191
24	393	409	523	422	493	520	144	55	448	34
25	179	158	511	59	265	350	549	140	61	26
26	463	473	79	7	105	60	258	363	201	226
27	375	534	418	385	164	33	249	156	279	157
28	251	36	168	390	424	541	383	235	211	374
29	270	73	119	22	95	490	481	45	81	161
30	15	373	289	84	537	185	207	63	478	86
31	176	553	527	457	3	446	431	230	406	445
32	315	427	381	19	359	503	480	296	104	264
33	254	100	506	525	170	444	319	531	543	536
34	304	29	200	268	83	303	340	486	139	257
35	266	13	397	93	124	441	108	540	285	20
36	439	66	25	259	31	454	405	318	336	234
37	287	75	402	16	212	227	379	134	53	228
38	189	428	50	542	338	419	78	262	147	152
39	169	334	500	192	460	199	342	14	300	401
40	372	301	76	163	274	455	231	172	459	394
41	138	348	99	331	492	244	132	70	535	339
42	346	465	524	333	391	110	430	316	190	239
43	111	447	248	276	555	1	529	233	369	21
44	293	125	552	311	171	407	4	112	56	166
45	129	181	471	219	32	275	433	528	436	173
46	193	206	306	27	485	347	411	102	150	517
47	115	182	484	464	421	243	415	117	64	546
48	504	491	414	476	183	28	341	396	352	10
49	96	505	332	423	284	358	324	175	310	443
50	335	368	438	360	547	97	101	467	39	128
51	450	159	91	9	489	295	327	151	389	283
52	494	197	137	410	466	507	154	554	434	2
53	314	320	52	378	376	71	544	85	309	498
54	109	425	51	532	72	291	65	361	12	351
55	488	514	126	177	155	277	*			
	0	1	2	3	4	5	6	7	8	9

$p = 563,\ g = 2,\ p - 1 = 2 \cdot 281$

N

	0	1	2	3	4	5	6	7	8	9
0		2	4	8	16	32	64	128	256	512
1	461	359	155	310	57	114	228	456	349	135
2	270	540	517	471	379	195	390	217	434	305
3	47	94	188	376	189	378	193	386	209	418
4	273	546	529	495	427	291	19	38	76	152
5	304	45	90	180	360	157	314	65	130	260
6	520	477	391	219	438	313	63	126	252	504
7	445	327	91	182	364	165	330	97	194	388
8	213	426	289	15	30	60	120	240	480	397
9	231	462	361	159	318	73	146	292	21	42
10	84	168	336	109	218	436	309	55	110	220
11	440	317	71	142	284	5	10	20	40	80
12	160	320	77	154	308	53	106	212	424	285
13	7	14	28	56	112	224	448	333	103	206
14	412	261	522	481	399	235	470	377	191	382
15	201	402	241	482	401	239	478	393	223	446
16	329	95	190	380	197	394	225	450	337	111
17	222	444	325	87	174	348	133	266	532	501
18	439	315	67	134	268	536	509	455	347	131
19	262	524	485	407	251	502	441	319	75	150
20	300	37	74	148	296	29	58	116	232	464
21	365	167	334	105	210	420	277	554	545	527
22	491	419	275	550	537	511	459	355	147	294
23	25	50	100	200	400	237	474	385	207	414
24	265	530	497	431	299	35	70	140	280	560
25	557	551	539	515	467	371	179	358	153	306
26	49	98	196	392	221	442	321	79	158	316
27	69	138	276	552	541	519	475	387	211	422
28	281	562	561	559	555	547	531	499	435	307
29	51	102	204	408	253	506	449	335	107	214
30	428	293	23	46	92	184	368	173	346	129
31	258	516	469	375	187	374	185	370	177	354
32	145	290	17	34	68	136	272	544	525	487
33	411	259	518	473	383	203	406	249	498	433
34	303	43	86	172	344	125	250	500	437	311
35	59	118	236	472	381	199	398	233	466	369
36	175	350	137	274	548	533	503	443	323	83
37	166	332	101	202	404	245	490	417	271	542
38	521	479	395	227	454	345	127	254	508	453
39	343	123	246	492	421	279	558	553	543	523
40	483	403	243	486	409	255	510	457	351	139
41	278	556	549	535	507	451	339	115	230	460
42	357	151	302	41	82	164	328	93	186	372
43	181	362	161	322	81	162	324	85	170	340
44	117	234	468	373	183	366	169	338	113	226
45	452	341	119	238	476	389	215	430	297	31
46	62	124	248	496	429	295	27	54	108	216
47	432	301	39	78	156	312	61	122	244	488
48	413	263	526	489	415	267	534	505	447	331
49	99	198	396	229	458	353	143	286	9	18
	0	1	2	3	4	5	6	7	8	9

I

	0	1	2	3	4	5	6	7	8	9
0		562	1	530	2	115	531	130	3	498
1	116	554	532	504	131	83	4	322	499	46
2	117	98	555	302	533	230	505	466	132	205
3	84	459	5	522	323	245	500	201	47	472
4	118	423	99	341	556	51	303	30	534	260
5	231	290	506	125	467	107	133	14	206	350
6	85	476	460	66	6	57	523	182	324	270
7	246	112	501	95	202	198	48	122	473	267
8	119	434	424	369	100	437	342	173	557	517
9	52	72	304	427	31	161	535	77	261	490
10	232	372	291	138	507	213	126	298	468	103
11	108	169	134	448	15	417	207	440	351	452
12	86	546	477	391	461	345	67	386	7	309
13	58	189	524	176	183	19	325	362	271	409
14	247	560	113	496	502	320	96	228	203	520
15	199	421	49	258	123	12	474	55	268	93
16	120	432	435	515	425	75	370	211	101	446
17	438	544	343	307	174	360	558	318	518	256
18	53	430	73	444	305	316	428	314	32	34
19	162	148	536	36	78	25	262	164	491	355
20	233	150	373	335	292	538	139	238	508	38
21	214	278	127	80	299	456	469	27	104	63
22	109	264	170	158	135	166	449	383	16	493
23	418	90	208	357	441	145	352	235	453	155
24	87	152	547	402	478	375	392	550	462	337
25	346	194	68	294	387	405	8	540	310	331
26	59	141	190	481	525	240	177	485	184	510
27	20	378	326	40	363	222	272	216	410	395
28	248	280	561	529	114	129	497	553	503	82
29	321	45	97	301	229	465	204	458	521	244
30	200	471	422	340	50	29	259	289	124	106
31	13	349	475	65	56	181	269	111	94	197
32	121	266	433	368	436	172	516	71	426	160
33	76	489	371	137	212	297	102	168	447	416
34	439	451	545	390	344	385	308	188	175	18
35	361	408	559	495	319	227	519	420	257	11
36	54	92	431	514	74	210	445	543	306	359
37	317	255	429	443	315	313	33	147	35	24
38	163	354	149	334	537	237	37	277	79	455
39	26	62	263	157	165	382	492	89	356	144
40	234	154	151	401	374	549	336	193	293	404
41	539	330	140	480	239	484	509	377	39	221
42	215	394	279	528	128	552	81	44	300	464
43	457	243	470	339	28	288	105	348	64	180
44	110	196	265	367	171	70	159	488	136	296
45	167	415	450	389	384	187	17	407	494	226
46	419	10	91	513	209	542	358	254	442	312
47	146	23	353	333	236	276	454	61	156	381
48	88	143	153	400	548	192	403	329	479	483
49	376	220	393	527	551	43	463	242	338	287
	0	1	2	3	4	5	6	7	8	9

p = 563

I′

	0	1	2	3	4	5	6	7	8	9
0	562	530	115	498	322	522	57	309	540	512
1	91	54	474	349	206	417	493	407	361	325
2	378	274	332	353	163	262	62	104	288	259
3	534	161	34	147	162	24	78	277	214	221
4	363	285	241	463	300	97	117	472	122	258
5	29	303	72	430	92	268	181	523	189	141
6	380	156	263	109	180	56	6	386	294	487
7	159	426	304	444	210	370	489	261	25	455
8	299	44	321	4	459	476	546	152	143	356
9	208	513	431	120	197	202	228	301	555	341
10	437	446	168	108	63	348	13	133	169	264
11	196	94	501	496	129	531	554	98	423	434
12	432	266	473	12	106	467	298	80	552	497
13	3	83	205	14	448	166	296	212	507	238
14	480	190	399	153	234	352	23	35	536	334
15	373	401	547	400	151	87	381	165	135	488
16	76	535	148	354	491	382	449	415	447	134
17	158	70	516	557	360	18	183	485	365	195
18	110	269	324	19	510	224	406	17	175	524
19	481	328	403	293	68	366	265	121	48	421
20	471	47	198	520	458	84	350	440	357	542
21	445	101	297	126	278	394	410	284	41	526
22	393	215	272	251	511	9	419	519	203	465
23	505	290	372	150	154	453	276	37	508	484
24	177	286	338	470	200	500	112	560	280	282
25	396	273	21	311	442	429	53	11	123	289
26	231	490	164	157	170	367	433	119	93	111
27	246	409	216	397	379	60	454	79	127	528
28	561	*	281	249	411	364	178	347	105	124
29	506	138	538	404	387	414	167	102	468	456
30	464	229	533	30	427	316	359	174	188	58
31	331	22	146	33	32	313	428	255	518	227
32	96	45	499	245	270	362	40	218	482	479
33	140	59	275	236	537	292	193	346	287	28
34	50	556	173	307	385	67	194	179	64	475
35	85	452	235	333	149	233	144	441	254	317
36	558	408	271	222	412	486	69	171	436	100
37	211	137	291	335	549	392	220	39	326	398
38	142	88	492	16	187	308	7	405	186	384
39	344	461	550	527	279	248	283	217	327	191
40	548	374	478	329	539	8	225	494	559	247
41	395	250	223	185	388	450	439	207	90	10
42	257	49	340	99	369	75	160	31	314	443
43	73	514	435	368	424	515	172	342	544	451
44	351	145	312	315	305	543	438	416	15	383
45	389	545	86	155	61	26	469	243	521	5
46	66	345	337	242	457	204	132	107	103	27
47	339	422	118	267	55	65	460	391	375	483
48	239	525	219	376	509	184	413	295	136	371
49	232	355	89	418	226	319	502	553	116	46
	0	1	2	3	4	5	6	7	8	9

I″

	0	1	2	3	4	5	6	7	8	9
0	281	562	530	130	83	459	66	386	405	225
1	419	257	123	106	133	448	383	187	175	183
2	510	252	311	146	35	78	455	469	339	50
3	303	427	314	313	32	147	536	237	508	377
4	326	218	526	551	81	321	499	201	198	421
5	340	556	517	256	11	474	65	6	309	331
6	275	454	26	104	348	475	460	345	194	366
7	171	516	52	430	514	425	160	535	36	277
8	127	552	503	131	205	350	452	155	381	492
9	418	10	54	268	111	501	320	45	117	423
10	369	211	297	468	27	288	124	467	103	63
11	180	269	246	560	529	2	498	46	472	267
12	93	197	48	258	289	506	213	278	528	114
13	531	504	466	107	169	158	488	371	291	538
14	330	59	380	88	356	441	312	33	162	354
15	233	154	87	143	234	453	61	263	170	70
16	426	31	34	24	262	157	135	296	102	108
17	264	367	436	342	307	188	524	240	286	347
18	64	56	523	176	485	413	388	384	308	58
19	141	399	548	336	346	179	110	94	202	520
20	244	500	95	228	465	132	14	417	90	513
21	74	370	137	507	38	221	272	397	327	482
22	376	39	363	412	185	406	494	319	96	301
23	533	260	490	355	144	352	333	537	139	480
24	525	42	463	457	521	323	270	409	395	283
25	411	223	511	541	358	317	518	420	49	29
26	534	77	25	62	109	196	121	473	55	181
27	324	362	222	251	21	332	236	37	214	394
28	248	282	249	396	217	41	241	338	28	259
29	231	372	335	193	68	487	136	212	126	80
30	44	97	555	51	72	444	543	343	385	7
31	540	253	442	315	428	443	305	359	558	495
32	502	82	4	522	182	19	378	398	191	403
33	539	310	22	353	149	373	549	462	242	470
34	422	99	437	544	390	461	337	287	105	13
35	206	440	145	23	163	491	89	208	542	306
36	174	18	325	40	285	178	195	265	433	424
37	75	489	232	150	401	478	483	509	20	274
38	60	156	165	449	389	344	67	294	414	450
39	545	477	375	220	215	410	250	273	379	142
40	153	151	547	192	293	387	186	17	361	271
41	216	284	364	486	295	167	447	15	493	226
42	519	199	471	118	434	515	71	304	316	255
43	53	92	120	266	119	432	368	100	446	416
44	207	357	254	429	73	210	101	168	134	166
45	415	439	351	235	276	79	299	464	204	84
46	476	391	550	43	300	229	505	125	298	456
47	243	200	47	122	12	349	85	546	402	329
48	140	190	328	479	239	177	365	69	159	76
49	261	164	382	16	407	559	113	129	3	322
	0	1	2	3	4	5	6	7	8	9

p = 563 (Fortsetzung)

	N											I									
	0	1	2	3	4	5	6	7	8	9		0	1	2	3	4	5	6	7	8	9
50	36	72	144	288	13	26	52	104	208	416	50	347	179	195	366	69	487	295	414	388	186
51	269	538	513	463	363	163	326	89	178	356	51	406	225	9	512	541	253	311	22	332	275
52	149	298	33	66	132	264	528	493	423	283	52	60	380	142	399	191	328	482	219	526	42
53	3	6	12	24	48	96	192	384	205	410	53	241	286	178	365	486	413	185	224	511	252
54	257	514	465	367	171	342	121	242	484	405	54	21	274	379	398	327	218	41	285	364	412
55	247	494	425	287	11	22	44	88	176	352	55	223	251	273	397	217	284	411	250	396	283
56	141	282	1								56	249	282	281							

p = 569, g = 3, $p - 1 = 2^3 \cdot 71$

	N											I									
	0	1	2	3	4	5	6	7	8	9		0	1	2	3	4	5	6	7	8	9
0		3	9	27	81	243	160	480	302	337	0		568	510	1	452	296	511	222	394	2
1	442	188	564	554	524	434	164	492	338	445	1	238	79	453	38	164	297	336	30	512	329
2	197	22	66	198	25	75	225	106	318	385	2	180	223	21	487	395	24	548	3	106	467
3	17	51	153	459	239	148	444	194	13	39	3	239	419	278	80	540	518	454	151	271	39
4	117	351	484	314	373	550	512	398	56	168	4	122	132	165	484	531	298	429	127	337	444
5	504	374	553	521	425	137	411	95	285	286	5	534	31	490	85	513	375	48	330	409	553
6	289	298	325	406	80	240	151	453	221	94	6	181	462	361	224	220	334	22	538	482	488
7	282	277	262	217	82	246	169	507	383	11	7	460	458	396	471	93	25	213	301	549	398
8	33	99	297	322	397	53	159	477	293	310	8	64	4	74	231	107	326	426	468	473	291
9	361	514	404	74	222	97	291	304	343	460	9	240	260	371	420	69	57	279	95	386	81
10	242	157	471	275	256	199	28	84	252	187	10	476	208	541	501	432	519	27	528	455	383
11	561	545	497	353	490	332	427	143	429	149	11	317	152	558	440	272	215	351	40	495	252
12	447	203	40	120	360	511	395	47	141	423	12	123	158	404	133	303	320	166	294	162	485
13	131	393	41	123	369	538	476	290	301	334	13	276	130	532	551	480	299	424	55	430	438
14	433	161	483	311	364	523	431	155	465	257	14	402	128	400	117	338	195	413	445	35	119
15	202	37	111	333	430	152	456	230	121	363	15	535	66	155	32	243	147	491	101	340	86
16	520	422	128	384	14	42	126	378	565	557	16	6	141	514	347	16	376	173	197	49	76
17	533	461	245	166	498	356	499	359	508	386	17	268	331	368	249	410	246	415	554	233	561
18	20	60	180	540	482	308	355	496	350	481	18	182	263	202	463	313	447	362	109	11	225
19	305	346	469	269	238	145	435	167	501	365	19	567	451	221	237	37	335	328	20	23	105
20	526	440	182	546	500	362	517	413	101	303	20	418	539	150	121	483	428	443	489	374	408
21	340	451	215	76	228	115	345	466	260	211	21	461	219	537	459	470	212	397	73	325	472
22	64	192	7	21	63	189	567	563	551	515	22	259	68	94	475	500	26	382	557	214	494
23	407	83	249	178	534	464	254	193	10	30	23	157	302	293	275	550	423	437	399	194	34
24	90	270	241	154	462	248	175	525	437	173	24	65	242	100	5	346	172	75	367	245	232
25	519	419	119	357	502	368	535	467	263	220	25	262	312	108	566	236	327	104	149	427	373
26	91	273	250	181	543	491	335	436	170	510	26	218	469	72	258	474	381	493	292	422	193
27	392	38	114	342	457	233	130	390	32	96	27	241	345	366	261	565	103	372	71	380	421
28	288	295	316	379	568	566	560	542	488	326	28	344	564	70	343	342	58	59	354	280	60
29	409	89	267	232	127	381	5	15	45	135	29	137	96	355	88	387	281	545	82	61	525
30	405	77	231	124	372	547	503	371	544	494	30	477	138	8	209	97	190	542	356	185	502
31	344	463	251	184	552	518	416	110	330	421	31	89	143	433	388	43	520	282	392	28	546
32	125	375	556	530	452	218	85	255	196	19	32	516	529	83	359	456	62	289	384	526	349
33	57	171	513	401	65	195	16	48	144	432	33	318	478	115	153	139	266	559	9	18	441
34	158	474	284	283	280	271	244	163	489	329	34	210	498	273	98	310	216	191	378	352	543
	0	1	2	3	4	5	6	7	8	9		0	1	2	3	4	5	6	7	8	9

p = **563**

	I′										I″									
	0	1	2	3	4	5	6	7	8	9		0	1	2	3	4	5	6	7	8	9
50	201	95	320	82	131	466	125	213	38	377	50	245	112	496	553	532	230	290	138	238	484
51	20	252	541	209	74	425	71	52	256	420	51	184	224	9	91	431	435	172	557	318	227
52	199	244	323	182	176	240	42	551	128	114	52	203	458	5	57	189	481	219	393	279	561
53	2	130	504	230	260	77	36	237	139	330	53	1	115	554	302	30	161	148	334	292	404
54	310	253	358	306	343	390	477	402	192	336	54	8	512	209	445	438	451	86	152	400	374
55	462	43	81	503	532	302	51	517	318	495	55	392	527	128	497	116	98	341	173	360	408
56	113	529	1								56	247	280	*							

p = **569**

	I′										I″									
	0	1	2	3	4	5	6	7	8	9		0	1	2	3	4	5	6	7	8	9
0	568	452	238	106	74	346	141	189	209	18	0	284	510	394	548	64	100	86	524	138	559
1	450	225	168	448	247	196	376	497	441	417	1	446	109	227	52	145	140	347	265	9	36
2	23	487	538	105	548	213	382	528	546	179	2	328	223	334	20	395	93	500	519	392	163
3	512	490	243	99	65	119	19	335	164	122	3	336	534	155	436	194	445	450	237	453	271
4	495	357	391	520	51	228	332	552	330	76	4	351	188	142	388	304	464	125	84	375	197
5	504	321	13	411	401	430	385	279	59	354	5	306	44	314	160	479	424	370	69	342	58
6	137	525	289	230	4	242	155	499	94	57	6	280	82	456	300	398	34	535	324	259	420
7	343	380	258	325	231	367	268	178	163	453	7	564	372	469	397	4	172	49	508	393	238
8	540	476	61	359	47	513	6	544	387	143	8	278	386	545	529	533	490	340	136	355	502
9	205	229	300	25	475	386	355	190	310	171	9	124	332	457	471	68	279	137	209	273	33
10	5	340	379	372	149	418	467	326	566	11	10	242	491	365	565	327	23	3	231	312	362
11	506	203	174	496	265	153	412	338	154	535	11	286	308	187	357	348	478	401	400	412	35
12	442	483	132	158	90	46	533	337	400	479	12	417	150	39	252	177	269	530	429	402	161
13	532	530	165	303	389	523	87	96	8	266	13	276	270	122	404	255	562	353	60	477	153
14	15	514	42	433	199	14	339	491	217	427	14	339	6	184	89	159	411	154	243	235	104
15	121	271	558	139	146	32	274	302	404	144	15	539	454	317	115	118	66	556	494	123	205
16	53	129	485	29	297	484	294	283	285	363	16	250	319	294	78	38	132	320	505	12	322
17	234	244	75	197	176	253	204	124	465	486	17	435	99	346	376	112	186	174	503	77	29
18	223	462	263	390	142	502	175	112	41	184	18	329	553	561	523	189	356	496	377	543	7
19	542	378	365	241	34	413	267	49	254	405	19	97	216	492	422	399	338	15	173	204	144
20	449	446	463	305	198	159	315	431	541	97	20	247	560	263	111	176	90	369	385	476	8
21	498	324	397	301	494	351	191	257	469	537	21	441	536	470	25	557	272	310	148	373	461
22	334	237	394	21	220	567	284	12	314	369	22	224	451	511	180	361	11	285	506	45	91
23	425	107	262	561	256	148	327	37	79	419	23	63	74	245	554	170	311	566	221	2	467
24	260	345	100	147	311	232	415	200	414	410	24	291	193	65	32	171	367	410	14	267	368
25	160	403	123	503	306	134	364	492	474	68	25	315	350	495	175	198	434	234	217	72	472
26	371	565	312	202	308	17	559	248	331	125	26	240	366	232	182	287	114	139	196	76	465
27	131	39	215	98	436	550	130	517	80	95	27	517	151	440	498	156	293	485	466	419	57
28	60	545	392	509	*	226	110	264	348	384	28	354	387	520	167	226	168	522	390	358	62
29	370	240	422	275	162	393	511	336	429	424	29	425	473	493	302	166	509	452	164	531	480
30	63	549	293	320	44	507	50	304	111	377	30	92	213	157	133	307	203	254	389	264	497
31	216	235	108	447	52	250	439	152	478	161	31	98	244	262	463	228	206	527	383	349	403
32	166	521	169	555	67	472	426	104	20	180	32	303	51	448	406	211	73	107	236	335	512
33	409	368	91	481	22	328	30	444	195	140	33	48	268	46	360	220	37	297	127	117	146
34	86	353	58	342	564	366	172	16	114	318	34	101	563	343	70	421	241	5	514	288	526
	0	1	2	3	4	5	6	7	8	9		0	1	2	3	4	5	6	7	8	9

p = **569** (Fortsetzung)

	N 0	1	2	3	4	5	6	7	8	9		I 0	1	2	3	4	5	6	7	8	9
35	418	116	348	475	287	292	307	352	487	323	35	188	41	357	113	496	186	175	253	503	177
36	400	62	186	558	536	470	272	247	172	516	36	124	90	205	159	144	199	405	434	255	134
37	410	92	276	259	208	55	165	495	347	472	37	389	307	304	44	51	321	521	505	167	283
38	278	265	226	109	327	412	98	294	313	370	38	509	295	393	78	163	29	179	486	547	466
39	541	485	317	382	8	24	72	216	79	237	39	277	517	270	131	530	126	533	84	47	552
40	142	426	140	420	122	366	529	449	209	58	40	360	333	481	457	92	300	63	230	425	290
41	174	522	428	146	438	176	528	446	200	31	41	370	56	385	207	431	527	316	439	350	251
42	93	279	268	235	136	408	86	258	205	46	42	403	319	161	129	479	54	401	116	412	118
43	138	414	104	312	367	532	458	236	139	417	43	154	146	339	140	15	196	267	248	414	560
44	113	339	448	206	49	147	441	185	555	527	44	201	446	10	450	36	19	417	120	442	407
45	443	191	4	12	36	108	324	403	71	213	45	536	211	324	67	499	556	156	274	436	33
46	70	210	61	183	549	509	389	29	87	261	46	99	171	244	311	235	148	217	257	492	192
47	214	73	219	88	264	223	100	300	331	424	47	365	102	379	563	341	353	136	87	544	524
48	134	402	68	204	43	129	387	23	69	207	48	7	189	184	142	42	391	515	358	288	348
49	52	156	468	266	229	118	354	493	341	454	49	114	265	17	497	309	377	187	112	174	176
50	224	103	309	358	505	377	562	548	506	380	50	204	198	254	306	50	504	508	77	178	465
51	2	6	18	54	162	486	320	391	35	105	51	269	125	46	332	91	229	369	206	315	250
52	315	376	559	539	479	299	328	415	107	321	52	160	53	411	145	14	247	200	449	416	406
53	394	44	132	396	50	150	450	212	67	201	53	323	555	435	170	234	256	364	562	135	523
54	34	102	306	349	478	296	319	388	26	78	54	183	390	287	264	308	111	203	305	507	464
55	234	133	399	59	177	531	455	227	112	336	55	45	228	314	52	13	448	322	169	363	522
56	439	179	537	473	281	274	253	190	1		56	286	110	506	227	12	168	285	226	284	

p = **571**, g = 3, p − 1 = 2 · 3 · 5 · 19

	N 0	1	2	3	4	5	6	7	8	9		I 0	1	2	3	4	5	6	7	8	9
0		3	9	27	81	243	158	474	280	269	0		570	545	1	520	422	546	231	495	2
1	236	137	411	91	273	248	173	519	415	103	1	397	268	521	352	206	423	470	413	547	457
2	309	356	497	349	476	286	287	290	299	326	2	372	232	243	246	496	274	327	3	181	200
3	407	79	237	140	420	118	354	491	331	422	3	398	90	445	269	388	83	522	332	432	353
4	124	372	545	493	337	440	178	534	460	238	4	347	365	207	454	218	424	221	565	471	462
5	143	429	145	435	163	489	325	404	70	210	5	249	414	302	253	548	120	156	458	175	60
6	59	177	531	451	211	62	186	558	532	454	6	373	526	65	233	420	204	244	443	363	247
7	220	89	267	230	119	357	500	358	503	367	7	58	361	497	427	307	275	407	499	328	31
8	530	448	202	35	105	315	374	551	511	391	8	322	4	340	166	182	265	429	201	193	71
9	31	93	279	266	227	110	330	419	115	345	9	399	13	196	91	540	309	446	292	437	270
10	464	250	179	537	469	265	224	101	303	338	10	224	107	389	19	277	84	228	385	523	190
11	443	187	561	541	481	301	332	425	133	399	11	95	333	131	409	433	98	150	354	35	74
12	55	165	495	343	458	232	125	375	554	520	12	348	536	501	306	40	126	208	568	395	455
13	418	112	336	437	169	507	379	566	556	526	13	179	330	219	118	418	425	338	11	222	188
14	436	166	498	352	485	313	368	533	457	229	14	33	566	336	50	472	52	402	463	282	324
15	116	348	473	277	260	209	56	168	504	370	15	250	319	382	415	474	512	303	508	6	254
16	539	475	283	278	263	218	83	249	176	528	16	297	477	549	54	315	121	141	342	157	134
17	442	184	552	514	400	58	174	522	424	130	17	240	459	404	16	176	505	168	61	46	102
18	390	28	84	252	185	555	523	427	139	417	18	374	465	558	527	171	184	66	111	515	234
19	109	327	410	88	264	221	92	276	257	200	19	284	544	421	494	267	205	412	371	245	326

p = **569**

	I'											I''									
	0	1	2	3	4	5	6	7	8	9		0	1	2	3	4	5	6	7	8	9
35	251	40	543	136	280	88	185	113	288	456	35	439	215	378	341	59	96	542	41	515	83
36	333	224	109	522	562	102	261	245	249	206	36	552	462	447	169	256	192	345	75	331	229
37	56	420	71	218	408	48	173	187	352	563	37	290	260	103	427	489	513	16	309	191	102
38	421	493	557	317	526	207	81	281	43	307	38	71	474	26	455	289	56	95	88	433	134
39	287	515	28	78	2	24	471	73	64	194	39	183	42	282	295	222	487	458	212	549	437
40	117	116	128	319	133	434	323	536	461	553	40	128	54	438	251	158	199	416	442	374	330
41	246	145	118	445	560	554	406	120	539	278	41	249	53	116	195	248	246	449	19	105	239
42	69	344	193	437	55	290	468	373	443	127	42	371	380	292	550	299	230	326	149	483	298
43	438	527	519	388	255	170	33	399	402	350	43	55	207	501	143	405	555	274	423	430	316
44	272	210	407	489	534	35	10	362	322	416	44	558	18	120	428	337	413	201	313	13	200
45	36	221	296	38	151	383	62	92	396	470	45	10	567	1	79	518	528	359	481	460	537
46	458	219	361	313	45	269	277	239	473	72	46	488	408	181	202	507	178	547	106	426	218
47	212	93	259	291	381	500	208	138	115	54	47	459	396	325	468	258	94	81	525	318	129
48	299	457	488	428	531	276	547	395	460	374	48	551	333	538	121	165	162	179	21	482	443
49	85	101	192	292	157	252	186	309	273	556	49	31	147	257	381	214	40	113	17	210	67
50	26	432	89	177	508	167	227	464	77	295	50	475	541	185	253	50	521	110	305	504	283
51	1	222	329	375	347	358	529	270	454	27	51	568	296	30	85	141	391	546	277	540	432
52	282	505	286	183	7	477	349	316	455	83	52	43	321	363	135	544	61	384	431	27	516
53	126	298	551	84	31	66	211	459	482	150	53	131	484	130	126	444	119	407	219	22	418
54	518	501	356	188	524	82	516	466	3	398	54	80	208	190	352	87	281	28	486	24	301
55	423	480	360	181	233	435	156	214	440	9	55	275	532	47	409	415	323	499	382	152	266
56	201	182	135	341	70	103	236	451	510		56	414	233	364	379	344	261	108	225	*	

p = **571**

	I'											I''									
	0	1	2	3	4	5	6	7	8	9		0	1	2	3	4	5	6	7	8	9
0	570	520	397	181	340	476	254	161	312	400	0	285	545	495	327	322	511	508	152	92	393
1	32	222	539	196	556	167	176	129	227	277	1	417	338	192	399	313	239	404	538	223	389
2	487	75	142	480	255	26	447	293	225	191	2	449	213	560	151	161	310	25	256	299	56
3	339	322	49	566	535	74	213	316	116	567	3	406	328	10	188	97	354	450	289	96	535
4	126	530	559	214	109	464	102	237	380	401	4	366	484	288	316	132	504	61	147	416	32
5	472	281	402	140	315	289	29	426	361	64	5	336	335	472	296	549	451	524	442	247	155
6	373	46	68	359	203	233	111	236	147	435	6	175	168	80	251	59	526	184	491	62	320
7	195	399	393	500	348	77	343	488	158	146	7	428	193	93	149	35	21	212	75	532	502
8	62	216	431	522	228	551	127	172	345	387	8	492	325	444	388	277	483	530	517	241	180
9	445	540	8	72	408	333	38	34	150	561	9	398	196	163	105	384	190	226	130	433	379
10	513	557	374	554	392	93	276	389	357	410	10	238	167	46	368	304	194	436	224	294	44
11	283	515	287	485	356	294	334	337	418	174	11	170	66	553	375	298	225	38	178	219	301
12	156	141	560	379	416	394	208	490	185	534	12	548	315	214	434	148	500	40	86	262	17
13	97	409	44	403	240	518	259	235	491	503	13	189	333	295	140	157	489	209	261	185	506
14	133	342	212	450	550	483	367	47	124	73	14	53	121	22	355	486	278	79	68	383	408
15	354	23	7	103	202	59	458	134	529	484	15	98	391	555	197	563	252	120	342	78	367
16	375	24	311	92	194	428	182	101	61	492	16	554	7	541	153	305	321	340	15	505	503
17	110	184	262	441	525	60	505	186	117	330	17	464	527	87	460	119	458	16	534	567	455
18	89	200	265	514	66	138	280	335	33	130	18	273	3	166	557	171	128	177	337	222	227
19	95	290	12	71	105	308	91	153	430	444	19	523	29	264	201	164	70	13	542	370	326

p = **571** (Fortsetzung)

N

	0	1	2	3	4	5	6	7	8	9
20	29	87	261	212	65	195	14	42	126	378
21	563	547	499	355	494	340	449	205	44	132
22	396	46	138	414	100	300	329	416	106	318
23	383	7	21	63	189	567	559	535	463	247
24	170	510	388	22	66	198	23	69	207	50
25	150	450	208	53	159	477	289	296	317	380
26	569	565	553	517	409	85	255	194	11	33
27	99	297	320	389	25	75	225	104	312	365
28	524	430	148	444	190	570	568	562	544	490
29	328	413	97	291	302	335	434	160	480	298
30	323	398	52	156	468	262	215	74	222	95
31	285	284	281	272	245	164	492	334	431	151
32	453	217	80	240	149	447	199	26	78	234
33	131	393	37	111	333	428	142	426	136	408
34	82	246	167	501	361	512	394	40	120	360
35	509	385	13	39	117	351	482	304	341	452
36	214	71	213	68	204	41	123	369	536	466
37	256	197	20	60	180	540	478	292	305	344
38	461	241	152	456	226	107	321	392	34	102
39	306	347	470	268	233	128	384	10	30	90
40	270	239	146	438	172	516	406	76	228	113
41	339	446	196	17	51	153	459	235	134	402
42	64	192	5	15	45	135	405	73	219	86
43	258	203	38	114	342	455	223	98	294	311
44	362	515	403	67	201	32	96	288	293	308
45	353	488	322	395	43	129	387	19	57	171
46	513	397	49	147	441	181	543	487	319	386
47	16	48	144	432	154	462	244	161	483	307
48	350	479	295	314	371	542	484	310	359	506
49	376	557	529	445	193	8	24	72	216	77
50	231	122	366	527	439	175	525	433	157	471
51	271	242	155	465	253	188	564	550	508	382
52	4	12	36	108	324	401	61	183	549	505
53	373	548	502	364	521	421	121	363	518	412
54	94	282	275	254	191	2	6	18	54	162
55	486	316	377	560	538	472	274	251	182	546
56	496	346	467	259	206	47	141	423	127	381
57	1									
	0	1	2	3	4	5	6	7	8	9

I

	0	1	2	3	4	5	6	7	8	9
20	199	444	82	431	364	217	564	248	252	155
21	59	64	203	362	360	306	498	321	165	428
22	70	195	308	436	106	276	384	94	408	149
23	73	500	125	394	329	417	10	32	49	401
24	323	381	511	5	476	314	341	239	15	167
25	101	557	183	514	543	266	370	198	430	563
26	154	202	305	164	194	105	93	72	393	9
27	400	510	313	14	556	542	197	153	163	92
28	8	312	541	162	311	310	25	26	447	256
29	27	293	377	448	438	482	257	271	299	28
30	225	115	294	108	357	378	390	479	449	20
31	487	439	278	145	483	85	551	258	229	468
32	272	386	452	300	524	56	29	191	290	226
33	96	38	116	334	317	295	132	44	109	410
34	215	358	434	123	379	99	561	391	151	23
35	480	355	143	450	36	213	21	75	77	488
36	349	344	440	537	533	279	502	79	146	367
37	159	484	41	530	86	127	490	552	209	136
38	259	569	519	230	396	351	469	456	242	273
39	180	89	387	331	346	453	220	461	301	119
40	174	525	419	442	57	426	406	30	339	264
41	192	12	539	291	223	18	227	189	130	97
42	34	535	39	567	178	117	337	187	335	51
43	281	318	473	507	296	53	140	133	403	504
44	45	464	170	110	283	493	411	325	81	216
45	251	63	359	320	69	435	383	148	124	416
46	48	380	475	238	100	513	369	562	304	104
47	392	509	555	152	7	161	24	255	376	481
48	298	114	356	478	486	144	550	467	451	55
49	289	37	316	43	214	122	560	22	142	212
50	76	343	532	78	158	529	489	135	518	350
51	241	88	345	460	173	441	405	263	538	17
52	129	534	177	186	280	506	139	503	169	492
53	80	62	68	147	47	237	368	103	554	160
54	375	113	485	466	288	42	559	211	531	528
55	517	87	172	262	128	185	138	491	67	236
56	553	112	287	210	516	261	137	235	286	260
57	285									
	0	1	2	3	4	5	6	7	8	9

p = **571**

I′

	0	1	2	3	4	5	6	7	8	9
20	398	193	305	362	244	412	423	454	568	136
21	516	531	76	21	122	358	251	564	424	118
22	461	565	188	18	107	115	96	189	385	468
23	396	495	243	420	284	286	553	368	100	15
24	459	88	273	246	443	326	496	58	252	414
25	319	63	155	548	297	376	27	271	229	569
26	285	137	128	538	192	429	370	205	521	388
27	224	299	386	180	327	407	384	84	145	502
28	506	318	324	493	544	*	260	210	42	37
29	226	223	437	377	108	132	53	477	114	28
30	524	119	253	508	104	164	498	275	436	446
31	25	310	541	14	341	121	43	295	473	382
32	69	165	4	381	250	81	199	3	31	417
33	219	346	432	131	317	51	50	187	11	264
34	166	239	157	532	440	460	453	365	536	344
35	241	469	206	347	35	143	478	378	434	320
36	306	497	360	247	217	207	40	159	103	562
37	198	245	232	526	465	113	481	448	390	99
38	475	511	415	148	94	523	452	331	83	19
39	479	151	509	9	329	455	351	268	90	13
40	510	323	463	504	16	263	30	499	149	433
41	215	325	371	547	302	474	48	10	425	442
42	204	494	546	470	221	338	406	307	70	201
43	563	364	353	98	123	383	106	270	482	278
44	537	405	57	363	82	269	292	256	438	20
45	36	55	300	220	218	179	242	372	175	404
46	173	301	249	282	170	558	288	451	272	456
47	413	462	52	507	512	238	314	549	486	449
48	355	298	257	85	41	466	144	439	349	135
49	552	67	80	411	267	2	274	427	321	328
50	125	366	79	169	45	168	139	296	6	555
51	313	5	303	369	543	234	261	87	350	230
52	422	352	332	190	56	419	65	171	517	489
53	86	528	78	279	177	39	501	533	17	291
54	309	162	197	266	421	1	231	457	120	54
55	467	258	209	112	160	152	542	183	527	211
56	22	391	304	154	248	471	336	178	395	519
57	545									
	0	1	2	3	4	5	6	7	8	9

I″

	0	1	2	3	4	5	6	7	8	9
20	181	429	154	64	420	267	352	365	126	552
21	287	559	142	36	43	410	81	364	454	330
22	453	424	11	291	270	28	290	18	84	258
23	519	546	372	65	515	137	67	47	475	341
24	134	350	456	232	204	371	243	363	564	462
25	324	216	248	302	6	24	447	482	551	136
26	286	516	172	405	339	182	543	494	397	445
27	437	257	468	242	496	307	106	19	439	533
28	186	51	463	110	234	260	235	112	466	55
29	191	539	446	27	115	317	507	254	481	271
30	452	461	414	512	562	202	360	427	195	540
31	311	162	8	510	476	54	37	334	281	250
32	359	498	31	401	282	411	245	274	499	394
33	179	387	522	95	116	187	566	117	425	30
34	4	314	141	76	349	88	331	353	74	488
35	518	396	521	432	150	480	114	108	215	63
36	362	58	203	443	431	347	501	146	237	513
37	266	412	457	60	102	160	255	293	357	123
38	48	323	319	435	276	228	272	89	269	107
39	378	561	104	72	125	568	230	2	200	71
40	9	49	52	133	459	441	426	275	94	131
41	109	493	205	470	249	382	124	329	118	525
42	233	544	520	206	218	418	57	497	165	265
43	198	82	332	409	358	69	308	292	448	487
44	344	173	419	244	199	90	309	26	377	479
45	143	467	386	346	207	395	469	547	156	240
46	345	220	471	402	45	374	485	550	229	351
47	423	565	50	318	415	380	5	297	356	390
48	23	376	438	145	159	113	478	20	77	529
49	127	138	169	283	421	231	246	361	306	407
50	73	536	279	139	403	176	280	473	303	392
51	400	381	474	100	183	111	210	528	135	569
52	1	268	83	385	300	174	373	558	531	158
53	41	211	343	537	129	34	348	440	263	12
54	91	312	556	514	284	570	422	413	253	477
55	144	85	490	236	103	509	14	101	465	42
56	122	99	369	430	217	221	33	39	208	259
57	*									
	0	1	2	3	4	5	6	7	8	9

$p = \mathbf{577},\ g = 5,\ p - 1 = 2^6 \cdot 3^2$

N

	0	1	2	3	4	5	6	7	8	9
0		5	25	125	48	240	46	230	573	557
1	477	77	385	194	393	234	16	80	400	269
2	191	378	159	218	513	257	131	78	390	219
3	518	282	256	126	53	265	171	278	236	26
4	130	73	365	94	470	42	210	473	57	285
5	271	201	428	409	314	416	349	14	70	350
6	19	95	475	67	335	521	297	331	501	197
7	408	309	391	224	543	407	304	366	99	495
8	167	258	136	103	515	267	181	328	486	122
9	33	165	248	86	430	419	364	89	445	494
10	162	233	11	55	275	221	528	332	506	222
11	533	357	54	270	196	403	284	266	176	303
12	361	74	370	119	18	90	450	519	287	281
13	251	101	505	217	508	232	6	30	150	173
14	288	286	276	226	553	457	554	462	2	10
15	50	250	96	480	92	460	569	537	377	154
16	193	388	209	468	32	160	223	538	382	179
17	318	436	449	514	262	156	203	438	459	564
18	512	252	106	530	342	556	472	52	260	146
19	153	188	363	84	420	369	114	570	542	402
20	279	241	51	255	121	28	140	123	38	190
21	373	134	93	465	17	85	425	394	239	41
22	205	448	509	237	31	155	198	413	334	516
23	272	206	453	534	362	79	395	244	66	330
24	496	172	283	261	151	178	313	411	324	466
25	22	110	550	442	479	87	435	444	489	137
26	108	540	392	229	568	532	352	29	145	148
27	163	238	36	180	323	461	574	562	502	202
28	433	434	439	464	12	60	300	346	576	572
29	552	452	529	337	531	347	4	20	100	500
30	192	383	184	343	561	497	177	308	386	199
31	418	359	64	320	446	499	187	358	59	295
32	321	451	524	312	406	299	341	551	447	504
33	212	483	107	535	367	104	520	292	306	376
34	149	168	263	161	228	563	507	227	558	482
35	102	510	242	56	280	246	76	380	169	268
36	186	353	34	170	273	211	478	82	410	319
37	441	474	62	310	396	249	91	455	544	412
38	329	491	147	158	213	488	132	83	415	344
39	566	522	302	356	49	245	71	355	44	220
40	523	307	381	174	293	311	401	274	216	503
41	207	458	559	487	127	58	290	296	326	476
42	72	360	69	345	571	547	427	404	289	291
43	301	351	24	120	23	115	575	567	527	327
44	481	97	485	117	8	40	200	423	384	189
45	368	109	545	417	354	39	195	398	259	141
46	128	63	315	421	374	139	118	13	65	325
47	471	47	235	21	105	525	317	431	424	389
48	214	493	157	208	463	7	35	175	298	336
49	526	322	456	549	437	454	539	387	204	443
	0	1	2	3	4	5	6	7	8	9

I

	0	1	2	3	4	5	6	7	8	9
0		576	148	564	296	1	136	485	444	552
1	149	102	284	467	57	565	16	214	124	60
2	297	473	250	434	432	2	39	540	205	267
3	137	224	164	90	362	486	272	549	208	455
4	445	219	45	521	398	553	6	471	4	394
5	150	202	187	34	112	103	353	48	415	318
6	285	517	372	461	312	468	238	63	510	422
7	58	396	420	41	121	566	356	11	27	235
8	17	528	367	387	193	215	93	255	546	97
9	125	376	154	212	43	61	152	441	542	78
10	298	131	350	83	335	474	182	332	260	451
11	251	537	501	571	196	435	563	443	466	123
12	433	204	89	207	520	3	33	414	460	509
13	40	26	386	545	211	541	82	259	570	465
14	206	459	544	569	568	268	189	382	269	340
15	138	244	504	190	159	225	175	482	383	22
16	165	343	100	270	515	91	535	80	341	358
17	363	36	241	139	403	487	118	306	245	169
18	273	86	524	505	302	550	360	316	191	449
19	209	20	300	160	13	456	114	69	226	309
20	446	51	279	176	498	220	231	410	483	162
21	46	365	330	384	480	522	408	133	23	29
22	399	105	109	166	73	554	143	347	344	263
23	7	575	135	101	15	472	38	223	271	218
24	5	201	352	516	237	395	355	527	92	375
25	151	130	181	536	562	203	32	25	81	458
26	188	243	174	342	534	35	117	85	359	19
27	113	50	230	364	407	104	142	574	37	200
28	354	129	31	242	116	49	141	128	140	428
29	416	429	337	404	530	319	417	66	488	325
30	286	430	392	119	76	518	338	401	307	71
31	373	405	323	246	54	462	531	476	170	369
32	313	320	491	274	248	469	418	439	87	380
33	239	67	107	525	228	64	489	293	506	559
34	511	326	184	303	389	423	287	295	551	56
35	59	431	266	361	454	397	393	111	317	311
36	421	120	234	192	96	42	77	334	450	195
37	122	519	508	210	464	567	339	158	21	514
38	357	402	168	301	448	12	308	497	161	479
39	28	72	262	14	217	236	374	561	457	533
40	18	406	199	115	427	529	324	75	70	53
41	368	247	379	227	558	388	55	453	310	95
42	194	463	513	447	478	216	532	426	52	557
43	94	477	556	280	281	256	171	494	177	282
44	547	370	253	499	257	98	314	328	221	172
45	126	321	291	232	495	377	492	145	411	178
46	155	275	147	484	283	213	249	539	163	548
47	44	470	186	47	371	62	419	10	366	254
48	153	440	349	331	500	442	88	413	385	258
49	543	381	503	481	99	79	240	305	523	315
	0	1	2	3	4	5	6	7	8	9

p = 577

I′

	0	1	2	3	4	5	6	7	8	9
0	576	136	39	33	394	201	471	575	276	348
1	366	27	308	456	217	472	214	528	406	113
2	300	514	165	29	173	81	386	235	72	399
3	127	242	25	414	112	117	241	200	223	540
4	26	121	77	61	470	521	365	371	415	141
5	230	279	557	368	462	453	59	565	396	431
6	297	152	419	510	489	391	488	107	278	226
7	53	373	262	554	378	70	518	334	298	240
8	341	458	259	335	229	359	524	380	413	207
9	362	535	375	255	477	194	42	125	314	79
10	270	15	284	353	142	109	292	525	346	166
11	233	317	103	50	69	427	49	85	306	76
12	234	566	519	433	60	376	321	336	140	31
13	181	350	108	23	222	101	485	224	244	403
14	428	128	574	347	146	411	538	484	564	102
15	202	130	441	440	212	275	197	167	21	225
16	13	479	46	548	90	343	73	496	301	273
17	369	494	126	84	342	482	498	282	155	572
18	24	536	332	294	303	9	47	34	243	382
19	159	449	96	215	463	122	435	424	74	115
20	354	352	187	32	89	267	459	520	455	20
21	464	541	43	249	124	93	532	236	5	45
22	231	172	351	271	164	175	309	558	64	573
23	364	410	495	333	192	17	374	395	63	67
24	305	139	116	174	504	169	54	379	469	539
25	434	537	327	499	153	546	171	98	543	570
26	451	560	14	7	156	110	361	137	189	340
27	515	218	549	86	248	147	436	345	409	176
28	281	256	547	213	467	517	430	295	*	8
29	144	232	183	506	265	551	1	473	131	68
30	160	448	550	389	277	523	245	71	497	446
31	95	421	468	320	328	299	191	311	285	417
32	491	291	475	246	75	286	184	290	221	132
33	384	500	260	507	450	474	65	404	401	158
34	138	358	534	100	263	179	134	344	412	331
35	83	526	516	48	129	527	11	402	363	19
36	316	454	486	36	407	330	254	387	247	313
37	253	62	461	405	561	151	154	492	452	227
38	239	503	269	22	480	258	545	193	55	423
39	437	400	119	111	150	355	420	393	553	105
40	322	307	168	487	530	323	199	104	133	329
41	483	178	502	385	460	318	429	66	439	10
42	41	120	58	287	289	555	52	529	416	337
43	392	266	2	204	432	563	288	264	106	87
44	349	542	88	466	552	219	51	478	12	209
45	195	251	512	310	397	445	114	533	188	544
46	509	312	531	513	567	206	123	57	238	418
47	186	4	38	250	182	490	170	556	216	28
48	522	99	383	162	283	444	272	118	325	293
49	438	274	145	252	177	377	261	161	220	257
	0	1	2	3	4	5	6	7	8	9

I″

	0	1	2	3	4	5	6	7	8	9
0	288	296	432	520	471	218	553	263	289	185
1	419	356	448	160	262	101	565	235	533	359
2	209	158	383	133	180	32	40	11	479	23
3	573	129	203	3	187	534	363	574	472	2
4	509	420	96	212	548	219	162	186	353	116
5	113	446	426	70	246	388	551	467	422	56
6	124	43	371	238	228	336	417	239	299	114
7	75	307	28	166	198	324	119	42	542	99
8	535	25	541	350	173	117	273	439	442	204
9	164	515	527	215	557	310	192	546	257	481
10	343	135	149	112	407	399	438	67	132	105
11	265	393	34	19	456	199	242	35	487	392
12	421	41	195	466	214	97	172	30	141	354
13	151	298	329	408	346	575	1	267	340	241
14	128	49	104	554	290	492	144	275	576	552
15	394	375	61	254	376	178	264	507	339	190
16	300	497	483	539	224	22	109	157	402	245
17	476	256	221	24	243	225	279	494	411	345
18	526	130	474	292	326	538	470	202	458	268
19	504	316	234	387	95	450	571	156	560	406
20	37	5	150	562	433	540	465	89	549	449
21	508	545	154	283	16	193	478	14	271	445
22	498	328	134	38	137	159	69	379	525	84
23	50	220	291	110	120	27	217	516	468	380
24	79	36	31	188	138	306	323	368	274	213
25	473	451	493	370	366	93	281	499	385	82
26	332	496	72	344	437	294	431	205	568	382
27	100	223	486	169	491	155	8	304	68	51
28	556	280	177	484	102	318	325	423	436	424
29	327	321	106	489	183	287	564	60	78	315
30	20	168	505	184	502	240	118	401	12	226
31	453	317	461	369	98	523	360	111	415	530
32	313	126	400	405	529	488	511	252	314	409
33	365	349	182	233	77	83	127	429	518	567
34	269	80	174	165	347	277	108	143	9	440
35	131	222	201	103	200	395	566	514	341	85
36	550	266	90	358	230	46	10	528	53	170
37	547	47	517	71	236	92	125	495	74	247
38	87	543	189	482	330	413	26	367	558	303
39	572	65	430	397	4	237	58	454	521	29
40	391	338	357	139	337	373	18	364	522	278
41	231	145	348	88	33	48	428	319	469	62
42	396	311	510	389	197	512	532	115	140	416
43	286	59	434	123	250	196	276	390	490	418
44	153	152	500	563	485	455	309	513	301	191
45	334	260	378	55	361	208	13	561	81	206
46	414	372	54	194	210	570	443	284	312	248
47	44	6	15	297	335	322	531	94	447	161
48	384	503	175	410	147	136	362	403	66	64
49	475	320	377	555	171	232	167	308	176	253
	0	1	2	3	4	5	6	7	8	9

p = **577** (Fortsetzung)

	N											I									
	0	1	2	3	4	5	6	7	8	9		0	1	2	3	4	5	6	7	8	9
50	484	112	560	492	152	183	338	536	372	129	50	299	68	278	409	329	132	108	346	134	222
51	68	340	546	422	379	164	243	61	305	371	51	351	526	180	24	173	84	229	573	30	127
52	124	43	215	498	182	333	511	247	81	405	52	336	65	391	400	322	475	490	438	106	292
53	294	316	426	399	264	166	253	111	555	467	53	183	294	265	110	233	333	507	157	167	496
54	27	135	98	490	142	133	88	440	469	37	54	261	560	198	74	378	452	512	425	555	493
55	185	348	9	45	225	548	432	429	414	339	55	252	327	290	144	146	538	185	9	348	412
56	541	397	254	116	3	15	75	375	144	143	56	502	304	277	345	179	572	390	437	264	156
57	138	113	565	517	277	231	1				57	197	424	289	8	276	436	288			

p = **587**, g = 2, p − 1 = 2 · 293

	N											I									
	0	1	2	3	4	5	6	7	8	9		0	1	2	3	4	5	6	7	8	9
0		2	4	8	16	32	64	128	256	512	0		586	1	478	2	205	479	346	3	370
1	437	287	574	561	535	483	379	171	342	97	1	206	83	480	305	347	97	4	38	371	233
2	194	388	189	378	169	338	89	178	356	125	2	207	238	84	363	481	410	306	262	348	432
3	250	500	413	239	478	369	151	302	17	34	3	98	354	5	561	39	551	372	201	234	197
4	68	136	272	544	501	415	243	486	385	183	4	208	251	239	336	85	575	364	176	482	106
5	366	145	290	580	573	559	531	475	363	139	5	411	516	307	212	263	288	349	125	433	272
6	278	556	525	463	339	91	182	364	141	282	6	99	157	355	130	6	510	562	220	40	255
7	564	541	495	403	219	438	289	578	569	551	7	552	523	373	182	202	302	235	429	198	572
8	515	443	299	11	22	44	88	176	352	117	8	209	154	252	426	240	243	337	324	86	26
9	234	468	349	111	222	444	301	15	30	60	9	576	65	365	246	177	438	483	19	107	453
10	120	240	480	373	159	318	49	98	196	392	10	412	340	517	461	308	443	213	395	264	327
11	197	394	201	402	217	434	281	562	537	487	11	289	93	350	172	126	568	434	89	273	384
12	387	187	374	161	322	57	114	228	456	325	12	100	166	158	143	356	29	131	277	7	228
13	63	126	252	504	421	255	510	433	279	558	13	511	421	563	579	221	467	41	488	256	59
14	529	471	355	123	246	492	397	207	414	241	14	553	68	524	388	374	51	183	584	203	368
15	482	377	167	334	81	162	324	61	122	244	15	303	36	236	408	430	559	199	249	573	104
16	488	389	191	382	177	354	121	242	484	381	16	210	123	155	508	253	180	427	152	241	24
17	175	350	113	226	452	317	47	94	188	376	17	244	17	338	441	325	170	87	164	27	226
18	165	330	73	146	292	584	581	575	563	539	18	577	486	66	49	366	406	247	121	178	22
19	491	395	203	406	225	450	313	39	78	156	19	439	162	484	404	20	402	108	110	454	314
20	312	37	74	148	296	5	10	20	40	80	20	413	112	341	192	518	456	462	147	309	316
21	160	320	53	106	212	424	261	522	457	327	21	444	472	214	415	396	541	265	114	328	74
22	67	134	268	536	485	383	179	358	129	258	22	290	343	94	360	351	194	173	285	127	520
23	516	445	303	19	38	76	152	304	21	42	23	569	321	435	458	90	381	274	464	385	33
24	84	168	336	85	170	340	93	186	372	157	24	101	149	167	46	159	311	144	538	357	318
25	314	41	82	164	328	69	138	276	552	517	25	30	535	132	446	278	135	8	474	229	547
26	447	307	27	54	108	216	432	277	554	521	26	512	216	422	449	564	417	580	504	222	398
27	455	323	59	118	236	472	357	127	254	508	27	468	281	42	543	489	493	257	267	60	138
28	429	271	542	497	407	227	454	321	55	110	28	554	116	69	530	525	330	389	11	375	76
29	220	440	293	586	585	583	579	571	555	523	29	52	497	184	292	585	477	204	345	369	82
30	459	331	75	150	300	13	26	52	104	208	30	304	96	37	232	237	362	409	261	431	353
31	416	245	490	393	199	398	209	418	249	498	31	560	550	200	196	250	335	574	175	105	515
32	409	231	462	337	87	174	348	109	218	436	32	211	287	124	271	156	129	509	219	254	522
33	285	570	553	519	451	315	43	86	172	344	33	181	301	428	571	153	425	242	323	25	64
34	101	202	404	221	442	297	7	14	28	56	34	245	437	18	452	339	460	442	394	326	92
	0	1	2	3	4	5	6	7	8	9		0	1	2	3	4	5	6	7	8	9

p = **577**

	I'										I''										
	0	1	2	3	4	5	6	7	8	9		0	1	2	3	4	5	6	7	8	9
50	442	571	304	481	190	302	559	157	210	40	50	331	537	412	381	244	524	293	333	519	460
51	422	326	425	447	357	91	237	372	338	508	51	63	559	452	463	21	270	352	285	76	122
52	3	398	408	315	505	228	180	92	367	324	52	207	45	480	305	86	107	351	355	17	427
53	319	476	426	18	35	80	562	501	185	163	53	404	462	216	457	342	91	181	251	146	249
54	205	82	78	381	569	211	97	370	44	208	54	39	211	441	258	459	386	255	282	163	272
55	360	56	149	6	143	493	280	94	388	511	55	302	295	444	398	73	425	477	52	227	506
56	198	457	203	443	296	16	356	339	268	568	56	261	374	536	435	148	57	121	464	569	544
57	465	196	390	30	37	135	148				57	259	501	179	229	142	7	*			

p = **587**

	I'										I''										
	0	1	2	3	4	5	6	7	8	9		0	1	2	3	4	5	6	7	8	9
0	586	478	205	370	38	561	510	228	474	495	0	293	586	478	346	97	354	130	277	135	528
1	75	375	187	117	223	168	440	338	452	107	1	329	389	54	555	505	150	23	244	437	483
2	402	161	439	16	244	64	576	226	276	131	2	404	120	178	151	241	323	86	164	142	356
3	535	44	148	101	557	407	236	232	371	551	3	318	379	463	385	582	367	303	96	4	561
4	255	488	543	532	536	310	159	119	405	366	4	220	467	281	378	31	148	167	224	485	66
5	583	183	497	186	12	555	581	386	67	553	5	387	374	76	296	390	139	418	465	487	256
6	138	391	450	436	245	365	49	387	524	530	6	267	298	423	322	25	576	486	58	553	116
7	377	282	358	342	290	496	52	296	331	258	7	188	469	539	113	328	10	375	499	526	494
8	230	95	304	480	363	575	26	164	383	273	8	475	344	369	206	238	336	324	170	567	434
9	381	566	171	350	360	231	37	4	354	157	9	458	393	326	289	343	81	304	347	432	272
10	166	149	506	122	210	515	411	453	110	313	10	384	33	557	248	573	175	482	19	402	401
11	454	191	341	73	328	529	69	188	399	160	11	108	313	413	540	265	137	554	13	223	47
12	21	178	507	155	271	433	568	520	218	509	12	405	247	103	210	287	349	172	285	270	156
13	6	277	446	545	473	8	528	115	554	55	13	355	29	535	533	445	278	491	266	60	391
14	418	275	28	356	538	470	315	309	45	167	14	565	382	165	158	311	190	455	462	32	101
15	15	23	241	425	252	508	129	355	143	311	15	506	179	427	571	209	123	271	99	166	46
16	400	403	484	225	27	142	158	46	224	163	16	119	21	439	169	87	383	100	149	15	440
17	87	567	126	285	514	105	482	438	22	151	17	325	92	350	194	334	574	364	246	121	507
18	427	301	202	584	292	294	498	376	70	469	18	253	522	373	51	497	295	53	12	117	399
19	145	455	518	284	173	334	250	208	572	249	19	312	111	341	359	351	549	200	234	429	559
20	196	234	302	368	345	479	83	238	251	154	20	550	372	182	584	477	2	370	233	197	572
21	123	287	263	395	415	448	422	299	521	254	21	104	515	307	443	472	546	512	269	128	509
22	40	467	398	118	47	485	577	420	511	547	22	562	579	504	14	168	163	27	276	7	474
23	259	361	237	207	197	429	408	362	84	336	23	80	95	37	371	201	302	36	232	207	251
24	243	24	323	337	17	437	177	121	103	573	24	426	152	425	240	24	64	365	406	558	199
25	335	239	426	180	522	552	59	267	332	548	25	196	208	154	508	219	40	488	493	79	230
26	352	431	348	288	327	114	137	60	298	217	26	361	409	306	212	395	541	492	257	332	513
27	128	156	99	384	464	419	227	7	135	491	27	286	124	433	89	381	141	28	131	446	502
28	542	42	378	319	519	127	270	124	349	93	28	397	468	71	358	193	173	514	211	263	327
29	343	476	585	*	293	185	53	390	61	423	29	74	496	184	294	185	498	77	331	268	217
30	570	428	235	36	96	347	262	212	443	316	30	521	181	202	368	82	480	410	516	461	147
31	537	144	190	111	413	471	444	534	30	379	31	45	159	400	109	454	146	309	537	357	283
32	457	435	63	25	86	170	92	289	74	10	32	519	569	424	242	337	441	394	264	114	529
33	389	297	268	513	174	574	85	324	441	460	33	525	78	258	548	195	250	239	243	17	452
34	517	192	359	94	81	369	3	97	432	125	34	412	112	73	290	476	204	479	305	262	288
	0	1	2	3	4	5	6	7	8	9		0	1	2	3	4	5	6	7	8	9

p = **587** (Fortsetzung)

N	0	1	2	3	4	5	6	7	8	9	I	0	1	2	3	4	5	6	7	8	9
35	112	224	448	309	31	62	124	248	496	405	35	171	567	88	383	165	142	28	276	227	420
36	223	446	305	23	46	92	184	368	149	298	36	578	466	487	58	67	387	50	583	367	35
37	9	18	36	72	144	288	576	565	543	499	37	407	558	248	103	122	507	179	151	23	16
38	411	235	470	353	119	238	476	365	143	286	38	440	169	163	225	485	48	405	120	21	161
39	572	557	527	467	347	107	214	428	269	538	39	403	401	109	313	111	191	455	146	315	471
40	489	391	195	390	193	386	185	370	153	306	40	414	540	113	73	342	359	193	284	519	320
41	25	50	100	200	400	213	426	265	530	473	41	457	380	463	32	148	45	310	537	317	534
42	359	131	262	524	461	335	83	166	332	77	42	445	134	473	546	215	448	416	503	397	280
43	154	308	29	58	116	232	464	341	95	190	43	542	492	266	137	115	529	329	10	75	496
44	380	173	346	105	210	420	253	506	425	263	44	291	476	344	81	95	231	361	260	352	549
45	526	465	343	99	198	396	205	410	233	466	45	195	334	174	514	286	270	128	218	521	300
46	345	103	206	412	237	474	361	135	270	540	46	570	424	322	63	436	451	459	393	91	566
47	493	399	211	422	257	514	441	295	3	6	47	382	141	275	419	465	57	386	582	34	557
48	12	24	48	96	192	384	181	362	137	274	48	102	506	150	15	168	224	47	119	160	400
49	548	509	431	275	550	513	439	291	582	577	49	312	190	145	470	539	72	358	283	319	379
50	567	547	507	427	267	534	481	375	163	326	50	31	44	536	533	133	545	447	502	279	491
51	65	130	260	520	453	319	51	102	204	408	51	136	528	9	495	475	80	230	259	548	333
52	229	458	329	71	142	284	568	549	511	435	52	513	269	217	299	423	62	450	392	565	140
53	283	566	545	503	419	251	502	417	247	494	53	418	56	581	556	505	14	223	118	399	189
54	401	215	430	273	546	505	423	259	518	449	54	469	71	282	378	43	532	544	501	490	527
55	311	35	70	140	280	560	533	479	371	155	55	494	79	258	332	268	298	61	391	139	55
56	310	33	66	132	264	528	469	351	115	230	56	555	13	117	188	70	377	531	500	526	78
57	460	333	79	158	316	45	90	180	360	133	57	331	297	390	54	12	187	376	499	77	296
58	266	532	477	367	147	294	1				58	53	186	498	295	185	294	293			

p = **593**, g = 3, $p-1=2^4\cdot 37$

N	0	1	2	3	4	5	6	7	8	9	I	0	1	2	3	4	5	6	7	8	9
0		3	9	27	81	243	136	408	38	114	0		592	428	1	264	535	429	579	100	2
1	342	433	113	339	424	86	258	181	543	443	1	371	161	265	451	415	536	528	498	430	172
2	143	429	101	303	316	355	472	230	97	291	2	207	580	589	248	101	478	287	3	251	540
3	280	247	148	444	146	438	128	384	559	491	3	372	388	364	162	334	522	266	360	8	452
4	287	268	211	40	120	360	487	275	232	103	4	43	53	416	179	425	537	84	571	529	566
5	309	334	409	41	123	369	514	356	475	239	5	314	499	123	506	431	104	87	173	376	518
6	124	372	523	383	556	482	260	187	561	497	6	208	127	224	581	200	394	590	369	170	249
7	305	322	373	526	392	583	563	503	323	376	7	358	82	102	198	196	479	436	148	288	352
8	535	419	71	213	46	138	414	56	168	504	8	471	4	481	574	252	441	15	541	261	385
9	326	385	562	500	314	349	454	176	528	398	9	373	438	512	389	407	115	365	28	402	163
10	8	24	72	216	55	165	495	299	304	319	10	150	22	335	49	551	523	342	137	267	290
11	364	499	311	340	427	95	285	262	193	579	11	532	361	515	12	9	191	212	453	354	485
12	551	467	215	52	156	468	218	61	183	549	12	44	322	555	54	60	421	417	473	36	180
13	461	197	591	587	575	539	431	107	321	370	13	230	281	426	159	205	538	6	569	85	392
14	517	365	502	320	367	508	338	421	77	231	14	194	572	510	20	530	483	34	567	32	329
15	100	300	307	328	391	580	554	476	242	133	15	315	489	272	500	576	331	124	258	188	507
16	399	11	33	99	297	298	301	310	337	418	16	307	235	432	254	317	105	410	215	88	310
17	68	204	19	57	171	513	353	466	212	43	17	277	174	443	491	377	465	97	519	221	382
18	129	387	568	518	368	511	347	448	158	474	18	209	17	274	128	348	303	225	67	243	582
19	236	115	345	442	140	420	74	222	73	219	19	543	502	201	118	456	395	238	131	591	263

p = 587

I′	0	1	2	3	4	5	6	7	8	9
35	172	194	549	560	5	130	29	318	283	193
36	351	260	409	481	176	246	406	35	303	82
37	206	233	201	182	51	76	499	531	43	31
38	463	274	141	165	100	33	582	50	374	11
39	54	139	565	91	326	264	541	280	468	189
40	312	109	108	401	20	120	247	558	430	261
41	306	516	340	112	540	396	503	580	56	465
42	578	563	449	62	322	242	240	152	571	198
43	559	353	98	272	89	458	451	18	483	162
44	169	325	394	213	472	134	278	502	416	564
45	392	459	339	412	314	146	462	380	90	393
46	442	308	147	32	385	57	487	41	281	71
47	539	414	214	546	229	80	344	204	2	346
48	305	410	106	19	404	48	66	58	256	493
49	527	136	266	257	79	475	291	184	295	77
50	526	490	279	397	222	14	150	179	253	219
51	562	421	216	269	286	211	307	461	456	320
52	569	300	181	373	388	330	78	494	9	329
53	525	500	544	133	445	132	533	317	357	72
54	113	265	492	489	501	447	215	512	333	195
55	200	372	523	68	116	13	505	102	248	199
56	550	39	220	579	417	140	382	88	434	321
57	424	153	209	104	175	364	65	486	466	221
58	504	556	34	367	203	477	1			

I″	0	1	2	3	4	5	6	7	8	9
35	93	360	260	431	98	157	143	538	72	342
36	94	231	237	84	575	65	49	583	203	345
37	3	38	551	523	388	11	187	70	282	319
38	457	90	566	88	273	464	57	67	524	330
39	297	61	450	459	442	213	415	503	222	118
40	160	403	20	161	484	48	366	35	236	362
41	481	106	453	314	471	214	448	564	140	275
42	227	511	216	299	570	153	252	180	301	235
43	408	261	348	125	568	321	63	245	177	22
44	16	338	460	308	316	534	132	545	215	422
45	62	436	18	107	110	191	518	320	435	451
46	339	517	456	380	274	419	578	221	398	189
47	145	315	444	134	8	495	291	585	1	205
48	83	363	176	438	162	225	577	466	41	543
49	501	279	542	489	527	9	75	52	186	376
50	531	544	447	416	580	556	102	122	155	129
51	6	228	547	333	174	105	411	340	192	284
52	127	218	254	552	68	530	500	490	136	115
53	69	377	43	536	317	30	44	310	144	470
54	414	396	280	42	532	133	473	229	259	352
55	560	39	255	59	138	55	581	34	407	430
56	353	5	510	421	449	392	91	171	126	520
57	300	428	198	249	335	85	26	226	420	563
58	417	56	386	50	183	292	*			

p = 593

I′	0	1	2	3	4	5	6	7	8	9
0	592	264	371	251	481	391	569	52	452	191
1	553	211	9	113	384	541	347	274	270	33
2	530	550	335	108	217	57	340	149	402	462
3	256	488	329	328	567	280	180	91	458	318
4	366	564	178	53	322	344	227	513	341	551
5	167	312	424	416	60	139	584	486	157	472
6	421	72	545	37	562	236	542	243	92	411
7	336	78	495	294	282	298	244	89	268	399
8	469	195	102	565	571	392	517	173	310	557
9	291	546	76	216	524	301	381	519	496	160
10	2	478	198	375	87	410	324	151	70	143
11	141	93	552	549	401	365	448	237	456	155
12	349	125	103	506	258	356	199	224	348	475
13	577	591	296	239	202	210	531	267	71	493
14	183	556	77	138	184	548	13	470	288	48
15	22	166	412	558	74	561	304	508	5	205
16	414	265	334	150	165	107	325	112	146	81
17	249	588	207	376	443	56	355	121	83	425
18	230	292	397	492	55	300	213	234	507	58
19	353	212	327	19	572	147	479	435	196	368

I″	0	1	2	3	4	5	6	7	8	9
0	296	428	100	287	471	158	538	521	360	12
1	549	531	515	146	573	441	220	209	203	193
2	510	401	150	325	524	355	259	406	365	319
3	390	482	567	19	483	420	473	63	226	345
4	448	386	359	452	485	585	433	405	149	335
5	412	362	7	43	555	184	175	25	189	321
6	54	493	378	338	304	219	347	225	458	324
7	108	138	61	466	154	457	92	142	71	422
8	222	169	358	178	537	569	505	104	215	77
9	337	37	68	111	326	213	490	465	294	534
10	579	248	82	122	431	317	459	165	23	343
11	323	411	167	13	511	407	346	542	201	240
12	475	177	565	499	331	121	375	208	274	241
13	455	238	297	283	468	400	550	342	143	55
14	444	110	216	109	556	311	168	195	436	27
15	163	107	336	291	231	119	339	58	229	426
16	99	371	364	402	460	164	151	50	516	393
17	369	527	430	87	277	300	525	332	42	416
18	36	546	583	140	144	278	327	330	258	340
19	514	9	279	568	392	81	198	357	102	126

p = **593** (Fortsetzung)

	N											I									
	0	1	2	3	4	5	6	7	8	9		0	1	2	3	4	5	6	7	8	9
20	64	192	576	542	440	134	402	20	60	180	20	578	370	450	527	171	588	477	250	387	333
21	540	434	116	348	451	167	501	317	358	481	21	359	42	178	83	565	122	103	375	126	199
22	257	178	534	416	62	186	558	488	278	241	22	368	357	197	435	351	480	440	260	437	406
23	130	390	577	545	449	161	483	263	196	588	23	27	149	48	341	289	514	190	353	321	59
24	578	548	458	188	564	506	332	403	23	69	24	472	229	158	5	391	509	482	31	488	575
25	207	28	84	252	163	489	281	250	157	471	25	257	306	253	409	309	442	464	220	16	347
26	227	88	264	199	4	12	36	108	324	379	26	66	542	117	237	262	449	587	386	41	564
27	544	446	152	456	182	546	452	170	510	344	27	374	367	434	439	405	47	513	320	228	390
28	439	131	393	586	572	530	404	26	78	234	28	30	256	408	463	346	116	448	40	366	404
29	109	327	388	571	527	395	592	590	584	566	29	319	29	462	447	403	461	460	164	165	107
30	512	350	457	185	555	479	251	160	480	254	30	151	166	325	23	108	70	336	152	412	50
31	169	507	335	412	50	150	450	164	492	290	31	167	112	552	326	94	524	24	217	343	109
32	277	238	121	363	496	302	313	346	445	149	32	143	138	71	78	268	337	90	291	153	558
33	447	155	465	209	34	102	306	325	382	553	33	533	413	246	362	51	312	516	168	146	13
34	473	233	106	318	361	490	284	259	184	552	34	113	549	10	553	279	192	327	186	213	95
35	470	224	79	237	118	354	469	221	70	210	35	301	454	525	176	355	25	57	486	218	585
36	37	111	333	406	32	96	288	271	220	67	36	45	344	445	323	110	141	556	144	184	55
37	201	10	30	90	270	217	58	174	522	380	37	139	493	61	72	495	422	79	399	418	269
38	547	455	179	537	425	89	267	208	31	93	38	379	474	338	63	37	91	546	181	292	467
39	279	244	139	417	65	195	585	569	521	377	39	231	154	74	282	559	295	427	534	99	160
40	538	428	98	294	289	274	229	94	282	253	40	414	497	206	247	286	539	363	521	7	52
41	166	498	308	331	400	14	42	126	378	541	41	424	570	313	505	86	517	223	393	169	81
42	437	125	375	532	410	44	132	396	2	6	42	195	147	470	573	14	384	511	114	401	21
43	18	54	162	486	272	223	76	228	91	273	43	550	136	531	11	211	484	554	420	35	280
44	226	85	255	172	516	362	493	293	286	265	44	204	568	193	19	33	328	271	330	187	234
45	202	13	39	117	351	460	194	582	560	494	45	316	214	276	490	96	381	273	302	242	501
46	296	295	292	283	256	175	525	389	574	536	46	455	130	577	526	476	332	177	121	125	356
47	422	80	240	127	381	550	464	206	25	75	47	350	259	26	340	189	58	157	508	487	305
48	225	82	246	145	435	119	357	478	248	151	48	308	219	65	236	586	563	433	46	227	255
49	453	173	519	371	520	374	529	401	17	51	49	345	39	318	446	459	106	324	69	411	111
50	153	459	191	573	533	413	53	159	477	245	50	93	216	142	77	89	557	245	311	145	548
51	142	426	92	276	235	112	336	415	59	177	51	278	185	300	175	56	584	444	140	183	492
52	531	407	35	105	315	352	463	203	16	48	52	494	398	378	62	545	466	73	294	98	496
53	144	432	110	330	397	5	15	45	135	405	53	285	520	423	504	222	80	469	383	400	135
54	29	87	261	190	570	524	386	565	509	341	54	210	419	203	18	270	233	275	380	241	129
55	430	104	312	343	436	122	366	505	329	394	55	475	120	349	339	156	304	64	562	226	38
56	589	581	557	485	269	214	49	147	441	137	56	458	68	92	76	244	547	299	583	182	397
57	411	47	141	423	83	249	154	462	200	7	57	544	293	284	503	468	134	202	232	240	119
58	21	63	189	567	515	359	484	266	205	22	58	155	561	457	75	298	396	283	133	239	560
59	66	198	1								59	297	132	296							
	0	1	2	3	4	5	6	7	8	9		0	1	2	3	4	5	6	7	8	9

p = **593**

I′

	0	1	2	3	4	5	6	7	8	9
20	394	118	232	18	568	538	247	580	127	17
21	419	484	453	95	276	88	142	343	585	65
22	16	382	80	393	581	67	38	255	390	158
23	281	154	240	275	316	432	586	262	131	560
24	119	129	501	582	547	311	362	286	101	358
25	387	540	441	409	317	345	408	306	188	26
26	437	385	449	578	535	451	360	290	337	379
27	233	330	500	302	128	380	490	174	185	192
28	204	426	559	133	503	520	539	3	352	514
29	532	153	467	284	98	427	*	132	396	583
30	175	454	242	225	64	308	253	235	219	442
31	277	145	516	505	499	489	214	105	446	29
32	228	59	555	110	69	23	94	186	271	315
33	187	124	177	359	522	49	152	90	63	156
34	189	289	137	109	445	39	116	66	303	339
35	259	480	471	321	485	25	350	197	82	42
36	8	515	51	521	162	28	404	434	357	170
37	450	161	388	438	367	126	518	465	62	474
38	241	273	209	400	511	373	41	333	364	407
39	30	509	194	169	590	238	283	544	378	418
40	135	21	163	461	319	47	27	115	463	309
41	215	111	50	246	497	536	179	473	269	203
42	35	417	79	504	570	537	159	534	1	579
43	172	104	254	46	439	351	148	406	512	405
44	260	15	464	491	140	323	459	403	40	587
45	527	415	43	354	525	130	395	75	68	106
46	164	460	447	346	220	97	73	231	134	383
47	573	4	229	36	338	120	332	250	287	436
48	440	574	31	34	554	44	218	305	575	272
49	96	377	494	61	398	422	285	206	430	123
50	576	455	201	468	222	86	431	307	487	482
51	20	114	389	320	190	12	168	223	208	221
52	423	7	266	342	24	176	476	171	498	566
53	483	11	361	413	99	429	528	84	6	363
54	372	261	117	502	293	466	181	299	278	10
55	136	523	326	279	420	54	144	245	533	295
56	297	457	226	433	374	122	314	32	193	85
57	313	529	510	14	252	257	331	526	370	100
58	589	200	543	182	444	45	563	386	477	248
59	369	263	428							
	0	1	2	3	4	5	6	7	8	9

I″

	0	1	2	3	4	5	6	7	8	9
20	581	502	134	419	280	159	497	172	518	382
21	135	11	191	186	316	410	93	24	486	308
22	464	519	504	517	127	303	562	46	320	472
23	180	467	202	270	187	307	65	117	395	133
24	232	380	302	67	76	557	413	206	589	170
25	477	3	574	306	432	227	30	575	124	350
26	440	541	237	591	1	161	522	137	78	418
27	18	328	489	381	17	233	214	310	548	553
28	35	230	74	396	293	496	247	478	148	341
29	267	90	181	544	73	559	132	560	75	547
30	185	95	273	348	156	487	257	507	305	409
31	88	245	51	570	566	329	234	254	39	404
32	513	353	44	445	106	166	552	192	33	32
33	271	576	476	387	162	22	70	268	474	349
34	26	48	523	217	45	255	463	16	128	120
35	356	435	288	190	453	176	125	368	249	333
36	266	532	246	539	388	115	40	374	199	590
37	578	2	540	385	564	103	173	491	398	269
38	275	96	221	469	14	261	587	250	372	512
39	228	5	85	223	200	456	298	182	494	79
40	383	114	28	447	366	439	437	389	256	253
41	105	69	152	533	160	451	53	421	399	210
42	554	60	495	520	52	179	281	295	592	535
43	498	506	235	563	367	197	479	260	373	434
44	480	252	309	174	584	344	318	462	116	262
45	370	265	8	212	301	501	118	561	38	446
46	461	403	29	408	442	377	545	292	503	80
47	147	352	59	417	379	129	526	588	101	196
48	351	4	509	530	211	354	57	508	31	315
49	276	443	183	139	492	72	98	414	528	314
50	272	242	543	284	423	313	123	188	157	391
51	572	384	438	47	289	361	312	86	376	97
52	285	363	334	551	94	454	577	450	536	571
53	20	136	290	558	427	264	415	425	205	286
54	251	15	66	582	397	62	91	244	145	113
55	21	49	112	10	484	322	141	89	153	282
56	239	155	64	586	41	83	529	34	204	6
57	424	84	194	470	481	488	500	130	263	429
58	207	224	243	299	56	218	236	449	171	580
59	394	131	*							
	0	1	2	3	4	5	6	7	8	9

p = **599**, g = 7, p − 1 = 2 · 13 · 23

N	0	1	2	3	4	5	6	7	8	9
0		7	49	343	5	35	245	517	25	175
1	27	189	125	276	135	346	26	182	76	532
2	130	311	380	264	51	357	103	122	255	587
3	515	11	77	539	179	55	385	299	296	275
4	128	297	282	177	41	287	212	286	205	237
5	461	232	426	586	508	561	333	534	144	409
6	467	274	121	248	538	172	6	42	294	261
7	30	210	272	107	150	451	162	535	151	458
8	211	279	156	493	456	197	181	69	483	386
9	306	345	19	133	332	527	95	66	462	239
10	475	330	513	596	578	452	169	584	494	463
11	246	524	74	518	32	224	370	194	160	521
12	53	371	201	209	265	58	406	446	127	290
13	233	433	36	252	566	368	180	62	434	43
14	301	310	373	215	307	352	68	476	337	562
15	340	583	487	414	502	519	39	273	114	199
16	195	167	570	396	376	236	454	183	83	581
17	473	316	415	509	568	382	278	149	444	113
18	192	146	423	565	361	131	318	429	8	56
19	392	348	40	280	163	542	200	202	216	314
20	401	411	481	372	208	258	9	63	441	92
21	45	315	408	460	225	377	243	503	526	88
22	17	119	234	440	85	595	571	403	425	579
23	459	218	328	499	498	491	442	99	94	59
24	413	495	470	295	268	79	553	277	142	395
25	369	187	111	178	48	336	555	291	240	482
26	379	257	2	14	98	87	10	70	490	435
27	50	350	54	378	250	552	270	93	52	364
28	152	465	260	23	161	528	102	115	206	244
29	510	575	431	22	154	479	358	110	171	598
30	592	550	256	594	564	354	82	574	424	572
31	410	474	323	464	253	573	417	523	67	469
32	288	219	335	548	242	496	477	344	12	84
33	588	522	60	420	544	214	300	303	324	471
34	302	317	422	558	312	387	313	394	362	138
35	367	173	13	91	38	266	65	455	190	132
36	325	478	351	61	427	593	557	305	338	569
37	389	327	492	449	148	437	64	448	141	388
38	320	443	106	143	402	418	530	116	213	293
39	254	580	466	267	72	504	533	137	360	124
40	269	86	3	21	147	430	15	105	136	353
41	75	525	81	567	375	229	405	439	78	546
42	228	398	390	334	541	193	153	472	309	366
43	166	563	347	33	231	419	537	165	556	298
44	289	226	384	292	247	531	123	262	37	259
45	16	112	185	97	80	560	326	485	400	404
46	432	29	203	223	363	145	416	516	18	126
47	283	184	90	31	217	321	450	155	486	407
48	453	176	34	238	468	281	170	591	543	207
49	251	559	319	436	57	399	397	383	285	198
	0	1	2	3	4	5	6	7	8	9

I	0	1	2	3	4	5	6	7	8	9
0		598	262	402	524	4	66	1	188	206
1	266	31	328	352	263	406	450	220	468	92
2	528	403	293	283	590	8	16	10	525	461
3	70	473	114	433	482	5	132	448	354	156
4	192	44	67	139	555	210	545	574	254	2
5	270	24	278	120	272	35	189	494	125	239
6	332	363	137	207	376	356	97	318	146	87
7	267	584	394	517	112	410	18	32	418	245
8	454	412	306	168	329	224	401	265	219	589
9	472	353	209	277	238	96	516	453	264	237
10	532	533	286	26	540	407	382	73	534	567
11	297	252	451	179	158	287	387	558	501	221
12	594	62	27	446	399	12	469	128	40	541
13	20	185	359	93	580	14	408	397	349	512
14	529	378	248	383	58	465	181	404	374	177
15	74	78	280	426	294	477	82	535	507	522
16	118	284	76	194	568	437	430	161	591	106
17	486	298	65	351	527	9	481	43	253	34
18	136	86	17	167	471	452	539	251	500	11
19	358	511	180	425	117	160	526	85	499	159
20	196	122	197	462	548	48	288	489	204	123
21	71	80	46	388	335	143	198	474	231	321
22	559	572	514	463	115	214	441	502	420	415
23	549	434	51	130	222	578	165	49	483	99
24	258	595	324	216	289	6	110	444	63	570
25	274	490	133	314	390	28	302	261	205	449
26	282	69	447	554	23	124	355	393	244	400
27	276	531	72	157	61	39	13	247	176	81
28	193	485	42	470	510	498	47	45	320	440
29	129	257	443	389	68	243	38	41	439	37
30	336	140	340	337	542	367	90	144	556	428
31	141	21	344	346	199	211	171	341	186	492
32	380	475	546	312	338	360	456	371	232	575
33	101	543	94	56	423	322	255	148	368	581
34	150	504	560	3	327	91	15	432	191	573
35	271	362	145	409	305	588	515	25	296	557
36	398	184	348	464	279	521	429	350	135	250
37	116	121	203	142	513	414	164	215	273	260
38	22	530	175	497	442	36	89	345	379	370
39	422	503	190	587	347	249	163	496	421	495
40	458	200	384	227	459	416	126	479	212	59
41	310	201	550	240	153	172	466	316	385	435
42	333	552	342	182	308	228	52	364	597	187
43	405	292	460	131	138	269	493	375	583	417
44	223	208	236	381	178	593	127	579	377	373
45	476	75	105	480	166	357	84	547	79	230
46	213	50	98	109	313	281	392	60	484	319
47	242	339	427	170	311	100	147	326	361	295
48	520	202	259	88	586	457	478	152	551	596
49	268	235	372	83	108	241	325	585	234	233
	0	1	2	3	4	5	6	7	8	9

p = 599

I′

	0	1	2	3	4	5	6	7	8	9
0	598	188	270	327	66	132	110	113	16	481
1	525	358	469	247	408	432	10	167	32	396
2	185	344	530	124	278	296	540	446	302	330
3	467	328	418	538	136	189	89	336	41	13
4	541	439	470	253	67	320	388	45	288	483
5	98	130	364	29	173	149	423	77	465	310
6	484	39	27	570	33	351	1	139	243	447
7	473	80	157	534	78	105	194	506	280	230
8	46	193	535	108	547	499	17	267	586	345
9	144	15	528	580	56	285	516	318	109	258
10	147	543	523	561	229	480	486	562	241	313
11	444	411	410	155	433	214	121	160	284	331
12	272	203	197	71	355	239	479	579	40	257
13	222	138	448	314	413	250	86	207	269	555
14	340	21	513	198	556	409	87	326	368	431
15	504	107	551	172	217	544	192	61	287	196
16	526	591	226	496	215	49	357	471	329	519
17	311	341	466	290	369	497	81	74	593	158
18	425	404	308	134	348	359	492	405	206	494
19	587	573	44	485	568	488	122	462	474	211
20	384	550	259	142	123	449	266	376	236	277
21	545	171	59	50	441	273	289	395	95	589
22	468	594	578	208	401	103	309	459	52	391
23	213	321	575	536	233	372	381	532	96	332
24	153	325	339	38	400	454	509	176	383	163
25	116	500	451	34	2	148	438	443	595	88
26	22	205	402	406	237	219	31	584	235	493
27	24	362	35	260	490	246	531	238	120	521
28	426	392	69	590	76	566	26	387	489	6
29	518	582	460	283	477	520	557	252	65	*
30	365	553	261	225	183	588	168	291	228	315
31	201	100	338	281	390	307	385	111	146	242
32	440	559	255	569	216	585	361	91	352	224
33	565	317	363	552	571	143	140	542	360	427
34	337	186	182	491	346	379	199	249	464	512
35	135	527	263	209	156	393	97	84	511	93
36	456	295	145	137	597	303	343	90	581	162
37	422	232	83	476	177	583	356	373	248	370
38	475	178	73	58	227	435	445	558	335	68
39	28	169	60	244	517	537	57	349	184	12
40	276	265	524	293	374	292	450	382	397	305
41	18	218	306	174	164	549	126	223	245	577
42	415	495	503	322	195	117	294	170	141	350
43	161	304	191	482	51	333	64	430	366	37
44	129	502	36	389	63	19	399	554	354	282
45	220	179	539	264	412	55	371	478	200	416
46	131	70	548	115	279	181	316	7	92	128
47	510	452	353	114	231	546	75	82	152	212
48	166	43	5	99	319	42	298	300	334	204
49	133	455	380	375	125	458	421	442	47	159
	0	1	2	3	4	5	6	7	8	9

I″

	0	1	2	3	4	5	6	7	8	9
0	299	66	254	560	524	482	289	467	590	527
1	16	500	399	39	580	91	8	86	410	445
2	541	141	260	554	270	515	286	62	390	53
3	523	266	18	64	253	272	442	439	243	61
4	128	38	485	481	192	47	80	498	548	165
5	213	434	228	562	508	455	94	396	383	212
6	392	157	594	444	436	298	4	44	389	282
7	461	123	531	382	177	476	284	57	74	547
8	71	176	477	372	357	526	136	146	259	36
9	367	327	468	359	543	218	238	356	50	483
10	311	575	564	225	592	75	591	151	83	98
11	6	317	517	7	473	463	250	425	522	544
12	278	116	196	204	23	494	416	593	469	440
13	51	460	5	490	183	350	34	363	131	67
14	336	428	203	335	90	362	318	100	255	55
15	581	519	478	240	563	113	354	72	179	499
16	117	430	369	249	414	578	480	17	306	391
17	427	211	153	54	413	530	247	374	381	451
18	511	465	342	304	398	20	341	597	1	35
19	503	432	156	81	76	424	159	122	143	346
20	458	310	520	121	489	261	188	137	223	353
21	555	199	479	230	115	164	324	154	411	265
22	450	501	130	417	329	303	162	384	308	104
23	79	474	371	234	585	268	208	264	277	125
24	550	108	319	68	393	418	275	13	378	347
25	135	539	297	43	574	322	509	129	99	202
26	273	302	598	352	453	401	206	87	596	138
27	2	573	120	215	570	553	400	209	24	464
28	78	313	449	293	118	95	533	158	48	216
29	173	307	405	403	426	361	25	567	486	561
30	487	569	28	365	431	409	412	315	182	226
31	59	170	546	109	133	309	466	331	97	484
32	45	231	423	577	595	241	147	3	31	168
33	29	119	239	435	488	388	37	340	312	242
34	140	171	552	366	21	89	344	587	184	397
35	429	65	328	472	448	124	376	166	11	185
36	338	326	271	332	52	300	438	542	148	174
37	379	456	235	377	404	493	207	579	529	345
38	492	236	407	248	200	316	566	287	46	443
39	314	229	281	355	584	217	19	408	557	446
40	244	224	262	528	181	187	263	540	14	145
41	112	111	454	134	513	420	459	583	32	571
42	502	496	370	56	538	180	280	339	556	521
43	437	149	15	114	549	385	506	568	256	41
44	320	214	497	257	110	386	27	69	132	205
45	406	252	471	516	245	491	360	586	495	227
46	292	525	197	514	348	58	172	30	220	12
47	42	167	589	70	198	380	373	294	457	126
48	105	9	433	49	60	193	106	505	195	288
49	274	343	186	269	189	421	163	175	510	85
	0	1	2	3	4	5	6	7	8	9

p = 599 (Fortsetzung)

N	0	1	2	3	4	5	6	7	8	9
50	188	118	227	391	341	590	536	158	507	554
51	284	191	139	374	222	356	96	73	511	582
52	480	365	159	514	4	28	196	174	20	140
53	381	271	100	101	108	157	500	505	540	186
54	104	129	304	331	520	46	322	457	204	230
55	412	488	421	551	263	44	308	359	117	220
56	342	597	585	501	512	589	529	109	164	549
57	249	545	221	349	47	329	506	547	235	447
58	134	339	576	438	71	497	484	393	355	89
59	24	168	577	445	120	241	489	428	1	

I	0	1	2	3	4	5	6	7	8	9
50	536	563	154	217	395	537	576	508	54	173
51	290	518	564	102	523	30	467	7	113	155
52	544	119	331	317	111	411	218	95	285	566
53	386	445	19	396	57	77	506	436	64	33
54	538	424	195	488	334	571	419	577	323	569
55	301	553	275	246	509	256	438	366	343	491
56	455	55	149	431	304	183	134	413	174	369
57	162	226	309	315	307	291	582	592	104	229
58	391	169	519	151	107	562	53	29	330	565
59	505	487	300	365	303	225	103	561	299	

p = 601, g = 7, $p - 1 = 2^3 \cdot 3 \cdot 5^2$

N	0	1	2	3	4	5	6	7	8	9
0		7	49	343	598	580	454	173	9	63
1	441	82	574	412	480	355	81	567	363	137
2	358	102	113	190	128	295	262	31	217	317
3	416	508	551	251	555	279	150	449	138	365
4	151	456	187	107	148	435	40	280	157	498
5	481	362	130	309	360	116	211	275	122	253
6	569	377	235	443	96	71	497	474	313	388
7	312	381	263	38	266	59	413	487	404	424
8	564	342	591	531	111	176	30	210	268	73
9	511	572	398	382	270	87	8	56	392	340
10	577	433	26	182	72	504	523	55	385	291
11	234	436	47	329	500	495	460	215	303	318
12	423	557	293	248	534	132	323	458	201	205
13	233	429	599	587	503	516	6	42	294	255
14	583	475	320	437	54	378	242	492	439	68
15	476	327	486	397	375	221	345	11	77	539
16	167	568	370	186	100	99	92	43	301	304
17	325	472	299	290	227	387	305	332	521	41
18	287	206	240	478	341	584	482	369	179	51
19	357	95	64	448	131	316	409	459	208	254
20	576	426	578	440	75	525	69	483	376	228
21	394	354	74	518	20	140	379	249	541	181
22	65	455	180	58	406	438	61	427	585	489
23	418	522	48	336	549	237	457	194	156	491
24	432	19	133	330	507	544	202	212	282	171
25	596	566	356	88	15	105	134	337	556	286
26	199	191	135	344	4	28	196	170	589	517
27	13	91	36	252	562	328	493	446	117	218
28	324	465	250	548	230	408	452	159	512	579
29	447	124	267	66	462	229	401	403	417	515
	0	1	2	3	4	5	6	7	8	9

I	0	1	2	3	4	5	6	7	8	9
0		600	432	304	264	550	136	1	96	8
1	382	157	568	270	433	254	528	485	440	241
2	214	305	589	502	400	500	102	312	265	391
3	86	27	360	461	317	551	272	380	73	574
4	46	179	137	167	421	558	334	112	232	2
5	332	189	534	583	144	107	97	545	223	75
6	518	226	459	9	192	220	293	424	149	206
7	383	65	104	89	212	204	505	158	406	531
8	478	16	11	513	569	435	599	95	253	588
9	390	271	166	331	544	191	64	405	434	165
10	164	414	21	349	366	255	415	43	576	447
11	539	84	529	22	377	452	55	278	507	486
12	350	314	58	483	291	450	441	367	24	471
13	52	194	125	242	256	262	581	19	38	594
14	215	416	497	427	536	341	521	306	44	586
15	36	40	337	493	590	577	238	48	363	287
16	310	503	448	525	443	411	345	160	401	540
17	267	249	431	7	527	501	85	379	420	188
18	222	219	103	530	598	330	163	42	376	313
19	23	261	496	585	237	524	266	378	597	260
20	596	128	246	392	453	129	181	510	198	398
21	87	56	247	369	475	117	408	28	279	393
22	371	155	516	445	361	508	454	174	209	295
23	284	462	487	130	110	62	339	235	318	351
24	182	354	146	320	490	552	315	511	123	217
25	282	33	273	59	199	139	456	563	303	381
26	484	399	26	72	557	533	74	292	88	477
27	94	543	413	575	451	57	470	580	426	35
28	47	442	248	419	329	495	259	180	368	370
29	173	109	353	122	138	25	476	469	418	172
	0	1	2	3	4	5	6	7	8	9

p = 599

	I′										I″									
	0	1	2	3	4	5	6	7	8	9	0	1	2	3	4	5	6	7	8	9
50	11	221	420	190	560	487	436	522	54	256	251	558	441	422	150	565	77	535	576	246
51	498	180	529	414	463	25	453	112	564	151	470	358	349	142	572	588	96	394	290	169
52	202	429	118	30	4	461	85	9	403	378	295	279	507	102	402	10	160	351	92	512
53	175	72	533	286	567	507	563	576	424	251	22	276	237	532	73	82	233	395	33	452
54	407	20	367	94	119	574	312	79	48	434	26	40	337	101	155	210	475	84	462	415
55	240	596	342	275	23	210	428	398	501	572	201	152	333	301	447	139	144	296	387	321
56	3	299	53	154	102	505	386	297	437	301	504	103	107	536	518	330	285	534	194	323
57	274	419	514	271	254	101	508	323	165	377	63	334	559	191	545	232	537	419	222	127
58	14	150	592	417	394	234	457	347	515	472	93	368	291	375	267	325	88	190	305	219
59	8	106	104	127	62	324	268	187	262		283	161	582	178	221	258	551	364	*	

p = 601

	I′										I″									
	0	1	2	3	4	5	6	7	8	9	0	1	2	3	4	5	6	7	8	9
0	600	96	332	263	132	514	221	527	382	192	300	136	232	81	564	289	344	431	96	459
1	587	513	402	76	50	252	11	161	535	38	203	16	565	323	358	211	478	251	51	581
2	446	349	377	261	471	476	72	360	279	119	190	414	529	313	367	138	399	86	408	195
3	298	466	302	273	258	47	40	340	594	362	463	244	489	282	412	426	586	193	19	535
4	337	236	376	576	586	111	179	442	363	321	36	221	163	415	306	460	574	35	238	66
5	186	18	194	409	482	278	247	470	483	199	14	482	471	422	446	452	87	451	314	273
6	327	145	339	348	405	104	49	141	480	547	161	208	110	587	191	383	555	324	70	175
7	68	93	557	574	292	518	342	322	566	385	473	455	26	380	533	223	13	152	297	120
8	572	3	308	506	529	379	27	56	477	212	373	184	457	365	539	501	391	398	292	104
9	288	565	546	579	543	253	8	545	498	184	571	386	153	71	477	599	1	107	387	326
10	202	460	312	530	89	364	458	97	417	353	200	240	500	219	65	134	231	144	328	173
11	62	143	232	243	464	555	515	408	169	548	130	45	334	275	321	343	197	475	472	29
12	79	467	138	217	593	242	280	197	246	181	488	258	353	511	449	194	335	236	596	453
13	110	549	300	570	105	269	1	167	25	456	487	307	4	554	465	299	550	179	122	199
14	185	150	347	225	107	216	320	276	203	206	541	67	548	111	583	61	354	239	225	424
15	591	275	77	92	208	516	439	568	406	526	141	357	355	429	474	371	263	382	505	309
16	401	60	584	42	414	164	331	421	472	176	345	17	187	330	165	434	271	137	468	118
17	357	324	468	109	209	69	325	388	231	137	280	352	418	370	454	417	169	394	316	46
18	368	510	354	358	81	228	207	162	222	534	259	129	351	591	99	140	50	430	420	332
19	20	64	220	37	125	29	561	116	398	139	252	544	9	290	52	559	285	127	510	59
20	100	227	289	10	505	504	383	578	61	295	402	385	100	148	212	458	149	186	154	174
21	481	15	204	311	305	416	455	282	375	103	498	423	89	269	241	594	145	123	526	222
22	293	41	219	75	537	148	459	307	554	384	192	6	188	545	566	143	518	201	185	322
23	403	106	2	257	489	318	127	524	48	147	298	178	112	374	283	339	41	585	577	384
24	101	214	256	394	31	397	392	369	419	431	567	440	125	113	491	523	128	56	442	267
25	564	17	190	588	528	415	262	372	121	180	436	572	15	95	433	366	242	233	34	495
26	596	496	581	156	550	391	378	249	457	213	597	23	256	3	304	312	524	540	570	135
27	433	166	380	59	373	113	343	290	507	393	568	390	551	33	346	151	147	538	55	28
28	170	562	33	234	462	196	344	310	553	5	126	319	217	444	295	537	336	363	90	202
29	193	450	88	424	338	284	560	78	230	135	277	483	74	220	515	209	428	560	30	395
	0	1	2	3	4	5	6	7	8	9	0	1	2	3	4	5	6	7	8	9

p = 601 (Fortsetzung)

N	0	1	2	3	4	5	6	7	8	9	I	0	1	2	3	4	5	6	7	8	9
30	600	594	552	258	3	21	147	428	592	538	30	468	168	472	118	169	176	325	438	422	53
31	160	519	27	189	121	246	520	34	238	464	31	409	473	70	68	480	559	195	29	119	548
32	243	499	488	411	473	306	339	570	384	284	32	142	347	335	126	280	170	357	151	275	113
33	185	93	50	350	46	322	451	152	463	236	33	243	394	177	388	592	374	233	257	372	326
34	450	145	414	494	453	166	561	321	444	103	34	99	184	81	3	263	156	439	499	359	573
35	120	239	471	292	241	485	390	326	479	348	35	333	582	517	423	211	15	252	190	20	446
36	32	224	366	158	505	530	104	127	288	213	36	54	482	51	18	535	39	362	410	430	187
37	289	220	338	563	335	542	188	114	197	177	37	162	584	595	509	474	154	208	61	145	216
38	37	259	10	70	490	425	571	391	333	528	38	455	71	93	579	328	108	417	175	69	547
39	90	29	203	219	331	514	593	545	209	261	39	356	387	98	498	210	481	429	153	92	546
40	24	168	575	419	529	97	78	546	216	310	40	428	296	560	297	78	566	224	537	285	196
41	367	165	554	272	101	106	141	386	298	283	41	561	323	13	76	342	463	30	298	230	403
42	178	44	308	353	67	469	278	143	400	396	42	519	522	488	120	79	385	201	227	307	131
43	368	172	2	14	98	85	595	559	307	346	43	549	567	240	101	460	45	111	143	225	148
44	18	126	281	164	547	223	359	109	162	533	44	203	10	587	63	348	538	277	290	193	37
45	125	274	115	204	226	380	256	590	524	62	45	340	336	286	344	6	221	41	236	127	197
46	434	33	231	415	501	502	509	558	300	297	46	116	515	294	338	319	281	562	556	542	425
47	276	129	302	311	374	214	296	269	80	560	47	494	352	171	324	67	141	150	591	183	358
48	314	395	361	123	260	17	119	232	422	550	48	14	50	186	207	578	355	152	77	322	229
49	244	506	537	153	470	285	192	142	393	347	49	384	239	147	276	343	115	555	66	49	321
50	25	175	23	161	526	76	532	118	225	373	50	114	464	465	134	105	364	491	244	31	466
51	207	247	527	83	581	461	222	352	60	420	51	571	90	288	553	395	299	135	269	213	311
52	536	146	421	543	195	163	540	174	16	112	52	316	178	231	106	458	205	504	512	389	404
53	183	79	553	265	52	364	144	407	445	110	53	365	83	506	449	124	593	520	492	309	159
54	169	582	468	271	94	57	399	389	319	430	54	526	218	375	523	245	397	407	444	283	234
55	5	35	245	513	586	496	467	264	45	315	55	489	32	302	532	412	34	258	121	467	437
56	402	410	466	257	597	573	405	431	12	84	56	479	346	274	373	80	572	251	17	161	60
57	588	510	565	349	39	273	108	155	484	383	57	327	386	91	565	12	402	200	100	202	289
58	277	136	351	53	371	193	149	442	89	22	58	5	514	541	140	185	228	554	133	570	268
59	154	477	334	535	139	372	200	198	184	86	59	457	82	308	396	301	436	250	564	4	132
60	1										60	300									

p = 607, g = 3, p − 1 = 2 · 3 · 101

N	0	1	2	3	4	5	6	7	8	9	I	0	1	2	3	4	5	6	7	8	9
0		3	9	27	81	243	122	366	491	259	0		606	584	1	562	601	585	228	540	2
1	170	510	316	341	416	34	102	306	311	326	1	579	446	563	124	206	602	518	37	586	110
2	371	506	304	305	308	317	344	425	61	183	2	557	229	424	203	541	596	102	3	184	355
3	549	433	85	255	158	474	208	17	51	153	3	580	173	496	447	15	223	564	387	88	125
4	459	163	489	253	152	456	154	462	172	516	4	535	544	207	92	402	603	181	438	519	456
5	334	395	578	520	346	431	79	237	104	312	5	574	38	80	398	587	441	162	111	333	367
6	329	380	533	385	548	430	76	228	77	231	6	558	28	151	230	474	119	425	257	599	204
7	86	258	167	501	289	260	173	519	343	422	7	201	494	542	572	365	597	66	68	103	56
8	52	156	468	190	570	496	274	215	38	114	8	513	4	522	177	185	32	70	356	380	290
9	342	419	43	129	387	554	448	130	390	563	9	581	352	159	174	416	105	497	314	434	448

p = 601

I′

	0	1	2	3	4	5	6	7	8	9
30	*	436	532	381	264	589	44	131	396	159
31	503	316	265	23	58	511	178	551	351	281
32	490	114	229	13	67	438	99	386	108	495
33	163	544	189	582	112	126	286	493	319	235
34	336	521	463	115	6	160	274	335	538	366
35	314	182	171	122	146	152	387	151	14	573
36	461	508	410	287	491	83	255	24	370	475
37	173	155	326	80	233	523	313	452	597	420
38	73	484	157	65	239	201	91	98	592	404
39	271	86	453	371	177	299	301	407	87	26
40	500	540	200	519	365	434	531	444	28	473
41	430	345	34	575	21	43	497	175	172	329
42	188	558	53	211	149	494	35	536	296	153
43	187	7	304	254	165	599	250	479	422	499
44	241	367	248	411	283	361	54	539	525	124
45	441	57	55	129	174	71	563	82	205	9
46	45	317	487	30	465	134	571	437	168	418
47	580	52	118	70	154	117	469	94	16	346
48	559	429	51	291	399	440	350	130	120	32
49	552	244	309	590	352	259	585	427	210	359
50	102	85	400	448	512	158	449	486	454	474
51	198	123	389	569	541	294	445	423	226	522
52	492	306	488	245	266	443	218	501	485	22
53	598	478	412	74	583	39	341	285	277	84
54	267	140	425	413	191	223	428	356	142	567
55	136	272	315	395	133	66	542	533	334	195
56	297	323	556	303	4	12	224	240	270	435
57	268	90	251	333	46	451	447	238	355	328
58	426	19	517	144	595	237	36	63	390	502
59	577	183	374	520	215	509	128	260	330	95
60	432									

I″

	0	1	2	3	4	5	6	7	8	9
30	132	396	32	563	432	214	521	227	82	492
31	287	213	102	376	350	552	311	461	235	338
32	146	49	77	561	171	176	372	60	579	419
33	598	166	2	573	558	347	340	40	294	62
34	37	536	76	276	286	411	479	142	63	21
35	486	318	494	109	182	578	547	170	183	499
36	27	445	39	48	105	404	349	441	180	247
37	368	393	257	274	592	218	42	22	266	85
38	272	303	8	206	229	79	327	356	177	512
39	588	265	246	279	243	553	308	245	198	484
40	502	160	12	230	389	64	158	397	117	53
41	362	443	532	543	164	255	215	108	469	248
42	379	167	438	517	293	542	580	497	546	481
43	410	249	600	270	405	569	301	467	325	156
44	485	450	47	525	407	516	20	576	503	506
45	291	575	377	392	508	216	139	268	106	226
46	101	360	284	342	114	464	31	121	172	476
47	57	24	168	409	509	369	25	88	531	437
48	68	210	54	58	381	528	507	462	522	234
49	320	364	520	337	425	329	261	416	98	439
50	400	527	589	310	205	204	83	278	361	595
51	181	315	504	11	5	116	155	582	75	403
52	593	341	519	375	237	448	159	7	254	84
53	103	406	302	557	189	18	427	224	348	447
54	401	514	556	94	331	97	92	69	119	131
55	264	317	490	288	228	115	562	72	421	480
56	296	196	281	456	250	91	78	549	157	513
57	133	466	80	359	73	413	43	590	207	93
58	470	262	333	534	162	496	44	10	253	305
59	493	150	388	124	38	584	260	378	530	435
60	*									

p = 607

I′

	0	1	2	3	4	5	6	7	8	9
0	606	562	579	184	522	590	545	211	501	75
1	112	194	25	90	386	223	467	250	59	460
2	130	249	23	17	468	377	199	473	151	137
3	414	379	70	430	399	100	556	586	80	46
4	154	500	429	167	39	272	168	217	76	278
5	252	404	487	373	378	521	513	243	224	132
6	420	190	269	464	30	55	68	512	103	289
7	356	9	163	527	328	357	334	53	26	440
8	398	273	485	317	261	116	436	543	125	198
9	78	180	402	97	270	383	337	524	240	395

I″

	0	1	2	3	4	5	6	7	8	9
0	303	584	540	102	513	264	286	567	429	71
1	248	131	225	594	172	447	324	23	146	114
2	360	319	325	22	250	12	78	332	558	330
3	64	521	185	167	273	538	205	518	574	44
4	490	588	568	186	348	347	39	247	112	462
5	389	192	277	77	199	65	103	323	467	18
6	478	370	294	453	255	571	597	364	66	176
7	32	499	155	547	498	9	48	593	90	455
8	38	168	482	231	391	443	353	222	387	515
9	13	534	207	452	464	284	188	93	134	300

p = 607 (Fortsetzung)

N

	0	1	2	3	4	5	6	7	8	9
10	475	211	26	78	234	95	285	248	137	411
11	19	57	171	513	325	368	497	277	224	65
12	195	585	541	409	13	39	117	351	446	124
13	372	509	313	332	389	560	466	184	552	442
14	112	336	401	596	574	508	310	323	362	479
15	223	62	186	558	460	166	498	280	233	92
16	276	221	56	168	504	298	287	254	155	465
17	181	543	415	31	93	279	230	83	249	140
18	420	46	138	414	28	84	252	149	447	127
19	381	536	394	575	511	319	350	443	115	345
20	428	70	210	23	69	207	14	42	126	378
21	527	367	494	268	197	591	559	463	175	525
22	361	476	214	35	105	315	338	407	7	21
23	63	189	567	487	247	134	402	599	583	535
24	391	566	484	238	107	321	356	461	169	507
25	307	314	335	398	587	547	427	67	201	603
26	595	571	499	283	242	119	357	464	178	534
27	388	557	457	157	471	199	597	577	517	337
28	404	605	601	589	553	445	121	363	482	232
29	89	267	194	582	532	382	539	403	602	592
30	562	472	202	606	604	598	580	526	364	485
31	241	116	348	437	97	291	266	191	573	505
32	301	296	281	236	101	303	302	299	290	263
33	182	546	424	58	174	522	352	449	133	399
34	590	556	454	148	444	118	354	455	151	453
35	145	435	91	273	212	29	87	261	176	528
36	370	503	295	278	227	74	222	59	177	531
37	379	530	376	521	349	440	106	318	347	434
38	88	264	185	555	451	139	417	37	111	333
39	392	569	493	265	188	564	478	220	53	159
40	477	217	44	132	396	581	529	373	512	322
41	359	470	196	588	550	436	94	282	239	110
42	330	383	542	412	22	66	198	594	568	490
43	256	161	483	235	98	294	275	218	47	141
44	423	55	165	495	271	206	11	33	99	297
45	284	245	128	384	545	421	49	147	441	109
46	327	374	515	331	386	551	439	103	309	320
47	353	452	142	426	64	192	576	514	328	377
48	524	358	467	187	561	469	193	579	523	355
49	458	160	480	226	71	213	32	96	288	257
50	164	492	262	179	537	397	584	538	400	593
51	565	481	229	80	240	113	339	410	16	48
52	144	432	82	246	131	393	572	502	292	269
53	200	600	586	544	418	40	120	360	473	205
54	8	24	72	216	41	123	369	500	286	251
55	146	438	100	300	293	272	209	20	60	180
56	540	406	4	12	36	108	324	365	488	250
57	143	429	73	219	50	150	450	136	408	10
58	30	90	270	203	2	6	18	54	162	486
59	244	125	375	518	340	413	25	75	225	68
60	204	5	15	45	135	405	1			
	0	1	2	3	4	5	6	7	8	9

I

	0	1	2	3	4	5	6	7	8	9
10	552	324	16	467	58	224	376	244	565	459
11	419	388	140	515	89	198	311	126	345	265
12	536	286	6	545	129	591	208	189	452	93
13	97	524	403	338	235	604	577	108	182	385
14	179	439	472	570	520	350	550	457	343	187
15	575	348	44	39	46	168	81	273	34	399
16	491	431	588	41	500	442	155	72	163	248
17	10	112	48	76	334	218	358	368	268	503
18	559	170	330	29	137	382	152	483	394	231
19	83	317	475	486	292	120	412	214	426	275
20	530	258	302	583	600	539	445	205	36	556
21	202	101	354	495	222	87	543	401	437	573
22	397	161	366	150	118	598	493	364	67	512
23	176	69	289	158	104	433	323	57	243	418
24	514	310	264	5	590	451	523	234	107	178
25	569	549	186	43	167	33	430	499	71	9
26	75	357	502	329	381	393	316	291	213	529
27	582	444	555	353	86	436	160	117	363	175
28	157	322	417	263	450	106	548	166	498	74
29	328	315	528	554	435	362	321	449	165	327
30	553	320	326	325	22	23	17	250	24	468
31	146	18	59	132	251	225	12	25	377	195
32	469	245	409	147	566	114	19	460	478	60
33	420	463	133	389	50	252	141	279	226	516
34	594	13	98	78	26	199	54	378	312	374
35	196	127	336	470	346	489	246	266	481	410
36	537	220	148	287	308	567	7	211	115	546
37	360	20	130	407	461	592	372	479	209	370
38	61	190	295	421	453	63	464	94	270	134
39	98	240	390	525	192	51	404	505	253	339
40	508	142	236	297	280	605	561	227	578	123
41	517	109	423	595	183	172	14	386	534	91
42	180	455	79	440	332	27	473	256	200	571
43	65	55	521	31	379	351	415	313	551	466
44	375	458	139	197	344	285	128	188	96	337
45	576	384	471	349	342	347	45	272	490	40
46	154	247	47	217	267	169	136	482	82	485
47	411	274	301	538	35	100	221	400	396	149
48	492	511	288	432	242	309	589	233	568	42
49	429	8	501	392	212	443	85	116	156	262
50	547	73	527	361	164	319	21	249	145	131
51	11	194	408	113	477	462	49	278	593	77
52	53	373	335	488	480	219	307	210	359	406
53	371	369	294	62	269	239	191	504	507	296
54	560	122	422	171	533	454	331	255	64	30
55	414	465	138	284	95	383	341	271	153	216
56	135	484	300	99	395	510	241	232	428	391
57	84	261	526	318	144	193	476	277	52	487
58	306	405	293	238	506	121	532	254	413	283
59	340	215	299	509	427	260	143	276	305	237
60	531	282	298	259	304	281	303			
	0	1	2	3	4	5	6	7	8	9

$p = 607$

I′

	0	1	2	3	4	5	6	7	8	9
10	221	354	3	56	433	497	548	178	182	423
11	557	333	48	477	19	546	156	363	598	425
12	412	532	422	517	206	535	345	336	188	591
13	407	11	251	389	98	484	482	382	284	197
14	515	279	236	276	193	131	18	566	287	492
15	118	230	483	216	247	72	262	322	104	174
16	117	366	111	248	319	327	498	33	81	136
17	330	533	14	496	416	157	69	185	569	439
18	455	438	385	172	355	32	43	575	96	452
19	295	504	51	476	408	469	127	344	311	54
20	571	494	101	541	201	36	602	92	189	370
21	359	115	443	529	426	299	135	267	358	307
22	148	400	87	564	376	12	516	578	540	424
23	474	83	428	568	107	604	297	531	506	191
24	390	232	309	418	565	409	266	47	10	145
25	24	225	141	339	413	64	200	599	302	304
26	143	526	547	450	5	536	481	169	503	239
27	134	153	490	34	301	530	305	52	593	226
28	605	303	298	340	95	128	6	308	432	158
29	581	213	120	238	62	421	560	280	259	509
30	99	538	583	*	281	237	405	210	567	589
31	264	126	374	551	434	528	291	475	144	21
32	326	449	417	57	16	22	325	553	315	381
33	29	255	27	367	218	488	470	576	235	508
34	215	271	347	187	285	265	489	45	44	342
35	550	415	159	86	495	580	380	502	368	406
36	20	164	321	175	67	597	150	558	268	294
37	61	369	479	335	196	458	244	195	312	351
38	290	393	152	341	471	179	534	88	140	50
39	525	84	212	316	231	510	149	161	587	491
40	396	437	603	338	505	293	371	461	113	147
41	537	274	214	283	465	313	105	263	514	388
42	463	453	171	595	203	257	275	260	391	8
43	499	588	242	323	448	362	160	573	519	472
44	332	162	155	85	555	205	563	15	552	165
45	106	523	93	63	331	79	574	343	139	419
46	478	592	49	133	94	138	375	58	146	245
47	346	349	570	256	119	486	277	462	60	209
48	219	410	82	394	300	411	292	306	480	246
49	40	431	511	364	542	222	447	314	74	71
50	442	392	329	559	507	253	121	296	142	427
51	241	288	176	4	310	89	594	109	37	456
52	350	31	177	234	403	192	318	361	554	582
53	258	282	254	454	91	544	286	220	35	445
54	2	596	572	401	207	129	360	73	166	186
55	457	466	324	320	435	353	202	229	28	170
56	122	227	601	124	387	459	114	7	42	549
57	520	65	365	397	38	348	384	108	123	446
58	173	352	444	600	1	228	110	441	41	233
59	451	208	372	77	13	183	102	66	493	204
60	539	585	518	181	577	561	584			
	0	1	2	3	4	5	6	7	8	9

I″

	0	1	2	3	4	5	6	7	8	9
10	35	202	596	68	158	416	450	234	577	517
11	586	162	10	408	566	211	85	160	150	474
12	292	506	560	578	563	88	311	196	285	545
13	20	145	59	463	270	216	169	29	465	458
14	388	252	508	260	318	249	468	409	220	396
15	366	28	382	271	40	442	116	175	289	352
16	436	397	441	72	361	449	548	43	46	267
17	559	422	183	580	159	363	512	522	107	385
18	91	603	108	595	3	177	549	343	128	208
19	61	239	525	144	11	377	374	139	89	26
20	256	204	556	424	599	445	124	544	591	479
21	307	7	392	291	412	340	153	47	334	480
22	537	100	495	15	58	251	279	561	585	557
23	151	394	241	589	523	338	142	305	293	269
24	98	510	432	57	376	469	489	154	163	21
25	17	132	50	505	532	331	473	425	530	298
26	427	84	156	417	310	345	246	217	368	62
27	94	341	45	81	411	426	143	476	49	141
28	297	304	531	413	138	344	536	148	511	69
29	380	316	486	405	369	190	507	236	282	215
30	484	274	258	281	259	276	487	219	287	242
31	514	198	378	415	497	328	393	83	526	164
32	553	362	157	433	552	326	320	165	74	502
33	170	454	440	111	76	373	127	96	403	253
34	283	383	349	457	197	126	470	342	575	471
35	520	379	581	555	101	184	70	75	218	210
36	546	527	435	117	493	572	161	333	358	371
37	209	406	592	53	312	466	224	25	54	31
38	356	329	137	95	576	182	14	564	419	133
39	240	428	501	381	483	99	400	573	80	34
40	221	543	92	524	51	306	359	130	194	245
41	481	485	120	254	30	351	174	322	243	459
42	60	295	122	109	229	119	214	509	232	42
43	33	491	288	104	314	554	86	401	181	179
44	79	587	500	212	582	539	579	496	434	321
45	263	590	189	421	533	180	519	550	375	565
46	19	407	477	420	63	414	551	16	24	195
47	336	384	439	27	230	317	193	113	460	372
48	488	266	136	152	135	82	475	52	335	346
49	272	399	149	598	201	354	173	105	166	430
50	41	8	357	268	191	404	238	504	339	299
51	395	492	67	56	418	140	226	123	602	438
52	570	55	4	451	97	390	261	73	315	213
53	275	237	121	171	386	125	265	410	301	600
54	228	203	494	87	535	6	115	262	106	569
55	350	313	448	327	528	444	36	110	367	503
56	296	605	1	446	223	244	147	308	233	178
57	472	200	542	437	456	187	337	604	227	2
58	355	290	529	302	606	601	37	398	431	309
59	5	129	461	278	516	423	541	365	118	257
60	583	562	206	402	235	280	*			
	0	1	2	3	4	5	6	7	8	9

$$p = 613,\ g = 2,\ p - 1 = 2^2 \cdot 3^2 \cdot 17$$

N

	0	1	2	3	4	5	6	7	8	9
0		2	4	8	16	32	64	128	256	512
1	411	209	418	223	446	279	558	503	393	173
2	346	79	158	316	19	38	76	152	304	608
3	603	593	573	533	453	293	586	559	505	397
4	181	362	111	222	444	275	550	487	361	109
5	218	436	259	518	423	233	466	319	25	50
6	100	200	400	187	374	135	270	540	467	321
7	29	58	116	232	464	315	17	34	68	136
8	272	544	475	337	61	122	244	488	363	113
9	226	452	291	582	551	489	365	117	234	468
10	323	33	66	132	264	528	443	273	546	479
11	345	77	154	308	3	6	12	24	48	96
12	192	384	155	310	7	14	28	56	112	224
13	448	283	566	519	425	237	474	335	57	114
14	228	456	299	598	583	553	493	373	133	266
15	532	451	289	578	543	473	333	53	106	212
16	424	235	470	327	41	82	164	328	43	86
17	172	344	75	150	300	600	587	561	509	405
18	197	394	175	350	87	174	348	83	166	332
19	51	102	204	408	203	406	199	398	183	366
20	119	238	476	339	65	130	260	520	427	241
21	482	351	89	178	356	99	198	396	179	358
22	103	206	412	211	422	231	462	311	9	18
23	36	72	144	288	576	539	465	317	21	42
24	84	168	336	59	118	236	472	331	49	98
25	196	392	171	342	71	142	284	568	523	433
26	253	506	399	185	370	127	254	508	403	193
27	386	159	318	23	46	92	184	368	123	246
28	492	371	129	258	516	419	225	450	287	574
29	535	457	301	602	591	569	525	437	261	522
30	431	249	498	383	153	306	612	611	609	605
31	597	581	549	485	357	101	202	404	195	390
32	167	334	55	110	220	440	267	534	455	297
33	594	575	537	461	309	5	10	20	40	80
34	160	320	27	54	108	216	432	251	502	391
35	169	338	63	126	252	504	395	177	354	95
36	190	380	147	294	588	563	513	413	213	426
37	239	478	343	73	146	292	584	555	497	381
38	149	298	596	579	545	477	341	69	138	276
39	552	491	369	125	250	500	387	161	322	31
40	62	124	248	496	379	145	290	580	547	481
41	349	85	170	340	67	134	268	536	459	305
42	610	607	601	589	565	517	421	229	458	303
43	606	599	585	557	501	389	165	330	47	94
44	188	376	139	278	556	499	385	157	314	15
45	30	60	120	240	480	347	81	162	324	35
46	70	140	280	560	507	401	189	378	143	286
47	572	531	449	285	570	527	441	269	538	463
48	313	13	26	52	104	208	416	219	438	263
49	526	439	265	530	447	281	562	511	409	205
	0	1	2	3	4	5	6	7	8	9

I

	0	1	2	3	4	5	6	7	8	9
0		612	1	114	2	335	115	124	3	228
1	336	599	116	481	125	449	4	76	229	24
2	337	238	600	273	117	58	482	342	126	70
3	450	399	5	101	77	459	230	540	25	595
4	338	164	239	168	601	563	274	438	118	248
5	59	190	483	157	343	322	127	138	71	243
6	451	84	400	352	6	204	102	414	78	387
7	460	254	231	373	541	172	26	111	596	21
8	339	456	165	187	240	411	169	184	602	212
9	564	605	275	513	439	359	119	590	249	215
10	60	315	191	220	484	573	158	567	344	49
11	323	42	128	89	139	608	72	97	244	200
12	452	586	85	278	401	393	353	265	7	282
13	205	516	103	148	415	65	79	508	388	442
14	461	552	255	468	232	405	374	362	542	380
15	173	532	27	304	112	122	597	447	22	271
16	340	397	457	593	166	436	188	320	241	350
17	412	252	170	19	185	182	603	357	213	218
18	565	40	606	198	276	263	514	63	440	466
19	360	530	120	269	591	318	250	180	216	196
20	61	528	316	194	192	499	221	501	485	11
21	574	223	159	368	568	503	345	523	50	487
22	324	557	43	13	129	286	90	576	140	427
23	609	225	73	55	98	161	245	135	201	370
24	453	209	587	570	86	583	279	505	402	301
25	394	347	354	260	266	525	8	520	283	52
26	206	298	517	489	104	492	149	326	416	477
27	66	559	80	107	509	45	389	548	443	15
28	462	495	553	131	256	473	469	288	233	152
29	406	92	375	35	363	578	543	329	381	142
30	174	292	533	429	28	419	305	611	113	334
31	123	227	598	480	448	75	23	237	272	57
32	341	69	398	100	458	539	594	163	167	562
33	437	247	189	156	321	137	242	83	351	203
34	413	386	253	372	171	110	20	455	186	410
35	183	211	604	512	358	589	214	314	219	572
36	566	48	41	88	607	96	199	585	277	392
37	264	281	515	147	64	507	441	551	467	404
38	361	379	531	303	121	446	270	396	592	435
39	319	349	251	18	181	356	217	39	197	262
40	62	465	529	268	317	179	195	527	193	498
41	500	10	222	367	502	522	486	556	12	285
42	575	426	224	54	160	134	369	208	569	582
43	504	300	346	259	524	519	51	297	488	491
44	325	476	558	106	44	547	14	494	130	472
45	287	151	91	34	577	328	141	291	428	418
46	610	333	226	479	74	236	56	68	99	538
47	162	561	246	155	136	82	202	385	371	109
48	454	409	210	511	588	313	571	47	87	95
49	584	391	280	146	506	550	403	378	302	445
	0	1	2	3	4	5	6	7	8	9

p = **613**

I′

	0	1	2	3	4	5	6	7	8	9
0	612	114	335	228	76	101	204	282	520	366
1	222	574	285	129	494	462	37	355	181	185
2	455	339	271	237	337	595	111	304	419	308
3	534	330	289	327	577	363	176	463	261	197
4	606	88	128	13	547	389	94	87	41	323
5	487	297	206	133	160	98	68	341	482	190
6	315	528	465	440	507	79	559	537	99	398
7	450	243	97	55	236	23	229	459	387	508
8	107	384	202	351	400	278	583	95	607	139
9	576	34	375	144	390	584	199	244	161	538
10	458	77	414	148	492	546	44	509	408	454
11	20	596	122	334	2	124	481	58	248	590
12	269	446	597	227	3	449	70	138	89	286
13	472	256	580	207	369	201	82	242	71	608
14	427	291	174	431	376	549	506	64	415	326
15	33	91	406	383	81	136	321	343	567	368
16	134	245	561	167	239	187	436	562	601	184
17	19	110	26	532	292	422	364	496	526	195
18	216	356	603	211	602	182	410	240	320	156
19	483	220	499	498	192	527	61	262	276	585
20	452	370	385	413	102	516	298	581	569	587
21	511	604	564	218	314	60	196	39	565	572
22	484	501	367	159	54	73	479	598	336	24
23	540	373	405	152	536	67	56	272	600	168
24	411	350	83	451	200	135	155	189	59	215
25	180	18	170	372	231	468	473	295	518	524
26	266	464	62	514	281	7	525	178	317	591
27	396	340	57	117	438	513	263	392	401	505
28	146	515	205	52	425	575	90	151	233	331
29	417	428	533	30	544	474	490	488	517	258
30	346	394	445	121	112	611	*	306	420	430
31	143	93	46	571	219	191	194	179	250	349
32	241	137	127	42	557	476	416	290	141	381
33	535	234	478	226	123	115	599	238	164	456
34	397	69	126	322	49	523	259	354	17	251
35	412	203	6	265	260	38	217	213	589	119
36	530	379	542	578	423	554	521	502	568	208
37	453	109	171	541	362	35	432	444	302	531
38	173	142	310	407	108	371	253	460	442	548
39	145	280	264	353	347	434	592	457	100	5
40	352	393	301	378	361	374	92	311	510	210
41	183	169	252	386	78	65	477	332	610	305
42	307	29	293	579	132	53	224	609	418	28
43	421	175	36	16	348	319	188	247	118	359
44	466	551	461	15	433	395	270	22	75	4
45	399	84	586	209	409	186	165	593	539	230
46	254	552	495	177	267	529	360	404	232	288
47	32	150	287	469	545	105	558	66	235	74
48	448	125	342	157	573	11	556	324	491	104
49	475	325	149	471	130	553	365	9	500	221
	0	1	2	3	4	5	6	7	8	9

I″

	0	1	2	3	4	5	6	7	8	9
0	306	612	114	124	449	399	352	265	525	497
1	500	485	556	43	547	443	433	348	251	170
2	110	596	447	75	229	540	172	532	429	421
3	293	544	470	150	91	375	432	16	355	217
4	565	48	323	557	106	509	312	571	566	344
5	523	519	283	425	224	73	236	272	117	248
6	215	196	262	514	147	415	477	235	56	341
7	126	138	608	225	479	448	4	101	414	65
8	559	154	136	242	451	586	570	47	41	128
9	286	151	406	311	46	87	607	72	55	68
10	398	5	204	516	489	475	558	80	384	371
11	171	26	304	611	1	335	599	273	438	359
12	530	303	112	334	115	481	342	322	42	13
13	494	553	424	53	160	245	155	321	127	89
14	576	328	381	310	93	390	280	515	103	492
15	471	287	233	536	560	246	189	483	573	223
16	54	98	538	594	338	456	593	163	239	411
17	252	372	541	380	142	431	36	463	267	317
18	250	18	185	410	169	19	455	165	436	247
19	59	315	194	527	316	179	216	39	606	96
20	244	135	82	351	6	282	52	133	369	453
21	409	183	602	357	589	249	180	356	213	314
22	191	499	10	574	426	609	333	123	3	76
23	459	254	468	288	331	478	74	23	337	164
24	187	320	137	71	97	161	561	437	118	590
25	318	349	412	386	460	552	131	580	299	346
26	354	38	197	276	392	353	260	464	529	120
27	446	22	237	600	563	605	198	585	85	583
28	391	264	7	520	555	12	129	472	469	32
29	327	141	174	422	579	257	518	51	206	581
30	504	402	378	531	27	419	307	420	29	534
31	382	407	510	588	214	60	528	268	591	435
32	188	156	343	49	487	491	149	33	577	543
33	31	289	417	610	113	2	228	24	595	21
34	271	57	482	157	567	503	300	394	434	319
35	241	83	400	393	347	17	181	603	512	439
36	466	404	374	35	176	496	9	222	159	134
37	201	385	253	231	405	92	144	549	403	361
38	542	329	535	153	81	202	413	78	508	45
39	94	584	277	401	301	445	270	340	69	450
40	84	278	505	550	467	232	152	383	108	454
41	186	240	350	203	102	148	326	290	428	28
42	308	430	175	364	554	284	575	140	291	533
43	309	143	376	444	395	592	166	562	274	513
44	63	507	388	548	377	302	121	597	480	125
45	70	243	200	370	109	20	339	397	100	77
46	387	442	15	37	261	62	440	551	255	473
47	545	493	130	256	295	490	325	416	332	226
48	598	116	58	190	220	501	522	50	297	517
49	296	488	104	546	14	462	177	526	193	192
	0	1	2	3	4	5	6	7	8	9

p = 613 (Fortsetzung)

	N											I									
	0	1	2	3	4	5	6	7	8	9		0	1	2	3	4	5	6	7	8	9
50	410	207	414	215	430	247	494	375	137	274	50	395	434	348	17	355	38	261	464	267	178
51	548	483	353	93	186	372	131	262	524	435	51	526	497	9	366	521	555	284	425	53	133
52	257	514	415	217	434	255	510	407	201	402	52	207	581	299	258	518	296	490	475	105	546
53	191	382	151	302	604	595	577	541	469	325	53	493	471	150	33	327	290	417	332	478	235
54	37	74	148	296	592	571	529	445	277	554	54	67	537	560	154	81	384	108	408	510	312
55	495	377	141	282	564	515	417	221	442	271	55	46	94	390	145	549	377	444	433	16	37
56	542	471	329	45	90	180	360	107	214	428	56	463	177	496	365	554	424	132	580	257	295
57	243	486	359	105	210	420	227	454	295	590	57	474	545	470	32	289	331	234	536	153	383
58	567	521	429	245	490	367	121	242	484	355	58	407	311	93	144	376	432	36	176	364	423
59	97	194	388	163	326	39	78	156	312	11	59	579	294	544	31	330	535	382	310	143	431
60	22	44	88	176	352	91	182	364	115	230	60	175	422	293	30	534	309	430	421	29	308
61	460	307	1								61	420	307	306							

p = 617, g = 3, $p - 1 = 2^3 \cdot 7 \cdot 11$

	N											I									
	0	1	2	3	4	5	6	7	8	9		0	1	2	3	4	5	6	7	8	9
0		3	9	27	81	243	112	336	391	556	0		616	428	1	240	321	429	142	52	2
1	434	68	204	612	602	572	482	212	19	57	1	133	114	241	277	570	322	480	387	430	18
2	171	513	305	298	277	214	25	75	225	58	2	561	143	542	237	53	26	89	3	382	217
3	174	522	332	379	520	326	361	466	164	492	3	134	56	292	115	199	463	242	470	446	278
4	242	109	327	364	475	191	573	485	221	46	4	373	414	571	60	354	323	49	460	481	284
5	138	414	8	24	72	216	31	93	279	220	5	454	388	517	393	431	435	194	19	29	178
6	43	129	387	544	398	577	497	257	154	462	6	562	317	484	144	104	598	543	260	11	238
7	152	456	134	402	589	533	365	478	200	600	7	275	540	54	371	282	27	258	256	90	270
8	566	464	158	474	188	564	458	140	420	26	8	185	4	226	408	383	92	488	218	166	287
9	78	234	85	255	148	444	98	294	265	178	9	135	419	477	57	272	339	293	342	96	116
10	534	368	487	227	64	192	576	494	248	127	10	266	609	200	187	329	464	205	213	243	41
11	381	526	344	415	11	33	99	297	274	205	11	247	471	6	504	447	558	457	279	606	529
12	615	611	599	563	455	131	393	562	452	122	12	374	228	129	415	296	347	572	109	532	61
13	366	481	209	10	30	90	270	193	579	503	13	410	125	355	160	72	324	439	306	50	385
14	275	208	7	21	63	189	567	467	167	501	14	87	461	352	391	482	538	183	285	94	211
15	269	190	570	476	194	582	512	302	289	250	15	455	345	70	389	68	377	518	490	82	394
16	133	399	580	506	284	235	88	264	175	525	16	613	379	432	223	38	436	220	148	195	554
17	341	406	601	569	473	185	555	431	59	177	17	520	20	300	403	30	168	594	179	99	492
18	531	359	460	146	438	80	240	103	309	310	18	563	589	231	318	289	175	485	501	84	145
19	313	322	349	430	56	168	504	278	217	34	19	151	45	105	137	154	599	524	396	544	252
20	102	306	301	286	241	106	318	337	394	565	20	78	261	421	359	12	119	615	239	141	132
21	461	149	447	107	321	346	421	29	87	261	21	276	479	17	541	25	381	55	198	469	372
22	166	498	260	163	489	233	82	246	121	363	22	59	48	283	516	434	28	316	103	259	274
23	472	182	546	404	595	551	419	23	69	207	23	370	257	269	225	91	165	418	271	341	265
24	4	12	36	108	324	355	448	110	330	373	24	186	204	40	5	557	605	227	295	108	409
25	502	272	199	597	557	437	77	231	76	228	25	159	438	384	351	537	93	344	67	489	612
26	67	201	603	575	491	239	100	300	283	232	26	222	219	553	299	167	98	588	288	500	150
27	79	237	94	282	229	70	210	13	39	117	27	136	523	251	420	118	140	478	24	197	58
28	351	436	74	222	49	147	441	89	267	184	28	515	315	273	268	164	340	203	556	294	158
29	552	422	32	96	288	247	124	372	499	263	29	350	343	611	552	97	499	522	117	23	514
	0	1	2	3	4	5	6	7	8	9		0	1	2	3	4	5	6	7	8	9

p = 613

I′	0	1	2	3	4	5	6	7	8	9
50	10	485	522	345	300	402	550	441	388	45
51	312	588	358	439	63	147	103	489	296	51
52	283	555	486	50	519	8	497	193	316	268
53	120	303	27	429	309	382	153	560	162	594
54	25	172	380	329	31	470	493	14	443	377
55	403	467	255	131	424	284	12	43	106	80
56	154	246	437	274	605	40	48	344	503	582
57	86	47	566	158	223	426	140	328	543	294
58	257	299	504	279	391	277	85	570	313	214
59	249	318	435	166	163	338	21	447	480	116
60	273	563	212	357	512	275	198	96	72	225
61	333	113	1							

I″	0	1	2	3	4	5	6	7	8	9
50	498	221	367	568	582	279	146	64	79	107
51	408	210	604	275	263	281	205	298	258	524
52	8	366	502	345	259	266	178	195	61	465
53	360	379	173	292	30	330	234	67	99	458
54	230	373	362	578	294	474	105	44	389	145
55	506	441	461	495	365	521	486	324	476	66
56	537	162	167	601	212	218	572	158	368	208
57	587	313	219	484	11	285	90	34	363	423
58	132	207	569	86	95	199	452	209	511	358
59	119	269	396	457	539	25	111	122	227	336
60	238	168	184	182	211	564	40	88	139	427
61	418	305	*							

p = 617

I′	0	1	2	3	4	5	6	7	8	9
0	616	240	133	382	226	557	504	207	336	254
1	539	238	119	548	262	46	380	541	561	29
2	300	495	201	514	197	381	89	258	316	178
3	168	580	472	579	601	42	401	147	436	604
4	5	247	466	76	153	105	368	433	283	460
5	385	113	2	26	371	198	292	272	515	48
6	354	410	582	362	161	586	221	489	377	376
7	389	305	324	333	311	100	130	358	261	172
8	146	378	394	44	145	209	390	461	216	3
9	270	165	488	344	211	608	116	499	588	492
10	534	416	369	259	598	137	65	437	409	532
11	473	443	559	569	241	199	266	23	140	615
12	308	13	79	85	71	355	208	123	346	415
13	467	16	276	114	56	419	523	154	162	196
14	478	132	52	542	104	151	592	519	195	250
15	136	45	357	395	599	507	21	610	350	438
16	72	506	550	555	340	418	287	98	594	111
17	448	584	14	152	83	485	9	483	562	99
18	400	375	210	285	407	4	204	329	189	509
19	302	405	596	177	19	554	314	58	469	463
20	187	497	157	556	40	213	331	366	591	80
21	69	455	246	243	191	444	291	134	166	553
22	148	298	219	38	417	91	408	295	129	43
23	174	318	583	325	451	290	88	53	275	141
24	321	277	470	41	303	527	503	471	511	313
25	139	420	78	326	486	184	90	269	256	274
26	11	421	585	106	39	186	609	202	164	225
27	185	341	339	268	370	540	479	570	373	606
28	406	255	27	516	454	94	476	135	500	175
29	412	462	115	342	158	108	347	249	587	167
	0	1	2	3	4	5	6	7	8	9

I″	0	1	2	3	4	5	6	7	8	9
0	308	428	52	89	185	40	471	581	411	176
1	597	260	359	121	172	357	131	479	430	194
2	520	156	498	117	478	541	53	282	434	19
3	403	601	511	573	404	303	375	378	223	264
4	204	243	35	229	83	151	15	468	59	323
5	306	320	142	237	540	381	134	477	197	372
6	571	532	565	590	367	106	536	344	389	210
7	345	124	160	363	525	400	43	395	252	122
8	209	376	490	174	501	123	305	385	236	26
9	256	225	383	537	285	338	342	552	167	179
10	75	467	433	316	144	45	263	604	295	572
11	579	169	426	51	133	292	96	522	420	12
12	309	450	326	127	531	410	336	502	528	228
13	76	614	141	2	217	287	150	105	586	250
14	118	239	429	561	484	84	80	37	220	587
15	500	145	173	44	137	550	513	202	294	409
16	355	64	138	314	268	91	218	299	30	365
17	332	325	79	592	230	289	452	193	29	594
18	526	304	390	538	255	270	265	200	496	188
19	330	214	458	392	435	148	139	24	55	115
20	609	22	267	340	186	464	575	7	126	85
21	182	94	328	205	425	559	88	382	488	222
22	436	66	612	432	369	269	4	605	374	401
23	491	589	362	333	545	568	560	542	11	615
24	1	114	463	213	405	607	212	41	602	297
25	149	523	544	451	9	281	258	370	27	103
26	543	78	14	368	417	341	116	514	273	257
27	90	418	57	315	259	238	132	241	446	457
28	596	539	371	48	481	183	487	166	588	318
29	235	216	56	339	556	227	415	535	221	553
	0	1	2	3	4	5	6	7	8	9

p = 617 (Fortsetzung)

N

	0	1	2	3	4	5	6	7	8	9
30	172	516	314	325	358	457	137	411	616	614
31	608	590	536	374	505	281	226	61	183	549
32	413	5	15	45	135	405	598	560	446	104
33	312	319	340	403	592	542	392	559	443	95
34	285	238	97	291	256	151	453	125	375	508
35	290	253	142	426	44	132	396	571	479	203
36	609	593	545	401	586	524	338	397	574	488
37	230	73	219	40	120	360	463	155	465	161
38	483	215	28	84	252	139	417	17	51	153
39	459	143	429	53	159	477	197	591	539	383
40	532	362	469	173	519	323	352	439	83	249
41	130	390	553	425	41	123	369	490	236	91
42	273	202	606	584	518	320	343	412	2	6
43	18	54	162	486	224	55	165	495	251	136
44	408	607	587	527	347	424	38	114	342	409
45	610	596	554	428	50	150	450	116	348	427
46	47	141	423	35	105	315	328	367	484	218
47	37	111	333	382	529	353	442	92	276	211
48	16	48	144	432	62	186	558	440	86	258
49	157	471	179	537	377	514	308	307	304	295
50	268	187	561	449	113	339	400	583	515	311
51	316	331	376	511	299	280	223	52	156	468
52	170	510	296	271	196	588	530	356	451	119
53	357	454	128	384	535	371	496	254	145	435
54	71	213	22	66	198	594	548	410	613	605
55	581	509	293	262	169	507	287	244	115	345
56	418	20	60	180	540	386	541	389	550	416
57	14	42	126	378	517	317	334	385	538	380
58	523	335	388	547	407	604	578	500	266	181
59	543	395	568	470	176	528	350	433	65	195
60	585	521	329	370	493	245	118	354	445	101
61	303	292	259	160	480	206	1			

I

	0	1	2	3	4	5	6	7	8	9
30	267	202	157	610	498	22	201	497	496	188
31	189	509	330	190	302	465	510	575	206	331
32	425	214	191	405	244	303	35	42	466	602
33	248	511	32	472	576	581	7	207	366	505
34	332	170	448	426	112	559	215	444	458	192
35	596	280	406	475	607	245	527	530	304	181
36	375	36	401	229	43	76	130	467	101	416
37	603	535	297	249	313	348	512	494	573	33
38	579	110	473	399	533	577	565	62	582	567
39	411	8	336	126	208	591	356	367	64	161
40	506	363	73	333	233	325	171	584	440	449
41	547	307	427	320	51	113	569	386	560	236
42	88	216	291	462	445	413	353	459	453	392
43	193	177	483	597	10	539	281	255	184	407
44	487	286	476	338	95	608	328	212	246	503
45	456	528	128	346	531	124	71	305	86	390
46	182	210	69	376	81	378	37	147	519	402
47	593	491	230	174	83	44	153	395	77	358
48	614	131	16	380	468	47	433	102	369	224
49	417	264	39	604	107	437	536	66	221	298
50	587	149	250	139	196	314	163	555	349	551
51	521	513	156	21	495	508	301	574	424	404
52	34	601	31	580	365	169	111	443	595	474
53	526	180	400	75	100	534	312	493	578	398
54	564	566	335	590	63	362	232	583	546	319
55	568	235	290	412	452	176	9	254	486	337
56	327	502	127	123	85	209	80	146	592	173
57	152	357	15	46	368	263	106	65	586	138
58	162	550	155	507	423	600	364	442	525	74
59	311	397	334	361	545	234	451	253	326	122
60	79	172	14	262	585	549	422	441	310	360
61	450	121	13	548	309	120	308			

p = 619, g = 2, p − 1 = 2 · 3 · 103

N

	0	1	2	3	4	5	6	7	8	9
0		2	4	8	16	32	64	128	256	512
1	405	191	382	145	290	580	541	463	307	614
2	609	599	579	539	459	299	598	577	535	451
3	283	566	513	407	195	390	161	322	25	50
4	100	200	400	181	362	105	210	420	221	442
5	265	530	441	263	526	433	247	494	369	119
6	238	476	333	47	94	188	376	133	266	532
7	445	271	542	465	311	3	6	12	24	48
8	96	192	384	149	298	596	573	527	435	251
9	502	385	151	302	604	589	559	499	379	139
10	278	556	493	367	115	230	460	301	602	585
11	551	483	347	75	150	300	600	581	543	467
12	315	11	22	44	88	176	352	85	170	340
13	61	122	244	488	357	95	190	380	141	282
14	564	509	399	179	358	97	194	388	157	314

I

	0	1	2	3	4	5	6	7	8	9
0		618	1	75	2	328	76	260	3	150
1	329	121	77	249	261	403	4	417	151	425
2	330	335	122	394	78	38	250	225	262	303
3	404	288	5	196	418	588	152	530	426	324
4	331	526	336	465	123	478	395	63	79	520
5	39	492	251	340	226	449	263	500	304	283
6	405	130	289	410	6	577	197	163	419	469
7	589	180	153	276	531	113	427	381	325	246
8	332	300	527	475	337	127	466	378	124	360
9	479	509	396	363	64	135	80	145	521	271
10	40	482	493	233	252	45	341	318	227	512
11	450	605	264	207	501	104	305	399	284	59
12	406	242	131	601	290	366	411	294	7	540
13	578	442	198	67	164	553	420	487	470	99
14	590	138	181	370	154	13	277	595	532	83

p = 617

	I'											I''									
	0	1	2	3	4	5	6	7	8	9		0	1	2	3	4	5	6	7	8	9
30	403	574	465	35	181	86	50	427	*	120	30	20	508	190	244	530	71	439	547	120	548
31	360	397	493	348	163	273	103	484	289	568	31	441	74	534	249	196	515	28	562	231	546
32	51	429	480	49	439	171	122	502	212	464	32	427	240	570	354	72	233	253	337	608	187
33	190	425	170	233	361	590	126	327	95	293	33	509	206	505	73	397	566	8	486	476	272
34	203	265	96	611	67	70	531	572	512	551	34	164	271	293	350	93	455	128	296	313	555
35	343	537	391	459	323	160	367	15	614	12	35	158	384	461	413	60	125	591	152	77	421
36	450	545	232	73	442	169	505	64	263	224	36	310	334	63	506	600	580	207	356	46	102
37	257	282	59	414	228	36	81	518	37	432	37	274	54	469	278	529	181	69	68	81	613
38	468	55	217	92	351	87	560	430	517	68	38	16	25	3	408	438	50	569	480	454	70
39	182	482	193	431	613	77	544	334	564	533	39	86	352	453	517	82	153	524	311	578	473
40	75	229	593	30	34	244	475	487	383	159	40	180	36	519	300	424	191	280	184	226	108
41	125	8	452	353	571	296	603	264	271	477	41	61	567	290	445	373	129	101	224	165	135
42	118	359	441	600	404	214	112	320	1	142	42	251	261	549	507	574	331	448	307	616	321
43	18	435	223	102	28	194	220	536	384	306	43	387	393	379	47	516	431	38	107	159	324
44	449	310	525	595	458	413	278	558	426	547	44	584	422	364	111	215	462	470	504	170	440
45	121	253	176	392	388	345	528	279	192	453	45	360	234	412	459	284	211	503	558	444	353
46	481	352	445	242	205	510	602	101	47	372	46	49	87	291	199	329	302	42	130	380	198
47	446	6	576	399	526	607	338	57	24	17	47	242	247	32	110	595	406	286	419	140	276
48	387	284	538	597	144	501	337	286	218	612	48	322	460	391	177	317	175	254	407	92	67
49	82	230	563	578	573	508	188	496	22	522	49	518	593	99	312	512	21	497	201	610	97
50	150	84	127	456	447	332	363	423	301	330	50	288	485	327	246	6	366	161	155	495	189
51	575	32	494	156	267	315	434	393	490	402	51	465	248	348	521	23	58	283	388	377	147
52	20	513	117	251	396	74	180	530	128	374	52	554	551	499	136	599	442	474	245	456	606
53	304	124	61	577	312	297	66	93	183	281	53	527	346	109	399	100	603	437	351	482	10
54	54	25	237	260	252	234	319	307	309	422	54	275	17	143	598	396	361	583	449	13	585
55	155	521	97	299	520	349	294	605	457	215	55	162	349	611	219	195	163	203	5	447	112
56	236	143	317	589	566	62	335	411	235	386	56	386	18	178	492	398	577	564	582	319	113
57	322	60	109	33	424	206	581	565	398	110	57	277	414	347	494	301	510	472	533	493	33
58	365	7	567	546	440	549	138	149	288	231	58	31	576	62	232	171	262	65	298	98	563
59	63	356	173	491	179	474	280	10	543	524	59	335	208	146	402	168	443	192	483	104	154
60	364	31	248	535	107	227	529	245	328	200	60	423	34	466	416	39	557	279	475	95	266
61	498	552	222	379	131	239	428				61	157	343	489	394	358	119	*			

p = 619

	I'											I''									
	0	1	2	3	4	5	6	7	8	9		0	1	2	3	4	5	6	7	8	9
0	618	75	328	150	417	196	577	540	353	32	0	309	618	75	260	403	288	410	294	202	536
1	564	81	594	277	220	117	72	307	383	311	1	484	136	369	154	210	22	555	457	568	385
2	459	116	15	555	106	115	21	217	166	209	2	430	26	217	609	345	84	431	156	436	189
3	182	560	354	495	522	193	301	224	250	492	3	139	535	9	564	146	414	333	393	78	520
4	482	238	204	510	317	341	186	581	606	434	4	271	356	142	480	232	252	546	350	451	52
5	68	433	49	199	87	549	291	599	241	406	5	199	170	452	443	373	229	602	102	398	284
6	446	490	519	79	135	485	552	164	435	157	6	321	463	477	395	363	538	441	198	50	433
7	583	421	118	258	327	2	260	249	38	520	7	607	554	16	307	617	1	328	121	394	63
8	145	565	91	114	25	431	169	200	514	412	8	135	11	594	532	346	387	372	54	549	367
9	614	566	428	557	570	612	592	368	137	590	9	593	82	114	107	313	597	439	551	486	470
10	438	598	57	398	305	456	556	93	313	505	10	267	315	603	206	501	344	24	115	460	279
11	472	244	380	427	92	107	460	221	422	401	11	160	178	275	531	83	25	21	15	72	258
12	248	77	394	478	360	358	377	466	575	409	12	149	329	335	465	378	298	474	337	498	282
13	289	601	230	269	144	80	11	369	181	30	13	405	242	375	507	362	64	485	98	590	190
14	535	203	42	480	270	521	34	414	247	120	14	572	296	357	361	134	80	565	615	326	259

p = 619 (Fortsetzung)

	N											I									
	0	1	2	3	4	5	6	7	8	9		0	1	2	3	4	5	6	7	8	9
15	9	18	36	72	144	288	576	533	447	275	15	114	92	428	567	382	616	326	148	247	415
16	550	481	343	67	134	268	536	453	287	574	16	333	36	301	194	528	524	476	518	338	498
17	529	439	259	518	417	215	430	241	482	345	17	128	575	467	274	379	298	125	358	361	143
18	71	142	284	568	517	415	211	422	225	450	18	480	43	510	205	397	240	364	538	65	485
19	281	562	505	391	163	326	33	66	132	264	19	136	11	81	565	146	34	522	496	272	356
20	528	437	255	510	401	183	366	113	226	452	20	41	238	483	563	494	236	234	544	253	546
21	285	570	521	423	227	454	289	578	537	455	21	46	186	342	255	319	175	228	548	513	351
22	291	582	545	471	323	27	54	108	216	432	22	451	48	606	582	265	188	208	214	502	344
23	245	490	361	103	206	412	205	410	201	402	23	105	456	306	257	400	391	285	321	60	446
24	185	370	121	242	484	349	79	158	316	13	24	407	177	243	375	132	230	602	56	291	550
25	26	52	104	208	416	213	426	233	466	313	25	367	89	412	515	295	202	8	353	541	172
26	7	14	28	56	112	224	448	277	554	489	26	579	453	443	53	199	50	68	435	165	608
27	359	99	198	396	173	346	73	146	292	584	27	554	71	421	584	488	159	471	267	100	438
28	549	479	339	59	118	236	472	325	31	62	28	591	190	139	30	182	210	371	168	155	216
29	124	248	496	373	127	254	508	397	175	350	29	14	220	278	504	596	611	533	346	84	25
30	81	162	324	29	58	116	232	464	309	618	30	115	107	93	557	429	458	568	18	383	308
31	617	615	611	603	587	555	491	363	107	214	31	617	74	327	259	149	120	248	402	416	424
32	428	237	474	329	39	78	156	312	5	10	32	334	393	37	224	302	287	195	587	529	323
33	20	40	80	160	320	21	42	84	168	336	33	525	464	477	62	519	491	339	448	499	282
34	53	106	212	424	229	458	297	594	569	519	34	129	409	576	162	468	179	275	112	380	245
35	419	219	438	257	514	409	199	398	177	354	35	299	474	126	377	359	508	362	134	144	270
36	89	178	356	93	186	372	125	250	500	381	36	481	232	44	317	511	604	206	103	398	58
37	143	286	572	525	431	243	486	353	87	174	37	241	600	365	293	539	441	66	552	486	98
38	348	77	154	308	616	613	607	595	571	523	38	137	369	12	594	82	91	566	615	147	414
39	427	235	470	321	23	46	92	184	368	117	39	35	193	523	517	497	574	273	297	357	142
40	234	468	317	15	30	60	120	240	480	341	40	42	204	239	537	484	10	564	33	495	355
41	63	126	252	504	389	159	318	17	34	68	41	237	562	235	543	545	185	254	174	547	350
42	136	272	544	469	319	19	38	76	152	304	42	47	581	187	213	343	455	256	390	320	445
43	608	597	575	531	443	267	534	449	279	558	43	176	374	229	55	549	88	514	201	352	171
44	497	375	131	262	524	429	239	478	337	55	44	452	52	49	434	607	70	583	158	266	437
45	110	220	440	261	522	425	231	462	305	610	45	189	29	209	167	215	219	503	610	345	24
46	601	583	547	475	331	43	86	172	344	69	46	106	556	457	17	307	73	258	119	401	423
47	138	276	552	485	351	83	166	332	45	90	47	392	223	286	586	322	463	61	490	447	281
48	180	360	101	202	404	189	378	137	274	548	48	408	161	178	111	244	473	376	507	133	269
49	477	335	51	102	204	408	197	394	169	338	49	231	316	603	102	57	599	292	440	551	97
50	57	114	228	456	293	586	553	487	355	91	50	368	593	90	614	413	192	516	573	296	141
51	182	364	109	218	436	253	506	393	167	334	51	203	536	9	32	354	561	542	184	173	349
52	49	98	196	392	165	330	41	82	164	328	52	580	212	454	389	444	373	54	87	200	170
53	37	74	148	296	592	565	511	403	187	374	53	51	433	69	157	436	28	166	218	609	23
54	129	258	516	413	207	414	209	418	217	434	54	555	16	72	118	422	222	585	462	489	280
55	249	498	377	135	270	540	461	303	606	593	55	160	110	472	506	268	315	101	598	439	96
56	567	515	411	203	406	193	386	153	306	612	56	592	613	191	572	140	535	31	560	183	348
57	605	591	563	507	395	171	342	65	130	260	57	211	388	372	86	169	432	156	27	217	22
58	520	421	223	446	273	546	473	327	35	70	58	15	117	221	461	279	109	505	314	597	95
59	140	280	560	501	383	147	294	588	557	495	59	612	571	534	559	347	387	85	431	26	21
60	371	123	246	492	365	111	222	444	269	538	60	116	460	108	313	94	570	558	386	430	20
61	457	295	590	561	503	387	155	310	1		61	459	312	569	385	19	311	384	310	309	
	0	1	2	3	4	5	6	7	8	9		0	1	2	3	4	5	6	7	8	9

p = **619**

I′	0	1	2	3	4	5	6	7	8	9
15	329	425	530	276	13	216	27	436	266	471
16	110	178	468	419	553	608	218	215	155	432
17	51	452	579	349	547	228	374	243	111	275
18	153	370	210	348	173	254	342	213	208	29
19	139	572	516	523	528	587	418	163	67	50
20	170	352	8	536	239	397	103	501	214	167
21	371	388	454	343	502	219	14	22	609	503
22	278	461	585	286	302	262	449	512	548	55
23	602	316	44	252	544	543	234	562	483	537
24	364	600	131	375	473	299	332	415	402	261
25	225	340	45	546	174	319	390	400	119	149
26	3	403	303	500	207	188	437	100	315	231
27	481	40	356	297	379	112	531	595	504	109
28	160	408	129	405	59	321	586	195	5	410
29	366	550	440	539	7	202	141	357	125	474
30	527	194	287	404	283	399	257	73	617	*
31	309	384	569	94	597	101	603	511	227	175
32	445	60	463	525	331	246	148	259	76	121
33	335	526	300	36	393	122	465	127	498	448
34	226	318	255	455	105	24	84	387	211	580
35	47	451	171	541	561	237	41	142	361	508
36	479	143	134	64	538	293	411	89	593	12
37	154	168	86	54	229	132	507	359	124	298
38	245	325	616	308	310	19	430	85	372	444
39	320	285	223	37	78	63	363	240	58	284
40	391	423	416	4	288	130	242	177	161	576
41	6	294	515	192	35	333	424	151	588	469
42	487	584	222	392	334	330	324	381	567	458
43	20	26	156	69	607	165	28	189	591	96
44	551	66	198	53	373	176	407	281	499	263
45	605	48	52	443	389	256	306	17	568	312
46	108	279	489	61	477	123	378	274	179	589
47	99	267	506	376	126	337	518	62	395	509
48	43	232	493	563	10	136	98	470	159	280
49	447	339	251	233	236	355	272	574	128	282
50	304	104	344	610	596	314	268	133	362	396
51	205	604	450	351	201	295	573	497	338	491
52	39	271	496	517	476	464	336	475	524	323
53	426	113	83	346	559	31	9	484	65	441
54	578	172	184	545	253	185	46	350	513	88
55	367	97	486	420	71	16	457	429	386	347
56	183	542	235	494	33	146	615	382	18	385
57	558	534	140	296	273	467	162	197	442	453
58	212	187	265	158	488	462	322	529	152	180
59	138	190	613	90	82	532	611	95	439	292
60	365	290	56	102	206	264	582	70	554	23
61	345	533	571	191	413	147	326	74	1	
	0	1	2	3	4	5	6	7	8	9

I″	0	1	2	3	4	5	6	7	8	9
15	3	417	588	180	370	168	432	69	583	488
16	280	408	576	197	67	435	28	209	371	86
17	200	352	541	184	254	319	445	407	161	468
18	589	138	30	560	542	545	46	581	265	437
19	591	613	413	35	301	287	5	577	442	53
20	87	514	295	141	42	510	604	264	188	29
21	182	348	580	187	208	167	155	27	166	215
22	14	117	422	392	37	250	340	318	175	374
23	132	269	481	493	236	562	494	355	41	204
24	397	58	406	177	111	380	325	148	120	77
25	38	492	233	544	185	342	455	306	73	327
26	76	249	225	449	605	582	158	471	506	133
27	144	521	496	574	467	179	153	13	220	461
28	489	447	499	304	399	391	223	302	404	130
29	601	56	599	365	411	515	573	273	379	245
30	332	36	224	262	500	104	456	17	383	310
31	384	19	459	108	505	268	231	44	341	255
32	390	285	586	529	426	381	616	74	2	150
33	425	324	246	415	424	330	526	475	518	491
34	251	45	186	213	502	610	533	559	183	173
35	547	513	201	8	32	495	272	297	125	377
36	124	358	508	396	240	600	290	550	97	137
37	181	210	388	444	176	243	473	126	466	274
38	112	427	567	18	311	569	558	347	211	454
39	256	400	423	334	122	478	509	205	103	305
40	257	119	248	261	303	283	59	446	281	129
41	289	366	89	614	147	247	402	4	196	163
42	553	71	118	401	416	151	530	113	92	557
43	386	85	169	51	49	68	157	266	100	598
44	292	539	578	453	389	320	60	490	339	226
45	512	351	171	579	212	343	105	556	429	20
46	116	221	585	322	525	336	127	575	162	419
47	487	159	110	244	299	527	524	464	123	360
48	143	270	40	238	537	65	552	420	584	462
49	61	519	39	482	563	33	522	517	338	448
50	263	207	214	219	278	109	472	376	359	479
51	43	317	227	548	88	412	192	523	476	62
52	79	145	34	193	528	323	331	300	194	587
53	152	276	595	611	571	140	203	239	364	293
54	7	353	561	235	234	543	253	174	228	55
55	291	440	66	164	608	23	106	93	570	534
56	31	354	237	483	10	81	91	428	458	312
57	94	612	191	516	497	128	409	6	540	172
58	349	47	606	70	421	222	286	195	418	469
59	99	438	96	368	12	277	504	314	101	57
60	241	131	230	316	511	450	48	434	165	218
61	503	596	95	592	90	566	382	308	*	
	0	1	2	3	4	5	6	7	8	9

$p = 631,\ g = 3,\ p - 1 = 2 \cdot 3^2 \cdot 5 \cdot 7$

N

	0	1	2	3	4	5	6	7	8	9
0		3	9	27	81	243	98	294	251	122
1	366	467	139	417	620	598	532	334	371	482
2	184	552	394	551	391	542	364	461	121	363
3	458	112	336	377	500	238	83	249	116	348
4	413	608	562	424	10	30	90	270	179	537
5	349	416	617	589	505	253	128	384	521	301
6	272	185	555	403	578	472	154	462	124	372
7	485	193	579	475	163	489	205	615	583	487
8	199	597	529	325	344	401	572	454	100	300
9	269	176	528	322	335	374	491	211	2	6
10	18	54	162	486	196	588	502	244	101	303
11	278	203	609	565	433	37	111	333	368	473
12	157	471	151	453	97	291	242	95	285	224
13	41	123	369	476	166	498	232	65	195	585
14	493	217	20	60	180	540	358	443	67	201
15	603	547	379	506	256	137	411	602	544	370
16	479	175	525	313	308	293	248	113	339	386
17	527	319	326	347	410	599	535	343	398	563
18	427	19	57	171	513	277	200	600	538	352
19	425	13	39	117	351	422	4	12	36	108
20	324	341	392	545	373	488	202	606	556	406
21	587	499	235	74	222	35	105	315	314	311
22	302	275	194	582	484	190	570	448	82	246
23	107	321	332	365	464	130	390	539	355	434
24	40	120	360	449	85	255	134	402	575	463
25	127	381	512	274	191	573	457	109	327	350
26	419	626	616	586	496	226	47	141	423	7
27	21	63	189	567	439	55	165	495	223	38
28	114	342	395	554	400	569	445	73	219	26
29	78	234	71	213	8	24	72	216	17	51
30	153	459	115	345	404	581	481	181	543	367
31	470	148	444	70	210	630	628	622	604	550
32	388	533	337	380	509	265	164	492	214	11
33	33	99	297	260	149	447	79	237	80	240
34	89	267	170	510	268	173	519	295	254	131
35	393	548	382	515	283	218	23	69	207	621
36	601	541	361	452	94	282	215	14	42	126
37	378	503	247	110	330	359	446	76	228	53
38	159	477	169	507	259	146	438	52	156	468
39	142	426	16	48	144	432	34	102	306	287
40	230	59	177	531	331	362	455	103	309	296
41	257	140	420	629	625	613	577	469	145	435
42	43	129	387	530	328	353	428	22	66	198
43	594	520	298	263	158	474	160	480	178	534
44	340	389	536	346	407	590	508	262	155	465
45	133	399	566	436	46	138	414	611	571	451
46	91	273	188	564	430	28	84	252	125	375
47	494	220	29	87	261	152	456	106	318	323
48	338	383	518	292	245	104	312	305	284	221
49	32	96	288	233	68	204	612	574	460	118
	0	1	2	3	4	5	6	7	8	9

I

	0	1	2	3	4	5	6	7	8	9
0		630	98	1	196	576	99	269	294	2
1	44	329	197	191	367	577	392	298	100	181
2	142	270	427	356	295	522	289	3	465	472
3	45	502	490	330	396	215	198	115	279	192
4	240	130	368	420	525	578	454	266	393	538
5	620	299	387	379	101	275	563	182	570	401
6	143	541	600	271	588	137	428	148	494	357
7	313	292	296	287	213	523	377	598	290	336
8	338	4	228	36	466	244	518	473	623	340
9	46	460	552	503	364	127	491	124	6	331
10	88	108	397	407	485	216	477	230	199	257
11	373	116	31	167	280	302	38	193	499	567
12	241	28	9	131	68	468	369	250	56	421
13	235	349	526	450	246	579	592	155	455	12
14	411	267	390	520	394	418	385	539	311	334
15	621	122	475	300	66	448	388	120	434	380
16	436	625	102	74	326	276	134	549	564	382
17	342	183	616	345	571	161	91	402	438	48
18	144	307	558	542	20	61	601	627	462	272
19	225	254	589	71	222	138	104	554	429	80
20	186	149	206	111	495	76	505	358	583	510
21	314	97	575	293	328	366	297	141	355	288
22	471	489	214	278	129	524	265	619	378	562
23	400	599	136	493	291	212	597	337	35	517
24	339	551	126	5	107	484	229	372	166	37
25	566	8	467	55	348	245	154	410	519	384
26	333	474	447	433	624	325	548	341	344	90
27	47	557	60	461	253	221	553	185	110	504
28	509	574	365	354	488	128	618	399	492	596
29	516	125	483	165	7	347	409	332	432	547
30	89	59	220	109	573	487	398	515	164	408
31	546	219	486	163	218	217	532	533	478	171
32	534	231	93	479	200	83	172	258	424	535
33	374	404	232	117	17	94	32	322	480	168
34	440	201	281	177	84	303	443	173	39	50
35	259	194	189	425	500	238	536	568	146	375
36	242	362	405	29	26	233	10	309	118	132
37	159	18	69	204	95	469	560	33	370	152
38	323	251	352	481	57	544	169	422	320	441
39	236	24	202	350	22	282	527	606	178	451
40	284	85	247	63	304	580	209	444	593	529
41	174	156	603	40	456	612	51	13	608	260
42	412	629	195	268	43	190	391	180	426	521
43	464	501	395	114	239	419	453	537	386	274
44	569	540	587	147	312	286	376	335	227	243
45	622	459	363	123	87	406	476	256	30	301
46	498	27	67	249	234	449	591	11	389	417
47	310	121	65	119	435	73	133	381	615	160
48	437	306	19	626	224	70	103	79	205	75
49	582	96	327	140	470	277	264	561	135	211
	0	1	2	3	4	5	6	7	8	9

p = **631**

I′

	0	1	2	3	4	5	6	7	8	9
0	630	196	44	465	228	107	331	347	467	131
1	309	389	411	608	359	175	321	94	69	626
2	61	605	282	21	202	308	233	67	9	26
3	301	167	322	370	550	517	466	566	193	50
4	456	112	179	190	329	502	460	557	144	188
5	259	13	506	445	153	348	421	544	572	220
6	461	601	208	304	72	119	448	249	468	204
7	103	222	614	133	326	582	505	262	581	205
8	186	15	423	172	303	247	255	406	108	59
9	47	402	82	479	32	469	327	575	1	269
10	181	275	74	79	554	53	371	484	397	573
11	504	495	585	452	239	279	31	17	132	435
12	434	65	475	87	6	483	5	491	618	524
13	368	68	159	381	549	211	493	428	104	263
14	470	355	270	541	307	361	375	312	494	206
15	318	351	323	383	410	455	603	150	203	18
16	437	91	531	218	408	7	37	280	440	422
17	92	534	258	39	156	187	442	84	451	463
18	426	142	570	616	508	110	149	360	237	425
19	391	367	240	499	189	268	576	191	115	257
20	83	281	350	559	95	75	111	610	528	444
21	105	34	597	523	278	198	477	532	217	486
22	109	553	138	78	70	254	458	243	36	372
23	199	93	117	10	449	349	24	145	536	419
24	130	28	362	622	518	154	579	63	590	234
25	56	352	184	221	589	497	30	373	424	194
26	412	511	52	210	561	619	393	390	43	294
27	427	588	225	586	569	563	134	264	129	192
28	302	177	527	62	85	226	376	213	471	3
29	336	212	296	328	2	522	287	141	100	387
30	66	498	38	443	580	223	19	558	158	118
31	121	334	286	292	97	*	413	609	604	23
32	441	439	480	251	343	548	276	140	366	197
33	396	88	432	474	621	227	338	35	4	551
34	46	344	183	556	90	571	431	409	245	526
35	22	543	481	617	488	288	295	313	583	317
36	157	25	405	123	127	354	297	577	420	250
37	152	565	166	116	404	242	335	598	562	101
38	436	615	342	446	333	539	274	379	120	417
39	520	180	298	538	418	114	215	407	515	492
40	599	143	438	16	232	29	476	485	546	332
41	519	267	629	315	261	613	64	310	385	453
42	525	235	320	403	535	500	521	356	148	80
43	513	58	547	624	380	73	625	306	48	176
44	201	236	49	173	593	555	324	433	388	591
45	246	284	273	537	266	12	612	496	86	363
46	552	253	272	113	501	472	244	55	369	560
47	277	489	45	623	447	300	256	230	171	200
48	168	57	346	165	229	216	163	398	128	214
49	330	124	596	291	357	76	415	248	27	567
	0	1	2	3	4	5	6	7	8	9

I″

	0	1	2	3	4	5	6	7	8	9
0	315	98	294	289	338	126	124	165	566	28
1	233	591	455	51	512	81	403	117	159	306
2	542	23	350	319	236	361	29	498	241	405
3	256	116	94	560	211	337	228	166	302	173
4	603	610	628	268	2	472	340	90	438	442
5	39	612	262	105	565	467	250	481	431	89
6	557	20	283	247	416	121	300	27	131	18
7	224	589	64	435	102	205	495	613	223	103
8	429	530	92	200	177	284	458	123	331	547
9	344	161	170	231	17	204	582	314	630	576
10	298	379	625	70	138	210	550	5	88	220
11	185	206	41	463	395	198	373	232	309	65
12	388	310	621	363	491	516	551	364	488	278
13	240	9	118	73	276	561	599	588	222	581
14	327	297	181	401	48	237	568	587	428	186
15	157	559	370	54	245	592	174	360	308	132
16	615	571	545	486	515	483	372	31	480	544
17	531	478	83	443	529	15	439	281	606	42
18	391	100	563	342	252	553	80	175	49	194
19	43	197	279	38	259	629	1	329	215	230
20	479	440	24	158	69	79	149	604	62	580
21	263	135	291	287	489	396	485	218	163	546
22	59	253	71	305	626	272	285	335	4	484
23	477	534	404	26	249	421	441	188	500	114
24	192	567	375	227	466	348	450	85	497	67
25	369	323	556	461	225	86	476	199	172	50
26	608	414	77	139	277	524	454	411	195	99
27	142	600	462	452	386	101	326	470	214	115
28	167	201	22	605	451	586	312	296	355	522
29	598	493	313	575	269	356	292	366	392	620
30	475	30	280	84	63	614	437	144	25	10
31	417	539	147	357	510	413	511	359	150	543
32	422	16	32	152	446	624	74	96	293	44
33	490	6	409	384	311	376	290	597	336	517
34	623	548	382	324	341	616	482	7	55	235
35	202	151	251	508	365	141	427	494	505	14
36	187	145	242	459	503	574	328	191	130	468
37	33	106	229	257	535	146	286	523	619	387
38	434	133	564	153	519	418	537	299	448	11
39	267	190	577	266	520	501	330	108	487	618
40	562	570	91	423	374	362	87	397	164	347
41	154	12	260	316	584	496	590	389	394	239
42	368	56	169	82	258	189	180	270	137	554
43	594	346	332	447	120	119	380	160	402	321
44	168	320	176	303	209	53	383	474	66	234
45	526	178	113	419	578	155	40	585	226	622
46	46	60	627	179	521	3	36	8	68	95
47	140	288	465	518	333	122	406	216	533	93
48	322	352	595	125	107	407	219	573	354	471
49	502	127	399	136	148	111	457	255	301	193
	0	1	2	3	4	5	6	7	8	9

p = 631 (Fortsetzung)

N

	0	1	2	3	4	5	6	7	8	9
50	354	431	31	93	279	206	618	592	514	280
51	209	627	619	595	523	307	290	239	86	258
52	143	429	25	75	225	44	132	396	557	409
53	596	526	316	317	320	329	356	437	49	147
54	441	61	183	549	385	524	310	299	266	167
55	501	241	92	276	197	591	511	271	182	546
56	376	497	229	56	168	504	250	119	357	440
57	58	174	522	304	281	212	5	15	45	135
58	405	584	490	208	624	610	568	442	64	192
59	576	466	136	408	593	517	289	236	77	231
60	62	186	558	412	605	553	397	560	418	623
61	607	559	415	614	580	478	172	516	286	227
62	50	150	450	88	264	161	483	187	561	421
63	1									

I

	0	1	2	3	4	5	6	7	8	9
50	34	550	106	371	565	54	153	383	446	324
51	343	556	252	184	508	353	617	595	482	346
52	431	58	572	514	545	162	531	170	92	82
53	423	403	16	321	439	176	442	49	188	237
54	145	361	25	308	158	203	559	151	351	543
55	319	23	21	605	283	62	208	528	602	611
56	607	628	42	179	463	113	452	273	586	285
57	226	458	86	255	497	248	590	416	64	72
58	614	305	223	78	581	139	263	210	105	53
59	445	555	507	594	430	513	530	81	15	175
60	187	360	157	150	318	604	207	610	41	112
61	585	457	496	415	613	77	262	52	506	512
62	14	359	317	609	584	414	261	511	316	413
63	315									

p = 641, g = 3, $p - 1 = 2^7 \cdot 5$

N

	0	1	2	3	4	5	6	7	8	9
0		3	9	27	81	243	88	264	151	453
1	77	231	52	156	468	122	366	457	89	267
2	160	480	158	474	140	420	619	575	443	47
3	141	423	628	602	524	290	229	46	138	414
4	601	521	281	202	606	536	326	337	370	469
5	125	375	484	170	510	248	103	309	286	217
6	10	30	90	270	169	507	239	76	228	43
7	129	387	520	278	193	579	455	83	249	106
8	318	313	298	253	118	354	421	622	584	470
9	128	384	511	251	112	336	367	460	98	294
10	241	82	246	97	291	232	55	165	495	203
11	609	545	353	418	613	557	389	526	296	247
12	100	300	259	136	408	583	467	119	357	430
13	8	24	72	216	7	21	63	189	567	419
14	616	566	416	607	539	335	364	451	71	213
15	639	635	623	587	479	155	465	113	339	376
16	487	179	537	329	346	397	550	368	463	107
17	321	322	325	334	361	442	44	132	396	547
18	359	436	26	78	234	61	183	549	365	454
19	80	240	79	237	70	210	630	608	542	344
20	391	532	314	301	262	145	435	23	69	207
21	621	581	461	101	303	268	163	489	185	555
22	383	508	242	85	255	124	372	475	143	429
23	5	15	45	135	405	574	440	38	114	342
24	385	514	260	139	417	610	548	362	445	53
25	159	477	149	447	59	177	531	311	292	235
26	64	192	576	446	56	168	504	230	49	147
27	441	41	123	369	466	116	348	403	568	422
28	625	593	497	209	627	599	515	263	148	444
29	50	150	450	68	204	612	554	380	499	215
	0	1	2	3	4	5	6	7	8	9

I

	0	1	2	3	4	5	6	7	8	9
0		640	470	1	300	230	471	134	130	2
1	60	516	301	352	604	231	600	633	472	407
2	530	135	346	207	131	460	182	3	434	615
3	61	565	430	517	463	364	302	628	237	353
4	360	271	605	69	176	232	37	29	601	268
5	290	634	12	249	473	106	264	408	445	254
6	531	185	395	136	260	582	347	555	293	208
7	194	148	132	598	458	461	67	10	183	192
8	190	4	101	77	435	223	539	616	6	18
9	62	486	507	566	499	637	431	103	98	518
10	120	213	464	56	482	365	79	169	303	521
11	576	629	94	157	238	437	275	354	84	127
12	361	392	15	272	225	50	606	561	90	70
13	412	374	177	541	385	233	123	586	38	243
14	24	30	618	228	602	205	428	269	288	252
15	291	8	537	635	480	155	13	372	22	250
16	20	341	474	216	571	107	547	343	265	64
17	53	409	369	334	446	594	476	255	488	161
18	532	417	316	186	337	218	396	509	329	137
19	467	612	261	74	573	583	568	609	348	495
20	590	556	43	109	294	501	526	209	312	283
21	195	449	549	149	639	299	133	59	351	599
22	406	345	459	433	564	462	627	359	68	36
23	267	11	105	444	184	259	554	193	597	66
24	191	100	222	5	485	498	102	119	55	78
25	520	93	436	83	391	224	560	411	540	122
26	242	617	204	287	7	479	371	19	215	546
27	63	368	593	487	416	336	508	466	73	567
28	494	42	500	311	448	638	58	405	432	626
29	35	104	258	596	99	484	118	519	82	559
	0	1	2	3	4	5	6	7	8	9

p = 631

I′

	0	1	2	3	4	5	6	7	8	9
50	238	395	490	364	509	358	512	594	353	574
51	314	316	14	530	545	164	125	339	473	384
52	394	464	289	377	265	578	450	606	602	174
53	81	170	533	478	231	374	568	386	620	311
54	587	600	20	319	169	162	219	89	341	564
55	106	126	503	185	429	507	252	60	542	151
56	33	135	400	182	382	54	8	241	146	540
57	401	161	514	487	365	293	99	392	454	592
58	209	139	96	510	414	457	285	147	137	71
59	416	11	155	529	430	482	516	337	290	136
60	271	627	611	40	207	283	178	628	260	584
61	41	607	51	77	305	160	345	595	399	378
62	299	122	459	340	325	102	224	462	42	195
63	98									

I″

	0	1	2	3	4	5	6	7	8	9
50	425	464	45	552	110	76	52	555	184	504
51	583	261	506	430	572	398	596	35	244	410
52	390	426	295	213	129	420	349	282	208	593
53	513	162	217	532	171	424	238	453	393	385
54	569	143	558	351	57	514	408	432	325	134
55	34	339	460	221	104	445	343	47	307	203
56	469	264	378	275	549	371	37	499	536	274
57	182	345	58	109	509	97	196	367	525	246
58	304	78	75	358	609	112	273	540	271	254
59	248	449	579	444	507	617	492	212	377	400
60	541	61	528	156	318	21	527	611	13	317
61	207	602	456	415	72	381	183	353	128	265
62	538	334	243	473	433	436	19	601	607	412
63	*									

p = 641

I′

		1	2	3	4	5	6	7	8	9
0	640	300	60	434	101	485	18	479	537	189
1	183	105	249	372	49	272	96	506	62	215
2	341	340	250	227	30	86	455	262	289	601
3	618	379	621	557	595	104	267	29	243	307
4	33	447	500	109	143	162	522	534	383	89
5	606	159	333	409	92	78	482	625	405	351
6	516	565	486	368	53	221	191	10	36	176
7	412	403	41	567	573	505	538	435	520	169
8	491	202	559	391	127	378	279	152	584	373
9	70	240	390	436	157	47	167	212	518	484
10	222	77	119	98	258	444	264	547	525	294
11	245	317	85	139	323	397	413	558	519	55
12	213	203	242	586	425	88	14	361	631	515
13	2	460	598	59	130	346	260	467	278	25
14	451	138	244	197	533	95	188	457	132	639
15	320	550	313	569	21	13	274	238	523	327
16	315	532	376	577	419	325	382	273	575	303
17	171	400	46	145	247	28	232	541	165	246
18	362	614	3	192	259	395	337	166	16	76
19	4	100	190	597	148	449	380	110	418	438
20	398	623	366	478	287	428	181	131	194	312
21	87	574	481	464	367	546	571	328	396	543
22	91	497	5	539	560	50	535	427	602	129
23	471	600	37	123	579	27	270	353	437	402
24	544	286	617	24	113	381	187	393	263	473
25	20	536	291	394	531	488	201	483	596	554
26	582	74	580	253	408	64	443	11	290	288
27	175	605	225	48	126	354	578	513	452	31
28	551	349	548	195	32	591	370	7	252	248
29	634	8	147	208	501	114	219	562	350	133
	0	1	2	3	4	5	6	7	8	9

I″

	0	1	2	3	4	5	6	7	8	9
0	320	470	130	182	190	222	616	287	291	457
1	67	267	634	155	126	392	188	538	6	371
2	250	154	372	585	243	139	527	235	175	37
3	24	279	284	40	404	626	68	232	586	388
4	591	72	494	556	622	399	172	95	273	14
5	225	339	342	64	497	119	464	310	638	133
6	2	615	18	546	265	553	597	461	359	605
7	90	544	335	466	261	456	189	101	55	365
8	624	483	519	436	354	112	25	210	125	49
9	561	220	54	520	629	145	16	636	103	596
10	191	4	498	431	35	11	473	571	589	43
11	197	423	306	244	295	543	403	595	484	102
12	518	559	540	233	504	574	274	84	318	229
13	134	207	148	299	471	530	395	329	141	113
14	502	387	307	44	376	173	393	292	194	549
15	321	454	87	426	536	480	575	94	534	51
16	475	488	45	401	438	178	187	96	481	79
17	490	170	304	630	362	270	69	374	422	317
18	631	206	460	10	444	531	316	246	146	9
19	192	66	183	554	208	283	621	143	440	402
20	413	256	81	121	617	602	529	346	293	526
21	455	505	97	120	478	19	474	315	337	296
22	442	65	100	435	391	272	383	23	618	469
23	300	604	176	385	513	613	363	628	157	441
24	91	410	122	38	142	110	179	174	289	12
25	22	427	288	263	445	476	309	625	104	184
26	136	612	27	248	106	343	358	36	601	428
27	236	360	15	167	156	437	419	386	138	86
28	313	588	525	312	551	389	241	204	269	28
29	268	252	581	555	109	381	326	524	548	639
	0	1	2	3	4	5	6	7	8	9

p = **641** (Fortsetzung)

N

	0	1	2	3	4	5	6	7	8	9
30	4	12	36	108	324	331	352	415	604	530
31	308	283	208	624	590	488	182	546	356	427
32	640	638	632	614	560	398	553	377	490	188
33	564	410	589	485	173	519	275	184	552	374
34	481	161	483	167	501	221	22	66	198	594
35	500	218	13	39	117	351	412	595	503	227
36	40	120	360	439	35	105	315	304	271	172
37	516	266	157	471	131	393	538	332	355	424
38	631	611	551	371	472	134	402	565	413	598
39	512	254	121	363	448	62	186	558	392	535
40	323	328	343	388	523	287	220	19	57	171
41	513	257	130	390	529	305	274	181	543	347
42	400	559	395	544	350	409	586	476	146	438
43	32	96	288	223	28	84	252	115	345	394
44	541	341	382	505	233	58	174	522	284	211
45	633	617	569	425	634	620	578	452	74	222
46	25	75	225	34	102	306	277	190	570	428
47	2	6	18	54	162	486	176	528	302	265
48	154	462	104	312	295	244	91	273	178	534
49	320	319	316	307	280	199	597	509	245	94
50	282	205	615	563	407	580	458	92	276	187
51	561	401	562	404	571	431	11	33	99	297
52	250	109	327	340	379	496	206	618	572	434
53	20	60	180	540	338	373	478	152	456	86
54	258	133	399	556	386	517	269	166	498	212
55	636	626	596	506	236	67	201	603	527	299
56	256	127	381	502	224	31	93	279	196	588
57	482	164	492	194	582	464	110	330	349	406
58	577	449	65	195	585	473	137	411	592	494
59	200	600	518	272	175	525	293	238	73	219
60	16	48	144	432	14	42	126	378	493	197
61	591	491	191	573	437	29	87	261	142	426
62	637	629	605	533	317	310	289	226	37	111
63	333	358	433	17	51	153	459	95	285	214
64	1									

I

	0	1	2	3	4	5	6	7	8	9
30	121	203	478	214	367	415	465	493	310	57
31	625	257	483	81	202	366	492	624	80	491
32	490	170	171	400	304	172	46	522	401	163
33	577	305	377	630	173	145	95	47	534	158
34	523	441	239	402	199	438	164	419	276	578
35	424	355	306	112	85	378	318	128	631	180
36	362	174	247	393	146	188	16	96	167	273
37	48	383	226	535	339	51	159	327	607	524
38	297	562	442	220	91	240	544	71	403	116
39	413	200	398	375	439	422	178	165	325	542
40	420	511	386	277	513	234	579	504	124	425
41	331	587	356	388	39	307	142	244	113	139
42	25	86	279	31	379	453	619	319	469	229
43	129	515	603	632	529	206	181	614	429	363
44	236	270	175	28	289	248	263	253	394	581
45	292	147	457	9	189	76	538	17	506	636
46	97	212	481	168	575	156	274	126	14	49
47	89	373	384	585	23	227	427	251	536	154
48	21	340	570	342	52	333	475	160	315	217
49	328	611	572	608	589	108	525	282	548	298
50	350	344	563	358	266	443	553	65	221	497
51	54	92	390	410	241	286	370	545	592	335
52	72	41	447	404	34	595	117	558	477	414
53	309	256	201	623	489	399	45	162	376	144
54	533	440	198	418	423	111	317	179	246	187
55	166	382	338	326	296	219	543	115	397	421
56	324	510	512	503	330	387	141	138	278	452
57	468	514	528	613	235	27	262	580	456	75
58	505	211	574	125	88	584	426	153	569	332
59	314	610	588	281	349	357	552	496	389	285
60	591	40	33	557	308	622	44	143	197	110
61	245	381	295	114	323	502	140	451	527	26
62	455	210	87	152	313	280	551	284	32	621
63	196	380	322	450	454	151	550	620	321	150
64	320									

p = **643**, g = 11, p − 1 = 2 · 3 · 107

N

	0	1	2	3	4	5	6	7	8	9
0		11	121	45	495	301	96	413	42	462
1	581	604	214	425	174	628	478	114	611	291
2	629	489	235	13	143	287	585	5	55	605
3	225	546	219	480	136	210	381	333	448	427
4	196	227	568	461	570	483	169	573	516	532
5	65	72	149	353	25	275	453	482	158	452
6	471	37	407	619	379	311	206	337	492	268
7	376	278	486	202	293	8	88	325	360	102
8	479	125	89	336	481	147	331	426	185	106
9	523	609	269	387	399	531	54	594	104	501

I

	0	1	2	3	4	5	6	7	8	9
0		642	453	309	264	27	120	530	75	618
1	480	1	573	23	341	336	528	601	429	539
2	291	197	454	490	384	54	476	285	152	536
3	147	520	339	310	412	557	240	61	350	332
4	102	137	8	117	265	3	301	637	195	418
5	507	268	287	278	96	28	605	206	347	119
6	600	151	331	506	150	50	121	447	223	157
7	368	609	51	365	514	363	161	531	143	247
8	555	594	590	122	461	628	570	203	76	82
9	456	553	112	187	448	566	6	352	229	619

p = **641**

I′

	0	1	2	3	4	5	6	7	8	9
30	230	352	628	521	172	377	112	142	622	256
31	57	448	283	280	610	217	186	179	128	469
32	*	150	450	502	510	542	296	607	611	137
33	387	587	314	475	446	72	508	218	326	51
34	570	474	52	265	563	459	207	555	495	357
35	344	599	604	360	84	306	388	552	266	68
36	271	392	174	236	302	79	492	415	593	334
37	545	19	22	384	177	439	144	630	318	453
38	322	295	338	226	585	233	277	141	39	285
39	410	224	15	146	581	136	509	421	375	45
40	304	163	199	116	34	432	345	530	445	369
41	241	540	374	200	309	465	336	316	423	276
42	511	324	178	111	355	331	153	251	269	363
43	517	103	626	564	615	223	83	275	164	422
44	198	239	220	553	184	254	594	404	638	549
45	454	527	468	619	151	210	75	9	461	433
46	182	67	627	364	56	493	73	612	514	229
47	1	134	407	106	216	160	255	414	214	371
48	155	168	365	81	118	498	507	416	161	399
49	170	490	624	310	42	590	389	54	102	637
50	311	526	140	330	124	211	636	566	466	329
51	512	386	503	234	528	603	301	463	120	82
52	93	576	401	441	297	282	209	26	613	206
53	135	185	417	440	158	339	154	635	17	616
54	122	385	420	115	71	592	63	343	298	149
55	620	284	496	65	193	293	43	308	477	121
56	411	90	442	358	462	430	499	494	609	332
57	342	107	608	583	125	156	629	305	424	504
58	456	292	347	568	426	23	38	356	281	108
59	556	40	335	487	476	117	99	66	458	406
60	633	268	205	632	231	69	561	524	589	348
61	588	572	261	235	429	61	6	204	228	319
62	321	196	44	489	80	257	35	359	237	94
63	173	180	529	472	12	480	97	431	58	299
64	470									

I″

	0	1	2	3	4	5	6	7	8	9
30	1	516	364	169	400	577	355	39	557	414
31	493	500	209	152	332	160	417	111	378	619
32	150	620	380	114	421	165	338	159	217	509
33	503	425	569	52	369	592	416	186	382	535
34	21	20	570	547	350	406	135	582	609	281
35	298	59	301	237	275	424	587	349	563	627
36	353	127	180	429	463	482	202	214	63	409
37	286	479	13	89	412	398	162	305	85	31
38	196	245	166	48	373	541	511	330	356	496
39	92	83	361	247	253	185	218	115	200	489
40	171	522	239	71	447	58	599	472	264	53
41	390	560	70	116	477	367	487	532	198	164
42	542	397	439	418	578	124	584	227	205	614
43	565	637	405	459	3	77	93	238	199	375
44	533	523	562	266	105	408	334	41	311	195
45	322	140	278	379	450	26	580	147	598	345
46	131	458	564	517	213	415	508	137	452	319
47	640	230	633	249	341	333	594	558	203	7
48	635	212	56	257	99	5	62	593	255	623
49	491	80	366	465	567	348	552	221	485	566
50	42	294	323	512	579	75	17	486	336	396
51	324	420	510	277	468	129	60	430	98	118
52	78	303	46	158	607	108	501	451	514	632
53	407	254	161	144	47	226	251	8	76	223
54	411	177	325	219	240	370	215	107	282	449
55	151	280	357	443	259	347	590	33	117	82
56	224	606	297	344	433	61	507	73	583	153
57	340	216	611	74	211	168	521	163	276	234
58	262	394	260	573	88	384	123	331	610	608
59	495	285	545	368	446	34	258	193	132	351
60	231	29	228	515	352	271	50	327	572	568
61	314	328	467	528	181	434	539	242	30	453
62	550	32	308	201	492	57	432	462	302	576
63	377	128	603	600	290	537	506	499	448	149
64	*									

p = **643**

I′

	0	1	2	3	4	5	6	7	8	9
0	642	573	604	301	406	200	352	277	117	588
1	472	29	144	87	584	20	80	517	199	629
2	344	256	383	341	504	315	527	120	605	382
3	248	327	292	84	623	492	191	243	484	465
4	299	470	193	9	372	266	439	478	638	160
5	121	365	174	239	476	421	494	45	587	56
6	194	350	343	169	188	407	466	499	495	92
7	559	496	275	424	538	618	82	165	436	255
8	33	317	456	67	57	325	386	39	640	201
9	168	631	123	616	582	49	28	516	224	625

I″

	0	1	2	3	4	5	6	7	8	9
0	321	480	411	265	373	627	566	519	137	43
1	185	423	276	353	154	207	254	437	631	374
2	15	226	452	573	420	477	440	264	96	11
3	227	550	334	80	312	540	188	386	361	87
4	359	248	482	139	193	57	272	288	282	95
5	150	609	325	340	384	434	59	84	393	138
6	475	240	235	375	626	358	164	83	293	391
7	390	592	379	114	629	530	203	216	552	262
8	16	142	76	474	33	176	148	13	565	224
9	323	236	69	615	124	116	278	186	255	345

p = **643** (Fortsetzung)

N

	0	1	2	3	4	5	6	7	8	9
10	367	179	40	440	339	514	510	466	625	445
11	394	476	92	369	201	282	530	43	473	59
12	6	66	83	270	398	520	576	549	252	200
13	271	409	641	621	401	553	296	41	451	460
14	559	362	124	78	215	436	295	30	330	415
15	64	61	28	308	173	617	357	69	116	633
16	533	76	193	194	205	326	371	223	524	620
17	390	432	251	189	150	364	146	320	305	140
18	254	222	513	499	345	580	593	93	380	322
19	327	382	344	569	472	48	528	21	231	612
20	302	107	534	87	314	239	57	627	467	636
21	566	439	328	393	465	614	324	349	624	434
22	273	431	240	68	105	512	488	224	535	98
23	435	284	552	285	563	406	608	258	266	354
24	36	396	498	334	459	548	241	79	226	557
25	340	525	631	511	477	103	490	246	134	188
26	139	243	101	468	4	44	484	180	51	561
27	384	366	168	562	395	487	213	414	53	583
28	626	456	515	521	587	27	297	52	572	505
29	411	20	220	491	257	255	233	634	544	197
30	238	46	506	422	141	265	343	558	351	3
31	33	363	135	199	260	288	596	126	100	457
32	526	642	632	522	598	148	342	547	230	601
33	181	62	39	429	218	469	15	165	529	32
34	352	14	154	408	630	500	356	58	638	588
35	38	418	97	424	163	507	433	262	310	195
36	216	447	416	75	182	73	160	474	70	127
37	111	578	571	494	290	618	368	190	161	485
38	191	172	606	236	24	264	332	437	306	151
39	375	267	365	157	441	350	635	555	318	283
40	541	164	518	554	307	162	496	312	217	458
41	537	120	34	374	256	244	112	589	49	539
42	142	276	464	603	203	304	129	133	177	18
43	198	249	167	551	274	442	361	113	600	170
44	584	637	577	560	373	245	123	67	94	391
45	443	372	234	2	22	242	90	347	602	192
46	183	84	281	519	565	428	207	348	613	313
47	228	579	582	615	335	470	26	286	574	527
48	10	110	567	450	449	438	317	272	420	119
49	23	253	211	392	454	493	279	497	323	338
50	503	389	421	130	144	298	63	50	550	263
51	321	316	261	299	74	171	595	115	622	412
52	31	341	536	109	556	329	404	586	16	176
53	7	77	204	315	250	178	29	319	294	19
54	209	370	212	403	575	538	131	155	419	108
55	545	208	359	91	358	80	237	35	385	377
56	289	607	247	145	309	184	95	402	564	417
57	86	303	118	12	132	166	540	153	397	509
58	455	504	400	542	175	639	599	159	463	592
59	82	259	277	475	81	248	156	430	229	590
	0	1	2	3	4	5	6	7	8	9

I

	0	1	2	3	4	5	6	7	8	9
10	318	262	79	255	98	224	89	201	549	523
11	481	370	416	437	17	517	158	641	572	489
12	411	2	604	446	142	81	317	369	603	426
13	503	546	574	427	258	312	34	623	610	260
14	179	304	420	24	504	563	176	85	325	52
15	174	389	614	577	342	547	596	393	58	587
16	366	378	405	354	401	337	575	432	272	46
17	439	515	381	154	14	584	529	428	535	101
18	267	330	364	460	565	88	640	602	259	173
19	377	380	459	162	163	359	40	299	430	313
20	129	114	73	424	532	164	66	466	551	540
21	35	492	542	276	12	144	360	408	334	32
22	292	624	181	167	227	30	248	41	470	598
23	328	198	611	296	452	22	383	556	300	205
24	222	246	455	261	415	445	257	562	595	431
25	534	172	128	491	180	295	414	294	237	591
26	314	512	357	509	385	305	238	391	69	92
27	123	130	487	220	434	55	421	592	71	496
28	632	462	115	399	231	233	477	25	315	560
29	374	19	629	74	538	146	136	286	505	513
30	627	5	200	571	425	178	388	404	153	564
31	358	65	407	469	204	533	511	486	398	537
32	177	510	189	498	216	77	165	190	212	525
33	148	86	386	37	243	474	83	67	499	104
34	250	521	326	306	192	184	607	457	467	217
35	395	308	340	53	239	636	346	156	554	552
36	78	436	141	311	175	392	271	100	376	113
37	541	166	451	444	413	390	70	559	626	64
38	188	36	191	635	270	558	615	93	616	501
39	170	449	493	213	110	274	241	578	124	94
40	582	134	567	543	526	621	235	62	343	131
41	617	290	519	7	277	149	362	569	351	548
42	488	502	303	613	353	13	87	39	465	333
43	597	221	171	356	219	230	145	387	485	211
44	103	394	435	450	634	109	620	361	38	484
45	483	138	59	56	494	580	281	319	409	244
46	139	43	9	588	422	214	107	208	263	335
47	475	60	194	118	367	593	111	254	16	80
48	33	84	57	45	266	379	72	275	226	21
49	256	293	68	495	373	4	406	497	242	183
50	345	99	625	500	581	289	302	355	633	579
51	106	253	225	182	105	282	48	638	402	463
52	125	283	323	90	168	251	320	479	196	338
53	116	95	49	160	202	228	522	410	545	419
54	576	400	583	639	298	550	31	327	245	127
55	508	433	232	135	403	397	524	249	307	140
56	443	269	273	234	568	464	210	482	42	193
57	44	372	288	47	478	544	126	442	371	471
58	185	10	472	279	440	26	527	284	349	417
59	599	608	589	186	97	516	316	622	324	586
	0	1	2	3	4	5	6	7	8	9

$p = 643$

I′

	0	1	2	3	4	5	6	7	8	9
10	376	267	137	394	250	282	253	208	280	620
11	274	254	187	541	73	399	95	265	367	600
12	530	447	461	130	94	283	442	508	491	114
13	487	617	321	518	567	403	286	8	59	43
14	443	311	81	247	360	387	136	520	86	362
15	50	331	536	564	14	375	554	368	641	297
16	202	531	163	359	66	190	451	227	251	133
17	449	356	128	377	389	392	85	510	388	304
18	295	167	105	345	607	10	97	448	36	498
19	212	635	184	44	118	418	338	454	611	468
20	571	549	228	76	533	222	347	15	263	441
21	482	103	525	110	107	473	77	395	108	230
22	434	171	246	157	89	182	21	30	522	619
23	145	233	135	477	568	62	91	591	391	636
24	61	578	183	474	139	127	455	555	41	307
25	521	320	322	225	16	98	293	562	312	173
26	179	415	79	335	27	3	379	330	287	273
27	558	100	46	234	241	226	12	149	96	440
28	207	319	48	323	349	152	505	278	47	302
29	519	197	624	68	237	414	452	396	550	430
30	205	637	355	613	420	238	192	140	340	264
31	412	175	34	129	512	560	622	369	262	409
32	479	*	159	90	586	52	306	245	198	458
33	364	506	102	597	32	475	528	575	116	310
34	53	336	547	131	252	99	156	119	585	417
35	332	548	229	13	401	633	219	509	65	40
36	408	38	569	161	460	514	378	593	609	603
37	416	471	288	4	19	63	113	380	405	72
38	459	154	561	556	54	305	37	485	404	614
39	70	69	271	58	435	308	209	524	537	231
40	583	337	463	397	153	354	497	469	334	244
41	545	2	557	390	294	445	437	599	507	576
42	24	592	214	11	532	178	503	258	535	539
43	313	534	272	232	55	450	141	17	329	515
44	26	348	371	269	413	257	142	223	566	493
45	634	444	22	309	490	261	553	467	423	162
46	565	628	115	125	210	333	551	217	215	204
47	598	185	279	606	83	60	285	25	544	196
48	1	370	42	138	483	211	398	220	502	411
49	384	180	542	213	580	373	632	242	216	104
50	581	170	303	546	563	513	150	268	433	385
51	189	486	357	627	363	381	316	158	612	7
52	339	326	410	481	249	148	621	284	601	428
53	75	143	164	511	172	101	147	177	146	291
54	35	166	276	526	126	419	574	596	488	523
55	31	540	78	112	552	594	300	240	615	626
56	374	236	595	176	358	88	6	543	464	351
57	203	425	489	23	427	432	400	342	124	106
58	281	289	134	639	529	630	438	366	422	186
59	122	314	71	111	590	431	393	221	328	608

I″

	0	1	2	3	4	5	6	7	8	9
10	271	535	332	211	499	182	579	214	218	634
11	213	593	553	376	129	462	338	8	194	347
12	27	50	590	92	578	463	544	245	172	313
13	123	343	630	169	582	232	146	102	483	244
14	307	436	446	531	12	230	538	536	525	277
15	506	600	285	404	381	606	346	223	517	322
16	49	363	459	162	532	77	541	181	90	63
17	501	221	534	259	52	311	563	537	425	260
18	491	624	225	242	192	471	589	112	64	510
19	165	36	306	42	60	637	479	291	328	18
20	5	89	160	570	469	300	605	280	107	396
21	464	485	190	493	422	468	498	467	612	356
22	487	597	205	447	98	253	275	167	202	352
23	219	399	433	231	273	621	561	294	305	53
24	557	274	497	37	409	327	222	143	30	524
25	104	168	344	106	111	79	21	445	427	602
26	610	455	318	208	309	117	45	101	507	443
27	635	392	432	269	110	72	542	7	287	472
28	108	580	105	125	527	476	136	268	372	581
29	617	539	32	256	414	180	611	159	639	40
30	556	3	289	502	179	385	326	249	395	453
31	339	141	258	430	591	25	516	81	619	281
32	251	132	252	283	622	85	521	31	598	438
33	267	151	350	465	408	263	341	401	196	520
34	308	23	577	62	20	183	636	206	441	284
35	61	569	6	613	405	302	171	512	564	163
36	144	620	149	514	330	51	587	118	157	317
37	481	442	44	495	560	155	100	173	366	266
38	377	515	29	22	490	509	86	145	178	174
39	413	238	175	596	103	217	297	403	486	115
40	576	354	638	135	388	378	4	65	360	319
41	522	489	310	444	295	261	370	349	195	545
42	304	55	588	458	73	571	603	574	529	601
43	299	595	575	508	220	394	78	416	586	46
44	279	209	126	140	451	415	604	121	187	170
45	435	166	296	642	197	246	82	607	329	380
46	364	122	632	402	568	39	66	457	199	407
47	41	371	10	215	243	335	54	233	47	320
48	618	523	210	484	38	387	511	130	548	572
49	454	128	35	449	56	68	71	406	189	67
50	625	616	488	426	24	286	331	418	127	357
51	177	533	314	505	365	439	97	17	133	290
52	147	250	228	549	397	212	543	26	336	584
53	120	161	424	204	431	428	152	398	74	429
54	551	113	492	567	478	410	503	342	351	201
55	298	466	554	456	156	247	383	412	270	70
56	315	382	257	504	153	460	448	134	234	362
57	628	200	641	1	546	337	419	614	241	633
58	494	500	94	400	14	348	324	58	9	608
59	594	237	421	367	555	562	547	333	470	417

p = **643** (Fortsetzung)

N

	0	1	2	3	4	5	6	7	8	9
60	60	17	187	128	122	56	616	346	591	71
61	138	232	623	423	152	386	388	410	9	99
62	446	405	597	137	221	502	378	300	85	292
63	640	610	280	508	444	383	355	47	517	543
64	186	117	1							

I

	0	1	2	3	4	5	6	7	8	9
60	438	329	458	423	11	29	382	561	236	91
61	631	18	199	468	215	473	606	155	375	63
62	169	133	518	612	218	108	280	207	15	20
63	344	252	322	159	297	396	209	441	348	585
64	630	132	321							

p = **647**, g = 5, p − 1 = 2 · 17 · 19

N

	0	1	2	3	4	5	6	7	8	9
0		5	25	125	625	537	97	485	484	479
1	454	329	351	461	364	526	42	210	403	74
2	370	556	192	313	271	61	305	231	508	599
3	407	94	470	409	104	520	12	60	300	206
4	383	621	517	644	632	572	272	66	330	356
5	486	489	504	579	307	241	558	202	363	521
6	17	85	425	184	273	71	355	481	464	379
7	601	417	144	73	365	531	67	335	381	611
8	467	394	29	145	78	390	9	45	225	478
9	449	304	226	483	474	429	204	373	571	267
10	41	205	378	596	392	19	95	475	434	229
11	498	549	157	138	43	215	428	199	348	446
12	289	151	108	540	112	560	212	413	124	620
13	512	619	507	594	382	616	492	519	7	35
14	175	228	493	524	32	160	153	118	590	362
15	516	639	607	447	294	176	233	518	2	10
16	50	250	603	427	194	323	321	311	261	11
17	55	275	81	405	84	420	159	148	93	465
18	384	626	542	122	610	462	369	551	167	188
19	293	171	208	393	24	120	600	412	119	595
20	387	641	617	497	544	132	13	65	325	331
21	361	511	614	482	469	404	79	395	34	170
22	203	368	546	142	63	315	281	111	555	187
23	288	146	83	415	134	23	115	575	287	141
24	58	290	156	133	18	90	450	309	251	608
25	452	319	301	211	408	99	495	534	82	410
26	109	545	137	38	190	303	221	458	349	451
27	314	276	86	430	209	398	49	245	578	302
28	216	433	224	473	424	179	248	593	377	591
29	367	541	117	585	337	391	14	70	350	456
30	339	401	64	320	306	236	533	77	385	631
31	567	247	588	352	466	389	4	20	100	500
32	559	207	388	646	642	622	522	22	110	550
33	162	163	168	193	318	296	186	283	121	605
34	437	244	573	277	91	455	334	376	586	342
35	416	139	48	240	553	177	238	543	127	635
36	587	347	441	264	26	130	3	15	75	375
37	581	317	291	161	158	143	68	340	406	89
38	445	284	126	630	562	222	463	374	576	292
39	166	183	268	46	230	503	574	282	116	580
	0	1	2	3	4	5	6	7	8	9

I

	0	1	2	3	4	5	6	7	8	9
0		646	158	366	316	1	524	138	474	86
1	159	169	36	206	296	367	632	60	244	105
2	317	504	327	235	194	2	364	452	454	82
3	525	458	144	535	218	139	402	507	263	572
4	475	100	16	114	485	87	393	519	352	276
5	160	426	522	456	610	170	612	471	240	635
6	37	25	616	224	302	207	47	76	376	601
7	297	65	560	73	19	368	421	307	84	216
8	633	172	258	232	174	61	272	448	643	379
9	245	344	551	178	31	106	510	6	434	255
10	318	545	584	527	34	505	614	446	122	260
11	328	227	124	580	629	236	398	292	147	198
12	195	338	183	466	128	3	382	358	460	480
13	365	473	205	243	234	453	534	262	113	351
14	455	239	223	375	72	83	231	642	177	433
15	526	121	579	146	465	459	242	112	374	176
16	145	373	330	331	416	536	390	188	332	412
17	219	191	430	417	606	140	155	355	537	285
18	403	637	502	391	63	508	336	229	189	590
19	264	622	22	333	164	573	592	569	413	117
20	476	442	57	220	96	101	39	321	192	274
21	17	253	126	431	604	115	280	596	418	439
22	486	266	385	607	282	88	92	498	141	109
23	394	27	556	156	450	520	305	582	356	577
24	353	55	496	538	341	277	624	311	286	598
25	161	248	540	404	516	427	618	408	638	645
26	523	168	631	503	363	457	401	99	392	425
27	611	24	46	64	420	171	271	343	509	544
28	613	226	397	337	381	472	533	238	230	120
29	241	372	389	190	154	636	335	621	591	441
30	38	252	279	265	91	26	304	54	623	247
31	617	167	400	23	270	225	532	371	334	251
32	303	166	531	165	488	208	489	626	574	11
33	48	209	548	593	346	77	490	294	570	300
34	377	627	349	414	588	602	575	361	118	268
35	298	12	313	477	513	66	49	564	443	553
36	561	210	149	58	14	74	549	290	221	186
37	20	594	494	97	387	369	347	288	102	69
38	422	78	134	40	180	308	491	200	322	315
39	85	295	104	193	81	217	571	484	275	609
	0	1	2	3	4	5	6	7	8	9

p = 643

	I'											I''									
	0	1	2	3	4	5	6	7	8	9		0	1	2	3	4	5	6	7	8	9
60	151	429	259	426	446	206	155	457	589	51	60	119	528	640	369	2	28	473	184	599	368
61	260	296	218	353	577	93	501	290	480	318	61	623	198	518	303	389	558	93	131	75	229
62	361	235	324	610	181	500	64	5	570	74	62	109	526	316	34	292	99	559	513	461	19
63	132	18	462	579	109	270	346	195	402	298	63	585	91	496	355	450	191	239	301	48	583
64	602	572	453								64	88	158	*							

p = 647

	I'											I''									
	0	1	2	3	4	5	6	7	8	9		0	1	2	3	4	5	6	7	8	9
0	646	524	364	382	181	583	434	50	7	511	0	323	316	194	128	558	550	510	8	93	89
1	345	48	313	185	74	518	114	253	215	368	1	487	574	298	552	58	506	100	274	600	73
2	594	568	333	270	46	616	304	556	436	196	2	186	228	622	400	611	37	91	394	132	599
3	254	106	478	259	505	59	206	25	252	321	3	378	178	214	254	527	137	169	635	441	101
4	180	325	157	481	619	342	64	76	209	564	4	134	129	150	639	309	98	24	207	11	66
5	468	435	546	399	623	496	320	220	14	326	5	7	499	395	278	304	353	568	442	149	35
6	244	272	589	508	420	560	49	213	179	422	6	632	174	284	391	46	297	513	511	386	102
7	410	432	83	19	549	559	376	490	134	462	7	196	350	375	560	14	615	47	346	422	184
8	608	217	525	231	216	295	159	393	92	9	8	314	193	454	72	307	315	474	485	282	542
9	246	26	498	8	107	273	101	387	45	392	9	440	265	88	213	283	116	220	494	630	401
10	16	39	69	483	193	317	510	514	449	394	10	475	96	288	199	295	244	31	94	281	141
11	500	329	374	351	485	280	95	476	268	153	11	203	578	242	262	16	604	163	413	361	380
12	241	579	260	291	580	595	431	479	3	41	12	230	526	446	445	227	320	253	197	466	131
13	557	129	28	199	40	202	142	35	474	402	13	211	405	562	287	78	467	565	157	524	218
14	155	109	469	506	535	373	465	198	289	58	14	606	498	136	451	458	176	579	292	563	210
15	42	461	249	440	636	355	450	137	366	169	15	528	409	423	119	190	140	556	42	646	86
16	426	248	437	116	573	488	531	400	631	36	16	276	598	410	589	333	531	303	617	523	159
17	612	271	258	378	61	415	145	433	31	314	17	610	420	633	215	232	464	374	642	551	68
18	308	640	357	466	79	386	20	429	332	590	18	40	4	291	338	586	13	221	329	390	229
19	154	430	274	81	2	338	70	127	195	103	19	389	219	321	104	235	198	29	628	147	133
20	322	324	405	110	261	243	296	47	489	548	20	491	461	135	444	357	473	36	302	488	48
21	149	130	467	93	32	173	633	571	139	191	21	561	585	541	67	608	18	84	81	535	412
22	96	186	641	375	302	532	397	124	21	189	22	57	290	261	239	616	270	613	328	501	336
23	120	642	174	350	453	194	398	388	230	223	23	238	83	258	479	243	327	629	396	533	455
24	635	372	112	234	105	344	269	617	540	586	24	471	120	459	205	60	379	90	623	161	152
25	487	303	279	126	33	318	444	447	232	628	25	269	334	38	17	30	434	469	306	172	33
26	328	222	113	572	622	91	385	512	298	250	26	122	204	534	507	590	279	486	587	118	246
27	225	343	448	603	17	609	160	624	53	265	27	23	171	61	95	192	484	352	341	620	252
28	596	108	88	94	62	403	598	133	102	493	28	115	438	607	463	605	537	311	493	347	148
29	221	182	147	348	570	104	367	65	12	587	29	549	123	398	547	490	85	206	601	268	345
30	377	600	207	166	54	582	257	84	491	44	30	570	634	224	251	26	520	559	421	180	383
31	539	286	563	477	80	85	1	504	545	554	31	495	624	360	12	179	322	366	105	255	500
32	125	192	315	*	639	517	451	235	227	187	32	56	39	200	481	201	41	59	504	260	111
33	331	416	412	164	251	621	229	381	183	423	33	373	330	188	22	371	636	508	397	195	437
34	597	277	396	509	551	299	77	288	360	414	34	576	538	45	271	245	10	593	369	293	627
35	71	455	276	55	501	537	577	204	460	492	35	233	113	519	577	429	155	582	182	382	529
36	312	118	424	457	452	473	316	632	421	347	36	348	575	644	503	2	480	158	296	19	387
37	530	334	389	330	176	72	601	627	30	245	37	399	532	241	145	112	223	76	300	173	643
38	119	472	358	309	497	607	68	369	620	190	38	543	337	3	567	595	266	185	97	237	372
39	188	63	425	519	27	52	237	337	292	370	39	536	502	99	87	109	406	342	226	236	53
	0	1	2	3	4	5	6	7	8	9		0	1	2	3	4	5	6	7	8	9

p = 647 (Fortsetzung)

	N											I									
	0	1	2	3	4	5	6	7	8	9		0	1	2	3	4	5	6	7	8	9
40	312	266	36	180	253	618	502	569	257	638	40	634	301	600	18	215	173	378	30	254	33
41	602	422	169	198	343	421	164	173	218	443	41	259	628	197	127	479	233	350	71	432	464
42	274	76	380	606	442	269	51	255	628	552	42	175	415	411	605	284	62	589	163	116	95
43	172	213	418	149	98	490	509	604	432	219	43	273	603	438	281	108	449	576	340	597	515
44	448	299	201	358	496	539	107	535	87	435	44	644	362	424	419	543	380	119	153	440	90
45	234	523	27	135	28	140	53	265	31	155	45	246	269	250	487	10	345	299	587	267	512
46	128	640	612	472	419	154	123	615	487	494	46	552	13	185	386	68	179	314	80	608	214
47	529	57	285	131	8	40	200	353	471	414	47	32	478	463	283	94	107	514	542	89	9
48	129	645	637	597	397	44	220	453	324	326	48	511	67	213	93	8	7	50	468	499	51
49	336	386	636	592	372	566	242	563	227	488	49	435	565	136	142	469	256	444	203	110	500
50	499	554	182	263	21	105	525	37	185	278	50	319	554	406	395	52	546	562	132	28	436
51	96	480	459	354	476	439	254	623	527	47	51	585	211	130	557	566	528	150	42	157	137
52	235	528	52	260	6	30	150	103	515	634	52	35	59	326	451	143	506	15	518	521	470
53	582	322	316	286	136	33	165	178	243	568	53	615	75	559	306	257	447	550	5	583	445
54	252	613	477	444	279	101	505	584	332	366	54	123	291	182	357	204	261	222	641	578	111
55	536	92	460	359	501	564	232	513	624	532	55	329	187	429	354	501	228	21	568	56	320
56	72	360	506	589	357	491	514	629	557	197	56	125	595	384	497	555	581	495	310	539	407
57	338	396	39	195	328	346	436	239	548	152	57	630	98	45	342	396	237	388	620	278	53
58	113	565	237	538	102	510	609	457	344	426	58	399	370	530	625	547	293	348	360	312	563
59	189	298	196	333	371	561	217	438	249	598	59	148	289	493	287	133	199	103	483	599	29
60	402	69	345	431	214	423	174	223	468	399	60	196	70	410	162	437	339	423	152	249	586
61	54	270	56	280	106	530	62	310	256	633	61	184	79	462	541	212	467	135	202	405	131
62	577	297	191	308	246	583	327	341	411	114	62	129	41	325	517	558	4	181	640	428	567
63	570	262	16	80	400	59	295	181	258	643	63	383	309	44	619	529	359	492	482	409	151
64	627	547	147	88	440	259	1				64	461	201	324	639	43	481	323			

p = 653, g = 2, $p - 1 = 2^2 \cdot 163$

	N											I									
	0	1	2	3	4	5	6	7	8	9		0	1	2	3	4	5	6	7	8	9
0		2	4	8	16	32	64	128	256	512	0		652	1	443	2	145	444	252	3	234
1	371	89	178	356	59	118	236	472	291	582	1	146	314	445	478	253	588	4	529	235	48
2	511	369	85	170	340	27	54	108	216	432	2	147	43	315	306	446	290	479	25	254	599
3	211	422	191	382	111	222	444	235	470	287	3	589	284	5	105	530	397	236	243	49	269
4	574	495	337	21	42	84	168	336	19	38	4	148	439	44	393	316	379	307	544	447	504
5	76	152	304	608	563	473	293	586	519	385	5	291	320	480	410	26	459	255	491	600	14
6	117	234	468	283	566	479	305	610	567	481	6	590	573	285	486	6	623	106	383	531	97
7	309	618	583	513	373	93	186	372	91	182	7	398	345	237	420	244	81	50	566	270	366
8	364	75	150	300	600	547	441	229	458	263	8	149	468	440	311	45	22	394	390	317	11
9	526	399	145	290	580	507	361	69	138	276	9	380	78	308	75	545	193	448	227	505	548
10	552	451	249	498	343	33	66	132	264	528	10	292	426	321	279	481	188	411	196	27	208
11	403	153	306	612	571	489	325	650	647	641	11	460	34	256	498	492	451	601	60	15	129
12	620	605	557	461	269	538	423	193	386	119	12	591	628	574	230	286	435	487	416	7	184
13	238	476	299	598	543	433	213	426	199	398	13	624	508	107	300	384	170	532	512	98	551
14	143	286	572	491	329	5	10	20	40	80	14	399	335	346	140	238	92	421	295	245	163
15	160	320	640	627	601	549	445	237	474	295	15	82	176	51	111	567	429	271	614	367	201
16	590	527	401	149	298	596	539	425	197	394	16	150	558	469	324	441	250	312	586	46	304
17	135	270	540	427	201	402	151	302	604	555	17	23	282	395	267	391	542	318	457	12	484
18	457	261	522	391	129	258	516	379	105	210	18	381	343	79	364	309	388	76	191	546	277
19	420	187	374	95	190	380	107	214	428	203	19	194	32	449	127	228	414	506	168	549	138

p = **647**

	I′											I″									
	0	1	2	3	4	5	6	7	8	9		0	1	2	3	4	5	6	7	8	9
40	23	99	507	637	516	131	395	630	638	151	40	167	457	139	285	540	202	554	539	618	482
41	162	605	219	117	588	411	536	606	439	543	41	70	415	332	569	349	175	331	430	596	424
42	171	307	78	152	419	611	522	618	567	354	42	64	368	69	339	362	392	160	516	640	187
43	417	604	464	526	255	565	585	339	281	486	43	191	126	71	177	6	51	28	162	603	418
44	90	38	57	553	203	123	122	550	643	576	44	153	591	476	564	256	583	614	257	272	108
45	520	143	454	534	82	239	610	401	144	242	45	156	326	364	234	452	351	522	363	525	465
46	480	201	541	283	175	459	128	135	499	256	46	358	151	79	478	432	146	183	212	50	142
47	615	240	533	205	86	100	442	513	463	233	47	521	612	381	365	138	572	117	313	32	127
48	365	323	409	599	275	87	266	10	208	626	48	460	43	492	103	571	114	439	250	165	208
49	294	200	482	287	97	310	538	555	141	51	49	77	308	359	289	594	581	55	384	92	468
50	319	228	391	363	327	614	15	263	336	544	50	110	354	637	631	317	34	143	402	63	343
51	6	67	552	66	542	644	427	558	521	352	51	106	9	267	477	107	597	404	325	15	393
52	305	470	456	168	138	458	121	34	150	359	52	450	518	426	645	1	82	433	584	566	619
53	625	165	371	238	262	218	390	285	341	407	53	370	166	225	472	453	144	416	355	496	310
54	404	212	89	380	613	584	562	293	593	290	54	248	462	514	419	509	318	52	625	209	74
55	5	178	13	561	406	581	156	566	4	306	55	447	344	512	443	319	497	27	130	517	75
56	73	210	132	148	443	136	528	383	56	413	56	65	553	546	312	49	435	557	428	21	592
57	300	484	475	592	11	361	340	353	111	146	57	294	217	263	164	626	602	449	356	641	121
58	629	495	356	445	527	211	184	267	602	163	58	124	555	305	5	545	436	249	299	414	62
59	264	441	569	346	494	384	418	515	161	29	59	189	621	573	548	20	125	280	340	286	483
60	18	297	575	438	115	284	140	282	214	634	60	301	376	588	273	431	411	417	385	80	275
61	170	24	471	226	446	75	224	167	408	529	61	456	425	170	544	505	470	25	247	427	44
62	278	591	22	247	311	547	574	349	197	236	62	388	335	264	54	277	530	489	377	259	580
63	98	503	60	172	301	37	335	502	645	43	63	407	168	367	216	609	240	154	403	408	324
64	428	578	177	379	362	523	158				64	181	222	231	448	515	638	*			

p = **653**

	I′											I′									
	0	1	2	3	4	5	6	7	8	9		0	1	2	3	4	5	6	7	8	9
0	652	443	145	234	529	105	623	184	224	73	0	326	652	443	252	588	284	486	416	465	20
1	77	380	484	572	590	129	157	55	422	72	1	389	317	457	490	600	60	37	405	93	563
2	9	389	394	282	598	254	459	208	536	135	2	466	310	45	304	289	479	410	196	538	361
3	412	126	449	497	256	213	156	16	405	239	3	189	276	194	207	460	355	515	61	635	141
4	596	288	305	315	393	22	304	42	147	269	4	475	527	47	147	439	311	586	528	235	243
5	566	111	66	642	337	158	296	432	626	128	5	81	176	217	633	404	17	422	205	496	450
6	15	37	635	347	68	593	112	370	348	608	6	601	516	402	336	643	216	52	642	64	593
7	430	204	423	225	192	545	191	74	308	364	7	568	562	19	9	77	308	388	10	380	343
8	565	50	176	645	154	514	356	452	554	108	8	419	244	163	132	352	522	462	493	180	509
9	161	294	421	18	563	418	344	398	551	221	9	333	139	238	406	570	621	382	531	512	604
10	618	500	436	241	396	530	383	300	555	612	10	647	525	287	597	283	5	623	508	89	161
11	428	567	594	474	142	650	325	327	471	640	11	175	51	66	370	637	576	470	328	578	152
12	632	218	519	358	171	166	413	228	627	591	12	616	178	553	453	385	275	31	449	59	15
13	215	644	83	352	534	537	197	173	293	91	13	157	338	164	581	360	29	412	167	549	334
14	238	39	475	232	251	444	314	43	439	468	14	346	636	114	650	442	2	234	48	269	366
15	558	639	119	616	646	605	214	130	338	246	15	201	261	579	351	84	514	36	16	55	296
16	611	109	175	82	132	581	172	137	549	511	16	332	90	294	245	339	274	125	413	506	299
17	532	359	582	198	427	110	51	217	121	553	17	384	124	166	137	293	162	82	645	617	222
18	88	509	298	507	624	495	206	195	411	30	18	494	625	433	415	7	224	424	278	481	362
19	276	546	226	448	32	207	27	538	583	322	19	387	76	74	545	277	187	411	136	173	427

p = **653** (Fortsetzung)

N

	0	1	2	3	4	5	6	7	8	9
20	406	159	318	636	619	585	517	381	109	218
21	436	219	438	223	446	239	478	303	606	559
22	465	277	554	455	257	514	375	97	194	388
23	123	246	492	331	9	18	36	72	144	288
24	576	499	345	37	74	148	296	592	531	409
25	165	330	7	14	28	56	112	224	448	243
26	486	319	638	623	593	533	413	173	346	39
27	78	156	312	624	595	537	421	189	378	103
28	206	412	171	342	31	62	124	248	496	339
29	25	50	100	200	400	147	294	588	523	393
30	133	266	532	411	169	338	23	46	92	184
31	368	83	166	332	11	22	44	88	176	352
32	51	102	204	408	163	326	652	651	649	645
33	637	621	589	525	397	141	282	564	475	297
34	594	535	417	181	362	71	142	284	568	483
35	313	626	599	545	437	221	442	231	462	271
36	542	431	209	418	183	366	79	158	316	632
37	611	569	485	317	634	615	577	501	349	45
38	90	180	360	67	134	268	536	419	185	370
39	87	174	348	43	86	172	344	35	70	140
40	280	560	467	281	562	471	289	578	503	353
41	53	106	212	424	195	390	127	254	508	363
42	73	146	292	584	515	377	101	202	404	155
43	310	620	587	521	389	125	250	500	347	41
44	82	164	328	3	6	12	24	48	96	192
45	384	115	230	460	267	534	415	177	354	55
46	110	220	440	227	454	255	510	367	81	162
47	324	648	643	633	613	573	493	333	13	26
48	52	104	208	416	179	358	63	126	252	504
49	355	57	114	228	456	259	518	383	113	226
50	452	251	502	351	49	98	196	392	131	262
51	524	395	137	274	548	443	233	466	279	558
52	463	273	546	439	225	450	247	494	335	17
53	34	68	136	272	544	435	217	434	215	430
54	207	414	175	350	47	94	188	376	99	198
55	396	139	278	556	459	265	530	407	161	322
56	644	635	617	581	509	365	77	154	308	616
57	579	505	357	61	122	244	488	323	646	639
58	625	597	541	429	205	410	167	334	15	30
59	60	120	240	480	307	614	575	497	341	29
60	58	116	232	464	275	550	447	241	482	311
61	622	591	529	405	157	314	628	603	553	453
62	253	506	359	65	130	260	520	387	121	242
63	484	315	630	607	561	469	285	570	487	321
64	642	631	609	565	477	301	602	551	449	245
65	490	327	1							
	0	1	2	3	4	5	6	7	8	9

I

	0	1	2	3	4	5	6	7	8	9
20	293	174	427	199	322	584	280	540	482	362
21	189	30	412	136	197	538	28	536	209	211
22	461	355	35	213	257	524	499	463	493	87
23	452	357	602	516	61	37	16	157	130	215
24	592	607	629	259	575	649	231	526	287	102
25	436	501	488	620	417	465	8	224	185	495
26	625	181	509	89	108	555	301	454	385	124
27	171	359	533	521	513	604	99	221	552	518
28	400	403	336	63	347	636	141	39	239	406
29	93	18	422	56	296	159	246	339	164	132
30	83	645	177	217	52	66	112	594	568	70
31	430	609	272	350	615	631	368	373	202	261
32	151	639	559	577	470	116	325	651	442	144
33	251	233	313	477	587	528	47	42	305	289
34	24	598	283	104	396	242	268	438	392	378
35	543	503	319	409	458	490	13	572	485	622
36	382	96	344	419	80	565	365	467	310	21
37	389	10	77	74	192	226	547	425	278	187
38	195	207	33	497	450	59	128	627	229	434
39	415	183	507	299	169	511	550	334	139	91
40	294	162	175	110	428	613	200	557	323	249
41	585	303	281	266	541	456	483	342	363	387
42	190	276	31	126	413	167	137	173	198	583
43	539	361	29	135	537	535	210	354	212	523
44	462	86	356	515	36	156	214	606	258	648
45	525	101	500	619	464	223	494	180	88	554
46	453	123	358	520	603	220	517	402	62	635
47	38	405	17	55	158	338	131	644	216	65
48	593	69	608	349	630	372	260	638	576	115
49	650	143	232	476	527	41	288	597	103	241
50	437	377	502	408	489	571	621	95	418	564
51	466	20	9	73	225	424	186	206	496	58
52	626	433	182	298	510	333	90	161	109	612
53	556	248	302	265	455	341	386	275	125	166
54	172	582	360	134	534	353	522	85	514	155
55	605	647	100	618	222	179	553	122	519	219
56	401	634	404	54	337	643	64	68	348	371
57	637	114	142	475	40	596	240	376	407	570
58	94	563	19	72	423	205	57	432	297	332
59	160	611	247	264	340	274	165	581	133	352
60	84	154	646	617	178	121	218	633	53	642
61	67	370	113	474	595	375	569	562	71	204
62	431	331	610	263	273	580	351	153	616	120
63	632	641	369	473	374	561	203	330	262	579
64	152	119	640	472	560	329	578	118	471	328
65	117	327	326							
	0	1	2	3	4	5	6	7	8	9

p = **653**

I′

	0	1	2	3	4	5	6	7	8	9
20	557	150	261	330	431	57	496	33	460	211
21	354	461	523	257	606	592	65	52	633	401
22	517	552	179	494	185	424	547	505	414	434
23	286	526	476	313	146	48	243	420	92	406
24	376	437	268	49	81	163	339	264	302	585
25	312	233	3	588	599	491	498	524	648	575
26	638	151	579	273	340	455	541	391	438	148
27	366	614	350	580	165	125	31	194	187	481
28	540	266	395	104	5	486	435	102	597	24
29	479	320	426	174	162	245	159	332	510	169
30	384	454	265	281	23	289	446	544	75	388
31	21	45	586	477	445	306	379	11	457	409
32	480	279	584	249	441	651	*	326	117	578
33	262	610	160	90	139	346	63	643	131	164
34	274	386	363	79	419	237	140	636	371	630
35	615	153	84	522	212	35	515	602	520	533
36	134	29	189	387	309	467	149	201	373	473
37	113	637	260	202	561	569	407	502	543	307
38	78	343	96	531	170	124	275	190	76	10
39	317	542	378	316	390	267	242	236	345	335
40	403	634	62	336	54	17	93	570	489	458
41	26	196	136	167	506	183	7	465	564	80
42	244	295	56	205	186	278	321	199	613	271
43	609	331	297	182	415	487	501	377	392	44
44	311	250	144	2	252	478	290	504	227	127
45	59	601	357	123	385	341	483	12	490	255
46	34	355	86	493	223	8	20	310	440	324
47	116	328	560	374	595	40	527	587	253	25
48	410	188	362	342	381	622	6	416	620	571
49	13	600	451	87	180	625	58	450	492	463
50	619	488	408	319	291	548	168	299	107	89
51	333	550	98	604	155	36	61	402	400	219
52	603	513	85	462	499	101	287	41	47	235
53	397	97	512	521	353	210	209	535	28	361
54	482	456	318	503	447	193	277	425	292	138
55	334	399	518	122	453	301	248	323	469	577
56	329	203	71	19	466	365	270	429	70	562
57	94	621	485	285	230	649	115	470	118	152
58	351	133	360	539	280	303	46	528	4	284
59	573	628	607	69	568	375	240	103	283	589
60	14	60	516	220	99	647	258	629	349	272
61	263	247	556	200	367	631	120	178	222	464
62	417	95	382	106	508	181	433	229	574	259
63	372	368	641	53	404	38	141	114	576	559
64	472	369	67	64	216	177	617	100	525	231
65	143	442	1							
	0	1	2	3	4	5	6	7	8	9

I″

	0	1	2	3	4	5	6	7	8	9
20	613	367	373	561	71	423	186	195	27	536
21	535	209	354	35	156	130	644	177	121	519
22	603	99	618	464	8	73	192	448	127	627
23	574	649	143	251	3	529	397	345	140	39
24	596	103	396	236	420	295	159	611	556	323
25	441	144	444	478	25	459	34	213	606	629
26	372	202	330	610	247	302	281	395	242	40
27	566	429	609	263	340	386	190	546	425	321
28	584	303	23	598	589	573	230	526	41	305
29	446	504	548	138	91	421	56	432	182	507
30	107	555	248	585	46	42	315	379	78	364
31	467	440	250	233	146	43	393	390	542	503
32	291	426	199	557	469	116	327	117	471	560
33	203	431	297	510	550	399	403	54	158	246
34	264	455	483	381	96	398	335	63	68	608
35	272	580	133	534	210	461	86	452	123	171
36	582	539	482	342	79	565	270	614	631	641
37	67	348	630	368	473	595	240	437	392	316
38	11	484	622	106	300	454	341	363	309	21
39	394	267	438	44	22	282	104	530	97	551
40	518	219	517	400	634	38	239	376	502	319
41	480	188	30	126	228	434	487	620	95	344
42	237	92	18	72	225	547	292	174	110	567
43	70	204	57	626	229	286	102	241	268	148
44	468	324	651	1	145	314	306	544	193	32
45	497	492	87	554	301	265	541	318	409	26
46	208	211	523	499	619	417	564	365	149	558
47	577	118	640	369	113	142	232	313	445	290
48	320	279	540	456	12	572	285	435	501	408
49	458	255	498	463	223	185	206	33	256	524
50	101	436	377	543	447	227	414	183	624	181
51	298	169	532	521	85	356	602	220	552	122
52	358	533	353	212	257	648	231	476	587	4
53	105	383	170	359	134	537	28	135	197	583
54	280	266	391	378	307	75	191	226	505	168
55	511	98	221	179	88	108	612	200	150	639
56	472	374	569	94	418	80	50	111	594	375
57	407	489	13	590	628	259	638	559	329	262
58	273	165	172	198	322	249	312	477	253	599
59	14	129	215	65	112	474	40	288	24	254
60	491	451	357	520	513	155	214	592	69	430
61	331	160	109	428	271	350	153	646	100	500
62	488	571	485	6	184	495	58	128	591	607
63	349	615	120	218	401	62	347	371	260	151
64	119	632	53	337	131	83	154	605	258	575
65	115	325	*							
	0	1	2	3	4	5	6	7	8	9

$p = 659$, $g = 2$, $p - 1 = 2 \cdot 7 \cdot 47$

	N											I									
	0	1	2	3	4	5	6	7	8	9		0	1	2	3	4	5	6	7	8	9
0		2	4	8	16	32	64	128	256	512	0		658	1	186	2	52	187	405	3	372
1	365	71	142	284	568	477	295	590	521	383	1	53	418	188	596	406	238	4	536	373	388
2	107	214	428	197	394	129	258	516	373	87	2	54	591	419	160	189	104	597	558	407	501
3	174	348	37	74	148	296	592	525	391	123	3	239	399	5	604	537	457	374	32	389	124
4	246	492	325	650	641	623	587	515	371	83	4	55	511	592	497	420	424	161	581	190	152
5	166	332	5	10	20	40	80	160	320	640	5	105	64	598	301	559	470	408	574	502	622
6	621	583	507	355	51	102	204	408	157	314	6	240	428	400	119	6	648	605	365	538	346
7	628	597	535	411	163	326	652	645	631	603	7	458	11	375	616	33	290	390	165	125	226
8	547	435	211	422	185	370	81	162	324	648	8	56	86	512	49	593	588	498	29	421	298
9	637	615	571	483	307	614	569	479	299	598	9	425	343	162	585	582	440	191	307	153	132
10	537	415	171	342	25	50	100	200	400	141	10	106	443	65	653	599	643	302	20	560	194
11	282	564	469	279	558	457	255	510	361	63	11	471	218	409	201	575	212	503	310	623	283
12	126	252	504	349	39	78	156	312	624	589	12	241	178	429	39	401	156	120	466	7	25
13	519	379	99	198	396	133	266	532	405	151	13	649	279	606	135	366	610	539	545	347	322
14	302	604	549	439	219	438	217	434	209	418	14	459	109	12	356	376	553	617	338	34	446
15	177	354	49	98	196	392	125	250	500	341	15	291	139	391	250	166	451	126	68	227	487
16	23	46	92	184	368	77	154	308	616	573	16	57	565	87	74	513	656	50	370	594	534
17	487	315	630	601	543	427	195	390	121	242	17	589	102	499	602	30	509	422	150	299	572
18	484	309	618	577	495	331	3	6	12	24	18	426	646	344	614	163	84	586	296	583	305
19	48	96	192	384	109	218	436	213	426	193	19	441	641	192	199	308	176	154	23	133	543
20	386	113	226	452	245	490	321	642	625	591	20	107	551	444	248	66	563	654	532	600	148
21	523	387	115	230	460	261	522	385	111	222	21	644	82	303	197	21	549	561	146	195	144
22	444	229	458	257	514	369	79	158	316	632	22	472	474	219	525	410	476	202	233	576	221
23	605	551	443	227	454	249	498	337	15	30	23	213	351	504	527	311	633	624	412	284	316
24	60	120	240	480	301	602	545	431	203	406	24	242	478	179	272	430	204	40	326	402	235
25	153	306	612	565	471	283	566	473	287	574	25	157	396	121	578	467	116	8	223	26	437
26	489	319	638	617	575	491	323	646	633	607	26	650	215	280	463	607	353	136	484	367	506
27	555	451	243	486	313	626	593	527	395	131	27	611	638	540	529	546	522	348	313	323	113
28	262	524	389	119	238	476	293	586	513	367	28	460	635	110	255	13	626	357	258	377	414
29	75	150	300	600	541	423	187	374	89	178	29	554	493	618	286	339	16	35	318	447	98
30	356	53	106	212	424	189	378	97	194	388	30	292	244	140	629	392	480	251	94	167	181
31	117	234	468	277	554	449	239	478	297	594	31	452	360	127	274	69	171	228	432	488	261
32	529	399	139	278	556	453	247	494	329	658	32	58	206	566	266	88	42	75	380	514	328
33	657	655	651	643	627	595	531	403	147	294	33	657	185	51	404	371	417	595	237	535	387
34	588	517	375	91	182	364	69	138	276	552	34	590	159	103	557	500	398	603	456	31	123
35	445	231	462	265	530	401	143	286	572	485	35	510	496	423	580	151	63	300	469	573	621
36	311	622	585	511	363	67	134	268	536	413	36	427	118	647	364	345	10	615	289	164	225
37	167	334	9	18	36	72	144	288	576	493	37	85	48	587	28	297	342	584	439	306	131
38	327	654	649	639	619	579	499	339	19	38	38	442	652	642	19	193	217	200	211	309	282
39	76	152	304	608	557	455	251	502	345	31	39	177	38	155	465	24	278	134	609	544	321
40	62	124	248	496	333	7	14	28	56	112	40	108	355	552	337	445	138	249	450	67	486
41	224	448	237	474	289	578	497	335	11	22	41	564	73	655	369	533	101	601	508	149	571
42	44	88	176	352	45	90	180	360	61	122	42	645	613	83	295	304	640	198	175	22	542
43	244	488	317	634	609	559	459	259	518	377	43	550	247	562	531	147	81	196	548	145	143
44	95	190	380	101	202	404	149	298	596	533	44	473	524	475	232	220	350	526	632	411	315
45	407	155	310	620	581	503	347	35	70	140	45	477	271	203	325	234	395	577	115	222	436
46	280	560	461	263	526	393	127	254	508	357	46	214	462	352	483	505	637	528	521	312	112
47	55	110	220	440	221	442	225	450	241	482	47	634	254	625	257	413	492	285	15	317	97
48	305	610	561	463	267	534	409	159	318	636	48	243	628	479	93	180	359	273	170	431	260
49	613	567	475	291	582	505	351	43	86	172	49	205	265	41	379	327	184	403	416	236	386
	0	1	2	3	4	5	6	7	8	9		0	1	2	3	4	5	6	7	8	9

p = 659

I′

	0	1	2	3	4	5	6	7	8	9
0	658	186	52	372	536	604	648	25	223	288
1	615	375	356	626	96	317	35	209	216	193
2	560	549	542	133	278	649	437	341	297	421
3	509	123	389	290	446	318	276	464	155	401
4	326	379	75	332	207	128	340	27	587	593
5	370	404	187	418	591	511	86	565	206	44
6	361	619	468	300	598	653	563	486	227	171
7	568	99	368	655	513	380	516	267	229	141
8	547	196	303	295	586	48	512	74	42	382
9	262	168	358	180	167	91	627	243	292	569
10	507	601	499	557	597	64	443	551	355	12
11	255	253	634	460	435	222	8	363	647	6
12	466	578	495	510	55	226	68	274	208	17
13	651	442	106	543	609	366	484	449	249	391
14	629	230	523	473	472	143	195	81	644	571
15	299	63	105	132	23	465	120	396	556	103
16	189	581	585	84	225	125	451	181	263	259
17	431	228	78	245	541	22	154	38	429	272
18	359	452	384	415	403	51	2	405	596	104
19	152	307	199	217	471	144	548	21	175	308
20	211	575	233	325	40	265	566	333	275	36
21	281	309	503	351	462	280	210	200	409	525
22	350	213	436	26	47	85	56	487	432	268
23	630	349	220	576	395	157	386	535	4	399
24	428	178	478	628	140	79	530	562	66	450
25	166	94	490	256	625	13	491	413	377	264
26	205	58	383	182	378	41	88	517	433	393
27	324	203	430	170	69	334	319	608	134	606
28	463	37	177	241	316	15	339	46	224	164
29	390	139	244	173	639	304	583	342	425	572
30	469	559	20	197	640	441	131	153	176	282
31	623	633	112	323	270	477	242	97	447	335
32	354	108	459	113	394	234	402	184	657	*
33	329	515	76	567	70	448	137	445	34	16
34	129	438	584	162	614	10	458	322	313	631
35	526	504	483	136	336	552	376	258	169	273
36	127	45	287	9	345	538	610	506	100	533
37	594	417	53	388	32	616	553	414	183	327
38	514	331	43	59	453	555	158	590	54	124
39	165	250	480	434	114	577	121	455	603	5
40	119	156	235	416	371	3	238	501	574	201
41	476	315	284	492	554	385	236	595	188	160
42	424	298	150	580	161	343	646	118	400	39
43	204	260	488	518	481	461	214	650	130	306
44	191	641	652	65	248	138	291	98	71	485
45	67	126	360	60	494	122	31	374	11	109
46	635	482	352	607	277	24	7	116	620	573
47	408	218	474	524	219	232	202	271	179	93
48	251	519	636	505	367	72	564	57	261	90
49	95	14	285	618	61	579	423	420	29	602
	0	1	2	3	4	5	6	7	8	9

I″

	0	1	2	3	4	5	6	7	8	9
0	329	658	186	405	238	399	119	466	116	363
1	345	458	109	255	491	285	339	129	651	642
2	302	197	175	154	465	7	223	47	587	498
3	602	456	374	616	338	16	209	281	177	429
4	204	265	88	382	59	361	287	224	85	512
5	656	185	2	372	388	124	226	487	261	383
6	453	494	579	151	105	443	248	450	126	274
7	334	448	485	564	87	42	332	567	172	245
8	530	147	644	613	163	225	56	565	266	517
9	489	95	627	479	251	490	14	317	447	71
10	368	533	589	159	189	152	132	543	321	459
11	635	520	312	323	394	577	467	620	427	400
12	156	396	455	31	389	165	451	360	45	340
13	438	306	153	23	278	606	353	336	445	291
14	244	79	547	145	195	548	561	531	600	508
15	422	580	190	307	176	38	401	235	386	590
16	419	424	343	614	289	390	250	94	91	358
17	273	69	568	293	639	198	308	282	241	478
18	93	167	263	378	327	657	1	52	418	160
19	581	440	641	19	560	146	81	303	640	192
20	217	409	476	271	430	260	58	44	128	17
21	216	200	575	221	436	650	18	193	471	474
22	232	576	115	8	288	164	125	68	171	78
23	141	523	475	202	325	402	416	595	406	501
24	622	283	316	97	292	173	541	550	444	138
25	391	480	519	111	634	110	253	625	357	169
26	431	488	90	168	259	205	566	77	229	630
27	314	477	179	359	127	208	36	464	24	649
28	215	210	309	623	412	492	618	362	9	615
29	33	446	98	569	612	83	586	28	421	150
30	63	598	643	82	295	583	439	191	199	211
31	503	527	521	348	631	411	284	15	35	276
32	608	544	347	313	270	203	40	379	514	330
33	515	381	43	207	275	319	354	552	617	286
34	46	27	297	425	646	364	538	545	522	231
35	220	213	462	607	320	108	12	626	92	180
36	452	60	619	117	647	605	135	484	72	655
37	50	404	3	536	457	11	356	258	264	41
38	75	516	89	262	182	415	236	535	373	32
39	290	139	629	269	324	234	157	556	500	239
40	428	39	326	184	51	187	596	558	470	218
41	525	632	624	257	377	183	403	371	53	591
42	497	29	509	496	420	298	572	621	240	178
43	272	170	228	268	393	114	222	26	341	584
44	582	305	131	106	551	337	34	318	335	137
45	249	166	181	384	555	397	603	537	346	322
46	113	435	214	280	37	155	120	578	62	300
47	559	194	144	143	472	524	410	315	242	628
48	392	434	461	352	136	449	67	227	432	518
49	252	256	413	554	454	122	510	592	588	102
	0	1	2	3	4	5	6	7	8	9

p = 659 (Fortsetzung)

	N											I									
	0	1	2	3	4	5	6	7	8	9		0	1	2	3	4	5	6	7	8	9
50	344	29	58	116	232	464	269	538	417	175	50	158	556	397	455	122	495	579	62	468	620
51	350	41	82	164	328	656	653	647	635	611	51	117	363	9	288	224	47	27	341	438	130
52	563	467	275	550	441	223	446	233	466	273	52	651	18	216	210	281	37	464	277	608	320
53	546	433	207	414	169	338	17	34	68	136	53	354	336	137	449	485	72	368	100	507	570
54	272	544	429	199	398	137	274	548	437	215	54	612	294	639	174	541	246	530	80	547	142
55	430	201	402	145	290	580	501	343	27	54	55	523	231	349	631	314	270	324	394	114	435
56	108	216	432	205	410	161	322	644	629	599	56	461	482	636	520	111	253	256	491	14	96
57	539	419	179	358	57	114	228	456	253	506	57	627	92	358	169	259	264	378	183	415	385
58	353	47	94	188	376	93	186	372	85	170	58	555	454	494	61	619	362	287	46	340	129
59	340	21	42	84	168	336	13	26	52	104	59	17	209	36	276	319	335	448	71	99	569
60	208	416	173	346	33	66	132	264	528	397	60	293	173	245	79	141	230	630	269	393	434
61	135	270	540	421	183	366	73	146	292	584	61	481	519	252	490	95	91	168	263	182	384
62	509	359	59	118	236	472	285	570	481	303	62	453	60	361	45	128	208	275	334	70	568
63	606	553	447	235	470	281	562	465	271	542	63	172	78	229	268	433	518	489	90	262	383
64	425	191	382	105	210	420	181	362	65	130	64	59	44	207	333	567	77	267	517	89	382
65	260	520	381	103	206	412	165	330	1		65	43	332	76	516	381	331	515	330	329	

p = **661**, $g = 2$, $p - 1 = 2^2 \cdot 3 \cdot 5 \cdot 11$

	N											I									
	0	1	2	3	4	5	6	7	8	9		0	1	2	3	4	5	6	7	8	9
0		2	4	8	16	32	64	128	256	512	0		660	1	570	2	38	571	465	3	480
1	363	65	130	260	520	379	97	194	388	115	1	39	380	572	633	466	608	4	118	481	159
2	230	460	259	518	375	89	178	356	51	102	2	40	375	381	641	573	76	634	390	467	590
3	204	408	155	310	620	579	497	333	5	10	3	609	654	5	290	119	503	482	217	160	543
4	20	40	80	160	320	640	619	577	493	325	4	41	364	376	386	382	518	642	434	574	270
5	650	639	617	573	485	309	618	575	489	317	5	77	28	635	494	391	418	468	69	591	522
6	634	607	553	445	229	458	255	510	359	57	6	610	319	655	285	6	11	291	441	120	551
7	114	228	456	251	502	343	25	50	100	200	7	504	231	483	512	218	646	161	185	544	257
8	400	139	278	556	451	241	482	303	606	551	8	42	300	365	567	377	156	387	500	383	25
9	441	221	442	223	446	231	462	263	526	391	9	519	438	643	564	435	197	575	16	271	200
10	121	242	484	307	614	567	473	285	570	479	10	78	177	29	145	636	413	495	578	392	224
11	297	594	527	393	125	250	500	339	17	34	11	419	127	469	207	70	19	592	453	523	583
12	68	136	272	544	427	193	386	111	222	444	12	611	100	320	274	656	114	286	266	7	296
13	227	454	247	494	327	654	647	633	605	549	13	12	203	292	624	442	428	121	535	552	81
14	437	213	426	191	382	103	206	412	163	326	14	505	344	232	353	484	628	513	180	219	339
15	652	643	625	589	517	373	85	170	340	19	15	647	397	162	598	186	32	545	618	258	404
16	38	76	152	304	608	555	449	237	474	287	16	43	446	301	148	366	328	568	463	378	606
17	574	487	313	626	591	521	381	101	202	404	17	157	639	388	652	501	541	384	432	26	416
18	147	294	588	515	369	77	154	308	616	571	18	520	283	439	229	644	255	565	498	436	195
19	481	301	602	543	425	189	378	95	190	380	19	198	143	576	125	17	581	272	264	201	426
20	99	198	396	131	262	524	387	113	226	452	20	79	351	178	395	30	402	146	461	637	539
21	243	486	311	622	583	505	349	37	74	148	21	414	227	496	141	579	424	393	459	225	422
22	296	592	523	385	109	218	436	211	422	183	22	420	91	128	93	470	556	208	130	71	64
23	366	71	142	284	568	475	289	578	495	329	23	20	95	593	250	454	472	524	167	584	558
24	658	655	649	637	613	565	469	277	554	447	24	612	85	101	210	321	308	275	132	657	477
	0	1	2	3	4	5	6	7	8	9		0	1	2	3	4	5	6	7	8	9

p = 659

	I'										I''										
	0	1	2	3	4	5	6	7	8	9		0	1	2	3	4	5	6	7	8	9
50	398	239	622	310	527	637	611	570	149	422	50	557	407	574	212	351	483	367	100	601	30
51	496	592	49	656	328	330	381	89	489	252	51	123	55	86	74	380	331	76	267	433	481
52	111	312	348	231	475	410	632	311	521	546	52	636	528	546	142	473	219	350	504	637	540
53	80	147	600	101	589	387	373	457	346	545	53	246	562	654	369	594	237	4	604	365	610
54	529	246	550	107	321	347	522	142	145	561	54	638	174	22	133	609	539	529	80	196	21
55	247	444	337	617	493	454	397	500	407	470	55	542	107	355	376	414	385	158	103	597	301
56	194	146	531	654	73	87	266	77	172	293	56	20	549	247	66	486	57	206	333	70	99
57	612	645	426	621	502	212	221	115	467	62	57	507	149	299	469	408	201	233	395	121	495
58	151	190	440	305	439	582	296	28	498	102	58	423	161	585	296	342	162	84	48	593	534
59	159	419	497	588	534	237	406	558	301	643	59	387	54	511	49	370	417	188	104	64	653
60	148	508	30	456	537	365	135	353	320	544	60	532	101	499	398	5	648	279	463	277	134
61	539	638	294	83	163	289	33	338	286	362	61	366	506	570	645	344	10	375	553	493	61
62	117	427	240	283	412	257	357	92	479	392	62	468	573	502	310	633	254	13	96	243	140
63	269	314	411	624	254	110	520	528	540	174	63	230	349	526	311	112	460	482	505	611	294
64	198	192	19	302	82	613	344	364	605	279	64	304	441	652	599	148	571	426	118	6	25
65	215	18	642	599	532	369	50	185	1		65	437	130	442	65	563	73	513	328	*	

p = 661

	I'										I''										
	0	1	2	3	4	5	6	7	8	9		0	1	2	3	4	5	6	7	8	9
0	660	570	38	480	118	290	11	296	509	549	0	330	660	570	465	608	654	285	266	66	317
1	440	291	203	410	175	199	271	581	452	592	1	284	6	296	22	562	196	575	125	206	70
2	95	409	13	562	437	519	416	493	635	145	2	64	508	297	154	499	383	432	269	77	177
3	402	617	545	212	371	630	478	464	571	380	3	395	597	186	55	46	237	658	569	2	480
4	375	364	300	446	488	370	34	237	133	149	4	159	543	257	404	310	51	56	486	276	302
5	369	45	56	170	211	33	46	486	309	405	5	242	311	188	355	102	187	52	170	322	259
6	304	164	248	94	20	508	8	317	521	591	6	137	88	554	129	71	360	267	492	417	468
7	19	64	360	287	588	389	634	28	177	351	7	207	130	476	115	373	640	573	270	200	426
8	343	505	474	306	209	101	356	163	61	554	8	534	552	247	165	557	612	190	398	138	457
9	92	128	555	470	249	593	531	293	112	273	9	421	420	90	128	63	20	409	204	451	582
10	320	210	54	187	312	234	168	354	189	613	10	611	85	356	599	244	527	525	233	313	559
11	340	621	294	265	286	73	373	158	481	503	11	220	450	98	273	656	477	631	607	4	290
12	551	535	348	262	580	17	206	469	93	63	12	441	428	252	193	142	576	223	419	91	555
13	71	476	657	238	367	241	303	60	88	457	13	208	307	275	48	149	333	278	260	399	537
14	423	579	124	576	412	636	461	327	366	134	14	226	496	194	198	176	29	402	445	301	49
15	333	448	173	561	23	499	387	639	374	40	15	369	489	547	182	298	566	377	606	117	481
16	543	185	598	357	305	83	557	584	235	485	16	217	646	397	87	61	248	471	524	106	354
17	57	322	619	449	221	411	144	29	395	338	17	53	211	546	152	561	14	199	78	351	627
18	219	560	153	298	256	544	32	55	52	355	18	513	315	548	510	645	161	598	103	312	108
19	86	398	261	123	142	198	15	575	143	176	19	613	648	280	253	497	436	563	435	195	15
20	78	426	623	292	97	451	18	70	130	307	20	271	264	295	12	410	222	126	469	556	84
21	321	171	546	490	515	362	542	160	646	339	21	101	54	33	371	587	288	502	482	512	180
22	110	450	205	126	419	422	140	496	254	644	22	560	174	411	577	392	459	538	414	282	439
23	511	483	353	107	313	585	629	35	658	329	23	550	504	344	526	105	168	485	47	133	367
24	331	368	50	311	104	527	473	82	165	471	24	332	135	303	406	600	346	455	553	62	94
	0	1	2	3	4	5	6	7	8	9		0	1	2	3	4	5	6	7	8	9

p = **661** (Fortsetzung)

N

	0	1	2	3	4	5	6	7	8	9
25	233	466	271	542	423	185	370	79	158	316
26	632	603	545	429	197	394	127	254	508	355
27	49	98	196	392	123	246	492	323	646	631
28	601	541	421	181	362	63	126	252	504	347
29	33	66	132	264	528	395	129	258	516	371
30	81	162	324	648	635	609	557	453	245	490
31	319	638	615	569	477	293	586	511	361	61
32	122	244	488	315	630	599	537	413	165	330
33	660	659	657	653	645	629	597	533	405	149
34	298	596	531	401	141	282	564	467	273	546
35	431	201	402	143	286	572	483	305	610	559
36	457	253	506	351	41	82	164	328	656	651
37	641	621	581	501	341	21	42	84	168	336
38	11	22	44	88	176	352	43	86	172	344
39	27	54	108	216	432	203	406	151	302	604
40	547	433	205	410	159	318	636	611	561	461
41	261	522	383	105	210	420	179	358	55	110
42	220	440	219	438	215	430	199	398	135	270
43	540	419	177	354	47	94	188	376	91	182
44	364	67	134	268	536	411	161	322	644	627
45	593	525	389	117	234	468	275	550	439	217
46	434	207	414	167	334	7	14	28	56	112
47	224	448	235	470	279	558	455	249	498	335
48	9	18	36	72	144	288	576	491	321	642
49	623	585	509	357	53	106	212	424	187	374
50	87	174	348	35	70	140	280	560	459	257
51	514	367	73	146	292	584	507	353	45	90
52	180	360	59	118	236	472	283	566	471	281
53	562	463	265	530	399	137	274	548	435	209
54	418	175	350	39	78	156	312	624	587	513
55	365	69	138	276	552	443	225	450	239	478
56	295	590	519	377	93	186	372	83	166	332
57	3	6	12	24	48	96	192	384	107	214
58	428	195	390	119	238	476	291	582	503	345
59	29	58	116	232	464	267	534	407	153	306
60	612	563	465	269	538	415	169	338	15	30
61	60	120	240	480	299	598	535	409	157	314
62	628	595	529	397	133	266	532	403	145	290
63	580	499	337	13	26	52	104	208	416	171
64	342	23	46	92	184	368	75	150	300	600
65	539	417	173	346	31	62	124	248	496	331
66	1									
	0	1	2	3	4	5	6	7	8	9

I

	0	1	2	3	4	5	6	7	8	9
25	115	73	287	361	267	66	8	509	297	22
26	13	410	204	97	293	532	625	595	443	603
27	429	252	122	348	536	456	553	247	82	474
28	506	529	345	526	233	107	354	169	485	236
29	629	586	514	315	181	560	220	110	340	614
30	648	191	398	87	163	357	599	103	187	55
31	33	212	546	172	619	323	259	59	405	310
32	44	488	447	277	302	49	149	134	367	239
33	329	659	569	37	464	479	379	632	607	117
34	158	374	640	75	389	589	653	289	502	216
35	542	363	385	517	433	269	27	493	417	68
36	521	318	284	10	440	550	230	511	645	184
37	256	299	566	155	499	24	437	563	196	15
38	199	176	144	412	577	223	126	206	18	452
39	582	99	273	113	265	295	202	623	427	534
40	80	343	352	627	179	338	396	597	31	617
41	403	445	147	327	462	605	638	651	540	431
42	415	282	228	254	497	194	142	124	580	263
43	425	350	394	401	460	538	226	140	423	458
44	421	90	92	555	129	63	94	249	471	166
45	557	84	209	307	131	476	72	360	65	508
46	21	409	96	531	594	602	251	347	455	246
47	473	528	525	106	168	235	585	314	559	109
48	613	190	86	356	102	54	211	171	322	58
49	309	487	276	48	133	238	658	36	478	631
50	116	373	74	588	288	215	362	516	268	492
51	67	317	9	549	510	183	298	154	23	562
52	14	175	411	222	205	451	98	112	294	622
53	533	342	626	337	596	616	444	326	604	650
54	430	281	253	193	123	262	349	400	537	139
55	457	89	554	62	248	165	83	306	475	359
56	507	408	530	601	346	245	527	105	234	313
57	108	189	355	53	170	57	486	47	237	35
58	630	372	587	214	515	491	316	548	182	153
59	561	174	221	450	111	621	341	336	615	325
60	649	280	192	261	399	138	88	61	164	305
61	358	407	600	244	104	312	188	52	56	46
62	34	371	213	490	547	152	173	449	620	335
63	324	279	260	137	60	304	406	243	311	51
64	45	370	489	151	448	334	278	136	303	242
65	50	369	150	333	135	241	368	332	240	331
66	330									
	0	1	2	3	4	5	6	7	8	9

I′

	0	1	2	3	4	5	6	7	8	9
25	454	347	122	193	497	565	299	42	404	59
26	137	399	349	425	201	295	7	66	492	27
27	77	200	264	113	656	132	48	302	136	260
28	192	253	228	439	10	6	266	361	215	502
29	119	441	624	532	622	202	12	22	154	566
30	365	148	49	242	406	358	475	131	275	487
31	44	51	188	108	559	181	548	9	284	655
32	274	308	58	259	279	649	604	462	568	659
33	*	330	240	135	278	324	615	596	396	647
34	614	336	626	352	232	526	245	455	536	400
35	394	178	627	484	169	53	102	599	407	507
36	65	267	516	385	376	567	328	239	332	150
37	489	213	587	74	640	381	386	156	606	632
38	572	641	518	25	432	517	382	500	652	589
39	467	418	224	459	401	30	597	162	87	138
40	537	460	146	445	43	310	243	600	530	96
41	204	222	577	495	227	282	520	68	468	127
42	91	90	420	458	393	350	79	534	121	252
43	281	415	26	269	574	197	195	563	643	229
44	550	120	428	603	326	147	301	277	334	620
45	111	98	582	523	472	246	553	89	421	225
46	538	637	605	378	479	3	608	590	69	207
47	556	166	524	528	506	359	72	115	631	379
48	39	159	217	512	628	236	47	276	447	151
49	547	316	67	417	391	578	141	194	436	24
50	383	541	216	482	231	344	529	408	21	297
51	183	645	218	180	315	491	268	433	642	438
52	283	318	610	583	167	106	233	105	525	345
53	601	594	625	342	80	552	456	139	226	414
54	431	384	363	41	257	618	172	152	182	510
55	230	504	81	247	62	129	208	84	612	109
56	220	174	14	196	435	498	155	377	463	37
57	2	465	633	76	270	16	125	223	392	424
58	263	272	99	611	558	314	514	214	288	653
59	609	522	453	250	602	443	616	31	186	103
60	244	346	251	429	650	638	157	117	4	654
61	319	100	85	190	648	325	444	403	258	323
62	335	341	533	427	442	595	337	179	513	586
63	372	116	607	466	390	494	413	539	651	388
64	75	573	434	564	255	184	161	397	191	280
65	430	540	501	289	5	285	114	477	36	569
66	1									
	0	1	2	3	4	5	6	7	8	9

I″

	0	1	2	3	4	5	6	7	8	9
25	593	602	429	281	228	644	184	544	618	323
26	279	192	123	580	272	113	286	361	516	433
27	574	16	581	99	320	308	487	447	334	324
28	649	430	415	520	318	655	114	73	588	653
29	5	11	203	97	112	265	7	509	183	256
30	42	446	277	136	60	164	83	209	321	58
31	405	243	104	234	585	514	491	67	521	610
32	100	210	171	619	335	615	444	147	366	239
33	331	240	368	150	448	620	341	626	179	219
34	110	621	533	80	505	529	601	251	122	262
35	425	79	343	232	107	189	86	163	305	475
36	72	287	215	542	41	300	148	134	241	50
37	45	34	630	116	158	40	364	567	463	479
38	39	375	386	500	541	363	376	156	639	75
39	634	494	578	424	350	178	338	647	191	261
40	349	394	30	617	258	59	304	358	507	21
41	13	175	144	636	539	431	26	493	391	224
42	422	458	225	140	579	263	201	623	442	603
43	650	540	384	517	642	564	498	24	519	283
44	10	291	624	595	616	403	43	488	151	173
45	221	205	18	592	250	347	536	139	423	393
46	401	146	327	568	37	571	633	390	418	127
47	93	249	454	246	82	306	131	657	36	464
48	3	118	503	231	353	169	57	309	44	370
49	213	515	268	27	635	413	227	254	565	155
50	387	652	289	119	551	81	474	359	65	8
51	549	230	483	628	586	214	362	385	382	25
52	416	68	591	453	472	528	345	245	473	506
53	408	96	293	622	427	121	348	400	460	637
54	651	501	216	160	185	32	212	490	316	9
55	440	120	535	456	89	92	470	166	584	314
56	181	153	23	437	643	255	299	365	328	659
57	1	38	380	641	434	197	143	412	495	141
58	124	17	452	523	167	235	629	372	74	389
59	467	69	19	95	531	625	337	396	162	357
60	407	530	594	443	326	462	378	632	466	590
61	522	583	558	109	340	336	596	31	545	172
62	449	111	294	202	292	532	342	352	484	236
63	35	478	379	572	76	28	145	461	605	157
64	374	381	518	438	229	511	218	339	614	325
65	604	638	388	589	609	319	274	132	238	329
66	*									
	0	1	2	3	4	5	6	7	8	9

$p = \mathbf{673},\ g = 5,\ p - 1 = 2^5 \cdot 3 \cdot 7$

N

	0	1	2	3	4	5	6	7	8	9
0		5	25	125	625	433	146	57	285	79
1	395	629	453	246	557	93	465	306	184	247
2	562	118	590	258	617	393	619	403	669	653
3	573	173	192	287	89	445	206	357	439	176
4	207	362	464	301	159	122	610	358	444	201
5	332	314	224	447	216	407	16	80	400	654
6	578	198	317	239	522	591	263	642	518	571
7	163	142	37	185	252	587	243	542	18	90
8	450	231	482	391	609	353	419	76	380	554
9	78	390	604	328	294	124	620	408	21	105
10	525	606	338	344	374	524	601	313	219	422
11	91	455	256	607	343	369	499	476	361	459
12	276	34	170	177	212	387	589	253	592	268
13	667	643	523	596	288	94	470	331	309	199
14	322	264	647	543	23	115	575	183	242	537
15	666	638	498	471	336	334	324	274	24	120
16	600	308	194	297	139	22	110	550	58	290
17	104	520	581	213	392	614	378	544	28	140
18	27	135	2	10	50	250	577	193	292	114
19	570	158	117	585	233	492	441	186	257	612
20	368	494	451	236	507	516	561	113	565	133
21	665	633	473	346	384	574	178	217	412	41
22	205	352	414	51	255	602	318	244	547	43
23	215	402	664	628	448	221	432	141	32	160
24	127	635	483	396	634	478	371	509	526	611
25	363	469	326	284	74	370	504	501	486	411
26	36	180	227	462	291	109	545	33	165	152
27	87	435	156	107	535	656	588	248	567	143
28	42	210	377	539	3	15	75	375	529	626
29	438	171	182	237	512	541	13	65	325	279
30	49	245	552	68	340	354	424	101	505	506
31	511	536	661	613	373	519	576	188	267	662
32	618	398	644	528	621	413	46	230	477	366
33	484	401	659	603	323	269	672	668	648	548
34	48	240	527	616	388	594	278	44	220	427
35	116	580	208	367	489	426	111	555	83	415
36	56	280	54	270	4	20	100	500	481	386
37	584	228	467	316	234	497	466	311	209	372
38	514	551	63	315	229	472	341	359	449	226
39	457	266	657	593	273	19	95	475	356	434
40	151	82	410	31	155	102	510	531	636	488
41	421	86	430	131	655	583	223	442	191	282
42	64	320	254	597	293	119	595	283	69	345
43	379	549	53	265	652	568	148	67	335	329
44	299	149	72	360	454	251	582	218	417	66
45	330	304	174	197	312	214	397	639	503	496
46	461	286	84	420	81	405	6	30	150	77
47	385	579	203	342	364	474	351	409	26	130
48	650	558	98	490	431	136	7	35	175	202
49	337	339	349	399	649	553	73	365	479	376
	0	1	2	3	4	5	6	7	8	9

I

	0	1	2	3	4	5	6	7	8	9
0		672	182	284	364	1	466	486	546	568
1	183	655	648	296	668	285	56	611	78	395
2	365	98	165	144	158	2	478	180	178	658
3	467	403	238	267	121	487	260	72	577	580
4	547	219	280	229	347	569	326	625	340	300
5	184	223	660	432	362	656	360	7	168	511
6	649	535	585	382	420	297	449	437	303	428
7	669	561	442	496	254	286	87	469	90	9
8	57	464	401	358	462	612	411	270	529	34
9	79	110	508	15	135	396	522	652	482	551
10	366	307	405	526	170	99	614	273	544	265
11	166	356	542	207	189	145	350	192	21	425
12	159	638	45	503	95	3	564	240	602	513
13	479	413	631	209	619	181	485	647	610	164
14	179	237	71	279	624	659	6	584	436	441
15	468	400	269	507	651	404	272	541	191	44
16	239	630	646	70	583	268	540	645	644	592
17	122	291	593	31	452	488	39	123	216	537
18	261	531	292	147	18	73	197	594	317	666
19	578	418	32	187	162	581	664	453	61	139
20	548	49	489	472	587	220	36	40	352	378
21	281	599	124	173	455	230	54	217	447	108
22	348	235	538	416	52	570	389	262	371	384
23	327	81	532	194	374	626	203	293	607	63
24	341	572	148	76	227	301	13	19	277	642
25	185	445	74	127	422	224	112	198	23	558
26	661	554	595	66	141	433	391	318	129	335
27	363	567	667	394	157	657	120	579	346	299
28	361	510	419	427	253	8	461	33	134	550
29	169	264	188	424	94	512	618	163	623	440
30	650	43	582	591	451	536	17	665	161	138
31	586	377	454	107	51	383	373	62	226	641
32	421	557	140	334	156	298	252	549	93	439
33	450	137	50	640	155	438	154	490	102	491
34	304	386	473	114	103	429	213	588	634	492
35	670	476	221	85	305	562	398	37	47	387
36	443	118	41	250	474	497	329	353	200	115
37	255	246	379	314	104	287	499	282	176	430
38	88	524	600	505	214	470	369	125	344	589
39	91	83	174	25	635	10	243	456	321	493
40	58	331	231	27	671	465	654	55	97	477
41	402	259	218	325	222	359	534	448	560	86
42	463	410	109	521	306	613	355	349	637	563
43	412	484	236	5	399	271	629	539	290	38
44	530	196	417	663	48	35	598	53	234	388
45	80	202	571	12	444	111	553	390	566	119
46	509	460	263	617	42	16	376	372	556	251
47	136	153	385	212	475	397	117	328	245	498
48	523	368	82	242	330	653	258	533	409	354
49	483	628	195	597	201	552	459	375	152	116
	0	1	2	3	4	5	6	7	8	9

p = 673

	I'									
	0	1	2	3	4	5	6	7	8	9
0	672	466	478	564	289	399	584	168	461	57
1	243	565	444	19	481	135	376	665	73	277
2	502	425	65	558	320	635	96	671	620	59
3	215	452	187	134	79	598	40	47	530	123
4	352	250	16	582	239	503	249	387	35	489
5	640	383	570	234	217	97	611	464	331	414
6	471	139	226	341	132	128	141	131	315	643
7	583	279	577	197	127	276	227	143	395	110
8	202	532	242	174	46	305	463	469	524	357
9	9	83	639	439	512	3	324	477	165	614
10	248	113	491	429	287	100	225	51	348	521
11	508	553	198	633	103	255	367	328	41	509
12	579	487	291	216	173	344	22	422	393	335
13	337	322	105	423	550	396	153	50	586	548
14	334	433	338	177	158	350	316	18	76	517
15	130	457	116	385	490	438	298	657	2	638
16	106	138	581	623	179	144	356	381	511	264
17	99	605	446	455	25	504	430	266	658	237
18	178	485	284	655	223	445	60	162	424	145
19	69	44	21	606	374	597	417	594	23	313
20	115	552	571	293	604	608	20	189	609	619
21	150	244	475	588	470	146	537	447	325	280
22	36	85	359	660	112	333	641	301	339	347
23	54	27	210	11	388	538	5	71	267	630
24	602	408	330	456	241	498	379	406	342	199
25	474	136	549	8	286	246	308	627	533	218
26	72	531	371	617	188	166	576	121	540	507
27	529	629	541	544	311	392	126	642	435	624
28	229	599	176	545	364	56	87	499	615	662
29	38	593	147	607	575	77	668	449	252	361
30	184	13	495	428	386	562	613	405	309	204
31	294	149	319	175	104	171	186	666	129	519
32	26	493	514	288	559	222	625	81	245	353
33	653	231	632	92	156	363	*	28	494	431
34	300	572	323	24	589	426	299	569	235	637
35	192	172	378	200	483	349	542	528	462	534
36	7	510	656	567	1	98	307	257	82	125
37	193	384	556	62	626	152	372	454	281	314
38	527	302	420	373	327	212	473	443	80	262
39	566	318	621	345	157	365	522	117	37	271
40	269	358	259	238	272	526	310	573	596	354
41	109	270	484	631	275	370	52	663	32	427
42	297	557	224	622	94	159	133	253	669	213
43	88	167	362	391	29	506	441	303	154	450
44	650	468	496	118	111	74	415	108	560	437
45	137	536	488	61	107	230	321	603	256	375
46	263	33	612	410	401	654	486	403	400	90
47	369	351	587	114	497	397	221	402	180	413
48	501	525	551	628	236	647	546	260	39	472
49	102	304	670	58	480	89	254	329	523	282
	0	1	2	3	4	5	6	7	8	9

	I''									
	0	1	2	3	4	5	6	7	8	9
0	336	364	158	95	636	236	659	360	253	90
1	635	233	571	301	528	508	42	536	147	13
2	206	192	126	198	343	174	320	231	337	434
3	643	593	418	461	529	48	220	398	290	488
4	36	118	617	650	191	638	84	37	663	548
5	137	107	416	598	230	654	285	9	493	29
6	186	453	373	607	605	22	595	574	608	190
7	646	237	260	18	445	606	148	295	611	34
8	388	327	368	91	633	221	560	286	430	495
9	469	589	333	549	424	503	26	55	365	170
10	105	639	490	114	314	132	160	454	447	410
11	79	444	224	101	473	200	152	397	443	566
12	657	267	592	39	599	369	276	74	65	318
13	150	67	64	426	33	15	251	450	161	61
14	557	66	516	77	165	189	215	292	572	311
15	210	596	375	136	438	640	334	394	144	425
16	590	665	187	618	610	98	265	431	7	550
17	526	315	351	124	83	313	282	143	180	164
18	478	619	672	568	300	642	316	32	264	207
19	506	541	350	370	532	628	530	73	112	249
20	353	597	80	626	309	527	543	542	601	631
21	232	555	385	429	505	30	123	54	259	547
22	587	476	325	184	422	106	62	76	576	280
23	455	331	519	662	53	348	484	179	403	44
24	564	244	82	10	211	328	255	604	100	46
25	41	556	298	427	496	115	458	367	653	402
26	487	537	389	460	169	544	177	238	583	400
27	411	399	404	614	500	414	75	19	609	71
28	219	378	499	517	182	668	254	104	323	4
29	539	122	531	203	310	545	648	420	156	346
30	340	227	381	437	491	85	521	366	256	308
31	406	274	632	199	379	68	146	594	391	312
32	24	456	131	342	96	218	569	384	117	497
33	242	58	621	225	140	129	518	130	142	228
34	625	63	248	504	125	393	579	229	108	355
35	145	471	40	329	409	613	166	89	401	222
36	656	299	432	335	284	395	551	116	523	470
37	415	262	376	383	194	459	16	586	352	246
38	575	167	585	51	371	153	304	47	234	570
39	553	433	275	128	667	78	135	475	562	5
40	468	464	477	467	651	307	247	615	241	533
41	463	612	563	479	59	446	538	196	578	510
42	382	641	127	133	188	21	345	419	303	103
43	176	339	660	141	501	278	584	449	155	93
44	623	436	561	387	12	185	172	217	534	297
45	439	591	31	664	377	173	243	151	627	552
46	509	8	358	86	57	671	1	658	441	87
47	214	60	489	386	250	212	670	97	2	513
48	494	14	652	354	412	181	466	121	452	49
49	154	102	634	321	338	302	442	474	245	287
	0	1	2	3	4	5	6	7	8	9

p = **673** (Fortsetzung)

	N											I									
	0	1	2	3	4	5	6	7	8	9		0	1	2	3	4	5	6	7	8	9
50	534	651	563	123	615	383	569	153	92	460	50	367	257	627	458	256	308	309	204	604	247
51	281	59	295	129	645	533	646	538	671	663	51	406	310	294	575	380	527	205	608	68	315
52	623	423	96	480	381	559	103	515	556	88	52	171	605	64	132	105	100	248	342	323	288
53	440	181	232	487	416	61	305	179	222	437	53	615	407	573	515	500	274	311	149	517	283
54	166	157	112	560	108	540	8	40	200	327	54	545	295	77	143	177	266	576	228	339	431
55	289	99	495	456	261	632	468	321	259	622	55	167	381	302	495	89	357	528	14	481	525
56	418	71	355	429	126	630	458	271	9	45	56	543	206	20	502	601	208	609	278	435	506
57	225	452	241	532	641	513	546	38	190	277	57	190	69	643	30	215	146	316	186	60	471
58	39	195	302	164	147	62	310	204	347	389	58	351	172	446	415	370	193	606	75	276	126
59	599	303	169	172	187	262	637	493	446	211	59	22	65	128	393	345	426	133	423	622	590
60	382	564	128	640	508	521	586	238	517	566	60	160	106	225	333	92	639	101	113	633	84
61	138	17	85	425	106	530	631	463	296	134	61	46	249	199	313	175	504	343	24	320	26
62	670	658	598	298	144	47	235	502	491	436	62	96	324	559	520	636	4	289	662	233	11
63	161	132	660	608	348	394	624	428	121	605	63	565	616	555	211	244	241	408	596	151	457
64	333	319	249	572	168	167	162	137	12	60	64	603	574	67	131	322	514	516	142	338	494
65	300	154	97	485	406	11	55	275	29	145	65	480	501	434	29	59	414	275	392	621	332
66	52	260	627	443	196	307	189	272	14	70	66	632	312	319	519	232	210	150	130	337	28
67	350	404	1								67	620	518	336							

p = **677**, g = 2, $p - 1 = 2^2 \cdot 13^2$

	N											I									
	0	1	2	3	4	5	6	7	8	9		0	1	2	3	4	5	6	7	8	9
0		2	4	8	16	32	64	128	256	512	0		676	1	479	2	465	480	319	3	282
1	347	17	34	68	136	272	544	411	145	290	1	466	79	481	168	320	268	4	11	283	35
2	580	483	289	578	479	281	562	447	217	434	2	467	122	80	575	482	254	169	85	321	229
3	191	382	87	174	348	19	38	76	152	304	3	269	385	5	558	12	108	284	134	36	647
4	608	539	401	125	250	500	323	646	615	553	4	468	456	123	75	81	71	576	53	483	638
5	429	181	362	47	94	188	376	75	150	300	5	255	490	170	313	86	544	322	514	230	580
6	600	523	369	61	122	244	488	299	598	519	6	270	63	386	601	6	633	559	191	13	378
7	361	45	90	180	360	43	86	172	344	11	7	109	92	285	523	135	57	37	398	648	406
8	22	44	88	176	352	27	54	108	216	432	8	469	564	457	503	124	476	76	32	82	105
9	187	374	71	142	284	568	459	241	482	287	9	72	487	577	188	54	500	484	358	639	361
10	574	471	265	530	383	89	178	356	35	70	10	256	626	491	438	171	587	314	642	87	433
11	140	280	560	443	209	418	159	318	636	595	11	545	613	323	196	515	364	231	450	581	330
12	513	349	21	42	84	168	336	672	667	657	12	271	158	64	259	387	43	602	672	7	554
13	637	597	517	357	37	74	148	296	592	507	13	634	629	560	354	192	550	14	214	379	494
14	337	674	671	665	653	629	581	485	293	586	14	110	532	93	247	286	18	524	441	136	224
15	495	313	626	575	473	269	538	399	121	242	15	58	183	38	293	399	174	649	298	407	116
16	484	291	582	487	297	594	511	345	13	26	16	470	218	565	590	458	347	504	618	125	336
17	52	104	208	416	155	310	620	563	449	221	17	477	317	77	266	33	573	83	383	106	645
18	442	207	414	151	302	604	531	385	93	186	18	73	51	488	542	578	599	189	90	55	404
19	372	67	134	268	536	395	113	226	452	227	19	501	30	485	498	359	436	640	611	362	328
20	454	231	462	247	494	311	622	567	457	237	20	257	670	627	548	492	245	439	181	172	114
21	474	271	542	407	137	274	548	419	161	322	21	588	616	315	571	643	540	88	28	434	326
22	644	611	545	413	149	298	596	515	353	29	22	546	179	614	538	324	536	197	199	516	663
23	58	116	232	464	251	502	327	654	631	585	23	365	201	232	277	451	518	582	209	331	665
24	493	309	618	559	441	205	410	143	286	572	24	272	97	159	367	65	427	260	203	388	306
	0	1	2	3	4	5	6	7	8	9		0	1	2	3	4	5	6	7	8	9

p = 673

	I′											I″									
	0	1	2	3	4	5	6	7	8	9		0	1	2	3	4	5	6	7	8	9
50	274	434	601	95	343	214	190	651	15	460	50	515	480	20	45	175	600	435	269	110	119
51	419	649	618	479	516	500	142	283	336	232	51	361	168	94	602	322	573	514	149	620	319
52	636	306	652	368	600	543	170	205	14	34	52	559	109	396	498	88	481	405	380	357	270
53	196	292	194	409	448	585	17	261	416	290	53	38	261	81	258	359	649	451	216	235	629
54	645	191	207	206	265	295	568	219	49	93	54	268	272	356	525	273	283	486	580	139	252
55	169	366	459	390	595	211	251	140	661	520	55	134	482	201	111	661	616	372	421	23	324
56	86	442	398	412	240	616	119	667	183	326	56	448	669	305	637	3	11	390	363	546	347
57	389	12	148	515	67	380	228	580	418	346	57	52	202	341	407	603	294	266	72	666	120
58	547	664	591	268	436	382	377	220	634	91	58	577	162	43	70	6	535	138	472	213	344
59	160	451	122	31	317	66	151	201	53	124	59	622	582	644	291	197	554	408	195	35	281
60	505	208	513	574	247	64	75	63	68	278	60	524	502	240	457	204	171	193	293	205	208
61	164	78	411	355	273	407	555	42	163	181	61	647	56	462	306	99	288	565	263	512	209
62	518	332	590	440	659	340	203	458	195	539	62	28	392	423	163	279	326	374	257	483	271
63	646	209	312	84	492	10	4	563	45	101	63	239	413	332	113	588	25	520	349	159	92
64	155	421	185	30	592	644	70	610	296	535	64	50	226	277	69	645	540	630	485	655	511
65	43	404	482	258	55	648	360	120	467	6	65	440	507	522	330	465	183	362	157	178	624
66	432	554	233	48	453	161	578	394	285	561	66	223	558	289	417	581	17	317	567	296	428
67	476	465	182								67	492	27	*							

p = 677

	I′											I″									
	0	1	2	3	4	5	6	7	8	9		0	1	2	3	4	5	6	7	8	9
0	676	479	465	282	11	558	633	554	251	120	0	338	676	479	319	268	385	601	672	279	166
1	34	283	108	378	214	290	222	440	524	161	1	267	4	558	191	550	211	530	246	286	22
2	146	160	19	301	273	533	177	325	434	497	2	301	98	287	594	666	111	569	539	88	403
3	485	104	82	573	121	467	647	398	293	528	3	501	475	76	266	10	283	134	57	183	429
4	351	552	671	602	234	421	566	607	401	597	4	447	156	258	387	306	444	219	343	263	381
5	541	488	637	483	500	404	397	37	183	394	5	644	73	70	576	188	90	522	135	224	67
6	375	631	600	386	259	427	393	59	310	636	6	310	512	579	270	158	367	163	225	131	454
7	52	576	487	51	70	81	32	266	167	481	7	74	81	105	645	455	123	476	317	281	466
8	575	71	105	383	228	321	544	433	28	403	8	122	75	32	573	253	169	313	642	540	598
9	55	522	285	247	303	425	366	159	21	287	9	189	377	109	532	274	207	664	272	302	248
10	153	583	355	186	486	72	645	133	284	92	10	509	519	561	474	31	82	383	557	12	378
11	532	25	569	615	588	217	470	308	130	226	11	494	667	243	180	172	297	407	412	461	165
12	252	574	80	75	476	336	140	340	620	373	12	9	34	467	456	503	618	656	142	417	460
13	309	68	454	646	36	57	224	164	462	674	13	118	226	556	107	284	523	441	369	414	655
14	337	339	127	417	237	391	162	368	442	410	14	126	340	657	506	592	300	20	160	525	239
15	389	299	593	288	210	551	41	258	64	367	15	204	650	508	100	583	193	448	329	271	97
16	147	525	392	66	225	119	9	267	320	85	16	21	19	146	368	137	462	280	78	481	254
17	313	587	114	297	649	205	660	534	537	614	17	490	438	181	292	399	241	568	26	325	546
18	113	172	292	38	429	623	356	499	54	90	18	244	439	223	58	394	473	103	486	577	599
19	377	13	550	155	448	363	515	199	662	516	19	632	559	354	584	431	612	323	536	535	197
20	276	232	305	388	150	650	424	95	664	331	20	662	365	426	260	240	175	660	275	517	582
21	289	15	530	493	379	333	345	589	565	46	21	154	551	352	549	14	290	296	115	470	445
22	343	295	291	182	58	67	131	556	384	269	22	350	529	16	440	136	164	119	252	84	321
23	580	450	277	653	603	371	459	418	409	149	23	514	364	201	305	44	421	591	144	391	526
24	204	175	568	112	180	439	17	286	99	509	24	261	400	608	668	547	492	531	93	303	652
	0	1	2	3	4	5	6	7	8	9		0	1	2	3	4	5	6	7	8	9

p = 677 (Fortsetzung)

N

	0	1	2	3	4	5	6	7	8	9
25	467	257	514	351	25	50	100	200	400	123
26	246	492	307	614	551	425	173	346	15	30
27	60	120	240	480	283	566	455	233	466	255
28	510	343	9	18	36	72	144	288	576	475
29	273	546	415	153	306	612	547	417	157	314
30	628	579	481	285	570	463	249	498	319	638
31	599	521	365	53	106	212	424	171	342	7
32	14	28	56	112	224	448	219	438	199	398
33	119	238	476	275	550	423	169	338	676	675
34	673	669	661	645	613	549	421	165	330	660
35	643	609	541	405	133	266	532	387	97	194
36	388	99	198	396	115	230	460	243	486	295
37	590	503	329	658	639	601	525	373	69	138
38	276	552	427	177	354	31	62	124	248	496
39	315	630	583	489	301	602	527	377	77	154
40	308	616	555	433	189	378	79	158	316	632
41	587	497	317	634	591	505	333	666	655	633
42	589	501	325	650	623	569	461	245	490	303
43	606	535	393	109	218	436	195	390	103	206
44	412	147	294	588	499	321	642	607	537	397
45	117	234	468	259	518	359	41	82	164	328
46	656	635	593	509	341	5	10	20	40	80
47	160	320	640	603	529	381	85	170	340	3
48	6	12	24	48	96	192	384	91	182	364
49	51	102	204	408	139	278	556	435	193	386
50	95	190	380	83	166	332	664	651	625	573
51	469	261	522	367	57	114	228	456	235	470
52	263	526	375	73	146	292	584	491	305	610
53	543	409	141	282	564	451	225	450	223	446
54	215	430	183	366	55	110	220	440	203	406
55	135	270	540	403	129	258	516	355	33	66
56	132	264	528	379	81	162	324	648	619	561
57	445	213	426	175	350	23	46	92	184	368
58	59	118	236	472	267	534	391	105	210	420
59	163	326	652	627	577	477	277	554	431	185
60	370	63	126	252	504	331	662	647	617	557
61	437	197	394	111	222	444	211	422	167	334
62	668	659	641	605	533	389	101	202	404	131
63	262	524	371	65	130	260	520	363	49	98
64	196	392	107	214	428	179	358	39	78	156
65	312	624	571	465	253	506	335	670	663	649
66	621	565	453	229	458	239	478	279	558	439
67	201	402	127	254	508	339	1			
	0	1	2	3	4	5	6	7	8	9

I

	0	1	2	3	4	5	6	7	8	9
25	44	234	603	654	673	279	8	251	555	453
26	635	511	630	520	561	102	355	584	193	155
27	551	211	15	290	215	333	380	596	495	667
28	111	25	533	274	94	303	248	99	287	22
29	19	161	525	148	442	369	137	164	225	67
30	59	394	184	429	39	528	294	262	400	241
31	175	205	650	151	299	390	408	412	117	308
32	471	445	219	46	566	422	591	236	459	372
33	348	605	505	416	619	656	126	140	337	675
34	478	464	318	281	78	167	267	10	34	121
35	574	253	84	228	384	557	107	133	646	455
36	74	70	52	637	489	312	543	513	579	62
37	600	632	190	377	91	522	56	397	405	563
38	502	475	31	104	486	187	499	357	360	625
39	437	586	641	432	612	195	363	449	329	157
40	258	42	671	553	628	353	549	213	493	531
41	246	17	440	223	182	292	173	297	115	217
42	589	346	617	335	316	265	572	382	644	50
43	541	598	89	403	29	497	435	610	327	669
44	547	244	180	113	615	570	539	27	325	178
45	537	535	198	662	200	276	517	208	664	96
46	366	426	202	305	233	653	278	250	452	510
47	519	101	583	154	210	289	332	595	666	24
48	273	302	98	21	160	147	368	163	66	393
49	428	527	261	240	204	150	389	411	307	444
50	45	421	235	371	604	415	655	139	674	463
51	280	166	9	120	252	227	556	132	454	69
52	636	311	512	61	631	376	521	396	562	474
53	103	186	356	624	585	431	194	448	156	41
54	552	352	212	530	16	222	291	296	216	345
55	334	264	381	49	597	402	496	609	668	243
56	112	569	26	177	534	661	275	207	95	425
57	304	652	249	509	100	153	288	594	23	301
58	20	146	162	392	526	239	149	410	443	420
59	370	414	138	462	165	119	226	131	68	310
60	60	375	395	473	185	623	430	447	40	351
61	529	221	295	344	263	48	401	608	242	568
62	176	660	206	424	651	508	152	593	300	145
63	391	238	409	419	413	461	118	130	309	374
64	472	622	446	350	220	343	47	607	567	659
65	423	507	592	144	237	418	460	129	373	621
66	349	342	606	658	506	143	417	128	620	341
67	657	142	127	340	141	339	338			
	0	1	2	3	4	5	6	7	8	9

p = **677**

I′

	0	1	2	3	4	5	6	7	8	9
25	452	555	227	84	169	490	626	670	42	387
26	203	240	400	48	381	572	33	10	4	385
27	63	158	97	302	94	207	517	451	250	8
28	166	78	466	35	134	523	18	22	594	332
29	215	296	173	399	262	344	216	115	407	390
30	145	20	98	248	652	233	44	444	471	374
31	60	512	543	86	642	571	265	77	281	3
32	268	229	514	196	536	178	546	669	257	157
33	271	665	595	380	264	316	477	675	*	338
34	141	657	606	47	263	334	617	504	605	342
35	220	529	212	549	192	584	624	360	639	436
36	625	256	328	449	231	201	426	65	163	137
37	414	604	348	621	472	395	521	91	109	494
38	596	49	644	106	557	5	601	43	306	411
39	408	238	526	428	184	473	562	405	648	174
40	241	608	496	29	501	563	469	116	412	419
41	443	307	117	461	138	655	619	128	460	413
42	370	235	591	507	651	304	202	260	527	39
43	447	194	612	545	326	610	640	586	171	181
44	223	136	369	420	45	219	350	40	156	329
45	581	518	510	635	69	74	123	503	347	372
46	129	118	165	280	318	480	79	122	456	564
47	218	445	622	185	103	31	76	317	464	2
48	319	168	254	638	358	498	187	577	542	312
49	170	438	245	531	110	667	609	435	359	357
50	484	30	475	124	618	416	143	592	152	100
51	519	630	61	579	230	364	663	208	582	101
52	561	396	56	135	441	148	239	261	294	221
53	16	246	93	274	661	198	197	535	324	27
54	88	598	578	513	322	613	179	244	492	213
55	14	211	352	628	634	453	132	107	12	191
56	354	102	474	502	457	590	422	659	176	26
57	539	643	382	83	253	482	53	188	599	62
58	270	330	209	154	193	431	641	314	616	346
59	458	236	144	300	23	666	495	402	89	189
60	632	6	672	654	415	505	658	567	242	668
61	327	362	195	323	538	570	315	335	125	656
62	341	349	446	430	585	437	491	548	353	560
63	520	376	190	559	629	511	311	489	255	361
64	611	432	87	540	50	73	455	468	406	298
65	151	508	249	278	673	139	126	142	506	423
66	206	275	200	365	96	272	24	111	243	547
67	627	553	7	279	463	478	1			
	0	1	2	3	4	5	6	7	8	9

I″

	0	1	2	3	4	5	6	7	8	9
25	278	8	120	574	482	638	361	328	157	64
26	427	527	294	344	334	316	77	167	320	229
27	580	330	665	24	533	661	200	232	653	673
28	463	318	3	11	108	92	247	99	153	210
29	15	222	182	38	528	221	291	173	649	151
30	593	23	273	94	425	202	388	411	117	130
31	68	636	489	170	587	616	335	477	464	480
32	168	85	544	613	538	27	434	610	362	449
33	581	209	289	215	345	617	125	140	339	141
34	127	620	349	220	295	216	589	458	372	621
35	446	40	552	628	560	102	186	499	484	498
36	357	639	611	195	515	663	96	159	147	442
37	420	235	459	129	309	60	631	190	13	214
38	333	264	572	83	228	269	63	259	203	150
39	299	145	162	66	59	375	521	56	37	293
40	262	48	597	89	55	397	648	298	390	238
41	149	389	408	419	370	604	505	143	237	409
42	443	45	566	659	206	95	366	65	393	184
43	623	585	641	87	28	497	359	625	491	245
44	17	524	148	410	307	471	622	430	194	363
45	231	277	250	555	132	646	468	564	590	236
46	418	413	138	674	478	2	282	35	647	406
47	116	308	374	395	562	502	124	336	675	1
48	465	79	575	53	500	30	104	72	51	637
49	255	626	548	213	379	596	402	29	485	187
50	54	404	563	457	347	605	658	423	651	249
51	452	635	311	543	322	196	199	276	451	510
52	630	376	91	285	18	161	392	428	39	351
53	212	493	110	25	177	537	324	178	614	570
54	643	50	488	312	86	433	326	669	627	353
55	192	155	41	671	7	251	227	384	5	633
56	629	520	396	405	469	218	46	607	242	112
57	615	315	265	33	121	80	71	487	542	513
58	230	450	518	101	355	624	437	171	114	217
59	565	422	507	152	288	332	380	49	541	578
60	62	386	43	234	371	348	342	47	401	496
61	435	640	432	545	179	113	588	346	504	416
62	128	373	472	185	356	360	256	670	553	634
63	511	61	600	6	554	453	69	52	483	358
64	436	586	314	571	382	106	133	36	398	174
65	205	424	304	233	603	415	619	341	606	567
66	176	534	198	516	208	331	595	495	609	327
67	257	42	602	654	139	337	*			
	0	1	2	3	4	5	6	7	8	9

p = **683**, g = 5, p − 1 = 2 · 11 · 31

N

	0	1	2	3	4	5	6	7	8	9
0		5	25	125	625	393	599	263	632	428
1	91	455	226	447	186	247	552	28	140	17
2	85	425	76	380	534	621	373	499	446	181
3	222	427	86	430	101	505	476	331	289	79
4	395	609	313	199	312	194	287	69	345	359
5	429	96	480	351	389	579	163	132	660	568
6	108	540	651	523	566	98	490	401	639	463
7	266	647	503	466	281	39	195	292	94	470
8	301	139	12	60	300	134	670	618	358	424
9	71	355	409	679	663	583	183	232	477	336
10	314	204	337	319	229	462	261	622	378	524
11	571	123	615	343	349	379	529	596	248	557
12	53	265	642	478	341	339	329	279	29	145
13	42	210	367	469	296	114	570	118	590	218
14	407	669	613	333	299	129	645	493	416	31
15	155	92	460	251	572	128	640	468	291	89
16	445	176	197	302	144	37	185	242	527	586
17	198	307	169	162	127	635	443	166	147	52
18	260	617	353	399	629	413	16	80	400	634
19	438	141	22	110	550	18	90	450	201	322
20	244	537	636	448	191	272	677	653	533	616
21	348	374	504	471	306	164	137	2	10	50
22	250	567	103	515	526	581	173	182	227	452
23	211	372	494	421	56	280	34	170	167	152
24	77	385	559	63	315	209	362	444	171	172
25	177	202	327	269	662	578	158	107	535	626
26	398	624	388	574	138	7	35	175	192	277
27	19	95	475	326	264	637	453	216	397	619
28	363	449	196	297	119	595	243	532	611	323
29	249	562	78	390	584	188	257	602	278	24
30	120	600	268	657	553	33	165	142	27	135
31	675	643	483	366	464	271	672	628	408	674
32	638	458	241	522	561	73	365	459	246	547
33	3	15	75	375	509	496	431	106	530	601
34	273	682	678	658	558	58	290	84	420	51
35	255	592	228	457	236	497	436	131	655	543
36	666	598	258	607	303	149	62	310	184	237
37	502	461	256	597	253	582	178	207	352	394
38	604	288	74	370	484	371	489	396	614	338
39	324	254	587	203	332	294	104	520	551	23
40	115	575	143	32	160	117	585	193	282	44
41	220	417	36	180	217	402	644	488	391	589
42	213	382	544	671	623	383	549	13	65	325
43	259	612	328	274	4	20	100	500	451	206
44	347	369	479	346	364	454	221	422	61	305
45	159	112	560	68	340	334	304	154	87	435
46	126	630	418	41	205	342	344	354	404	654
47	538	641	473	316	214	387	569	113	565	93
48	465	276	14	70	350	384	554	38	190	267
49	652	528	591	223	432	111	555	43	215	392
	0	1	2	3	4	5	6	7	8	9

I

	0	1	2	3	4	5	6	7	8	9
0		682	217	330	434	1	547	265	651	660
1	218	657	82	427	482	331	186	19	195	270
2	435	595	192	399	299	2	644	308	17	128
3	548	149	403	305	236	266	412	165	487	75
4	652	463	130	497	409	661	616	543	516	530
5	219	349	179	120	525	658	234	600	345	602
6	83	448	366	243	620	428	522	550	453	47
7	483	90	629	325	382	332	22	240	292	39
8	187	638	680	642	347	20	32	458	626	159
9	196	10	151	479	78	271	51	510	65	635
10	436	34	566	222	396	596	337	257	60	604
11	193	495	451	477	135	400	562	405	137	284
12	300	632	665	111	583	3	460	174	155	145
13	645	357	57	535	85	309	670	216	264	81
14	18	191	307	402	164	129	542	178	599	365
15	549	628	239	679	457	150	509	565	256	450
16	404	664	173	56	215	306	177	238	564	172
17	237	248	249	226	675	267	161	250	376	553
18	413	29	227	96	368	166	14	676	295	573
19	488	204	268	407	45	76	282	162	170	43
20	653	198	251	393	101	464	439	377	613	245
21	131	230	554	420	474	498	277	414	139	655
22	410	446	30	493	668	662	12	228	352	104
23	617	570	97	538	622	544	354	369	501	588
24	517	322	167	286	200	531	328	15	118	290
25	220	153	677	374	391	350	372	296	362	430
26	180	106	574	7	274	121	70	489	302	253
27	526	315	205	340	433	659	481	269	298	127
28	235	74	408	529	524	601	619	46	381	38
29	346	158	77	634	395	603	134	283	582	144
30	84	80	163	364	456	449	214	171	674	552
31	367	572	44	42	100	244	473	654	667	103
32	621	587	199	289	390	429	273	252	432	126
33	523	37	394	143	455	551	99	102	389	125
34	454	124	465	113	466	48	443	440	210	114
35	484	53	378	182	467	91	593	614	88	49
36	630	540	246	280	444	326	313	132	585	441
37	383	385	231	26	211	333	512	555	108	115
38	23	504	421	425	485	241	624	475	262	54
39	293	418	499	5	379	40	387	278	260	183
40	188	67	415	576	468	639	610	140	318	92
41	681	546	656	185	594	643	148	411	462	615
42	348	233	447	521	89	21	637	31	9	50
43	33	336	494	561	631	459	356	669	190	541
44	627	508	663	176	247	160	28	13	203	281
45	197	438	229	276	445	11	569	353	321	327
46	152	371	105	69	314	480	73	618	157	133
47	79	213	571	472	586	272	36	98	123	442
48	52	592	539	312	384	511	503	623	417	386
49	66	609	545	147	232	636	335	355	507	27
	0	1	2	3	4	5	6	7	8	9

$p = 683$

I′

	0	1	2	3	4	5	6	7	8	9
0	682	547	644	460	259	379	301	274	560	50
1	151	569	228	203	676	118	304	128	191	195
2	32	637	240	504	258	107	211	437	13	227
3	493	9	458	336	566	591	98	394	346	187
4	387	666	100	653	42	76	381	483	443	630
5	33	510	592	378	293	563	215	535	533	476
6	604	648	490	109	221	635	609	415	156	314
7	489	607	212	618	408	652	282	634	271	213
8	163	18	427	448	80	309	423	279	49	21
9	629	593	681	671	611	294	368	538	123	102
10	244	464	389	621	617	69	574	424	115	597
11	154	583	209	466	484	23	338	373	290	344
12	525	70	311	442	465	454	523	235	548	542
13	497	230	585	79	283	400	110	284	492	655
14	318	86	388	455	84	645	506	232	411	403
15	509	479	371	677	534	145	471	133	77	196
16	28	250	170	364	129	487	14	286	491	392
17	43	674	237	56	155	202	247	238	599	120
18	106	87	467	188	461	594	19	638	67	175
19	541	307	399	495	398	270	10	438	251	289
20	531	470	275	281	268	340	342	469	24	181
21	114	333	35	571	171	306	264	330	657	349
22	153	59	396	579	168	375	675	96	352	276
23	554	26	636	447	600	74	266	248	564	679
24	292	624	452	620	473	131	280	160	249	226
25	376	393	432	526	94	55	450	60	519	575
26	183	4	54	401	81	651	412	161	407	298
27	435	51	36	252	121	320	445	414	260	584
28	444	197	162	582	300	117	200	208	431	390
29	220	641	39	418	406	573	362	528	127	2
30	632	339	253	343	486	236	177	402	17	670
31	606	416	384	132	480	205	559	184	92	310
32	68	327	167	63	291	382	313	152	15	650
33	434	186	22	512	567	355	494	257	580	297
34	433	•	93	640	242	602	158	20	233	179
35	372	537	104	321	369	507	669	57	649	422
36	527	6	430	673	456	549	243	572	166	501
37	72	105	296	361	391	95	553	613	182	40
38	633	38	332	385	511	231	66	278	112	125
39	429	350	612	101	143	603	596	514	16	299
40	562	598	164	305	664	137	169	45	529	661
41	446	462	165	29	139	576	146	386	499	138
42	474	425	605	316	261	485	194	482	522	273
43	180	142	126	659	1	595	34	568	229	377
44	210	383	52	440	326	11	30	521	366	214
45	404	477	324	47	124	551	449	150	626	356
46	174	520	615	130	439	113	48	91	639	358
47	505	122	586	654	498	262	136	135	64	78
48	73	269	331	90	53	241	496	75	204	302
49	207	116	351	668	561	451	515	409	277	5
	0	1	2	3	4	5	6	7	8	9

I″

	0	1	2	3	4	5	6	7	8	9
0	341	434	299	583	261	499	361	574	520	31
1	196	445	662	28	166	328	398	308	81	186
2	347	89	332	115	208	584	231	507	160	413
3	446	637	20	50	436	212	272	523	381	292
4	379	673	44	170	572	407	619	453	466	88
5	9	271	442	484	262	255	173	357	640	221
6	257	505	646	323	478	510	386	188	320	105
7	121	506	370	480	235	487	45	158	479	133
8	84	264	657	602	144	535	141	181	614	521
9	483	467	318	342	254	375	227	570	36	551
10	42	393	99	667	352	371	180	25	555	63
11	136	665	388	465	210	108	491	285	15	515
12	179	274	471	98	454	389	432	298	17	164
13	463	245	313	157	603	477	476	405	419	414
14	610	672	431	394	582	155	416	545	643	548
15	457	10	327	220	110	174	68	618	346	626
16	247	267	282	80	402	412	368	322	224	406
17	162	214	564	664	460	189	663	306	542	349
18	430	209	378	260	317	656	331	39	183	560
19	669	18	595	604	426	19	159	281	653	587
20	286	519	175	13	488	315	606	490	287	112
21	440	26	72	79	449	56	670	682	660	530
22	290	64	566	513	597	563	249	29	12	438
23	131	385	147	348	658	127	305	172	177	628
24	22	485	344	366	100	613	540	176	237	248
25	161	198	273	302	533	678	565	337	24	4
26	278	424	475	534	216	547	236	675	204	481
27	195	78	586	429	7	202	229	498	387	87
28	246	203	76	134	137	500	167	580	666	199
29	118	324	240	54	95	676	372	339	269	399
30	284	6	489	649	16	403	215	191	644	85
31	319	122	539	326	69	526	423	575	140	559
32	275	353	517	514	452	629	444	321	531	557
33	217	482	382	211	608	636	33	596	116	301
34	205	558	206	303	119	600	38	642	615	219
35	391	492	228	569	544	335	459	645	469	532
36	536	373	296	581	163	599	448	552	96	354
37	568	152	350	117	677	225	250	439	53	5
38	528	46	325	441	312	383	417	40	142	102
39	289	374	169	251	37	634	222	556	194	192
40	135	263	307	149	450	562	294	268	74	497
41	655	148	266	553	277	67	311	623	293	612
42	554	504	359	86	107	421	650	82	620	390
43	362	288	252	340	330	270	635	27	197	464
44	443	585	123	48	280	276	410	233	83	456
45	256	405	242	550	125	143	364	679	32	631
46	3	184	411	652	101	124	113	182	576	207
47	201	156	571	244	420	624	59	451	625	151
48	314	659	427	47	114	425	304	165	573	70
49	62	168	138	30	336	193	486	130	474	418
	0	1	2	3	4	5	6	7	8	9

p = **683** (Fortsetzung)

N

	0	1	2	3	4	5	6	7	8	9
50	594	238	507	486	381	539	646	498	441	156
51	97	485	376	514	521	556	48	240	517	536
52	631	423	66	330	284	54	270	667	603	283
53	49	245	542	661	573	133	665	593	233	482
54	361	439	146	47	235	492	411	6	30	150
55	67	335	309	179	212	377	519	546	681	673
56	633	433	116	580	168	157	102	510	501	456
57	231	472	311	189	262	627	403	649	513	516
58	531	606	298	124	620	368	474	321	239	512
59	511	506	481	356	414	21	105	525	576	148
60	57	285	59	295	109	545	676	648	508	491
61	406	664	588	208	357	419	46	230	467	286
62	64	320	234	487	386	564	88	440	151	72
63	360	434	121	605	293	99	495	426	81	405
64	659	563	83	415	26	130	650	518	541	656
65	548	8	40	200	317	219	412	11	55	275
66	9	45	225	442	161	122	610	318	224	437
67	136	680	668	608	308	174	187	252	577	153
68	82	410	1							

I

	0	1	2	3	4	5	6	7	8	9
50	437	568	370	72	212	35	591	502	608	334
51	567	590	589	578	513	223	579	518	647	556
52	397	514	323	63	109	597	224	168	491	116
53	338	580	287	208	24	258	519	201	470	505
54	61	648	532	359	422	605	557	329	650	426
55	194	398	16	304	486	496	515	119	344	242
56	452	324	291	641	625	478	64	221	59	476
57	136	110	154	534	263	401	598	678	255	55
58	563	225	375	95	294	406	169	392	612	419
59	138	492	351	537	500	285	117	373	361	6
60	301	339	297	528	380	633	581	363	673	41
61	666	288	431	142	388	112	209	181	87	279
62	584	25	107	424	261	4	259	575	317	184
63	461	520	8	560	189	175	202	275	320	68
64	156	471	122	311	416	146	506	71	607	577
65	646	62	490	207	469	358	649	303	343	640
66	58	533	254	94	611	536	360	527	672	141
67	86	423	316	559	319	310	606	206	342	93
68	671	558	341							

p = **691**, g = 3, p − 1 = 2 · 3 · 5 · 23

N

	0	1	2	3	4	5	6	7	8	9
0		3	9	27	81	243	38	114	342	335
1	314	251	62	186	558	292	185	555	283	158
2	474	40	120	360	389	476	46	138	414	551
3	271	122	366	407	530	208	624	490	88	264
4	101	303	218	654	580	358	383	458	683	667
5	619	475	43	129	387	470	28	84	252	65
6	195	585	373	428	593	397	500	118	354	371
7	422	575	343	338	323	278	143	429	596	406
8	527	199	597	409	536	226	678	652	574	340
9	329	296	197	591	391	482	64	192	576	346
10	347	350	359	386	467	19	57	171	513	157
11	471	31	93	279	146	438	623	487	79	237
12	20	60	180	540	238	23	69	207	621	481
13	61	183	549	265	104	312	245	44	132	396
14	497	109	327	290	179	537	229	687	679	655
15	583	367	410	539	235	14	42	126	378	443
16	638	532	214	642	544	250	59	177	531	211
17	633	517	169	507	139	417	560	298	203	609
18	445	644	550	268	113	339	326	287	170	510
19	148	444	641	541	241	32	96	288	173	519
20	175	525	193	579	355	374	431	602	424	581
21	361	392	485	73	219	657	589	385	464	10
22	30	90	270	119	357	380	149	656	586	376
23	437	620	478	52	156	468	22	66	198	594
24	400	509	145	435	614	460	689	685	673	637
	0	1	2	3	4	5	6	7	8	9

I

	0	1	2	3	4	5	6	7	8	9
0		690	591	1	492	318	592	254	393	2
1	219	335	493	431	155	319	294	659	593	105
2	120	255	236	125	394	636	332	3	56	614
3	220	111	195	336	560	572	494	388	6	432
4	21	623	156	52	137	320	26	526	295	508
5	537	660	233	505	594	653	647	106	515	166
6	121	130	12	256	96	59	237	381	461	126
7	473	576	395	213	289	637	597	589	333	118
8	612	4	524	645	57	287	643	615	38	552
9	221	685	617	112	427	423	196	584	409	337
10	438	40	561	656	134	573	406	261	495	141
11	554	389	548	184	7	443	416	433	67	223
12	22	670	31	624	603	264	157	674	687	53
13	650	521	138	359	282	321	362	619	27	174
14	374	527	477	76	296	242	114	509	190	276
15	538	468	498	661	490	429	234	109	19	506
16	513	379	595	285	425	654	546	668	648	172
17	188	107	544	198	516	200	629	167	453	144
18	122	534	586	131	518	16	13	304	328	257
19	324	411	97	202	485	60	310	92	238	81
20	339	382	631	178	462	251	557	127	35	440
21	474	169	307	577	162	370	396	365	42	214
22	455	400	290	580	449	638	85	563	598	146
23	344	590	317	392	334	154	658	119	124	331
24	613	194	571	5	622	136	525	536	504	646
	0	1	2	3	4	5	6	7	8	9

p = 683

I′

	0	1	2	3	4	5	6	7	8	9
50	285	588	608	623	421	61	71	27	663	565
51	65	503	555	223	323	119	530	322	647	201
52	8	89	550	37	601	658	315	672	380	524
53	219	328	359	254	263	85	360	500	622	312
54	246	627	178	516	354	147	656	265	149	628
55	453	99	367	413	420	108	397	329	341	319
56	189	631	405	225	172	256	222	590	370	353
57	97	472	44	488	7	317	468	646	513	518
58	287	363	144	3	25	441	272	199	517	578
59	589	502	539	614	643	192	337	224	678	365
60	345	619	83	134	193	557	206	577	334	545
61	140	536	419	245	88	348	543	570	157	46
62	428	587	544	417	475	478	159	508	239	325
63	540	459	665	581	395	436	335	31	680	610
64	58	625	347	148	308	357	62	556	532	303
65	426	660	463	198	667	410	185	82	234	481
66	218	616	12	176	173	111	288	103	662	190
67	216	558	141	41	552	267	295	374	255	457
68	642	546	217							

I″

	0	1	2	3	4	5	6	7	8	9
50	537	369	591	511	23	470	146	355	627	150
51	51	384	333	578	397	496	543	588	579	258
52	461	447	428	126	529	120	253	360	297	408
53	516	200	648	58	154	57	611	351	97	592
54	630	190	129	616	622	609	681	1	128	365
55	522	455	674	376	230	512	647	605	671	316
56	8	494	400	55	238	509	34	334	437	11
57	617	213	367	295	106	259	415	607	589	223
58	338	633	283	111	279	132	472	621	501	590
59	567	35	52	91	185	435	396	109	401	178
60	234	524	345	395	60	422	310	71	502	66
61	639	94	392	377	593	462	661	104	73	601
62	243	103	538	503	241	641	458	541	549	90
63	49	561	300	380	77	65	232	21	187	468
64	343	291	680	594	2	145	577	518	61	358
65	329	265	75	43	473	139	546	218	525	433
66	651	409	668	508	404	632	41	654	493	356
67	309	93	527	363	171	226	14	153	598	239
68	638	92	*							

p = 691

I′

	0	1	2	3	4	5	6	7	8	9
0	690	492	219	56	524	622	432	443	72	549
1	574	58	256	304	483	327	13	666	378	506
2	51	623	670	210	651	507	526	174	273	519
3	263	624	151	363	168	440	582	684	552	133
4	561	399	214	149	209	102	688	662	599	470
5	231	25	137	650	386	110	614	287	460	237
6	310	228	205	77	239	672	669	223	204	604
7	528	98	445	185	496	113	296	271	82	33
8	630	339	457	152	145	563	148	351	71	446
9	555	338	238	682	211	380	59	202	352	100
10	417	434	23	54	235	120	515	544	512	19
11	559	195	427	275	509	403	36	523	612	124
12	255	130	534	193	331	394	473	35	471	95
13	12	518	182	260	573	503	525	320	359	65
14	547	554	326	585	122	316	344	346	680	227
15	606	419	620	123	658	319	52	674	480	191
16	578	364	370	640	459	11	121	453	161	307
17	451	543	188	476	374	341	305	556	462	349
18	481	371	29	415	7	89	142	197	107	467
19	276	180	163	621	571	336	584	628	516	452
20	629	309	485	44	354	265	297	383	605	486
21	435	522	596	289	455	681	385	103	430	335
22	111	685	30	22	45	675	539	215	479	355
23	115	128	652	505	109	635	125	381	81	541
24	488	189	114	633	252	689	345	663	314	160
	0	1	2	3	4	5	6	7	8	9

I′

	0	1	2	3	4	5	6	7	8	9
0	345	591	393	332	612	571	388	184	446	569
1	503	165	130	16	627	585	518	274	428	109
2	387	432	223	102	386	51	320	619	420	182
3	222	670	531	79	250	127	116	286	615	408
4	438	369	365	351	203	224	312	679	347	291
5	558	20	156	687	103	635	3	645	11	96
6	485	606	604	384	682	139	442	433	418	607
7	567	88	8	413	280	373	477	63	541	322
8	309	238	78	363	579	638	500	366	412	185
9	326	484	310	385	651	129	256	411	71	444
10	99	353	45	217	293	593	647	188	489	234
11	55	220	617	75	242	230	471	596	333	658
12	105	166	144	153	119	236	461	557	231	514
13	121	586	421	39	656	570	622	52	521	436
14	405	495	186	628	453	84	598	663	86	43
15	486	32	83	316	334	431	623	264	355	301
16	249	168	577	192	535	646	515	629	34	474
17	511	545	648	361	27	626	483	338	631	300
18	191	640	132	553	548	73	377	667	172	241
19	509	159	315	123	613	111	423	187	544	543
20	516	323	97	529	68	62	271	566	528	44
21	23	94	472	395	42	227	311	688	253	2
22	614	552	415	67	354	480	350	149	61	265
23	633	50	507	660	429	104	255	59	92	64
24	360	476	296	266	678	662	346	599	450	308
	0	1	2	3	4	5	6	7	8	9

p = **691** (Fortsetzung)

N

	0	1	2	3	4	5	6	7	8	9
25	529	205	615	463	7	21	63	189	567	319
26	266	107	321	272	125	375	434	611	451	662
27	604	430	599	415	554	280	149	447	650	568
28	322	275	134	402	515	163	489	85	255	74
29	222	666	616	466	16	48	144	432	605	433
30	608	442	635	523	187	561	301	212	636	526
31	196	588	382	455	674	640	538	232	5	15
32	45	135	405	524	190	570	328	293	188	564
33	310	239	26	78	234	11	33	99	297	200
34	600	418	563	307	230	690	688	682	664	610
35	448	653	577	349	356	377	440	629	505	133
36	399	506	136	408	533	217	651	571	331	302
37	215	645	553	277	140	420	569	325	284	161
38	483	67	201	603	427	590	388	473	37	111
39	333	308	233	8	24	72	216	648	562	304
40	221	663	607	439	626	496	106	318	263	98
41	294	191	573	337	320	269	116	348	353	368
42	413	548	262	95	285	164	492	94	282	155
43	465	13	39	117	351	362	395	494	100	300
44	209	627	499	115	345	344	341	332	305	224
45	672	634	520	178	534	220	660	598	412	545
46	253	68	204	612	454	671	631	511	151	453
47	668	622	484	70	210	630	508	142	426	587
48	379	446	647	559	295	194	582	364	401	512
49	154	462	4	12	36	108	324	281	152	456
50	677	649	565	313	248	53	159	477	49	147
51	441	632	514	160	480	58	174	522	184	552
52	274	131	393	488	82	246	47	141	423	578
53	352	365	404	521	181	543	247	50	150	450
54	659	595	403	518	172	516	166	498	112	336
55	317	260	89	267	110	330	299	206	618	472
56	34	102	306	227	681	661	601	421	572	334
57	311	242	35	105	315	254	71	213	639	535
58	223	669	625	493	97	291	182	546	256	77
59	231	2	6	18	54	162	486	76	228	684
60	670	628	502	124	372	425	584	370	419	566
61	316	257	80	240	29	87	261	92	276	137
62	411	542	244	41	123	369	416	557	289	176
63	528	202	606	436	617	469	25	75	225	675
64	643	547	259	86	258	83	249	56	168	504
65	130	390	479	55	165	495	103	309	236	17
66	51	153	459	686	676	646	556	286	167	501
67	121	363	398	503	127	381	452	665	613	457
68	680	658	592	394	491	91	273	128	384	461
69	1									
	0	1	2	3	4	5	6	7	8	9

I

	0	1	2	3	4	5	6	7	8	9
25	165	11	58	460	575	288	588	611	644	642
26	551	616	422	408	39	133	260	553	183	415
27	222	30	263	686	520	281	618	373	75	113
28	275	497	428	18	378	424	667	187	197	628
29	143	585	15	327	410	484	91	338	177	556
30	439	306	369	41	399	448	562	343	391	657
31	330	570	135	503	10	574	610	550	407	259
32	414	262	280	74	496	377	186	142	326	90
33	555	368	447	390	569	9	549	413	73	185
34	89	446	8	72	445	444	99	100	417	353
35	101	434	530	418	68	204	354	224	45	102
36	23	210	435	671	487	531	32	151	419	625
37	607	69	604	62	205	265	229	355	158	480
38	225	675	312	46	688	217	103	54	386	24
39	651	94	211	522	683	436	139	65	672	360
40	240	488	283	542	532	322	79	33	363	83
41	152	620	458	420	28	273	626	175	341	608
42	375	567	70	528	208	605	478	384	63	77
43	271	206	297	299	266	243	633	230	115	403
44	356	510	301	159	191	180	481	277	350	226
45	539	268	676	469	464	313	499	679	47	662
46	245	689	491	253	218	430	293	104	235	635
47	55	110	559	387	20	51	25	507	232	652
48	514	129	95	380	472	212	596	117	523	286
49	37	684	426	583	437	655	405	140	547	442
50	66	669	602	673	649	358	361	173	476	241
51	189	467	489	108	512	284	545	171	543	199
52	452	533	517	303	323	201	309	80	630	250
53	34	168	161	364	454	579	84	145	316	153
54	123	193	621	535	164	459	587	641	421	132
55	182	29	519	372	274	17	666	627	14	483
56	176	305	398	342	329	502	609	258	279	376
57	325	367	568	412	88	71	98	352	529	203
58	44	209	486	150	606	61	228	479	311	216
59	385	93	682	64	239	541	78	82	457	272
60	340	566	207	383	270	298	632	402	300	179
61	349	267	463	678	244	252	292	634	558	50
62	231	128	471	116	36	582	404	441	601	357
63	475	466	511	170	451	302	308	249	160	578
64	315	192	163	640	181	371	665	482	397	501
65	278	366	87	351	43	149	227	215	681	540
66	456	565	269	401	348	677	291	49	470	581
67	600	465	450	248	314	639	664	500	86	148
68	680	564	347	48	599	247	663	147	346	246
69	345									
	0	1	2	3	4	5	6	7	8	9

$p = 691$

I′

	0	1	2	3	4	5	6	7	8	9
25	34	557	292	218	393	236	96	324	279	414
26	553	495	280	686	157	229	243	463	676	401
27	298	206	340	626	17	497	538	350	366	376
28	74	618	321	542	545	425	37	643	588	637
29	580	49	634	104	659	508	242	299	632	266
30	179	159	308	323	328	398	369	577	249	80
31	92	216	46	499	639	192	153	392	592	294
32	26	362	79	201	411	367	90	410	257	502
33	570	613	3	118	154	493	560	438	177	382
34	566	608	329	391	590	*	246	48	677	267
35	226	43	529	101	224	158	510	475	361	282
36	240	173	619	83	454	42	87	568	447	41
37	396	665	274	75	527	567	325	186	424	595
38	472	461	631	270	63	93	24	20	6	548
39	569	657	334	2	636	213	365	501	342	448
40	290	348	300	356	441	140	261	259	39	337
41	484	97	88	73	262	222	433	353	68	625
42	28	132	408	196	667	654	583	423	18	234
43	293	155	21	67	530	671	139	655	40	306
44	474	601	66	416	99	444	8	390	562	638
45	248	302	533	144	579	400	565	272	420	587
46	575	126	251	678	313	450	511	489	498	464
47	581	116	212	576	169	466	241	76	384	311
48	225	277	397	176	91	60	150	531	283	108
49	429	253	318	431	388	141	377	428	661	679
50	86	278	609	10	646	594	513	232	537	190
51	301	170	284	379	129	166	200	303	16	372
52	281	138	683	286	645	536	295	477	208	203
53	418	32	322	517	586	164	504	660	468	268
54	456	78	532	199	198	171	668	442	184	413
55	407	616	221	183	389	368	439	127	50	387
56	572	656	343	598	347	269	207	70	412	9
57	135	5	494	406	610	288	395	162	315	84
58	449	600	404	437	409	15	131	641	611	333
59	317	1	254	105	653	285	117	589	146	247
60	465	357	673	264	62	478	61	69	375	258
61	550	644	4	194	220	38	422	112	373	27
62	458	535	136	156	603	607	175	14	143	167
63	250	178	402	230	558	55	332	597	85	664
64	181	421	551	615	642	57	165	106	172	358
65	521	94	514	647	546	405	134	330	119	593
66	233	490	245	147	500	482	627	187	648	602
67	31	487	360	649	687	312	469	291	244	47
68	564	540	64	436	426	617	520	53	217	491
69	591									
	0	1	2	3	4	5	6	7	8	9

I″

	0	1	2	3	4	5	6	7	8	9
25	630	462	244	491	592	120	12	328	609	407
26	133	406	414	30	603	205	299	349	539	565
27	383	77	457	28	372	113	190	481	501	258
28	262	520	359	488	512	595	523	57	575	213
29	400	677	252	430	319	526	76	206	270	297
30	402	510	451	517	13	176	439	169	302	201
31	60	479	675	464	248	578	145	590	492	155
32	137	282	532	303	257	376	142	15	304	342
33	657	124	636	589	392	219	195	409	91	81
34	272	175	398	562	146	246	147	564	401	179
35	277	87	98	417	204	229	403	601	649	138
36	672	358	321	33	161	396	278	325	555	306
37	162	181	519	618	174	608	279	496	18	513
38	95	237	339	207	478	216	54	559	494	554
39	447	343	317	254	125	576	370	482	305	41
40	455	269	632	115	582	655	573	550	422	584
41	327	324	568	549	259	183	443	100	530	151
42	458	641	616	427	378	285	684	112	497	490
43	218	493	6	416	101	210	683	583	337	556
44	35	404	547	7	445	72	89	368	399	580
45	465	170	199	167	364	214	540	82	620	164
46	58	381	178	267	469	600	475	189	538	676
47	49	128	380	126	440	357	173	527	605	228
48	158	180	665	14	410	202	209	671	240	467
49	661	689	1	335	572	261	74	275	468	313
50	664	397	329	135	536	233	19	25	295	114
51	356	466	108	506	652	106	198	533	131	29
52	686	650	211	117	4	136	26	374	70	352
53	434	487	542	452	122	621	525	508	276	226
54	681	239	283	171	107	284	654	140	389	9
55	610	642	38	260	141	90	177	251	634	110
56	336	40	448	85	680	456	340	375	367	390
57	330	194	560	134	10	460	473	307	160	454
58	290	470	36	426	196	143	534	459	288	597
59	344	690	318	659	505	379	212	637	563	48
60	581	441	669	624	69	208	150	625	341	502
61	574	588	118	331	56	643	551	685	281	362
62	152	193	5	21	31	419	273	666	197	200
63	80	382	298	243	292	235	394	289	449	314
64	163	587	644	287	611	524	504	653	668	673
65	53	24	232	594	425	437	561	391	154	294
66	537	498	47	247	639	371	17	424	546	66
67	22	435	65	602	157	225	268	348	463	499
68	148	215	93	522	37	221	263	674	46	245
69	*									
	0	1	2	3	4	5	6	7	8	9

$p = 701,\ g = 2,\ p - 1 = 2^2 \cdot 5^2 \cdot 7$

N

	0	1	2	3	4	5	6	7	8	9
0		2	4	8	16	32	64	128	256	512
1	323	646	591	481	261	522	343	686	671	641
2	581	461	221	442	183	366	31	62	124	248
3	496	291	582	463	225	450	199	398	95	190
4	380	59	118	236	472	243	486	271	542	383
5	65	130	260	520	339	678	655	609	517	333
6	666	631	561	421	141	282	564	427	153	306
7	612	523	345	690	679	657	613	525	349	698
8	695	689	677	653	605	509	317	634	567	433
9	165	330	660	619	537	373	45	90	180	360
10	19	38	76	152	304	608	515	329	658	615
11	529	357	13	26	52	104	208	416	131	262
12	524	347	694	687	673	645	589	477	253	506
13	311	622	543	385	69	138	276	552	403	105
14	210	420	139	278	556	411	121	242	484	267
15	534	367	33	66	132	264	528	355	9	18
16	36	72	144	288	576	451	201	402	103	206
17	412	123	246	492	283	566	431	161	322	644
18	587	473	245	490	279	558	415	129	258	516
19	331	662	623	545	389	77	154	308	616	531
20	361	21	42	84	168	336	672	643	585	469
21	237	474	247	494	287	574	447	193	386	71
22	142	284	568	435	169	338	676	651	601	501
23	301	602	503	305	610	519	337	674	647	593
24	485	269	538	375	49	98	196	392	83	166
25	332	664	627	553	405	109	218	436	171	342
26	684	667	633	565	429	157	314	628	555	409
27	117	234	468	235	470	239	478	255	510	319
28	638	575	449	197	394	87	174	348	696	691
29	681	661	621	541	381	61	122	244	488	275
30	550	399	97	194	388	75	150	300	600	499
31	297	594	487	273	546	391	81	162	324	648
32	595	489	277	554	407	113	226	452	203	406
33	111	222	444	187	374	47	94	188	376	51
34	102	204	408	115	230	460	219	438	175	350
35	700	699	697	693	685	669	637	573	445	189
36	378	55	110	220	440	179	358	15	30	60
37	120	240	480	259	518	335	670	639	577	453
38	205	410	119	238	476	251	502	303	606	511
39	321	642	583	465	229	458	215	430	159	318
40	636	571	441	181	362	23	46	92	184	368
41	35	70	140	280	560	419	137	274	548	395
42	89	178	356	11	22	44	88	176	352	3
43	6	12	24	48	96	192	384	67	134	268
44	536	371	41	82	164	328	656	611	521	341
45	682	663	625	549	397	93	186	372	43	86
46	172	344	688	675	649	597	493	285	570	439
47	177	354	7	14	28	56	112	224	448	195
48	390	79	158	316	632	563	425	149	298	596
49	491	281	562	423	145	290	580	459	217	434
	0	1	2	3	4	5	6	7	8	9

I

	0	1	2	3	4	5	6	7	8	9
0		700	1	429	2	638	430	472	3	158
1	639	423	431	112	473	367	4	610	159	100
2	640	201	424	405	432	576	113	587	474	556
3	368	26	5	152	611	410	160	601	101	541
4	641	442	202	458	425	96	406	335	433	244
5	577	339	114	669	588	361	475	529	557	41
6	369	295	27	630	6	50	153	437	612	134
7	411	219	161	617	602	305	102	195	542	481
8	642	316	443	248	203	548	459	285	426	420
9	97	584	407	455	336	38	434	302	245	581
10	578	658	340	168	115	139	670	661	589	255
11	362	330	476	325	530	343	558	270	42	382
12	370	146	296	171	28	514	631	565	7	187
13	51	118	154	572	438	525	613	416	135	142
14	412	64	220	535	162	494	618	673	603	487
15	306	650	103	68	196	664	543	265	482	398
16	643	177	317	592	444	90	249	500	204	224
17	549	258	460	506	286	348	427	470	421	365
18	98	403	585	24	408	539	456	333	337	359
19	39	628	435	217	303	479	246	283	582	36
20	579	166	659	328	341	380	169	563	116	523
21	140	533	671	648	662	396	590	498	256	346
22	363	22	331	626	477	34	326	561	531	394
23	344	624	559	622	271	273	43	210	383	275
24	371	695	147	45	297	182	172	212	29	677
25	515	385	632	128	566	277	8	682	188	373
26	52	14	119	697	155	607	573	149	439	241
27	526	47	614	313	417	299	136	322	143	184
28	413	491	65	174	221	467	536	214	163	520
29	495	31	619	692	674	679	604	310	488	517
30	307	230	651	387	104	233	69	634	197	597
31	665	130	544	654	266	568	483	86	399	279
32	644	390	178	10	318	688	593	684	445	107
33	91	190	250	59	501	375	205	236	225	54
34	550	449	259	16	461	72	507	121	287	78
35	349	699	428	637	471	157	422	111	366	609
36	99	200	404	575	586	555	25	151	409	600
37	540	441	457	95	334	243	338	668	360	528
38	40	294	629	49	436	133	218	616	304	194
39	480	315	247	547	284	419	583	454	37	301
40	580	657	167	138	660	254	329	324	342	269
41	381	145	170	513	564	186	117	571	524	415
42	141	63	534	493	672	486	649	67	663	264
43	397	176	591	89	499	223	257	505	347	469
44	364	402	23	538	332	358	627	216	478	282
45	35	165	327	379	562	522	532	647	395	497
46	345	21	625	33	560	393	623	621	272	209
47	274	694	44	181	211	676	384	127	276	681
48	372	13	696	606	148	240	46	312	298	321
49	183	490	173	466	213	519	30	691	678	309
	0	1	2	3	4	5	6	7	8	9

p = 701

I′

	0	1	2	3	4	5	6	7	8	9
0	700	429	638	158	610	152	50	187	682	687
1	318	238	605	696	119	71	461	123	206	391
2	32	625	331	538	408	151	5	630	514	677
3	691	619	392	560	326	165	579	301	434	628
4	294	369	382	210	181	297	312	614	132	436
5	153	118	14	448	550	74	446	234	374	501
6	261	484	492	534	220	174	263	663	196	634
7	76	120	507	289	551	108	635	698	349	351
8	288	73	55	685	388	278	399	503	222	499
9	249	190	291	666	242	334	406	584	403	200
10	640	541	195	68	233	57	189	91	552	198
11	608	366	473	587	669	139	523	571	154	697
12	77	287	80	462	237	11	680	276	566	653
13	544	192	615	218	411	142	322	253	660	670
14	533	63	412	184	512	170	296	45	240	439
15	599	409	611	437	572	607	110	422	639	100
16	601	617	494	520	378	327	659	138	115	563
17	513	28	212	466	221	88	591	317	10	125
18	675	211	172	490	413	570	117	51	373	58
19	250	451	545	314	480	542	664	597	553	574
20	404	424	458	548	224	236	124	179	693	274
21	383	676	29	519	163	281	478	303	616	161
22	535	467	504	257	549	54	82	594	231	386
23	651	595	633	69	447	53	225	463	319	311
24	46	526	667	338	577	581	283	547	203	500
25	59	510	267	323	329	362	346	505	460	16
26	354	502	87	175	397	482	568	511	144	381
27	42	273	209	43	694	371	681	8	389	644
28	377	164	35	582	419	426	348	78	352	508
29	450	191	131	48	629	27	171	182	321	136
30	656	580	245	479	194	102	650	230	228	516
31	488	320	298	417	546	247	443	592	688	464
32	489	183	143	268	342	530	561	379	341	324
33	476	626	358	337	243	433	38	359	668	114
34	168	380	269	558	624	21	363	469	427	699
35	*	350	79	122	17	376	280	215	627	39
36	528	475	330	22	402	98	609	4	26	295
37	146	695	13	52	235	205	18	645	521	562
38	169	145	370	275	127	632	232	104	686	9
39	178	207	620	623	344	497	590	176	643	279
40	356	537	23	585	575	432	335	455	539	600
41	160	219	64	491	62	141	135	299	453	583
42	97	365	111	431	405	96	420	470	637	2
43	472	112	576	244	302	217	133	612	525	241
44	94	457	202	248	90	107	75	70	15	259
45	509	251	655	300	37	336	333	95	425	285
46	506	72	81	226	689	518	213	536	401	364
47	421	157	3	367	556	529	325	34	282	246
48	315	642	398	86	262	66	649	306	517	465
49	173	65	485	672	618	31	20	345	256	223
	0	1	2	3	4	5	6	7	8	9

I″

	0	1	2	3	4	5	6	7	8	9
0	350	700	429	472	367	26	630	565	277	389
1	178	125	680	372	52	448	259	354	376	645
2	496	345	363	402	585	555	368	295	171	212
3	519	495	20	625	477	282	582	454	336	359
4	528	557	270	273	694	147	240	526	293	629
5	6	187	373	235	225	82	685	105	189	250
6	510	569	414	141	412	491	485	649	103	233
7	447	15	461	81	55	446	70	120	287	352
8	122	462	226	594	652	567	483	262	175	591
9	444	107	552	598	440	457	425	420	365	609
10	159	601	305	650	387	686	683	445	75	635
11	156	422	431	576	339	168	563	186	51	14
12	71	507	353	17	206	179	675	384	632	596
13	665	292	48	436	612	416	299	656	167	115
14	523	415	135	322	268	381	370	695	606	573
15	554	25	5	50	118	697	636	471	3	610
16	410	219	535	214	281	35	579	657	340	380
17	145	296	182	490	65	263	397	643	390	207
18	693	44	297	321	143	512	564	7	682	106
19	91	291	131	615	304	102	68	634	109	608
20	99	640	442	248	500	375	18	391	620	272
21	43	181	172	466	536	357	627	435	133	411
22	64	174	88	499	204	236	463	689	308	516
23	307	228	386	104	57	374	205	124	11	605
24	148	439	94	334	433	302	479	315	443	90
25	190	451	655	137	660	589	498	223	549	449
26	509	60	484	66	663	543	654	252	323	342
27	558	622	621	271	209	383	127	566	85	399
28	356	215	478	246	547	459	506	121	80	73
29	551	92	666	527	40	369	146	45	312	417
30	453	37	434	217	616	602	487	517	690	678
31	604	239	46	614	193	480	642	177	10	238
32	311	298	136	253	329	476	34	165	659	254
33	362	22	538	456	95	406	455	333	243	577
34	658	328	324	530	394	497	256	505	286	78
35	351	79	288	508	260	502	400	537	332	337
36	668	588	255	346	469	421	111	473	556	41
37	382	275	681	188	58	501	355	280	164	327
38	341	269	42	210	676	515	229	651	84	278
39	644	19	32	560	531	647	662	264	482	86
40	503	468	364	98	200	424	96	584	24	151
41	611	134	142	184	570	524	613	313	546	284
42	426	470	157	639	201	458	285	348	699	1
43	638	423	405	335	38	628	49	153	572	149
44	599	540	641	316	592	684	56	234	53	550
45	290	191	545	418	583	407	539	441	202	548
46	258	16	123	237	319	489	173	221	504	347
47	427	637	430	112	587	361	330	626	216	303
48	194	542	265	568	61	492	672	603	310	320
49	183	413	62	534	162	520	646	395	590	89
	0	1	2	3	4	5	6	7	8	9

p = **701** (Fortsetzung)

	N										I									
	0	1	2	3	4	5	6	7	8	9		0	1	2	3	4	5	6	7	8	9
50	167	334	668	635	569	437	173	346	692	683	50	516	229	386	232	633	596	129	653	567	85
51	665	629	557	413	125	250	500	299	598	495	51	278	389	9	687	683	106	189	58	374	235
52	289	578	455	209	418	135	270	540	379	57	52	53	448	15	71	120	77	698	636	156	110
53	114	228	456	211	422	143	286	572	443	185	53	608	199	574	554	150	599	440	94	242	667
54	370	39	78	156	312	624	547	393	85	170	54	527	293	48	132	615	193	314	546	418	453
55	340	680	659	617	533	365	29	58	116	232	55	300	656	137	253	323	268	144	512	185	570
56	464	227	454	207	414	127	254	508	315	630	56	414	62	492	485	66	263	175	88	222	504
57	559	417	133	266	532	363	25	50	100	200	57	468	401	537	357	215	281	164	378	521	646
58	400	99	198	396	91	182	364	27	54	108	58	496	20	32	392	620	208	693	180	675	126
59	216	432	163	326	652	603	505	309	618	535	59	680	12	605	239	311	320	489	465	518	690
60	369	37	74	148	296	592	483	265	530	359	60	308	228	231	595	652	84	388	686	105	57
61	17	34	68	136	272	544	387	73	146	292	61	234	447	70	76	635	109	198	553	598	93
62	584	467	233	466	231	462	223	446	191	382	62	666	292	131	192	545	452	655	252	267	511
63	63	126	252	504	307	614	527	353	5	10	63	569	61	484	262	87	503	400	356	280	377
64	20	40	80	160	320	640	579	457	213	426	64	645	19	391	207	179	125	11	238	319	464
65	151	302	604	507	313	626	551	401	101	202	65	689	227	594	83	685	56	446	75	108	552
66	404	107	214	428	155	310	620	539	377	53	66	92	291	191	451	251	510	60	261	502	355
67	106	212	424	147	294	588	475	249	498	295	67	376	18	206	124	237	463	226	82	55	74
68	590	479	257	514	327	654	607	513	325	650	68	551	290	450	509	260	354	17	123	462	81
69	599	497	293	586	471	241	482	263	526	351	69	73	289	508	353	122	80	288	352	79	351
70	1										70	350									

p = **709**, g = 2, $p - 1 = 2^2 \cdot 3 \cdot 59$

	N										I									
	0	1	2	3	4	5	6	7	8	9		0	1	2	3	4	5	6	7	8	9
0		2	4	8	16	32	64	128	256	512	0		708	1	172	2	322	173	52	3	344
1	315	630	551	393	77	154	308	616	523	337	1	323	670	174	597	53	494	4	97	345	652
2	674	639	569	429	149	298	596	483	257	514	2	324	224	671	511	175	644	598	516	54	68
3	319	638	567	425	141	282	564	419	129	258	3	495	199	5	134	98	374	346	583	653	61
4	516	323	646	583	457	205	410	111	222	444	4	325	431	225	574	672	666	512	570	176	104
5	179	358	7	14	28	56	112	224	448	187	5	645	269	599	81	517	284	55	116	69	180
6	374	39	78	156	312	624	539	369	29	58	6	496	337	200	396	6	211	135	92	99	683
7	116	232	464	219	438	167	334	668	627	545	7	375	385	347	609	584	108	654	14	62	365
8	381	53	106	212	424	139	278	556	403	97	8	326	688	432	309	226	419	575	240	673	169
9	194	388	67	134	268	536	363	17	34	68	9	667	649	513	371	571	266	177	89	105	306
10	136	272	544	379	49	98	196	392	75	150	10	646	303	270	122	600	546	82	273	518	465
11	300	600	491	273	546	383	57	114	228	456	11	285	47	56	380	117	125	70	233	181	149
12	203	406	103	206	412	115	230	460	211	422	12	497	632	338	603	201	258	397	616	7	38
13	135	270	540	371	33	66	132	264	528	347	13	212	549	136	704	93	130	100	207	684	85
14	694	679	649	589	469	229	458	207	414	119	14	376	34	386	559	348	390	610	276	585	24
15	238	476	243	486	263	526	343	686	663	617	15	109	190	655	441	15	521	63	332	366	253
16	525	341	682	655	601	493	277	554	399	89	16	327	563	689	468	433	456	310	75	227	486
17	178	356	3	6	12	24	48	96	192	384	17	420	288	576	449	241	696	674	352	170	50
18	59	118	236	472	235	470	231	462	215	430	18	668	492	650	509	514	197	372	59	572	568
19	151	302	604	499	289	578	447	185	370	31	19	267	282	178	394	90	383	106	363	307	238
	0	1	2	3	4	5	6	7	8	9		0	1	2	3	4	5	6	7	8	9

p = 701

	I′											I″									
	0	1	2	3	4	5	6	7	8	9		0	1	2	3	4	5	6	7	8	9
50	204	375	355	400	468	347	286	121	353	260	50	249	59	261	87	222	257	460	72	289	450
51	60	569	185	564	631	385	229	307	690	30	51	251	267	144	170	28	677	309	488	465	213
52	495	646	532	140	415	613	47	293	40	557	52	163	378	562	116	571	438	241	667	360	475
53	343	394	647	671	493	162	214	357	332	456	53	325	561	522	140	63	220	467	401	23	408
54	441	641	481	265	654	452	418	284	459	258	54	600	101	195	664	130	192	314	247	203	224
55	449	290	92	598	150	25	368	41	270	622	55	54	74	108	198	574	586	474	529	343	624
56	393	531	522	116	186	7	277	85	483	61	56	33	326	379	169	513	631	128	653	266	511
57	414	524	438	149	554	586	113	339	658	166	57	185	117	154	607	199	404	432	244	581	36
58	657	578	36	454	407	24	555	474	361	255	58	301	245	283	419	97	403	575	113	669	661
59	498	89	444	684	83	652	129	665	93	440	59	396	176	317	688	227	231	633	197	553	150
60	540	101	305	487	310	239	148	573	199	99	60	409	160	617	673	679	12	696	155	110	366
61	159	410	134	416	313	193	304	602	673	692	61	4	152	437	525	47	132	218	161	494	31
62	208	272	271	621	559	33	477	216	435	49	62	392	623	559	393	344	21	331	358	39	294
63	6	565	128	596	197	109	156	471	430	423	63	27	514	385	232	69	76	698	428	2	158
64	201	442	316	177	390	19	496	395	662	67	64	100	541	481	398	279	377	521	532	671	486
65	103	387	84	567	266	252	137	167	340	328	65	306	230	595	129	544	452	300	580	578	166
66	254	589	396	264	543	130	292	527	360	588	66	138	670	648	67	196	597	93	242	338	114
67	661	648	486	603	679	126	384	515	309	604	67	139	533	493	618	692	180	211	29	691	674
68	12	372	188	106	445	56	105	683	593	227	68	126	276	8	687	593	83	388	9	318	464
69	308	678	674	180	44	147	606	155	636	428	69	518	30	619	208	274	371	13	119	77	349
70	1										70	*									

p = 709

	I′											I″									
	0	1	2	3	4	5	6	7	8	9		0	1	2	3	4	5	6	7	8	9
0	708	172	322	344	97	134	211	38	28	460	0	354	708	172	52	494	199	396	616	591	661
1	367	416	686	364	62	521	294	159	551	487	1	333	680	607	107	654	441	619	217	413	228
2	452	329	439	189	109	400	410	634	39	444	2	700	31	388	275	585	478	471	590	8	460
3	328	21	388	558	386	204	702	548	212	635	3	254	701	205	84	376	629	256	615	7	28
4	532	690	554	612	146	123	379	56	507	491	4	444	564	360	262	119	271	464	285	694	351
5	668	343	3	494	68	116	380	280	567	572	5	170	321	173	597	516	284	47	507	196	372
6	430	325	365	332	662	580	132	198	495	180	6	582	653	14	521	593	221	642	515	54	116
7	233	505	693	286	485	227	414	679	334	114	7	125	186	250	466	455	310	219	579	663	102
8	283	517	273	557	33	376	543	301	305	105	8	268	599	546	128	206	684	166	369	265	177
9	383	682	99	130	641	222	651	345	374	683	9	394	210	135	704	341	595	493	4	134	92
10	207	113	79	268	645	306	363	13	654	190	10	130	428	664	569	176	89	383	608	584	24
11	626	164	605	208	335	179	69	125	145	44	11	400	639	427	101	79	283	55	380	236	263
12	271	545	600	147	232	70	186	556	83	206	12	304	302	270	45	379	117	145	613	547	703
13	100	428	581	373	98	92	704	403	314	242	13	93	641	66	198	5	211	549	154	296	450
14	407	422	534	503	185	126	613	601	631	497	14	358	553	691	278	235	118	44	123	232	181
15	539	425	339	402	137	296	577	317	312	295	15	537	588	633	411	550	160	289	529	216	17
16	155	289	244	435	627	542	86	369	648	667	16	551	421	408	638	111	605	685	417	239	673
17	50	321	2	52	597	644	104	89	394	336	17	352	707	1	322	670	511	570	266	282	115
18	496	149	537	536	182	504	71	250	519	440	18	69	233	184	504	234	144	126	556	274	23
19	655	475	246	260	391	566	58	372	133	5	19	109	626	436	482	349	490	508	514	67	495
	0	1	2	3	4	5	6	7	8	9		0	1	2	3	4	5	6	7	8	9

p = 709 (Fortsetzung)

N

	0	1	2	3	4	5	6	7	8	9
20	62	124	248	496	283	566	423	137	274	548
21	387	65	130	260	520	331	662	615	521	333
22	666	623	537	365	21	42	84	168	336	672
23	635	561	413	117	234	468	227	454	199	398
24	87	174	348	696	683	657	605	501	293	586
25	463	217	434	159	318	636	563	417	125	250
26	500	291	582	455	201	402	95	190	380	51
27	102	204	408	107	214	428	147	294	588	467
28	225	450	191	382	55	110	220	440	171	342
29	684	659	609	509	309	618	527	345	690	671
30	633	557	405	101	202	404	99	198	396	83
31	166	332	664	619	529	349	698	687	665	621
32	533	357	5	10	20	40	80	160	320	640
33	571	433	157	314	628	547	385	61	122	244
34	488	267	534	359	9	18	36	72	144	288
35	576	443	177	354	708	707	705	701	693	677
36	645	581	453	197	394	79	158	316	632	555
37	401	93	186	372	35	70	140	280	560	411
38	113	226	452	195	390	71	142	284	568	427
39	145	290	580	451	193	386	63	126	252	504
40	299	598	487	265	530	351	702	695	681	653
41	597	485	261	522	335	670	631	553	397	85
42	170	340	680	651	593	477	245	490	271	542
43	375	41	82	164	328	656	603	497	285	570
44	431	153	306	612	515	321	642	575	441	173
45	346	692	675	641	573	437	165	330	660	611
46	513	317	634	559	409	109	218	436	163	326
47	652	595	481	253	506	303	606	503	297	594
48	479	249	498	287	574	439	169	338	676	643
49	577	445	181	362	15	30	60	120	240	480
50	251	502	295	590	471	233	466	223	446	183
51	366	23	46	92	184	368	27	54	108	216
52	432	155	310	620	531	353	706	703	697	685
53	661	613	517	325	650	591	473	237	474	239
54	478	247	494	279	558	407	105	210	420	131
55	262	524	339	678	647	585	461	213	426	143
56	286	572	435	161	322	644	579	449	189	378
57	47	94	188	376	43	86	172	344	688	667
58	625	541	373	37	74	148	296	592	475	241
59	482	255	510	311	622	535	361	13	26	52
60	104	208	416	123	246	492	275	550	391	73
61	146	292	584	459	209	418	127	254	508	307
62	614	519	329	658	607	505	301	602	495	281
63	562	415	121	242	484	259	518	327	654	599
64	489	269	538	367	25	50	100	200	400	91
65	182	364	19	38	76	152	304	608	507	305
66	610	511	313	626	543	377	45	90	180	360
67	11	22	44	88	176	352	704	699	689	669
68	629	549	389	69	138	276	552	395	81	162
69	324	648	587	465	221	442	175	350	700	691
70	673	637	565	421	133	266	532	355	1	
	0	1	2	3	4	5	6	7	8	9

I

	0	1	2	3	4	5	6	7	8	9
20	647	264	304	120	271	45	123	147	601	614
21	547	128	83	557	274	188	519	251	466	73
22	286	694	48	507	57	280	381	236	118	145
23	126	186	71	505	234	184	182	537	150	539
24	498	589	633	152	339	426	604	541	202	481
25	259	500	398	473	617	591	8	28	39	635
26	213	412	550	154	137	403	705	341	94	641
27	131	428	101	113	208	606	685	166	86	543
28	377	629	35	204	387	438	560	483	349	194
29	391	261	611	248	277	502	586	478	25	400
30	110	626	191	475	656	659	442	619	16	294
31	522	593	64	662	333	10	367	461	254	30
32	328	445	564	41	690	533	469	637	434	622
33	457	215	311	219	76	414	228	19	487	552
34	421	161	289	156	577	297	450	139	242	315
35	697	405	675	525	353	707	171	321	51	343
36	669	596	493	96	651	223	510	643	515	67
37	198	133	373	582	60	430	573	665	569	103
38	268	80	283	115	179	336	395	210	91	682
39	384	608	107	13	364	687	308	418	239	168
40	648	370	265	88	305	302	121	545	272	464
41	46	379	124	232	148	631	602	257	615	37
42	548	703	129	206	84	33	558	389	275	23
43	189	440	520	331	252	562	467	455	74	485
44	287	448	695	351	49	491	508	196	58	567
45	281	393	382	362	237	263	119	44	146	613
46	127	556	187	250	72	693	506	279	235	144
47	185	504	183	536	538	588	151	425	540	480
48	499	472	590	27	634	411	153	402	340	640
49	427	112	605	165	542	628	203	437	482	193
50	260	247	501	477	399	625	474	658	618	293
51	592	661	9	460	29	444	40	532	636	621
52	214	218	413	18	551	160	155	296	138	314
53	404	524	706	320	342	595	95	222	642	66
54	132	581	429	664	102	79	114	335	209	681
55	607	12	686	417	167	369	87	301	544	463
56	378	231	630	256	36	702	205	32	388	22
57	439	330	561	454	484	447	350	490	195	566
58	392	361	262	43	612	555	249	692	278	143
59	503	535	587	424	479	471	26	410	401	639
60	111	164	627	436	192	246	476	624	657	292
61	660	459	443	531	620	217	17	159	295	313
62	523	319	594	221	65	580	663	78	334	680
63	11	416	368	300	462	230	255	701	31	21
64	329	453	446	489	565	360	42	554	691	142
65	534	423	470	409	638	163	435	245	623	291
66	458	530	216	158	312	318	220	579	77	679
67	415	299	229	700	20	452	488	359	553	141
68	422	408	162	244	290	529	157	317	578	678
69	298	699	451	358	140	407	243	528	316	677
70	698	357	406	527	676	356	526	355	354	
	0	1	2	3	4	5	6	7	8	9

p = 709

	I′											I″									
	0	1	2	3	4	5	6	7	8	9		0	1	2	3	4	5	6	7	8	9
20	396	258	481	437	387	32	84	684	606	681	20	337	603	541	628	35	702	129	100	113	335
21	91	135	549	412	218	311	158	17	413	76	21	395	6	38	635	621	457	530	620	214	311
22	579	65	642	510	671	574	419	486	19	700	22	318	594	95	651	324	431	309	75	414	299
23	255	630	148	181	184	144	118	263	647	168	23	462	378	124	70	505	279	381	362	307	418
24	673	696	315	528	290	623	476	501	277	692	24	575	449	139	407	162	435	192	260	611	555
25	72	466	562	327	30	701	36	615	397	500	25	187	519	331	366	461	230	630	602	201	481
26	247	611	43	119	304	88	177	282	80	599	26	193	391	361	237	647	370	571	568	103	645
27	122	45	464	518	188	23	585	502	143	235	27	303	120	545	82	557	389	610	248	692	506
28	381	393	178	115	55	47	694	448	576	156	28	57	567	267	80	517	465	73	485	420	161
29	529	458	660	592	522	313	138	450	699	229	29	244	623	657	618	16	159	155	577	678	415
30	462	544	121	270	120	302	646	238	418	226	30	368	87	305	646	264	88	105	363	687	432
31	75	219	318	523	404	697	677	578	220	594	31	456	215	158	295	138	242	528	157	312	523
32	342	51	173	670	224	431	688	563	445	453	32	706	171	2	344	652	61	365	253	30	21
33	561	252	366	10	680	209	395	200	603	426	33	439	520	63	662	78	114	179	496	632	152
34	640	94	595	669	323	652	583	609	390	194	34	402	705	320	51	3	97	374	385	559	483
35	490	49	170	707	*	354	526	406	140	553	35	447	695	674	525	355	526	676	698	451	488
36	42	262	237	307	687	326	253	461	300	87	36	565	392	382	106	13	62	332	10	416	167
37	265	571	59	582	346	385	34	629	231	124	37	648	513	197	133	98	683	85	543	463	46
38	117	236	362	106	608	347	559	438	22	275	38	56	280	393	90	682	375	34	204	32	558
39	610	261	361	382	90	210	6	616	473	625	39	348	194	566	281	178	336	200	258	500	477
40	110	639	340	705	524	675	527	243	162	638	40	25	410	153	137	314	697	357	140	422	470
41	401	153	550	18	228	299	368	167	239	575	41	26	634	213	218	76	679	11	686	308	226
42	288	161	408	470	479	540	604	112	101	664	42	486	552	141	534	587	151	339	640	131	581
43	573	225	309	456	622	245	192	482	560	330	43	60	325	688	468	637	163	627	203	387	22
44	520	15	619	531	40	564	489	350	695	241	44	189	655	659	459	29	328	453	484	287	576
45	139	358	488	446	484	74	310	215	530	443	45	297	699	20	329	561	467	433	622	291	660
46	29	254	230	378	46	285	73	455	433	637	46	9	367	300	544	272	518	251	562	689	533
47	409	26	590	617	658	656	624	399	25	471	47	423	479	499	398	625	191	246	501	586	424
48	499	259	193	349	447	287	420	552	359	565	48	540	202	437	560	454	74	227	19	452	416
49	195	508	650	96	4	199	337	632	589	472	49	350	49	668	596	53	68	180	149	539	480
50	398	477	586	535	183	234	279	57	196	514	50	259	247	277	143	185	71	693	48	491	650
51	643	175	570	371	197	67	54	284	465	251	51	223	671	666	649	509	643	598	81	273	188
52	331	63	593	319	706	353	355	676	316	157	52	440	15	294	313	404	675	356	406	243	290
53	216	620	636	469	423	587	538	150	588	498	53	458	443	40	690	142	503	183	182	536	150
54	480	202	628	377	463	272	82	128	703	136	54	425	604	165	86	301	121	600	614	37	212
55	154	160	421	141	691	249	187	274	389	348	55	412	18	487	359	42	612	127	83	33	386
56	483	454	467	689	41	360	392	281	267	103	56	438	330	252	327	445	489	195	58	572	665
57	176	266	568	665	672	240	449	297	678	77	57	512	371	59	430	225	419	288	156	317	220
58	663	429	60	653	108	24	478	424	151	633	58	65	132	373	346	609	276	502	535	538	498
59	27	8	661	64	221	95	493	53	516	81	59	472	617	293	522	319	342	669	174	644	269
60	546	614	257	201	541	165	685	12	107	584	60	122	147	631	338	426	112	208	681	384	347
61	276	248	555	127	547	37	7	591	293	16	61	390	261	43	146	601	257	397	473	658	442
62	217	214	457	291	657	474	191	436	203	35	62	531	636	434	245	476	399	110	164	542	377
63	256	602	338	152	411	213	621	434	163	111	63	231	148	497	589	27	39	532	469	409	401
64	427	131	66	515	598	269	303	264	370	513	64	340	94	222	510	175	104	306	238	168	667
65	509	223	324	61	14	441	659	292	618	442	65	492	96	345	583	108	190	475	624	474	656
66	459	9	333	78	102	569	512	649	492	596	66	292	592	64	580	429	573	672	169	50	343
67	174	511	666	169	352	525	356	698	298	415	67	323	224	574	240	696	405	527	316	578	77
68	11	607	384	375	85	166	417	308	432	468	68	334	209	91	99	207	606	12	364	326	563
69	533	142	278	506	48	351	674	405	357	451	69	41	554	249	72	286	448	241	315	677	298
70	20	31	205	129	93	341	320	171	1		70	229	255	36	548	136	403	524	353	*	
	0	1	2	3	4	5	6	7	8	9		0	1	2	3	4	5	6	7	8	9

$p = \mathbf{719},\ g = 11,\ p - 1 = 2 \cdot 359$

N

	0	1	2	3	4	5	6	7	8	9
0		11	121	612	261	714	664	114	535	133
1	25	275	149	201	54	594	63	693	433	449
2	625	404	130	711	631	470	137	69	40	440
3	526	34	374	519	676	246	549	287	281	215
4	208	131	3	33	363	398	64	704	554	342
5	167	399	75	106	447	603	162	344	189	641
6	580	628	437	493	390	695	455	691	411	207
7	120	601	140	102	403	119	590	19	209	142
8	124	645	624	393	9	99	370	475	192	674
9	224	307	501	478	225	318	622	371	486	313
10	567	485	302	446	592	41	451	647	646	635
11	514	621	360	365	420	306	490	357	332	57
12	627	426	372	497	434	460	27	297	391	706
13	576	584	672	202	65	715	675	235	428	394
14	20	220	263	17	187	619	338	123	634	503
15	500	467	104	425	361	376	541	199	32	352
16	277	171	443	559	397	53	583	661	81	172
17	454	680	290	314	578	606	195	707	587	705
18	565	463	60	660	70	51	561	419	295	369
19	464	71	62	682	312	556	364	409	185	597
20	96	337	112	513	610	239	472	159	311	545
21	243	516	643	602	151	223	296	380	585	683
22	323	677	257	670	180	542	210	153	245	538
23	166	388	673	213	186	608	217	230	373	508
24	555	353	288	292	336	101	392	717	697	477
25	214	197	10	110	491	368	453	669	169	421
26	317	611	250	593	52	572	540	188	630	459
27	16	176	498	445	581	639	558	386	651	690
28	400	86	227	340	145	157	289	303	457	713
29	653	712	642	591	30	330	35	385	640	569
30	507	544	232	395	31	341	156	278	182	564
31	452	658	48	528	56	616	305	479	236	439
32	515	632	481	258	681	301	435	471	148	190
33	652	701	521	698	488	335	90	271	105	436
34	482	269	83	194	696	466	93	304	468	115
35	546	254	637	536	144	146	168	410	196	718
36	708	598	107	458	5	55	605	184	586	694
37	444	570	518	665	125	656	26	286	270	94
38	315	589	8	88	249	582	650	679	279	193
39	685	345	200	43	473	170	432	438	504	511
40	588	716	686	356	321	655	15	165	377	552
41	320	644	613	272	116	557	375	530	78	139
42	91	282	226	329	24	264	28	308	512	599
43	118	579	617	316	600	129	700	510	577	595
44	74	95	326	710	620	349	244	527	45	495
45	412	218	241	494	401	97	348	233	406	152
46	234	417	273	127	678	268	72	73	84	205
47	98	359	354	299	413	229	362	387	662	92
48	293	347	222	285	259	692	422	328	13	143
49	135	47	517	654	4	44	484	291	325	699
	0	1	2	3	4	5	6	7	8	9

I

	0	1	2	3	4	5	6	7	8	9
0		718	606	42	494	364	648	650	382	84
1	252	1	536	488	538	406	270	143	690	77
2	140	692	607	703	424	10	376	126	426	638
3	294	304	158	43	31	296	578	552	683	530
4	28	105	580	393	495	448	591	491	312	582
5	616	185	264	165	14	365	314	119	526	542
6	182	670	192	16	46	134	649	689	637	27
7	184	191	466	467	440	52	571	651	418	657
8	634	168	711	342	468	507	281	680	383	627
9	336	420	479	346	379	441	200	455	470	85
10	504	245	73	674	152	338	53	362	620	563
11	253	594	202	534	7	349	414	572	430	75
12	70	2	558	147	80	374	622	463	652	435
13	22	41	537	9	577	490	525	26	633	419
14	72	533	79	489	354	284	355	624	328	12
15	658	214	459	227	539	668	306	285	545	207
16	522	635	56	554	599	407	230	50	356	258
17	395	161	169	709	568	660	271	584	515	625
18	224	588	308	712	367	198	234	144	267	58
19	329	672	88	389	343	176	358	251	691	157
20	392	13	133	570	679	469	562	69	40	78
21	226	598	659	233	250	39	508	236	451	509
22	141	631	482	215	90	94	422	282	613	475
23	237	693	302	457	460	137	318	699	681	205
24	676	452	608	210	446	228	35	565	686	384
25	262	707	510	704	351	549	540	222	323	484
26	628	4	647	142	425	529	615	669	465	341
27	378	337	413	462	632	11	521	160	307	388
28	678	38	421	698	685	483	377	37	242	286
29	172	497	243	480	512	188	216	127	618	473
30	546	325	102	287	347	316	115	91	427	716
31	556	208	194	99	173	380	433	260	95	639
32	410	404	523	220	662	498	442	605	487	423
33	295	590	118	636	656	335	244	201	146	576
34	283	305	49	514	57	391	597	481	456	445
35	548	614	159	241	472	555	403	117	513	471
36	112	154	476	44	196	113	600	518	255	189
37	86	97	122	238	32	416	155	408	664	642
38	217	505	560	603	694	297	277	477	231	654
39	64	128	246	83	139	303	579	164	45	51
40	280	454	619	74	21	532	458	553	567	197
41	357	68	450	474	675	706	646	461	684	187
42	114	259	486	575	547	153	121	602	138	531
43	645	601	396	18	124	326	339	62	397	319
44	29	666	519	162	370	273	103	54	696	19
45	700	106	310	256	170	66	501	288	363	269
46	125	682	581	181	190	710	345	151	348	621
47	25	327	206	394	587	87	569	249	93	317
48	564	322	340	677	496	101	98	661	334	596
49	116	254	641	63	453	449	574	123	272	500
	0	1	2	3	4	5	6	7	8	9

p = **719**

I′

	0	1	2	3	4	5	6	7	8	9
0	718	536	558	412	647	135	373	349	353	577
1	376	521	658	133	365	439	46	369	124	700
2	705	532	41	291	321	327	633	184	105	666
3	447	296	416	516	221	565	617	242	421	508
4	78	537	494	31	196	51	134	179	240	514
5	356	280	571	362	696	708	554	391	329	292
6	274	695	397	453	128	344	501	485	450	40
7	2	213	533	674	21	70	293	140	226	489
8	374	108	20	139	252	504	97	569	389	136
9	94	427	595	317	422	639	559	122	661	173
10	573	98	287	54	263	580	310	550	107	701
11	320	96	154	600	259	91	254	513	636	526
12	61	602	238	272	326	682	426	618	246	177
13	438	218	232	570	649	401	34	318	531	303
14	692	631	425	690	267	444	576	80	109	398
15	92	348	338	121	476	408	225	392	43	241
16	307	169	370	566	45	14	131	478	711	709
17	66	324	497	380	431	561	358	360	400	129
18	586	190	670	167	191	264	644	114	216	86
19	710	466	16	219	99	415	113	357	234	361
20	455	146	534	110	261	676	394	522	194	350
21	446	492	411	55	459	90	127	505	368	655
22	662	464	323	671	588	630	598	539	35	583
23	50	654	89	250	144	612	451	693	32	585
24	195	472	286	480	201	73	83	359	333	93
25	39	691	1	594	641	189	170	223	395	486
26	95	3	707	15	165	714	156	58	24	125
27	143	584	500	103	385	298	163	477	330	67
28	454	680	613	305	355	545	172	347	363	5
29	493	289	212	104	304	590	578	277	59	371
30	239	209	457	579	158	49	285	388	712	180
31	256	541	582	688	119	432	115	564	699	29
32	211	640	340	484	193	102	339	206	12	672
33	290	502	610	499	596	244	420	413	53	62
34	677	378	468	176	248	151	379	316	621	414
35	528	549	527	667	284	624	258	68	251	*
36	611	429	620	269	648	314	175	198	178	65
37	273	687	33	524	622	551	126	37	337	441
38	433	76	84	627	262	166	278	171	678	343
39	402	597	13	495	587	161	18	319	609	428
40	381	247	517	117	523	375	270	230	664	589
41	404	81	697	462	572	276	155	626	657	72
42	479	698	282	295	10	529	638	716	203	434
43	75	60	604	260	71	22	331	399	174	506
44	52	200	605	23	111	548	228	313	591	574
45	474	509	608	449	619	470	445	460	553	227
46	137	684	632	652	387	341	467	440	507	562
47	85	112	555	546	675	237	44	231	673	346
48	512	456	215	377	628	17	575	423	538	354
49	525	312	372	405	364	448	101	243	442	436
	0	1	2	3	4	5	6	7	8	9

I″

	0	1	2	3	4	5	6	7	8	9
0	359	252	70	261	628	289	673	534	557	537
1	424	632	328	392	165	263	192	485	396	696
2	82	74	435	443	268	621	525	637	530	319
3	702	43	238	372	136	228	520	377	678	250
4	69	22	606	158	476	164	16	629	589	305
5	230	45	440	338	103	213	635	514	267	298
6	431	120	339	641	654	369	170	279	357	562
7	75	434	419	245	619	430	381	690	40	533
8	147	411	559	246	382	470	189	587	672	232
9	215	115	150	249	90	260	111	86	101	194
10	586	496	325	273	293	28	700	108	81	148
11	203	444	471	196	187	316	596	403	590	314
12	705	153	97	574	18	269	376	216	64	179
13	713	166	671	13	46	5	89	460	602	83
14	77	509	647	270	234	604	201	558	640	595
15	500	345	674	547	112	416	266	691	304	614
16	521	395	519	276	579	264	385	183	634	161
17	256	387	286	99	438	366	343	129	368	47
18	309	581	542	541	27	616	566	684	512	255
19	181	184	670	324	208	240	44	567	367	506
20	441	244	594	428	612	681	327	545	556	301
21	608	320	292	71	658	482	188	642	131	193
22	523	34	540	257	625	156	78	459	446	667
23	407	477	132	659	198	561	508	475	122	300
24	48	159	37	497	335	504	128	401	344	569
25	233	358	84	563	116	518	310	544	356	114
26	433	204	384	104	185	687	583	144	695	363
27	406	660	123	370	60	527	415	297	386	653
28	51	507	422	576	354	306	242	102	501	291
29	330	23	59	76	638	423	31	694	275	573
30	592	630	693	139	294	283	668	160	588	665
31	106	551	491	447	365	511	347	93	137	397
32	110	24	564	222	171	546	124	25	624	58
33	278	436	516	248	661	656	627	378	152	326
34	322	465	711	389	65	710	479	287	151	7
35	209	704	701	8	489	284	50	197	176	247
36	177	199	53	288	494	14	708	712	218	17
37	162	299	492	6	80	405	10	483	341	346
38	173	400	650	680	686	274	543	464	307	88
39	655	57	157	580	206	258	601	62	149	437
40	178	135	390	555	410	493	538	599	155	715
41	639	212	3	337	349	195	32	688	651	633
42	336	38	94	487	703	142	126	91	399	361
43	572	174	315	380	429	652	499	585	130	15
44	467	379	498	611	145	456	210	30	495	453
45	68	236	676	63	280	200	481	302	532	214
46	457	646	413	622	221	669	191	466	342	679
47	455	513	241	618	450	613	154	277	167	420
48	243	597	631	685	323	67	259	605	536	79
49	577	591	211	290	42	393	677	172	662	333
	0	1	2	3	4	5	6	7	8	9

p = 719 (Fortsetzung)

N

	0	1	2	3	4	5	6	7	8	9
50	499	456	702	532	100	381	596	85	216	219
51	252	615	294	358	343	178	520	687	367	442
52	548	276	160	322	666	136	58	638	547	265
53	39	429	405	141	113	524	12	132	14	154
54	256	659	59	649	668	158	300	424	350	255
55	648	657	37	407	163	355	310	534	122	623
56	382	607	206	109	480	247	560	408	174	476
57	203	76	117	568	496	423	339	134	36	396
58	42	462	49	539	177	509	566	474	181	553
59	331	46	506	533	111	502	489	346	211	164
60	366	431	427	383	618	327	2	22	242	505
61	522	709	609	228	351	266	50	550	298	402
62	108	469	126	667	147	179	531	89	260	703
63	543	221	274	138	80	161	333	68	29	319
64	633	492	379	574	562	430	416	262	6	66
65	7	77	128	689	389	684	334	79	150	212
66	175	487	324	688	378	563	441	537	155	267
67	61	671	191	663	103	414	240	483	280	204
68	87	238	461	38	418	284	248	571	529	67
69	18	198	21	231	384	629	448	614	283	237
70	450	636	525	23	253	626	415	251	604	173
71	465	82	183	575	573	551	309	523	1	
	0	1	2	3	4	5	6	7	8	9

I

	0	1	2	3	4	5	6	7	8	9
50	150	92	595	149	398	609	592	300	239	585
51	437	399	428	203	110	320	211	492	372	33
52	516	332	610	717	535	702	30	447	313	688
53	417	626	503	593	557	8	353	667	229	583
54	266	156	225	630	301	209	350	528	520	36
55	617	715	409	589	48	240	195	415	276	163
56	566	186	644	665	309	180	586	100	573	299
57	371	687	265	714	643	713	130	438	174	431
58	60	274	385	166	131	218	368	178	400	381
59	76	293	104	263	15	439	506	199	361	429
60	434	71	213	55	708	366	175	561	235	612
61	204	261	3	412	697	511	315	432	604	145
62	444	111	96	559	82	20	705	120	61	695
63	268	24	321	640	148	109	701	352	527	275
64	298	59	292	212	411	81	108	107	550	543
65	386	278	330	290	493	405	375	551	311	541
66	183	167	478	673	6	373	524	623	544	257
67	223	671	132	232	89	136	34	221	464	387
68	171	324	193	219	655	390	402	517	663	653
69	279	67	485	17	369	65	344	248	333	499
70	436	331	502	629	47	179	129	177	360	611
71	443	23	291	289	5	135	401	247	359	
	0	1	2	3	4	5	6	7	8	9

p = 727, g = 5, $p - 1 = 2 \cdot 3 \cdot 11^2$

N

	0	1	2	3	4	5	6	7	8	9
0		5	25	125	625	217	358	336	226	403
1	561	624	212	333	211	328	186	203	288	713
2	657	377	431	701	597	77	385	471	174	143
3	715	667	427	681	497	304	66	330	196	253
4	538	509	364	366	376	426	676	472	179	168
5	113	565	644	312	106	530	469	164	93	465
6	144	720	692	552	579	714	662	402	556	599
7	87	435	721	697	577	704	612	152	33	165
8	98	490	269	618	182	183	188	213	338	236
9	453	84	420	646	322	156	53	265	598	82
10	410	596	72	360	346	276	653	357	331	201
11	278	663	407	581	724	712	652	352	306	76
12	380	446	49	245	498	309	91	455	94	470
13	169	118	590	42	210	323	161	78	390	496
14	299	41	205	298	36	180	173	138	690	542
15	529	464	139	695	567	654	362	356	326	176
16	153	38	190	223	388	486	249	518	409	591
17	47	235	448	59	295	21	105	525	444	39
18	195	248	513	384	466	149	18	90	450	69
19	345	271	628	232	433	711	647	327	181	178

I

	0	1	2	3	4	5	6	7	8	9
0		726	684	477	642	1	435	424	600	228
1	685	327	393	428	382	478	558	658	186	203
2	643	175	285	438	351	2	386	705	340	319
3	436	307	516	78	616	425	144	511	161	179
4	601	141	133	710	243	229	396	170	309	122
5	686	409	344	96	663	328	298	680	277	173
6	394	334	265	652	474	429	36	358	574	189
7	383	336	102	518	469	479	119	25	137	693
8	559	456	99	415	91	659	668	70	201	241
9	187	126	354	58	128	204	267	248	80	555
10	644	582	367	374	302	176	54	587	621	446
11	286	262	256	50	638	439	235	656	131	356
12	352	654	292	618	223	3	610	716	432	461
13	387	464	720	627	316	706	532	495	147	152
14	341	647	294	29	60	320	476	599	427	185
15	437	339	77	160	709	308	95	276	651	573
16	517	136	414	200	57	79	373	620	49	130
17	617	431	626	146	28	426	159	650	199	48
18	145	198	84	85	312	512	16	259	86	403
19	162	595	225	313	206	180	38	418	513	273

p = 719

	I'											I''									
	0	1	2	3	4	5	6	7	8	9		0	1	2	3	4	5	6	7	8	9
50	150	288	629	593	245	560	199	281	236	141	50	272	66	331	626	85	217	439	468	39	451
51	704	315	188	471	57	625	332	663	255	162	51	707	697	480	117	49	584	33	402	600	666
52	36	160	635	220	623	26	542	275	520	615	52	528	11	207	404	373	490	119	352	350	425
53	28	645	458	79	7	702	488	9	406	668	53	683	138	21	72	202	717	1	41	488	227
54	222	183	182	386	257	207	325	153	614	540	54	549	311	526	550	623	285	473	575	445	351
55	543	311	683	567	599	403	208	8	147	82	55	107	375	578	458	56	472	716	593	2	96
56	603	235	69	253	322	686	186	197	660	249	56	505	175	469	620	317	35	163	553	709	87
57	679	651	430	299	123	547	283	490	552	164	57	133	52	414	100	449	486	146	9	296	303
58	393	181	616	266	515	437	100	87	308	48	58	105	682	312	229	271	239	180	394	224	409
59	118	491	300	557	202	149	116	481	659	407	59	295	448	609	503	253	92	334	391	226	554
60	518	396	138	694	145	487	42	703	210	592	60	113	645	121	560	432	442	718	692	452	398
61	717	443	204	475	159	669	185	715	473	74	61	332	360	235	282	548	529	582	36	127	454
62	563	25	463	544	328	224	503	336	4	47	62	362	348	374	524	355	515	417	383	484	502
63	301	482	11	419	168	56	656	27	294	410	63	225	141	462	26	657	522	118	689	426	95
64	148	63	217	713	665	601	461	142	650	689	64	321	254	664	714	186	531	706	4	364	134
65	382	418	435	279	64	390	335	634	214	233	65	648	571	463	663	231	219	636	418	12	598
66	271	334	498	653	642	309	519	229	306	465	66	568	98	220	517	408	644	29	353	539	615
67	192	132	88	6	152	706	452	496	38	469	67	182	223	329	478	73	474	205	340	388	570
68	383	205	581	530	187	483	384	265	417	637	68	281	699	125	552	461	698	565	371	313	649
69	77	157	607	302	297	268	19	511	685	681	69	143	251	140	237	603	61	54	412	421	318
70	106	352	30	424	351	120	646	510	366	568	70	19	109	535	607	510	20	675	262	55	169
71	345	342	367	130	643	409	556	535	606		71	190	168	308	643	265	617	427	610	*	
	0	1	2	3	4	5	6	7	8	9		0	1	2	3	4	5	6	7	8	9

p = 727

	I'											I''									
	0	1	2	3	4	5	6	7	8	9		0	1	2	3	4	5	6	7	8	9
0	726	435	386	610	219	404	633	501	282	498	0	363	642	351	223	11	579	107	359	230	67
1	442	4	87	578	12	594	259	325	590	65	1	257	665	14	331	134	197	512	540	565	115
2	552	361	537	365	98	137	271	47	426	60	2	699	44	669	342	101	119	183	129	146	294
3	690	536	503	592	124	335	358	108	418	674	3	65	697	45	533	139	333	429	594	180	568
4	449	368	519	466	21	32	323	311	145	130	4	525	632	405	519	480	660	707	27	199	620
5	638	499	462	261	587	401	129	79	128	184	5	256	563	454	581	176	150	572	200	354	151
6	320	72	253	391	236	30	111	9	254	353	6	29	237	507	522	548	19	399	521	263	98
7	201	362	364	682	548	648	275	160	616	373	7	668	689	61	670	702	714	598	339	516	57
8	555	452	664	258	85	312	403	545	527	444	8	248	677	274	649	198	84	259	12	501	171
9	240	659	481	196	135	276	663	585	69	415	9	692	415	304	462	338	308	344	678	24	456
10	246	24	518	406	483	551	155	6	331	540	10	168	357	336	633	190	329	116	157	37	602
11	535	289	283	683	321	19	106	580	455	25	11	551	66	701	236	279	195	482	407	335	479
12	467	662	686	576	233	266	354	554	204	27	12	349	242	309	250	34	667	187	240	58	56
13	617	356	169	710	14	372	414	693	370	34	13	49	656	510	141	530	94	517	25	451	556
14	395	133	332	140	511	198	28	152	507	675	14	143	601	325	306	425	48	626	495	524	379
15	55	59	341	670	210	465	405	107	197	650	15	636	315	147	441	499	106	406	337	430	426
16	709	179	595	214	451	673	687	623	100	343	16	77	511	403	220	212	249	181	497	283	132
17	309	89	473	394	385	285	54	472	242	601	17	396	614	662	277	557	643	302	380	615	161
18	38	166	450	26	708	437	203	126	468	383	18	206	631	348	221	59	427	658	241	473	574
19	104	490	443	226	689	115	330	15	84	48	19	584	664	281	502	537	295	93	158	145	650

p = 727 (Fortsetzung)

	N											I									
	0	1	2	3	4	5	6	7	8	9		0	1	2	3	4	5	6	7	8	9
20	163	88	440	19	95	475	194	243	488	259	20	602	109	540	17	325	142	332	666	260	530
21	568	659	387	481	224	393	511	374	416	626	21	134	14	12	87	545	711	579	5	404	269
22	222	383	461	124	620	192	233	438	9	45	22	244	360	220	163	214	230	8	282	596	487
23	225	398	536	499	314	116	580	719	687	527	23	397	502	193	226	614	171	89	444	314	571
24	454	89	445	44	220	373	411	601	97	485	24	310	528	612	207	250	123	576	631	181	166
25	244	493	284	693	557	604	112	560	619	187	25	687	635	568	39	674	410	390	492	419	209
26	208	313	111	555	594	62	310	96	480	219	26	345	547	422	514	678	97	585	718	274	82
27	368	386	476	199	268	613	157	58	290	723	27	664	191	490	603	453	329	105	551	110	535
28	707	627	227	408	586	22	110	550	569	664	28	299	484	605	541	252	681	713	565	18	590
29	412	606	122	610	142	710	642	302	56	280	29	278	725	434	326	557	174	385	306	143	140
30	673	457	104	520	419	641	297	31	155	48	30	395	408	297	333	35	335	118	455	667	125
31	240	473	184	193	238	463	134	670	442	29	31	266	581	53	261	234	653	609	463	531	646
32	145	725	717	677	477	204	293	11	55	275	32	475	338	94	135	372	430	158	197	15	594
33	648	332	206	303	61	305	71	355	321	151	33	37	108	331	13	578	359	7	501	88	527
34	28	140	700	592	52	260	573	684	512	379	34	575	634	389	546	584	190	104	483	712	724
35	441	24	120	600	92	460	119	595	67	335	35	384	407	117	580	608	337	157	107	6	633
36	221	378	436	726	722	702	602	102	510	369	36	103	406	156	405	42	519	43	466	270	369
37	391	501	324	166	103	515	394	516	399	541	37	470	520	700	245	217	480	44	21	361	349
38	524	439	14	70	350	296	26	130	650	342	38	120	467	553	221	183	26	271	212	164	451
39	256	553	584	12	60	300	46	230	423	661	39	138	370	722	215	376	694	471	400	231	378
40	397	531	474	189	218	363	361	351	301	51	40	560	521	67	9	498	457	701	112	283	168
41	255	548	559	614	162	83	415	621	197	258	41	100	246	290	597	624	416	218	629	488	304
42	563	634	262	583	7	35	175	148	13	65	42	92	481	698	398	696	660	45	32	503	506
43	325	171	128	640	292	6	30	150	23	115	43	669	22	537	194	689	71	362	641	227	381
44	575	694	562	629	237	458	109	545	544	539	44	202	350	318	615	178	242	121	662	172	473
45	514	389	491	274	643	307	81	405	571	674	45	188	468	692	90	240	127	554	301	445	637
46	462	129	645	317	131	655	367	381	451	74	46	355	222	460	315	151	59	184	708	572	56
47	370	396	526	449	64	320	146	3	15	75	47	129	27	47	311	402	205	272	324	529	544
48	375	421	651	347	281	678	482	229	418	636	48	268	213	486	613	570	249	165	673	208	677
49	272	633	257	558	609	137	685	517	404	566	49	81	452	534	251	589	556	139	34	124	233
50	649	337	231	428	686	522	429	691	547	554	50	645	371	593	577	526	583	723	607	632	41
51	589	37	185	198	263	588	32	160	73	365	51	368	216	348	182	450	375	377	497	167	623
52	371	401	551	574	689	537	504	339	241	478	52	303	695	505	688	380	177	472	239	636	150
53	209	318	136	680	492	279	668	432	706	622	53	55	401	543	569	676	588	232	525	40	449
54	202	283	688	532	479	214	343	261	578	709	54	622	379	149	675	448	447	561	508	411	562
55	637	277	658	382	456	99	495	294	16	80	55	287	522	63	391	509	263	68	254	493	412
56	400	546	549	564	639	287	708	632	252	533	56	257	10	442	420	563	51	499	154	210	288
57	484	239	468	159	68	340	246	503	334	216	57	639	458	671	346	523	440	702	74	548	64
58	353	311	101	505	344	266	603	107	535	494	58	236	113	683	423	392	657	284	704	515	510
59	289	718	682	502	329	191	228	413	611	147	59	132	169	343	679	264	357	101	24	98	69
60	8	40	200	273	638	282	683	507	354	316	60	353	247	366	586	255	655	291	715	719	494
61	126	630	242	483	234	443	34	170	123	615	61	293	598	76	275	413	619	625	649	83	258
62	167	108	540	519	414	616	172	133	665	417	62	224	417	539	665	11	4	219	281	192	443
63	631	247	508	359	341	251	528	459	114	570	63	611	630	567	491	421	717	489	550	604	564
64	669	437	4	20	100	500	319	141	705	617	64	433	305	296	454	52	462	93	196	330	500
65	177	158	63	315	121	605	117	585	17	85	65	388	482	116	106	155	465	699	20	552	211
66	425	671	447	54	270	623	207	308	86	430	66	721	399	66	111	289	628	697	31	536	640
67	696	572	679	487	254	543	534	489	264	593	67	317	661	691	300	459	707	46	323	485	672
68	57	285	698	582	2	10	50	250	523	434	68	533	33	592	606	347	496	504	238	542	524
69	716	672	452	79	395	521	424	666	422	656	69	148	507	62	253	441	153	670	73	682	703
	0	1	2	3	4	5	6	7	8	9		0	1	2	3	4	5	6	7	8	9

p = 727

I′

	0	1	2	3	4	5	6	7	8	9
20	57	241	350	643	267	272	180	250	677	345
21	288	721	164	486	230	376	348	480	629	281
22	163	183	460	3	417	313	614	381	685	396
23	8	378	525	645	653	656	113	61	542	636
24	127	187	121	229	360	217	290	366	80	165
25	123	589	681	441	493	655	50	10	224	86
26	530	234	256	68	357	652	581	248	213	244
27	369	212	324	602	82	413	651	173	725	114
28	566	192	596	168	704	438	262	522	639	628
29	597	715	618	598	29	195	454	333	680	484
30	459	445	176	695	92	296	143	516	95	122
31	528	402	512	206	571	151	706	661	615	436
32	476	363	591	485	529	142	557	393	298	105
33	500	13	666	35	265	118	102	157	94	77
34	319	647	23	679	96	547	523	496	182	120
35	318	2	654	247	58	222	352	101	574	7
36	220	349	641	*	279	714	586	374	216	470
37	722	593	430	620	302	377	694	497	560	149
38	177	202	478	336	407	306	705	464	482	546
39	492	509	657	428	334	408	170	502	696	66
40	231	543	205	162	269	42	156	117	297	344
41	390	562	257	619	200	91	218	539	513	209
42	563	717	514	392	600	144	159	185	382	36
43	158	626	461	305	326	424	307	339	351	235
44	702	153	420	611	314	637	286	561	447	622
45	375	138	534	329	52	667	99	701	671	707
46	315	387	93	531	720	699	270	553	692	479
47	520	400	239	188	429	338	599	642	558	119
48	44	698	116	712	605	672	613	397	304	550
49	603	421	419	412	293	147	504	167	457	154
50	388	88	193	506	238	688	669	62	411	263
51	132	161	16	273	678	510	78	136	469	43
52	700	67	63	440	148	40	583	575	612	544
53	134	646	495	33	251	299	640	194	280	665
54	17	252	524	569	268	711	584	422	64	295
55	604	110	211	221	301	644	139	174	658	456
56	521	508	287	51	433	18	549	491	39	676
57	249	310	56	517	189	634	631	526	359	5
58	608	53	367	723	190	718	255	621	232	556
59	278	237	606	577	37	225	487	624	76	427
60	228	141	109	453	564	541	347	632	337	463
61	716	630	207	570	171	178	425	431	223	625
62	49	446	379	303	416	649	146	316	697	488
63	567	181	41	103	389	568	150	355	439	458
64	317	227	1	175	582	371	475	294	538	83
65	199	573	474	609	292	291	131	284	186	668
66	45	691	172	328	191	11	260	125	70	22
67	73	346	533	208	410	448	588	81	97	264
68	277	713	703	423	477	327	409	635	380	71
69	322	300	90	559	471	505	660	31	398	20
	0	1	2	3	4	5	6	7	8	9

I″

	0	1	2	3	4	5	6	7	8	9
20	414	70	381	186	128	402	313	612	673	419
21	154	552	271	268	163	722	368	245	416	4
22	360	553	355	618	258	595	193	641	600	243
23	214	400	588	124	261	439	64	591	504	472
24	90	201	178	710	269	700	100	353	267	570
25	207	534	541	62	68	586	262	412	83	16
26	666	53	286	509	679	334	125	204	544	404
27	466	26	205	513	718	76	95	680	590	364
28	538	219	8	112	657	175	446	562	210	111
29	246	655	654	494	647	549	305	408	328	535
30	691	554	374	623	488	433	385	436	709	170
31	571	47	85	225	444	460	627	640	350	340
32	60	114	690	46	272	17	434	685	663	453
33	196	108	142	297	394	35	383	608	475	437
34	705	152	703	169	409	209	671	606	216	361
35	202	438	356	69	126	637	131	264	36	578
36	244	21	71	321	72	23	247	582	41	270
37	138	645	135	79	367	450	215	375	231	622
38	688	227	428	189	724	174	2	461	500	634
39	410	63	423	327	173	140	229	487	698	721
40	471	55	311	86	5	156	103	384	395	686
41	674	508	493	275	136	99	624	224	38	492
42	442	491	547	683	435	616	28	599	393	474
43	372	617	716	564	725	1	319	185	285	638
44	523	253	10	192	89	301	621	448	675	40
45	182	164	81	603	296	118	559	498	639	300
46	222	432	52	609	387	155	43	120	188	518
47	369	694	177	172	652	646	320	684	382	469
48	217	92	388	104	299	323	213	596	629	717
49	191	567	390	254	719	532	347	377	9	51
50	330	7	397	32	496	695	503	148	561	391
51	515	144	312	418	422	704	307	573	102	42
52	470	560	287	346	542	232	577	88	310	324
53	260	463	706	672	452	110	31	22	648	417
54	109	605	238	401	529	87	389	345	74	566
55	489	105	20	467	127	80	589	326	478	693
56	378	447	411	420	604	713	280	630	635	543
57	613	314	708	651	358	527	123	593	13	711
58	117	266	644	526	546	97	366	54	676	251
59	18	322	33	371	15	162	282	290	293	476
60	424	179	273	490	550	484	592	723	580	653
61	3	443	528	486	226	318	78	130	292	413
62	373	587	449	167	597	619	431	720	289	218
63	611	576	607	6	575	687	239	445	50	288
64	536	362	477	203	555	233	531	341	75	625
65	159	276	265	234	352	255	235	392	558	91
66	696	317	121	96	82	539	332	455	659	506
67	153	458	485	165	39	149	569	208	514	343
68	298	252	73	113	726	228	122	166	505	194
69	30	661	468	137	376	303	398	628	481	465
	0	1	2	3	4	5	6	7	8	9

p = **727** (Fortsetzung)

N	0	1	2	3	4	5	6	7	8	9	I	0	1	2	3	4	5	6	7	8	9
70	372	406	576	699	587	27	135	675	467	154	70	342	23	365	714	75	648	538	280	566	549
71	43	215	348	286	703	607	127	635	267	608	71	295	195	115	19	65	30	690	322	591	237
72	132	660	392	506	349	291	1				72	61	72	364	279	114	321	363			

p = **733**, g = 6, $p - 1 = 2^2 \cdot 3 \cdot 61$

N	0	1	2	3	4	5	6	7	8	9	I	0	1	2	3	4	5	6	7	8	9
0		6	36	216	563	446	477	663	313	412	0		732	321	412	642	195	1	589	231	92
1	273	172	299	328	502	80	480	681	421	327	1	516	111	322	473	178	607	552	586	413	78
2	496	44	264	118	708	583	566	464	585	578	2	105	269	432	271	643	390	62	504	499	207
3	536	284	238	695	505	98	588	596	644	199	3	196	200	141	523	175	52	2	484	399	153
4	461	567	470	621	61	366	730	715	625	85	4	426	514	590	101	21	287	592	258	232	446
5	510	128	35	210	527	230	647	217	569	482	5	711	266	383	646	93	306	88	490	528	434
6	693	493	26	156	203	485	711	601	674	379	6	517	44	521	681	462	668	112	531	496	683
7	75	450	501	74	444	465	591	614	19	114	7	373	121	323	262	73	70	720	700	474	706
8	684	439	435	411	267	136	83	498	56	336	8	15	184	103	86	179	49	422	619	342	404
9	550	368	9	54	324	478	669	349	628	103	9	608	330	181	612	579	273	553	602	35	203
10	618	43	258	82	492	20	120	720	655	265	10	300	571	587	99	704	464	235	695	414	339
11	124	11	66	396	177	329	508	116	696	511	11	627	164	409	671	79	466	117	565	23	443
12	134	71	426	357	676	391	147	149	161	233	12	106	222	365	194	110	585	270	206	51	513
13	665	325	484	705	565	458	549	362	706	571	13	257	645	433	667	120	699	85	403	272	570
14	494	32	192	419	315	424	345	604	692	487	14	694	670	442	584	644	402	583	126	394	127
15	723	673	373	39	234	671	361	700	535	278	15	391	237	309	678	289	395	63	188	295	326
16	202	479	675	385	111	666	331	520	188	395	16	336	128	505	640	424	718	407	392	500	214
17	171	293	292	286	250	34	204	491	14	84	17	370	170	11	238	208	247	663	114	725	310
18	504	92	552	380	81	486	717	637	157	209	18	197	548	651	456	502	679	201	697	168	361
19	521	194	431	387	123	5	30	180	347	616	19	594	290	142	243	191	348	356	396	524	39
20	31	186	383	99	594	632	127	29	174	311	20	621	211	160	64	176	709	420	363	293	189
21	400	201	473	639	169	281	220	587	590	608	21	53	254	556	533	284	296	3	57	660	674
22	716	631	121	726	691	481	687	457	543	326	22	216	327	485	416	730	482	260	337	400	546
23	490	8	48	288	262	106	636	151	173	305	23	55	380	438	129	154	453	344	386	32	506
24	364	718	643	193	425	351	640	175	317	436	24	427	470	543	596	686	641	515	551	431	498
25	417	303	352	646	211	533	266	130	47	282	25	174	425	591	382	527	461	372	719	102	341
26	226	623	73	438	429	375	51	306	370	21	26	578	299	234	408	22	109	256	84	441	393
27	126	23	138	95	570	488	729	709	589	602	27	288	335	406	10	724	501	593	355	159	292
28	680	415	291	280	214	551	374	45	270	154	28	283	215	259	437	31	685	173	371	233	440
29	191	413	279	208	515	158	215	557	410	261	29	723	282	172	171	447	629	715	615	448	12
30	100	600	668	343	592	620	55	330	514	152	30	712	690	558	251	630	239	267	488	610	511
31	179	341	580	548	356	670	355	664	319	448	31	716	209	384	8	509	144	616	248	647	318
32	489	2	12	72	432	393	159	221	593	626	32	657	375	449	664	94	131	229	19	13	115
33	91	546	344	598	656	271	160	227	629	109	33	307	166	728	576	713	726	89	479	535	351
34	654	259	88	528	236	683	433	399	195	437	34	691	311	491	303	332	146	559	198	529	97
35	423	339	568	476	657	277	196	443	459	555	35	568	245	252	549	435	316	314	123	631	652
36	398	189	401	207	509	122	732	727	697	517	36	518	156	137	634	240	457	45	411	91	606
37	170	287	256	70	420	321	460	561	434	405	37	268	503	522	152	286	265	489	680	682	69
38	231	653	253	52	312	406	237	689	469	615	38	183	618	611	202	463	163	564	193	512	698
39	25	150	167	269	148	155	197	449	495	38	39	669	125	677	325	717	169	113	455	360	347
	0	1	2	3	4	5	6	7	8	9		0	1	2	3	4	5	6	7	8	9

p = 727

	I'										I''									
	0	1	2	3	4	5	6	7	8	9		0	1	2	3	4	5	6	7	8	9
70	245	112	74	342	515	340	532	46	572	308	70	520	457	440	682	284	386	316	459	184	160
71	243	579	724	565	75	719	432	489	274	494	71	133	545	483	681	365	291	610	421	585	715
72	627	399	215	607	384	434	684				72	464	211	370	583	712	278	*			

p = 733

	I'										I''									
	0	1	2	3	4	5	6	7	8	9		0	1	2	3	4	5	6	7	8	9
0	732	589	484	57	580	539	95	317	509	291	0	366	195	52	296	536	599	353	487	384	83
1	724	238	712	115	421	184	225	632	575	13	1	406	170	448	19	72	706	161	280	374	229
2	710	287	109	443	277	493	41	75	492	655	2	398	101	408	565	428	603	134	654	493	429
3	722	685	506	118	703	203	278	451	708	621	3	158	437	386	519	180	602	217	638	242	524
4	701	352	600	530	521	411	687	220	329	422	4	376	26	388	305	517	457	276	444	705	179
5	119	513	2	254	343	380	415	660	274	540	5	364	206	175	189	729	546	253	3	352	225
6	519	140	504	188	176	185	635	279	162	183	6	148	104	390	395	160	132	637	301	151	682
7	720	625	14	70	599	450	304	389	105	466	7	73	397	495	262	357	27	218	472	413	671
8	598	537	249	9	441	403	179	520	490	479	8	345	263	378	298	256	699	103	710	306	726
9	285	606	516	306	131	161	315	568	338	704	9	136	411	231	646	664	6	302	529	601	587
10	445	21	341	86	61	269	222	688	334	256	10	483	590	719	184	177	78	443	544	340	22
11	585	322	531	455	725	307	364	565	368	693	11	194	516	668	169	663	13	626	466	33	50
12	699	323	633	631	454	677	394	391	505	154	12	667	373	244	314	162	669	583	394	336	438
13	165	229	65	138	26	358	90	634	428	494	13	317	94	540	573	580	227	313	156	133	274
14	398	523	243	374	616	244	559	417	60	275	14	61	200	290	510	509	350	332	623	224	185
15	458	68	286	426	453	410	137	507	30	292	15	477	410	522	399	129	315	518	541	405	355
16	64	16	124	564	409	478	728	190	361	113	16	211	95	68	463	627	130	307	650	697	717
17	11	447	171	371	425	52	709	104	607	49	17	370	172	282	685	498	523	64	230	473	86
18	34	612	563	618	103	149	241	639	295	53	18	421	330	285	69	15	65	220	236	63	293
19	620	348	324	512	110	1	200	548	529	483	19	167	243	617	564	365	642	207	310	559	389
20	141	697	463	300	638	666	51	196	247	384	20	196	679	611	35	328	221	270	499	238	716
21	362	160	707	246	370	259	327	36	76	476	21	347	621	665	639	500	283	674	492	278	636
22	186	205	365	367	148	59	653	135	727	19	22	47	465	106	597	467	16	624	721	656	131
23	177	92	446	440	408	695	187	309	208	267	23	320	589	258	371	299	464	401	391	11	630
24	457	544	38	191	122	252	547	663	647	349	24	634	186	696	142	145	568	213	208	616	82
25	510	630	549	56	556	405	84	645	232	437	25	614	558	245	708	53	577	109	513	592	215
26	337	705	73	81	617	489	383	488	503	432	26	482	530	323	349	605	286	711	239	606	105
27	206	643	570	553	139	320	46	637	218	623	27	585	432	403	579	58	149	561	24	36	67
28	17	614	172	215	296	182	265	592	335	395	28	459	684	723	292	533	90	152	21	393	678
29	142	684	283	189	423	326	3	613	83	234	29	594	9	159	363	308	188	284	480	460	578
30	571	67	96	332	328	43	88	166	294	678	30	203	486	478	491	76	445	93	115	582	237
31	197	491	675	136	123	155	314	130	657	397	31	725	691	655	567	316	96	435	7	647	539
32	230	412	473	262	346	717	336	485	204	601	32	275	732	111	121	192	677	295	216	304	48
33	181	567	146	486	354	406	128	400	465	627	33	608	534	303	451	108	288	326	260	98	414
34	108	578	404	542	386	80	378	210	356	263	34	381	102	619	54	453	632	324	360	191	249
35	145	691	58	6	436	159	396	74	376	480	35	575	535	41	468	334	593	348	648	135	676
36	347	594	532	293	50	194	*	561	418	662	36	455	168	210	420	116	222	687	223	118	423
37	170	233	719	121	18	449	40	536	82	385	37	214	173	461	683	143	657	358	604	346	481
38	438	340	527	646	8	595	32	467	42	199	38	55	550	591	266	209	379	344	653	475	77
39	62	237	500	288	127	63	524	71	20	153	39	643	127	407	441	126	289	356	319	140	484
	0	1	2	3	4	5	6	7	8	9		0	1	2	3	4	5	6	7	8	9

$p = \mathbf{733}$ (Fortsetzung)

N

	0	1	2	3	4	5	6	7	8	9
40	228	635	145	137	89	534	272	166	263	112
41	672	367	3	18	108	648	223	605	698	523
42	206	503	86	516	164	251	40	240	707	577
43	530	248	22	132	59	354	658	283	232	659
44	289	268	142	119	714	619	49	294	298	322
45	466	597	650	235	677	397	183	365	724	679
46	409	255	64	384	105	630	115	690	475	651
47	241	713	613	13	78	468	609	722	667	337
48	556	404	225	617	37	222	599	662	307	376
49	57	342	586	584	572	500	68	408	249	28
50	168	275	184	371	27	162	239	701	541	314
51	418	309	388	129	41	246	10	60	360	694
52	499	62	372	33	198	455	531	254	58	348
53	622	67	402	213	545	338	562	440	441	447
54	483	699	529	242	719	649	229	641	181	353
55	652	247	16	96	576	524	212	539	302	346
56	610	728	703	553	386	117	702	547	350	634
57	139	101	606	704	559	422	333	532	260	94
58	564	452	513	146	143	125	17	102	612	7
59	42	252	46	276	190	407	243	725	685	445
60	471	627	97	582	560	428	369	15	90	540
61	308	382	93	558	416	297	316	430	381	87
62	522	200	467	603	686	451	507	110	660	295
63	304	358	682	427	363	712	607	710	595	638
64	163	245	4	24	144	131	53	318	442	453
65	519	182	359	688	463	579	542	320	454	525
66	218	575	518	176	323	472	633	133	65	390
67	141	113	678	403	219	581	554	392	153	185
68	377	63	378	69	414	285	244	731	721	661
69	301	340	574	512	140	107	642	187	389	135
70	77	462	573	506	104	624	79	474	645	205
71	497	50	300	334	538	296	310	394	165	257
72	76	456	537	290	274	178	335	544	332	526
73	224	611	1							
	0	1	2	3	4	5	6	7	8	9

I

	0	1	2	3	4	5	6	7	8	9
40	210	362	532	673	481	379	385	595	497	460
41	298	83	9	291	684	281	614	250	510	143
42	374	18	575	350	145	244	122	633	605	264
43	617	192	324	346	378	82	249	349	263	81
44	537	538	648	357	74	599	5	539	319	397
45	71	625	581	649	658	525	721	227	135	358
46	376	40	701	654	27	75	450	622	475	388
47	42	600	665	212	707	468	353	6	95	161
48	16	225	59	540	132	65	185	149	275	320
49	230	177	104	61	140	398	20	710	87	520
50	495	72	14	421	180	34	703	626	116	364
51	50	119	693	582	308	294	423	369	662	650
52	167	190	620	419	555	659	729	54	343	542
53	430	526	577	255	405	158	30	722	714	557
54	609	508	656	228	727	534	331	567	313	136
55	90	285	182	563	676	359	480	297	613	574
56	604	377	536	4	580	134	26	41	352	58
57	274	139	494	702	692	661	554	429	29	655
58	312	675	603	25	493	28	492	217	36	278
59	218	76	304	328	204	638	37	451	333	486
60	301	67	279	623	147	417	572	636	219	476
61	560	731	588	472	77	389	199	483	100	445
62	305	43	530	261	705	48	329	601	98	338
63	465	221	205	666	569	401	236	187	639	213
64	246	547	696	242	38	708	253	56	415	545
65	452	469	550	381	340	108	334	354	436	439
66	628	689	487	7	317	130	165	478	302	96
67	315	155	410	151	68	162	124	454	672	459
68	280	17	632	345	80	598	624	226	653	387
69	467	224	148	60	519	33	118	368	418	541
70	157	507	566	562	573	133	138	428	24	277
71	637	66	635	471	444	47	220	186	241	544
72	107	688	477	150	458	597	223	367	561	276
73	46	687	366							
	0	1	2	3	4	5	6	7	8	9

$p = \mathbf{739}$, $g = 3$, $p - 1 = 2 \cdot 3^2 \cdot 41$

N

	0	1	2	3	4	5	6	7	8	9
0		3	9	27	81	243	729	709	649	469
1	668	526	100	300	161	483	710	652	478	695
2	607	343	290	131	393	440	581	265	56	168
3	504	34	102	306	179	537	133	399	458	635
4	427	542	148	444	593	301	164	492	737	733
5	721	685	577	253	20	60	180	540	142	426
6	539	139	417	512	58	174	522	88	264	53
7	159	477	692	598	316	209	627	403	470	671
8	535	127	381	404	473	680	562	208	624	394
9	443	590	292	137	411	494	4	12	36	108

I

	0	1	2	3	4	5	6	7	8	9
0		738	417	1	96	696	418	253	513	2
1	375	292	97	633	670	697	192	352	419	521
2	54	254	709	499	514	654	312	3	349	385
3	376	182	609	293	31	211	98	684	200	634
4	471	688	671	530	388	698	178	441	193	506
5	333	353	729	69	420	250	28	522	64	454
6	55	525	599	255	288	591	710	494	448	500
7	628	379	515	734	363	655	617	545	313	716
8	150	4	367	511	350	310	209	386	67	597
9	377	148	595	183	120	479	610	171	185	294

p = 733

I′

	0	1	2	3	4	5	6	7	8	9
40	546	236	583	272	608	158	10	392	22	671
41	151	91	642	78	339	545	730	572	541	555
42	363	180	619	369	718	591	514	470	24	29
43	526	498	271	667	517	316	439	31	129	628
44	723	393	584	106	47	305	711	629	12	664
45	622	333	469	344	672	360	502	45	597	280
46	298	372	668	163	235	221	117	224	353	550
47	543	444	77	178	706	388	560	150	302	535
48	297	379	260	100	399	416	301	7	610	680
49	528	303	217	28	702	72	683	460	174	207
50	214	593	679	522	499	640	427	566	656	144
51	143	716	698	257	590	551	111	44	156	33
52	495	681	152	175	39	721	577	461	434	97
53	261	496	673	284	331	351	4	538	648	319
54	132	157	430	596	107	452	55	696	651	435
55	381	431	586	602	429	659	533	609	251	198
56	731	276	573	676	193	23	562	313	245	401
57	694	587	636	133	604	350	713	255	299	273
58	134	649	308	126	644	270	413	99	472	231
59	101	382	258	355	290	497	686	223	624	5
60	665	98	35	25	377	264	268	552	330	508
61	511	202	579	574	250	448	248	192	611	342
62	419	211	475	147	226	581	116	164	689	715
63	239	652	345	605	240	471	219	66	37	213
64	424	515	195	390	402	433	93	318	357	658
65	167	456	518	387	27	312	228	375	525	729
66	674	554	650	114	94	212	569	120	112	125
67	442	79	459	481	216	603	359	325	289	201
68	682	462	69	373	281	173	641	366	477	487
69	558	311	661	582	670	414	242	168	669	85
70	474	654	692	626	464	48	15	468	253	420
71	87	266	690	726	557	615	209	169	407	102
72	700	227	714	282	501	310	89	534	576	54
73	482	588	321							
	0	1	2	3	4	5	6	7	8	9

I″

	0	1	2	3	4	5	6	7	8	9
40	337	569	644	85	342	255	335	718	234	164
41	155	45	321	586	695	56	485	147	368	620
42	709	14	49	294	640	174	153	506	138	554
43	542	551	269	645	528	549	354	259	380	436
44	233	84	670	23	471	100	232	171	615	375
45	75	37	545	154	124	113	651	240	150	672
46	497	527	681	202	704	338	79	387	707	452
47	427	635	588	322	700	622	219	688	165	89
48	359	673	730	199	2	327	333	689	267	265
49	88	311	28	25	139	520	531	595	431	504
50	392	724	456	268	62	128	32	157	609	8
51	250	610	193	51	426	641	92	434	652	60
52	87	44	503	141	396	658	430	382	490	198
53	43	112	362	556	727	479	377	81	537	5
54	59	418	343	470	241	415	400	246	197	252
55	469	515	607	273	661	419	254	714	690	146
56	476	367	566	182	163	117	507	331	97	666
57	272	300	417	562	613	18	728	526	341	612
58	4	625	693	402	442	110	552	571	731	1
59	514	425	287	501	361	385	543	458	80	74
60	42	329	553	675	574	633	91	178	404	557
61	488	618	181	297	281	715	144	264	183	422
62	190	39	450	279	598	71	703	339	439	447
63	251	123	17	122	137	66	572	277	204	187
64	505	686	412	271	584	257	383	248	538	581
65	662	548	631	226	701	29	508	318	649	555
66	57	692	369	247	449	600	205	433	462	698
67	694	409	454	532	660	312	563	125	309	502
68	489	521	680	496	291	31	596	46	107	628
69	712	351	702	119	570	235	547	201	512	120
70	720	40	494	34	99	261	474	212	38	176
71	20	446	12	576	722	629	511	325	424	372
72	70	525	30	440	10	114	713	228	166	659
73	416	560	*							
	0	1	2	3	4	5	6	7	8	9

p = 739

I′

	0	1	2	3	4	5	6	7	8	9
0	738	96	375	349	367	621	371	16	228	78
1	259	534	725	45	421	680	718	578	318	161
2	392	305	172	389	89	508	589	453	522	528
3	683	211	535	564	56	126	173	108	355	166
4	218	233	460	555	712	651	251	737	369	327
5	721	438	383	498	254	525	232	342	187	40
6	57	307	492	524	454	169	147	597	27	420
7	567	18	547	676	164	629	316	83	221	125
8	269	705	237	700	396	433	115	75	570	674
9	43	411	306	179	631	252	696	633	684	261

I″

	0	1	2	3	4	5	6	7	8	9
0	369	417	513	312	150	263	661	551	517	731
1	146	170	294	394	567	239	7	436	71	329
2	405	202	704	270	281	382	439	68	250	652
3	181	293	725	483	276	269	389	105	490	581
4	59	342	507	90	138	13	659	326	370	622
5	152	619	290	351	521	454	34	60	442	268
6	126	179	504	249	522	714	309	386	332	729
7	395	701	562	427	213	87	107	174	9	131
8	277	672	575	77	229	424	645	501	112	24
9	664	703	172	127	325	737	1	292	211	122

p = **739** (Fortsetzung)

N

	0	1	2	3	4	5	6	7	8	9
10	324	233	699	619	379	398	455	626	400	461
11	644	454	623	391	434	563	211	633	421	524
12	94	282	107	321	224	672	538	136	408	485
13	716	670	532	118	354	323	230	690	592	298
14	155	465	656	490	731	715	667	523	91	273
15	80	240	720	682	568	226	678	556	190	570
16	232	696	610	352	317	212	636	430	551	175
17	525	97	291	134	402	467	662	508	46	138
18	414	503	31	93	279	98	294	143	429	548
19	166	498	16	48	144	432	557	193	579	259
20	38	114	342	287	122	366	359	338	275	86
21	258	35	105	315	206	618	376	389	428	545
22	157	471	674	544	154	462	647	463	650	472
23	677	553	181	543	151	453	620	382	407	482
24	707	643	451	614	364	353	320	221	663	511
25	55	165	495	7	21	63	189	567	223	669
26	529	109	327	242	726	700	622	388	425	536
27	130	390	431	554	184	552	178	534	124	372
28	377	392	437	572	238	714	664	514	64	192
29	576	250	11	33	99	297	152	456	629	409
30	488	725	697	613	361	344	293	140	420	521
31	85	255	26	78	234	702	628	406	479	698
32	616	370	371	374	383	410	491	734	724	694
33	604	334	263	50	150	450	611	355	326	239
34	717	673	541	145	435	566	220	660	502	28
35	84	252	17	51	153	459	638	436	569	229
36	687	583	271	74	222	666	520	82	246	738
37	736	730	712	658	496	10	30	90	270	71
38	213	639	439	578	256	29	87	261	44	132
39	396	449	608	346	299	158	474	683	571	235
40	705	637	433	560	202	606	340	281	104	312
41	197	591	295	146	438	575	247	2	6	18
42	54	162	486	719	679	559	199	597	313	200
43	600	322	227	681	565	217	651	475	686	580
44	262	47	141	423	530	112	336	269	68	204
45	612	358	335	266	59	177	531	115	345	296
46	149	447	602	328	245	735	727	703	631	415
47	506	40	120	360	341	284	113	339	278	95
48	285	116	348	305	176	528	106	318	215	645
49	457	632	418	515	67	201	603	331	254	23
50	69	207	621	385	416	509	49	147	441	584
51	274	83	249	8	24	72	216	648	466	659
52	499	19	57	171	513	61	183	549	169	507
53	43	129	387	422	527	103	309	188	564	214
54	642	448	605	337	272	77	231	693	601	325
55	236	708	646	460	641	445	596	310	191	573
56	241	723	691	595	307	182	546	160	480	701
57	625	397	452	617	373	380	401	464	653	481
58	704	634	424	533	121	363	350	311	194	582
59	268	65	195	585	277	92	276	89	267	62
	0	1	2	3	4	5	6	7	8	9

I

	0	1	2	3	4	5	6	7	8	9
10	12	725	32	535	408	212	486	122	99	261
11	667	685	445	476	201	457	481	635	133	605
12	472	584	204	689	278	612	672	81	705	531
13	270	23	389	36	173	699	127	93	179	61
14	307	442	58	187	194	343	413	507	42	460
15	334	234	296	354	224	140	730	220	395	70
16	567	14	421	659	46	251	190	652	29	528
17	727	523	626	714	65	169	484	455	276	34
18	56	232	565	526	274	642	600	644	537	256
19	158	558	289	197	588	592	602	410	711	426
20	429	495	404	638	449	646	214	501	87	75
21	629	116	165	380	539	488	516	435	678	735
22	346	247	364	258	124	656	155	432	618	359
23	136	546	160	101	314	399	550	717	284	339
24	151	560	263	5	621	464	368	416	695	512
25	291	669	351	53	498	311	384	608	210	199
26	687	387	440	332	68	27	453	598	590	447
27	378	362	544	149	510	208	596	594	478	184
28	724	407	121	666	475	480	604	203	611	704
29	22	172	92	306	186	412	459	295	139	394
30	13	45	651	726	713	483	33	564	641	536
31	557	587	409	428	637	213	74	164	487	677
32	246	123	431	135	100	549	338	262	463	694
33	668	497	607	686	331	452	446	543	207	477
34	406	474	202	21	305	458	393	650	482	640
35	586	636	163	245	134	337	693	606	451	206
36	473	304	649	585	244	692	205	648	691	690
37	321	322	279	574	323	613	216	280	673	104
38	575	82	237	324	706	503	614	532	267	217
39	271	113	281	24	89	674	390	571	105	37
40	108	576	174	77	83	700	317	238	128	299
41	325	94	631	707	180	469	504	62	492	615
42	308	118	533	443	582	268	59	40	218	188
43	167	272	195	402	114	344	357	282	414	382
44	25	508	664	90	43	555	675	461	541	391
45	335	242	572	235	111	106	297	490	38	355
46	553	109	225	227	577	141	518	175	731	9
47	78	221	229	84	396	437	701	71	18	318
48	568	579	239	15	680	129	422	720	300	660
49	143	326	47	737	95	252	374	632	191	520
50	708	653	348	181	30	683	470	529	177	505
51	728	249	63	524	287	493	627	733	616	715
52	366	309	66	147	119	170	11	534	485	260
53	444	456	132	583	277	80	269	35	126	60
54	57	342	41	233	223	219	566	658	189	527
55	625	168	275	231	273	643	157	196	601	425
56	403	645	86	115	538	434	345	257	154	358
57	159	398	283	559	620	415	290	52	383	198
58	439	26	589	361	509	593	723	665	603	703
59	91	411	138	44	712	563	556	427	73	676
	0	1	2	3	4	5	6	7	8	9

p = 739

I′

	0	1	2	3	4	5	6	7	8	9
10	549	314	265	236	575	37	297	76	576	225
11	489	106	88	281	344	538	165	581	533	170
12	479	666	99	431	656	341	60	93	299	422
13	340	79	583	605	337	100	546	562	44	394
14	730	518	736	326	622	130	10	119	595	510
15	4	560	50	397	358	432	424	196	558	398
16	101	302	336	245	487	380	401	272	275	484
17	11	185	92	699	77	731	248	505	441	61
18	469	30	609	120	724	294	412	194	167	527
19	652	520	352	506	343	402	601	588	439	687
20	634	457	21	611	689	648	473	477	596	386
21	199	98	486	74	501	103	280	271	188	566
22	395	229	657	219	140	227	517	577	436	84
23	156	273	565	223	296	111	502	324	128	15
24	551	110	572	647	692	134	123	364	286	63
25	28	190	374	513	709	288	158	154	124	131
26	444	667	463	5	466	569	112	217	59	35
27	23	113	195	643	642	231	34	80	612	574
28	673	24	414	559	339	145	732	493	591	197
29	52	669	97	31	12	139	354	490	630	325
30	660	264	319	243	649	458	186	442	118	66
31	209	384	3	716	399	467	298	238	568	102
32	573	322	279	613	706	94	47	465	301	19
33	542	452	68	353	234	242	450	693	262	151
34	623	222	41	413	357	257	247	682	181	385
35	310	53	419	729	224	553	381	282	159	136
36	722	509	544	655	258	146	309	511	416	*
37	48	144	681	519	632	292	182	148	362	515
38	539	663	25	198	608	376	67	440	698	36
39	571	335	639	650	13	70	437	619	283	550
40	662	356	114	645	638	20	474	121	212	428
41	711	138	459	507	382	290	695	1	253	521
42	250	659	720	152	85	403	429	73	637	495
43	548	135	618	153	345	678	17	701	360	26
44	332	193	58	582	456	476	543	378	500	646
45	303	206	446	598	55	276	132	481	393	295
46	334	541	496	694	368	370	661	580	491	504
47	529	688	584	304	202	480	201	406	184	610
48	604	635	640	33	455	260	122	677	516	552
49	38	117	615	627	448	404	330	607	311	514
50	628	87	266	614	62	728	333	42	664	593
51	208	350	291	2	654	734	435	8	175	347
52	708	54	64	626	287	599	274	625	727	177
53	388	270	267	443	485	408	557	256	434	488
54	241	391	405	207	149	313	160	329	462	338
55	717	7	226	109	540	675	427	587	289	620
56	263	328	72	556	641	526	658	14	579	315
57	107	105	235	215	323	82	174	141	679	239
58	400	39	268	277	204	244	636	409	592	361
59	447	710	602	723	478	183	594	377	590	255
	0	1	2	3	4	5	6	7	8	9

I″

	0	1	2	3	4	5	6	7	8	9
10	135	160	319	215	673	571	111	570	37	553
11	241	235	266	271	402	86	629	491	308	147
12	183	407	486	246	258	79	35	699	238	680
13	145	259	456	635	245	431	359	702	411	295
14	224	577	719	660	371	285	365	66	377	544
15	716	339	423	433	257	656	230	643	256	358
16	546	19	639	636	74	116	39	188	625	65
17	119	610	22	36	576	518	682	529	698	93
18	707	348	376	595	478	171	306	58	218	658
19	251	632	697	441	187	272	157	289	383	210
20	684	476	474	604	584	692	451	543	510	310
21	608	31	408	637	646	573	613	267	40	223
22	730	78	341	233	354	109	552	225	8	221
23	624	275	56	41	334	572	103	82	317	579
24	662	540	335	303	585	163	677	346	176	728
25	420	46	95	418	54	599	537	345	364	10
26	485	99	338	560	301	102	502	532	582	80
27	531	217	167	231	526	168	455	583	689	322
28	216	113	357	398	717	681	248	524	255	558
29	415	512	375	609	185	459	234	106	316	128
30	720	328	161	450	473	21	92	61	615	366
31	350	498	654	545	101	569	76	700	18	302
32	647	690	321	574	237	299	143	49	561	547
33	496	686	440	506	460	391	162	134	549	284
34	130	125	57	194	114	434	735	519	653	3
35	511	669	192	333	296	38	401	344	154	618
36	438	589	378	734	247	732	715	4	464	48
37	465	6	718	736	252	2	385	597	447	628
38	165	356	414	52	311	349	209	687	530	23
39	674	541	20	458	139	220	84	153	159	314
40	580	166	195	425	495	542	477	724	535	587
41	602	91	186	343	282	620	368	738	696	352
42	69	14	129	623	156	601	711	556	409	426
43	676	123	155	85	538	516	228	396	51	198
44	387	178	307	533	260	685	452	590	494	638
45	336	606	331	27	64	484	444	201	305	412
46	42	675	548	262	621	327	264	315	630	180
47	683	634	605	206	406	666	445	207	594	120
48	475	457	650	713	169	534	212	164	539	110
49	297	468	62	287	710	429	462	668	53	709
50	448	214	236	706	469	177	193	413	25	361
51	149	367	695	253	499	379	488	226	141	373
52	191	419	28	727	63	55	565	189	29	470
53	671	705	614	118	11	32	641	644	115	380
54	554	461	330	446	362	617	136	72	430	100
55	399	240	489	355	663	43	563	536	158	283
56	151	721	137	712	33	232	219	70	318	265
57	88	390	242	320	279	104	108	227	17	568
58	467	117	443	132	472	649	640	557	197	26
59	598	288	588	509	596	148	208	67	453	525
	0	1	2	3	4	5	6	7	8	9

p = **739** (Fortsetzung)

N

	0	1	2	3	4	5	6	7	8	9
60	186	558	196	588	286	119	357	332	257	32
61	96	288	125	375	386	419	518	76	228	684
62	574	244	732	718	676	550	172	516	70	210
63	630	412	497	13	39	117	351	314	203	609
64	349	308	185	555	187	561	205	615	367	362
65	347	302	167	501	25	75	225	675	547	163
66	489	728	706	640	442	587	283	110	330	251
67	14	42	126	378	395	446	599	319	218	654
68	484	713	661	505	37	111	333	260	41	123
69	369	368	365	356	329	248	5	15	45	135
70	405	476	689	589	289	128	384	413	500	22
71	66	198	594	304	173	519	79	237	711	655
72	487	722	688	586	280	101	303	170	510	52
73	156	468	665	517	73	219	657	493	1	

I

	0	1	2	3	4	5	6	7	8	9
60	430	548	462	496	330	542	405	20	392	639
61	162	336	450	303	243	647	320	573	215	103
62	236	502	266	112	88	570	107	76	316	298
63	630	468	491	117	581	39	166	401	356	381
64	663	554	540	241	110	489	552	226	517	8
65	228	436	17	578	679	719	142	736	373	519
66	347	682	176	248	286	732	365	146	10	259
67	131	79	125	341	222	657	624	230	156	424
68	85	433	153	397	619	51	438	360	722	702
69	137	562	72	547	329	19	161	302	319	102
70	265	569	315	467	580	400	662	240	551	7
71	16	718	372	681	285	145	130	340	623	423
72	152	50	721	561	328	301	264	466	661	6
73	371	144	622	49	327	465	370	48	369	

p = **743**, g = 5, p − 1 = 2 · 7 · 53

N

	0	1	2	3	4	5	6	7	8	9
0		5	25	125	625	153	22	110	550	521
1	376	394	484	191	212	317	99	495	246	487
2	206	287	692	488	211	312	74	370	364	334
3	184	177	142	710	578	661	333	179	152	17
4	85	425	639	223	372	374	384	434	684	448
5	11	55	275	632	188	197	242	467	106	530
6	421	619	123	615	103	515	346	244	477	156
7	37	185	182	167	92	460	71	355	289	702
8	538	461	76	380	414	584	691	483	186	187
9	192	217	342	224	377	399	509	316	94	470
10	121	605	53	265	582	681	433	679	423	629
11	173	122	610	78	390	464	91	455	46	230
12	407	549	516	351	269	602	38	190	207	292
13	717	613	93	465	96	480	171	112	560	571
14	626	158	47	235	432	674	398	504	291	712
15	588	711	583	686	458	61	305	39	195	232
16	417	599	23	115	575	646	258	547	506	301
17	19	95	475	146	730	678	418	604	48	240
18	457	56	280	657	313	79	395	489	216	337
19	199	252	517	356	294	727	663	343	229	402
20	524	391	469	116	580	671	383	429	659	323
21	129	645	253	522	381	419	609	73	365	339
22	209	302	24	120	600	28	140	700	528	411
23	569	616	108	540	471	126	630	178	147	735
24	703	543	486	201	262	567	606	58	290	707
25	563	586	701	533	436	694	498	261	562	581
26	676	408	554	541	476	151	12	60	300	14
27	70	350	264	577	656	308	54	270	607	63
28	315	89	445	739	723	643	243	472	131	655
29	303	29	145	725	653	293	722	638	218	347
	0	1	2	3	4	5	6	7	8	9

I

	0	1	2	3	4	5	6	7	8	9
0		742	698	354	654	1	310	313	610	708
1	699	50	266	545	269	355	566	39	664	170
2	655	667	6	162	222	2	501	320	225	291
3	311	520	522	404	737	314	620	70	126	157
4	611	450	623	598	704	709	118	142	178	626
5	700	393	457	102	276	51	181	524	247	419
6	267	155	476	279	478	546	360	631	693	516
7	270	76	576	217	26	356	82	363	113	185
8	567	674	406	688	579	40	554	645	660	281
9	665	116	74	132	98	171	134	536	582	16
10	656	678	349	64	413	668	58	739	232	342
11	7	424	137	607	480	163	203	511	375	352
12	223	100	111	62	432	3	235	602	434	210
13	502	288	316	483	587	321	649	617	472	548
14	226	496	32	595	532	292	173	238	724	697
15	312	265	38	5	319	521	69	622	141	456
16	523	475	630	575	362	405	644	73	535	348
17	738	136	510	110	601	315	616	31	237	37
18	621	629	72	509	30	71	88	89	54	633
19	127	13	90	379	492	158	538	55	714	190
20	612	243	634	604	305	451	20	128	369	220
21	624	24	14	430	695	599	188	91	298	571
22	705	584	380	43	93	710	563	493	436	198
23	119	717	159	721	467	143	331	539	308	518
24	179	672	56	286	67	627	18	715	388	300
25	701	345	191	212	558	394	390	613	166	383
26	458	257	244	506	272	103	439	635	543	124
27	277	658	605	470	573	52	428	306	504	486
28	182	302	452	446	730	525	551	21	488	78
29	248	148	129	295	194	420	680	370	653	707
	0	1	2	3	4	5	6	7	8	9

p = **739**

	I'											I''									
	0	1	2	3	4	5	6	7	8	9		0	1	2	3	4	5	6	7	8	9
60	644	425	410	703	203	472	451	686	210	293	60	642	196	592	665	480	133	693	497	384	182
61	171	704	672	216	532	308	715	545	359	51	61	479	203	278	323	503	492	733	655	432	397
62	415	464	49	423	230	168	714	733	379	116	62	559	5	144	340	657	527	523	493	500	75
63	468	707	191	670	471	133	163	213	449	162	63	298	94	374	97	200	481	586	428	404	392
64	586	536	600	157	537	86	214	320	691	585	64	482	564	274	273	600	403	449	243	205	304
65	482	726	29	348	312	617	155	624	189	46	65	393	45	190	708	514	363	124	222	566	421
66	143	6	240	554	90	603	475	685	497	351	66	300	466	400	381	508	723	121	261	694	291
67	697	530	81	104	390	461	430	246	735	719	67	633	688	612	280	89	555	73	487	435	578
68	129	285	176	470	200	445	331	387	671	278	68	15	372	347	30	98	667	607	199	471	204
69	321	690	205	606	668	512	418	192	178	127	69	691	648	244	337	463	416	96	670	388	173
70	317	71	137	91	22	531	503	180	653	499	70	83	437	722	603	611	81	324	631	520	254
71	494	426	563	483	65	366	150	284	372	142	71	591	410	44	726	626	616	313	550	16	679
72	300	561	702	665	407	32	713	523	249	69	72	422	50	360	593	184	12	651	528	505	353
73	220	9	365	616	363	346	373	95	417		73	140	175	286	627	515	678	142	47	*	

p = **743**

	I'											I''									
	0	1	2	3	4	5	6	7	8	9		0	1	2	3	4	5	6	7	8	9
0	742	310	501	235	140	319	162	424	461	213	0	371	654	222	432	723	38	667	342	121	414
1	94	186	537	90	430	412	656	344	715	23	1	357	642	87	127	24	97	582	671	627	242
2	128	488	329	187	14	184	356	415	218	632	2	451	551	86	19	624	515	217	416	454	36
3	71	237	595	151	733	303	29	621	5	664	3	509	616	496	366	273	317	600	237	265	566
4	554	386	435	93	398	357	364	646	618	565	4	579	712	297	380	415	398	206	106	638	309
5	266	181	428	378	633	714	286	423	739	385	5	699	276	573	508	89	538	672	677	668	324
6	722	433	432	231	413	122	299	627	474	622	6	580	374	111	581	349	569	517	286	264	521
7	126	88	509	535	132	81	576	193	248	240	7	620	30	629	644	116	359	270	729	488	252
8	676	673	363	214	689	512	22	12	89	54	8	391	75	356	399	732	152	473	628	71	88
9	379	298	197	710	589	568	350	15	171	234	9	13	188	570	43	10	146	514	280	132	202
10	111	246	276	439	152	526	47	650	712	236	10	223	177	457	272	259	650	144	175	722	534
11	601	62	687	185	201	133	74	392	142	717	11	510	100	216	363	358	553	665	449	709	198
12	261	8	192	572	277	597	157	13	369	295	12	560	529	65	271	543	403	70	633	20	148
13	373	581	98	677	536	615	510	607	443	507	13	691	659	74	115	171	643	738	424	401	481
14	574	456	178	331	106	322	95	679	129	682	14	4	622	118	467	396	641	437	550	248	151
15	690	149	85	552	359	476	703	611	538	721	15	440	33	104	618	180	267	736	126	492	717
16	176	224	222	203	444	505	383	529	702	221	16	325	663	6	480	719	211	613	426	679	268
17	655	134	264	238	637	107	215	101	626	672	17	664	98	495	292	640	731	160	597	142	518
18	154	524	302	411	578	567	670	583	91	304	18	392	51	486	274	25	113	11	23	599	491
19	612	212	339	706	420	726	556	466	119	323	19	714	345	122	77	295	410	303	92	436	463
20	669	494	99	511	259	447	46	555	317	586	20	334	114	423	163	733	588	711	651	411	431
21	502	165	558	334	711	580	112	26	465	694	21	434	387	191	9	83	176	692	576	28	304
22	624	290	2	100	403	291	496	252	324	718	22	369	169	162	352	161	320	548	333	559	407
23	481	606	342	263	287	602	508	37	724	684	23	686	63	739	676	99	3	109	31	173	337
24	528	561	19	634	506	686	278	419	148	685	24	79	614	537	612	257	402	101	524	78	441
25	408	440	79	591	332	549	438	244	250	104	25	258	512	227	395	646	329	389	458	443	204
26	731	400	425	614	68	38	545	155	169	355	26	322	120	498	233	172	312	50	419	707	545
27	76	123	103	34	183	418	51	658	692	478	27	516	382	506	444	289	625	102	124	246	476
28	97	665	741	725	541	387	67	648	316	274	28	578	660	336	372	296	307	56	234	502	652
29	736	311	173	410	652	194	284	42	571	557	29	221	225	532	541	487	129	377	429	91	66
	0	1	2	3	4	5	6	7	8	9		0	1	2	3	4	5	6	7	8	9

p = **743** (Fortsetzung)

	N 0	1	2	3	4	5	6	7	8	9		I 0	1	2	3	4	5	6	7	8	9
30	249	502	281	662	338	204	277	642	238	447	30	268	169	221	290	736	156	703	625	275	418
31	6	30	150	7	35	175	132	660	328	154	31	477	515	25	184	578	280	97	15	412	341
32	27	135	675	403	529	416	594	741	733	693	32	479	351	431	209	586	547	531	696	318	455
33	493	236	437	699	523	386	444	734	698	518	33	361	347	600	36	29	632	491	189	304	219
34	361	319	109	545	496	251	512	331	169	102	34	694	570	92	197	466	517	66	299	557	382
35	510	321	119	595	3	15	75	375	389	459	35	271	123	572	485	729	77	193	706	735	417
36	66	330	164	77	385	439	709	573	636	208	36	577	340	585	454	28	218	465	381	728	416
37	297	742	738	718	618	118	590	721	633	193	37	27	415	44	398	45	357	10	94	589	399
38	222	367	349	259	552	531	426	644	248	497	38	83	214	711	206	46	364	335	564	448	358
39	256	537	456	51	255	532	431	669	373	379	39	114	201	494	642	11	186	670	437	146	95
40	409	559	566	601	33	165	82	410	564	591	40	568	463	199	323	590	675	560	120	261	400
41	726	658	318	104	520	371	369	359	309	59	41	407	229	718	732	84	689	325	160	176	215
42	295	732	688	468	111	555	546	501	276	637	42	580	60	722	108	712	41	386	468	651	207
43	213	322	124	620	128	640	228	397	499	266	43	555	396	144	106	47	646	254	332	527	365
44	587	706	558	561	576	651	283	672	388	454	44	661	592	540	639	336	282	741	309	49	565
45	41	205	282	667	363	329	159	52	260	557	45	666	500	519	619	449	117	392	180	154	359
46	556	551	526	401	519	366	344	234	427	649	46	75	81	673	553	115	133	677	57	423	202
47	273	622	138	690	478	161	62	310	64	320	47	99	234	287	648	495	172	264	68	474	643
48	114	570	621	133	665	353	279	652	288	697	48	135	615	628	87	12	537	242	19	23	187
49	513	336	194	227	392	474	141	705	553	536	49	583	562	716	330	671	17	344	389	256	438
50	451	26	130	650	278	647	263	572	631	183	50	657	427	301	550	147	679	168	702	514	96
51	172	117	585	696	508	311	69	345	239	452	51	350	530	346	490	569	65	122	192	339	464
52	31	155	32	160	57	285	682	438	704	548	52	414	9	213	334	200	669	462	559	228	324
53	511	326	144	720	628	168	97	485	196	237	53	59	385	395	253	591	740	499	391	80	676
54	442	724	648	268	597	13	65	325	139	695	54	233	263	614	241	561	343	426	167	529	121
55	503	286	687	463	86	430	664	348	254	527	55	8	461	384	498	262	425	460	459	442	401
56	406	544	491	226	387	449	16	80	400	514	56	138	443	258	250	408	608	402	245	686	230
57	341	219	352	274	627	163	72	360	314	84	57	481	139	507	367	719	164	444	273	34	733
58	420	614	98	490	221	362	324	134	670	378	58	204	259	104	152	85	512	251	440	150	690
59	404	534	441	719	623	143	715	603	43	215	59	376	409	636	683	326	353	609	544	663	161
60	332	174	127	635	203	272	617	113	565	596	60	224	403	125	597	177	101	246	278	692	216
61	8	40	200	257	542	481	176	137	685	453	61	112	687	659	131	581	63	231	606	374	61
62	36	180	157	42	210	307	49	245	482	181	62	433	482	471	594	723	4	140	574	534	109
63	162	67	335	189	202	267	592	731	683	443	63	236	508	53	378	713	603	368	429	297	42
64	729	673	393	479	166	87	435	689	473	136	64	435	720	307	285	387	211	165	505	542	469
65	680	428	654	298	4	20	100	500	271	612	65	503	445	487	294	652	289	274	183	411	208
66	88	440	714	598	18	90	450	21	105	525	66	317	35	303	196	556	484	734	453	727	397
67	396	494	241	462	81	405	539	466	101	505	67	588	205	447	641	145	322	260	731	175	107
68	296	737	713	593	736	708	568	611	83	415	68	650	105	526	638	48	618	153	552	422	647
69	589	716	608	68	340	214	327	149	2	10	69	473	86	22	329	255	549	513	489	338	333
70	50	250	507	306	44	220	357	299	9	45	70	227	252	79	240	528	497	441	249	685	366
71	225	382	424	634	198	247	492	231	412	574	71	33	151	149	682	662	596	691	130	373	593
72	641	233	422	624	148	740	728	668	368	354	72	533	377	296	284	541	293	410	195	726	640
73	284	677	413	579	666	358	304	34	170	107	73	174	637	421	328	337	239	684	681	372	283
74	535	446	1								74	725	327	371							
	0	1	2	3	4	5	6	7	8	9		0	1	2	3	4	5	6	7	8	9

p = **743**

	I′											I″									
	0	1	2	3	4	5	6	7	8	9		0	1	2	3	4	5	6	7	8	9
30	701	550	452	196	219	451	504	285	518	49	30	388	427	182	35	189	604	428	720	539	741
31	313	520	265	610	620	616	483	35	455	521	31	1	291	697	310	737	601	288	208	696	5
32	225	649	260	590	59	160	353	371	337	255	32	501	587	145	199	228	689	683	725	421	22
33	671	539	527	227	200	564	282	239	333	464	33	716	143	254	338	213	364	639	328	489	192
34	585	479	7	426	389	191	490	600	738	64	34	577	412	232	561	17	701	530	361	535	678
35	530	431	223	609	654	566	82	10	114	75	35	96	479	375	326	698	269	26	45	448	154
36	631	347	405	113	335	661	33	719	429	220	36	546	455	575	82	46	527	685	507	603	128
37	653	*	283	593	61	352	409	296	713	492	37	680	327	681	130	606	511	690	533	53	90
38	43	728	271	458	498	395	468	211	300	256	38	584	465	557	166	461	59	41	285	715	344
39	613	80	180	457	390	253	144	588	45	83	39	394	499	117	700	558	385	555	727	44	589
40	407	138	245	125	737	644	688	229	608	636	40	261	442	608	224	522	362	674	400	250	376
41	195	208	341	668	9	44	27	577	477	267	41	293	183	15	64	464	27	728	735	275	247
42	680	328	647	202	137	460	167	301	306	297	42	194	637	552	57	7	262	343	657	52	368
43	695	209	3	482	210	720	198	146	657	635	43	14	351	62	61	602	42	493	670	256	103
44	150	249	401	258	273	487	730	641	358	117	44	251	497	459	138	164	503	452	205	564	619
45	623	20	446	727	28	361	523	102	257	442	45	611	305	302	734	585	318	141	393	383	460
46	459	384	559	199	414	381	517	143	651	503	46	425	8	669	568	339	218	197	721	386	542
47	573	594	548	86	643	630	279	515	546	351	47	605	482	617	647	68	523	155	418	279	341
48	163	139	471	587	734	729	182	294	78	338	48	607	230	433	316	556	572	504	445	21	513
49	569	189	158	436	642	172	32	441	262	391	49	346	632	379	563	201	648	226	528	384	740
50	519	320	288	445	486	542	272	367	53	30	50	666	2	210	469	306	165	244	139	236	72
51	110	375	251	489	96	25	270	66	179	619	51	136	203	85	549	702	477	693	466	308	500
52	522	69	404	475	247	551	638	365	497	121	52	311	319	520	456	181	730	105	332	240	167
53	346	696	292	377	109	348	582	242	55	308	53	350	547	595	593	574	73	134	12	158	331
54	639	293	469	124	663	269	360	531	226	513	54	592	284	505	635	609	266	478	586	472	255
55	147	21	422	115	645	396	484	382	394	228	55	301	525	153	673	40	207	196	299	212	462
56	120	343	716	493	448	666	39	674	463	65	56	675	241	583	710	335	49	355	185	95	490
57	92	705	485	52	534	362	217	340	280	40	57	694	298	123	470	140	630	76	417	184	688
58	60	63	16	562	380	454	547	321	205	399	58	215	131	536	187	705	340	209	483	397	94
59	675	740	540	533	723	532	691	177	704	188	59	323	253	661	373	471	32	662	125	623	695
60	36	315	434	368	305	470	374	480	402	544	60	347	110	235	713	634	658	231	137	408	353
61	708	450	243	166	241	628	31	472	153	449	61	313	157	190	390	263	135	315	649	48	519
62	70	629	141	598	24	275	700	18	87	72	62	314	37	69	450	220	703	178	67	615	621
63	575	693	491	127	604	543	683	421	48	336	63	475	360	29	54	243	439	409	174	526	540
64	174	145	11	135	73	660	254	473	495	617	64	726	447	494	474	405	554	47	422	287	321
65	105	207	289	707	1	667	678	427	605	131	65	107	468	294	370	354	170	16	438	277	687
66	281	592	596	161	170	116	500	6	58	462	66	645	365	682	544	39	281	565	655	413	200
67	437	17	56	553	406	560	233	57	349	168	67	186	330	179	81	567	590	80	133	656	147
68	370	372	662	326	681	366	230	659	579	325	68	420	684	149	636	239	249	245	112	406	84
69	376	130	216	516	570	599	318	312	354	50	69	150	596	278	631	219	430	531	724	742	708
70	393	345	514	625	709	584	735	268	699	118	70	626	300	168	156	598	571	193	653	610	704
71	563	206	41	603	190	388	330	159	732	164	71	93	214	108	378	55	18	562	119	229	367
72	307	467	108	4	697	327	640	397	416	77	72	435	159	60	594	238	283	195	453	381	485
73	525	175	84	204	453	417	156	314	136	232	73	446	260	718	34	484	706	290	404	348	58
74	499	309	698								74	591	282	*							
	0	1	2	3	4	5	6	7	8	9		0	1	2	3	4	5	6	7	8	9

$p = 751,\ g = 3,\ p - 1 = 2 \cdot 3 \cdot 5^3$

N

	0	1	2	3	4	5	6	7	8	9
0		3	9	27	81	243	729	685	553	157
1	471	662	484	701	601	301	152	456	617	349
2	296	137	411	482	695	583	247	741	721	661
3	481	692	574	220	660	478	683	547	139	417
4	500	749	745	733	697	589	265	44	132	396
5	437	560	178	534	100	300	149	447	590	268
6	53	159	477	680	538	112	336	257	20	60
7	180	540	118	354	311	182	546	136	408	473
8	668	502	4	12	36	108	324	221	663	487
9	710	628	382	395	434	551	151	453	608	322
10	215	645	433	548	142	426	527	79	237	711
11	631	391	422	515	43	129	387	410	479	686
12	556	166	498	743	727	679	535	103	309	176
13	528	82	246	738	712	634	400	449	596	286
14	107	321	212	636	406	467	650	448	593	277
15	80	240	720	658	472	665	493	728	682	544
16	130	390	419	506	16	48	144	432	545	133
17	399	446	587	259	26	78	234	702	604	310
18	179	537	109	327	230	690	568	202	606	316
19	197	591	271	62	186	558	172	516	46	138
20	414	491	722	664	490	719	655	463	638	412
21	485	704	610	328	233	699	595	283	98	294
22	131	393	428	533	97	291	122	366	347	290
23	119	357	320	209	627	379	386	407	470	659
24	475	674	520	58	174	522	64	192	576	226
25	678	532	94	282	95	285	104	312	185	555
26	163	489	716	646	436	557	169	507	19	57
27	171	513	37	111	333	248	744	730	688	562
28	184	552	154	462	635	403	458	623	367	350
29	299	146	438	563	187	561	181	543	127	381
30	392	425	524	70	210	630	388	413	488	713
31	637	409	476	677	529	85	255	14	42	126
32	378	383	398	443	578	232	696	586	256	17
33	51	153	459	626	376	377	380	389	416	497
34	740	718	652	454	611	331	242	726	676	526
35	76	228	684	550	148	444	581	241	723	667
36	499	746	736	706	616	346	287	110	330	239
37	717	649	445	584	250	750	748	742	724	670
38	508	22	66	198	594	280	89	267	50	150
39	450	599	295	134	402	455	614	340	269	56
40	168	504	10	30	90	270	59	177	531	91
41	273	68	204	612	334	251	2	6	18	54
42	162	486	707	619	355	314	191	573	217	651
43	451	602	304	161	483	698	592	274	71	213
44	639	415	494	731	691	571	211	633	397	440
45	569	205	615	343	278	83	249	747	739	715
46	643	427	530	88	264	41	123	369	356	317
47	200	600	298	143	429	536	106	318	203	609
48	325	224	672	514	40	120	360	329	236	708
49	622	364	341	272	65	195	585	253	8	24
	0	1	2	3	4	5	6	7	8	9

I

	0	1	2	3	4	5	6	7	8	9
0		750	416	1	82	736	417	651	498	2
1	402	715	83	508	317	737	164	329	418	268
2	68	652	381	532	499	722	174	3	733	577
3	403	527	580	716	745	637	84	272	684	509
4	484	465	318	114	47	738	198	586	165	552
5	388	330	590	60	419	701	399	269	243	406
6	69	560	193	653	246	494	382	727	411	533
7	303	438	500	625	688	723	350	616	175	107
8	150	4	131	455	734	315	530	578	463	386
9	404	409	614	528	252	254	581	224	218	717
10	54	521	746	127	256	638	476	140	85	182
11	367	273	65	583	685	518	659	510	72	230
12	485	680	226	466	609	708	319	298	662	115
13	160	220	48	169	393	739	77	21	199	38
14	719	587	104	473	166	563	291	553	354	56
15	389	96	16	331	282	513	591	9	523	61
16	566	433	420	260	547	702	121	748	400	266
17	731	270	196	699	244	623	129	407	52	180
18	70	296	75	561	280	258	194	294	668	654
19	670	426	247	570	640	495	634	190	383	656
20	470	728	187	478	412	451	543	534	672	233
21	304	446	142	439	556	100	501	428	598	626
22	33	87	689	505	481	724	249	677	351	620
23	184	617	325	214	176	572	488	108	646	369
24	151	357	346	5	642	538	132	26	275	456
25	374	415	735	497	714	316	328	67	531	173
26	576	579	636	683	464	46	585	387	59	398
27	405	192	493	410	437	687	615	149	454	529
28	385	613	253	217	520	255	139	366	582	658
29	229	225	707	661	219	392	20	718	472	290
30	55	15	512	522	432	546	747	730	698	128
31	179	74	257	667	425	639	189	469	477	542
32	232	141	99	597	86	480	676	183	213	487
33	368	345	537	274	414	713	66	575	682	584
34	397	492	686	453	612	519	365	228	660	19
35	289	511	545	697	73	424	468	231	596	675
36	486	536	712	681	491	611	227	288	696	467
37	674	711	610	695	710	709	334	335	320	235
38	336	299	92	321	663	602	236	116	306	337
39	161	111	300	221	606	93	49	448	322	170
40	136	664	394	285	603	740	144	237	78	311
41	117	22	209	307	200	441	338	39	649	162
42	720	743	112	588	558	301	105	461	222	474
43	516	607	167	102	94	564	264	50	292	632
44	449	554	503	323	355	372	171	57	147	137
45	390	430	665	97	343	395	17	594	286	332
46	600	604	283	207	741	514	630	145	592	628
47	238	10	154	79	524	240	312	62	35	118
48	567	30	23	434	12	210	421	89	308	261
49	204	201	548	156	442	703	691	339	122	360
	0	1	2	3	4	5	6	7	8	9

$p = 751$

	I′											I″									
	0	1	2	3	4	5	6	7	8	9		0	1	2	3	4	5	6	7	8	9
0	750	82	402	733	131	642	277	119	565	523	0	375	416	498	174	150	346	157	352	281	591
1	154	88	210	177	431	512	331	594	544	289	1	238	29	434	705	471	55	96	395	364	660
2	718	199	209	434	326	373	275	377	202	11	2	392	77	117	30	644	641	132	340	152	34
3	23	618	504	87	29	118	352	103	719	649	3	567	444	427	626	239	62	158	76	199	338
4	749	375	361	704	435	58	585	738	169	448	4	360	376	276	643	326	635	464	114	220	93
5	292	295	180	126	521	15	389	147	191	398	5	264	622	407	223	717	290	354	171	45	387
6	419	566	35	678	517	583	575	531	652	560	6	590	523	312	125	181	273	713	328	268	406
7	296	679	230	424	257	561	37	21	311	524	7	180	517	510	697	179	296	168	739	237	154
8	506	650	736	508	272	182	480	689	203	308	8	359	749	1	715	637	140	597	33	11	421
9	109	601	321	49	564	281	16	343	479	597	9	693	234	299	606	102	353	389	665	541	141
10	501	263	94	562	473	461	130	150	646	134	10	556	515	167	37	587	301	349	175	488	90
11	605	300	588	197	47	160	306	22	567	621	11	305	161	743	483	318	662	236	311	35	7
12	265	748	360	276	157	63	475	256	179	407	12	259	702	339	377	347	250	53	746	698	623
13	314	455	26	458	309	284	664	390	657	366	13	106	4	538	692	109	447	170	147	216	255
14	85	99	439	310	237	592	429	137	384	454	14	476	232	446	284	740	630	371	57	436	615
15	4	357	28	239	79	690	442	6	36	168	15	107	369	205	627	10	203	548	124	678	297
16	220	111	720	267	329	552	563	102	76	393	16	115	337	649	507	737	586	473	607	159	48
17	136	57	635	576	3	107	572	540	666	74	17	322	372	327	531	722	616	214	13	729	128
18	70	64	367	213	617	444	450	478	541	469	18	52	475	85	676	620	568	655	728	666	639
19	383	436	493	653	294	622	699	551	586	38	19	634	58	405	560	258	265	270	113	738	21
20	441	548	358	155	201	152	629	741	440	307	20	307	204	28	88	261	341	599	283	310	22
21	421	573	344	487	176	705	138	520	717	392	21	12	540	479	183	325	435	384	253	224	661
22	48	606	474	53	218	707	466	288	660	225	22	160	300	461	251	581	229	680	611	365	658
23	485	596	141	304	91	336	116	78	10	34	23	72	468	542	672	333	320	602	144	628	153
24	312	725	559	406	623	726	494	570	619	677	24	524	550	700	269	699	559	653	426	504	724
25	125	223	254	217	581	139	638	667	194	120	25	313	408	528	613	252	520	127	74	280	565
26	547	204	370	631	50	195	731	380	68	243	26	420	308	459	101	564	120	400	163	418	399
27	196	483	684	65	414	456	42	443	568	293	27	731	744	84	367	537	26	123	6	621	295
28	258	8	513	207	143	603	332	673	696	511	28	561	95	331	604	135	394	594	490	227	19
29	55	553	632	669	668	279	75	159	662	92	29	472	563	50	279	194	51	70	608	319	336
30	221	105	624	438	446	110	337	200	261	647	30	111	558	726	533	233	601	116	209	89	134
31	208	117	62	250	462	530	328	737	114	298	31	143	78	240	348	130	734	714	508	465	708
32	235	663	170	355	571	214	44	172	67	418	32	335	92	448	503	619	617	24	496	316	164
33	590	282	600	234	335	320	299	161	39	122	33	388	16	286	694	709	334	235	306	441	691
34	27	205	593	395	413	537	5	124	313	106	34	458	370	429	97	212	368	357	549	725	624
35	616	620	7	95	56	372	641	346	378	80	35	723	677	36	562	553	323	645	151	202	690
36	40	457	692	422	18	228	582	273	345	151	36	122	42	539	573	452	519	139	182	487	646
37	341	146	171	496	415	*	41	123	549	525	37	262	502	355	25	456	41	457	27	358	506
38	721	532	727	656	216	613	404	59	330	96	38	267	652	494	190	148	529	463	585	552	56
39	430	471	20	739	285	17	452	492	405	269	39	137	706	219	169	664	343	574	584	59	701
40	266	507	715	527	409	192	69	52	251	614	40	748	650	2	577	386	398	243	129	462	404
41	437	533	451	574	713	735	1	651	268	701	41	493	727	478	344	274	374	750	736	329	60
42	260	89	489	595	468	639	247	32	598	342	42	433	210	363	544	73	667	670	555	501	146
43	665	729	546	420	12	215	148	687	500	556	43	390	14	522	566	23	44	191	410	303	142
44	648	338	703	643	31	555	142	135	322	554	44	208	200	156	277	185	671	304	605	49	632
45	671	543	364	612	529	734	374	376	340	262	45	186	412	396	686	149	131	275	361	133	647
46	515	222	408	386	46	318	609	674	231	477	46	557	105	314	578	683	484	226	696	424	189
47	728	14	290	166	516	181	140	542	412	212	47	656	391	718	104	222	126	638	469	187	98
48	676	724	550	113	465	680	536	368	108	693	48	86	505	525	271	509	230	675	213	572	422
49	287	611	686	410	382	634	327	714	2	722	49	535	681	397	192	246	640	373	735	651	532
	0	1	2	3	4	5	6	7	8	9		0	1	2	3	4	5	6	7	8	9

p = 751 (Fortsetzung)

	N											I									
	0	1	2	3	4	5	6	7	8	9		0	1	2	3	4	5	6	7	8	9
50	72	216	648	442	575	223	669	505	13	39	50	40	749	81	650	401	507	163	267	380	721
51	117	351	302	155	465	644	430	539	115	345	51	732	526	744	271	483	113	197	551	589	700
52	284	101	303	158	474	671	511	31	93	279	52	242	559	245	726	302	624	349	106	130	314
53	86	258	23	69	207	621	361	332	245	735	53	462	408	251	223	53	126	475	181	64	517
54	703	607	319	206	618	352	305	164	492	725	54	71	679	608	297	159	168	76	37	103	562
55	673	517	49	147	441	572	214	642	424	521	55	353	95	281	8	565	259	120	265	195	622
56	61	183	549	145	435	554	160	480	689	565	56	51	295	279	293	669	569	633	655	186	450
57	193	579	235	705	613	337	260	29	87	261	57	671	445	555	427	32	504	248	619	324	571
58	32	96	288	113	339	266	47	141	423	518	58	645	356	641	25	373	496	327	172	635	45
59	52	156	468	653	457	620	358	323	218	654	59	58	191	436	148	384	216	138	657	706	391
60	460	629	385	404	461	632	394	431	542	124	60	471	14	431	729	178	666	188	541	98	479
61	372	365	344	281	92	276	77	231	693	577	61	212	344	413	574	396	452	364	18	544	423
62	229	687	559	175	525	73	219	657	469	656	62	595	535	490	287	673	694	333	234	91	601
63	466	647	439	566	196	588	262	35	105	315	63	305	110	605	447	135	284	143	310	208	440
64	194	582	244	732	694	580	238	714	640	418	64	648	742	557	460	515	101	263	631	502	371
65	503	7	21	63	189	567	199	597	289	116	65	146	429	342	593	599	206	629	627	153	239
66	348	293	128	384	401	452	605	313	188	564	66	34	29	11	88	203	155	690	359	80	506
67	190	570	208	624	370	359	326	227	681	541	67	379	525	482	550	241	725	348	313	250	125
68	121	363	338	263	38	114	342	275	74	222	68	63	678	158	36	352	7	119	621	278	568
69	666	496	737	709	625	373	368	353	308	173	69	185	444	31	618	644	24	326	44	435	215
70	519	55	165	495	734	700	598	292	125	375	70	705	13	177	540	211	573	363	422	489	693
71	374	371	362	335	254	11	33	99	297	140	71	90	109	134	309	647	459	262	370	341	205
72	420	509	25	75	225	675	523	67	201	603	72	152	28	202	358	378	549	347	124	157	6
73	307	170	510	28	84	252	5	15	45	135	73	277	443	643	43	704	539	362	692	133	458
74	405	464	641	421	512	34	102	306	167	501	74	340	27	377	123	276	42	361	457	376	41
75	1										75	375									
	0	1	2	3	4	5	6	7	8	9		0	1	2	3	4	5	6	7	8	9

p = 757, g = 2, $p - 1 = 2^2 \cdot 3^3 \cdot 7$

	N											I									
	0	1	2	3	4	5	6	7	8	9		0	1	2	3	4	5	6	7	8	9
0		2	4	8	16	32	64	128	256	512	0		756	1	84	2	139	85	124	3	168
1	267	534	311	622	487	217	434	111	222	444	1	140	92	86	356	125	223	4	452	169	698
2	131	262	524	291	582	407	57	114	228	456	2	141	208	93	581	87	278	357	252	126	105
3	155	310	620	483	209	418	79	158	316	632	3	224	647	5	176	453	263	170	689	699	440
4	507	257	514	271	542	327	654	551	345	690	4	142	151	209	283	94	307	582	513	88	248
5	623	489	221	442	127	254	508	259	518	279	5	279	536	358	476	253	231	127	26	106	540
6	558	359	718	679	601	445	133	266	532	307	6	225	570	648	292	6	495	177	427	454	665
7	614	471	185	370	740	723	689	621	485	213	7	264	751	171	490	690	362	700	216	441	36
8	426	95	190	380	3	6	12	24	48	96	8	143	336	152	350	210	591	284	189	95	682
9	192	384	11	22	44	88	176	352	704	651	9	308	480	583	731	514	81	89	695	249	260
10	545	333	666	575	393	29	58	116	232	464	10	280	533	537	424	359	347	477	257	254	717
11	171	342	684	611	465	173	346	692	627	497	11	232	17	128	329	27	720	107	524	541	576
12	237	474	191	382	7	14	28	56	112	224	12	226	184	571	235	649	417	293	54	7	367
13	448	139	278	556	355	710	663	569	381	5	13	496	20	178	66	428	391	455	410	666	131
14	10	20	40	80	160	320	640	523	289	578	14	265	597	752	448	172	244	491	332	691	325

p = 751

	I'											I''									
	0	1	2	3	4	5	6	7	8	9		0	1	2	3	4	5	6	7	8	9
50	625	428	371	323	248	481	379	163	317	484	50	438	100	631	554	32	689	80	401	83	684
51	72	545	522	591	630	101	607	71	659	365	51	659	289	15	282	741	460	474	64	685	612
52	255	746	432	61	240	482	744	580	252	385	52	217	54	512	9	79	379	732	403	614	454
53	578	173	499	303	672	490	712	274	132	362	53	315	67	381	411	543	595	486	345	642	704
54	211	98	232	534	423	697	747	702	156	347	54	177	188	477	451	18	511	432	260	201	378
55	241	589	388	354	503	427	100	460	301	245	55	482	197	165	291	449	445	439	742	588	242
56	193	280	353	291	264	259	433	30	185	633	56	69	75	103	166	94	8	61	118	278	669
57	640	645	488	363	396	682	579	403	463	636	57	247	324	176	211	413	66	173	733	530	576
58	716	224	658	685	397	387	165	104	558	700	58	527	254	366	65	682	46	198	719	112	551
59	60	9	628	599	286	535	675	86	626	206	59	330	513	145	342	17	423	231	99	428	593
60	604	305	236	740	283	447	93	167	297	708	60	332	91	663	285	600	110	221	516	679	466
61	695	227	519	253	528	149	175	325	644	324	61	711	491	453	385	409	687	350	184	31	248
62	184	278	51	129	349	688	33	153	238	627	62	351	119	195	244	302	500	598	629	592	206
63	145	502	449	655	190	45	683	84	476	189	63	514	263	292	569	495	172	579	745	256	425
64	495	25	538	43	24	356	369	459	742	162	64	570	356	5	443	618	571	108	309	440	39
65	401	498	381	246	670	186	470	706	229	510	65	81	417	68	193	668	633	383	138	582	518
66	19	219	115	602	394	97	188	425	654	569	66	228	707	298	321	136	430	178	257	294	293
67	426	445	233	694	711	486	183	351	158	608	67	654	450	534	287	467	596	480	249	63	71
68	226	491	584	464	509	518	453	615	723	505	68	485	712	575	636	272	583	492	437	625	87
69	359	339	133	90	333	710	467	73	128	244	69	155	703	362	489	673	610	288	545	730	196
70	242	399	121	691	539	13	391	661	319	334	70	589	419	547	442	43	215	657	225	609	710
71	709	610	681	66	316	83	745	54	472	587	71	695	674	536	414	497	402	580	218	20	38
72	743	732	174	350	249	348	302	411	187	178	72	162	380	499	688	481	241	245	382	470	431
73	698	270	526	577	315	497	417	164	198	77	73	747	266	721	3	455	415	82	317	47	393
74	144	514	557	112	271	637	127	730	400	81	74	603	207	648	720	526	716	521	546	121	40
75	416										75	*									
	0	1	2	3	4	5	6	7	8	9		0	1	2	3	4	5	6	7	8	9

p = 757

	I'											I''									
	0	1	2	3	4	5	6	7	8	9		0	1	2	3	4	5	6	7	8	9
0	756	84	139	168	452	176	495	367	41	194	0	378	756	84	124	223	647	292	54	675	614
1	429	396	443	50	573	718	328	128	389	65	1	67	507	31	77	421	255	716	232	52	366
2	178	677	486	492	568	539	106	720	558	742	2	496	273	147	245	474	230	127	329	238	619
3	442	12	77	186	348	335	143	560	612	271	3	217	508	288	748	360	215	441	743	431	671
4	56	368	563	456	636	154	159	668	116	555	4	674	8	194	392	633	724	737	371	286	76
5	444	388	18	366	7	675	272	497	199	266	5	13	573	233	416	293	673	40	368	605	132
6	639	310	321	594	408	390	428	10	507	218	6	659	528	520	414	365	19	178	615	708	621
7	374	543	732	600	382	554	49	13	421	258	7	550	653	584	319	547	641	287	32	186	478
8	694	89	122	138	2	124	356	278	248	695	8	730	514	376	755	1	139	92	581	513	81
9	221	355	86	581	307	682	624	157	736	725	9	122	167	140	208	283	189	402	608	631	635
10	565	303	686	174	646	224	540	524	400	114	10	457	352	205	276	251	126	26	720	300	711
11	285	372	549	622	401	190	669	384	745	435	11	592	739	312	710	109	285	48	555	398	651
12	577	220	90	167	3	223	105	26	329	446	12	542	375	82	138	85	356	252	231	17	389
13	596	265	59	659	684	204	353	166	123	85	13	409	666	606	156	625	466	459	754	83	2
14	92	208	151	336	705	341	485	22	245	305	14	168	698	440	36	560	197	163	274	173	687

p = 757 (Fortsetzung)

N

	0	1	2	3	4	5	6	7	8	9
15	399	41	82	164	328	656	555	353	706	655
16	553	349	698	639	521	285	570	383	9	18
17	36	72	144	288	576	395	33	66	132	264
18	528	299	598	439	121	242	484	211	422	87
19	174	348	696	635	513	269	538	319	638	519
20	281	562	367	734	711	665	573	389	21	42
21	84	168	336	672	587	417	77	154	308	616
22	475	193	386	15	30	60	120	240	480	203
23	406	55	110	220	440	123	246	492	227	454
24	151	302	604	451	145	290	580	403	49	98
25	196	392	27	54	108	216	432	107	214	428
26	99	198	396	35	70	140	280	560	363	726
27	695	633	509	261	522	287	574	391	25	50
28	100	200	400	43	86	172	344	688	619	481
29	205	410	63	126	252	504	251	502	247	494
30	231	462	167	334	668	579	491	45	90	180
31	360	720	683	609	461	165	330	660	563	369
32	738	719	681	605	453	149	298	596	435	113
33	226	452	147	294	588	419	81	162	324	648
34	539	321	642	527	297	594	431	105	210	420
35	83	166	332	664	571	385	13	26	52	104
36	208	416	75	150	300	600	443	129	258	516
37	275	550	343	686	615	473	189	378	756	755
38	753	749	741	725	693	629	501	245	490	223
39	446	135	270	540	323	646	535	313	626	495
40	233	466	175	350	700	643	529	301	602	447
41	137	274	548	339	678	599	441	125	250	500
42	243	486	215	430	103	206	412	67	134	268
43	536	315	630	503	249	498	239	478	199	398
44	39	78	156	312	624	491	225	450	143	286
45	572	387	17	34	68	136	272	544	331	662
46	567	377	754	751	745	733	709	661	565	373
47	746	735	713	669	581	405	53	106	212	424
48	91	182	364	728	699	641	525	293	586	415
49	73	146	292	584	411	65	130	260	520	283
50	566	375	750	743	729	701	645	533	309	618
51	479	201	402	47	94	188	376	752	747	737
52	717	677	597	437	117	234	468	179	358	716
53	675	593	429	101	202	404	51	102	204	408
54	59	118	236	472	187	374	748	739	721	685
55	613	469	181	362	724	691	625	493	229	458
56	159	318	636	515	273	546	335	670	583	409
57	61	122	244	488	219	438	119	238	476	195
58	390	23	46	92	184	368	736	715	673	589
59	421	85	170	340	680	603	449	141	282	564
60	371	742	727	697	637	517	277	554	351	702
61	647	537	317	634	511	265	530	303	606	455
62	153	306	612	467	177	354	708	659	561	365
63	730	703	649	541	325	650	543	329	658	559
64	361	722	687	617	477	197	394	31	62	124
	0	1	2	3	4	5	6	7	8	9

I

	0	1	2	3	4	5	6	7	8	9
15	363	240	701	620	217	30	442	743	37	560
16	144	705	337	723	153	315	351	302	211	712
17	592	110	285	115	190	402	96	624	683	527
18	309	552	481	654	584	72	732	544	515	376
19	82	122	90	221	696	579	250	645	261	438
20	281	511	534	229	538	290	425	749	360	34
21	348	187	478	79	258	422	255	15	718	574
22	233	52	18	389	129	446	330	238	28	558
23	721	300	108	400	525	652	542	120	577	436
24	227	747	185	420	572	387	236	298	650	434
25	418	296	294	673	55	675	8	41	368	57
26	497	273	21	677	179	615	67	10	429	195
27	392	43	456	564	411	370	667	606	132	59
28	266	200	598	499	753	165	449	275	173	148
29	245	23	492	487	333	679	692	344	326	181
30	364	407	241	617	702	709	621	69	218	508
31	31	12	443	397	744	431	38	612	561	197
32	145	341	706	394	338	634	724	45	154	637
33	316	458	352	101	303	566	212	727	713	413
34	593	739	111	372	286	48	116	669	191	161
35	403	608	97	157	625	134	684	660	528	61
36	310	640	553	268	482	629	655	202	585	319
37	73	600	733	469	545	501	516	461	377	755
38	83	138	123	167	91	355	222	451	697	207
39	580	277	251	104	646	175	262	688	439	150
40	282	306	512	247	535	475	230	25	539	569
41	291	494	426	664	750	489	361	215	35	335
42	349	590	188	681	479	730	80	694	259	532
43	423	346	256	716	16	328	719	523	575	183
44	234	416	53	366	19	65	390	409	130	596
45	447	243	331	324	239	619	29	742	559	704
46	722	314	301	711	109	114	401	623	526	551
47	653	71	543	375	121	220	578	644	437	510
48	228	289	748	33	186	78	421	14	573	51
49	388	445	237	557	299	399	651	119	435	746
50	419	386	297	433	295	672	674	40	56	272
51	676	614	9	194	42	563	369	605	58	199
52	498	164	274	147	22	486	678	343	180	406
53	616	708	68	507	11	396	430	611	196	340
54	393	633	44	636	457	100	565	726	412	738
55	371	47	668	160	607	156	133	659	60	639
56	267	628	201	318	599	468	500	460	754	137
57	166	354	450	206	276	103	174	687	149	305
58	246	474	24	568	493	663	488	214	334	589
59	680	729	693	531	345	715	327	522	182	415
60	365	64	408	595	242	323	618	741	703	313
61	710	113	622	550	70	374	219	643	509	288
62	32	77	13	50	444	556	398	118	745	385
63	432	671	39	271	613	193	562	604	198	163
64	146	485	342	405	707	506	395	610	339	632
	0	1	2	3	4	5	6	7	8	9

p = **757**

I′

	0	1	2	3	4	5	6	7	8	9
15	282	209	350	315	637	658	133	625	657	155
16	607	403	484	146	274	449	354	91	140	698
17	689	490	244	148	687	262	453	427	66	615
18	406	364	415	234	571	420	78	478	681	95
19	402	161	603	562	42	392	340	145	163	498
20	598	318	585	471	685	102	276	580	93	283
21	591	712	727	588	334	35	441	30	508	643
22	578	696	451	4	647	570	184	747	289	538
23	25	127	17	52	416	649	298	557	28	619
24	701	617	323	331	491	23	474	535	279	260
25	645	104	126	231	717	15	716	254	422	532
26	280	438	688	170	751	597	200	628	482	602
27	192	613	676	21	147	173	103	251	357	536
28	533	511	306	94	189	115	48	76	32	748
29	425	494	6	54	673	672	294	433	650	399
30	108	711	211	566	473	246	512	582	480	552
31	640	548	112	710	301	351	458	467	599	73
32	547	311	740	618	239	363	181	522	719	27
33	238	324	691	679	589	349	152	723	634	632
34	393	706	405	180	326	715	256	477	187	590
35	210	302	101	205	450	222	125	252	476	347
36	34	215	700	240	407	64	19	496	57	605
37	667	47	286	642	219	121	82	755	*	378
38	462	502	601	269	670	432	297	236	445	129
39	409	455	43	633	338	610	430	744	118	651
40	525	623	96	608	505	707	616	241	595	130
41	666	370	738	593	63	365	53	293	296	386
42	572	14	255	346	359	749	664	454	391	195
43	611	38	671	295	418	746	227	510	281	150
44	142	36	743	397	556	237	330	243	172	275
45	206	697	169	263	665	410	564	100	352	136
46	754	377	379	517	470	203	135	459	500	545
47	518	586	661	567	24	230	253	257	79	730
48	583	654	629	504	404	342	678	333	214	361
49	690	332	487	663	426	177	20	273	164	753
50	460	516	463	734	630	609	395	11	31	288
51	228	534	247	88	81	376	461	380	546	320
52	62	414	182	575	541	652	551	309	61	520
53	714	345	423	537	229	475	358	424	290	569
54	225	576	120	375	515	501	381	74	641	373
55	70	653	481	268	383	117	398	299	721	704
56	144	197	604	369	411	726	212	662	493	291
57	648	235	387	51	233	183	226	436	644	250
58	277	87	513	731	72	319	519	529	728	680
59	188	284	110	739	322	242	447	752	499	468
60	733	503	483	162	198	58	132	156	97	631
61	339	196	561	193	9	67	708	702	741	29
62	217	69	550	526	683	134	466	317	201	655
63	735	98	635	44	724	99	457	316	627	267
64	553	75	287	509	437	261	175	5	292	417
	0	1	2	3	4	5	6	7	8	9

I″

	0	1	2	3	4	5	6	7	8	9
15	439	142	336	723	45	159	607	97	736	46
16	668	191	603	198	498	753	137	123	3	452
17	263	751	448	275	103	646	5	495	20	677
18	343	326	522	575	226	747	33	348	590	284
19	115	669	270	613	9	429	611	561	604	58
20	266	628	655	465	135	353	450	697	141	151
21	350	302	566	662	488	361	700	620	69	374
22	121	90	355	125	105	540	576	436	510	534
23	475	253	717	574	183	571	387	445	330	324
24	363	407	595	447	172	148	305	512	88	695
25	579	277	357	476	257	422	346	477	79	694
26	249	645	175	453	665	131	59	639	553	383
27	670	39	56	497	164	449	206	580	87	248
28	260	438	150	209	591	110	372	642	509	228
29	538	569	648	417	296	433	418	386	236	557
30	721	314	351	101	686	149	282	94	682	527
31	61	321	740	703	722	153	637	627	201	585
32	519	62	594	242	331	691	344	715	16	128
33	446	243	491	487	214	35	143	705	394	610
34	196	145	485	678	692	531	423	359	34	335
35	152	315	458	136	166	91	86	278	536	424
36	749	489	690	325	181	415	53	7	41	563
37	411	738	111	549	70	543	515	461	379	462
38	517	546	74	554	117	745	419	572	51	18
39	65	428	195	340	706	506	11	443	556	299
40	108	114	190	161	484	342	180	364	64	390
41	455	564	726	713	521	182	234	649	434	746
42	185	78	258	532	537	290	494	177	66	10
43	396	744	385	297	650	119	577	644	261	688
44	699	216	30	12	50	388	129	596	752	165
45	354	222	4	176	427	391	43	636	316	467
46	500	516	380	502	734	656	626	317	599	733
47	464	203	685	304	246	535	358	347	187	681
48	308	552	268	602	162	146	22	492	663	750
49	171	244	23	568	291	6	367	57	199	598
50	468	545	381	601	483	404	707	68	218	643
51	437	281	306	582	731	544	501	463	470	586
52	529	714	327	719	107	400	623	683	660	587
53	728	693	259	280	511	247	279	533	229	25
54	106	524	652	71	732	469	518	320	311	112
55	622	526	309	640	75	49	444	237	28	742
56	37	612	193	42	456	100	303	473	24	539
57	225	184	420	14	718	523	541	120	220	696
58	207	93	307	480	654	202	471	661	213	334
59	349	210	712	413	63	408	130	265	200	318
60	73	382	269	192	562	369	667	160	403	505
61	395	430	38	271	676	179	406	241	323	239
62	701	709	113	401	96	157	657	638	267	482
63	504	609	339	393	338	632	44	154	658	60
64	310	548	373	219	578	250	104	224	570	235
	0	1	2	3	4	5	6	7	8	9

p = **757** (Fortsetzung)

	N 0	1	2	3	4	5	6	7	8	9		I 0	1	2	3	4	5	6	7	8	9
65	248	496	235	470	183	366	732	707	657	557	65	635	99	725	737	46	159	155	658	638	627
66	357	714	671	585	413	69	138	276	552	347	66	317	467	459	136	353	205	102	686	304	473
67	694	631	505	253	506	255	510	263	526	295	67	567	662	213	588	728	530	714	521	414	63
68	590	423	89	178	356	712	667	577	397	37	68	594	322	740	312	112	549	373	642	287	76
69	74	148	296	592	427	97	194	388	19	38	69	49	555	117	384	670	270	192	603	162	484
70	76	152	304	608	459	161	322	644	531	305	70	404	505	609	631	98	736	158	657	626	466
71	610	463	169	338	676	595	433	109	218	436	71	135	204	685	472	661	587	529	520	62	321
72	115	230	460	163	326	652	547	337	674	591	72	311	548	641	75	554	383	269	602	483	504
73	425	93	186	372	744	731	705	653	549	341	73	630	735	656	465	203	471	586	519	320	547
74	682	607	457	157	314	628	499	241	482	207	74	74	382	601	503	734	464	470	518	546	381
75	414	71	142	284	568	379	1				75	502	463	517	380	462	379	378			

p = **761**, g = 6, $p - 1 = 2^3 \cdot 5 \cdot 19$

	N 0	1	2	3	4	5	6	7	8	9		I 0	1	2	3	4	5	6	7	8	9
0		6	36	216	535	166	235	649	89	534	0		760	726	35	692	180	1	523	658	70
1	160	199	433	315	368	686	311	344	542	208	1	146	161	727	155	489	215	624	442	36	302
2	487	639	29	174	283	176	295	248	727	557	2	112	558	127	150	693	360	121	105	455	22
3	298	266	74	444	381	3	18	108	648	83	3	181	129	590	196	408	703	2	66	268	190
4	498	705	425	267	80	480	597	538	184	343	4	78	494	524	119	93	250	116	586	659	286
5	536	172	271	104	624	700	395	87	522	88	5	326	477	87	193	71	341	421	337	748	606
6	528	124	744	659	149	133	37	222	571	382	6	147	435	95	593	556	335	162	152	374	185
7	9	54	324	422	249	733	593	514	40	240	7	669	711	728	363	32	395	234	684	156	636
8	679	269	92	552	268	86	516	52	312	350	8	44	140	460	39	490	622	85	57	59	8
9	578	424	261	44	264	62	372	710	455	447	9	216	678	82	164	552	482	625	317	252	231
10	399	111	666	191	385	27	162	211	505	747	10	292	688	443	695	53	738	159	584	37	203
11	677	257	20	120	720	515	46	276	134	43	11	307	101	387	418	303	330	714	225	572	205
12	258	26	156	175	289	212	511	22	132	31	12	113	322	401	529	61	540	559	759	522	154
13	186	355	608	604	580	436	333	476	573	394	13	301	359	128	65	118	285	340	434	151	362
14	81	486	633	754	719	509	10	60	360	638	14	635	621	677	316	694	202	329	321	758	64
15	23	138	67	402	129	13	78	468	525	106	15	361	201	200	512	650	309	122	513	602	228
16	636	11	66	396	93	558	304	302	290	218	16	10	673	106	651	426	376	5	612	456	310
17	547	238	667	197	421	243	697	377	740	635	17	588	372	51	633	23	123	25	641	734	698
18	5	30	180	319	392	69	414	201	445	387	18	182	514	644	470	48	246	130	603	518	628
19	39	234	643	53	318	386	33	198	427	279	19	448	103	591	229	283	370	218	173	197	11
20	152	151	145	109	654	119	714	479	591	502	20	258	187	654	545	409	674	661	220	19	463
21	729	569	370	698	383	15	90	540	196	415	21	704	107	125	746	550	299	3	652	169	398
22	207	481	603	574	400	117	702	407	159	193	22	273	597	67	427	353	430	384	389	269	377
23	397	99	594	520	76	456	453	435	327	440	23	296	719	680	440	191	6	538	671	171	438
24	357	620	676	251	745	665	185	349	572	388	24	79	613	288	175	367	466	495	457	27	74
25	45	270	98	588	484	621	682	287	200	439	25	506	243	525	311	725	657	488	111	120	589
26	351	584	460	477	579	430	297	260	38	228	26	267	92	325	420	94	373	31	43	84	81
27	607	598	544	220	559	310	338	506	753	713	27	251	52	306	713	400	521	117	634	328	199
28	473	555	286	194	403	135	49	294	242	691	28	601	425	587	24	643	517	282	257	660	124
29	341	524	100	600	556	292	230	619	670	215	29	168	352	295	537	287	26	724	266	30	305
	0	1	2	3	4	5	6	7	8	9		0	1	2	3	4	5	6	7	8	9

p = 757

	I′											I″									
	0	1	2	3	4	5	6	7	8	9		0	1	2	3	4	5	6	7	8	9
65	434	119	542	71	584	202	465	626	638	60	65	298	399	525	551	481	629	735	158	155	133
66	528	587	213	488	750	264	131	606	160	191	66	684	472	567	493	426	454	410	370	47	116
67	270	39	674	55	40	8	614	179	343	692	67	384	432	295	294	672	55	272	21	486	333
68	729	479	308	527	660	472	304	149	439	699	68	589	188	95	624	134	204	102	174	262	170
69	362	325	344	531	259	249	579	207	141	440	69	490	332	679	729	80	89	221	451	169	689
70	216	620	709	313	722	337	394	506	68	621	70	362	240	617	741	559	144	341	405	616	702
71	113	109	592	413	521	327	16	232	574	523	71	313	301	211	727	530	345	256	254	15	328
72	107	300	314	153	45	737	412	713	530	693	72	27	558	704	337	634	99	565	212	588	680
73	80	514	544	469	464	656	158	46	371	111	73	479	583	72	600	503	630	98	725	412	593
74	312	703	559	37	431	385	419	185	33	360	74	322	618	29	442	397	118	435	227	289	425
75	489	171	448	165	137	83	1				75	664	264	597	499	460	377	*			

p = 761

	I′											I″									
	0	1	2	3	4	5	6	7	8	9		0	1	2	3	4	5	6	7	8	9
0	760	523	66	652	50	612	538	481	216	4	0	380	180	703	299	9	376	191	38	59	649
1	673	258	618	568	564	412	88	365	549	463	1	228	197	729	479	519	614	275	49	653	220
2	333	702	181	123	643	641	724	74	576	165	2	141	149	455	633	587	123	287	457	323	294
3	305	43	395	188	69	692	302	203	7	490	3	266	373	363	574	414	726	442	584	683	460
4	705	721	712	84	140	221	271	447	246	17	4	474	717	91	31	636	207	756	733	470	338
5	733	633	306	738	720	527	163	59	551	8	5	4	372	251	695	531	475	139	85	459	57
6	300	540	244	308	361	118	268	427	248	214	6	571	529	416	315	758	128	2	597	483	34
7	146	341	515	656	506	485	232	115	494	613	7	658	193	744	174	27	402	690	407	190	438
8	520	251	164	399	81	57	747	193	699	260	8	419	84	678	324	43	622	115	477	16	247
9	264	42	325	250	373	593	629	706	235	319	9	428	656	267	119	420	435	716	467	355	393
10	224	387	172	591	195	455	651	125	277	535	10	737	307	245	448	557	121	673	704	491	595
11	419	120	558	322	458	86	586	634	285	93	11	242	488	302	205	144	77	250	521	65	524
12	589	105	513	25	168	746	454	150	65	590	12	111	360	309	23	660	107	623	558	359	181
13	603	700	580	502	562	452	578	263	223	56	13	246	607	270	222	264	237	731	662	248	394
14	460	20	379	381	114	623	161	435	604	21	14	44	497	534	278	499	691	70	606	533	441
15	693	362	374	284	301	489	636	675	386	584	15	127	434	162	528	522	727	684	667	291	738
16	441	727	152	230	552	274	615	723	352	398	16	179	146	335	56	82	29	723	642	124	652
17	366	438	544	197	73	367	213	594	492	160	17	679	671	102	218	670	288	715	484	507	379
18	1	129	514	736	394	669	219	654	393	249	18	692	22	698	194	592	374	369	258	33	195
19	78	6	605	71	183	189	408	11	516	601	19	268	440	585	87	413	104	590	173	712	328
20	512	200	329	307	539	113	496	45	690	500	20	201	361	694	37	417	572	279	404	752	647
21	509	483	716	475	557	624	678	653	173	745	21	576	609	564	176	69	489	8	447	370	186
22	19	579	133	510	528	572	368	375	10	283	22	661	45	608	138	100	714	527	511	602	591
23	737	292	385	459	684	546	355	135	392	356	23	163	252	76	668	395	98	350	618	617	259
24	664	255	110	525	595	102	130	89	138	476	24	700	297	465	506	62	697	48	749	68	189
25	116	52	231	431	497	742	536	660	187	239	25	93	81	317	403	708	241	424	282	11	364
26	751	405	707	404	134	722	30	92	190	377	26	89	354	547	137	90	351	724	589	66	389
27	132	486	383	597	567	16	453	345	143	206	27	689	46	549	398	165	730	471	108	450	666
28	637	294	257	370	620	340	326	26	175	565	28	504	600	517	229	153	118	659	537	613	331
29	338	158	688	390	29	537	719	241	596	3	29	554	551	231	486	281	352	377	696	462	550
	0	1	2	3	4	5	6	7	8	9		0	1	2	3	4	5	6	7	8	9

p = **761** (Fortsetzung)

	N											I									
	0	1	2	3	4	5	6	7	8	9		0	1	2	3	4	5	6	7	8	9
30	529	130	19	114	684	299	272	110	660	155	30	327	642	167	723	166	615	478	735	616	730
31	169	253	757	737	617	658	143	97	582	448	31	275	16	88	699	479	13	568	413	194	183
32	405	147	121	726	551	262	50	300	278	146	32	736	619	639	744	72	515	617	238	392	349
33	115	690	335	488	645	65	390	57	342	530	33	342	645	731	136	578	332	422	471	276	453
34	136	55	330	458	465	507	759	749	689	329	34	554	290	338	49	17	365	599	566	749	247
35	452	429	291	224	583	454	441	363	656	131	35	89	260	751	755	607	131	700	240	664	533
36	25	150	139	73	438	345	548	244	703	413	36	148	604	480	357	610	543	436	519	14	564
37	195	409	171	265	68	408	165	229	613	634	37	212	716	96	629	569	575	484	177	594	449
38	760	755	725	545	226	595	526	112	672	227	38	414	34	69	214	557	104	195	189	249	476
39	601	562	328	446	393	75	450	417	219	553	39	336	592	184	394	139	56	163	230	737	100
40	274	122	732	587	478	585	466	513	34	204	40	224	528	153	284	620	320	511	227	375	371
41	463	495	687	317	380	758	743	653	113	678	41	640	469	627	369	186	219	745	397	429	718
42	263	56	336	494	681	281	164	223	577	418	42	670	174	73	656	91	42	712	198	516	351
43	225	589	490	657	137	61	366	674	239	673	43	265	722	729	12	618	237	135	452	364	259
44	233	637	17	102	612	628	724	539	190	379	44	239	356	563	574	33	188	393	99	319	468
45	752	707	437	339	512	28	168	247	721	521	45	396	655	350	236	355	98	235	546	343	547
46	82	492	669	209	493	675	245	709	449	411	46	262	707	685	410	646	344	406	667	157	675
47	183	337	500	717	497	699	389	51	306	314	47	732	548	504	280	637	662	137	263	404	207
48	362	650	95	570	376	734	599	550	256	14	48	45	221	579	708	254	497	141	20	333	686
49	84	504	741	641	41	246	715	485	627	718	49	432	631	461	464	423	411	753	474	40	705
50	503	735	605	586	472	549	250	739	629	730	50	472	647	209	500	491	108	277	345	691	145
51	575	406	153	157	181	325	428	285	188	367	51	623	126	454	407	77	115	86	747	555	668
52	680	275	128	7	42	252	751	701	401	123	52	233	459	58	551	291	158	386	571	60	300
53	738	623	694	359	632	748	683	293	236	655	53	339	676	757	649	9	4	50	733	47	447
54	125	750	695	365	668	203	457	459	471	543	54	217	653	18	549	272	383	679	170	366	505
55	214	523	94	564	340	518	64	384	21	126	55	487	324	83	399	600	281	294	29	165	274
56	756	731	581	442	369	692	347	560	316	374	56	567	638	391	577	553	598	750	663	609	211
57	722	527	118	708	443	375	728	563	334	482	57	483	68	248	138	223	510	626	428	90	264
58	609	610	616	652	107	642	47	282	170	259	58	134	562	318	354	261	405	503	403	253	431
59	32	192	391	63	378	746	671	221	565	346	59	752	208	690	76	232	385	756	46	271	486
60	554	280	158	187	361	644	59	354	602	568	60	293	390	608	222	133	502	689	270	132	580
61	364	662	167	241	685	305	308	326	434	321	61	581	741	444	378	701	709	582	314	696	297
62	404	141	85	510	16	96	576	412	189	373	62	241	255	742	531	54	720	665	498	445	508
63	716	491	663	173	277	140	79	474	561	322	63	739	681	534	142	379	179	160	441	149	21
64	410	177	301	284	182	331	464	501	723	533	64	702	493	585	192	605	334	710	683	38	7
65	154	163	217	541	202	451	423	255	8	48	65	481	687	583	417	204	539	358	433	315	63
66	288	206	475	567	358	626	712	467	519	70	66	308	672	611	632	697	245	102	172	544	462
67	420	237	661	161	205	469	531	142	91	546	67	298	596	388	439	437	465	242	110	419	80
68	232	631	742	647	77	462	489	651	101	606	68	520	424	256	536	304	614	15	412	743	348
69	592	508	4	24	144	103	618	664	179	313	69	331	289	565	754	532	542	715	176	213	475
70	356	614	640	35	210	499	711	461	483	615	70	55	527	226	368	717	41	721	451	573	467
71	646	71	426	273	116	696	371	704	419	231	71	97	706	666	279	206	496	630	473	499	144
72	625	706	431	303	296	254	2	12	72	432	72	114	458	570	648	446	382	323	28	576	210
73	309	332	470	537	178	307	320	398	105	630	73	509	561	402	75	485	501	740	313	530	507
74	736	611	622	688	323	416	213	517	58	348	74	178	492	682	416	62	244	595	109	535	347
75	566	352	590	496	693	353	596	532	148	127	75	541	526	450	278	143	381	560	312	415	346
76	1										76	380									
	0	1	2	3	4	5	6	7	8	9		0	1	2	3	4	5	6	7	8	9

p = 761

	I′											I″									
	0	1	2	3	4	5	6	7	8	9		0	1	2	3	4	5	6	7	8	9
30	339	359	112	330	614	327	713	101	672	122	30	60	154	36	418	536	30	52	203	63	650
31	588	725	415	530	696	63	694	252	354	468	31	456	525	560	740	582	433	677	625	562	99
32	511	758	401	28	83	420	477	642	199	321	32	620	329	113	382	487	92	286	305	634	202
33	714	289	422	686	710	162	592	748	49	676	33	303	348	578	20	605	556	476	421	290	300
34	434	421	645	547	406	691	380	541	331	342	34	285	71	349	546	646	277	415	535	743	392
35	236	265	295	430	261	98	563	610	433	128	35	655	516	168	427	318	236	239	480	539	301
36	121	201	635	32	259	599	505	466	717	186	36	693	64	151	728	452	17	170	175	226	627
37	218	640	51	31	185	371	5	296	701	179	37	283	375	588	94	152	227	426	269	444	142
38	*	560	323	679	389	756	571	418	439	269	38	346	143	446	272	430	232	158	101	596	384
39	608	577	349	99	139	234	655	429	273	600	39	293	638	238	188	184	32	468	745	169	83
40	521	529	75	253	207	503	667	77	703	674	40	713	322	561	503	263	261	344	454	196	545
41	646	753	743	194	34	346	62	204	303	80	41	685	423	15	568	449	312	682	583	387	110
42	94	337	471	411	256	587	376	353	90	718	42	325	341	332	464	520	601	651	67	626	397
43	384	752	631	315	151	95	519	465	79	437	43	353	253	686	358	340	147	543	439	171	388
44	191	149	36	695	378	508	382	217	103	414	44	680	160	624	688	741	498	648	47	628	594
45	278	573	364	554	407	22	310	27	570	58	45	526	721	135	276	126	105	612	495	114	233
46	39	464	298	704	423	242	495	97	396	627	46	140	631	544	19	461	437	367	573	319	640
47	48	276	647	499	40	55	336	87	735	13	47	644	422	705	630	753	213	249	326	615	699
48	357	687	625	68	177	501	293	324	111	215	48	604	7	552	211	575	75	271	505	657	155
49	622	108	682	585	524	457	630	141	445	144	49	39	500	178	702	78	466	206	254	665	473
50	491	740	689	403	280	487	243	178	739	561	50	209	485	133	405	548	366	74	530	445	210
51	626	227	650	602	644	617	351	282	628	14	51	223	320	200	122	182	72	198	643	603	436
52	424	117	154	658	119	311	450	226	153	61	52	80	400	759	1	494	243	541	55	224	401
53	507	54	542	148	142	347	304	287	671	358	53	313	742	754	664	681	109	256	295	6	204
54	559	526	715	436	462	409	343	262	504	272	54	61	347	532	610	172	654	235	343	732	18
55	299	291	482	598	290	668	335	104	127	759	55	746	58	164	577	453	747	593	214	112	540
56	312	402	318	574	212	754	749	638	413	575	56	381	509	134	356	14	289	599	274	13	629
57	648	60	205	467	33	484	210	553	332	708	57	458	386	225	451	563	569	28	391	136	221
58	581	741	314	417	37	192	659	24	372	267	58	132	580	709	687	159	493	116	425	310	120
59	196	229	184	556	449	109	388	67	750	566	59	129	103	336	95	177	244	298	273	553	365
60	281	425	228	518	480	334	147	131	222	211	60	399	199	513	130	148	192	748	755	390	663
61	543	632	456	288	15	478	730	238	237	639	61	357	672	5	79	304	166	735	515	12	736
62	320	677	85	126	442	317	428	369	448	569	62	284	635	490	145	215	482	510	469	518	96
63	473	461	697	23	328	621	44	662	391	744	63	496	432	611	51	117	362	156	280	567	619
64	469	734	167	517	470	731	344	209	446	9	64	371	25	327	24	514	342	410	472	570	757
65	309	426	169	18	545	350	91	488	70	286	65	512	106	3	217	187	396	73	725	523	586
66	124	220	137	609	533	498	279	157	233	711	66	257	674	637	750	240	720	706	406	555	185
67	174	171	611	106	661	732	757	316	82	170	67	718	538	308	10	409	157	339	621	216	383
68	440	534	416	38	156	410	432	583	443	270	68	719	739	492	710	234	707	333	481	292	502
69	76	145	180	360	202	53	297	245	182	479	69	208	345	35	150	316	443	314	632	734	88
70	240	709	493	2	107	472	666	685	254	582	70	131	378	21	408	463	40	97	262	579	701
71	683	728	198	400	225	176	96	41	670	680	71	334	669	42	306	330	542	212	368	429	296
72	665	451	729	166	266	657	35	155	363	12	72	54	41	265	167	26	311	760	161	711	722
73	275	136	548	47	698	616	619	100	159	681	73	616	645	675	50	641	478	183	230	53	508
74	313	444	531	348	72	397	550	555	606	247	74	501	581	255	412	639	219	125	86	337	566
75	663	755	208	474	532	607	46	649	64	522	75	598	260	431	411	565	751	385	676	321	559
76	726										76	*									
	0	1	2	3	4	5	6	7	8	9		0	1	2	3	4	5	6	7	8	9

p = **769**, g = 11, $p-1 = 2^8 \cdot 3$

N

	0	1	2	3	4	5	6	7	8	9
0		11	121	562	30	330	554	711	131	672
1	471	567	85	166	288	92	243	366	181	453
2	369	214	47	517	304	268	641	130	661	350
3	5	55	605	503	150	112	463	479	655	284
4	48	528	425	61	671	460	446	292	136	727
5	307	301	235	278	751	571	129	650	229	212
6	25	275	718	208	750	560	8	88	199	651
7	240	333	587	305	279	762	692	691	680	559
8	766	736	406	621	679	548	645	174	376	291
9	125	606	514	271	674	493	40	440	226	179
10	431	127	628	756	626	734	384	379	324	488
11	754	604	492	29	319	433	149	101	342	686
12	625	723	263	586	294	158	200	662	361	126
13	617	635	64	704	54	594	382	357	82	133
14	694	713	153	145	57	627	745	505	172	354
15	49	539	546	623	701	21	231	234	267	630
16	9	99	320	444	270	663	372	247	410	665
17	394	489	765	725	285	59	649	218	91	232
18	245	388	423	39	429	105	386	401	566	74
19	45	495	62	682	581	239	322	466	512	249
20	432	138	749	549	656	295	169	321	455	391
21	456	402	577	195	607	525	392	467	523	370
22	225	168	310	334	598	426	72	23	253	476
23	622	690	669	438	204	706	76	67	737	417
24	742	472	578	206	728	318	422	28	308	312
25	356	71	12	132	683	592	360	115	496	73
26	34	374	269	652	251	454	380	335	609	547
27	634	53	583	261	564	52	572	140	2	22
28	242	355	60	660	339	653	262	575	173	365
29	170	332	576	184	486	732	362	137	738	428
30	94	265	608	536	513	260	553	700	10	110
31	441	237	300	224	157	189	541	568	96	287
32	81	122	573	151	123	584	272	685	614	602
33	470	556	733	373	258	531	458	424	50	550
34	667	416	731	351	16	176	398	533	480	666
35	405	610	558	755	615	613	591	349	763	703
36	43	473	589	327	521	348	752	582	250	443
37	259	542	579	217	80	111	452	358	93	254
38	487	743	483	699	768	758	648	207	739	439
39	215	58	638	97	298	202	684	603	481	677
40	526	403	588	316	400	555	722	252	465	501
41	128	639	108	419	764	714	164	266	619	657
42	306	290	114	485	721	241	344	708	98	309
43	323	477	633	42	462	468	534	491	18	198
44	640	119	540	557	744	494	51	561	19	209
45	761	681	570	118	529	436	182	464	490	7
46	77	78	89	210	3	33	363	148	90	221
47	124	595	393	478	644	163	255	498	95	276
48	729	329	543	590	338	642	141	13	143	35
49	385	390	445	281	15	165	277	740	450	336
	0	1	2	3	4	5	6	7	8	9

I

	0	1	2	3	4	5	6	7	8	9
0		768	278	464	556	30	742	459	66	160
1	308	1	252	487	737	494	344	750	438	448
2	586	155	279	227	530	60	765	624	247	113
3	4	682	622	465	260	489	716	679	726	183
4	96	628	433	360	557	190	505	22	40	150
5	338	446	275	271	134	31	525	144	391	175
6	282	43	192	619	132	517	743	237	538	691
7	767	251	226	259	189	524	236	460	461	615
8	374	320	138	503	711	12	638	577	67	462
9	468	178	15	378	300	478	318	393	428	161
10	616	117	724	733	553	185	549	511	412	667
11	309	375	35	588	422	257	669	647	453	441
12	560	2	321	324	470	90	129	101	410	56
13	27	8	253	139	515	654	48	297	201	543
14	277	486	529	488	504	143	537	614	467	116
15	34	323	514	142	738	712	739	314	125	735
16	652	686	598	475	416	495	13	713	221	206
17	290	608	148	288	87	519	345	639	740	99
18	746	18	456	507	293	709	656	751	578	315
19	756	626	596	676	671	213	706	660	439	68
20	126	701	395	572	234	658	243	387	63	449
21	463	736	59	715	21	390	690	373	177	723
22	587	469	653	536	313	220	98	755	700	58
23	535	156	179	687	157	52	731	311	719	195
24	70	425	280	16	599	180	602	167	748	199
25	368	264	407	228	379	476	688	582	334	370
26	305	273	286	122	531	301	417	158	25	262
27	164	93	326	642	575	61	479	496	53	74
28	555	493	764	678	39	174	766	319	14	732
29	421	89	47	613	124	205	745	625	394	714
30	312	51	601	581	24	73	420	50	248	429
31	222	720	249	594	592	649	403	760	245	114
32	162	207	196	430	108	547	753	363	694	481
33	5	617	291	71	223	267	499	584	484	284
34	568	683	118	609	426	721	566	630	365	357
35	29	343	623	725	149	281	250	137	377	552
36	256	128	296	466	734	289	17	595	571	20
37	219	730	166	333	261	554	88	600	593	107
38	266	565	136	570	106	490	186	520	181	650
39	491	209	216	472	170	645	717	550	346	603
40	404	187	211	401	673	350	82	680	512	640
41	168	761	521	634	665	533	341	239	727	413
42	741	749	246	182	337	42	225	502	299	184
43	668	100	200	115	651	607	455	675	233	389
44	97	310	747	369	163	492	46	580	591	546
45	498	629	376	19	265	208	210	633	336	606
46	45	632	434	36	457	408	197	217	435	696
47	330	10	241	361	589	508	229	431	473	37
48	348	398	703	382	558	423	294	380	109	171
49	458	437	112	95	445	191	258	710	477	548
	0	1	2	3	4	5	6	7	8	9

p = 769

I′

	0	1	2	3	4	5	6	7	8	9
0	768	252	321	627	682	617	405	528	253	702
1	241	317	638	713	732	378	599	595	456	265
2	219	390	40	648	73	262	485	8	127	343
3	742	525	91	685	323	588	457	348	204	174
4	150	454	225	192	9	632	580	613	297	244
5	248	601	731	74	366	276	27	69	535	715
6	765	479	722	449	54	447	160	462	126	263
7	425	223	402	420	555	358	620	76	451	65
8	662	238	680	230	78	203	708	519	600	47
9	129	214	763	326	684	445	628	310	755	746
10	200	410	661	636	145	644	490	266	547	171
11	353	32	95	4	162	651	34	724	609	522
12	104	574	531	72	205	735	701	165	296	101
13	707	523	517	516	31	471	570	377	503	515
14	573	415	738	537	391	102	611	506	288	281
15	338	442	269	527	621	279	179	52	25	585
16	308	616	207	492	93	569	333	748	761	349
17	645	458	80	744	766	282	57	723	15	687
18	602	650	337	96	668	549	520	211	11	524
19	505	258	619	254	367	70	430	217	304	368
20	115	543	64	339	419	745	290	196	210	216
21	633	401	242	706	302	400	472	435	564	730
22	98	206	720	267	674	502	259	530	379	431
23	153	77	545	389	658	576	460	538	298	727
24	381	361	372	387	480	114	182	113	429	594
25	137	226	487	139	396	729	128	669	710	189
26	489	554	164	285	407	208	565	499	351	85
27	131	134	325	286	618	271	322	486	464	227
28	16	250	43	28	568	641	122	292	87	17
29	608	71	212	709	380	332	466	201	388	184
30	478	417	268	563	92	273	6	154	1	375
31	747	719	51	220	125	756	371	510	393	14
32	138	324	597	514	470	677	642	119	354	397
33	10	443	105	261	370	695	606	42	446	561
34	501	239	295	623	750	639	603	436	398	340
35	82	509	79	103	526	328	255	29	414	133
36	557	589	483	694	551	357	728	272	264	163
37	305	482	699	177	320	35	19	552	300	476
38	109	444	558	307	*	692	176	63	497	97
39	690	175	411	428	714	572	327	111	703	562
40	664	673	362	760	187	331	121	228	197	542
41	56	440	667	741	172	518	495	158	500	759
42	50	89	257	294	406	280	721	666	161	222
43	108	473	270	360	36	696	541	112	448	68
44	26	560	316	352	146	191	275	3	586	463
45	75	193	55	441	579	675	507	408	437	66
46	461	615	468	736	556	260	734	116	178	653
47	90	672	170	37	86	416	688	548	318	496
48	567	5	604	356	284	513	529	737	504	716
49	186	209	46	764	344	13	53	631	629	584
	0	1	2	3	4	5	6	7	8	9

I″

	0	1	2	3	4	5	6	7	8	9
0	384	308	560	447	113	481	306	559	27	44
1	330	188	711	495	319	178	280	289	746	376
2	571	715	505	612	581	158	440	56	283	357
3	556	134	111	542	116	375	434	473	641	678
4	22	664	337	282	545	606	492	89	654	744
5	420	312	157	496	64	452	410	176	700	736
6	530	575	659	387	202	79	459	577	439	57
7	195	291	123	24	53	450	77	231	84	352
8	172	644	350	500	562	269	474	288	554	421
9	470	32	304	164	702	112	183	389	220	740
10	668	129	145	353	120	332	570	593	430	380
11	728	397	437	247	245	200	467	616	683	327
12	527	406	286	677	613	314	68	28	256	90
13	526	270	619	359	271	729	565	250	320	253
14	620	528	514	504	525	104	444	685	608	725
15	40	540	697	230	307	586	535	687	417	661
16	66	428	114	369	262	127	730	602	640	569
17	472	109	414	574	39	391	386	373	468	156
18	599	520	246	726	299	553	490	404	618	259
19	557	445	43	451	699	719	207	408	718	748
20	100	297	539	85	38	124	221	162	265	491
21	208	187	292	671	91	564	209	197	551	20
22	313	713	429	71	532	42	251	279	407	508
23	83	758	501	675	572	516	524	743	81	341
24	631	10	212	658	49	760	749	624	50	720
25	281	767	1	8	193	356	552	422	191	226
26	465	333	25	69	368	19	107	223	302	152
27	432	275	367	305	627	446	55	543	768	155
28	425	149	175	693	484	263	273	597	148	734
29	206	617	287	507	423	342	128	48	238	502
30	378	531	214	541	198	370	757	383	160	667
31	97	731	714	536	739	578	442	11	478	766
32	374	2	276	34	321	272	93	396	355	605
33	696	405	295	166	582	579	633	182	150	203
34	349	533	567	29	494	519	550	695	37	169
35	673	268	443	110	328	698	483	365	75	621
36	433	241	402	753	583	630	54	194	199	747
37	334	316	242	690	615	309	629	137	15	228
38	294	240	703	635	662	636	705	243	298	233
39	21	144	637	318	625	701	254	329	348	762
40	215	211	72	649	603	6	424	264	457	646
41	101	392	511	727	358	141	475	301	707	204
42	73	732	588	558	534	70	609	576	393	248
43	196	229	681	628	632	217	347	458	750	660
44	411	453	151	331	381	95	338	65	438	63
45	544	78	510	647	41	607	18	36	171	742
46	236	460	67	449	278	622	296	614	462	587
47	324	135	216	431	513	598	379	710	300	61
48	244	694	371	362	584	26	277	252	529	260
49	106	650	163	555	737	416	479	388	546	267
	0	1	2	3	4	5	6	7	8	9

$p = 769$ (Fortsetzung)

N

	0	1	2	3	4	5	6	7	8	9
50	620	668	427	83	144	46	506	183	475	611
51	569	107	408	643	152	134	705	65	715	175
52	387	412	687	636	75	56	616	624	712	142
53	24	264	597	415	720	230	223	146	68	748
54	538	535	502	139	760	670	449	325	499	106
55	397	522	359	104	375	280	4	44	484	710
56	120	551	678	537	524	381	346	730	340	664
57	383	368	203	695	724	274	707	87	188	530
58	447	303	257	520	337	631	20	220	113	474
59	600	448	314	378	313	367	192	574	162	244
60	377	302	246	399	544	601	459	435	171	343
61	697	746	516	293	147	79	100	331	565	63
62	693	702	32	352	27	297	191	563	41	451
63	347	741	461	457	413	698	757	637	86	177
64	409	654	273	696	735	395	500	117	518	315
65	389	434	160	222	135	716	186	508	205	717
66	197	629	767	747	527	414	709	109	430	116
67	507	194	596	404	599	437	193	585	283	37
68	407	632	31	341	675	504	161	233	256	509
69	216	69	759	659	328	532	469	545	612	580
70	228	201	673	482	688	647	196	618	646	185
71	497	84	155	167	299	213	36	396	511	238
72	311	345	719	219	102	353	38	418	753	593
73	371	236	289	103	364	159	211	14	154	156
74	178	420	6	66	726	296	180	442	248	421
75	17	187	519	326	510	227	190	552	689	658
76	317	411	676	515	282	26	286	70	1	
	0	1	2	3	4	5	6	7	8	9

I

	0	1	2	3	4	5	6	7	8	9
50	646	409	542	33	685	147	506	670	657	689
51	754	718	198	304	92	763	612	23	648	752
52	583	364	551	218	564	215	400	664	41	454
53	579	335	695	347	436	541	303	563	540	151
54	442	316	371	482	604	697	152	269	85	203
55	339	561	757	306	6	405	331	443	352	79
56	65	447	3	627	274	618	188	11	317	510
57	452	55	276	322	597	287	292	212	242	372
58	699	194	367	272	325	677	123	72	402	362
59	483	356	255	729	135	471	672	532	224	674
60	590	605	329	397	111	32	91	214	302	268
61	351	509	698	355	328	354	526	130	707	418
62	500	83	230	153	527	120	104	145	102	661
63	159	585	681	432	270	131	523	637	392	411
64	440	26	485	513	474	86	708	705	386	176
65	57	69	263	285	641	38	204	419	759	693
66	283	28	127	165	569	169	349	340	501	232
67	545	44	9	702	94	684	762	399	562	84
68	78	451	193	254	396	327	119	522	704	758
69	231	77	76	620	140	573	643	610	635	383
70	307	154	621	359	133	516	235	576	427	666
71	559	7	528	141	415	518	655	659	62	722
72	534	424	406	121	574	173	744	49	244	480
73	567	342	295	332	105	644	81	238	298	388
74	497	631	240	381	444	146	611	663	539	202
75	64	54	366	728	110	353	103	636	385	692
76	544	450	75	358	414	172	80	662	384	
	0	1	2	3	4	5	6	7	8	9

$p = 773$, $g = 2$, $p - 1 = 2^2 \cdot 193$

N

	0	1	2	3	4	5	6	7	8	9
0		2	4	8	16	32	64	128	256	512
1	251	502	231	462	151	302	604	435	97	194
2	388	3	6	12	24	48	96	192	384	768
3	763	753	733	693	613	453	133	266	532	291
4	582	391	9	18	36	72	144	288	576	379
5	758	743	713	653	533	293	586	399	25	50
6	100	200	400	27	54	108	216	432	91	182
7	364	728	683	593	413	53	106	212	424	75
8	150	300	600	427	81	162	324	648	523	273
9	546	319	638	503	233	466	159	318	636	499
10	225	450	127	254	508	243	486	199	398	23
11	46	92	184	368	736	699	625	477	181	362
12	724	675	577	381	762	751	729	685	597	421
13	69	138	276	552	331	662	551	329	658	543
14	313	626	479	185	370	740	707	641	509	245

I

	0	1	2	3	4	5	6	7	8	9
0		772	1	21	2	415	22	253	3	42
1	416	510	23	587	254	436	4	704	43	555
2	417	274	511	109	24	58	588	63	255	353
3	437	715	5	531	705	668	44	500	556	608
4	418	239	275	729	512	457	110	656	25	506
5	59	725	589	75	64	153	256	576	354	593
6	438	602	716	295	6	230	532	692	706	130
7	669	265	45	699	501	79	557	763	609	288
8	419	84	240	160	276	347	730	374	513	213
9	458	68	111	736	657	198	26	18	507	552
10	60	665	726	722	590	689	76	157	65	549
11	154	521	257	562	577	524	355	629	594	185
12	439	248	603	260	717	473	296	102	7	750
13	231	565	533	36	693	478	707	484	131	580
14	670	677	266	325	46	768	700	527	502	226

p = 769

	I′ 0	1	2	3	4	5	6	7	8	9		I″ 0	1	2	3	4	5	6	7	8	9
50	83	232	299	711	143	22	670	293	229	698	50	418	340	225	138	488	190	147	456	589	351
51	452	412	640	474	142	654	235	743	655	345	51	317	549	680	485	323	139	133	132	415	87
52	181	634	704	637	236	144	130	120	141	488	52	186	761	119	131	189	31	354	153	7	486
53	60	301	224	341	424	156	313	614	691	202	53	227	122	672	665	722	58	653	143	237	663
54	151	303	33	277	450	44	498	753	646	511	54	563	436	409	201	692	232	591	108	477	185
55	346	218	256	185	88	493	30	190	423	7	55	717	364	377	733	261	74	464	360	382	666
56	2	757	84	540	215	136	630	342	683	169	56	441	339	399	303	218	266	721	480	284	165
57	106	20	234	643	173	61	427	67	315	335	57	136	595	395	140	121	642	235	638	751	454
58	591	24	334	364	484	681	155	469	422	508	58	46	601	688	752	499	159	448	723	35	361
59	605	546	649	107	592	571	676	287	475	180	59	674	580	594	600	249	17	626	322	686	16
60	593	581	167	404	697	329	45	455	148	426	60	88	51	180	346	482	590	336	651	290	118
61	635	663	23	124	467	374	117	291	188	132	61	643	146	763	47	537	461	161	5	274	192
62	140	359	465	725	247	394	596	274	433	376	62	76	154	682	343	765	745	756	3	96	498
63	365	240	434	336	665	383	385	392	577	740	63	566	497	45	210	521	610	103	523	12	345
64	168	38	575	610	81	717	409	453	752	403	64	512	285	326	573	105	170	548	669	23	592
65	491	607	686	536	48	659	751	689	243	62	65	181	115	735	469	515	518	709	670	234	655
66	439	159	384	539	41	533	559	309	100	647	66	706	102	80	611	400	634	427	412	184	257
67	657	213	532	350	590	233	671	123	39	726	67	506	676	471	401	224	455	596	325	764	716
68	512	432	622	118	762	147	598	157	582	754	68	82	585	4	568	94	33	652	179	476	657
69	373	767	544	283	481	347	330	152	355	194	69	390	538	385	759	363	335	435	604	509	372
70	58	395	94	382	758	386	660	418	705	656	70	755	126	9	398	522	708	213	130	86	293
71	477	12	739	221	312	21	679	550	198	195	71	258	503	738	13	394	59	489	645	754	311
72	249	566	534	587	733	149	183	413	110	135	72	222	426	62	177	117	623	679	239	366	255
73	166	311	421	553	289	652	59	494	712	314	73	219	52	14	724	466	125	463	487	142	712
74	99	749	459	237	49	625	18	369	199	246	74	639	413	30	517	173	205	99	310	167	741
75	438	578	583	363	718	700	626	306	231	693	75	344	656	648	547	689	98	315	561	704	419
76	245	521	399	612	678	624	319	251	278		76	403	168	684	92	493	60	174	691	*	
	0	1	2	3	4	5	6	7	8	9		0	1	2	3	4	5	6	7	8	9

p = 773

	I′ 0	1	2	3	4	5	6	7	8	9		I″ 0	1	2	3	4	5	6	7	8	9
0	772	21	415	42	704	531	230	750	366	618	0	386	772	21	253	436	715	295	102	368	180
1	297	93	356	745	558	686	663	551	507	251	1	474	322	525	225	80	210	734	197	26	384
2	414	2	253	587	58	506	18	384	406	388	2	771	1	415	510	109	656	198	426	638	408
3	428	169	222	674	482	477	693	234	54	701	3	124	660	625	470	748	564	533	490	635	769
4	585	509	416	555	500	699	768	636	122	200	4	413	252	3	704	668	265	325	492	167	317
5	640	739	207	571	235	528	351	62	588	725	5	390	329	216	634	38	701	272	108	24	506
6	665	713	352	255	153	549	196	735	111	623	6	552	107	57	588	75	157	372	212	458	118
7	342	126	599	574	152	64	157	286	762	557	7	269	496	454	504	724	589	689	263	698	501
8	14	210	345	159	240	632	645	331	567	485	8	226	696	761	287	419	362	487	682	396	708
9	177	421	307	298	630	361	420	91	321	475	9	192	97	321	11	356	379	289	193	517	182
10	563	749	7	368	148	604	712	61	57	24	10	258	472	296	619	423	249	433	553	273	511
11	656	736	143	281	430	313	141	622	69	269	11	457	68	623	221	170	465	612	187	459	338
12	411	404	637	427	30	660	343	760	697	264	12	445	166	48	200	409	495	71	599	228	691
13	669	580	333	541	162	540	133	175	191	709	13	706	464	568	136	175	643	569	242	741	398
14	381	314	441	737	328	391	616	179	369	261	14	611	116	622	112	281	319	306	422	104	604

p = 773 (Fortsetzung)

N

	0	1	2	3	4	5	6	7	8	9
15	490	207	414	55	110	220	440	107	214	428
16	83	166	332	664	555	337	674	575	377	754
17	735	697	621	469	165	330	660	547	321	642
18	511	249	498	223	446	119	238	476	179	358
19	716	659	545	317	634	495	217	434	95	190
20	380	760	747	721	669	565	357	714	655	537
21	301	602	431	89	178	356	712	651	529	285
22	570	367	734	695	617	461	149	298	596	419
23	65	130	260	520	267	534	295	590	407	41
24	82	164	328	656	539	305	610	447	121	242
25	484	195	390	7	14	28	56	112	224	448
26	123	246	492	211	422	71	142	284	568	363
27	726	679	585	397	21	42	84	168	336	672
28	571	369	738	703	633	493	213	426	79	158
29	316	632	491	209	418	63	126	252	504	235
30	470	167	334	668	563	353	706	639	505	237
31	474	175	350	700	627	481	189	378	756	739
32	705	637	501	229	458	143	286	572	371	742
33	711	649	525	277	554	335	670	567	361	722
34	671	569	365	730	687	601	429	85	170	340
35	680	587	401	29	58	116	232	464	155	310
36	620	467	161	322	644	515	257	514	255	510
37	247	494	215	430	87	174	348	696	619	465
38	157	314	628	483	193	386	772	771	769	765
39	757	741	709	645	517	261	522	271	542	311
40	622	471	169	338	676	579	385	770	767	761
41	749	725	677	581	389	5	10	20	40	80
42	160	320	640	507	241	482	191	382	764	755
43	737	701	629	485	197	394	15	30	60	120
44	240	480	187	374	748	723	673	573	373	746
45	719	665	557	341	682	591	409	45	90	180
46	360	720	667	561	349	698	623	473	173	346
47	692	611	449	125	250	500	227	454	135	270
48	540	307	614	455	137	274	548	323	646	519
49	265	530	287	574	375	750	727	681	589	405
50	37	74	148	296	592	411	49	98	196	392
51	11	22	44	88	176	352	704	635	497	221
52	442	111	222	444	115	230	460	147	294	588
53	403	33	66	132	264	528	283	566	359	718
54	663	553	333	666	559	345	690	607	441	109
55	218	436	99	198	396	19	38	76	152	304
56	608	443	113	226	452	131	262	524	275	550
57	327	654	535	297	594	415	57	114	228	456
58	139	278	556	339	678	583	393	13	26	52
59	104	208	416	59	118	236	472	171	342	684
60	595	417	61	122	244	488	203	406	39	78
61	156	312	624	475	177	354	708	643	513	253
62	506	239	478	183	366	732	691	609	445	117
63	234	468	163	326	652	531	289	578	383	766
64	759	745	717	661	549	325	650	527	281	562
	0	1	2	3	4	5	6	7	8	9

I

	0	1	2	3	4	5	6	7	8	9
15	80	14	558	746	764	358	610	380	289	96
16	420	362	85	632	241	174	161	301	277	402
17	348	597	731	468	375	311	514	614	214	188
18	459	118	69	623	112	143	737	442	658	316
19	199	426	27	384	19	251	508	434	553	107
20	61	713	666	606	727	654	723	151	591	293
21	690	263	77	286	158	372	66	196	550	720
22	155	519	522	183	258	100	563	476	578	323
23	525	12	356	94	630	299	595	309	186	621
24	440	424	249	105	604	149	261	370	718	181
25	474	10	297	619	103	368	8	366	751	753
26	232	395	566	755	534	490	37	234	694	684
27	479	397	708	89	485	568	132	333	581	757
28	671	648	678	536	267	219	326	492	47	636
29	769	39	701	55	528	236	503	573	227	696
30	81	210	15	686	559	245	747	481	765	743
31	359	399	611	140	381	710	290	193	97	91
32	421	178	363	487	86	645	633	570	242	137
33	175	134	162	542	302	335	278	165	403	583
34	349	453	598	759	732	545	469	673	376	464
35	312	650	515	305	615	680	215	206	189	538
36	460	338	119	269	70	342	624	221	113	281
37	144	328	738	448	443	494	659	168	317	49
38	200	123	427	638	28	406	385	771	20	414
39	252	41	509	586	435	703	554	273	108	57
40	62	352	714	530	667	499	607	238	728	456
41	655	505	724	74	152	575	592	601	294	229
42	691	129	264	698	78	762	287	83	159	346
43	373	212	67	735	197	17	551	664	721	688
44	156	548	520	561	523	628	184	247	259	472
45	101	749	564	35	477	483	579	676	324	767
46	526	225	13	745	357	379	95	361	631	173
47	300	401	596	467	310	613	187	117	622	142
48	441	315	425	383	250	433	106	712	605	653
49	150	292	262	285	371	195	719	518	182	99
50	475	322	11	93	298	308	620	423	104	148
51	369	180	9	618	367	365	752	394	754	489
52	233	683	396	88	567	332	756	647	535	218
53	491	635	38	54	235	572	695	209	685	244
54	480	742	398	139	709	192	90	177	486	644
55	569	136	133	541	334	164	582	452	758	544
56	672	463	649	304	679	205	537	337	268	341
57	220	280	327	447	493	167	48	122	637	405
58	770	413	40	585	702	272	56	351	529	498
59	237	455	504	73	574	600	228	128	697	761
60	82	345	211	734	16	663	687	547	560	627
61	246	471	748	34	482	675	766	224	744	378
62	360	172	400	466	612	116	141	314	382	432
63	711	652	291	284	194	517	98	321	92	307
64	422	147	179	617	364	393	488	682	87	331
	0	1	2	3	4	5	6	7	8	9

p = 773

	I'											I''									
	0	1	2	3	4	5	6	7	8	9		0	1	2	3	4	5	6	7	8	9
15	292	591	575	256	521	519	548	65	372	346	15	653	723	74	64	549	720	688	76	286	83
16	276	301	542	451	582	403	121	48	317	429	16	240	174	134	540	334	278	446	493	659	31
17	114	465	400	300	161	134	643	486	363	617	17	222	377	360	631	241	137	191	90	421	147
18	9	474	99	258	247	439	621	117	459	538	18	369	718	518	522	628	594	309	613	214	206
19	642	176	90	97	517	719	550	17	26	426	19	740	138	709	290	284	371	66	735	657	316
20	123	409	444	339	336	537	189	740	243	685	20	49	640	449	461	303	679	215	52	571	695
21	15	734	67	458	188	206	52	634	491	326	21	81	345	373	513	614	680	330	646	535	267
22	280	113	170	377	744	13	80	696	128	691	22	341	624	32	674	766	526	502	573	600	294
23	532	565	395	683	694	572	503	455	728	275	23	6	750	753	489	37	54	528	498	607	418
24	160	174	137	741	480	747	471	259	603	105	24	84	632	570	208	685	559	627	184	439	424
25	433	508	41	3	436	353	576	562	100	472	25	383	19	414	22	587	63	153	521	183	247
26	717	370	285	77	698	45	325	219	341	70	26	603	149	292	690	129	669	677	536	337	119
27	496	350	56	108	511	729	347	402	165	446	27	411	584	702	554	417	239	160	301	335	340
28	327	144	319	516	194	371	158	83	419	96	28	220	113	430	651	291	262	77	762	609	380
29	193	284	262	690	229	6	102	619	308	595	29	710	652	150	591	601	716	473	10	93	630
30	401	277	335	204	679	615	146	422	620	186	30	173	161	542	462	649	515	320	92	298	595
31	613	514	650	431	382	425	199	49	390	145	31	467	375	464	115	141	441	658	168	429	282
32	306	92	11	525	767	46	492	447	738	51	32	516	98	475	578	676	266	219	280	144	391
33	216	646	756	581	164	278	340	268	119	445	33	681	87	567	132	541	302	204	537	460	203
34	279	220	624	661	733	211	373	730	597	453	34	336	268	70	126	760	82	159	276	402	583
35	497	529	714	437	593	629	94	379	610	399	35	271	56	62	255	576	524	12	745	764	743
36	172	631	85	487	393	752	751	365	8	180	36	378	95	420	178	617	367	8	618	103	148
37	718	195	66	212	513	311	464	171	360	95	37	261	285	158	346	730	468	673	223	744	357
38	289	710	432	250	19	771	*	386	407	639	38	610	140	314	425	27	406	387	407	29	428
39	50	329	681	488	754	566	88	708	139	611	39	318	145	616	364	752	232	683	479	742	359
40	466	596	348	583	412	770	385	387	29	124	40	172	300	277	165	121	637	28	388	639	201
41	495	270	584	40	252	22	510	274	239	84	41	444	120	404	770	20	2	42	555	608	288
42	362	178	147	104	249	383	27	638	389	318	42	96	91	307	620	440	315	199	123	30	169
43	282	651	711	106	553	703	4	715	602	248	43	114	313	382	250	508	586	254	353	593	185
44	424	315	658	494	410	120	166	493	443	202	44	621	142	737	448	202	339	279	327	738	641
45	461	543	758	598	72	504	655	110	68	118	45	539	165	582	349	497	237	728	512	213	188
46	338	203	303	649	312	115	612	310	375	673	46	538	450	543	672	376	171	400	596	731	545
47	33	748	101	296	10	322	578	483	707	397	47	626	246	259	717	181	99	563	35	693	684
48	742	765	675	579	131	568	644	86	682	233	48	244	747	34	477	707	89	177	363	393	754
49	37	635	47	167	659	125	71	454	237	607	49	534	218	326	447	443	410	270	350	529	667
50	556	79	226	573	73	724	59	552	434	586	50	44	699	527	236	455	655	25	18	251	41
51	23	109	457	213	614	305	320	98	182	522	51	416	274	729	374	311	650	283	194	719	155
52	561	257	183	628	355	12	225	502	236	498	52	548	154	519	561	577	323	767	700	55	351
53	667	705	692	36	490	218	267	337	460	450	53	714	5	230	565	755	647	678	205	189	642
54	163	334	302	462	672	469	626	560	520	154	54	135	133	162	451	758	732	662	687	156	65
55	720	664	60	107	273	417	608	763	746	245	55	196	17	507	434	703	43	500	79	14	686
56	627	523	577	476	35	533	755	332	132	136	56	547	520	257	100	749	231	395	88	485	644
57	242	208	695	227	600	592	354	524	323	676	57	633	53	235	503	73	152	256	562	476	483
58	670	757	452	349	271	702	435	254	63	75	58	131	333	164	403	412	40	509	23	58	725
59	689	293	601	438	185	309	467	731	759	127	59	722	151	575	354	629	299	401	348	453	72
60	228	294	716	260	149	653	727	238	418	288	60	574	592	438	248	105	712	666	499	556	763
61	380	140	116	187	214	680	392	364	367	103	61	358	399	466	310	514	305	146	179	9	297
62	423	440	142	112	221	32	470	246	184	594	62	308	186	117	69	342	661	546	560	523	355
63	299	173	241	570	53	38	769	405	28	408	63	94	361	85	645	217	491	47	122	427	389
64	201	449	539	135	569	633	217	535	678	304	64	50	739	190	176	486	86	331	756	671	463
	0	1	2	3	4	5	6	7	8	9		0	1	2	3	4	5	6	7	8	9

p = 773 (Fortsetzung)

	N											I									
	0	1	2	3	4	5	6	7	8	9		0	1	2	3	4	5	6	7	8	9
65	351	702	631	489	205	410	47	94	188	376	65	646	217	634	53	571	208	243	741	138	191
66	752	731	689	605	437	101	202	404	35	70	66	176	643	135	540	163	451	543	462	303	204
67	140	280	560	347	694	615	457	141	282	564	67	336	340	279	446	166	121	404	412	584	271
68	355	710	647	521	269	538	303	606	439	105	68	350	497	454	72	599	127	760	344	733	662
69	210	420	67	134	268	536	299	598	423	73	69	546	626	470	33	674	223	377	171	465	115
70	146	292	584	395	17	34	68	136	272	544	70	313	431	651	283	516	320	306	146	616	392
71	315	630	487	201	402	31	62	124	248	496	71	681	330	216	52	207	740	190	642	539	450
72	219	438	103	206	412	51	102	204	408	43	72	461	203	339	445	120	411	270	496	71	126
73	86	172	344	688	603	433	93	186	372	744	73	343	661	625	32	222	170	114	430	282	319
74	715	657	541	309	618	463	153	306	612	451	74	145	391	329	51	739	641	449	202	444	410
75	129	258	516	259	518	263	526	279	558	343	75	495	125	660	31	169	429	318	390	50	640
76	686	599	425	77	154	308	616	459	145	290	76	201	409	124	30	428	389	639	408	29	388
77	580	387	1								77	407	387	386							

p = 787, g = 2, p − 1 = 2 · 3 · 131

	N											I									
	0	1	2	3	4	5	6	7	8	9		0	1	2	3	4	5	6	7	8	9
0		2	4	8	16	32	64	128	256	512	0		786	1	699	2	601	700	544	3	612
1	237	474	161	322	644	501	215	430	73	146	1	602	772	701	421	545	514	4	739	613	314
2	292	584	381	762	737	687	587	387	774	761	2	603	457	773	254	702	416	422	525	546	656
3	735	683	579	371	742	697	607	427	67	134	3	515	678	5	685	740	359	614	538	315	334
4	268	536	285	570	353	706	625	463	139	278	4	604	82	458	201	774	427	255	748	703	302
5	556	325	650	513	239	478	169	338	676	565	5	417	652	423	275	526	587	547	227	657	575
6	343	686	585	383	766	745	703	619	451	115	6	516	279	679	370	6	236	686	38	741	167
7	230	460	133	266	532	277	554	321	642	497	7	360	321	615	18	539	329	316	530	335	97
8	207	414	41	82	164	328	656	525	263	526	8	605	438	83	385	459	554	202	569	775	719
9	265	530	273	546	305	610	433	79	158	316	9	428	179	256	591	749	129	704	376	303	598
10	632	477	167	334	668	549	311	622	457	127	10	418	454	653	535	424	272	276	164	527	551
11	254	508	229	458	129	258	516	245	490	193	11	588	451	548	244	228	69	658	247	576	497
12	386	772	757	727	667	547	307	614	441	95	12	517	758	280	781	680	231	371	109	7	114
13	190	380	760	733	679	571	355	710	633	479	13	237	479	687	72	39	340	742	445	168	48
14	171	342	684	581	375	750	713	639	491	195	14	361	661	322	407	616	471	19	215	540	250
15	390	780	773	759	731	675	563	339	678	569	15	330	583	317	565	531	493	336	579	98	188
16	351	702	617	447	107	214	428	69	138	276	16	606	12	439	731	84	500	386	102	460	56
17	552	317	634	481	175	350	700	613	439	91	17	555	140	203	520	570	174	776	488	720	712
18	182	364	728	669	551	315	630	473	159	318	18	429	761	180	192	257	353	592	725	750	283
19	636	485	183	366	732	677	567	347	694	601	19	130	645	705	119	377	149	304	784	599	610
20	415	43	86	172	344	688	589	391	782	777	20	419	737	455	414	654	683	536	80	425	300
21	767	747	707	627	467	147	294	588	389	778	21	273	225	277	234	165	16	528	436	552	717
22	769	751	715	643	499	211	422	57	114	228	22	589	374	452	270	549	242	245	756	229	112
23	456	125	250	500	213	426	65	130	260	520	23	70	443	659	469	248	563	577	10	498	54
24	253	506	225	450	113	226	452	117	234	468	24	518	486	759	351	281	117	782	735	681	298
25	149	298	596	405	23	46	92	184	368	736	25	232	434	372	240	110	467	8	484	115	296
26	685	583	379	758	729	671	555	323	646	505	26	238	482	480	88	688	90	73	632	40	690
27	223	446	105	210	420	53	106	212	424	61	27	341	509	743	92	446	402	169	75	49	504
28	122	244	488	189	378	756	725	663	539	291	28	362	634	662	766	323	42	408	626	617	692
29	582	377	754	721	655	523	259	518	249	498	29	472	289	20	343	216	390	541	511	251	675
	0	1	2	3	4	5	6	7	8	9		0	1	2	3	4	5	6	7	8	9

p = **773**

	I′											I″									
	0	1	2	3	4	5	6	7	8	9		0	1	2	3	4	5	6	7	8	9
65	515	283	291	150	723	505	25	198	316	168	65	312	431	711	605	727	456	110	736	442	494
66	31	625	546	687	721	726	606	499	44	265	66	125	343	733	16	551	60	713	530	705	130
67	677	648	463	376	223	766	324	266	536	205	67	580	757	544	469	33	482	579	670	648	304
68	215	330	87	396	479	244	559	547	156	76	68	615	392	488	233	694	209	15	663	721	590
69	263	129	706	478	684	209	81	761	78	501	69	293	229	532	36	234	572	227	128	264	45
70	527	55	272	554	43	668	130	484	89	192	70	768	39	585	435	4	531	692	478	397	139
71	290	652	605	666	530	5	295	473	181	518	71	381	432	106	61	352	437	602	260	370	195
72	155	688	590	151	74	589	722	654	456	512	72	550	664	726	654	505	59	665	606	238	275
73	374	468	545	662	16	197	657	442	448	641	73	347	597	759	344	211	67	111	143	328	51
74	190	138	398	359	378	357	764	481	34	564	74	207	243	480	765	224	13	558	245	471	101
75	231	753	394	232	489	534	647	671	544	732	75	7	366	365	751	394	566	332	581	452	598
76	344	82	287	609	358	743	224	526	700	39	76	127	697	78	557	746	481	675	324	46	636
77	413	20	1								77	405	385	*							

p = **787**

	I′											I″									
	0	1	2	3	4	5	6	7	8	9		0	1	2	3	4	5	6	7	8	9
0	786	699	601	612	739	685	236	114	484	53	0	393	786	699	544	514	678	370	109	467	562
1	498	730	439	267	715	435	528	328	539	215	1	577	187	606	77	223	233	165	320	615	471
2	343	62	646	309	695	205	217	378	308	23	2	289	261	131	29	259	61	344	120	152	132
3	259	142	473	593	381	326	319	166	741	340	3	668	665	693	354	648	572	368	235	686	72
4	690	625	408	135	489	212	405	660	361	504	4	632	765	323	159	777	476	338	444	168	75
5	463	732	349	485	518	139	555	157	195	767	5	266	440	561	9	498	101	460	636	155	663
6	204	25	344	706	210	475	778	495	246	658	6	141	260	21	646	380	594	161	449	243	228
7	443	339	39	632	503	49	266	13	223	299	7	112	478	687	90	401	169	641	607	412	682
8	425	200	458	385	500	506	630	89	688	631	8	536	333	604	438	731	464	294	481	480	87
9	73	401	446	125	566	383	437	605	188	171	9	688	508	743	366	318	327	529	335	579	185
10	138	55	460	639	183	403	337	477	113	7	10	729	499	386	364	124	447	494	779	230	371
11	467	442	70	478	237	296	734	782	148	377	11	240	755	229	108	7	484	350	281	644	705
12	27	152	263	182	104	447	532	596	375	704	12	345	397	285	672	365	93	566	177	590	749
13	645	22	29	668	557	409	721	709	172	519	13	283	262	153	194	158	43	489	728	100	55
14	203	60	260	290	751	221	411	608	783	304	14	555	664	31	473	726	708	722	643	118	377
15	207	307	28	132	194	58	663	556	134	43	15	218	396	121	263	620	637	635	57	195	324
16	777	66	449	550	527	16	320	360	48	75	16	175	595	533	271	276	234	37	741	445	402
17	641	189	710	487	776	160	595	127	590	256	17	184	99	138	519	570	325	382	567	718	428
18	192	619	264	640	170	99	729	11	606	642	18	761	671	123	104	403	580	491	578	98	171
19	723	352	257	667	133	158	324	571	649	746	19	710	760	180	619	154	58	767	521	356	332
20	426	774	569	520	768	696	391	305	395	219	20	81	458	554	140	60	25	217	150	307	379
21	707	727	490	581	249	540	390	206	150	396	21	64	475	45	405	470	19	343	26	378	209
22	346	752	714	14	233	277	574	657	69	112	22	707	145	411	78	299	273	586	547	244	756
23	108	371	434	15	165	37	686	479	482	466	23	780	680	298	224	277	369	6	114	296	433
24	110	755	245	68	228	756	496	576	563	582	24	372	269	549	450	548	242	68	658	469	214
25	330	675	523	415	702	748	591	353	694	24	25	540	511	312	456	773	427	179	192	667	30
26	61	21	131	153	620	462	50	440	754	241	26	142	290	284	122	182	640	76	13	715	373
27	549	163	276	225	586	526	164	234	369	679	27	452	534	424	300	651	423	272	225	574	516
28	781	117	644	130	262	122	672	388	342	20	28	758	351	724	750	291	398	763	624	691	472
29	261	284	398	629	86	481	238	433	232	224	29	143	751	347	431	465	483	115	734	681	79
	0	1	2	3	4	5	6	7	8	9		0	1	2	3	4	5	6	7	8	9

p = **787** (Fortsetzung)

N

	0	1	2	3	4	5	6	7	8	9
30	209	418	49	98	196	392	784	781	775	763
31	739	691	595	403	19	38	76	152	304	608
32	429	71	142	284	568	349	698	609	431	75
33	150	300	600	413	39	78	156	312	624	461
34	135	270	540	293	586	385	770	753	719	651
35	515	243	486	185	370	740	693	599	411	35
36	70	140	280	560	333	666	545	303	606	425
37	63	126	252	504	221	442	97	194	388	776
38	765	743	699	611	435	83	166	332	664	541
39	295	590	393	786	785	783	779	771	755	723
40	659	531	275	550	313	626	465	143	286	572
41	357	714	641	495	203	406	25	50	100	200
42	400	13	26	52	104	208	416	45	90	180
43	360	720	653	519	251	502	217	434	81	162
44	324	648	509	231	462	137	274	548	309	618
45	449	111	222	444	101	202	404	21	42	84
46	168	336	672	557	327	654	521	255	510	233
47	466	145	290	580	373	746	705	623	459	131
48	262	524	261	522	257	514	241	482	177	354
49	708	629	471	155	310	620	453	119	238	476
50	165	330	660	533	279	558	329	658	529	271
51	542	297	594	401	15	30	60	120	240	480
52	173	346	692	597	407	27	54	108	216	432
53	77	154	308	616	445	103	206	412	37	74
54	148	296	592	397	7	14	28	56	112	224
55	448	109	218	436	85	170	340	680	573	359
56	718	649	511	235	470	153	306	612	437	87
57	174	348	696	605	423	59	118	236	472	157
58	314	628	469	151	302	604	421	55	110	220
59	440	93	186	372	744	701	615	443	99	198
60	396	5	10	20	40	80	160	320	640	493
61	199	398	9	18	36	72	144	288	576	365
62	730	673	559	331	662	537	287	574	361	722
63	657	527	267	534	281	562	337	674	561	335
64	670	553	319	638	489	191	382	764	741	695
65	603	419	51	102	204	408	29	58	116	232
66	464	141	282	564	341	682	577	367	734	681
67	575	363	726	665	543	299	598	409	31	62
68	124	248	496	205	410	33	66	132	264	528
69	269	538	289	578	369	738	689	591	395	3
70	6	12	24	48	96	192	384	768	749	711
71	635	483	179	358	716	645	503	219	438	89
72	178	356	712	637	487	187	374	748	709	631
73	475	163	326	652	517	247	494	201	402	17
74	34	68	136	272	544	301	602	417	47	94
75	188	376	752	717	647	507	227	454	121	242
76	484	181	362	724	661	535	283	566	345	690
77	593	399	11	22	44	88	176	352	704	621
78	455	123	246	492	197	394	1			
	0	1	2	3	4	5	6	7	8	9

I

	0	1	2	3	4	5	6	7	8	9
30	331	745	584	367	318	94	566	126	532	448
31	494	106	337	404	580	185	99	171	189	642
32	607	77	13	267	440	51	732	464	85	506
33	501	623	387	364	103	639	461	636	57	157
34	556	664	141	60	204	768	521	197	571	325
35	175	160	777	44	489	136	721	410	713	559
36	430	628	762	671	181	619	193	667	258	694
37	354	33	593	474	726	144	751	291	284	262
38	131	22	646	63	706	345	120	27	378	218
39	150	207	305	392	785	698	600	543	611	771
40	420	513	738	313	456	253	415	524	655	677
41	684	358	537	333	81	200	426	747	301	651
42	274	586	226	574	278	369	235	37	166	320
43	17	328	529	96	437	384	553	568	718	178
44	590	128	375	597	453	534	271	163	550	450
45	243	68	246	496	757	780	230	108	113	478
46	71	339	444	47	660	406	470	214	249	582
47	564	492	578	187	11	730	499	101	55	139
48	519	173	487	711	760	191	352	724	282	644
49	118	148	783	609	736	413	682	79	299	224
50	233	15	435	716	373	269	241	755	111	442
51	468	562	9	53	485	350	116	734	297	433
52	239	466	483	295	481	87	89	631	689	508
53	91	401	74	503	633	765	41	625	691	288
54	342	389	510	674	744	366	93	125	447	105
55	403	184	170	641	76	266	50	463	505	622
56	363	638	635	156	663	59	767	196	324	159
57	43	135	409	558	627	670	618	666	693	32
58	473	143	290	261	21	62	344	26	217	206
59	391	697	542	770	512	312	252	523	676	357
60	332	199	746	650	585	573	368	36	319	327
61	95	383	567	177	127	596	533	162	449	67
62	495	779	107	477	338	46	405	213	581	491
63	186	729	100	138	172	710	190	723	643	147
64	608	412	78	223	14	715	268	754	441	561
65	52	349	733	432	465	294	86	630	507	400
66	502	764	624	287	388	673	365	124	104	183
67	640	265	462	621	637	155	58	195	158	134
68	557	669	665	31	142	260	61	25	205	696
69	769	311	522	356	198	649	572	35	326	382
70	176	595	161	66	778	476	45	212	490	728
71	137	709	722	146	411	222	714	753	560	348
72	431	293	629	399	763	286	672	123	182	264
73	620	154	194	133	668	30	259	24	695	310
74	355	648	34	381	594	65	475	211	727	708
75	145	221	752	347	292	398	285	122	263	153
76	132	29	23	309	647	380	64	210	707	220
77	346	397	121	152	28	308	379	209	219	396
78	151	307	208	395	306	394	393			
	0	1	2	3	4	5	6	7	8	9

p = 787

	I'											I''									
	0	1	2	3	4	5	6	7	8	9		0	1	2	3	4	5	6	7	8	9
30	273	651	417	598	784	392	394	208	379	647	30	425	747	703	376	149	207	395	151	28	23
31	355	522	252	456	603	334	530	565	94	327	31	695	769	512	738	613	538	329	583	367	36
32	17	615	407	42	159	175	382	95	529	316	32	166	360	661	766	196	571	35	319	17	539
33	583	745	199	81	604	97	579	404	46	444	33	250	675	357	537	315	530	493	106	477	71
34	742	509	389	216	26	120	397	292	431	733	34	39	690	288	20	62	706	220	752	560	52
35	116	281	724	592	33	648	198	332	537	614	35	485	759	191	257	694	310	522	676	684	740
36	321	661	634	638	103	124	93	318	36	235	36	167	48	504	622	387	673	744	584	573	278
37	6	109	240	269	452	597	303	149	218	209	37	679	231	434	716	589	128	704	119	27	308
38	64	594	176	567	553	459	102	364	673	510	38	647	34	326	95	437	83	500	623	287	342
39	541	697	785	*	393	306	151	121	285	763	39	216	206	305	394	306	208	219	346	292	629
40	502	74	169	184	580	213	470	616	626	558	40	507	91	446	105	337	46	660	322	42	135
41	713	222	78	682	654	524	422	652	454	737	41	721	146	608	736	455	253	702	302	598	610
42	513	545	525	275	272	300	747	255	179	761	42	771	701	416	652	535	80	200	774	719	712
43	628	293	465	239	372	716	552	384	83	731	43	559	348	733	297	232	15	528	96	605	12
44	51	561	468	659	47	168	402	105	494	67	44	267	754	111	70	339	742	92	125	532	162
45	243	548	270	534	653	414	253	773	201	554	45	550	588	374	597	418	737	313	603	82	385
46	56	636	621	505	85	294	483	8	562	248	46	102	639	265	50	732	432	239	110	442	659
47	214	19	289	143	726	211	45	338	71	687	47	406	616	692	32	593	65	778	107	113	237
48	88	87	480	295	115	350	759	711	720	136	48	482	295	238	466	8	53	518	173	776	44
49	728	186	578	336	106	779	757	517	54	101	49	212	581	564	531	448	67	246	576	10	730
50	386	623	764	633	362	622	501	400	91	743	50	84	506	400	74	49	463	85	630	689	341
51	674	251	312	738	4	678	279	758	486	173	51	389	541	770	420	545	656	575	497	54	139
52	570	197	356	676	655	546	587	551	436	96	52	203	768	311	252	415	422	275	164	16	328
53	335	493	448	162	271	424	80	333	315	329	53	316	565	126	596	453	653	683	358	614	18
54	250	511	770	611	3	514	656	227	244	242	54	215	390	697	600	700	421	525	587	451	270
55	450	588	717	568	202	140	664	669	627	430	55	163	527	436	384	459	56	157	134	409	713
56	348	52	9	577	492	531	126	177	718	775	56	753	441	468	248	582	317	94	383	553	202
57	174	325	35	368	278	516	497	10	187	98	57	520	197	649	585	226	657	247	563	492	336
58	185	491	564	317	367	573	226	547	451	374	58	404	213	249	330	745	650	274	526	551	717
59	128	749	725	474	65	161	533	453	418	610	59	178	256	353	33	381	176	127	375	303	784
60	543	700	772	457	82	438	12	77	412	736	60	698	2	612	314	334	97	188	642	147	783
61	419	771	602	314	538	18	471	692	666	193	61	599	543	3	739	359	321	407	626	670	181
62	154	637	363	387	287	691	617	670	762	399	62	264	462	505	501	764	41	408	558	430	293
63	507	689	40	765	662	156	57	155	635	461	63	86	89	73	503	362	638	461	621	363	103
64	265	76	607	147	118	705	63	380	34	572	64	183	170	189	723	282	130	22	309	355	198
65	585	274	423	535	683	677	515	575	247	469	65	746	301	417	454	414	524	546	227	69	443
66	406	322	766	59	141	31	693	258	30	665	66	47	361	634	156	556	669	618	193	133	557
67	618	181	123	365	744	331	357	684	5	370	67	627	762	286	388	510	251	523	655	515	279
68	231	298	79	536	358	740	38	72	90	508	68	781	735	413	654	677	5	236	479	88	631
69	341	288	472	32	354	310	769	542	600	2	69	40	625	617	666	258	24	205	391	785	1
70	544	421	416	302	376	119	345	220	145	722	70	601	772	254	748	129	645	63	210	727	137
71	190	760	429	559	753	268	373	589	178	428	71	172	487	720	410	222	14	435	552	568	775
72	712	410	146	643	282	750	144	708	137	100	72	488	136	709	190	352	592	474	211	490	186
73	499	84	464	432	297	681	413	455	313	613	73	11	439	51	349	116	782	609	419	513	4
74	359	167	445	92	366	584	650	301	703	129	74	685	38	340	509	674	331	199	426	255	591
75	283	291	347	560	441	111	229	780	280	351	75	725	144	221	714	268	241	245	496	517	486
76	191	180	671	286	624	41	323	196	521	311	76	711	429	628	399	502	633	662	59	204	696
77	512	420	701	254	427	719	488	44	476	107	77	542	611	602	457	201	569	174	160	66	495
78	230	680	735	609	599	698	1				78	757	280	117	148	304	392	*			
	0	1	2	3	4	5	6	7	8	9		0	1	2	3	4	5	6	7	8	9

$p = 797,\ g = 2,\ p - 1 = 2^2 \cdot 199$

	N											I									
	0	1	2	3	4	5	6	7	8	9		0	1	2	3	4	5	6	7	8	9
0		2	4	8	16	32	64	128	256	512	0		796	1	563	2	279	564	667	3	330
1	227	454	111	222	444	91	182	364	728	659	1	280	344	565	144	668	46	4	590	331	361
2	521	245	490	183	366	732	667	537	277	554	2	281	434	345	649	566	558	145	97	669	173
3	311	622	447	97	194	388	776	755	713	629	3	47	185	5	111	591	150	332	245	362	707
4	461	125	250	500	203	406	15	30	60	120	4	282	368	435	716	346	609	650	207	567	538
5	240	480	163	326	652	507	217	434	71	142	5	559	357	146	353	98	623	670	128	174	301
6	284	568	339	678	559	321	642	487	177	354	6	48	256	186	201	6	423	112	102	592	416
7	708	619	441	85	170	340	680	563	329	658	7	151	58	333	220	246	325	363	215	708	785
8	519	241	482	167	334	668	539	281	562	327	8	283	660	369	627	436	73	717	736	347	468
9	654	511	225	450	103	206	412	27	54	108	9	610	15	651	748	208	640	568	33	539	674
10	216	432	67	134	268	536	275	550	303	606	10	560	341	358	94	147	713	354	298	99	322
11	415	33	66	132	264	528	259	518	239	478	11	624	12	671	295	129	132	175	474	302	461
12	159	318	636	475	153	306	612	427	57	114	12	49	688	257	135	187	41	202	780	7	483
13	228	456	115	230	460	123	246	492	187	374	13	424	178	113	232	103	376	593	790	417	477
14	748	699	601	405	13	26	52	104	208	416	14	152	770	59	488	334	452	221	305	247	265
15	35	70	140	280	560	323	646	495	193	386	15	326	554	364	124	216	464	709	684	786	120
16	772	747	697	597	397	794	791	785	773	749	16	284	520	661	52	370	390	628	83	437	288
17	701	605	413	29	58	116	232	464	131	262	17	74	691	718	313	737	429	348	68	469	260
18	524	251	502	207	414	31	62	124	248	496	18	611	616	16	23	652	524	749	138	209	764
19	195	390	780	763	729	661	525	253	506	215	19	641	507	569	158	34	190	540	726	675	396
20	430	63	126	252	504	211	422	47	94	188	20	561	665	342	44	359	647	95	183	148	705
21	376	752	707	617	437	77	154	308	616	435	21	714	205	355	621	299	199	100	56	323	783
22	73	146	292	584	371	742	687	577	357	714	22	625	734	13	638	672	92	296	10	130	459
23	631	465	133	266	532	267	534	271	542	287	23	133	778	176	374	475	486	303	552	462	118
24	574	351	702	607	417	37	74	148	296	592	24	50	81	689	427	258	21	136	505	188	394
25	387	774	751	705	613	429	61	122	244	488	25	42	181	203	197	781	636	8	776	484	116
26	179	358	716	635	473	149	298	596	395	790	26	425	503	179	634	114	632	233	235	104	513
27	783	769	741	685	573	349	698	599	401	5	27	377	237	594	578	791	106	418	28	478	515
28	10	20	40	80	160	320	640	483	169	338	28	153	87	771	379	60	407	489	239	335	384
29	676	555	313	626	455	113	226	452	107	214	29	453	596	222	602	306	580	248	441	266	793
30	428	59	118	236	472	147	294	588	379	758	30	327	587	555	108	365	535	125	420	217	657
31	719	641	485	173	346	692	587	377	754	711	31	465	30	710	292	685	480	787	449	121	517
32	625	453	109	218	436	75	150	300	600	403	32	285	65	521	155	662	702	53	89	371	78
33	9	18	36	72	144	288	576	355	710	623	33	391	773	629	575	84	381	438	532	289	62
34	449	101	202	404	11	22	44	88	176	352	34	75	529	692	409	719	695	314	491	738	275
35	704	611	425	53	106	212	424	51	102	204	35	430	241	349	412	69	337	470	228	261	386
36	408	19	38	76	152	304	608	419	41	82	36	612	722	617	455	17	499	24	598	653	698
37	164	328	656	515	233	466	135	270	540	283	37	525	224	750	754	139	604	210	317	765	308
38	566	335	670	543	289	578	359	718	639	481	38	642	547	508	582	570	494	159	250	35	758
39	165	330	660	523	249	498	199	398	796	795	39	191	443	541	741	727	268	676	164	397	795
40	793	789	781	765	733	669	541	285	570	343	40	562	278	666	329	343	143	45	589	360	433
41	686	575	353	706	615	433	69	138	276	552	41	648	557	96	172	184	110	149	244	706	367
42	307	614	431	65	130	260	520	243	486	175	42	715	608	206	537	356	352	622	127	300	255
43	350	700	603	409	21	42	84	168	336	672	43	200	422	101	415	57	219	324	214	784	659
44	547	297	594	391	782	767	737	677	557	317	44	626	72	735	467	14	747	639	32	673	340
45	634	471	145	290	580	363	726	655	513	229	45	93	712	297	321	11	294	131	473	460	687
46	458	119	238	476	155	310	620	443	89	178	46	134	40	779	482	177	231	375	789	476	769
47	356	712	627	457	117	234	468	139	278	556	47	487	451	304	264	553	123	463	683	119	519
48	315	630	463	129	258	516	235	470	143	286	48	51	389	82	287	690	312	428	67	259	615
49	572	347	694	591	385	770	743	689	581	365	49	22	523	137	763	506	157	189	725	395	664
	0	1	2	3	4	5	6	7	8	9		0	1	2	3	4	5	6	7	8	9

p = **797**

I′

	0	1	2	3	4	5	6	7	8	9
0	796	563	279	330	590	111	423	483	776	458
1	130	294	671	638	747	651	23	499	194	392
2	504	136	523	652	598	404	85	514	478	291
3	710	339	673	539	190	758	679	766	229	481
4	779	202	181	646	359	589	4	185	256	688
5	81	389	370	89	732	782	323	219	333	488
6	407	528	75	700	154	521	614	259	469	337
7	745	466	735	717	691	529	573	772	391	19
8	426	689	287	437	381	405	378	771	77	371
9	457	9	296	712	147	183	172	669	623	322
10	56	415	592	376	513	27	418	534	365	243
11	149	591	102	232	632	502	425	80	50	519
12	284	517	682	463	216	420	254	300	174	132
13	459	473	175	778	40	187	505	763	209	604
14	169	431	588	45	668	97	353	713	705	244
15	332	58	770	87	701	662	724	189	34	250
16	168	140	276	794	397	399	677	742	251	605
17	242	109	184	47	301	474	374	231	113	634
18	196	203	704	148	110	5	201	41	394	725
19	540	443	402	509	500	774	635	781	55	100
20	422	6	780	197	620	355	537	567	640	764
21	317	744	70	658	784	708	464	657	213	324
22	246	305	602	753	750	496	720	385	261	767
23	788	375	103	235	512	104	577	594	383	335
24	411	349	606	366	706	362	325	265	441	757
25	35	743	211	413	421	200	186	135	21	615
26	611	386	681	122	553	326	793	163	676	166
27	542	495	225	410	240	430	141	328	666	564
28	344	434	368	660	520	65	311	690	74	62
29	447	479	685	472	131	129	10	321	99	199
30	255	48	461	552	264	247	580	546	642	760
31	613	66	428	737	491	545	307	765	37	471
32	293	11	624	783	214	363	554	587	142	343
33	280	361	245	220	452	384	227	470	319	711
34	93	358	44	143	565	649	609	468	68	412
35	253	126	622	98	298	621	352	146	94	647
36	433	281	707	215	124	535	607	715	435	627
37	390	78	550	485	475	789	593	237	406	60
38	531	438	600	595	453	721	612	310	286	82
39	628	773	195	180	42	664	561	795	*	398
40	165	269	444	583	599	382	238	489	694	719
41	226	336	69	212	218	57	151	477	28	656
42	217	414	101	112	178	503	20	258	67	348
43	241	170	556	648	345	716	73	288	532	585
44	792	266	740	541	270	571	699	63	516	121
45	263	304	221	596	498	17	549	372	777	133
46	687	49	118	683	709	30	746	14	610	260
47	228	38	686	460	302	486	769	152	515	448
48	787	230	177	424	116	551	303	451	334	239
49	274	738	756	249	159	543	751	696	597	24
	0	1	2	3	4	5	6	7	8	9

I″

	0	1	2	3	4	5	6	7	8	9
0	398	796	563	667	46	185	201	780	636	91
1	296	321	624	734	467	610	616	455	549	79
2	426	258	615	16	499	510	576	105	418	656
3	465	746	639	568	158	250	743	318	471	686
4	134	187	394	664	342	143	668	173	301	461
5	118	519	661	702	619	198	100	415	151	770
6	379	531	289	447	516	285	311	428	348	412
7	212	658	626	436	288	62	700	88	371	550
8	117	50	389	628	575	26	514	153	701	53
9	732	637	672	340	358	647	557	145	353	298
10	199	422	112	232	235	577	791	586	555	171
11	184	5	423	178	634	775	484	551	462	683
12	786	449	263	553	364	535	351	622	670	295
13	10	294	129	459	687	257	21	523	749	754
14	161	276	328	343	565	558	357	94	183	110
15	591	416	477	515	64	521	762	506	569	494
16	543	755	739	267	676	400	269	542	160	140
17	431	556	96	669	128	132	778	482	424	503
18	393	42	646	95	172	47	256	135	505	157
19	34	758	729	548	18	392	180	203	620	299
20	255	186	41	181	704	714	608	650	748	138
21	604	252	413	218	324	363	124	420	414	57
22	333	452	596	697	525	272	410	336	470	38
23	481	177	113	632	631	233	512	377	406	489
24	274	430	170	109	149	332	220	305	580	493
25	159	168	605	350	126	300	48	688	427	67
26	469	228	767	450	304	247	441	740	727	401
27	444	571	526	693	490	738	162	794	562	2
28	330	361	707	785	120	517	388	82	437	532
29	655	29	710	320	11	671	92	712	354	621
30	127	174	474	486	451	221	602	316	765	680
31	387	286	690	718	695	752	603	210	744	338
32	711	297	99	56	219	246	265	793	277	666
33	3	590	150	58	488	239	411	69	745	31
34	673	560	665	329	280	434	716	736	429	241
35	606	536	356	146	713	205	537	559	341	44
36	589	331	245	325	554	108	243	706	282	660
37	52	89	457	777	176	231	103	513	86	771
38	574	84	405	238	335	227	261	681	518	51
39	370	78	19	504	188	725	675	164	399	165
40	677	728	192	509	25	85	378	60	528	692
41	273	240	349	253	421	101	592	790	106	534
42	125	254	200	6	483	116	80	689	312	737
43	275	141	588	360	281	368	627	83	381	600
44	579	248	757	191	402	583	654	290	479	787
45	768	487	334	384	721	617	731	90	9	130
46	473	302	552	123	216	657	71	735	347	68
47	337	319	293	131	175	374	789	417	28	291
48	685	39	779	7	776	373	475	769	59	407
49	694	314	545	581	570	271	225	720	454	17
	0	1	2	3	4	5	6	7	8	9

p = **797** (Fortsetzung)

	N										I									
	0	1	2	3	4	5	6	7	8	9		0	1	2	3	4	5	6	7	8	9
50	730	663	529	261	522	247	494	191	382	764	50	43	646	182	704	204	620	198	55	782	733
51	731	665	533	269	538	279	558	319	638	479	51	637	91	9	458	777	373	485	551	117	80
52	161	322	644	491	185	370	740	683	569	341	52	426	20	504	393	180	196	635	775	115	502
53	682	567	337	674	551	305	610	423	49	98	53	633	631	234	512	236	577	105	27	514	86
54	196	392	784	771	745	693	589	381	762	727	54	378	406	238	383	595	601	579	440	792	586
55	657	517	237	474	151	302	604	411	25	50	55	107	534	419	656	29	291	479	448	516	64
56	100	200	400	3	6	12	24	48	96	192	56	154	701	88	77	772	574	380	531	61	528
57	384	768	739	681	565	333	666	535	273	546	57	408	694	490	274	240	411	336	227	385	721
58	295	590	383	766	735	673	549	301	602	407	58	454	498	597	697	223	753	603	316	307	546
59	17	34	68	136	272	544	291	582	367	734	59	581	493	249	757	442	740	267	163	794	277
60	671	545	293	586	375	750	703	609	421	45	60	328	142	588	432	556	171	109	243	366	607
61	90	180	360	720	643	489	181	362	724	651	61	536	351	126	254	421	414	218	213	658	71
62	505	213	426	55	110	220	440	83	166	332	62	466	746	31	339	711	320	293	472	686	39
63	664	531	265	530	263	526	255	510	223	446	63	481	230	788	768	450	263	122	682	518	388
64	95	190	380	760	723	649	501	205	410	23	64	286	311	66	614	522	762	156	724	663	645
65	46	92	184	368	736	675	553	309	618	439	65	703	619	54	732	90	457	372	550	79	19
66	81	162	324	648	499	201	402	7	14	28	66	392	195	774	501	630	511	576	26	85	405
67	56	112	224	448	99	198	396	792	787	777	67	382	600	439	585	533	655	290	447	63	700
68	757	717	637	477	157	314	628	459	121	242	68	76	573	530	527	693	273	410	226	720	497
69	484	171	342	684	571	345	690	583	369	738	69	696	752	315	545	492	756	739	162	276	141
70	679	561	325	650	503	209	418	39	78	156	70	431	170	242	606	350	253	413	212	70	745
71	312	624	451	105	210	420	43	86	172	344	71	338	319	471	38	229	767	262	681	387	310
72	688	579	361	722	647	497	197	394	788	779	72	613	761	723	644	618	731	456	549	18	194
73	761	725	653	509	221	442	87	174	348	696	73	500	510	25	404	599	584	654	446	699	572
74	595	393	786	775	753	709	621	445	93	186	74	526	272	225	496	751	544	755	161	140	169
75	372	744	691	585	373	746	695	593	389	778	75	605	252	211	744	318	37	766	680	309	760
76	759	721	645	493	189	378	756	715	633	469	76	643	730	548	193	509	403	583	445	571	271
77	141	282	564	331	662	527	257	514	231	462	77	495	543	160	168	251	743	36	679	759	729
78	127	254	508	219	438	79	158	316	632	467	78	192	402	444	270	542	167	742	678	728	401
79	137	274	548	299	598	399	1				79	269	166	677	400	165	399	398			
	0	1	2	3	4	5	6	7	8	9		0	1	2	3	4	5	6	7	8	9

p = **809**, g = 3, $p - 1 = 2^3 \cdot 101$

	N										I									
	0	1	2	3	4	5	6	7	8	9		0	1	2	3	4	5	6	7	8	9
0		3	9	27	81	243	729	569	89	267	0		808	138	1	276	666	139	592	414	2
1	801	785	737	593	161	483	640	302	97	291	1	804	27	277	210	730	667	552	39	140	508
2	64	192	576	110	330	181	543	11	33	99	2	134	593	165	230	415	524	348	3	60	749
3	297	82	246	738	596	170	510	721	545	17	3	805	57	690	28	177	450	278	501	646	211
4	51	153	459	568	86	258	774	704	494	673	4	272	701	731	714	303	668	368	361	553	376
5	401	394	373	310	121	363	280	31	93	279	5	662	40	486	467	141	693	198	509	79	117
6	28	84	252	756	650	332	187	561	65	195	6	135	746	195	594	20	68	166	793	315	231
7	585	137	411	424	463	580	122	366	289	58	7	588	437	416	516	639	525	784	619	349	108
8	174	522	757	653	341	214	642	308	115	345	8	410	4	31	597	61	705	44	750	441	8
9	226	678	416	439	508	715	527	772	698	476	9	806	802	506	58	499	366	691	18	514	29
10	619	239	717	533	790	752	638	296	79	237	10	800	798	178	253	624	451	605	755	279	180
11	711	515	736	590	152	456	559	59	177	531	11	23	502	336	760	647	88	217	212	255	631
12	784	734	584	134	402	397	382	337	202	606	12	273	54	76	702	333	382	732	626	158	715
13	200	600	182	546	20	60	180	540	2	6	13	206	495	304	292	123	669	453	71	369	385
14	18	54	162	486	649	329	178	534	793	761	14	726	362	575	237	554	607	654	377	777	566

p = **797**

	I′										I″									
	0	1	2	3	4	5	6	7	8	9		0	1	2	3	4	5	6	7	8	9
50	510	630	633	179	393	188	157	569	582	403	50	194	774	115	425	20	136	763	641	547	193
51	25	576	236	377	86	153	64	285	388	51	51	500	630	234	104	27	478	448	121	682	119
52	661	155	762	137	749	224	272	693	408	692	52	284	65	614	22	652	698	572	530	61	75
53	527	61	289	655	419	125	351	356	559	674	53	573	380	438	585	107	365	607	206	567	33
54	726	741	167	160	755	492	581	508	193	18	54	190	443	270	495	751	315	307	642	730	456
55	79	117	462	123	364	108	171	96	145	357	55	372	485	303	264	326	587	432	648	566	538
56	341	665	278	2	667	144	558	538	33	158	56	674	396	795	1	279	344	649	207	640	507
57	494	271	526	530	380	84	26	105	791	440	57	582	445	699	76	772	629	511	236	594	601
58	248	493	570	445	654	533	107	555	432	360	58	306	546	508	403	599	439	792	327	142	45
59	331	150	416	790	578	601	222	697	653	584	59	4	111	102	376	237	383	453	498	24	404
60	439	579	306	316	210	252	350	536	206	650	60	382	595	222	753	139	169	242	366	715	346
61	15	616	722	761	522	22	16	455	731	54	61	468	260	386	310	66	259	611	722	644	703
62	198	299	127	670	12	734	72	436	83	575	62	204	355	352	98	322	783	659	369	390	773
63	511	234	233	631	114	775	8	91	672	32	63	501	633	114	502	179	196	781	733	13	747
64	568	507	547	730	618	703	182	95	557	566	64	208	764	308	760	723	663	43	359	433	345
65	207	748	524	698	446	290	29	465	71	626	65	609	15	23	598	584	533	419	217	213	784
66	369	52	702	645	43	342	329	3	46	173	66	283	520	155	724	395	561	278	564	144	97
67	128	295	92	340	560	396	164	400	728	759	67	623	12	638	32	539	726	268	166	742	36
68	309	387	518	119	786	480	39	134	257	427	68	766	262	122	463	709	292	472	460	49	81
69	312	718	409	273	490	314	752	223	525	572	69	287	74	529	527	408	719	497	597	653	446
70	76	88	53	619	204	714	367	282	785	684	70	63	154	662	645	182	148	244	362	215	464
71	292	320	297	354	205	608	346	736	313	695	71	30	339	93	147	705	367	435	73	691	409
72	497	454	617	644	663	395	675	268	401	192	72	226	385	612	761	156	189	540	741	678	759
73	548	456	90	637	13	467	347	429	275	162	73	643	618	54	782	625	72	717	313	491	756
74	267	727	678	36	318	338	31	639	208	138	74	442	541	167	251	211	70	466	14	651	524
75	754	544	315	603	139	161	739	442	191	729	75	224	496	696	223	750	544	492	249	35	679
76	643	723	156	506	641	308	680	262	450	487	76	309	613	522	137	209	317	37	229	788	476
77	59	379	574	629	501	115	484	373	176	482	77	152	87	77	391	195	635	8	458	133	40
78	7	636	733	625	659	283	120	449	768	476	78	202	197	55	323	214	708	684	480	230	375
79	417	106	586	327	277	562	1				79	593	578	440	266	163	397	*			
	0	1	2	3	4	5	6	7	8	9		0	1	2	3	4	5	6	7	8	9

p = **809**

	I′										I′									
	0	1	2	3	4	5	6	7	8	9		0	1	2	3	4	5	6	7	8	9
0	808	276	804	60	31	214	512	505	806	261	0	404	138	414	348	410	192	408	43	441	430
1	188	634	33	168	142	330	603	799	514	792	1	406	120	112	245	548	585	439	498	691	745
2	68	629	759	502	643	132	729	277	177	800	2	594	796	754	180	145	136	413	804	690	514
3	704	597	718	184	339	510	300	346	133	140	3	107	4	234	12	489	420	397	412	729	552
4	486	757	364	7	750	285	581	220	695	265	4	662	114	617	596	705	241	682	201	788	475
5	124	774	204	332	76	270	176	690	499	56	5	268	496	334	254	273	163	59	805	506	523
6	749	705	257	82	650	503	637	314	166	652	6	3	597	601	545	144	643	196	194	20	156
7	725	369	529	563	493	381	702	791	745	117	7	122	453	697	363	758	630	54	374	692	509
8	308	779	444	319	648	572	331	254	217	478	8	340	288	63	557	173	438	603	335	647	320
9	561	610	386	299	397	462	580	682	427	469	9	526	708	455	655	421	770	675	242	740	224
10	191	411	398	147	544	602	439	30	410	769	10	392	769	462	568	538	483	586	783	349	393
11	422	183	12	722	41	313	194	135	146	568	11	433	379	235	565	687	660	197	79	579	463
12	11	235	70	669	267	476	172	558	533	532	12	752	380	494	292	50	305	627	337	794	720
13	794	358	747	229	593	746	25	665	1	592	13	338	185	25	38	508	117	186	403	808	666
14	508	693	281	556	64	24	186	613	263	765	14	39	467	14	684	418	307	118	103	443	780

p = 809 (Fortsetzung)

	N											I									
	0	1	2	3	4	5	6	7	8	9		0	1	2	3	4	5	6	7	8	9
15	665	377	322	157	471	604	194	582	128	384	15	663	687	114	41	757	723	487	153	246	468
16	343	220	660	362	277	22	66	198	594	164	16	548	14	142	281	169	694	735	490	199	420
17	492	667	383	340	211	633	281	34	102	306	17	35	510	182	340	80	308	579	118	146	186
18	109	327	172	516	739	599	179	537	802	788	18	136	25	132	747	644	359	196	66	637	595
19	746	620	242	726	560	62	186	558	56	168	19	504	796	21	629	156	69	652	721	167	338
20	504	703	491	664	374	313	130	390	361	274	20	130	794	128	533	316	559	391	232	762	535
21	13	39	117	351	244	732	578	116	348	235	21	589	174	743	438	85	572	417	649	318	517
22	705	497	682	428	475	616	230	690	452	547	22	161	249	640	321	474	526	90	561	785	479
23	23	69	207	621	245	735	587	143	429	478	23	226	620	355	426	350	219	393	109	769	101
24	625	257	771	695	467	592	158	474	613	221	24	411	447	192	5	214	234	32	718	471	598
25	663	371	304	103	309	118	354	253	759	659	25	520	601	62	257	764	706	296	241	45	285
26	359	268	804	794	764	674	404	403	400	391	26	344	751	633	537	442	325	430	9	261	541
27	364	283	40	120	360	271	4	12	36	108	27	807	275	591	803	209	551	507	164	523	59
28	324	163	489	658	356	259	777	713	521	754	28	56	176	500	271	713	367	375	485	692	78
29	644	314	133	399	388	355	256	768	686	440	29	745	19	792	587	515	783	107	30	704	440
30	511	724	554	44	132	396	379	328	175	525	30	801	498	17	799	252	604	179	335	87	254
31	766	680	422	457	562	68	204	612	218	654	31	53	332	625	205	291	452	384	574	606	776
32	344	223	669	389	358	265	795	767	683	431	32	686	756	152	547	280	734	419	181	307	145
33	484	643	311	124	372	307	112	336	199	597	33	24	643	65	503	628	651	337	127	558	761
34	173	519	748	626	260	780	722	548	26	78	34	173	84	648	160	320	89	478	354	218	768
35	234	702	488	655	347	232	696	470	601	185	35	446	213	717	519	256	295	284	632	324	260
36	555	47	141	423	460	571	95	285	46	138	36	274	208	163	55	270	374	77	791	782	703
37	414	433	490	661	365	286	49	147	441	514	37	497	251	334	52	204	383	775	151	733	306
38	733	581	125	375	316	139	417	442	517	742	38	642	627	126	172	159	477	767	716	294	323
39	608	206	618	236	708	506	709	509	718	536	39	207	269	790	496	51	774	305	125	476	293
40	799	779	719	539	808	806	800	782	728	566	40	268	50	124	267	266	670	671	528	454	672
41	80	240	720	542	8	24	72	216	648	326	41	697	72	529	709	370	455	92	386	673	611
42	169	507	712	518	745	617	233	699	479	628	42	727	698	312	363	73	563	576	530	223	238
43	266	798	776	710	512	727	563	71	213	639	43	710	329	555	371	787	608	456	738	655	93
44	299	88	264	792	758	656	350	241	723	551	44	299	378	387	481	778	674	459	567	612	678
45	35	105	315	136	408	415	436	499	688	446	45	664	728	228	688	699	660	115	313	617	42
46	529	778	716	530	781	725	557	53	159	477	46	364	622	758	74	493	724	564	244	488	577
47	622	248	744	614	224	672	398	385	346	229	47	357	154	531	741	247	224	99	469	239	428
48	687	443	520	751	635	287	52	156	468	595	48	549	711	585	15	330	684	143	556	352	282
49	167	501	694	464	583	131	393	370	301	94	49	372	202	170	788	48	695	609	221	736	457
50	282	37	111	333	190	570	92	276	19	57	50	658	491	739	583	200	656	395	421	94	397
51	171	513	730	572	98	294	73	219	657	353	51	36	300	434	511	379	111	183	388	423	341
52	250	750	632	278	25	75	225	675	407	412	52	482	288	81	779	771	309	675	96	580	460
53	427	472	607	203	609	209	627	263	789	749	53	463	119	568	103	147	613	399	187	679	403
54	629	269	807	803	791	755	647	323	160	480	54	137	665	413	26	729	38	133	229	347	748
55	631	275	16	48	144	432	487	652	338	205	55	689	449	645	700	302	360	661	466	197	116
56	615	227	681	425	466	589	149	447	532	787	56	194	67	314	436	638	618	409	596	43	7
57	743	611	215	645	317	142	426	469	598	176	57	505	365	513	797	623	754	22	759	216	630
58	528	775	707	503	700	482	637	293	70	210	58	75	381	157	494	122	70	725	236	653	565
59	630	272	7	21	63	189	567	83	249	747	59	113	722	245	13	168	489	34	339	578	185
60	623	251	753	641	305	106	318	145	435	496	60	131	358	636	795	155	720	129	532	390	534
61	679	419	448	535	796	770	692	458	565	77	61	742	571	317	248	473	560	225	425	392	100
62	231	693	461	574	104	312	127	381	334	193	62	191	233	470	600	763	240	343	536	429	540
63	579	119	357	262	786	740	602	188	564	74	63	590	550	522	175	712	484	744	586	106	439
64	222	666	380	331	184	552	38	114	342	217	64	16	603	86	331	290	573	685	546	418	144
	0	1	2	3	4	5	6	7	8	9		0	1	2	3	4	5	6	7	8	9

p = 809

I′

	0	1	2	3	4	5	6	7	8	9
15	641	733	547	246	531	720	69	494	715	477
16	320	249	373	55	523	230	793	338	489	694
17	788	766	159	84	743	712	500	450	253	335
18	23	307	340	388	635	131	136	679	543	538
19	599	233	5	435	67	594	66	116	509	420
20	656	47	170	150	383	291	495	269	163	551
21	730	272	255	717	234	380	630	212	768	393
22	657	736	328	238	99	425	620	659	688	347
23	415	588	762	470	32	112	653	554	710	428
24	343	45	97	356	488	13	468	224	473	640
25	203	334	604	624	53	631	295	764	780	162
26	274	541	680	326	707	527	670	266	50	790
27	374	713	701	54	208	591	666	210	501	180
28	734	169	372	259	632	344	461	770	81	545
29	573	452	123	268	323	284	241	676	480	378
30	434	465	360	668	292	125	642	145	579	675
31	327	562	363	617	436	231	559	248	517	353
32	89	474	789	207	260	430	614	297	786	555
33	684	290	625	382	52	87	760	127	130	578
34	80	482	539	536	751	464	448	748	3	108
35	219	201	282	445	218	426	740	154	636	196
36	661	553	575	73	622	513	691	375	361	385
37	455	787	202	781	77	485	662	777	387	111
38	121	157	732	775	574	726	673	481	423	570
39	534	232	100	109	396	421	433	36	402	187
40	406	345	412	137	*	542	10	752	6	596
41	4	447	37	26	2	524	516	649	144	181
42	35	94	287	341	190	392	350	584	549	540
43	9	400	286	110	511	408	638	416	85	16
44	801	8	325	148	258	518	213	192	301	645
45	278	605	384	71	672	92	738	658	677	567
46	463	401	102	119	407	193	197	141	548	239
47	600	598	424	560	526	49	293	767	354	226
48	458	778	288	105	744	692	467	153	577	34
49	199	739	243	724	122	304	51	251	17	366
50	271	646	336	628	796	365	58	164	134	79
51	182	379	753	797	29	783	639	161	283	256
52	601	483	175	59	348	784	90	696	454	709
53	223	741	390	316	742	589	429	442	104	521
54	590	807	404	262	443	63	418	280	14	711
55	522	507	39	376	607	371	352	83	761	391
56	225	785	222	576	244	113	663	612	103	189
57	472	317	417	685	606	237	530	357	185	118
58	460	432	394	200	683	15	106	515	437	174
59	550	803	414	165	20	504	43	61	520	342
60	763	62	289	86	179	755	776	654	456	221
61	311	727	678	399	681	242	621	42	409	349
62	355	492	758	754	451	205	158	126	651	156
63	75	273	324	537	569	719	795	595	618	525
64	321	171	627	65	359	700	211	88	160	318
	0	1	2	3	4	5	6	7	8	9

I″

	0	1	2	3	4	5	6	7	8	9
15	203	775	756	487	357	795	629	381	626	172
16	648	517	259	208	507	593	68	721	13	281
17	202	641	126	761	589	522	56	28	798	604
18	279	419	510	111	33	578	146	399	10	569
19	424	100	447	465	116	746	359	466	693	490
20	583	351	372	250	52	625	715	323	274	803
21	277	646	217	446	5	753	759	88	354	350
22	47	609	562	530	247	560	479	677	728	133
23	165	315	391	191	214	121	725	575	223	469
24	763	296	615	492	564	722	153	741	317	161
25	781	497	799	178	87	212	519	62	444	283
26	324	9	543	148	772	49	267	124	293	207
27	55	500	211	631	260	807	1	27	450	755
28	547	142	352	518	295	45	432	422	482	602
29	331	205	304	476	716	256	706	327	737	93
30	36	448	700	714	495	774	733	181	80	771
31	707	610	698	115	67	793	533	571	649	83
32	160	640	766	294	632	442	263	310	222	710
33	15	86	53	702	251	179	502	651	167	34
34	182	423	599	240	285	401	37	229	524	619
35	426	683	556	319	478	620	243	577	131	644
36	302	368	726	312	42	505	499	713	668	71
37	709	555	282	162	270	367	553	654	299	511
38	215	75	333	204	452	369	92	378	183	719
39	532	559	425	219	582	656	394	94	102	613
40	431	461	398	679	542	680	400	464	435	618
41	108	101	402	665	592	230	437	572	546	734
42	199	395	110	388	472	225	355	98	239	536
43	325	681	581	396	300	193	314	588	743	106
44	704	750	537	544	82	353	768	411	346	689
45	177	624	291	669	528	370	608	736	480	674
46	580	286	95	460	345	301	661	486	246	99
47	233	718	570	248	321	773	125	159	89	785
48	298	387	341	521	712	375	40	723	244	168
49	735	658	621	74	157	206	790	703	801	58
50	176	278	23	65	595	7	802	551	140	198
51	35	434	6	365	18	587	416	318	445	717
52	598	539	550	164	415	639	474	265	671	72
53	576	154	129	128	390	762	343	633	189	342
54	429	261	405	188	104	289	685	152	468	428
55	590	209	667	361	237	329	143	650	127	316
56	473	90	311	73	724	653	777	459	119	634
57	389	742	85	290	384	362	563	488	339	308
58	96	46	657	739	427	711	744	792	231	535
59	540	275	139	134	195	637	409	31	471	190
60	470	520	105	16	252	451	574	554	787	695
61	91	673	567	147	326	676	659	313	638	784
62	226	616	364	797	253	332	732	642	503	21
63	216	255	284	751	11	184	358	66	436	516
64	249	150	306	24	747	449	501	760	84	417
	0	1	2	3	4	5	6	7	8	9

p = 809 (Fortsetzung)

N

	0	1	2	3	4	5	6	7	8	9
65	651	335	196	588	146	438	505	706	500	691
66	455	556	50	150	450	541	5	15	45	135
67	405	406	409	418	445	526	769	689	449	538
68	805	797	773	701	485	646	320	151	453	550
69	32	96	288	55	165	495	676	410	421	454
70	553	41	123	369	298	85	255	765	677	413
71	430	481	634	284	43	129	387	352	247	741
72	605	197	591	155	465	586	140	420	451	544
73	14	42	126	378	325	166	498	685	437	502
74	697	473	610	212	636	290	61	183	549	29
75	87	261	783	731	575	107	321	154	462	577
76	113	339	208	624	254	762	668	386	349	238
77	714	524	763	671	395	376	319	148	444	523
78	760	662	368	295	76	228	684	434	493	670
79	392	367	292	67	201	603	191	573	101	303
80	100	300	91	273	10	30	90	270	1	

I

	0	1	2	3	4	5	6	7	8	9
65	64	650	557	83	319	353	445	518	283	259
66	162	373	781	250	203	150	641	171	766	322
67	789	773	475	49	265	527	696	708	91	610
68	311	562	222	328	786	737	298	480	458	677
69	227	659	616	621	492	243	356	740	98	427
70	584	683	351	201	47	220	657	582	394	396
71	433	110	422	287	770	95	462	102	398	402
72	412	37	346	448	301	465	193	435	408	6
73	512	753	215	380	121	235	112	12	33	184
74	635	719	389	570	472	424	190	599	342	539
75	521	483	105	602	289	545	63	82	444	258
76	780	149	765	772	264	707	310	327	297	676
77	615	242	97	682	46	581	432	286	461	401
78	345	464	407	752	120	11	634	569	189	538
79	104	544	443	148	263	326	614	681	431	400
80	406	10	188	543	262	680	405	542	404	

p = 811, g = 3, $p - 1 = 2 \cdot 3^4 \cdot 5$

N

	0	1	2	3	4	5	6	7	8	9
0		3	9	27	81	243	729	565	73	219
1	657	349	236	708	502	695	463	578	112	336
2	197	591	151	453	548	22	66	198	594	160
3	480	629	265	795	763	667	379	326	167	501
4	692	454	551	31	93	279	26	78	234	702
5	484	641	301	92	276	17	51	153	459	566
6	76	228	684	430	479	626	256	768	682	424
7	461	572	94	282	35	105	315	134	402	395
8	374	311	122	366	287	50	150	450	539	806
9	796	766	676	406	407	410	419	446	527	770
10	688	442	515	734	580	118	354	251	753	637
11	289	56	168	504	701	481	632	274	11	33
12	99	297	80	240	720	538	803	787	739	595
13	163	489	656	346	227	681	421	452	545	13
14	39	117	351	242	726	556	46	138	414	431
15	482	635	283	38	114	342	215	645	313	128
16	384	341	212	636	286	47	141	423	458	563
17	67	201	603	187	561	61	183	549	25	75
18	225	675	403	398	383	338	203	609	205	615
19	223	669	385	344	221	663	367	290	59	177
20	531	782	724	550	28	84	252	756	646	316
21	137	411	422	455	554	40	120	360	269	807
22	799	775	703	487	650	328	173	519	746	616
23	226	678	412	425	464	581	121	363	278	23
24	69	207	621	241	723	547	19	57	171	513
	0	1	2	3	4	5	6	7	8	9

I

	0	1	2	3	4	5	6	7	8	9
0		810	717	1	624	494	718	390	531	2
1	401	118	625	139	297	495	438	55	719	246
2	308	391	25	239	532	178	46	3	204	606
3	402	43	345	119	772	74	626	786	153	140
4	215	504	298	472	742	496	146	165	439	780
5	85	56	763	348	720	612	111	247	513	198
6	309	175	760	392	252	633	26	170	679	240
7	791	689	533	8	693	179	60	508	47	395
8	122	4	411	655	205	549	379	607	649	804
9	403	529	53	44	72	740	346	758	687	120
10	802	685	773	418	670	75	255	775	627	454
11	519	787	18	323	154	733	420	141	105	445
12	216	236	82	505	667	672	299	467	159	473
13	540	675	743	636	77	497	586	210	147	331
14	698	166	596	257	440	290	725	781	600	747
15	86	22	777	57	415	537	764	767	302	349
16	29	629	721	130	318	613	562	38	112	278
17	456	248	286	226	514	568	556	199	711	521
18	310	388	436	176	770	470	761	173	789	393
19	647	756	253	731	665	634	594	20	27	276
20	709	171	592	186	680	188	325	241	577	364
21	792	305	162	690	682	156	534	433	361	9
22	426	194	694	190	735	180	230	134	61	261
23	640	509	327	422	48	659	12	396	352	476
24	123	243	143	5	799	464	412	385	574	656
	0	1	2	3	4	5	6	7	8	9

p = 809

I′

	0	1	2	3	4	5	6	7	8	9
65	557	337	721	565	377	93	395	582	491	616
66	115	466	40	687	728	413	139	552	368	453
67	671	528	697	611	459	96	615	227	664	403
68	405	431	46	351	143	546	756	114	699	449
69	28	18	78	198	735	609	708	72	312	660
70	302	731	333	497	440	44	296	310	91	370
71	329	585	484	367	303	206	294	519	471	389
72	129	167	245	487	564	236	362	698	228	38
73	667	714	626	306	419	490	457	298	655	583
74	98	247	571	438	586	19	195	644	689	805
75	441	633	120	215	22	279	152	723	74	216
76	647	173	535	240	706	772	322	716	446	101
77	95	309	264	475	305	151	686	566	674	771
78	149	250	703	107	619	479	737	608	48	773
79	496	782	587	315	128	155	21	623	178	252
80	798	498	506	209	27	57	802	275	138	

I″

	0	1	2	3	4	5	6	7	8	9
65	64	628	69	236	607	738	200	220	457	227
66	699	360	376	566	678	137	276	730	303	123
67	266	670	454	386	778	309	297	458	612	187
68	262	614	97	584	330	573	776	663	228	748
69	57	366	485	141	169	48	527	672	727	688
70	645	272	76	782	30	61	764	264	696	529
71	238	549	175	271	731	158	767	213	32	635
72	155	652	113	757	493	70	385	611	664	26
73	210	701	382	151	280	694	221	786	456	491
74	356	531	534	174	484	78	135	132	347	60
75	44	344	407	512	623	605	686	41	622	22
76	336	558	232	600	257	149	171	477	218	109
77	287	779	765	789	51	383	606	377	481	81
78	258	373	791	515	525	561	328	371	170	322
79	269	77	19	166	130	636	504	513	800	17
80	29	440	806	591	2	749	8	541	•	

p = 811

I′

	0	1	2	3	4	5	6	7	8	9
0	810	624	401	204	411	799	409	59	693	426
1	462	475	396	368	727	328	234	732	323	708
2	27	414	777	41	177	239	170	276	129	629
3	115	793	543	90	570	662	554	455	112	14
4	510	213	771	345	72	605	3	395	659	222
5	442	683	739	44	307	719	763	415	547	394
6	508	261	704	149	30	365	619	703	564	233
7	416	757	740	152	626	255	209	497	182	744
8	673	671	505	196	347	56	22	622	311	219
9	702	337	482	94	587	211	699	748	557	620
10	487	272	287	465	235	445	373	206	652	631
11	197	247	278	369	49	150	306	296	625	772
12	802	654	4	243	808	88	795	644	284	561
13	318	371	10	639	61	68	212	23	437	297
14	215	105	463	5	610	779	165	331	339	441
15	630	163	503	140	733	360	534	208	674	473
16	192	155	690	109	84	439	596	69	58	790
17	679	592	646	789	251	760	770	203	46	60
18	230	92	499	637	160	324	680	576	325	229
19	735	571	638	734	694	376	677	759	309	711
20	450	609	784	42	606	549	357	315	723	697
21	147	232	167	778	471	504	236	492	404	406
22	523	479	370	706	434	555	514	354	657	260
23	134	338	588	597	538	666	82	343	45	532
24	791	577	798	143	202	24	308	513	286	526
	0	1	2	3	4	5	6	7	8	9

I″

	0	1	2	3	4	5	6	7	8	9
0	405	717	531	46	122	143	250	790	533	361
1	132	421	659	265	39	546	416	453	787	664
2	594	599	86	137	245	391	633	20	766	349
3	64	581	650	460	375	695	300	317	562	486
4	621	23	203	402	53	238	178	508	422	114
5	630	653	803	529	296	438	85	777	168	7
6	179	134	564	258	383	356	550	337	135	167
7	547	528	44	344	772	670	674	636	500	737
8	321	444	236	502	164	780	747	700	125	313
9	33	551	181	498	93	483	271	488	336	703
10	262	782	526	452	732	141	573	579	603	163
11	347	612	38	727	382	30	715	530	401	345
12	687	507	395	476	458	522	407	583	413	28
13	721	706	359	734	230	270	699	622	400	625
14	153	420	475	243	784	471	496	210	588	63
15	115	604	73	786	323	161	682	443	671	467
16	184	363	305	151	741	146	698	212	511	251
17	26	709	769	761	512	309	436	24	532	693
18	735	615	78	553	663	708	592	591	680	425
19	694	662	160	360	426	342	83	110	513	556
20	749	807	244	177	3	655	107	516	157	76
21	586	95	136	41	785	140	445	542	794	89
22	544	381	49	722	316	455	286	273	431	189
23	180	482	211	69	16	104	216	295	307	25
24	679	325	351	123	399	437	719	111	456	783
	0	1	2	3	4	5	6	7	8	9

p = 811 (Fortsetzung)

N

	0	1	2	3	4	5	6	7	8	9
25	728	562	64	192	576	106	318	143	429	476
26	617	229	687	439	506	707	499	686	436	497
27	680	418	443	518	743	607	199	597	169	507
28	710	508	713	517	740	598	172	516	737	589
29	145	435	494	671	391	362	275	14	42	126
30	378	323	158	474	611	211	633	277	20	60
31	180	540	809	805	793	757	649	325	164	492
32	665	373	308	113	339	206	618	232	696	466
33	587	139	417	440	509	716	526	767	679	415
34	434	491	662	364	281	32	96	288	53	159
35	477	620	238	714	520	749	625	253	759	655
36	343	218	654	340	209	627	259	777	709	505
37	704	490	659	355	254	762	664	370	299	86
38	258	774	700	478	623	247	741	601	181	543
39	7	21	63	189	567	79	237	711	511	722
40	544	10	30	90	270	810	808	802	784	730
41	568	82	246	738	592	154	462	575	103	309
42	116	348	233	699	475	614	220	660	358	263
43	789	745	613	217	651	331	182	546	16	48
44	144	432	485	644	310	119	357	260	780	718
45	532	785	733	577	109	327	170	510	719	535
46	794	760	658	352	245	735	583	127	381	332
47	185	555	43	129	387	350	239	717	529	776
48	706	496	677	409	416	437	500	689	445	524
49	761	661	361	272	5	15	45	135	405	404
50	401	392	365	284	41	123	369	296	77	231
51	693	457	560	58	174	522	755	643	307	110
52	330	179	537	800	778	712	514	731	571	91
53	273	8	24	72	216	648	322	155	465	584
54	130	390	359	266	798	772	694	460	569	85
55	255	765	673	397	380	329	176	528	773	697
56	469	596	166	498	683	427	470	599	175	525
57	764	670	388	353	248	744	610	208	624	250
58	750	628	262	786	736	586	136	408	413	428
59	473	608	202	606	196	588	142	426	467	590
60	148	444	521	752	634	280	29	87	261	783
61	727	559	55	165	495	674	400	389	356	257
62	771	691	451	542	4	12	36	108	324	161
63	483	638	292	65	195	585	133	399	386	347
64	230	690	448	533	788	742	604	190	570	88
65	264	792	754	640	298	83	249	747	619	235
66	705	493	668	382	335	194	582	124	372	305
67	104	312	125	375	314	131	393	368	293	68
68	204	612	214	642	304	101	303	98	294	71
69	213	639	295	74	222	666	376	317	140	420
70	449	536	797	769	685	433	488	653	337	200
71	600	178	534	791	751	631	271	2	6	18
72	54	162	486	647	319	146	438	503	698	472
73	605	193	579	115	345	224	672	394	371	302
74	95	285	44	132	396	377	320	149	447	530
	0	1	2	3	4	5	6	7	8	9

I

	0	1	2	3	4	5	6	7	8	9
25	579	107	206	357	374	550	66	619	380	366
26	447	608	582	429	650	32	543	805	794	218
27	404	716	493	530	117	296	54	307	238	45
28	605	344	73	152	503	741	164	84	347	110
29	197	759	632	678	688	692	507	121	654	378
30	803	52	739	686	684	669	774	518	322	419
31	444	81	671	158	674	76	209	697	256	724
32	746	776	536	301	628	317	37	455	225	555
33	520	435	469	788	755	664	19	708	185	324
34	363	161	155	360	193	734	133	639	421	11
35	475	142	463	573	106	373	618	446	428	542
36	217	492	295	237	343	502	83	196	677	506
37	377	738	668	321	80	673	696	745	300	36
38	554	468	663	184	160	192	638	474	572	617
39	541	294	501	676	737	79	744	553	183	637
40	616	500	78	182	499	498	93	94	587	483
41	95	211	232	588	148	339	484	332	271	96
42	699	136	212	167	69	233	597	565	589	258
43	63	149	441	705	340	291	268	485	726	263
44	333	782	101	272	601	488	97	748	642	700
45	87	622	137	23	41	213	778	511	168	58
46	547	70	416	16	234	538	329	598	765	560
47	566	768	729	590	303	424	259	350	383	64
48	30	115	150	630	50	442	722	223	706	131
49	371	341	319	661	292	614	481	269	563	266
50	486	39	14	727	113	369	264	279	281	334
51	457	398	783	249	526	102	287	283	273	227
52	354	602	515	752	489	569	336	98	557	478
53	749	200	450	643	712	459	701	522	125	88
54	311	809	623	389	400	138	437	245	24	177
55	203	42	771	785	214	471	145	779	762	611
56	512	174	251	169	790	7	59	394	410	548
57	648	528	71	757	801	417	254	453	17	732
58	104	235	666	466	539	635	585	330	595	289
59	599	21	414	766	28	129	561	277	285	567
60	710	387	769	172	646	730	593	275	591	187
61	576	304	681	432	425	189	229	260	326	658
62	351	242	798	384	578	356	65	365	581	31
63	793	715	116	306	604	151	163	109	631	691
64	653	51	683	517	443	157	208	723	535	316
65	224	434	754	707	362	359	132	10	462	372
66	427	491	342	195	376	320	695	35	662	191
67	571	293	736	552	615	181	92	482	231	338
68	270	135	68	564	62	704	267	262	100	487
69	641	621	40	510	546	15	328	559	728	423
70	382	114	49	222	370	660	480	265	13	368
71	280	397	525	282	353	751	335	477	449	458
72	124	808	399	244	202	784	144	610	250	6
73	409	527	800	452	103	465	584	288	413	128
74	284	386	645	274	575	431	228	657	797	355
	0	1	2	3	4	5	6	7	8	9

p = 811

	I'										I''									
	0	1	2	3	4	5	6	7	8	9		0	1	2	3	4	5	6	7	8	9
25	6	169	633	731	453	775	724	440	63	350	25	610	174	392	756	417	75	697	596	589	424
26	326	640	100	333	279	13	486	262	485	563	26	229	61	267	726	369	480	563	704	291	481
27	135	96	601	227	575	591	709	285	456	281	27	338	332	101	283	645	593	27	561	112	264
28	397	334	353	273	386	567	226	283	413	599	28	368	279	525	287	128	277	248	102	584	595
29	725	268	614	736	501	237	54	495	472	467	29	440	340	661	571	541	492	117	139	504	672
30	36	628	349	424	681	162	604	238	391	175	30	745	536	767	590	576	792	116	54	246	198
31	388	809	405	89	460	753	224	37	613	661	31	521	88	406	795	651	207	535	628	130	341
32	695	80	419	154	363	241	658	422	559	598	32	376	668	518	18	185	188	260	509	15	538
33	595	698	271	782	457	477	98	67	270	484	33	585	147	484	263	281	751	569	91	231	148
34	291	319	195	502	73	119	758	110	720	29	34	705	371	491	237	605	43	740	84	763	302
35	383	242	476	751	602	580	65	374	461	132	35	259	658	396	282	227	797	578	206	753	362
36	193	9	359	161	792	581	447	524	280	264	36	155	433	707	324	577	65	380	479	13	113
37	660	341	427	618	550	34	320	738	803	607	37	222	131	462	106	357	490	195	506	654	549
38	366	221	114	64	578	574	645	769	436	400	38	619	558	423	350	798	412	284	710	310	623
39	531	25	252	647	410	122	352	525	783	244	39	718	308	760	789	59	47	12	280	457	808
40	138	118	43	529	716	*	312	126	451	527	40	389	2	606	804	218	312	219	806	609	6
41	548	655	385	128	766	537	16	254	670	444	41	394	4	464	288	21	57	70	801	773	322
42	141	11	48	382	259	189	194	491	542	650	42	733	639	327	728	303	432	9	372	446	582
43	796	228	425	361	754	469	176	245	55	780	43	644	575	681	534	224	520	388	138	495	165
44	290	705	722	157	81	216	428	608	807	458	44	257	149	50	517	419	105	618	366	750	477
45	643	583	103	17	519	225	248	398	124	701	45	200	408	800	254	627	37	278	334	449	712
46	33	490	372	573	412	584	539	159	663	788	46	314	358	10	142	799	103	666	299	554	435
47	761	145	742	540	572	142	123	449	749	367	47	770	214	298	159	638	11	352	335	557	221
48	265	269	231	95	332	726	39	641	97	569	48	660	614	92	587	339	268	266	100	601	752
49	375	342	295	530	718	438	146	586	93	498	49	461	427	217	716	624	297	742	77	499	182
50	78	676	83	741	298	667	377	121	47	327	50	616	294	343	152	215	82	677	692	60	640
51	546	168	174	198	568	752	207	443	322	787	51	40	778	611	247	226	602	652	683	774	454
52	435	310	125	806	750	282	102	800	71	53	52	555	711	701	220	367	397	249	409	648	403
53	117	2	178	8	433	316	301	764	329	635	53	493	390	239	689	156	723	776	415	234	466
54	675	294	217	805	220	558	15	70	648	379	54	473	617	428	32	702	620	510	58	410	205
55	66	91	615	183	468	520	199	478	381	728	55	374	570	736	744	36	225	568	98	545	328
56	566	277	38	266	62	589	768	710	556	336	56	765	129	613	269	68	597	560	285	514	489
57	551	293	617	106	656	431	304	364	356	107	57	34	191	474	463	385	274	187	241	384	656
58	714	31	429	127	288	330	210	483	148	258	58	355	365	608	451	465	635	497	94	232	565
59	303	187	186	275	20	289	257	565	765	21	59	729	275	171	730	634	330	166	233	329	289
60	747	488	515	108	151	344	402	649	582	408	60	781	272	354	714	306	45	204	379	447	201
61	250	512	111	562	481	181	500	541	446	380	61	144	762	720	318	292	552	637	572	373	66
62	545	40	137	389	494	139	786	454	317	721	62	99	641	87	809	1	118	74	775	301	29
63	50	691	678	26	594	585	77	616	474	421	63	150	109	759	252	665	539	743	183	192	133
64	509	621	700	712	430	274	730	756	528	804	64	261	487	748	450	127	386	172	393	548	607
65	32	314	516	51	378	205	579	797	351	12	65	429	713	108	691	121	411	574	228	326	48
66	480	292	191	184	19	634	466	672	321	774	66	370	319	35	468	755	731	235	505	738	684
67	75	158	299	696	76	743	737	506	688	240	67	418	81	667	80	158	540	501	196	632	170
68	188	432	156	517	669	773	684	120	692	533	68	186	304	690	51	686	802	739	758	678	791
69	682	653	507	179	190	35	745	256	166	136	69	162	631	688	8	194	320	673	209	331	96
70	87	522	544	99	267	340	131	362	185	171	70	642	459	90	67	62	441	223	754	19	276
71	387	521	459	651	603	116	493	1	390	246	71	567	199	643	796	580	793	404	810	494	55
72	612	130	223	535	746	781	263	113	423	590	72	348	629	442	208	256	290	485	14	559	768
73	593	665	104	420	133	180	552	79	668	686	73	646	253	17	154	193	190	293	676	377	52
74	346	164	496	636	553	300	776	86	642	200	74	72	503	472	675	79	696	724	600	97	478
	0	1	2	3	4	5	6	7	8	9		0	1	2	3	4	5	6	7	8	9

p = 811 (Fortsetzung)

N											I										
	0	1	2	3	4	5	6	7	8	9		0	1	2	3	4	5	6	7	8	9
75	779	715	523	758	652	334	191	573	97	291	75	580	714	603	108	652	516	207	315	753	358
76	62	186	558	52	156	468	593	157	471	602	76	461	490	375	34	570	551	91	337	67	703
77	184	552	34	102	306	107	321	152	456	557	77	99	620	545	558	381	221	479	367	524	750
78	49	147	441	512	725	553	37	111	333	188	78	448	807	201	609	408	451	583	127	644	430
79	564	70	210	630	268	804	790	748	622	244	79	796	713	651	314	460	33	90	702	544	220
80	732	574	100	300	89	267	801	781	721	541	80	523	806	407	126	795	313	89	219	406	312
81	1										81	405									

p = 821, g = 2, p - 1 = $2^2 \cdot 5 \cdot 41$

N											I										
	0	1	2	3	4	5	6	7	8	9		0	1	2	3	4	5	6	7	8	9
0		2	4	8	16	32	64	128	256	512	0		820	1	621	2	742	622	458	3	422
1	203	406	812	803	785	749	677	533	245	490	1	743	357	623	351	459	543	4	527	423	184
2	159	318	636	451	81	162	324	648	475	129	2	744	259	358	34	624	664	352	223	460	372
3	258	516	211	422	23	46	92	184	368	736	3	544	601	5	158	528	380	424	510	185	152
4	651	481	141	282	564	307	614	407	814	807	4	745	486	260	228	359	344	35	241	625	96
5	793	765	709	597	373	746	671	521	221	442	5	665	328	353	219	224	279	461	805	373	283
6	63	126	252	504	187	374	748	675	529	237	6	545	519	602	60	6	273	159	314	529	655
7	474	127	254	508	195	390	780	739	657	493	7	381	798	425	476	511	465	186	815	153	268
8	165	330	660	499	177	354	708	595	369	738	8	746	24	487	499	261	449	229	173	360	732
9	655	489	157	314	628	435	49	98	196	392	9	345	809	36	402	242	106	626	751	97	779
10	784	747	673	525	229	458	95	190	380	760	10	666	758	329	618	354	181	220	377	225	325
11	699	577	333	666	511	201	402	804	787	753	11	280	311	462	496	806	776	374	773	284	165
12	685	549	277	554	287	574	327	654	487	153	12	546	714	520	287	603	586	61	71	7	29
13	306	612	403	806	791	761	701	581	341	682	13	274	168	160	642	315	145	530	198	656	549
14	543	265	530	239	478	135	270	540	259	518	14	382	42	799	708	426	294	477	717	512	674
15	215	430	39	78	156	312	624	427	33	66	15	466	647	187	129	816	523	154	92	269	20
16	132	264	528	235	470	119	238	476	131	262	16	747	492	25	290	488	80	500	537	262	702
17	524	227	454	87	174	348	696	571	321	642	17	450	606	230	437	174	302	361	84	733	589
18	463	105	210	420	19	38	76	152	304	608	18	346	339	810	320	37	432	403	64	243	681
19	395	790	759	697	573	325	650	479	137	274	19	107	393	627	504	752	74	98	566	780	252
20	548	275	550	279	558	295	590	359	718	615	20	667	115	759	10	330	408	619	456	355	541
21	409	818	815	809	797	773	725	629	437	53	21	182	32	221	599	378	150	226	239	326	277
22	106	212	424	27	54	108	216	432	43	86	22	281	58	312	796	463	266	497	171	807	104
23	172	344	688	555	289	578	335	670	519	217	23	777	616	375	309	774	163	285	69	166	143
24	434	47	94	188	376	752	683	545	269	538	24	547	706	715	645	521	18	288	535	604	300
25	255	510	199	398	796	771	721	621	421	21	25	587	318	62	391	72	250	8	454	30	148
26	42	84	168	336	672	523	225	450	79	158	26	275	794	169	614	161	141	643	533	316	248
27	316	632	443	65	130	260	520	219	438	55	27	146	612	531	610	199	201	657	122	550	203
28	110	220	440	59	118	236	472	123	246	492	28	383	557	43	659	800	727	709	124	427	234
29	163	326	652	483	145	290	580	339	678	535	29	295	552	478	572	718	205	513	580	675	385
30	249	498	175	350	700	579	337	674	527	233	30	467	686	648	559	188	441	130	45	817	419
31	466	111	222	444	67	134	268	536	251	502	31	524	661	155	483	93	802	270	473	21	729
32	183	366	732	643	465	109	218	436	51	102	32	748	178	493	711	26	195	291	126	489	699
33	204	408	816	811	801	781	741	661	501	181	33	81	429	501	112	538	236	263	306	703	297
34	362	724	627	433	45	90	180	360	720	619	34	451	138	607	554	231	577	438	480	175	696
	0	1	2	3	4	5	6	7	8	9		0	1	2	3	4	5	6	7	8	9

p = 811

	I′										I″									
	0	1	2	3	4	5	6	7	8	9		0	1	2	3	4	5	6	7	8	9
75	448	335	489	358	707	664	253	801	687	632	75	524	353	515	315	434	788	647	71	346	197
76	392	173	611	348	767	560	28	302	729	172	76	175	470	779	56	537	598	414	764	566	387
77	470	785	74	418	518	627	536	57	511	762	77	176	42	119	685	669	255	746	22	213	145
78	85	600	101	249	144	214	153	18	755	393	78	439	725	333	398	202	771	626	519	469	173
79	7	689	305	715	218	313	713	355	384	464	79	169	240	364	31	805	126	430	657	242	5
80	452	417	685	52	403	794	407	201	399	623	80	527	757	120	378	649	543	523	448	124	311
81	717										81	*									

p = 821

	I′										I″									
	0	1	2	3	4	5	6	7	8	9		0	1	2	3	4	5	6	7	8	9
0	820	621	742	422	527	158	273	29	454	407	0	410	820	621	458	543	601	60	71	250	114
1	330	47	413	117	790	388	298	534	288	491	1	759	766	333	594	100	66	704	644	521	91
2	747	729	447	498	487	290	195	640	167	274	2	269	473	813	267	746	492	711	584	70	7
3	148	598	221	663	624	241	402	432	88	671	3	454	540	182	258	358	344	809	320	582	639
4	292	707	799	659	418	817	209	331	212	761	4	196	548	382	557	440	130	765	11	413	133
5	633	689	721	386	65	101	264	795	312	272	5	782	395	86	676	404	596	237	276	281	518
6	6	71	391	680	243	387	15	704	142	166	6	602	586	318	431	403	54	101	307	162	285
7	28	7	250	565	98	561	335	434	700	536	7	585	61	391	503	752	637	670	89	490	289
8	500	429	337	588	733	720	52	676	433	77	8	488	699	435	301	361	365	396	581	38	671
9	490	19	269	802	217	327	665	779	566	789	9	127	522	154	483	342	240	625	751	74	561
10	14	66	307	615	777	750	626	393	692	135	10	595	55	264	170	807	401	242	681	469	192
11	304	235	538	406	9	759	132	414	568	724	11	697	428	501	564	251	667	593	13	790	245
12	555	202	550	233	427	698	489	90	522	816	12	608	200	657	726	709	194	291	672	646	187
13	45	765	760	49	782	693	575	553	607	246	13	441	592	116	414	191	109	304	296	451	792
14	532	643	705	547	197	530	612	793	275	238	14	613	161	68	166	641	315	248	453	30	598
15	226	485	745	268	92	483	508	379	528	314	15	378	509	185	815	523	661	370	600	5	273
16	642	141	68	285	713	546	143	641	160	614	16	168	614	308	774	772	284	69	28	274	794
17	103	807	731	360	302	696	193	710	493	323	17	265	497	448	229	437	480	471	728	748	756
18	376	220	32	258	744	152	815	129	441	631	18	617	354	541	526	423	510	465	647	559	788
19	781	134	109	697	125	291	40	548	656	201	19	567	415	470	176	710	26	640	144	530	610
20	121	657	556	383	579	513	367	347	739	818	20	609	199	121	550	571	718	785	590	764	46
21	409	411	332	767	444	651	516	803	278	224	21	331	412	48	761	254	506	341	94	327	353
22	377	599	371	460	279	325	239	343	359	173	22	181	32	663	352	219	377	150	485	260	449
23	437	577	570	551	295	305	263	56	276	326	23	606	554	725	123	427	111	538	597	149	226
24	95	625	106	681	723	119	608	611	146	453	24	343	35	402	64	387	791	139	532	316	390
25	8	114	667	443	214	506	369	662	33	358	25	72	565	780	632	762	738	348	525	183	744
26	228	449	702	306	102	170	497	23	746	20	26	486	499	537	236	56	795	463	814	153	92
27	473	653	313	159	168	794	57	281	804	461	27	802	517	59	6	29	148	238	326	218	224
28	311	58	518	545	165	69	585	603	535	79	28	325	277	804	373	773	163	713	520	18	491
29	488	126	672	716	477	552	137	451	389	317	29	25	195	40	707	426	234	305	703	16	534
30	587	83	361	574	136	296	703	67	162	774	30	604	436	174	696	110	235	263	102	615	375
31	495	462	796	654	529	145	248	390	62	431	31	324	280	58	272	159	642	533	299	587	338
32	37	582	770	494	310	280	277	218	353	618	32	810	398	755	179	376	225	239	95	665	758
33	408	210	412	12	594	562	678	430	319	810	33	10	47	212	767	669	76	434	82	588	346
34	515	216	94	240	35	809	339	368	256	525	34	368	507	484	227	359	732	589	207	739	420
	0	1	2	3	4	5	6	7	8	9		0	1	2	3	4	5	6	7	8	9

p = **821** (Fortsetzung)

N

	0	1	2	3	4	5	6	7	8	9
35	417	13	26	52	104	208	416	11	22	44
36	88	176	352	704	587	353	706	591	361	722
37	623	425	29	58	116	232	464	107	214	428
38	35	70	140	280	560	299	598	375	750	679
39	537	253	506	191	382	764	707	593	365	730
40	639	457	93	186	372	744	667	513	205	410
41	820	819	817	813	805	789	757	693	565	309
42	618	415	9	18	36	72	144	288	576	331
43	662	503	185	370	740	659	497	173	346	692
44	563	305	610	399	798	775	729	637	453	85
45	170	340	680	539	257	514	207	414	7	14
46	28	56	112	224	448	75	150	300	600	379
47	758	695	569	317	634	447	73	146	292	584
48	347	694	567	313	626	431	41	82	164	328
49	656	491	161	322	644	467	113	226	452	83
50	166	332	664	507	193	386	772	723	625	429
51	37	74	148	296	592	363	726	631	441	61
52	122	244	488	155	310	620	419	17	34	68
53	136	272	544	267	534	247	494	167	334	668
54	515	209	418	15	30	60	120	240	480	139
55	278	556	291	582	343	686	551	281	562	303
56	606	391	782	743	665	509	197	394	788	755
57	689	557	293	586	351	702	583	345	690	559
58	297	594	367	734	647	473	125	250	500	179
59	358	716	611	401	802	783	745	669	517	213
60	426	31	62	124	248	496	171	342	684	547
61	273	546	271	542	263	526	231	462	103	206
62	412	3	6	12	24	48	96	192	384	768
63	715	609	397	794	767	713	605	389	778	735
64	649	477	133	266	532	243	486	151	302	604
65	387	774	727	633	445	69	138	276	552	283
66	566	311	622	423	25	50	100	200	400	800
67	779	737	653	485	149	298	596	371	742	663
68	505	189	378	756	691	561	301	602	383	766
69	711	601	381	762	703	585	349	698	575	329
70	658	495	169	338	676	531	241	482	143	286
71	572	323	646	471	121	242	484	147	294	588
72	355	710	599	377	754	687	553	285	570	319
73	638	455	89	178	356	712	603	385	770	719
74	617	413	5	10	20	40	80	160	320	640
75	459	97	194	388	776	731	641	461	101	202
76	404	808	795	769	717	613	405	810	799	777
77	733	645	469	117	234	468	115	230	460	99
78	198	396	792	763	705	589	357	714	607	393
79	786	751	681	541	261	522	223	446	71	142
80	284	568	315	630	439	57	114	228	456	91
81	182	364	728	635	449	77	154	308	616	411
82	1									
	0	1	2	3	4	5	6	7	8	9

I

	0	1	2	3	4	5	6	7	8	9
35	303	574	362	365	85	720	734	786	590	207
36	347	368	340	515	811	398	321	582	38	88
37	433	677	404	54	65	387	244	723	682	469
38	108	692	394	688	628	737	505	650	753	637
39	75	561	99	789	567	190	781	632	253	443
40	668	593	116	132	760	766	11	47	331	210
41	409	819	620	741	457	421	356	350	542	526
42	183	258	33	663	222	371	600	157	379	509
43	151	485	227	343	240	95	327	218	278	804
44	282	518	59	272	313	654	797	475	464	814
45	267	23	498	448	172	731	808	401	105	750
46	778	757	617	180	376	324	310	495	775	772
47	164	713	286	585	70	28	167	641	144	197
48	548	41	707	293	716	673	646	128	522	91
49	19	491	289	79	536	701	605	436	301	83
50	588	338	319	431	63	680	392	503	73	565
51	251	114	9	407	455	540	31	598	149	238
52	276	57	795	265	170	103	615	308	162	68
53	142	705	644	17	534	299	317	390	249	453
54	147	793	613	140	532	247	611	609	200	121
55	202	556	658	726	123	233	551	571	204	579
56	384	685	558	440	44	418	660	482	801	472
57	728	177	710	194	125	698	428	111	235	305
58	296	137	553	576	479	695	573	364	719	785
59	206	367	514	397	581	87	676	53	386	722
60	468	691	687	736	649	636	560	788	189	631
61	442	592	131	765	46	209	818	740	420	349
62	525	257	662	370	156	508	484	342	94	217
63	803	517	271	653	474	813	22	447	730	400
64	749	756	179	323	494	771	712	584	27	640
65	196	40	292	672	127	90	490	78	700	435
66	82	337	430	679	502	564	113	406	539	597
67	237	56	264	102	307	67	704	16	298	389
68	452	792	139	246	608	120	555	725	232	570
69	578	684	439	417	481	471	176	193	697	110
70	304	136	575	694	363	784	366	396	86	52
71	721	690	735	635	787	630	591	764	208	739
72	348	256	369	507	341	216	516	652	812	446
73	399	755	322	770	583	639	39	671	89	77
74	434	336	678	563	405	596	55	101	66	15
75	388	791	245	119	724	569	683	416	470	192
76	109	135	693	783	395	51	689	634	629	763
77	738	255	506	215	651	445	754	769	638	670
78	76	335	562	595	100	14	790	118	568	415
79	191	134	782	50	633	762	254	214	444	768
80	669	334	594	13	117	414	133	49	761	213
81	767	333	12	413	48	212	332	412	211	411
82	410									
	0	1	2	3	4	5	6	7	8	9

p = 821

	I′											I″									
	0	1	2	3	4	5	6	7	8	9		0	1	2	3	4	5	6	7	8	9
35	542	459	223	219	181	541	350	623	34	344	35	356	623	664	328	618	456	421	743	259	228
36	732	84	365	784	719	85	396	514	340	507	36	173	302	574	694	573	362	784	206	347	256
37	156	600	544	283	773	309	324	225	150	509	37	662	222	460	805	776	616	180	220	599	157
38	424	798	42	557	685	467	722	244	791	452	38	528	655	549	203	579	675	53	65	15	298
39	249	72	503	627	688	51	86	581	321	755	39	317	62	680	107	692	783	366	514	811	446
40	749	105	242	64	54	596	539	455	619	819	40	730	808	36	432	677	563	113	9	330	210
41	*	410	211	48	133	191	470	481	660	524	41	411	211	332	12	117	568	683	439	44	817
42	349	356	743	184	510	476	294	234	111	501	42	740	457	3	527	380	798	708	124	698	81
43	679	63	403	677	336	82	301	174	480	417	43	337	319	37	88	77	700	605	230	577	684
44	44	130	592	668	768	754	399	730	172	229	44	558	188	631	253	214	651	812	22	498	261
45	606	138	792	147	30	540	355	421	3	543	45	702	297	389	249	8	407	619	741	622	351
46	372	805	496	266	814	186	647	686	691	108	46	223	279	311	796	475	511	674	385	722	682
47	192	176	728	21	813	464	511	717	572	695	47	416	481	801	270	653	797	425	294	552	576
48	175	471	801	93	342	227	260	499	80	699	48	438	417	660	155	508	151	745	24	290	126
49	78	289	25	711	771	775	806	171	448	261	49	90	19	747	178	323	310	462	266	23	487
50	537	112	564	73	752	650	215	341	484	151	50	80	429	679	392	627	737	255	369	156	379
51	185	465	674	580	397	811	652	271	59	602	51	424	476	717	205	367	340	216	803	282	545
52	287	18	91	154	661	257	183	423	380	655	52	714	645	128	816	419	349	542	4	158	314
53	198	610	247	316	299	604	701	262	236	597	53	145	612	140	643	17	288	79	500	112	406
54	31	182	526	4	601	519	714	706	41	382	54	455	355	350	459	372	283	165	143	197	656
55	203	571	478	576	231	725	658	43	440	188	55	122	233	295	137	607	120	202	383	685	648
56	788	99	595	405	113	251	780	190	415	683	56	636	75	335	678	502	73	98	789	118	724
57	578	204	718	364	362	694	479	438	684	384	57	232	551	478	695	303	136	553	231	570	204
58	675	87	38	639	27	70	61	318	338	346	58	513	397	321	770	712	286	603	300	83	733
59	207	764	131	116	13	100	55	237	149	378	59	786	630	442	668	334	562	405	539	31	221
60	157	5	60	586	300	436	230	554	120	200	60	371	544	519	287	535	701	450	138	246	611
61	199	609	531	140	161	308	375	180	354	456	61	531	247	146	793	169	103	777	757	329	408
62	741	2	458	351	664	96	751	504	737	763	62	819	1	742	357	34	241	106	393	688	634
63	591	442	253	762	629	787	560	75	670	39	63	787	189	781	50	689	735	649	753	769	583
64	196	144	315	533	17	521	128	187	559	636	64	27	167	160	141	705	715	673	466	686	736
65	753	445	812	474	797	381	549	122	726	800	65	505	215	516	271	313	529	198	201	556	43
66	482	155	370	222	352	328	758	115	593	334	66	418	524	257	33	624	96	779	252	443	768
67	76	89	127	646	466	385	53	404	563	502	67	638	39	292	716	512	580	87	433	336	430
68	392	107	469	416	439	558	648	736	628	634	68	63	243	723	569	578	384	467	691	394	51
69	735	687	394	783	363	573	303	110	428	81	69	721	468	108	135	575	479	175	193	125	489
70	435	605	450	297	16	644	715	293	426	124	70	78	536	262	306	67	142	547	41	799	727
71	194	26	584	286	520	645	673	512	205	785	71	177	493	771	164	546	706	293	477	572	364
72	734	690	468	682	569	232	123	709	177	748	72	85	52	386	244	119	555	658	800	472	21
73	400	808	345	589	786	635	649	505	255	348	73	447	172	360	84	720	690	687	628	763	208
74	420	457	622	357	259	486	24	492	178	756	74	818	620	2	422	184	152	268	20	729	400
75	778	97	74	637	769	322	179	617	329	10	75	105	626	504	650	445	399	749	778	666	115
76	766	213	254	738	208	46	11	333	669	638	76	132	49	633	629	591	131	760	213	444	754
77	583	712	164	284	163	772	374	616	757	666	77	322	494	775	374	309	495	806	104	750	97
78	252	632	50	395	366	206	590	630	189	567	78	566	190	134	693	363	719	734	635	560	99
79	118	245	139	613	169	265	463	475	425	708	79	14	388	452	147	275	57	312	654	381	42
80	727	472	270	517	282	373	776	104	401	36	80	659	482	93	217	278	461	496	171	731	345
81	320	398	446	22	267	153	523	419	740	620	81	339	515	652	474	464	186	129	45	209	409
82	1										82	*									
	0	1	2	3	4	5	6	7	8	9		0	1	2	3	4	5	6	7	8	9

p = 823, g = 3, p − 1 = 2 · 3 · 137

N

	0	1	2	3	4	5	6	7	8	9
0		3	9	27	81	243	729	541	800	754
1	616	202	606	172	516	725	529	764	646	292
2	53	159	477	608	178	534	779	691	427	458
3	551	7	21	63	189	567	55	165	495	662
4	340	197	591	127	381	320	137	411	410	407
5	398	371	290	47	141	423	446	515	722	520
6	737	565	49	147	441	500	677	385	332	173
7	519	734	556	22	66	198	594	136	408	401
8	380	317	128	384	329	164	492	653	313	116
9	348	221	663	343	206	618	208	624	226	678
10	388	341	200	600	154	462	563	43	129	387
11	338	191	573	73	219	657	325	152	456	545
12	812	790	724	526	755	619	211	633	253	759
13	631	247	741	577	85	255	765	649	301	80
14	240	720	514	719	511	710	484	629	241	723
15	523	746	592	130	390	347	218	654	316	125
16	375	302	83	249	747	595	139	417	428	461
17	560	34	102	306	95	285	32	96	288	41
18	123	369	284	29	87	261	783	703	463	566
19	52	156	468	581	97	291	50	150	450	527
20	758	628	238	714	496	665	349	224	672	370
21	287	38	114	342	203	609	181	543	806	772
22	670	364	269	807	775	679	391	350	227	681
23	397	368	281	20	60	180	540	797	745	589
24	121	363	266	798	748	598	148	444	509	704
25	466	575	79	237	711	487	638	268	804	766
26	652	310	107	321	140	420	437	488	641	277
27	8	24	72	216	648	298	71	213	639	271
28	813	793	733	553	13	39	117	351	230	690
29	424	449	524	749	601	157	471	590	124	372
30	293	56	168	504	689	421	440	497	668	358
31	251	753	613	193	579	91	273	819	811	787
32	715	499	674	376	305	92	276	5	15	45
33	135	405	392	353	236	708	478	611	187	561
34	37	111	333	176	528	761	637	265	795	739
35	571	67	201	603	163	489	644	286	35	105
36	315	122	366	275	2	6	18	54	162	486
37	635	259	777	685	409	404	389	344	209	627
38	235	705	469	584	106	318	131	393	356	245
39	735	559	31	93	279	14	42	126	378	311
40	110	330	167	501	680	394	359	254	762	640
41	274	822	820	814	796	742	580	94	282	23
42	69	207	621	217	651	307	98	294	59	177
43	531	770	664	346	215	645	289	44	132	396
44	365	272	816	802	760	634	256	768	658	328
45	161	483	626	232	696	442	503	686	412	413
46	416	425	452	533	776	682	400	377	308	101
47	303	86	258	774	676	382	323	146	438	491
48	650	304	89	267	801	757	625	229	687	415
49	422	443	506	695	439	494	659	331	170	510
	0	1	2	3	4	5	6	7	8	9

I

	0	1	2	3	4	5	6	7	8	9
0		822	364	1	728	327	365	31	270	2
1	691	531	729	284	395	328	634	629	366	669
2	233	32	73	419	271	654	648	3	759	183
3	692	392	176	532	171	358	730	340	211	285
4	597	179	396	107	437	329	783	53	635	62
5	196	630	190	20	367	36	301	670	547	428
6	234	819	756	33	540	611	74	351	535	420
7	722	276	272	113	704	655	575	562	649	252
8	139	4	543	162	760	134	471	184	801	482
9	693	315	325	393	417	174	177	194	426	533
10	560	469	172	552	554	359	384	262	731	614
11	400	341	665	556	212	746	89	286	792	660
12	598	240	361	180	298	159	397	43	82	108
13	153	386	438	700	715	330	77	46	784	166
14	264	54	640	815	636	510	477	63	246	733
15	197	619	117	631	104	719	191	295	616	21
16	503	450	368	354	85	37	526	402	302	568
17	498	671	13	69	548	685	343	429	24	767
18	235	216	679	820	689	667	757	338	781	34
19	538	111	541	313	558	612	790	41	75	508
20	102	352	11	214	536	506	94	421	96	378
21	723	126	748	277	626	434	273	423	156	114
22	764	91	705	514	207	656	98	228	576	487
23	288	563	453	708	650	380	334	253	202	794
24	140	148	604	5	725	389	544	131	662	163
25	523	310	761	128	407	135	446	600	472	371
26	517	185	750	581	802	347	242	483	257	222
27	694	279	441	316	410	363	326	269	530	394
28	628	232	418	647	182	175	357	210	178	436
29	52	195	19	300	427	755	610	534	275	703
30	561	138	161	470	481	324	173	425	468	553
31	261	399	555	88	659	360	158	81	385	714
32	45	263	814	476	732	116	718	615	449	84
33	401	497	68	342	766	678	666	780	110	557
34	40	101	213	93	377	747	433	155	90	206
35	227	287	707	333	793	603	388	661	309	406
36	599	516	580	241	221	440	362	529	231	181
37	209	51	299	609	702	160	323	467	398	658
38	80	44	475	717	83	67	677	109	100	376
39	154	226	332	387	405	579	439	230	50	701
40	466	79	716	676	375	331	578	49	78	374
41	48	47	458	459	785	489	460	167	742	786
42	265	305	490	55	290	461	641	28	168	816
43	798	743	637	565	787	511	520	266	478	494
44	306	64	455	491	247	809	56	734	571	291
45	198	710	462	620	592	642	118	773	29	632
46	652	169	105	188	817	720	250	799	192	382
47	744	296	698	638	617	501	566	22	336	788
48	504	624	512	451	146	521	369	255	267	355
49	753	479	86	812	495	38	204	307	527	321
	0	1	2	3	4	5	6	7	8	9

p = 823

I′	0	1	2	3	4	5	6	7	8	9
0	822	728	691	759	543	725	804	643	484	124
1	505	214	684	69	584	605	711	136	754	300
2	367	503	336	215	767	589	518	797	168	632
3	690	270	73	540	538	546	301	526	204	92
4	101	75	152	82	475	263	784	458	47	78
5	701	299	195	635	640	290	734	14	149	572
6	545	189	196	246	455	403	99	677	342	548
7	59	390	653	419	351	508	165	46	374	716
8	44	385	108	67	401	37	812	157	659	286
9	206	705	432	377	421	125	378	486	228	225
10	376	213	352	294	719	188	782	437	153	100
11	557	541	574	704	764	448	718	631	773	680
12	280	587	15	199	762	625	748	445	407	444
13	522	662	415	800	471	446	259	480	161	4
14	148	583	57	141	810	254	521	724	604	122
15	292	164	699	386	226	90	114	713	81	397
16	323	470	760	523	244	639	264	742	816	105
17	339	358	552	425	177	357	532	194	436	396
18	298	209	175	692	801	750	696	249	817	35
19	20	295	382	559	426	19	630	619	710	344
20	129	147	794	320	307	706	227	656	608	51
21	178	285	746	93	536	688	679	805	223	607
22	528	440	694	739	464	404	332	287	576	465
23	50	181	418	32	819	216	7	243	151	297
24	361	221	483	682	293	618	733	809	499	381
25	799	542	139	202	752	267	278	222	777	712
26	87	399	731	814	54	305	478	355	627	530
27	2	654	113	423	137	703	272	626	409	441
28	413	594	71	633	395	597	792	707	563	27
29	461	198	686	524	502	616	698	42	159	609
30	427	670	568	796	289	490	64	527	515	406
31	761	9	789	558	416	325	410	412	120	769
32	673	65	657	467	173	393	269	365	634	783
33	77	578	387	793	253	623	788	537	781	596
34	211	665	766	429	16	408	256	242	414	573
35	721	535	11	525	85	753	435	210	730	384
36	158	180	529	326	1	31	669	36	354	255
37	749	517	740	457	48	331	154	747	723	201
38	334	697	744	613	262	714	438	405	661	544
39	595	170	176	417	628	328	107	43	658	555
40	341	497	302	674	229	579	599	135	645	268
41	363	*	775	681	237	550	193	174	647	271
42	722	96	763	156	260	468	533	755	234	24
43	606	601	205	155	273	18	52	329	700	230
44	362	316	776	644	345	370	600	778	496	84
45	368	146	379	708	808	491	303	488	459	785
46	167	641	620	25	372	675	79	398	553	172
47	481	184	371	224	66	717	732	63	494	86
48	424	324	693	257	443	200	452	288	741	460
49	55	247	569	454	306	38	765	68	671	144
	0	1	2	3	4	5	6	7	8	9

I″	0	1	2	3	4	5	6	7	8	9
0	411	364	270	648	139	604	585	236	682	311
1	507	352	567	671	57	122	344	645	435	195
2	190	616	566	684	429	463	740	289	641	773
3	727	365	233	756	781	189	367	85	495	779
4	557	790	297	397	80	714	77	48	374	578
5	230	209	436	783	264	490	809	142	583	70
6	595	782	635	477	306	321	474	83	497	13
7	735	282	668	32	611	41	699	330	49	466
8	658	158	43	717	449	354	479	260	555	746
9	155	764	39	213	506	505	421	513	656	66
10	109	40	508	618	631	169	596	396	82	677
11	780	538	721	272	156	813	732	619	642	805
12	318	582	149	686	9	95	723	522	761	200
13	724	544	573	542	760	407	17	274	561	252
14	794	143	672	770	499	623	451	201	140	58
15	549	238	42	108	376	433	423	87	360	298
16	702	138	543	662	151	76	784	460	28	652
17	391	532	469	324	417	182	392	174	210	597
18	361	231	647	759	471	517	590	651	105	61
19	630	719	799	416	177	52	62	733	291	123
20	485	379	253	811	38	432	90	514	528	181
21	357	340	556	101	11	23	235	643	777	601
22	515	241	257	218	473	99	154	206	98	404
23	439	529	628	669	428	767	593	414	663	791
24	598	580	347	237	164	509	63	491	771	187
25	720	574	649	334	145	369	346	483	644	136
26	424	553	384	45	166	786	520	255	409	326
27	31	419	276	434	754	534	722	748	256	694
28	120	803	726	690	729	211	89	227	487	304
29	55	571	150	244	103	191	744	239	180	51
30	19	36	402	456	741	265	494	204	602	661
31	523	687	537	541	800	693	441	738	695	751
32	203	527	608	160	481	315	363	728	395	437
33	715	375	226	707	380	500	22	688	757	170
34	730	400	68	685	199	444	749	802	594	545
35	539	74	102	502	368	267	646	175	171	554
36	659	240	440	410	822	327	629	20	450	521
37	445	472	464	577	78	676	100	93	96	452
38	650	249	192	551	359	81	153	332	603	725
39	71	758	692	325	530	284	179	159	467	261
40	614	84	526	65	225	387	309	128	345	278
41	316	775	317	280	348	132	314	393	232	73
42	535	94	625	273	480	173	194	300	547	343
43	711	778	92	747	626	356	178	107	386	579
44	221	279	681	484	129	127	135	712	115	615
45	503	512	486	563	493	64	674	373	47	458
46	489	290	710	606	224	229	701	323	425	560
47	161	134	600	607	657	44	814	510	266	753
48	137	470	801	242	8	762	97	576	457	785
49	305	455	796	519	478	812	448	401	568	248
	0	1	2	3	4	5	6	7	8	9

p = **823** (Fortsetzung)

	N											I									
	0	1	2	3	4	5	6	7	8	9		0	1	2	3	4	5	6	7	8	9
50	707	475	602	160	480	617	205	615	199	597	50	65	403	674	456	303	796	492	569	771	248
51	145	435	482	623	223	669	361	260	780	694	51	499	144	810	672	142	57	14	584	735	70
52	436	485	632	250	750	604	166	498	671	367	52	59	572	549	150	292	686	123	199	344	16
53	278	11	33	99	297	68	204	612	190	570	53	711	430	606	463	25	589	621	768	586	593
54	64	192	576	82	246	738	568	58	174	522	54	236	7	643	217	805	119	680	737	774	821
55	743	583	103	309	104	312	113	339	194	582	55	727	30	690	283	633	668	72	653	758	391
56	100	300	77	231	693	433	476	605	169	507	56	170	339	596	106	782	61	189	35	546	818
57	698	448	521	740	574	76	228	684	406	395	57	539	350	721	112	574	251	542	133	800	314
58	362	263	789	721	517	728	538	791	727	535	58	416	193	559	551	383	613	664	745	791	239
59	782	700	454	539	794	736	562	40	120	360	59	297	42	152	699	76	165	639	509	245	618
60	257	771	667	355	242	726	532	773	673	373	60	103	294	502	353	525	567	12	684	23	215
61	296	65	195	585	109	327	158	474	599	151	61	688	337	537	312	789	507	10	505	95	125
62	453	536	785	709	481	620	214	642	280	17	62	625	422	763	513	97	486	452	379	201	147
63	51	153	459	554	16	48	144	432	473	596	63	724	130	522	127	445	370	749	346	256	278
64	142	426	455	542	803	763	643	283	26	78	64	409	268	627	646	356	435	18	754	274	137
65	234	702	460	557	25	75	225	675	379	314	65	480	424	260	87	157	713	813	115	448	496
66	119	357	248	744	586	112	336	185	555	19	66	765	779	39	92	432	205	706	602	308	515
67	57	171	513	716	502	683	403	386	335	182	67	220	528	208	608	322	657	474	66	99	225
68	546	815	799	751	607	175	525	752	610	184	68	404	229	465	675	577	373	457	488	741	304
69	552	10	30	90	270	810	784	706	472	593	69	289	27	797	564	519	493	454	808	570	709
70	133	399	374	299	74	222	666	352	233	699	70	591	772	651	187	249	381	697	500	335	623
71	451	530	767	655	319	134	402	383	326	155	71	145	254	752	811	203	320	673	795	770	143
72	465	572	70	210	630	244	732	550	4	12	72	141	583	58	149	122	15	605	588	585	6
73	36	108	324	149	447	518	731	547	818	808	73	804	736	726	282	71	390	595	60	545	349
74	778	688	418	431	470	587	115	345	212	636	74	573	132	415	550	663	238	151	164	244	293
75	262	786	712	490	647	295	62	186	558	28	75	524	683	687	311	9	124	762	485	200	129
76	84	252	756	622	220	660	334	179	537	788	76	444	345	408	645	17	136	259	712	447	778
77	718	508	701	457	548	821	817	805	769	661	77	431	601	219	607	473	224	464	372	740	26
78	337	188	564	46	138	414	419	434	479	614	78	518	807	590	186	696	622	751	319	769	582
79	196	588	118	354	239	717	505	692	430	467	79	121	587	803	281	594	348	414	237	243	682
80	578	88	264	792	730	544	809	781	697	445	80	8	484	443	644	258	777	218	223	739	806
81	512	713	493	656	322	143	429	464	569	61	81	695	318	120	280	413	681	442	776	738	317
82	183	549	1								82	412	775	411							
	0	1	2	3	4	5	6	7	8	9		0	1	2	3	4	5	6	7	8	9

p = **827**, g = 2, p − 1 = 2 · 7 · 59

	N											I									
	0	1	2	3	4	5	6	7	8	9		0	1	2	3	4	5	6	7	8	9
0		2	4	8	16	32	64	128	256	512	0		826	1	256	2	175	257	561	3	512
1	197	394	788	749	671	515	203	406	812	797	1	176	634	258	169	562	431	4	787	513	702
2	767	707	587	347	694	561	295	590	353	706	2	177	817	635	312	259	350	170	768	563	281
3	585	343	686	545	263	526	225	450	73	146	3	432	234	5	64	788	736	514	773	703	425
4	292	584	341	682	537	247	494	161	322	644	4	178	797	818	713	636	687	313	189	260	296
5	461	95	190	380	760	693	559	291	582	337	5	351	217	171	813	769	809	564	132	282	677
6	674	521	215	430	33	66	132	264	528	229	6	433	206	235	247	6	344	65	467	789	568
7	458	89	178	356	712	597	367	734	641	455	7	737	92	515	38	774	606	704	369	426	184
8	83	166	332	664	501	175	350	700	573	319	8	179	198	798	80	819	136	714	537	637	71
9	638	449	71	142	284	568	309	618	409	818	9	688	730	314	490	190	51	261	627	297	320

p = 823

	I′											I″									
	0	1	2	3	4	5	6	7	8	9		0	1	2	3	4	5	6	7	8	9
50	335	566	353	450	624	95	94	10	102	245	50	697	617	294	21	788	10	536	789	75	639
51	477	520	451	97	207	220	580	185	807	493	51	636	787	624	763	705	308	599	371	26	564
52	266	369	127	310	683	567	402	321	208	231	52	511	146	130	163	293	353	37	307	220	362
53	394	729	171	560	275	420	506	312	111	350	53	269	691	176	426	610	351	214	337	34	818
54	611	313	133	162	131	349	818	428	685	150	54	33	111	251	4	389	60	35	670	69	572
55	663	383	554	261	359	88	212	40	612	551	55	415	559	172	468	552	399	665	110	313	193
56	469	138	649	453	519	787	22	12	498	771	56	533	703	575	288	797	637	501	525	302	492
57	709	291	549	132	251	562	487	373	49	439	57	808	734	59	349	112	655	228	675	331	405
58	241	802	121	58	735	6	593	803	585	621	58	516	750	769	141	14	588	768	121	605	25
59	186	772	642	236	348	60	106	179	240	516	59	807	709	620	586	281	390	339	285	660	406
60	472	219	308	388	5	588	463	473	322	702	60	446	431	706	793	148	15	430	219	208	299
61	534	74	790	664	400	449	21	501	103	117	61	755	540	558	383	731	718	295	638	245	197
62	592	768	751	145	512	422	434	646	232	366	62	462	589	696	335	504	125	277	268	394	634
63	190	104	652	668	629	62	510	565	617	509	63	196	117	29	283	328	53	815	743	698	165
64	815	28	118	217	258	17	356	182	3	252	64	54	461	592	7	443	408	627	418	654	562
65	380	187	169	758	648	575	98	474	80	360	65	708	772	632	72	271	704	207	322	398	88
66	598	309	163	238	745	556	780	757	72	233	66	792	388	131	550	613	341	678	689	633	366
67	547	13	142	795	456	577	375	109	666	820	67	301	498	810	320	403	465	716	67	766	216
68	737	442	8	687	23	343	123	311	337	667	68	119	413	243	524	12	548	292	683	215	820
69	283	531	392	315	279	318	622	500	638	76	69	30	2	183	482	222	806	186	381	296	152
70	715	466	160	561	655	514	602	333	650	591	70	438	50	609	275	113	91	205	287	453	570
71	462	430	447	813	45	330	676	83	615	191	71	198	16	259	157	385	700	79	475	116	104
72	250	112	276	126	130	389	282	30	327	284	72	817	350	420	378	147	5	736	821	1	531
73	340	614	116	197	571	70	726	774	317	806	73	358	262	476	246	56	584	804	680	776	223
74	26	304	786	637	296	791	89	433	277	346	74	372	488	167	798	382	664	212	377	126	370
75	581	319	811	479	274	610	33	338	391	183	75	185	622	254	355	18	427	819	667	653	3
76	134	128	485	513	91	779	678	235	586	582	76	162	310	124	422	114	496	342	24	621	319
77	143	248	651	29	821	411	738	218	431	39	77	795	569	591	118	737	412	442	258	447	765
78	110	34	61	53	166	489	265	511	504	507	78	666	338	106	329	46	459	742	565	336	312
79	41	239	660	603	140	770	492	564	743	192	79	612	745	286	333	202	673	303	27	816	250
80	314	482	347	281	736	119	695	590	570	56	80	133	184	581	587	6	217	739	518	454	247
81	672	203	495	115	476	636	798	720	539	756	81	144	752	86	713	263	640	168	188	546	234
82	689	727	364								82	679	774	*							
	0	1	2	3	4	5	6	7	8	9		0	1	2	3	4	5	6	7	8	9

p = 827

	I′											I″									
	0	1	2	3	4	5	6	7	8	9		0	1	2	3	4	5	6	7	8	9
0	826	256	175	512	787	64	344	143	721	644	0	413	826	256	561	431	234	247	500	392	599
1	321	359	290	782	822	145	219	581	149	694	1	298	383	591	597	643	722	287	373	417	647
2	264	109	554	539	479	575	776	266	108	21	2	619	29	742	529	55	740	553	110	639	620
3	742	716	325	161	67	195	367	605	774	552	3	41	389	506	792	128	341	566	91	515	456
4	741	30	389	103	335	237	495	199	663	318	4	57	621	138	452	470	228	242	180	534	728
5	626	261	658	756	478	24	740	40	621	339	5	489	190	503	154	376	530	747	457	641	821
6	292	794	771	735	788	467	437	162	624	488	6	783	347	279	233	5	344	127	34	195	134
7	729	688	614	778	546	482	316	727	535	135	7	536	637	107	267	696	212	463	603	182	197
8	819	654	459	612	106	638	111	661	533	181	8	798	239	651	386	527	538	555	420	805	244
9	604	37	515	803	307	557	410	586	147	416	9	465	567	737	445	379	759	371	580	220	589

p = 827 (Fortsetzung)

	N											I									
	0	1	2	3	4	5	6	7	8	9		0	1	2	3	4	5	6	7	8	9
10	809	791	755	683	539	251	502	177	354	708	10	352	286	218	666	172	166	814	278	770	684
11	589	351	702	577	327	654	481	135	270	540	11	810	203	565	366	133	487	283	681	678	522
12	253	506	185	370	740	653	479	131	262	524	12	434	442	207	227	236	525	248	500	7	143
13	221	442	57	114	228	456	85	170	340	680	13	345	127	66	437	468	117	790	331	569	304
14	533	239	478	129	258	516	205	410	820	813	14	738	445	93	803	516	456	39	552	775	210
15	799	771	715	603	379	758	689	551	275	550	15	607	753	705	473	370	409	427	230	185	243
16	273	546	265	530	233	466	105	210	420	13	16	180	47	199	496	799	239	81	654	820	338
17	26	52	104	208	416	5	10	20	40	80	17	137	388	715	528	538	85	638	107	72	614
18	160	320	640	453	79	158	316	632	437	47	18	689	251	731	462	315	122	491	595	191	503
19	94	188	376	752	677	527	227	454	81	162	19	52	658	262	394	628	600	298	10	321	645
20	324	648	469	111	222	444	61	122	244	488	20	353	723	287	16	219	146	667	824	173	510
21	149	298	596	365	730	633	439	51	102	204	21	167	785	815	348	279	62	771	795	685	294
22	408	816	805	783	739	651	475	123	246	492	22	811	130	204	342	566	36	367	196	134	69
23	157	314	628	429	31	62	124	248	496	165	23	488	625	284	164	682	364	679	440	523	141
24	330	660	493	159	318	636	445	63	126	252	24	435	329	443	454	208	471	228	45	237	336
25	504	181	362	724	621	415	3	6	12	24	25	526	105	249	120	501	392	8	721	144	508
26	48	96	192	384	768	709	591	355	710	593	26	346	793	128	34	67	162	438	327	469	334
27	359	718	609	391	782	737	647	467	107	214	27	118	719	791	160	332	158	570	572	305	746
28	428	29	58	116	232	464	101	202	404	808	28	739	574	446	379	94	307	804	532	517	748
29	789	751	675	523	219	438	49	98	196	392	29	457	57	40	741	553	26	776	576	211	481
30	784	741	655	483	139	278	556	285	570	313	30	608	448	754	542	706	381	474	760	371	96
31	626	425	23	46	92	184	368	736	645	463	31	410	558	428	309	231	422	186	806	244	89
32	99	198	396	792	757	687	547	267	534	241	32	181	534	48	663	200	519	497	114	800	750
33	482	137	274	548	269	538	249	498	169	338	33	240	651	82	459	655	642	821	59	339	622
34	676	525	223	446	65	130	260	520	213	426	34	138	42	389	31	716	743	529	23	539	555
35	25	50	100	200	400	800	773	719	611	395	35	86	111	639	28	108	267	73	778	615	270
36	790	753	679	531	235	470	113	226	452	77	36	690	578	252	698	732	213	463	76	316	483
37	154	308	616	405	810	793	759	691	555	283	37	123	548	492	610	596	781	192	450	504	154
38	566	305	610	393	786	745	663	499	171	342	38	53	756	659	618	263	544	395	399	629	708
39	684	541	255	510	193	386	772	717	607	387	39	601	273	299	383	11	359	322	476	646	693
40	774	721	615	403	806	785	743	659	491	155	40	354	762	724	403	288	373	17	581	220	98
41	310	620	413	826	825	823	819	811	795	763	41	147	587	668	412	825	255	174	560	511	633
42	699	571	315	630	433	39	78	156	312	624	42	168	430	786	701	816	311	349	767	280	233
43	421	15	30	60	120	240	480	133	266	532	43	63	735	772	424	796	712	686	188	295	216
44	237	474	121	242	484	141	282	564	301	602	44	812	808	131	676	205	246	343	466	567	91
45	377	754	681	535	243	486	145	290	580	333	45	37	605	368	183	197	79	135	536	70	729
46	666	505	183	366	732	637	447	67	134	268	46	489	50	626	319	285	665	165	277	683	202
47	536	245	490	153	306	612	397	794	761	695	47	365	486	680	521	441	226	524	499	142	126
48	563	299	598	369	738	649	471	115	230	460	48	436	116	330	303	444	802	455	551	209	752
49	93	186	372	744	661	495	163	326	652	477	49	472	408	229	242	46	495	238	653	337	387
50	127	254	508	189	378	756	685	543	259	518	50	527	84	106	613	250	461	121	594	502	657
51	209	418	9	18	36	72	144	288	576	325	51	393	599	9	644	722	15	145	823	509	784
52	650	473	119	238	476	125	250	500	173	346	52	347	61	794	293	129	341	35	195	68	624
53	692	557	287	574	321	642	457	87	174	348	53	163	363	439	140	328	453	470	44	335	104
54	696	565	303	606	385	770	713	599	371	742	54	119	391	720	507	792	33	161	326	333	718
55	657	487	147	294	588	349	698	569	311	622	55	159	157	571	745	573	378	306	531	747	56
56	417	7	14	28	56	112	224	448	69	138	56	740	25	575	480	447	541	380	759	95	557
57	276	552	277	554	281	562	297	594	361	722	57	308	421	805	88	533	662	518	113	749	650
58	617	407	814	801	775	723	619	411	822	817	58	458	641	58	621	41	30	742	22	554	110
59	807	787	747	667	507	187	374	748	669	511	59	27	266	777	269	577	697	212	75	482	547
	0	1	2	3	4	5	6	7	8	9		0	1	2	3	4	5	6	7	8	9

p = 827

I′

	0	1	2	3	4	5	6	7	8	9
10	374	323	505	390	119	249	613	72	267	265
11	27	639	649	749	800	302	330	790	719	391
12	501	594	491	548	301	115	436	66	34	341
13	204	676	282	487	69	536	714	388	42	452
14	328	435	126	345	508	823	667	587	670	582
15	355	396	616	755	53	376	744	571	570	157
16	332	326	438	363	682	277	814	785	430	562
17	768	813	166	510	560	257	634	817	797	198
18	47	534	78	197	179	243	806	215	295	260
19	51	503	450	361	623	68	134	79	798	496
20	519	485	365	565	342	246	235	227	471	752
21	607	481	75	463	674	807	812	171	666	146
22	98	589	404	300	124	498	524	236	45	242
23	185	422	734	63	5	247	525	336	653	81
24	651	494	46	180	89	465	343	6	500	120
25	461	731	698	631	559	174	2	561	169	350
26	296	627	394	544	695	268	777	73	696	577
27	690	357	382	299	223	484	201	683	770	62
28	233	432	677	681	164	665	218	16	373	100
29	360	193	340	129	811	216	351	320	10	383
30	405	549	801	444	738	746	531	804	421	231
31	766	349	259	189	490	122	483	275	664	285
32	352	645	476	375	155	717	333	469	453	443
33	303	569	158	718	118	104	526	387	137	622
34	194	35	566	466	65	127	793	61	279	767
35	170	217	286	723	762	583	400	691	475	322
36	101	451	139	439	679	486	133	196	183	426
37	409	96	580	17	417	477	54	530	306	94
38	759	474	358	11	591	611	83	527	715	31
39	506	720	8	599	628	399	356	271	707	629
40	584	579	372	288	590	384	493	241	229	427
41	558	254	825	*	413	669	148	18	647	660
42	87	805	186	711	796	178	184	230	309	700
43	786	4	234	206	442	329	116	468	327	140
44	523	226	207	454	802	93	379	541	754	153
45	504	102	43	470	208	551	39	57	641	655
46	593	121	315	76	603	90	567	789	117	334
47	44	228	408	370	760	692	646	418	757	540
48	447	608	547	123	224	520	680	283	625	50
49	190	595	610	385	652	238	799	114	125	142
50	7	392	657	52	154	324	32	792	346	784
51	167	633	176	702	773	38	456	748	113	497
52	225	441	434	141	499	248	105	84	538	23
53	55	747	517	662	48	728	70	637	85	555
54	758	380	706	398	395	151	779	609	492	406
55	751	209	775	26	110	86	420	308	428	632
56	511	3	431	281	132	366	36	91	737	304
57	572	745	305	378	446	480	211	697	252	585
58	97	220	671	763	630	253	411	668	415	99
59	289	12	597	656	502	191	781	13	643	9
	0	1	2	3	4	5	6	7	8	9

I″

	0	1	2	3	4	5	6	7	8	9
10	289	360	451	43	335	526	84	638	28	21
11	554	86	661	518	497	125	436	468	334	104
12	249	461	315	483	224	498	142	345	793	293
13	811	808	564	366	196	79	819	338	622	362
14	439	523	499	7	721	15	219	98	416	18
15	694	545	779	449	504	324	717	159	332	718
16	791	33	67	624	284	665	172	510	633	258
17	350	217	666	824	255	2	512	702	425	184
18	243	89	604	368	426	230	422	711	686	313
19	490	595	781	291	340	35	367	183	179	47
20	663	276	683	810	130	676	433	442	454	551
21	775	576	697	732	710	187	295	351	286	16
22	581	671	725	274	484	520	441	207	471	408
23	427	309	766	280	432	206	227	45	495	799
24	750	407	229	185	806	675	205	235	525	105
25	613	689	578	585	411	825	1	175	634	312
26	189	51	658	618	20	109	27	108	265	777
27	615	397	707	601	726	317	664	165	814	348
28	767	563	132	487	625	319	352	723	403	590
29	12	782	60	794	685	188	260	627	600	273
30	223	124	115	330	569	572	378	94	557	428
31	700	816	635	687	730	462	76	727	49	626
32	297	10	359	101	505	32	161	438	140	435
33	116	790	160	326	469	44	237	653	820	59
34	292	129	204	246	6	143	508	784	815	311
35	259	296	320	645	693	150	396	271	382	11
36	290	193	623	163	682	202	565	36	605	704
37	473	760	402	288	100	323	155	744	573	446
38	541	706	272	299	405	493	652	337	137	42
39	103	119	501	657	262	544	151	616	543	395
40	356	691	761	724	222	300	549	751	472	370
41	96	586	668	414	669	588	99	374	477	757
42	556	308	231	734	772	703	369	409	558	632
43	168	562	281	677	522	141	126	66	162	363
44	679	521	434	329	303	738	574	480	608	780
45	192	361	139	328	443	802	516	748	650	82
46	612	250	731	213	674	245	343	65	437	327
47	453	208	752	705	381	358	322	375	54	24
48	575	211	75	316	275	201	365	133	69	729
49	314	122	548	406	241	46	199	519	225	524
50	248	120	594	191	450	102	390	720	144	823
51	173	560	3	787	736	92	803	532	662	200
52	485	680	678	440	226	236	336	387	715	743
53	377	306	804	88	181	78	135	714	528	23
54	479	447	754	617	263	695	74	482	123	301
55	801	455	39	741	22	539	758	95	410	254
56	174	257	169	768	809	203	342	466	789	331
57	158	157	570	745	739	25	776	269	690	401
58	372	17	149	355	400	579	97	147	670	221
59	404	384	611	460	121	491	610	592	656	393
	0	1	2	3	4	5	6	7	8	9

p = **827** (Fortsetzung)

	N											I									
	0	1	2	3	4	5	6	7	8	9		0	1	2	3	4	5	6	7	8	9
60	195	390	780	733	639	451	75	150	300	600	60	609	780	449	153	755	617	543	398	707	272
61	373	746	665	503	179	358	716	605	383	766	61	382	358	475	692	761	402	372	580	97	586
62	705	583	339	678	529	231	462	97	194	388	62	411	254	559	632	429	700	310	766	232	734
63	776	725	623	419	11	22	44	88	176	352	63	423	711	187	215	807	675	245	465	90	604
64	704	581	335	670	513	199	398	796	765	703	64	182	78	535	728	49	318	664	276	201	485
65	579	331	662	497	167	334	668	509	191	382	65	520	225	498	125	115	302	801	550	751	407
66	764	701	575	323	646	465	103	206	412	824	66	241	494	652	386	83	612	460	593	656	598
67	821	815	803	779	731	635	443	59	118	236	67	643	14	822	783	60	292	340	194	623	362
68	472	117	234	468	109	218	436	45	90	180	68	139	452	43	103	390	506	32	325	717	156
69	360	720	613	399	798	769	711	595	363	726	69	744	377	530	55	24	479	540	758	556	420
70	625	423	19	38	76	152	304	608	389	778	70	87	661	112	649	640	620	29	21	109	265
71	729	631	435	43	86	172	344	688	549	271	71	268	696	74	546	779	152	616	397	271	357
72	542	257	514	201	402	804	781	735	643	459	72	691	401	579	585	253	631	699	765	733	710
73	91	182	364	728	629	431	35	70	140	280	73	214	674	464	603	77	727	317	275	484	224
74	560	293	586	345	690	553	279	558	289	578	74	124	301	549	406	493	385	611	592	597	13
75	329	658	489	151	302	604	381	762	697	567	75	782	291	193	361	451	102	505	324	155	376
76	307	614	401	802	777	727	627	427	27	54	76	54	478	757	419	660	648	619	20	264	695
77	108	216	432	37	74	148	296	592	357	714	77	545	151	396	356	400	584	630	764	709	673
78	601	375	750	673	519	211	422	17	34	68	78	602	726	274	223	300	405	384	591	12	290
79	136	272	544	261	522	217	434	41	82	164	79	360	101	323	375	477	418	647	19	694	150
80	328	656	485	143	286	572	317	634	441	55	80	355	583	763	672	725	222	404	590	289	100
81	110	220	440	53	106	212	424	21	42	84	81	374	417	18	149	582	671	221	589	99	416
82	168	336	672	517	207	414	1				82	148	670	588	415	669	414	413			

p = **829**, g = 2, p − 1 = $2^2 \cdot 3^2 \cdot 23$

	N											I									
	0	1	2	3	4	5	6	7	8	9		0	1	2	3	4	5	6	7	8	9
0		2	4	8	16	32	64	128	256	512	0		828	1	376	2	92	377	213	3	752
1	195	390	780	731	633	437	45	90	180	360	1	93	684	378	370	214	468	4	404	753	355
2	720	611	393	786	743	657	485	141	282	564	2	94	589	685	488	379	184	371	300	215	603
3	299	598	367	734	639	449	69	138	276	552	3	469	531	5	232	405	305	754	197	356	746
4	275	550	271	542	255	510	191	382	764	699	4	95	244	590	437	686	16	489	479	380	426
5	569	309	618	407	814	799	769	709	589	349	5	185	780	372	351	301	776	216	731	604	576
6	698	567	305	610	391	782	735	641	453	77	6	470	798	532	137	6	462	233	220	406	36
7	154	308	616	403	806	783	737	645	461	93	7	306	110	755	101	198	560	357	69	747	239
8	186	372	744	659	489	149	298	596	363	726	8	96	676	245	735	591	496	438	151	687	705
9	623	417	5	10	20	40	80	160	320	640	9	17	583	490	79	480	447	381	762	427	608
10	451	73	146	292	584	339	678	527	225	450	10	186	172	781	503	373	681	352	297	302	434
11	71	142	284	568	307	614	399	798	767	705	11	777	573	217	557	732	580	605	294	577	617
12	581	333	666	503	177	354	708	587	345	690	12	471	540	799	620	533	276	138	257	7	813
13	551	273	546	263	526	223	446	63	126	252	13	463	474	234	568	221	392	407	250	37	543
14	504	179	358	716	603	377	754	679	529	229	14	307	27	111	226	756	695	102	802	199	85
15	458	87	174	348	696	563	297	594	359	718	15	561	520	358	328	70	623	748	180	240	727
16	607	385	770	711	593	357	714	599	369	738	16	97	701	677	536	246	324	736	285	592	740
17	647	465	101	202	404	808	787	745	661	493	17	497	279	439	662	152	397	688	124	706	141
18	157	314	628	427	25	50	100	200	400	800	18	18	265	584	346	491	289	80	260	481	513
19	771	713	597	365	730	631	433	37	74	148	19	448	46	382	315	763	10	428	656	609	644
	0	1	2	3	4	5	6	7	8	9		0	1	2	3	4	5	6	7	8	9

p = 827

I′

	0	1	2	3	4	5	6	7	8	9
60	298	273	726	77	182	368	704	753	448	780
61	596	592	460	250	689	270	397	543	263	20
62	29	41	138	362	163	284	319	297	600	708
63	764	699	429	168	258	312	687	71	107	28
64	620	58	821	14	722	353	693	19	619	640
65	458	82	386	337	820	642	598	393	262	618
66	648	112	518	200	276	165	172	824	412	414
67	588	221	725	602	464	245	205	433	522	440
68	521	678	364	202	810	294	188	313	730	251
69	578	401	761	354	150	545	74	212	732	765
70	310	816	177	425	369	473	381	272	601	673
71	214	187	686	636	537	528	743	156	159	791
72	507	144	15	287	403	222	274	317	49	489
73	314	462	213	710	423	772	514	92	445	574
74	25	553	22	529	377	573	739	56	457	650
75	240	407	472	705	542	617	659	419	556	95
76	371	402	724	672	709	733	232	280	563	809
77	684	795	424	703	606	210	576	269	615	152
78	449	192	291	60	347	815	701	513	736	568
79	331	160	33	128	293	685	712	818	80	239
80	750	550	455	516	532	88	244	675	131	564
81	203	130	808	769	278	348	311	635	713	136
82	338	59	783	509	173	255	1			

I″

	0	1	2	3	4	5	6	7	8	9
60	628	708	673	464	90	37	774	210	481	547
61	492	385	83	106	72	778	152	755	659	648
62	640	58	339	194	68	488	50	261	394	399
63	584	253	559	511	176	817	713	537	85	111
64	649	458	655	598	9	321	476	418	660	112
65	749	240	494	238	81	459	593	502	52	756
66	419	87	533	48	318	285	218	146	587	415
67	148	582	763	709	214	807	131	282	681	364
68	486	283	164	277	770	795	712	636	71	614
69	270	357	475	646	19	264	268	577	252	631
70	429	786	513	773	606	753	542	398	629	764
71	733	423	796	818	136	388	31	325	333	118
72	391	8	644	353	762	672	602	77	535	70
73	688	251	698	765	232	63	788	568	304	746
74	56	40	30	716	156	571	305	531	517	113
75	800	550	209	607	448	153	53	478	540	380
76	474	692	354	583	630	699	310	349	170	813
77	278	62	735	514	38	552	26	266	73	546
78	609	596	13	822	509	167	430	4	64	467
79	117	719	507	346	61	771	424	178	198	496
80	114	302	444	93	307	421	186	215	812	769
81	684	294	216	171	166	785	701	177	797	80
82	654	642	14	145	667	412	*			

p = 829

I′

	0	1	2	3	4	5	6	7	8	9
0	828	376	92	752	404	232	462	813	642	655
1	428	64	794	348	424	478	489	583	265	710
2	716	330	657	176	82	693	225	111	546	649
3	562	167	492	66	99	109	306	543	453	452
4	38	130	408	641	8	314	382	550	420	399
5	824	624	268	783	628	189	162	203	669	398
6	49	113	329	21	429	75	493	674	238	747
7	623	51	767	174	271	430	169	760	446	480
8	260	320	177	326	519	561	30	192	585	367
9	750	212	377	684	589	244	676	701	673	67
10	559	198	802	637	386	498	147	236	558	100
11	755	226	823	50	71	712	188	55	384	206
12	311	286	263	140	706	202	57	804	663	451
13	39	251	442	235	107	218	461	6	257	344
14	264	18	158	631	522	514	612	499	444	581
15	704	687	397	59	648	29	86	709	19	363
16	360	316	190	708	157	142	318	563	290	431
17	679	502	781	816	768	508	658	321	699	726
18	240	229	601	299	371	780	172	596	713	629
19	317	166	31	347	13	242	745	356	560	85
	0	1	2	3	4	5	6	7	8	9

I″

	0	1	2	3	4	5	6	7	8	9
0	414	828	376	213	468	531	137	257	44	314
1	763	365	599	194	242	436	686	705	141	158
2	363	63	429	272	565	248	542	307	666	155
3	86	192	347	795	460	219	406	250	40	130
4	251	722	393	343	258	512	448	633	647	60
5	113	71	767	817	418	117	384	126	804	153
6	648	547	359	364	11	794	33	99	559	357
7	328	114	712	597	793	65	493	703	582	490
8	289	564	24	693	801	199	156	709	266	787
9	826	375	2	752	355	746	239	727	459	34
10	109	755	695	310	207	741	772	134	218	35
11	306	27	546	61	329	717	645	419	551	690
12	697	737	660	396	688	205	385	638	440	721
13	41	408	526	475	773	574	797	532	276	395
14	123	706	165	318	651	482	771	106	236	733
15	495	438	662	805	635	667	200	164	142	631
16	549	383	56	203	201	707	191	31	492	76
17	760	607	186	596	73	271	23	82	326	622
18	748	401	587	487	379	426	608	644	116	55
19	162	708	87	585	600	230	304	754	101	802
	0	1	2	3	4	5	6	7	8	9

p = **829** (Fortsetzung)

N

	0	1	2	3	4	5	6	7	8	9
20	296	592	355	710	591	353	706	583	337	674
21	519	209	418	7	14	28	56	112	224	448
22	67	134	268	536	243	486	143	286	572	315
23	630	431	33	66	132	264	528	227	454	79
24	158	316	632	435	41	82	164	328	656	483
25	137	274	548	267	534	239	478	127	254	508
26	187	374	748	667	505	181	362	724	619	409
27	818	807	785	741	653	477	125	250	500	171
28	342	684	539	249	498	167	334	668	507	185
29	370	740	651	473	117	234	468	107	214	428
30	27	54	108	216	432	35	70	140	280	560
31	291	582	335	670	511	193	386	772	715	601
32	373	746	663	497	165	330	660	491	153	306
33	612	395	790	751	673	517	205	410	820	811
34	793	757	685	541	253	506	183	366	732	635
35	441	53	106	212	424	19	38	76	152	304
36	608	387	774	719	609	389	778	727	625	421
37	13	26	52	104	208	416	3	6	12	24
38	48	96	192	384	768	707	585	341	682	535
39	241	482	135	270	540	251	502	175	350	700
40	571	313	626	423	17	34	68	136	272	544
41	259	518	207	414	828	827	825	821	813	797
42	765	701	573	317	634	439	49	98	196	392
43	784	739	649	469	109	218	436	43	86	172
44	344	688	547	265	530	231	462	95	190	380
45	760	691	553	277	554	279	558	287	574	319
46	638	447	65	130	260	520	211	422	15	30
47	60	120	240	480	131	262	524	219	438	47
48	94	188	376	752	675	521	213	426	23	46
49	92	184	368	736	643	457	85	170	340	680
50	531	233	466	103	206	412	824	819	809	789
51	749	669	509	189	378	756	683	537	245	490
52	151	302	604	379	758	687	545	261	522	215
53	430	31	62	124	248	496	163	326	652	475
54	121	242	484	139	278	556	283	566	303	606
55	383	766	703	577	325	650	471	113	226	452
56	75	150	300	600	371	742	655	481	133	266
57	532	235	470	111	222	444	59	118	236	472
58	115	230	460	91	182	364	728	627	425	21
59	42	84	168	336	672	515	201	402	804	779
60	729	629	429	29	58	116	232	464	99	198
61	396	792	755	681	533	237	474	119	238	476
62	123	246	492	155	310	620	411	822	815	801
63	773	717	605	381	762	695	561	293	586	343
64	686	543	257	514	199	398	796	763	697	565
65	301	602	375	750	671	513	197	394	788	747
66	665	501	173	346	692	555	281	562	295	590
67	351	702	575	321	642	455	81	162	324	648
68	467	105	210	420	11	22	44	88	176	352
69	704	579	329	658	487	145	290	580	331	662
	0	1	2	3	4	5	6	7	8	9

I

	0	1	2	3	4	5	6	7	8	9
20	187	596	173	816	782	336	504	412	374	211
21	682	466	353	486	298	529	303	744	435	477
22	778	774	574	135	218	108	558	237	733	149
23	581	445	606	501	295	571	578	615	618	255
24	472	390	541	224	800	518	621	725	534	283
25	277	395	139	344	258	44	8	642	814	410
26	464	527	475	133	235	443	569	253	222	723
27	393	42	408	131	251	40	38	453	544	455
28	308	666	28	546	112	823	227	457	757	808
29	696	310	103	637	803	668	200	156	86	30
30	562	650	521	548	359	62	329	114	71	51
31	624	825	749	401	181	229	241	423	728	459
32	98	673	702	759	678	554	537	810	247	692
33	325	698	737	121	286	312	593	208	741	105
34	498	387	280	639	440	128	663	805	153	59
35	398	670	689	205	125	202	707	165	142	158
36	19	710	266	88	585	193	347	32	492	168
37	290	564	81	320	261	652	482	145	514	523
38	449	633	47	550	383	161	316	361	764	365
39	11	64	429	22	657	331	610	718	645	116
40	188	713	597	73	174	768	817	53	783	269
41	337	626	505	789	413	827	375	91	212	751
42	683	369	467	403	354	588	487	183	299	602
43	530	231	304	196	745	243	436	15	478	425
44	779	350	775	730	575	797	136	461	219	35
45	109	100	559	68	238	675	734	495	150	704
46	582	78	446	761	607	171	502	680	296	433
47	572	556	579	293	616	539	619	275	256	812
48	473	567	391	249	542	26	225	694	801	84
49	519	327	622	179	726	700	535	323	284	739
50	278	661	396	123	140	264	345	288	259	512
51	45	314	9	655	643	595	815	335	411	210
52	465	485	528	743	476	773	134	107	236	148
53	444	500	570	614	254	389	223	517	724	282
54	394	343	43	641	409	526	132	442	252	722
55	41	130	39	452	454	665	545	822	456	807
56	309	636	667	155	29	649	547	61	113	50
57	824	400	228	422	458	672	758	553	809	691
58	697	120	311	207	104	386	638	127	804	58
59	669	204	201	164	157	709	87	192	31	167
60	563	319	651	144	522	632	549	160	360	364
61	63	21	330	717	115	712	72	767	52	268
62	625	788	826	90	750	368	402	587	182	601
63	230	195	242	14	424	349	729	796	460	34
64	99	67	674	494	703	77	760	170	679	432
65	555	292	538	274	811	566	248	25	693	83
66	326	178	699	322	738	660	122	263	287	511
67	313	654	594	334	209	484	742	772	106	147
68	499	613	388	516	281	342	640	525	441	721
69	129	451	664	821	806	635	154	648	60	49
	0	1	2	3	4	5	6	7	8	9

p = 829

I′

	0	1	2	3	4	5	6	7	8	9
20	156	164	707	163	201	125	385	104	741	484
21	465	682	751	3	468	603	731	557	108	35
22	406	392	723	517	800	694	756	457	422	241
23	195	304	405	220	568	443	148	733	675	96
24	727	423	14	436	590	735	324	692	25	542
25	37	40	722	222	389	472	812	7	44	512
26	481	652	510	287	345	584	88	787	625	337
27	507	175	23	565	811	256	138	395	661	439
28	639	342	394	277	739	592	312	511	259	80
29	564	273	538	616	577	571	433	302	529	602
30	215	776	434	744	196	754	110	27	666	636
31	103	207	593	654	9	763	361	630	143	651
32	261	659	738	284	736	698	178	622	70	114
33	717	610	770	483	209	411	504	626	417	818
34	719	524	640	43	258	288	491	32	795	729
35	775	301	297	486	588	94	746	69	328	62
36	364	764	715	20	63	11	599	586	402	467
37	214	300	351	681	211	91	2	213	370	184
38	426	762	315	161	56	126	638	280	516	223
39	541	249	407	42	343	139	123	688	670	421
40	228	181	587	354	753	305	36	250	131	526
41	464	210	374	827	*	414	790	627	54	117
42	551	671	458	728	349	779	185	608	656	22
43	272	291	555	572	777	477	15	686	151	662
44	128	721	252	569	500	606	761	381	46	633
45	820	664	454	544	665	308	807	757	672	98
46	34	219	233	474	527	485	353	403	4	531
47	798	540	390	567	234	133	773	778	425	380
48	447	513	145	771	742	528	298	183	379	479
49	79	289	168	76	703	150	438	279	387	613
50	570	295	680	373	412	789	416	338	769	332
51	653	313	45	448	523	341	281	724	621	327
52	358	548	632	449	720	441	132	475	743	303
53	231	5	137	276	283	323	246	810	274	619
54	799	224	26	307	455	822	112	61	359	160
55	383	118	690	809	537	292	579	732	237	68
56	357	520	650	319	81	24	248	391	221	253
57	614	578	556	217	135	797	470	617	615	293
58	605	445	78	490	346	193	600	182	487	685
59	437	496	740	208	334	815	173	73	793	12
60	194	230	530	469	576	294	501	171	186	644
61	718	340	515	388	254	618	539	471	255	275
62	533	725	179	748	825	788	505	791	784	714
63	362	159	549	47	647	154	667	803	127	440
64	525	409	814	595	187	116	419	48	60	547
65	521	144	482	333	594	643	609	331	509	262
66	122	396	152	805	821	545	28	155	200	204
67	689	552	758	702	494	734	245	536	554	432
68	296	352	466	369	378	488	16	705	124	205
69	119	697	325	83	801	102	310	120	737	322
	0	1	2	3	4	5	6	7	8	9

I″

	0	1	2	3	4	5	6	7	8	9
20	668	204	125	57	669	689	119	311	593	334
21	411	374	91	377	370	300	776	573	135	461
22	233	568	253	389	541	26	111	823	400	181
23	601	530	5	462	474	133	107	558	68	747
24	180	229	195	745	95	676	536	810	566	391
25	407	131	442	569	614	618	275	138	344	288
26	80	320	659	122	140	18	710	766	52	783
27	792	74	430	291	538	619	533	283	739	497
28	387	516	724	534	323	736	121	263	345	491
29	168	431	555	579	605	501	680	352	486	183
30	371	351	297	529	231	405	36	543	455	807
31	696	120	286	511	45	382	161	190	166	563
32	81	177	699	535	246	692	83	519	358	62
33	21	657	509	653	594	815	782	269	507	769
34	611	515	281	394	139	264	584	193	13	424
35	779	372	681	466	403	753	197	560	520	548
36	160	316	630	159	360	764	786	89	750	683
37	378	184	780	503	412	827	1	92	684	488
38	479	447	46	550	118	206	104	498	613	254
39	472	567	221	723	282	277	661	152	59	49
40	824	749	368	467	4	232	220	392	42	641
41	814	335	504	789	415	790	506	338	818	646
42	48	399	228	241	14	478	380	762	10	64
43	75	169	679	296	302	744	243	590	496	279
44	639	525	132	235	148	581	78	480	513	523
45	720	129	39	38	452	544	822	227	422	728
46	796	136	6	813	410	210	682	369	214	603
47	576	617	255	812	463	527	743	435	15	489
48	79	260	652	333	209	465	353	588	685	16
49	583	346	32	66	674	734	591	740	105	147
50	444	606	171	781	336	626	791	270	175	658
51	262	287	259	481	145	612	388	223	800	84
52	561	650	144	514	341	640	409	464	485	298
53	602	469	798	620	725	700	677	554	292	616
54	471	390	249	37	453	665	28	649	521	632
55	47	420	671	758	678	432	572	217	108	100
56	198	85	30	167	290	273	811	473	234	443
57	500	295	433	777	774	730	604	294	571	556
58	732	149	704	17	265	88	367	402	354	94
59	244	735	285	312	654	643	187	713	785	366
60	586	182	299	215	731	580	445	761	427	656
61	331	770	146	499	570	578	293	577	615	539
62	799	518	327	70	51	268	337	417	54	189
63	317	143	522	449	820	806	309	103	386	280
64	342	43	8	655	609	718	819	634	154	29
65	562	319	261	510	313	9	428	22	176	321
66	738	278	439	128	451	454	308	636	803	58
67	398	421	458	98	67	238	96	701	759	170
68	502	373	211	751	93	589	437	151	397	670
69	552	809	247	25	225	756	808	691	325	178
	0	1	2	3	4	5	6	7	8	9

p = **829** (Fortsetzung)

	N											I									
	0	1	2	3	4	5	6	7	8	9		0	1	2	3	4	5	6	7	8	9
70	495	161	322	644	459	89	178	356	712	595	70	399	421	671	552	690	119	206	385	126	57
71	361	722	615	401	802	775	721	613	397	794	71	203	163	708	191	166	318	143	631	159	363
72	759	689	549	269	538	247	494	159	318	636	72	20	716	711	766	267	787	89	367	586	600
73	443	57	114	228	456	83	166	332	664	499	73	194	13	348	795	33	66	493	76	169	431
74	169	338	676	523	217	434	39	78	156	312	74	291	273	565	24	82	177	321	659	262	510
75	624	419	9	18	36	72	144	288	576	323	75	653	333	483	771	146	612	515	341	524	720
76	646	463	97	194	388	776	723	617	405	810	76	450	820	634	647	48	420	551	118	384	56
77	791	753	677	525	221	442	55	110	220	440	77	162	190	317	630	362	715	765	786	366	599
78	51	102	204	408	816	803	777	725	621	413	78	12	794	65	75	430	272	23	176	658	509
79	826	823	817	805	781	733	637	445	61	122	79	332	770	611	340	719	819	646	419	117	55
80	244	488	147	294	588	347	694	559	289	578	80	189	629	714	785	598	793	74	271	175	508
81	327	654	479	129	258	516	203	406	812	795	81	769	339	818	418	54	628	784	792	270	507
82	761	693	557	285	570	311	622	415	1		82	338	417	627	791	506	416	790	415	414	

p = **839**, g = 11, p − 1 = 2 · 419

	N											I									
	0	1	2	3	4	5	6	7	8	9		0	1	2	3	4	5	6	7	8	9
0		11	121	492	378	802	432	557	254	277	0		838	486	192	134	246	678	618	620	384
1	530	796	366	670	658	526	752	721	380	824	1	732	1	326	635	266	438	268	699	32	476
2	674	702	171	203	555	232	35	385	40	440	2	380	810	487	740	812	492	283	576	752	243
3	645	383	18	198	500	466	92	173	225	797	3	86	329	754	193	347	26	518	424	124	827
4	377	791	311	65	715	314	98	239	112	393	4	28	515	458	430	135	630	388	586	460	398
5	128	569	386	51	561	298	761	820	630	218	5	140	53	769	116	224	247	400	668	729	788
6	720	369	703	182	324	208	610	837	817	597	6	572	172	815	164	402	43	679	119	833	94
7	694	83	74	814	564	331	285	618	86	107	7	512	309	166	98	72	684	610	619	475	85
8	338	362	626	174	236	79	30	330	274	497	8	514	768	163	71	106	107	78	435	621	159
9	433	568	375	769	69	759	798	388	73	803	9	278	415	36	521	234	722	108	801	46	385
10	443	678	746	655	493	389	84	85	96	217	10	626	128	539	237	417	218	602	79	710	411
11	709	248	211	643	361	615	53	583	540	67	11	733	616	48	261	316	148	377	181	436	479
12	737	556	243	156	38	418	403	238	101	272	12	220	2	658	707	463	738	650	360	50	622
13	475	191	423	458	4	44	484	290	673	691	13	529	695	327	256	605	822	481	440	580	825
14	50	550	177	269	442	667	625	163	115	426	14	160	778	795	636	652	489	584	590	558	407
15	491	367	681	779	179	291	684	812	542	89	15	332	279	258	245	267	575	123	397	571	308
16	140	701	160	82	63	693	72	792	322	186	16	162	520	416	147	649	439	557	307	592	432
17	368	692	61	671	669	647	405	260	343	417	17	593	22	564	37	83	272	269	142	645	154
18	392	117	448	733	512	598	705	204	566	353	18	764	433	63	364	522	670	169	700	720	356
19	527	763	3	33	363	637	295	728	457	832	19	370	131	594	404	449	235	532	338	33	715
20	762	831	751	710	259	332	296	739	578	485	20	274	311	614	23	187	761	723	286	65	477
21	301	794	344	428	513	609	826	696	105	316	21	704	112	250	501	565	676	358	109	59	290
22	120	481	257	310	54	594	661	559	276	519	22	381	496	264	820	534	38	747	798	802	485
23	675	713	292	695	94	195	467	103	294	717	23	634	811	25	387	667	832	84	277	127	47
24	336	340	384	29	319	153	5	55	605	782	24	706	604	488	122	306	644	355	273	111	263
25	212	654	482	268	431	546	133	624	152	833	25	386	305	298	741	8	299	536	222	270	204
26	773	113	404	249	222	764	14	154	16	176	26	177	627	343	367	813	362	742	351	253	143
27	258	321	175	247	200	522	708	237	90	151	27	470	510	129	607	88	493	228	9	473	713
28	822	652	460	26	286	629	207	599	716	325	28	646	780	426	540	443	76	284	295	300	560
29	219	731	490	356	560	287	640	328	252	255	29	137	155	232	674	238	196	206	577	55	537
	0	1	2	3	4	5	6	7	8	9		0	1	2	3	4	5	6	7	8	9

p = 829

	I'											I''									
	0	1	2	3	4	5	6	7	8	9		0	1	2	3	4	5	6	7	8	9
70	535	677	759	77	582	17	141	165	191	87	70	726	97	673	494	150	687	124	202	163	157
71	266	766	72	597	785	765	711	115	645	819	71	19	716	115	188	629	362	20	330	610	340
72	450	129	41	393	282	534	700	97	459	796	72	524	441	252	222	517	621	179	240	423	349
73	575	604	580	149	495	591	285	121	660	278	73	775	216	557	237	675	245	324	698	322	284
74	497	105	772	476	435	243	95	239	180	401	74	592	208	484	528	303	196	356	69	623	825
75	368	683	93	355	197	101	695	808	553	678	75	90	212	3	404	305	110	226	457	672	702
76	170	607	427	10	365	786	267	52	817	339	76	77	446	381	315	361	715	711	72	174	508
77	611	146	106	134	574	730	216	573	774	350	77	332	483	742	476	778	350	301	434	477	425
78	372	503	336	269	792	598	366	89	826	413	78	185	172	816	53	628	714	765	267	625	505
79	415	506	270	74	65	33	460	136	532	620	79	416	627	784	598	12	348	729	575	470	540
80	518	84	199	668	58	153	635	309	696	691	80	224	694	102	637	127	663	821	456	757	553
81	247	566	473	463	410	335	782	53	418	646	81	537	274	256	7	642	595	173	768	339	719
82	634	806	456	227	400	749	90	375	1		82	450	664	545	112	50	624	788	413	*	

p = 839

	I'											I''									
	0	1	2	3	4	5	6	7	8	9		0	1	2	3	4	5	6	7	8	9
0	838	326	658	104	701	99	90	361	299	473	0	419	732	220	150	40	543	254	121	741	228
1	334	39	151	173	345	190	497	600	552	685	1	642	554	344	174	482	464	202	60	701	687
2	230	62	564	187	121	387	518	52	515	782	2	138	161	593	614	495	811	347	242	827	341
3	823	242	476	715	499	236	521	83	747	96	3	654	617	699	338	660	767	415	564	534	11
4	4	167	609	679	288	410	385	706	261	824	4	368	817	223	402	319	434	801	127	616	180
5	622	562	814	769	428	537	200	451	484	290	5	360	91	27	140	294	577	504	799	285	109
6	17	318	403	364	289	477	383	419	391	185	6	639	170	21	433	337	286	215	611	321	541
7	233	106	684	393	507	205	284	800	435	710	7	165	163	98	702	647	87	443	683	107	602
8	453	194	669	272	277	514	329	75	493	749	8	372	114	146	37	832	475	243	366	607	597
9	595	51	368	513	512	504	447	105	72	445	9	6	548	348	728	833	349	39	814	166	5
10	750	581	455	783	759	721	107	78	801	59	10	144	835	653	251	3	97	71	106	722	358
11	203	263	250	654	81	401	224	718	474	833	11	276	273	704	757	412	457	769	641	399	679
12	547	7	306	397	827	771	262	47	539	607	12	656	24	488	575	424	179	797	277	626	510
13	613	594	736	437	246	630	209	155	20	171	13	763	370	598	198	192	430	712	560	726	826
14	53	719	645	470	100	441	82	649	377	790	14	398	556	269	253	782	456	257	416	316	353
15	3	170	816	369	764	232	686	702	625	278	15	292	12	727	591	645	137	542	333	474	621
16	778	21	520	71	402	70	98	807	337	700	16	825	406	308	768	815	171	309	41	271	670
17	61	165	815	726	13	550	509	627	212	125	17	151	139	572	13	441	823	262	204	508	551
18	49	436	302	637	214	287	675	761	548	628	18	601	377	599	498	716	69	403	23	507	755
19	461	265	134	347	549	730	206	314	133	259	19	15	200	486	754	81	442	238	467	450	201
20	191	199	16	469	177	808	577	804	596	608	20	56	803	578	110	270	75	196	547	762	136
21	765	554	340	828	708	66	745	376	602	694	21	818	807	178	790	184	392	685	233	417	410
22	2	252	270	42	247	725	561	294	9	663	22	479	354	536	429	116	774	573	361	493	690
23	566	319	674	217	722	532	315	417	196	421	23	20	779	155	70	521	449	35	539	674	288
24	372	330	27	86	648	267	678	400	806	819	24	365	453	31	752	794	258	134	224	413	310
25	501	103	712	143	6	651	605	146	245	665	25	112	588	221	351	324	657	327	777	279	199
26	462	316	176	386	820	491	438	575	699	142	26	538	48	126	111	496	191	635	245	438	272
27	204	168	269	111	311	638	110	127	415	258	27	222	648	83	355	715	375	746	84	159	332
28	687	588	423	576	295	58	65	466	239	633	28	451	301	437	492	76	531	723	185	44	64
29	381	498	150	671	54	300	452	366	741	536	29	59	830	339	555	227	284	693	603	305	8
	0	1	2	3	4	5	6	7	8	9		0	1	2	3	4	5	6	7	8	9

p = 839 (Fortsetzung)

N

	0	1	2	3	4	5	6	7	8	9
30	288	651	449	744	633	251	244	167	159	71
31	781	201	533	829	729	468	114	415	370	714
32	303	816	586	573	430	535	12	132	613	31
33	341	395	150	811	531	807	487	323	197	489
34	345	439	634	262	365	659	537	34	374	758
35	787	267	420	425	480	246	189	401	216	698
36	127	558	265	398	183	335	329	263	376	780
37	190	412	337	351	505	521	697	116	437	612
38	20	220	742	611	9	99	250	233	46	506
39	532	818	608	815	575	452	777	157	49	539
40	56	616	64	704	193	445	700	149	800	410
41	315	109	360	604	771	91	162	104	305	838
42	828	718	347	461	37	407	282	585	562	309
43	43	473	169	181	313	87	118	459	15	165
44	137	668	636	284	607	804	454	799	399	194
45	456	821	641	339	373	747	666	614	42	462
46	48	528	774	124	525	741	600	727	446	711
47	270	453	788	278	541	78	19	209	621	119
48	470	136	657	515	631	229	2	22	242	145
49	756	765	25	275	508	554	221	753	732	501
50	477	213	665	603	760	809	509	565	342	406
51	271	464	70	770	80	41	451	766	36	396
52	161	93	184	346	450	755	754	743	622	130
53	591	628	196	478	224	786	256	299	772	102
54	283	596	683	801	421	436	601	738	567	364
55	648	416	381	835	795	355	549	166	148	789
56	289	662	570	397	172	214	676	724	413	348
57	472	158	60	660	548	155	27	297	750	699
58	138	679	757	776	146	767	47	517	653	471
59	147	778	168	170	192	434	579	496	422	447
60	722	391	106	327	241	134	635	273	486	312
61	76	836	806	476	202	544	111	382	7	77
62	8	88	129	580	507	543	100	261	354	538
63	45	495	411	326	230	13	143	734	523	719
64	358	582	529	785	245	178	280	563	320	164
65	126	547	144	745	644	372	736	545	122	503
66	499	455	810	520	686	834	784	234	57	627
67	185	357	571	408	293	706	215	687	6	66
68	726	435	590	617	75	825	685	823	663	581
69	518	664	592	639	317	131	602	749	688	17
70	187	379	813	553	210	632	240	123	514	620
71	108	349	483	279	552	199	511	587	584	551
72	188	390	95	206	588	595	672	680	768	58
73	638	306	10	110	371	725	424	469	125	536
74	23	253	266	409	304	827	707	226	808	498
75	444	689	28	308	32	352	516	642	350	494
76	400	205	577	474	180	302	805	465	81	52
77	572	419	414	359	593	650	438	623	141	712
78	281	574	441	656	504	510	576	463	59	649
79	427	502	488	334	318	142	723	402	227	819
	0	1	2	3	4	5	6	7	8	9

I

	0	1	2	3	4	5	6	7	8	9
30	818	210	765	320	744	418	731	809	753	429
31	223	42	609	434	45	410	219	694	794	244
32	648	271	168	337	64	289	633	603	297	366
33	87	75	205	808	793	365	240	372	80	453
34	241	330	508	178	212	340	523	422	569	711
35	758	373	755	189	628	555	293	671	640	773
36	412	114	81	194	549	344	12	151	170	61
37	318	734	655	454	348	92	368	40	4	701
38	18	552	617	31	242	27	52	814	97	105
39	721	601	180	49	824	331	519	563	363	448
40	760	357	797	126	262	176	509	425	673	743
41	409	632	371	568	772	317	551	179	125	771
42	352	544	598	132	736	353	149	790	213	828
43	324	254	6	90	595	681	545	378	776	341
44	29	782	144	100	750	405	468	599	182	302
45	524	516	395	471	446	661	450	198	133	437
46	282	423	459	787	511	767	35	236	315	737
47	480	589	570	431	763	130	613	500	533	831
48	354	221	252	712	136	209	608	336	792	339
49	292	150	3	104	759	631	597	89	749	660
50	34	499	791	659	784	374	389	624	494	506
51	785	716	184	214	708	483	756	587	690	229
52	663	375	275	638	829	464	15	190	461	642
53	10	334	390	312	837	325	739	346	629	399
54	118	474	158	625	615	657	255	651	574	556
55	141	719	714	703	495	24	121	7	361	227
56	294	54	428	647	74	507	188	548	91	51
57	562	672	770	323	781	394	786	762	208	596
58	623	689	641	117	718	427	322	717	724	805
59	682	530	692	774	225	725	541	69	185	287
60	466	546	696	503	413	248	806	444	392	215
61	66	383	379	328	457	115	401	683	77	800
62	709	478	528	777	257	146	82	669	531	285
63	58	484	705	304	342	606	442	195	730	693
64	296	452	757	113	654	30	823	175	550	789
65	775	301	281	588	251	103	783	482	14	345
66	573	226	561	688	691	502	456	145	441	174
67	13	173	726	138	20	230	566	835	101	581
68	727	152	816	542	156	686	664	677	698	751
69	826	139	171	165	70	233	217	376	359	579
70	406	161	21	62	403	186	675	746	276	110
71	203	469	779	231	319	44	288	239	421	639
72	60	17	600	796	567	735	680	467	197	314
73	830	291	498	183	637	836	656	120	547	207
74	804	465	382	527	303	653	102	455	834	697
75	578	202	16	497	526	525	490	582	349	95
76	504	56	200	191	265	491	517	585	728	93
77	513	414	538	260	462	821	583	396	591	153
78	369	310	249	819	666	643	535	350	472	559
79	817	41	167	807	211	554	11	39	96	447
	0	1	2	3	4	5	6	7	8	9

p = 839

I′

	0	1	2	3	4	5	6	7	8	9
30	560	281	524	653	342	298	644	592	162	166
31	249	614	837	803	830	737	148	551	734	44
32	744	68	717	781	254	739	635	256	457	754
33	508	519	279	157	390	748	792	64	33	292
34	523	29	606	367	12	573	629	26	92	95
35	472	253	544	149	221	273	370	797	109	579
36	50	227	742	448	522	240	87	813	40	310
37	131	568	80	755	389	275	359	181	776	328
38	810	496	527	379	732	626	305	667	586	624
39	312	799	215	321	786	471	591	571	140	118
40	668	683	43	186	449	468	161	332	543	632
41	219	733	114	248	538	36	147	218	731	*
42	313	639	569	459	124	673	540	322	647	223
43	135	763	593	63	45	621	479	282	268	557
44	580	174	195	76	392	766	661	408	760	235
45	198	280	757	241	348	834	145	115	430	787
46	398	642	821	738	15	382	546	197	599	779
47	510	446	559	713	158	85	380	704	528	220
48	589	440	14	756	705	634	192	740	122	584
49	582	517	283	228	506	24	264	526	183	791
50	533	565	456	413	56	662	785	188	178	425
51	129	767	309	414	768	458	395	585	424	563
52	416	234	670	422	516	490	525	303	777	695
53	692	285	338	831	38	350	222	818	260	237
54	443	69	156	5	598	378	696	207	91	344
55	789	179	617	611	11	293	141	307	407	817
56	137	688	672	363	37	676	835	735	772	711
57	431	308	172	226	556	123	752	55	202	406
58	825	727	349	396	590	728	460	690	251	570
59	558	153	432	22	404	681	623	89	132	182
60	796	180	79	297	488	822	442	88	336	434
61	619	67	335	500	23	657	48	31	620	475
62	384	159	529	689	494	615	128	343	555	399
63	388	597	371	603	811	266	652	836	829	60
64	773	117	10	535	355	154	780	74	271	439
65	360	574	489	102	30	454	120	255	707	784
66	34	450	333	375	677	553	643	832	729	531
67	169	640	770	743	238	746	358	698	618	119
68	467	545	530	77	610	216	664	19	691	641
69	229	502	774	296	794	327	503	578	751	32
70	720	18	73	495	112	304	604	463	483	478
71	411	758	136	646	703	274	184	724	427	714
72	356	601	108	286	805	541	138	152	93	788
73	693	809	1	616	655	680	353	480	650	346
74	812	8	351	409	418	420	276	798	505	660
75	405	826	243	429	193	189	587	113	373	631
76	357	723	208	130	433	320	612	35	163	116
77	323	352	317	412	225	301	341	257	795	231
78	426	394	144	482	374	716	762	511	572	775
79	213	659	339	365	244	636	567	126	802	57
	0	1	2	3	4	5	6	7	8	9

I″

	0	1	2	3	4	5	6	7	8	9
30	295	775	182	527	705	386	122	557	571	512
31	369	274	390	420	197	236	261	772	61	231
32	765	393	427	770	828	837	1	695	379	86
33	241	824	407	662	10	612	608	168	532	792
34	212	776	304	627	549	14	739	193	454	582
35	535	742	771	736	831	644	720	760	676	376
36	650	7	813	563	63	793	297	343	92	153
37	356	632	240	758	784	663	217	148	545	383
38	476	290	465	66	620	46	263	25	630	374
39	334	68	444	73	781	516	583	123	460	629
40	247	115	164	62	594	750	579	558	447	743
41	45	710	773	503	513	278	520	237	744	67
42	745	239	523	282	518	509	780	718	54	753
43	458	570	592	764	609	78	181	133	266	649
44	481	145	606	540	806	99	471	96	363	404
45	661	57	296	80	655	102	502	328	515	423
46	586	190	260	707	829	804	287	680	405	203
47	143	395	350	9	118	619	32	65	709	436
48	737	822	783	708	58	802	838	810	604	652
49	525	265	812	88	624	703	381	16	291	34
50	613	250	691	696	95	748	494	74	330	176
51	470	787	94	93	85	28	524	491	26	331
52	162	36	364	340	302	526	497	382	478	622
53	682	669	235	500	820	643	299	55	414	128
54	426	725	816	408	352	681	466	120	188	194
55	175	317	18	665	211	628	574	439	590	472
56	300	226	51	519	22	501	230	796	371	422
57	589	397	788	345	651	267	283	206	697	359
58	440	101	490	821	489	517	388	756	281	480
59	584	396	307	432	131	90	208	631	544	468
60	17	721	218	633	706	256	342	129	209	42
61	684	553	766	130	311	625	733	552	678	610
62	618	435	50	596	389	158	385	177	189	346
63	135	759	409	289	485	326	795	183	275	421
64	671	689	461	666	306	142	713	428	244	147
65	738	255	636	303	113	734	836	615	2	791
66	749	446	505	229	686	259	819	387	400	82
67	522	293	562	425	232	186	565	664	246	43
68	735	595	805	401	72	19	156	280	561	623
69	587	688	530	730	219	529	546	834	677	268
70	169	4	157	714	477	484	47	658	214	800
71	79	569	252	473	719	33	785	322	117	141
72	700	105	234	761	717	225	173	581	585	668
73	195	418	384	411	318	567	132	315	463	325
74	487	298	362	673	320	216	675	38	335	89
75	100	698	576	809	329	373	483	452	711	104
76	448	187	786	431	154	210	445	511	514	53
77	672	125	568	640	692	789	378	528	160	469
78	646	323	29	103	659	506	394	459	729	550
79	149	499	336	808	694	778	600	357	747	391
	0	1	2	3	4	5	6	7	8	9

p = 839 (Fortsetzung)

N	0	1	2	3	4	5	6	7	8	9	I	0	1	2	3	4	5	6	7	8	9
80	619	97	228	830	740	589	606	793	333	307	80	408	543	5	99	445	766	612	335	748	505
81	21	231	24	264	387	62	682	790	300	783	81	662	333	157	702	73	393	321	68	391	799
82	223	775	135	646	394	139	690	39	429	524	82	57	451	280	687	19	685	216	745	420	313
83	730	479	235	68	748	677	735	534	1		83	803	201	199	259	665	553	611	67	419	

p = 853, g = 2, $p - 1 = 2^2 \cdot 3 \cdot 71$

N	0	1	2	3	4	5	6	7	8	9	I	0	1	2	3	4	5	6	7	8	9
0		2	4	8	16	32	64	128	256	512	0		852	1	474	2	843	475	603	3	96
1	171	342	684	515	177	354	708	563	273	546	1	844	575	476	645	604	465	4	65	97	766
2	239	478	103	206	412	824	795	737	621	389	2	845	225	576	310	477	834	646	570	605	451
3	778	703	553	253	506	159	318	636	419	838	3	466	712	5	197	66	594	98	117	767	267
4	823	793	733	613	373	746	639	425	850	847	4	846	630	226	610	577	87	311	80	478	354
5	841	829	805	757	661	469	85	170	340	680	5	835	539	647	413	571	566	606	388	452	392
6	507	161	322	644	435	17	34	68	136	272	6	467	248	713	699	6	636	198	304	67	784
7	544	235	470	87	174	348	696	539	225	450	7	595	802	99	686	118	456	768	326	268	281
8	47	94	188	376	752	651	449	45	90	180	8	847	192	631	744	227	56	611	73	578	125
9	360	720	587	321	642	431	9	18	36	72	9	88	396	312	334	81	757	479	749	355	671
10	144	288	576	299	598	343	686	519	185	370	10	836	510	540	22	648	216	414	471	572	763
11	740	627	401	802	751	649	445	37	74	148	11	567	591	607	536	389	301	453	741	393	668
12	296	592	331	662	471	89	178	356	712	571	12	468	298	249	252	714	825	700	347	7	232
13	289	578	303	606	359	718	583	313	626	399	13	637	255	199	517	305	561	68	663	785	717
14	798	743	633	413	826	799	745	637	421	842	14	596	554	803	368	100	442	687	828	119	155
15	831	809	765	677	501	149	298	596	339	678	15	457	790	769	161	327	703	269	502	282	35
16	503	153	306	612	371	742	631	409	818	783	16	848	61	193	350	632	188	745	532	228	438
17	713	573	293	586	319	638	423	846	839	825	17	57	10	612	485	74	585	579	14	126	235
18	797	741	629	405	810	767	681	509	165	330	18	89	656	397	722	313	108	335	640	82	321
19	660	467	81	162	324	648	443	33	66	132	19	758	549	480	616	750	258	356	208	672	812
20	264	528	203	406	812	771	689	525	197	394	20	837	778	511	202	541	621	23	406	649	489
21	788	723	593	333	666	479	105	210	420	840	21	217	520	415	424	472	601	573	463	764	308
22	827	801	749	645	437	21	42	84	168	336	22	568	710	592	265	608	78	537	564	390	697
23	672	491	129	258	516	179	358	716	579	305	23	302	800	454	279	742	71	394	755	669	20
24	610	367	734	615	377	754	655	457	61	122	24	469	589	299	666	250	345	253	559	715	366
25	244	488	123	246	492	131	262	524	195	390	25	826	788	701	33	348	530	8	583	233	720
26	780	707	561	269	538	223	446	39	78	156	26	638	547	256	810	200	404	518	599	306	263
27	312	624	395	790	727	601	349	698	543	233	27	562	798	69	18	664	557	786	528	718	808
28	466	79	158	316	632	411	822	791	729	605	28	597	796	555	806	804	379	369	381	101	130
29	357	714	575	297	594	335	670	487	121	242	29	443	371	688	172	829	383	120	293	156	103
30	484	115	230	460	67	134	268	536	219	438	30	458	361	791	132	770	239	162	445	328	496
31	23	46	92	184	368	736	619	385	770	687	31	704	373	270	137	503	690	283	733	36	174
32	521	189	378	756	659	465	77	154	308	616	32	849	93	62	831	194	627	351	385	633	683
33	379	758	663	473	93	186	372	744	635	417	33	189	122	746	213	533	295	229	660	439	158
34	834	815	777	701	549	245	490	127	254	508	34	58	435	11	105	613	775	486	460	75	276
35	163	326	652	451	49	98	196	392	784	715	35	586	363	580	401	15	793	127	290	236	134
36	577	301	602	351	702	551	249	498	143	286	36	90	680	657	772	398	677	723	241	314	726
37	572	291	582	311	622	391	782	711	569	285	37	109	164	336	44	641	447	83	244	322	330
38	570	287	574	295	590	327	654	455	57	114	38	759	821	550	498	481	317	617	706	751	29
39	228	456	59	118	236	472	91	182	364	728	39	259	375	357	729	209	272	673	817	813	139
	0	1	2	3	4	5	6	7	8	9		0	1	2	3	4	5	6	7	8	9

p = 839

I′	0	1	2	3	4	5	6	7	8	9
80	709	46	485	201	465	682	444	211	793	753
81	487	25	492	362	97	164	542	41	210	666
82	534	583	481	175	331	160	139	28	324	464
83	291	354	84	94	697	101	656	325	486	

I″	0	1	2	3	4	5	6	7	8	9
80	77	108	798	313	207	724	248	167	205	731
81	380	634	740	367	52	172	152	559	537	249
82	264	462	605	30	49	580	751	124	213	638
83	314	533	667	119	455	566	637	312	•	

p = 853

I′	0	1	2	3	4	5	6	7	8	9
0	852	474	843	96	65	197	636	232	583	484
1	612	105	654	234	126	793	526	556	664	588
2	469	215	648	406	143	179	814	727	374	259
3	544	581	529	348	60	848	174	147	218	178
4	25	818	242	446	641	840	850	425	427	417
5	149	736	506	331	123	72	611	10	435	186
6	349	193	831	223	765	97	594	784	663	18
7	754	394	124	578	585	276	695	563	537	353
8	478	757	321	244	410	352	79	311	396	656
9	680	625	830	62	643	574	844	766	117	686
10	442	130	360	458	774	613	319	639	335	164
11	181	504	779	409	84	628	266	767	456	155
12	293	212	746	332	395	88	235	290	170	370
13	443	238	770	679	90	731	689	503	111	838
14	145	337	734	407	220	839	45	175	521	418
15	651	184	499	159	789	457	103	434	58	500
16	702	327	445	43	336	141	284	622	492	358
17	291	382	829	92	849	46	416	49	219	144
18	140	165	691	203	652	482	436	531	745	122
19	54	743	631	350	627	115	593	66	304	517
20	404	620	541	692	420	618	776	811	672	272
21	432	658	294	533	761	470	414	520	148	50
22	408	113	448	832	309	576	610	56	438	660
23	515	254	637	720	655	89	134	494	444	162
24	725	314	819	329	322	781	634	698	713	252
25	345	824	714	559	516	199	810	207	356	375
26	525	16	797	562	77	608	629	846	281	502
27	137	816	673	287	399	362	586	753	70	742
28	191	847	35	733	142	24	40	674	678	133
29	236	359	102	156	659	229	823	251	249	666
30	740	453	800	783	67	561	263	709	568	833
31	477	80	334	108	726	27	705	617	205	614
32	548	758	330	53	190	280	268	703	496	820
33	759	507	747	756	81	640	44	146	37	490
34	523	543	30	364	558	253	231	7	530	187
35	632	385	411	538	835	671	208	729	493	237
36	131	791	400	580	31	787	826	441	100	381
37	171	688	136	270	728	357	169	128	380	369
38	129	101	292	120	682	633	246	391	452	301
39	697	247	467	668	755	333	312	722	677	288
	0	1	2	3	4	5	6	7	8	9

I″	0	1	2	3	4	5	6	7	8	9
0	426	852	474	603	465	712	699	347	530	437
1	57	435	483	584	579	401	261	797	69	754
2	669	509	540	621	285	40	818	315	705	751
3	342	364	787	701	501	282	733	338	490	430
4	286	674	724	163	336	146	175	416	428	177
5	219	408	780	323	190	743	227	438	158	500
6	34	848	93	643	464	4	197	304	561	798
7	278	742	55	611	485	460	708	264	608	86
8	311	334	640	447	114	628	609	577	125	235
9	134	731	173	849	841	602	3	65	594	802
10	368	381	292	156	434	11	654	721	313	726
11	815	138	838	221	448	195	593	98	686	828
12	383	682	189	54	72	578	14	793	377	380
13	101	360	791	289	236	494	372	270	816	813
14	180	165	284	24	179	140	337	37	218	50
15	736	513	551	440	827	119	293	659	439	153
16	789	769	239	725	109	181	691	542	524	376
17	128	370	688	732	36	147	521	429	39	25
18	814	110	504	512	151	499	59	349	632	683
19	324	280	847	61	831	449	711	5	636	255
20	810	777	511	183	652	318	614	257	356	729
21	624	681	121	746	508	21	648	489	38	178
22	144	839	642	63	765	845	630	744	532	295
23	823	346	7	583	13	126	290	359	131	770
24	676	723	42	446	83	410	386	391	467	298
25	666	297	249	345	231	637	547	615	750	29
26	544	402	598	306	709	592	116	767	326	703
27	373	728	209	432	773	459	75	695	799	454
28	325	268	502	690	166	622	431	273	399	792
29	127	170	382	120	212	533	739	667	468	589
30	535	389	697	635	198	517	599	462	764	224
31	576	87	396	722	241	819	497	481	653	106
32	639	82	244	781	684	455	768	161	445	243
33	322	53	123	395	312	108	164	141	734	650
34	419	693	752	587	665	250	824	700	33	60
35	193	627	85	79	478	749	258	375	169	291
36	102	458	275	586	343	558	715	553	803	379
37	129	443	495	704	28	259	525	794	805	804
38	378	369	171	829	626	351	411	565	606	536
39	564	387	452	741	71	124	88	656	772	274
	0	1	2	3	4	5	6	7	8	9

p = **853** (Fortsetzung)

	N											I									
	0	1	2	3	4	5	6	7	8	9		0	1	2	3	4	5	6	7	8	9
40	603	353	706	559	265	530	207	414	828	803	40	838	112	779	505	512	183	203	692	542	167
41	753	653	453	53	106	212	424	848	843	833	41	622	285	24	143	407	735	650	339	490	38
42	813	773	693	533	213	426	852	851	849	845	42	218	148	521	176	416	47	425	851	473	842
43	837	821	789	725	597	341	682	511	169	338	43	602	95	574	644	464	64	765	224	309	833
44	676	499	145	290	580	307	614	375	750	647	44	569	450	711	196	593	116	266	629	609	86
45	441	29	58	116	232	464	75	150	300	600	45	79	353	538	412	565	387	391	247	698	635
46	347	694	535	217	434	15	30	60	120	240	46	303	783	801	685	455	325	280	191	743	55
47	480	107	214	428	3	6	12	24	48	96	47	72	124	395	333	756	748	670	509	21	215
48	192	384	768	683	513	173	346	692	531	209	48	470	762	590	535	300	740	667	297	251	824
49	418	836	819	785	717	581	309	618	383	766	49	346	231	254	516	560	662	716	553	367	441
50	679	505	157	314	628	403	806	759	665	477	50	827	154	789	160	702	501	34	60	349	187
51	101	202	404	808	763	673	493	133	266	532	51	531	437	9	484	584	13	234	655	721	107
52	211	422	844	835	817	781	709	565	277	554	52	639	320	548	615	257	207	811	777	201	620
53	255	510	167	334	668	483	113	226	452	51	53	405	488	519	423	600	462	307	709	264	77
54	102	204	408	816	779	705	557	261	522	191	54	563	696	799	278	70	754	19	588	665	344
55	382	764	675	497	141	282	564	275	550	247	55	558	365	787	32	529	582	719	546	809	403
56	494	135	270	540	227	454	55	110	220	440	56	598	262	797	17	556	527	807	795	805	378
57	27	54	108	216	432	11	22	44	88	176	57	380	129	370	171	382	292	102	360	131	238
58	352	704	555	257	514	175	350	700	547	241	58	444	495	372	136	689	732	173	92	830	626
59	482	111	222	444	35	70	140	280	560	267	59	384	682	121	212	294	659	157	434	104	774
60	534	215	430	7	14	28	56	112	224	448	60	459	275	362	400	792	289	133	679	771	676
61	43	86	172	344	688	523	193	386	772	691	61	240	725	163	43	446	243	329	820	497	316
62	529	205	410	820	787	721	589	325	650	447	62	705	28	374	728	271	816	138	111	504	182
63	41	82	164	328	656	459	65	130	260	520	63	691	166	284	142	734	338	37	147	175	46
64	187	374	748	643	433	13	26	52	104	208	64	850	841	94	643	63	223	832	449	195	115
65	416	832	811	769	685	517	181	362	724	595	65	628	85	352	411	386	246	634	782	684	324
66	337	674	495	137	274	548	243	486	119	238	66	190	54	123	332	747	508	214	761	534	739
67	476	99	198	396	792	731	609	365	730	607	67	296	823	230	515	661	552	440	153	159	500
68	361	722	591	329	658	463	73	146	292	584	68	59	186	436	483	12	654	106	319	614	206
69	315	630	407	814	775	697	541	229	458	63	69	776	619	487	422	461	708	76	695	277	753
70	126	252	504	155	310	620	387	774	695	537	70	587	343	364	31	581	545	402	261	16	526
71	221	442	31	62	124	248	496	139	278	556	71	794	377	128	170	291	359	237	494	135	731
72	259	518	183	366	732	611	369	738	623	393	72	91	625	681	211	658	433	773	274	399	288
73	786	719	585	317	634	415	830	807	761	669	73	678	675	724	42	242	819	315	27	727	815
74	485	117	234	468	83	166	332	664	475	97	74	110	181	165	141	337	146	45	840	642	222
75	194	388	776	699	545	237	474	95	190	380	75	448	114	84	410	245	781	323	53	331	507
76	760	667	481	109	218	436	19	38	76	52	76	760	738	822	514	551	152	499	185	482	653
77	304	608	363	726	599	345	690	527	201	402	77	318	205	618	421	707	694	752	342	30	544
78	804	755	657	461	69	138	276	552	251	502	78	260	525	376	169	358	493	730	624	210	432
79	151	302	604	355	710	567	281	562	271	542	79	273	287	674	41	818	26	814	180	140	145
80	231	462	71	142	284	568	283	566	279	558	80	839	221	113	409	780	52	506	737	513	151
81	263	526	199	398	796	739	625	397	794	735	81	184	652	204	420	693	341	543	524	168	492
82	617	381	762	671	489	125	250	500	147	294	82	623	431	286	40	25	179	144	220	408	51
83	588	323	646	439	25	50	100	200	400	800	83	736	150	651	419	340	523	491	430	39	178
84	747	641	429	5	10	20	40	80	160	320	84	219	50	149	418	522	429	177	49	417	428
85	640	427	1								85	48	427	426							
	0	1	2	3	4	5	6	7	8	9		0	1	2	3	4	5	6	7	8	9

p = 853

I′

	0	1	2	3	4	5	6	7	8	9
40	792	15	261	598	518	488	649	735	51	780
41	245	386	565	571	471	424	47	428	522	340
42	693	707	461	600	472	851	*	426	48	177
43	39	286	273	773	104	11	483	9	57	158
44	153	827	687	371	495	328	243	83	114	195
45	711	466	392	741	279	325	768	790	361	275
46	75	708	307	764	64	4	712	248	298	589
47	762	572	601	842	2	603	645	834	354	749
48	616	317	653	12	584	74	460	422	519	217
49	38	430	623	730	135	372	704	316	481	185
50	59	34	282	690	182	512	737	760	214	21
51	540	202	183	151	551	661	560	305	599	423
52	415	176	429	491	168	376	794	807	718	582
53	8	437	228	295	739	300	389	564	412	647
54	22	621	167	524	260	402	809	256	615	480
55	498	152	440	367	803	806	527	786	365	715
56	662	68	798	696	390	387	606	591	710	450
57	605	566	763	463	644	476	310	87	125	14
58	401	545	719	233	13	579	363	343	665	299
59	535	607	265	116	98	802	554	796	262	306
60	462	573	95	3	465	451	388	536	78	86
61	577	73	485	775	206	257	750	706	421	487
62	405	23	285	431	210	681	384	351	85	609
63	226	744	188	683	782	303	198	255	547	320
64	82	447	222	63	464	604	570	413	216	489
65	339	419	204	318	106	721	397	772	433	157
66	439	552	716	785	557	344	250	297	468	20
67	509	836	812	817	41	724	240	723	675	771
68	657	211	121	189	324	455	118	828	172	732
69	283	166	542	341	752	277	799	302	635	6
70	347	33	501	269	373	28	751	694	76	264
71	592	196	5	699	825	366	553	596	808	546
72	638	107	313	241	42	163	109	815	271	209
73	624	91	173	36	338	650	150	513	822	296
74	667	393	71	55	227	532	213	508	670	355
75	258	29	342	587	19	669	748	479	549	821
76	738	534	590	567	308	224	845	267	326	161
77	239	676	398	274	459	486	619	201	511	505
78	52	323	684	801	595	717	528	32	701	160
79	769	132	289	127	377	805	555	17	69	278
80	454	685	99	368	379	378	804	795	597	403
81	200	777	837	139	180	110	138	813	26	315
82	497	550	514	230	346	700	788	154	119	383
83	626	194	449	569	646	539	510	778	112	221
84	642	94	602	475	575	225	630	192	61	93
85	841	473	1							
	0	1	2	3	4	5	6	7	8	9

I″

	0	1	2	3	4	5	6	7	8	9
40	362	580	545	809	200	620	23	143	220	113
41	84	352	538	647	216	520	176	49	149	651
42	204	618	487	519	415	47	427	48	417	522
43	491	623	210	658	157	58	186	531	228	660
44	552	367	100	130	238	162	43	641	222	832
45	569	605	388	301	800	685	118	155	103	774
46	486	422	600	573	644	604	451	392	668	20
47	215	414	424	851	1	843	575	310	80	757
48	549	498	185	436	9	612	775	619	405	649
49	339	523	168	358	237	444	328	820	550	152
50	159	702	269	137	111	779	52	331	747	670
51	836	778	505	737	822	230	254	199	404	488
52	217	148	418	340	543	260	16	556	786	32
53	348	187	745	213	761	590	607	78	353	835
54	510	202	692	341	30	581	719	638	320	758
55	821	514	661	716	596	796	17	664	344	253
56	516	305	263	77	537	412	571	763	308	833
57	646	413	471	601	95	844	225	610	73	585
58	363	31	529	8	484	74	276	753	19	469
59	762	567	710	196	66	784	717	808	403	518
60	423	472	842	475	645	570	566	591	265	629
61	226	56	10	105	319	548	480	317	205	776
62	201	541	167	492	730	91	830	194	115	266
63	846	192	350	385	246	698	6	232	720	107
64	335	44	840	94	574	476	834	539	22	406
65	735	150	184	482	12	234	89	680	211	294
66	229	515	560	68	18	588	299	740	393	755
67	748	355	208	272	287	678	771	398	288	133
68	90	625	384	633	782	801	99	442	371	136
69	503	182	203	420	707	76	563	390	247	713
70	825	788	160	327	496	316	617	421	461	307
71	568	450	466	248	252	559	662	785	528	582
72	233	655	397	677	675	240	314	27	374	357
73	493	135	689	283	142	407	51	506	760	534
74	300	453	279	191	631	188	122	332	756	479
75	616	706	694	277	70	394	333	81	321	330
76	507	214	470	572	463	64	97	117	456	790
77	132	679	657	433	104	613	206	811	837	112
78	409	245	634	303	67	663	557	365	826	154
79	457	361	400	15	526	807	597	262	562	696
80	302	783	595	554	806	795	555	527	718	546
81	256	207	672	817	26	727	271	673	41	242
82	329	759	738	296	251	714	366	441	687	172
83	92	62	223	309	477	354	671	812	139	145
84	45	850	473	2	96	766	267	281	35	174
85	46	425	*							
	0	1	2	3	4	5	6	7	8	9

$p = 857,\ g = 3,\ p - 1 = 2^3 \cdot 107$

N

	0	1	2	3	4	5	6	7	8	9
0		3	9	27	81	243	729	473	562	829
1	773	605	101	303	52	156	468	547	784	638
2	200	600	86	258	774	608	110	330	133	399
3	340	163	489	610	116	348	187	561	826	764
4	578	20	60	180	540	763	575	11	33	99
5	297	34	102	306	61	183	549	790	656	254
6	762	572	2	6	18	54	162	486	601	89
7	267	801	689	353	202	606	104	312	79	237
8	711	419	400	343	172	516	691	359	220	660
9	266	798	680	326	121	363	232	696	374	265
10	795	671	299	40	120	360	223	669	293	22
11	66	198	594	68	204	612	122	366	241	723
12	455	508	667	287	4	12	36	108	324	115
13	345	178	534	745	521	706	404	355	208	624
14	158	474	565	838	800	686	344	175	525	718
15	440	463	532	739	503	652	242	726	464	535
16	748	530	733	485	598	80	240	720	446	481
17	586	44	132	396	331	136	408	367	244	732
18	482	589	53	159	477	574	8	24	72	216
19	648	230	690	356	211	633	185	555	808	710
20	416	391	316	91	273	819	743	515	688	350
21	193	579	23	69	207	621	149	447	484	595
22	71	213	639	203	609	113	339	160	480	583
23	35	105	315	88	264	792	662	272	816	734
24	488	607	107	321	106	318	97	291	16	48
25	144	432	439	460	523	712	422	409	370	253
26	759	563	832	782	632	182	546	781	629	173
27	519	700	386	301	46	138	414	385	298	37
28	111	333	142	426	421	406	361	226	678	320
29	103	309	70	210	630	176	528	727	467	544
30	775	611	119	357	214	642	212	636	194	582
31	32	96	288	7	21	63	189	567	844	818
32	740	506	661	269	807	707	407	364	235	705
33	401	346	181	543	772	602	92	276	828	770
34	596	74	222	666	284	852	842	812	722	452
35	499	640	206	618	140	420	403	352	199	597
36	77	231	693	365	238	714	428	427	424	415
37	388	307	64	192	576	14	42	126	378	277
38	831	779	623	155	465	538	757	557	814	728
39	470	553	802	692	362	229	687	347	184	552
40	799	683	335	148	444	475	568	847	827	767
41	587	47	141	423	412	379	280	840	806	704
42	398	337	154	462	529	730	476	571	856	854
43	848	830	776	614	128	384	295	28	84	252
44	756	554	805	701	389	310	73	219	657	257
45	771	599	83	249	747	527	724	458	517	694
46	368	247	741	509	670	296	31	93	279	837
47	797	677	317	94	282	846	824	758	560	823
48	755	551	796	674	308	67	201	603	95	285
49	855	851	839	803	695	371	256	768	590	56
	0	1	2	3	4	5	6	7	8	9

I

	0	1	2	3	4	5	6	7	8	9
0		856	62	1	124	773	63	313	186	2
1	835	47	125	746	375	774	248	845	64	571
2	41	314	109	212	187	690	808	3	437	766
3	836	466	310	48	51	230	126	279	633	747
4	103	666	376	816	171	775	274	411	249	626
5	752	846	14	182	65	820	499	572	828	519
6	42	54	528	315	372	663	110	485	113	213
7	292	220	188	446	341	691	695	360	809	78
8	165	4	728	452	438	762	22	767	233	69
9	837	203	336	467	473	488	311	246	688	49
10	814	12	52	290	76	231	244	242	127	588
11	26	280	561	225	634	129	34	748	581	302
12	104	94	116	667	590	607	377	853	434	817
13	725	585	172	28	547	776	175	595	275	577
14	354	412	282	793	250	683	508	627	403	216
15	753	563	757	847	422	383	15	699	140	183
16	227	525	66	31	790	821	514	620	500	636
17	824	573	84	269	829	147	295	520	131	716
18	43	332	265	55	398	196	529	36	535	316
19	550	771	373	210	308	664	750	517	111	358
20	20	486	74	223	114	583	352	214	138	618
21	293	194	306	221	304	733	189	779	650	447
22	88	735	342	106	623	692	287	722	696	395
23	191	361	96	567	810	328	643	79	364	781
24	166	118	156	5	178	543	729	461	652	453
25	669	503	439	259	59	763	496	449	23	592
26	787	768	647	540	234	99	90	70	609	323
27	838	598	237	204	657	737	337	379	639	468
28	416	802	474	613	344	489	855	123	312	834
29	745	247	570	108	689	436	465	50	278	102
30	815	273	625	13	819	827	53	371	484	291
31	445	694	77	727	761	232	202	472	245	813
32	289	243	587	560	128	580	93	589	852	724
33	27	174	576	281	682	402	562	421	698	226
34	30	513	635	83	146	130	331	397	35	549
35	209	749	357	73	582	137	193	303	778	87
36	105	286	394	95	327	363	117	177	460	668
37	258	495	591	646	98	608	597	656	378	415
38	612	854	833	569	435	277	272	818	370	444
39	726	201	812	586	579	851	173	681	420	29
40	82	330	548	356	136	777	285	326	176	257
41	645	596	414	832	276	369	200	578	680	81
42	355	284	256	413	368	679	283	367	366	794
43	795	711	251	796	841	684	712	783	509	252
44	150	628	797	704	404	842	168	217	685	604
45	754	713	349	564	784	120	758	510	457	848
46	253	601	423	151	158	384	629	298	16	798
47	390	700	705	7	141	405	426	184	843	806
48	228	169	180	526	218	163	67	686	240	32
49	605	545	791	755	523	822	714	533	515	350
	0	1	2	3	4	5	6	7	8	9

p = 857

	I′										I″									
	0	1	2	3	4	5	6	7	8	9	0	1	2	3	4	5	6	7	8	9
0	856	124	835	437	728	178	425	141	261	431	428	62	186	808	165	156	389	705	37	338
1	24	75	52	819	182	699	798	719	616	222	334	687	814	625	846	383	298	266	769	516
2	486	68	767	592	300	224	280	174	547	82	358	451	762	449	10	241	588	724	172	420
3	513	790	605	301	748	549	535	8	408	764	226	66	240	224	129	397	529	478	738	45
4	211	314	54	332	630	39	374	125	51	814	844	571	519	716	673	60	185	835	310	688
5	278	230	290	371	528	398	799	538	448	763	465	48	12	827	42	265	719	541	502	259
6	45	772	1	313	571	820	31	686	335	837	739	427	856	773	845	182	525	163	21	233
7	609	392	192	582	223	241	231	727	165	364	90	144	208	357	486	11	290	694	809	643
8	255	355	330	146	269	458	393	105	735	322	199	680	29	635	573	207	192	778	447	539
9	70	400	723	589	116	327	567	655	608	90	99	470	559	580	104	394	361	494	646	234
10	482	624	815	666	94	286	623	464	689	212	743	464	278	747	302	87	342	744	570	314
11	485	358	219	213	583	606	667	177	156	456	663	517	662	485	223	301	94	363	166	348
12	758	463	744	312	773	746	279	588	580	34	784	637	343	855	1	47	230	242	560	634
13	331	716	159	708	830	325	777	193	618	524	146	520	556	653	849	329	356	582	214	382
14	183	405	675	492	71	396	130	295	602	703	699	7	536	469	400	512	83	829	709	782
15	628	158	556	320	501	542	5	297	384	671	252	423	521	730	565	780	118	600	151	132
16	555	521	239	67	451	4	118	603	217	180	454	424	179	218	359	78	781	703	842	228
17	410	775	28	681	576	595	257	460	543	162	665	816	585	851	27	776	326	117	5	805
18	526	498	65	227	843	46	2	690	446	779	169	751	14	140	426	772	313	212	220	733
19	566	361	86	303	306	534	529	701	677	80	721	395	72	137	293	264	398	441	324	831
20	578	812	472	336	657	707	653	85	72	749	369	726	232	837	237	319	557	511	396	549
21	308	807	187	292	138	756	753	685	163	340	373	40	109	113	352	507	403	168	526	112
22	188	304	351	114	33	634	30	525	169	632	292	306	19	74	25	561	698	183	806	309
23	126	244	202	69	99	800	736	204	531	544	51	76	761	767	540	538	322	598	804	162
24	32	25	127	587	242	813	688	570	845	626	686	75	244	289	231	472	311	745	774	411
25	683	796	150	601	709	678	413	645	495	59	793	711	509	848	830	80	284	176	668	439
26	674	536	615	769	195	55	17	263	294	829	477	8	380	267	715	332	505	788	823	84
27	849	443	818	625	411	577	369	272	102	633	654	568	277	815	775	595	832	435	50	126
28	561	682	793	367	256	326	394	722	559	243	26	576	412	679	355	777	105	692	471	813
29	76	445	220	194	715	520	424	389	16	505	52	484	213	618	268	147	455	157	629	333
30	432	115	104	778	733	732	221	516	664	229	24	33	581	193	221	617	194	770	210	765
31	48	246	834	186	109	372	550	406	553	205	466	488	123	63	41	528	535	675	803	531
32	462	637	236	838	198	644	176	363	643	135	153	785	89	609	418	135	285	95	810	419
33	548	397	265	299	10	487	467	379	9	450	82	130	43	660	450	68	203	737	408	661
34	359	691	106	122	489	552	803	599	119	564	219	446	735	801	613	491	676	702	603	713
35	731	617	214	792	412	284	136	73	20	164	515	222	583	594	577	81	548	749	111	340
36	809	96	459	117	781	710	794	366	679	200	695	191	393	327	79	678	367	283	413	276
37	444	484	663	210	844	774	816	853	415	639	818	53	315	771	46	746	666	607	656	337
38	262	788	139	15	629	673	477	530	804	6	431	506	756	422	158	717	440	701	599	297
39	700	441	493	362	95	191	208	35	196	391	798	399	71	86	286	696	145	331	55	481
40	144	697	562	216	842	426	740	430	338	497	91	575	682	627	704	141	317	475	38	631
41	751	249	282	368	832	612	802	676	324	329	170	274	354	256	596	378	468	492	442	850
42	29	698	383	151	161	805	184	61	*	490	681	562	847	601	296	6	405	551	490	552
43	614	380	593	584	817	277	465	766	762	259	407	9	300	606	853	569	689	3	452	503
44	386	197	418	811	726	694	341	88	786	23	480	391	610	271	370	291	188	650	58	496
45	334	21	438	669	160	296	600	848	654	494	339	164	728	652	708	602	119	510	85	362
46	668	652	557	825	101	50	310	473	416	143	177	729	320	121	107	436	836	336	639	742
47	91	288	245	488	613	407	738	260	37	476	482	760	202	467	802	553	479	386	706	658
48	440	399	470	693	291	113	74	687	311	855	718	799	100	826	371	110	20	335	473	344
49	428	345	417	610	97	591	449	661	518	572	429	741	143	392	459	258	763	409	181	820
	0	1	2	3	4	5	6	7	8	9	0	1	2	3	4	5	6	7	8	9

p = 857 (Fortsetzung)

N

	0	1	2	3	4	5	6	7	8	9
50	168	504	655	251	753	545	778	620	146	438
51	457	514	685	341	166	498	637	197	591	59
52	177	531	736	494	625	161	483	592	62	186
53	558	817	737	497	634	188	564	835	791	659
54	263	789	653	245	735	491	616	134	402	349
55	190	570	853	845	821	749	533	742	512	679
56	323	112	336	151	453	502	649	233	699	383
57	292	19	57	171	513	682	332	139	417	394
58	325	118	354	205	615	131	393	322	109	327
59	124	372	259	777	617	137	411	376	271	813
60	725	461	526	721	449	490	613	125	375	268
61	804	698	380	283	849	833	785	641	209	627
62	167	501	646	224	672	302	49	147	441	466
63	541	766	584	38	114	342	169	507	664	278
64	834	788	650	236	708	410	373	262	786	644
65	218	654	248	744	518	697	377	274	822	752
66	542	769	593	65	195	585	41	123	369	250
67	750	536	751	539	760	566	841	809	713	425
68	418	397	334	145	435	448	487	604	98	294
69	25	75	225	675	311	76	228	684	338	157
70	471	556	811	719	443	472	559	820	746	524
71	715	431	436	451	496	631	179	537	754	548
72	787	647	227	681	329	130	390	313	82	246
73	738	500	643	215	645	221	663	275	825	761
74	569	850	836	794	668	290	13	39	117	351
75	196	588	50	150	450	493	622	152	456	511
76	676	314	85	255	765	581	29	87	261	783
77	635	191	573	5	15	45	135	405	358	217
78	651	239	717	437	454	505	658	260	780	626
79	164	492	619	143	429	430	433	442	469	550
80	793	665	281	843	815	731	479	580	26	78
81	234	702	392	319	100	300	43	129	387	304
82	55	165	495	628	170	510	673	305	58	174
83	522	709	413	382	289	10	30	90	270	810
84	716	434	445	478	577	17	51	153	459	520
85	703	395	328	127	381	286	1			
	0	1	2	3	4	5	6	7	8	9

I

	0	1	2	3	4	5	6	7	8	9
50	731	621	565	154	501	785	321	637	121	463
51	825	759	558	574	511	207	85	458	654	270
52	849	134	830	254	709	148	602	455	296	424
53	161	521	152	556	132	159	671	717	385	673
54	44	630	660	333	299	505	266	17	719	56
55	799	481	399	391	441	197	701	387	530	706
56	478	37	8	261	536	142	675	317	406	740
57	551	427	61	772	185	46	374	844	40	211
58	807	765	309	229	632	665	170	410	751	181
59	498	518	527	662	112	219	340	359	164	451
60	21	68	335	487	687	11	75	241	25	224
61	33	301	115	606	433	584	546	594	353	792
62	507	215	756	382	139	524	789	619	823	268
63	294	715	264	195	534	770	307	516	19	222
64	351	617	305	732	649	734	622	721	190	566
65	642	780	155	542	651	502	58	448	786	539
66	89	322	236	736	638	801	343	122	744	107
67	464	101	624	826	483	693	760	471	288	559
68	92	723	575	401	697	512	145	396	208	72
69	192	86	393	362	459	494	97	655	611	568
70	271	443	811	850	419	329	135	325	644	831
71	199	80	255	678	365	710	840	782	149	703
72	167	603	348	119	456	600	157	297	389	6
73	425	805	179	162	239	544	522	532	730	153
74	320	462	557	206	653	133	708	454	160	555
75	670	672	659	504	718	480	440	386	477	260
76	674	739	60	45	39	764	631	409	497	661
77	339	450	334	10	24	300	432	593	506	381
78	788	267	263	769	18	616	648	720	641	541
79	57	538	235	800	743	100	482	470	91	400
80	144	71	392	493	610	442	418	324	198	677
81	839	702	347	599	388	804	238	531	319	205
82	707	554	658	479	476	738	38	408	338	9
83	431	380	262	615	640	537	742	469	143	492
84	417	676	346	803	318	553	475	407	430	614
85	741	491	345	552	429	490	428			
	0	1	2	3	4	5	6	7	8	9

p = 857

I'										
	0	1	2	3	4	5	6	7	8	9
50	636	785	58	439	718	266	381	215	627	252
51	457	207	145	635	620	350	19	111	527	42
52	131	152	532	822	789	66	218	662	315	36
53	706	319	730	515	770	316	142	742	235	89
54	234	57	651	729	522	791	594	776	356	209
55	771	427	429	475	658	670	132	206	574	92
56	128	225	421	757	784	154	642	810	271	435
57	108	41	828	84	511	401	281	354	680	851
58	93	302	137	352	546	172	579	560	26	852
59	607	646	787	506	353	275	414	656	237	388
60	157	423	455	348	754	545	433	377	597	323
61	442	568	854	344	741	640	648	305	293	823
62	500	565	721	692	826	13	752	403	797	298
63	660	409	665	747	129	83	824	121	801	468
64	537	541	780	79	831	596	98	540	720	734
65	447	502	453	133	270	611	378	737	479	504
66	333	339	112	110	750	170	376	590	258	503
67	672	717	659	44	739	317	346	839	365	283
68	81	420	402	508	712	604	240	11	49	436
69	808	695	287	760	77	360	395	512	226	140
70	705	387	347	167	404	7	478	554	454	148
71	840	251	783	349	533	264	43	385	480	56
72	641	190	696	575	27	585	201	761	452	461
73	153	621	649	189	622	342	638	337	38	60
74	551	491	469	100	107	247	375	103	581	357
75	517	181	846	563	713	523	382	847	510	558
76	471	232	22	496	631	309	836	233	647	18
77	307	373	185	63	248	274	175	285	87	650
78	155	166	149	509	120	321	539	768	267	619
79	821	755	507	250	795	711	841	704	390	481
80	743	343	474	318	238	179	228	765	3	78
81	328	850	586	289	12	273	171	725	370	827
82	499	514	714	268	573	759	483	53	519	147
83	254	199	276	569	745	47	466	203	598	702
84	782	684	168	806	40	64	14	422	253	134
85	419	173	724	434	833	123	62			
	0	1	2	3	4	5	6	7	8	9

I''										
	0	1	2	3	4	5	6	7	8	9
50	620	154	651	669	659	299	593	792	683	783
51	758	574	697	30	821	533	307	750	498	828
52	295	161	544	755	139	227	180	518	54	196
53	387	238	522	714	195	36	261	640	57	786
54	647	641	155	178	239	605	584	28	330	35
55	316	740	345	318	707	160	152	462	759	288
56	587	280	402	753	349	621	190	96	611	833
57	247	64	499	824	558	723	174	275	200	586
58	128	748	73	114	433	725	812	243	127	93
59	667	495	23	432	546	175	645	608	838	347
60	456	253	148	167	685	32	115	590	98	70
61	493	655	415	474	430	262	18	351	138	789
62	514	731	734	106	101	273	249	508	150	384
63	44	764	229	279	225	513	500	321	736	379
64	615	720	566	328	325	257	591	768	616	732
65	779	542	461	206	458	97	597	204	554	672
66	630	497	527	372	308	632	103	116	460	453
67	555	159	670	385	260	142	417	198	255	368
68	578	173	281	250	841	217	67	487	246	108
69	187	341	623	483	445	691	722	401	421	15
70	390	197	839	149	797	700	530	205	133	254
71	365	795	684	754	822	294	131	671	504	17
72	648	622	287	92	852	817	444	77	4	543
73	532	350	305	304	649	88	236	657	476	674
74	406	614	537	800	122	834	125	633	34	209
75	664	410	626	216	604	791	215	563	120	825
76	693	727	438	59	39	807	437	22	787	263
77	534	550	61	124	375	171	547	136	303	189
78	642	364	840	712	564	501	448	592	381	524
79	31	545	353	282	366	794	251	628	16	56
80	235	638	416	346	388	425	843	211	690	360
81	567	443	201	245	49	102	376	434	272	13
82	65	790	523	619	636	463	624	819	572	269
83	134	644	414	854	312	2	766	69	323	677
84	710	796	404	184	374	248	752	757	457	270
85	811	579	589	377	612	489	*			
	0	1	2	3	4	5	6	7	8	9

p = 859, g = 2, p − 1 = 2 · 3 · 11 · 13

N

	0	1	2	3	4	5	6	7	8	9
0		2	4	8	16	32	64	128	256	512
1	165	330	660	461	63	126	252	504	149	298
2	596	333	666	473	87	174	348	696	533	207
3	414	828	797	735	611	363	726	593	327	654
4	449	39	78	156	312	624	389	778	697	535
5	211	422	844	829	799	739	619	379	758	657
6	455	51	102	204	408	816	773	687	515	171
7	342	684	509	159	318	636	413	826	793	727
8	595	331	662	465	71	142	284	568	277	554
9	249	498	137	274	548	237	474	89	178	356
10	712	565	271	542	225	450	41	82	164	328
11	656	453	47	94	188	376	752	645	431	3
12	6	12	24	48	96	192	384	768	677	495
13	131	262	524	189	378	756	653	447	35	70
14	140	280	560	261	522	185	370	740	621	383
15	766	673	487	115	230	460	61	122	244	488
16	117	234	468	77	154	308	616	373	746	633
17	407	814	769	679	499	139	278	556	253	506
18	153	306	612	365	730	601	343	686	513	167
19	334	668	477	95	190	380	760	661	463	67
20	134	268	536	213	426	852	845	831	803	747
21	635	411	822	785	711	563	267	534	209	418
22	836	813	767	675	491	123	246	492	125	250
23	500	141	282	564	269	538	217	434	9	18
24	36	72	144	288	576	293	586	313	626	393
25	786	713	567	275	550	241	482	105	210	420
26	840	821	783	707	555	251	502	145	290	580
27	301	602	345	690	521	183	366	732	605	351
28	702	545	231	462	65	130	260	520	181	362
29	724	589	319	638	417	834	809	759	659	459
30	59	118	236	472	85	170	340	680	501	143
31	286	572	285	570	281	562	265	530	201	402
32	804	749	639	419	838	817	775	691	523	187
33	374	748	637	415	830	801	743	627	395	790
34	721	583	307	614	369	738	617	375	750	641
35	423	846	833	807	755	651	443	27	54	108
36	216	432	5	10	20	40	80	160	320	640
37	421	842	825	791	723	587	315	630	401	802
38	745	631	403	806	753	647	435	11	22	44
39	88	176	352	704	549	239	478	97	194	388
40	776	693	527	195	390	780	701	543	227	454
41	49	98	196	392	784	709	559	259	518	177
42	354	708	557	255	510	161	322	644	429	858
43	857	855	851	843	827	795	731	603	347	694
44	529	199	398	796	733	607	355	710	561	263
45	526	193	386	772	685	511	163	326	652	445
46	31	62	124	248	496	133	266	532	205	410
47	820	781	703	547	235	470	81	162	324	648
48	437	15	30	60	120	240	480	101	202	404
49	808	757	655	451	43	86	172	344	688	517
	0	1	2	3	4	5	6	7	8	9

I

	0	1	2	3	4	5	6	7	8	9
0		858	1	119	2	362	120	634	3	238
1	363	387	121	780	635	481	4	800	239	689
2	364	753	388	649	122	724	781	357	636	763
3	482	460	5	506	801	138	240	641	690	41
4	365	106	754	494	389	600	650	112	123	410
5	725	61	782	812	358	749	637	808	764	300
6	483	156	461	14	6	284	507	199	802	768
7	139	84	241	679	642	843	691	163	42	834
8	366	476	107	829	755	304	495	24	390	97
9	601	556	651	579	113	193	124	397	411	625
10	726	487	62	564	783	257	813	545	359	777
11	750	760	638	597	809	153	765	160	301	576
12	484	774	157	225	462	228	15	706	7	613
13	285	130	508	465	200	719	803	92	769	175
14	140	231	85	309	242	267	680	529	643	18
15	844	850	692	180	164	822	43	709	835	73
16	367	425	477	456	108	10	830	189	756	702
17	305	69	496	616	25	500	391	419	98	736
18	602	288	557	275	652	145	580	329	114	133
19	194	620	125	451	398	403	412	511	626	441
20	727	318	488	539	63	468	565	29	784	218
21	258	50	814	203	546	856	360	236	778	798
22	751	722	761	504	639	104	598	408	810	806
23	154	282	766	677	161	474	302	95	577	395
24	485	255	775	595	158	772	226	611	463	90
25	229	265	16	178	707	423	8	700	614	417
26	286	143	131	449	509	316	466	216	201	234
27	720	102	804	675	93	253	770	88	176	698
28	141	314	232	673	86	312	310	740	243	742
29	268	516	681	245	530	662	644	744	19	571
30	845	270	851	606	693	518	181	342	165	683
31	823	523	44	247	710	376	836	532	74	292
32	368	664	426	631	478	646	457	38	109	746
33	11	81	831	21	190	561	757	573	703	716
34	306	847	70	186	497	272	617	438	26	853
35	501	279	392	608	420	446	99	695	737	659
36	603	520	289	35	558	183	276	656	653	344
37	146	588	581	167	330	347	115	685	134	57
38	195	825	621	149	126	525	452	732	399	46
39	404	591	413	249	512	338	627	712	442	584
40	728	378	319	382	489	838	540	170	64	534
41	469	211	566	76	30	333	785	294	219	323
42	259	370	51	350	815	666	204	790	547	428
43	857	118	361	633	237	386	779	480	799	688
44	752	648	723	356	762	459	505	137	640	40
45	105	493	599	111	409	60	811	748	807	299
46	155	13	283	198	767	83	678	842	162	833
47	475	828	303	23	96	555	578	192	396	624
48	486	563	256	544	776	759	596	152	159	575
49	773	224	227	705	612	129	464	718	91	174
	0	1	2	3	4	5	6	7	8	9

p = 859

I'

	0	1	2	3	4	5	6	7	8	9
0	858	119	362	238	800	506	284	613	700	188
1	830	81	197	283	6	706	178	849	844	571
2	560	190	554	96	390	500	853	48	217	784
3	333	53	585	654	182	558	79	745	109	492
4	105	365	834	709	247	590	404	795	854	202
5	814	350	206	334	729	147	824	195	297	747
6	811	782	564	468	534	325	733	498	615	496
7	186	454	424	367	292	332	30	434	713	559
8	20	831	841	678	241	309	312	697	176	264
9	229	174	769	253	394	577	555	601	736	695
10	251	674	804	407	598	493	754	829	10	746
11	59	409	123	193	133	685	384	632	361	2
12	634	780	724	410	397	451	525	172	717	464
13	508	449	619	194	57	491	39	640	240	84
14	231	314	448	131	328	580	588	730	524	126
15	222	574	159	765	282	13	461	225	772	575
16	301	474	833	42	822	683	346	330	209	533
17	64	818	526	307	230	140	698	422	707	821
18	164	342	655	276	436	271	497	67	701	756
19	561	623	396	124	620	825	840	82	767	802
20	719	234	855	546	790	549	351	786	320	331
21	75	566	669	250	100	233	201	49	258	323
22	817	171	127	704	227	462	611	705	15	265
23	308	85	673	101	720	797	778	386	363	689
24	641	679	267	742	661	530	375	710	337	512
25	670	696	87	770	594	775	544	813	50	370
26	668	212	414	421	177	16	528	680	516	605
27	851	437	617	327	144	652	656	444	607	392
28	472	676	766	198	507	130	143	274	557	35
29	629	663	368	322	219	551	839	196	12	155
30	483	576	95	23	495	69	847	527	266	242
31	740	739	310	672	232	215	466	538	488	382
32	787	348	369	259	793	535	400	618	132	114
33	347	321	293	785	207	379	582	711	627	373
34	521	682	165	587	146	55	684	115	788	665
35	815	550	295	490	135	458	762	636	749	777
36	236	633	120	387	753	106	476	425	664	349
37	51	433	77	628	290	531	836	381	319	208
38	168	837	489	353	686	479	779	121	649	600
39	97	419	608	593	254	485	624	411	403	46
40	536	439	510	412	591	471	280	805	810	60
41	725	625	511	249	213	447	142	286	735	98
42	446	415	699	8	455	477	631	117	857	*
43	429	548	205	52	31	443	277	852	26	537
44	317	727	584	32	657	694	99	214	315	509
45	402	398	732	66	187	9	108	38	136	505
46	5	14	228	90	718	200	216	28	565	211
47	261	592	393	94	302	828	107	456	646	687
48	799	4	460	156	774	255	563	62	539	838
49	296	58	110	599	389	24	616	272	734	418
	0	1	2	3	4	5	6	7	8	9

I''

	0	1	2	3	4	5	6	7	8	9
0	429	858	119	634	481	460	14	706	423	455
1	108	746	298	155	461	228	265	528	643	744
2	80	831	827	303	495	616	438	537	467	565
3	76	434	443	657	519	289	629	645	457	136
4	640	690	163	822	523	731	399	536	27	217
5	258	370	433	31	585	345	684	134	491	110
6	409	725	487	539	170	818	453	187	701	305
7	847	820	708	835	532	210	566	372	628	36
8	745	11	197	767	139	231	673	252	770	610
9	463	718	803	675	473	302	23	390	419	446
10	214	233	720	503	639	40	365	476	456	38
11	492	599	650	579	329	347	788	427	857	1
12	362	387	649	112	193	620	149	222	704	612
13	285	143	328	114	685	354	458	505	801	768
14	175	698	416	286	274	652	344	55	824	621
15	542	758	596	809	806	299	483	774	595	152
16	765	677	842	691	180	342	587	581	380	837
17	540	221	127	717	91	769	88	264	16	849
18	692	518	34	558	714	846	70	454	9	830
19	21	554	578	113	133	57	297	12	283	507
20	465	216	49	814	666	432	52	334	379	168
21	533	469	261	414	447	315	466	28	784	294
22	551	541	150	574	773	157	772	224	462	90
23	174	140	314	215	201	855	360	633	3	800
24	138	84	309	740	515	681	522	44	590	413
25	213	100	674	93	394	485	563	783	218	323
26	793	470	592	609	89	229	308	242	742	570
27	845	185	497	734	287	557	183	436	852	501
28	406	805	154	13	6	613	417	735	602	520
29	374	531	74	332	785	352	490	58	747	807
30	764	160	474	828	755	702	716	173	230	85
31	312	672	86	697	141	448	509	440	727	378
32	208	331	293	219	817	65	733	273	144	580
33	167	209	75	30	53	729	589	248	512	568
34	604	517	181	655	653	586	166	330	321	369
35	51	206	786	383	686	647	723	781	812	545
36	856	118	2	238	689	41	834	73	292	322
37	259	668	567	339	521	246	710	583	728	335
38	582	377	319	787	116	632	237	363	753	494
39	24	500	279	472	94	577	192	124	451	732
40	326	618	450	398	46	795	502	103	598	111
41	123	397	403	591	262	421	699	614	499	391
42	608	263	177	707	72	367	664	789	547	430
43	548	791	667	371	77	713	184	271	617	401
44	510	626	712	435	277	607	420	415	142	131
45	619	125	525	819	71	424	477	646	355	762
46	482	156	225	611	129	508	316	538	63	534
47	794	405	280	676	161	833	366	425	631	385
48	779	635	763	300	576	395	624	726	318	382
49	353	135	39	105	754	304	69	186	67	615
	0	1	2	3	4	5	6	7	8	9

p = **859** (Fortsetzung)

N

	0	1	2	3	4	5	6	7	8	9
50	175	350	700	541	223	446	33	66	132	264
51	528	197	394	788	717	575	291	582	305	610
52	361	722	585	311	622	385	770	681	503	147
53	294	588	317	634	409	818	777	695	531	203
54	406	812	765	671	483	107	214	428	856	853
55	847	835	811	763	667	475	91	182	364	728
56	597	335	670	481	103	206	412	824	789	719
57	579	299	598	337	674	489	119	238	476	93
58	186	372	744	629	399	798	737	615	371	742
59	625	391	782	705	551	243	486	113	226	452
60	45	90	180	360	720	581	303	606	353	706
61	553	247	494	129	258	516	173	346	692	525
62	191	382	764	669	479	99	198	396	792	725
63	591	323	646	433	7	14	28	56	112	224
64	448	37	74	148	296	592	325	650	441	23
65	46	92	184	368	736	613	367	734	609	359
66	718	577	295	590	321	642	425	850	841	823
67	787	715	571	283	566	273	546	233	466	73
68	146	292	584	309	618	377	754	649	439	19
69	38	76	152	304	608	357	714	569	279	558
70	257	514	169	338	676	493	127	254	508	157
71	314	628	397	794	729	599	339	678	497	135
72	270	540	221	442	25	50	100	200	400	800
73	741	623	387	774	689	519	179	358	716	573
74	287	574	289	578	297	594	329	658	457	55
75	110	220	440	21	42	84	168	336	672	485
76	111	222	444	29	58	116	232	464	69	138
77	276	552	245	490	121	242	484	109	218	436
78	13	26	52	104	208	416	832	805	751	643
79	427	854	849	839	819	779	699	539	219	438
80	17	34	68	136	272	544	229	458	57	114
81	228	456	53	106	212	424	848	837	815	771
82	683	507	155	310	620	381	762	665	471	83
83	166	332	664	469	79	158	316	632	405	810
84	761	663	467	75	150	300	600	341	682	505
85	151	302	604	349	698	537	215	430	1	
	0	1	2	3	4	5	6	7	8	9

I

	0	1	2	3	4	5	6	7	8	9
50	230	308	266	528	17	849	179	821	708	72
51	424	455	9	188	701	68	615	499	418	735
52	287	274	144	328	132	619	450	402	510	440
53	317	538	467	28	217	49	202	855	235	797
54	721	503	103	407	805	281	676	473	94	394
55	254	594	771	610	89	264	177	422	699	416
56	142	448	315	215	233	101	674	252	87	697
57	313	672	311	739	741	515	244	661	743	570
58	269	605	517	341	682	522	246	375	531	291
59	663	630	645	37	745	80	20	560	572	715
60	846	185	271	437	852	278	607	445	694	658
61	519	34	182	655	343	587	166	346	684	56
62	824	148	524	731	45	590	248	337	711	583
63	377	381	837	169	533	210	75	332	293	322
64	369	349	665	789	427	117	632	385	479	687
65	647	355	458	136	39	492	110	59	747	298
66	12	197	82	841	832	827	22	554	191	623
67	562	543	758	151	574	223	704	128	717	173
68	307	527	848	820	71	454	187	67	498	734
69	273	327	618	401	439	537	27	48	854	796
70	502	406	280	472	393	593	609	263	421	415
71	447	214	100	251	696	671	738	514	660	569
72	604	340	521	374	290	629	36	79	559	714
73	184	436	277	444	657	33	654	586	345	55
74	147	730	589	336	582	380	168	209	331	321
75	348	788	116	384	686	354	135	491	58	297
76	196	840	826	553	622	542	150	222	127	172
77	526	819	453	66	733	326	400	536	47	795
78	405	471	592	262	414	213	250	670	513	568
79	339	373	628	78	713	435	443	32	585	54
80	729	335	379	208	320	787	383	353	490	296
81	839	552	541	221	171	818	65	325	535	794
82	470	261	212	669	567	372	77	434	31	53
83	334	207	786	352	295	551	220	817	324	793
84	260	668	371	433	52	206	351	550	816	792
85	667	432	205	549	791	431	548	430	429	
	0	1	2	3	4	5	6	7	8	9

p = **859**

I′

	0	1	2	3	4	5	6	7	8	9
50	391	279	406	103	639	137	801	199	465	316
51	440	626	338	568	660	244	681	341	181	34
52	289	374	246	44	731	452	819	848	17	643
53	662	291	74	210	469	794	47	27	467	63
54	170	221	150	758	776	359	856	428	430	791
55	816	220	541	622	191	578	651	275	183	714
56	572	757	543	256	783	29	76	372	339	604
57	269	845	715	703	223	773	484	395	192	113
58	329	167	380	377	728	54	345	166	581	336
59	248	413	262	609	771	158	152	809	408	111
60	650	556	288	520	340	517	693	445	420	263
61	89	463	129	285	417	499	25	438	401	450
62	125	149	542	562	486	726	441	712	78	36
63	645	478	385	237	3	481	763	808	597	104
64	40	690	843	18	744	37	457	355	723	122
65	112	579	145	344	586	343	653	33	519	603
66	569	743	644	630	426	789	204	432	371	567
67	513	738	311	86	252	93	473	161	842	642
68	529	245	522	823	56	134	354	647	752	364
69	41	163	180	518	658	737	671	313	141	416
70	614	68	305	716	128	612	7	423	72	835
71	376	583	442	435	184	846	306	173	91	803
72	102	503	761	356	781	61	487	318	378	335
73	589	45	399	326	273	287	602	659	514	741
74	243	515	268	570	19	80	11	298	807	637
75	760	722	648	388	494	304	702	573	151	596
76	638	504	459	482	300	160	677	83	139	175
77	88	610	226	224	157	595	759	750	798	480
78	635	357	812	257	218	294	352	383	116	427
79	547	431	667	260	470	405	502	721	751	688
80	239	138	768	92	675	281	154	299	764	153
81	806	748	358	545	203	666	792	324	65	453
82	71	708	43	523	148	621	553	22	303	755
83	189	21	827	475	366	73	532	169	540	552
84	826	832	162	691	850	270	185	70	820	179
85	692	606	278	501	796	235	360	118	1	
	0	1	2	3	4	5	6	7	8	9

I″

	0	1	2	3	4	5	6	7	8	9
50	25	853	796	721	761	459	5	284	130	449
51	402	412	249	670	738	741	268	605	693	658
52	603	340	682	823	148	126	172	307	266	680
53	245	375	836	169	64	325	400	439	317	488
54	838	552	622	562	256	813	203	790	431	205
55	351	295	839	826	22	96	601	288	35	79
56	20	190	623	486	62	468	211	669	513	660
57	743	19	560	757	151	159	301	95	555	651
58	145	588	336	711	442	32	654	343	146	730
59	45	404	471	393	254	775	759	638	104	493
60	389	97	736	659	569	269	851	278	392	593
61	771	226	705	7	700	68	496	272	327	132
62	194	825	553	191	396	411	511	338	373	290
63	663	426	117	361	120	780	357	749	760	504
64	137	240	679	529	662	630	478	687	752	388
65	600	556	275	656	33	182	276	444	694	737
66	514	244	530	291	368	349	815	792	260	212
67	250	696	313	232	101	804	281	766	83	241
68	267	516	341	165	346	115	384	479	799	239
69	641	843	850	606	445	99	251	87	176	422
70	8	188	756	573	223	227	15	178	821	43
71	247	337	627	78	559	572	703	128	464	200
72	234	797	751	648	122	410	625	441	584	54
73	147	524	452	66	498	418	98	695	671	311
74	310	739	243	661	644	37	109	59	811	358
75	777	798	688	364	106	829	189	561	543	776
76	750	722	356	636	808	153	282	198	802	92
77	253	594	158	575	484	255	544	359	236	386
78	121	724	61	564	29	333	207	320	348	665
79	204	549	816	324	535	47	854	235	778	480
80	4	506	199	719	102	407	810	748	637	597
81	408	60	782	257	50	350	550	220	171	526
82	848	179	164	683	56	195	840	832	475	107
83	10	81	841	162	42	709	376	381	489	296
84	196	82	678	642	18	571	715	306	527	17
85	844	270	437	26	48	202	546	428	*	
	0	1	2	3	4	5	6	7	8	9

$p = 863,\ g = 5,\ p - 1 = 2 \cdot 431$

N

	0	1	2	3	4	5	6	7	8	9
0		5	25	125	625	536	91	455	549	156
1	780	448	514	844	768	388	214	207	172	860
2	848	788	488	714	118	590	361	79	395	249
3	382	184	57	285	562	221	242	347	9	45
4	225	262	447	509	819	643	626	541	116	580
5	311	692	8	40	200	137	685	836	728	188
6	77	385	199	132	660	711	103	515	849	793
7	513	839	743	263	452	534	81	405	299	632
8	571	266	467	609	456	554	181	42	210	187
9	72	360	74	370	124	620	511	829	693	13
10	65	325	762	358	64	320	737	233	302	647
11	646	641	616	491	729	193	102	510	824	668
12	751	303	652	671	766	378	164	820	648	651
13	666	741	253	402	284	557	196	117	585	336
14	817	633	576	291	592	371	129	645	636	591
15	366	104	520	11	55	275	512	834	718	138
16	690	861	853	813	613	476	654	681	816	628
17	551	166	830	698	38	190	87	435	449	519
18	6	30	150	750	298	627	546	141	705	73
19	365	99	495	749	293	602	421	379	169	845
20	773	413	339	832	708	88	440	474	644	631
21	566	241	342	847	783	463	589	356	54	270
22	487	709	93	465	599	406	304	657	696	28
23	140	700	48	240	337	822	658	701	53	265
24	462	584	331	792	508	814	618	501	779	443
25	489	719	143	715	123	615	486	704	68	340
26	837	733	213	202	147	735	223	252	397	259
27	432	434	444	494	744	268	477	659	706	78
28	390	224	257	422	384	194	107	535	86	430
29	424	394	244	357	59	295	612	471	629	556
30	191	92	460	574	281	542	121	605	436	454
31	544	131	655	686	841	753	313	702	58	290
32	587	346	4	20	100	500	774	418	364	94
33	470	624	531	66	330	787	483	689	856	828
34	688	851	803	563	226	267	472	634	581	316
35	717	133	665	736	228	277	522	21	105	525
36	36	180	37	185	62	310	687	846	778	438
37	464	594	381	179	32	160	800	548	151	755
38	323	752	308	677	796	528	51	255	412	334
39	807	583	326	767	383	189	82	410	324	757
40	333	802	558	201	142	710	98	490	724	168
41	840	748	288	577	296	617	496	754	318	727
42	183	52	260	437	459	569	256	417	359	69
43	345	862	858	838	738	238	327	772	408	314
44	707	83	415	349	19	95	475	649	656	691
45	3	15	75	375	149	745	273	502	784	468
46	614	481	679	806	578	301	642	621	516	854
47	818	638	601	416	354	44	220	237	322	747
48	283	552	171	855	823	663	726	178	27	135
49	675	786	478	664	731	203	152	760	348	14
	0	1	2	3	4	5	6	7	8	9

I

	0	1	2	3	4	5	6	7	8	9
0		862	592	450	322	1	180	769	52	38
1	593	153	772	99	499	451	644	798	630	444
2	323	357	745	841	502	2	691	488	229	588
3	181	634	374	603	528	770	360	362	174	549
4	53	666	87	558	475	39	571	599	232	676
5	594	386	421	238	218	154	821	32	318	294
6	773	832	364	807	104	100	333	815	258	429
7	500	674	90	189	92	452	766	60	279	27
8	645	76	396	441	679	799	288	176	205	757
9	631	6	301	222	329	445	824	555	406	191
10	324	533	116	66	151	358	830	286	810	848
11	746	812	551	614	624	842	48	137	24	705
12	503	306	562	254	94	3	537	784	696	146
13	692	311	63	351	545	489	850	55	159	839
14	230	187	404	252	682	589	781	264	684	454
15	182	378	496	836	652	635	9	709	619	688
16	375	748	668	662	126	604	171	659	409	198
17	529	482	18	591	768	771	797	744	487	373
18	361	86	598	420	31	363	814	89	59	395
19	175	300	554	115	285	550	136	561	783	62
20	54	403	263	495	708	667	658	17	743	597
21	88	553	560	262	16	559	540	541	578	639
22	476	35	542	266	281	40	344	579	354	778
23	572	510	640	107	729	600	616	477	435	762
24	233	211	36	526	292	677	846	543	686	29
25	595	727	267	132	514	387	426	282	738	269
26	422	626	41	73	655	239	81	345	275	802
27	219	575	580	456	647	155	751	355	569	672
28	822	304	779	480	134	33	844	573	412	734
29	319	143	511	194	856	295	414	641	184	78
30	774	465	108	121	226	833	566	730	382	516
31	365	50	601	316	439	808	349	617	418	741
32	105	736	478	380	398	101	392	436	718	506
33	334	242	763	400	389	816	139	234	790	202
34	259	787	212	583	610	430	321	37	498	443
35	501	587	527	548	474	675	217	293	103	428
36	91	26	678	756	328	190	150	847	623	704
37	93	145	544	838	681	453	651	687	125	197
38	767	372	30	394	284	61	707	596	15	638
39	280	777	728	761	291	28	513	268	654	801
40	646	671	133	733	855	77	225	515	438	740
41	397	505	388	201	609	442	473	427	327	703
42	680	196	283	637	290	800	854	739	608	702
43	289	701	270	720	271	177	308	423	369	721
44	206	714	627	249	272	758	858	42	11	178
45	632	819	74	828	309	7	84	656	508	424
46	302	564	240	215	370	223	699	82	459	722
47	330	297	346	711	207	446	165	276	492	715
48	825	461	803	336	628	556	256	220	22	250
49	407	113	576	524	273	192	416	581	621	759
	0	1	2	3	4	5	6	7	8	9

p = **863**

I′

	0	1	2	3	4	5	6	7	8	9
0	862	180	691	537	46	823	301	84	747	709
1	827	178	67	199	760	638	559	743	591	161
2	68	523	250	253	705	149	678	645	513	595
3	394	363	318	844	343	542	526	498	593	571
4	344	73	11	117	127	208	185	305	137	348
5	601	98	38	666	403	159	313	260	114	395
6	279	707	54	351	694	809	151	468	530	860
7	12	410	274	655	828	287	396	225	774	141
8	574	345	459	563	656	813	598	558	553	59
9	189	26	452	145	3	467	156	172	629	499
10	333	392	755	428	100	736	434	729	121	128
11	109	466	415	576	782	285	66	96	605	716
12	381	226	519	731	393	197	604	518	447	122
13	567	737	514	733	33	402	561	24	786	234
14	470	347	413	511	650	544	692	110	775	144
15	847	358	643	772	821	751	70	660	251	839
16	449	431	469	245	460	276	312	517	140	298
17	481	659	805	557	549	300	205	308	632	152
18	769	634	378	120	78	169	780	404	278	92
19	150	324	416	183	856	853	283	767	529	367
20	326	609	259	612	221	757	714	446	147	79
21	845	36	583	20	458	370	25	293	154	575
22	22	405	329	699	504	515	833	236	602	588
23	187	237	676	211	790	484	277	317	218	81
24	215	138	763	69	43	663	723	457	10	272
25	407	683	682	695	94	112	220	188	429	787
26	433	577	16	495	684	353	281	132	654	422
27	720	177	758	192	455	802	492	64	440	27
28	777	40	738	637	61	550	810	5	176	701
29	800	28	677	103	773	414	164	346	538	135
30	554	222	564	843	779	536	562	713	423	7
31	849	63	448	366	788	417	439	806	294	143
32	586	37	1	357	533	247	636	703	190	445
33	297	4	673	815	242	21	628	160	611	97
34	337	584	725	509	579	275	711	785	735	617
35	158	545	130	106	778	569	690	745	830	665
36	362	86	174	814	807	50	340	213	248	721
37	223	706	30	361	603	748	795	8	496	717
38	398	315	516	794	764	820	421	426	201	816
39	585	241	436	14	284	175	441	505	101	789
40	389	342	657	263	252	65	191	113	590	198
41	314	193	734	464	641	246	581	379	741	58
42	31	238	626	369	302	625	282	327	91	500
43	321	*	753	71	525	762	718	200	740	808
44	204	679	473	501	323	824	165	693	227	51
45	322	644	766	651	182	568	647	522	710	722
46	255	803	851	390	565	108	45	642	752	483
47	44	712	195	427	675	39	35	435	380	411
48	134	796	18	338	118	493	419	373	229	850
49	520	335	715	352	742	708	836	547	443	451
	0	1	2	3	4	5	6	7	8	9

I″

	0	1	2	3	4	5	6	7	8	9
0	431	322	502	94	331	287	631	309	377	635
1	248	42	70	754	393	596	262	658	482	753
2	213	335	220	613	137	216	91	279	291	686
3	372	420	821	134	539	476	211	321	52	475
4	281	626	858	244	470	466	4	811	842	565
5	365	449	769	549	62	850	804	660	419	89
6	766	284	783	311	277	405	116	12	20	243
7	156	433	737	41	819	765	645	855	184	209
8	625	239	699	818	7	796	361	666	597	814
9	674	428	189	704	254	723	117	339	51	772
10	104	398	547	293	807	741	353	640	465	110
11	147	697	255	407	58	554	533	43	484	567
12	183	108	129	546	837	687	662	44	109	693
13	352	685	267	671	480	299	550	48	241	816
14	168	79	843	319	149	93	696	208	785	25
15	190	66	179	593	218	647	96	612	350	55
16	337	19	584	817	296	446	519	851	663	185
17	747	604	97	602	362	395	288	271	11	861
18	1	588	454	193	641	46	849	230	257	90
19	328	406	273	411	511	472	680	125	409	13
20	437	388	790	805	440	176	721	711	45	538
21	615	233	787	367	507	240	586	675	238	802
22	256	204	301	370	670	77	121	448	840	488
23	839	557	599	762	139	518	227	231	421	655
24	564	391	334	521	648	163	415	325	368	627
25	22	158	404	23	562	460	556	806	815	202
26	57	742	560	403	781	577	542	727	513	738
27	701	720	249	524	72	345	165	236	188	60
28	638	266	426	196	394	115	830	75	799	702
29	637	761	526	217	318	856	698	330	169	813
30	175	6	424	750	822	47	503	700	177	828
31	536	692	166	56	410	381	601	237	32	734
32	786	430	450	444	191	759	200	427	756	222
33	722	664	831	100	506	491	803	340	483	791
34	366	530	401	34	40	81	297	141	49	808
35	695	63	493	265	579	751	643	323	151	633
36	770	373	360	31	832	516	313	199	719	423
37	215	650	767	487	634	688	535	780	182	417
38	478	120	730	520	689	570	594	514	505	400
39	463	735	101	124	30	59	76	740	380	717
40	763	795	135	54	187	221	555	250	661	659
41	71	479	573	142	295	112	192	315	617	486
42	598	386	269	308	508	726	387	473	103	258
43	610	161	611	260	106	477	392	732	515	316
44	278	396	609	498	630	329	207	128	312	160
45	592	499	92	681	684	274	580	247	214	82
46	164	825	794	749	413	774	111	95	67	162
47	140	775	504	442	548	558	639	616	736	568
48	779	170	529	469	235	834	590	744	691	545
49	826	710	276	485	782	263	378	582	37	99
	0	1	2	3	4	5	6	7	8	9

p = **863** (Fortsetzung)

N

	0	1	2	3	4	5	6	7	8	9
50	70	350	24	120	600	411	329	782	458	564
51	231	292	597	396	254	407	309	682	821	653
52	676	791	503	789	493	739	243	352	34	170
53	850	798	538	101	505	799	543	126	630	561
54	216	217	222	247	372	134	670	761	353	39
55	195	112	560	211	192	97	485	699	43	215
56	212	197	122	610	461	579	306	667	746	278
57	527	46	230	287	572	271	492	734	218	227
58	272	497	759	343	852	808	588	351	29	145
59	725	173	2	10	50	250	387	209	182	47
60	235	312	697	33	165	825	673	776	428	414
61	344	857	833	713	113	565	236	317	722	158
62	790	498	764	368	114	570	261	442	484	694
63	18	90	450	524	31	155	775	423	389	219
64	232	297	622	521	16	80	400	274	507	809
65	593	376	154	770	398	264	457	559	206	167
66	835	723	163	815	623	526	41	205	162	810
67	598	401	279	532	71	355	49	245	362	84
68	420	374	144	720	148	740	248	377	159	795
69	523	26	130	650	661	716	128	640	611	466
70	604	431	429	419	369	119	595	386	204	157
71	785	473	639	606	441	479	669	756	328	777
72	433	439	469	619	506	804	568	251	392	234
73	307	672	771	403	289	582	321	742	258	427
74	409	319	732	208	177	22	110	550	161	805
75	573	276	517	859	843	763	363	89	445	499
76	769	393	239	332	797	533	76	380	174	7
77	35	175	12	60	300	637	596	391	229	282
78	547	146	730	198	127	635	586	341	842	758
79	338	827	683	826	678	801	553	176	17	85
80	425	399	269	482	684	831	703	63	315	712
81	108	540	111	555	186	67	335	812	608	451
82	529	56	280	537	96	480	674	781	453	539
83	106	530	61	305	662	721	153	765	373	139
84	695	23	115	575	286	567	246	367	109	545
85	136	680	811	603	426	404	294	607	446	504
86	794	518	1							
	0	1	2	3	4	5	6	7	8	9

I

	0	1	2	3	4	5	6	7	8	9
50	325	247	457	522	859	534	724	648	244	43
51	117	96	156	70	12	67	468	752	861	179
52	152	643	356	690	633	359	665	570	385	820
53	831	332	673	765	75	287	5	823	532	829
54	811	47	305	536	310	849	186	780	377	8
55	747	170	481	796	85	813	299	135	402	657
56	552	539	34	343	509	615	210	845	726	425
57	625	80	574	750	303	843	142	413	464	565
58	49	348	735	391	241	138	786	320	586	216
59	25	149	144	650	371	706	776	512	670	224
60	504	472	195	853	700	307	713	857	818	83
61	563	698	296	164	460	255	112	415	246	723
62	95	467	642	664	331	4	46	185	169	298
63	538	209	79	141	347	785	148	775	471	712
64	697	111	466	45	208	147	110	109	128	447
65	693	129	122	519	166	312	448	227	236	277
66	64	694	834	485	493	352	130	567	119	716
67	546	123	731	606	826	490	520	383	794	462
68	851	167	517	792	804	56	313	366	340	337
69	160	449	51	98	629	840	228	602	173	557
70	231	237	317	806	257	188	278	440	204	221
71	405	65	809	613	23	253	695	350	158	251
72	683	835	618	661	408	590	486	419	58	114
73	782	494	742	261	577	265	353	106	434	525
74	685	131	737	72	274	455	568	479	411	193
75	183	120	381	315	417	379	717	399	789	582
76	497	547	102	755	622	837	124	393	14	760
77	653	732	437	200	326	636	607	719	368	248
78	10	827	507	214	458	710	491	335	21	523
79	620	521	243	69	860	689	384	764	531	535
80	376	795	401	342	725	749	463	390	585	649
81	669	852	817	163	245	663	168	140	470	44
82	127	518	235	484	118	605	793	791	339	97
83	172	805	203	612	157	660	57	260	433	71
84	410	314	788	754	13	199	367	213	20	68
85	530	341	584	162	469	483	338	611	432	753
86	19	161	431							
	0	1	2	3	4	5	6	7	8	9

p = 863

	I′										I″										
	0	1	2	3	4	5	6	7	8	9		0	1	2	3	4	5	6	7	8	9
50	674	587	2	306	472	388	334	214	424	615	50	429	443	841	705	224	397	718	827	656	343
51	640	194	670	268	387	438	365	792	235	166	51	572	143	776	28	132	225	382	167	127	122
52	383	243	859	620	273	685	292	548	770	482	52	490	620	457	21	576	434	36	587	603	198
53	341	535	829	116	724	376	310	784	209	34	53	68	764	823	324	859	531	305	3	298	552
54	541	578	266	686	838	489	123	102	474	53	54	559	540	35	846	145	351	716	497	527	174
55	136	614	539	560	115	406	256	231	475	540	55	285	812	657	88	300	824	628	173	87	16
56	262	783	254	698	240	49	730	119	479	672	56	553	136	306	83	302	464	833	130	455	355
57	385	599	510	412	750	580	524	265	639	354	57	665	39	778	844	80	219	113	261	541	344
58	456	621	497	610	162	649	216	527	181	781	58	575	416	789	212	341	390	320	501	229	682
59	486	768	450	153	386	727	15	88	420	232	59	408	18	862	38	676	29	707	743	86	571
60	616	316	173	528	171	793	826	719	702	442	60	729	50	228	374	126	118	731	636	739	201
61	430	432	157	23	624	210	477	418	661	688	61	583	338	203	809	551	509	600	349	835	709
62	521	759	837	704	842	80	41	249	556	840	62	523	581	755	847	614	425	422	714	336	98
63	444	6	819	359	374	9	607	290	280	476	63	798	757	178	690	181	652	326	283	15	578
64	107	184	664	356	798	76	671	155	244	669	64	510	414	467	152	451	27	801	456	724	585
65	371	687	635	732	801	239	508	552	17	409	65	144	453	836	760	268	73	84	402	667	171
66	57	408	126	168	331	570	87	658	662	852	66	157	618	668	245	642	359	53	708	748	649
67	224	133	822	765	90	217	594	846	756	799	67	512	646	569	332	500	474	232	292	26	441
68	196	453	589	835	454	131	29	125	375	384	68	703	838	252	251	264	525	543	651	619	860
69	633	488	311	129	834	350	146	111	296	82	69	356	2	146	447	64	253	784	712	563	223
70	307	270	289	680	93	503	776	596	667	619	70	853	289	608	327	623	24	371	61	495	9
71	491	207	697	857	627	825	546	399	506	368	71	458	346	471	307	206	492	119	379	436	607
72	271	206	330	95	648	749	425	267	761	600	72	270	369	459	246	534	342	845	595	777	107
73	382	606	437	855	319	391	478	72	269	608	73	566	123	653	133	412	348	105	131	282	854
74	397	105	261	597	487	841	812	170	668	463	74	438	418	494	17	797	357	848	8	375	725
75	303	355	861	19	13	622	328	631	858	325	75	574	155	468	432	788	102	678	205	272	621
76	653	291	233	400	531	75	60	372	771	52	76	14	728	435	242	384	673	452	197	591	180
77	360	797	99	832	465	471	512	728	572	480	77	528	768	153	294	78	148	706	280	354	304
78	377	264	494	62	696	148	320	212	754	582	78	186	589	114	561	537	347	138	259	314	399
79	202	339	804	791	462	401	85	744	630	288	79	234	793	517	605	383	376	481	771	644	679
80	854	646	219	336	56	203	257	104	349	613	80	290	654	275	461	792	172	317	364	439	65
81	848	47	551	299	89	258	139	163	83	74	81	286	829	746	85	363	333	389	852	857	632
82	831	32	304	532	555	461	490	507	309	811	82	385	154	672	5	445	715	606	10	74	532
83	286	332	364	566	485	618	652	124	681	230	83	358	820	773	226	694	683	496	622	544	159
84	228	502	48	142	573	726	543	623	746	186	84	629	745	624	303	33	210	677	150	810	310
85	55	167	817	700	739	77	295	818	42	534	85	489	462	669	195	800	733	194	713	758	522
86	689	179	592								86	69	752	*							
	0	1	2	3	4	5	6	7	8	9		0	1	2	3	4	5	6	7	8	9

$p = 877,\ g = 2,\ p - 1 = 2^2 \cdot 3 \cdot 73$

N

	0	1	2	3	4	5	6	7	8	9
0		2	4	8	16	32	64	128	256	512
1	147	294	588	299	598	319	638	399	798	719
2	561	245	490	103	206	412	824	771	665	453
3	29	58	116	232	464	51	102	204	408	816
4	755	633	389	778	679	481	85	170	340	680
5	483	89	178	356	712	547	217	434	868	859
6	841	805	733	589	301	602	327	654	431	862
7	847	817	757	637	397	794	711	545	213	426
8	852	827	777	677	477	77	154	308	616	355
9	710	543	209	418	836	795	713	549	221	442
10	7	14	28	56	112	224	448	19	38	76
11	152	304	608	339	678	479	81	162	324	648
12	419	838	799	721	565	253	506	135	270	540
13	203	406	812	747	617	357	714	551	225	450
14	23	46	92	184	368	736	595	313	626	375
15	750	623	369	738	599	321	642	407	814	751
16	625	373	746	615	353	706	535	193	386	772
17	667	457	37	74	148	296	592	307	614	351
18	702	527	177	354	708	539	201	402	804	731
19	585	293	586	295	590	303	606	335	670	463
20	49	98	196	392	784	691	505	133	266	532
21	187	374	748	619	361	722	567	257	514	151
22	302	604	331	662	447	17	34	68	136	272
23	544	211	422	844	811	745	613	349	698	519
24	161	322	644	411	822	767	657	437	874	871
25	865	853	829	781	685	493	109	218	436	872
26	867	857	837	797	717	557	237	474	71	142
27	284	568	259	518	159	318	636	395	790	703
28	529	181	362	724	571	265	530	183	366	732
29	587	297	594	311	622	367	734	591	305	610
30	343	686	495	113	226	452	27	54	108	216
31	432	864	851	825	773	669	461	45	90	180
32	360	720	563	249	498	119	238	476	75	150
33	300	600	323	646	415	830	783	689	501	125
34	250	500	123	246	492	107	214	428	856	835
35	793	709	541	205	410	820	763	649	421	842
36	807	737	597	317	634	391	782	687	497	117
37	234	468	59	118	236	472	67	134	268	536
38	195	390	780	683	489	101	202	404	808	739
39	601	325	650	423	846	815	753	629	381	762
40	647	417	834	791	705	533	189	378	756	635
41	393	786	695	513	149	298	596	315	630	383
42	766	655	433	866	855	833	789	701	525	173
43	346	692	507	137	274	548	219	438	876	875
44	873	869	861	845	813	749	621	365	730	583
45	289	578	279	558	239	478	79	158	316	632
46	387	774	671	465	53	106	212	424	848	819
47	761	645	413	826	775	673	469	61	122	244
48	488	99	198	396	792	707	537	197	394	788
49	699	521	165	330	660	443	9	18	36	72
	0	1	2	3	4	5	6	7	8	9

I

	0	1	2	3	4	5	6	7	8	9
0		876	1	686	2	697	687	100	3	496
1	698	861	688	749	101	507	4	225	497	107
2	699	786	862	140	689	518	750	306	102	30
3	508	832	5	671	226	797	498	172	108	559
4	700	532	787	840	863	317	141	773	690	200
5	519	35	751	464	307	682	103	793	31	372
6	509	477	833	596	6	570	672	376	227	826
7	798	268	499	626	173	328	109	85	560	456
8	701	116	533	513	788	46	841	716	864	51
9	318	849	142	642	774	804	691	820	201	481
10	520	385	36	23	752	607	465	345	308	256
11	683	858	104	303	794	837	32	369	373	325
12	510	846	478	342	834	339	597	588	7	650
13	571	600	673	207	377	127	228	433	827	591
14	799	583	269	734	500	727	627	10	174	414
15	329	219	110	721	86	653	561	759	457	274
16	702	240	117	574	534	492	514	528	789	622
17	47	603	842	429	717	618	865	182	52	676
18	319	281	850	287	143	869	643	210	775	406
19	805	739	692	167	821	380	202	487	482	552
20	521	186	386	130	37	353	24	636	753	92
21	608	231	466	78	346	661	309	56	257	436
22	684	98	859	505	105	138	304	830	795	557
23	838	771	33	680	370	594	374	266	326	454
24	511	714	847	802	479	21	343	856	835	323
25	340	586	598	125	589	732	8	217	651	272
26	572	526	601	616	674	285	208	737	378	550
27	128	634	229	659	434	503	828	769	592	452
28	800	854	584	730	270	614	735	632	501	450
29	728	630	628	191	11	193	175	291	415	13
30	330	64	220	195	111	298	722	177	87	709
31	654	293	562	147	760	417	458	363	275	15
32	703	155	241	332	118	391	575	66	535	873
33	493	222	515	668	529	197	790	567	623	113
34	48	817	604	300	843	647	430	724	718	237
35	619	179	866	164	183	89	53	135	677	711
36	320	214	282	656	851	447	288	295	144	152
37	870	564	644	161	211	149	776	779	407	762
38	806	398	740	419	693	782	168	460	822	42
39	381	365	203	410	488	277	483	74	553	17
40	522	765	187	705	387	813	131	157	38	809
41	354	243	25	472	637	334	754	401	93	120
42	609	358	232	393	467	743	79	577	347	544
43	662	68	310	422	57	537	258	247	437	875
44	685	696	99	495	860	748	506	224	106	785
45	139	517	305	29	831	670	796	171	558	531
46	839	316	772	199	34	463	681	792	371	476
47	595	569	375	825	267	625	327	84	455	115
48	512	45	715	50	848	641	803	819	480	384
49	22	606	344	255	857	302	836	368	324	845
	0	1	2	3	4	5	6	7	8	9

p = 877

I′

	0	1	2	3	4	5	6	7	8	9
0	876	686	697	496	225	671	570	650	217	413
1	174	193	63	330	154	703	764	522	122	321
2	855	343	606	752	636	472	313	169	669	831
3	508	372	369	680	463	751	23	353	809	71
4	408	364	381	639	49	715	841	603	817	640
5	848	318	676	135	96	435	257	537	441	663
6	359	706	296	194	220	872	535	421	310	539
7	468	810	763	16	553	95	54	660	346	577
8	251	638	43	114	455	560	653	709	134	53
9	76	230	608	120	262	554	136	504	859	495
10	3	507	30	793	303	138	785	699	559	85
11	721	298	816	48	44	512	533	574	391	357
12	609	546	523	215	731	589	432	228	634	352
13	37	157	444	212	710	677	555	829	304	517
14	689	773	642	869	152	361	416	760	778	776
15	159	563	870	389	331	241	808	38	395	777
16	148	211	133	88	183	485	379	821	460	314
17	530	558	108	328	414	291	708	87	163	866
18	279	675	52	89	351	129	386	705	61	289
19	192	11	290	175	297	111	566	790	462	34
20	519	481	487	410	580	431	126	377	737	405
21	775	149	445	655	282	524	271	651	720	110
22	195	667	515	784	106	497	797	826	433	659
23	77	466	393	443	132	162	178	619	490	573
24	117	332	471	25	745	694	874	437	439	259
25	423	578	335	366	301	857	683	436	247	440
26	58	545	121	18	712	453	326	625	499	734
27	614	525	572	239	702	15	73	483	403	867
28	286	850	656	548	736	208	868	143	295	62
29	12	415	146	562	151	144	707	176	722	646
30	843	367	836	794	830	29	102	682	256	56
31	422	250	80	473	461	198	772	141	849	281
32	214	123	585	340	845	510	454	84	109	219
33	64	390	118	400	754	579	204	648	587	597
34	586	338	834	856	255	308	661	544	261	94
35	75	90	635	24	243	541	741	392	232	664
36	388	153	14	275	409	203	336	844	324	373
37	594	476	509	325	266	825	227	127	550	486
38	202	365	253	605	22	36	130	813	665	871
39	65	575	742	467	70	39	780	418	740	356
40	119	93	349	484	165	738	805	762	72	276
41	488	756	719	218	329	13	362	458	781	693
42	245	536	57	260	348	402	278	180	617	717
43	724	581	590	827	503	97	684	875	*	438
44	248	538	69	394	158	150	294	288	189	629
45	728	853	800	713	511	115	701	274	363	41
46	822	474	791	681	307	345	78	743	540	355
47	399	333	637	81	823	568	595	833	342	21
48	384	520	552	74	350	184	551	482	277	426
49	620	527	514	222	747	860	698	107	172	626
	0	1	2	3	4	5	6	7	8	9

I″

	0	1	2	3	4	5	6	7	8	9
0	438	876	686	100	507	832	596	588	732	726
1	627	191	290	415	362	275	73	553	263	712
2	801	479	384	36	353	243	745	783	516	305
3	102	793	837	771	199	519	385	130	157	395
4	780	459	822	82	114	512	788	622	113	44
5	715	864	182	89	76	660	309	422	260	545
6	610	188	289	12	330	390	575	543	662	442
7	394	39	408	276	483	350	90	230	466	743
8	312	473	823	624	327	109	721	177	163	183
9	351	635	753	401	349	75	54	435	684	696
10	687	749	306	682	858	505	224	497	172	328
11	219	195	566	623	83	455	701	240	332	400
12	93	262	18	321	585	598	206	377	550	185
13	386	813	234	162	88	53	96	504	105	785
14	862	317	849	287	295	707	292	562	160	211
15	445	294	144	361	14	703	812	131	444	150
16	563	644	235	178	866	404	738	692	782	27
17	669	796	498	626	10	193	297	722	236	619
18	427	617	865	164	485	551	521	765	611	448
19	629	628	190	11	63	220	667	529	315	772
20	690	820	380	365	336	648	599	673	285	868
21	643	161	133	710	320	123	731	8	413	329
22	64	872	493	747	506	4	671	376	127	634
23	91	608	358	664	814	645	723	718	757	273
24	702	155	808	354	541	420	536	258	440	538
25	311	80	638	382	605	344	308	56	537	249
26	423	348	94	554	678	593	374	825	798	583
27	730	216	651	758	457	363	409	488	426	180
28	675	319	214	524	615	674	280	850	447	189
29	192	175	708	654	446	288	62	194	111	816
30	604	254	857	104	138	517	750	464	345	661
31	68	539	744	26	169	530	839	863	51	676
32	711	19	855	835	368	373	266	625	173	414
33	13	154	241	471	637	252	366	844	341	834
34	323	845	478	21	606	465	78	577	424	402
35	484	184	129	37	809	469	399	119	609	60
36	706	145	416	458	41	381	253	301	836	32
37	680	792	31	369	594	569	672	207	737	166
38	821	42	639	818	480	520	186	705	360	153
39	331	118	357	232	443	158	777	761	806	470
40	333	754	425	278	867	209	775	779	40	364
41	203	580	725	9	174	291	146	760	397	740
42	542	67	310	250	578	755	489	620	602	842
43	647	205	126	228	659	55	257	247	439	248
44	259	58	663	233	132	212	655	851	612	631
45	501	768	592	265	326	84	560	759	417	781
46	168	314	198	34	751	607	231	393	70	810
47	807	242	25	313	461	791	371	509	846	802
48	819	201	487	277	403	165	379	202	410	756
49	238	573	534	873	695	99	3	225	797	268
	0	1	2	3	4	5	6	7	8	9

p = **877** (Fortsetzung)

	N											I									
	0	1	2	3	4	5	6	7	8	9		0	1	2	3	4	5	6	7	8	9
50	144	288	576	275	550	223	446	15	30	60	50	341	338	587	649	599	206	126	432	590	582
51	120	240	480	83	166	332	664	451	25	50	51	733	726	9	413	218	720	652	758	273	239
52	100	200	400	800	723	569	261	522	167	334	52	573	491	527	621	602	428	617	181	675	280
53	668	459	41	82	164	328	656	435	870	863	53	286	868	209	405	738	166	379	486	551	185
54	849	821	765	653	429	858	839	801	725	573	54	129	352	635	91	230	77	660	55	435	97
55	269	538	199	398	796	715	553	229	458	39	55	504	137	829	556	770	679	593	265	453	713
56	78	156	312	624	371	742	607	337	674	471	56	801	20	855	322	585	124	731	216	271	525
57	65	130	260	520	163	326	652	427	854	831	57	615	284	736	549	633	658	502	768	451	853
58	785	693	509	141	282	564	251	502	127	254	58	729	613	631	449	629	190	192	290	12	63
59	508	139	278	556	235	470	63	126	252	504	59	194	297	176	708	292	146	416	362	14	154
60	131	262	524	171	342	684	491	105	210	420	60	331	390	65	872	221	667	196	566	112	816
61	840	803	729	581	285	570	263	526	175	350	61	299	646	723	236	178	163	88	134	710	213
62	700	523	169	338	676	475	73	146	292	584	62	655	446	294	151	563	160	148	778	761	397
63	291	582	287	574	271	542	207	414	828	779	63	418	781	459	41	364	409	276	73	16	764
64	681	485	93	186	372	744	611	345	690	503	64	704	812	156	808	242	471	333	400	119	357
65	129	258	516	155	310	620	363	726	575	273	65	392	742	576	543	67	421	536	246	874	695
66	546	215	430	860	843	809	741	605	333	666	66	494	747	223	784	516	28	669	170	530	315
67	455	33	66	132	264	528	179	358	716	555	67	198	462	791	475	568	824	624	83	114	44
68	233	466	55	110	220	440	3	6	12	24	68	49	640	818	383	605	254	301	367	844	337
69	48	96	192	384	768	659	441	5	10	20	69	648	205	431	581	725	412	719	757	238	490
70	40	80	160	320	640	403	806	735	593	309	70	620	427	180	279	867	404	165	485	184	351
71	618	359	718	559	241	482	87	174	348	696	71	90	76	54	96	136	555	678	264	712	19
72	515	153	306	612	347	694	511	145	290	580	72	321	123	215	524	283	548	657	767	852	612
73	283	566	255	510	143	286	572	267	534	191	73	448	189	289	62	296	707	145	361	153	389
74	382	764	651	425	850	823	769	661	445	13	74	871	666	565	815	645	235	162	133	212	445
75	26	52	104	208	416	832	787	697	517	157	75	150	159	777	396	780	40	408	72	763	811
76	314	628	379	758	639	401	802	727	577	277	76	807	470	399	356	741	542	420	245	694	746
77	554	231	462	47	94	188	376	752	627	377	77	783	27	169	314	461	474	823	82	43	639
78	754	631	385	770	663	449	21	42	84	168	78	382	253	366	336	204	580	411	756	489	426
79	336	672	467	57	114	228	456	35	70	140	79	278	403	484	350	75	95	554	263	18	122
80	280	560	243	486	95	190	380	760	643	409	80	523	547	766	611	188	61	706	360	388	665
81	818	759	641	405	810	743	609	341	682	487	81	814	234	132	444	158	395	39	71	810	469
82	97	194	388	776	675	473	69	138	276	552	82	355	541	244	745	26	313	473	81	638	252
83	227	454	31	62	124	248	496	115	230	460	83	335	579	755	425	402	349	94	262	121	546
84	43	86	172	344	688	499	121	242	484	91	84	610	60	359	664	233	443	394	70	468	540
85	182	364	728	579	281	562	247	494	111	222	85	744	312	80	251	578	424	348	261	545	59
86	444	11	22	44	88	176	352	704	531	185	86	663	442	69	539	311	250	423	260	58	441
87	370	740	603	329	658	439	1				87	538	249	259	440	248	439	438			
	0	1	2	3	4	5	6	7	8	9		0	1	2	3	4	5	6	7	8	9

p = 877

	I′											I″									
	0	1	2	3	4	5	6	7	8	9		0	1	2	3	4	5	6	7	8	9
50	727	450	768	828	137	105	224	4	832	477	50	734	632	658	434	97	859	748	101	30	372
51	846	714	45	788	528	668	28	305	750	35	51	325	454	115	533	492	222	784	139	689	200
52	385	186	765	547	283	615	601	621	789	197	52	481	552	17	122	215	271	572	491	514	668
53	315	839	787	513	492	873	246	258	249	311	53	170	558	700	116	574	66	421	57	441	69
54	744	244	420	67	662	59	610	766	657	633	54	468	355	741	576	347	261	121	523	283	736
55	128	185	521	17	263	678	770	838	531	700	55	378	486	482	74	95	136	829	795	171	108
56	456	759	147	160	644	815	112	623	824	375	56	85	653	293	151	870	666	196	790	475	595
57	672	600	526	491	534	66	543	347	424	755	57	6	650	272	239	117	391	742	79	251	335
58	411	725	733	269	730	124	598	649	7	732	58	204	431	590	799	854	322	340	338	597	125
59	582	799	452	265	374	569	6	588	125	206	59	432	827	769	679	370	476	833	339	586	649
60	673	616	428	842	300	254	344	465	231	358	60	571	526	621	47	817	383	22	752	92	120
61	60	188	448	631	735	284	674	181	865	179	61	546	766	852	729	270	525	601	428	717	237
62	427	602	47	113	83	327	173	10	191	190	62	490	527	789	567	824	267	499	727	630	449
63	628	449	501	658	229	91	753	334	252	382	63	728	613	735	549	128	352	24	472	81	43
64	818	803	774	210	161	235	723	430	205	599	64	49	848	142	869	564	815	299	843	337	587
65	571	272	758	561	293	446	851	767	502	434	65	7	217	720	86	709	213	282	548	633	229
66	55	309	68	442	233	814	565	196	529	170	66	77	346	544	59	359	388	871	221	515	28
67	796	226	376	207	285	280	319	711	264	593	67	831	5	570	600	616	181	52	135	555	770
68	370	792	103	858	98	696	2	100	749	518	68	33	463	307	256	436	875	1	697	861	140
69	200	820	167	782	746	494	99	687	861	786	69	773	804	739	419	245	874	685	2	496	107
70	532	116	240	155	812	387	360	145	292	654	70	559	456	274	15	764	187	61	296	176	87
71	213	320	19	801	847	50	864	618	237	757	71	134	677	264	453	511	45	841	429	724	412
72	652	86	177	236	718	412	9	627	630	613	72	218	110	298	646	430	581	733	500	450	853
73	270	216	8	726	500	632	549	378	166	692	73	584	124	589	582	269	614	284	208	405	805
74	419	542	576	79	312	26	783	223	506	101	74	398	356	392	467	540	244	694	494	860	688
75	306	464	607	92	401	425	489	238	273	457	75	518	35	23	636	334	579	411	719	652	561
76	417	397	806	811	704	187	611	852	451	592	76	147	778	407	72	16	522	547	657	502	828
77	679	33	199	690	804	406	779	396	761	407	77	556	838	316	141	642	210	149	159	148	776
78	40	459	168	27	516	139	862	840	46	622	78	396	418	693	746	223	106	699	532	513	528
79	567	475	371	31	837	557	171	498	268	583	79	197	462	681	103	303	830	670	226	826	591
80	854	20	479	819	691	739	398	470	242	354	80	452	713	847	641	774	406	762	811	156	38
81	469	807	156	131	234	645	299	604	383	480	81	71	763	704	387	665	565	112	48	640	803
82	201	380	42	82	624	267	798	591	769	556	82	691	167	460	474	568	375	227	433	503	137
83	795	670	5	596	339	323	368	32	771	316	83	304	29	508	477	342	856	302	794	557	531
84	863	716	429	647	337	341	478	802	641	142	84	787	46	603	300	367	324	510	714	50	318
85	287	447	612	729	584	322	835	302	104	505	85	281	656	767	451	800	20	343	255	683	98
86	748	688	140	317	51	182	164	404	209	643	86	495	698	786	840	716	618	179	279	286	143
87	564	666	221	493	695	685	1				87	152	389	65	535	246	437	*			
	0	1	2	3	4	5	6	7	8	9		0	1	2	3	4	5	6	7	8	9

$p = 881,\ g = 3,\ p - 1 = 2^4 \cdot 5 \cdot 11$

N

	0	1	2	3	4	5	6	7	8	9
0		3	9	27	81	243	729	425	394	301
1	22	66	198	594	20	60	180	540	739	455
2	484	571	832	734	440	439	436	427	400	319
3	76	228	684	290	870	848	782	584	871	851
4	791	611	71	213	639	155	465	514	661	221
5	663	227	681	281	843	767	539	736	446	457
6	490	589	5	15	45	135	405	334	121	363
7	208	624	110	330	109	327	100	300	19	57
8	171	513	658	212	636	146	438	433	418	373
9	238	714	380	259	777	569	826	716	386	277
10	831	731	431	412	355	184	552	775	563	808
11	662	224	672	254	762	524	691	311	52	156
12	468	523	688	302	25	75	225	675	263	789
13	605	53	159	477	550	769	545	754	500	619
14	95	285	855	803	647	179	537	730	428	403
15	328	103	309	46	138	414	361	202	606	56
16	168	504	631	131	393	298	13	39	117	351
17	172	516	667	239	717	389	286	858	812	674
18	260	780	578	853	797	629	125	375	244	732
19	434	421	382	265	795	623	107	321	82	246
20	738	452	475	544	751	491	592	14	42	126
21	378	253	759	515	664	230	690	308	43	129
22	387	280	840	758	512	655	203	609	65	195
23	585	874	860	818	692	314	61	183	549	766
24	536	727	419	376	247	741	461	502	625	113
25	339	136	408	343	148	444	451	472	535	724
26	410	349	166	498	613	77	231	693	317	70
27	210	630	128	384	271	813	677	269	807	659
28	215	645	173	519	676	266	798	632	134	402
29	325	94	282	846	776	566	817	689	305	34
30	102	306	37	111	333	118	354	181	543	748
31	482	565	814	680	278	834	740	458	493	598
32	32	96	288	864	830	728	422	385	274	822
33	704	350	169	507	640	158	474	541	742	464
34	511	652	194	582	865	833	737	449	466	517
35	670	248	744	470	529	706	356	187	561	802
36	644	170	510	649	185	555	784	590	8	24
37	72	216	648	182	546	757	509	646	176	528
38	703	347	160	480	559	796	626	116	348	163
39	489	586	877	869	845	773	557	790	608	62
40	186	558	793	617	89	267	801	641	161	483
41	568	823	707	359	196	588	2	6	18	54
42	162	486	577	850	788	602	44	132	396	307
43	40	120	360	199	597	29	87	261	783	587
44	880	878	872	854	800	638	152	456	487	580
45	859	815	683	287	861	821	701	341	142	426
46	397	310	49	147	441	442	445	454	481	562
47	805	653	197	591	11	33	99	297	10	30
48	90	270	810	668	242	726	416	367	220	660
49	218	654	200	600	38	114	342	145	435	424
	0	1	2	3	4	5	6	7	8	9

I

	0	1	2	3	4	5	6	7	8	9
0		880	416	1	832	62	417	671	368	2
1	478	474	833	166	207	63	784	763	418	78
2	14	672	10	617	369	124	582	3	623	435
3	479	863	320	475	299	733	834	302	494	167
4	430	662	208	218	426	64	153	755	785	462
5	540	764	118	131	419	536	159	79	851	769
6	15	236	399	673	736	228	11	752	715	618
7	269	42	370	549	718	125	30	265	583	799
8	846	4	198	726	624	825	634	436	842	404
9	480	837	569	864	291	140	321	806	878	476
10	76	621	300	151	534	734	547	196	835	74
11	72	303	575	249	495	679	387	168	305	554
12	431	68	652	663	815	186	209	577	272	219
13	644	163	427	749	288	65	251	792	154	778
14	685	756	458	640	786	497	85	463	254	629
15	541	587	446	765	681	45	119	699	335	132
16	382	408	420	389	614	537	262	531	160	332
17	361	80	170	282	852	795	378	770	820	145
18	16	307	373	237	105	364	400	357	707	674
19	556	656	737	562	342	229	414	472	12	433
20	492	753	157	226	716	724	567	619	70	552
21	270	790	83	43	612	280	371	654	490	550
22	488	49	719	522	111	126	665	51	31	781
23	215	266	803	812	584	817	721	800	90	173
24	847	774	484	5	188	524	199	244	351	727
25	602	711	625	211	113	826	688	511	635	93
26	180	437	579	128	843	193	285	405	704	277
27	481	274	667	838	328	598	570	99	314	865
28	221	53	292	759	874	141	176	453	322	646
29	33	807	501	855	879	831	670	477	165	783
30	77	9	123	622	862	298	301	429	217	152
31	461	117	535	850	235	735	751	268	548	29
32	798	197	824	841	836	290	805	75	150	546
33	73	574	678	304	67	814	576	643	748	250
34	777	457	496	253	586	680	698	381	388	261
35	331	169	794	819	306	104	356	555	561	413
36	432	156	723	69	789	611	653	487	521	664
37	780	802	816	89	773	187	243	601	210	687
38	92	578	192	703	273	327	98	220	758	175
39	645	500	830	164	8	861	428	460	849	750
40	28	823	289	149	573	66	642	776	252	697
41	260	793	103	560	155	788	486	779	88	242
42	686	191	326	757	499	7	459	27	148	641
43	696	102	787	87	190	498	26	695	86	25
44	24	464	465	526	255	466	58	630	527	347
45	542	256	201	588	467	19	447	59	317	766
46	631	246	682	528	339	46	348	595	120	543
47	353	700	257	692	336	202	506	133	589	729
48	383	468	310	409	20	868	421	448	604	390
49	60	205	615	318	660	538	767	713	263	632
	0	1	2	3	4	5	6	7	8	9

p = 881

I′

	0	1	2	3	4	5	6	7	8	9
0	880	832	478	623	198	188	147	459	861	123
1	617	752	433	616	672	236	307	337	316	447
2	868	592	345	525	464	24	695	148	823	798
3	265	781	854	807	38	760	438	230	442	875
4	844	717	370	612	334	119	348	213	110	719
5	214	31	873	292	742	689	17	346	630	317
6	205	367	417	784	153	251	642	814	652	789
7	552	248	303	574	72	150	621	9	14	851
8	170	47	279	43	628	463	25	190	242	773
9	173	702	578	180	591	557	859	174	220	314
10	22	189	787	560	356	364	590	294	708	810
11	50	126	510	826	745	796	234	535	131	699
12	543	115	297	622	582	30	665	284	843	397
13	158	419	382	589	513	743	374	649	532	877
14	321	176	564	705	372	16	693	101	641	573
15	546	534	461	755	778	788	723	226	768	79
16	332	683	287	427	8	783	207	430	305	794
17	282	349	483	847	829	645	453	450	275	127
18	437	516	563	443	286	271	209	243	524	694
19	498	326	703	285	385	71	835	824	726	244
20	18	588	506	136	659	615	762	63	218	577
21	687	113	508	171	811	266	116	152	426	644
22	758	53	870	212	81	566	716	714	11	414
23	391	857	454	839	267	735	399	105	134	55
24	146	325	686	601	351	338	682	650	386	495
25	777	792	697	586	629	466	201	692	240	559
26	793	331	531	632	845	583	803	797	548	42
27	790	162	219	327	667	312	666	481	109	489
28	371	377	852	596	276	405	638	791	65	149
29	805	140	759	739	94	675	233	216	301	733
30	151	429	494	575	67	554	104	373	203	867
31	409	295	451	52	865	593	245	766	660	732
32	475	806	646	344	100	6	757	98	598	411
33	818	169	361	529	407	132	202	690	594	46
34	224	471	229	605	503	315	200	542	595	509
35	710	727	691	700	609	412	555	707	469	143
36	281	80	340	706	400	730	761	473	2	124
37	549	654	363	237	507	223	362	144	770	354
38	330	388	408	468	637	184	553	168	261	614
39	60	439	441	34	293	636	401	40	227	673
40	357	384	876	568	480	704	359	613	420	20
41	95	519	722	432	472	61	1	671	78	536
42	389	448	182	39	129	754	64	749	460	217
43	662	68	156	492	319	479	842	579	366	415
44	*	856	808	142	406	44	765	59	604	517
45	232	668	32	322	518	329	585	496	640	27
46	849	117	540	254	465	526	58	19	310	108
47	565	491	12	206	833	299	76	165	474	863
48	837	274	709	523	5	241	779	521	49	48
49	550	225	753	661	167	679	253	85	26	7
	0	1	2	3	4	5	6	7	8	9

I″

	0	1	2	3	4	5	6	7	8	9
0	440	416	368	582	846	484	325	499	164	77
1	672	228	472	762	78	769	145	56	200	467
2	409	557	100	694	25	86	498	459	750	548
3	125	51	452	646	393	739	516	605	34	423
4	397	714	269	83	445	681	339	81	489	488
5	110	665	313	221	607	239	693	525	466	447
6	390	415	832	207	426	288	573	304	431	723
7	619	195	74	546	835	805	476	783	418	159
8	361	224	551	790	639	497	695	787	779	816
9	800	600	687	635	294	410	599	702	327	570
10	324	147	696	793	306	237	513	636	469	278
11	48	522	710	211	871	121	216	461	764	45
12	595	853	782	9	369	718	111	179	579	424
13	539	118	335	506	238	689	203	712	632	568
14	291	874	443	359	377	820	240	6	27	289
15	75	300	217	64	792	560	432	753	130	536
16	531	650	271	644	830	477	833	494	387	331
17	80	213	720	90	97	758	141	809	709	510
18	93	740	422	875	385	651	815	773	5	101
19	87	686	578	843	876	533	547	798	4	524
20	346	256	336	308	603	60	473	166	662	186
21	601	625	223	47	50	781	297	429	208	272
22	98	865	648	375	340	491	157	398	736	342
23	37	808	450	296	116	850	15	373	744	827
24	258	485	88	187	199	316	631	532	71	575
25	748	65	776	496	463	526	542	700	821	775
26	697	388	537	713	717	30	215	234	751	618
27	552	185	577	703	481	178	284	704	565	82
28	612	360	170	509	127	193	184	162	749	823
29	836	864	53	394	107	311	668	122	862	475
30	621	298	834	72	678	168	819	16	690	728
31	468	708	275	597	99	345	18	59	615	434
32	863	140	453	858	558	241	191	273	838	455
33	380	261	160	627	44	699	692	17	245	528
34	362	655	562	517	323	22	57	527	46	171
35	523	244	594	543	379	818	104	400	637	406
36	530	332	376	372	105	515	438	61	671	617
37	42	280	144	307	136	626	529	281	795	746
38	585	698	132	729	401	194	248	679	381	420
39	604	230	502	606	742	514	730	129	768	236
40	364	396	844	633	842	285	444	334	382	310
41	675	329	355	561	229	439	880	62	763	131
42	408	868	738	760	731	661	218	163	861	301
43	167	554	413	12	581	623	634	180	36	391
44	856	392	38	183	638	628	587	19	421	563
45	177	312	873	176	232	676	747	777	756	7
46	428	152	785	85	24	464	255	588	383	358
47	705	341	414	367	478	320	878	670	2	435
48	404	277	810	172	774	559	788	653	550	279
49	654	471	433	732	302	249	457	786	190	757
	0	1	2	3	4	5	6	7	8	9

p = **881** (Fortsetzung)

N	0	1	2	3	4	5	6	7	8	9
50	391	292	876	866	836	746	476	547	760	518
51	673	257	771	551	772	554	781	581	862	824
52	710	368	223	669	245	735	443	448	463	508
53	643	167	501	622	104	312	55	165	495	604
54	50	150	450	469	526	697	329	106	318	73
55	219	657	209	627	119	357	190	570	829	725
56	413	358	193	579	856	806	656	206	618	92
57	276	828	722	404	331	112	336	127	381	262
58	786	596	26	78	234	702	344	151	453	478
59	553	778	572	835	743	467	520	679	275	825
60	713	377	250	750	488	583	868	842	764	530
61	709	365	214	642	164	492	595	23	69	207
62	621	101	303	28	84	252	756	506	637	149
63	447	460	499	616	86	258	774	560	799	635
64	143	429	406	337	130	390	289	867	839	755
65	503	628	122	366	217	651	191	573	838	752
66	494	601	41	123	369	226	678	272	816	686
67	296	7	21	63	189	567	820	698	332	115
68	345	154	462	505	634	140	420	379	256	768
69	542	745	473	538	733	437	430	409	346	157
70	471	532	715	383	268	804	650	188	564	811
71	671	251	753	497	610	68	204	612	74	222
72	666	236	708	362	205	615	83	249	747	479
73	556	787	599	35	105	315	64	192	576	847
74	779	575	844	770	548	763	527	700	338	133
75	399	316	67	201	603	47	141	423	388	283
76	849	785	593	17	51	153	459	496	607	59
77	177	531	712	374	241	723	407	340	139	417
78	370	229	687	299	16	48	144	432	415	364
79	211	633	137	411	352	175	525	694	320	79
80	237	711	371	232	696	326	97	291	873	857
81	809	665	233	699	335	124	372	235	705	353
82	178	534	721	401	322	85	255	765	533	718
83	392	295	4	12	36	108	324	91	273	819
84	695	323	88	264	792	614	80	240	720	398
85	313	58	174	522	685	293	879	875	863	827
86	719	395	304	31	93	279	837	749	485	574
87	841	761	521	682	284	852	794	620	98	294
88	1									
	0	1	2	3	4	5	6	7	8	9

I	0	1	2	3	4	5	6	7	8	9
50	138	532	247	650	161	683	627	333	529	376
51	362	340	224	81	47	213	171	349	509	283
52	596	872	853	121	115	796	544	746	379	354
53	609	771	701	828	821	258	240	146	693	56
54	17	337	690	308	203	136	374	507	744	238
55	134	513	106	590	515	365	730	396	401	384
56	637	358	469	108	708	311	295	675	410	95
57	557	21	592	657	869	741	738	422	182	563
58	449	517	343	605	37	230	391	439	415	61
59	367	473	206	762	13	616	581	434	319	732
60	493	661	425	754	539	130	158	768	398	227
61	714	41	717	264	845	725	633	403	568	139
62	877	620	533	195	71	248	386	553	651	185
63	271	162	287	791	684	639	84	628	445	44
64	334	407	613	530	360	281	377	144	372	363
65	706	655	341	471	491	225	566	551	82	279
66	489	48	110	50	214	811	720	172	483	523
67	350	710	112	510	179	127	284	276	666	597
68	313	52	873	452	32	854	669	782	122	297
69	216	116	234	267	797	840	804	545	677	813
70	747	456	585	380	330	818	355	412	722	610
71	520	801	772	600	91	702	97	174	829	860
72	848	822	572	775	259	559	485	241	325	6
73	147	101	189	694	23	525	57	346	200	18
74	316	245	338	594	352	691	505	728	309	867
75	603	204	659	712	137	649	626	375	223	212
76	508	871	114	745	608	827	239	55	689	135
77	743	512	514	395	636	107	294	94	591	740
78	181	516	36	438	366	761	580	731	424	129
79	397	40	844	402	876	194	385	184	286	638
80	444	406	359	143	705	470	565	278	109	810
81	482	709	178	275	312	451	668	296	233	839
82	676	455	329	411	519	599	96	859	571	558
83	324	100	22	345	315	593	504	866	658	648
84	222	870	607	54	742	394	293	739	35	760
85	423	39	875	183	443	142	564	809	177	450
86	232	454	518	858	323	344	503	647	606	393
87	34	38	442	808	231	857	502	392	441	856
88	440									
	0	1	2	3	4	5	6	7	8	9

p = 881

I′

	0	1	2	3	4	5	6	7	8	9
50	830	855	392	647	866	728	133	744	871	283
51	179	635	514	106	395	365	36	343	858	599
52	801	664	111	350	199	57	255	347	339	376
53	360	160	247	195	734	850	159	262	767	130
54	764	587	256	353	746	677	73	196	29	718
55	488	82	270	651	431	561	656	21	324	485
56	155	413	342	449	809	278	551	619	139	864
57	99	558	775	66	678	249	643	272	192	128
58	731	434	3	799	817	380	680	446	467	729
59	515	740	657	504	352	120	872	313	570	96
60	91	210	711	204	390	37	393	54	827	771
61	520	653	280	530	537	318	581	369	269	70
62	533	300	862	435	825	211	375	333	445	541
63	527	246	138	403	436	93	107	358	444	84
64	786	696	776	748	163	500	33	606	222	626
65	161	185	663	487	490	341	737	869	648	712
66	538	425	208	815	780	51	597	838	296	782
67	477	368	10	736	556	410	455	813	304	387
68	698	45	528	627	639	756	191	92	511	135
69	308	505	336	56	23	86	102	260	381	335
70	257	828	97	273	277	470	655	674	311	178
71	112	625	137	263	41	618	724	264	125	522
72	172	800	610	69	567	633	624	602	309	383
73	396	424	493	834	547	751	228	562	422	35
74	181	738	394	512	238	608	379	456	250	288
75	28	268	715	157	539	785	458	499	175	874
76	423	580	13	418	118	681	631	713	398	15
77	820	701	600	187	484	259	252	457	685	88
78	802	215	122	77	763	462	497	87	486	611
79	83	684	154	103	819	378	544	840	197	846
80	90	772	816	812	545	75	878	501	231	177
81	482	720	584	747	576	186	89	721	355	306
82	145	258	572	289	841	634	688	239	821	860
83	164	670	62	166	302	74	290	569	328	676
84	804	836	404	193	402	725	4	774	822	750
85	235	769	795	121	669	879	440	502	323	571
86	848	428	298	320	291	221	658	603	421	741
87	607	114	853	452	141	183	194	620	476	831
88	416									
	0	1	2	3	4	5	6	7	8	9

I″

	0	1	2	3	4	5	6	7	8	9
50	645	807	857	344	593	691	202	374	212	349
51	112	688	743	134	512	590	181	449	454	411
52	610	487	719	483	188	23	465	630	682	333
53	613	262	138	620	151	117	419	614	660	754
54	462	629	347	120	796	804	150	734	268	370
55	490	566	70	386	305	356	674	95	571	259
56	103	555	737	182	142	470	225	724	403	837
57	598	859	822	149	73	303	814	209	92	437
58	761	616	124	265	812	456	253	541	201	133
59	106	94	21	315	338	348	283	666	328	519
60	772	243	727	867	448	343	647	870	745	354
61	722	789	43	407	389	205	13	10	715	567
62	877	76	123	3	726	711	649	683	84	254
63	58	766	263	725	825	511	395	384	286	684
64	458	148	66	576	219	175	322	503	658	137
65	247	553	68	611	371	706	556	592	866	204
66	318	493	430	652	521	126	276	274	451	854
67	831	417	14	399	707	295	839	545	574	495
68	586	765	246	161	791	778	242	210	826	55
69	337	352	257	146	189	26	641	252	680	119
70	353	771	91	192	405	143	363	357	108	482
71	350	602	659	767	227	752	226	41	549	49
72	811	817	412	156	716	845	198	351	505	589
73	365	580	319	299	534	235	673	656	741	293
74	591	869	54	135	507	114	544	813	643	427
75	849	735	11	492	425	153	685	326	220	292
76	35	366	206	784	540	446	317	538	158	851
77	378	609	801	89	847	572	642	250	154	486
78	664	31	669	165	63	755	640	102	155	69
79	270	287	251	260	169	852	115	267	29	583
80	721	520	780	266	840	290	321	33	442	564
81	109	214	803	677	67	663	802	584	330	794
82	770	828	848	28	197	624	113	608	701	174
83	500	879	1	474	733	196	841	480	667	233
84	797	824	436	128	40	264	799	173	860	460
85	535	79	282	872	32	501	441	231	518	96
86	829	8	622	479	569	314	504	309	20	657
87	222	508	596	52	759	39	402	139	806	855
88	*									
	0	1	2	3	4	5	6	7	8	9

$p = 883,\ g = 2,\ p - 1 = 2 \cdot 3^2 \cdot 7^2$

N

	0	1	2	3	4	5	6	7	8	9
0		2	4	8	16	32	64	128	256	512
1	141	282	564	245	490	97	194	388	776	669
2	455	27	54	108	216	432	864	845	807	731
3	579	275	550	217	434	868	853	823	763	643
4	403	806	729	575	267	534	185	370	740	597
5	311	622	361	722	561	239	478	73	146	292
6	584	285	570	257	514	145	290	580	277	554
7	225	450	17	34	68	136	272	544	205	410
8	820	757	631	379	758	633	383	766	649	415
9	830	777	671	459	35	70	140	280	560	237
10	474	65	130	260	520	157	314	628	373	746
11	609	335	670	457	31	62	124	248	496	109
12	218	436	872	861	839	795	707	531	179	358
13	716	549	215	430	860	837	791	699	515	147
14	294	588	293	586	289	578	273	546	209	418
15	836	789	695	507	131	262	524	165	330	660
16	437	874	865	847	811	739	595	307	614	345
17	690	497	111	222	444	5	10	20	40	80
18	160	320	640	397	794	705	527	171	342	684
19	485	87	174	348	696	509	135	270	540	197
20	394	788	693	503	123	246	492	101	202	404
21	808	733	583	283	566	249	498	113	226	452
22	21	42	84	168	336	672	461	39	78	156
23	312	624	365	730	577	271	542	201	402	804
24	725	567	251	502	121	242	484	85	170	340
25	680	477	71	142	284	568	253	506	129	258
26	516	149	298	596	309	618	353	706	529	175
27	350	700	517	151	302	604	325	650	417	834
28	785	687	491	99	198	396	792	701	519	155
29	310	620	357	714	545	207	414	828	773	663
30	443	3	6	12	24	48	96	192	384	768
31	653	423	846	809	735	587	291	582	281	562
32	241	482	81	162	324	648	413	826	769	655
33	427	854	825	767	651	419	838	793	703	523
34	163	326	652	421	842	801	719	555	227	454
35	25	50	100	200	400	800	717	551	219	438
36	876	869	855	827	771	659	435	870	857	831
37	779	675	467	51	102	204	408	816	749	615
38	347	694	505	127	254	508	133	266	532	181
39	362	724	565	247	494	105	210	420	840	797
40	711	539	195	390	780	677	471	59	118	236
41	472	61	122	244	488	93	186	372	744	605
42	327	654	425	850	817	751	619	355	710	537
43	191	382	764	645	407	814	745	607	331	662
44	441	882	881	879	875	867	851	819	755	627
45	371	742	601	319	638	393	786	689	495	107
46	214	428	856	829	775	667	451	19	38	76
47	152	304	608	333	666	449	15	30	60	120
48	240	480	77	154	308	616	349	698	513	143
49	286	572	261	522	161	322	644	405	810	737
	0	1	2	3	4	5	6	7	8	9

I

	0	1	2	3	4	5	6	7	8	9
0		882	1	301	2	175	302	801	3	602
1	176	563	303	808	802	476	4	72	603	467
2	177	220	564	575	304	350	809	21	803	772
3	477	114	5	864	73	94	604	753	468	227
4	178	785	221	839	565	777	576	591	305	720
5	351	373	810	531	22	738	804	768	773	407
6	478	411	115	521	6	101	865	818	74	876
7	95	252	605	57	754	651	469	482	228	680
8	179	322	786	796	222	247	840	191	566	625
9	778	727	577	415	592	642	306	15	721	283
10	352	207	374	845	811	395	532	459	23	119
11	739	172	805	217	769	750	774	528	408	873
12	479	244	412	204	116	525	522	383	7	258
13	102	154	866	386	819	196	75	550	877	859
14	96	10	253	489	606	65	58	139	755	261
15	652	273	470	674	483	289	229	105	681	832
16	180	494	323	340	787	157	797	571	223	734
17	248	187	841	869	192	269	567	708	626	128
18	779	389	728	712	578	46	416	635	593	822
19	643	430	307	611	16	402	722	199	284	630
20	353	237	208	691	375	78	846	295	812	148
21	396	666	533	553	460	132	24	33	120	358
22	740	880	173	600	806	70	218	348	770	862
23	751	783	775	718	529	766	409	99	874	55
24	480	320	245	623	413	13	205	393	117	215
25	526	242	523	256	384	548	8	63	259	672
26	103	492	155	732	867	706	387	44	820	609
27	197	235	76	146	551	31	878	68	860	716
28	97	318	11	213	254	61	490	704	607	144
29	66	316	59	142	140	582	756	584	262	501
30	653	758	274	508	471	586	675	167	484	264
31	290	50	230	503	106	696	682	655	833	453
32	181	760	495	539	324	276	341	420	788	510
33	158	438	798	473	572	111	224	588	735	518
34	249	677	188	639	842	169	870	380	193	486
35	270	829	568	266	709	427	627	292	129	597
36	780	52	390	545	729	232	713	701	579	505
37	47	450	417	108	636	826	594	698	823	83
38	644	684	431	86	308	657	612	559	17	835
39	403	647	723	455	200	855	285	183	631	687
40	354	762	238	40	209	497	692	434	376	541
41	79	851	847	326	296	89	813	278	149	335
42	397	343	667	311	534	422	554	330	461	790
43	133	660	25	512	34	366	121	160	359	615
44	741	440	881	300	174	800	601	562	807	475
45	71	466	219	574	349	20	771	113	863	93
46	752	226	784	838	776	590	719	372	530	737
47	767	406	410	520	100	817	875	251	56	650
48	481	679	321	795	246	190	624	726	414	641
49	14	282	206	844	394	458	118	171	216	749
	0	1	2	3	4	5	6	7	8	9

p = 883

	I′											I″									
	0	1	2	3	4	5	6	7	8	9		0	1	2	3	4	5	6	7	8	9
0	882	301	175	602	72	864	101	258	63	488	0	441	882	301	801	476	114	521	383	548	858
1	253	213	392	205	282	721	402	835	91	112	1	96	318	622	413	641	306	611	559	464	573
2	771	803	738	119	33	512	162	312	210	714	2	349	809	531	459	132	660	618	668	41	233
3	67	878	357	120	366	361	331	848	432	496	3	145	551	131	24	512	445	555	852	685	761
4	209	28	233	608	820	634	416	450	694	502	4	238	669	730	705	387	711	578	505	165	263
5	230	544	390	621	319	480	650	754	139	142	5	290	596	780	764	98	874	251	605	65	316
6	703	490	671	259	138	58	316	715	860	347	6	212	254	547	8	488	606	144	30	878	599
7	218	466	603	94	876	550	146	294	846	851	7	806	475	4	864	818	196	235	690	375	541
8	556	84	683	644	557	656	308	333	277	813	8	447	824	697	823	81	683	431	849	325	296
9	369	836	225	752	604	252	10	318	54	874	9	463	18	112	863	73	876	859	716	765	409
10	817	865	154	492	831	681	696	825	636	516	10	520	6	258	672	288	229	503	449	417	436
11	587	224	92	863	5	521	525	215	171	739	11	472	572	19	771	477	411	204	393	458	23
12	358	160	617	661	398	632	710	388	779	597	12	33	366	744	134	336	184	267	707	626	292
13	356	32	24	660	123	336	286	271	260	755	13	664	552	460	790	745	150	856	487	64	58
14	582	581	140	315	66	30	551	665	396	335	14	142	315	59	703	607	234	76	294	812	278
15	135	856	194	385	866	732	570	797	438	614	15	746	201	381	257	102	492	339	787	510	365
16	359	444	513	535	693	48	263	484	379	870	16	121	617	26	312	498	506	585	675	638	842
17	748	216	805	600	800	302	563	220	785	322	17	457	118	739	880	300	2	602	467	227	680
18	494	760	686	631	125	267	868	841	639	725	18	832	453	854	285	337	569	733	248	677	794
19	624	566	269	486	857	549	75	235	629	284	19	246	840	869	380	152	385	819	609	401	722
20	855	151	381	524	116	393	844	374	691	497	20	455	747	871	243	412	13	282	352	237	40
21	313	702	60	254	241	526	749	769	348	574	21	28	714	317	11	392	117	171	805	70	466
22	564	839	247	734	588	837	784	178	680	105	22	177	785	796	571	111	92	752	468	482	289
23	503	700	713	29	145	76	690	208	40	669	23	50	544	729	42	608	197	629	353	762	620
24	546	255	523	203	412	623	190	840	187	677	24	391	214	526	872	479	320	795	222	734	518
25	649	56	605	489	61	547	384	153	102	672	25	816	875	95	10	213	241	523	382	7	63
26	272	652	501	49	290	426	709	126	707	567	26	138	755	584	166	484	828	568	185	868	192
27	829	287	673	470	508	419	341	334	149	746	27	486	137	260	652	758	538	324	88	813	792
28	456	843	206	352	630	183	337	830	104	229	28	724	640	14	721	199	855	136	271	673	483
29	50	596	129	664	147	812	89	463	560	799	29	264	426	627	689	77	846	326	363	613	439
30	174	2	801	808	350	720	15	611	657	328	30	881	1	175	563	575	591	642	430	86	333
31	421	534	163	498	580	141	59	212	11	622	31	342	667	27	210	702	143	66	715	97	54
32	245	795	786	340	276	88	296	363	658	789	32	480	679	179	494	539	850	847	332	309	421
33	461	362	327	309	342	397	124	184	569	156	33	554	36	848	87	277	149	135	286	830	493
34	787	420	319	667	619	763	781	861	770	20	34	323	276	334	397	662	355	598	69	218	574
35	809	373	207	237	762	345	598	879	740	615	35	304	720	283	630	687	663	130	32	120	160
36	743	367	462	297	613	159	121	744	791	814	36	444	35	331	327	658	511	34	361	462	90
37	404	736	530	810	845	78	541	424	827	485	37	836	589	719	351	207	691	434	515	637	168
38	193	152	257	7	548	195	819	44	711	728	38	870	202	524	522	256	153	866	706	127	779
39	545	240	214	117	458	532	666	343	662	688	39	52	621	12	205	844	811	148	335	124	632
40	628	198	722	647	815	519	410	478	873	99	40	428	610	16	835	370	736	767	773	528	766
41	520	115	204	13	641	592	635	108	436	509	41	406	478	244	623	726	577	46	450	537	275
42	788	329	554	446	542	595	291	627	400	610	42	341	310	534	514	377	827	265	709	633	821
43	307	86	849	540	376	515	109	472	798	299	43	643	684	38	496	692	536	418	509	158	614
44	881	*	441	742	360	35	555	80	824	107	44	741	442	742	616	161	513	423	542	699	504
45	417	537	759	181	854	200	747	170	118	23	45	47	694	654	833	646	723	280	843	394	532
46	132	790	368	90	18	573	219	177	227	482	46	553	330	362	297	560	474	71	603	753	651
47	674	586	110	572	465	71	4	114	411	244	47	273	508	437	798	561	807	802	772	407	873
48	320	679	228	289	264	828	270	137	64	606	48	55	650	469	674	167	379	193	857	9	253
49	704	731	155	339	323	539	433	692	164	506	49	61	671	103	831	180	760	39	209	313	580
	0	1	2	3	4	5	6	7	8	9		0	1	2	3	4	5	6	7	8	9

p = 883 (Fortsetzung)

N

	0	1	2	3	4	5	6	7	8	9
50	591	299	598	313	626	369	738	593	303	606
51	329	658	433	866	849	815	747	611	339	678
52	473	63	126	252	504	125	250	500	117	234
53	468	53	106	212	424	848	813	743	603	323
54	646	409	818	753	623	363	726	569	255	510
55	137	274	548	213	426	852	821	759	635	387
56	774	665	447	11	22	44	88	176	352	704
57	525	167	334	668	453	23	46	92	184	368
58	736	589	295	590	297	594	305	610	337	674
59	465	47	94	188	376	752	621	359	718	553
60	223	446	9	18	36	72	144	288	576	269
61	538	193	386	772	661	439	878	873	863	843
62	803	723	563	243	486	89	178	356	712	541
63	199	398	796	709	535	187	374	748	613	343
64	686	489	95	190	380	760	637	391	782	681
65	479	75	150	300	600	317	634	385	770	657
66	431	862	841	799	715	547	211	422	844	805
67	727	571	259	518	153	306	612	341	682	481
68	79	158	316	632	381	762	641	399	798	713
69	543	203	406	812	741	599	315	630	377	754
70	625	367	734	585	287	574	265	530	177	354
71	708	533	183	366	732	581	279	558	233	466
72	49	98	196	392	784	685	487	91	182	364
73	728	573	263	526	169	338	676	469	55	110
74	220	440	880	877	871	859	835	787	691	499
75	115	230	460	37	74	148	296	592	301	602
76	321	642	401	802	721	559	235	470	57	114
77	228	456	29	58	116	232	464	45	90	180
78	360	720	557	231	462	41	82	164	328	656
79	429	858	833	783	683	483	83	166	332	664
80	445	7	14	28	56	112	224	448	13	26
81	52	104	208	416	832	781	679	475	67	134
82	268	536	189	378	756	629	375	750	617	351
83	702	521	159	318	636	389	778	673	463	43
84	86	172	344	688	493	103	206	412	824	765
85	647	411	822	761	639	395	790	697	511	139
86	278	556	229	458	33	66	132	264	528	173
87	346	692	501	119	238	476	69	138	276	552
88	221	442	1							
	0	1	2	3	4	5	6	7	8	9

I

	0	1	2	3	4	5	6	7	8	9
50	527	872	243	203	524	382	257	153	385	195
51	549	858	9	488	64	138	260	272	673	288
52	104	831	493	339	156	570	733	186	868	268
53	707	127	388	711	45	634	821	429	610	401
54	198	629	236	690	77	294	147	665	552	131
55	32	357	879	599	69	347	861	782	717	765
56	98	54	319	622	12	392	214	241	255	547
57	62	671	491	731	705	43	608	234	145	30
58	67	715	317	212	60	703	143	315	141	581
59	583	500	757	507	585	166	263	49	502	695
60	654	452	759	538	275	419	509	437	472	110
61	587	517	676	638	168	379	485	828	265	426
62	291	596	51	544	231	700	504	449	107	825
63	697	82	683	85	656	558	834	646	454	854
64	182	686	761	39	496	433	540	850	325	88
65	277	334	342	310	421	329	789	659	511	365
66	159	614	439	299	799	561	474	465	573	19
67	112	92	225	837	589	371	736	405	519	816
68	250	649	678	794	189	725	640	281	843	457
69	170	748	871	202	381	152	194	857	487	137
70	271	287	830	338	569	185	267	126	710	633
71	428	400	628	689	293	664	130	356	598	346
72	781	764	53	621	391	240	546	670	730	42
73	233	29	714	211	702	314	580	499	506	165
74	48	694	451	537	418	436	109	516	637	378
75	827	425	595	543	699	448	824	81	84	557
76	645	853	685	38	432	849	87	333	309	328
77	658	364	613	298	560	464	18	91	836	370
78	404	815	648	793	724	280	456	747	201	151
79	856	136	286	337	184	125	632	399	688	663
80	355	345	763	620	239	669	41	28	210	313
81	498	164	693	536	435	515	377	424	542	447
82	80	556	852	37	848	332	327	363	297	463
83	90	369	814	792	279	746	150	135	336	124
84	398	662	344	619	668	27	312	163	535	514
85	423	446	555	36	331	362	462	368	791	745
86	134	123	661	618	26	162	513	445	35	361
87	367	744	122	617	161	444	360	743	616	443
88	742	442	441							
	0	1	2	3	4	5	6	7	8	9

p = **883**

I′

	0	1	2	3	4	5	6	7	8	9
50	757	653	695	106	449	47	165	585	471	437
51	158	365	34	445	423	377	637	676	249	816
52	100	6	383	256	382	522	242	872	408	766
53	737	22	459	553	422	514	435	418	275	324
54	850	79	447	699	231	729	670	62	8	858
55	877	31	131	460	330	36	852	645	834	17
56	464	474	807	303	575	777	625	708	266	185
57	733	223	111	19	349	304	591	415	46	505
58	499	583	756	500	262	166	675	517	735	371
59	719	305	642	822	698	543	51	780	346	69
60	806	562	176	467	753	57	65	144	234	197
61	401	16	559	298	439	741	443	161	26	668
62	239	391	12	413	726	778	128	292	689	236
63	353	687	399	428	821	593	826	378	168	842
64	281	14	306	430	684	853	454	723	793	678
65	481	469	273	758	452	833	558	612	364	511
66	25	618	344	355	130	552	533	311	27	41
67	730	491	103	288	483	167	638	188	794	321
68	179	832	655	85	431	38	761	354	663	293
69	77	375	434	536	451	654	682	82	823	448
70	504	579	314	143	607	43	387	127	626	427
71	633	45	578	701	211	317	97	765	529	372
72	351	283	199	455	280	640	414	577	712	232
73	42	705	867	186	248	518	405	767	804	172
74	880	440	442	616	122	134	150	201	871	527
75	774	783	226	468	651	261	584	507	274	538
76	495	39	238	620	53	98	409	406	773	750
77	862	113	477	407	528	718	590	576	727	389
78	52	764	717	775	838	221	796	157	510	659
79	133	745	279	724	189	246	222	571	473	561
80	601	3	476	772	768	217	70	475	802	21
81	531	395	148	278	792	648	250	875	74	196
82	609	429	643	83	81	697	594	425	265	568
83	338	493	180	453	646	403	370	589	776	565
84	191	869	169	457	394	811	295	326	332	87
85	325	847	37	685	182	285	136	487	9	96
86	716	782	751	93	73	818	386	706	268	192
87	380	202	243	479	55	251	95	859	68	599
88	173	300	1							
	0	1	2	3	4	5	6	7	8	9

I″

	0	1	2	3	4	5	6	7	8	9
50	583	262	49	230	700	579	499	757	274	419
51	788	659	25	162	535	435	109	587	735	405
52	410	115	525	242	203	116	215	749	774	718
53	372	810	395	666	311	163	693	451	759	495
54	433	376	424	595	51	390	240	255	384	195
55	75	146	665	533	422	446	80	84	656	612
56	298	799	601	176	220	839	191	269	829	338
57	156	797	473	465	219	564	777	727	712	701
58	314	141	140	581	756	507	471	110	224	837
59	776	576	415	635	826	425	291	129	356	879
60	173	800	3	72	94	252	489	704	43	820
61	429	307	657	364	159	359	743	122	661	344
62	763	53	319	245	190	566	708	427	400	198
63	284	183	125	710	45	416	108	516	676	188
64	725	414	592	822	83	557	834	403	815	250
65	56	754	261	501	695	682	85	308	328	789
66	133	123	398	688	293	147	396	343	619	239
67	546	62	259	272	470	586	517	249	649	481
68	228	105	696	82	644	853	182	631	399	628
69	236	208	497	164	48	502	106	825	594	543
70	231	713	211	60	490	731	867	268	567	266
71	126	388	728	232	29	67	860	782	775	590
72	305	15	402	647	793	189	624	778	389	545
73	670	491	155	570	223	588	371	530	22	119
74	358	615	443	360	367	791	279	456	170	216
75	769	862	93	604	57	139	582	500	653	452
76	181	686	354	345	781	717	529	737	804	217
77	348	20	803	768	750	783	838	565	625	128
78	597	346	861	751	226	178	322	340	420	329
79	461	368	814	648	678	321	786	157	438	299
80	174	302	808	21	738	172	600	562	303	350
81	373	845	295	89	369	404	519	100	865	386
82	44	634	593	698	448	107	636	378	485	270
83	287	104	681	655	558	17	91	225	784	221
84	247	187	639	281	206	374	78	851	37	432
85	540	79	556	645	454	200	151	194	549	877
86	68	347	770	113	5	101	154	732	186	841
87	169	748	527	408	99	817	74	550	31	357
88	740	440	*							
	0	1	2	3	4	5	6	7	8	9

p = **887**, g = 5, p − 1 = 2 · 443

N

	0	1	2	3	4	5	6	7	8	9
0		5	25	125	625	464	546	69	345	838
1	642	549	84	420	326	743	167	835	627	474
2	596	319	708	879	847	687	774	322	723	67
3	335	788	392	186	43	215	188	53	265	438
4	416	306	643	554	109	545	64	320	713	17
5	85	425	351	868	792	412	286	543	54	270
6	463	541	44	220	213	178	3	15	75	375
7	101	505	751	207	148	740	152	760	252	373
8	91	455	501	731	107	535	14	70	350	863
9	767	287	548	79	395	201	118	590	289	558
10	129	645	564	159	795	427	361	31	155	775
11	327	748	192	73	365	51	255	388	166	830
12	602	349	858	742	162	810	502	736	132	660
13	639	534	9	45	225	238	303	628	479	621
14	444	446	456	506	756	232	273	478	616	419
15	321	718	42	210	163	815	527	861	757	237
16	298	603	354	883	867	787	387	161	805	477
17	611	394	196	93	465	551	94	470	576	219
18	208	153	765	277	498	716	32	160	800	452
19	486	656	619	434	396	206	143	715	27	135
20	675	714	22	110	550	89	445	451	481	631
21	494	696	819	547	74	370	76	380	126	630
22	489	671	694	809	497	711	7	35	175	875
23	827	587	274	483	641	544	59	295	588	279
24	508	766	282	523	841	657	624	459	521	831
25	607	374	96	480	626	469	571	194	83	415
26	301	618	429	371	81	405	251	368	66	330
27	763	267	448	466	556	119	595	314	683	754
28	222	223	228	253	378	116	580	239	308	653
29	604	359	21	105	525	851	707	874	822	562
30	149	745	177	885	877	837	637	524	846	682
31	749	197	98	490	676	719	47	235	288	553
32	104	520	826	582	249	358	16	80	400	226
33	243	328	753	217	198	103	515	801	457	511
34	781	357	11	55	275	488	666	669	684	759
35	247	348	853	717	37	185	38	190	63	315
36	688	779	347	848	692	799	447	461	531	881
37	857	737	137	685	764	272	473	591	294	583
38	254	383	141	705	864	772	312	673	704	859
39	747	187	48	240	313	678	729	97	485	651
40	594	309	658	629	484	646	569	184	33	165
41	825	577	224	233	278	503	741	157	785	377
42	111	555	114	570	189	58	290	563	154	770
43	302	623	454	496	706	869	797	437	411	281
44	518	816	532	886	882	862	762	262	423	341
45	818	542	49	245	338	803	467	561	144	720
46	52	260	413	291	568	179	8	40	200	113
47	565	164	820	552	99	495	701	844	672	699
48	834	622	449	471	581	244	333	778	342	823
49	567	174	870	802	462	536	19	95	475	601
	0	1	2	3	4	5	6	7	8	9

I

	0	1	2	3	4	5	6	7	8	9
0		886	746	66	606	1	812	226	466	132
1	747	342	672	740	86	67	326	49	878	496
2	607	292	202	827	532	2	600	198	832	565
3	813	107	186	408	795	227	738	354	356	806
4	467	751	152	34	62	133	687	316	392	452
5	748	115	460	37	58	343	692	562	425	236
6	673	765	853	358	46	741	268	29	655	7
7	87	884	598	113	214	68	216	568	666	93
8	327	264	611	258	12	50	780	631	808	205
9	879	80	547	173	176	497	252	397	312	474
10	608	70	861	335	320	293	783	84	804	44
11	203	420	552	469	422	828	285	872	96	275
12	533	684	625	817	713	3	218	520	792	100
13	601	587	128	722	775	199	515	372	753	554
14	833	382	744	196	458	566	859	518	74	300
15	814	570	76	181	428	108	526	417	839	103
16	187	167	124	154	471	409	118	16	758	594
17	796	628	640	644	491	228	668	302	65	465
18	739	877	826	831	407	355	33	391	36	424
19	357	654	112	665	257	807	172	311	334	803
20	468	95	816	791	721	752	195	73	180	838
21	153	757	643	64	830	35	664	333	790	179
22	63	789	280	281	412	134	329	572	282	845
23	688	634	145	413	732	317	842	159	135	287
24	393	848	544	330	485	453	677	350	573	324
25	749	266	78	283	380	116	652	662	846	580
26	461	697	447	689	874	38	582	271	635	704
27	59	591	375	146	232	344	613	183	414	239
28	693	439	242	733	604	563	56	91	318	98
29	426	463	719	843	378	237	820	540	160	681
30	674	260	430	136	822	766	41	729	288	401
31	854	621	386	394	277	359	699	866	849	21
32	47	150	27	545	870	742	14	110	331	542
33	269	717	864	486	762	30	618	647	454	535
34	656	449	488	678	500	8	504	362	351	121
35	88	52	528	574	162	885	811	341	325	291
36	599	106	737	750	686	114	691	764	267	883
37	215	263	779	79	251	69	782	419	284	683
38	217	586	514	381	858	569	525	166	117	627
39	667	876	32	653	171	94	194	756	663	788
40	328	633	841	847	676	265	651	696	581	590
41	612	438	55	462	819	259	40	620	698	149
42	13	716	617	448	503	51	810	105	690	262
43	781	585	524	875	193	632	650	437	39	715
44	809	584	649	583	140	206	141	366	272	482
45	880	207	189	636	432	81	142	338	705	247
46	548	367	494	60	5	174	273	456	592	255
47	177	483	702	376	19	498	881	169	147	138
48	253	208	708	233	404	398	190	771	345	220
49	313	637	537	614	210	475	433	224	184	560
	0	1	2	3	4	5	6	7	8	9

p = 887

	I′ 0	1	2	3	4	5	6	7	8	9		I″ 0	1	2	3	4	5	6	7	8	9
0	886	812	600	218	254	174	213	87	504	835	0	443	606	532	713	246	60	45	655	500	305
1	42	204	50	716	110	639	758	558	137	498	1	234	92	258	149	742	123	118	480	254	376
2	869	47	508	669	363	360	109	545	597	655	2	276	849	296	575	308	538	865	150	852	268
3	618	755	653	391	62	664	424	58	582	715	3	762	165	876	355	152	830	391	460	874	437
4	620	729	773	421	203	6	741	150	201	878	4	259	766	10	319	804	235	358	21	671	326
5	780	810	528	435	619	462	91	235	343	591	5	12	503	88	164	695	438	563	451	37	704
6	5	451	133	789	830	465	606	326	216	782	6	494	805	34	179	643	302	746	86	214	251
7	861	143	642	180	300	416	181	661	283	251	7	608	824	815	195	518	517	570	349	266	779
8	547	142	126	551	804	495	67	884	52	384	8	879	432	609	860	783	131	740	7	121	445
9	718	318	11	327	194	816	275	377	426	774	9	241	56	213	666	171	468	872	603	318	712
10	601	405	470	187	523	690	737	186	526	863	10	792	773	427	839	616	810	599	813	428	26
11	331	310	665	214	691	460	652	627	16	249	11	14	390	654	598	686	748	380	166	409	868
12	161	88	389	15	154	659	415	371	722	772	12	499	351	370	416	167	223	82	519	587	725
13	793	85	747	687	329	287	822	403	253	481	13	767	605	466	62	412	159	430	18	147	714
14	206	366	338	660	158	413	232	138	502	13	14	583	206	81	71	571	634	375	169	818	698
15	27	315	34	757	471	441	734	445	543	135	15	47	353	751	838	124	556	549	641	144	842
16	681	290	885	509	53	31	117	124	707	147	16	540	120	574	444	735	513	525	187	701	881
17	787	94	311	176	273	473	497	483	411	63	17	626	653	807	547	5	204	173	255	829	790
18	838	428	241	414	560	353	408	167	337	636	18	73	76	374	613	224	197	107	103	365	207
19	771	245	714	632	756	73	458	185	832	515	19	398	588	261	875	94	752	744	201	600	775
20	314	197	827	420	175	879	141	189	708	559	20	507	48	292	44	11	808	140	880	253	219
21	475	800	472	92	68	263	568	586	520	209	21	614	555	450	6	113	883	68	683	3	403
22	313	478	555	125	184	671	466	738	668	785	22	345	776	700	536	433	745	812	795	491	297
23	679	238	344	404	10	45	673	820	603	693	23	322	703	146	708	793	57	425	378	231	414
24	727	90	733	307	576	402	4	548	557	786	24	660	182	439	557	759	191	431	705	321	119
25	682	69	397	208	18	177	802	807	12	40	25	882	79	497	138	4	592	423	665	611	819
26	430	192	781	779	611	651	78	883	29	717	26	674	502	690	215	327	676	749	764	741	542
27	374	635	482	456	712	533	20	359	348	571	27	446	582	366	174	421	96	400	394	309	332
28	281	412	845	380	683	872	484	393	401	856	28	789	280	572	78	419	828	731	135	729	760
29	685	599	202	783	549	670	22	229	489	427	29	161	325	607	320	307	797	434	529	711	457
30	814	825	65	443	575	9	767	294	24	278	30	74	639	668	509	785	558	709	243	595	638
31	815	334	474	637	596	459	392	842	98	43	31	111	172	397	220	200	151	687	732	91	473
32	293	248	230	379	749	291	49	264	633	572	32	335	710	410	484	573	341	67	93	788	134
33	485	542	279	790	803	320	706	493	705	512	33	544	110	642	664	311	861	522	188	142	862
34	736	325	672	692	613	220	506	776	373	77	34	527	811	747	58	232	771	723	622	278	543
35	573	121	851	151	356	33	806	654	46	699	35	677	362	670	185	738	407	554	424	853	277
36	777	527	351	799	700	188	272	494	442	444	36	25	487	504	24	615	648	141	548	784	669
37	122	743	753	538	182	146	19	680	237	579	37	550	127	515	348	270	591	702	97	843	323
38	116	858	744	434	645	865	394	507	383	641	38	283	514	833	388	89	728	621	478	850	122
39	111	36	452	848	277	623	860	312	190	760	39	825	33	316	287	386	596	546	252	404	602
40	276	854	725	219	398	836	423	355	795	118	40	821	288	245	137	233	101	464	831	186	471
41	322	844	134	732	239	824	123	839	513	284	41	801	178	281	145	183	126	75	526	778	782
42	552	274	828	256	357	236	463	102	108	728	42	203	43	469	406	36	562	98	299	181	539
43	136	246	81	224	296	492	648	39	55	242	43	260	481	636	475	383	53	523	650	612	693
44	710	530	605	*	163	89	270	689	503	488	44	658	155	368	303	369	157	661	697	617	656
45	212	57	748	677	535	701	592	299	566	561	45	530	61	392	485	647	493	273	553	196	315
46	37	697	819	719	406	739	132	751	95	422	46	115	580	55	426	490	65	226	806	803	552
47	593	409	711	319	608	433	798	595	387	834	47	102	154	212	175	312	210	834	505	221	867
48	17	431	880	702	323	453	762	361	678	801	48	501	139	272	177	286	330	864	646	449	298
49	464	228	769	455	60	531	607	252	881	120	49	593	644	435	337	367	85	878	176	19	534
	0	1	2	3	4	5	6	7	8	9		0	1	2	3	4	5	6	7	8	9

p = 887 (Fortsetzung)

N

	0	1	2	3	4	5	6	7	8	9
50	344	833	617	424	346	843	667	674	709	884
51	872	812	512	786	382	136	680	739	147	735
52	127	635	514	796	432	386	156	780	352	873
53	817	537	24	120	600	339	808	492	686	769
54	297	598	329	758	242	323	728	92	460	526
55	856	732	112	560	139	695	814	522	836	632
56	499	721	57	285	538	29	145	725	77	385
57	151	755	227	248	353	878	842	662	649	584
58	259	408	266	443	441	431	381	131	655	614
59	409	271	468	566	169	845	677	724	72	360
60	26	130	650	589	284	533	4	20	100	500
61	726	82	410	276	493	691	794	422	336	793
62	417	311	668	679	734	122	610	389	171	855
63	727	87	435	401	231	268	453	491	681	744
64	172	860	752	212	173	865	777	337	798	442
65	436	406	256	393	191	68	340	813	517	811
66	507	761	257	398	216	193	78	390	176	880
67	852	712	12	60	300	613	404	246	343	828
68	592	299	608	379	121	605	364	46	230	263
69	428	366	56	280	513	791	407	261	418	316
70	693	804	472	586	269	458	516	806	482	636
71	519	821	557	124	620	439	421	331	768	292
72	573	204	133	665	664	659	634	509	771	307
73	648	579	234	283	528	866	782	362	36	180
74	13	65	325	738	142	710	2	10	50	250
75	363	41	205	138	690	789	397	211	168	840
76	652	599	334	783	367	61	305	638	529	871
77	807	487	661	644	559	134	670	689	784	372
78	86	430	376	106	530	876	832	612	399	221
79	218	203	128	640	539	34	170	850	702	849
80	697	824	572	199	108	540	39	195	88	440
81	426	356	6	30	150	750	202	123	615	414
82	296	593	304	633	504	746	182	23	115	575
83	214	183	28	140	700	839	647	574	209	158
84	790	402	236	293	578	229	258	403	241	318
85	703	854	722	62	310	663	654	609	384	146
86	730	102	510	776	332	773	317	698	829	597
87	324	733	117	585	264	433	391	181	18	90
88	450	476	606	369	71	355	1			
	0	1	2	3	4	5	6	7	8	9

I

	0	1	2	3	4	5	6	7	8	9
50	609	82	126	415	824	71	143	660	240	727
51	862	339	512	694	522	336	706	658	440	710
52	321	248	557	243	307	294	549	156	734	768
53	784	368	442	605	131	85	495	531	564	794
54	805	61	451	57	235	45	6	213	92	11
55	204	175	473	319	43	421	274	712	99	774
56	553	457	299	427	102	470	593	490	464	406
57	423	256	802	720	837	829	178	411	844	731
58	286	484	323	379	579	873	703	231	238	603
59	97	377	680	821	400	276	20	869	541	761
60	534	499	120	161	290	685	882	250	682	857
61	626	170	787	675	589	818	148	502	261	192
62	714	139	481	431	246	4	254	18	137	403
63	219	209	559	823	726	521	709	306	767	130
64	793	234	10	42	773	101	405	836	730	578
65	602	399	760	289	856	588	191	245	402	725
66	129	772	577	855	724	723	346	506	622	347
67	776	221	478	387	507	200	314	596	395	623
68	516	638	309	278	348	373	538	25	360	777
69	754	615	364	700	222	555	211	800	867	479
70	834	476	798	850	388	383	434	296	22	508
71	745	225	671	48	201	197	185	353	151	315
72	459	561	852	28	597	567	610	630	546	396
73	860	83	551	871	624	519	127	371	743	517
74	75	416	123	15	639	301	825	390	111	310
75	815	72	642	332	279	571	144	158	543	349
76	77	661	446	270	374	182	241	90	718	539
77	429	728	385	865	26	109	863	646	487	361
78	527	340	736	763	778	418	513	165	31	755
79	840	695	54	619	616	104	523	436	648	365
80	188	337	493	455	701	168	707	770	536	223
81	125	659	511	657	556	155	441	530	450	212
82	472	711	298	489	801	410	322	230	679	868
83	119	249	786	501	480	17	558	305	9	835
84	759	244	576	505	477	595	308	24	363	799
85	797	295	670	352	851	629	550	370	122	389
86	641	157	445	89	384	645	735	164	53	435
87	492	769	510	529	297	229	785	304	575	23
88	669	369	444	163	509	303	443			
	0	1	2	3	4	5	6	7	8	9

p = **887**

I′

	0	1	2	3	4	5	6	7	8	9
50	8	480	261	51	362	477	622	200	745	303
51	529	657	694	165	381	372	638	75	74	127
52	792	709	336	436	875	166	417	340	574	297
53	450	564	2	684	499	656	223	614	25	429
54	160	761	269	349	330	870	396	173	367	156
55	370	871	469	457	833	211	155	243	305	823
56	609	852	425	56	794	813	859	610	666	525
57	76	144	282	324	162	23	505	855	602	873
58	461	590	271	140	649	524	514	128	191	818
59	612	375	255	490	796	308	395	567	113	106
60	198	587	399	97	563	131	1	292	70	82
61	630	258	438	183	210	364	104	448	647	616
62	698	386	347	516	519	817	170	667	640	550
63	546	808	650	841	145	704	432	537	309	301
64	644	157	332	64	491	735	487	454	365	583
65	437	696	662	171	112	7	449	556	440	511
66	240	446	846	788	333	257	93	876	302	369
67	352	48	740	765	260	589	265	350	500	868
68	821	674	857	217	625	882	114	316	634	874
69	262	764	562	439	522	54	581	447	149	866
70	222	168	376	231	59	247	658	770	233	306
71	321	298	99	3	139	809	617	864	539	843
72	837	752	775	346	723	129	521	862	385	288
73	578	286	317	604	768	164	763	750	354	877
74	86	268	14	517	196	225	66	342	115	266
75	686	152	195	554	615	840	663	643	594	244
76	289	534	30	778	267	853	41	130	784	510
77	536	345	577	101	553	199	221	754	418	79
78	631	585	419	84	368	304	501	675	328	280
79	179	721	100	234	805	227	628	295	850	797
80	867	410	720	468	44	61	467	172	205	584
81	105	341	226	107	570	72	791	713	148	259
82	540	400	766	726	71	390	831	532	285	178
83	35	407	565	382	476	759	730	829	153	103
84	695	847	159	378	731	688	580	676	544	21
85	388	629	28	358	621	724	588	626	569	518
86	83	335	339	646	486	26	849	479	119	541
87	742	624	96	703	38	193	32	826	496	80
88	207	169	250	215	598	811	746			
	0	1	2	3	4	5	6	7	8	9

I″

	0	1	2	3	4	5	6	7	8	9
50	678	786	148	448	8	576	346	387	22	163
51	769	659	339	418	586	199	623	743	859	624
52	218	726	694	104	585	569	108	361	52	510
53	441	495	827	275	761	454	770	637	373	718
54	820	869	331	158	848	27	630	80	247	294
55	629	83	420	774	753	222	657	248	17	209
56	184	459	692	604	531	832	458	597	216	858
57	814	279	329	350	528	304	244	772	730	379
58	846	696	38	649	809	781	217	601	856	675
59	581	59	456	470	758	477	314	28	884	291
60	2	100	578	238	733	442	66	496	474	560
61	567	264	590	344	537	754	619	716	30	54
62	40	854	506	395	871	684	857	117	796	851
63	610	780	193	328	688	271	189	313	516	15
64	628	389	72	757	640	384	863	618	436	584
65	632	265	116	32	357	29	535	511	706	125
66	143	77	652	756	35	112	568	627	228	23
67	295	225	342	236	681	787	847	453	488	230
68	377	160	250	284	533	290	750	133	845	447
69	105	114	343	239	512	840	651	461	620	359
70	364	455	483	873	635	338	336	168	208	521
71	440	472	274	817	192	39	13	269	90	463
72	802	791	128	724	855	402	823	240	429	41
73	836	844	413	242	156	645	340	106	227	465
74	672	46	870	371	382	508	886	132	452	324
75	737	467	721	372	777	31	194	153	16	835
76	399	541	486	736	691	673	822	306	734	492
77	707	190	129	42	99	722	347	360	763	263
78	50	262	69	293	768	229	249	170	663	63
79	333	816	520	130	564	408	594	799	476	363
80	211	489	256	334	84	794	356	257	631	715
81	51	885	1	565	300	310	95	625	589	462
82	237	680	136	559	415	301	877	202	422	837
83	64	826	198	554	479	9	405	720	180	417
84	755	633	317	719	411	282	662	841	393	866
85	798	352	561	765	401	577	289	682	381	566
86	396	70	727	109	717	385	699	800	679	20
87	545	551	285	579	689	524	667	739	49	205
88	482	498	685	267	87	162	*			
	0	1	2	3	4	5	6	7	8	9

p = 907, g = 2, p − 1 = 2 · 3 · 151

N											I										
	0	1	2	3	4	5	6	7	8	9		0	1	2	3	4	5	6	7	8	9
0		2	4	8	16	32	64	128	256	512	0		906	1	295	2	245	296	629	3	590
1	117	234	468	29	58	116	232	464	21	42	1	246	183	297	326	630	540	4	203	591	852
2	84	168	336	672	437	874	841	775	643	379	2	247	18	184	78	298	490	327	885	631	13
3	758	609	311	622	337	674	441	882	857	807	3	541	443	5	478	204	874	592	101	853	621
4	707	507	107	214	428	856	805	703	499	91	4	248	514	19	437	185	835	79	231	299	352
5	182	364	728	549	191	382	764	621	335	670	5	491	498	328	546	886	428	632	241	14	97
6	433	866	825	743	579	251	502	97	194	388	6	542	369	444	313	6	571	479	719	205	373
7	776	645	383	766	625	343	686	465	23	46	7	875	584	593	599	102	785	854	812	622	217
8	92	184	368	736	565	223	446	892	877	847	8	249	274	515	113	20	448	438	308	186	410
9	787	667	427	854	801	695	483	59	118	236	9	836	49	80	738	232	191	300	67	353	773
10	472	37	74	148	296	592	277	554	201	402	10	492	317	499	563	329	263	547	42	887	418
11	804	701	495	83	166	332	664	421	842	777	11	429	396	633	745	242	323	15	10	98	832
12	647	387	774	641	375	750	593	279	558	209	12	543	366	370	809	445	735	314	415	7	732
13	418	836	765	623	339	678	449	898	889	871	13	572	523	480	575	720	224	206	605	374	756
14	835	763	619	331	662	417	834	761	615	323	14	876	526	585	509	594	258	600	647	103	483
15	646	385	770	633	359	718	529	151	302	604	15	786	157	855	793	813	688	623	578	218	841
16	301	602	297	594	281	562	217	434	868	829	16	250	707	275	288	516	723	114	801	21	652
17	751	595	283	566	225	450	900	893	879	851	17	449	536	439	227	309	213	187	392	411	505
18	795	683	459	11	22	44	88	176	352	704	18	837	209	50	664	81	346	739	386	233	608
19	501	95	190	380	760	613	319	638	369	738	19	192	54	301	675	68	866	354	377	774	847
20	569	231	462	17	34	68	136	272	544	181	20	493	108	318	642	500	759	564	668	330	129
21	362	724	541	175	350	700	493	79	158	316	21	264	764	548	879	43	682	888	166	419	894
22	632	357	714	521	135	270	540	173	346	692	22	430	529	397	85	634	174	746	904	243	588
23	477	47	94	188	376	752	597	287	574	241	23	324	201	16	488	11	476	99	512	833	350
24	482	57	114	228	456	5	10	20	40	80	24	544	239	367	569	371	597	810	272	446	408
25	160	320	640	373	746	585	263	526	145	290	25	736	65	315	261	416	743	8	364	733	730
26	580	253	506	105	210	420	840	773	639	371	26	573	603	524	256	481	791	576	705	721	650
27	742	577	247	494	81	162	324	648	389	778	27	225	390	207	344	606	673	375	106	757	127
28	649	391	782	657	407	814	721	535	163	326	28	877	164	527	172	586	486	510	237	595	406
29	652	397	794	681	455	3	6	12	24	48	29	259	362	601	789	648	342	104	162	484	404
30	96	192	384	768	629	351	702	497	87	174	30	787	160	158	612	856	614	794	335	814	858
31	348	696	485	63	126	252	504	101	202	404	31	689	32	624	616	579	558	219	796	842	196
32	808	709	511	115	230	460	13	26	52	104	32	251	337	708	149	276	816	289	713	517	860
33	208	416	832	757	607	307	614	321	642	377	33	724	143	115	691	802	58	22	34	653	134
34	754	601	295	590	273	546	185	370	740	573	34	450	626	537	75	440	618	228	425	310	581
35	239	478	49	98	196	392	784	661	415	830	35	214	305	188	560	393	829	412	221	506	154
36	753	599	291	582	257	514	121	242	484	61	36	838	798	210	661	51	844	665	679	82	198
37	122	244	488	69	138	276	552	197	394	788	37	347	269	740	253	387	124	234	339	609	29
38	669	431	862	817	727	547	187	374	748	589	38	193	710	55	72	302	151	676	121	69	278
39	271	542	177	354	708	509	111	222	444	888	39	867	281	355	818	378	462	775	291	848	870
40	869	831	755	603	299	598	289	578	249	498	40	494	715	109	769	319	519	643	284	501	862
41	89	178	356	712	517	127	254	508	109	218	41	760	900	565	726	669	358	331	145	130	825
42	436	872	837	767	627	347	694	481	55	110	42	265	117	765	821	549	693	880	92	44	804
43	220	440	880	853	799	691	475	43	86	172	43	683	381	889	60	167	553	420	24	895	465
44	344	688	469	31	62	124	248	496	85	170	44	431	36	530	470	398	655	86	778	635	136
45	340	680	453	906	905	903	899	891	875	843	45	175	697	747	452	905	294	244	628	589	182
46	779	651	395	790	673	439	878	849	791	675	46	325	539	202	851	17	77	489	884	12	442
47	443	886	865	823	739	571	235	470	33	66	47	477	873	100	620	513	436	834	230	351	497
48	132	264	528	149	298	596	285	570	233	466	48	545	427	240	96	368	312	570	718	372	583
49	25	50	100	200	400	800	693	479	51	102	49	598	784	811	216	273	112	447	307	409	48
	0	1	2	3	4	5	6	7	8	9		0	1	2	3	4	5	6	7	8	9

p = 907

I′										
	0	1	2	3	4	5	6	7	8	9
0	906	295	245	590	203	478	571	732	364	831
1	98	476	442	541	97	10	488	77	184	437
2	448	652	34	464	895	458	118	70	709	193
3	556	615	624	133	653	469	530	751	805	320
4	394	417	887	682	804	38	770	189	737	80
5	664	844	864	674	301	72	132	33	22	552
6	167	701	727	741	260	315	772	353	866	278
7	119	150	302	423	617	440	883	489	298	231
8	738	346	198	902	173	634	778	177	466	550
9	379	803	44	781	716	311	368	542	832	512
10	620	853	785	483	162	126	757	641	318	769
11	46	306	447	20	801	691	820	765	459	279
12	277	69	27	338	234	170	163	877	763	264
13	825	422	73	625	450	696	175	456	656	421
14	131	56	690	115	824	130	140	711	815	276
15	120	676	659	797	838	686	792	855	612	611
16	158	403	484	171	527	893	419	553	400	359
17	235	485	586	903	746	697	749	779	432	881
18	849	538	325	297	78	835	410	392	560	771
19	66	300	54	710	147	336	251	268	347	474
20	487	16	851	591	874	373	605	344	663	50
21	661	503	391	187	305	111	273	249	841	796
22	153	506	754	604	206	390	212	309	425	496
23	351	299	191	608	339	360	405	595	568	367
24	96	14	323	588	628	296	183	18	514	274
25	707	337	123	387	703	790	481	646	600	362
26	742	416	41	547	764	117	26	122	252	740
27	63	407	446	112	515	288	816	280	867	460
28	817	355	898	861	501	533	799	722	516	713
29	869	848	180	627	244	2	629	326	490	352
30	67	675	151	827	559	188	47	409	186	213
31	581	717	570	6	415	261	562	499	642	519
32	806	830	9	15	201	539	630	885	546	263
33	129	145	555	30	857	814	148	708	28	609
34	402	161	104	672	606	385	739	269	567	238
35	544	497	491	773	377	818	823	144	331	401
36	340	788	601	729	733	808	370	569	312	444
37	809	597	583	875	756	106	846	774	462	551
38	59	889	638	863	52	607	233	124	671	343
39	207	504	411	829	321	744	633	85	655	138
40	554	332	610	159	787	361	259	64	736	48
41	836	505	221	521	731	7	743	395	429	894
42	24	657	826	303	580	310	95	240	632	396
43	529	36	780	93	495	229	834	185	308	227
44	618	872	477	5	313	735	408	307	438	536
45	626	293	905	*	453	748	176	87	896	766
46	868	290	775	468	35	431	178	694	776	654
47	398	700	61	566	348	511	99	873	204	719
48	575	791	156	786	404	236	510	475	11	884
49	327	498	317	108	715	94	426	545	328	563
	0	1	2	3	4	5	6	7	8	9

I″										
	0	1	2	3	4	5	6	7	8	9
0	453	906	295	629	540	443	313	415	743	322
1	15	488	884	631	241	323	201	851	247	514
2	113	801	58	552	420	657	266	122	338	609
3	333	857	689	57	22	464	431	780	45	770
4	561	262	547	879	92	781	110	306	409	836
5	209	661	384	607	192	710	141	690	802	380
6	889	472	566	270	407	736	190	300	675	121
7	27	709	55	132	625	537	850	17	184	835
8	49	664	679	892	528	397	655	457	896	822
9	819	692	880	433	495	426	240	14	10	476
10	873	592	599	647	342	672	375	846	493	715
11	782	215	273	515	723	143	824	265	26	70
12	150	676	267	252	387	671	105	757	667	330
13	145	140	56	33	653	777	635	699	399	554
14	146	711	859	724	357	331	555	194	336	708
15	71	302	827	220	506	645	482	786	160	403
16	787	341	104	126	877	681	888	60	701	670
17	125	163	527	84	634	136	456	87	466	694
18	292	627	589	246	18	437	308	213	305	47
19	737	232	608	29	556	795	842	678	82	902
20	587	324	539	4	478	719	224	390	504	837
21	798	534	226	309	581	783	811	622	578	558
22	828	412	521	574	720	650	535	439	618	435
23	834	79	738	386	124	170	485	510	349	544
24	427	632	745	904	294	2	590	852	621	217
25	841	196	268	740	728	602	524	508	594	406
26	64	315	562	329	129	825	658	677	197	347
27	567	596	810	216	249	707	149	120	69	119
28	277	867	767	518	643	685	839	706	275	816
29	461	775	695	451	905	1	245	183	78	231
30	191	54	72	423	580	214	111	447	438	227
31	425	95	368	444	735	65	772	492	108	769
32	39	394	744	242	588	182	297	490	498	563
33	668	358	401	610	613	794	195	251	123	234
34	360	788	648	389	207	663	81	198	474	511
35	833	230	299	67	866	281	898	725	669	169
36	235	405	259	742	8	831	543	239	96	542
37	366	569	718	205	605	673	865	354	818	90
38	803	683	532	502	662	345	739	253	703	649
39	225	212	187	560	40	417	429	529	470	700
40	168	359	340	161	484	236	595	271	446	307
41	186	392	829	807	734	314	261	41	887	166
42	553	139	131	73	617	228	496	545	886	418
43	894	465	178	881	871	619	513	19	448	536
44	75	883	12	541	369	809	272	112	20	652
45	134	696	747	454	748	698	137	656	25	118
46	279	817	378	551	23	895	88	550	463	35
47	530	637	890	901	199	487	11	442	5	571
48	523	256	646	103	162	171	586	200	16	77
49	298	352	773	847	870	434	229	351	491	317
	0	1	2	3	4	5	6	7	8	9

p = 907 (Fortsetzung)

	N											I									
	0	1	2	3	4	5	6	7	8	9		0	1	2	3	4	5	6	7	8	9
50	204	408	816	725	543	179	358	716	525	143	50	737	190	66	772	316	562	262	41	417	395
51	286	572	237	474	41	82	164	328	656	405	51	744	322	9	831	365	808	734	414	731	522
52	810	713	519	131	262	524	141	282	564	221	52	574	223	604	755	525	508	257	646	482	156
53	442	884	861	815	723	539	171	342	684	461	53	792	687	577	840	706	287	722	800	651	535
54	15	30	60	120	240	480	53	106	212	424	54	226	212	391	504	208	663	345	385	607	53
55	848	789	671	435	870	833	759	611	315	630	55	674	865	376	846	107	641	758	667	128	763
56	353	706	505	103	206	412	824	741	575	243	56	878	681	165	893	528	84	173	903	587	200
57	486	65	130	260	520	133	266	532	157	314	57	487	475	511	349	238	568	596	271	407	64
58	628	349	698	489	71	142	284	568	229	458	58	260	742	363	729	602	255	790	704	649	389
59	9	18	36	72	144	288	576	245	490	73	59	343	672	105	126	163	171	485	236	405	361
60	146	292	584	261	522	137	274	548	189	378	60	788	341	161	403	159	611	613	334	857	31
61	756	605	303	606	305	610	313	626	345	690	61	615	557	795	195	336	148	815	712	859	142
62	473	39	78	156	312	624	341	682	457	7	62	690	57	33	133	625	74	617	424	580	304
63	14	28	56	112	224	448	896	885	863	819	63	559	828	220	153	797	660	843	678	197	268
64	731	555	203	406	812	717	527	147	294	588	64	252	123	338	28	709	71	150	120	277	280
65	269	538	169	338	676	445	890	873	839	771	65	817	461	290	869	714	768	518	283	861	899
66	635	363	726	545	183	366	732	557	207	414	66	725	357	144	824	116	820	692	91	803	380
67	828	749	591	275	550	193	386	772	637	367	67	59	552	23	464	35	469	654	777	135	696
68	734	561	215	430	860	813	719	531	155	310	68	451	293	627	181	538	850	76	883	441	872
69	620	333	666	425	850	793	679	451	902	897	69	619	435	229	496	426	95	311	717	582	783
70	887	867	827	747	587	267	534	161	322	644	70	215	111	306	47	189	771	561	40	394	321
71	381	762	617	327	654	401	802	697	487	67	71	830	807	413	521	222	754	507	645	155	686
72	134	268	536	165	330	660	413	826	745	583	72	839	286	799	534	211	503	662	384	52	864
73	259	518	129	258	516	125	250	500	93	186	73	845	640	666	762	680	892	83	902	199	474
74	372	744	581	255	510	113	226	452	904	901	74	348	567	270	63	741	728	254	703	388	671
75	895	883	859	811	715	523	139	278	556	205	75	125	170	235	360	340	402	610	333	30	556
76	410	820	733	559	211	422	844	781	655	403	76	194	147	711	141	56	132	73	423	303	827
77	806	705	503	99	198	396	792	677	447	894	77	152	659	677	267	122	27	70	119	279	460
78	881	855	803	699	491	75	150	300	600	293	78	868	767	282	898	356	823	819	90	379	551
79	586	265	530	153	306	612	317	634	361	722	79	463	468	776	695	292	180	849	882	871	434
80	537	167	334	668	429	858	809	711	515	123	80	495	94	716	782	110	46	770	39	320	806
81	246	492	77	154	308	616	325	650	393	786	81	520	753	644	685	285	533	502	383	863	639
82	665	423	846	785	663	419	838	769	631	355	82	761	891	901	473	566	62	727	702	670	169
83	710	513	119	238	476	45	90	180	360	720	83	359	401	332	555	146	140	131	422	826	658
84	533	159	318	636	365	730	553	199	398	796	84	266	26	118	459	766	897	822	89	550	467
85	685	463	19	38	76	152	304	608	309	618	85	694	179	881	433	93	781	45	38	805	752
86	329	658	409	818	729	551	195	390	780	653	86	684	532	382	638	890	472	61	701	168	400
87	399	798	689	471	35	70	140	280	560	213	87	554	139	421	657	25	458	896	88	466	178
88	426	852	797	687	467	27	54	108	216	432	88	432	780	37	751	531	637	471	700	399	138
89	864	821	735	563	219	438	876	845	783	659	89	656	457	87	177	779	750	636	699	137	456
90	411	822	737	567	227	454	1				90	176	749	698	455	748	454	453			
	0	1	2	3	4	5	6	7	8	9		0	1	2	3	4	5	6	7	8	9

p = **907**

	I'										I''									
	0	1	2	3	4	5	6	7	8	9		0	1	2	3	4	5	6	7	8	9
50	759	862	383	662	208	837	154	645	257	594	50	642	284	533	211	391	411	221	754	525	585
51	237	349	833	436	19	113	723	860	283	643	51	486	475	99	620	248	274	288	713	768	319
52	753	222	574	480	256	508	585	172	84	397	52	806	413	731	572	603	755	876	164	893	430
53	470	637	382	502	211	226	439	75	850	202	53	36	751	684	285	799	651	449	626	181	325
54	4	443	369	366	239	427	886	42	879	693	54	630	13	97	832	350	497	328	263	764	821
55	467	463	23	420	139	146	194	795	219	828	55	89	379	59	167	400	332	30	615	579	304
56	393	40	262	329	668	726	62	270	596	371	56	188	771	316	499	759	900	473	348	238	367
57	718	479	523	603	223	720	705	840	218	558	57	312	6	732	730	522	480	791	687	623	616
58	304	214	783	598	593	509	486	200	324	182	58	424	310	717	372	875	526	172	903	243	628
59	246	852	101	599	258	406	271	810	784	102	59	3	203	874	584	509	237	568	371	583	593
60	647	789	255	524	755	374	673	53	192	29	60	258	362	729	573	223	206	344	385	233	339
61	333	613	856	334	794	557	579	424	228	435	61	402	159	158	611	856	31	624	74	440	872
62	513	248	217	578	616	74	537	181	589	3	62	100	853	812	688	32	133	450	293	244	296
63	540	13	241	745	174	136	699	471	890	761	63	326	885	428	396	85	778	750	531	382	863
64	666	758	500	284	685	155	482	103	342	389	64	845	107	318	519	753	507	257	600	789	704
65	225	535	449	134	777	86	457	25	266	677	65	721	800	21	34	469	398	138	421	826	152
66	843	51	384	345	81	679	762	128	330	358	66	797	210	503	208	50	844	640	758	564	726
67	169	125	105	375	865	68	121	267	197	82	67	702	388	343	606	53	301	151	659	843	665
68	892	165	888	381	532	285	839	577	623	32	68	762	878	43	804	752	644	155	792	813	858
69	57	802	91	880	179	292	451	747	455	137	69	142	115	820	549	467	776	135	175	749	636
70	399	168	670	388	649	721	287	275	149	71	70	471	61	727	254	790	576	840	250	337	28
71	55	141	859	517	768	109	782	582	372	205	71	193	147	815	289	869	494	94	311	570	479
72	224	650	800	114	143	357	669	702	254	602	72	575	705	287	516	860	899	565	62	741	363
73	573	522	572	730	414	314	65	190	232	386	73	733	414	7	364	808	445	408	48	80	346
74	253	728	363	8	322	242	904	452	454	698	74	269	63	260	416	395	633	174	697	455	176
75	636	531	684	644	507	525	876	127	667	564	75	779	37	805	520	222	604	374	106	641	500
76	900	891	680	878	548	821	897	282	518	319	76	862	639	666	128	264	117	459	868	714	109
77	39	561	316	492	847	291	695	135	635	750	77	46	189	66	353	377	462	468	654	86	177
78	37	45	110	215	811	854	157	160	341	648	78	432	93	716	582	598	102	483	404	361	601
79	704	576	687	813	335	195	842	660	210	534	79	255	481	156	855	614	557	219	153	838	286
80	651	21	58	380	683	752	520	413	734	445	80	722	114	691	91	44	38	320	830	365	370
81	272	216	622	688	858	712	289	461	378	90	81	597	784	854	793	335	148	276	280	355	823
82	692	549	89	819	116	265	658	152	220	412	82	116	765	897	356	144	130	422	303	559	393
83	807	365	543	350	230	79	49	209	798	286	83	321	9	98	512	436	185	410	505	154	686
84	706	250	196	678	665	640	107	493	870	882	84	577	218	796	660	51	864	376	774	291	180
85	76	17	247	621	812	793	614	31	689	142	85	538	202	591	101	785	157	612	334	814	712
86	724	899	760	639	845	376	354	281	767	714	86	517	283	501	383	52	674	68	278	460	290
87	494	434	619	100	592	584	526	164	681	43	87	848	882	441	477	204	373	756	127	763	548
88	92	433	871	441	12	631	428	418	166	60	88	693	179	849	76	489	327	546	42	682	381
89	472	901	83	528	430	465	88	822	356	725	89	638	761	680	165	419	24	458	766	282	861
90	565	473	199	587	243	294	1				90	760	891	83	173	746	452	*			
	0	1	2	3	4	5	6	7	8	9		0	1	2	3	4	5	6	7	8	9

p = 911, g = 17, p − 1 = 2 · 5 · 7 · 13

N	0	1	2	3	4	5	6	7	8	9
0		17	289	358	620	519	624	587	869	197
1	616	451	379	66	211	854	853	836	547	189
2	480	872	248	572	614	417	712	261	793	727
3	516	573	631	706	159	881	401	440	192	531
4	828	411	610	349	467	651	135	473	753	47
5	799	829	428	899	707	176	259	759	149	711
6	244	504	369	807	54	7	119	201	684	696
7	900	724	465	617	468	668	424	831	462	566
8	512	505	386	185	412	627	638	825	360	654
9	186	429	5	85	534	879	367	773	387	202
10	701	74	347	433	73	330	144	626	621	536
11	2	34	578	716	329	127	337	263	827	394
12	321	902	758	132	422	797	795	761	183	378
13	49	833	496	233	317	834	513	522	675	543
14	121	235	351	501	318	851	802	880	384	151
15	745	822	309	698	23	391	270	35	595	94
16	687	747	856	887	503	352	518	607	298	511
17	488	97	738	703	108	14	238	402	457	481
18	889	537	19	323	25	425	848	751	13	221
19	113	99	772	370	824	343	365	739	720	397
20	372	858	10	170	157	847	734	635	774	404
21	491	148	694	866	146	660	288	341	331	161
22	4	68	245	521	658	254	674	526	743	788
23	642	893	605	264	844	683	679	611	366	756
24	98	755	81	466	634	757	115	133	439	175
25	242	470	702	91	636	791	693	849	768	302
26	579	733	618	485	46	782	540	70	279	188
27	463	583	801	863	95	704	125	303	596	111
28	65	194	565	495	216	28	476	804	3	51
29	867	163	38	646	50	850	785	591	26	442
30	226	198	633	740	737	686	730	567	529	794
31	744	805	20	340	314	783	557	359	637	808
32	71	296	477	821	292	409	576	682	662	322
33	8	136	490	131	405	508	437	141	575	665
34	373	875	299	528	777	455	447	311	732	601
35	196	599	162	21	357	603	230	266	878	350
36	484	29	493	182	361	671	475	787	625	604
37	247	555	325	59	92	653	169	140	558	376
38	15	255	691	815	190	497	250	606	281	222
39	130	388	219	79	432	56	41	697	6	102
40	823	326	76	381	100	789	659	271	52	884
41	452	396	355	569	563	461	549	223	147	677
42	577	699	40	680	628	655	203	718	363	705
43	142	592	43	731	584	818	241	453	413	644
44	16	272	69	262	810	105	874	282	239	419
45	746	839	598	145	643	910	894	622	553	291
46	392	287	324	42	714	295	460	532	845	700
47	57	58	75	364	722	431	39	663	339	297
48	494	199	650	118	184	395	338	280	205	752
49	30	510	471	719	380	83	500	301	562	444
	0	1	2	3	4	5	6	7	8	9

I	0	1	2	3	4	5	6	7	8	9
0		910	110	288	220	92	398	65	330	576
1	202	525	508	188	175	380	440	1	686	182
2	312	353	635	154	618	184	298	864	285	361
3	490	602	550	813	111	157	796	901	292	476
4	422	396	463	432	745	668	264	49	728	130
5	294	289	408	656	64	617	395	470	471	373
6	600	750	712	641	660	280	13	689	221	442
7	267	320	906	104	101	472	402	590	586	393
8	532	242	506	495	573	93	542	649	855	606
9	778	253	374	890	159	274	838	171	240	191
10	404	899	399	774	518	445	766	742	174	601
11	727	279	505	190	580	246	581	764	483	66
12	710	140	860	684	822	276	751	115	770	720
13	390	333	123	247	799	46	331	663	552	647
14	377	337	430	713	106	453	214	418	211	58
15	582	149	512	577	700	694	696	204	503	34
16	642	219	352	291	616	905	605	765	683	376
17	203	758	652	627	759	249	55	661	716	803
18	888	761	363	128	484	83	90	526	269	19
19	384	653	38	882	281	568	350	9	301	481
20	514	67	99	426	509	488	884	730	628	707
21	555	14	876	608	852	524	284	667	711	392
22	837	189	389	417	615	760	300	523	690	782
23	356	878	691	133	874	141	593	681	176	448
24	820	436	250	530	60	222	794	370	22	783
25	386	670	861	679	225	381	880	544	830	56
26	500	27	443	117	233	748	357	894	909	685
27	156	407	441	541	773	709	662	699	757	268
28	487	388	447	879	540	562	823	461	216	2
29	563	459	324	717	528	465	321	479	168	342
30	692	497	259	277	622	842	687	824	810	152
31	804	347	806	907	314	733	613	134	144	886
32	752	120	329	183	462	372	401	889	726	114
33	105	218	715	567	875	781	793	116	486	478
34	313	217	868	195	762	534	737	102	869	43
35	359	142	165	833	771	412	826	354	3	317
36	88	364	871	428	473	196	238	96	594	62
37	193	721	200	340	636	564	379	549	129	12
38	494	403	763	798	148	682	82	98	391	592
39	678	155	460	621	119	485	411	199	591	535
40	624	36	177	790	209	334	536	516	619	325
41	598	41	84	438	840	587	738	25	817	449
42	665	787	124	625	76	185	718	815	52	91
43	634	475	394	103	777	741	821	336	502	248
44	37	706	299	529	499	698	527	346	725	533
45	870	11	410	437	633	345	800	178	892	865
46	466	415	78	270	801	72	243	44	74	754
47	251	492	703	47	791	366	286	322	558	849
48	20	179	546	507	360	263	640	531	170	579
49	332	210	904	362	480	283	132	385	893	539
	0	1	2	3	4	5	6	7	8	9

p = **911**

	I'										I''									
	0	1	2	3	4	5	6	7	8	9		0	1	2	3	4	5	6	7	8	9
0	910	686	563	317	108	610	368	638	851	301	0	455	440	216	354	779	166	671	827	887	350
1	73	410	494	689	876	850	15	556	883	384	1	776	870	129	280	555	16	828	857	651	269
2	179	747	783	31	776	817	756	443	309	583	2	849	877	370	768	623	738	59	500	521	538
3	574	571	723	54	642	816	177	706	882	467	3	866	23	843	429	503	147	624	248	653	858
4	51	84	237	359	74	511	331	791	659	728	4	118	598	714	869	243	482	799	703	489	264
5	734	697	91	70	881	661	500	604	582	26	5	645	40	815	643	33	249	830	122	211	522
6	222	81	193	319	617	330	710	99	755	397	6	530	164	594	900	656	398	483	514	235	739
7	657	545	243	262	754	705	185	848	270	307	7	53	724	801	10	44	515	625	697	415	282
8	136	789	98	90	438	424	896	548	364	425	8	169	61	682	484	41	107	318	194	317	375
9	526	634	398	542	834	147	594	208	391	426	9	83	52	220	573	584	358	238	192	82	67
10	252	472	869	777	101	218	453	85	457	181	10	469	104	737	394	906	114	713	368	4	834
11	288	157	260	736	105	770	486	233	40	485	11	910	813	420	805	726	751	793	443	548	621
12	329	785	57	247	625	645	701	513	484	12	12	752	657	245	333	787	701	309	604	363	549
13	294	135	385	874	144	857	654	846	596	551	13	728	848	283	691	613	131	80	223	226	517
14	860	593	165	780	886	828	629	35	682	512	14	710	874	359	496	134	295	272	95	798	582
15	450	400	804	421	618	460	407	796	278	274	15	310	323	810	397	635	678	685	111	589	890
16	872	746	519	609	61	833	5	732	342	80	16	305	450	850	639	780	142	574	387	479	491
17	579	240	197	275	601	380	448	790	892	546	17	531	838	304	252	742	188	681	36	800	20
18	808	795	312	462	298	718	257	489	175	389	18	609	109	686	329	618	76	205	674	508	837
19	580	404	97	721	87	762	238	303	839	591	19	505	240	832	62	400	868	473	172	493	411
20	340	863	525	758	503	186	510	254	786	334	20	721	519	576	376	696	735	261	244	97	790
21	904	58	739	290	418	841	2	868	715	352	21	332	418	256	719	453	406	461	313	105	642
22	92	442	794	137	406	381	138	603	310	405	22	288	689	60	610	680	679	631	537	831	367
23	454	456	387	748	468	68	423	797	96	245	23	611	637	369	117	676	327	588	42	196	241
24	191	239	506	44	207	122	581	799	37	55	24	171	659	532	72	302	239	580	123	502	759
25	530	492	173	374	318	521	212	295	885	277	25	436	754	100	778	207	595	847	186	561	497
26	673	206	779	640	49	315	648	320	487	19	26	112	348	73	360	668	845	655	442	757	526
27	801	434	146	504	838	429	751	622	769	505	27	78	569	734	585	159	173	822	259	158	727
28	13	568	79	132	667	361	322	311	220	408	28	660	882	557	480	524	864	366	629	110	294
29	887	616	476	688	289	145	731	431	864	529	29	213	352	901	812	130	257	570	575	184	706
30	523	481	244	658	172	160	433	650	858	126	30	760	9	723	197	704	755	818	79	343	28
31	150	900	353	217	733	570	378	88	86	854	31	228	287	182	478	907	265	867	3	254	63
32	906	479	558	151	717	598	420	235	477	183	32	267	465	286	708	459	619	338	811	841	120
33	576	663	210	123	536	632	502	430	326	677	33	65	46	579	390	209	664	821	377	571	825
34	636	612	692	308	702	800	725	806	261	607	34	200	446	168	603	501	633	527	804	433	802
35	9	802	291	635	3	369	878	894	95	142	35	568	452	219	312	826	607	782	748	566	43
36	263	490	480	128	871	903	286	229	107	232	36	507	285	904	761	88	891	791	731	6	355
37	22	867	401	600	890	89	203	337	620	549	37	794	809	462	471	253	511	683	647	316	564
38	440	880	847	729	653	893	670	167	447	417	38	175	225	644	626	19	132	783	232	487	189
39	333	592	837	532	103	470	463	153	65	774	39	720	98	711	586	475	617	422	69	92	899
40	194	889	590	763	899	595	215	441	656	753	40	151	372	472	494	191	229	224	156	289	740
41	437	199	826	672	557	78	819	615	211	588	41	11	485	771	650	498	466	883	389	214	596
42	112	469	396	811	902	836	509	493	473	33	42	326	153	476	236	85	89	99	736	871	275
43	713	599	745	348	856	829	250	633	840	812	43	337	297	463	306	271	614	820	410	84	454
44	1	541	267	117	859	766	341	879	820	665	44	380	407	221	27	854	518	747	388	176	817
45	161	775	351	214	439	*	895	671	809	324	45	150	559	769	106	230	565	231	108	772	563
46	621	216	372	432	805	321	415	584	735	100	46	155	823	183	396	756	528	865	39	234	421
47	471	373	402	196	724	394	422	825	313	168	47	395	470	101	428	839	634	292	328	486	321
48	283	514	45	66	83	411	478	388	884	48	48	362	301	898	764	128	119	116	268	509	187
49	602	169	703	198	403	573	143	259	414	698	49	361	632	251	427	12	506	539	692	814	529
	0	1	2	3	4	5	6	7	8	9		0	1	2	3	4	5	6	7	8	9

p = 911 (Fortsetzung)

	N											I									
	0	1	2	3	4	5	6	7	8	9		0	1	2	3	4	5	6	7	8	9
50	260	776	438	158	864	112	82	483	12	204	50	496	143	780	164	61	81	789	664	335	632
51	735	652	152	762	200	667	407	542	104	857	51	491	169	80	136	654	866	30	574	166	5
52	904	792	710	227	215	11	187	446	294	443	52	610	223	137	846	553	537	227	603	343	308
53	243	487	80	449	345	399	406	525	726	499	53	858	39	467	584	94	834	109	181	795	655
54	284	273	86	551	257	725	482	906	826	377	54	266	648	517	139	551	693	651	18	883	416
55	32	544	138	524	709	210	837	564	478	838	55	819	543	772	458	809	371	867	316	378	620
56	581	767	285	290	375	909	877	333	195	582	56	597	814	498	414	557	282	79	307	650	413
57	784	574	648	84	517	590	9	153	779	489	57	672	768	23	31	571	338	326	420	112	260
58	114	116	150	728	533	862	78	415	678	594	58	673	560	569	271	434	856	827	7	638	784
59	77	398	389	236	368	790	676	560	410	593	59	575	297	431	599	589	158	278	769	452	351
60	60	109	31	527	760	166	89	602	213	888	60	802	349	607	355	369	232	387	167	732	714
61	520	641	876	316	817	224	164	55	24	408	61	42	237	797	623	24	776	10	73	262	779
62	559	393	304	613	400	423	814	173	208	803	62	4	108	457	671	6	368	107	85	424	902
63	897	673	509	454	430	22	374	892	588	886	63	843	32	723	302	244	207	254	318	86	896
64	486	63	160	898	690	798	812	139	541	87	64	862	611	230	454	439	812	293	688	572	898
65	568	546	172	191	514	539	53	901	741	754	65	482	45	511	375	89	425	836	680	224	406
66	64	177	276	137	507	420	763	217	45	765	66	215	841	328	477	825	339	677	515	75	705
67	251	623	570	580	750	907	843	666	390	253	67	891	365	903	631	226	138	596	419	588	236
68	657	237	385	168	123	269	18	306	647	67	68	423	811	327	235	68	755	305	160	872	844
69	228	232	300	545	155	813	156	830	445	277	69	644	382	847	256	212	739	69	397	153	421
70	154	796	778	472	736	669	441	209	820	275	70	469	100	252	173	275	429	33	54	881	554
71	120	218	62	143	609	332	178	293	426	865	71	522	59	26	756	464	805	113	736	427	493
72	129	371	841	632	723	448	328	110	48	816	72	198	839	474	724	71	545	538	29	583	818
73	207	786	608	315	800	846	717	346	416	695	73	306	433	348	261	206	510	704	304	172	197
74	883	435	107	908	860	44	748	873	265	861	74	303	658	831	228	310	150	450	161	746	807
75	61	126	320	885	469	685	713	278	171	174	75	674	187	489	48	659	241	239	245	122	57
76	225	181	344	382	117	167	106	891	571	597	76	604	127	513	666	873	669	908	561	258	885
77	128	354	552	274	103	840	615	434	90	619	77	792	832	192	97	208	786	501	344	702	578
78	502	335	229	249	589	903	775	421	780	506	78	788	845	265	315	570	296	731	367	229	405
79	403	474	770	336	246	538	36	612	383	134	79	595	255	521	28	309	126	701	125	645	50
80	456	464	600	179	310	715	312	749	890	554	80	734	272	146	629	287	311	900	63	319	854
81	308	681	645	33	561	427	882	418	729	550	81	444	859	646	695	626	383	729	614	435	829
82	240	436	124	286	307	664	356	586	852	819	82	708	323	151	400	194	87	548	118	40	51
83	258	742	771	353	535	896	656	220	96	721	83	697	77	848	131	135	857	17	556	559	451
84	414	661	305	630	689	781	523	692	832	479	84	775	722	897	676	234	468	735	205	186	257
85	855	870	214	905	809	88	585	835	530	811	85	295	145	828	16	15	850	162	519	201	863
86	122	252	640	859	27	459	515	556	342	348	86	744	749	585	273	504	719	213	290	887	8
87	450	362	688	764	234	334	212	871	231	283	87	851	877	21	747	446	341	612	566	358	95
88	256	708	193	548	206	769	319	868	180	327	88	147	35	816	740	409	753	639	163	609	180
89	93	670	458	498	267	895	639	842	649	101	89	808	767	637	231	456	895	835	630	643	53
90	806	37	629	672	492	165	72	313	766	268	90	70	657	121	785	520	853	547	675	743	565
91	1										91	455									
	0	1	2	3	4	5	6	7	8	9		0	1	2	3	4	5	6	7	8	9

p = **911**

	I'											I''									
	0	1	2	3	4	5	6	7	8	9		0	1	2	3	4	5	6	7	8	9
50	27	344	248	34	719	190	495	360	188	488	50	56	786	336	204	273	279	242	546	525	426
51	704	375	577	666	67	75	619	139	445	201	51	206	45	149	127	481	677	536	648	774	162
52	853	28	59	690	284	508	269	346	465	499	52	785	255	554	300	852	202	90	698	717	299
53	60	170	242	870	737	624	516	227	29	496	53	250	640	393	725	762	591	334	553	545	893
54	562	773	649	772	830	538	507	675	118	129	54	879	441	93	819	880	71	179	853	87	379
55	813	693	647	537	522	14	559	282	849	451	55	602	139	663	846	881	707	17	414	322	556
56	569	258	823	459	379	455	358	875	350	271	56	673	908	540	2	636	743	612	715	281	560
57	296	338	898	93	166	297	202	700	788	332	57	315	31	688	495	30	784	330	512	702	170
58	246	764	149	818	94	273	393	738	236	158	58	190	246	58	29	467	749	590	840	419	599
59	586	535	678	681	62	255	419	814	41	589	59	402	199	391	141	96	405	138	620	325	431
60	750	727	550	343	127	765	778	355	852	180	60	373	174	490	227	57	905	855	349	876	163
61	223	230	566	134	435	760	905	395	184	325	61	5	862	341	733	729	417	291	64	154	516
62	597	119	842	24	36	76	383	759	707	287	62	378	460	277	797	535	124	695	652	730	146
63	643	226	491	345	475	154	564	231	784	163	63	835	903	335	437	91	353	340	767	7	753
64	531	660	219	53	382	50	695	377	517	855	64	263	712	34	630	844	125	859	552	266	542
65	413	18	627	38	866	266	64	121	831	241	65	307	693	758	384	136	795	408	70	303	48
66	280	716	699	552	335	787	873	711	264	908	66	641	55	709	331	789	449	513	284	745	873
67	861	6	768	560	187	743	234	515	155	225	67	386	457	413	260	807	547	897	339	592	861
68	224	176	82	376	822	156	182	824	572	221	68	836	593	148	765	860	909	1	842	293	13
69	782	133	497	651	696	626	204	77	527	757	69	523	878	342	551	700	646	694	51	499	662
70	694	125	578	47	304	891	299	555	323	662	70	577	126	344	492	510	75	37	628	829	773
71	140	392	641	106	42	567	803	528	815	213	71	66	667	750	430	732	218	661	324	185	504
72	390	200	897	302	71	533	114	279	130	614	72	770	193	775	32	474	346	889	601	49	383
73	628	367	714	613	272	205	427	102	25	69	73	884	296	167	314	50	468	113	534	587	212
74	409	821	174	565	749	668	807	446	357	585	74	816	777	766	675	863	432	161	21	233	744
75	712	115	120	639	251	305	464	268	652	249	75	600	276	886	409	74	68	26	699	203	627
76	300	363	534	798	483	683	742	637	23	452	76	615	888	195	403	581	605	445	808	672	278
77	720	412	458	709	518	722	10	741	253	4	77	115	833	543	541	399	451	24	103	606	262
78	164	793	356	386	575	520	501	124	845	664	78	143	875	690	22	638	121	208	665	578	81
79	209	366	832	116	370	655	901	623	148	46	79	177	47	885	781	222	181	157	237	763	247
80	178	72	349	888	347	113	907	674	767	371	80	345	270	351	716	152	464	347	746	180	458
81	152	327	293	111	498	52	740	449	306	543	81	824	423	439	550	597	718	35	25	583	416
82	436	336	276	461	810	339	354	7	16	708	82	448	741	684	562	687	477	412	856	145	435
83	56	228	192	771	109	630	680	189	171	474	83	544	658	792	165	94	895	425	392	274	198
84	587	328	687	32	644	265	553	256	131	20	84	438	215	622	902	872	788	137	382	77	558
85	162	877	524	547	444	606	827	17	39	646	85	15	8	608	520	319	649	434	135	308	444
86	684	679	611	744	285	466	30	316	195	43	86	140	670	896	201	298	892	654	371	217	102
87	11	428	844	669	141	781	608	21	691	540	87	533	364	160	666	133	567	14	851	356	447
88	544	554	281	416	730	792	752	8	761	726	88	381	54	38	18	488	258	144	290	803	401
89	159	365	865	539	909	835	862	676	482	399	89	374	705	178	385	357	456	86	722	572	404
90	63	292	843	631	362	605	104	314	561	685	90	311	796	424	365	210	616	320	806	669	894
91	110										91	*									
	0	1	2	3	4	5	6	7	8	9		0	1	2	3	4	5	6	7	8	9

$p = \mathbf{919},\ g = 7,\ p - 1 = 2 \cdot 3^3 \cdot 17$

N

	0	1	2	3	4	5	6	7	8	9
0		7	49	343	563	265	17	119	833	317
1	381	829	289	185	376	794	44	308	318	388
2	878	632	748	641	811	163	222	635	769	788
3	2	14	98	686	207	530	34	238	747	634
4	762	739	578	370	752	669	88	616	636	776
5	837	345	577	363	703	326	444	351	619	657
6	4	28	196	453	414	141	68	476	575	349
7	605	559	237	740	585	419	176	313	353	633
8	755	690	235	726	487	652	888	702	319	395
9	8	56	392	906	828	282	136	33	231	698
10	291	199	474	561	251	838	352	626	706	347
11	591	461	470	533	55	385	857	485	638	790
12	16	112	784	893	737	564	272	66	462	477
13	582	398	29	203	502	757	704	333	493	694
14	263	3	21	147	110	770	795	51	357	661
15	32	224	649	867	555	209	544	132	5	35
16	245	796	58	406	85	595	489	666	67	469
17	526	6	42	294	220	621	671	102	714	403
18	64	448	379	815	191	418	169	264	10	70
19	490	673	116	812	170	271	59	413	134	19
20	133	12	84	588	440	323	423	204	509	806
21	128	896	758	711	382	836	338	528	20	140
22	61	427	232	705	340	542	118	826	268	38
23	266	24	168	257	880	646	846	408	99	693
24	256	873	597	503	764	753	676	137	40	280
25	122	854	464	491	680	165	236	733	536	76
26	532	48	336	514	841	373	773	816	198	467
27	512	827	275	87	609	587	433	274	80	560
28	244	789	9	63	441	330	472	547	153	152
29	145	96	672	109	763	746	627	713	396	15
30	105	735	550	174	299	255	866	548	160	201
31	488	659	18	126	882	660	25	175	306	304
32	290	192	425	218	607	573	335	507	792	30
33	210	551	181	348	598	510	813	177	320	402
34	57	399	36	252	845	401	50	350	612	608
35	580	384	850	436	295	227	670	95	665	60
36	420	183	362	696	277	101	707	354	640	804
37	114	798	72	504	771	802	100	700	305	297
38	241	768	781	872	590	454	421	190	411	120
39	840	366	724	473	554	202	495	708	361	689
40	228	677	144	89	623	685	200	481	610	594
41	482	617	643	825	261	908	842	380	822	240
42	761	732	529	27	189	404	71	497	722	459
43	456	435	288	178	327	451	400	43	301	269
44	45	315	367	731	522	897	765	760	725	480
45	603	545	139	54	378	808	142	75	525	918
46	912	870	576	356	654	902	800	86	602	538
47	90	630	734	543	125	875	611	601	531	41
48	287	171	278	108	756	697	284	150	131	917
49	905	821	233	712	389	885	681	172	285	157
	0	1	2	3	4	5	6	7	8	9

I

	0	1	2	3	4	5	6	7	8	9
0		918	30	141	60	158	171	1	90	282
1	188	874	201	552	31	299	120	6	312	199
2	218	142	904	670	231	316	582	423	61	132
3	329	545	150	97	36	159	342	773	229	693
4	248	479	172	437	16	440	700	842	261	2
5	346	147	612	765	453	114	91	340	162	196
6	359	220	575	283	180	710	127	168	66	811
7	189	426	372	695	803	457	259	875	723	849
8	278	564	509	674	202	164	467	273	46	403
9	470	553	730	686	872	357	291	877	32	238
10	376	365	177	726	642	300	795	652	483	293
11	144	914	121	668	370	828	192	834	226	7
12	389	830	250	620	605	474	313	787	210	578
13	740	488	157	200	198	581	96	247	841	452
14	219	65	456	508	402	290	725	143	833	604
15	487	840	289	288	905	703	753	499	879	906
16	308	671	594	25	539	255	704	503	232	186
17	194	481	497	754	303	317	76	337	433	532
18	500	332	583	361	760	13	716	880	902	424
19	387	184	321	542	907	851	62	887	268	101
20	406	309	395	133	207	637	756	34	672	155
21	330	856	825	567	682	595	513	546	323	836
22	174	558	26	822	151	598	698	355	400	540
23	858	98	222	492	864	82	256	72	37	713
24	419	380	860	705	280	160	650	751	635	815
25	504	104	343	626	817	305	240	233	608	774
26	770	414	518	140	187	5	230	544	228	439
27	611	195	126	694	277	272	871	364	482	827
28	249	577	95	507	486	498	538	480	432	12
29	320	100	755	566	173	354	863	379	634	304
30	517	438	870	506	319	378	318	807	17	867
31	733	808	783	77	529	441	909	9	18	88
32	338	793	701	205	624	868	55	434	569	843
33	285	662	734	137	533	326	262	589	216	809
34	224	501	511	3	527	51	784	109	333	69
35	347	57	106	78	367	584	463	148	562	738
36	530	398	362	53	613	853	391	442	790	761
37	43	766	746	265	910	615	14	684	454	182
38	417	10	214	717	351	115	572	719	19	494
39	881	676	92	629	917	89	298	903	131	341
40	436	345	339	179	425	722	163	729	237	794
41	667	388	786	197	64	832	702	593	185	75
42	360	386	886	206	855	322	597	221	712	649
43	625	769	543	276	576	431	353	869	866	908
44	204	284	588	526	56	561	852	745	181	571
45	628	435	728	63	385	711	430	587	570	429
46	888	111	128	889	252	844	522	269	894	169
47	112	640	286	393	102	515	67	129	743	663
48	449	407	410	812	890	117	735	84	310	166
49	190	253	680	138	781	396	665	427	845	819
	0	1	2	3	4	5	6	7	8	9

p = 919

I′

	0	1	2	3	4	5	6	7	8	9
0	918	90	346	527	125	230	312	389	623	18
1	214	862	320	716	684	146	440	867	88	494
2	707	79	653	823	193	539	822	48	145	281
3	141	299	238	681	672	478	159	713	22	27
4	294	73	683	766	245	356	403	411	554	915
5	105	784	42	613	136	434	561	106	763	873
6	158	132	887	385	832	456	811	129	462	347
7	536	279	37	892	596	360	337	529	367	39
8	484	859	256	780	310	689	788	54	338	298
9	282	340	629	660	11	507	247	36	222	633
10	755	406	515	607	343	737	78	296	366	333
11	893	128	640	574	91	572	679	735	708	669
12	6	668	657	775	791	826	694	168	889	743
13	721	341	329	207	243	212	223	533	781	610
14	187	60	904	833	914	374	161	612	562	692
15	97	598	898	606	512	330	451	200	171	342
16	650	709	196	729	467	664	190	802	66	112
17	551	1	437	354	558	838	292	726	666	425
18	710	571	417	267	321	75	194	5	874	426
19	253	619	834	336	481	126	359	64	581	218
20	198	552	164	744	284	624	855	637	335	580
21	578	445	767	493	717	50	809	422	142	65
22	575	712	492	108	501	473	7	271	439	693
23	544	316	186	608	688	585	831	794	376	139
24	233	899	334	373	446	714	401	841	479	577
25	620	639	844	680	496	704	72	472	673	875
26	113	2	589	884	416	910	749	636	101	894
27	622	94	871	46	408	203	576	272	564	103
28	160	119	188	180	588	662	393	307	905	288
29	725	877	191	144	244	38	559	178	903	120
30	795	820	331	317	517	240	153	502	671	395
31	166	315	199	787	801	149	582	76	807	378
32	100	542	597	836	349	510	262	847	772	545
33	856	901	583	69	797	696	759	433	793	179
34	162	436	773	626	236	339	147	57	777	274
35	675	115	525	869	863	400	176	291	167	220
36	386	760	53	485	482	177	397	584	23	829
37	828	848	695	523	602	651	365	782	318	634
38	860	28	706	241	110	711	886	184	786	830
39	264	442	448	102	154	133	665	789	362	81
40	540	839	290	470	813	33	309	410	476	165
41	812	897	731	227	518	647	718	10	750	380
42	40	257	35	61	387	722	372	845	521	888
43	587	353	12	532	569	728	345	16	870	611
44	700	909	790	421	757	601	747	420	83	407
45	900	724	219	114	182	603	508	259	170	*
46	630	720	52	148	646	579	685	273	450	876
47	553	891	301	156	313	896	348	468	260	172
48	432	497	827	293	135	99	498	840	157	459
49	93	418	864	297	881	556	531	754	538	879
	0	1	2	3	4	5	6	7	8	9

I″

	0	1	2	3	4	5	6	7	8	9
0	459	171	261	511	607	187	120	226	732	909
1	417	94	432	760	615	772	437	807	9	719
2	631	891	38	368	752	594	558	39	381	616
3	918	552	877	405	756	422	97	72	295	79
4	420	791	52	761	691	563	273	778	27	861
5	215	527	462	362	87	868	526	347	897	599
6	141	423	851	728	197	219	168	515	510	333
7	900	857	256	41	785	185	317	783	106	21
8	714	399	864	448	735	687	609	782	18	917
9	1	114	676	490	271	577	581	150	858	485
10	320	268	393	279	504	50	57	632	223	784
11	384	888	169	260	453	351	742	890	554	281
12	299	914	555	882	820	4	195	710	111	67
13	675	903	61	395	644	484	54	734	680	239
14	518	30	218	725	293	28	15	346	463	315
15	545	822	654	306	394	672	473	488	60	36
16	280	146	340	722	202	409	310	358	127	894
17	458	158	479	566	836	763	356	365	297	339
18	283	745	454	759	387	593	232	140	282	811
19	166	292	828	24	186	611	162	786	200	312
20	157	874	674	275	908	701	886	133	847	829
21	787	690	135	614	10	661	589	551	199	452
22	359	597	98	136	809	913	834	413	544	773
23	5	670	503	240	707	736	344	729	32	814
24	305	383	664	134	294	44	739	96	693	827
25	830	586	889	190	878	539	82	421	810	457
26	478	842	326	622	390	746	602	183	887	522
27	696	227	277	467	349	596	543	694	849	71
28	705	29	90	575	204	843	640	724	289	840
29	402	357	176	483	40	762	107	493	89	31
30	642	472	502	754	634	817	912	287	906	406
31	84	873	6	474	688	311	231	303	378	506
32	12	184	855	546	536	568	533	656	669	132
33	155	302	500	109	242	208	193	76	88	345
34	91	131	159	104	916	436	2	69	476	324
35	683	717	648	431	173	698	45	872	764	196
36	75	583	398	610	871	376	108	78	708	651
37	668	709	426	243	145	685	238	633	319	863
38	419	748	911	720	744	63	360	424	667	7
39	737	853	521	286	850	309	781	366	530	557
40	355	246	508	46	838	541	101	449	274	514
41	407	47	823	816	770	660	264	182	491	713
42	447	443	217	582	902	179	189	665	727	570
43	711	576	480	337	55	628	341	172	517	228
44	16	529	391	883	590	211	244	767	392	663
45	468	156	841	765	684	580	65	803	548	489
46	549	805	68	584	689	771	848	164	477	673
47	403	779	257	225	605	899	408	547	35	248
48	538	194	364	652	80	363	507	604	740	600
49	758	697	222	213	19	618	254	481	486	753
	0	1	2	3	4	5	6	7	8	9

p = **919** (Fortsetzung)

	N 0	N 1	N 2	N 3	N 4	N 5	N 6	N 7	N 8	N 9		I 0	I 1	I 2	I 3	I 4	I 5	I 6	I 7	I 8	I 9
50	180	341	549	167	250	831	303	283	143	82	50	534	644	134	243	373	523	656	327	847	208
51	574	342	556	216	593	475	568	300	262	915	51	335	696	270	622	263	884	638	798	804	895
52	891	723	466	505	778	851	443	344	570	314	52	800	590	444	757	548	458	170	551	217	422
53	360	682	179	334	500	743	606	566	286	164	53	35	478	260	113	574	810	258	673	469	876
54	229	684	193	432	267	31	217	600	524	911	54	641	913	225	473	156	451	724	287	307	502
55	863	527	13	91	637	783	886	688	221	628	55	302	331	901	850	394	154	512	821	857	71
56	720	445	358	668	81	567	293	213	572	328	56	279	103	607	4	125	826	537	565	516	806
57	458	449	386	864	534	62	434	281	129	903	57	528	792	568	325	510	68	462	52	42	683
58	807	135	26	182	355	647	853	457	442	337	58	350	675	130	721	785	74	596	275	203	744
59	521	890	716	417	162	215	586	426	225	656	59	384	110	893	514	409	165	664	242	334	797
60	916	898	772	809	149	124	868	562	258	887	60	547	477	468	450	900	70	536	324	349	274
61	695	270	52	364	710	375	787	914	884	674	61	408	476	348	777	837	778	47	411	897	58
62	123	861	513	834	324	430	253	852	450	393	62	763	175	838	404	813	632	107	296	559	779
63	913	877	625	699	298	248	817	205	516	855	63	471	891	21	79	39	27	48	554	118	708
64	471	540	104	728	501	750	655	909	849	429	64	368	23	823	412	731	736	235	585	654	152
65	246	803	107	749	648	860	506	785	900	786	65	898	687	85	689	464	646	599	59	873	311
66	907	835	331	479	596	496	715	410	113	791	66	315	149	692	699	764	358	167	802	563	45
67	23	161	208	537	83	581	391	899	779	858	67	356	176	292	191	619	739	246	401	839	878
68	492	687	214	579	377	801	93	651	881	653	68	254	496	531	715	541	405	33	681	557	399
69	895	751	662	39	273	73	511	820	226	663	69	81	859	814	239	139	610	363	485	99	633
70	46	322	416	155	166	243	782	879	639	797	70	377	782	87	54	136	223	108	366	397	789
71	65	455	428	239	754	683	186	383	843	387	71	614	213	493	297	178	666	592	854	768	865
72	871	583	405	78	546	146	103	721	452	407	72	560	727	428	521	392	448	83	780	643	846
73	92	644	832	310	332	486	645	839	359	675	73	883	443	421	257	472	301	820	124	791	41
74	130	910	856	478	589	447	372	766	767	774	74	73	892	796	535	776	762	295	38	22	653
75	823	247	810	156	173	292	206	523	904	814	75	645	691	44	245	714	80	484	135	212	767
76	184	369	745	620	664	53	371	759	718	431	76	447	420	40	294	244	446	747	748	381	28
77	260	901	793	37	259	894	744	613	615	629	77	145	374	602	266	749	861	49	915	524	678
78	727	494	701	312	346	584	412	127	889	709	78	911	382	706	555	122	657	659	616	29	281
79	368	738	571	321	409	106	742	599	517	862	79	119	669	328	772	15	146	161	709	371	848
80	520	883	667	74	518	869	569	307	311	339	80	466	685	375	651	369	829	209	580	455	603
81	535	69	483	624	692	249	824	254	859	499	81	752	24	193	336	759	183	267	636	824	835
82	736	557	223	642	818	212	565	279	115	805	82	697	491	418	750	816	413	227	271	94	11
83	121	847	415	148	117	819	219	614	622	678	83	862	505	732	8	623	661	215	50	105	737
84	151	138	47	329	465	498	729	508	799	79	84	390	264	416	718	916	344	236	831	885	648
85	553	195	446	365	717	424	211	558	230	691	85	352	525	627	586	251	639	742	116	679	818
86	242	775	830	296	234	719	438	309	325	437	86	655	621	799	550	573	912	306	153	606	805
87	302	276	94	658	11	77	539	97	679	158	87	461	720	383	241	899	475	896	631	20	707
88	187	390	892	730	515	848	422	197	460	463	88	234	688	314	801	618	495	556	609	86	788
89	484	631	741	592	468	519	876	618	650	874	89	591	520	882	123	775	690	211	445	601	677
90	604	552	188	397	22	154	159	194	439	316	90	658	771	465	579	758	490	93	660	415	647
91	374	780	865	541	111	777	844	394	1		91	741	549	460	630	617	519	600	489	459	
	0	1	2	3	4	5	6	7	8	9		0	1	2	3	4	5	6	7	8	9

p = 919

I′

	0	1	2	3	4	5	6	7	8	9
50	332	511	302	232	104	732	319	486	402	674
51	68	3	821	546	409	67	806	438	140	600
52	882	392	269	656	678	627	56	51	792	441
53	398	715	500	326	644	776	324	565	480	255
54	858	405	907	276	228	150	323	477	458	460
55	573	217	31	730	118	122	609	399	26	779
56	727	852	738	45	509	516	173	682	325	843
57	429	628	719	912	810	283	431	95	740	758
58	455	96	423	361	463	654	251	570	526	216
59	444	520	854	185	25	513	275	221	698	59
60	489	677	266	752	487	474	805	4	774	86
61	363	195	765	853	213	14	29	519	495	739
62	605	799	263	661	868	769	817	586	435	917
63	617	20	107	377	304	815	824	756	798	742
64	286	913	300	846	134	691	599	741	352	625
65	751	369	483	645	152	621	327	659	771	616
66	415	215	734	449	242	427	592	388	370	328
67	231	594	155	469	202	130	92	658	911	818
68	138	557	595	350	454	375	872	85	314	464
69	211	44	699	248	277	803	270	491	355	764
70	842	205	593	753	503	280	555	234	368	371
71	127	430	649	419	80	541	880	351	916	19
72	383	785	163	849	287	143	642	428	63	237
73	686	736	8	808	137	84	235	390	530	246
74	488	549	116	663	384	181	265	748	381	861
75	816	635	24	499	303	566	34	548	490	183
76	13	43	295	175	358	453	746	447	865	543
77	414	465	15	229	770	690	762	837	47	471
78	643	396	87	77	109	74	197	210	591	614
79	761	41	568	701	667	652	535	547	804	550
80	590	618	563	457	895	461	528	17	783	224
81	258	189	890	632	239	504	413	305	655	534
82	124	857	151	412	835	567	537	249	192	209
83	250	885	702	604	226	697	174	778	404	878
84	289	452	261	285	522	819	883	208	466	278
85	394	62	745	391	768	322	825	71	98	814
86	705	49	505	379	82	560	908	733	55	866
87	506	364	357	311	201	723	641	32	254	906
88	902	676	123	443	638	648	206	268	111	252
89	117	21	796	514	169	800	631	58	687	475
90	70	850	424	131	670	703	308	851	204	9
91	615	382	306	225	121	524	344	89	30	
	0	1	2	3	4	5	6	7	8	9

I″

	0	1	2	3	4	5	6	7	8	9
50	532	224	307	704	815	862	870	95	456	564
51	325	501	154	595	893	102	565	304	414	617
52	591	428	844	373	915	352	588	3	806	77
53	738	496	433	137	819	796	70	826	498	25
54	400	715	321	769	230	329	513	797	757	741
55	799	170	201	470	48	706	495	681	174	296
56	865	56	148	802	278	537	755	825	792	434
57	587	181	115	550	113	220	276	249	210	465
58	209	198	316	332	367	235	627	430	284	262
59	800	788	666	702	671	682	74	322	151	646
60	519	445	374	455	833	620	153	103	233	556
61	139	439	147	53	789	910	659	630	801	191
62	250	655	270	8	205	649	343	525	571	92
63	460	896	813	99	379	751	267	207	884	251
64	112	876	726	780	534	653	464	415	885	712
65	160	375	795	22	585	818	523	122	677	657
66	93	623	285	743	165	396	178	794	121	119
67	904	308	34	258	509	350	881	601	524	116
68	253	33	567	42	14	466	730	898	234	85
69	775	645	149	229	126	372	335	835	598	692
70	440	793	832	905	255	860	382	20	118	161
71	180	385	221	37	245	531	13	214	416	572
72	461	130	425	875	451	290	177	560	435	163
73	553	412	505	867	662	117	731	105	562	619
74	578	647	639	129	203	852	766	446	747	266
75	418	650	603	703	497	100	637	444	579	336
76	361	790	776	58	699	612	43	212	854	625
77	774	658	328	342	608	123	535	348	837	559
78	83	138	377	808	51	721	388	313	86	397
79	442	124	528	338	237	300	892	334	638	621
80	895	314	167	695	798	606	516	318	733	216
81	574	66	410	404	859	635	750	626	679	845
82	301	512	26	23	636	856	125	482	370	369
83	389	236	64	143	192	824	323	777	175	401
84	487	247	700	569	252	427	643	327	371	723
85	901	907	561	613	592	206	330	821	540	81
86	380	749	11	354	492	768	869	17	624	353
87	438	272	686	59	188	259	469	291	839	499
88	716	494	520	846	263	831	386	62	429	128
89	812	471	73	110	269	804	475	411	152	241
90	450	331	880	298	142	288	879	542	866	441
91	265	678	573	641	144	49	718	629	*	
	0	1	2	3	4	5	6	7	8	9

p = 929, g = 3, p − 1 = $2^5 \cdot 29$

	N										I									
	0	1	2	3	4	5	6	7	8	9		0	1	2	3	4	5	6	7	8	9
0		3	9	27	81	243	729	329	58	174	0		928	810	1	692	876	811	505	574	2
1	522	637	53	159	477	502	577	802	548	715	1	758	142	693	857	387	877	456	721	812	728
2	287	861	725	317	22	66	198	594	853	701	2	640	506	24	872	575	824	739	3	269	126
3	245	735	347	112	336	79	237	711	275	825	3	759	169	338	143	603	453	694	332	610	858
4	617	922	908	866	740	362	157	471	484	523	4	522	443	388	697	834	878	754	430	457	82
5	640	62	186	558	745	377	202	606	889	809	5	706	722	621	12	813	90	151	729	8	421
6	569	778	476	499	568	775	467	472	487	532	6	641	902	51	507	220	805	25	543	485	873
7	667	143	429	358	145	435	376	199	597	862	7	335	418	576	711	214	825	492	647	740	35
8	728	326	49	147	441	394	253	759	419	328	8	404	4	325	778	270	669	579	127	716	564
9	55	165	495	556	739	359	148	444	403	280	9	760	434	636	170	312	676	339	613	892	144
10	840	662	128	384	223	669	149	447	412	307	10	588	174	604	344	503	454	822	601	695	619
11	921	905	857	713	281	843	671	155	465	466	11	900	333	33	714	611	820	818	859	303	298
12	469	478	505	586	829	629	29	87	261	783	12	523	284	784	444	861	772	389	481	102	698
13	491	544	703	251	753	401	274	822	608	895	13	687	652	835	305	425	879	367	254	755	329
14	827	623	11	33	99	297	891	815	587	832	14	217	431	300	71	458	74	593	83	96	106
15	638	56	168	504	583	820	602	877	773	461	15	707	525	374	723	529	117	622	46	845	13
16	454	433	370	181	543	700	242	726	320	31	16	286	449	814	199	207	91	660	828	152	786
17	93	279	837	653	101	303	909	869	749	389	17	551	730	461	736	9	401	598	422	446	191
18	238	714	284	852	698	236	708	266	798	536	18	642	163	316	903	518	280	52	863	194	508
19	679	179	537	682	188	564	763	431	364	163	19	558	791	221	746	495	806	774	203	26	77
20	489	538	685	197	591	844	674	164	492	547	20	470	544	56	631	486	391	226	874	385	870
21	712	278	834	644	74	222	666	140	420	331	21	336	441	704	419	483	645	577	674	501	712
22	64	192	576	799	539	688	206	618	925	917	22	782	650	215	104	843	826	596	278	493	629
23	893	821	605	886	800	542	697	233	699	239	23	702	648	700	237	741	378	185	36	180	239
24	717	293	879	779	479	508	595	856	710	272	24	405	689	166	5	666	30	326	657	743	779
25	816	590	841	665	137	411	304	912	878	776	25	654	133	271	86	363	670	912	380	580	837
26	470	481	514	613	910	872	758	416	319	28	26	569	128	534	680	717	888	187	565	307	319
27	84	252	756	410	301	903	851	695	227	681	27	761	353	249	435	136	38	637	427	211	171
28	185	555	736	350	121	363	160	480	511	604	28	99	114	313	867	182	677	881	20	340	514
29	883	791	515	616	919	899	839	659	119	357	29	884	614	475	241	893	369	906	145	916	801
30	142	426	349	118	354	133	399	268	804	554	30	589	274	407	175	256	850	605	109	411	345
31	733	341	94	282	846	680	182	546	709	269	31	927	691	504	757	856	455	727	23	823	268
32	807	563	760	422	337	82	246	738	356	139	32	168	602	331	521	696	753	81	620	89	7
33	417	322	37	111	333	70	210	630	32	96	33	901	219	542	334	710	491	34	324	668	715
34	288	864	734	344	103	309	927	923	911	875	34	433	311	612	587	343	821	618	32	819	302
35	767	443	400	271	813	581	814	584	823	611	35	283	860	480	686	304	366	328	299	73	95
36	904	854	704	254	762	428	355	136	408	295	36	524	528	45	285	198	659	785	460	400	445
37	885	797	533	670	152	456	439	388	235	705	37	162	517	862	557	745	773	76	55	390	384
38	257	771	455	436	379	208	624	14	42	126	38	440	482	673	781	103	595	628	699	377	179
39	378	205	615	916	890	812	578	805	557	742	39	688	665	656	653	85	911	836	533	887	306
40	368	175	525	646	80	240	720	302	906	860	40	352	135	426	98	866	880	513	474	368	915
41	722	308	924	914	884	794	524	643	71	213	41	273	255	108	926	756	726	267	330	752	88
42	639	59	177	531	664	134	402	277	831	635	42	218	709	323	432	586	617	301	479	365	72
43	47	141	423	340	91	273	819	599	868	746	43	527	197	459	161	556	75	383	672	594	376
44	380	211	633	41	123	369	178	534	673	161	44	664	84	532	351	97	512	914	107	725	751
45	483	520	631	35	105	315	16	48	144	432	45	708	585	478	526	160	382	375	531	511	724
46	367	172	516	619	928	926	920	902	848	686	46	584	159	530	583	582	118	119	66	623	120
47	200	600	871	755	407	292	876	770	452	427	47	260	47	67	839	846	624	62	14	121	244
48	352	127	381	214	642	68	204	612	907	863	48	287	261	571	450	48	561	815	68	548	200
49	731	335	76	228	684	194	582	817	593	850	49	840	130	208	847	539	92	625	923	661	63
	0	1	2	3	4	5	6	7	8	9		0	1	2	3	4	5	6	7	8	9

p = 929

I′

	0	1	2	3	4	5	6	7	8	9
0	928	692	758	269	325	666	541	901	421	401
1	49	150	813	286	121	765	396	853	904	883
2	340	79	167	823	872	543	77	246	361	742
3	326	282	819	714	324	404	180	210	637	808
4	227	347	176	515	658	285	845	67	561	416
5	804	507	863	626	439	390	631	795	394	762
6	559	243	14	536	60	259	623	839	548	372
7	592	458	527	95	593	383	55	470	683	489
8	6	620	706	96	532	911	363	322	218	7
9	151	660	625	398	44	524	106	512	866	114
10	252	651	698	595	843	373	707	725	926	411
11	41	408	882	181	313	205	844	622	119	66
12	260	244	896	148	608	337	759	716	534	538
13	208	567	362	271	865	426	38	358	632	607
14	638	386	693	603	588	916	796	250	775	803
15	420	729	786	122	357	231	545	258	581	530
16	382	556	517	316	131	29	5	520	602	338
17	312	99	898	502	604	256	264	885	655	688
18	239	19	677	28	238	36	318	565	223	192
19	315	642	201	790	508	662	555	459	659	207
20	840	224	469	26	788	734	827	91	847	18
21	113	171	776	646	825	104	70	431	709	542
22	805	746	16	234	643	869	874	463	465	606
23	917	137	57	852	566	164	184	741	165	405
24	905	893	546	570	287	682	798	112	37	435
25	497	204	591	216	755	108	850	920	242	838
26	47	571	292	919	348	615	87	330	168	126
27	669	86	925	255	407	360	183	701	493	193
28	52	93	685	860	784	198	449	261	794	232
29	414	718	462	40	466	590	100	783	523	73
30	71	479	283	298	366	425	352	319	397	281
31	342	612	676	867	789	279	903	209	248	761
32	748	195	616	432	668	778	657	94	299	217
33	752	521	610	33	710	418	441	452	143	613
34	514	684	31	821	503	927	464	412	257	476
35	913	97	135	249	356	496	147	807	918	487
36	111	678	379	670	196	72	328	254	915	906
37	233	188	447	116	723	531	664	179	185	568
38	580	510	375	672	440	870	720	877	697	481
39	384	226	293	229	146	354	747	908	53	516
40	445	598	562	777	4	689	849	175	488	21
41	690	345	228	851	370	889	402	213	576	483
42	50	641	446	69	253	879	98	211	149	705
43	457	300	586	311	636	136	155	471	177	780
44	482	704	833	388	861	162	191	549	206	814
45	48	832	609	694	822	727	721	82	74	161
46	400	736	572	809	*	346	110	275	868	630
47	544	553	265	272	368	241	157	381	526	365
48	686	102	673	645	417	873	391	263	42	341
49	667	34	647	629	202	806	154	797	27	276
	0	1	2	3	4	5	6	7	8	9

I″

	0	1	2	3	4	5	6	7	8	9
0	464	810	574	739	404	166	80	89	729	736
1	832	705	621	845	62	829	222	566	209	181
2	881	409	855	727	506	805	203	498	183	165
3	666	342	618	333	491	740	185	248	136	918
4	293	110	488	684	94	528	622	260	450	10
5	420	902	280	398	744	76	544	232	907	748
6	64	838	624	661	509	581	119	47	815	423
7	216	300	365	299	458	556	773	26	798	21
8	520	753	457	593	664	653	271	266	752	620
9	813	207	539	281	327	73	83	351	426	171
10	296	771	481	781	215	592	96	914	255	605
11	466	360	247	210	99	591	373	529	582	118
12	623	14	153	807	638	738	269	579	569	547
13	840	164	742	654	886	352	435	231	795	917
14	808	573	758	338	892	906	394	356	123	428
15	11	90	828	765	496	436	553	476	510	584
16	526	459	445	642	235	238	689	22	268	759
17	636	211	634	891	588	407	42	438	627	377
18	36	113	867	276	236	378	679	888	371	549
19	597	446	189	279	863	321	364	527	285	814
20	548	192	494	774	251	115	448	199	130	317
21	37	427	803	417	711	650	253	329	88	901
22	507	791	768	188	201	630	391	40	412	393
23	796	155	289	370	223	841	701	700	184	180
24	883	475	258	61	121	787	27	678	318	353
25	147	897	100	424	367	273	175	348	157	65
26	120	287	731	487	176	472	925	726	823	3
27	778	133	473	915	589	467	499	842	596	315
28	518	309	31	302	523	45	13	244	552	545
29	894	793	262	392	606	633	898	817	303	328
30	431	617	819	859	686	835	887	565	853	540
31	667	433	170	114	734	190	163	567	186	307
32	908	924	87	709	34	4	30	685	366	755
33	267	602	694	900	542	873	870	125	169	676
34	20	489	310	587	604	411	465	41	264	554
35	663	532	306	761	395	766	354	154	137	732
36	275	28	132	86	616	479	304	879	474	893
37	414	769	69	105	525	382	594	699	741	362
38	912	477	160	75	390	874	141	857	443	772
39	55	486	919	851	58	767	16	308	93	658
40	460	9	416	646	35	239	800	274	111	799
41	849	109	347	920	290	831	49	484	335	704
42	150	8	598	770	651	305	135	637	608	833
43	754	217	323	715	760	249	797	683	515	54
44	384	336	609	522	784	400	422	372	844	286
45	571	737	337	603	503	856	877	430	71	197
46	785	730	292	227	346	228	294	733	789	202
47	77	437	885	865	513	614	349	750	585	301
48	860	389	440	419	804	543	631	359	408	79
49	541	710	825	278	790	746	355	250	788	868
	0	1	2	3	4	5	6	7	8	9

p = 929 (Fortsetzung)

	N										I										
	0	1	2	3	4	5	6	7	8	9		0	1	2	3	4	5	6	7	8	9
50	692	218	654	104	312	7	21	63	189	567	50	536	829	15	765	153	122	896	787	245	682
51	772	458	445	406	289	867	743	371	184	552	51	552	288	794	731	262	292	462	572	719	737
52	727	323	40	120	360	151	453	430	361	154	52	451	832	10	49	416	402	562	890	599	816
53	462	457	442	397	262	786	500	571	784	494	53	770	423	69	372	447	549	189	192	201	224
54	553	730	332	67	201	603	880	782	488	535	54	643	841	235	164	131	567	317	209	18	904
55	676	170	510	601	874	764	434	373	190	570	55	848	854	519	540	309	281	93	398	53	626
56	781	485	526	649	89	267	801	545	706	260	56	909	864	924	321	195	662	749	509	64	60
57	780	482	517	622	8	24	72	216	648	86	57	559	537	763	792	830	768	222	16	396	747
58	258	774	464	463	460	451	424	343	100	300	58	766	355	496	154	357	807	123	148	775	897
59	900	842	668	146	438	385	226	678	176	528	59	251	204	788	498	27	246	798	78	683	437
60	655	107	321	34	102	306	918	896	830	632	60	471	553	156	545	289	232	57	795	138	632
61	38	114	342	97	291	873	761	425	346	109	61	732	359	487	263	919	392	293	40	227	463
62	327	52	156	468	475	496	559	748	386	229	62	809	875	573	141	386	720	639	871	738	125
63	687	203	609	898	836	650	92	276	828	626	63	337	452	609	442	833	429	705	11	150	420
64	20	60	180	540	691	215	645	77	231	693	64	50	804	484	417	213	646	403	777	578	563
65	221	663	131	393	250	750	392	247	741	365	65	635	675	891	173	502	600	899	713	817	297
66	166	498	565	766	440	391	244	732	338	85	66	783	771	101	651	424	253	216	70	592	105
67	255	765	437	382	217	651	95	285	855	707	67	373	116	844	448	206	827	550	735	597	190
68	263	789	509	598	865	737	353	130	390	241	68	315	279	193	790	494	202	469	630	225	869
69	723	311	4	12	36	108	324	43	129	387	69	703	644	500	649	842	277	701	236	184	238
70	232	696	230	690	212	636	50	150	450	421	70	165	29	742	132	362	379	568	679	186	318
71	334	73	219	657	113	339	88	264	792	518	71	248	37	210	113	181	19	883	240	905	800
72	625	17	51	153	459	448	415	316	19	57	72	406	849	410	690	855	22	167	520	80	6
73	171	513	610	901	845	677	173	519	628	26	73	541	490	667	310	342	31	282	685	327	94
74	78	234	702	248	744	374	193	579	808	566	74	44	658	399	516	744	54	439	780	627	178
75	769	449	418	325	46	138	414	313	10	30	75	655	910	886	134	865	473	272	925	266	87
76	90	270	810	572	787	503	580	811	575	796	76	322	616	364	196	555	671	663	350	913	750
77	530	661	125	375	196	588	835	647	83	249	77	477	381	510	158	581	65	259	838	61	243
78	747	383	220	660	122	366	169	507	592	847	78	570	560	547	129	538	922	535	764	895	681
79	683	191	573	790	512	607	892	818	596	859	79	793	291	718	831	415	889	769	371	188	223
80	719	299	897	833	641	65	195	585	826	620	80	234	566	17	853	308	397	908	320	748	59
81	2	6	18	54	162	486	529	658	116	348	81	762	767	395	354	356	147	250	497	797	436
82	115	345	106	318	25	75	225	675	167	501	82	155	231	137	358	918	39	808	140	638	124
83	574	793	521	634	44	132	396	259	777	473	83	608	428	149	803	212	776	634	172	898	296
84	490	541	694	224	672	158	474	493	550	721	84	100	252	591	115	205	734	314	789	468	868
85	305	915	887	803	551	724	314	13	39	117	85	499	276	183	28	361	678	247	112	882	799
86	351	124	372	187	561	754	404	283	849	689	86	409	21	79	489	341	684	43	515	438	177
87	209	627	23	69	207	621	5	15	45	135	87	885	472	265	615	554	349	476	157	258	242
88	405	286	858	716	290	870	752	398	265	795	88	546	921	894	290	414	370	233	852	907	58
89	527	652	98	294	882	788	506	589	838	656	89	394	146	796	230	917	139	607	802	633	295
90	110	330	61	183	549	718	296	888	806	560	90	590	733	467	275	360	111	408	488	42	176
91	751	395	256	768	446	409	298	894	824	614	91	264	348	257	920	413	851	393	229	606	294
92	913	881	785	497	562	757	413	310	1		92	466	110	41	347	412	228	465	346	464	
	0	1	2	3	4	5	6	7	8	9		0	1	2	3	4	5	6	7	8	9

p = 929

	I′											I″									
	0	1	2	3	4	5	6	7	8	9		0	1	2	3	4	5	6	7	8	9
50	649	712	600	454	757	574	24	220	558	64	50	644	674	173	344	691	811	640	51	194	749
51	158	724	914	474	884	438	744	862	280	540	51	381	531	97	880	340	43	399	162	903	854
52	80	696	443	284	528	374	160	197	45	117	52	167	331	858	298	95	707	478	72	524	723
53	583	511	351	887	680	764	829	763	922	92	53	159	375	84	836	128	922	63	559	129	847
54	309	490	334	485	56	289	921	129	200	189	54	519	6	219	25	470	156	242	560	68	447
55	735	730	288	156	349	671	75	745	791	537	55	827	786	682	471	615	196	161	862	508	60
56	547	815	890	635	760	307	17	317	679	128	56	570	48	402	578	716	187	234	131	379	837
57	560	450	719	141	2	824	711	674	563	127	57	243	261	462	875	505	872	418	645	777	669
58	837	65	118	582	159	478	617	343	174	274	58	380	158	583	530	724	708	432	612	144	801
59	733	115	105	83	376	628	278	190	422	816	59	295	252	70	74	672	103	826	735	401	890
60	899	695	331	453	344	109	294	802	428	442	60	502	822	168	143	174	850	229	139	124	452
61	858	820	587	892	475	554	364	301	32	900	61	332	714	311	339	884	265	322	586	821	695
62	89	12	46	120	62	923	909	178	699	702	62	81	722	117	66	846	92	53	780	595	493
63	225	486	732	295	172	675	170	427	124	871	63	469	56	138	802	776	563	434	38	140	720
64	506	902	163	841	500	577	403	740	700	842	64	728	421	191	224	703	483	213	492	702	500
65	215	424	835	85	133	910	653	743	399	785	65	782	101	687	656	779	178	665	326	44	198
66	828	63	749	350	84	656	30	310	715	579	66	91	923	195	671	376	688	5	490	324	270
67	912	663	594	781	501	891	339	881	247	186	67	363	555	383	482	577	635	312	182	361	568
68	717	793	552	437	43	327	304	652	665	166	68	534	895	245	78	341	282	480	698	179	405
69	855	504	876	857	332	619	753	834	687	377	69	410	927	1	142	453	601	521	388	102	628
70	237	236	648	644	419	11	722	525	585	323	70	648	277	629	869	441	429	82	106	751	218
71	491	214	782	817	611	433	564	888	831	737	71	334	576	501	899	33	668	127	680	291	572
72	639	812	621	529	584	751	267	23	640	8	72	386	456	706	374	511	107	756	455	812	151
73	461	262	359	467	314	597	9	451	125	3	73	551	794	632	590	205	550	461	719	871	824
74	35	378	132	779	54	773	495	766	59	509	74	647	237	29	657	516	557	221	396	320	662
75	477	708	88	81	430	329	726	856	142	169	75	913	725	330	696	878	254	926	504	2	126
76	434	353	767	792	895	153	355	395	222	371	76	564	319	59	537	535	15	747	762	830	889
77	423	101	389	76	203	897	634	578	270	654	77	816	783	861	745	806	148	212	403	325	743
78	627	103	650	771	444	460	551	245	498	468	78	439	673	712	297	284	659	152	896	204	314
79	494	221	830	291	731	138	230	436	78	409	79	193	558	763	681	288	57	146	497	246	882
80	406	589	633	212	484	25	774	123	140	875	80	905	916	607	149	50	220	495	357	39	463
81	1	505	728	90	199	68	770	297	859	302	81	928	876	721	12	449	561	599	713	820	32
82	818	618	601	268	739	492	596	550	152	15	82	611	343	454	23	575	214	843	206	660	536
83	768	415	10	429	878	305	533	569	61	846	83	792	718	451	442	697	652	911	580	259	67
84	130	235	277	826	448	13	624	539	854	410	84	200	643	649	104	116	46	839	208	904	406
85	605	393	907	308	519	22	455	387	522	303	85	256	413	233	17	848	690	757	693	610	818
86	480	772	557	194	924	473	880	182	499	703	86	283	444	517	52	909	134	98	313	468	225
87	336	738	575	335	385	573	811	456	754	367	87	385	639	24	485	226	809	692	387	834	425
88	513	20	799	240	614	472	134	306	187	769	88	866	677	112	19	514	177	910	533	717	415
89	599	173	144	369	290	681	787	251	296	713	89	562	675	613	241	921	764	122	775	172	600
90	333	219	51	518	848	800	145	58	320	864	90	619	7	641	316	18	240	369	852	397	626
91	886	836	380	750	107	273	801	139	39	392	91	655	85	670	350	512	368	145	230	358	263
92	413	894	535	661	321	266	756	691	810		92	257	546	538	625	864	272	108	345	*	
	0	1	2	3	4	5	6	7	8	9		0	1	2	3	4	5	6	7	8	9

$p = 937, \; g = 5, \; p - 1 = 2^3 \cdot 3^2 \cdot 13$

N

	0	1	2	3	4	5	6	7	8	9
0		5	25	125	625	314	633	354	833	417
1	211	118	590	139	695	664	509	671	544	846
2	482	536	806	282	473	491	581	94	470	476
3	506	656	469	471	481	531	781	157	785	177
4	885	677	574	59	295	538	816	332	723	804
5	272	423	241	268	403	141	705	714	759	47
6	235	238	253	328	703	704	709	734	859	547
7	861	557	911	807	287	498	616	269	408	166
8	830	402	136	680	589	134	670	539	821	357
9	848	492	586	119	595	164	820	352	823	367
10	898	742	899	747	924	872	612	249	308	603
11	204	83	415	201	68	340	763	67	335	738
12	879	647	424	246	293	528	766	82	410	176
13	880	652	449	371	918	842	462	436	306	593
14	154	770	102	510	676	569	34	170	850	502
15	636	369	908	792	212	123	615	264	383	41
16	205	88	440	326	693	654	459	421	231	218
17	153	765	77	385	51	255	338	753	17	85
18	425	251	318	653	454	396	106	530	776	132
19	660	489	571	44	220	163	815	327	698	679
20	584	109	545	851	507	661	494	596	169	845
21	477	511	681	594	159	795	227	198	53	265
22	388	66	330	713	754	22	110	550	876	632
23	349	808	292	523	741	894	722	799	247	298
24	553	891	707	724	809	297	548	866	582	99
25	495	601	194	33	165	825	377	11	55	275
26	438	316	643	404	146	730	839	447	361	868
27	592	149	745	914	822	362	873	617	274	433
28	291	518	716	769	97	485	551	881	657	474
29	496	606	219	158	790	202	73	365	888	692
30	649	434	296	543	841	457	411	181	905	777
31	137	685	614	259	358	853	517	711	744	909
32	797	237	248	303	578	79	395	101	505	651
33	444	346	793	217	148	740	889	697	674	559
34	921	857	537	811	307	598	179	895	727	824
35	372	923	867	587	124	620	289	508	666	519
36	721	794	222	173	865	577	74	370	913	817
37	337	748	929	897	737	874	622	299	558	916
38	832	412	186	930	902	762	62	310	613	254
39	333	728	829	397	111	555	901	757	37	185
40	925	877	637	374	933	917	837	437	311	618
41	279	458	416	206	93	465	451	381	31	155
42	775	127	635	364	883	667	524	746	919	847
43	487	561	931	907	787	187	935	927	887	687
44	624	309	608	229	208	103	515	701	694	659
45	484	546	856	532	786	182	910	802	262	373
46	928	892	712	749	934	922	862	562	936	932
47	912	812	312	623	304	583	104	520	726	819
48	347	798	242	273	428	266	393	91	455	401
49	131	655	464	446	356	843	467	461	431	281
	0	1	2	3	4	5	6	7	8	9

I

	0	1	2	3	4	5	6	7	8	9
0		936	904	932	872	1	900	851	840	928
1	905	257	868	572	819	933	808	178	896	602
2	873	847	225	741	836	2	540	924	787	620
3	901	418	776	253	146	852	864	398	570	568
4	841	159	815	703	193	929	709	59	804	766
5	906	174	508	218	892	258	755	598	588	43
6	869	696	386	843	744	573	221	117	114	737
7	820	715	832	296	366	934	538	172	536	325
8	809	920	127	111	783	179	671	616	161	558
9	897	487	677	414	27	603	772	284	734	249
10	874	327	142	445	476	848	186	548	860	201
11	226	394	723	817	566	742	556	564	11	93
12	837	514	664	155	354	3	811	421	712	699
13	541	490	189	517	85	925	82	310	705	13
14	788	55	683	829	800	621	264	762	334	271
15	902	922	506	170	140	419	504	37	293	214
16	777	656	888	195	95	254	79	609	751	208
17	147	594	639	363	584	853	129	39	526	346
18	865	307	455	692	645	399	382	435	931	839
19	571	895	740	786	252	569	702	803	217	587
20	842	113	295	535	110	160	413	733	444	859
21	816	10	154	711	516	704	828	333	169	292
22	194	750	362	525	691	930	785	216	534	443
23	710	168	524	533	532	60	915	321	61	666
24	805	52	482	916	632	767	123	238	322	107
25	907	181	779	62	389	175	680	551	667	313
26	509	612	458	806	157	219	485	554	53	77
27	893	826	50	483	278	259	673	658	917	410
28	756	499	23	633	651	599	797	74	768	356
29	589	280	232	124	730	44	302	245	239	377
30	870	618	890	323	474	697	138	344	108	441
31	387	408	472	908	5	844	261	823	182	877
32	745	544	624	780	856	574	163	197	63	910
33	222	759	47	390	577	118	719	370	176	813
34	115	675	562	681	607	738	331	480	552	230
35	821	560	97	668	7	716	494	89	314	792
36	833	268	275	510	423	297	660	99	613	151
37	367	133	350	459	403	935	899	256	807	846
38	539	417	863	158	708	173	754	695	220	714
39	537	919	670	486	771	326	185	393	555	513
40	810	489	81	54	263	921	503	655	78	593
41	128	306	381	894	701	112	412	9	827	749
42	784	167	914	51	122	180	679	611	484	825
43	672	498	796	279	301	617	137	407	260	543
44	162	758	718	674	330	559	493	267	659	132
45	898	416	753	918	184	488	502	305	411	166
46	678	497	136	757	492	415	501	496	500	32
47	28	33	883	24	289	604	29	210	634	879
48	773	34	20	652	450	285	884	430	600	191
49	735	25	91	798	206	250	290	630	75	728
	0	1	2	3	4	5	6	7	8	9

p = 937

	I'										I''									
	0	1	2	3	4	5	6	7	8	9		0	1	2	3	4	5	6	7	8	9
0	936	900	540	811	876	844	791	716	913	827	0	468	872	836	354	440	908	229	668	380	412
1	154	93	799	788	520	518	143	687	202	429	1	816	564	84	705	448	746	357	86	303	209
2	652	342	73	633	289	91	248	603	33	210	2	34	549	657	499	883	735	557	414	32	604
3	204	288	28	883	20	453	887	293	454	526	3	328	491	500	28	773	187	505	504	638	129
4	642	781	743	869	302	87	369	390	243	657	4	686	144	891	588	730	342	196	759	236	553
5	483	122	482	77	263	683	636	830	507	804	5	826	914	805	554	81	788	65	223	814	709
6	915	666	389	910	65	56	684	763	640	246	6	532	321	779	197	528	64	911	578	793	451
7	466	378	470	231	768	728	277	893	593	609	7	640	885	456	22	797	630	156	53	655	254
8	654	54	310	212	12	925	17	861	274	314	8	392	489	925	199	698	517	521	45	96	494
9	629	798	353	837	207	254	88	668	349	613	9	429	25	565	11	213	195	479	560	274	660
10	102	720	866	371	400	276	388	907	441	858	10	373	234	100	427	351	689	631	322	344	586
11	160	783	412	295	737	675	831	114	719	685	11	535	127	701	842	117	813	385	221	577	374
12	130	824	180	238	730	546	615	111	306	39	12	511	748	51	767	232	596	171	920	593	853
13	287	183	898	350	428	495	757	407	344	213	13	120	329	659	367	405	304	497	617	697	270
14	419	547	445	211	41	567	852	594	203	769	14	170	283	327	16	926	619	253	208	629	605
15	402	367	319	332	711	354	76	219	708	815	15	422	613	433	732	10	664	312	806	863	841
16	413	558	758	197	448	491	678	914	524	292	16	110	616	543	574	299	183	411	784	710	333
17	140	126	536	754	508	680	813	224	896	671	17	506	831	538	708	906	389	370	867	808	783
18	679	779	877	165	488	393	548	35	309	517	18	122	907	823	131	918	326	848	546	420	490
19	205	735	765	929	750	95	46	63	529	83	19	449	600	567	703	292	888	623	163	337	781
20	565	226	451	647	357	727	250	583	147	19	20	475	860	18	148	30	190	798	94	751	882
21	634	648	643	94	777	523	534	587	892	485	21	29	143	83	139	293	361	785	803	508	157
22	714	117	759	57	923	741	394	286	401	6	22	695	573	910	462	177	847	201	688	854	606
23	821	244	124	426	101	347	48	778	322	377	23	552	73	280	580	335	661	360	481	123	245
24	626	461	911	622	889	239	688	352	475	874	24	641	527	636	48	231	302	69	364	26	734
25	290	586	569	146	79	862	807	868	755	673	25	206	838	786	776	95	349	899	905	892	278
26	543	823	592	921	762	881	752	659	275	582	26	407	844	512	54	621	912	717	493	833	352
27	139	902	427	693	98	510	375	409	259	301	27	799	334	318	368	88	268	105	76	483	796
28	232	359	662	141	734	884	641	726	878	604	28	589	316	830	676	772	450	227	130	31	24
29	630	690	194	214	732	535	366	660	336	164	29	250	515	169	37	802	113	832	423	438	591
30	542	617	245	18	135	411	381	455	886	682	30	824	279	44	794	752	502	128	865	721	188
31	705	649	156	509	792	579	281	462	272	456	31	82	530	388	667	89	647	635	684	720	152
32	481	61	107	474	782	809	185	142	30	131	32	523	915	238	890	365	536	771	874	747	542
33	559	480	361	169	271	234	527	198	926	724	33	674	738	153	828	762	685	298	520	625	378
34	465	793	45	471	108	644	865	627	391	255	34	646	452	21	889	138	583	526	235	478	98
35	459	104	269	698	3	729	589	16	425	477	35	133	465	247	92	155	650	768	204	518	281
36	236	215	525	584	247	324	934	133	273	561	36	801	332	750	639	764	736	296	151	470	46
37	176	463	383	100	119	854	473	870	339	405	37	719	103	460	627	581	276	729	239	71	693
38	8	894	435	432	614	116	843	408	312	175	38	654	306	399	372	396	597	696	441	106	62
39	577	912	80	555	723	885	384	814	570	382	39	47	348	669	185	226	626	866	775	864	645
40	725	511	845	935	464	134	717	260	472	650	40	104	228	150	459	469	379	795	137	387	277
41	756	166	9	733	27	501	753	863	776	504	41	917	305	112	160	677	492	898	539	901	140
42	188	712	150	297	686	545	849	103	646	90	42	663	811	791	510	726	358	233	272	134	19
43	600	467	469	152	739	931	468	460	298	575	43	884	724	383	886	454	382	464	725	642	649
44	4	387	531	710	859	476	635	528	14	190	44	473	108	690	534	733	142	519	789	164	878
45	285	69	341	731	434	692	72	553	806	403	45	652	202	595	35	38	307	319	550	612	350
46	372	661	223	903	436	351	834	871	*	404	46	437	241	317	371	404	340	70	431	436	432
47	368	822	908	440	697	200	848	880	348	96	47	72	343	408	376	323	248	445	359	622	561
48	552	237	916	278	825	554	771	677	502	81	48	331	320	52	50	611	219	670	897	184	810
49	189	31	415	267	89	882	500	136	796	23	49	541	165	757	559	716	135	501	678	672	756
	0	1	2	3	4	5	6	7	8	9		0	1	2	3	4	5	6	7	8	9

p = **937** (Fortsetzung)

N

	0	1	2	3	4	5	6	7	8	9
50	468	466	456	406	156	780	152	760	52	260
51	363	878	642	399	121	605	214	133	665	514
52	696	669	534	796	232	223	178	890	702	699
53	684	609	234	233	228	203	78	390	76	380
54	26	130	650	439	321	668	529	771	107	535
55	801	257	348	803	267	398	116	580	89	445
56	351	818	342	773	117	585	114	570	39	195
57	38	190	13	65	325	688	629	334	733	854
58	522	736	869	597	174	870	602	199	58	290
59	513	691	644	409	171	855	527	761	57	285
60	488	566	19	95	475	501	631	344	783	167
61	835	427	261	368	903	767	87	435	301	568
62	29	145	725	814	322	673	554	896	732	849
63	497	611	244	283	478	516	706	719	784	172
64	860	552	886	682	599	184	920	852	512	686
65	619	284	483	541	831	407	161	805	277	448
66	366	893	717	774	122	610	239	258	353	828
67	392	86	430	276	443	341	768	92	460	426
68	256	343	778	142	710	739	884	672	549	871
69	607	224	183	915	827	387	61	305	588	129
70	645	414	196	43	215	138	690	639	384	46
71	230	213	128	640	389	71	355	838	442	336
72	743	904	772	112	560	926	882	662	499	621
73	294	533	791	207	98	490	576	69	345	788
74	192	23	115	575	64	320	663	504	646	419
75	221	168	840	452	386	56	280	463	441	331
76	718	779	147	735	864	572	49	245	288	503
77	641	394	96	480	526	756	32	160	800	252
78	323	678	579	84	420	226	193	28	140	700
79	689	634	359	858	542	836	432	286	493	591
80	144	720	789	197	48	240	263	378	16	80
81	400	126	630	339	758	42	210	113	565	14
82	70	350	813	317	648	429	271	418	216	143
83	715	764	72	360	863	567	24	120	600	189
84	8	40	200	63	315	638	379	21	105	525
85	751	7	35	175	875	627	324	683	604	209
86	108	540	826	382	36	180	900	752	12	60
87	300	563	4	20	100	500	626	319	658	479
88	521	731	844	472	486	556	906	782	162	810
89	302	573	54	270	413	191	18	90	450	376
90	6	30	150	750	2	10	50	250	313	628
91	329	708	729	834	422	236	243	278	453	391
92	81	405	151	755	27	135	675	564	9	45
93	225	188	3	15	75	375	1			
	0	1	2	3	4	5	6	7	8	9

I

	0	1	2	3	4	5	6	7	8	9
50	875	605	149	769	747	328	30	204	357	16
51	143	211	648	590	519	446	635	316	281	359
52	477	880	580	233	426	849	774	596	125	546
53	187	35	453	731	522	549	21	342	45	87
54	861	653	794	303	18	202	451	69	246	688
55	227	286	641	240	626	395	885	71	378	339
56	724	431	467	871	927	818	601	835	619	145
57	567	192	765	891	42	743	736	365	324	782
58	557	26	248	475	200	565	92	353	698	84
59	12	799	270	139	213	94	207	583	345	644
60	838	251	586	109	858	515	291	690	442	531
61	665	631	106	388	312	156	76	277	409	650
62	355	729	376	473	440	4	876	855	909	576
63	812	606	229	6	791	422	150	402	845	707
64	713	770	512	262	592	700	748	121	824	300
65	542	329	131	183	165	491	31	288	878	449
66	190	205	727	746	15	518	358	425	545	521
67	86	17	687	625	338	926	144	41	781	199
68	83	212	643	857	530	311	649	439	575	790
69	706	591	299	164	448	14	520	337	198	529
70	789	447	528	64	65	56	636	242	911	66
71	684	317	462	223	57	830	282	662	760	637
72	801	360	236	48	243	622	478	348	391	912
73	265	881	628	578	67	763	581	374	119	685
74	335	234	101	720	318	272	427	103	371	463
75	903	850	867	177	224	923	775	397	814	58
76	507	597	385	116	831	171	126	615	676	283
77	141	547	722	563	663	420	188	309	682	761
78	505	36	887	608	638	38	454	434	739	802
79	294	732	153	332	361	215	523	320	481	237
80	778	550	457	553	49	657	22	73	231	244
81	889	343	471	822	623	196	46	369	561	479
82	96	88	274	98	349	255	862	694	669	392
83	80	654	380	8	913	610	795	406	717	266
84	752	304	135	495	882	209	19	429	90	629
85	148	203	647	315	579	595	452	341	793	68
86	640	70	466	834	764	364	247	352	269	582
87	585	689	105	276	375	854	228	401	511	120
88	130	287	726	424	686	40	642	438	298	336
89	527	241	461	661	235	347	627	373	100	102
90	866	396	384	614	721	308	886	433	152	319
91	456	72	470	368	273	693	379	405	134	428
92	646	340	465	351	104	400	725	437	460	372
93	383	432	469	404	464	436	468			
	0	1	2	3	4	5	6	7	8	9

p = **937**

I′

	0	1	2	3	4	5	6	7	8	9
50	32	496	305	655	37	36	170	597	218	612
51	423	120	262	810	664	291	704	85	358	446
52	337	86	549	320	533	691	346	241	64	789
53	311	665	60	532	443	110	325	919	172	417
54	924	490	329	162	624	521	187	722	860	21
55	457	667	230	49	53	513	564	26	897	493
56	97	479	681	663	11	92	742	192	841	702
57	568	895	819	221	163	790	812	118	67	595
58	233	374	585	345	853	689	109	842	43	280
59	519	299	700	128	639	452	125	385	588	797
60	191	835	873	772	29	149	229	738	638	751
61	795	484	458	151	721	676	161	137	890	145
62	901	264	478	196	780	338	395	373	578	148
63	75	106	767	651	879	316	242	801	38	363
64	70	240	438	857	838	399	340	315	590	439
65	355	599	450	794	380	78	888	22	917	132
66	99	235	760	420	155	631	805	313	7	392
67	486	616	498	658	330	562	283	414	497	611
68	551	607	761	829	317	335	40	625	227	105
69	442	930	645	379	669	220	386	138	84	541
70	748	112	803	193	828	13	591	713	173	59
71	168	516	699	770	537	832	494	266	674	370
72	318	308	563	817	431	437	424	746	875	376
73	44	522	153	444	249	25	365	820	331	802
74	786	836	556	736	573	544	15	328	121	784
75	362	208	304	918	695	598	499	492	718	47
76	637	505	334	581	364	891	906	123	356	747
77	512	326	284	34	596	397	253	656	550	62
78	856	199	557	179	167	216	252	620	55	447
79	706	422	833	68	303	406	279	74	206	270
80	621	360	294	217	766	52	157	846	178	920
81	489	421	606	115	58	703	10	566	601	933
82	715	560	623	182	300	672	50	749	333	800
83	282	171	296	268	764	619	2	514	251	571
84	928	159	113	744	261	707	539	225	186	774
85	867	840	864	129	228	909	574	530	515	816
86	201	653	694	158	398	307	396	177	572	696
87	618	927	1	847	327	605	855	745	449	773
88	580	628	209	24	430	71	433	608	195	343
89	323	42	258	826	701	740	602	487	416	256
90	851	418	922	850	932	257	174	181	5	576
91	222	66	265	610	51	321	632	410	184	670
92	127	503	506	775	787	82	144	818	905	709
93	785	839	872	808	538	899	904			
	0	1	2	3	4	5	6	7	8	9

I″

	0	1	2	3	4	5	6	7	8	9
50	496	415	488	921	419	761	922	58	174	313
51	275	401	770	555	837	858	711	189	15	590
52	14	545	731	215	168	362	39	336	447	198
53	857	442	533	524	216	295	172	714	934	846
54	2	699	300	260	745	425	125	141	186	522
55	778	680	480	457	485	393	742	782	161	330
56	821	369	675	722	556	200	817	145	570	252
57	398	839	868	744	856	439	909	390	628	315
58	880	763	269	207	363	582	251	217	598	356
59	648	706	262	78	147	579	774	507	755	651
60	430	818	896	27	289	875	812	681	887	79
61	913	679	509	99	384	126	671	301	870	835
62	787	800	243	822	544	687	240	347	881	90
63	290	665	916	23	210	446	56	760	608	594
64	68	286	40	212	345	692	428	203	211	311
65	409	633	20	861	80	503	777	49	673	267
66	297	461	282	563	514	531	61	551	97	694
67	919	179	825	259	718	115	615	487	166	180
68	175	562	309	55	66	119	424	17	246	585
69	291	525	455	273	862	754	869	474	353	712
70	592	894	569	815	516	310	790	845	158	929
71	443	154	421	707	220	820	7	406	758	118
72	101	614	547	394	339	400	287	205	75	355
73	124	453	294	413	284	191	743	114	607	434
74	895	225	566	42	843	877	727	769	700	827
75	194	609	266	416	173	258	410	136	162	222
76	662	682	264	67	834	192	804	632	74	149
77	713	486	603	879	849	923	418	214	237	181
78	624	41	324	111	749	930	740	924	13	529
79	575	6	314	341	653	610	498	599	91	12
80	829	637	739	702	59	666	458	256	933	325
81	513	3	576	176	397	159	859	723	927	572
82	737	230	471	261	121	484	893	9	704	683
83	57	116	715	792	466	601	741	93	644	931
84	851	568	587	386	5	402	807	873	476	426
85	903	900	146	584	375	876	780	643	109	444
86	548	87	255	417	852	346	102	850	257	43
87	377	467	932	602	249	728	4	182	288	634
88	477	265	495	33	285	395	308	36	656	244
89	618	765	218	77	381	571	178	558	132	935
90	1	620	271	463	936	928	766	107	472	855
91	63	242	391	8	167	60	482	658	753	537
92	809	263	902	224	540	85	338	871	840	193
93	691	435	904	819	366	403	*			
	0	1	2	3	4	5	6	7	8	9

p = **941**, g = 2, p − 1 = $2^2 \cdot 5 \cdot 47$

	N											I									
	0	1	2	3	4	5	6	7	8	9		0	1	2	3	4	5	6	7	8	9
0		2	4	8	16	32	64	128	256	512	0		940	1	583	2	192	584	881	3	226
1	83	166	332	664	387	774	607	273	546	151	1	193	403	585	433	882	775	4	459	227	781
2	302	604	267	534	127	254	508	75	150	300	2	194	524	404	799	586	384	434	809	883	898
3	600	259	518	95	190	380	760	579	217	434	3	776	97	5	46	460	133	228	90	782	76
4	868	795	649	357	714	487	33	66	132	264	4	195	142	525	728	405	418	800	276	587	822
5	528	115	230	460	920	899	857	773	605	269	5	385	102	435	206	810	595	884	424	899	579
6	538	135	270	540	139	278	556	171	342	684	6	777	129	98	167	6	625	47	171	461	442
7	427	854	767	593	245	490	39	78	156	312	7	134	264	229	510	91	27	783	344	77	296
8	624	307	614	287	574	207	414	828	715	489	8	196	452	143	10	526	651	729	541	406	379
9	37	74	148	296	592	243	486	31	62	124	9	419	374	801	680	277	33	588	705	823	629
10	248	496	51	102	204	408	816	691	441	882	10	386	249	103	186	436	716	207	178	811	909
11	823	705	469	938	935	929	917	893	845	749	11	596	673	885	557	425	51	900	659	580	400
12	557	173	346	692	443	886	831	721	501	61	12	778	806	130	725	99	576	168	24	7	371
13	122	244	488	35	70	140	280	560	179	358	13	626	175	48	722	172	61	462	286	443	64
14	716	491	41	82	164	328	656	371	742	543	14	135	859	265	836	230	150	511	465	92	162
15	145	290	580	219	438	876	811	681	421	842	15	28	19	784	685	345	289	78	356	297	789
16	743	545	149	298	596	251	502	63	126	252	16	197	740	453	446	144	238	11	485	527	866
17	504	67	134	268	536	131	262	524	107	214	17	652	67	730	121	542	325	407	222	380	138
18	428	856	771	601	261	522	103	206	412	824	18	420	506	375	712	802	282	681	862	278	750
19	707	473	5	10	20	40	80	160	320	640	19	34	690	589	394	706	268	824	213	630	618
20	339	678	415	830	719	497	53	106	212	424	20	387	754	250	839	104	334	187	85	437	244
21	848	755	569	197	394	788	635	329	658	375	21	717	233	208	847	179	920	812	38	910	153
22	750	559	177	354	708	475	9	18	36	72	22	597	892	674	350	886	610	558	514	426	852
23	144	288	576	211	422	844	747	553	165	330	23	52	927	901	694	660	468	581	879	401	773
24	660	379	758	575	209	418	836	731	521	101	24	779	797	807	95	131	74	726	274	100	593
25	202	404	808	675	409	818	695	449	898	855	25	577	165	169	262	25	294	8	539	372	31
26	769	597	253	506	71	142	284	568	195	390	26	627	184	176	671	49	398	723	22	173	59
27	780	619	297	594	247	494	47	94	188	376	27	62	834	463	17	287	787	444	483	65	323
28	752	563	185	370	740	539	137	274	548	155	28	136	710	860	688	266	616	837	83	231	918
29	310	620	299	598	255	510	79	158	316	632	29	151	348	512	925	466	771	93	272	163	292
30	323	646	351	702	463	926	911	881	821	701	30	29	669	20	832	785	321	686	81	346	769
31	461	922	903	865	789	637	333	666	391	782	31	290	830	79	828	357	359	298	550	790	361
32	623	305	610	279	558	175	350	700	459	918	32	198	761	741	300	454	817	447	552	145	217
33	895	849	757	573	205	410	820	699	457	914	33	239	792	12	316	486	363	528	491	867	200
34	887	833	725	509	77	154	308	616	291	582	34	653	500	68	763	731	634	122	743	543	564
35	223	446	892	843	745	549	157	314	628	315	35	326	302	408	937	223	456	381	43	139	819
36	630	319	638	335	670	399	798	655	369	738	36	421	622	507	449	376	702	713	554	803	368
37	535	129	258	516	91	182	364	728	515	89	37	283	147	682	737	863	219	279	391	751	241
38	178	356	712	483	25	50	100	200	400	800	38	35	607	691	794	590	536	395	14	707	915
39	659	377	754	567	193	386	772	603	265	530	39	269	318	825	758	214	488	631	934	619	365
40	119	238	476	11	22	44	88	176	352	704	40	388	533	755	530	251	644	840	493	105	254
41	467	934	927	913	885	829	717	493	45	90	41	335	869	188	520	86	202	438	647	245	655
42	180	360	720	499	57	114	228	456	912	883	42	718	158	234	502	209	843	848	70	180	479
43	825	709	477	13	26	52	104	208	416	832	43	921	765	813	496	39	733	911	640	154	636
44	723	505	69	138	276	552	163	326	652	363	44	598	108	893	124	675	571	351	745	887	257
45	726	511	81	162	324	648	355	710	479	17	45	611	545	559	602	515	566	427	338	853	328
46	34	68	136	272	544	147	294	588	235	470	46	53	310	928	304	902	872	695	410	661	112
47	940	939	937	933	925	909	877	813	685	429	47	469	939	582	191	880	225	402	432	774	458
48	858	775	609	277	554	167	334	668	395	790	48	780	523	798	383	808	897	96	45	132	89
49	639	337	674	407	814	687	433	866	791	641	49	75	141	727	417	275	821	101	205	594	423
	0	1	2	3	4	5	6	7	8	9		0	1	2	3	4	5	6	7	8	9

$p = 941$

I′

	0	1	2	3	4	5	6	7	8	9
0	940	583	192	226	459	46	625	371	539	650
1	526	485	316	914	707	481	786	287	684	784
2	832	58	173	370	7	294	343	783	19	669
3	183	627	704	588	690	607	890	152	910	733
4	699	620	818	139	88	132	460	171	722	398
5	658	900	927	310	664	612	480	15	833	62
6	285	462	834	858	135	323	120	730	763	478
7	180	259	591	273	726	141	195	296	356	828
8	768	346	917	231	243	437	202	415	140	75
9	782	27	162	272	73	131	45	5	167	576
10	593	205	435	186	334	254	569	123	893	429
11	189	938	469	471	662	873	329	746	503	220
12	324	542	743	570	675	340	439	623	166	98
13	725	74	89	228	264	859	710	505	420	819
14	416	727	525	10	238	217	736	682	160	464
15	511	348	891	597	636	476	841	501	234	353
16	683	18	28	292	261	169	624	6	24	262
17	441	461	61	59	721	48	671	908	811	920
18	479	56	396	670	176	715	436	85	520	430
19	224	880	584	403	524	142	452	740	761	499
20	653	646	438	126	422	594	810	178	847	843
21	331	752	617	630	488	314	791	239	390	279
22	504	137	380	456	431	402	193	781	90	510
23	150	918	846	208	502	118	864	484	11	792
24	606	35	845	232	717	655	906	714	185	103
25	839	644	518	868	335	600	544	611	55	181
26	537	293	25	509	229	836	616	212	824	318
27	667	291	163	592	100	821	587	33	750	391
28	748	861	681	147	857	63	443	787	355	78
29	830	668	29	538	8	451	196	789	550	816
30	454	936	408	871	902	412	428	109	870	303
31	928	697	560	497	489	362	486	757	825	767
32	80	686	709	136	221	407	302	309	53	874
33	888	844	242	84	187	869	308	327	853	904
34	676	648	450	295	77	289	769	924	512	609
35	886	745	117	235	738	788	297	359	549	298
36	760	198	490	528	532	388	735	146	283	720
37	174	626	31	679	801	712	702	678	373	419
38	138	43	896	808	434	102	249	754	533	605
39	240	751	211	267	706	14	57	21	723	805
40	778	773	432	585	799	418	379	222	937	111
41	661	114	903	339	125	203	820	275	800	374
42	506	622	127	578	899	51	852	338	413	894
43	521	457	774	882	809	206	716	244	647	341
44	508	263	134	64	483	237	144	552	701	376
45	649	9	143	446	817	42	381	522	780	227
46	133	442	286	17	161	92	771	878	581	939
47	*	470	113	411	305	567	637	494	764	921
48	613	708	322	65	865	527	363	933	631	498
49	199	867	253	105	638	732	39	561	632	762
	0	1	2	3	4	5	6	7	8	9

I″

	0	1	2	3	4	5	6	7	8	9
0	470	940	583	881	775	97	167	24	294	451
1	143	238	792	535	395	57	833	463	161	28
2	669	397	723	575	168	262	509	91	162	292
3	538	372	679	277	750	241	845	919	812	496
4	561	935	455	381	896	96	5	625	175	671
5	556	425	852	328	874	258	181	396	21	173
6	721	172	59	285	443	483	865	652	500	842
7	848	876	795	94	131	89	782	344	289	830
8	320	686	615	837	333	187	520	895	44	132
9	228	510	465	771	796	807	897	776	129	725
10	274	821	385	249	839	493	638	635	598	307
11	870	409	661	472	411	903	854	352	235	864
12	66	730	634	107	893	414	203	422	578	777
13	806	95	45	460	442	64	323	221	380	43
14	88	75	195	452	446	552	367	283	857	835
15	230	918	37	910	640	517	645	654	718	856
16	148	464	92	272	592	577	128	98	576	165
17	624	47	722	22	370	626	184	715	207	847
18	70	259	537	30	627	248	103	334	869	110
19	938	582	2	226	781	76	296	789	361	490
20	867	519	86	415	820	101	435	716	233	502
21	747	392	267	824	758	815	551	145	736	863
22	119	324	407	937	190	880	3	459	133	264
23	836	83	243	717	158	353	738	445	144	217
24	390	751	332	84	437	647	677	703	628	386
25	754	530	642	492	105	569	744	887	875	71
26	591	164	169	441	134	859	688	393	706	915
27	923	770	93	73	726	417	800	680	862	219
28	504	711	802	368	720	60	462	17	684	345
29	769	271	163	261	25	343	77	356	359	760
30	741	563	326	309	928	474	567	599	336	327
31	53	664	546	814	215	791	12	914	269	667
32	831	785	482	65	120	542	564	337	853	116
33	746	210	752	838	104	254	600	565	427	413
34	125	439	508	26	783	685	81	917	151	891
35	674	571	855	159	683	288	78	828	827	357
36	549	790	315	486	933	619	700	553	803	574
37	23	7	539	378	419	506	449	649	540	406
38	222	456	522	798	586	822	629	618	365	735
39	218	279	748	689	589	536	182	670	49	658
40	580	879	225	193	524	728	541	325	302	871
41	695	473	305	428	894	87	140	727	405	379
42	138	819	204	594	884	557	514	566	306	109
43	189	224	402	585	384	102	186	85	202	126
44	623	170	461	286	787	739	453	817	621	507
45	342	295	196	740	300	936	223	431	774	4
46	46	171	61	834	149	511	925	693	660	112
47	471	113	662	696	929	516	155	841	69	180
48	56	15	786	444	237	11	316	757	214	314
49	362	528	643	840	477	764	813	313	489	199
	0	1	2	3	4	5	6	7	8	9

p = **941** (Fortsetzung)

N

	0	1	2	3	4	5	6	7	8	9
50	341	682	423	846	751	561	181	362	724	507
51	73	146	292	584	227	454	908	875	809	677
52	413	826	711	481	21	42	84	168	336	672
53	403	806	671	401	802	663	385	770	599	257
54	514	87	174	348	696	451	902	863	785	629
55	317	634	327	654	367	734	527	113	226	452
56	904	867	793	645	349	698	455	910	879	817
57	693	445	890	839	737	533	125	250	500	59
58	118	236	472	3	6	12	24	48	96	192
59	384	768	595	249	498	55	110	220	440	880
60	819	697	453	906	871	801	661	381	762	583
61	225	450	900	859	777	613	285	570	199	398
62	796	651	361	722	503	65	130	260	520	99
63	198	396	792	643	345	690	439	878	815	689
64	437	874	807	673	405	810	679	417	834	727
65	513	85	170	340	680	419	838	735	529	117
66	234	468	936	931	921	901	861	781	621	301
67	602	263	526	111	222	444	888	835	729	517
68	93	186	372	744	547	153	306	612	283	566
69	191	382	764	587	233	466	932	923	905	869
70	797	653	365	730	519	97	194	388	776	611
71	281	562	183	366	732	523	105	210	420	840
72	739	537	133	266	532	123	246	492	43	86
73	172	344	688	435	870	799	657	373	746	551
74	161	322	644	347	694	447	894	847	753	565
75	189	378	756	571	201	402	804	667	393	786
76	631	321	642	343	686	431	862	783	625	309
77	618	295	590	239	478	15	30	60	120	240
78	480	19	38	76	152	304	608	275	550	159
79	318	636	331	662	383	766	591	241	482	23
80	46	92	184	368	736	531	121	242	484	27
81	54	108	216	432	864	787	633	325	650	359
82	718	495	49	98	196	392	784	627	313	626
83	311	622	303	606	271	542	143	286	572	203
84	406	812	683	425	850	759	577	213	426	852
85	763	585	229	458	916	891	841	741	541	141
86	282	564	187	374	748	555	169	338	676	411
87	822	703	465	930	919	897	853	765	589	237
88	474	7	14	28	56	112	224	448	896	851
89	761	581	221	442	884	827	713	485	29	58
90	116	232	464	928	915	889	837	733	525	109
91	218	436	872	803	665	389	778	615	289	578
92	215	430	860	779	617	293	586	231	462	924
93	907	873	805	669	397	794	647	353	706	471
94	1									
	0	1	2	3	4	5	6	7	8	9

I

	0	1	2	3	4	5	6	7	8	9
50	578	128	166	624	170	441	263	509	26	343
51	295	451	9	650	540	378	373	679	32	704
52	628	248	185	715	177	908	672	556	50	658
53	399	805	724	575	23	370	174	721	60	285
54	63	858	835	149	464	161	18	684	288	355
55	788	739	445	237	484	865	66	120	324	221
56	137	505	711	281	861	749	689	393	267	212
57	617	753	838	333	84	243	232	846	919	37
58	152	891	349	609	513	851	926	693	467	878
59	772	796	94	73	273	592	164	261	293	538
60	30	183	670	397	21	58	833	16	786	482
61	322	709	687	615	82	917	347	924	770	271
62	291	668	831	320	80	768	829	827	358	549
63	360	760	299	816	551	216	791	315	362	490
64	199	499	762	633	742	563	301	936	455	42
65	818	621	448	701	553	367	146	736	218	390
66	240	606	793	535	13	914	317	757	487	933
67	364	532	529	643	492	253	868	519	201	646
68	654	157	501	842	69	478	764	495	732	639
69	635	107	123	570	744	256	544	601	565	337
70	327	309	303	871	409	111	938	190	224	431
71	457	522	382	896	44	88	140	416	820	204
72	422	127	623	440	508	342	450	649	377	678
73	703	247	714	907	555	657	804	574	369	720
74	284	857	148	160	683	354	738	236	864	119
75	220	504	280	748	392	211	752	332	242	845
76	36	890	608	850	692	877	795	72	591	260
77	537	182	396	57	15	481	708	614	916	923
78	270	667	319	767	826	548	759	815	215	314
79	489	498	632	562	935	41	620	700	366	735
80	389	605	534	913	756	932	531	642	252	518
81	645	156	841	477	494	638	106	569	255	600
82	336	308	870	110	189	430	521	895	87	415
83	203	126	439	341	648	677	246	906	656	573
84	719	856	159	353	235	118	503	747	210	331
85	844	889	849	876	71	259	181	56	480	613
86	922	666	766	547	814	313	497	561	40	699
87	734	604	912	931	641	517	155	476	637	568
88	599	307	109	429	894	414	125	340	676	905
89	572	855	352	117	746	330	888	875	258	55
90	612	665	546	312	560	698	603	930	516	475
91	567	306	428	413	339	904	854	116	329	874
92	54	664	311	697	929	474	305	412	903	115
93	873	663	696	473	411	114	662	472	113	471
94	470									
	0	1	2	3	4	5	6	7	8	9

p = 941

I′

	0	1	2	3	4	5	6	7	8	9
50	68	842	209	747	280	711	375	449	342	26
51	91	465	925	851	426	566	475	155	645	201
52	86	895	382	798	404	728	651	866	491	643
53	251	642	529	755	913	13	395	182	30	372
54	378	406	325	564	601	559	312	814	759	360
55	790	216	145	367	803	657	50	425	514	602
56	698	40	935	301	326	337	427	306	599	255
57	744	351	855	719	369	23	168	165	128	777
58	400	879	191	2	881	433	384	822	705	394
59	536	260	164	577	423	884	673	892	108	307
60	336	565	515	930	912	534	793	691	850	513
61	558	545	665	922	916	82	837	753	387	365
62	700	448	507	440	170	47	175	184	248	386
63	618	934	562	742	122	107	598	568	106	635
64	154	517	252	492	840	156	654	245	677	377
65	540	729	67	500	157	718	573	804	399	580
66	468	112	472	696	311	546	766	319	831	20
67	397	49	556	885	350	571	905	246	703	32
68	277	862	737	354	288	345	81	615	266	393
69	589	794	877	467	660	410	473	929	603	734
70	366	553	713	247	628	823	268	915	614	687
71	860	281	802	554	907	177	207	233	158	856
72	284	60	172	22	575	99	274	417	405	541
73	121	634	639	911	604	389	218	863	236	445
74	453	300	563	543	256	887	330	210	392	689
75	34	241	332	838	250	530	932	487	214	815
76	299	741	633	731	495	813	547	826	829	290
77	271	93	796	779	458	4	97	129	806	797
78	523	194	76	344	685	321	482	444	739	197
79	361	315	12	535	590	72	94	807	383	586
80	276	680	282	368	574	724	130	95	897	883
81	595	909	38	496	313	215	551	447	621	421
82	204	101	385	629	213	758	548	358	357	827
83	79	320	785	16	463	149	230	83	333	104
84	493	477	69	848	889	36	919	179	70	876
85	692	926	52	328	116	352	159	148	835	265
86	688	749	278	219	119	66	652	200	519	188
87	110	409	695	663	54	258	71	795	772	401
88	225	3	775	898	424	557	610	257	875	849
89	608	349	674	124	414	87	44	96	776	579
90	659	694	872	115	854	572	656	555	672	596
91	153	640	931	756	317	269	923	347	151	37
92	812	765	666	270	770	466	693	901	304	474
93	516	641	531	364	619	41	455	223	190	582
94	1									
	0	1	2	3	4	5	6	7	8	9

I″

	0	1	2	3	4	5	6	7	8	9
50	653	157	234	118	220	137	420	622	440	263
51	229	150	348	609	558	602	930	641	252	868
52	188	430	457	780	194	142	10	485	363	532
53	755	932	364	388	605	793	590	260	293	8
54	650	729	121	743	256	611	665	766	826	358
55	298	816	447	701	713	907	672	885	610	545
56	312	497	632	742	543	601	515	475	637	106
57	123	675	905	656	804	724	99	593	423	899
58	659	468	939	1	192	403	799	276	33	690
59	794	72	273	100	205	810	909	153	636	568
60	255	544	559	698	734	389	240	35	890	349
61	886	257	55	480	708	687	266	212	630	934
62	41	818	421	127	166	6	371	31	704	823
63	213	488	498	762	731	639	154	476	494	732
64	911	931	531	529	251	518	201	438	341	450
65	9	526	866	200	646	245	906	555	50	900
66	694	410	114	873	54	612	922	270	291	29
67	183	176	908	596	892	124	340	648	377	373
68	801	282	147	160	18	784	321	709	860	749
69	34	607	850	926	901	872	663	311	560	40
70	620	448	376	678	32	588	394	14	481	322
71	136	505	375	702	247	185	436	244	655	573
72	369	174	48	398	805	130	74	141	525	651
73	67	763	495	39	699	366	146	682	354	788
74	197	761	633	122	570	351	117	503	280	861
75	278	391	211	617	387	533	913	317	825	548
76	360	198	499	68	478	921	666	319	80	346
77	924	466	878	401	432	882	898	579	400	773
78	458	227	90	27	19	832	16	287	355	297
79	550	216	239	606	691	877	772	779	523	404
80	418	374	712	554	657	399	778	797	383	434
81	206	178	920	765	547	759	299	454	42	139
82	416	275	587	705	268	318	767	829	79	768
83	290	668	20	58	62	858	265	616	753	250
84	644	156	501	209	331	242	232	208	843	889
85	608	513	426	338	904	572	719	284	63	135
86	710	281	681	737	236	484	527	491	253	335
87	308	303	902	115	329	888	849	692	467	581
88	191	584	433	809	595	673	350	745	330	844
89	36	152	597	108	429	521	382	808	883	424
90	51	927	304	412	339	676	246	714	177	811
91	38	733	604	534	13	707	614	82	231	846
92	179	479	613	916	347	512	851	52	310	697
93	603	912	756	487	631	562	301	408	111	469
94	*									
	0	1	2	3	4	5	6	7	8	9

p = **947**, g = **2**, p − 1 = **2 · 11 · 43**

N

	0	1	2	3	4	5	6	7	8	9
0		2	4	8	16	32	64	128	256	512
1	77	154	308	616	285	570	193	386	772	597
2	247	494	41	82	164	328	656	365	730	513
3	79	158	316	632	317	634	321	642	337	674
4	401	802	657	367	734	521	95	190	380	760
5	573	199	398	796	645	343	686	425	850	753
6	559	171	342	684	421	842	737	527	107	214
7	428	856	765	583	219	438	876	805	663	379
8	758	569	191	382	764	581	215	430	860	773
9	599	251	502	57	114	228	456	912	877	807
10	667	387	774	601	255	510	73	146	292	584
11	221	442	884	821	695	443	886	825	703	459
12	918	889	831	715	483	19	38	76	152	304
13	608	269	538	129	258	516	85	170	340	680
14	413	826	705	463	926	905	863	779	611	275
15	550	153	306	612	277	554	161	322	644	341
16	682	417	834	721	495	43	86	172	344	688
17	429	858	769	591	235	470	940	933	919	891
18	835	723	499	51	102	204	408	816	685	423
19	846	745	543	139	278	556	165	330	660	373
20	746	545	143	286	572	197	394	788	629	311
21	622	297	594	241	482	17	34	68	136	272
22	544	141	282	564	181	362	724	501	55	110
23	220	440	880	813	679	411	822	697	447	894
24	841	735	523	99	198	396	792	637	327	654
25	361	722	497	47	94	188	376	752	557	167
26	334	668	389	778	609	271	542	137	274	548
27	149	298	596	245	490	33	66	132	264	528
28	109	218	436	872	797	647	347	694	441	882
29	817	687	427	854	761	575	203	406	812	677
30	407	814	681	415	830	713	479	11	22	44
31	88	176	352	704	461	922	897	847	747	547
32	147	294	588	229	458	916	885	823	699	451
33	902	857	767	587	227	454	908	869	791	635
34	323	646	345	690	433	866	785	623	299	598
35	249	498	49	98	196	392	784	621	295	590
36	233	466	932	917	887	827	707	467	934	921
37	895	843	739	531	115	230	460	920	893	839
38	731	515	83	166	332	664	381	762	577	207
39	414	828	709	471	942	937	927	907	867	787
40	627	307	614	281	562	177	354	708	469	938
41	929	911	875	803	659	371	742	537	127	254
42	508	69	138	276	552	157	314	628	309	618
43	289	578	209	418	836	725	503	59	118	236
44	472	944	941	935	923	899	851	755	563	179
45	358	716	485	23	46	92	184	368	736	525
46	103	206	412	824	701	455	910	873	799	651
47	355	710	473	946	945	943	939	931	915	883
48	819	691	435	870	793	639	331	662	377	754
49	561	175	350	700	453	906	865	783	619	291
	0	1	2	3	4	5	6	7	8	9

I

	0	1	2	3	4	5	6	7	8	9
0		946	1	914	2	867	915	649	3	882
1	868	307	916	841	650	835	4	215	883	125
2	869	617	308	453	917	788	842	850	651	593
3	836	798	5	275	216	570	884	939	126	809
4	870	22	618	165	309	803	454	253	918	352
5	789	183	843	712	851	228	652	93	594	437
6	837	589	799	585	6	762	276	705	217	421
7	571	549	885	106	940	756	127	10	810	30
8	871	818	23	382	619	136	166	561	310	644
9	804	544	455	766	254	46	919	531	353	243
10	790	663	184	460	844	538	713	68	852	280
11	229	907	653	635	94	374	595	777	438	864
12	838	614	590	936	800	709	586	418	7	133
13	763	660	277	774	706	771	218	267	422	193
14	572	221	550	202	886	514	107	320	941	270
15	757	526	128	151	11	719	811	425	31	680
16	872	156	819	829	24	196	383	259	620	736
17	137	61	167	575	562	491	311	405	645	449
18	805	224	545	557	456	860	767	522	255	553
19	47	82	920	16	532	730	354	205	244	51
20	791	673	664	296	185	889	461	389	845	432
21	539	931	714	517	69	86	853	501	281	74
22	230	110	908	699	654	724	636	334	95	323
23	375	924	596	360	778	174	439	944	865	880
24	839	213	615	786	591	273	937	20	801	350
25	710	91	587	760	419	104	8	816	134	642
26	764	529	661	536	278	633	775	612	707	131
27	772	265	219	512	268	149	423	154	194	734
28	573	403	222	858	551	14	203	671	887	430
29	515	499	108	722	321	358	942	211	271	348
30	758	814	527	631	129	510	152	401	12	428
31	720	209	812	508	426	506	32	34	681	900
32	873	36	157	340	820	683	830	248	25	902
33	197	486	384	875	260	626	621	38	737	603
34	138	159	62	55	168	342	576	286	563	822
35	492	745	312	685	406	470	646	832	450	795
36	806	250	225	582	546	27	558	43	457	904
37	861	415	768	199	523	677	256	488	554	79
38	48	386	83	696	921	877	17	101	533	262
39	731	668	355	628	206	897	245	623	52	742
40	792	40	674	693	665	739	297	300	186	605
41	890	235	462	140	390	303	846	161	433	752
42	540	64	932	189	715	57	518	292	70	170
43	87	608	854	344	502	482	282	578	75	893
44	231	288	111	115	909	565	700	238	655	824
45	725	329	637	494	335	465	96	747	324	119
46	376	314	925	143	597	687	361	367	779	408
47	175	393	440	472	945	913	866	648	881	306
48	840	834	214	124	616	452	787	849	592	797
49	274	569	938	808	21	164	802	252	351	182
	0	1	2	3	4	5	6	7	8	9

p = 947

I′

	0	1	2	3	4	5	6	7	8	9
0	946	914	867	882	215	275	762	133	816	29
1	810	719	428	670	203	729	532	101	89	349
2	801	164	618	382	196	902	42	558	380	817
3	871	680	34	899	681	339	157	602	737	692
4	674	413	903	457	241	530	919	82	386	294
5	672	791	742	284	341	168	291	518	446	489
6	574	167	55	188	932	371	905	279	852	86
7	170	331	697	109	230	893	98	694	385	48
8	728	15	920	696	72	500	853	608	639	102
9	759	587	436	594	374	323	747	689	894	666
10	261	533	640	815	8	755	940	320	722	698
11	908	115	326	236	564	909	364	141	313	376
12	178	566	847	451	616	869	809	10	151	510
13	264	772	659	763	642	560	166	61	159	302
14	390	365	686	597	396	495	855	732	153	423
15	718	11	401	733	194	828	819	340	54	62
16	751	433	180	251	802	309	561	575	342	607
17	87	783	878	943	439	393	442	368	377	701
18	434	226	711	843	460	889	605	290	56	715
19	317	200	220	572	734	258	383	486	676	523
20	318	513	886	671	50	244	897	504	507	812
21	347	271	785	615	124	883	570	421	267	512
22	201	550	858	556	545	582	435	92	652	907
23	110	288	749	301	139	462	327	823	655	370
24	65	458	662	790	51	623	484	901	25	581
25	225	181	351	918	46	553	488	59	735	620
26	626	667	731	147	511	219	192	422	149	525
27	757	348	19	937	569	216	705	774	633	906
28	229	74	578	467	743	821	563	114	111	479
29	606	169	70	928	387	888	185	300	233	604
30	186	750	160	846	122	833	840	916	453	803
31	644	405	685	142	925	444	825	716	524	269
32	941	358	923	375	119	363	116	463	493	637
33	782	171	922	322	95	465	599	483	246	682
34	820	285	576	481	502	398	629	813	758	90
35	710	182	789	243	205	628	346	210	942	173
36	778	367	177	120	910	391	407	779	443	315
37	656	933	862	776	595	924	314	369	239	541
38	559	135	619	259	875	695	83	929	431	845
39	303	911	471	440	475	409	598	336	503	207
40	427	12	857	222	448	645	470	392	175	476
41	688	97	76	675	198	768	658	132	7	104
42	548	571	193	154	679	31	506	208	720	498
43	515	930	539	752	702	583	588	837	864	944
44	472	474	394	780	926	726	519	555	223	805
45	795	848	787	917	253	766	860	904	66	537
46	844	389	140	117	746	96	411	579	793	831
47	646	912	945	*	473	441	176	362	325	112
48	891	577	282	600	624	874	384	78	554	447
49	404	311	745	464	335	397	345	356	721	108
	0	1	2	3	4	5	6	7	8	9

I″

	0	1	2	3	4	5	6	7	8	9
0	473	946	914	649	835	798	585	418	104	755
1	127	151	401	857	551	81	920	877	784	272
2	937	808	870	818	829	248	581	546	754	9
3	810	425	506	505	32	899	873	625	621	741
4	792	580	26	558	542	765	254	553	79	728
5	204	244	623	601	158	62	188	715	826	257
6	735	137	159	751	540	240	458	537	713	517
7	292	928	84	500	281	578	412	675	487	554
8	520	552	47	386	929	516	69	170	783	18
9	349	710	227	652	635	334	465	411	76	694
10	876	17	89	759	419	548	885	514	499	73
11	230	288	479	891	287	111	326	463	746	324
12	363	910	304	833	214	883	939	756	526	631
13	611	707	417	7	816	381	619	736	603	234
14	462	117	313	925	781	638	609	263	511	268
15	525	128	510	148	423	679	872	36	602	138
16	302	846	567	807	21	618	136	61	55	291
17	70	331	922	359	778	408	476	362	120	566
18	162	251	351	789	663	296	300	750	63	932
19	657	769	266	422	154	828	24	902	414	768
20	191	220	550	14	729	354	628	399	427	720
21	357	942	879	839	834	4	275	705	771	265
22	192	572	403	448	805	250	181	711	851	280
23	74	893	690	298	604	890	113	564	700	378
24	541	44	530	353	205	897	338	682	830	794
25	806	163	802	454	766	522	677	827	195	383
26	875	100	533	610	130	772	770	218	512	319
27	941	211	785	591	797	5	762	660	536	67
28	852	501	482	600	53	341	576	892	231	749
29	187	56	518	727	49	672	664	739	691	738
30	297	233	139	390	911	647	881	868	617	165
31	561	491	745	118	376	369	656	190	200	513
32	107	722	333	95	747	478	112	236	823	725
33	927	71	697	723	636	494	397	503	898	35
34	157	54	168	607	854	496	356	210	271	19
35	801	252	918	531	730	668	497	721	321	923
36	596	687	477	325	116	141	686	361	177	377
37	239	65	905	634	94	323	119	178	701	753
38	28	817	23	196	486	78	48	294	888	461
39	140	365	407	175	442	780	144	495	345	629
40	509	152	733	573	490	311	685	366	779	395
41	598	466	579	41	903	861	934	708	586	760
42	704	217	267	149	718	811	508	400	12	670
43	887	388	845	161	180	226	92	594	777	174
44	393	475	176	368	315	825	58	489	404	645
45	832	123	616	308	803	544	557	43	241	662
46	184	889	235	327	493	335	599	283	743	684
47	406	392	440	474	441	394	409	688	748	289
48	606	343	502	337	246	901	197	676	256	59
49	574	562	822	328	637	145	855	669	429	515
	0	1	2	3	4	5	6	7	8	9

p = **947** (Fortsetzung)

	N											I									
	0	1	2	3	4	5	6	7	8	9		0	1	2	3	4	5	6	7	8	9
50	582	217	434	868	789	631	315	630	313	626	50	711	227	92	436	588	584	761	704	420	548
51	305	610	273	546	145	290	580	213	426	852	51	105	755	9	29	817	381	135	550	643	543
52	757	567	187	374	748	549	151	302	604	261	52	765	45	530	242	662	459	537	67	279	906
53	522	97	194	388	776	605	263	526	105	210	53	634	373	776	863	613	935	708	417	132	659
54	420	840	733	519	91	182	364	728	509	71	54	773	770	266	192	220	201	513	319	269	525
55	142	284	568	189	378	756	565	183	366	732	55	150	718	424	679	155	828	195	258	735	60
56	517	87	174	348	696	445	890	833	719	491	56	574	490	404	448	223	556	859	521	552	81
57	35	70	140	280	560	173	346	692	437	874	57	15	729	204	50	672	295	888	388	431	930
58	801	655	363	726	505	63	126	252	504	61	58	516	85	500	73	109	698	723	333	322	923
59	122	244	488	29	58	116	232	464	928	909	59	359	173	943	879	212	785	272	19	349	90
60	871	795	643	339	678	409	818	689	431	862	60	759	103	815	641	528	535	632	611	130	264
61	777	607	267	534	121	242	484	21	42	84	61	511	148	153	733	402	857	13	670	429	498
62	168	336	672	397	794	641	335	670	393	786	62	721	357	210	347	813	630	509	400	427	208
63	625	303	606	265	530	113	226	452	904	861	63	507	505	33	899	35	339	682	247	901	485
64	775	603	259	518	89	178	356	712	477	7	64	874	625	37	602	158	54	341	285	821	744
65	14	28	56	112	224	448	896	845	743	539	65	684	469	831	794	249	581	26	42	903	414
66	131	262	524	101	202	404	808	669	391	782	66	198	676	487	78	385	695	876	100	261	667
67	617	287	574	201	402	804	661	375	750	553	67	627	896	622	741	39	692	738	299	604	234
68	159	318	636	325	650	353	706	465	930	913	68	139	302	160	751	63	188	56	291	169	607
69	879	811	675	403	806	665	383	766	585	223	69	343	481	577	892	287	114	564	237	823	328
70	446	892	837	727	507	67	134	268	536	125	70	493	464	746	118	313	142	686	366	407	392
71	250	500	53	106	212	424	848	749	551	155	71	471	912	647	305	833	123	451	848	796	568
72	310	620	293	586	225	450	900	853	759	571	72	807	163	251	181	226	435	583	703	547	754
73	195	390	780	613	279	558	169	338	676	405	73	28	380	559	542	44	241	458	66	905	372
74	810	673	399	798	649	351	702	457	914	881	74	862	934	416	658	769	191	200	318	524	717
75	815	683	419	838	729	511	75	150	300	600	75	678	827	257	59	489	447	555	520	80	728
76	253	506	65	130	260	520	93	186	372	744	76	49	294	387	929	84	72	697	332	922	172
77	541	135	270	540	133	266	532	117	234	468	77	878	784	18	89	102	640	534	610	263	147
78	936	925	903	859	771	595	243	486	25	50	78	732	856	669	497	356	346	629	399	207	504
79	100	200	400	800	653	359	718	489	31	62	79	898	338	246	484	624	601	53	284	743	468
80	124	248	496	45	90	180	360	720	493	39	80	793	580	41	413	675	77	694	99	666	895
81	78	156	312	624	301	602	257	514	81	162	81	740	691	298	233	301	750	187	290	606	480
82	324	648	349	698	449	898	849	751	555	163	82	891	113	236	327	463	117	141	365	391	911
83	326	652	357	714	481	15	30	60	120	240	83	304	122	847	567	162	180	434	702	753	379
84	480	13	26	52	104	208	416	832	717	487	84	541	240	65	371	933	657	190	317	716	826
85	27	54	108	216	432	864	781	615	283	566	85	58	446	519	727	293	928	71	331	171	783
86	185	370	740	533	119	238	476	5	10	20	86	88	639	609	146	855	496	345	398	503	337
87	40	80	160	320	640	333	666	385	770	593	87	483	600	283	467	579	412	76	98	894	690
88	239	478	9	18	36	72	144	288	576	205	88	232	749	289	479	112	326	116	364	910	121
89	410	820	693	439	878	809	671	395	790	633	89	566	179	701	378	239	370	656	316	825	445
90	319	638	329	658	369	738	529	111	222	444	90	726	927	330	782	638	145	495	397	336	599
91	888	829	711	475	3	6	12	24	48	96	91	466	411	97	689	748	478	325	363	120	178
92	192	384	768	589	231	462	924	901	855	763	92	377	369	315	444	926	781	144	396	598	410
93	579	211	422	844	741	535	123	246	492	37	93	688	477	362	177	368	443	780	395	409	476
94	74	148	296	592	237	474	1				94	176	442	394	475	441	474	473			
	0	1	2	3	4	5	6	7	8	9		0	1	2	3	4	5	6	7	8	9

p = 947

I′

	0	1	2	3	4	5	6	7	8	9
50	73	281	482	337	898	33	32	505	426	400
51	152	148	268	319	107	499	85	69	292	727
52	80	552	255	677	717	150	128	631	535	661
53	242	353	730	262	610	632	278	67	713	931
54	64	240	44	765	455	557	27	754	105	885
55	202	14	81	47	79	520	859	456	43	542
56	643	310	491	822	237	700	179	162	807	938
57	884	549	221	403	490	562	286	892	75	412
58	41	26	546	703	761	6	418	760	584	799
59	936	273	797	836	437	777	360	687	410	466
60	283	53	158	138	234	890	480	343	854	146
61	263	130	707	935	590	786	452	308	165	136
62	736	38	741	52	601	37	621	896	206	399
63	509	129	611	775	373	94	334	494	145	609
64	534	528	764	543	804	449	832	305	881	3
65	835	593	93	635	724	824	316	190	769	773
66	277	536	459	184	296	739	895	627	355	497
67	429	887	295	664	693	77	487	256	827	155
68	872	900	247	830	469	406	366	361	477	748
69	232	298	738	665	99	876	921	332	723	654
70	238	378	753	547	420	217	771	131	417	586
71	91	227	851	68	517	57	826	678	424	811
72	209	357	321	333	636	329	927	293	49	204
73	354	668	856	402	573	60	137	603	299	297
74	691	39	792	468	684	312	118	324	478	289
75	187	63	540	379	28	9	127	526	814	103
76	419	704	276	660	529	45	254	522	199	191
77	266	218	265	770	706	612	863	438	174	408
78	395	144	638	88	18	272	591	849	842	183
79	663	673	40	580	249	806	568	274	5	585
80	709	350	252	454	544	224	250	163	21	870
81	30	425	508	630	527	641	134	381	23	829
82	683	744	492	328	725	445	58	257	195	24
83	248	794	450	123	214	4	798	589	614	213
84	834	650	850	712	538	432	161	567	796	592
85	651	228	280	501	344	496	669	13	551	521
86	767	415	934	613	838	880	648	915	307	617
87	22	818	156	36	625	260	100	17	784	212
88	839	306	868	125	939	106	514	430	388	461
89	235	113	287	231	690	740	622	245	338	35
90	873	485	197	414	861	372	634	653	699	565
91	121	304	647	866	2	649	841	788	352	531
92	16	877	172	359	596	143	781	330	71	84
93	516	714	189	657	416	708	800	20	808	126
94	756	270	211	879	865	913	1			
	0	1	2	3	4	5	6	7	8	9

I″

	0	1	2	3	4	5	6	7	8	9
50	85	853	344	398	207	507	426	208	812	630
51	129	264	219	201	886	430	930	714	57	446
52	555	859	767	199	318	269	757	814	641	764
53	45	919	16	101	640	528	661	459	844	432
54	752	379	559	643	804	224	582	703	420	571
55	221	858	521	255	488	447	223	545	27	380
56	135	166	575	286	114	909	121	847	796	274
57	216	421	193	734	60	167	342	481	282	467
58	793	249	225	435	588	799	709	91	436	837
59	614	786	849	651	93	374	924	143	396	336
60	483	624	37	737	299	186	290	169	87	639
61	534	632	775	863	838	213	124	869	22	382
62	259	626	896	245	484	874	260	667	355	346
63	813	527	535	278	906	653	724	329	782	88
64	102	815	134	560	310	405	470	612	866	915
65	841	850	228	907	699	238	370	933	416	132
66	763	529	242	790	673	693	99	261	731	856
67	13	203	50	791	40	413	198	523	717	424
68	31	34	339	820	744	312	142	597	410	97
69	894	740	39	674	77	385	83	72	109	908
70	565	179	434	583	761	276	774	612	935	800
71	350	182	843	538	931	189	317	524	150	11
72	428	498	108	698	654	824	445	519	80	15
73	532	262	147	153	194	258	620	38	692	665
74	895	622	52	284	821	492	464	96	689	232
75	301	160	433	702	547	105	940	270	348	90
76	587	584	6	133	642	543	455	860	415	658
77	773	706	131	659	277	633	373	595	360	367
78	443	926	330	171	878	212	615	452	917	352
79	243	51	742	468	831	450	848	592	836	589
80	936	20	164	309	644	449	795	568	938	126
81	10	719	209	347	758	103	8	29	871	156
82	340	285	563	237	655	316	716	678	155	819
83	683	469	646	305	840	650	593	437	864	880
84	306	916	788	183	460	389	303	122	451	787
85	842	712	68	86	608	146	732	402	222	556
86	456	904	372	776	438	944	913	2	882	125
87	809	30	680	900	485	384	695	921	172	943
88	865	648	3	215	570	549	202	671	295	185
89	605	480	577	75	98	666	627	206	504	33
90	681	247	25	42	457	66	279	229	110	115
91	364	391	471	945	1	867	307	453	253	46
92	82	696	332	322	375	314	444	726	293	387
93	431	539	64	371	862	613	590	273	569	884
94	106	320	358	173	439	472	*			
	0	1	2	3	4	5	6	7	8	9

$p = 953,\ g = 3,\ p - 1 = 2^3 \cdot 7 \cdot 17$

N

	0	1	2	3	4	5	6	7	8	9
		3	9	27	81	243	729	281	843	623
1	916	842	620	907	815	539	664	86	258	774
2	416	295	885	749	341	70	210	630	937	905
3	809	521	610	877	725	269	807	515	592	823
4	563	736	302	906	812	530	637	5	15	45
5	135	405	262	786	452	403	256	768	398	241
6	723	263	789	461	430	337	58	174	522	613
7	886	752	350	97	291	873	713	233	699	191
8	573	766	392	223	669	101	303	909	821	557
9	718	248	744	326	25	75	225	675	119	357
10	118	354	109	327	28	84	252	756	362	133
11	399	244	732	290	870	704	206	618	901	797
12	485	502	553	706	212	636	2	6	18	54
13	162	486	505	562	733	293	879	731	287	861
14	677	125	375	172	516	595	832	590	817	545
15	682	140	420	307	921	857	665	89	267	801
16	497	538	661	77	231	693	173	519	604	859
17	671	107	321	10	30	90	270	810	524	619
18	904	806	512	583	796	482	493	526	625	922
19	860	674	116	348	91	273	819	551	700	194
20	582	793	473	466	445	382	193	579	784	446
21	385	202	606	865	689	161	483	496	535	652
22	50	150	450	397	238	714	236	708	218	654
23	56	168	504	559	724	266	798	488	511	580
24	787	455	412	283	849	641	17	51	153	459
25	424	319	4	12	36	108	324	19	57	171
26	513	586	805	509	574	769	401	250	750	344
27	79	237	711	227	681	137	411	280	840	614
28	889	761	377	178	534	649	41	123	369	154
29	462	433	346	85	255	765	389	214	642	20
30	60	180	540	667	95	285	855	659	71	213
31	639	11	33	99	297	891	767	395	232	696
32	182	546	685	149	447	388	211	633	946	932
33	890	764	386	205	615	892	770	404	259	777
34	425	322	13	39	117	351	100	300	900	794
35	476	475	472	463	436	355	112	336	55	165
36	495	532	643	23	69	207	621	910	824	566
37	745	329	34	102	306	918	848	638	8	24
38	72	216	648	38	114	342	73	219	657	65
39	195	585	802	500	547	688	158	474	469	454
40	409	274	822	560	727	275	825	569	754	356
41	115	345	82	246	738	308	924	866	692	170
42	510	577	778	428	331	40	120	360	127	381
43	190	570	757	365	142	426	325	22	66	198
44	594	829	581	790	464	439	364	139	417	298
45	894	776	422	313	939	911	827	575	772	410
46	277	831	587	808	518	601	850	644	26	78
47	234	702	200	600	847	635	952	950	944	926
48	872	710	224	672	110	330	37	111	333	46
49	138	414	289	867	695	179	537	658	68	204
	0	1	2	3	4	5	6	7	8	9

I

	0	1	2	3	4	5	6	7	8	9
0		952	126	1	252	47	127	804	378	2
1	173	311	253	342	930	48	504	246	128	257
2	299	805	437	363	379	94	468	3	104	892
3	174	665	630	312	372	851	254	486	383	343
4	425	286	931	843	563	49	489	519	505	656
5	220	247	594	824	129	358	230	258	66	926
6	300	811	791	806	756	389	438	546	498	364
7	25	308	380	386	612	95	509	163	469	270
8	551	4	412	590	105	293	17	893	689	157
9	175	194	615	666	645	304	631	73	782	313
10	346	85	373	942	720	852	950	171	255	102
11	484	487	356	754	384	410	192	344	100	98
12	426	622	937	287	917	141	932	428	882	844
13	515	878	564	109	672	50	624	275	490	447
14	151	520	434	653	506	939	512	657	738	323
15	221	868	635	248	289	712	595	660	396	825
16	677	215	130	919	538	359	716	529	231	684
17	419	259	143	166	67	898	815	927	283	495
18	301	934	320	812	741	533	792	557	771	807
19	430	79	757	206	199	390	908	583	439	884
20	472	547	211	744	499	333	116	365	846	568
21	26	326	124	309	297	890	381	517	228	387
22	610	588	613	83	482	96	880	273	510	710
23	536	164	318	77	470	566	226	271	224	701
24	552	59	748	5	111	703	413	599	91	591
25	267	947	106	674	554	294	56	795	18	338
26	641	894	52	61	690	871	235	158	798	35
27	176	626	750	195	401	405	616	460	573	667
28	277	7	646	243	560	305	779	138	632	492
29	113	74	638	135	783	21	864	314	449	705
30	347	695	42	86	761	858	374	153	415	943
31	838	774	721	453	786	853	522	601	951	251
32	803	172	341	503	256	436	93	103	664	371
33	485	424	842	488	655	593	357	65	810	755
34	545	24	385	508	269	411	292	688	193	644
35	72	345	941	949	101	355	409	99	621	916
36	427	514	108	623	446	433	938	737	867	288
37	659	676	918	715	683	142	897	282	933	740
38	556	429	205	907	883	210	332	845	325	296
39	516	609	82	879	709	317	565	223	58	110
40	598	266	673	55	337	51	870	797	625	400
41	459	276	242	778	491	637	20	448	694	760
42	152	837	452	521	250	340	435	663	423	654
43	64	544	507	291	643	940	354	620	513	445
44	736	658	714	896	739	204	209	324	608	708
45	222	597	54	869	399	241	636	693	836	249
46	662	63	290	353	444	713	203	607	596	398
47	692	661	352	202	397	351	350	826	827	873
48	678	828	185	216	874	120	131	679	237	920
49	829	766	539	186	725	360	217	160	717	875
	0	1	2	3	4	5	6	7	8	9

p = 953

	I'											I''									
	0	1	2	3	4	5	6	7	8	9		0	1	2	3	4	5	6	7	8	9
0	952	252	173	104	412	111	559	646	578	847	0	476	126	378	468	551	748	572	277	11	900
1	730	8	366	525	751	302	156	893	338	759	1	859	832	179	43	923	161	589	293	795	777
2	448	864	70	268	385	308	326	817	524	43	2	637	783	840	809	545	364	568	732	722	180
3	177	68	861	571	749	176	463	144	903	368	3	463	767	745	639	234	798	181	921	584	402
4	772	857	86	13	627	928	377	127	504	489	4	133	704	695	29	910	726	125	252	930	563
5	624	870	61	240	869	337	795	265	110	748	5	672	337	894	707	597	673	294	316	223	552
6	234	690	443	290	544	810	926	898	540	279	6	640	52	835	662	654	357	258	166	31	500
7	914	948	345	782	638	746	225	470	198	757	7	22	687	644	631	113	480	535	318	770	430
8	264	316	879	482	719	373	761	367	402	793	8	905	295	609	613	781	346	42	525	585	699
9	946	591	370	103	468	509	880	936	426	621	9	702	599	502	436	379	612	482	191	100	409
10	98	355	484	664	892	293	674	432	623	672	10	344	949	255	93	3	590	947	915	514	564
11	598	703	134	74	888	567	365	179	723	236	11	58	5	137	492	581	743	333	833	348	184
12	131	698	586	889	309	46	1	804	257	358	12	874	530	742	567	326	475	952	47	246	824
13	919	679	800	40	863	783	862	112	632	670	13	215	120	232	558	112	638	571	559	779	190
14	881	932	897	166	830	575	902	584	526	321	14	936	917	683	259	37	440	461	922	751	876
15	652	520	837	415	189	780	614	175	798	392	15	274	447	760	374	788	549	16	689	235	724
16	717	15	550	469	318	814	67	767	669	190	16	217	496	611	509	536	418	143	464	548	780
17	483	255	341	311	665	194	626	910	899	12	17	719	950	803	2	892	157	35	30	540	117
18	29	36	260	764	119	216	725	911	579	650	18	696	262	238	200	872	828	539	899	847	154
19	139	97	344	644	615	401	585	742	582	390	19	169	753	410	688	175	750	526	531	78	206
20	183	349	397	607	209	907	199	239	707	324	20	442	691	352	713	739	429	757	618	895	204
21	332	744	768	417	537	130	874	160	924	823	21	883	547	669	633	395	677	185	360	284	518
22	247	868	597	58	701	700	271	587	387	925	22	656	323	708	565	271	76	566	889	517	823
23	258	684	132	403	34	158	765	920	182	442	23	358	529	698	793	60	871	119	679	420	207
24	835	636	778	560	466	298	128	594	289	662	24	53	399	276	646	376	929	504	220	635	836
25	340	803	47	342	486	102	436	299	66	143	25	521	951	1	311	851	171	503	128	230	419
26	921	462	181	420	457	336	673	947	687	411	26	182	391	799	680	80	57	598	591	23	508
27	551	224	535	510	150	490	242	7	832	334	27	469	226	481	880	671	624	459	667	860	69
28	330	555	933	495	218	562	931	917	659	712	28	865	682	897	927	628	382	425	937	867	248
29	353	643	688	17	56	81	516	890	362	805	29	63	507	411	105	554	331	325	309	245	257
30	811	934	718	781	631	779	549	611	380	297	30	926	495	15	614	645	560	789	497	25	124
31	929	253	372	346	449	335	57	565	77	532	31	377	173	630	782	864	330	81	709	164	494
32	812	394	634	221	608	296	124	727	603	775	32	934	149	511	738	209	845	26	648	854	913
33	315	295	845	116	541	776	796	51	641	422	33	280	906	210	499	279	315	265	55	18	451
34	435	503	930	425	100	941	85	695	118	872	34	250	172	253	383	192	72	313	705	605	201
35	826	350	202	444	620	409	754	65	230	716	35	351	397	661	290	940	101	487	593	129	538
36	217	628	467	379	25	846	900	455	406	808	36	725	928	298	437	498	116	12	87	39	801
37	841	485	851	942	153	848	244	310	2	94	37	92	664	312	85	858	730	474	46	804	363
38	386	517	285	343	410	508	612	610	497	438	38	308	890	850	486	754	24	380	228	790	756
39	908	261	697	530	527	214	825	351	692	241	39	199	764	159	875	321	711	660	202	596	869
40	459	405	39	558	572	616	904	431	915	99	40	625	195	88	233	749	401	368	686	948	355
41	192	292	590	599	773	943	580	493	165	259	41	384	269	4	703	857	153	650	213	528	684
42	238	618	543	654	842	286	622	514	882	205	42	263	758	339	663	485	343	98	916	932	556
43	79	681	866	938	653	663	93	363	546	884	43	807	407	107	446	520	340	256	805	389	583
44	145	763	200	606	713	736	433	151	694	705	44	903	617	239	62	353	513	623	490	20	314
45	542	339	521	786	818	762	617	758	777	276	45	776	759	837	721	524	367	904	264	796	400
46	573	146	909	30	167	821	849	891	3	270	46	616	763	261	36	830	473	244	362	94	163
47	566	743	547	465	376	125	*	602	854	944	47	77	582	884	577	647	727	602	728	649	580
48	75	272	96	753	487	424	383	356	655	519	48	888	587	83	170	102	371	254	484	842	49
49	447	637	113	769	319	301	161	307	364	333	49	275	778	632	417	814	283	924	388	546	744
	0	1	2	3	4	5	6	7	8	9		0	1	2	3	4	5	6	7	8	9

p = 953 (Fortsetzung)

	N											I									
	0	1	2	3	4	5	6	7	8	9		0	1	2	3	4	5	6	7	8	9
50	612	883	743	323	16	48	144	432	343	76	50	393	530	121	698	232	132	800	685	680	263
51	228	684	146	438	361	130	390	217	651	47	51	420	238	182	260	921	37	144	830	464	167
52	141	423	316	948	938	908	818	548	691	167	52	767	31	68	540	178	899	187	911	816	726
53	501	550	697	185	555	712	230	690	164	492	53	45	928	361	628	284	218	924	496	161	15
54	523	616	895	779	431	340	67	201	603	856	54	302	718	752	935	876	149	321	394	527	813
55	662	80	240	720	254	762	380	187	561	730	55	531	197	742	122	586	534	699	89	793	233
56	284	852	650	44	132	396	235	705	209	627	56	403	558	133	40	772	801	369	808	686	407
57	928	878	728	278	834	596	835	599	844	626	57	431	681	905	80	264	457	758	421	618	207
58	925	869	701	197	591	820	554	709	221	663	58	239	442	200	183	764	391	261	462	909	922
59	83	249	747	335	52	156	468	451	400	247	59	147	584	38	903	440	145	575	885	831	577
60	741	317	951	947	935	899	791	467	448	391	60	473	465	821	548	168	669	212	768	887	745
61	220	660	74	222	666	92	276	828	578	781	61	32	861	500	69	279	334	541	833	117	179
62	437	358	121	363	136	408	271	813	533	646	62	12	366	900	9	847	188	579	569	912	732
63	32	96	288	864	686	152	456	415	292	876	63	27	817	648	327	727	475	125	46	377	310
64	722	260	780	434	349	94	282	846	632	943	64	929	245	298	362	467	891	629	850	382	285
65	923	863	683	143	429	334	49	147	441	370	65	562	518	219	823	229	925	790	388	497	307
66	157	471	460	427	328	31	93	279	837	605	66	611	162	550	589	16	156	614	303	781	84
67	862	680	134	402	253	759	371	160	480	487	67	719	170	483	753	191	97	936	140	881	877
68	508	571	760	374	169	507	568	751	347	88	68	671	274	150	652	511	322	634	711	395	214
69	264	792	470	457	418	301	903	803	503	556	69	537	528	418	165	814	494	319	532	770	78
70	715	239	717	245	735	299	897	785	449	394	70	198	582	471	743	115	567	123	889	227	587
71	229	687	155	465	442	373	166	498	541	670	71	481	272	535	76	225	700	747	702	90	946
72	104	312	936	902	800	494	529	634	949	941	72	553	794	640	60	234	34	749	404	572	6
73	917	845	629	934	896	782	440	367	148	444	73	559	137	112	134	863	704	41	857	414	773
74	379	184	552	703	203	609	874	716	242	726	74	785	600	802	502	92	370	841	592	809	23
75	272	816	542	673	113	339	64	192	576	775	75	268	687	71	948	408	915	107	432	866	675
76	419	304	912	830	584	799	491	520	607	868	76	682	281	555	906	331	295	81	316	57	265
77	698	188	564	739	311	933	893	773	413	286	77	336	796	458	777	19	759	451	339	422	543
78	858	668	98	294	882	740	314	942	920	854	78	642	619	735	895	208	707	53	240	835	62
79	656	62	186	558	721	257	771	407	268	804	79	443	606	691	201	349	872	184	119	236	765
80	506	565	742	320	7	21	63	189	567	748	80	724	159	392	697	799	262	181	36	463	30
81	338	61	183	549	694	176	528	631	940	914	81	177	910	44	627	923	14	751	148	526	196
82	836	602	853	653	53	159	477	478	481	490	82	585	88	402	39	368	406	904	456	617	441
83	517	598	841	617	898	788	458	421	310	930	83	763	461	146	902	574	576	820	668	886	860
84	884	746	332	43	129	387	208	624	919	851	84	278	832	11	8	578	731	647	474	376	244
85	647	35	105	315	945	929	881	737	305	915	85	466	849	561	822	789	306	549	155	780	169
86	839	611	880	734	296	888	758	368	151	453	86	190	139	670	651	633	213	417	493	769	581
87	406	265	795	479	484	499	544	679	131	393	87	114	888	480	75	746	945	639	33	571	136
88	226	678	128	384	199	597	838	608	871	707	88	862	856	784	501	840	22	70	914	865	280
89	215	645	29	87	261	783	443	376	175	525	89	330	315	335	776	450	542	734	706	834	605
90	622	913	833	593	826	572	763	383	196	588	90	348	118	723	696	180	29	43	13	525	87
91	811	527	628	931	887	755	359	124	372	163	91	367	455	762	901	819	859	10	730	375	848
92	489	514	589	814	536	655	59	177	531	640	92	788	154	189	650	416	580	479	944	570	855
93	14	42	126	378	181	543	676	122	366	145	93	839	913	329	775	733	604	722	28	524	454
94	435	352	103	309	927	875	719	251	753	353	94	818	729	787	649	478	854	328	603	523	728
95	106	318	1								95	477	602	476							
	0	1	2	3	4	5	6	7	8	9		0	1	2	3	4	5	6	7	8	9

p = 953

	I'										I''									
	0	1	2	3	4	5	6	7	8	9		0	1	2	3	4	5	6	7	8	9
50	69	840	92	256	246	656	939	291	269	163	50	861	784	802	341	48	519	653	544	385	95
51	710	322	657	445	108	878	609	228	219	505	51	273	652	939	620	427	844	296	381	562	489
52	434	250	601	728	454	87	196	813	418	231	52	151	452	853	603	28	13	148	394	537	716
53	121	197	770	792	699	76	164	528	359	186	53	393	813	319	741	586	272	710	214	919	766
54	178	833	734	642	507	24	498	211	168	155	54	68	334	450	422	64	755	438	472	821	306
55	589	4	59	794	294	906	429	771	133	137	55	162	270	701	946	674	281	740	792	403	6
56	305	822	518	49	109	223	226	123	26	912	56	243	849	285	843	878	317	470	115	846	579
57	855	136	6	667	576	885	820	473	731	569	57	944	33	404	460	902	145	574	831	8	188
58	479	114	471	439	38	88	534	481	613	16	58	416	769	198	908	147	196	122	227	610	550
59	105	267	809	357	824	660	398	54	266	91	59	412	91	841	655	247	712	607	222	110	413
60	802	951	476	523	722	348	691	596	708	82	60	785	522	477	328	733	834	443	203	324	516
61	588	162	95	83	303	666	460	441	207	735	61	387	307	386	588	156	194	405	456	421	642
62	513	916	937	446	275	400	750	923	284	850	62	354	99	426	108	50	797	176	44	361	891
63	312	73	492	213	711	248	693	20	135	33	63	665	304	138	651	322	868	241	491	74	945
64	60	894	619	940	72	304	243	474	327	478	64	794	338	543	291	193	666	7	731	817	787
65	416	633	511	506	64	593	220	738	714	676	65	189	670	150	434	423	488	505	512	736	288
66	396	352	63	423	371	630	645	277	886	212	66	595	692	249	435	103	174	615	573	820	168
67	651	274	50	55	554	682	918	215	828	237	67	139	877	109	266	106	866	659	825	873	131
68	263	905	281	142	419	680	407	71	193	157	68	685	431	675	715	231	800	808	268	292	893
69	871	201	661	836	760	42	180	799	232	89	69	61	606	398	636	448	347	723	392	121	534
70	747	552	90	413	41	347	834	53	222	317	70	225	224	747	111	863	449	734	208	608	879
71	536	395	595	203	896	683	529	875	752	170	71	510	634	289	444	658	918	359	160	302	84
72	852	453	28	696	159	360	45	475	477	787	72	942	774	604	118	765	186	816	327	523	818
73	375	647	27	604	706	895	658	867	323	204	73	10	578	912	775	542	619	445	938	657	896
74	556	533	122	115	499	32	945	702	5	404	74	933	812	197	471	211	887	75	700	59	34
75	195	148	935	191	384	545	389	206	421	451	75	626	14	718	483	356	810	806	79	457	19
76	152	858	901	461	391	724	539	31	887	581	76	694	86	455	441	183	236	829	167	212	493
77	78	807	801	785	721	733	450	19	491	138	77	532	557	40	414	838	329	335	458	242	305
78	169	84	313	21	501	600	853	649	154	306	78	155	303	73	135	856	773	453	729	848	822
79	388	806	557	233	640	18	458	625	35	262	79	925	811	533	89	553	56	336	870	158	697
80	685	369	502	172	378	437	756	430	686	23	80	132	772	600	251	127	299	791	771	369	592
81	755	791	741	531	494	927	726	648	729	859	81	65	300	320	527	165	898	911	27	454	901
82	668	548	789	229	129	677	827	873	185	766	82	576	465	561	219	594	396	350	826	678	920
83	464	577	11	117	605	62	249	452	774	913	83	144	885	278	541	706	240	693	152	943	855
84	22	592	488	563	515	325	568	188	788	561	84	501	370	424	931	882	332	365	9	375	466
85	382	254	950	522	328	839	784	414	374	10	85	629	372	720	786	478	570	862	41	761	819
86	278	500	856	704	314	280	675	288	635	399	86	886	32	136	134	21	914	432	737	221	54
87	797	235	184	678	120	393	149	671	564	709	87	51	690	349	827	216	717	935	881	515	82
88	273	877	844	210	472	831	860	745	480	227	88	96	140	428	907	439	575	668	768	114	123
89	381	629	174	689	52	208	739	282	815	187	89	297	467	104	17	641	735	714	142	67	178
90	9	819	574	440	456	80	331	883	583	922	90	366	762	146	38	406	681	555	205	390	462
91	44	816	732	329	865	107	427	141	715	538	91	177	187	569	839	70	408	621	287	676	130
92	829	37	147	14	496	790	300	283	361	245	92	237	260	909	627	218	229	66	815	45	310
93	48	843	428	740	320	876	140	287	737	512	93	342	286	141	282	301	752	97	622	433	506
94	354	949	720	838	570	639	553	106	408	101	94	643	345	373	415	479	746	90	267	71	941
95	171	251	126								95	852	601	*							
	0	1	2	3	4	5	6	7	8	9		0	1	2	3	4	5	6	7	8	9

p = 967, g = 5, p − 1 = 2 · 3 · 7 · 23

N

	0	1	2	3	4	5	6	7	8	9
0		5	25	125	625	224	153	765	924	752
1	859	427	201	38	190	950	882	542	776	12
2	60	300	533	731	754	869	477	451	321	638
3	289	478	456	346	763	914	702	609	144	720
4	699	594	69	345	758	889	577	951	887	567
5	901	637	284	453	331	688	539	761	904	652
6	359	828	272	393	31	155	775	7	35	175
7	875	507	601	104	520	666	429	211	88	440
8	266	363	848	372	893	597	84	420	166	830
9	282	443	281	438	256	313	598	89	445	291
10	488	506	596	79	395	41	205	58	290	483
11	481	471	421	171	855	407	101	505	591	54
12	270	383	948	872	492	526	696	579	961	937
13	817	217	118	590	49	245	258	323	648	339
14	728	739	794	102	510	616	179	895	607	134
15	670	449	311	588	39	195	8	40	200	33
16	165	825	257	318	623	214	103	515	641	304
17	553	831	287	468	406	96	480	466	396	46
18	230	183	915	707	634	269	378	923	747	834
19	302	543	781	37	185	925	757	884	552	826
20	262	343	748	839	327	668	439	261	338	723
21	714	669	444	286	463	381	938	822	242	243
22	248	273	398	56	280	433	231	188	940	832
23	292	493	531	721	704	619	194	3	15	75
24	375	908	672	459	361	838	322	643	314	603
25	114	570	916	712	659	394	36	180	900	632
26	259	328	673	464	386	963	947	867	467	401
27	71	355	808	172	860	432	226	163	815	207
28	68	340	733	764	919	727	734	769	944	852
29	392	26	130	650	349	778	22	110	550	816
30	212	93	465	391	21	105	525	691	554	836
31	312	593	64	320	633	264	353	798	122	610
32	149	745	824	252	293	498	556	846	362	843
33	347	768	939	827	267	368	873	497	551	821
34	237	218	123	615	174	870	482	476	446	296
35	513	631	254	303	548	806	162	810	182	910
36	682	509	611	154	770	949	877	517	651	354
37	803	147	735	774	2	10	50	250	283	448
38	306	563	881	537	751	854	402	76	380	933
39	797	117	585	24	120	600	99	495	541	771
40	954	902	642	309	578	956	912	692	559	861
41	437	251	288	473	431	221	138	690	549	811
42	187	935	807	167	835	307	568	906	662	409
43	111	555	841	337	718	689	544	786	62	310
44	583	14	70	350	783	47	235	208	73	365
45	858	422	176	880	532	726	729	744	819	227
46	168	840	332	693	564	886	562	876	512	626
47	229	178	890	582	9	45	225	158	790	82
48	410	116	580	966	962	942	842	342	743	814
49	202	43	215	108	540	766	929	777	17	85
	0	1	2	3	4	5	6	7	8	9

I

	0	1	2	3	4	5	6	7	8	9
0		966	374	237	748	1	611	67	156	474
1	375	888	19	883	441	238	530	498	848	605
2	749	304	296	771	393	2	291	711	815	699
3	612	64	904	159	872	68	256	193	13	154
4	157	105	678	491	670	475	179	445	767	134
5	376	735	665	518	119	889	223	842	107	724
6	20	910	438	541	312	884	533	741	280	42
7	442	270	630	448	567	239	387	955	528	103
8	531	948	479	680	86	499	865	936	78	97
9	849	950	553	301	819	606	175	828	508	396
10	750	116	143	166	73	305	892	757	493	933
11	297	430	597	868	250	772	481	391	132	565
12	394	810	318	342	812	3	915	944	686	728
13	292	792	907	672	149	712	654	572	416	544
14	816	682	644	805	38	700	822	371	941	320
15	613	782	761	6	363	65	902	840	477	755
16	905	838	356	277	853	160	88	423	460	800
17	873	113	273	625	344	69	452	961	471	146
18	257	920	358	181	927	194	675	420	227	778
19	14	501	549	856	236	155	882	847	770	814
20	158	12	490	766	517	106	540	279	447	527
21	679	77	300	507	165	492	867	131	341	685
22	671	415	804	940	5	476	276	459	624	470
23	180	226	855	769	765	446	506	340	939	623
24	768	938	218	219	692	135	716	522	220	917
25	377	411	323	693	352	736	94	162	136	260
26	666	207	200	717	315	519	80	334	523	185
27	120	609	62	221	946	890	790	900	918	538
28	224	92	90	378	52	843	213	172	412	30
29	108	99	230	324	745	725	349	633	694	688
30	21	558	190	353	169	911	380	425	737	403
31	439	152	310	95	248	542	851	776	163	621
32	313	28	246	137	730	885	651	204	261	512
33	534	54	462	667	797	742	834	433	208	139
34	281	952	487	201	647	43	33	330	718	294
35	443	628	826	316	369	271	845	802	520	60
36	631	244	328	81	732	449	555	878	335	579
37	568	585	83	524	794	240	601	616	186	636
38	388	215	875	121	923	956	264	965	610	887
39	529	303	290	63	255	104	178	734	222	909
40	532	269	386	947	864	949	174	115	891	429
41	480	809	914	791	653	681	821	781	901	837
42	87	112	451	919	674	500	881	11	539	76
43	866	414	275	225	505	937	715	410	93	206
44	79	608	789	91	212	98	348	557	379	151
45	850	27	650	53	833	951	32	627	844	243
46	554	584	600	214	263	302	177	268	173	808
47	820	111	880	413	714	607	347	26	31	583
48	176	110	346	109	592	829	593	659	100	514
49	509	830	124	231	896	397	594	337	325	656
	0	1	2	3	4	5	6	7	8	9

p = 967

I′

	0	1	2	3	4	5	6	7	8	9
0	966	611	291	915	469	476	363	495	195	648
1	274	539	490	154	501	47	569	191	497	883
2	910	558	708	929	783	345	31	650	246	744
3	108	583	627	330	283	182	798	319	700	233
4	817	566	442	33	930	472	404	721	586	426
5	401	29	843	833	462	435	494	589	921	731
6	631	899	221	255	904	902	18	156	256	452
7	467	726	932	305	831	504	866	300	97	608
8	334	732	615	524	931	96	499	112	423	171
9	378	212	90	206	162	248	818	849	348	230
10	514	71	85	531	178	678	540	724	99	592
11	346	880	451	273	913	891	143	101	723	889
12	609	923	365	336	231	562	603	482	484	216
13	803	341	565	118	376	716	260	730	646	281
14	456	942	756	166	515	926	257	753	543	712
15	832	850	310	669	157	882	474	105	12	872
16	88	199	136	621	684	492	73	510	402	911
17	308	229	412	808	115	828	110	268	734	445
18	226	927	252	743	945	120	636	8	202	424
19	353	436	677	13	675	588	44	962	170	333
20	717	647	824	461	261	211	79	200	139	702
21	806	150	98	172	263	875	332	521	219	692
22	917	946	909	842	92	505	855	778	774	632
23	324	896	454	618	683	813	155	748	530	387
24	601	590	262	554	328	203	137	620	542	564
25	772	661	859	835	908	104	193	920	50	314
26	666	512	807	302	965	720	122	879	173	386
27	630	845	960	625	409	225	459	853	299	447
28	42	952	286	7	928	140	372	364	779	733
29	63	711	792	368	443	710	771	430	338	130
30	507	819	177	290	296	892	125	407	431	775
31	95	41	884	28	184	519	369	943	342	362
32	613	898	161	693	745	656	963	877	81	825
33	718	287	228	61	523	579	784	325	198	217
34	939	685	812	145	69	658	109	26	557	633
35	536	259	736	169	418	422	277	419	181	706
36	535	144	754	65	399	15	580	634	59	271
37	760	941	709	66	237	888	735	411	52	151
38	425	464	16	559	9	114	947	955	215	642
39	317	132	698	2	810	72	750	594	17	638
40	502	795	247	439	127	858	602	463	598	788
41	93	323	30	714	275	804	544	307	298	548
42	227	547	272	460	309	737	705	503	652	480
43	597	326	486	208	703	417	934	740	541	152
44	604	238	270	628	664	767	506	527	567	555
45	10	919	961	382	22	285	823	321	854	624
46	800	432	667	704	869	48	381	366	350	764
47	180	146	870	440	375	179	276	755	935	680
48	809	391	747	•	265	876	329	201	457	278
49	766	670	867	933	398	641	676	295	848	865
	0	1	2	3	4	5	6	7	8	9

I″

	0	1	2	3	4	5	6	7	8	9
0	483	748	393	812	684	940	761	283	187	384
1	450	881	158	193	778	365	382	398	66	888
2	724	688	454	823	648	879	347	850	313	51
3	412	26	951	43	589	602	563	543	805	703
4	668	311	280	647	196	586	786	15	465	752
5	258	537	378	650	534	707	559	762	795	368
6	520	333	609	290	612	363	373	611	872	344
7	784	101	395	166	862	673	539	679	936	206
8	519	328	877	585	722	102	680	837	160	899
9	92	789	224	410	736	310	85	78	212	108
10	659	117	566	528	255	157	517	842	30	346
11	176	820	87	873	385	174	750	697	133	518
12	185	875	266	658	830	306	545	404	550	547
13	299	867	391	669	767	692	162	246	796	208
14	285	953	827	116	361	343	471	931	727	672
15	211	379	439	871	13	236	67	154	814	904
16	853	322	94	776	526	507	143	536	687	353
17	198	89	213	268	949	606	583	302	104	475
18	470	358	35	690	314	523	616	958	898	632
19	558	17	903	256	927	8	560	569	338	161
20	207	487	188	245	651	504	93	666	433	618
21	835	205	91	843	600	388	129	339	938	218
22	522	62	734	889	538	275	180	420	332	171
23	99	124	893	39	798	777	856	374	441	567
24	794	503	832	844	631	775	28	402	95	932
25	868	705	182	577	886	63	68	146	763	351
26	136	204	242	214	956	484	787	599	177	532
27	442	369	422	113	10	414	476	356	489	540
28	741	139	929	34	617	455	282	331	876	964
29	303	2	728	646	718	497	304	933	418	278
30	77	553	263	529	749	73	574	417	170	424
31	152	723	541	621	259	717	826	390	810	37
32	941	457	521	411	230	337	431	801	244	486
33	33	641	216	199	80	878	123	594	298	854
34	506	131	318	799	625	25	110	607	98	725
35	468	916	693	190	570	839	838	960	920	590
36	696	726	319	6	287	122	467	510	293	316
37	643	822	286	719	966	474	134	917	90	557
38	911	466	453	897	614	733	269	239	636	551
39	596	481	604	771	565	818	508	896	494	364
40	924	50	168	737	46	502	706	307	912	274
41	715	377	172	880	866	671	572	435	354	357
42	675	642	355	88	189	380	49	921	863	891
43	297	308	461	834	860	55	191	841	910	403
44	473	883	42	294	677	179	765	279	630	732
45	780	112	69	561	232	701	140	488	803	276
46	423	203	54	407	381	962	657	70	515	4
47	624	961	45	747	156	670	5	840	954	948
48	429	772	127	857	128	774	432	952	959	846
49	12	678	165	757	56	7	637	18	530	86
	0	1	2	3	4	5	6	7	8	9

p = **967** (Fortsetzung)

N

	0	1	2	3	4	5	6	7	8	9
50	425	191	955	907	667	434	236	213	98	499
51	516	646	329	678	489	511	621	204	53	265
52	358	823	247	268	373	898	622	209	78	390
53	16	80	400	66	330	683	514	636	279	428
54	206	63	315	608	139	695	574	936	812	192
55	960	932	792	92	460	366	863	447	301	538
56	756	879	527	701	604	119	595	74	370	883
57	547	801	137	685	524	686	529	711	654	369
58	878	522	676	479	461	371	888	572	926	762
59	909	677	484	486	496	546	796	112	560	866
60	462	376	913	697	584	19	95	475	441	271
61	388	6	30	150	750	849	377	918	722	709
62	644	319	628	239	228	173	865	457	351	788
63	72	360	833	297	518	656	379	928	772	959
64	927	767	934	802	142	710	649	344	753	864
65	452	326	663	414	136	680	499	561	871	487
66	501	571	921	737	784	52	260	333	698	589
67	44	220	133	665	424	186	930	782	42	210
68	83	415	141	705	624	219	128	640	299	528
69	706	629	244	253	298	523	681	504	586	29
70	145	725	724	719	694	569	911	687	534	736
71	779	27	135	675	474	436	246	263	348	773
72	964	952	892	592	59	295	508	606	129	645
73	324	653	364	853	397	51	255	308	573	931
74	787	67	335	708	639	294	503	581	4	20
75	100	500	566	896	612	159	795	107	535	741
76	804	152	760	899	627	234	203	48	240	233
77	198	23	115	575	941	837	317	618	189	945
78	857	417	151	755	874	502	576	946	862	442
79	276	413	131	655	374	903	647	334	703	614
80	169	845	357	818	222	143	715	674	469	411
81	121	605	124	620	199	28	140	700	599	94
82	470	416	146	730	749	844	352	793	97	485
83	491	521	671	454	336	713	664	419	161	805
84	157	785	57	285	458	356	813	197	18	90
85	450	316	613	164	820	232	193	965	957	917
86	717	684	519	661	404	86	430	216	113	565
87	891	587	34	170	850	382	943	847	367	868
88	472	426	196	13	65	325	658	389	11	55
89	275	408	106	530	716	679	494	536	746	829
90	277	418	156	780	32	160	800	132	660	399
91	61	305	558	856	412	126	630	249	278	423
92	181	905	657	384	953	897	617	184	920	732
93	759	894	602	109	545	791	87	435	241	238
94	223	148	740	799	127	635	274	403	81	405
95	91	455	341	738	789	77	385	958	922	742
96	809	177	885	557	851	387	1			
	0	1	2	3	4	5	6	7	8	9

I

	0	1	2	3	4	5	6	7	8	9
50	751	660	785	746	697	117	101	71	726	361
51	144	515	468	350	536	167	510	367	634	862
52	74	831	581	695	574	306	125	562	689	576
53	893	232	454	22	708	758	897	383	559	56
54	494	398	17	191	436	934	595	570	354	418
55	298	338	198	170	308	431	326	963	912	408
56	598	657	466	381	464	869	752	49	426	705
57	251	661	587	738	546	773	786	46	404	127
58	482	747	473	440	604	392	698	871	153	669
59	133	118	723	311	41	566	102	85	96	818
60	395	72	932	249	564	811	727	148	543	37
61	319	362	754	852	799	343	145	926	777	235
62	813	516	526	164	684	4	469	764	622	691
63	916	351	259	314	184	945	537	51	29	744
64	687	168	402	247	620	729	511	796	138	646
65	293	368	59	731	578	793	635	922	886	254
66	908	863	428	652	836	673	75	504	205	211
67	150	832	242	262	807	713	582	591	513	895
68	655	696	360	535	861	573	575	707	55	435
69	417	307	407	463	704	545	126	603	668	40
70	817	563	36	798	234	683	690	183	743	619
71	645	577	253	835	210	806	894	860	434	703
72	39	233	618	209	702	701	455	285	140	456
73	823	23	929	282	286	372	709	663	953	141
74	942	759	959	488	457	321	898	188	202	824
75	614	384	9	648	24	783	560	196	44	930
76	762	57	589	34	283	7	495	641	331	287
77	364	399	638	719	373	66	18	497	295	710
78	903	192	677	444	664	841	437	740	629	954
79	478	935	552	827	142	756	596	390	317	943
80	906	571	643	370	760	839	355	422	272	960
81	357	419	548	846	489	278	299	130	803	458
82	854	339	217	521	322	161	199	333	61	899
83	89	171	229	632	189	424	309	775	245	203
84	461	432	486	329	825	801	327	877	82	615
85	874	964	289	733	385	114	913	780	450	10
86	274	409	788	556	649	626	599	267	879	25
87	345	658	123	336	784	70	467	366	580	561
88	453	382	16	569	197	962	465	48	586	45
89	472	870	722	84	931	147	753	925	525	763
90	258	50	401	795	58	921	427	503	241	590
91	359	706	406	602	35	182	252	859	617	284
92	928	662	958	187	8	195	588	640	637	496
93	676	739	551	389	642	421	547	129	216	332
94	228	774	485	876	288	779	787	266	122	365
95	15	47	721	924	400	502	405	858	957	639
96	550	128	484	265	720	857	483			
	0	1	2	3	4	5	6	7	8	9

p = **967**

I′

	0	1	2	3	4	5	6	7	8	9
50	881	549	405	241	205	937	340	165	396	830
51	367	796	534	895	509	468	526	106	119	80
52	60	322	220	185	794	763	164	679	103	303
53	498	948	269	741	54	861	167	51	224	76
54	279	312	851	37	816	126	773	129	846	856
55	128	389	827	301	584	878	649	379	190	56
56	196	453	689	36	811	394	102	239	585	197
57	354	643	416	575	306	707	893	253	793	568
58	561	695	591	176	600	83	45	738	640	34
59	359	513	829	659	337	570	390	868	657	267
60	214	616	35	668	392	749	175	347	789	62
61	887	67	64	782	384	874	186	284	209	645
62	729	313	691	768	470	344	599	844	826	954
63	448	244	189	694	862	922	388	496	719	550
64	637	331	421	370	805	577	293	43	24	626
65	53	204	836	681	572	696	751	466	123	100
66	785	587	958	953	841	518	207	797	40	133
67	475	415	149	75	500	420	739	444	491	77
68	86	821	644	690	4	671	728	168	21	576
69	183	916	135	352	688	574	360	117	871	612
70	822	455	701	39	545	251	406	55	758	663
71	903	815	654	582	607	410	522	315	294	373
72	857	924	84	311	20	349	361	148	292	511
73	885	578	449	385	222	665	94	403	546	551
74	629	280	834	619	687	725	697	473	1	304
75	116	660	49	925	852	905	596	493	897	959
76	839	6	57	258	622	446	517	134	938	765
77	814	393	481	786	485	245	163	235	14	787
78	450	901	761	560	70	746	46	266	556	91
79	900	653	907	635	240	58	138	742	234	343
80	873	327	520	458	940	38	894	713	820	914
81	318	727	3	516	158	699	682	563	395	606
82	111	781	371	23	614	801	316	142	508	593
83	124	581	242	951	433	210	673	87	356	355
84	477	437	107	213	243	802	489	770	605	950
85	27	776	799	160	339	769	236	483	957	617
86	434	573	74	428	949	936	414	131	250	752
87	722	153	68	113	964	121	288	82	335	25
88	413	11	847	441	533	651	254	529	19	223
89	790	429	757	232	860	655	397	383	188	89
90	918	837	840	192	159	838	571	672	863	532
91	438	380	408	780	791	944	351	377	538	674
92	358	427	886	956	400	525	777	194	662	282
93	762	147	249	297	595	552	78	715	218	623
94	5	320	759	906	686	537	890	864	479	174
95	553	32	487	141	478	528	264	639	187	488
96	357	471	465	912	289	610	374			
	0	1	2	3	4	5	6	7	8	9

I″

	0	1	2	3	4	5	6	7	8	9
50	674	14	400	427	75	225	446	300	828	514
51	167	729	261	591	100	144	813	766	665	315
52	802	217	716	334	83	925	516	447	955	887
53	238	103	909	884	512	360	350	945	918	11
54	106	438	248	148	416	704	738	421	419	501
55	639	739	935	950	243	449	788	348	21	383
56	783	580	125	817	249	132	41	448	579	16
57	595	906	654	861	695	573	689	645	731	335
58	366	831	713	31	554	568	48	661	195	57
59	241	582	109	829	397	934	756	430	408	626
60	584	240	406	126	440	848	819	714	79	120
61	965	1	699	320	824	82	601	859	233	743
62	247	163	764	939	459	273	649	32	443	740
63	270	60	229	349	367	793	186	640	399	957
64	588	495	389	571	682	619	138	201	9	556
65	27	885	428	791	712	895	325	598	345	593
66	751	251	928	709	444	735	260	462	603	153
67	491	685	907	836	919	194	496	192	105	527
68	479	653	816	234	164	341	944	744	694	562
69	683	622	219	323	633	581	655	746	392	815
70	38	702	209	434	463	426	359	575	22	372
71	295	291	149	807	413	937	135	200	330	638
72	265	47	870	118	107	745	71	811	686	620
73	137	59	81	289	178	376	352	425	587	676
74	437	533	797	183	29	324	785	482	237	605
75	396	656	869	147	362	477	142	892	708	942
76	370	782	930	525	469	769	490	445	623	855
77	847	296	250	546	228	309	851	926	227	288
78	913	821	613	24	336	660	773	779	409	608
79	890	914	292	578	524	401	511	667	36	852
80	460	825	845	130	415	644	210	262	173	480
81	394	564	342	235	770	711	544	40	96	301
82	808	681	700	456	202	329	628	552	175	592
83	509	74	150	53	742	253	652	901	905	760
84	902	664	223	52	627	271	548	882	498	97
85	151	542	754	277	458	226	549	720	405	252
86	894	535	634	908	947	499	76	492	597	464
87	472	698	159	800	615	215	485	327	555	267
88	111	500	155	19	312	730	922	610	375	119
89	946	115	305	576	806	513	231	758	321	61
90	790	781	65	710	64	755	943	792	254	222
91	20	169	963	114	809	3	691	220	900	451
92	257	58	635	121	721	753	145	181	284	23
93	44	84	72	493	436	478	865	505	768	340
94	804	371	141	317	915	184	221	386	531	864
95	849	833	281	663	629	387	923	858	662	759
96	272	452	197	326	874	264	*			
	0	1	2	3	4	5	6	7	8	9

$p = 971,\ g = 6,\ p - 1 = 2 \cdot 5 \cdot 97$

	N											I									
	0	1	2	3	4	5	6	7	8	9		0	1	2	3	4	5	6	7	8	9
0		6	36	216	325	8	48	288	757	658	0		970	325	646	650	392	1	610	5	322
1	64	384	362	230	409	512	159	954	869	359	1	717	563	326	190	935	68	330	502	647	632
2	212	301	835	155	930	725	466	854	269	643	2	72	286	888	266	651	784	515	968	290	211
3	945	815	35	210	289	763	694	280	709	370	3	393	601	655	239	827	32	2	292	957	836
4	278	697	298	817	47	282	721	442	710	376	4	397	509	611	381	243	714	591	44	6	250
5	314	913	623	825	95	570	507	129	774	760	5	139	178	840	340	323	955	615	308	536	153
6	676	172	61	366	254	553	405	488	15	90	6	718	62	926	932	10	582	564	759	182	912
7	540	327	20	120	720	436	674	160	960	905	7	357	301	327	213	617	460	312	203	191	425
8	575	537	309	883	443	716	412	530	267	631	8	722	644	834	458	936	894	706	857	568	412
9	873	383	356	194	193	187	151	906	581	573	9	69	800	916	277	369	54	331	738	575	885
10	525	237	451	764	700	316	925	695	286	745	10	464	119	503	406	195	678	665	168	648	395
11	586	603	705	346	134	804	940	785	826	101	11	310	938	940	269	633	658	861	512	478	142
12	606	723	454	782	808	964	929	719	430	638	12	73	156	387	185	281	206	287	709	335	57
13	915	635	897	527	249	523	225	379	332	50	13	907	198	889	272	114	390	507	201	267	685
14	300	829	119	714	400	458	806	952	857	287	14	682	690	626	753	652	603	538	896	942	687
15	751	622	819	59	354	182	121	726	472	890	15	785	96	637	824	528	23	516	695	750	16
16	485	968	953	863	323	967	947	827	107	642	16	77	876	969	609	189	631	783	600	291	380
17	939	779	790	856	281	715	406	494	51	306	17	249	954	61	758	212	424	893	799	737	405
18	865	335	68	408	506	123	738	544	351	164	18	394	657	155	708	271	684	602	95	694	608
19	13	78	468	866	341	104	624	831	131	786	19	379	423	656	94	93	258	900	543	240	259
20	832	137	822	77	462	830	125	750	616	783	20	789	435	444	821	828	901	731	588	520	225
21	814	29	174	73	438	686	232	421	584	591	21	33	544	20	947	493	773	3	241	720	859
22	633	885	455	788	844	209	283	727	478	926	22	635	692	293	260	295	136	594	767	958	790
23	701	322	961	911	611	753	634	891	491	33	23	13	849	216	671	837	436	803	101	467	873
24	198	217	331	44	264	613	765	706	352	170	24	398	445	481	320	712	642	510	822	606	134
25	49	294	793	874	389	392	410	518	195	199	25	531	559	612	829	64	570	660	628	382	902
26	223	367	260	589	621	813	23	138	828	113	26	262	533	523	964	244	732	597	88	439	28
27	678	184	133	798	904	569	501	93	558	435	27	715	589	832	476	526	377	592	521	40	923
28	668	124	744	580	567	489	21	126	756	652	28	37	174	45	226	951	700	108	149	7	34
29	28	168	37	222	361	224	373	296	805	946	29	928	414	863	755	251	545	297	561	42	456
30	821	71	426	614	771	742	568	495	57	342	30	140	21	421	765	962	454	179	948	853	82
31	110	660	76	456	794	880	425	608	735	526	31	348	796	841	494	50	354	105	881	341	774
32	243	487	9	54	324	2	12	72	432	650	32	402	814	231	164	324	4	934	71	514	654
33	16	96	576	543	345	128	768	724	460	818	33	956	242	138	614	925	181	616	721	705	915
34	53	318	937	767	718	424	602	699	310	889	34	574	194	309	860	386	334	113	681	537	636
35	479	932	737	538	315	919	659	70	420	578	35	749	188	248	892	154	693	92	788	730	19
36	555	417	560	447	740	556	423	596	663	94	36	719	294	12	802	480	605	63	261	596	831
37	564	471	884	449	752	628	855	275	679	190	37	39	950	927	296	420	852	49	401	933	137
38	169	43	258	577	549	381	344	122	732	508	38	704	385	748	91	11	595	419	703	418	254
39	135	810	5	30	180	109	654	40	240	469	39	583	768	255	844	868	817	565	959	584	918
40	872	377	320	949	839	179	103	618	795	886	40	144	540	760	791	769	66	176	855	183	14
41	461	824	89	534	291	775	766	712	388	386	41	256	847	86	763	913	850	845	361	550	432
42	374	302	841	191	175	79	474	902	557	429	42	358	217	869	366	345	316	302	672	818	429
43	632	879	419	572	519	201	235	439	692	268	43	128	555	328	838	566	279	75	898	214	437
44	637	909	599	681	202	241	475	908	593	645	44	960	572	47	84	618	804	585	363	620	373
45	957	887	467	860	305	859	299	823	83	498	45	461	102	919	742	122	222	313	468	145	500
46	75	450	758	664	100	600	687	238	457	800	46	338	410	204	874	541	669	26	452	192	399
47	916	641	933	743	574	531	273	667	118	708	47	761	371	158	944	426	446	792	662	228	350
48	364	242	481	944	809	970	965	935	755	646	48	723	482	770	552	806	160	645	321	67	285
49	963	923	683	214	313	907	587	609	741	562	49	967	238	835	713	177	307	931	911	459	643
	0	1	2	3	4	5	6	7	8	9		0	1	2	3	4	5	6	7	8	9

p = 971

I′

	0	1	2	3	4	5	6	7	8	9
0	970	610	292	241	934	322	250	34	462	356
1	582	595	802	849	256	630	77	815	604	719
2	947	421	875	516	882	157	452	376	715	556
3	299	508	2	544	928	103	107	174	48	950
4	923	961	456	339	6	226	619	84	747	401
5	354	793	196	118	331	629	389	907	415	518
6	736	758	926	261	570	846	176	285	330	800
7	613	514	286	156	46	898	782	876	232	97
8	332	353	348	372	618	549	763	475	439	430
9	253	11	788	258	93	694	637	495	739	474
10	319	467	919	246	230	881	229	862	149	621
11	496	746	247	681	390	298	878	199	167	503
12	965	337	222	209	484	486	24	74	555	623
13	470	666	698	569	531	848	594	704	614	178
14	21	205	73	175	540	500	674	162	754	7
15	374	52	581	718	693	708	387	227	944	237
16	645	810	17	653	324	161	751	268	648	29
17	116	908	879	148	45	85	855	307	840	948
18	193	616	912	14	56	281	701	787	248	631
19	935	425	399	680	309	678	598	200	889	756
20	752	267	457	191	874	197	287	150	639	580
21	31	393	424	617	437	466	671	869	904	622
22	236	409	313	640	772	33	951	805	350	728
23	513	164	807	638	504	726	131	910	835	827
24	259	720	138	714	732	303	416	729	892	954
25	139	545	314	816	583	844	847	434	900	789
26	295	596	533	870	151	210	651	685	141	633
27	378	684	114	546	79	55	884	369	571	75
28	906	206	109	98	306	967	888	709	8	826
29	211	380	957	260	12	136	420	561	146	166
30	202	327	672	577	744	473	275	931	536	860
31	938	833	203	468	408	554	302	497	921	133
32	712	67	717	955	4	646	190	213	838	887
33	502	738	383	187	113	57	929	25	410	152
34	323	774	724	336	127	316	111	104	796	159
35	723	472	186	813	105	663	311	301	217	740
36	365	550	741	620	498	428	345	905	463	54
37	661	158	221	461	235	794	173	592	899	423
38	249	243	902	359	702	748	334	185	952	689
39	507	562	1	601	657	310	590	509	445	761
40	90	933	814	771	683	394	195	733	909	451
41	204	53	69	560	863	743	343	867	254	703
42	852	765	542	656	893	722	446	667	278	128
43	220	315	358	99	587	444	803	960	525	28
44	129	547	465	519	821	481	792	441	886	489
45	675	943	192	795	179	453	140	411	936	643
46	312	102	505	664	119	524	711	873	145	734
47	808	169	777	282	80	922	526	280	142	38
48	605	320	770	30	391	*	877	517	288	809
49	125	529	634	773	50	447	576	779	305	668
	0	1	2	3	4	5	6	7	8	9

I″

	0	1	2	3	4	5	6	7	8	9
0	485	392	32	773	324	610	44	149	288	535
1	932	91	294	790	183	823	750	162	891	730
2	544	140	686	528	126	337	669	963	439	169
3	483	210	827	225	7	710	525	923	479	831
4	521	862	561	508	591	174	74	572	38	852
5	494	638	151	411	369	275	184	335	725	505
6	782	954	718	605	829	917	769	321	935	412
7	813	934	632	142	127	279	527	16	811	274
8	474	764	853	897	47	175	847	532	597	679
9	400	748	693	94	656	602	785	79	283	433
10	848	803	461	35	347	354	529	36	700	282
11	904	346	573	334	272	776	170	580	53	464
12	548	619	742	864	674	490	866	344	429	440
13	793	236	945	319	606	858	295	933	242	250
14	456	268	478	867	918	468	298	557	173	108
15	207	264	339	536	892	657	73	25	371	349
16	806	165	147	880	231	877	299	118	665	471
17	724	579	640	376	37	143	66	713	139	454
18	653	925	759	855	511	387	352	333	749	609
19	326	203	452	180	574	406	52	205	907	117
20	197	507	300	312	410	141	281	778	577	123
21	265	290	758	327	898	593	849	358	903	870
22	430	372	122	756	820	520	45	157	662	106
23	104	814	78	547	779	374	220	159	967	655
24	543	3	956	381	964	504	103	112	188	380
25	6	755	890	90	418	768	14	607	93	240
26	293	63	902	576	673	501	888	201	167	940
27	736	708	889	697	667	306	856	916	428	566
28	477	185	473	740	551	67	72	206	488	887
29	968	600	2	692	719	260	927	545	115	30
30	581	357	316	245	920	498	284	177	615	194
31	395	356	460	222	252	431	345	965	586	100
32	481	645	5	340	164	970	563	301	555	716
33	68	54	80	914	386	709	343	121	500	43
34	840	881	517	416	549	366	524	961	82	943
35	228	882	921	81	50	825	9	912	432	383
36	846	845	571	585	701	360	869	534	567	277
37	668	761	83	620	150	871	27	526	270	608
38	291	611	628	332	851	704	860	156	883	56
39	114	484	650	211	405	648	826	836	873	192
40	949	49	774	751	757	737	503	639	314	221
41	338	457	568	699	928	58	246	747	703	595
42	296	21	683	379	212	191	944	842	365	818
43	89	762	550	629	257	789	837	214	522	88
44	666	447	781	899	435	398	426	495	622	556
45	553	409	26	455	962	754	42	202	834	911
46	617	373	8	368	885	442	215	101	313	546
47	130	727	351	305	99	87	832	939	512	729
48	802	445	723	775	124	810	125	777	726	449
49	807	735	519	947	841	97	110	317	364	741
	0	1	2	3	4	5	6	7	8	9

p = **971** (Fortsetzung)

	N											I									
	0	1	2	3	4	5	6	7	8	9		0	1	2	3	4	5	6	7	8	9
50	459	812	17	102	612	759	670	136	816	41	50	856	276	884	677	937	511	184	56	389	689
51	246	505	117	702	328	26	156	936	761	682	51	895	823	15	630	953	798	707	607	257	434
52	208	277	691	262	601	693	274	673	154	924	52	587	946	858	135	848	100	319	133	569	532
53	689	250	529	261	595	657	58	348	146	876	53	87	475	922	699	413	560	764	81	353	813
54	401	464	842	197	211	295	799	910	605	717	54	70	613	914	333	187	787	801	830	851	384
55	418	566	483	956	881	431	644	951	851	251	55	702	843	917	65	846	360	365	428	278	571
56	535	297	811	11	66	396	434	662	88	528	56	362	741	499	668	370	661	551	284	306	275
57	255	559	441	704	340	98	588	615	777	778	57	55	629	433	99	474	80	332	383	359	740
58	784	820	65	390	398	446	734	520	207	271	58	283	98	739	903	218	904	110	496	576	263
59	655	46	276	685	226	385	368	266	625	837	59	870	219	622	448	886	534	367	905	781	442
60	167	31	186	145	870	365	248	517	189	163	60	465	524	346	111	746	548	120	965	317	497
61	7	42	252	541	333	56	336	74	444	722	61	779	234	504	245	303	577	208	639	407	733
62	448	746	592	639	921	671	142	852	257	571	62	673	264	151	52	196	598	819	871	375	794
63	513	165	19	114	684	220	349	152	912	617	63	679	89	430	220	236	131	666	440	129	623
64	789	850	245	499	81	486	3	18	108	648	64	727	471	169	29	556	449	489	809	649	716
65	4	24	144	864	329	32	192	181	115	690	65	329	887	289	826	396	590	839	535	9	356
66	256	565	477	920	665	106	636	903	563	465	66	311	833	567	368	463	664	939	477	280	906
67	848	233	427	620	807	958	893	503	105	630	67	506	625	941	527	76	782	60	736	270	378
68	867	347	140	840	185	139	834	149	894	509	68	899	443	519	492	634	593	215	466	711	530
69	141	846	221	355	188	157	942	797	898	533	69	659	522	438	525	36	107	862	41	961	347
70	285	739	550	387	380	338	86	516	183	127	70	104	230	513	924	573	112	247	729	479	38
71	762	688	244	493	45	270	649	10	60	360	71	48	747	417	867	143	175	85	549	344	127
72	218	337	80	480	938	773	754	640	927	707	72	74	46	619	121	337	25	157	227	805	966
73	358	206	265	619	801	922	677	178	97	582	73	930	883	388	952	586	318	921	352	186	701
74	579	561	453	776	772	748	604	711	382	350	74	364	498	305	473	282	109	621	780	745	778
75	158	948	833	143	858	293	787	838	173	67	75	207	150	374	235	726	488	288	8	462	505
76	402	470	878	413	536	303	847	227	391	404	76	59	518	710	35	103	246	416	343	336	929
77	482	950	845	215	319	943	803	934	749	610	77	920	304	744	725	58	415	743	578	579	171
78	747	598	675	166	25	150	900	545	357	200	78	908	864	123	209	580	117	199	756	223	640
79	229	403	476	914	629	861	311	895	515	177	79	172	879	890	252	314	408	909	697	273	546
80	91	546	363	236	445	728	484	962	917	647	80	469	734	865	776	115	298	146	674	124	484
81	969	959	899	539	321	955	875	395	428	626	81	391	562	501	265	210	31	508	43	339	152
82	843	203	247	511	153	918	653	34	204	253	82	581	300	202	457	411	53	118	167	268	141
83	547	369	272	661	82	492	39	234	433	656	83	205	197	200	752	686	22	875	599	757	404
84	52	312	901	551	393	416	554	411	524	231	84	683	422	542	820	224	772	691	766	670	872
85	415	548	375	308	877	407	500	87	522	219	85	641	558	627	963	27	376	173	148	754	455
86	343	116	696	292	781	802	928	713	394	422	86	453	795	880	163	653	180	193	680	891	18
87	590	627	849	239	463	836	161	966	941	791	87	604	949	400	90	253	816	539	854	762	431
88	862	317	931	731	502	99	594	651	22	132	88	315	554	897	83	372	221	409	451	943	349
89	792	868	353	176	85	510	147	882	437	680	89	159	237	910	676	688	797	945	132	698	812
90	196	205	259	583	585	597	669	130	780	796	90	786	842	427	667	274	79	97	495	447	441
91	892	497	69	414	542	339	92	552	399	452	91	547	233	638	51	793	130	470	808	825	355
92	770	736	532	279	703	334	62	372	290	769	92	663	624	735	491	529	106	229	728	866	126
93	730	496	63	378	326	14	84	504	111	666	93	24	882	351	472	777	487	517	342	724	170
94	112	672	148	888	473	896	521	213	307	871	94	116	878	696	775	483	30	299	166	751	403
95	371	284	733	514	171	55	330	38	228	397	95	771	557	147	162	17	815	553	450	675	811
96	440	698	304	853	263	607	729	490	27	162	96	78	232	807	490	125	486	877	165	161	810
97	1										97	485									
	0	1	2	3	4	5	6	7	8	9		0	1	2	3	4	5	6	7	8	9

p = 971

I′

	0	1	2	3	4	5	6	7	8	9
50	338	265	647	406	245	59	625	201	43	611
51	822	184	478	924	654	968	695	342	710	492
52	225	40	438	964	346	36	377	76	23	106
53	659	559	87	523	367	9	153	636	896	854
54	760	669	820	240	20	297	469	233	120	344
55	432	284	806	450	897	328	449	147	627	612
56	764	42	501	326	759	959	279	368	412	532
57	660	362	47	112	194	885	263	208	579	171
58	117	300	564	768	918	363	318	946	520	832
59	839	44	521	215	767	419	831	88	819	757
60	291	655	95	538	949	63	134	257	379	189
61	5	381	829	914	925	308	721	460	804	121
62	373	780	448	727	735	941	753	963	382	433
63	953	783	72	658	593	692	749	824	51	407
64	172	558	510	856	834	321	650	632	395	716
65	392	784	603	180	956	239	94	155	861	522
66	628	551	228	624	939	168	440	274	370	26
67	872	837	818	264	124	811	688	937	665	89
68	891	537	690	422	602	682	22	785	797	895
69	626	766	293	92	608	750	775	273	812	413
70	108	364	843	418	385	915	857	607	271	335
71	35	530	642	177	591	589	329	563	62	294
72	859	705	644	482	170	58	488	471	866	479
73	19	588	597	673	865	491	270	405	575	903
74	283	499	122	578	725	778	548	417	91	188
75	16	403	686	652	455	251	223	404	212	182
76	791	371	431	913	81	962	670	958	255	66
77	552	557	691	3	402	483	115	487	207	234
78	745	442	60	600	515	96	842	801	730	435
79	13	769	662	130	679	880	841	945	707	737
80	916	830	480	101	585	966	160	490	825	649
81	485	78	786	70	231	553	539	565	429	871
82	224	828	606	15	528	355	396	32	901	64
83	851	39	476	567	458	713	397	436	566	535
84	340	494	427	917	868	361	360	86	100	216
85	845	384	49	82	762	183	276	568	135	635
86	386	512	41	755	123	776	126	143	817	366
87	219	375	641	398	541	599	969	165	696	890
88	163	341	351	388	677	464	534	289	266	272
89	252	18	154	799	706	823	942	83	214	443
90	543	731	262	218	110	781	506	198	864	697
91	676	459	357	850	333	574	277	65	144	742
92	304	352	699	37	573	181	932	296	414	920
93	883	911	10	137	71	68	894	511	940	477
94	269	527	687	349	426	132	858	493	853	400
95	927	700	586	798	61	615	242	836	790	584
96	572	347	454	27	244	317	930	238	290	609
97	325									
	0	1	2	3	4	5	6	7	8	9

I″

	0	1	2	3	4	5	6	7	8	9
50	145	562	330	119	234	462	906	390	31	397
51	642	937	861	230	71	784	23	487	59	443
52	588	592	659	533	465	438	476	941	824	491
53	711	134	569	262	886	839	308	681	603	816
54	144	874	422	900	33	251	273	441	746	85
55	361	661	770	815	315	128	29	771	641	531
56	413	297	391	717	582	817	838	833	857	133
57	64	278	960	924	915	738	496	303	743	578
58	209	152	10	254	959	804	952	434	731	715
59	396	714	377	634	136	11	261	732	196	875
60	783	393	684	652	18	480	822	707	694	969
61	1	509	559	70	138	955	181	213	84	46
62	363	109	219	129	663	506	690	558	660	55
63	15	189	647	269	492	859	537	96	233	208
64	223	872	712	459	722	160	325	502	168	809
65	646	266	753	163	514	601	423	394	633	530
66	570	370	792	355	463	678	131	427	499	541
67	766	216	302	733	146	450	910	884	195	794
68	193	113	685	404	271	267	752	942	676	389
69	682	772	635	154	95	516	878	909	132	922
70	951	186	384	419	137	721	894	798	155	287
71	518	466	320	835	243	28	649	322	153	19
72	241	616	425	350	342	744	235	623	229	247
73	788	901	244	407	469	624	60	799	331	98
74	359	362	919	415	304	780	111	48	385	636
75	695	166	200	626	148	863	199	599	61	564
76	540	399	854	86	560	421	691	594	583	791
77	482	403	224	493	341	696	865	472	745	497
78	621	905	76	631	651	687	812	187	92	259
79	958	760	446	51	375	453	348	688	953	893
80	69	787	12	436	618	227	552	232	470	489
81	161	675	698	353	402	17	253	868	672	598
82	542	444	510	895	637	808	289	239	821	612
83	801	596	589	311	644	238	957	671	328	590
84	178	796	786	702	255	850	05	256	135	13
85	913	830	420	948	539	176	643	706	946	720
86	309	658	107	414	908	734	728	417	844	217
87	263	819	670	467	204	22	77	486	116	172
88	795	105	24	930	276	575	448	329	286	198
89	879	680	248	424	936	689	538	554	75	378
90	258	828	382	739	218	367	280	57	171	408
91	237	931	182	763	613	705	800	843	584	102
92	929	318	475	40	513	614	62	950	34	336
93	966	307	926	401	4	190	458	677	310	664
94	938	625	896	451	158	797	587	20	179	604
95	39	226	388	630	249	323	654	292	767	565
96	437	41	765	627	523	120	805	285	515	876
97	*									
	0	1	2	3	4	5	6	7	8	9

$p = 977,\ g = 3,\ p - 1 = 2^4 \cdot 61$

N

	0	1	2	3	4	5	6	7	8	9
0		3	9	27	81	243	729	233	699	143
1	429	310	930	836	554	685	101	303	909	773
2	365	118	354	85	255	765	341	46	138	414
3	265	795	431	316	948	890	716	194	582	769
4	353	82	246	738	260	780	386	181	543	652
5	2	6	18	54	162	486	481	466	421	286
6	858	620	883	695	131	393	202	606	841	569
7	730	236	708	170	510	553	682	92	276	828
8	530	613	862	632	919	803	455	388	187	561
9	706	164	492	499	520	583	772	362	109	327
10	4	12	36	108	324	972	962	932	842	572
11	739	263	789	413	262	786	404	235	705	161
12	483	472	439	340	43	129	387	184	552	679
13	83	249	747	287	861	629	910	776	374	145
14	435	328	7	21	63	189	567	724	218	654
15	8	24	72	216	648	967	947	887	707	167
16	501	526	601	826	524	595	808	470	433	322
17	966	944	878	680	86	258	774	368	127	381
18	166	498	517	574	745	281	843	575	748	290
19	870	656	14	42	126	378	157	471	436	331
20	16	48	144	432	319	957	917	797	437	334
21	25	75	225	675	71	213	639	940	866	644
22	955	911	779	383	172	516	571	736	254	762
23	332	19	57	171	513	562	709	173	519	580
24	763	335	28	84	252	756	314	942	872	662
25	32	96	288	864	638	937	857	617	874	668
26	50	150	450	373	142	426	301	903	755	311
27	933	845	581	766	344	55	165	495	508	547
28	664	38	114	342	49	147	441	346	61	183
29	549	670	56	168	504	535	628	907	767	347
30	64	192	576	751	299	897	737	257	771	359
31	100	300	900	746	284	852	602	829	533	622
32	889	713	185	555	688	110	330	13	39	117
33	351	76	228	684	98	294	882	692	122	366
34	121	363	112	336	31	93	279	837	557	694
35	128	384	175	525	598	817	497	514	565	718
36	200	600	823	515	568	727	227	681	89	267
37	801	449	370	133	399	220	660	26	78	234
38	702	152	456	391	196	588	787	407	244	732
39	242	726	224	672	62	186	558	697	137	411
40	256	768	350	73	219	657	17	51	153	459
41	400	223	669	53	159	477	454	385	178	534
42	625	898	740	266	798	440	343	52	156	468
43	427	304	912	782	392	199	597	814	488	487
44	484	475	448	367	124	372	139	417	274	822
45	512	559	700	146	438	337	34	102	306	918
46	800	446	361	106	318	954	908	770	356	91
47	273	819	503	532	619	880	686	104	312	936
48	854	608	847	587	784	398	217	651	976	974
49	968	950	896	734	248	744	278	834	548	667
	0	1	2	3	4	5	6	7	8	9

I

	0	1	2	3	4	5	6	7	8	9
0		976	50	1	100	593	51	142	150	2
1	643	658	101	327	192	594	200	406	52	231
2	693	143	708	953	151	210	377	3	242	522
3	644	344	250	659	456	735	102	705	281	328
4	743	967	193	124	758	595	27	500	201	284
5	260	407	427	413	53	275	292	232	572	947
6	694	288	394	144	300	920	709	624	506	954
7	785	214	152	403	755	211	331	800	378	909
8	793	4	41	130	243	23	174	523	808	368
9	645	469	77	345	550	824	251	963	334	660
10	310	16	457	746	477	736	463	678	103	98
11	325	706	342	741	282	570	622	329	21	548
12	744	340	338	968	444	803	194	178	350	125
13	970	64	759	373	674	596	556	398	28	446
14	835	501	264	9	202	139	453	285	805	567
15	261	651	381	408	850	937	428	196	959	414
16	843	119	54	925	91	276	180	159	293	654
17	73	233	224	237	573	352	858	948	418	912
18	695	47	519	289	127	322	395	88	600	145
19	874	603	301	972	37	921	384	533	710	435
20	360	625	66	664	507	584	796	955	527	889
21	786	761	513	215	728	717	153	486	148	404
22	375	733	756	411	392	212	791	366	332	676
23	620	801	672	7	379	117	71	910	598	531
24	794	715	390	5	388	877	42	558	494	131
25	853	879	244	635	228	24	400	307	175	847
26	44	524	114	111	809	30	423	369	724	560
27	646	578	606	470	448	868	78	940	496	346
28	885	185	551	837	314	825	59	133	252	812
29	189	964	503	821	335	564	855	661	617	304
30	311	266	701	17	431	881	458	779	900	747
31	11	269	478	768	246	737	33	864	464	204
32	893	679	169	637	104	537	975	99	141	642
33	326	199	230	707	209	241	343	455	704	742
34	123	26	283	426	274	571	287	299	623	784
35	402	330	908	40	22	807	468	549	962	309
36	745	462	97	341	569	20	339	443	177	969
37	372	555	445	263	138	804	650	849	195	842
38	924	179	653	223	351	417	46	126	87	873
39	971	383	434	65	583	526	760	727	485	374
40	410	790	675	671	116	597	714	387	557	852
41	634	399	846	113	29	723	577	447	939	884
42	836	58	811	502	563	616	265	430	778	10
43	767	32	203	168	536	140	198	208	454	122
44	425	286	783	907	806	961	461	568	442	371
45	262	649	841	652	416	86	382	582	726	409
46	670	713	851	845	722	938	57	562	429	766
47	167	197	121	782	960	441	648	415	581	669
48	844	56	765	120	440	580	55	439	438	926
49	927	543	92	928	608	277	544	356	181	93
	0	1	2	3	4	5	6	7	8	9

p = 977

I′

	0	1	2	3	4	5	6	7	8	9
0	976	100	643	242	41	388	70	379	452	202
1	767	269	515	347	323	476	457	431	136	176
2	339	548	807	174	400	273	283	500	446	723
3	423	535	203	864	730	662	532	921	95	467
4	22	130	558	110	524	872	126	519	656	592
5	1	142	231	275	925	439	765	562	811	133
6	509	956	833	673	759	583	664	860	108	875
7	530	910	236	233	545	14	823	345	940	317
8	949	829	770	762	720	725	382	873	600	235
9	158	276	928	903	870	553	19	341	325	141
10	593	327	705	98	537	588	680	270	186	604
11	422	809	576	29	111	386	597	71	90	54
12	440	782	425	26	758	970	87	322	75	173
13	243	853	188	252	82	787	221	848	804	453
14	198	642	150	708	300	874	364	732	404	657
15	2	210	403	486	629	490	34	856	72	293
16	929	750	316	749	353	667	781	197	536	637
17	155	738	822	367	523	847	554	969	350	653
18	159	93	897	187	313	551	861	302	820	964
19	951	405	594	124	178	842	959	121	208	230
20	406	284	139	168	893	719	459	424	454	241
21	377	331	791	754	152	728	943	590	813	718
22	631	432	45	351	237	182	109	306	24	240
23	707	693	572	224	357	517	857	573	94	272
24	703	343	522	23	635	863	737	944	965	734
25	659	963	812	830	216	816	60	797	945	412
26	407	651	649	138	9	430	701	891	245	478
27	612	552	38	298	571	292	180	544	917	498
28	966	328	570	426	260	805	783	299	394	127
29	918	946	232	654	609	774	135	466	401	623
30	920	972	898	700	311	421	43	175	96	745
31	16	266	819	132	825	932	626	773	419	510
32	35	599	395	546	740	706	199	192	743	21
33	908	800	676	15	660	564	62	802	968	443
34	338	569	741	455	250	550	885	934	396	63
35	125	417	858	161	683	902	181	363	887	663
36	625	162	896	225	69	619	332	76	645	724
37	840	262	555	674	410	733	521	3	909	117
38	936	408	582	434	533	575	633	557	877	876
39	5	365	212	919	144	88	451	834	28	846
40	307	39	330	755	375	692	52	427	850	670
41	790	392	291	53	843	581	86	46	912	295
42	818	866	559	369	906	286	274	413	196	766
43	778	881	788	525	65	360	354	542	926	438
44	580	648	371	177	803	263	835	939	868	362
45	234	935	566	285	122	704	735	746	779	84
46	370	568	97	678	204	220	18	308	549	77
47	448	684	294	318	61	739	677	736	768	255
48	826	665	613	385	789	374	148	49	*	538
49	638	865	305	878	131	184	346	752	290	259
	0	1	2	3	4	5	6	7	8	9

I″

	0	1	2	3	4	5	6	7	8	9
0	488	50	150	377	793	390	619	672	834	264
1	778	747	689	752	75	333	310	701	466	96
2	569	329	40	243	228	703	123	595	398	113
3	809	777	767	737	156	320	602	972	272	401
4	908	4	877	306	847	222	417	695	628	487
5	976	593	406	413	119	580	844	938	836	825
6	256	474	336	349	970	434	625	933	886	364
7	6	117	158	654	917	128	367	469	868	749
8	930	508	134	775	459	840	416	126	395	935
9	118	925	543	181	238	38	308	462	103	975
10	1	658	735	678	637	539	688	515	68	226
11	43	114	633	846	524	789	671	379	958	843
12	765	197	454	742	193	350	46	289	753	792
13	41	494	313	59	817	296	18	554	263	202
14	536	99	51	693	394	600	887	716	486	592
15	142	953	214	717	814	170	832	957	90	180
16	903	353	361	869	904	711	561	766	203	679
17	589	944	798	129	23	307	19	443	194	924
18	276	356	225	604	495	885	108	183	132	812
19	591	657	327	967	803	849	428	167	140	326
20	594	500	9	32	464	631	776	535	198	707
21	151	755	392	505	785	513	254	769	830	697
22	465	136	923	653	233	363	875	878	635	641
23	199	52	292	73	450	89	72	224	897	973
24	229	209	3	130	879	268	768	590	951	521
25	344	824	133	770	611	479	828	950	965	499
26	284	567	371	445	501	616	311	699	899	11
27	107	861	239	25	426	53	91	608	655	520
28	734	705	741	26	201	453	425	571	694	519
29	498	412	275	159	472	419	890	702	273	287
30	144	603	187	854	617	492	227	400	467	962
31	660	304	866	184	837	682	162	79	473	956
32	856	518	127	14	677	98	642	101	281	622
33	402	211	366	823	963	821	739	547	340	20
34	744	97	706	241	644	77	496	13	546	802
35	178	223	573	164	436	607	544	234	601	532
36	435	683	449	357	146	391	791	173	808	423
37	460	442	969	759	485	404	952	210	800	7
38	566	651	86	971	921	483	115	714	5	530
39	715	732	411	946	288	322	348	673	556	634
40	24	298	784	152	148	191	200	260	381	726
41	374	756	259	427	959	648	652	351	948	318
42	528	305	110	30	207	122	283	407	937	562
43	265	17	221	872	383	710	667	579	439	55
44	120	960	568	339	968	555	28	577	470	916
45	545	396	8	139	208	343	659	16	881	206
46	906	961	745	736	864	639	297	39	807	645
47	606	902	929	949	797	822	15	746	269	681
48	932	860	552	871	525	727	153	587	538	588
49	155	730	529	876	558	867	940	690	279	757
	0	1	2	3	4	5	6	7	8	9

	N											I									
	0	1	2	3	4	5	6	7	8	9		0	1	2	3	4	5	6	7	8	9
50	47	141	423	292	876	674	68	204	612	859	50	903	160	929	472	294	609	685	655	278	917
51	623	892	722	212	636	931	839	563	712	182	51	74	545	450	234	357	363	225	182	897	238
52	546	661	29	87	261	783	395	208	624	895	52	94	870	574	904	164	353	161	750	859	930
53	731	239	717	197	591	796	434	325	975	971	53	80	949	473	318	419	295	774	913	610	942
54	959	923	815	491	496	511	556	691	119	357	54	696	686	628	48	656	691	520	279	498	290
55	94	282	846	584	775	371	136	408	247	741	55	918	753	128	75	14	323	546	348	396	451
56	269	807	467	424	295	885	701	149	447	364	56	935	89	235	517	601	358	887	146	364	69
57	115	345	58	174	522	589	790	416	271	813	57	875	226	109	604	183	187	302	898	862	973
58	485	478	457	394	205	615	868	650	973	965	58	239	272	38	95	553	922	871	483	385	575
59	941	869	653	5	15	45	135	405	238	714	59	614	534	905	839	711	165	667	436	354	683
60	188	564	715	191	573	742	272	816	494	505	60	361	162	316	626	751	933	67	860	481	665
61	538	637	934	848	590	793	425	298	894	728	61	931	827	508	81	829	585	950	257	797	474
62	230	690	116	348	67	201	603	832	542	649	62	61	956	319	510	528	420	818	890	296	135
63	970	956	914	788	410	253	759	323	969	953	63	787	775	83	762	914	771	514	611	254	216
64	905	761	329	10	30	90	270	810	476	451	64	943	831	729	697	219	718	687	814	154	629
65	376	151	453	382	169	507	544	655	11	33	65	587	487	49	592	149	657	191	405	692	952
66	99	297	891	719	203	609	850	596	811	479	66	376	521	249	734	280	966	757	499	259	412
67	460	403	232	696	134	402	229	687	107	321	67	291	946	393	919	505	213	754	799	792	129
68	963	935	851	599	820	506	541	646	961	929	68	173	367	76	823	333	15	476	677	324	740
69	833	545	658	20	60	180	540	643	952	902	69	621	547	337	802	349	63	673	397	834	8
70	752	302	906	764	338	37	111	333	22	66	70	452	566	380	936	958	118	90	158	72	236
71	198	594	805	461	406	241	723	215	645	958	71	857	911	518	321	599	602	36	532	359	663
72	920	806	464	415	268	804	458	397	214	642	72	795	888	512	716	147	732	391	365	619	6
73	949	893	725	221	663	35	105	315	945	881	73	70	530	389	876	493	878	227	306	43	110
74	689	113	339	40	120	360	103	309	927	827	74	422	559	605	867	495	184	313	132	188	820
75	527	604	835	551	676	74	222	666	44	132	75	854	303	700	880	899	268	245	863	892	636
76	396	211	633	922	812	482	469	430	313	939	76	974	641	229	240	703	25	273	298	401	39
77	863	635	928	830	536	631	916	794	428	307	77	467	308	96	19	176	554	137	848	923	222
78	921	809	473	442	349	70	210	630	913	785	78	45	872	433	525	484	789	115	386	633	112
79	401	226	678	80	240	720	206	618	877	677	79	576	883	810	615	777	31	535	207	424	906
80	77	231	693	125	375	148	444	355	88	264	80	460	370	840	85	725	712	721	561	166	781
81	792	422	289	867	647	964	938	860	626	901	81	647	668	764	579	437	542	607	355	902	471
82	749	293	879	683	95	285	855	611	856	614	82	684	916	449	362	896	869	163	749	79	317
83	865	641	946	884	698	140	420	283	849	593	83	773	941	627	690	497	752	13	347	934	516
84	802	452	379	160	480	463	412	259	777	377	84	886	68	108	186	861	271	552	482	613	838
85	154	462	409	250	750	296	888	710	176	528	85	666	682	315	932	480	826	828	256	60	509
86	607	844	578	757	317	951	899	743	275	825	86	817	134	82	770	253	830	218	813	586	591
87	521	586	781	389	190	570	733	245	735	251	87	190	951	248	965	258	945	504	798	172	822
88	753	305	915	791	419	280	840	566	721	209	88	475	739	336	62	833	565	957	157	856	320
89	627	904	758	320	960	926	824	518	577	754	89	35	662	511	731	618	529	492	305	421	866
90	308	924	818	500	523	592	799	443	352	79	90	312	819	699	267	891	640	702	297	466	18
91	237	711	179	537	634	925	821	509	550	673	91	136	221	432	788	632	882	776	206	459	84
92	65	195	585	778	380	163	489	490	493	502	92	720	780	763	541	901	915	895	748	772	689
93	529	610	853	605	838	560	703	155	465	418	93	12	515	107	270	612	681	479	255	816	769
94	277	831	539	640	943	875	671	59	177	531	94	217	590	247	944	171	738	832	156	34	730
95	616	871	659	23	69	207	621	886	704	158	95	491	865	698	639	465	220	631	205	719	540
96	474	445	358	97	291	873	665	41	123	369	96	894	688	106	680	815	589	170	155	490	638
97	130	390	193	579	760	326	1				97	630	539	105	588	489	538	488			
	0	1	2	3	4	5	6	7	8	9		0	1	2	3	4	5	6	7	8	9

p = 977

	I'											I''									
	0	1	2	3	4	5	6	7	8	9		0	1	2	3	4	5	6	7	8	9
50	201	264	563	821	798	213	954	584	81	817	50	27	835	811	964	945	919	624	664	827	60
51	528	731	716	215	611	107	886	601	321	289	51	319	662	888	761	771	12	934	235	911	47
52	279	249	644	808	114	484	760	889	420	492	52	691	376	242	174	44	433	583	955	510	618
53	389	794	359	710	905	207	140	975	488	105	53	70	598	36	384	614	31	168	104	489	630
54	894	901	607	92	356	450	348	337	744	962	54	719	763	437	927	277	74	323	621	21	468
55	824	837	482	922	137	445	398	852	494	605	55	345	185	271	95	176	372	596	387	42	422
56	646	166	429	616	855	957	380	261	442	20	56	724	721	57	502	335	833	452	805	461	341
57	622	287	947	352	904	614	883	447	606	437	57	282	274	232	237	870	385	112	723	646	764
58	55	669	726	526	796	950	591	487	489	170	58	440	415	382	65	507	829	813	629	105	815
59	247	190	149	51	200	27	556	714	531	602	59	217	586	49	100	192	758	674	116	910	321
60	145	358	36	301	183	867	470	355	277	685	60	88	517	599	874	109	559	578	542	928	294
61	942	254	681	838	534	777	265	304	529	6	61	913	514	270	482	575	810	563	661	731	365
62	801	547	329	784	506	66	751	690	48	587	62	676	740	570	299	709	360	316	941	686	154
63	539	205	882	112	399	228	974	104	630	465	63	638	220	788	386	852	244	892	169	490	698
64	702	229	326	658	344	469	578	668	415	841	64	891	974	141	2	522	368	560	781	441	262
65	849	381	416	223	73	278	691	191	101	456	65	804	261	841	179	293	685	48	149	643	250
66	310	617	511	795	507	931	682	436	764	844	66	334	855	35	359	66	481	838	165	647	581
67	713	116	7	397	596	671	620	324	103	169	67	409	675	801	63	373	790	332	476	463	893
68	815	479	315	361	916	655	628	814	106	12	68	106	612	666	354	471	609	696	718	894	772
69	497	520	952	143	288	47	686	219	639	267	69	627	656	405	231	947	912	942	729	865	819
70	880	17	297	25	742	281	342	209	953	624	70	303	266	640	240	455	102	325	230	143	920
71	435	165	721	851	387	390	147	153	687	540	71	533	839	725	670	597	794	512	728	219	205
72	780	561	938	577	560	712	409	485	717	697	72	84	712	845	29	369	85	582	760	215	831
73	491	618	391	756	280	102	463	33	832	336	73	34	511	147	375	249	456	477	246	171	475
74	621	282	123	967	340	462	477	11	772	79	74	324	342	704	328	548	309	457	900	895	163
75	859	933	13	128	799	211	411	499	595	373	75	161	626	497	918	213	403	733	966	124	64
76	727	513	914	541	579	120	167	32	246	217	76	526	786	83	780	668	56	429	10	478	816
77	253	514	689	941	913	83	206	31	10	900	77	82	914	748	317	295	787	882	615	430	458
78	763	647	960	907	402	214	761	775	632	115	78	720	166	121	286	623	954	889	135	432	484
79	675	366	129	4	715	888	955	474	172	792	79	410	212	799	909	531	663	584	257	504	754
80	378	672	349	194	650	567	961	468	368	30	80	331	620	337	444	138	285	907	22	523	111
81	615	502	189	586	154	589	769	134	890	699	81	883	58	252	218	687	680	255	509	420	312
82	854	335	475	333	251	59	828	508	256	585	82	188	503	172	76	550	314	480	931	826	81
83	218	729	156	565	8	501	58	314	666	711	83	253	943	738	62	397	446	884	551	613	905
84	85	652	924	119	56	722	113	44	923	195	84	370	649	195	414	669	851	399	175	137	650
85	937	845	634	879	303	661	320	911	948	930	85	408	713	557	131	820	564	157	236	352	750
86	481	271	973	892	464	698	312	495	78	163	86	67	186	898	245	33	491	421	605	448	896
87	574	483	433	971	603	226	493	42	227	244	87	94	922	45	87	145	69	389	388	493	853
88	899	458	776	810	836	185	68	146	512	786	88	700	431	632	576	939	346	516	358	795	527
89	296	640	636	679	688	748	869	238	862	268	89	818	267	863	204	540	915	362	182	302	880
90	747	915	471	160	164	839	460	806	40	793	90	779	541	355	93	574	534	424	783	330	378
91	598	518	695	610	771	895	449	74	753	505	91	71	857	418	774	762	901	684	278	290	393
92	709	384	871	222	179	91	927	543	608	472	92	300	37	553	848	842	54	438	926	92	160
93	80	827	480	67	516	89	958	428	57	884	93	859	665	315	751	347	451	380	850	722	447
94	496	627	696	831	171	504	393	694	418	473	94	78	773	610	216	247	258	291	572	858	80
95	257	248	376	151	785	527	319	157	118	414	95	585	190	692	708	506	796	61	565	936	196
96	441	461	309	334	503	258	757	193	444	372	96	782	806	549	251	189	248	280	743	338	177
97	64	383	37	239	641	99	50				97	125	873	301	862	636	537	*			
	0	1	2	3	4	5	6	7	8	9		0	1	2	3	4	5	6	7	8	9

$p = \mathbf{983},\ g = 5,\ p - 1 = 2 \cdot 491$

N

	0	1	2	3	4	5	6	7	8	9
0		5	25	125	625	176	880	468	374	887
1	503	549	779	946	798	58	290	467	369	862
2	378	907	603	66	330	667	386	947	803	83
3	415	109	545	759	846	298	507	569	879	463
4	349	762	861	373	882	478	424	154	770	901
5	573	899	563	849	313	582	944	788	8	40
6	200	17	85	425	159	795	43	215	92	460
7	334	687	486	464	354	787	3	15	75	375
8	892	528	674	421	139	695	526	664	371	872
9	428	174	870	418	124	620	151	755	826	198
10	7	35	175	875	443	249	262	327	652	311
11	572	894	538	724	671	406	64	320	617	136
12	680	451	289	462	344	737	736	731	706	581
13	939	763	866	398	24	120	600	51	255	292
14	477	419	129	645	276	397	19	95	475	409
15	79	395	9	45	225	142	710	601	56	280
16	417	119	595	26	130	650	301	522	644	271
17	372	877	453	299	512	594	21	105	525	659
18	346	747	786	981	973	933	733	716	631	206
19	47	235	192	960	868	408	74	370	867	403
20	49	245	242	227	152	760	851	323	632	211
21	72	360	817	153	765	876	448	274	387	952
22	828	208	57	285	442	244	237	202	27	135
23	675	426	164	820	168	840	268	357	802	78
24	390	967	903	583	949	813	133	665	376	897
25	553	799	63	315	592	11	55	275	392	977
26	953	833	233	182	910	618	141	705	576	914
27	638	241	222	127	635	226	147	735	726	681
28	456	314	587	969	913	633	216	97	485	459
29	329	662	361	822	178	890	518	624	171	855
30	343	732	711	606	81	405	59	295	492	494
31	504	554	804	88	440	234	187	935	743	766
32	881	473	399	29	145	725	676	431	189	945
33	793	33	165	825	193	965	893	533	699	546
34	764	871	423	149	745	776	931	723	666	381
35	922	678	441	239	212	77	385	942	778	941
36	773	916	648	291	472	394	4	20	100	500
37	534	704	571	889	513	599	46	230	167	835
38	243	232	177	885	493	499	529	679	446	264
39	337	702	561	839	263	332	677	436	214	87
40	435	209	62	310	567	869	413	99	495	509
41	579	929	713	616	131	655	326	647	286	447
42	269	362	827	203	32	160	800	68	340	717
43	636	231	172	860	368	857	353	782	961	873
44	433	199	12	60	300	517	619	146	730	701
45	556	814	138	690	501	539	729	696	531	689
46	496	514	604	71	355	792	28	140	700	551
47	789	13	65	325	642	261	322	627	186	930
48	718	641	256	297	502	544	754	821	173	865
49	393	982	978	958	858	358	807	103	515	609
	0	1	2	3	4	5	6	7	8	9

I

	0	1	2	3	4	5	6	7	8	9
0		982	674	76	366	1	750	100	58	152
1	675	255	442	471	774	77	732	61	826	146
2	367	176	929	684	134	2	163	228	466	323
3	751	710	424	331	735	101	518	504	820	547
4	59	848	850	66	621	153	376	190	808	200
5	676	137	837	970	902	256	158	222	15	306
6	443	841	402	252	116	472	23	852	427	760
7	775	463	210	755	196	78	512	355	239	150
8	733	304	540	29	542	62	740	399	313	602
9	827	571	68	786	864	147	500	287	874	407
10	368	535	811	497	529	177	662	706	594	31
11	930	580	832	583	896	685	689	623	980	161
12	135	510	533	924	94	3	926	273	790	142
13	164	414	697	246	544	229	119	525	452	84
14	467	266	155	726	884	324	447	276	870	343
15	752	96	204	213	47	711	913	589	824	64
16	425	784	978	724	232	332	703	378	234	942
17	736	298	432	488	91	102	5	382	294	803
18	519	729	263	917	742	505	478	316	556	328
19	821	956	192	334	961	548	566	673	99	441
20	60	928	227	423	503	849	189	836	221	401
21	851	209	354	539	398	67	286	810	705	831
22	622	532	272	696	524	154	275	203	588	977
23	377	431	381	262	315	191	672	226	835	353
24	809	271	202	380	225	201	616	617	768	105
25	677	792	618	939	947	138	482	769	816	604
26	838	475	106	394	389	971	920	678	236	420
27	903	169	793	647	217	257	144	619	758	862
28	159	882	940	959	829	223	418	948	576	122
29	16	363	139	944	950	307	562	483	35	173
30	444	166	770	611	878	842	887	817	721	573
31	403	109	605	54	281	253	516	839	738	578
32	117	782	476	207	670	473	416	107	906	290
33	24	599	395	656	70	853	908	390	634	659
34	428	965	972	300	124	761	180	921	765	40
35	776	699	679	436	74	464	968	237	495	788
36	211	292	421	586	937	756	609	904	434	18
37	197	88	170	43	8	79	248	794	20	953
38	513	349	648	627	866	356	26	218	653	666
39	240	745	258	490	365	151	773	145	133	322
40	734	546	620	199	901	305	115	759	195	149
41	541	601	863	406	528	30	895	160	93	141
42	543	83	883	342	46	63	231	941	90	802
43	741	327	960	440	502	400	397	830	523	976
44	314	352	224	104	946	603	388	419	216	861
45	828	121	949	172	877	572	280	577	669	289
46	69	658	123	39	73	787	936	17	7	952
47	865	665	364	321	900	148	527	140	45	801
48	501	975	945	860	876	288	72	951	899	800
49	875	799	308	384	309	408	460	563	779	385
	0	1	2	3	4	5	6	7	8	9

I′

	0	1	2	3	4	5	6	7	8	9
0	982	750	163	926	728	382	320	952	79	638
1	310	931	914	27	251	306	363	7	197	626
2	953	569	462	852	599	744	218	592	312	542
3	895	930	339	205	610	173	639	897	6	73
4	776	131	19	8	859	801	63	711	845	795
5	640	520	632	737	281	243	329	470	152	848
6	928	826	740	231	425	807	621	286	786	658
7	853	798	951	787	464	57	366	732	512	248
8	336	386	230	883	467	457	771	247	170	439
9	802	102	341	141	3	912	204	694	422	441
10	58	518	5	215	946	677	394	906	515	605
11	50	804	455	325	600	759	472	782	265	525
12	279	949	16	39	761	692	125	301	635	55
13	557	340	198	322	2	510	157	837	482	944
14	45	543	164	881	619	133	367	500	527	541
15	733	773	675	376	275	726	302	840	222	882
16	93	135	709	228	414	886	770	560	143	793
17	43	668	877	444	374	162	929	662	86	698
18	921	682	75	491	643	691	596	429	208	836
19	808	672	334	438	405	149	78	88	194	901
20	676	616	380	588	213	763	905	670	285	354
21	755	292	823	47	319	171	861	257	653	260
22	538	401	15	418	104	201	835	423	466	119
23	326	941	332	487	942	646	420	495	28	150
24	745	568	641	813	822	451	544	348	794	553
25	311	426	116	516	731	442	158	144	490	492
26	814	834	315	917	701	446	155	128	606	918
27	615	202	696	790	430	203	870	126	973	657
28	577	253	642	962	269	531	810	874	72	69
29	24	608	421	916	803	559	564	4	432	764
30	124	186	660	739	540	115	443	562	384	408
31	536	581	785	602	352	191	556	681	844	777
32	44	900	734	751	447	278	396	960	821	13
33	819	735	703	98	961	552	111	370	468	888
34	214	89	46	752	717	680	628	113	25	648
35	934	387	224	809	539	239	26	550	12	357
36	892	514	561	139	321	151	1	176	535	454
37	707	267	110	295	461	136	190	431	234	767
38	225	262	294	778	309	369	663	120	419	971
39	634	650	574	235	389	656	351	830	67	313
40	397	851	252	109	521	92	528	368	460	812
41	690	479	911	118	697	598	107	362	948	216
42	903	586	220	503	331	784	754	760	965	480
43	671	381	488	42	18	494	74	551	667	522
44	502	60	471	841	166	296	95	276	127	391
45	722	725	84	630	484	595	448	909	612	453
46	563	498	511	210	968	330	323	266	449	818
47	825	774	23	416	919	106	207	955	316	346
48	880	474	769	35	10	32	97	293	91	132
49	365	*	857	625	585	788	593	529	508	534
	0	1	2	3	4	5	6	7	8	9

I″

	0	1	2	3	4	5	6	7	8	9
0	491	366	134	94	297	102	38	17	43	778
1	484	891	358	329	969	222	122	936	434	42
2	794	846	840	472	290	348	356	13	238	540
3	528	594	485	645	943	483	631	521	668	123
4	765	763	433	170	320	140	342	213	889	520
5	110	553	574	720	605	129	550	75	100	547
6	441	732	542	46	824	819	850	398	571	289
7	656	974	288	39	436	182	674	774	196	8
8	559	771	894	543	452	613	178	608	197	341
9	941	488	405	160	924	446	752	486	333	673
10	750	735	91	522	224	768	475	416	886	403
11	372	336	879	347	545	305	252	578	413	229
12	387	828	576	658	300	126	277	448	267	690
13	644	41	489	145	684	161	375	676	947	363
14	527	93	790	168	257	773	826	864	900	195
15	239	365	58	621	524	266	708	136	256	862
16	895	980	175	2	142	561	444	614	919	903
17	88	215	949	35	855	731	367	529	780	964
18	761	717	590	567	746	628	301	727	927	849
19	376	315	956	625	198	759	755	18	132	620
20	808	225	271	275	96	33	737	476	188	851
21	463	788	869	204	340	103	419	647	26	915
22	422	836	158	829	352	380	672	928	163	544
23	82	63	724	723	378	393	678	968	754	355
24	666	552	795	55	592	789	697	87	79	890
25	818	14	402	281	749	675	902	217	745	591
26	219	587	381	729	687	118	467	371	686	284
27	671	809	532	926	531	154	447	596	325	120
28	572	54	636	568	954	208	67	500	876	669
29	906	967	211	487	382	373	445	702	736	633
30	972	127	156	511	733	901	15	950	799	384
31	10	250	28	399	976	262	478	691	762	214
32	6	364	133	466	884	113	230	741	556	56
33	465	424	232	555	192	637	80	612	714	32
34	131	92	883	870	844	712	479	966	247	513
35	893	396	314	835	209	512	866	359	680	557
36	700	918	417	16	665	490	76	146	407	385
37	337	650	897	638	174	847	153	977	703	834
38	202	431	5	898	308	779	81	351	603	394
39	908	449	833	815	106	599	326	400	539	740
40	502	221	841	573	651	194	863	874	309	639
41	796	747	660	925	164	781	473	881	223	388
42	236	292	98	227	710	64	251	852	659	187
43	274	377	298	585	904	764	679	718	193	89
44	960	99	255	306	173	508	265	324	456	468
45	581	245	525	459	369	112	629	85	663	798
46	408	374	22	775	74	683	228	84	338	931
47	57	442	116	670	481	838	782	728	505	411
48	429	791	138	562	454	805	868	233	432	652
49	258	183	259	654	435	237	873	811	461	570
	0	1	2	3	4	5	6	7	8	9

p = **983** (Fortsetzung)

N

	0	1	2	3	4	5	6	7	8	9
50	96	480	434	204	37	185	925	693	516	614
51	121	605	76	380	917	653	316	597	36	180
52	900	568	874	438	224	137	685	476	414	104
53	520	634	221	122	610	101	505	559	829	213
54	82	410	84	420	134	670	401	39	195	975
55	943	783	966	898	558	824	188	940	768	891
56	523	649	296	497	519	629	196	980	968	908
57	608	91	455	309	562	844	288	457	319	612
58	111	555	809	113	565	859	363	832	228	157
59	785	976	948	808	108	540	734	721	656	331
60	672	411	89	445	259	312	577	919	663	366
61	847	303	532	694	521	639	246	247	252	277
62	402	44	220	117	585	959	863	383	932	728
63	691	506	564	854	338	707	586	964	888	508
64	574	904	588	974	938	758	841	273	382	927
65	703	566	864	388	957	853	333	682	461	339
66	712	611	106	530	684	471	389	962	878	458
67	324	637	236	197	2	10	50	250	267	352
68	777	936	748	791	23	115	575	909	613	116
69	580	934	738	741	756	831	223	132	660	351
70	772	911	623	166	830	218	107	535	709	596
71	31	155	775	926	698	541	739	746	781	956
72	848	308	557	819	163	815	143	715	626	181
73	905	593	16	80	400	34	170	850	318	607
74	86	430	184	920	668	391	972	928	708	591
75	6	30	150	750	801	73	365	842	278	407
76	69	345	742	761	856	348	757	836	248	257
77	302	527	669	396	14	70	350	767	886	498
78	524	654	321	622	161	805	93	465	359	812
79	128	640	251	272	377	902	578	924	688	491
80	489	479	429	179	895	543	749	796	48	240
81	217	102	510	584	954	838	258	307	552	794
82	38	190	950	818	158	790	18	90	450	284
83	437	219	112	560	834	238	207	52	260	317
84	602	61	305	542	744	771	906	598	41	205
85	42	210	67	335	692	511	589	979	963	883
86	483	449	279	412	94	470	384	937	753	816
87	148	740	751	806	98	490	484	454	304	537
88	719	646	281	422	144	720	651	306	547	769
89	896	548	774	921	673	416	114	570	884	488
90	474	404	54	270	367	852	328	657	336	697
91	536	714	621	156	780	951	823	183	915	643
92	266	347	752	811	123	615	126	630	201	22
93	110	550	784	971	923	683	466	364	837	253
94	282	427	169	845	293	482	444	254	287	452
95	294	487	469	379	912	628	191	955	843	283
96	432	194	970	918	658	341	722	661	356	797
97	53	265	342	727	686	481	439	229	162	810
98	118	590	1							
	0	1	2	3	4	5	6	7	8	9

I

	0	1	2	3	4	5	6	7	8	9
50	369	454	484	10	310	536	631	36	639	409
51	812	855	174	374	461	498	508	445	296	564
52	530	614	167	560	780	178	86	771	81	386
53	663	458	612	337	370	707	910	879	112	455
54	595	715	843	805	485	32	339	888	891	11
55	931	469	818	250	311	581	450	722	554	537
56	833	392	574	52	632	584	651	404	521	37
57	897	372	110	50	640	686	268	606	796	410
58	690	129	55	243	813	624	636	282	642	856
59	981	749	254	731	175	162	709	517	847	375
60	136	157	840	22	462	511	303	739	570	499
61	534	661	579	688	509	925	413	118	265	446
62	95	912	783	702	297	4	728	477	955	565
63	927	188	208	285	531	274	430	671	270	615
64	791	481	474	919	168	143	881	417	362	561
65	165	886	108	515	781	415	598	907	964	179
66	698	967	291	608	87	247	348	25	744	772
67	545	114	600	894	82	230	326	396	351	387
68	120	279	657	935	664	526	974	71	798	459
69	453	630	854	507	613	85	457	909	714	338
70	468	449	391	650	371	267	128	635	748	708
71	156	302	660	412	911	727	187	429	480	880
72	885	597	966	347	113	325	278	973	629	456
73	448	127	301	186	596	277	126	125	692	716
74	871	693	762	318	844	344	717	181	682	806
75	753	872	922	868	486	97	694	766	645	33
76	205	763	41	131	340	214	319	777	558	889
77	48	845	700	360	892	712	345	680	358	12
78	914	718	437	551	932	590	182	75	57	470
79	825	683	465	330	819	65	807	969	14	251
80	426	754	238	28	312	785	873	496	593	582
81	979	923	789	245	451	725	869	212	823	723
82	233	487	293	916	555	333	98	422	220	538
83	704	695	587	261	834	379	767	938	815	393
84	235	646	757	958	575	943	34	610	720	53
85	737	206	905	655	633	299	764	435	494	585
86	433	42	19	626	652	489	132	198	194	405
87	92	341	89	439	522	103	215	171	668	38
88	6	320	44	859	898	383	778	9	638	373
89	295	559	80	336	111	804	890	249	553	51
90	520	49	795	242	641	730	846	21	569	687
91	264	701	954	284	269	918	361	514	963	607
92	743	893	350	934	797	506	713	649	747	411
93	479	346	628	185	691	317	681	867	644	130
94	557	359	357	550	56	329	13	27	592	244
95	822	915	219	260	814	957	719	654	493	625
96	193	438	667	858	637	335	552	241	568	283
97	962	933	746	184	643	549	591	259	492	857
98	567	183	491							
	0	1	2	3	4	5	6	7	8	9

p = **983**

I′	0	1	2	3	4	5	6	7	8	9
50	287	975	400	849	820	478	713	613	445	925
51	533	303	355	349	963	781	839	847	504	729
52	49	37	103	976	154	452	974	140	30	177
53	614	274	272	924	661	811	631	833	704	398
54	29	601	62	83	229	114	620	59	566	591
55	56	932	241	51	537	333	328	359	889	80
56	780	165	483	779	530	927	673	183	283	687
57	499	68	280	403	52	943	122	669	117	688
58	832	450	979	896	651	433	937	261	977	824
59	182	259	244	582	31	715	277	966	907	395
60	894	863	827	388	838	54	796	743	87	904
61	720	878	337	85	167	791	617	768	939	758
62	199	153	532	980	636	193	652	866	185	456
63	854	36	584	299	659	748	282	335	373	409
64	686	730	856	549	130	33	757	217	627	747
65	371	404	489	666	493	633	70	935	123	428
66	412	579	706	458	526	364	240	858	38	289
67	473	270	226	99	76	255	137	792	236	436
68	358	867	806	465	134	689	268	264	509	623
69	129	317	716	762	766	587	524	246	967	679
70	360	954	297	378	695	831	594	910	156	517
71	424	913	345	649	338	843	871	181	437	654
72	53	573	554	233	232	869	884	187	477	263
73	846	175	61	304	546	101	298	206	578	570
74	399	327	505	893	772	258	184	411	708	254
75	100	710	96	872	238	196	609	958	862	195
76	775	180	318	41	435	40	645	938	105	816
77	611	81	545	145	77	463	699	558	9	385
78	178	415	476	702	978	873	864	936	211	245
79	142	481	618	647	20	242	410	506	459	308
80	875	501	741	519	890	485	753	969	200	271
81	705	497	855	624	957	393	604	721	250	65
82	547	956	915	723	64	683	146	571	121	223
83	523	622	583	392	379	353	221	970	475	738
84	22	402	887	805	344	700	21	375	850	189
85	66	209	427	908	507	174	981	567	637	898
86	876	828	159	406	147	665	356	644	486	212
87	343	693	922	496	407	799	288	572	842	112
88	885	417	940	342	324	597	108	817	891	48
89	249	11	712	350	82	160	685	372	383	800
90	148	305	256	169	434	655	290	964	390	714
91	879	727	783	589	718	219	555	742	361	168
92	678	765	868	789	94	413	273	188	227	684
93	580	469	590	746	797	664	17	756	815	947
94	959	90	736	34	950	860	603	138	576	172
95	307	899	865	513	284	565	192	719	575	829
96	440	548	933	607	179	972	347	291	237	14
97	902	920	300	629	71	945	314	377	724	923
98	161	749	674							
	0	1	2	3	4	5	6	7	8	9

I″	0	1	2	3	4	5	6	7	8	9
50	147	801	440	423	518	742	797	854	498	688
51	135	462	78	953	361	108	253	709	101	803
52	51	404	439	830	696	119	664	148	406	497
53	564	285	622	510	499	368	310	554	220	354
54	304	149	29	141	246	772	734	820	961	643
55	357	437	335	249	722	916	316	130	777	295
56	167	362	307	460	296	955	548	857	241	21
57	739	827	877	721	392	958	948	280	738	661
58	930	311	593	832	632	494	421	695	203	913
59	932	549	27	496	706	455	186	885	415	24
60	114	541	313	946	816	109	268	963	291	756
61	34	770	458	507	530	270	201	616	792	144
62	546	66	831	689	813	493	19	648	346	973
63	453	536	52	655	390	128	624	858	9	36
64	50	242	282	184	867	766	235	793	349	713
65	391	584	626	218	719	905	395	279	69	634
66	302	534	177	386	935	865	653	438	171	577
67	207	430	191	566	982	152	200	105	920	699
68	345	317	181	825	929	896	640	569	579	685
69	410	185	125	871	97	704	272	414	179	776
70	845	264	783	332	538	810	662	370	748	162
71	751	47	892	506	909	595	692	344	914	957
72	610	817	450	823	978	451	155	911	4	519
73	641	254	77	150	322	331	942	53	839	303
74	62	802	917	607	25	240	933	649	635	981
75	1	323	343	806	426	210	937	646	619	115
76	427	124	693	205	299	921	694	379	617	482
77	166	86	744	151	471	760	40	319	383	563
78	560	515	117	912	425	312	68	73	495	923
79	273	615	677	169	248	49	606	934	71	875
80	899	45	90	294	111	843	682	65	190	353
81	286	535	409	243	260	938	769	887	469	330
82	504	328	244	212	589	470	61	602	861	959
83	397	705	580	537	261	226	189	137	604	516
84	157	443	878	715	318	48	730	517	59	503
85	848	401	23	70	630	812	642	492	667	44
86	945	216	758	601	786	952	627	681	922	725
87	276	716	753	785	287	800	860	172	611	910
88	480	143	159	83	726	880	165	842	339	558
89	804	888	360	743	600	30	583	37	859	951
90	321	199	970	420	609	206	107	598	853	457
91	707	412	95	711	12	822	293	263	269	474
92	971	180	872	979	533	509	3	565	60	176
93	31	11	551	962	350	657	787	586	767	618
94	882	231	234	575	139	975	104	939	418	121
95	944	72	7	20	701	477	821	814	757	940
96	327	334	283	514	907	428	597	698	464	807
97	837	389	965	278	526	501	523	588	784	582
98	623	856	*							
	0	1	2	3	4	5	6	7	8	9

$p = 991,\ g = 6,\ p - 1 = 2 \cdot 3^2 \cdot 5 \cdot 11$

N

	0	1	2	3	4	5	6	7	8	9
0		6	36	216	305	839	79	474	862	217
1	311	875	295	779	710	296	785	746	512	99
2	594	591	573	465	808	884	349	112	672	68
3	408	466	814	920	565	417	520	147	882	337
4	40	240	449	712	308	857	187	131	786	752
5	548	315	899	439	652	939	679	110	660	987
6	967	847	127	762	608	675	86	516	123	738
7	464	802	848	133	798	824	980	925	595	597
8	609	681	122	732	428	586	543	285	719	350
9	118	708	284	713	314	893	403	436	634	831
10	31	186	125	750	536	243	467	820	956	781
11	722	368	226	365	208	257	551	333	16	96
12	576	483	916	541	273	647	909	499	21	126
13	756	572	459	772	668	44	264	593	585	537
14	249	503	45	270	629	801	842	97	582	519
15	141	846	121	726	392	370	238	437	640	867
16	247	491	964	829	19	114	684	140	840	85
17	510	87	522	159	954	769	650	927	607	669
18	50	300	809	890	385	328	977	907	487	940
19	685	146	876	301	815	926	601	633	825	986
20	961	811	902	457	760	596	603	645	897	427
21	580	507	69	414	502	39	234	413	496	3
22	18	108	648	915	535	237	431	604	651	933
23	643	885	355	148	888	373	256	545	297	791
24	782	728	404	442	670	56	336	34	204	233
25	407	460	778	704	260	569	441	664	20	120
26	720	356	154	924	589	561	393	376	274	653
27	945	715	326	965	835	55	330	989	979	919
28	559	381	304	833	43	258	557	369	232	401
29	424	562	399	412	490	958	793	794	800	836
30	61	366	214	293	767	638	855	175	59	354
31	142	852	157	942	697	218	317	911	511	93
32	558	375	268	617	729	410	478	886	361	184
33	113	678	104	624	771	662	8	48	288	737
34	458	766	632	819	950	745	506	63	378	286
35	725	386	334	22	132	792	788	764	620	747
36	518	135	810	896	421	544	291	755	566	423
37	556	363	196	185	119	714	320	929	619	741
38	482	910	505	57	342	70	420	538	255	539
39	261	575	477	880	325	959	799	830	25	150
40	900	445	688	164	984	949	739	470	838	73
41	438	646	903	463	796	812	908	493	976	901
42	451	724	380	298	797	818	944	709	290	749
43	530	207	251	515	117	702	248	497	9	54
44	324	953	763	614	711	302	821	962	817	938
45	673	74	444	682	128	768	644	891	391	364
46	202	221	335	28	168	17	102	612	699	230
47	389	352	130	780	716	332	10	60	360	178
48	77	462	790	776	692	188	137	822	968	853
49	163	978	913	523	165	990	985	955	775	686
	0	1	2	3	4	5	6	7	8	9

I

	0	1	2	3	4	5	6	7	8	9
0		990	772	219	554	694	1	899	336	438
1	476	571	773	986	681	913	118	465	220	164
2	258	128	353	983	555	398	768	657	463	942
3	695	100	890	790	247	603	2	669	936	215
4	40	839	900	284	135	142	765	921	337	808
5	180	684	550	944	439	275	245	383	724	308
6	477	300	872	347	672	690	572	758	29	212
7	385	528	774	409	451	617	718	480	987	6
8	812	876	621	911	682	169	66	171	907	697
9	914	895	547	319	703	858	119	147	590	19
10	952	678	466	729	332	822	726	520	221	533
11	57	888	27	330	165	687	506	434	90	374
12	259	152	82	68	654	102	129	62	454	503
13	472	47	354	73	540	361	801	486	984	806
14	167	150	310	567	556	646	191	37	233	641
15	399	663	500	903	262	794	769	312	778	173
16	594	892	658	490	403	494	693	570	464	982
17	941	602	838	920	943	307	689	527	479	910
18	696	857	677	519	329	373	101	46	485	566
19	640	793	891	569	919	909	372	792	791	850
20	734	977	460	851	248	543	511	431	114	735
21	604	968	508	747	302	978	3	9	315	628
22	829	461	670	950	799	836	112	852	937	558
23	469	699	288	249	216	625	862	225	156	544
24	41	598	924	105	854	512	840	160	436	140
25	874	432	901	564	834	388	236	115	285	578
26	254	390	819	736	136	648	845	916	322	605
27	143	755	583	124	268	969	766	870	588	538
28	939	509	922	586	92	87	349	748	338	930
29	428	366	963	303	809	12	15	238	423	979
30	181	193	445	897	282	4	685	661	44	948
31	576	10	551	826	94	51	560	316	945	523
32	376	739	674	629	440	394	272	752	185	830
33	276	553	475	117	352	462	246	39	764	549
34	723	671	384	717	620	906	702	951	725	26
35	89	653	471	800	309	232	261	593	692	837
36	478	328	639	371	459	113	301	828	111	287
37	155	853	873	235	818	321	267	938	348	962
38	422	281	575	559	673	184	351	722	701	470
39	691	458	154	266	574	700	573	515	632	292
40	516	289	759	96	242	580	633	250	30	643
41	325	705	293	217	213	615	886	35	517	626
42	386	364	750	369	290	863	529	209	84	786
43	760	226	775	815	781	865	97	157	410	53
44	611	256	243	545	452	401	732	860	581	42
45	618	420	884	882	634	599	719	203	340	132
46	251	925	481	413	70	23	31	106	988	667
47	407	531	644	855	7	562	928	392	326	513
48	813	665	380	121	706	841	877	188	636	709
49	294	161	622	417	932	713	218	437	912	127
	0	1	2	3	4	5	6	7	8	9

p = 991

	I′											I″									
	0	1	2	3	4	5	6	7	8	9		0	1	2	3	4	5	6	7	8	9
0	990	899	669	9	685	168	812	562	949	315	0	495	694	603	978	282	408	987	855	967	3
1	551	192	15	473	444	238	48	359	821	952	1	576	929	809	252	427	12	926	345	318	590
2	78	787	530	31	182	231	89	330	450	212	2	137	784	131	70	824	716	725	888	871	758
3	643	106	194	880	368	517	902	233	716	764	3	250	23	974	279	704	886	149	191	552	246
4	839	598	618	93	948	568	485	354	743	651	4	215	544	581	444	661	856	101	472	16	536
5	738	560	400	611	269	189	505	888	771	714	5	947	94	814	410	228	449	331	533	970	199
6	488	72	454	442	80	546	171	502	654	406	6	893	151	129	964	178	811	169	433	82	339
7	23	980	805	540	396	198	971	195	205	761	7	413	145	61	354	424	959	278	263	20	205
8	776	453	68	780	786	737	365	349	260	653	8	64	505	152	749	209	138	537	92	619	26
9	374	427	87	375	51	642	242	157	756	668	9	434	587	586	43	826	514	759	865	197	397
10	890	46	129	536	139	854	988	446	742	240	10	695	373	654	429	224	924	31	343	497	473
11	817	287	852	301	735	285	548	352	465	147	11	638	828	836	459	431	236	751	475	913	858
12	708	706	946	537	268	222	381	656	353	62	12	391	380	223	915	583	411	416	912	258	102
13	711	22	251	810	179	142	648	20	85	387	13	367	881	340	334	935	284	736	787	745	104
14	874	683	765	755	823	71	728	590	525	36	14	436	214	135	605	866	298	894	119	820	360
15	310	61	82	631	266	853	544	410	584	563	15	167	686	259	350	458	287	225	97	966	597
16	436	622	273	397	258	687	190	150	894	66	16	840	294	958	985	220	330	539	806	5	682
17	318	907	493	594	497	956	228	842	64	244	17	875	66	902	778	441	455	879	195	679	134
18	684	193	362	457	351	830	491	416	636	675	18	808	979	24	961	673	752	418	664	877	55
19	499	37	660	445	802	177	965	98	989	59	19	166	646	11	181	32	77	953	342	75	496
20	447	415	412	340	964	79	227	411	814	84	20	595	362	419	719	783	78	965	456	363	529
21	820	616	385	615	141	40	625	213	437	554	21	788	346	29	217	789	936	249	293	713	772
22	164	533	879	122	104	156	775	846	54	878	22	465	520	125	975	698	862	760	206	176	803
23	456	327	261	641	961	818	115	896	423	355	23	521	25	309	37	827	873	388	365	15	482
24	609	324	580	545	871	383	39	603	543	216	24	109	631	96	256	179	275	462	790	851	288
25	30	925	13	844	390	859	243	767	128	152	25	633	132	797	833	578	864	611	680	164	374
26	638	593	794	77	784	291	574	938	969	534	26	88	232	903	524	591	721	154	321	124	54
27	637	474	752	893	299	245	553	495	76	33	27	426	375	394	162	807	439	830	714	491	904
28	721	575	4	807	135	578	320	155	249	759	28	320	422	897	668	900	115	370	111	699	516
29	863	579	516	217	161	395	297	867	145	757	29	369	265	632	705	709	742	355	296	396	274
30	872	828	978	809	455	966	856	689	477	232	30	477	113	747	963	341	804	981	943	724	800
31	567	489	778	832	798	628	945	501	18	703	31	150	662	769	675	507	9	560	381	170	547
32	280	267	605	730	885	705	513	827	639	373	32	286	818	916	816	241	643	392	231	478	519
33	165	56	822	796	133	680	438	808	930	69	33	27	589	729	606	956	771	899	921	748	883
34	132	304	197	107	535	17	211	672	962	748	34	203	607	973	425	405	655	382	872	938	87
35	153	722	462	983	73	296	955	607	650	600	35	421	184	117	128	47	239	743	442	378	17
36	149	801	201	208	750	237	963	130	785	290	36	502	540	182	614	386	86	428	720	34	750
37	286	459	792	101	259	271	739	795	358	635	37	592	639	909	329	90	93	523	842	730	927
38	121	317	346	724	717	528	364	389	236	915	38	665	126	683	245	671	212	626	139	834	387
39	819	120	326	552	272	595	298	99	768	663	39	254	530	928	522	440	295	74	163	555	641
40	419	732	940	494	496	344	927	531	5	451	40	52	452	777	490	831	779	69	667	757	774
41	53	125	666	70	424	974	126	932	186	202	41	157	207	202	481	867	201	187	622	613	400
42	884	350	281	979	74	343	270	14	366	103	42	618	817	962	238	414	448	832	91	930	600
43	746	114	901	67	90	833	140	912	476	275	43	976	511	874	887	506	923	160	218	336	944
44	394	174	357	762	43	897	487	958	425	55	44	629	710	63	843	14	193	107	200	802	934
45	811	617	401	539	503	175	207	514	154	113	45	28	409	545	81	62	304	230	183	691	371
46	851	670	246	942	982	220	729	843	861	699	46	977	829	352	657	570	118	678	917	798	558
47	691	800	47	109	763	117	571	300	328	910	47	701	653	503	13	271	553	438	308	837	527
48	987	413	239	797	918	566	984	959	848	981	48	718	925	955	498	676	46	801	446	60	311
49	403	278	975	601	693	*	199	108	483	777	49	658	186	501	172	403	277	404	174	504	190
	0	1	2	3	4	5	6	7	8	9		0	1	2	3	4	5	6	7	8	9

p = **991** (Fortsetzung)

N

	0	1	2	3	4	5	6	7	8	9
50	152	912	517	129	774	680	116	696	212	281
51	695	206	245	479	892	397	400	418	526	183
52	107	642	879	319	923	583	525	177	71	426
53	574	471	844	109	654	951	751	542	279	683
54	134	804	860	205	239	443	676	92	552	339
55	52	312	881	331	4	24	144	864	229	383
56	316	905	475	868	253	527	189	143	858	193
57	167	11	66	396	394	382	310	869	259	563
58	405	448	706	272	641	873	283	707	278	677
59	98	588	555	357	160	960	805	866	241	455
60	748	524	171	35	210	269	623	765	626	783
61	734	440	658	975	895	415	508	75	450	718
62	344	82	492	970	865	235	419	532	219	323
63	947	727	398	406	454	742	488	946	721	362
64	190	149	894	409	472	850	145	870	265	599
65	621	753	554	351	124	744	500	27	162	972
66	877	307	851	151	906	481	904	469	832	37
67	222	341	64	384	322	941	691	182	101	606
68	663	14	84	504	51	306	845	115	690	176
69	65	390	358	166	5	30	180	89	534	231
70	395	388	346	94	564	411	484	922	577	489
71	952	757	578	495	988	973	883	343	76	456
72	754	560	387	340	58	348	106	636	843	103
73	618	735	446	694	200	209	263	587	549	321
74	935	655	957	787	758	584	531	213	287	731
75	422	550	327	971	871	271	635	837	67	402
76	430	598	615	717	338	46	276	665	26	156
77	936	661	2	12	72	432	610	687	158	948
78	733	434	622	759	590	567	429	592	579	501
79	33	198	197	191	155	930	625	777	698	224
80	353	136	816	932	637	849	139	834	49	294
81	773	674	80	480	898	433	616	723	374	262
82	581	513	105	630	807	878	313	887	367	220
83	329	983	943	703	254	533	225	359	172	41
84	246	485	928	613	705	266	605	657	969	859
85	199	203	227	371	244	473	856	181	95	570
86	447	700	236	425	568	435	628	795	806	872
87	277	671	62	372	250	509	81	486	934	649
88	921	571	453	736	452	730	416	514	111	666
89	32	192	161	966	841	91	546	303	827	7
90	42	252	521	153	918	553	345	88	528	195
91	179	83	498	15	90	540	267	611	693	194
92	173	47	282	701	242	461	784	740	476	874
93	289	743	494	982	937	667	38	228	377	280
94	689	170	29	174	53	318	917	547	309	863
95	223	347	100	600	627	789	770	656	963	823
96	974	889	379	292	761	602	639	861	211	275
97	659	981	931	631	813	914	529	201	215	299
98	803	854	169	23	138	828	13	78	468	826
99	1									
	0	1	2	3	4	5	6	7	8	9

I

	0	1	2	3	4	5	6	7	8	9
50	656	789	214	141	683	382	346	211	616	875
51	170	318	18	821	887	433	67	502	360	149
52	36	902	172	493	601	526	518	565	908	976
53	430	746	627	835	698	224	104	139	387	389
54	915	123	537	86	365	237	896	947	50	738
55	751	116	548	905	652	592	370	286	320	280
56	721	265	291	579	704	34	368	785	864	255
57	859	881	131	22	530	391	120	708	712	788
58	210	820	148	525	745	138	85	737	591	264
59	784	21	787	137	20	78	205	79	761	649
60	953	196	965	206	227	846	679	178	64	80
61	776	917	467	843	443	762	816	323	730	378
62	358	650	782	606	333	796	608	954	866	144
63	823	973	342	197	98	756	727	804	305	966
64	158	584	521	230	456	207	411	125	222	879
65	176	228	54	269	534	741	957	847	612	970
66	58	771	335	680	257	767	889	935	134	179
67	244	871	28	450	811	65	546	589	331	56
68	505	81	453	539	166	190	499	777	402	940
69	688	676	484	918	733	510	507	314	798	468
70	861	923	435	833	253	844	582	587	91	427
71	14	444	43	93	375	271	474	763	619	88
72	260	638	110	817	421	350	153	631	241	324
73	885	749	83	780	610	731	883	339	69	406
74	927	379	635	931	655	345	17	359	600	429
75	103	536	49	651	720	367	130	711	744	783
76	204	964	63	442	357	607	341	304	455	175
77	956	334	133	810	504	498	483	797	252	13
78	473	109	240	609	926	16	48	743	356	955
79	482	239	355	296	297	867	414	424	74	396
80	298	145	71	980	541	596	868	824	24	182
81	362	201	415	974	32	194	802	448	425	343
82	107	446	487	959	75	198	989	898	985	163
83	397	99	668	283	807	274	299	757	408	5
84	168	894	146	728	532	686	151	61	72	805
85	645	662	311	489	981	306	856	45	568	849
86	542	967	8	949	557	624	597	159	563	577
87	647	754	869	585	929	11	192	660	825	522
88	393	552	38	716	25	231	327	827	234	961
89	183	457	514	95	642	614	363	208	814	52
90	400	419	202	412	666	561	664	187	416	126
91	381	317	501	492	975	223	122	946	904	279
92	33	880	707	524	263	77	195	177	842	377
93	795	972	803	229	878	740	770	934	449	55
94	189	675	313	832	426	270	637	630	779	405
95	344	535	710	441	174	497	108	742	295	395
96	595	200	447	958	162	273	893	60	488	848
97	623	753	659	715	960	613	418	186	491	278
98	76	971	933	831	404	496	199	59	714	277
99	495									
	0	1	2	3	4	5	6	7	8	9

p = 991

	I'											I''									
	0	1	2	3	4	5	6	7	8	9		0	1	2	3	4	5	6	7	8	9
50	903	492	360	472	498	81	434	314	747	922	50	663	317	67	454	810	56	687	510	968	939
51	507	431	840	813	95	632	289	626	565	329	51	733	543	854	326	457	573	292	35	526	677
52	221	230	393	376	263	745	518	479	774	209	52	726	584	825	945	707	148	601	689	385	863
53	391	644	686	57	741	710	49	86	939	166	53	22	407	728	221	269	344	103	123	588	453
54	361	596	967	511	41	452	589	319	905	723	54	73	980	849	248	156	243	65	895	116	764
55	944	826	38	475	694	398	646	624	469	673	55	684	10	393	276	219	983	567	949	937	575
56	316	664	928	577	834	908	640	556	849	919	56	51	666	7	159	901	518	485	310	45	891
57	464	773	758	515	700	559	10	647	254	704	57	693	476	690	700	266	281	948	563	285	291
58	633	42	587	124	521	929	92	91	538	331	58	242	860	844	755	158	869	922	582	870	546
59	19	264	370	692	892	200	868	159	924	719	59	147	737	652	261	173	395	541	624	41	634
60	429	526	838	2	968	143	333	341	954	926	60	359	493	941	247	735	322	782	357	796	240
61	731	256	970	418	363	886	875	718	420	88	61	780	53	847	960	642	213	211	451	42	763
62	906	911	417	753	597	862	386	835	829	440	62	717	876	161	848	557	216	517	746	315	674
63	779	241	292	250	599	931	709	630	110	371	63	637	153	515	580	882	379	188	270	260	328
64	793	399	614	325	855	662	191	754	845	953	64	566	233	95	30	531	805	556	577	136	761
65	782	720	592	471	102	345	789	463	490	715	65	358	49	905	89	68	931	127	768	892	753
66	825	44	311	500	187	380	561	407	283	936	66	192	685	645	399	561	813	412	988	99	2
67	950	384	690	184	629	313	484	519	466	178	67	461	723	347	559	739	189	688	857	952	846
68	257	913	169	382	550	661	151	506	676	527	68	335	986	911	141	180	4	532	165	940	307
69	572	458	837	570	1	100	857	914	224	288	69	672	470	593	494	554	942	910	907	835	469
70	573	470	951	858	34	293	841	524	712	294	70	574	722	906	319	579	325	121	880	120	636
71	441	744	788	218	277	960	25	620	480	203	71	535	130	708	932	59	659	38	384	617	599
72	367	265	701	671	308	26	520	804	532	332	72	651	280	351	549	383	951	822	756	146	466
73	378	883	860	510	977	604	136	591	751	674	73	323	610	401	918	850	114	819	85	50	376
74	770	957	295	356	783	138	627	302	338	83	74	878	534	108	48	711	525	430	508	349	885
75	369	116	185	659	869	583	727	408	29	96	75	364	738	272	623	647	143	98	299	572	289
76	226	649	816	619	549	921	870	889	657	312	76	786	79	443	474	39	142	969	257	398	794
77	934	335	219	986	409	815	917	402	173	405	77	740	58	990	571	528	226	80	499	312	630
78	610	865	606	204	21	864	760	137	210	214	78	83	815	650	744	264	368	84	21	712	656
79	247	850	791	891	769	972	608	252	468	836	79	890	792	372	640	262	377	333	483	314	950
80	309	486	448	229	305	645	167	274	180	12	80	471	361	194	972	727	72	984	283	337	303
81	504	65	876	665	52	781	323	421	321	736	81	133	450	6	513	208	775	762	110	235	390
82	148	887	726	973	24	522	94	234	111	461	82	210	18	332	144	868	660	551	327	301	628
83	276	404	426	253	388	698	112	478	920	900	83	185	933	313	435	564	627	799	692	602	40
84	160	877	377	443	582	916	679	612	623	542	84	512	706	177	467	253	648	227	957	488	568
85	734	248	937	873	512	7	45	677	119	881	85	791	460	112	155	105	644	306	696	703	255
86	581	923	225	529	255	97	144	414	824	585	86	732	468	625	290	785	781	954	297	596	754
87	588	28	347	235	432	170	621	188	740	176	87	766	244	300	853	140	616	812	841	229	222
88	707	131	634	339	882	749	35	433	27	935	88	33	859	884	731	420	324	615	821	57	767
89	790	569	658	60	146	547	947	282	985	336	89	100	793	594	273	168	914	237	445	989	1
90	284	564	172	262	279	652	702	697	976	372	90	839	432	36	500	946	548	620	171	565	919
91	696	682	127	118	895	123	322	467	733	909	91	479	621	437	681	697	389	845	776	484	569
92	943	337	586	435	105	481	16	379	392	11	92	838	765	509	861	598	251	609	406	562	585
93	428	655	713	831	449	134	215	558	348	509	93	338	635	417	971	770	889	669	852	267	538
94	688	602	695	307	439	523	904	50	576	557	94	402	982	463	920	550	316	122	896	44	8
95	799	725	678	196	866	482	334	847	162	75	95	670	702	19	649	608	356	175	741	447	487
96	613	183	422	303	63	206	158	8	508	766	96	715	234	348	366	204	196	305	542	604	268
97	58	933	803	342	32	223	430	460	3	181	97	612	76	795	823	415	492	908	734	302	423
98	541	306	941	555	806	163	681	6	667	898	98	71	489	464	353	486	898	773	480	106	198
99	772										99	*									
	0	1	2	3	4	5	6	7	8	9		0	1	2	3	4	5	6	7	8	9

$p = 997,\ g = 7,\ p - 1 = 2^2 \cdot 3 \cdot 83$

	N											I									
	0	1	2	3	4	5	6	7	8	9		0	1	2	3	4	5	6	7	8	9
0		7	49	343	407	855	3	21	147	32	0		996	201	6	402	465	207	1	603	12
1	224	571	9	63	441	96	672	716	27	189	1	666	817	408	580	202	471	804	371	213	524
2	326	288	22	154	81	567	978	864	66	462	2	867	7	22	248	609	930	781	18	403	743
3	243	704	940	598	198	389	729	118	826	797	3	672	954	9	823	572	466	414	183	725	586
4	594	170	193	354	484	397	785	510	579	65	4	72	469	208	853	223	477	449	161	810	2
5	455	194	361	533	740	195	368	582	86	602	5	135	377	982	142	219	286	604	530	944	832
6	226	585	107	749	258	809	678	758	321	253	6	873	697	159	13	210	49	28	132	773	254
7	774	433	40	280	963	759	328	302	120	840	7	667	302	615	728	384	936	926	818	787	92
8	895	283	984	906	360	526	691	849	958	724	8	273	24	670	90	409	836	58	749	424	890
9	83	581	79	553	880	178	249	746	237	662	9	678	581	650	960	362	989	15	846	203	829
10	646	534	747	244	711	989	941	605	247	732	10	336	910	578	157	187	472	343	62	420	294
11	139	973	829	818	741	202	417	925	493	460	11	487	189	805	855	731	713	149	592	37	372
12	229	606	254	781	482	383	687	821	762	349	12	78	638	898	475	360	399	214	917	411	859
13	449	152	67	469	292	50	350	456	201	410	13	250	770	229	525	333	483	974	226	455	110
14	876	150	53	371	603	233	634	450	159	116	14	868	167	503	401	816	212	929	8	585	448
15	812	699	905	353	477	348	442	103	721	62	15	141	872	131	383	23	423	988	577	293	148
16	434	47	329	309	169	186	305	141	987	927	16	474	249	225	815	871	292	291	258	610	164
17	507	558	915	423	967	787	524	677	751	272	17	41	536	259	262	950	931	625	838	95	611
18	907	367	575	37	259	816	727	104	728	111	18	879	683	782	703	851	648	165	192	563	19
19	777	454	187	312	190	333	337	365	561	936	19	194	241	216	42	51	55	404	441	34	234
20	570	2	14	98	686	814	713	6	42	294	20	537	138	115	744	779	934	358	260	388	345
21	64	448	145	18	126	882	192	347	435	54	21	673	479	544	308	263	322	621	955	495	734
22	378	652	576	44	308	162	137	959	731	132	22	688	951	390	568	10	942	60	986	932	120
23	924	486	411	883	199	396	778	461	236	655	23	914	824	350	145	793	626	238	98	573	565
24	597	191	340	386	708	968	794	573	23	161	24	279	919	839	30	103	467	676	108	561	96
25	130	910	388	722	69	483	390	736	167	172	25	600	595	415	69	122	842	612	552	64	184
26	207	452	173	214	501	516	621	359	519	642	26	451	755	971	880	430	607	726	896	534	686
27	506	551	866	80	560	929	521	656	604	240	27	684	347	179	587	427	751	656	783	311	966
28	683	793	566	971	815	720	55	385	701	919	28	73	515	368	81	704	995	602	470	21	742
29	451	166	165	158	109	763	356	498	495	474	29	413	852	134	529	209	301	786	835	649	828
30	327	295	71	497	488	425	981	885	213	494	30	342	854	77	916	332	166	584	422	224	163
31	467	278	949	661	639	485	404	834	853	986	31	624	702	193	440	778	478	494	941	349	564
32	920	458	215	508	565	964	766	377	645	527	32	675	68	450	895	426	514	20	300	76	162
33	698	898	304	134	938	584	100	700	912	402	33	493	894	492	195	459	597	811	196	365	861
34	820	755	300	106	742	209	466	271	900	318	34	242	775	737	3	460	719	463	217	155	129
35	232	627	401	813	706	954	696	884	206	445	35	136	598	826	153	43	767	296	378	812	267
36	124	868	94	658	618	338	372	610	282	977	36	84	52	884	644	983	197	904	181	56	481
37	857	17	119	833	846	937	577	51	357	505	37	849	143	366	892	393	405	764	327	220	862
38	544	817	734	153	74	518	635	457	208	459	38	395	923	442	125	417	287	243	865	252	35
39	222	557	908	374	624	380	666	674	730	125	39	256	619	605	776	642	557	235	45	435	531
40	875	143	4	28	196	375	631	429	12	84	40	738	352	339	538	316	489	945	4	980	908
41	588	128	896	290	36	252	767	384	694	870	41	139	232	559	833	461	555	589	116	546	445
42	108	756	307	155	88	616	324	274	921	465	42	874	720	680	173	745	305	509	698	464	407
43	264	851	972	822	769	398	792	559	922	472	43	523	780	822	71	160	218	696	772	935	669
44	313	197	382	680	772	419	939	591	149	46	44	889	14	156	486	591	359	769	454	211	130
45	322	260	823	776	447	138	966	780	475	334	45	147	290	261	878	191	50	137	387	321	389
46	344	414	904	346	428	5	35	245	718	41	46	119	237	29	599	551	429	346	310	994	133
47	287	15	105	735	160	123	861	45	315	211	47	827	583	439	674	299	458	774	154	766	883
48	480	369	589	135	945	633	443	110	770	405	48	480	763	124	255	44	315	231	545	304	821
49	841	902	332	330	316	218	529	712	996	990	49	668	768	877	118	309	298	762	303	297	795
	0	1	2	3	4	5	6	7	8	9		0	1	2	3	4	5	6	7	8	9

p = 997

I′	0	1	2	3	4	5	6	7	8	9
0	996	603	135	460	980	665	402	22	585	823
1	942	803	666	210	156	846	924	571	403	194
2	300	742	248	423	670	905	711	727	132	599
3	103	632	106	933	234	256	398	372	539	732
4	837	536	51	767	315	435	977	729	614	28
5	137	55	884	101	114	404	481	959	749	144
6	986	730	420	606	184	690	847	75	450	122
7	888	160	469	515	325	596	162	916	638	490
8	412	704	906	180	52	329	664	506	227	677
9	409	57	273	984	647	611	600	102	573	957
10	634	527	594	467	497	499	784	121	561	928
11	868	746	756	593	344	744	546	800	309	237
12	914	754	842	820	255	417	661	433	295	136
13	147	383	773	827	529	377	598	387	115	232
14	576	872	219	366	278	793	386	290	474	592
15	353	337	83	43	766	129	486	187	253	13
16	218	810	493	624	41	192	584	503	510	752
17	323	437	522	745	245	843	937	66	965	587
18	392	56	222	725	451	381	188	472	36	805
19	236	50	563	440	241	459	365	904	716	375
20	11	6	471	829	126	284	579	1	853	301
21	49	130	929	524	917	233	42	155	696	286
22	862	958	376	477	163	815	455	681	109	525
23	117	545	559	357	537	45	993	29	98	277
24	33	216	775	865	519	901	613	671	609	225
25	770	556	35	925	667	44	619	949	610	262
26	388	878	950	322	796	978	903	84	652	541
27	170	857	748	24	198	630	956	740	107	919
28	938	246	25	432	185	158	604	243	799	320
29	261	258	291	148	487	643	378	795	762	458
30	76	786	615	297	821	509	969	687	263	298
31	994	966	659	99	876	231	489	723	899	168
32	428	389	621	802	282	507	416	220	100	631
33	151	701	166	483	446	61	910	288	907	538
34	127	421	854	62	620	673	310	179	513	564
35	145	979	339	205	911	706	840	307	260	769
36	399	909	989	863	718	861	892	741	81	26
37	608	213	78	317	639	334	943	982	812	270
38	759	113	473	23	936	268	550	321	345	119
39	568	171	922	405	864	923	991	948	228	214
40	140	816	465	743	441	764	695	523	580	836
41	482	859	834	852	183	69	618	287	575	712
42	294	777	224	988	890	893	514	751	438	346
43	607	710	111	452	488	531	281	274	882	674
44	778	34	125	992	508	874	32	987	141	161
45	895	755	760	190	211	110	174	123	774	597
46	719	555	152	217	407	207	414	676	809	208
47	21	804	343	257	249	360	981	449	494	544
48	763	849	502	974	875	146	591	189	558	945
49	921	860	195	894	941	734	808	206	*	705
	0	1	2	3	4	5	6	7	8	9

I″	0	1	2	3	4	5	6	7	8	9
0	498	207	810	737	945	899	201	867	929	954
1	568	200	603	159	889	989	518	866	781	563
2	514	479	7	383	273	282	369	831	49	237
3	839	707	446	240	441	252	188	592	757	636
4	814	164	216	153	255	235	806	802	943	210
5	191	42	84	927	562	51	181	91	836	733
6	942	335	343	594	552	517	177	777	675	415
7	508	822	586	966	964	67	300	854	372	791
8	655	368	700	152	267	937	920	946	570	925
9	670	614	787	857	535	838	561	913	238	313
10	328	53	97	30	968	510	32	278	676	228
11	455	432	662	381	54	138	589	230	877	389
12	932	107	69	457	763	442	204	340	736	155
13	211	872	28	994	852	2	129	50	537	908
14	400	448	982	849	59	350	485	130	293	713
15	663	330	462	826	774	217	14	578	285	697
16	71	449	76	224	610	648	332	868	319	800
17	270	391	588	680	456	977	797	566	606	347
18	83	904	671	414	64	284	845	157	186	487
19	453	878	165	702	19	492	811	983	274	657
20	962	996	580	846	691	353	497	465	469	529
21	13	454	816	371	399	647	241	463	160	142
22	327	961	182	853	422	249	974	88	398	770
23	882	315	139	215	34	557	190	119	626	501
24	850	194	861	287	911	174	281	803	22	474
25	859	922	865	158	773	124	35	473	291	536
26	358	290	259	308	801	622	825	812	385	794
27	379	952	727	92	437	752	652	239	144	565
28	976	436	324	516	205	809	219	417	337	590
29	147	292	871	577	420	128	767	303	309	674
30	20	209	667	762	545	745	869	357	544	118
31	346	783	500	694	765	44	538	373	710	906
32	289	387	263	170	569	74	848	764	651	85
33	840	834	916	525	375	959	829	151	556	352
34	593	528	828	472	114	388	429	684	701	941
35	824	641	738	150	632	721	575	233	934	591
36	475	748	960	740	893	196	143	750	515	505
37	665	804	37	790	629	199	222	135	296	616
38	689	185	928	131	728	978	146	137	260	321
39	951	512	180	892	891	862	990	924	36	360
40	973	503	6	18	55	393	679	464	817	90
41	637	917	80	742	466	595	326	125	830	909
42	62	341	584	23	749	940	895	587	320	551
43	880	506	283	127	618	45	856	171	428	583
44	193	404	923	847	558	546	334	502	585	477
45	68	184	433	888	769	226	507	993	299	195
46	3	833	860	719	698	402	572	103	571	72
47	602	202	187	382	148	898	724	223	778	673
48	883	56	410	333	640	695	156	294	434	316
49	79	513	894	162	478	955	631	104	699	105
	0	1	2	3	4	5	6	7	8	9

p = **997** (Fortsetzung)

N

	0	1	2	3	4	5	6	7	8	9
50	948	654	590	142	994	976	850	965	773	426
51	988	934	556	901	325	281	970	808	671	709
52	975	843	916	430	19	133	931	535	754	293
53	57	399	799	608	268	879	171	200	403	827
54	804	643	513	600	212	487	418	932	542	803
55	636	464	257	802	629	415	911	395	771	412
56	890	248	739	188	319	239	676	744	223	564
57	957	717	34	238	669	695	877	157	102	714
58	13	91	637	471	306	148	39	273	914	416
59	918	444	117	819	748	251	760	335	351	463
60	250	753	286	8	56	392	750	265	858	24
61	168	179	256	795	580	72	504	537	768	391
62	743	216	515	614	310	176	235	648	548	845
63	930	528	705	947	647	541	796	587	121	847
64	944	626	394	764	363	547	838	881	185	298
65	92	644	520	649	555	894	276	935	563	950
66	668	688	828	811	692	856	10	70	490	439
67	82	574	30	210	473	320	246	725	90	630
68	422	960	738	181	270	893	269	886	220	543
69	810	685	807	664	660	632	436	61	427	995
70	983	899	311	183	284	991	955	703	933	549
71	852	979	871	115	805	650	562	943	619	345
72	421	953	689	835	860	38	266	865	73	511
73	586	114	798	601	219	536	761	342	400	806
74	657	611	289	29	203	424	974	836	867	87
75	609	275	928	514	607	261	830	825	790	545
76	824	783	496	481	376	638	478	355	491	446
77	131	917	437	68	476	341	393	757	314	204
78	431	26	182	277	942	612	296	78	546	831
79	832	839	888	234	641	499	502	523	670	702
80	926	500	509	572	16	112	784	503	530	719
81	48	336	358	512	593	163	144	11	77	539
82	782	489	432	33	231	620	352	470	299	99
83	693	863	59	413	897	297	85	595	177	242
84	697	891	255	788	531	726	97	679	765	370
85	596	184	291	43	301	113	791	552	873	129
86	903	339	379	659	625	387	715	20	140	980
87	878	164	151	60	420	946	640	492	453	180
88	263	844	923	479	362	540	789	538	775	440
89	89	623	373	617	331	323	267	872	122	854
90	993	969	801	622	366	568	985	913	409	869
91	101	707	961	745	230	613	303	127	889	241
92	690	842	909	381	673	723	76	532	733	146
93	25	175	228	599	205	438	75	525	684	800
94	615	317	225	578	58	406	848	951	675	737
95	174	221	550	859	31	217	522	663	653	583
96	93	651	569	992	962	752	279	956	710	982
97	892	262	837	874	136	952	682	786	517	628
98	408	862	52	364	554	887	227	592	156	95
99	665	667	681	779	468	285	1			
	0	1	2	3	4	5	6	7	8	9

I

	0	1	2	3	4	5	6	7	8	9
50	801	264	796	807	616	379	270	170	323	802
51	47	729	813	542	753	622	265	978	385	268
52	652	276	956	797	176	937	85	329	631	496
53	808	844	927	53	101	527	735	617	887	819
54	885	635	548	689	380	759	788	645	628	709
55	952	271	857	93	984	654	512	391	171	437
56	274	198	716	658	569	324	282	25	905	962
57	200	11	803	247	671	182	222	376	943	48
58	614	91	57	959	335	61	730	637	410	482
59	502	447	987	814	40	837	850	240	33	933
60	543	733	59	144	278	107	121	754	533	750
61	367	741	785	915	623	940	425	893	364	718
62	825	266	903	891	394	864	641	351	979	554
63	679	406	695	485	146	386	550	582	765	314
64	876	794	269	541	651	328	100	634	627	653
65	715	961	221	958	501	239	277	740	363	863
66	694	313	99	957	693	990	396	991	660	574
67	798	518	16	924	397	948	566	177	66	847
68	443	992	976	280	938	691	204	126	661	722
69	920	86	664	830	418	575	356	840	330	151
70	337	288	799	707	31	632	354	911	244	519
71	968	104	497	206	579	866	17	571	468	809
72	285	158	253	925	89	677	845	186	188	36
73	398	228	109	928	382	473	257	949	682	562
74	54	114	344	620	567	913	97	102	594	63
75	606	178	965	601	528	341	421	777	67	75
76	596	736	128	295	643	848	326	416	618	434
77	488	558	444	508	70	888	453	190	236	993
78	457	123	820	761	806	46	977	175	843	886
79	758	856	436	281	246	613	636	39	732	532
80	939	902	553	549	540	714	739	692	517	65
81	690	663	150	353	205	284	185	381	113	593
82	340	127	433	452	760	757	38	539	662	112
83	756	789	790	373	317	723	747	972	646	791
84	79	490	921	521	881	629	374	639	946	87
85	506	431	710	318	899	5	665	370	608	953
86	724	476	981	831	27	727	272	748	361	909
87	419	712	897	858	973	400	140	576	870	535
88	94	647	215	233	357	307	687	985	792	918
89	560	841	970	685	655	80	412	834	331	701
90	348	513	491	860	462	152	83	180	392	922
91	251	556	338	907	588	172	522	771	590	289
92	320	428	438	882	230	117	800	169	752	275
93	630	526	547	708	511	657	199	375	334	446
94	32	106	784	717	640	484	875	633	500	312
95	659	947	975	721	355	706	967	570	88	227
96	681	912	964	74	325	507	456	174	245	901
97	516	283	432	111	746	520	505	369	26	711
98	869	306	969	700	82	906	319	168	510	105
99	499	705	963	900	504	699	498			
	0	1	2	3	4	5	6	7	8	9

p = **997**

	I′											I″									
	0	1	2	3	4	5	6	7	8	9		0	1	2	3	4	5	6	7	8	9
50	312	239	447	401	699	369	431	456	70	698	50	633	958	482	167	900	520	87	325	444	305
51	105	657	391	491	20	368	283	65	16	968	51	168	708	654	348	426	73	901	692	798	244
52	505	881	771	780	867	333	547	735	341	209	52	746	921	172	407	213	229	630	101	601	134
53	944	738	939	750	686	94	259	138	316	662	53	604	435	732	754	896	870	41	234	339	38
54	714	651	753	733	308	304	445	708	689	540	54	549	269	813	933	479	231	116	526	635	553
55	582	429	64	549	679	589	338	235	444	833	55	386	599	612	902	979	461	251	642	488	232
56	841	96	54	19	675	279	177	913	10	324	56	918	108	682	192	349	573	948	620	390	658
57	88	468	466	565	798	356	870	293	157	866	57	967	17	823	98	660	418	140	988	910	206
58	202	650	765	439	422	448	72	427	172	116	58	408	678	550	827	166	8	725	179	907	555
59	289	359	37	340	63	415	736	811	826	551	59	771	486	149	113	102	600	75	459	136	29
60	595	528	470	12	530	776	178	726	953	930	60	96	965	995	1	286	619	63	430	370	248
61	164	879	552	636	91	728	379	887	434	605	61	258	95	842	246	48	302	807	735	416	256
62	567	955	265	940	702	838	238	653	709	374	62	344	322	753	915	163	931	793	634	645	881
63	526	496	354	500	627	548	39	410	898	946	63	275	329	31	875	100	885	613	730	78	374
64	484	351	557	848	983	628	791	215	165	828	64	717	864	776	295	884	788	972	94	851	835
65	960	328	276	715	512	80	783	199	569	947	65	581	541	268	627	984	685	751	511	716	312
66	574	722	112	150	830	370	817	302	768	889	66	991	126	539	690	86	5	12	254	821	935
67	90	182	954	479	299	68	108	845	581	406	67	24	247	743	345	439	564	467	89	890	554
68	173	912	562	782	347	655	684	985	951	380	68	720	227	949	879	686	970	534	307	734	548
69	663	204	517	990	313	485	772	159	464	498	69	65	938	739	957	863	406	218	873	509	504
70	82	348	193	851	995	963	967	31	511	952	70	969	331	624	782	81	499	355	799	547	628
71	318	869	897	149	739	961	658	640	825	463	71	431	26	419	731	540	653	198	784	364	460
72	680	355	920	747	476	586	896	272	384	813	72	874	975	661	317	953	183	607	27	615	47
73	637	713	532	59	688	617	128	3	352	692	73	61	855	39	543	495	527	596	775	531	714
74	363	785	413	672	779	305	520	972	361	424	74	277	367	21	403	115	173	111	723	272	58
75	367	656	275	622	533	971	789	38	856	788	75	533	427	169	542	121	451	112	760	886	380
76	757	806	303	124	327	314	883	296	877	454	76	452	820	298	480	405	582	154	43	668	359
77	229	590	935	254	154	737	642	67	478	934	77	250	522	696	132	458	242	605	421	440	744
78	822	18	703	311	717	915	835	92	645	790	78	523	930	683	656	106	741	301	818	759	756
79	373	79	918	626	269	801	807	176	518	707	79	789	646	985	145	876	297	264	956	574	288
80	169	264	47	247	371	855	46	616	844	285	80	117	795	323	11	471	189	761	796	496	468
81	2	196	267	542	40	871	212	408	787	885	81	161	597	378	729	987	225	401	666	926	887
82	761	668	71	572	350	266	153	583	342	336	82	123	304	780	9	914	718	598	133	649	203
83	418	27	873	461	331	649	58	850	95	30	83	664	981	944	559	412	786	409	40	625	919
84	330	970	612	886	927	186	203	443	326	143	84	356	560	122	175	808	677	15	66	643	481
85	240	648	134	223	77	731	436	93	973	250	85	837	703	413	208	342	805	758	271	897	411
86	462	242	395	694	641	252	17	7	167	306	86	491	365	220	363	394	243	579	524	110	711
87	535	292	131	697	720	633	794	118	191	683	87	576	815	141	832	445	484	314	768	261	611
88	430	629	230	480	644	635	758	819	453	14	88	971	521	438	766	52	819	843	617	70	669
89	678	394	393	364	492	426	534	858	475	5	89	424	903	366	425	493	450	726	712	638	318
90	504	516	553	891	181	962	319	588	139	419	90	963	245	939	266	197	25	82	338	980	361
91	578	244	964	97	824	623	332	411	560	839	91	336	354	681	567	120	785	77	214	792	279
92	86	521	251	442	397	89	818	53	382	8	92	722	490	392	395	16	253	936	844	109	212
93	781	625	120	543	358	669	926	85	691	902	93	609	950	986	33	779	772	384	176	280	532
94	425	349	60	48	832	4	87	975	566	682	94	623	494	10	376	530	489	639	659	397	257
95	931	390	271	724	9	495	797	693	501	335	95	262	688	709	608	672	621	276	99	221	57
96	362	221	200	900	74	601	73	570	104	700	96	650	715	905	705	912	178	311	706	519	306
97	685	880	646	400	226	721	280	175	385	554	97	841	755	747	858	483	947	992	46	265	351
98	908	831	142	197	654	792	932	814	577	15	98	4	476	377	644	93	687	60	447	423	362
99	396	660	976	457	133	602	201				99	693	396	443	236	310	704	*			
	0	1	2	3	4	5	6	7	8	9		0	1	2	3	4	5	6	7	8	9

II. TEIL

Numerus- und Indextafeln der zerlegbaren Zahlen unter 1000, welche primitive Wurzeln besitzen

N: ind x → x.

I: x → ind x.

$P = 6 = 2 \cdot 3,\ g = 5,\ \varphi(P) = 2$

N											I										
	0	1	2	3	4	5	6	7	8	9		1	3	5	7	9	11	13	15	17	19
0		5	1								0	2		1							

$P = 9 = 3^2,\ g = 2,\ \varphi(P) = 6 = 2 \cdot 3$

N											I										
	0	1	2	3	4	5	6	7	8	9		0	1	2	3	4	5	6	7	8	9
0		2	4	8	7	5	1				0		6	1		2	5		4	3	

$P = 10 = 2 \cdot 5,\ g = 3,\ \varphi(P) = 4 = 2^2$

N											I										
	0	1	2	3	4	5	6	7	8	9		1	3	5	7	9	11	13	15	17	19
0		3	9	7	1						0	4	1		3	2					

$P = 14 = 2 \cdot 7,\ g = 3,\ \varphi(P) = 6 = 2 \cdot 3$

N											I										
	0	1	2	3	4	5	6	7	8	9		1	3	5	7	9	11	13	15	17	19
0		3	9	13	11	5	1				0	6	1	5		2	4	3			

$P = 18 = 2 \cdot 3^2,\ g = 5,\ \varphi(P) = 6 = 2 \cdot 3$

N											I										
	0	1	2	3	4	5	6	7	8	9		1	3	5	7	9	11	13	15	17	19
0		5	7	17	13	11	1				0	6		1	2		5	4		3	

$P = 22 = 2 \cdot 11,\ g = 7,\ \varphi(P) = 10 = 2 \cdot 5$

N											I										
	0	1	2	3	4	5	6	7	8	9		1	3	5	7	9	11	13	15	17	19
0		7	5	13	3	21	15	17	9	19	0	10	4	2	1	8		3	6	7	9
1	1										2	5									

$P = 25 = 5^2,\ g = 2,\ \varphi(P) = 20 = 2^2 \cdot 5$

N											I										
	0	1	2	3	4	5	6	7	8	9		0	1	2	3	4	5	6	7	8	9
0		2	4	8	16	7	14	3	6	12	0		20	1	7	2		8	5	3	14
1	24	23	21	17	9	18	11	22	19	13	1		16	9	19	6		4	13	15	18
2	1										2		12	17	11	10					

$P = 26 = 2 \cdot 13,\ g = 7,\ \varphi(P) = 12 = 2^2 \cdot 3$

N											I										
	0	1	2	3	4	5	6	7	8	9		1	3	5	7	9	11	13	15	17	19
0		7	23	5	9	11	25	19	3	21	0	12	8	3	1	4	5		11	10	7
1	17	15	1								2	9	2	6							

$P = 27 = 3^3,\ g = 2,\ \varphi(P) = 18 = 2 \cdot 3^2$

N											I										
	0	1	2	3	4	5	6	7	8	9		0	1	2	3	4	5	6	7	8	9
0		2	4	8	16	5	10	20	13	26	0		18	1		2	5		16	3	
1	25	23	19	11	22	17	7	14	1		1	6	13		8	17		4	15		12
											2	7		14	11		10	9			

$P = 34 = 2 \cdot 17,\ g = 3,\ \varphi(P) = 16 = 2^4$

N											I										
	0	1	2	3	4	5	6	7	8	9		1	3	5	7	9	11	13	15	17	19
0		3	9	27	13	5	15	11	33	31	0	16	1	5	11	2	7	4	6		14
1	25	7	21	29	19	23	1				2	12	15	10	3	13	9	8			

$P = 38 = 2 \cdot 19,\ g = 3,\ \varphi(P) = 18 = 2 \cdot 3^2$

N											I										
	0	1	2	3	4	5	6	7	8	9		1	3	5	7	9	11	13	15	17	19
0		3	9	27	5	15	7	21	25	37	0	18	1	4	6	2	12	17	5	16	
1	35	29	11	33	23	31	17	13	1		2	7	14	8	3	11	15	13	10	9	

$P = 46 = 2 \cdot 23,\ g = 5,\ \varphi(P) = 22 = 2 \cdot 11$

N											I										
	0	1	2	3	4	5	6	7	8	9		1	3	5	7	9	11	13	15	17	19
0		5	25	33	27	43	31	17	39	11	0	22	16	1	19	10	9	14	17	7	15
1	9	45	41	21	13	19	3	15	29	7	2	13		2	4	18	6	3	20	21	8
2	35	37	1								4	12	5	11							

$P = 49 = 7^2, \; g = 3, \; \varphi(P) = 42 = 2 \cdot 3 \cdot 7$

N

	0	1	2	3	4	5	6	7	8	9
0		3	9	27	32	47	43	31	44	34
1	4	12	36	10	30	41	25	26	29	38
2	16	48	46	40	22	17	2	6	18	5
3	15	45	37	13	39	19	8	24	23	20
4	11	33	1							

I

	0	1	2	3	4	5	6	7	8	9
0		42	26	1	10	29	27		36	2
1	13	40	11	33		30	20	25	28	35
2	39		24	38	37	16	17	3		18
3	14	7	4	41	9		12	32	19	34
4	23	15		6	8	31	22	5	21	

$P = 50 = 2 \cdot 5^2, \; g = 3, \; \varphi(P) = 20 = 2^2 \cdot 5$

N

	0	1	2	3	4	5	6	7	8	9
0		3	9	27	31	43	29	37	11	33
1	49	47	41	23	19	7	21	13	39	17
2	1									

I

	1	3	5	7	9	11	13	15	17	19
0	20	1		15	2	8	17		19	14
2	16	13		3	6	4	9		7	18
4	12	5		11	10					

$P = 54 = 2 \cdot 3^3, \; g = 5, \; \varphi(P) = 18 = 2 \cdot 3^2$

N

	0	1	2	3	4	5	6	7	8	9
0		5	25	17	31	47	19	41	43	53
1	49	29	37	23	7	35	13	11	1	

I

	1	3	5	7	9	11	13	15	17	19
0	18		1	14		17	16		3	6
2		13	2		11	4		15	12	
4	7	8		5	10		9			

$P = 58 = 2 \cdot 29, \; g = 3, \; \varphi(P) = 28 = 2^2 \cdot 7$

N

	0	1	2	3	4	5	6	7	8	9
0		3	9	27	23	11	33	41	7	21
1	5	15	45	19	57	55	49	31	35	47
2	25	17	51	37	53	43	13	39	1	

I

	1	3	5	7	9	11	13	15	17	19
0	28	1	10	8	2	5	26	11	21	13
2	9	4	20	3		17	6	18	23	27
4	7	25	12	19	16	22	24	15	14	

$P = 62 = 2 \cdot 31, \; g = 3, \; \varphi(P) = 30 = 2 \cdot 3 \cdot 5$

N

	0	1	2	3	4	5	6	7	8	9
0		3	9	27	19	57	47	17	51	29
1	25	13	39	55	41	61	59	53	35	43
2	5	15	45	11	33	37	49	23	7	21
3	1									

I

	1	3	5	7	9	11	13	15	17	19
0	30	1	20	28	2	23	11	21	7	4
2	29	27	10	3	9		24	18	25	12
4	14	19	22	6	26	8	17	13	5	16
6	15									

$P = \mathbf{74} = 2 \cdot 37,\ g = 5,\ \varphi(P) = 36 = 2^2 \cdot 3^2$

N											I										
	0	1	2	3	4	5	6	7	8	9		1	3	5	7	9	11	13	15	17	19
0		5	25	51	33	17	11	55	53	43	0	36	34	1	28	32	6	13	35	5	25
1	67	39	47	13	65	29	71	59	73	69	2	26	21	2	30	15	27	4	29		11
2	49	23	41	57	63	19	21	31	7	35	4	22	9	33	12	20	3	8	7	23	17
3	27	61	9	45	3	15	1				6	31	24	14	10	19	16	18			

$P = \mathbf{81} = 3^4,\ g = 2,\ \varphi(P) = 54 = 2 \cdot 3^3$

N											I										
	0	1	2	3	4	5	6	7	8	9		0	1	2	3	4	5	6	7	8	9
0		2	4	8	16	32	64	47	13	26	0		54	1		2	23		16	3	
1	52	23	46	11	22	44	7	14	28	56	1	24	13		8	17		4	33		48
2	31	62	43	5	10	20	40	80	79	77	2	25		14	11		46	9		18	37
3	73	65	49	17	34	68	55	29	58	35	3		20	5		34	39		42	49	
4	70	59	37	74	67	53	25	50	19	38	4	26	53		22	15		12	7		32
5	76	71	61	41	1						5	47		10	45		36	19		38	41
											6		52	21		6	31		44	35	
											7	40	51		30	43		50	29		28
											8	27									

$P = \mathbf{82} = 2 \cdot 41,\ g = 7,\ \varphi(P) = 40 = 2^3 \cdot 5$

N											I										
	0	1	2	3	4	5	6	7	8	9		1	3	5	7	9	11	13	15	17	19
0		7	49	15	23	79	61	17	37	13	0	40	25	18	1	10	37	9	3	7	31
1	9	63	31	53	43	55	57	71	5	35	2	26	4	36	35	33	12	22	19	8	34
2	81	75	33	67	59	3	21	65	45	69	4		14	28	39	2	32	13	15	16	24
3	73	19	51	29	39	27	25	11	77	47	6	6	11	27	23	29	17	30	21	38	5
4	1										8	20									

$P = \mathbf{86} = 2 \cdot 43,\ g = 3,\ \varphi(P) = 42 = 2 \cdot 3 \cdot 7$

N											I										
	0	1	2	3	4	5	6	7	8	9		1	3	5	7	9	11	13	15	17	19
0		3	9	27	81	71	41	37	25	75	0	42	1	25	35	2	30	32	26	38	19
1	53	73	47	55	79	65	23	69	35	19	2	36	16	8	3	41	34	31	18	7	33
2	57	85	83	77	59	5	15	45	49	61	4	6		27	12	28	39	10	13	20	24
3	11	33	13	39	31	7	21	63	17	51	6	29	37	15	40	17	5	11	9	23	14
4	67	29	1								8	4	22	21							

$P = \mathbf{94} = 2 \cdot 47,\ g = 5,\ \varphi(P) = 46 = 2 \cdot 23$

N											I										
	0	1	2	3	4	5	6	7	8	9		1	3	5	7	9	11	13	15	17	19
0		5	25	31	61	23	21	11	55	87	0	46	20	1	32	40	7	11	21	16	45
1	59	13	65	43	27	41	17	85	49	57	2	6	5	2	14	35	3	27	33	42	31
2	3	15	75	93	89	69	63	33	71	73	4	15	13	41		18	36	38	8	19	10
3	83	39	7	35	81	29	51	67	53	77	6	4	26	12	37	25	28	29	22	39	44
4	9	45	37	91	79	19	1				8	34	30	17	9	24	43	23			

$P = 98 = 2 \cdot 7^2,\ g = 3,\ \varphi(P) = 42 = 2 \cdot 3 \cdot 7$

N											I										
	0	1	2	3	4	5	6	7	8	9		1	3	5	7	9	11	13	15	17	19
0		3	9	27	81	47	43	31	93	83	0	42	1	29		2	40	33	30	25	35
1	53	61	85	59	79	41	25	75	29	87	2		38	16	3	18	7	41		32	34
2	65	97	95	89	71	17	51	55	67	5	4	15	6	31	5		26	10	27	36	13
3	15	45	37	13	39	19	57	73	23	69	6	11		20	28	39	24	37	17		14
4	11	33	1								8	4	9	12	19	23		8	22	21	

$P = 106 = 2 \cdot 53,\ g = 3,\ \varphi(P) = 52 = 2^2 \cdot 13$

N											I										
	0	1	2	3	4	5	6	7	8	9		1	3	5	7	9	11	13	15	17	19
0		3	9	27	81	31	93	67	95	73	0	52	1	15	10	2	34	32	16	22	45
1	7	21	63	83	37	5	15	45	29	87	2	11	39	30	3	18	5	35	25	14	33
2	49	41	17	51	47	35	105	103	97	79	4	21	38	17	24	20	23		49	46	50
3	25	75	13	39	11	33	99	85	43	23	6	43	12	47	7	40	51	9	31	44	29
4	69	101	91	61	77	19	57	65	89	55	8	4	13	37	19	48	42	6	8	28	36
5	59	71	1								10	41	27	26							

$P = 118 = 2 \cdot 59,\ g = 11,\ \varphi(P) = 58 = 2 \cdot 29$

N											I										
	0	1	2	3	4	5	6	7	8	9		1	3	5	7	9	11	13	15	17	19
0		11	3	33	9	99	27	61	81	65	0	58	2	42	10	4	1	25	44	48	34
1	7	77	21	113	63	103	71	73	95	101	2	12	47	26	6	22	53	3	52	37	27
2	49	67	29	83	87	13	25	39	75	117	4	40	57	46	45	20	50	38	43	36	
3	107	115	85	109	19	91	57	37	53	111	6	7	14	9	21	49	16	17	28	11	56
4	41	97	5	55	15	47	45	23	17	69	8	8	23	32	24	51	35	55	18	41	5
5	51	89	35	31	105	93	79	43	1		10	19	15	54	30	33	39	13	31	29	

$P = 121 = 11^2,\ g = 2,\ \varphi(P) = 110 = 2 \cdot 5 \cdot 11$

N										
	0	1	2	3	4	5	6	7	8	9
0		2	4	8	16	32	64	7	14	28
1	56	112	103	85	49	98	75	29	58	116
2	111	101	81	41	82	43	86	51	102	83
3	45	90	59	118	115	109	97	73	25	50
4	100	79	37	74	27	54	108	95	69	17
5	34	68	15	30	60	120	119	117	113	105
6	89	57	114	107	93	65	9	18	36	72
7	23	46	92	63	5	10	20	40	80	39
8	78	35	70	19	38	76	31	62	3	6
9	12	24	48	96	71	21	42	84	47	94
10	67	13	26	52	104	87	53	106	91	61
11	1									

I										
	0	1	2	3	4	5	6	7	8	9
0		110	1	88	2	74	89	7	3	66
1	75		90	101	8	52	4	49	67	83
2	76	95		70	91	38	102	44	9	17
3	53	86	5		50	81	68	42	84	79
4	77	23	96	25		30	71	98	92	14
5	39	27	103	106	45		10	61	18	32
6	54	109	87	73	6	65		100	51	48
7	82	94	69	37	43	16	85		80	41
8	78	22	24	29	97	13	26	105		60
9	31	108	72	64	99	47	93	36	15	
10	40	21	28	12	104	59	107	63	46	35
11		20	11	58	62	34	19	57	33	56
12	55									

$P = 122 = 2 \cdot 61,\ g = 7,\ \varphi(P) = 60 = 2^2 \cdot 3 \cdot 5$

N

	0	1	2	3	4	5	6	7	8	9
0		7	49	99	83	93	41	43	57	33
1	109	31	95	55	19	11	77	51	113	59
2	47	85	107	17	119	101	97	69	117	87
3	121	115	73	23	39	29	81	79	65	89
4	13	91	27	67	103	111	45	71	9	63
5	75	37	15	105	3	21	25	53	5	35
6	1									

I

	1	3	5	7	9	11	13	15	17	19
0	60	54	58	1	48	15	40	52	23	14
2	55	33	56	42	35	11	9	59	51	34
4	6	7	46	20	2	17	57	13	8	19
6		49	38	43	27	47	32	50	16	37
8	36	4	21	29	39	41	5	12	26	3
10	25	44	53	22	10	45	18	31	28	24
12	30									

$P = 125 = 5^3,\ g = 2,\ \varphi(P) = 100 = 2^2 \cdot 5^2$

N

	0	1	2	3	4	5	6	7	8	9
0		2	4	8	16	32	64	3	6	12
1	24	48	96	67	9	18	36	72	19	38
2	76	27	54	108	91	57	114	103	81	37
3	74	23	46	92	59	118	111	97	69	13
4	26	52	104	83	41	82	39	78	31	62
5	124	123	121	117	109	93	61	122	119	113
6	101	77	29	58	116	107	89	53	106	87
7	49	98	71	17	34	68	11	22	44	88
8	51	102	79	33	66	7	14	28	56	112
9	99	73	21	42	84	43	86	47	94	63
10	1									

I

	0	1	2	3	4	5	6	7	8	9
0		100	1	7	2		8	85	3	14
1		76	9	39	86		4	73	15	18
2		92	77	31	10		40	21	87	62
3		48	5	83	74		16	29	19	46
4		44	93	95	78		32	97	11	70
5		80	41	67	22		88	25	63	34
6		56	49	99	6		84	13	75	38
7		72	17	91	30		20	61	47	82
8		28	45	43	94		96	69	79	66
9		24	33	55	98		12	37	71	90
10		60	81	27	42		68	65	23	54
11		36	89	59	26		64	53	35	58
12		52	57	51	50					

$P = 134 = 2 \cdot 67,\ g = 7,\ \varphi(P) = 66 = 2 \cdot 3 \cdot 11$

N

	0	1	2	3	4	5	6	7	8	9
0		7	49	75	123	57	131	113	121	43
1	33	97	9	63	39	5	35	111	107	79
2	17	119	29	69	81	31	83	45	47	61
3	25	41	19	133	127	85	59	11	77	3
4	21	13	91	101	37	125	71	95	129	99
5	23	27	55	117	15	105	65	53	103	51
6	89	87	73	109	93	115	1			

I

	1	3	5	7	9	11	13	15	17	19
0	66	39	15	1	12	37	41	54	20	32
2	40	50	30	51	22	25	10	16	44	14
4	31	9	27	28	2	59	57	52	5	36
6	29	13	56		23	46	62	3	38	19
8	24	26	35	61	60	42	64	47	11	49
10	43	58	55	18	63	17	7	65	53	21
12	8	4	45	34	48	6	33			

$P = \mathbf{142} = 2 \cdot 71,\ g = 7,\ \varphi(P) = 70 = 2 \cdot 5 \cdot 7$

N	0	1	2	3	4	5	6	7	8	9
0		7	49	59	129	51	73	85	27	47
1	45	31	75	99	125	23	19	133	79	127
2	37	117	109	53	87	41	3	21	5	35
3	103	11	77	113	81	141	135	93	83	13
4	91	69	57	115	95	97	111	67	43	17
5	119	123	9	63	15	105	25	33	89	55
6	101	139	121	137	107	39	131	65	29	61
7	1									

I	1	3	5	7	9	11	13	15	17	19
0	70	26	28	1	52	31	39	54	49	16
2	27	15	56	8	68	11	57	29	20	65
4	25	48	10	9	2	5	23	59	42	3
6	69	53	67	47	41		6	12	32	18
8	34	38	7	24	58	40	37	44	45	13
10	60	30	55	64	22	46	33	43	21	50
12	62	51	14	19	4	66	17	36	63	61
14	35									

$P = \mathbf{146} = 2 \cdot 73,\ g = 5,\ \varphi(P) = 72 = 2^3 \cdot 3^2$

N	0	1	2	3	4	5	6	7	8	9
0		5	25	125	41	59	3	15	75	83
1	123	31	9	45	79	103	77	93	27	135
2	91	17	85	133	81	113	127	51	109	107
3	97	47	89	7	35	29	145	141	121	21
4	105	87	143	131	71	63	23	115	137	101
5	67	43	69	53	119	11	55	129	61	13
6	65	33	19	95	37	39	49	99	57	139
7	111	117	1							

I	1	3	5	7	9	11	13	15	17	19
0	72	6	1	33	12	55	59	7	21	62
2	39	46	2	18	35	11	61	34	64	65
4	4	51	13	31	66	27	53	56	68	5
6	58	45	60	50	52	44		8	16	14
8	24	9	22	41	32	20	17	63	30	67
10	49	15	40	29	28	70	25	47	71	54
12	38	10	3	26	57	43	23	19	48	69
14	37	42	36							

$P = \mathbf{158} = 2 \cdot 79,\ g = 3,\ \varphi(P) = 78 = 2 \cdot 3 \cdot 13$

N	0	1	2	3	4	5	6	7	8	9
0		3	9	27	81	85	97	133	83	91
1	115	29	87	103	151	137	95	127	65	37
2	111	17	51	153	143	113	23	69	49	147
3	125	59	19	57	13	39	117	35	105	157
4	155	149	131	77	73	61	25	75	67	43
5	129	71	55	7	21	63	31	93	121	47
6	141	107	5	15	45	135	89	109	11	33
7	99	139	101	145	119	41	123	53	1	

I	1	3	5	7	9	11	13	15	17	19
0	78	1	62	53	2	68	34	63	21	32
2	54	26	46	3	11	56	69	37	19	35
4	75	49	64	59	28	22	77	52	33	31
6	45	55	18	48	27	51	44	47	43	
8	4	8	5	12	66	9	57	16	6	70
10	72	13	38	61	67	20	25	10	36	74
12	58	76	30	17	50	42	7	65	15	71
14	60	24	73	29	41	14	23	40	39	

$P = 162 = 2 \cdot 3^4,\ g = 5,\ \varphi(P) = 54 = 2 \cdot 3^3$

N	0	1	2	3	4	5	6	7	8	9
0		5	25	125	139	47	73	41	43	53
1	103	29	145	77	61	143	67	11	55	113
2	79	71	31	155	127	149	97	161	157	137
3	37	23	115	89	121	119	109	59	133	17
4	85	101	19	95	151	107	49	83	91	131
5	7	35	13	65	1					

I	1	3	5	7	9	11	13	15	17	19
0	54		1	50		17	52		39	42
2		31	2		11	22		51	30	
4	7	8		5	46		9	18		37
6	14		53	16		21	6		13	20
8		47	40		33	48		43	26	
10	41	10		45	36		19	32		35
12	34		3	24		49	38		29	4
14		15	12		25	44		23	28	
16	27									

$P = 166 = 2 \cdot 83,\ g = 5,\ \varphi(P) = 82 = 2 \cdot 41$

N	0	1	2	3	4	5	6	7	8	9
0		5	25	125	127	137	21	105	27	135
1	11	55	109	47	69	13	65	159	131	157
2	121	107	37	19	95	143	51	89	113	67
3	3	15	75	43	49	79	63	149	81	73
4	33	165	161	141	41	39	29	145	61	139
5	31	155	111	57	119	97	153	101	7	35
6	9	45	59	129	147	71	23	115	77	53
7	99	163	151	91	123	117	87	103	17	85
8	93	133	1							

I	1	3	5	7	9	11	13	15	17	19
0	82	30	1	58	60	10	15	31	78	23
2	6	66	2	8	46	50	40	59	22	45
4	44	33	61	13	34	26	69	11	53	62
6	48	36	16	29	14	65	39	32	68	35
8	38		79	76	27	73	80	24	55	70
10	57	77	7	21	12	52	28	67	75	54
12	20	74	3	4	63	18	81	9	5	49
14	43	25	47	64	37	72	56	51	19	17
16	42	71	41							

$P = 169 = 13^2,\ g = 2,\ \varphi(P) = 156 = 2^2 \cdot 3 \cdot 13$

N	0	1	2	3	4	5	6	7	8	9
0		2	4	8	16	32	64	128	87	5
1	10	20	40	80	160	151	133	97	25	50
2	100	31	62	124	79	158	147	125	81	162
3	155	141	113	57	114	59	118	67	134	99
4	29	58	116	63	126	83	166	163	157	145
5	121	73	146	123	77	154	139	109	49	98
6	27	54	108	47	94	19	38	76	152	135
7	101	33	66	132	95	21	42	84	168	167
8	165	161	153	137	105	41	82	164	159	149
9	129	89	9	18	36	72	144	119	69	138
10	107	45	90	11	22	44	88	7	14	28
11	56	112	55	110	51	102	35	70	140	111
12	53	106	43	86	3	6	12	24	48	96
13	23	46	92	15	30	60	120	71	142	115
14	61	122	75	150	131	93	17	34	68	136
15	103	37	74	148	127	85	1			

I	0	1	2	3	4	5	6	7	8	9
0		156	1	124	2	9	125	107	3	92
1	10	103	126		108	133	4	146	93	65
2	11	75	104	130	127	18		60	109	40
3	134	21	5	71	147	116	94	151	66	
4	12	85	76	122	105	101	131	63	128	58
5	19	114		120	61	112	110	33	41	35
6	135	140	22	43	6		72	37	148	98
7	117	137	95	51	152	142	67	54		24
8	13	28	86	45	77	155	123	8	106	91
9	102		132	145	64	74	129	17	59	39
10	20	70	115	150		84	121	100	62	57
11	113	119	111	32	34	139	42		36	97
12	136	50	141	53	23	27	44	154	7	90
13		144	73	16	38	69	149	83	99	56
14	118	31	138		96	49	52	26	153	89
15	143	15	68	82	55	30		48	25	88
16	14	81	29	47	87	80	46	79	78	

$P = 178 = 2 \cdot 89,\ g = 3,\ \varphi(P) = 88 = 2^3 \cdot 11$

N

	0	1	2	3	4	5	6	7	8	9
0		3	9	27	81	65	17	51	153	103
1	131	37	111	155	109	149	91	95	107	143
2	73	41	123	13	39	117	173	163	133	43
3	129	31	93	101	125	19	57	171	157	115
4	167	145	79	59	177	175	169	151	97	113
5	161	127	25	75	47	141	67	23	69	29
6	87	83	71	35	105	137	55	165	139	61
7	5	15	45	135	49	147	85	77	53	159
8	121	7	21	63	11	33	99	119	1	

I

	1	3	5	7	9	11	13	15	17	19
0	88	1	70	81	2	84	23	71	6	35
2	82	57	52	3	59	31	85	63	11	24
4	21	29	72	54	74	7	78	66	36	43
6	69	83	5	56	58	62	20	53	77	42
8	4	61	76	60		16	32	17	48	86
10	33	9	64	18	14	12	49	39	25	87
12	80	22	34	51	30	10	28	73	65	68
14	55	19	41	75	15	47	8	13	38	79
16	50	27	67	40	46	37	26	45	44	

$P = 194 = 2 \cdot 97,\ g = 5,\ \varphi(P) = 96 = 2^5 \cdot 3$

N

	0	1	2	3	4	5	6	7	8	9
0		5	25	125	43	21	105	137	103	127
1	53	71	161	29	145	143	133	83	27	135
2	93	77	191	179	119	13	65	131	73	171
3	79	7	35	175	99	107	147	153	183	139
4	113	177	109	157	9	45	31	155	193	189
5	169	69	151	173	89	57	91	67	141	123
6	33	165	49	51	61	111	167	59	101	117
7	3	15	75	181	129	63	121	23	115	187
8	159	19	95	87	47	41	11	55	81	17
9	85	37	185	149	163	39	1			

I

	1	3	5	7	9	11	13	15	17	19
0	96	70	1	31	44	86	25	71	89	81
2	5	77	2	18	13	46	60	32	91	95
4	85	4	45	84	62	63	10	87	55	67
6	64	75	26	57	51	11	28	72	21	30
8	88	17	90	83	54	56	20	82		34
10	68	8	6	35	42	65	40	78	69	24
12	76	59	3	9	74	27	16	19	7	39
14	58	15	14	36	93	52	37	47	43	80
16	12	94	61	66	50	29	53	33	41	23
18	73	38	92	79	49	22	48			

$P = 202 = 2 \cdot 101,\ g = 3,\ \varphi(P) = 100 = 2^2 \cdot 5^2$

N

	0	1	2	3	4	5	6	7	8	9
0		3	9	27	81	41	123	167	97	89
1	65	195	181	139	13	39	117	149	43	129
2	185	151	49	147	37	111	131	191	169	103
3	107	119	155	61	183	145	31	93	77	29
4	87	59	177	127	179	133	197	187	157	67
5	201	199	193	175	121	161	79	35	105	113
6	137	7	21	63	189	163	85	53	159	73
7	17	51	153	55	165	91	71	11	33	99
8	95	83	47	141	19	57	171	109	125	173
9	115	143	25	75	23	69	5	15	45	135
10	1									

I

	1	3	5	7	9	11	13	15	17	19
0	100	1	96	61	2	77	14	97	70	84
2	62	94	92	3	39	36	78	57	24	15
4	5	18	98	82	22	71	67	73	85	41
6	33	63	10	49	95	76	69	93	38	56
8	4	81	66	40	9	75	37	80	8	79
10		29	58	30	87	25	59	90	16	31
12	54	6	88	43	19	26	45	99	60	13
14	83	91	35	23	17	21	72	32	48	68
16	55	65	74	7	28	86	89	53	42	44
18	12	34	20	47	64	27	52	11	46	51
20	50									

$P = \mathbf{206} = 2 \cdot 103,\ g = 5,\ \varphi(P) = 102 = 2 \cdot 3 \cdot 17$

N	0	1	2	3	4	5	6	7	8	9
0		5	25	125	7	35	175	51	49	39
1	195	151	137	67	129	27	135	57	79	189
2	121	193	141	87	23	115	163	197	161	187
3	111	143	97	73	159	177	61	99	83	3
4	15	75	169	21	105	113	153	147	117	173
5	41	205	201	181	81	199	171	31	155	157
6	167	11	55	69	139	77	179	71	149	127
7	17	85	13	65	119	183	91	43	9	45
8	19	95	63	109	133	47	29	145	107	123
9	203	191	131	37	185	101	93	53	59	89
10	33	165	1							

I	1	3	5	7	9	11	13	15	17	19
0	102	39	1	4	78	61	72	40	70	80
2	43	24	2	15	86	57	100	5	93	9
4	50	77	79	85	8	7	97	62	17	98
6	36	82	73	13	63	67	33	41	65	18
8	54	38	71	23	99	76	96	81	32	37
10	95		44	88	83	30	45	25	48	74
12	20	89	3	69	14	92	84	16	12	64
14	22	31	87	47	68	11	46	58	59	34
16	28	26	101	60	42	56	49	6	35	66
18	53	75	94	29	19	91	21	10	27	55
20	52	90	51							

$P = \mathbf{214} = 2 \cdot 107,\ g = 5,\ \varphi(P) = 106 = 2 \cdot 53$

N	0	1	2	3	4	5	6	7	8	9
0		5	25	125	197	129	3	15	75	161
1	163	173	9	45	11	55	61	91	27	135
2	33	165	183	59	81	191	99	67	121	177
3	29	145	83	201	149	103	87	7	35	175
4	19	95	47	21	105	97	57	71	141	63
5	101	77	171	213	209	189	89	17	85	211
6	199	139	53	51	41	205	169	203	159	153
7	123	187	79	181	49	31	155	133	23	115
8	147	93	37	185	69	131	13	65	111	127
9	207	179	39	195	119	167	193	109	117	157
10	143	73	151	113	137	43	1			

I	1	3	5	7	9	11	13	15	17	19
0	106	6	1	37	12	14	86	7	57	40
2	43	78	2	18	30	75	20	38	82	92
4	64	105	13	42	74	63	62	15	46	23
6	16	49	87	27	84	47	101	8	51	72
8	24	32	58	36	56	17	81	41	45	26
10	50	35	44		97	88	103	79	98	94
12	28	70	3	89	5	85	77	19	104	61
14	48	100	31	80	34	102	69	76	99	68
16	9	10	21	95	66	52	11	39	29	91
18	73	22	83	71	55	25	96	93	4	60
20	33	67	65	90	54	59	53			

$P = \mathbf{218} = 2 \cdot 109,\ g = 11,\ \varphi(P) = 108 = 2^2 \cdot 3^3$

N	0	1	2	3	4	5	6	7	8	9
0		11	121	23	35	167	93	151	135	177
1	203	53	147	91	129	111	131	133	155	179
2	7	77	193	161	27	79	215	185	73	149
3	113	153	157	201	31	123	45	59	213	163
4	49	103	43	37	189	117	197	205	75	171
5	137	199	9	99	217	207	97	195	183	51
6	125	67	83	41	15	165	71	127	89	107
7	87	85	63	39	211	141	25	57	191	139
8	3	33	145	69	105	65	61	17	187	95
9	173	159	5	55	169	115	175	181	29	101
10	21	13	143	47	81	19	209	119	1	

I	1	3	5	7	9	11	13	15	17	19
0	108	80	92	20	52	1	101	64	87	105
2	100	3	76	24	98	34	81	4	43	73
4	63	42	36	103	40	59	11	93	77	37
6	86	72	85	61	83	66	28	48	21	25
8	104	62	71	70	68	13	6	89	56	53
10	99	41	84	69		15	30	95	45	107
12	2	35	60	67	14	16	17	8	50	79
14	75	102	82	12	29	7	31	18	32	91
16	23	39	65	5	94	49	90	96	9	19
18	97	58	27	88	44	78	22	57	46	51
20	33	10	47	55	106	74	38	26	54	

$P = 226 = 2 \cdot 113,\ g = 3,\ \varphi(P) = 112 = 2^4 \cdot 7$

N	0	1	2	3	4	5	6	7	8	9
0		3	9	27	81	17	51	153	7	21
1	63	189	115	119	131	167	49	147	215	193
2	127	155	13	39	117	125	149	221	211	181
3	91	47	141	197	139	191	121	137	185	103
4	83	23	69	207	169	55	165	43	129	161
5	31	93	53	159	25	75	225	223	217	199
6	145	209	175	73	219	205	163	37	111	107
7	95	59	177	79	11	33	99	71	213	187
8	109	101	77	5	15	45	135	179	85	29
9	87	35	105	89	41	123	143	203	157	19
10	57	171	61	183	97	65	195	133	173	67
11	201	151	1							

I	1	3	5	7	9	11	13	15	17	19
0	112	1	83	8	2	74	22	84	5	99
2	9	41	54	3	89	50	75	91	67	23
4	94	47	85	31	16	6	52	45	100	71
6	102	10	105	109	42	77	63	55	82	73
8	4	40	88	90	93	30	51	70	104	76
10	81	39	92	69	80	68		12	24	13
12	36	95	25	20	48	14	107	86	37	34
14	32	96	60	17	26	111	7	21	98	53
16	49	66	46	15	44	101	108	62	72	87
18	29	103	38	79	11	35	19	106	33	59
20	110	97	65	43	61	28	78	18	58	64
22	27	57	56							

$P = 242 = 2 \cdot 11^2,\ g = 7,\ \varphi(P) = 110 = 2 \cdot 5 \cdot 11$

N	0	1	2	3	4	5	6	7	8	9
0		7	49	101	223	109	37	17	119	107
1	23	161	159	145	47	87	125	149	75	41
2	45	73	27	189	113	65	213	39	31	217
3	67	227	137	233	179	43	59	171	229	151
4	89	139	5	35	3	21	147	61	185	85
5	111	51	115	79	69	241	235	193	141	19
6	133	205	225	123	135	219	81	83	97	195
7	155	117	93	167	201	197	169	215	53	129
8	177	29	203	211	25	175	15	105	9	63
9	199	183	71	13	91	153	103	237	207	239
10	221	95	181	57	157	131	191	127	163	173
11	1									

I	1	3	5	7	9	11	13	15	17	19
0	110	44	42	1	88		93	86	7	59
2	45	10	84	22	81	28		43	6	27
4	19	35	20	14	2	51	78		103	36
6	47	89	25	30	54	92	21	18		53
8	66	67	49	15	40	94	72	101	68	
10	3	96	87	9	5	50	24	52	71	8
12		63	16	107	79	105	60	64	32	41
14	58		13	46	17	39	95	70	104	12
16	11	108		73	76	37	109	85	80	34
18	102	91	48		23	106	57	69	75	90
20	74	82	61	98		83	26	77	29	65
22	100	4	62	31	38		33	56	97	99
24	55									

$P = 243 = 3^5,\ g = 2,\ \varphi(P) = 162 = 2 \cdot 3^4$

N	0	1	2	3	4	5	6	7	8	9
0		2	4	8	16	32	64	128	13	26
1	52	104	208	173	103	206	169	95	190	137
2	31	62	124	5	10	20	40	80	160	77
3	154	65	130	17	34	68	136	29	58	116
4	232	221	199	155	67	134	25	50	100	200
5	157	71	142	41	82	164	85	170	97	194
6	145	47	94	188	133	23	46	92	184	125
7	7	14	28	56	112	224	205	167	91	182
8	121	242	241	239	235	227	211	179	115	230
9	217	191	139	35	70	140	37	74	148	53
10	106	212	181	119	238	233	223	203	163	83
11	166	89	178	113	226	209	175	107	214	185
12	127	11	22	44	88	176	109	218	193	143
13	43	86	172	101	202	161	79	158	73	146
14	49	98	196	149	55	110	220	197	151	59

I	0	1	2	3	4	5	6	7	8	9
0		162	1		2	23		70	3	
1	24	121		8	71		4	33		156
2	25		122	65		46	9		72	37
3		20	5		34	93		96	157	
4	26	53		130	123		66	61		140
5	47		10	99		144	73		38	149
6		160	21		6	31		44	35	
7	94	51		138	97		158	29		136
8	27		54	109		56	131		124	111
9		78	67		62	17		58	141	
10	48	133		14	11		100	117		126
11	145		74	113		88	39		150	103
12		80	161		22	69		120	7	
13	32	155		64	45		36	19		92
14	95		52	129		60	139		98	143

P = 243 (Fortsetzung)

N

	0	1	2	3	4	5	6	7	8	9
15	118	236	229	215	187	131	19	38	76	152
16	61	122	1							

I

	0	1	2	3	4	5	6	7	8	9
15		148	159		30	43		50	137	
16	28	135		108	55		110	77		16
17	57		132	13		116	125		112	87
18		102	79		68	119		154	63	
19	18	91		128	59		142	147		42
20	49		134	107		76	15		12	115
21		86	101		118	153		90	127	
22	146	41		106	75		114	85		152
23	89		40	105		84	151		104	83
24		82	81							

$P = 250 = 2 \cdot 5^3,\ g = 3,\ \varphi(P) = 100 = 2^2 \cdot 5^2$

N

	0	1	2	3	4	5	6	7	8	9
0		3	9	27	81	243	229	187	61	183
1	49	147	191	73	219	157	221	163	239	217
2	151	203	109	77	231	193	79	237	211	133
3	149	197	91	23	69	207	121	113	89	17
4	51	153	209	127	131	143	179	37	111	83
5	249	247	241	223	169	7	21	63	189	67
6	201	103	59	177	31	93	29	87	11	33
7	99	47	141	173	19	57	171	13	39	117
8	101	53	159	227	181	43	129	137	161	233
9	199	97	41	123	119	107	71	213	139	167
10	1									

I

	1	3	5	7	9	11	13	15	17	19
0	100	1		55	2	68	77		39	74
2	56	33		3	66	64	69		47	78
4	92	85		71	10	40	81		75	62
6	8	57		59	34	96	13		23	26
8	4	49		67	38	32	65		91	70
10	80	61		95	22	48	37		79	94
12	36	93		43	86	44	29		87	98
14	72	45		11	30	20	41		15	82
16	88	17		99	54	76	73		63	46
18	84	9		7	58	12	25		31	90
20	60	21		35	42	28	97		19	14
22	16	53		83	6	24	89		27	18
24	52	5		51	50					

$P = 254 = 2 \cdot 127,\ g = 3,\ \varphi(P) = 126 = 2 \cdot 3^2 \cdot 7$

N

	0	1	2	3	4	5	6	7	8	9
0		3	9	27	81	243	221	155	211	125
1	121	109	73	219	149	193	71	213	131	139
2	163	235	197	83	249	239	209	119	103	55
3	165	241	215	137	157	217	143	175	17	51
4	153	205	107	67	201	95	31	93	25	75
5	225	167	247	233	191	65	195	77	231	185
6	47	141	169	253	251	245	227	173	11	33
7	99	43	129	133	145	181	35	105	61	183
8	41	123	115	91	19	57	171	5	15	45
9	135	151	199	89	13	39	117	97	37	111
10	79	237	203	101	49	147	187	53	159	223
11	161	229	179	29	87	7	21	63	189	59
12	177	23	69	207	113	85	1			

I

	1	3	5	7	9	11	13	15	17	19
0	126	1	87	115	2	68	94	88	38	84
2	116	121	48	3	113	46	69	76	98	95
4	80	71	89	60	104	39	107	29	85	119
6	78	117	55	43	122	16	12	49	57	100
8	4	23	125	114	93	83	47	45	97	70
10	103	28	77	42	11	99	124	82	96	27
12	10	81	9		72	18	73	90	33	19
14	61	36	74	105	14	91	40	7	34	108
16	110	20	30	51	62	86	67	37	120	112
18	75	79	59	106	118	54	15	56	22	92
20	44	102	41	123	26	8	17	32	35	13
22	6	109	50	66	111	58	53	21	101	25
24	31	5	65	52	24	64	63			

$P = \mathbf{262} = 2 \cdot 131,\ g = 17,\ \varphi(P) = 130 = 2 \cdot 5 \cdot 13$

N

	0	1	2	3	4	5	6	7	8	9
0		17	27	197	205	79	33	37	105	213
1	215	249	41	173	59	217	21	95	43	207
2	113	87	169	253	109	19	61	251	75	227
3	191	103	179	161	117	155	15	255	143	73
4	193	137	233	31	3	51	81	67	91	237
5	99	111	53	115	121	223	123	257	177	127
6	63	23	129	97	77	261	245	235	65	57
7	183	229	225	157	49	47	13	221	89	203
8	45	241	167	219	55	149	175	93	9	153
9	243	201	11	187	35	71	159	83	101	145
10	107	247	7	119	189	69	125	29	231	259
11	211	181	195	171	25	163	151	209	147	141
12	39	139	5	85	135	199	239	133	165	185
13	1									

I

	1	3	5	7	9	11	13	15	17	19
0	130	44	122	102	88	92	76	36	1	25
2	16	61	114	2	107	43	6	94	7	120
4	12	18	80	75	74	45	52	84	69	14
6	26	60	68	47	105	95	39	28	64	5
8	46	97	123	21	78	48	87	17	63	50
10	98	31	8	100	24	51	20	53	34	103
12	54	56	106	59	62		127	124	41	121
14	119	38	99	118	85	116	89	35	73	96
16	33	115	128	82	22	113	13	86	58	32
18	111	70	129	93	104	30	40	112	3	125
20	91	79	4	19	117	110	9	10	15	83
22	77	55	72	29	71	108	42	67	49	126
24	81	90	66	101	11	27	23	37	57	109
26	65									

$P = \mathbf{274} = 2 \cdot 137,\ g = 3,\ \varphi(P) = 136 = 2^3 \cdot 17$

N

	0	1	2	3	4	5	6	7	8	9
0		3	9	27	81	243	181	269	259	229
1	139	143	155	191	25	75	225	127	107	47
2	141	149	173	245	187	13	39	117	77	231
3	145	161	209	79	237	163	215	97	17	51
4	153	185	7	21	63	189	19	57	171	239
5	169	233	151	179	263	241	175	251	205	67
6	201	55	165	221	115	71	213	91	273	271
7	265	247	193	31	93	5	15	45	135	131
8	119	83	249	199	49	147	167	227	133	125
9	101	29	87	261	235	157	197	43	129	113
10	65	195	37	111	59	177	257	223	121	89
11	267	253	211	85	255	217	103	35	105	41
12	123	95	11	33	99	23	69	207	73	219
13	109	53	159	203	61	183	1			

I

	1	3	5	7	9	11	13	15	17	19
0	136	1	75	42	2	122	25	76	38	46
2	43	125	14	3	91	73	123	117	102	26
4	119	97	77	19	84	39	131	61	47	104
6	134	44	100	59	126	65	128	15	28	33
8	4	81	113	92	109	67	74	121	37	124
10	90	116	118	18	130	103	99	64	27	80
12	108	120	89	17	98	79	88	78		10
14	20	11	30	85	21	52	40	12	95	132
16	31	35	62	86	50	48	22	56	105	53
18	6	135	41	24	45	13	72	101	96	83
20	60	133	58	127	32	112	66	36	115	129
22	63	107	16	87	9	29	51	94	34	49
24	55	5	23	71	82	57	111	114	106	8
26	93	54	70	110	7	69	68			

$P = \mathbf{278} = 2 \cdot 139,\ g = 3,\ \varphi(P) = 138 = 2 \cdot 3 \cdot 23$

N

	0	1	2	3	4	5	6	7	8	9
0		3	9	27	81	243	173	241	167	223
1	113	61	183	271	257	215	89	267	245	179
2	259	221	107	43	129	109	49	147	163	211
3	77	231	137	133	121	85	255	209	71	213
4	83	249	191	17	51	153	181	265	239	161
5	205	59	177	253	203	53	159	199	41	123
6	91	273	263	233	143	151	175	247	185	277
7	275	269	251	197	35	105	37	111	55	165
8	217	95	7	21	63	189	11	33	99	19
9	57	171	235	149	169	229	131	115	67	201
10	47	141	145	157	193	23	69	207	65	195
11	29	87	261	227	125	97	13	39	117	73
12	219	101	25	75	225	119	79	237	155	187
13	5	15	45	135	127	103	31	93	1	

I

	1	3	5	7	9	11	13	15	17	19
0	138	1	130	82	2	86	116	131	43	89
2	83	105	122	3	110	136	87	74	76	117
4	58	23	132	100	26	44	55	78	90	51
6	11	84	108	98	106	38	119	123	30	126
8	4	40	35	111	16	60	137	81	115	88
10	121	135	75	22	25	77	10	97	118	125
12	34	59	114	134	24	96	33	133	32	
14	101	64	102	27	93	65	45	128	103	56
16	49	28	79	8	94	91	6	66	52	19
18	46	12	68	129	85	42	104	109	73	57
20	99	54	50	107	37	29	39	15	80	120
22	21	9	124	113	95	31	63	92	127	48
24	7	5	18	67	41	72	53	36	14	20
26	112	62	47	17	71	13	61	70	69	

$P = 289 = 17^2,\ g = 3,\ \varphi(P) = 272 = 2^4 \cdot 17$

N	0	1	2	3	4	5	6	7	8	9
0		3	9	27	81	243	151	164	203	31
1	93	279	259	199	19	57	171	224	94	282
2	268	226	100	11	33	99	8	24	72	216
3	70	210	52	156	179	248	166	209	49	147
4	152	167	212	58	174	233	121	74	222	88
5	264	214	64	192	287	283	271	235	127	92
6	276	250	172	227	103	20	60	180	251	175
7	236	130	101	14	42	126	89	267	223	91
8	273	241	145	146	149	158	185	266	220	82
9	246	160	191	284	274	244	154	173	230	112
10	47	141	134	113	50	150	161	194	4	12
11	36	108	35	105	26	78	234	124	83	249
12	169	218	76	228	106	29	87	261	205	37
13	111	44	132	107	32	96	288	286	280	262
14	208	46	138	125	86	258	196	10	30	90
15	270	232	118	65	195	7	21	63	189	278
16	256	190	281	265	217	73	219	79	237	133
17	110	41	123	80	240	142	137	122	77	231
18	115	56	168	215	67	201	25	75	225	97
19	2	6	18	54	162	197	13	39	117	62
20	186	269	229	109	38	114	53	159	188	275
21	247	163	200	22	66	198	16	48	144	143
22	140	131	104	23	69	207	43	129	98	5
23	15	45	135	116	59	177	242	148	155	176
24	239	139	128	95	285	277	253	181	254	184
25	263	211	55	165	206	40	120	71	213	61
26	183	260	202	28	84	252	178	245	157	182
27	257	193	1							

I	0	1	2	3	4	5	6	7	8	9
0		272	190	1	108	229	191	155	26	2
1	147	23	109	196	73	230	216		192	14
2	65	156	213	223	27	186	114	3	263	125
3	148	9	134	24		112	110	129	204	197
4	255	171	74	226	131	231	141	100	217	38
5	104		32	206	193	252	181	15	43	234
6	66	259	199	157	52	153	214	184		224
7	30	257	28	165	47	187	1[illegible]2	178	115	167
8	173	4	89	118	264		144	126	49	76
9	149	79	59	10	18	243	135	189	228	25
10	22	72		64	222	113	124	133	111	203
11	170	130	99	103	205	180	233	198	152	
12	256	46	177	172	117	143	75	58	242	227
13	71	221	132	169	102	232		176	142	241
14	220	101	175	219	218	82	83	39	237	84
15	105	6	40		96	238	33	268	85	207
16	91	106	194	211	7	253	36	41	182	120
17		16	62	97	44	69	239	235	266	34
18	67	247	269	260	249	86	200		208	158
19	161	92	53	271	107	154	146	195	215	13
20	212	185	262	8		128	254	225	140	37
21	31	251	42	258	51	183	29	164	121	166
22	88		48	78	17	188	21	63	123	202
23	98	179	151	45	116	57	70	168		240
24	174	81	236	5	95	267	90	210	35	119
25	61	68	265	246	248		160	270	145	12
26	261	127	139	250	50	163	87	77	20	201
27	150	56		80	94	209	60	245	159	11
28	138	162	19	55	93	244	137	54	136	

$P = 298 = 2 \cdot 149,\ g = 3,\ \varphi(P) = 148 = 2^2 \cdot 37$

N	0	1	2	3	4	5	6	7	8	9
0		3	9	27	81	243	133	101	5	15
1	45	135	107	23	69	207	25	75	225	79
2	237	115	47	141	125	77	231	97	291	277
3	235	109	29	87	261	187	263	193	281	247
4	145	137	113	41	123	71	213	43	129	89
5	267	205	19	57	171	215	49	147	143	131
6	95	285	259	181	245	139	119	59	177	233
7	103	11	33	99	297	295	289	271	217	55
8	165	197	293	283	253	163	191	275	229	91
9	273	223	73	219	61	183	251	157	173	221
10	67	201	7	21	63	189	269	211	37	111
11	35	105	17	51	153	161	185	257	175	227
12	85	255	169	209	31	93	279	241	127	83
13	249	151	155	167	203	13	39	117	53	159
14	179	239	121	65	195	287	265	199	1	

I	1	3	5	7	9	11	13	15	17	19
0	148	1	8	102	2	71	135	9	112	52
2	103	13	16	3	32	124	72	110	108	136
4	43	47	10	22	56	113	138	79	53	67
6	94	104	143	100	14	45	92	17	25	19
8	4	129	120	33	49	89	125	60	27	73
10	7	70	111	12	31	109	42	21	137	66
12	142	44	24	128	48	59	6	11	41	65
14	23	58	40	57		131	114	132	97	139
16	115	85	80	133	122	54	98	118	68	140
18	63	95	116	35	105	86	37	144	81	147
20	101	134	51	15	123	107	46	55	78	93
22	99	91	18	119	88	26	69	30	20	141
24	127	5	64	39	130	96	84	121	117	62
26	34	36	146	50	106	77	90	87	29	126
28	38	83	61	145	76	28	82	75	74	

$P = \mathbf{302} = 2 \cdot 151, \; g = 7, \; \varphi(P) = 150 = 2 \cdot 3 \cdot 5^2$

N

	0	1	2	3	4	5	6	7	8	9
0		7	49	41	287	197	171	291	225	65
1	153	165	249	233	121	243	191	129	299	281
2	155	179	45	13	91	33	231	107	145	109
3	159	207	241	177	31	217	9	63	139	67
4	167	263	29	203	213	283	169	277	127	285
5	183	73	209	255	275	113	187	101	103	117
6	215	297	267	57	97	75	223	51	55	83
7	279	141	81	265	43	301	295	253	261	15
8	105	131	11	77	237	149	137	53	69	181
9	59	111	173	3	21	147	123	257	289	211
10	269	71	195	157	193	143	95	61	125	271
11	85	293	239	163	235	135	39	273	99	89
12	19	133	25	175	17	119	229	93	47	27
13	189	115	201	199	185	87	5	35	245	205
14	227	79	251	247	219	23	161	221	37	259
15	1									

I

	1	3	5	7	9	11	13	15	17	19
0	150	93	136	1	36	82	23	79	124	120
2	94	145	122	129	42	34	25	137	148	116
4	3	74	22	128	2	67	87	68	63	90
6	107	37	9	39	88	101	51	65	83	141
8	72	69	110	135	119	24	127	106	64	118
10	57	58	80	27	29	91	55	131	59	125
12	14	96	108	48	17	81	121	115	86	38
14	71	105	28	95	85		10	20	103	30
16	146	113	11	40	46	6	92	123	33	21
18	89	50	134	56	130	16	104	102	5	133
20	132	43	139	31	52	99	44	60	35	144
22	147	66	8	140	126	26	13	114	84	112
24	32	15	138	143	12	142	77	53	97	149
26	78	41	73	62	100	109	117	54	47	70
28	19	45	49	4	98	7	111	76	61	18
30	75									

$P = \mathbf{314} = 2 \cdot 157, \; g = 5, \; \varphi(P) = 156 = 2^2 \cdot 3 \cdot 13$

N

	0	1	2	3	4	5	6	7	8	9
0		5	25	125	311	299	239	253	9	45
1	225	183	287	179	267	79	81	91	141	77
2	71	41	205	83	101	191	13	65	11	55
3	275	119	281	149	117	271	99	181	277	129
4	17	85	111	241	263	59	295	219	153	137
5	57	285	169	217	143	87	121	291	199	53
6	265	69	31	155	147	107	221	163	187	307
7	279	139	67	21	105	211	113	251	313	309
8	289	189	3	15	75	61	305	269	89	131
9	27	135	47	235	233	223	173	237	243	273
10	109	231	213	123	301	249	303	259	39	195
11	33	165	197	43	215	133	37	185	297	229
12	203	73	51	255	19	95	161	177	257	29
13	145	97	171	227	193	23	115	261	49	245
14	283	159	167	207	93	151	127	7	35	175
15	247	293	209	103	201	63	1			

I

	1	3	5	7	9	11	13	15	17	19
0	156	82	1	147	8	28	26	83	40	124
2	73	135	2	90	129	62	110	148	116	108
4	21	113	9	92	138	122	59	29	50	45
6	85	155	27	72	61	20	121	84	19	15
8	16	23	41	55	88	17	144	125	131	36
10	24	153	74	65	100	42	76	136	34	31
12	56	103	3	146	39	89	115	91	49	71
14	18	54	130	64	33	145	48	63		141
16	126	67	111	142	52	132	96	149	127	13
18	37	11	117	68	81	25	134	109	112	58
20	154	120	22	143	152	75	102	114	53	47
22	66	95	10	133	119	101	94	93	97	6
24	43	98	139	150	105	77	7	123	128	107
26	137	44	60	14	87	35	99	30	38	70
28	32	140	51	12	80	57	151	46	118	5
30	104	106	86	69	79	4	78			

$P = \mathbf{326} = 2 \cdot 163,\ g = 3,\ \varphi(P) = 162 = 2 \cdot 3^4$

N	0	1	2	3	4	5	6	7	8	9	I	1	3	5	7	9	11	13	15	17	19
0		3	9	27	81	243	77	231	41	123	0	162	1	21	113	2	55	39	22	15	67
1	43	129	61	183	223	17	51	153	133	73	2	114	45	42	3	139	129	56	134	111	40
2	219	5	15	45	135	79	237	59	177	205	4	8	10	23	50	64	16	72	76	68	27
3	289	215	319	305	263	137	85	255	113	13	6	12	115	60	143	46	118	19	43	6	25
4	39	117	25	75	225	23	69	207	295	233	8	4	86	36	140	107	152	130	88	52	57
5	47	141	97	291	221	11	33	99	297	239	10	125	95	135	101	161	112	38	66	41	128
6	65	195	259	125	49	147	115	19	57	171	12	110	9	63	75	11	142	18	24	35	151
7	187	235	53	159	151	127	55	165	169	181	14	51	94	160	65	109	74	17	150	159	73
8	217	325	323	317	299	245	83	249	95	285	16	158		77	154	78	69	98	155	28	146
9	203	283	197	265	143	103	309	275	173	193	18	79	13	132	70	116	105	99	61	92	156
10	253	107	321	311	281	191	247	89	267	149	20	144	90	29	47	122	147	119	31	80	20
11	121	37	111	7	21	63	189	241	71	213	22	54	14	44	138	133	7	49	71	26	59
12	313	287	209	301	251	101	303	257	119	31	24	117	5	85	106	87	124	100	37	127	62
13	93	279	185	229	35	105	315	293	227	29	26	141	34	93	108	149	157	153	97	145	131
14	87	261	131	67	201	277	179	211	307	269	28	104	91	89	121	30	53	137	48	58	84
15	155	139	91	273	167	175	199	271	161	157	30	123	126	33	148	96	103	120	136	83	32
16	145	109	1								32	102	82	81							

$P = \mathbf{334} = 2 \cdot 167,\ g = 5,\ \varphi(P) = 166 = 2 \cdot 83$

N	0	1	2	3	4	5	6	7	8	9	I	1	3	5	7	9	11	13	15	17	19
0		5	25	125	291	119	261	303	179	227	0	166	94	1	118	22	28	103	95	53	58
1	133	331	319	259	293	129	311	219	93	131	2	46	99	2	116	150	90	122	119	61	31
2	321	269	9	45	225	123	281	69	11	55	4	97	87	23	132	70	147	109	29	152	113
3	275	39	195	307	199	327	299	159	127	301	6	66	140	104	165	27	45	89	96	146	65
4	169	177	217	83	81	71	21	105	191	287	8	44	43	54	78	154	55	18	59	76	50
5	99	161	137	17	85	91	121	271	19	95	10	79	157	47	92	107	155	73	100	125	5
6	141	37	185	257	283	79	61	305	189	277	12	56	25	3	38	15	19	10	117	52	115
7	49	245	223	113	231	153	97	151	87	101	14	60	131	151	164	145	77	75	91	124	37
8	171	187	267	333	329	309	209	43	215	73	16	51	163	123		40	80	134	120	41	8
9	31	155	107	201	3	15	75	41	205	23	18	158	160	62	81	68	48	143	32	135	34
10	115	241	203	13	65	325	289	109	211	53	20	93	102	98	121	86	108	139	88	42	17
11	265	323	279	59	295	139	27	135	7	35	22	156	72	24	9	130	74	162	133	159	142
12	175	207	33	165	157	117	251	253	263	313	24	101	138	71	161	137	126	127	148	63	13
13	229	143	47	235	173	197	317	249	243	213	26	6	128	110	82	21	57	149	30	69	112
14	63	315	239	193	297	149	77	51	255	273	28	26	64	153	49	106	4	14	114	144	36
15	29	145	57	285	89	111	221	103	181	237	30	39	7	67	33	85	16	129	141	136	12
16	183	247	233	163	147	67	1				32	20	111	105	35	84	11	83			

$P = \mathbf{338} = 2 \cdot 13^2,\ g = 7,\ \varphi(P) = 156 = 2^2 \cdot 3 \cdot 13$

N

	0	1	2	3	4	5	6	7	8	9
0		7	49	5	35	245	25	175	211	125
1	199	41	287	319	205	83	243	11	77	201
2	55	47	329	275	235	293	23	161	113	115
3	129	227	237	307	121	171	183	267	179	239
4	321	219	181	253	81	229	251	67	131	241
5	335	317	191	323	233	279	263	151	43	301
6	79	215	153	57	61	89	285	305	107	73
7	173	197	27	189	309	135	269	193	337	331
8	289	333	303	93	313	163	127	213	139	297
9	51	19	133	255	95	327	261	137	283	291
10	9	63	103	45	315	177	225	223	209	111
11	101	31	217	167	155	71	159	99	17	119
12	157	85	257	109	87	271	207	97	3	21
13	147	15	105	59	75	187	295	37	259	123
14	185	281	277	249	53	33	231	265	165	141
15	311	149	29	203	69	145	1			

I

	1	3	5	7	9	11	13	15	17	19
0	156	128	3	1	100	17		131	118	91
2	129	26	6	72	152	111	145	4	137	
4	11	58	103	21	2	90	144	20	63	133
6	64	101		47	154	115	69	134	18	60
8	44	15	121	124	65		83	94	127	117
10	110	102	132	68	123	109	28	29		119
12	34	139	9	86	30	48	92	75	97	88
14	149		155	130	151	57	62	114	120	116
16	27	85	148	113		35	70	7	105	38
18	42	36	140	135	73	52	77		71	10
20	19	153	14	126	108	8	87	61	112	41
22		107	106	31	45	146	54	24	32	39
24	49	16	5		143	46	43	93	122	138
26	96	56	147	37	76	125		23	142	55
28	141	98	66	12	80	99	25	136	89	
30	59	82	67	33	74	150	84	104	51	13
32	40	53		95	22	79	81	50	78	

$P = \mathbf{343} = 7^3,\ g = 3,\ \varphi(P) = 294 = 2 \cdot 147$

N

	0	1	2	3	4	5	6	7	8	9
0		3	9	27	81	243	43	129	44	132
1	53	159	134	59	177	188	221	320	274	136
2	65	195	242	40	120	17	51	153	116	5
3	15	45	135	62	186	215	302	220	317	265
4	109	327	295	199	254	76	228	341	337	325
5	289	181	200	257	85	255	79	237	25	75
6	225	332	310	244	46	138	71	213	296	202
7	263	103	309	241	37	111	333	313	253	73
8	219	314	256	82	246	52	156	125	32	96
9	288	178	191	230	4	12	36	108	324	286
10	172	173	176	185	212	293	193	236	22	66
11	198	251	67	201	260	94	282	160	137	68
12	204	269	121	20	60	180	197	248	58	174
13	179	194	239	31	93	279	151	110	330	304
14	226	335	319	271	127	38	114	342	340	334
15	316	262	100	300	214	299	211	290	184	209
16	284	166	155	122	23	69	207	278	148	101
17	303	223	326	292	190	227	338	328	298	208
18	281	157	128	41	123	26	78	234	16	48
19	144	89	267	115	2	6	18	54	162	143
20	86	258	88	264	106	318	268	118	11	33
21	99	297	205	272	130	47	141	80	240	34
22	102	306	232	10	30	90	270	124	29	87
23	261	97	291	187	218	311	247	55	165	152
24	113	339	331	307	235	19	57	171	170	167

I

	0	1	2	3	4	5	6	7	8	9
0		294	194	1	94	29	195		288	2
1	223	208	95	285		30	188	25	196	245
2	123		108	164	289	58	185	3		228
3	224	133	88	209	219		96	74	145	286
4	23	183		6	8	31	64	215	189	
5	252	26	85	10	197	237		246	128	13
6	124	263	33		282	20	109	112	119	165
7		66	290	79	268	59	45		186	56
8	217	4	83	261		54	200	229	202	191
9	225		258	134	115	274	89	231		210
10	152	169	220	71	279		204	254	97	40
11	137	75		240	146	193	28	287	207	
12	24	122	163	184	227	87		144	182	7
13	214	251	9		12	32	19	118	65	267
14		216	260	199	190	257	273		168	278
15	253	136	239	27		162	86	181	250	11
16	117		198	272	277	238	161	249		276
17	248	247	100	101	129		102	14	91	130
18	125	51		264	158	103	34	233	15	
19	174	92	283	106	131	21		126	110	43
20	52	113	69		120	212	265	166	179	159
21		156	104	67	154	35	291		234	80
22	37	16	269	171		60	140	175	46	293
23	93		222	284	187	244	107	57		132
24	218	73	22	5	63		84	236	127	262

P = 343 (Fortsetzung)

N	0	1	2	3	4	5	6	7	8	9
25	158	131	50	150	107	321	277	145	92	276
26	142	83	249	61	183	206	275	139	74	222
27	323	283	163	146	95	285	169	164	149	104
28	312	250	64	192	233	13	39	117	8	24
29	72	216	305	229	1					

I	0	1	2	3	4	5	6	7	8	9
25	281	111		78	44	55	82	53	201	
26	114	230	151	70	203	39		192	206	121
27	226	143	213		18	266	259	256	167	135
28		180	116	271	160	275	99		90	50
29	157	232	173	105		42	68	211	178	155
30	153		36	170	139	292	221	243		72
31	62	235	280	77	81		150	38	205	142
32	17	255		270	98	49	172	41	177	
33	138	242	61	76	149	141		48	176	241
34	148	47	147							

P = 346 = 2 · 173, g = 7, φ (P) = 172 = $2^2 \cdot 43$

N	0	1	2	3	4	5	6	7	8	9
0		7	49	343	325	199	9	63	95	319
1	157	61	81	221	163	103	29	203	37	259
2	83	235	261	97	333	255	55	39	273	181
3	229	219	149	5	35	245	331	241	303	45
4	315	129	211	93	305	59	67	123	169	145
5	323	185	257	69	137	267	139	281	237	275
6	195	327	213	107	57	53	25	175	187	271
7	167	131	225	191	299	17	119	141	295	335
8	269	153	33	231	233	247	345	339	297	3
9	21	147	337	283	251	27	189	285	265	125
10	183	243	317	143	309	87	263	111	85	249
11	13	91	291	307	73	165	117	127	197	341
12	311	101	15	105	43	301	31	217	135	253
13	41	287	279	223	177	201	23	161	89	277
14	209	79	207	65	109	71	151	19	133	239
15	289	293	321	171	159	75	179	215	121	155
16	47	329	227	205	51	11	77	193	313	115
17	113	99	1							

I	1	3	5	7	9	11	13	15	17	19
0	172	89	33	1	6	165	110	122	75	147
2	90	136	66	95	16	126	82	34	18	27
4	130	124	39	160	2	164	65	26	64	45
6	11	7	143	46	53	145	114	155	166	141
8	12	20	108	105	138	111	43	8	23	171
10	121	15	123	63	144	107	170	169	116	76
12	158	47	99	117	41	71	148	128	54	56
14	77	103	49	91	32	146	81	159	10	154
16	137	14	115	70	48	153		67	134	156
18	29	100	51	68	96	73	167	60	118	5
20	135	17	163	142	140	42	62	157	127	31
22	13	133	72	162	30	83	84	21	58	149
24	37	101	35	85	109	94	129	25	52	19
26	22	106	98	55	80	69	28	59	139	132
28	57	93	97	131	150	112	151	78	88	74
30	125	38	44	113	104	120	168	40	102	9
32	152	50	4	61	161	36	24	79	92	87
34	119	3	86							

P = 358 = 2 · 179, g = 7, φ (P) = 178 = 2 · 89

N	0	1	2	3	4	5	6	7	8	9
0		7	49	343	253	339	225	143	285	205
1	3	21	147	313	43	301	317	71	139	257
2	9	63	83	223	129	187	235	213	59	55
3	27	189	249	311	29	203	347	281	177	165
4	81	209	31	217	87	251	325	127	173	137
5	243	269	93	293	261	37	259	23	161	53
6	13	91	279	163	67	111	61	69	125	159
7	39	273	121	131	201	333	183	207	17	119
8	117	103	5	35	245	283	191	263	51	357
9	351	309	15	105	19	133	215	73	153	355

I	1	3	5	7	9	11	13	15	17	19
0	178	10	82	1	20	125	60	92	78	94
2	11	57	164	30	34	42	135	83	55	70
4	105	14	102	122	2	88	59	29	104	28
6	66	21	142	64	67	17	97	174	126	151
8	40	22	160	44	140	61	52	176	143	145
10	108	81	93	134	121	65	173	139	80	79
12	72	115	68	47	24	73	95	112	49	18
14	132	7	116	12	130	166	98	124	163	69
16	58	63	39	175	120	114	48	165	38	
18	127	76	137	25	31	86	128	152	147	158

P = 358 (Fortsetzung)

	N											I									
	0	1	2	3	4	5	6	7	8	9		1	3	5	7	9	11	13	15	17	19
10	337	211	45	315	57	41	287	219	101	349	20	74	35	9	77	41	101	27	96	43	107
11	295	275	135	229	171	123	145	299	303	331	22	138	23	6	162	113	136	157	26	161	168
12	169	109	47	329	155	11	77	181	193	277	24	169	50	84	154	32	45	4	170	19	56
13	149	327	141	271	107	33	231	185	221	115	26	54	87	141	150	51	133	71	111	129	62
14	89	265	65	97	321	99	335	197	305	345	28	37	85	8	106	156	153	53	110	155	117
15	267	79	195	291	247	297	289	233	199	319	30	15	118	148	177	91	33	13	103	16	159
16	85	237	227	157	25	175	151	341	239	241	32	144	172	46	131	123	119	75	146	100	5
17	255	353	323	113	75	167	95	307	1		34	167	3	149	36	109	90	171	99	89	

P = 361 = 19^2, g = 2, φ (P) = 342 = $2 \cdot 3^2 \cdot 19$

	N											I									
	0	1	2	3	4	5	6	7	8	9		0	1	2	3	4	5	6	7	8	9
0		2	4	8	16	32	64	128	256	151	0		342	1	139	2	232	140	150	3	278
1	302	243	125	250	139	278	195	29	58	116	1	233	102	141	329	151	29	4	226	279	
2	232	103	206	51	102	204	47	94	188	15	2	234	289	103	146	142	122	330	75	152	17
3	30	60	120	240	119	238	115	230	99	198	3	30	303	5	241	227	40	280	45		126
4	35	70	140	280	199	37	74	148	296	231	4	235	67	290	52	104	168	147	26	143	300
5	101	202	43	86	172	344	327	293	225	89	5	123	23	331	83	76	334	153		18	181
6	178	356	351	341	321	281	201	41	82	164	6	31	92	304	86	6	219	242	269	228	285
7	328	295	229	97	194	27	54	108	216	71	7	41	79	281	112	46	261		252	127	337
8	142	284	207	53	106	212	63	126	252	143	8	236	214	68	186	291	116	53	156	105	59
9	286	211	61	122	244	127	254	147	294	227	9	169	137	148	100	27		144	73	301	38
10	93	186	11	22	44	88	176	352	343	325	10	124	50	24	21	332	179	84	267	77	259
11	289	217	73	146	292	223	85	170	340	319	11	335	184	154	135		36	19	265	182	34
12	277	193	25	50	100	200	39	78	156	312	12	32	204	93	206	305	12	87	95	7	191
13	263	165	330	299	237	113	226	91	182	3	13	220	208	243		270	307	229	326	286	14
14	6	12	24	48	96	192	23	46	92	184	14	42	165	80	89	282	249	113	97	47	256
15	7	14	28	56	112	224	87	174	348	335	15	262	9		162	253	193	128	196	338	222
16	309	257	153	306	251	141	282	203	45	90	16	237	296	215	210	69	131	187	245	292	316
17	180	360	359	357	353	345	329	297	233	105	17	117		54	199	157	272	106	320	60	309
18	210	59	118	236	111	222	83	166	332	303	18	170	341	138	231	149	277	101	328	28	225
19	245	129	258	155	310	259	157	314	267	173	19		288	145	121	74	16	302	240	39	44
20	346	331	301	241	121	242	123	246	131	262	20	125	66	51	167	25	299	22	82	333	
21	163	326	291	221	81	162	324	287	213	65	21	180	91	85	218	268	284	78	111	260	251
22	130	260	159	318	275	189	17	34	68	136	22	336	213	185	115	155	58	136	99		72
23	272	183	5	10	20	40	80	160	320	279	23	37	49	20	178	266	258	183	134	35	264
24	197	33	66	132	264	167	334	307	253	145	24	33	203	205	11	94	190	207		306	325
25	290	219	77	154	308	255	149	298	235	109	25	13	164	88	248	96	255	8	161	192	195
26	218	75	150	300	239	117	234	107	214	67	26	221	295	209	130	244	315		198	271	319
27	134	268	175	350	339	317	273	185	9	18	27	308	340	230	276	327	224	287	120	15	239
28	36	72	144	288	215	69	138	276	191	21	28	43	65	166	298	81		90	217	283	110
29	42	84	168	336	311	261	161	322	283	205	29	250	212	114	57	98	71	48	177	257	133
30	49	98	196	31	62	124	248	135	270	179	30	263	202	10	189		324	163	247	254	160
31	358	355	349	337	313	265	169	338	315	269	31	194	294	129	314	197	318	339	275	223	119
32	177	354	347	333	305	249	137	274	187	13	32	238	64	297		216	109	211	56	70	176
33	26	52	104	208	55	110	220	79	158	316	33	132	201	188	323	246	159	293	313	317	274
34	271	181	1								34	118	63		108	55	175	200	322	158	312
											35	273	62	107	174	321	311	61	173	310	172
											36	171									
	0	1	2	3	4	5	6	7	8	9		0	1	2	3	4	5	6	7	8	9

$P = 362 = 2 \cdot 181,\ g = 21,\ \varphi(P) = 180 = 2^2 \cdot 3^2 \cdot 5$

N											I										
	0	1	2	3	4	5	6	7	8	9		1	3	5	7	9	11	13	15	17	19
0		21	79	211	87	17	357	257	329	31	0	180	16	96	165	32	82	124	112	5	45
1	289	277	25	163	165	207	3	63	237	271	2	1	163	12	48	168	9	98	81	46	140
2	261	51	347	47	263	93	143	107	75	127	4	133	160	128	23	150	21	47	178	61	36
3	133	259	9	189	349	89	59	153	317	141	6	55	17	40	42	179	159	100	28	67	2
4	65	279	67	321	225	19	37	53	27	205	8	64	131	101	4	35	109	25	141	53	114
5	323	267	177	97	227	61	195	113	201	239	10	110	121	97	27	155	62	57	79	156	170
6	313	57	111	159	81	253	245	77	169	291	12	164	149	108	29	176	173	30	144	134	162
7	319	183	223	339	241	355	215	171	333	115	14	39	26	84	166	85	93	37	105	139	63
8	243	35	11	231	145	149	233	187	307	293	16	148	13	14	146	68	77	123	177	52	161
9	361	341	283	151	275	345	5	105	33	331	18		71	142	87	33	167	158	56	104	103
10	73	85	337	199	197	155	359	299	125	91	20	58	153	49	15	127	3	175	76	174	116
11	101	311	15	315	99	269	219	255	287	235	22	129	72	44	54	120	83	86	119	18	59
12	229	103	353	173	13	273	303	209	45	221	24	74	80	66	169	147	152	65	117	7	31
13	297	83	295	41	137	343	325	309	335	157	26	20	24	143	51	115	19	125	94	11	41
14	39	95	185	265	135	301	167	249	161	123	28	154	92	157	118	10	69	89	132	130	107
15	49	305	251	203	281	109	117	285	193	71	30	145	126	151	88	137	111	60	113	38	70
16	43	179	139	23	121	7	147	191	29	247	32	43	50	136	171	8	99	78	138	102	73
17	119	327	351	131	217	213	129	175	55	69	34	91	135	95	22	34	172	122	75	6	106
18	1										36	90									

$P = 382 = 2 \cdot 191,\ g = 19,\ \varphi(P) = 190 = 2 \cdot 5 \cdot 19$

N											I										
	0	1	2	3	4	5	6	7	8	9		1	3	5	7	9	11	13	15	17	19
0		19	361	365	59	357	289	143	43	53	0	190	116	50	171	42	85	112	166	98	1
1	243	33	245	71	203	37	321	369	135	273	2	97	134	100	158	33	175	11	31	15	38
2	221	379	325	63	51	205	75	279	335	253	4	165	8	92	123	152	24	9	135	117	4
3	223	35	283	29	169	155	271	183	39	359	6	111	23	162	168	60	13	143	26	66	62
4	327	101	9	171	193	229	149	157	309	141	8	84	151	148	149	163	93	101	51	72	127
5	5	95	277	297	295	257	299	333	215	265	10	41	122	147	90	114	131	177	184	154	79
6	69	165	79	355	251	185	77	317	293	219	12	170	91	150	169	124	159	172	18	107	105
7	341	367	97	315	255	261	375	249	147	119	14	49	7	83	78	46	87	140	35	47	125
8	351	175	269	145	81	11	209	151	195	267	16	115	164	61	153	34	43	181	81	120	109
9	107	123	45	91	201	381	363	21	17	323	18	189	37	65	183	139		44	88	160	132
10	25	93	239	339	329	139	349	137	311	179	20	94	14	25	176	86	138	129	58	156	69
11	345	61	13	247	109	161	3	57	319	331	22	20	30	142	130	45	182	141	173	178	102
12	177	307	103	47	129	159	347	99	353	213	24	144	10	12	113	77	64	29	74	55	186
13	227	111	199	343	23	55	281	373	211	189	26	75	174	59	89	82	36	19	185	52	27
14	153	233	225	73	241	377	287	105	85	87	28	136	32	167	146	6	188	68	54	53	56
15	125	83	49	167	117	313	217	303	27	131	30	179	157	161	121	48	108	155	73	67	118
16	197	305	65	89	163	41	15	285	67	127	32	16	99	22	40	104	119	57	28	187	103
17	121	7	133	235	263	31	207	113	237	301	34	70	133	110	126	106	80	128	63	5	39
18	371	173	231	187	115	275	259	337	291	181	36	2	96	3	71	17	180	137	76	145	21
19	1										38	95									

$P = \mathbf{386} = 2 \cdot 193,\ g = 5,\ \varphi(P) = 192 = 2^6 \cdot 3$

N

	0	1	2	3	4	5	6	7	8	9
0		5	25	125	239	37	185	153	379	351
1	211	283	257	127	249	87	49	245	67	335
2	131	269	187	163	43	215	303	357	241	47
3	235	17	85	39	195	203	243	57	285	267
4	177	113	179	123	229	373	321	61	305	367
5	291	297	327	91	69	345	181	133	279	237
6	27	135	289	287	277	227	363	271	197	213
7	293	307	377	341	161	33	165	53	265	167
8	63	315	31	155	3	15	75	375	331	111
9	169	73	365	281	247	77	385	381	361	261
10	147	349	201	233	7	35	175	103	129	259
11	137	299	337	141	319	51	255	117	199	223
12	343	171	83	29	145	339	151	369	301	347
13	191	183	143	329	101	119	209	273	207	263
14	157	13	65	325	81	19	95	89	59	295
15	317	41	205	253	107	149	359	251	97	99
16	109	159	23	115	189	173	93	79	9	45
17	225	353	221	333	121	219	323	71	355	231
18	383	371	311	11	55	275	217	313	21	105
19	139	309	1							

I

	1	3	5	7	9	11	13	15	17	19
0	192	84	1	104	168	183	141	85	31	145
2	188	162	2	60	123	82	75	105	5	33
4	151	24	169	29	16	115	77	184	37	148
6	47	80	142	18	54	177	91	86	95	167
8	144	122	32	15	147	53	166	146	158	159
10	134	107	189	154	160	89	41	163	117	135
12	174	43	3	13	108	20	57	161	110	190
14	113	132	124	100	155	126	7	83	140	161
16	74	23	76	79	90	121	165	106	40	42
18	56	131	6	22	164	130		34	68	118
20	102	35	152	138	136	10	69	25	186	175
22	172	119	170	65	44	179	103	30	59	4
24	28	36	17	94	14	157	153	116	12	109
26	99	139	78	39	21	67	137	185	64	58
28	93	11	38	63	62	50	70	149	51	111
30	128	26	48	71	191	182	187	81	150	114
32	46	176	143	52	133	88	173	19	112	125
34	73	120	55	129	101	9	171	178	27	156
36	98	66	92	49	127	181	45	87	72	8
38	97	180	96							

$P = \mathbf{394} = 2 \cdot 197,\ g = 3,\ \varphi(P) = 196 = 2^2 \cdot 7^2$

N

	0	1	2	3	4	5	6	7	8	9
0		3	9	27	81	243	335	217	257	377
1	343	241	329	199	203	215	251	359	289	79
2	237	317	163	95	285	67	201	209	233	305
3	127	381	355	277	43	129	387	373	331	205
4	221	269	19	57	171	119	357	283	61	183
5	155	71	213	245	341	235	311	145	41	123
6	369	319	169	113	339	229	293	91	273	31
7	93	279	49	147	47	141	29	87	261	389
8	379	349	259	383	361	295	97	291	85	255
9	371	325	187	167	107	321	175	131	393	391
10	385	367	313	151	59	177	137	17	51	153
11	65	195	191	179	143	35	105	315	157	77
12	231	299	109	327	193	185	161	89	267	13
13	39	117	351	265	7	21	63	189	173	125
14	375	337	223	275	37	111	333	211	239	323
15	181	149	53	159	83	249	353	271	25	75
16	225	281	55	165	101	303	121	363	301	115
17	345	247	347	253	365	307	133	5	15	45
18	135	11	33	99	297	103	309	139	23	69
19	207	227	287	73	219	263	1			

I

	1	3	5	7	9	11	13	15	17	19
0	196	1	177	134	2	181	129	178	107	42
2	135	188	158	3	76	69	182	115	144	130
4	58	34	179	74	72	108	152	162	43	104
6	48	136	110	25	189	51	193	159	119	19
8	4	154	88	77	127	67	70	23	86	183
10	164	185	116	94	122	145	63	169	131	45
12	166	59	139	30	35	97	176	180	106	187
14	75	114	57	73	151	103	109	50	118	153
16	126	22	163	93	62	44	138	96	105	113
18	150	49	125	92	137	112	124	111		13
20	26	14	39	190	27	147	52	15	7	194
22	40	142	160	191	65	120	28	55	20	148
24	11	5	53	171	155	16	173	89	8	82
26	78	195	133	128	41	157	68	143	33	71
28	161	47	24	192	18	87	66	85	184	121
30	168	165	29	175	186	56	102	117	21	61
32	95	149	91	123	12	38	146	6	141	64
34	54	10	170	172	81	132	156	32	46	17
36	84	167	174	101	60	90	37	140	9	80
38	31	83	100	36	79	99	98			

$P = 398 = 2 \cdot 199, \; g = 3, \; \varphi(P) = 198 = 2 \cdot 3^2 \cdot 11$

N

	0	1	2	3	4	5	6	7	8	9
0		3	9	27	81	243	331	197	193	181
1	145	37	111	333	203	211	235	307	125	375
2	329	191	175	127	381	347	245	337	215	247
3	343	233	301	107	321	167	103	309	131	393
4	383	353	263	391	377	335	209	229	289	71
5	213	241	325	179	139	19	57	171	115	345
6	239	319	161	85	255	367	305	119	357	275
7	29	87	261	385	359	281	47	141	25	75
8	225	277	35	105	315	149	49	147	43	129
9	387	365	299	101	303	113	339	221	265	397
10	395	389	371	317	155	67	201	205	217	253
11	361	287	65	195	187	163	91	273	23	69
12	207	223	271	17	51	153	61	183	151	55
13	165	97	291	77	231	295	89	267	5	15
14	45	135	7	21	63	189	169	109	327	185
15	157	73	219	259	379	341	227	283	53	159
16	79	237	313	143	31	93	279	41	123	369
17	311	137	13	39	117	351	257	373	323	173
18	121	363	293	83	249	349	251	355	269	11
19	33	99	297	95	285	59	177	133	1	

I

	1	3	5	7	9	11	13	15	17	19
0	198	1	138	142	2	189	172	139	123	55
2	143	118	78	3	70	164	190	82	11	173
4	167	88	140	76	86	124	158	129	56	195
6	126	144	112	105	119	49	151	79	133	160
8	4	183	63	71	136	116	165	193	131	191
10	93	36	83	33	147	12	95	58	174	67
12	180	168	18	23	89	38	197	141	171	54
14	77	163	10	87	85	128	125	104	150	159
16	62	115	130	35	146	57	179	22	196	53
18	9	127	149	114	145	21	8	113	7	
20	106	14	107	120	46	15	50	28	108	152
22	97	121	80	156	47	134	31	16	161	60
24	51	5	26	29	184	186	109	64	176	153
26	72	42	98	137	188	122	117	69	81	166
28	75	157	194	111	48	132	182	135	192	92
30	32	94	66	17	37	170	162	84	103	61
32	34	178	52	148	20	6	13	45	27	96
34	155	30	59	25	185	175	41	187	68	74
36	110	181	91	65	169	102	177	19	44	154
38	24	40	73	90	101	43	39	100	99	

$P = 422 = 2 \cdot 211, \; g = 3, \; \varphi(P) = 210 = 2 \cdot 3 \cdot 5 \cdot 7$

N

	0	1	2	3	4	5	6	7	8	9
0		3	9	27	81	243	307	77	231	271
1	391	329	143	7	21	63	189	145	13	39
2	117	351	209	205	193	157	49	147	19	57
3	171	91	273	397	347	197	169	85	255	343
4	185	133	399	353	215	223	247	319	113	339
5	173	97	291	29	87	261	361	239	295	41
6	123	369	263	367	257	349	203	187	139	417
7	407	377	287	17	51	153	37	111	333	155
8	43	129	387	317	107	321	119	357	227	259
9	355	221	241	301	59	177	109	327	137	411
10	389	323	125	375	281	421	419	413	395	341
11	179	115	345	191	151	31	93	279	415	401
12	359	233	277	409	383	305	71	213	217	229
13	265	373	275	403	365	251	331	149	25	75
14	225	253	337	167	79	237	289	23	69	207
15	199	175	103	309	83	249	325	131	393	335
16	161	61	183	127	381	299	53	159	55	165
17	73	219	235	283	5	15	45	135	405	371
18	269	385	311	89	267	379	293	35	105	315
19	101	303	65	195	163	67	201	181	121	363
20	245	313	95	285	11	33	99	297	47	141
21	1									

I

	1	3	5	7	9	11	13	15	17	19
0	210	1	174	13	2	204	18	175	73	28
2	14	147	138	3	53	115	205	187	76	19
4	59	80	176	208	26	74	166	168	29	94
6	161	15	192	195	148	126	170	139	7	144
8	4	154	37	54	183	31	116	202	51	206
10	190	152	188	84	96	77	48	111	20	86
12	198	60	102	163	81	157	41	177	98	68
14	209	12	17	27	137	114	75	79	25	167
16	160	194	169	143	36	30	50	151	95	110
18	197	162	40	67	16	113	24	193	35	150
20	196	66	23	149	22		127	44	128	171
22	91	45	140	88	129	8	121	172	145	57
24	92	5	200	46	155	135	141	38	64	89
26	55	62	130	184	180	9	32	132	122	117
28	104	173	203	72	146	52	186	58	207	165
30	93	191	125	6	153	182	201	189	83	47
32	85	101	156	97	11	136	78	159	142	49
34	109	39	112	34	65	21	43	90	87	120
36	56	199	134	63	61	179	131	103	71	185
38	164	124	181	82	100	10	158	108	33	42
40	119	133	178	70	123	99	107	118	69	106
42	105									

P = **446** = 2 · 223, g = 3, φ (P) = 222 = 2 · 3 · 37

N

	0	1	2	3	4	5	6	7	8	9
0		3	9	27	81	243	283	403	317	59
1	177	85	255	319	65	195	139	417	359	185
2	109	327	89	267	355	173	73	219	211	187
3	115	345	143	429	395	293	433	407	329	95
4	285	409	335	113	339	125	375	233	253	313
5	47	141	423	377	239	271	367	209	181	97
6	291	427	389	275	379	245	289	421	371	221
7	217	205	169	61	183	103	309	35	105	315
8	53	159	31	93	279	391	281	397	299	5
9	15	45	135	405	323	77	231	247	295	439
10	425	383	257	325	83	249	301	11	33	99
11	297	445	443	437	419	365	203	163	43	129
12	387	269	361	191	127	381	251	307	29	87
13	261	337	119	357	179	91	273	373	227	235
14	259	331	101	303	17	51	153	13	39	117
15	351	161	37	111	333	107	321	71	213	193
16	133	399	305	23	69	207	175	79	237	265
17	349	155	19	57	171	67	201	157	25	75
18	225	229	241	277	385	263	343	137	411	341
19	131	393	287	415	353	167	55	165	49	147
20	441	431	401	311	41	123	369	215	199	151
21	7	21	63	189	121	363	197	145	435	413
22	347	149	1							

I

	1	3	5	7	9	11	13	15	17	19
0	222	1	89	210	2	107	147	90	144	172
2	211	163	178	3	128	82	108	77	152	148
4	204	118	91	50	198	145	80	196	173	9
6	73	212	14	175	164	157	26	179	95	167
8	4	104	11	129	22	135	83	39	59	109
10	142	75	78	155	20	153	43	30	149	132
12	214	205	45	124	119	190	160	92	187	16
14	51	32	217	199	221	209	146	171	177	81
16	151	117	197	195	72	174	25	166	10	134
18	58	74	19	29	213	123	159	15	216	208
20	176	116	71	165	57	28	158	207	70	27
22	69		180	138	181	96	47	139	168	54
24	182	5	65	97	105	126	48	12	102	140
26	130	185	169	23	121	55	136	63	183	84
28	86	6	40	192	66	60	35	98	110	88
30	106	143	162	127	76	203	49	79	8	13
32	156	94	103	21	38	141	154	42	131	44
34	189	186	31	220	170	150	194	24	133	18
36	122	215	115	56	206	68	137	46	53	64
38	125	101	184	120	62	85	191	34	87	161
40	202	7	93	37	41	188	219	193	17	114
42	67	52	100	61	33	201	36	218	113	99
44	200	112	111							

P = **454** = 2 · 227, g = 5, φ (P) = 226 = 2 · 113

N

	0	1	2	3	4	5	6	7	8	9
0		5	25	125	171	401	189	37	185	17
1	85	425	309	183	7	35	175	421	289	83
2	415	259	387	119	141	251	347	373	49	245
3	317	223	207	127	181	451	439	379	79	395
4	159	341	343	353	403	199	87	435	359	433
5	349	383	99	41	205	117	131	201	97	31
6	155	321	243	307	173	411	239	287	73	365
7	9	45	225	217	177	431	339	333	303	153
8	311	193	57	285	63	315	213	157	331	293
9	103	61	305	163	361	443	399	179	441	389
10	129	191	47	235	267	427	319	233	257	377
11	69	345	363	453	449	429	329	283	53	265
12	417	269	437	369	29	145	271	447	419	279
13	33	165	371	39	195	67	335	313	203	107
14	81	405	209	137	231	247	327	273	3	15
15	75	375	59	295	113	111	101	51	255	367
16	19	95	21	105	71	355	413	249	337	323
17	253	357	423	299	133	211	147	281	43	215
18	167	381	89	445	409	229	237	277	23	115
19	121	151	301	143	261	397	169	391	139	241
20	297	123	161	351	393	149	291	93	11	55
21	275	13	65	325	263	407	219	187	27	135
22	221	197	77	385	109	91	1			

I

	1	3	5	7	9	11	13	15	17	19
0	226	148	1	14	70	208	211	149	9	160
2	162	188	2	218	124	59	130	15	7	133
4	53	178	71	102	28	157	118	209	82	152
6	91	84	212	135	110	164	68	150	222	38
8	140	19	10	46	182	225	207	161	58	52
10	156	90	163	139	224	155	154	189	55	23
12	190	201	3	33	100	56	174	219	143	198
14	24	193	125	176	205	191	79	60	87	40
16	202	93	131	180	196	4	64	16	74	97
18	34	13	8	217	6	101	81	134	221	45
20	57	138	54	32	142	175	86	179	73	216
22	220	31	72		185	144	107	103	186	66
24	199	62	29	145	167	25	170	158	108	21
26	194	214	119	104	121	126	147	210	187	129
28	177	117	83	67	18	206	89	153	200	173
30	192	78	92	63	12	80	137	85	30	106
32	61	169	213	146	116	88	77	136	168	76
34	41	42	111	26	50	203	43	165	171	48
36	94	112	69	159	123	132	27	151	109	37
38	181	51	223	22	99	197	204	39	195	96
40	5	44	141	215	184	65	166	20	120	128
42	17	172	11	105	115	75	49	47	122	36
44	98	95	183	127	114	35	113			

$P = \mathbf{458} = 2 \cdot 229,\ g = 7,\ \varphi(P) = 228 = 2^2 \cdot 3 \cdot 19$

	N										I										
	0	1	2	3	4	5	6	7	8	9		1	3	5	7	9	11	13	15	17	19
0		7	49	343	111	319	401	59	413	143	0	228	68	214	1	136	42	195	54	24	52
1	85	137	43	301	275	93	193	435	297	247	2	69	131	200	204	191	175	110	215	164	35
2	355	195	449	395	17	119	375	335	55	385	4	73	12	122	193	2	92	144	28	120	7
3	405	87	151	141	71	39	273	79	95	207	6	60	137	181	41	199	34	143	40	43	37
4	75	67	11	77	81	109	305	303	289	191	8	44	140	10	31	95	196	15	38	218	178
5	421	199	19	133	15	105	277	107	291	205	10	207	134	55	57	45	4	71	117	103	25
6	61	427	241	313	359	223	187	393	3	21	12	84	141	186	89	80	227	53	190	11	119
7	147	113	333	41	287	177	323	429	255	411	14	33	9	177	70	88	32	160	161	127	212
8	129	445	367	279	121	389	433	283	149	127	16	132	107	96	172	162	188	220	201	75	197
9	431	269	51	357	209	89	165	239	299	261	18	170	128	150	66	205	49	16	21	213	51
10	453	423	213	117	361	237	285	163	225	201	20	109	192	59	39	94	133	102	226	176	211
11	33	231	243	327	457	451	409	115	347	139	22	219	65	108	225		111	222	179	105	97
12	57	399	45	315	373	321	415	157	183	365	24	62	112	216	19	208	153	173	78	223	165
13	265	23	161	211	103	263	9	63	441	339	26	99	135	130	163	91	180	36	14	56	83
14	83	123	403	73	53	371	307	317	387	419	28	189	87	106	74	48	58	210	221	18	98
15	185	379	363	251	383	391	447	381	377	349	30	13	47	46	146	202	184	63	123	147	5
16	153	155	169	267	37	259	439	325	443	353	32	125	76	167	113	194	203	72	27	198	139
17	181	351	167	253	397	31	217	145	99	235	34	217	3	185	118	159	171	169	20	93	64
18	271	65	455	437	311	345	125	417	171	281	36	104	152	129	82	209	145	124	26	158	151
19	135	29	203	47	329	13	91	179	337	69	38	157	154	29	148	85	155	67	23	174	121
20	25	175	309	331	27	189	407	101	249	369	40	6	142	30	206	116	79	8	126	187	149
21	293	219	159	197	5	35	245	341	97	221	42	50	101	224	61	77	90	86	17	183	166
22	173	295	233	257	425	227	215	131	1		44	138	168	81	156	22	115	100	182	114	

$P = \mathbf{466} = 2 \cdot 233,\ g = 3,\ \varphi(P) = 232 = 2^3 \cdot 29$

	N										I										
	0	1	2	3	4	5	6	7	8	9		1	3	5	7	9	11	13	15	17	19
0		3	9	27	81	243	263	323	37	111	0	232	1	165	222	2	197	158	166	103	136
1	333	67	201	137	411	301	437	379	205	149	2	223	112	98	3	132	182	198	155	8	159
2	447	409	295	419	325	43	129	387	229	221	4	85	25	167	139	212	104	195	130	137	89
3	197	125	375	193	113	339	85	255	299	431	6	53	224	91	11	113	192	177	99	187	143
4	361	151	453	427	349	115	345	303	309	461	8	4	55	36	133	174	148	183	69	203	199
5	451	421	331	61	183	83	249	281	377	199	10	226	47	156	180	210	9	34	45	160	93
6	131	393	247	275	359	145	435	373	187	95	12	162	86	31	151	26	60	126	168	13	95
7	285	389	235	239	251	287	395	253	293	413	14	140	123	65	213	19	41	105	115	164	196
8	307	455	433	367	169	41	123	369	175	59	16	102	111	131	154	84	138	194	88	90	191
9	177	65	195	119	357	139	417	319	25	75	18	186	54	173	68	225	179	33	92	30	59
10	225	209	161	17	51	153	459	445	403	277	20	12	122	18	114	101	153	193	190	172	178
11	365	163	23	69	207	155	465	463	457	439	22	29	121	100	189	28	188		72	144	73
12	385	223	203	143	429	355	133	399	265	329	24	216	5	145	62	56	74	77	37	217	230
13	55	165	29	87	261	317	19	57	171	47	26	134	6	128	175	146	208	149	63	109	184
14	141	423	337	79	237	245	269	341	91	273	28	57	170	70	75	206	204	78	22	200	38
15	353	127	381	211	167	35	105	315	13	39	30	15	227	218	80	48	231	221	157	135	97
16	117	351	121	363	157	5	15	45	135	405	32	181	7	24	211	129	52	10	176	142	35
17	283	383	217	185	89	267	335	73	219	191	34	147	202	46	209	44	161	150	125	94	64
18	107	321	31	93	279	371	181	77	231	227	36	40	163	110	83	87	185	67	32	58	17
19	215	179	71	213	173	53	159	11	33	99	38	152	171	120	27	71	215	61	76	229	127

P = **466** (Fortsetzung)

	N										I										
	0	1	2	3	4	5	6	7	8	9		1	3	5	7	9	11	13	15	17	19
20	297	425	343	97	291	407	289	401	271	347	40	207	108	169	205	21	14	79	220	96	23
21	109	327	49	147	441	391	241	257	305	449	42	51	141	201	43	124	39	82	66	16	119
22	415	313	7	21	63	189	101	303	443	397	44	214	228	107	20	219	50	42	81	118	106
23	259	311	1								46	49	117	116							

P = **478** = 2 · 239, g = 7, φ (P) = 238 = 2 · 7 · 17

	N										I										
	0	1	2	3	4	5	6	7	8	9		1	3	5	7	9	11	13	15	17	19
0		7	49	343	11	77	61	427	121	369	0	238	74	138	1	148	4	43	212	52	155
1	193	395	375	235	211	43	301	195	409	473	2	75	63	38	222	160	188	78	139	31	117
2	443	233	197	423	93	173	255	351	67	469	4	99	15	48	113	2	126	209	142	229	61
3	415	37	259	379	263	407	459	345	25	175	6	6	149	181	28	137	154	77	112	5	111
4	269	449	275	13	91	159	157	143	45	315	8	58	130	190	234	59	44	24	55	101	152
5	293	139	17	119	355	95	187	353	81	89	10	84	131	213	91	128	105	96	201	191	53
6	145	59	413	23	161	171	241	253	337	447	12	8	173	176	146	89	235	156	122	73	51
7	261	393	361	137	3	21	147	73	33	231	14	187	47	60	76	233	83	200	88	46	45
8	183	325	363	151	101	229	169	227	155	129	16	64	168	216	227	86	65	25	39	135	225
9	425	107	271	463	373	221	113	313	279	41	18	107	80	169	56	223	219	10	17	22	217
10	287	97	201	451	289	111	299	181	311	265	20	102	161	237	211	159	14	228	153	189	151
11	421	79	75	47	329	391	347	39	273	477	22	95	145	186	87	85	79	21	13	185	
12	471	429	135	467	401	417	51	357	109	285	24	66	132	140	198	204	206	67	26	214	32
13	83	103	243	267	435	177	283	69	5	35	26	70	34	109	133	40	92	118	42	221	98
14	245	281	55	385	305	223	127	411	9	63	28	141	136	129	100	104	175	50	199	226	106
15	441	219	99	215	71	19	133	453	303	209	30	16	158	144	184	205	108	97	49	183	164
16	29	203	465	387	319	321	335	433	163	185	32	165	207	81	202	114	195	179	166	68	170
17	339	461	359	123	383	291	125	397	389	333	34	192	3	37	116	208	27	57	54	127	172
18	419	65	455	317	307	237	225	141	31	217	36	72	82	215	224	9	210	94	12	203	33
19	85	117	341	475	457	331	405	445	247	295	38	220	174	143	163	178	115	71	11	177	230
20	153	115	327	377	249	309	251	323	349	53	40	124	231	196	35	18	147	62	30	125	180
21	371	207	15	105	257	365	165	199	437	191	42	110	23	90	7	121	232	167	134	218	236
22	381	277	27	189	367	179	297	167	213	57	44	150	20	197	69	41	103	157	182	194	36
23	399	403	431	149	87	131	439	205	1		46	171	93	162	123	29	120	19	193	119	

P = **482** = 2 · 241, g = 7, φ (P) = 240 = 2^4 · 3 · 5

	N										I										
	0	1	2	3	4	5	6	7	8	9		1	3	5	7	9	11	13	15	17	19
0		7	49	343	473	419	41	287	81	85	0	240	182	138	1	124	25	47	80	111	85
1	113	309	235	199	429	111	295	137	477	447	2	183	57	36	66	154	151	207	139	73	229
2	237	213	45	315	277	11	77	57	399	383	4	6	219	22	114	2	53	134	163	27	118
3	271	451	265	409	453	279	25	175	261	381	6	42	125	185	166	239	79	153	218	26	78
4	257	353	61	427	97	197	415	13	91	155	8	8	148	9	96	55	48	93	223	44	149
5	121	365	145	51	357	89	141	23	161	163	10	159	69	81	236	227	15	10	195	171	112
6	177	275	479	461	335	417	27	189	359	103	12	50	188	174	97	161	233	86	204	17	123
7	239	227	143	37	259	367	159	149	79	71	14	56	72	52	184	77	92	235	49	203	76
8	15	105	253	325	347	19	133	449	251	311	16	58	59	105	143	94	209	131	37	60	221
9	249	297	151	93	169	219	87	127	407	439	18	100	224	211	136	67	106	102	127	45	13

P = 482 (Fortsetzung)

N											I										
	0	1	2	3	4	5	6	7	8	9		1	3	5	7	9	11	13	15	17	19
10	181	303	193	387	299	165	191	373	201	443	20	108	155	144	181	110	150	21	117	152	95
11	209	17	119	351	47	329	375	215	59	413	22	158	194	160	71	202	208	210	12	20	70
12	481	475	433	139	9	63	441	195	401	397	24		190	140	132	90	88	82	191	40	74
13	369	173	247	283	53	371	187	345	5	35	26	38	215	32	237	141	30	230	61	24	35
14	245	269	437	167	205	471	405	425	83	99	28	228	133	165	7	222	226	187	16	91	104
15	211	31	217	73	29	203	457	307	221	101	30	220	101	180	157	11	89	214	23	225	179
16	225	129	421	55	385	285	67	469	391	327	32	178	196	83	169	115	212	197	64	172	192
17	361	117	337	431	125	393	341	459	321	319	34	176	3	137	84	206	113	41	217	54	68
18	305	207	3	21	147	65	455	293	123	379	36	170	232	51	75	130	135	107	116	201	189
19	243	255	339	445	223	115	323	333	403	411	38	39	29	164	103	213	168	175	216	129	28
20	467	377	229	157	135	463	349	33	231	171	40	128	198	146	98	33	199	119	46	65	5
21	233	185	331	389	313	263	395	355	75	43	42	162	238	147	43	14	173	122	234	142	99
22	301	179	289	95	183	317	291	109	281	39	44	126	109	193	19	87	31	34	186	156	177
23	273	465	363	131	435	153	107	267	423	69	46	63	205	231	200	167	145	4	121	18	62
24	1										48	120									

P = 486 = 2 · 3^5, g = 5, φ (P) = 162 = 2 · 3^4

N											I										
	0	1	2	3	4	5	6	7	8	9		1	3	5	7	9	11	13	15	17	19
0		5	25	125	139	209	73	365	367	377	0	162		1	158		125	106		93	42
1	427	191	469	401	61	305	67	335	217	113	2		31	2		65	22		159	138	
2	79	395	31	155	289	473	421	161	319	137	4	115	62		59	154		117	126		91
3	199	23	115	89	445	281	433	221	133	179	6	14		107	16		129	6		121	20
4	409	101	19	95	475	431	211	83	415	131	8		47	94		33	102		43	80	
5	169	359	337	227	163	329	187	449	301	47	10	41	64		153	90		19	32		89
6	235	203	43	215	103	29	145	239	223	143	12	88		3	132		49	38		29	4
7	229	173	379	437	241	233	193	479	451	311	14		69	66		133	98		23	136	
8	97	485	481	461	361	347	277	413	121	119	16	27	54		109	50		71	160		39
9	109	59	295	17	85	425	181	419	151	269	18	96		139	56		11	76		105	30
10	373	407	91	455	331	197	13	65	325	167	20		61	116		5	46		63	18	
11	349	287	463	371	397	41	205	53	265	353	22	37	68		53	70		75	60		67
12	307	77	385	467	391	11	55	275	403	71	24	74		155	148		141	156		151	134
13	355	317	127	149	259	323	157	299	37	185	26		149	118		99	144		127	86	
14	439	251	283	443	271	383	457	341	247	263	28	35	142		111	24		157	92		137
15	343	257	313	107	49	245	253	293	7	35	30	58		15	120		79	152		131	28
16	175	389	1								32		135	108		55	104		17	52	
											34	147	150		85	110		119	130		51
											36	84		7	8		113	100		9	72
											38		145	122		161	124		21	114	
											40	13	128		101	40		87	48		97
											42	26		95	10		45	36		73	140
											44		143	34		57	78		103	146	
											46	83	112		123	12		25	44		77
											48	82		81							

$P = \mathbf{502} = 2 \cdot 251,\ g = 11,\ \varphi(P) = 250 = 2 \cdot 5^3$

N											I										
	0	1	2	3	4	5	6	7	8	9		1	3	5	7	9	11	13	15	17	19
0		11	121	327	83	411	3	33	363	479	0	250	6	80	218	12	1	162	86	184	233
1	249	229	9	99	85	433	245	185	27	297	2	224	134	160	18	203	226	7	48	187	168
2	255	295	233	53	81	389	263	383	197	159	4	64	77	92	85	186	190	23	81	239	191
3	243	163	287	145	89	477	227	489	359	435	6	73	230	242	164	140	237	44	166	219	222
4	267	427	179	463	73	301	299	277	35	385	8	24	4	14	209	34	130	232	63	229	13
5	219	401	395	329	105	151	155	199	181	485	10	176	82	54	177	247	193	150	214	174	152
6	315	453	465	95	41	451	443	355	391	285	12	2	70	240	121	83	116	201	98	249	133
7	123	349	325	61	169	353	369	43	473	183	14	91	163	33	192	200	55	196	56	95	29
8	5	55	103	129	415	47	15	165	309	387	16	102	31	87	119	74	245	178	128	197	42
9	241	141	45	495	425	157	221	423	135	481	18	58	79	17	185	236	231	213	248	28	57
10	271	471	161	265	405	439	311	409	483	293	20	170	171	144	146	234	110	243	157	194	50
11	211	313	431	223	445	377	131	437	289	167	22	96	113	172	36	11	225	22	165	228	151
12	331	127	393	307	365	501	491	381	175	419	24	90	30	16	145	10		135	20	141	155
13	91	499	469	139	23	253	273	493	403	417	26	215	26	103	40	147	100	136	161	47	238
14	69	257	317	475	205	247	207	269	449	421	28	221	175	69	32	118	235	109	21	19	46
15	113	239	119	305	343	259	339	215	357	413	30	45	182	153	123	88	106	111	60	142	204
16	25	275	13	143	67	235	75	323	39	429	32	183	167	72	3	53	120	199	244	212	156
17	201	203	225	467	117	283	101	107	173	397	34	227	154	220	181	71	180	75	67	158	38
18	351	347	303	321	17	187	49	37	407	461	36	216	8	124	223	76	241	208	246	115	195
19	51	59	147	111	217	379	153	177	441	333	38	127	27	49	89	25	68	122	52	179	207
20	149	133	459	29	319	497	447	399	373	87	40	51	138	104	188	107	5	159	84	139	129
21	455	487	337	193	115	261	361	457	7	77	42	149	97	94	41	169	112	15	39	117	105
22	345	281	79	367	21	231	31	341	237	97	44	198	66	114	206	148	65	61	210	217	202
23	63	191	93	19	209	291	189	71	279	57	46	189	43	62	173	132	101	78	143	35	9
24	125	371	65	213	335	171	375	109	195	137	48	99	108	59	211	37	126	137	93	205	131
25	1										50	125									

$P = \mathbf{514} = 2 \cdot 257,\ g = 3,\ \varphi(P) = 256 = 2^8$

N											I										
	0	1	2	3	4	5	6	7	8	9		1	3	5	7	9	11	13	15	17	19
0		3	9	27	81	243	215	131	393	151	0	256	1	55	85	2	196	106	56	120	125
1	453	331	479	409	199	83	249	233	185	41	2	86	28	110	3	94	242	197	140	219	107
2	123	369	79	237	197	77	231	179	23	69	4	19	207	57	61	170	121	89	251	126	118
3	207	107	321	449	319	443	301	389	139	417	6	138	87	161	100	29	163	44	111	25	22
4	223	155	465	367	73	219	143	429	259	263	8	4	15	175	95	102	191	243	180	167	198
5	275	311	419	229	173	5	15	45	135	405	10	75	201	141	31	187	220	66	83	108	205
6	187	47	141	423	241	209	113	339	503	481	12	136	20	165	81	208	7	210	58	72	38
7	415	217	137	411	205	101	303	395	157	471	14	62	46	149	171	227	9	122	41	78	90
8	385	127	381	115	345	7	21	63	189	53	16	113	237	252	233	212	127	54	195	119	27
9	159	477	403	181	29	87	261	269	293	365	18	93	139	18	60	88	117	160	162	24	14
10	67	201	89	267	287	347	13	39	117	351	20	101	179	74	30	65	204	164	6	71	45
11	25	75	225	161	483	421	235	191	59	177	22	226	40	112	232	53	26	17	116	23	178
12	17	51	153	459	349	19	57	171	513	511	24	64	5	225	231	16	177	224	176		48
13	505	487	433	271	299	383	121	363	61	183	26	96	49	144	103	97	133	192	50	151	244
14	35	105	315	431	265	281	329	473	391	145	28	145	154	181	104	240	168	98	173	199	134

$P = 514$ (Fortsetzung)

	N										I										
	0	1	2	3	4	5	6	7	8	9		1	3	5	7	9	11	13	15	17	19
15	435	277	317	437	283	335	491	445	307	407	30	36	76	193	158	202	51	229	142	152	34
16	193	65	195	71	213	125	375	97	291	359	32	32	245	216	188	146	11	221	155	247	67
17	49	147	441	295	371	85	255	251	239	203	34	182	255	84	105	124	109	241	218	206	169
18	95	285	341	509	499	469	379	109	327	467	36	250	137	99	43	21	174	190	166	200	186
19	373	91	273	305	401	175	11	33	99	297	38	82	135	80	209	37	148	8	77	236	211
20	377	103	309	413	211	119	357	43	129	387	40	194	92	59	159	13	73	203	70	39	52
21	133	399	169	507	493	451	325	461	355	37	42	115	63	230	223	47	143	132	150	153	239
22	111	333	485	427	253	245	221	149	447	313	44	172	35	157	228	33	215	10	246	254	123
23	425	247	227	167	501	475	397	163	489	439	46	217	249	42	189	185	79	147	235	91	12
24	289	353	31	93	279	323	455	337	497	463	48	69	114	222	131	238	156	214	253	248	184
25	361	55	165	495	457	343	1				50	234	68	130	213	183	129	128			

$P = 526 = 2 \cdot 263, \ g = 5, \ \varphi(P) = 262 = 2 \cdot 131$

	N										I										
	0	1	2	3	4	5	6	7	8	9		1	3	5	7	9	11	13	15	17	19
0		5	25	125	99	495	371	277	333	87	0	262	50	1	79	100	166	62	51	126	43
1	435	71	355	197	459	191	429	41	205	499	2	129	156	2	150	221	136	216	80	170	112
2	391	377	307	483	311	503	411	477	281	353	4	17	154	101	65	158	176	189	167	93	163
3	187	409	467	231	103	515	471	251	203	489	6	56	179	63	145	206	11	103	52	245	71
4	341	127	109	19	95	475	271	303	463	211	8	200	88	127	9	68	141	186	44	147	4
5	3	15	75	375	297	433	61	305	473	261	10	259	34	130	99	42	220	111	157	162	205
6	253	213	13	65	325	47	235	123	89	445	12	70	67	3	41	204	203	122	151	238	123
7	121	79	395	397	407	457	181	379	317	7	14	115	228	222	208	152	184	226	137	248	239
8	35	175	349	167	309	493	361	227	83	415	16	235	251	217	83	124	143	160	81	213	116
9	497	381	327	57	285	373	287	383	337	107	18	76	106	171	30	229	15	139	113	13	223
10	9	45	225	73	365	247	183	389	367	257	20	195	38	18	256	209	49	61	155	215	153
11	233	113	39	195	449	141	179	369	267	283	22	188	178	102	87	185	33	110	66	121	227
12	363	237	133	139	169	319	17	85	425	21	24	225	250	159	105	138	37	60	177	109	249
13	105	525	521	501	401	427	31	155	249	193	26	59		190	118	240	46	191	168	7	236
14	439	91	455	171	329	67	335	97	485	321	28	28	119	94	96	252	197	241	164	54	218
15	27	135	149	219	43	215	23	115	49	245	30	233	47	57	22	84	24	192	180	78	125
16	173	339	117	59	295	423	11	55	275	323	32	149	169	64	92	144	244	8	146	98	161
17	37	185	399	417	507	431	51	255	223	63	34	40	237	207	247	82	212	29	12	255	214
18	315	523	511	451	151	229	93	465	221	53	36	86	120	104	108	117	6	95	53	21	77
19	265	273	313	513	461	201	479	291	403	437	38	91	97	246	254	107	20	253	72	73	172
20	81	405	447	131	129	119	69	345	147	209	40	134	198	201	74	31	26	242	89	173	230
21	519	491	351	177	359	217	33	165	299	443	42	261	165	128	135	16	175	55	10	199	140
22	111	29	145	199	469	241	153	239	143	189	44	258	219	69	202	114	183	234	142	75	14
23	419	517	481	301	453	161	279	343	137	159	46	194	48	187	32	224	36	58	45	27	196
24	269	293	413	487	331	77	385	347	157	259	48	232	23	148	243	39	211	85	5	90	19
25	243	163	289	393	387	357	207	509	441	101	50	133	25	260	174	257	182	193	35	231	210
26	505	421	1								52	132	181	131							
	0	1	2	3	4	5	6	7	8	9		1	3	5	7	9	11	13	15	17	19

P = 529 = 23^2, g = 5, φ (P) = 506 = 2 · 11 · 23

	N											I									
	0	1	2	3	4	5	6	7	8	9		0	1	2	3	4	5	6	7	8	9
0		5	25	125	96	480	284	362	223	57	0		506	200	16	400	1	216	129	94	32
1	285	367	248	182	381	318	3	15	75	375	1	201	449	416	190	329	17	294	29	232	499
2	288	382	323	28	140	171	326	43	215	17	2	401	145	143		110	2	390	48	23	150
3	85	425	9	45	225	67	335	88	440	84	3	217	424	494	465	229	130	432	373	193	206
4	420	513	449	129	116	51	255	217	27	135	4	95	210	345	27	343	33		220	310	258
5	146	201	476	264	262	252	202	481	289	387	5	202	45	84	305	248	450	223	9	350	168
6	348	153	236	122	81	405	438	74	370	263	6	417	369	118	161	188	191	159	35	429	
7	257	227	77	385	338	103	515	459	179	366	7	330	112	126	356	67	18	393	72	406	487
8	243	157	256	222	52	260	242	152	231	97	8	295	64	410	461	39	30	227	166	37	291
9	485	309	487	319	8	40	200	471	239	137	9	233	319		440	420	500	4	89	458	481
10	156	251	197	456	164	291	397	398	403	428	10	402	362	245	75	284	146	505	215	448	293
11	24	120	71	355	188	411	468	224	62	310	11	144	389	423	431	209		44	222	368	158
12	492	344	133	136	151	226	72	360	213	7	12	111	392	63	226	318	3	361	504	388	43
13	35	175	346	143	186	401	418	503	399	408	13	391	360	359	122	235	49	123	99		154
14	453	149	216	22	110	21	105	525	509	429	14	24	236	312	133	326	151	50	274	267	141
15	29	145	196	451	139	166	301	447	119	66	15	218	124	87	61	272	425	100	81	181	321
16	330	63	315	517	469	229	87	435	59	295	16	495		264	332	104	466	155	260	239	380
17	417	498	374	283	357	198	461	189	416	493	17	230	25	427	438	366	131	237	184	491	78
18	349	158	261	247	177	356	193	436	64	320	18	433	313	13	385		374	134	478	114	177
19	13	65	325	38	190	421	518	474	254	212	19	194	327	204	186	289	207	152	102	175	413
20	2	10	50	250	192	431	39	195	446	114	20	96	51	56	279	445	211	275		484	442
21	41	205	496	364	233	107	6	30	150	221	21	346	268	199	128	415	28	142	47	493	372
22	47	235	117	56	280	342	123	86	430	34	22	344	219	83	8	117	34	125	71	409	165
23	170	321	18	90	450	134	141	176	351	168	23		88	244	214	422	221	62	503	358	98
24	311	497	369	258	232	102	510	434	54	270	24	311	273	86	80	263	259	426	183	12	477
25	292	402	423	528	524	504	404	433	49	245	25	203	101	55		198	46	82	70	243	502
26	167	306	472	244	162	281	347	148	211	526	26	85	182	54	69	53	306	322	307	435	338
27	514	454	154	241	147	206	501	389	358	203	27	249	496	323	335	299	451		308	354	456
28	486	314	512	444	104	520	484	304	462	194	28	224	265	436	173	6	10	333	339	20	58
29	441	89	445	109	16	80	400	413	478	274	29	351	105	250	315	474	169	467	497	341	
30	312	502	394	383	328	53	265	267	277	327	30	418	156	324	378	287	370	261	336	472	91
31	48	240	142	181	376	293	407	448	124	91	31	119	240	300	395	281	162	381	452	15	93
32	455	159	266	272	302	452	144	191	426	14	32	189	231		22	464	192	26	309	304	349
33	70	350	163	86	372	273	307	477	269	287	33	160	428	355	405	460	36	439	457	74	447
34	377	298	432	44	220	42	210	521	489	329	34	430	367	225	387	121		132	266	60	180
35	58	290	392	373	278	332	73	365	238	132	35	331	238	437	490	384	113	185	174	278	483
36	131	126	101	505	409	458	174	341	118	61	36	127	492	7	408	213	357	79	11		242
37	305	467	219	37	185	396	393	378	303	457	37	68	434	334	353	172	19	314	340	377	471
38	169	316	522	494	354	183	386	343	128	111	38	394	14	21	303	404	73	386	59	489	277
39	26	130	121	76	380	313	507	419	508	424	39	407		352	376	302	488	375	106	107	138
40	4	20	100	500	384	333	78	390	363	228	40	296	135	251	108	256	65	479	316	139	364
41	82	410	463	199	466	214	12	60	300	442	41	411	115	475	297		462	178	170	136	397
42	94	470	234	112	31	155	246	172	331	68	42	40	195	468	252	399	31	328	498	109	149
43	340	113	36	180	371	268	282	352	173	336	43	228	205	342	257	247	167	187		66	486
44	93	465	209	516	464	204	491	339	108	11	44	38	290	419	480	283	292	208	157	317	42
45	55	275	317	527	519	479	279	337	98	490	45	234	153	325	140	271	320	103	379	365	77
46	334	83	415	488	324	33	165	296	422	523	46		176	288	412	444	441	414	371	116	164
47	499	379	308	482	294	412	473	249	187	406	47	421	97	262	476	197	501	52	337	298	455
48	443	99	495	359	208	511	439	79	395	388	48	5	57	473		286	90	280	92	463	348
49	353	178	361	218	32	160	271	297	427	19	49	459	446	120	179	383	482	212	241	171	470
	0	1	2	3	4	5	6	7	8	9		0	1	2	3	4	5	6	7	8	9

P = **529** (Fortsetzung)

N

	0	1	2	3	4	5	6	7	8	9
50	95	475	259	237	127	106	1			

I

	0	1	2	3	4	5	6	7	8	9
50	403	276	301	137	255	363		396	398	148
51	246	485	282	41	270	76	443	163	196	454
52	285	347	382	469	254	147	269	453	253	

P = **538** = 2 · 269, g = 3, φ (P) = 268 = $2^2 \cdot 67$

N

	0	1	2	3	4	5	6	7	8	9
0		3	9	27	81	243	191	35	105	315
1	407	145	435	229	149	447	265	257	233	161
2	483	373	43	129	387	85	255	227	143	429
3	211	95	285	317	413	163	489	391	97	291
4	335	467	325	437	235	167	501	427	205	77
5	231	155	465	319	419	181	5	15	45	135
6	405	139	417	175	525	499	421	187	23	69
7	207	83	249	209	89	267	263	251	215	107
8	321	425	199	59	177	531	517	475	349	509
9	451	277	293	341	485	379	61	183	11	33
10	99	297	353	521	487	385	79	237	173	519
11	481	367	25	75	225	137	411	157	471	337
12	473	343	491	397	115	345	497	415	169	507
13	445	259	239	179	537	535	529	511	457	295
14	347	503	433	223	131	393	103	309	389	91
15	273	281	305	377	55	165	495	409	151	453
16	283	311	395	109	327	443	253	221	125	375
17	49	147	441	247	203	71	213	101	303	371
18	37	111	333	461	307	383	73	219	119	357
19	533	523	493	403	133	399	121	363	13	39
20	117	351	515	469	331	455	289	329	449	271
21	275	287	323	431	217	113	339	479	361	7
22	21	63	189	29	87	261	245	197	53	159
23	477	355	527	505	439	241	185	17	51	153
24	459	301	365	19	57	171	513	463	313	401
25	127	381	67	201	65	195	47	141	423	193
26	41	123	369	31	93	279	299	359	1	

I

	1	3	5	7	9	11	13	15	17	19
0	268	1	56	219	2	98	198	57	237	243
2	220	68	112	3	223	263	99	7	180	199
4	260	22	58	256	170	238	228	154	244	83
6	96	221	254	252	69	175	186	113	49	106
8	4	71	25	224	74	149	264	31	38	100
10	177	146	8	79	163	181	215	124	200	188
12	196	261	168	250	23	144	194	59	115	61
14	257	28	11	171	14	158	239	51	117	229
16	19	35	155	45	128	245	108	63	84	133
18	55	97	236	67	222	6	259	255	227	82
20	253	174	48	70	73	30	176	78	214	187
22	167	143	114	27	13	50	18	44	107	132
24	235	5	226	173	72	77	166	26	17	131
26	225	76	16	75		209	150	210	91	265
28	151	160	32	211	206	39	92	139	101	266
30	241	178	152	184	147	161	248	9	33	53
32	80	212	42	164	207	204	182	40	119	216
34	93	121	125	140	88	201	102	231	189	267
36	218	197	242	111	262	179	21	169	153	95
38	251	185	105	24	148	37	145	162	123	195
40	249	193	60	10	157	116	34	127	62	54
42	66	258	81	47	29	213	142	12	43	234
44	172	165	130	15	208	90	159	205	138	240
46	183	247	52	41	203	118	120	87	230	217
48	110	20	94	104	36	122	192	156	126	65
50	46	141	233	129	89	137	246	202	86	109
52	103	191	64	232	136	85	190	135	134	

P = **542** = 2 · 271, g = 15, φ (P) = 270 = $2 \cdot 3^3 \cdot 5$

N

	0	1	2	3	4	5	6	7	8	9
0		15	225	123	219	33	495	379	265	181
1	5	75	41	73	11	165	307	269	241	363
2	25	375	205	365	55	283	451	261	121	189
3	125	249	483	199	275	331	87	221	63	403
4	83	161	247	453	291	29	435	21	315	389

I

	1	3	5	7	9	11	13	15	17	19
0	270	261	10	56	252	14	105	1	202	207
2	47	255	20	243	45	204	5	66	104	96
4	12	97	262	141	112	193	268	24	198	167
6	74	38	115	92	246	71	13	11	70	228
8	234	40	212	36	178	161	195	217	53	266

P = **542** (Fortsetzung)

	N										I										
	0	1	2	3	4	5	6	7	8	9		1	3	5	7	9	11	13	15	17	19
5	415	263	151	97	371	145	7	105	491	319	10	229	98	57	181	251	95	245	265	87	258
6	449	231	213	485	229	183	35	525	287	511	12	28	3	30	185	88	235	263	253	109	174
7	77	71	523	257	61	373	175	457	351	387	14	132	119	55	103	91	52	184	214	215	259
8	385	355	447	201	305	239	333	117	129	309	16	41	142	15	156	210	189	129	76	158	154
9	299	149	67	463	441	111	39	43	103	461	18	9	65	114	216	29	213	113	106	121	33
10	411	203	335	147	37	13	195	215	515	137	20	83	101	22	237	221	170	62	107	260	4
11	429	473	49	193	185	65	433	533	407	143	22	37	194	2	183	64	61	224	151	219	85
12	519	197	245	423	383	325	539	497	409	173	24	18	225	122	42	31	179	269	203	73	160
13	427	443	141	489	289	541	527	317	419	323	26	27	51	8	169	17		152	34	143	186
14	509	47	163	277	361	537	467	501	469	531	28	162	25	208	68	134	44	166	177	257	90
15	377	235	273	301	179	517	167	337	177	487	30	153	220	84	16	89	196	199	48	137	59
16	259	91	281	421	353	417	293	59	343	267	32	172	139	125	242	197	35	86	102	157	236
17	211	455	321	479	139	459	381	295	89	251	34	218	168	256	241	248	78	164	81	249	200
18	513	107	521	227	153	127	279	391	445	171	36	144	19	23	211	264	54	75	21	150	7
19	397	535	437	51	223	93	311	329	57	313	38	176	124	80	79	49	187	226	238	190	254
20	359	507	17	255	31	465	471	19	285	481	40	267	39	244	118	128	100	223	50	165	138
21	169	367	85	191	155	157	187	95	341	237	42	163	123	222	130	110	230	116	46	192	233
22	303	209	425	413	233	243	393	475	79	101	44	94	131	188	82	60	26	43	171	77	175
23	431	503	499	439	81	131	339	207	395	505	46	99	93	205	146	148	206	111	227	250	173
24	529	347	327	27	405	113	69	493	349	357	48	209	32	63	159	133	58	247	6	127	232
25	477	109	9	135	399	23	345	297	119	159	50	147	231	239	201	140	69	180	108	155	120
26	217	3	45	133	369	115	99	401	53	253	52	182	72	67	136	240	149	117	191	145	126
27	1										54	135									

P = **554** = 2 · 277, g = 5, φ (P) = 276 = $2^2 \cdot 3 \cdot 23$

	N										I										
	0	1	2	3	4	5	6	7	8	9		1	3	5	7	9	11	13	15	17	19
0		5	25	125	71	355	113	11	55	275	0	276	188	1	22	100	7	222	189	103	252
1	267	227	27	135	121	51	255	167	281	297	2	210	208	2	12	74	47	195	23	87	134
2	377	223	7	35	175	321	497	269	237	77	4	126	55	101	218	44	15	67	8	164	246
3	385	263	207	481	189	391	293	357	123	61	6	39	122	223	220	120	4	171	190	29	116
4	305	417	423	453	49	245	117	31	155	221	8	200	266	104	262	98	244	235	253	257	107
5	551	539	479	179	341	43	215	521	389	283	10	181	271	211	113	237	275	6	209	46	125
6	307	427	473	149	191	401	343	53	265	217	12	14	38	3	199	243	180	274	13	179	129
7	531	439	533	449	29	145	171	301	397	323	14	130	229	75	232	63	131	203	48	216	255
8	507	319	487	219	541	489	229	37	185	371	16	230	173	196	17	168	76	249	24	158	53
9	193	411	393	303	407	373	203	461	89	445	18	233	227	88	110	34	64	90	135	175	143
10	9	45	225	17	85	425	463	99	495	259	20	132	96	127	32	259	204	192	56	69	83
11	187	381	243	107	535	459	79	395	313	457	22	49	21	102	11	86	217	163	219	28	261
12	69	345	63	315	467	119	41	205	471	139	24	256	112	45	198	178	231	215	16	157	109
13	141	151	201	451	39	195	421	443	553	549	26	174	31	68	10	27	197	156	9		147
14	529	429	483	199	441	543	499	279	287	327	28	18	59	165	148	206	169	36	247	19	154
15	527	419	433	503	299	387	273	257	177	331	30	77	93	40	60	183	250	118	123	166	81
16	547	519	379	233	57	285	317	477	169	291	32	25	79	224	149	240	159	187	221	207	194
17	347	73	365	163	261	197	431	493	249	137	34	54	66	121	170	265	234	270	5	37	273
18	131	101	505	309	437	523	399	333	3	15	36	228	202	172	248	226	89	95	191	20	162
19	75	375	213	511	339	33	165	271	247	127	38	111	214	30	155	58	35	92	117	78	186

P = **554** (Fortsetzung)

	N										I										
	0	1	2	3	4	5	6	7	8	9		1	3	5	7	9	11	13	15	17	19
20	81	405	363	153	211	501	289	337	23	115	40	65	269	201	94	213	91	268	267	41	151
21	21	105	525	409	383	253	157	231	47	235	42	136	42	105	61	141	176	152	263	184	71
22	67	335	13	65	325	517	369	183	361	143	44	144	137	99	251	73	133	43	245	119	115
23	161	251	147	181	351	93	465	109	545	509	46	97	106	236	124	242	128	62	254	167	52
24	329	537	469	129	91	455	59	295	367	173	48	33	142	258	82	85	260	177	108	26	146
25	311	447	19	95	475	159	241	97	485	209	50	205	153	182	80	239	193	264	272	225	161
26	491	239	87	435	513	349	83	415	413	403	52	57	185	212	150	140	70	72	114	241	51
27	353	103	515	359	133	111	1				54	84	145	238	160	139	50	138			

P = **562** = 2 · 281, g = 3, φ (P) = 280 = $2^3 \cdot 5 \cdot 7$

	N										I										
	0	1	2	3	4	5	6	7	8	9		1	3	5	7	9	11	13	15	17	19
0	1	3	9	27	81	243	167	501	379	13	0	280	1	186	182	2	253	9	187	166	221
1	39	117	351	491	349	485	331	431	169	507	2	183	197	92	3	172	62	254	88	135	10
2	397	67	201	41	123	369	545	511	409	103	4	23	132	188	75	84	167	210	159	222	200
3	309	365	533	475	301	341	461	259	215	83	6	147	184	195	21	198	153	125	93	155	240
4	249	185	555	541	499	373	557	547	517	427	8	4	39	72	173	245	191	63	127	109	255
5	157	471	289	305	353	497	367	539	493	355	10	176	29	89	237	120	136	95	103	11	68
6	503	385	31	93	279	275	263	227	119	357	12	226	24	278	219	133	157	123	189	118	217
7	509	403	85	255	203	47	141	423	145	435	14	76	262	78	85	242	259	168	248	50	211
8	181	543	505	391	49	147	441	199	35	105	16	99	264	160	6	18	223	271	274	201	231
9	315	383	25	75	225	113	339	455	241	161	18	80	148	41	139	185	252	165	196	171	87
10	483	325	413	115	345	473	295	323	407	97	20	22	74	209	199	194	152	154	38	244	126
11	291	311	371	551	529	463	265	233	137	411	22	175	236	94	67	277	156	117	261	241	247
12	109	327	419	133	399	73	219	95	285	293	24	98	5	270	230	40	251	170	73	193	37
13	317	389	43	129	387	37	111	333	437	187	26	174	66	116	246	269	250	192	65	268	64
14	561	559	553	535	481	319	395	61	183	549	28		204	128	205	52	110	129	106	256	206
15	523	445	211	71	213	77	231	131	393	55	30	34	177	53	213	30	111	180	90	130	145
16	165	495	361	521	439	193	17	51	153	459	32	238	107	101	121	257	16	137	207	234	96
17	253	197	29	87	261	221	101	303	347	479	34	35	266	104	178	14	12	54	59	69	214
18	313	377	7	21	63	189	5	15	45	135	36	162	227	31	56	25	112	45	279	181	8
19	405	91	273	257	209	65	195	23	69	207	38	220	91	61	134	131	83	158	146	20	124
20	59	177	531	469	283	287	299	335	443	205	40	239	71	190	108	28	119	102	225	218	122
21	53	159	477	307	359	515	421	139	417	127	42	216	77	258	49	263	17	273	79	138	164
22	381	19	57	171	513	415	121	363	527	457	44	86	208	151	243	235	276	260	97	229	169
23	247	179	537	487	337	449	223	107	321	401	46	36	115	249	267	203	51	105	33	212	179
24	79	237	149	447	217	89	267	239	155	465	48	144	100	15	233	265	13	58	161	55	44
25	271	251	191	11	33	99	297	329	425	151	50	7	60	82	19	70	27	224	215	48	272
26	453	235	143	429	163	489	343	467	277	269	52	163	150	275	228	114	202	32	143	232	57
27	245	173	519	433	175	525	451	229	125	375	54	43	81	26	47	149	113	142	42	46	141
28	1										56	140									
	0	1	2	3	4	5	6	7	8	9		1	3	5	7	9	11	13	15	17	19

$P = 566 = 2 \cdot 283,\ g = 3,\ \varphi(P) = 282 = 2 \cdot 3 \cdot 47$

N

	0	1	2	3	4	5	6	7	8	9
0		3	9	27	81	243	163	489	335	439
1	185	555	533	467	269	241	157	471	281	277
2	265	229	121	363	523	437	179	537	479	305
3	349	481	311	367	535	473	287	295	319	391
4	41	123	369	541	491	341	457	239	151	453
5	227	115	345	469	275	259	211	67	201	37
6	111	333	433	167	501	371	547	509	395	53
7	159	477	299	331	427	149	447	209	61	183
8	549	515	413	107	321	397	59	177	531	461
9	251	187	561	551	521	431	161	483	317	385
10	23	69	207	55	165	495	353	493	347	475
11	293	313	373	553	527	449	215	79	237	145
12	435	173	519	425	143	429	155	465	263	223
13	103	309	361	517	419	125	375	559	545	503
14	377	565	563	557	539	485	323	403	77	231
15	127	381	11	33	99	297	325	409	95	285
16	289	301	337	445	203	43	129	387	29	87
17	261	217	85	255	199	31	93	279	271	247
18	175	525	443	197	25	75	225	109	327	415
19	113	339	451	221	97	291	307	355	499	365
20	529	455	233	133	399	65	195	19	57	171
21	513	407	89	267	235	139	417	119	357	505
22	383	17	51	153	459	245	169	507	389	35
23	105	315	379	5	15	45	135	405	83	249
24	181	543	497	359	511	401	71	213	73	219
25	91	273	253	193	13	39	117	351	487	329
26	421	131	393	47	141	423	137	411	101	303
27	343	463	257	205	49	147	441	191	7	21
28	63	189	1							

I

	1	3	5	7	9	11	13	15	17	19
0	282	1	233	278	2	152	254	234	221	207
2	279	100	184	3	168	175	153	229	59	255
4	40	165	235	263	274	222	69	103	208	86
6	78	280	205	57	101	246	248	185	148	117
8	4	238	172	169	212	250	176	158	194	154
10	268	130	230	83	187	60	190	51	256	217
12	22	41	135	150	166	261	203	236	266	215
14	264	124	119	275	75	48	223	126	16	70
16	96	6	104	63	226	209	121	180	87	26
18	240	79	10	91	281	277	253	206	183	174
20	58	164	273	102	77	56	247	116	171	249
22	193	129	186	50	21	149	202	214	118	47
24	15	5	225	179	239	90	252	173	272	55
26	170	128	20	213	14	178	251	54	19	177
28	18		159	36	160	195	110	37	155	72
30	161	269	29	196	131	32	111	231	98	38
32	84	146	156	188	259	73	61	8	162	191
34	45	270	52	108	30	257	106	197	218	243
36	132	23	199	33	42	65	112	136	140	232
38	151	220	99	167	228	39	262	68	85	204
40	245	147	237	211	157	267	82	189	216	134
42	260	265	123	74	125	95	62	120	25	9
44	276	182	163	76	115	192	49	201	46	224
46	89	271	127	13	53	17	35	109	71	28
48	31	97	145	258	7	44	107	105	242	198
50	64	139	219	227	67	244	210	81	133	122
52	94	24	181	114	200	88	12	34	27	144
54	43	241	138	66	80	93	113	11	143	137
56	92	142	141							

$P = 578 = 2 \cdot 17^2,\ g = 3,\ \varphi(P) = 272 = 2^4 \cdot 17$

N

	0	1	2	3	4	5	6	7	8	9
0		3	9	27	81	243	151	453	203	31
1	93	279	259	199	19	57	171	513	383	571
2	557	515	389	11	33	99	297	313	361	505
3	359	499	341	445	179	537	455	209	49	147
4	441	167	501	347	463	233	121	363	511	377
5	553	503	353	481	287	283	271	235	127	381
6	565	539	461	227	103	309	349	469	251	175
7	525	419	101	303	331	415	89	267	223	91
8	273	241	145	435	149	447	185	555	509	371
9	535	449	191	573	563	533	443	173	519	401
10	47	141	423	113	339	439	161	483	293	301
11	325	397	35	105	315	367	523	413	83	249
12	169	507	365	517	395	29	87	261	205	37
13	111	333	421	107	321	385	577	575	569	551
14	497	335	427	125	375	547	485	299	319	379

I

	1	3	5	7	9	11	13	15	17	19
0	272	1	229	155	2	23	196	230		14
2	156	223	186	3	125	9	24	112	129	197
4	171	226	231	100	38		206	252	15	234
6	259	157	153	184	224	257	165	187	178	167
8	4	118		126	76	79	10	243	189	25
10	72	64	113	133	203	130	103	180	198	
12	46	172	143	58	227	221	169	232	176	241
14	101	219	82	39	84	6		238	268	207
16	106	211	253	41	120	16	97	69	235	34
18	247	260	86		158	92	271	154	195	13
20	185	8	128	225	37	251	258	183	164	166
22		78	188	63	202	179	45	57	168	240
24	81	5	267	210	119	68	246		270	12
26	127	250	163	77	201	56	80	209	245	11
28	162	55	244	54		190	108	191	26	147

P = 578 (Fortsetzung)

N											I										
	0	1	2	3	4	5	6	7	8	9		1	3	5	7	9	11	13	15	17	19
15	559	521	407	65	195	7	21	63	189	567	30	109	73	216	192	65	213	27	114	263	148
16	545	479	281	265	217	73	219	79	237	133	32	134		110	204	255	74	131	141	217	104
17	399	41	123	369	529	431	137	411	77	231	34	32	193	181	43	66	199	52	214		30
18	115	345	457	215	67	201	25	75	225	97	36	28	47	122	115	173	89	264	144	49	149
19	291	295	307	343	451	197	13	39	117	351	38	59	18	135	228	22		222	124	111	170
20	475	269	229	109	327	403	53	159	477	275	40	99	205	233	152	256	177	117	75	242	71
21	247	163	489	311	355	487	305	337	433	143	42	132	102		142	220	175	218	83	237	105
22	429	131	393	23	69	207	43	129	387	5	44	40	96	33	85	91	194	7	36	182	
23	15	45	135	405	59	177	531	437	155	465	46	62	44	239	266	67	269	249	200	208	161
24	239	139	417	95	285	277	253	181	543	473	48	53	107	146	215	212	262		254	140	31
25	263	211	55	165	495	329	409	71	213	61	50	42	51	29	121	88	48	17	21	123	98
26	183	549	491	317	373	541	467	245	157	471	52	151	116	70		174	236	95	90	35	61
27	257	193	1								54	265	248	160	145	261	139	50	87	20	150
											56		94	60	159	138	19	93	137	136	

P = 586 = 2 · 293, g = 3, φ (P) = 292 = $2^2 \cdot 73$

N											I										
	0	1	2	3	4	5	6	7	8	9		1	3	5	7	9	11	13	15	17	19
0		3	9	27	81	243	143	429	115	345	0	292	1	29	245	2	183	115	30	20	103
1	449	175	525	403	37	111	333	413	67	201	2	246	271	58	3	25	190	184	274	14	116
2	17	51	153	459	205	29	87	261	197	5	4	287	34	31	235	198	21	256	212	104	64
3	15	45	135	405	43	129	387	575	553	487	6	158	247	144	18	272	254	252	59	136	85
4	289	281	257	185	555	493	307	335	419	85	8	4	222	49	26	61	68	191	132	238	185
5	255	179	537	439	145	435	133	399	25	75	10	121	79	275	138	112	15	71	8	117	265
6	225	89	267	215	59	177	531	421	91	273	12	74	288	87	169	35	243	56	32	156	83
7	233	113	339	431	121	363	503	337	425	103	14	236	6	54	199	228	201	22	219	153	257
8	309	341	437	139	417	79	237	125	375	539	16	224	91	213	194	230	105	163	11	65	51
9	445	163	489	295	299	311	347	455	193	579	18	179	159	43	203	248	260	98	145	28	182
10	565	523	397	19	57	171	513	367	515	373	20	19	270	24	273	286	234	255	63	143	253
11	533	427	109	327	395	13	39	117	351	467	22	135	221	60	131	120	137	70	264	86	242
12	229	101	303	323	383	563	517	379	551	481	24	155	5	227	218	223	193	162	50	42	259
13	271	227	95	285	269	221	77	231	107	321	26	27	269	285	62	134	130	69	241	226	192
14	377	545	463	217	65	195	585	583	577	559	28	41	268	133	240	40	239		93	186	94
15	505	343	443	157	471	241	137	411	61	183	30	279	122	187	46	80	95	215	276	280	208
16	549	475	253	173	519	385	569	535	433	127	32	139	123	173	113	188	196	16	47	77	72
17	381	557	499	325	389	581	571	541	451	181	34	81	151	9	96	232	118	216	283	266	277
18	543	457	199	11	33	99	297	305	329	401	36	206	75	281	107	289	209	109	88	140	127
19	31	93	279	251	167	501	331	407	49	147	38	170	124	165	36	174	291	244	114	102	57
20	441	151	453	187	561	511	361	497	319	371	40	189	13	33	197	211	157	17	251	84	48
21	527	409	55	165	495	313	353	473	247	155	42	67	237	78	111	7	73	168	55	82	53
22	465	223	83	249	161	483	277	245	149	447	44	200	152	90	229	10	178	202	97	181	23
23	169	507	349	461	211	47	141	423	97	291	46	233	142	220	119	263	154	217	161	258	284
24	287	275	239	131	393	7	21	63	189	567	48	129	225	267	39	92	278	45	214	207	172
25	529	415	73	219	71	213	53	159	477	259	50	195	76	150	231	282	205	106	108	126	164
26	191	573	547	469	235	119	357	485	283	263	52	290	101	12	210	250	66	110	167	52	89
27	203	23	69	207	35	105	315	359	491	301	54	177	180	141	262	160	128	38	44	171	149
28	317	365	509	355	479	265	209	41	123	369	56	204	125	100	249	166	176	261	37	148	99
29	521	391	1								58	175	147	146							
	0	1	2	3	4	5	6	7	8	9		1	3	5	7	9	11	13	15	17	19

$P = 614 = 2 \cdot 307,\ g = 5,\ \varphi(P) = 306 = 2 \cdot 3^2 \cdot 17$

N

	0	1	2	3	4	5	6	7	8	9
0		5	25	125	11	55	275	147	121	605
1	569	389	103	515	119	595	519	139	81	405
2	183	301	277	157	171	241	591	499	39	195
3	361	577	429	303	287	207	421	263	87	435
4	333	437	343	487	593	509	89	445	383	73
5	365	597	529	189	331	427	293	237	571	399
6	153	151	141	91	455	433	323	387	93	465
7	483	573	409	203	401	163	201	391	113	565
8	369	3	15	75	375	33	165	211	441	363
9	587	479	553	309	317	357	557	329	417	243
10	601	549	289	217	471	513	109	545	269	117
11	585	469	503	59	295	247	7	35	175	261
12	77	385	83	415	233	551	299	267	107	535
13	219	481	563	359	567	379	53	265	97	485
14	583	459	453	423	273	137	71	355	547	279
15	167	221	491	613	609	589	489	603	559	339
16	467	493	9	45	225	511	99	495	19	95
17	475	533	209	431	313	337	457	443	373	23
18	115	575	419	253	37	185	311	327	407	193
19	351	527	179	281	177	271	127	21	105	525
20	169	231	541	249	17	85	425	283	187	321
21	377	43	215	461	463	473	523	159	181	291
22	227	521	149	131	41	205	411	213	451	413
23	223	501	49	245	611	599	539	239	581	449
24	403	173	251	27	135	61	305	297	257	57
25	285	197	371	13	65	325	397	143	101	505
26	69	345	497	29	145	111	555	319	367	607
27	579	439	353	537	229	531	199	381	63	315
28	347	507	79	395	133	51	255	47	235	561
29	349	517	129	31	155	161	191	341	477	543
30	259	67	335	447	393	123	1			

I

	1	3	5	7	9	11	13	15	17	19
0	306	81	1	116	162	4	253	82	204	168
2	197	179	2	243	263	293	85	117	184	28
4	224	211	163	287	232	285	136	5	249	113
6	245	278	254	301	260	146	49	83	120	282
8	18	122	205	38	46	63	68	169	138	166
10	258	12	198	128	106	265	78	180	109	14
12	8	305	3	196	292	223	284	244	145	17
14	62	257	264	7	222	61	60	294	23	217
16	295	75	86	150	200	24	241	118	194	192
18	218	20	185	208	53	296	189	29	251	276
20	76	73	225	35	172	87	227	212	103	130
22	151	230	164	220	274	201	124	288	57	237
24	25	99	233	115	203	242	183	286	248	300
26	119	37	137	127	108	195	144	6	22	149
28	193	207	250	34	102	219	56	114	247	126
30	21	33	246		93	186	174	279	94	267
32	209	66	255	187	97	54	40	302	175	159
34	297	42	261	280	290	190	272	147	95	133
36	30	89	50	268	80	252	178	84	210	135
38	277	48	121	67	11	77	304	283	256	59
40	74	240	19	188	72	226	229	123	98	182
42	36	143	206	55	32	173	65	39	41	271
44	88	177	47	303	239	228	142	64	176	141
46	213	214	69	160	111	104	215	170	298	91
48	131	70	139	43	156	152	161	167	262	27
50	231	112	259	281	45	165	105	13	291	16
52	221	216	199	191	52	275	171	129	273	236
54	202	299	107	148	101	125	92	266	96	158
56	289	132	79	134	10	58	71	181	31	270
58	238	140	110	90	155	26	44	15	51	235
60	100	157	9	269	154	234	153			

$P = 622 = 2 \cdot 311,\ g = 17,\ \varphi(P) = 310 = 2 \cdot 5 \cdot 31$

N

	0	1	2	3	4	5	6	7	8	9
0		17	289	559	173	453	237	297	73	619
1	571	377	189	103	507	533	353	403	9	153
2	113	55	313	345	267	185	35	595	163	283
3	457	305	209	443	67	517	81	133	395	495
4	329	617	537	421	315	379	223	59	381	257
5	15	255	603	299	107	575	445	101	473	577
6	479	57	347	301	141	531	319	447	135	429
7	451	203	341	199	273	287	525	217	579	513
8	13	221	25	425	383	291	593	129	327	583
9	581	547	591	95	371	87	235	263	117	123

I

	1	3	5	7	9	11	13	15	17	19
0	310	164	196	140	18	135	80	50	1	207
2	304	283	82	182	241	247	299	26	139	244
4	245	233	214	210	280	165	264	21	61	47
6	145	158	276	34	137	293	8	246	275	152
8	36	260	197	95	170	220	101	93	231	153
10	57	13	190	54	234	303	20	169	98	141
12	270	99	278	194	87	103	37	68	272	122
14	64	215	127	134	213	151	19	133	142	118
16	113	28	185	261	160	225	4	222	211	188
18	143	309	25	136	12	271	224	130	238	73

P = **622** (Fortsetzung)

	N										I										
	0	1	2	3	4	5	6	7	8	9		1	3	5	7	9	11	13	15	17	19
10	225	93	337	131	361	539	455	271	253	569	20	198	71	131	301	32	281	147	119	77	172
11	343	233	229	161	249	501	431	485	159	215	22	81	46	100	193	112	129	111	96	6	239
12	545	557	139	497	363	573	411	145	599	231	24	203	200	166	287	114	249	108	51	49	279
13	195	205	375	155	147	11	187	69	551	37	26	259	97	150	24	171	107	74	217	178	265
14	7	119	157	181	589	61	415	213	511	601	28	227	29	257	75	2	85	195	243	7	53
15	265	151	79	99	439	621	605	333	63	449	30	63	221	31	199	177		22	44	186	66
16	169	385	325	549	3	51	245	433	519	115	32	218	208	162	88	40	240	157	230	102	184
17	89	269	219	613	469	509	567	309	277	355	34	72	110	23	62	229	262	16	179	305	252
18	437	587	27	459	339	165	317	413	179	555	36	104	124	204	206	263	94	269	132	11	45
19	105	541	489	227	127	293	5	85	201	307	38	48	84	161	251	266	284	267	38	255	201
20	243	399	563	241	365	607	367	19	323	515	40	236	17	232	274	302	126	187	146	286	226
21	47	177	521	149	45	143	565	275	321	481	42	43	228	83	285	69	116	167	291	180	154
22	91	303	175	487	193	171	419	281	423	349	44	298	33	56	67	159	70	5	106	30	183
23	335	97	405	43	109	609	401	597	197	239	46	268	273	297	288	174	306	58	289	282	60
24	331	29	493	295	39	41	75	31	527	251	48	219	277	117	223	192	258	242	39	123	254
25	535	387	359	505	499	397	529	285	491	261	50	115	296	253	14	175	148	79	209	35	168
26	83	167	351	369	53	279	389	393	461	373	52	212	308	76	248	256	65	15	250	42	105
27	121	191	137	463	407	77	65	483	125	259	54	191	307	120	91	163	138	292	189	121	3
28	49	211	477	23	391	427	417	247	467	475	56	300	202	216	176	109	10	125	55	59	78
29	611	435	553	71	585	615	503	465	441	33	58	90	89	294	181	144	92	86	27	237	128
30	561	207	409	111	21	357	471	543	523	183	60	149	52	156	205	235	290	173	295	41	9
31	1										62	155									

P = **625** $= 5^4$, g = 2, φ (P) = 500 $= 2^2 \cdot 5^3$

	N										I										
	0	1	2	3	4	5	6	7	8	9		0	1	2	3	4	5	6	7	8	9
0		2	4	8	16	32	64	128	256	512	0		500	1	107	2		108	485	3	214
1	399	173	346	67	134	268	536	447	269	538	1		476	109	139	486		4	173	215	418
2	451	277	554	483	341	57	114	228	456	287	2		92	477	431	110		140	321	487	162
3	574	523	421	217	434	243	486	347	69	138	3		48	5	83	174		216	329	419	246
4	276	552	479	333	41	82	164	328	31	62	4		44	93	195	478		432	97	111	470
5	124	248	496	367	109	218	436	247	494	363	5		280	141	367	322		488	25	163	134
6	101	202	404	183	366	107	214	428	231	462	6		456	49	199	6		84	13	175	38
7	299	598	571	517	409	193	386	147	294	588	7		272	217	291	330		420	461	247	482
8	551	477	329	33	66	132	264	528	431	237	8		428	45	243	94		196	269	479	266
9	474	323	21	42	84	168	336	47	94	188	9		124	433	155	98		112	337	471	190
10	376	127	254	508	391	157	314	3	6	12	10		60	281	127	142		368	65	323	54
11	24	48	96	192	384	143	286	572	519	413	11		436	489	259	26		164	353	135	158
12	201	402	179	358	91	182	364	103	206	412	12		452	457	151	50		200	101	7	302
13	199	398	171	342	59	118	236	472	319	13	13		308	85	403	14		176	209	39	286
14	26	52	104	208	416	207	414	203	406	187	14		204	273	115	218		292	77	331	410
15	374	123	246	492	359	93	186	372	119	238	15		340	421	387	462		248	105	483	474
16	476	327	29	58	116	232	464	303	606	587	16		416	429	319	46		244	193	95	278
17	549	473	321	17	34	68	136	272	544	463	17		132	197	11	270		480	241	267	122
18	301	602	579	533	441	257	514	403	181	362	18		188	125	63	434		156	149	99	306
19	99	198	396	167	334	43	86	172	344	63	19		284	113	75	338		472	317	191	130

N

	0	1	2	3	4	5	6	7	8	9
20	126	252	504	383	141	282	564	503	381	137
21	274	548	471	317	9	18	36	72	144	288
22	576	527	429	233	466	307	614	603	581	537
23	449	273	546	467	309	618	611	597	569	513
24	401	177	354	83	166	332	39	78	156	312
25	624	623	621	617	609	593	561	497	369	113
26	226	452	279	558	491	357	89	178	356	87
27	174	348	71	142	284	568	511	397	169	338
28	51	102	204	408	191	382	139	278	556	487
29	349	73	146	292	584	543	461	297	594	563
30	501	377	129	258	516	407	189	378	131	262
31	524	423	221	442	259	518	411	197	394	163
32	326	27	54	108	216	432	239	478	331	37
33	74	148	296	592	559	493	361	97	194	388
34	151	302	604	583	541	457	289	578	531	437
35	249	498	371	117	234	468	311	622	619	613
36	601	577	529	433	241	482	339	53	106	212
37	424	223	446	267	534	443	261	522	419	213
38	426	227	454	283	566	507	389	153	306	612
39	599	573	521	417	209	418	211	422	219	438
40	251	502	379	133	266	532	439	253	506	387
41	149	298	596	567	509	393	161	322	19	38
42	76	152	304	608	591	557	489	353	81	162
43	324	23	46	92	184	368	111	222	444	263
44	526	427	229	458	291	582	539	453	281	562
45	499	373	121	242	484	343	61	122	244	488
46	351	77	154	308	616	607	589	553	481	337
47	49	98	196	392	159	318	11	22	44	88
48	176	352	79	158	316	7	14	28	56	112
49	224	448	271	542	459	293	586	547	469	313
50	1									
	0	1	2	3	4	5	6	7	8	9

I

	0	1	2	3	4	5	6	7	8	9
20		120	61	147	282		128	145	143	394
21		396	369	379	66		324	33	55	398
22		312	437	371	490		260	381	27	442
23		68	165	223	354		136	89	159	326
24		364	453	35	458		152	57	51	350
25		400	201	407	102		8	185	303	314
26		376	309	439	86		404	373	15	18
27		492	177	231	210		40	21	287	262
28		448	205	383	274		116	29	219	346
29		444	293	495	78		332	297	411	70
30		180	341	167	422		388	225	463	234
31		356	249	499	106		484	213	475	138
32		172	417	91	430		320	161	47	82
33		328	245	43	194		96	469	279	366
34		24	133	455	198		12	37	271	290
35		460	481	427	242		268	265	123	154
36		336	189	59	126		64	53	435	258
37		352	157	451	150		100	301	307	402
38		208	285	203	114		76	409	339	386
39		104	473	415	318		192	277	131	10
40		240	121	187	62		148	305	283	74
41		316	129	119	146		144	393	395	378
42		32	397	311	370		380	441	67	222
43		88	325	363	34		56	349	399	406
44		184	313	375	438		372	17	491	230
45		20	261	447	382		28	345	443	494
46		296	69	179	166		224	233	355	498
47		212	137	171	90		160	81	327	42
48		468	365	23	454		36	289	459	426
49		264	153	335	58		52	257	351	450
50		300	401	207	202		408	385	103	414
51		276	9	239	186		304	73	315	118
52		392	377	31	310		440	221	87	362
53		348	405	183	374		16	229	19	446
54		344	493	295	178		232	497	211	170
55		80	41	467	22		288	425	263	334
56		256	449	299	206		384	413	275	238
57		72	117	391	30		220	361	347	182
58		228	445	343	294		496	169	79	466
59		424	333	255	298		412	237	71	390
60		360	181	227	342		168	465	423	254
61		236	389	359	226		464	253	235	358
62		252	357	251	250					
	0	1	2	3	4	5	6	7	8	9

$P = 626 = 2 \cdot 313,\ g = 15,\ \varphi(P) = 312 = 2^3 \cdot 3 \cdot 13$

N											I										
	0	1	2	3	4	5	6	7	8	9		1	3	5	7	9	11	13	15	17	19
0		15	225	245	545	37	555	187	301	133	0	312	40	273	21	80	284	242	1	35	300
1	117	503	33	495	539	573	457	595	161	537	2	61	309	234	120	130	173	12	294	5	282
2	543	7	105	323	463	59	259	129	57	229	4	127	299	41	227	42	75	171	245	28	25
3	305	193	391	231	335	17	255	69	409	501	6	69	101	203	73	37	162	93	274	305	228
4	3	45	49	109	383	111	413	561	277	399	8	160	176	308	170	175	263	213	261	150	52
5	351	257	99	233	365	467	119	533	483	359	10	139	240	22	146	43	45	264	270	10	56
6	377	21	315	343	137	177	151	387	171	61	12	256	167	195	119	27	169	9	81	64	76
7	289	579	547	67	379	51	139	207	601	251	14	267	214	91	82	95	66	115	134	250	211
8	9	135	147	327	523	333	613	431	205	571	16	18	180	285	311	172	68	262	255	65	291
9	427	145	297	73	469	149	357	347	197	451	18	292	109	278	7	141	287	31	243	98	246
10	505	63	319	403	411	531	453	535	513	183	20	113	151	88	77	272	293	202	260	194	133
11	241	485	389	201	511	153	417	621	551	127	22	277	259	2	205	29	33	53	188	268	223
12	27	405	441	355	317	373	587	41	615	461	24	110	200	3	230	216	79	281	36	51	26
13	29	435	265	219	155	447	445	415	591	101	26	210	140	132	215	252	279	303	206	48	253
14	263	189	331	583	607	341	107	353	287	549	28	154	219	301	148	70	190	241	298	92	239
15	97	203	541	603	281	459	625	611	401	381	30	8	179	30	258	280	218		62	124	102
16	81	589	71	439	325	493	509	123	593	131	32	186	23	164	83	248	142	85	34	226	304
17	87	53	169	31	465	89	83	619	521	303	34	145	63	310	97	204	50	147	123	96	59
18	163	567	367	497	569	397	321	433	235	395	36	288	296	54	182	207	192	125	235	60	74
19	291	609	371	557	217	125	623	581	577	517	38	159	44	266	67	112	32	209	189	185	49
20	243	515	213	65	349	227	275	369	527	393	40	158	103	121	289	38	104	46	137	116	233
21	261	159	507	93	143	267	249	605	311	283	42	244	307	269	90	254	87	187	131	297	163
22	489	449	475	239	455	565	337	47	79	559	44	122	265	136	135	221	99	106	224	16	155
23	247	575	487	419	25	375	617	491	479	299	46	129	24	174	55	94	290	271	222	251	238
24	103	293	13	195	421	55	199	481	329	553	48	247	58	111	232	220	237	165	13	183	275
25	157	477	269	279	429	175	121	563	307	223	50	39	11	100	212	166	114	108	201	199	302
26	215	95	173	91	113	443	385	141	237	425	52	178	84	295	208	306	105	57	107	19	14
27	115	473	209	5	75	499	599	221	185	271	54	152	20	4	72	149	118	249	6	193	229
28	309	253	39	585	11	165	597	191	361	407	56	47	257	225	181	184	89	15	231	198	71
29	471	179	181	211	35	525	363	437	295	43	58	197	143	283	126	161	138	168	17	286	276
30	19	285	519	273	339	77	529	423	85	23	60	78	153	217	144	191	157	86	128	236	177
31	345	167	1								62	117	196	156							

$P = 634 = 2 \cdot 317,\ g = 3,\ \varphi(P) = 316 = 2^2 \cdot 79$

N											I										
	0	1	2	3	4	5	6	7	8	9		1	3	5	7	9	11	13	15	17	19
0		3	9	27	81	243	95	285	221	29	0	316	1	119	70	2	24	177	120	147	203
1	87	261	149	447	73	219	23	69	207	621	2	71	16	238	3	9	76	25	189	130	178
2	595	517	283	215	11	33	99	297	257	137	4	241	220	121	313	140	148	282	143	204	96
3	411	599	529	319	323	335	371	479	169	507	6	106	72	296	232	17	117	14	239	94	92
4	253	125	375	491	205	615	577	463	121	363	8	4	54	266	10	112	247	77	6	51	26
5	455	97	291	239	83	249	113	339	383	515	10	260	256	190	65	151	131	56	135	179	217
6	277	197	591	505	247	107	321	329	353	425	12	48	242	41	197	221	268	273	122	29	303
7	7	21	63	189	567	433	31	93	279	203	14	314	201	128	141	12	245	149	195	126	283
8	609	559	409	593	511	265	161	483	181	543	16	86	285	144	114	38	205	292	308	97	208
9	361	449	79	237	77	231	59	177	531	325	18	88	107	249	171	73	263	300	297	61	287

P = 634 (Fortsetzung)

	N										I										
	0	1	2	3	4	5	6	7	8	9		1	3	5	7	9	11	13	15	17	19
10	341	389	533	331	359	443	61	183	549	379	20	233	79	44	18	227	157	118	23	146	15
11	503	241	89	267	167	501	235	71	213	5	22	8	188	240	312	281	95	295	116	93	53
12	15	45	135	405	581	475	157	471	145	435	24	111	5	259	64	55	216	40	267	28	200
13	37	111	333	365	461	115	345	401	569	439	26	11	194	85	113	291	207	248	262	60	78
14	49	147	441	55	165	495	217	17	51	153	28	226	22	7	311	294	52	258	215	27	193
15	459	109	327	347	407	587	493	211	633	631	30	290	261	225	310	257	192	224	191		33
16	625	607	553	391	539	349	413	605	547	373	32	66	34	99	152	67	103	132	35	185	57
17	485	187	561	415	611	565	427	13	39	117	34	100	210	136	153	165	180	68	236	218	104
18	351	419	623	601	535	337	377	497	223	35	36	90	49	133	271	243	36	169	42	186	109
19	105	315	311	299	263	155	465	127	381	509	38	198	58	213	222	101	163	269	211	251	274
20	259	143	429	19	57	171	513	271	179	537	40	137	253	123	154	82	30	166	173	304	181
21	343	395	551	385	521	295	251	119	357	437	42	276	315	69	176	202	237	75	129	219	139
22	43	129	387	527	313	305	281	209	627	613	44	142	105	231	13	91	265	246	50	255	150
23	571	445	67	201	603	541	355	431	25	75	46	134	47	196	272	302	127	244	125	284	37
24	225	41	123	369	473	151	453	91	273	185	48	307	87	170	299	286	43	156	145	187	280
25	555	397	557	403	575	457	103	309	293	245	50	115	110	63	39	199	84	206	59	21	293
26	101	303	275	191	573	451	85	255	131	393	52	214	289	309	223	32	98	102	184	209	164
27	545	367	467	133	399	563	421	629	619	589	54	235	89	270	168	108	212	162	250	252	81
28	499	229	53	159	477	163	489	199	597	523	56	172	275	175	74	138	230	264	254	46	301
29	301	269	173	519	289	233	65	195	585	487	58	124	306	298	155	279	62	83	20	288	31
30	193	579	469	139	417	617	583	481	175	525	60	183	234	167	161	80	174	229	45	305	278
31	307	287	227	47	141	423	1				62	19	182	160	228	277	159	158			

P = 662 = 2 · 331, g = 3, φ (P) = 330 = 2 · 3 · 5 · 11

	N										I										
	0	1	2	3	4	5	6	7	8	9		1	3	5	7	9	11	13	15	17	19
0		3	9	27	81	243	67	201	603	485	0	330	1	236	81	2	137	145	237	184	14
1	131	393	517	227	19	57	171	513	215	645	2	82	295	142	3	271	220	138	317	119	146
2	611	509	203	609	503	185	555	341	361	421	4	133	112	238	205	162	185	188	43	15	173
3	601	479	113	339	355	403	547	317	289	205	6	195	83	51	6	296	128	69	143	218	160
4	615	521	239	55	165	495	161	483	125	375	8	4	88	90	272	230	226	221	250	103	139
5	463	65	195	585	431	631	569	383	487	137	10	157	92	318	191	76	120	32	201	147	265
6	411	571	389	505	191	573	395	523	245	73	12	274	134	48	262	113	10	95	239	59	232
7	219	657	647	617	527	257	109	327	319	295	14	206	282	177	163	182	315	186	126	228	189
8	223	7	21	63	189	567	377	469	83	249	16	46	280	44	210	290	16	116	223	174	212
9	85	255	103	309	265	133	399	535	281	181	18	99	196	25	321	84	64	252	52	292	215
10	543	305	253	97	291	211	633	575	401	541	20	7	22	39	297	151	105	129	18	301	70
11	299	235	43	129	387	499	173	519	233	37	22	329	80	144	13	141	219	118	111	161	42
12	111	333	337	349	385	493	155	465	71	213	24	194	5	68	159	89	225	102	91	75	200
13	639	593	455	41	123	369	445	11	33	99	26	273	261	94	231	176	314	227	279	289	222
14	297	229	25	75	225	13	39	117	351	391	28	98	320	251	214	38	104	300	79	140	110
15	511	209	627	557	347	379	475	101	303	247	30	193	158	101	199	93	313	288	319	37	78
16	79	237	49	147	441	661	659	653	635	581	32	192	198	287	77	286		121	242	122	33
17	419	595	461	59	177	531	269	145	435	643	34	27	243	202	154	123	148	258	34	266	323
18	605	491	149	447	17	51	153	459	53	159	36	28	275	305	244	135	269	203	49	86	155
19	477	107	321	301	241	61	183	549	323	307	38	263	57	124	114	62	149	11	66	259	96

P = 662 (Fortsetzung)

	N										I										
	0	1	2	3	4	5	6	7	8	9		1	3	5	7	9	11	13	15	17	19
20	259	115	345	373	457	47	141	423	607	497	40	108	35	240	256	267	60	254	324	233	170
21	167	501	179	537	287	199	597	467	77	231	42	29	207	326	276	283	54	306	178	309	245
22	31	93	279	175	525	251	91	273	157	471	44	164	235	136	183	294	270	316	132	204	187
23	89	267	139	417	589	443	5	15	45	135	46	172	50	127	217	87	229	249	156	190	31
24	405	553	335	343	367	439	655	641	599	473	48	264	47	9	58	281	181	125	45	209	115
25	95	285	193	579	413	577	407	559	353	397	50	211	24	63	291	21	150	17	328	12	117
26	529	263	127	381	481	119	357	409	565	371	52	41	67	224	74	260	175	278	97	213	299
27	451	29	87	261	121	363	427	619	533	275	54	109	100	312	36	197	285	241	26	153	257
28	163	489	143	429	625	551	329	325	313	277	56	322	304	268	85	56	61	65	107	255	253
29	169	507	197	591	449	23	69	207	621	539	58	169	325	53	308	234	293	131	171	216	248
30	293	217	651	629	563	365	433	637	587	437	60	30	8	180	208	23	20	327	40	73	277
31	649	623	545	311	271	151	453	35	105	315	62	298	311	284	152	303	55	106	168	307	130
32	283	187	561	359	415	583	425	613	515	221	64	247	179	19	72	310	302	167	246	71	166
33	1										66	165									

P = 674 = 2 · 337, g = 15, φ (P) = 336 = $2^4 \cdot 3 \cdot 7$

	N										I										
	0	1	2	3	4	5	6	7	8	9		1	3	5	7	9	11	13	15	17	19
0		15	225	5	75	451	25	375	233	125	0	336	334	3	90	332	321	32	1	123	71
1	527	491	625	613	433	429	369	143	123	497	2	88	143	6	330	115	223	319	93	44	30
2	41	615	463	205	379	293	351	547	117	407	4	20	282	335	222	180	121	305	324	69	189
3	39	585	13	195	229	65	301	471	325	157	6	181	86	35	101	141	265	295	4	75	48
4	333	277	111	317	37	555	237	185	79	511	8	328	299	126	113	199	122	221	74	249	317
5	251	395	533	581	627	643	209	439	519	371	10	229	132	91	250	109	42	274	146	28	213
6	173	573	507	191	169	513	281	171	543	57	12	306	18	9	195	280	236	161	333	318	85
7	181	19	285	231	95	77	481	475	385	383	14	220	17	118	178	262	325	119	226	39	303
8	353	577	567	417	189	139	63	271	21	315	16	233	217	322	230	64	67	60	96	187	152
9	7	105	227	35	525	461	175	603	283	201	18	70	179	47	108	84	63	244	33	133	245
10	319	67	331	247	335	307	561	327	187	109	20	99	205	23	139	56	190	263	285	313	293
11	287	261	545	87	631	29	435	459	145	153	22	155	173	2	92	34	73	8	225	46	284
12	273	51	91	17	255	455	85	601	253	425	24	182	326	183	103	297	50	128	124	251	134
13	309	591	103	197	259	515	311	621	553	207	26	111	148	308	197	163	87	120	327	41	219
14	409	69	361	23	345	457	115	377	263	575	28	66	98	72	110	246	247	25	192	315	175
15	537	641	179	663	509	221	619	523	431	399	30	36	227	184	105	130	136	310	89	43	100
16	593	133	647	269	665	539	671	629	673	659	32	248	194	38	107	312	102	40	104		272
17	449	669	599	223	649	299	441	549	147	183	34	208	270	144	275	206	26	80	268	211	257
18	49	61	241	245	305	531	551	177	633	59	36	142	304	298	273	16	59	204	7	147	24
19	211	469	295	381	323	127	557	267	635	89	38	193	79	78	278	240	266	234	51	209	159
20	661	479	445	609	373	203	349	517	341	397	40	288	255	331	29	140	316	279	302	83	292
21	563	357	637	119	437	489	595	163	423	279	42	296	218	129	271	15	158	14	116	214	57
22	141	93	47	31	465	235	155	303	501	101	44	176	241	202	260	170	5	323	125	145	117
23	167	483	505	161	393	503	131	617	493	655	46	95	22	224	307	191	37	267	77	301	201
24	389	443	579	597	193	199	289	291	321	97	48	76	231	252	276	215	11	238	320	19	264
25	107	257	485	535	611	403	653	359	667	569	50	228	235	232	62	154	49	65	135	207	58
26	447	639	149	213	499	71	391	473	355	607	52	287	157	94	10	286	185	52	253	150	165
27	343	427	339	367	113	347	487	565	387	413	54	329	68	112	27	177	186	138	45	196	314
28	129	587	43	645	239	215	529	521	401	623	56	106	210	277	82	259	300	61	149	81	242
29	583	657	419	219	589	73	421	249	365	83	58	53	290	31	281	294	131	160	216	243	172
	0	1	2	3	4	5	6	7	8	9		1	3	5	7	9	11	13	15	17	19

P = 674 (Fortsetzung)

	N										I										
	0	1	2	3	4	5	6	7	8	9		1	3	5	7	9	11	13	15	17	19
30	571	477	415	159	363	53	121	467	265	605	60	127	97	309	269	203	254	13	21	237	156
31	313	651	329	217	559	297	411	99	137	33	62	137	289	12	54	167	114	188	198	212	261
32	495	11	165	453	55	151	243	275	81	541	64	151	55	283	162	174	311	256	239	291	169
33	27	405	9	135	3	45	1				66	200	153	164	258	171	166	168			

P = 686 = 2 · 7³, g = 3, φ (P) = 294 = 2 · 3 · 7²

	N										I										
	0	1	2	3	4	5	6	7	8	9		1	3	5	7	9	11	13	15	17	19
0		3	9	27	81	243	43	129	387	475	0	294	1	29		2	208	285	30	25	245
1	53	159	477	59	177	531	221	663	617	479	2		164	58	3	228	133	209		74	286
2	65	195	585	383	463	17	51	153	459	5	4	183	6	31	215		26	10	237	246	13
3	15	45	135	405	529	215	645	563	317	265	6	263		20	112	165	66	79	59		56
4	109	327	295	199	597	419	571	341	337	325	8	4	261	54	229	191		134	274	231	210
5	289	181	543	257	85	255	79	237	25	75	10	169	71		254	40	75	240	193	287	
6	225	675	653	587	389	481	71	213	639	545	12	122	184	87	144	7	251		32	118	267
7	263	103	309	241	37	111	333	313	253	73	14	216	199	257		278	136	27	162	181	11
8	219	657	599	425	589	395	499	125	375	439	16		272	238	249	276	247	101		14	130
9	631	521	191	573	347	355	379	451	667	629	18	51	264	103	233		92	106	21	126	43
10	515	173	519	185	555	293	193	579	365	409	20	113		212	166	159	156	67	35		80
11	541	251	67	201	603	437	625	503	137	411	22	16	171	60	175	293		284	244	57	132
12	547	269	121	363	403	523	197	591	401	517	24	73	5		236	262	111	78	55	53	
13	179	537	239	31	93	279	151	453	673	647	26	230	70	39	192	121	143		266	256	135
14	569	335	319	271	127	381	457	685	683	677	28	180	271	275		50	232	105	42	211	155
15	659	605	443	643	557	299	211	633	527	209	30		170	292	243	72	235	77		38	142
16	627	509	155	465	23	69	207	621	491	101	32	255	270	49	41		242	76	141	48	241
17	303	223	669	635	533	227	681	671	641	551	34	47		194	94	195	288	223	95		188
18	281	157	471	41	123	369	421	577	359	391	36	196	123	108	289	185		224	88	219	96
19	487	89	267	115	345	349	361	397	505	143	38	145	23		8	64	189	252	85	197	
20	429	601	431	607	449	661	611	461	11	33	40	128	124	33	282	109	119		290	268	45
21	99	297	205	615	473	47	141	423	583	377	42	186	217	83		200	202	225	258	115	89
22	445	649	575	353	373	433	613	467	29	87	44		152	220	279	204	97	137		146	28
23	261	97	291	187	561	311	247	55	165	495	46	207	24	163	227		182	214	9	12	19
24	113	339	331	307	235	19	57	171	513	167	48	65		260	190	273	168	253	239		86
25	501	131	393	493	107	321	277	145	435	619	50	250	117	198	277	161		248	100	129	102
26	485	83	249	61	183	549	275	139	417	565	52	91	125		158	34	15	174	283	131	
27	323	283	163	489	95	285	169	507	149	447	54	110	52	69	120	265	179		104	154	291
28	655	593	407	535	233	13	39	117	351	367	56	234	37	269		140	46	93	222	187	107
29	415	559	305	229	1						58		218	22	63	84	127	281		44	82
											60	201	114	151	203		206	226	213	18	259
											62	167		116	160	99	90	157	173		68
											64	178	153	36	139	221		62	280	81	150
											66	205	17		98	172	177	138	61	149	
											68	176	148	147							
	0	1	2	3	4	5	6	7	8	9		1	3	5	7	9	11	13	15	17	19

$P = 694 = 2 \cdot 347,\ g = 5,\ \varphi(P) = 346 = 2 \cdot 173$

N											I										
	0	1	2	3	4	5	6	7	8	9		1	3	5	7	9	11	13	15	17	19
0		5	25	125	625	349	357	397	597	209	0	346	68	1	61	136	322	152	69	223	33
1	351	367	447	153	71	355	387	547	653	489	2	129	109	2	204	268	270	44	62	103	220
2	363	427	53	265	631	379	507	453	183	221	4	191	226	137	253	122	291	22	323	101	334
3	411	667	559	19	95	475	293	77	385	537	6	306	197	153	250	177	14	140	70	37	87
4	603	239	501	423	33	165	131	655	499	413	8	272	232	224	336	126	213	338	34	181	112
5	677	609	269	651	479	313	177	191	261	611	10	91	143	130	262	116	171	120	110	288	284
6	279	7	35	175	181	211	361	417	3	15	12	298	259	3	160	294	46	94	205	308	345
7	75	375	487	353	377	497	403	627	359	407	14	321	128	269	190	290	305	13	271	212	90
8	647	459	213	371	467	253	571	79	395	587	16	170	297	45	320	304	169	168	63	56	317
9	159	101	505	443	133	665	549	663	539	613	18	64	28	104	199	265	57	215	221	248	286
10	289	57	285	37	185	231	461	223	421	23	20	318	329	192	245	9	65	82	227	331	208
11	115	575	99	495	393	577	109	545	643	439	22	29	107	138	257	166	105	279	254	155	41
12	113	565	49	245	531	573	89	445	143	21	24	200	340	123	185	300	266	85	292	315	164
13	105	525	543	633	389	557	9	45	225	431	26	58	312	23	194	52	216	281	324	240	60
14	73	365	437	103	515	493	383	527	553	683	28	222	203	102	252	100	249	36	335	180	261
15	639	419	13	65	325	237	491	373	477	303	30	287	159	307	189	211	319	55	198	247	244
16	127	635	399	607	259	601	229	451	173	171	32	330	256	154	184	314	193	239	251	179	188
17	161	111	555	693	689	669	569	69	345	337	34	246	183	178		5	10	73	15	6	78
18	297	97	485	343	327	247	541	623	339	307	36	66	20	141	11	327	83	157	71	74	25
19	147	41	205	331	267	641	429	63	315	187	38	228	146	38	16	134	332	114	88	7	162
20	241	511	473	283	27	135	675	599	219	401	40	209	76	273	79	275	30	49	233	67	151
21	617	309	157	91	455	193	271	661	529	563	42	108	43	225	21	196	139	231	337	142	119
22	39	195	281	17	85	425	43	215	381	517	44	258	93	127	12	296	167	27	214	328	81
23	503	433	83	415	687	659	519	513	483	333	46	106	278	339	84	311	280	202	35	158	54
24	277	691	679	619	319	207	341	317	197	291	48	255	238	182	72	19	156	145	113	75	48
25	67	335	287	47	235	481	323	227	441	123	50	42	230	92	26	277	201	237	144	229	236
26	615	299	107	535	593	189	251	561	29	145	52	341	342	131	147	218	124	343	263	39	98
27	31	155	81	405	637	409	657	509	463	233	54	186	132	117	17	96	301	148	172	135	32
28	471	273	671	579	119	595	199	301	117	585	56	267	219	121	333	176	86	125	111	115	283
29	149	51	255	581	129	645	449	163	121	605	58	293	344	289	89	303	316	264	285	8	207
30	249	551	673	589	169	151	61	305	137	685	60	165	40	299	163	51	59	99	260	210	243
31	649	469	263	621	329	257	591	179	201	311	62	313	187	4	77	326	24	133	161	274	150
32	167	141	11	55	275	681	629	369	457	203	64	195	118	295	80	310	53	18	47	276	235
33	321	217	391	567	59	295	87	435	93	465	66	217	97	95	31	175	282	302	206	50	242
34	243	521	523	533	583	139	1				68	325	149	309	234	174	241	173			

$P = 698 = 2 \cdot 349,\ g = 7,\ \varphi(P) = 348 = 2^2 \cdot 3 \cdot 29$

N											I										
	0	1	2	3	4	5	6	7	8	9		1	3	5	7	9	11	13	15	17	19
0		7	49	343	307	55	385	601	19	133	0	348	338	254	1	328	99	217	244	222	8
1	233	235	249	347	335	251	361	433	239	277	2	339	304	160	318	158	288	89	255	246	207
2	543	311	83	581	577	549	353	377	545	325	4	300	215	234	105	2	212	285	5	346	77
3	181	569	493	659	425	183	583	591	647	341	6	45	329	123	108	294	271	146	150	100	237
4	293	655	397	685	607	61	427	197	681	579	8	308	22	128	148	323	218	278	262	181	79
5	563	451	365	461	435	253	375	531	227	193	10	327	303	245	211	122	236	277	210	197	223
6	653	383	587	619	145	317	125	177	541	297	12	198	290	66	249	205	135	9	224	137	258
7	683	593	661	439	281	571	507	59	413	99	14	95	316	64	340	199	92	202	194	242	275
8	693	663	453	379	559	423	169	485	603	33	16	305	291	343	231	86	336	325	161	67	141
9	231	221	151	359	419	141	289	627	201	11	18	30	35	152	321	319	250	59	113	47	163

$P = 698$ (Fortsetzung)

N											I										
	0	1	2	3	4	5	6	7	8	9		1	3	5	7	9	11	13	15	17	19
10	77	539	283	585	605	47	329	209	67	469	20	98	159	206	284	107	307	261	121	289	136
11	491	645	327	195	667	481	575	535	255	389	22	91	342	140	58	283	90	10	11	227	18
12	629	215	109	65	455	393	657	411	85	595	24	170	298	256	225	12	15	55	118	156	247
13	675	537	269	487	617	131	219	137	261	431	26	138	228	191	313	132	220	208	259	19	268
14	225	179	555	395	671	509	73	511	87	609	28	74	102	252	301	96	171	40	331	69	173
15	75	525	185	597	689	635	257	403	29	203	30	216	317	299	4	293	21	180	235	65	257
16	25	175	527	199	695	677	551	367	475	533	32	201	230	29	112	106	341	226	14	190	267
17	241	291	641	299	697	691	649	355	391	643	34	39	3	200	13		187	26	177	213	93
18	313	97	679	565	465	463	449	351	363	447	36	16	188	52	167	280	286	203	56	27	83
19	337	265	459	421	155	387	615	117	121	149	38	239	61	6	195	119	178	125	143	42	347
20	345	321	153	373	517	129	205	39	273	515	40	243	157	214	345	270	127	78	276	248	94
21	115	107	51	357	405	43	301	13	91	637	42	193	85	34	46	306	139	17	54	312	73
22	271	501	17	119	135	247	333	237	263	445	44	330	292	229	189	186	51	82	124	344	192
23	323	167	471	505	45	315	111	79	553	381	46	53	185	184	264	109	232	314	168	265	310
24	573	521	157	401	15	105	37	259	417	127	48	115	295	87	133	281	110	32	333	272	337
25	191	639	285	599	5	35	245	319	139	275	50	221	287	233	76	145	147	326	209	204	315
26	529	213	95	665	467	477	547	339	279	557	52	241	335	151	162	260	57	169	117	131	101
27	409	71	497	687	621	159	415	113	93	651	54	68	20	28	266	25	166	238	142	269	84
28	369	489	631	229	207	53	371	503	31	217	56	311	50	183	309	31	75	240	116	24	49
29	123	163	443	309	69	483	589	633	243	305	58	23	36	103	62	296	37	71	129	153	253
30	41	287	613	103	23	161	429	211	81	567	60	7	88	104	44	149	322	302	196	134	63
31	479	561	437	267	473	519	143	303	27	189	62	274	324	320	97	120	282	297	155	219	251
32	625	187	611	89	623	173	513	101	9	63	64	172	179	111	38	176	279	60	41	126	33
33	441	295	669	495	673	523	171	499	3	21	66	72	81	263	114	332	144	334	130	165	182
34	147	331	223	165	457	407	57	399	1		68	48	70	43	273	154	175	80	164	174	

$P = 706 = 2 \cdot 353,\ g = 3,\ \varphi(P) = 352 = 2^5 \cdot 11$

N											I										
	0	1	2	3	4	5	6	7	8	9		1	3	5	7	9	11	13	15	17	19
0		3	9	27	81	243	23	69	207	621	0	352	1	309	99	2	60	337	310	228	70
1	451	647	529	175	525	163	489	55	165	495	2	100	6	266	3	156	93	61	56	107	338
2	73	219	657	559	265	89	267	95	285	149	4	302	38	311	218	198	229	67	17	71	187
3	447	635	493	67	201	603	397	485	43	129	6	172	101	294	33	7	207	20	267	159	307
4	387	455	659	565	283	143	429	581	331	287	8	4	300	185	157	25	84	94	27	80	62
5	155	465	689	655	553	247	35	105	315	239	10	253	211	57	291	324	108	86	315	339	327
6	11	33	99	297	185	555	253	53	159	477	12	120	303	223	74	39	96	169	312	319	279
7	19	57	171	513	127	381	437	605	403	503	14	219	45	113	199	29	241	230	50	350	68
8	97	291	167	501	91	273	113	339	311	227	16	105	15	18	82	322	72	111	13	188	145
9	681	631	481	31	93	279	131	393	473	7	18	190	173	64	288	102	344	249	295	138	147
10	21	63	189	567	289	161	483	37	111	333	20	34	255	259	8	130	195	208	347	192	21
11	293	173	519	145	435	599	385	449	641	511	22	213	282	268	89	245	160	274	175	308	59
12	121	363	383	443	623	457	665	583	337	305	24	227	5	155	55	301	217	66	186	293	206
13	209	627	469	701	691	661	571	301	197	591	26	158	299	24	26	252	290	85	326	222	95
14	361	377	425	569	295	179	537	199	597	379	28	318	44	28	49	104	81	110	144	63	343

P = 706 (Fortsetzung)

	N										I										
	0	1	2	3	4	5	6	7	8	9		1	3	5	7	9	11	13	15	17	19
15	431	587	349	341	317	245	29	87	261	77	30	137	254	129	346	212	88	273	58	154	216
16	231	693	667	589	355	359	371	407	515	133	32	292	298	251	325	317	48	109	342	128	87
17	399	491	61	183	549	235	705	703	697	679	34	153	297	316	341	152	340		164	328	165
18	625	463	683	637	499	85	255	59	177	531	36	140	121	329	263	304	166	285	224	141	149
19	181	543	217	651	541	211	633	487	49	147	38	75	122	116	40	330	234	97	264	36	170
20	441	617	439	611	421	557	259	71	213	639	40	305	78	313	167	239	320	286	257	280	225
21	505	103	309	221	663	577	319	251	47	141	42	204	220	142	271	46	150	261	114	76	202
22	423	563	277	125	375	419	551	241	17	51	44	200	123	334	30	117	10	242	41	125	231
23	153	459	671	601	391	467	695	673	607	409	46	331	181	51	235	132	351	98	336	69	265
24	521	151	453	653	547	229	687	649	535	193	48	92	106	37	197	16	171	32	19	306	184
25	579	325	269	101	303	203	609	415	539	205	50	83	79	210	323	314	119	73	168	278	112
26	615	433	593	367	395	479	25	75	225	675	52	240	349	14	321	12	189	287	248	146	258
27	613	427	575	313	233	699	685	643	517	139	54	194	191	281	244	174	226	54	65	205	23
28	417	545	223	669	595	373	413	533	187	561	56	289	221	43	103	143	136	345	272	215	250
29	271	107	321	257	65	195	585	343	323	263	58	47	127	296	151	163	139	262	284	148	115
30	83	249	41	123	369	401	497	79	237	5	60	233	35	77	238	256	203	270	260	201	333
31	15	45	135	405	509	115	345	329	281	137	62	9	124	180	131	335	91	196	31	183	209
32	411	527	169	507	109	327	275	119	357	365	64	118	277	348	11	247	193	243	53	22	42
33	389	461	677	619	445	629	475	13	39	117	66	135	214	126	162	283	232	237	269	332	179
34	351	347	335	299	191	573	307	215	645	523	68	90	182	276	246	52	134	161	236	178	275
35	157	471	1								70	133	177	176							

P = 718 = 2 · 359, g = 7, φ (P) = 358 = 2 · 179

	N										I										
	0	1	2	3	4	5	6	7	8	9		1	3	5	7	9	11	13	15	17	19
0		7	49	343	247	293	615	715	697	571	0	358	186	118	1	14	42	205	304	306	157
1	407	695	557	309	9	63	441	215	69	483	2	187	190	236	200	123	107	228	119	326	33
2	509	691	529	113	73	511	705	627	81	567	4	60	257	132	80	2	134	97	160	343	155
3	379	499	621	39	273	475	453	299	657	291	6	217	15	323	115	18	331	24	64	43	166
4	601	617	11	77	539	183	563	351	303	685	8	28	109	66	309	95	206	293	275	211	56
5	487	537	169	465	383	527	99	693	543	211	10	220	185	305	106	131	154	23	308	219	307
6	41	287	573	421	75	525	85	595	575	435	12	84	246	354	170	85	76	158	318	289	251
7	173	493	579	463	369	429	131	199	675	417	14	266	247	241	188	82	208	320	225	355	283
8	47	329	149	325	121	129	185	577	449	271	16	191	93	346	101	52	171	70	237	341	223
9	461	355	331	163	423	89	623	53	371	443	18	230	45	86	348	201	234	244	151	163	77
10	229	167	451	285	559	323	107	31	217	83	20	301	124	178	204	199	59	159	17	108	210
11	581	477	467	397	625	67	469	411	5	35	22	153	353	250	319	100	229	150	198	352	351
12	245	279	517	29	203	703	613	701	599	603	24	290	214	120	4	295	291	232	252	269	327
13	631	109	45	315	51	357	345	261	391	583	26	137	145	215	281	267	89	34	278	195	121
14	491	565	365	401	653	263	405	681	459	341	28	168	248	103	61	254	39	5	273	242	37
15	233	195	647	221	111	59	413	19	133	213	30	258	48	335	296	13	189	325	133	322	165
16	55	385	541	197	661	319	79	553	281	531	32	292	105	83	317	81	92	340	233	177	209
17	127	171	479	481	495	593	561	337	205	717	34	149	3	136	277	253	47	321	91	135	
18	711	669	375	471	425	103	3	21	147	311	36	314	270	142	226	74	98	315	182	328	30
19	23	161	409	709	655	277	503	649	235	209	38	356	51	161	271	260	138	262	284	113	344

$P = 718$ (Fortsetzung)

	N											I									
	0	1	2	3	4	5	6	7	8	9		1	3	5	7	9	11	13	15	17	19
20	27	189	605	645	207	13	91	637	151	339	40	143	312	146	10	192	117	156	227	79	216
21	219	97	679	445	243	265	419	61	427	117	42	63	94	184	218	75	240	282	69	347	300
22	101	707	641	179	535	155	367	415	33	231	44	16	99	213	268	88	102	36	324	316	148
23	181	549	253	335	191	619	25	175	507	677	46	90	73	53	112	116	183	299	35	111	172
24	431	145	297	643	193	633	123	143	283	545	48	173	19	329	50	279	140	71	174	332	31
25	225	139	255	349	289	587	519	43	301	671	50	287	196	338	238	20	25	357	303	122	256
26	389	569	393	597	589	533	141	269	447	257	52	342	330	65	55	22	169	265	224	51	44
27	363	387	555	295	629	95	665	347	275	489	54	162	58	249	350	231	280	167	272	12	104
28	551	267	433	159	395	611	687	501	635	137	56	176	46	141	29	261	9	62	68	87	72
29	241	251	321	93	651	249	307	713	683	473	58	110	139	337	255	264	349	175	67	263	128
30	439	201	689	515	15	105	17	119	115	87	60	40	129	202	333	310	285	126	6	41	235
31	609	673	403	667	361	373	457	327	135	227	62	32	96	114	27	274	130	245	288	207	345
32	153	353	317	65	455	313	37	259	377	485	64	222	243	203	152	197	294	144	194	38	334
33	523	71	497	607	659	305	699	585	505	663	66	164	339	276	313	181	259	311	78	239	212
34	333	177	521	57	399	639	165	437	187	591	68	147	298	49	286	302	21	57	11	8	336
35	547	239	237	223	125	157	381	513	1		70	127	125	26	221	193	180	297	7	179	

$P = 722 = 2 \cdot 19^2$, $g = 3$, $\varphi(P) = 342 = 2 \cdot 3^2 \cdot 19$

	N											I									
	0	1	2	3	4	5	6	7	8	9		1	3	5	7	9	11	13	15	17	19
0		3	9	27	81	243	7	21	63	189	0	342	1	292	6	2	264	305	293	196	
1	567	257	49	147	441	601	359	355	343	307	2	7	284	242	3	101	231	265	298	207	306
2	199	597	347	319	235	705	671	569	263	67	4	217	148	294	74	12	197	131	214		331
3	201	603	365	373	397	469	685	611	389	445	6	104	8	255	29	285	67	82	243	270	91
4	613	395	463	667	557	227	681	599	353	337	8	4	240	146	102	89	311	232		313	266
5	289	145	435	583	305	193	579	293	157	471	10	116	165	299	339	211	208	279	234	307	202
6	691	629	443	607	377	409	505	71	213	639	12	186	218	192	323	149	250		295	86	224
7	473	697	647	497	47	141	423	547	197	591	14	75	227	51	13	334	315	198	181	58	132
8	329	265	73	219	657	527	137	411	511	89	16	290	282	215	329	268		277	248	332	327
9	267	79	237	711	689	623	425	553	215	645	18	155	105	157	118	9	162	55	256	78	20
10	491	29	87	261	61	183	549	203	609	383	20	30	107	167	286		259	68	98	237	83
11	427	559	233	699	653	515	101	303	187	561	22	159	301	244	45	126	271	112	24	92	120
12	239	717	707	677	587	317	229	687	617	407	24	341	5	304		241	230	206	147	11	213
13	499	53	159	477	709	683	605	371	391	451	26	103	28	81	90	145	310	312	164	210	233
14	631	449	625	431	571	269	85	255	43	129	28	185	322		223	50	314	57	281	267	247
15	387	439	595	341	301	181	543	185	555	221	30	154	117	54	19	166	258	236	300	125	23
16	663	545	191	573	275	103	309	205	615	401	32	340		205	212	80	309	209	321	49	280
17	481	721	719	713	695	641	479	715	701	659	34	153	18	235	22	204	308	48	17	203	16
18	533	155	465	673	575	281	121	363	367	379	36		187	32	188	219	137	33	193	64	189
19	415	523	125	375	403	487	17	51	153	459	38	324	109	220	150	38	138	251	41	34	
20	655	521	119	357	349	325	253	37	111	333	40	169	194	296	129	65	87	337	190	225	288
21	277	109	327	259	55	165	495	41	123	369	42	325	76	96	110	228	143	221	52		151
22	385	433	577	287	139	417	529	143	429	565	44	14	62	39	335	141	139	316	261	252	199
23	251	31	93	279	115	345	313	217	651	509	46	274	42	182	318	35	59	70		133	176
24	83	249	25	75	225	675	581	299	175	525	48	170	291	263	195	283	100	297	216	73	130
	0	1	2	3	4	5	6	7	8	9		1	3	5	7	9	11	13	15	17	19

P = 722 (Fortsetzung)

	N										I										
	0	1	2	3	4	5	6	7	8	9		1	3	5	7	9	11	13	15	17	19
25	131	393	457	649	503	65	195	585	311	211	50	330	254	66	269	239	88		115	338	278
26	633	455	643	485	11	33	99	297	169	507	52	201	191	249	85	226	333	180	289	328	276
27	77	231	693	635	461	661	539	173	519	113	54	326	156	161	77	106		97	158	44	111
28	339	295	163	489	23	69	207	621	419	535	56	119	303	229	10	27	144	163	184	222	56
29	161	483	5	15	45	135	405	493	35	105	58	246	53	257	124		79	320	152	21	47
30	315	223	669	563	245	13	39	117	351	331	60	15	31	136	63	108	37	40	168	128	336
31	271	91	273	97	291	151	453	637	467	679	62	287	95	142		61	140	260	273	317	69
32	593	335	283	127	381	421	541	179	537	167	64	175	262	99	72	253	238	114	200	84	179
33	501	59	177	531	149	447	619	413	517	107	66	275	160		43	302	26	183	245	123	319
34	321	241	1								68	46	135	36	127	94	60	272	174	71	113
											70	178		25	122	134	93	173	177	121	172
											72	171									

P = 729 = 3^6, g = 2, φ (P) = 486 = $2 \cdot 3^5$

	N										I										
	0	1	2	3	4	5	6	7	8	9		0	1	2	3	4	5	6	7	8	9
0		2	4	8	16	32	64	128	256	512	0		486	1		2	23		394	3	
1	295	590	451	173	346	692	655	581	433	137	1	24	283		332	395		4	33		318
2	274	548	367	5	10	20	40	80	160	320	2	25		284	389		46	333		396	199
3	640	551	373	17	34	68	136	272	544	359	3		344	5		34	417		258	319	
4	718	707	685	641	553	377	25	50	100	200	4	26	215		454	285		390	385		302
5	400	71	142	284	568	407	85	170	340	680	5	47		334	423		306	397		200	473
6	631	533	337	674	619	509	289	578	427	125	6		160	345		6	355		206	35	
7	250	500	271	542	355	710	691	653	577	425	7	418	51		462	259		320	191		136
8	121	242	484	239	478	227	454	179	358	716	8	27		216	109		56	455		286	273
9	703	677	625	521	313	626	523	317	634	539	9		240	391		386	341		382	303	
10	349	698	667	605	481	233	466	203	406	83	10	48	133		338	335		424	117		126
11	166	332	664	599	469	209	418	107	214	428	11	307		398	437		412	201		474	427
12	127	254	508	287	574	419	109	218	436	143	12		80	161		346	69		120	7	
13	286	572	415	101	202	404	79	158	316	632	13	356	479		226	207		36	19		254
14	535	341	682	635	541	353	706	683	637	545	14	419		52	129		222	463		260	467
15	361	722	715	701	673	617	505	281	562	395	15		310	321		192	367		374	137	
16	61	122	244	488	247	494	259	518	307	614	16	28	297		432	217		110	401		178
17	499	269	538	347	694	659	589	449	169	338	17	57		456	13		440	287		274	87
18	676	623	517	305	610	491	253	506	283	566	18		264	241		392	281		316	387	
19	403	77	154	308	616	503	277	554	379	29	19	342	415		452	383		304	471		204
20	58	116	232	464	199	398	67	134	268	536	20	49		134	107		238	339		336	115
21	343	686	643	557	385	41	82	164	328	656	21		410	425		118	477		252	127	
22	583	437	145	290	580	431	133	266	532	335	22	308	365		430	399		438	85		314
23	670	611	493	257	514	299	598	467	205	410	23	413		202	105		408	475		428	83
24	91	182	364	728	727	725	721	713	697	665	24		406	81		162	325		164	347	
25	601	473	217	434	139	278	556	383	37	74	25	70	327		186	121		8	233		166
26	148	296	592	455	181	362	724	719	709	689	26	357		480	349		446	227		208	171
27	649	569	409	89	178	356	712	695	661	593	27		72	37		20	329		196	255	
28	457	185	370	11	22	44	88	176	352	704	28	420	157		188	53		130	123		66
29	679	629	529	329	658	587	445	161	322	644	29	223		464	371		10	261		468	235
	0	1	2	3	4	5	6	7	8	9		0	1	2	3	4	5	6	7	8	9

P = **729** (Fortsetzung)

N

	0	1	2	3	4	5	6	7	8	9
30	559	389	49	98	196	392	55	110	220	440
31	151	302	604	479	229	458	187	374	19	38
32	76	152	304	608	487	245	490	251	502	275
33	550	371	13	26	52	104	208	416	103	206
34	412	95	190	380	31	62	124	248	496	263
35	526	323	646	563	397	65	130	260	520	311
36	622	515	301	602	475	221	442	155	310	620
37	511	293	586	443	157	314	628	527	325	650
38	571	413	97	194	388	47	94	188	376	23
39	46	92	184	368	7	14	28	56	112	224
40	448	167	334	668	607	485	241	482	235	470
41	211	422	115	230	460	191	382	35	70	140
42	280	560	391	53	106	212	424	119	238	476
43	223	446	163	326	652	575	421	113	226	452
44	175	350	700	671	613	497	265	530	331	662
45	595	461	193	386	43	86	172	344	688	647
46	565	401	73	146	292	584	439	149	298	596
47	463	197	394	59	118	236	472	215	430	131
48	262	524	319	638	547	365	1			

I

	0	1	2	3	4	5	6	7	8	9
30		362	311		322	183		168	193	
31	368	359		94	375		138	97		482
32	29		298	351		378	433		218	293
33		448	111		402	229		62	179	
34	58	141		210	457		14	173		100
35	441		288	145		74	275		88	39
36		150	265		242	485		22	393	
37	282	331		32	317		388	45		198
38	343		416	257		214	453		384	301
39		422	305		472	159		354	205	
40	50	461		190	135		108	55		272
41	239		340	381		132	337		116	125
42		436	411		426	79		68	119	
43	478	225		18	253		128	221		466
44	309		366	373		296	431		400	177
45		12	439		86	263		280	315	
46	414	451		470	203		106	237		114
47	409		476	251		364	429		84	313
48		104	407		82	405		324	163	
49	326	185		232	165		348	445		170
50	71		328	195		156	187		122	65
51		370	9		234	361		182	167	
52	358	93		96	481		350	377		292
53	447		228	61		140	209		172	99
54		144	73		38	149		484	21	
55	330	31		44	197		256	213		300
56	421		158	353		460	189		54	271
57		380	131		124	435		78	67	
58	224	17		220	465		372	295		176
59	11		262	279		450	469		236	113
60		250	363		312	103		404	323	
61	184	231		444	169		194	155		64
62	369		360	181		92	95		376	291
63		60	139		98	143		148	483	
64	30	43		212	299		352	459		270
65	379		434	77		16	219		294	175
66		278	449		112	249		102	403	
67	230	443		154	63		180	91		290
68	59		142	147		42	211		458	269
69		76	15		174	277		248	101	
70	442	153		90	289		146	41		268
71	75		276	247		152	89		40	267
72		246	151		266	245		244	243	
	0	1	2	3	4	5	6	7	8	9

P = **734** = 2 · 367, g = 11, φ (P) = 366 = 2 · 3 · 61

N

	0	1	2	3	4	5	6	7	8	9
0		11	121	597	695	305	419	205	53	583
1	541	79	135	17	187	589	607	71	47	517
2	549	167	369	389	609	93	289	243	471	43
3	473	65	715	525	637	401	7	77	113	509
4	461	667	731	701	371	411	117	553	211	119
5	575	453	579	497	329	683	173	435	381	521
6	593	651	555	233	361	301	375	455	601	5
7	55	605	49	539	57	627	291	265	713	503
8	395	675	85	201	9	99	355	235	383	543
9	101	377	477	109	465	711	481	153	215	163
10	325	639	423	249	537	35	385	565	343	103
11	399	719	569	387	587	585	563	321	595	673
12	63	693	283	177	479	131	707	437	403	29
13	319	573	431	337	37	407	73	69	25	275
14	89	245	493	285	199	721	591	629	313	507
15	439	425	271	45	495	307	441	447	513	505
16	417	183	545	123	619	203	31	341	81	157
17	259	647	511	483	175	457	623	247	515	527
18	659	643	467	733	723	613	137	39	429	315
19	529	681	151	193	655	599	717	547	145	127
20	663	687	217	185	567	365	345	125	641	445
21	491	263	691	261	669	19	209	97	333	727
22	657	621	225	273	67	3	33	363	323	617
23	181	523	615	159	281	155	237	405	51	561
24	299	353	213	141	83	179	501	373	433	359
25	279	133	729	679	129	685	195	677	107	443
26	469	21	231	339	59	649	533	725	635	379
27	499	351	191	633	357	257	625	269	23	253
28	581	519	571	409	95	311	485	197	699	349
29	169	391	631	335	15	165	347	147	149	171
30	413	139	61	671	41	451	557	255	603	27
31	297	331	705	415	161	303	397	697	327	661
32	665	709	459	645	489	241	449	535	13	143
33	105	421	227	295	309	463	689	239	427	293
34	287	221	229	317	551	189	611	115	531	703
35	393	653	577	475	87	223	251	559	277	111
36	487	219	207	75	91	267	1			
	0	1	2	3	4	5	6	7	8	9

I

	1	3	5	7	9	11	13	15	17	19
0	366	225	69	36	84	1	328	294	13	215
2	261	278	138	309	129	166	226	105	134	187
4	304	29	153	18	72	238	8	70	74	264
6	302	120	31	224	137	17	136	363	37	11
8	168	244	82	354	140	364	25	284	217	85
10	90	109	330	258	93	359	38	347	46	49
12	2	163	207	199	254	125	251	12	186	301
14	243	329	198	297	298	192	97	235	169	233
16	314	99	295	21	290	299	56	174	123	245
18	230	161	203	14	345	272	193	256	287	144
20	83	165	7	362	216	48	242	98	202	361
22	341	355	222	332	342	262	63	87	236	337
24	325	27	141	177	103	356	279	307	275	170
26	213	211	77	365	277	152	223	139	358	250
28	234	122	143	340	26	76	339	333	310	240
30	65	315	5	155	334	285	148	189	343	130
32	117	228	100	318	54	311	218	293	133	263
34	167	108	206	296	289	271	241	86	274	249
36	64	227	205		22	44	247	66	91	269
38	58	88	106	113	23	291	350	80	316	110
40	35	128	237	135	283	45	300	313	160	6
42	331	102	151	338	188	132	248	57	127	150
44	156	259	209	157	326	305	51	67	175	322
46	40	335	94	182	260	28	30	353	92	124
48	96	173	286	360	324	210	142	154	53	270
50	246	79	159	149	39	172	158	178	19	281
52	59	231	33	179	190	348	266	327	104	73
54	10	89	162	197	20	344	47	62	306	357
56	239	116	107	204	112	282	131	50	352	52
58	280	9	115	114	15	146	60	118	3	195
60	68	308	71	16	24	346	185	232	229	164
62	221	176	276	75	147	292	273	268	34	101
64	208	181	323	171	265	61	351	194	220	180
66	319	200	320	41	214	303	119	81	257	253
68	191	55	255	201	336	212	121	4	317	288
70	43	349	312	126	321	95	78	32	196	111
72	145	184	267	219	252	42	183			
	1	3	5	7	9	11	13	15	17	19

$P = 746 = 2 \cdot 373, \; g = 5, \; \varphi(P) = 372 = 2^2 \cdot 3 \cdot 31$

N

	0	1	2	3	4	5	6	7	8	9
0		5	25	125	625	141	705	541	467	97
1	485	187	189	199	249	499	257	539	457	47
2	235	429	653	281	659	311	63	315	83	415
3	583	677	401	513	327	143	715	591	717	601
4	21	105	525	387	443	723	631	171	109	545
5	487	197	239	449	7	35	175	129	645	241
6	459	57	285	679	411	563	577	647	251	509
7	307	43	215	329	153	19	95	475	137	685
8	441	713	581	667	351	263	569	607	51	255
9	529	407	543	477	147	735	691	471	117	585
10	687	451	17	85	425	633	181	159	49	245
11	479	157	39	195	229	399	503	277	639	211
12	309	53	265	579	657	301	13	65	325	133
13	665	341	213	319	103	515	337	193	219	349
14	253	519	357	293	719	611	71	355	283	669
15	361	313	73	365	333	173	119	595	737	701
16	521	367	343	223	369	353	273	619	111	555
17	537	447	743	731	671	371	363	323	123	615
18	91	455	37	185	179	149	745	741	721	621
19	121	605	41	205	279	649	261	559	557	547
20	497	247	489	207	289	699	511	317	93	465
21	87	435	683	431	663	331	163	69	345	233
22	419	603	31	155	29	145	725	641	221	359
23	303	23	115	575	637	201	259	549	507	297
24	739	711	571	617	101	505	287	689	461	67
25	335	183	169	99	495	237	439	703	531	417
26	593	727	651	271	609	61	305	33	165	79
27	395	483	177	139	695	491	217	339	203	269
28	599	11	55	275	629	161	59	295	729	661
29	321	113	565	587	697	501	267	589	707	551
30	517	347	243	469	107	535	437	693	481	167
31	89	445	733	681	421	613	81	405	533	427
32	643	231	409	553	527	397	493	227	389	453
33	27	135	675	391	463	77	385	433	673	381
34	413	573	627	151	9	45	225	379	403	523
35	377	393	473	127	635	191	209	299	3	15
36	75	375	383	423	623	131	655	291	709	561
37	567	597	1							
	0	1	2	3	4	5	6	7	8	9

I

	1	3	5	7	9	11	13	15	17	19
0	372	358	1	54	344	281	126	359	102	75
2	40	231	2	330	224	222	267	55	182	112
4	192	71	345	19	108	88	121	282	61	286
6	265	26	127	249	217	146	152	360	335	269
8	316	28	103	210	310	180	208	76	9	253
10	244	134	41	304	48	168	291	232	98	156
12	190	178	3	353	57	365	129	331	78	273
14	5	35	225	94	185	343	74	223	111	107
16	285	216	268	309	252	47	155	56	272	184
18	106	251	183	11	12	355	137	113	51	13
20	235	278	193	203	356	119	132	72	276	138
22	228	163	346	327	114	321	219	20	255	52
24	59	302	109	201	14	68	140	89	16	236
26	196	85	122	296	279	263	166	283	117	194
28	23	148	62	246	204	367	143	287	239	357
30	125	230	266	70	120	25	151	27	207	133
32	290	177	128	34	73	215	154	250	136	277
34	131	162	218	301	139	84	165	147	142	229
36	150	176	153	161	164	175		361	350	347
38	339	362	336	43	328	333	351	270	325	115
40	32	348	317	91	322	64	340	29	259	220
42	314	363	104	319	21	213	337	211	306	256
44	80	44	311	171	53	101	329	181	18	60
46	248	334	209	8	303	97	352	77	93	110
48	308	271	10	50	202	275	326	254	200	15
50	295	116	245	238	69	206	33	135	300	141
52	160	349	42	324	90	258	318	305	170	17
54	7	92	49	199	237	299	323	169	198	197
56	369	65	292	370	86	242	341	233	66	123
58	82	30	99	293	297	37	260	157	371	280
60	39	221	191	87	264	145	315	179	243	167
62	189	364	4	342	284	46	105	354	234	118
64	227	320	58	67	195	262	22	366	124	24
66	289	214	130	83	149	174	338	332	31	63
68	313	212	79	100	247	96	307	274	294	205
70	159	257	6	298	368	241	81	36	38	144
72	188	45	226	261	288	173	312	95	158	240
74	187	172	186							
	1	3	5	7	9	11	13	15	17	19

$P = 758 = 2 \cdot 379,\ g = 3,\ \varphi(P) = 378 = 2 \cdot 3^3 \cdot 7$

N

	0	1	2	3	4	5	6	7	8	9
0		3	9	27	81	243	729	671	497	733
1	683	533	83	249	747	725	659	461	625	359
2	319	199	597	275	67	201	603	293	121	363
3	331	235	705	599	281	85	255	7	21	63
4	189	567	185	555	149	447	583	233	699	581
5	227	681	527	65	195	585	239	717	635	389
6	409	469	649	431	535	89	267	43	129	387
7	403	451	595	269	49	147	441	565	179	537
8	95	285	97	291	115	345	277	73	219	657
9	455	607	305	157	471	655	449	589	251	753
10	743	713	623	353	301	145	435	547	125	375
11	367	343	271	55	165	495	727	665	479	679
12	521	47	141	423	511	17	51	153	459	619
13	341	265	37	111	333	241	723	653	443	571
14	197	591	257	13	39	117	351	295	127	381
15	385	397	433	541	107	321	205	615	329	229
16	687	545	119	357	313	181	543	113	339	259
17	19	57	171	513	23	69	207	621	347	283
18	91	273	61	183	549	131	393	421	505	757
19	755	749	731	677	515	29	87	261	25	75
20	225	675	509	11	33	99	297	133	399	439
21	559	161	483	691	557	155	465	637	395	427
22	523	53	159	477	673	503	751	737	695	569
23	191	573	203	609	311	175	525	59	177	531
24	77	231	693	563	173	519	41	123	369	349
25	289	109	327	223	669	491	715	629	371	355
26	307	163	489	709	611	317	193	579	221	663
27	473	661	467	643	413	481	685	539	101	303
28	151	453	601	287	103	309	169	507	5	15
29	45	135	405	457	613	323	211	633	383	391
30	415	487	703	593	263	31	93	279	79	237
31	711	617	335	247	741	707	605	299	139	417
32	493	721	647	425	517	35	105	315	187	561
33	167	501	745	719	641	407	463	631	377	373
34	361	325	217	651	437	553	143	429	529	71
35	213	639	401	445	577	215	645	419	499	739
36	701	587	245	735	689	551	137	411	475	667
37	485	697	575	209	627	365	337	253	1	
	0	1	2	3	4	5	6	7	8	9

I

	1	3	5	7	9	11	13	15	17	19
0	378	1	288	37	2	203	143	289	125	170
2	38	174	198	3	195	305	204	325	132	144
4	246	67	290	121	74	126	221	113	171	237
6	182	39	53	24	175	349	87	199	240	308
8	4	12	35	196	65	180	306	80	82	205
10	278	284	326	154	251	133	167	84	145	162
12	28	247	108	148	68	185	207	291	366	318
14	122	346	105	75	44	280	127	215	93	222
16	211	261	114	330	286	172	244	235	238	78
18	165	183	42	328	40	230	266	54	140	21
20	25	232	156	176	373	296	350	355	342	88
22	268	253	200	50	159	241	47	31	309	56
24	135	5	362	313	13	98	377	36	142	169
26	197	304	131	66	73	112	181	23	86	307
28	34	179	81	283	250	83	27	147	206	317
30	104	279	92	260	285	234	164	327	265	20
32	155	295	341	252	158	30	134	312	376	168
34	130	111	85	178	249	146	103	259	163	19
36	340	29	375	110	248	258	339	109	338	
38	149	298	150	69	59	299	186	218	151	208
40	352	70	292	335	60	367	274	300	319	357
42	187	123	323	219	347	63	152	106	344	209
44	76	138	353	45	96	71	281	90	293	128
46	17	336	216	272	61	94	270	368	223	118
48	275	212	370	301	262	255	320	115	8	358
50	331	225	188	287	202	124	173	194	324	245
52	120	220	236	52	348	239	11	64	79	277
54	153	166	161	107	184	365	345	43	214	210
56	329	243	77	41	229	139	231	372	354	267
58	49	46	55	361	97	141	303	72	22	33
60	282	26	316	91	233	264	294	157	311	129
62	177	102	18	374	257	337	297	58	217	351
64	334	273	356	322	62	343	137	95	89	16
66	271	269	117	369	254	7	224	201	193	119
68	51	10	276	160	364	213	242	228	371	48
70	360	302	32	315	263	310	101	256	57	333
72	321	136	15	116	6	192	9	363	227	359
74	314	100	332	14	191	226	99	190	189	
	1	3	5	7	9	11	13	15	17	19

P = **766** = 2 · 383, g = 5, φ (P) = 382 = 2 · 191

N

	0	1	2	3	4	5	6	7	8	9
0		5	25	125	625	61	305	759	731	591
1	657	221	339	163	49	245	459	763	751	691
2	391	423	583	617	21	105	525	327	103	515
3	277	619	31	155	9	45	225	359	263	549
4	447	703	451	723	551	457	753	701	441	673
5	301	739	631	91	455	743	651	191	189	179
6	129	645	161	39	195	209	279	629	81	405
7	493	167	69	345	193	199	229	379	363	283
8	649	181	139	695	411	523	317	53	265	559
9	497	187	169	79	395	443	683	351	223	349
10	213	299	729	581	607	737	621	41	205	259
11	529	347	203	249	479	97	485	127	635	111
12	555	477	87	435	643	151	755	711	491	157
13	19	95	475	77	385	393	433	633	101	505
14	227	369	313	33	165	59	295	709	481	107
15	535	377	353	233	399	463	17	85	425	593
16	667	271	589	647	171	89	445	693	401	473
17	67	335	143	715	511	257	519	297	719	531
18	357	253	499	197	219	329	113	565	527	337
19	153	765	761	741	641	141	705	461	7	35
20	175	109	545	427	603	717	521	307	3	15
21	75	375	343	183	149	745	661	241	439	663
22	251	489	147	735	611	757	721	541	407	503
23	217	319	63	315	43	215	309	13	65	325
24	93	465	27	135	675	311	23	115	575	577
25	587	637	121	605	727	571	557	487	137	685
26	361	273	599	697	421	573	567	537	387	403
27	483	117	585	627	71	355	243	449	713	501
28	207	269	579	597	687	371	323	83	415	543
29	417	553	467	37	185	159	29	145	725	561
30	507	237	419	563	517	287	669	281	639	131
31	655	211	289	679	331	123	615	11	55	275
32	609	747	671	291	689	381	373	333	133	665
33	261	539	397	453	733	601	707	471	57	285
34	659	231	389	413	533	367	303	749	681	341
35	173	99	495	177	119	595	677	321	73	365
36	293	699	431	623	51	255	509	247	469	47
37	235	409	513	267	569	547	437	653	201	239
38	429	613	1							
	0	1	2	3	4	5	6	7	8	9

I

	1	3	5	7	9	11	13	15	17	19
0	382	208	1	198	34	317	237	209	156	130
2	24	246	2	242	296	32	143	199	293	63
4	107	234	35	369	14	364	87	318	338	145
6	5	232	238	170	72	274	358	210	133	93
8	68	287	157	122	165	53	240	131	115	351
10	138	28	25	149	201	119	186	247	271	354
12	252	315	3	117	60	309	328	243	258	82
14	195	172	297	222	214	125	190	33	129	295
16	62	13	144	71	92	164	350	200	353	59
18	81	213	294	91	58	57	74	64	183	75
20	378	112	108	280	65	311	100	235	230	184
22	11	98	36	140	76	341	153	370	301	379
24	217	276	15	367	113	220	181	365	175	109
26	330	38	88	373	281	161	261	319	30	66
28	307	79	339	305	312	323	360	146	177	101
30	50	346	6	207	236	245	142	233	86	231
32	357	286	239	27	185	314	327	171	189	12
34	349	212	73	111	99	97	152	275	180	37
36	260	78	359	345	141	285	326	211	151	77
38	325		134	268	342	20	135	94	332	154
40	168	269	69	228	371	84	343	288	290	302
42	264	21	158	203	380	362	136	123	376	218
44	48	95	166	40	277	42	333	54	45	16
46	197	155	241	292	368	337	169	132	121	114
48	148	270	116	257	221	128	70	352	90	182
50	279	229	139	300	366	174	372	29	304	176
52	206	85	26	188	110	179	344	150	267	331
54	227	289	202	375	39	44	291	120	256	89
56	299	303	187	266	374	255	265	248	249	282
58	103	22	272	250	162	9	159	355	283	262
60	335	204	253	104	320	224	381	316	23	31
62	106	363	4	273	67	52	137	118	251	308
64	194	124	61	163	80	56	377	310	10	340
66	216	219	329	160	306	322	49	244	356	313
68	348	96	259	284	324	19	167	83	263	361
70	47	41	196	336	147	127	278	173	205	178
72	226	43	298	254	102	8	334	223	105	51
74	193	55	215	321	347	18	46	126	225	7
76	192	17	191							
	1	3	5	7	9	11	13	15	17	19

P = 778 = 2 · 389, g = 3, φ (P) = 388 = 2^2 · 97

N											I										
	0	1	2	3	4	5	6	7	8	9		1	3	5	7	9	11	13	15	17	19
0		3	9	27	81	243	729	631	337	233	0	388	1	248	100	2	360	76	249	20	210
1	699	541	67	201	603	253	759	721	607	265	2	101	43	108	3	245	87	361	348	93	77
2	17	51	153	459	599	241	723	613	283	71	4	178	255	250	81	200	21	159	220	211	90
3	213	639	361	305	137	411	455	587	205	615	6	173	102	324	12	44	29	136	109	72	204
4	289	89	267	23	69	207	621	307	143	429	8	4	279	268	246	41	176	88	70	68	362
5	509	749	691	517	773	763	733	643	373	341	10	123	305	349	339	343	94	364	291	78	120
6	245	735	649	391	395	407	443	551	97	291	12	332	179	356	382	256	125	310	251	34	225
7	95	285	77	231	693	523	13	39	117	351	14	82	48	105	201	307	377	22	335	240	160
8	275	47	141	423	491	695	529	31	93	279	16	143	233	221	351	152	212	386	208	91	218
9	59	177	531	37	111	333	221	663	433	521	18	134	174	341	380	103	231	132	325	185	327
10	7	21	63	189	567	145	435	527	25	75	20	13	345	38	45	182	298	30	115	187	137
11	225	675	469	629	331	215	645	379	359	299	22	96	148	110	261	369	73	9	329	205	366
12	119	357	293	101	303	131	393	401	425	497	24	25	5	60	286	280	301	15	269	293	193
13	713	583	193	579	181	543	73	219	657	415	26	247	359	19	42	244	347	177	80	158	89
14	467	623	313	161	483	671	457	593	223	669	28	323	28	71	278	40	69	122	338	363	119
15	451	575	169	507	743	673	463	611	277	53	30	355	124	33	47	306	334	142	350	385	217
16	159	477	653	403	431	515	767	745	679	481	32	340	230	184	344	181	114	95	260	8	365
17	665	439	539	61	183	549	91	273	41	123	34	59	300	292	358	243	79	322	277	121	118
18	369	329	209	627	325	197	591	217	651	397	36	32	333	384	229	180	259	58	357	321	117
19	413	461	605	259	777	775	769	751	697	535	38	383	258	320	257		63	126	64	189	311
20	49	147	441	545	79	237	711	577	175	525	40	127	163	252	65	374	35	190	139	226	312
21	19	57	171	513	761	727	625	319	179	537	42	315	83	128	273	49	164	98	106	253	171
22	55	165	495	707	565	139	417	473	641	367	44	202	66	289	308	375	150	378	36	146	23
23	323	191	573	163	489	689	511	755	709	571	46	191	156	336	140	112	241	227	318	161	313
24	157	471	635	349	269	29	87	261	5	15	48	169	144	316	263	234	84	265	222	129	283
25	45	135	405	437	533	43	129	387	383	371	50	352	274	371	153	50	236	213	165	53	387
26	335	227	681	487	683	493	701	547	85	255	52	99	75	209	107	86	92	254	199	219	172
27	765	739	661	427	503	731	637	355	287	83	54	11	135	203	267	175	67	304	342	290	331
28	249	747	685	499	719	601	247	741	667	445	56	381	309	224	104	376	239	232	151	207	133
29	557	115	345	257	771	757	715	589	211	633	58	379	131	326	37	297	186	147	368	328	24
30	343	251	753	703	553	103	309	149	447	563	60	285	14	192	18	346	157	27	39	337	354
31	133	399	419	479	659	421	485	677	475	647	62	46	141	216	183	113	7	299	242	276	31
32	385	377	353	281	65	195	585	199	597	235	64	228	57	116	319	62	188	162	373	138	314
33	705	559	121	363	311	155	465	617	295	107	66	272	97	170	288	149	145	155	111	317	168
34	321	185	555	109	327	203	609	271	35	105	68	262	264	282	370	235	52	74	85	198	10
35	315	167	501	725	619	301	125	375	347	263	70	266	303	330	223	238	206	130	296	367	284
36	11	33	99	297	113	339	239	717	595	229	72	17	26	353	215	6	275	56	61	372	271
37	687	505	737	655	409	449	569	151	453	581	74	287	154	167	281	51	197	302	237	295	16
38	187	561	127	381	365	317	173	519	1		76	214	55	270	166	196	294	54	195	194	
	0	1	2	3	4	5	6	7	8	9		1	3	5	7	9	11	13	15	17	19

$P = 794 = 2 \cdot 397, \; g = 5, \; \varphi(P) = 396 = 2^2 \cdot 3^2 \cdot 11$

N

	0	1	2	3	4	5	6	7	8	9
0		5	25	125	625	743	539	313	771	679
1	219	301	711	379	307	741	529	263	521	223
2	321	17	85	425	537	303	721	429	557	403
3	427	547	353	177	91	455	687	259	501	123
4	615	693	289	651	79	395	387	347	147	735
5	499	113	565	443	627	753	589	563	433	577
6	503	133	665	149	745	549	363	227	341	117
7	585	543	333	77	385	337	97	485	43	215
8	281	611	673	189	151	755	599	613	683	239
9	401	417	497	103	515	193	171	61	305	731
10	479	13	65	325	37	185	131	655	99	495
11	93	465	737	509	163	21	105	525	243	421
12	517	203	221	311	761	629	763	639	19	95
13	475	787	759	619	713	389	357	197	191	161
14	11	55	275	581	523	233	371	267	541	323
15	27	135	675	199	201	211	261	511	173	71
16	355	187	141	705	349	157	785	749	569	463
17	727	459	707	359	207	241	411	467	747	559
18	413	477	3	15	75	375	287	641	29	145
19	725	449	657	109	545	343	127	635	793	789
20	769	669	169	51	255	481	23	115	575	493
21	83	415	487	53	265	531	273	571	473	777
22	709	369	257	491	73	365	237	391	367	247
23	441	617	703	339	107	535	293	671	179	101
24	505	143	715	399	407	447	647	59	295	681
25	229	351	167	41	205	231	361	217	291	661
26	129	645	49	245	431	567	453	677	209	251
27	461	717	409	457	697	309	751	579	513	183
28	121	605	643	39	195	181	111	555	393	377
29	297	691	279	601	623	733	489	63	315	781
30	729	469	757	609	663	139	695	299	701	329
31	57	285	631	773	689	269	551	373	277	591
32	573	483	33	165	31	155	775	699	319	7
33	35	175	81	405	437	597	603	633	783	739
34	519	213	271	561	423	527	253	471	767	659
35	119	595	593	583	533	283	621	723	439	607
36	653	89	445	637	9	45	225	331	67	335
37	87	435	587	553	383	327	47	235	381	317
38	791	779	719	419	507	153	765	649	69	345
39	137	685	249	451	667	159	1			

I

	1	3	5	7	9	11	13	15	17	19
0	396	182	1	329	364	140	101	183	21	128
2	115	206	2	150	188	324	322	330	104	283
4	253	78	365	376	262	203	213	141	310	247
6	97	297	102	368	388	159	224	184	73	44
8	332	210	22	370	361	34	110	129	76	108
10	239	93	116	234	193	286	51	207	69	350
12	280	39	3	196	260	106	61	151	390	305
14	162	241	189	48	63	84	385	325	165	395
16	139	114	323	252	202	96	158	331	33	238
18	285	279	105	161	83	138	95	284	137	153
20	154	121	254	174	268	155	341	79	257	10
22	122	19	366	67	250	255	145	377	226	89
24	175	118	263	229	392	269	346	204	222	37
26	156	17	214	147	315	342	216	142	318	292
28	80	355	311	186	42	258	236	248	290	307
30	11	25	98	14	275	123	7	298	379	328
32	20	149	103	375	309	367	72	369	75	233
34	68	195	389	47	164	251	32	160	136	173
36	256	66	225	228	221	146	317	185	289	13
38	378	374	74	46	135	227	288	45		243
40	90	29	333	244	272	176	180	211	91	383
42	119	344	23	30	27	264	58	371	334	358
44	230	53	362	245	191	393	266	35	273	171
46	270	169	111	177	301	347	218	130	181	100
48	205	321	77	212	296	223	209	109	92	50
50	38	60	240	384	113	157	278	94	120	340
52	18	144	117	345	16	215	354	235	24	6
54	148	71	194	31	65	316	373	287	28	179
56	343	57	52	265	168	217	320	208	59	277
58	143	353	70	372	56	319	352	351	335	86
60	293	336	281	359	303	81	87	40	231	133
62	356	294	4	54	125	312	337	197	363	128
64	187	282	261	246	387	43	360	107	192	349
66	259	304	62	394	201	237	82	152	267	9
68	249	88	391	36	314	291	41	306	274	327
70	308	232	163	172	220	12	134	242	271	382
72	26	357	190	170	300	99	295	49	112	339
74	15	5	64	178	167	276	55	85	302	132
76	124	126	386	348	200	8	313	326	219	381
78	299	338	166	131	199	380	198			

$P = 802 = 2 \cdot 401,\ g = 3,\ \varphi(P) = 400 = 2^4 \cdot 5^2$

N

	0	1	2	3	4	5	6	7	8	9
0		3	9	27	81	243	729	583	145	435
1	503	707	517	749	643	325	173	519	755	661
2	379	335	203	609	223	669	403	407	419	455
3	563	85	255	765	691	469	605	211	633	295
4	83	249	747	637	307	119	357	269	5	15
5	45	135	405	413	437	509	725	571	109	327
6	179	537	7	21	63	189	567	97	291	71
7	213	639	313	137	411	431	491	671	409	425
8	473	617	247	741	619	253	759	673	415	443
9	527	779	733	595	181	543	25	75	225	675
10	421	461	581	139	417	449	545	31	93	279
11	35	105	315	143	429	485	653	355	263	789
12	763	685	451	551	49	147	441	521	761	679
13	433	497	689	463	587	157	471	611	229	687
14	457	569	103	309	125	375	323	167	501	701
15	499	695	481	641	319	155	465	593	175	525
16	773	715	541	19	57	171	513	737	607	217
17	651	349	245	735	601	199	597	187	561	79
18	237	711	529	785	751	649	343	227	681	439
19	515	743	625	271	11	33	99	297	89	267
20	801	799	793	775	721	559	73	219	657	367
21	299	95	285	53	159	477	629	283	47	141
22	423	467	599	193	579	133	399	395	383	347
23	239	717	547	37	111	333	197	591	169	507
24	719	553	55	165	495	683	445	533	797	787
25	757	667	397	389	365	293	77	231	693	475
26	623	265	795	781	739	613	235	705	511	731
27	589	163	489	665	391	371	311	131	393	377
28	329	185	555	61	183	549	43	129	387	359
29	275	23	69	207	621	259	777	727	577	127
30	381	341	221	663	385	353	257	771	709	523
31	767	697	487	659	373	317	149	447	539	13
32	39	117	351	251	753	655	361	281	41	123
33	369	305	113	339	215	645	331	191	573	115
34	345	233	699	493	677	427	479	635	301	101
35	303	107	321	161	483	647	337	209	627	277
36	29	87	261	783	745	631	289	65	195	585
37	151	453	557	67	201	603	205	615	241	723
38	565	91	273	17	51	153	459	575	121	363
39	287	59	177	531	791	769	703	505	713	535
40	1									
	0	1	2	3	4	5	6	7	8	9

I

	1	3	5	7	9	11	13	15	17	19
0	400	1	48	62	2	194	319	49	383	163
2	63	291	96	3	360	107	195	110	233	320
4	328	286	50	218	124	384	213	242	164	391
6	283	64	367	373	292	69	206	97	256	179
8	4	40	31	361	198	381	108	211	67	196
10	349	142	111	351	58	234	332	339	321	45
12	388	329	144	299	287	277	225	51	73	103
14	219	113	8	125	316	370	385	155	135	214
16	353	271	243	147	238	165	16	158	392	60
18	94	284	281	177	65	337	223	368	236	175
20	374	22	376	293	357	37	70	334	169	207
22	302	24	98	187	138	257	341	266	180	230
24	378	5	172	82	41	323	85	32	306	295
26	362	118	261	199	47	193	382	290	359	109
28	327	217	212	390	366	68	255	39	197	210
30	348	350	331	44	143	276	72	112	315	154
32	352	146	15	59	280	336	235	21	356	333
34	301	186	340	229	171	322	305	117	46	289
36	326	389	254	209	330	275	314	145	279	20
38	300	228	304	288	253	274	278	227	252	226
40		26	52	27	78	74	53	88	104	28
42	100	220	79	345	114	75	130	9	54	189
44	126	89	246	317	105	122	371	29	140	386
46	101	133	156	221	35	136	80	259	215	346
48	152	354	115	312	272	76	343	244	131	150
50	148	10	397	239	55	268	166	190	12	17
52	127	309	159	90	182	393	247	399	61	318
54	162	95	106	232	285	123	241	282	372	205
56	178	30	380	66	141	57	338	387	298	224
58	102	7	369	134	270	237	157	93	176	222
60	174	375	36	168	23	137	265	377	81	84
62	294	260	192	358	216	365	38	347	43	71
64	153	14	335	355	185	170	116	325	208	313
66	19	303	273	251	25	77	87	99	344	129
68	188	245	121	139	132	34	258	151	311	342
70	149	396	267	11	308	181	398	161	231	240
72	204	379	56	297	6	269	92	173	167	264
74	83	191	364	42	13	184	324	18	250	86
76	128	120	33	310	395	307	160	203	296	91
78	263	363	183	249	119	394	202	262	248	201
80	200									
	1	3	5	7	9	11	13	15	17	19

$$P = \mathbf{818} = 2 \cdot 409,\ g = 21,\ \varphi(P) = 408 = 2^3 \cdot 3 \cdot 17$$

N

	0	1	2	3	4	5	6	7	8	9
0		21	441	263	615	645	457	599	309	763
1	481	285	259	531	517	223	593	183	571	539
2	685	479	243	195	5	105	569	497	621	771
3	649	541	727	543	769	607	477	201	131	297
4	511	97	401	241	153	759	397	157	25	525
5	391	31	651	583	791	251	363	261	573	581
6	749	187	655	667	101	485	369	387	765	523
7	349	785	125	171	319	155	801	461	683	437
8	179	487	411	451	473	117	3	63	505	789
9	209	299	553	161	109	653	625	37	777	775
10	733	669	143	549	77	799	419	619	729	585
11	15	315	71	673	227	677	311	805	545	811
12	671	185	613	603	393	73	715	291	385	723
13	459	641	373	471	75	757	355	93	317	113
14	737	753	271	783	83	107	611	561	329	365
15	303	637	289	343	659	751	229	719	375	513
16	139	465	767	565	413	493	537	643	415	535
17	601	351	9	189	697	731	627	79	23	483
18	327	323	239	111	695	689	563	371	429	11
19	231	761	439	221	551	119	45	127	213	383
20	681	395	115	779	817	797	377	555	203	173
21	361	219	509	55	337	533	559	287	301	595
22	225	635	247	279	133	339	575	623	813	713
23	249	321	197	47	169	277	91	275	49	211
24	341	617	687	521	307	721	417	577	665	59
25	421	661	793	293	427	787	167	235	27	567
26	455	557	245	237	69	631	163	151	717	333
27	449	431	53	295	469	33	693	647	499	663
28	17	357	135	381	639	331	407	367	345	701
29	815	755	313	29	609	519	265	657	709	165
30	193	781	41	43	85	149	675	269	741	19
31	399	199	89	233	803	503	747	145	591	141
32	507	13	273	7	147	633	205	215	425	745
33	103	527	433	95	359	177	445	347	743	61
34	463	725	501	705	81	65	547	35	735	711
35	207	257	489	453	515	181	529	475	159	67
36	589	99	443	305	679	353	51	253	405	325
37	281	175	403	283	217	467	809	629	121	87
38	191	739	795	335	491	495	579	707	123	129
39	255	447	389	807	587	57	379	597	267	699
40	773	691	605	435	137	423	703	39	1	
	0	1	2	3	4	5	6	7	8	9

I

	1	3	5	7	9	11	13	15	17	19
0	408	86	24	323	172	189	321	110	280	309
2	1	178	48	258	293	51	275	347	97	407
4	302	303	196	233	238	366	272	213	395	249
6	339	87	345	359	264	112	125	134	104	177
8	344	144	304	379	312	236	137	333	41	361
10	64	330	25	145	94	183	139	202	85	195
12	378	388	72	197	389	38	224	282	404	160
14	319	102	317	324	305	267	44	75	47	358
16	93	266	299	256	234	73	209	371	335	80
18	355	17	121	61	173	380	300	23	232	311
20	37	208	326	350	90	239	198	327	374	211
22	193	15	220	114	156	190	313	257	263	182
24	43	22	262	222	230	55	367	390	351	12
26	57	3	296	398	307	142	322	237	235	223
28	370	373	11	217	152	127	253	273	39	91
30	218	150	363	244	8	116	292	111	138	74
32	231	181	369	180	148	285	269	383	214	225
34	240	153	288	337	70	171	365	136	281	334
36	210	56	149	287	66	187	132	158	206	396
38	283	199	128	67	392	50	124	201	46	310
40	42	372	368	286		82	164	168	246	106
42	250	405	328	254	188	271	332	403	79	192
44	2	362	336	391	270	83	353	260	6	130
46	77	340	161	375	274	133	84	357	36	21
48	10	179	65	81	352	384	165	385	27	278
50	342	315	88	320	212	40	159	354	14	295
52	243	69	49	331	356	13	215	169	166	19
54	31	33	118	346	103	194	92	207	261	216
56	147	186	163	259	26	18	58	226	247	386
58	59	53	109	394	360	318	16	219	397	7
60	170	123	402	35	294	146	122	4	241	107
62	28	227	96	176	377	265	325	221	151	284
64	131	167	5	277	30	52	95	62	297	154
66	251	279	248	63	101	120	113	306	115	364
68	200	78	20	242	185	401	276	184	174	399
70	289	406	343	387	298	349	229	126	268	157
72	245	129	341	32	108	175	100	348	140	381
74	308	338	329	316	60	155	141	291	135	45
76	191	9	68	162	34	29	400	99	98	203
78	301	143	71	255	89	54	252	382	205	105
80	76	314	117	393	376	119	228	290	204	
	1	3	5	7	9	11	13	15	17	19

$P = 838 = 2 \cdot 419,\ g = 11,\ \varphi(P) = 418 = 2 \cdot 11 \cdot 19$

N

	0	1	2	3	4	5	6	7	8	9
0		11	121	493	395	155	29	319	157	51
1	561	305	3	33	363	641	347	465	87	119
2	471	153	7	77	9	99	251	247	203	557
3	261	357	575	459	21	231	27	297	753	741
4	609	833	783	233	49	539	63	693	81	53
5	583	547	151	823	673	699	147	779	189	403
6	243	159	73	803	453	793	343	421	441	661
7	567	371	729	477	219	733	521	703	191	425
8	485	307	25	275	511	593	657	523	725	433
9	573	437	617	83	75	825	695	103	295	731
10	499	461	43	473	175	249	225	799	409	309
11	47	517	659	545	129	581	525	747	675	721
12	389	89	141	713	301	797	387	67	737	565
13	349	487	329	267	423	463	65	715	323	201
14	535	19	209	623	149	801	431	551	195	469
15	131	603	767	57	627	193	447	727	455	815
16	585	569	393	133	625	171	205	579	503	505
17	527	769	79	31	341	399	199	513	615	61
18	671	677	743	631	237	93	185	359	597	701
19	169	183	337	355	553	217	711	279	555	239
20	115	427	507	549	173	227	821	651	457	837
21	827	717	345	443	683	809	519	681	787	277
22	533	835	805	475	197	491	373	751	719	367
23	685	831	761	829	739	587	591	635	281	577
24	481	263	379	817	607	811	541	85	97	229
25	5	55	605	789	299	775	145	757	785	255
26	291	687	15	165	139	691	59	649	435	595
27	679	765	35	385	45	495	417	397	177	271
28	467	109	361	619	105	317	135	647	413	353
29	531	813	563	327	245	181	315	113	405	265
30	401	221	755	763	13	143	735	543	107	339
31	377	795	365	663	589	613	39	429	529	791
32	321	179	293	709	257	313	91	163	117	449
33	749	697	125	537	41	451	771	101	273	489
34	351	509	571	415	375	776	123	515	637	303
35	819	629	215	689	37	407	287	643	369	707
36	235	71	781	211	645	391	111	383	23	253
37	269	445	705	213	667	633	259	335	333	311
38	69	759	807	497	439	639	325	223	777	167
39	161	95	207	601	745	653	479	241	137	669
40	655	501	483	285	621	127	559	283	599	723
41	411	331	289	665	611	17	187	381	1	
	0	1	2	3	4	5	6	7	8	9

I

	1	3	5	7	9	11	13	15	17	19
0	418	12	250	22	24	1	304	262	415	141
2	34	368	82	36	6	173	13	272	354	316
4	334	102	274	110	44	9	49	251	153	266
6	179	46	136	127	380	361	62	94	23	172
8	48	93	247	18	121	326	185	391	248	25
10	337	97	284	308	281	366	297	200	328	19
12	2	346	332	405	114	150	163	286	398	264
14	122	305	256	56	144	52	21	5	8	61
16	390	327	263	389	190	165	204	104	278	321
18	295	191	186	416	58	78	155	148	224	176
20	139	28	166	392	142	363	373	352	195	74
22	301	387	106	205	249	35	43	360	184	199
24	397	60	294	27	105	26	369	259	324	376
26	30	241	299	133	370	279	338	83	219	197
28	238	407	403	356	412	260	322	98	37	254
30	124	349	11	81	109	379	325	296	285	7
32	320	138	386	293	132	411	378	377	192	309
34	174	66	212	16	130	340	289	193	31	187
36	282	14	312	229	358	71	226	344	310	242
38	417	367	273	126	120	365	162	4	277	175
40	300	59	298	355	108	410	288	343	276	
42	67	134	79	201	317	146	89	268	91	384
44	68	213	371	156	329	335	64	158	208	33
46	101	135	17	280	149	20	103	223	73	396
48	240	402	80	131	339	225	3	275	383	100
50	401	168	169	202	341	84	177	347	111	216
52	76	87	116	170	318	290	220	140	333	45
54	246	307	113	51	203	147	194	198	29	406
56	10	292	129	70	161	342	90	32	239	167
58	115	50	160	235	314	236	85	269	188	408
60	393	151	252	244	40	414	315	178	92	283
62	404	143	164	154	351	183	375	237	348	385
64	15	357	364	287	267	207	395	400	86	112
66	69	313	413	374	399	180	54	118	181	270
68	217	214	230	261	353	265	47	96	331	55
70	189	77	372	359	323	196	123	137	211	228
72	119	409	88	157	72	99	75	306	128	234
74	39	182	394	117	330	227	38	302	257	381
76	232	303	271	152	171	336	345	255	388	57
78	362	42	258	218	253	319	65	311	125	107
80	145	63	222	382	215	245	291	159	243	350
82	206	53	95	210	233	231	41	221	209	
	1	3	5	7	9	11	13	15	17	19

$P = 841 = 29^2,\ g = 2,\ \varphi(P) = 812 = 2^2 \cdot 7 \cdot 29$

N

	0	1	2	3	4	5	6	7	8	9
0		2	4	8	16	32	64	128	256	512
1	183	366	732	623	405	810	779	717	593	345
2	690	539	237	474	107	214	428	15	30	60
3	120	240	480	119	238	476	111	222	444	47
4	94	188	376	752	663	485	129	258	516	191
5	382	764	687	533	225	450	59	118	236	472
6	103	206	412	824	807	773	705	569	297	594
7	347	694	547	253	506	171	342	684	527	213
8	426	11	22	44	88	176	352	704	567	293
9	586	331	662	483	125	250	500	159	318	636
10	431	21	42	84	168	336	672	503	165	330
11	660	479	117	234	468	95	190	380	760	679
12	517	193	386	772	703	565	289	578	315	630
13	419	838	835	829	817	793	745	649	457	73
14	146	292	584	327	654	467	93	186	372	744
15	647	453	65	130	260	520	199	398	796	751
16	661	481	121	242	484	127	254	508	175	350
17	700	559	277	554	267	534	227	454	67	134
18	268	536	231	462	83	166	332	664	487	133
19	266	532	223	446	51	102	204	408	816	791
20	741	641	441	41	82	164	328	656	471	101
21	202	404	808	775	709	577	313	626	411	822
22	803	765	689	537	233	466	91	182	364	728
23	615	389	778	715	589	337	674	507	173	346
24	692	543	245	490	139	278	556	271	542	243
25	486	131	262	524	207	414	828	815	789	737
26	633	425	9	18	36	72	144	288	576	311
27	622	403	806	771	701	561	281	562	283	566
28	291	582	323	646	451	61	122	244	488	135
29	270	540	239	478	115	230	460	79	158	316
30	632	423	5	10	20	40	80	160	320	640
31	439	37	74	148	296	592	343	686	531	221
32	442	43	86	172	344	688	535	229	458	75
33	150	300	600	359	718	595	349	698	555	269
34	538	235	470	99	198	396	792	743	645	449
35	57	114	228	456	71	142	284	568	295	590
36	339	678	515	189	378	756	671	501	161	322
37	644	447	53	106	212	424	7	14	28	56
38	112	224	448	55	110	220	440	39	78	156
39	312	624	407	814	787	733	625	409	818	795
40	749	657	473	105	210	420	840	839	837	833
41	825	809	777	713	585	329	658	475	109	218
42	436	31	62	124	248	496	151	302	604	367
43	734	627	413	826	811	781	721	601	361	722
44	603	365	730	619	397	794	747	653	465	89
45	178	356	712	583	325	650	459	77	154	308
46	616	391	782	723	605	369	738	635	429	17
47	34	68	136	272	544	247	494	147	294	588
48	335	670	499	157	314	628	415	830	819	797
49	753	665	489	137	274	548	255	510	179	358
	0	1	2	3	4	5	6	7	8	9

I

	0	1	2	3	4	5	6	7	8	9
0		812	1	537	2	302	538	376	3	262
1	303	81	539	662	377	27	4	469	263	625
2	304	101	82	804	540	604	663	799	378	
3	28	421	5	618	470	678	264	311	626	387
4	305	203	102	321	83	564	805	39	541	752
5	605	194	664	372	800	383	379	350		56
6	29	285	422	638	6	152	619	178	471	529
7	679	354	265	139	312	329	627	457	388	297
8	306	524	204	184	103	771	322		84	449
9	565	226	806	146	40	115	542	555	753	343
10	606	209	195	60	665	403	373	24	801	418
11	384	36	380	635	351	294		112	57	33
12	30	162	286	740	423	94	639	165	7	46
13	153	251	620	189	179	289	472	493	530	244
14	680	576	355	743	266		140	477	313	646
15	330	426	628	731	458	723	389	483	298	97
16	307	368	525	767	205	108	185	642	104	512
17	772	75	323	238		168	85	593	450	498
18	566	516	227	10	807	613	147	550	41	363
19	116	49	543	121	556	689	754	776	344	156
20	607	715	210		196	505	61	254	666	706
21	404	535	374	79	25	623	802	797	419	676
22	385	319	37	192	381	54	636	176	352	327
23	295	182		224	113	341	58	22	34	292
24	31	738	163	249	287	242	741	475	424	721
25	95	765	640	73	166	496	8	548	47	687
26	154		252	533	621	674	190	174	180	339
27	290	247	473	763	494	685	531	172	245	683
28	681	276	577	278	356	652	744	579	267	126
29		280	141	89	478	358	314	68	647	654
30	331	697	427	746	629	587	732	581	459	597
31	724	269	390	216	484	128	299	659	98	
32	308	561	369	282	526	454	768	143	206	415
33	109	91	186	573	643	480	105	235	513	360
34	773	502	76	316	324	19	239	70		336
35	169	649	86	694	594	656	451	570	499	333
36	567	438	517	699	228	441	11	429	808	465
37	614	748	148	520	551	631	42		364	589
38	117	702	50	734	544	759	122	583	557	231
39	690	461	755	788	777	599	345	444	157	726
40	608	792	716	271	211	14		392	197	397
41	506	218	62	432	255	486	667	781	707	130
42	405	811	536	301	375	261	80	661	26	468
43	624	100	803	603	798		420	617	677	310
44	386	202	320	563	38	751	193	371	382	349
45	55	284	637	151	177	528	353	138	328	456
46	296	523	183	770		448	225	145	114	554
47	342	208	59	402	23	417	35	634	293	111
48	32	161	739	93	164	45	250	188	288	492
49	243	575	742		476	645	425	730	722	482
	0	1	2	3	4	5	6	7	8	9

P = 841 (Fortsetzung)

N

	0	1	2	3	4	5	6	7	8	9
50	716	591	341	682	523	205	410	820	799	757
51	673	505	169	338	676	511	181	362	724	607
52	373	746	651	461	81	162	324	648	455	69
53	138	276	552	263	526	211	422	3	6	12
54	24	48	96	192	384	768	695	549	257	514
55	187	374	748	655	469	97	194	388	776	711
56	581	321	642	443	45	90	180	360	720	599
57	357	714	587	333	666	491	141	282	564	287
58	574	307	614	387	774	707	573	305	610	379
59	758	675	509	177	354	708	575	309	618	395
60	790	739	637	433	25	50	100	200	400	800
61	759	677	513	185	370	740	639	437	33	66
62	132	264	528	215	430	19	38	76	152	304
63	608	375	750	659	477	113	226	452	63	126
64	252	504	167	334	668	495	149	298	596	351
65	702	563	285	570	299	598	355	710	579	317
66	634	427	13	26	52	104	208	416	832	823
67	805	769	697	553	265	530	219	438	35	70
68	140	280	560	279	558	275	550	259	518	195
69	390	780	719	597	353	706	571	301	602	363
70	726	611	381	762	683	525	209	418	836	831
71	821	801	761	681	521	201	402	804	767	693
72	545	249	498	155	310	620	399	798	755	669
73	497	153	306	612	383	766	691	541	241	482
74	123	246	492	143	286	572	303	606	371	742
75	643	445	49	98	196	392	784	727	613	385
76	770	699	557	273	546	251	502	163	326	652
77	463	85	170	340	680	519	197	394	788	735
78	629	417	834	827	813	785	729	617	393	786
79	731	621	401	802	763	685	529	217	434	27
80	54	108	216	432	23	46	92	184	368	736
81	631	421	1							
	0	1	2	3	4	5	6	7	8	9

I

	0	1	2	3	4	5	6	7	8	9
50	96	367	766	107	641	511	74	237	167	592
51	497	515	9	612	549	362	48	120	688	775
52	155	714		504	253	705	534	78	622	796
53	675	318	191	53	175	326	181	223	340	21
54	291	737	248	241	474	720	764	72	495	547
55	686		532	673	173	338	246	762	684	171
56	682	275	277	651	578	125	279	88	357	67
57	653	696	745	586	580	596	268	215	127	658
58		560	281	453	142	414	90	572	479	234
59	359	501	315	18	69	335	648	693	655	569
60	332	437	698	440	428	464	747	519	630	
61	588	701	733	758	582	230	460	787	598	443
62	725	791	270	13	391	396	217	431	485	780
63	129	810	300	260	660	467	99	602		616
64	309	201	562	750	370	348	283	150	527	137
65	455	522	769	447	144	553	207	401	416	633
66	110	160	92	44	187	491	574		644	729
67	481	366	106	510	236	591	514	611	361	119
68	774	713	503	704	77	795	317	52	325	222
69	20	736	240	719	71	546		672	337	761
70	170	274	650	124	87	66	695	585	595	214
71	657	559	452	413	571	233	500	17	334	692
72	568	436	439	463	518		700	757	229	786
73	442	790	12	395	430	779	809	259	466	601
74	615	200	749	347	149	136	521	446	552	400
75	632	159	43	490		728	365	509	590	610
76	118	712	703	794	51	221	735	718	545	671
77	760	273	123	65	584	213	558	412	232	16
78	691	435	462		756	785	789	394	778	258
79	600	199	346	135	445	399	158	489	727	508
80	609	711	793	220	717	670	272	64	212	411
81	15	434		784	393	257	198	134	398	488
82	507	710	219	669	63	410	433	783	256	133
83	487	709	668	409	782	132	708	408	131	407
84	406									
	0	1	2	3	4	5	6	7	8	9

$P = \mathbf{842} = 2 \cdot 421,\ g = 23,\ \varphi(P) = 420 = 2^2 \cdot 3 \cdot 5 \cdot 7$

N

	0	1	2	3	4	5	6	7	8	9
0		23	529	379	297	95	501	577	641	429
1	605	443	85	271	339	219	827	497	485	209
2	597	259	63	607	489	301	187	91	409	145
3	809	83	225	123	303	233	307	325	739	157
4	243	537	563	319	601	351	495	439	835	681
5	507	715	447	177	703	171	565	365	817	267
6	247	629	153	151	105	731	815	221	31	713
7	401	803	787	419	375	205	505	669	231	261
8	109	823	405	53	377	251	721	585	825	451
9	269	293	3	69	745	295	49	285	661	47
10	239	445	131	487	255	813	175	657	797	649
11	613	627	107	777	189	137	625	61	561	273
12	385	435	743	249	675	369	67	699	79	133
13	533	471	729	769	5	115	119	211	643	475
14	821	359	679	461	499	531	425	513	11	253
15	767	801	741	203	459	453	315	509	761	663
16	93	455	361	725	677	415	283	615	673	323
17	693	783	327	785	373	159	289	753	479	71
18	791	511	807	37	9	207	551	43	147	13
19	299	141	717	493	393	619	765	755	525	287
20	707	263	155	197	321	647	567	411	191	183
21	841	819	313	463	545	747	341	265	201	413
22	237	399	757	571	503	623	15	345	357	633
23	245	583	779	235	353	541	655	751	433	697
24	33	759	617	719	539	609	535	517	103	685
25	599	305	279	523	241	491	347	403	7	161
26	335	127	395	665	139	671	277	477	25	575
27	595	213	689	691	737	111	27	621	811	129
28	441	39	55	423	467	637	337	173	611	581
29	733	19	437	789	465	591	121	257	17	391
30	573	549	839	773	97	547	793	557	181	795
31	603	397	711	355	587	29	667	185	45	193
32	229	215	735	65	653	705	217	781	281	569
33	457	407	99	593	167	473	775	143	763	709
34	309	371	113	73	837	727	723	631	199	367
35	21	483	163	381	343	311	417	329	831	589
36	75	41	101	639	383	389	527	333	81	179
37	749	387	481	117	165	427	559	227	169	519
38	149	59	515	57	469	683	553	89	363	771
39	51	331	35	805	833	635	291	799	695	829
40	543	701	125	349	449	223	77	87	317	555
41	135	579	687	645	521	195	275	431	651	659
42	1									
	0	1	2	3	4	5	6	7	8	9

I

	1	3	5	7	9	11	13	15	17	19
0	420	92	134	258	184	148	189	226	298	291
2	350	1	268	276	315	68	240	392	183	281
4	361	187	318	99	96	390	83	282	383	381
6	117	22	323	126	93	179	343	360	406	128
8	368	31	12	407	387	27	160	5	304	332
10	362	248	64	112	80	275	342	135	373	136
12	296	33	402	261	279	102	129	410	115	264
14	191	337	29	188	380	63	62	202	39	175
16	259	352	374	334	378	55	287	106	53	369
18	308	209	317	26	114	208	319	415	203	348
20	218	153	75	185	19	137	271	321	326	15
22	67	405	32	377	320	78	35	233	220	100
24	254	40	230	60	123	85	149	104	297	21
26	79	201	217	59	90	13	119	416	266	252
28	328	166	97	199	176	396	91	95	4	190
30	25	34	251	36	340	355	212	156	408	43
32	204	169	37	172	357	391	367	260	286	14
34	216	354	227	256	403	45	234	313	228	141
36	162	388	57	349	125	341	174	74	84	3
38	353	364	120	371	365	299	194	262	311	221
40	70	257	82	331	28	207	219	165	356	73
42		283	146	375	9	417	238	121	292	47
44	280	11	101	52	404	89	155	161	330	154
46	143	213	294	284	384	131	335	139	267	178
48	372	351	18	103	24	255	193	46	17	144
50	6	224	76	50	157	181	147	382	247	379
52	414	253	198	366	2	145	130	246	41	244
54	235	400	214	305	301	186	386	409	307	376
56	118	42	56	206	329	223	300	269	7	411
58	289	231	87	314	359	295	333	270	20	250
60	44	310	10	23	245	288	110	167	242	195
62	277	225	116	111	61	347	229	395	285	363
64	8	138	413	205	109	418	324	236	107	419
66	98	159	263	316	77	265	168	124	164	142
68	49	385	249	412	272	273	170	398	239	127
70	401	54	325	200	339	312	69	51	192	243
72	86	346	163	345	132	65	290	322	274	38
74	152	122	94	215	370	237	177	197	222	241
76	158	338	196	150	133	389	303	336	113	232
78	327	171	173	72	293	180	306	309	108	397
80	151	71	393	182	30	278	105	66	58	211
82	140	81	88	16	399	358	394	48	344	302
84	210									
	1	3	5	7	9	11	13	15	17	19

$P = \mathbf{862} = 2 \cdot 431,\ g = 7,\ \varphi(P) = 430 = 2 \cdot 5 \cdot 43$

N

	0	1	2	3	4	5	6	7	8	9
0		7	49	343	677	429	417	333	607	801
1	435	459	627	79	553	423	375	39	273	187
2	447	543	353	747	57	399	207	587	661	317
3	495	17	119	833	659	303	397	193	489	837
4	687	499	45	315	481	781	295	341	663	331
5	593	703	611	829	631	107	749	71	497	31
6	217	657	289	299	369	859	841	715	695	555
7	437	473	725	765	183	419	347	705	625	65
8	455	599	745	43	301	383	95	665	345	691
9	527	241	825	603	773	239	811	505	87	609
10	815	533	283	257	75	525	227	727	779	281
11	243	839	701	597	731	807	477	753	99	693
12	541	339	649	233	769	211	615	857	827	617
13	9	63	441	501	59	413	305	411	291	313
14	467	683	471	711	667	359	789	351	733	821
15	575	577	591	689	513	143	139	111	777	267
16	145	153	209	601	759	141	125	13	91	637
17	149	181	405	249	19	133	69	483	795	393
18	165	293	327	565	507	101	707	639	163	279
19	229	741	15	105	735	835	673	401	221	685
20	485	809	491	851	785	323	537	311	453	585
21	647	219	671	387	123	861	855	813	519	185
22	433	445	529	255	61	427	403	235	783	309
23	439	487	823	589	675	415	319	509	115	805
24	463	655	275	201	545	367	845	743	29	203
25	559	465	669	373	25	175	363	817	547	381
26	81	567	521	199	531	269	159	251	33	231
27	755	113	791	365	831	645	205	573	563	493
28	3	21	147	167	307	425	389	137	97	679
29	443	515	157	237	797	407	263	117	819	561
30	479	767	197	517	171	335	621	37	259	89
31	623	51	357	775	253	47	329	579	605	787
32	337	635	135	83	581	619	23	161	265	131
33	55	385	109	763	169	321	523	213	629	93
34	651	247	5	35	245	853	799	421	361	803
35	449	557	451	571	549	395	179	391	151	195
36	503	73	511	129	41	287	285	271	173	349
37	719	723	751	85	595	717	709	653	261	103
38	721	737	849	771	225	713	681	457	613	843
39	729	793	379	67	469	697	569	535	297	355
40	761	155	223	699	583	633	121	847	757	127
41	27	189	461	641	177	377	53	371	11	77
42	539	325	551	409	277	215	643	191	475	739
43	1									
	0	1	2	3	4	5	6	7	8	9

I

	1	3	5	7	9	11	13	15	17	19
0	430	280	342	1	130	418	167	192	31	174
2	281	326	254	410	248	59	268	343	307	17
4	364	83	42	315	2	311	416	330	24	134
6	224	131	79	393	176	57	361	104	419	13
8	260	323	373	98	309	168	339	86	288	118
10	185	379	193	55	332	157	271	238	297	32
12	406	214	166	409	363	329	175	322	287	156
14	165	155	160	282	170	358	161	401	292	266
16	327	188	180	283	334	304	368	255	414	356
18	171	74	219	19	411	427	37	359	302	263
20	243	249	276	26	162	125	337	425	60	211
22	198	402	384	106	190	269	123	227	293	95
24	91	110	344	341	173	267	314	223	103	308
26	378	296	328	159	265	367	18	242	424	189
28	109	102	366	365	62	138	181	46	398	63
30	84	35	136	284	229	207	139	43	29	236
32	335	205	421	182	316	49	7	305	320	121
34	47	3	88	76	369	147	22	399	312	145
36	348	256	273	245	64	417	253	16	415	392
38	259	85	331	213	286	357	179	355	36	25
40	197	226	172	295	423	137	135	235	6	75
42	347	15	285	225	5		220	10	70	230
44	132	290	221	20	350	352	208	80	387	11
46	412	240	251	140	394	142	71	428	116	300
48	44	177	200	231	38	202	279	30	58	41
50	133	360	97	184	237	362	154	291	303	218
52	262	336	105	90	222	264	101	397	206	420
54	120	21	244	258	354	422	14	69	351	250
56	299	278	183	261	396	353	277	150	151	317
58	324	404	209	27	233	152	50	374	113	81
60	163	93	318	8	99	52	388	126	129	325
62	306	310	78	12	338	54	405	321	169	187
64	413	426	275	210	122	340	377	241	61	34
66	28	48	87	144	252	212	196	234	4	289
68	386	141	199	40	153	89	119	68	395	403
70	112	51	77	186	376	143	385	67	375	370
72	380	371	72	107	390	114	148	194	381	429
74	191	247	82	23	56	372	117	270	408	164
76	400	333	73	301	124	383	94	313	158	108
78	45	228	204	319	146	272	391	178	294	346
80	9	349	239	115	201	96	217	100	257	298
82	149	232	92	128	53	274	33	195	39	111
84	66	389	246	407	382	203	345	216	127	65
86	215									
	1	3	5	7	9	11	13	15	17	19

$P = 866 = 2 \cdot 433, \ g = 5, \ \varphi(P) = 432 = 2^4 \cdot 3^3$

N

	0	1	2	3	4	5	6	7	8	9
0		5	25	125	625	527	37	185	59	295
1	609	447	503	783	451	523	17	85	425	393
2	233	299	629	547	137	685	827	671	757	321
3	739	231	289	579	297	619	497	753	301	639
4	597	387	203	149	745	261	439	463	583	317
5	719	131	655	677	787	471	623	517	853	801
6	541	107	535	77	385	193	99	495	743	251
7	389	213	199	129	645	627	537	87	435	443
8	483	683	817	621	507	803	551	157	785	461
9	573	267	469	613	467	603	417	353	33	165
10	825	661	707	71	355	43	215	209	179	29
11	145	725	161	805	561	207	169	845	761	341
12	839	731	191	89	445	493	733	201	139	695
13	11	55	275	509	813	601	407	303	649	647
14	637	587	337	819	631	557	187	69	345	859
15	831	691	857	821	641	607	437	453	533	67
16	335	809	581	307	669	747	271	489	713	101
17	505	793	501	773	401	273	499	763	351	23
18	115	575	277	519	863	851	791	491	723	151
19	755	311	689	847	771	391	223	249	379	163
20	815	611	457	553	167	835	711	91	455	543
21	117	585	327	769	381	173	865	861	841	741
22	241	339	829	681	807	571	257	419	363	83
23	415	343	849	781	441	473	633	567	237	319
24	729	181	39	195	109	545	127	635	577	287
25	569	247	369	113	565	227	269	479	663	717
26	121	605	427	403	283	549	147	735	211	189
27	79	395	243	349	13	65	325	759	331	789
28	481	673	767	371	123	615	477	653	667	737
29	221	239	329	779	431	423	383	183	49	245
30	359	63	315	709	81	405	293	599	397	253
31	399	263	449	513	833	701	41	205	159	795
32	511	823	651	657	687	837	721	141	705	61
33	305	659	697	21	105	525	27	135	675	777
34	421	373	133	665	727	171	855	811	591	357
35	53	265	459	563	217	219	229	279	529	47
36	235	309	679	797	521	7	35	175	9	45
37	225	259	429	413	333	799	531	57	285	559
38	197	119	595	377	153	765	361	73	365	93
39	465	593	367	103	515	843	751	291	589	347
40	3	15	75	375	143	715	111	555	177	19
41	95	475	643	617	487	703	51	255	409	313
42	699	31	155	775	411	323	749	281	539	97
43	485	693	1							
	0	1	2	3	4	5	6	7	8	9

I

	1	3	5	7	9	11	13	15	17	19
0	432	400	1	365	368	130	274	401	16	409
2	333	179	2	336	109	421	98	366	6	242
4	316	105	369	359	298	416	350	131	377	8
6	329	301	275	159	147	103	387	402	63	270
8	304	229	17	77	123	207	389	410	429	66
10	169	393	334	61	244	406	253	180	210	381
12	260	284	3	246	73	51	342	337	24	128
14	327	404	110	266	43	189	384	422	87	318
16	112	199	99	204	116	345	215	367	408	108
18	241	297	7	146	269	122	65	243	380	72
20	127	42	317	115	107	268	71	106	354	355
22	290	196	370	255	356	31	20	360	238	291
24	220	272	299	251	197	69	309	417	226	371
26	45	311	351	91	256	166	175	132	182	357
28	427	264	378	249	32	397	306	9	34	21
30	38	137	330	163	361	191	419	302	49	239
32	29	425	276	212	292	278	374	160	142	221
34	119	231	148	399	273	178	97	104	349	300
36	386	228	388	392	252	283	341	403	383	198
38	214	296	64	41	70	195	19	271	308	310
40	174	263	305	136	418	424	373	230	96	227
42	340	295	18	262	372	294		78	156	46
44	234	79	124	11	312	14	157	208	202	352
46	89	47	390	94	92	55	235	411	286	257
48	280	80	430	414	167	187	125	67	36	176
50	172	12	170	84	133	320	313	394	57	183
52	364	15	335	5	358	376	158	62	76	428
54	60	209	245	23	265	86	203	407	145	379
56	114	353	254	237	250	225	90	181	248	33
58	162	48	211	141	398	348	391	382	40	307
60	135	95	261	155	10	201	93	285	413	35
62	83	56	4	75	22	144	236	247	140	39
64	154	412	74	139	138	322	287	52	323	331
66	101	258	343	288	164	27	281	338	53	362
68	223	81	25	324	192	151	431	129	332	420
70	315	415	328	102	303	206	168	405	259	50
72	326	188	111	344	240	121	126	267	289	30
74	219	68	44	165	426	396	37	190	28	277
76	118	177	385	282	213	194	173	423	339	293
78	233	13	88	54	279	186	171	319	363	375
80	59	85	113	224	161	347	134	200	82	143
82	153	321	100	26	222	150	314	205	325	120
84	218	395	117	193	232	185	58	346	152	149
86	217	184	216							
	1	3	5	7	9	11	13	15	17	19

P = 878 = 2 · 439, g = 15, φ (P) = 438 = 2 · 3 · 73

N

	0	1	2	3	4	5	6	7	8	9
0		15	225	741	579	783	331	575	723	309
1	245	163	689	677	497	431	319	395	657	197
2	321	425	229	801	601	235	13	195	291	853
3	503	521	791	451	619	505	551	363	177	21
4	315	335	635	745	639	805	661	257	343	755
5	789	421	169	779	271	553	393	627	625	595
6	145	419	139	329	545	273	583	843	353	27
7	405	807	691	707	69	157	599	205	441	469
8	11	165	719	249	223	711	129	179	51	765
9	61	37	555	423	199	351	875	833	203	411
10	19	285	763	31	465	829	143	389	567	603
11	265	463	799	571	663	287	793	481	191	231
12	831	173	839	293	5	75	247	193	261	403
13	777	241	103	667	347	815	811	751	729	399
14	717	219	651	107	727	369	267	493	371	297
15	65	97	577	753	759	849	443	499	461	769
16	121	59	7	105	697	797	541	213	561	513
17	671	407	837	263	433	349	845	383	477	131
18	209	501	491	341	725	339	695	767	91	487
19	281	703	9	135	269	523	821	23	345	785
20	361	147	449	589	55	825	83	367	237	43
21	645	17	255	313	305	185	141	359	117	877
22	863	653	137	299	95	547	303	155	569	633
23	715	189	201	381	447	559	483	221	681	557
24	453	649	77	277	643	865	683	587	25	375
25	357	87	427	259	373	327	515	701	857	563
26	543	243	133	239	73	217	621	535	123	89
27	457	709	99	607	325	485	251	253	283	733
28	459	739	549	333	605	295	35	525	851	473
29	71	187	171	809	721	279	673	437	409	867
30	713	159	629	655	167	749	699	827	113	817
31	841	323	455	679	527	3	45	675	467	859
32	593	115	847	413	49	735	489	311	275	613
33	415	79	307	215	591	85	397	687	647	47
34	705	39	585	873	803	631	685	617	475	101
35	637	775	211	531	63	67	127	149	479	161
36	659	227	771	151	509	611	385	507	581	813
37	781	301	125	119	29	435	379	417	109	757
38	819	871	773	181	81	337	665	317	365	207
39	471	41	615	445	529	33	495	401	747	669
40	377	387	537	153	539	183	111	787	391	597
41	175	869	743	609	355	57	855	533	93	517
42	731	429	289	823	53	795	511	641	835	233
43	861	623	565	573	693	737	519	761	1	
	0	1	2	3	4	5	6	7	8	9

I

	1	3	5	7	9	11	13	15	17	19
0	438	315	124	162	192	80	26	1	211	100
2	39	197	248	69	374	103	395	286	91	341
4	391	209	316	339	324	88	424	204	415	161
6	90	354	150	355	74	290	264	125	242	331
8	384	206	335	251	269	188	418	224	151	272
10	349	132	163	143	378	406	308	321	218	373
12	160	268	372	356	86	179	262	193	222	62
14	216	106	60	201	357	363	403	227	75	301
16	359	11	81	304	52	292	121	410	38	87
18	383	405	215	291	231	118	127	27	19	94
20	232	98	77	389	180	352	167	333	265	141
22	237	84	2	361	22	119	429	25	208	263
24	131	261	10	126	83	276	277	212	47	253
26	128	173	110	146	194	54	65	328	243	295
28	190	278	101	115	422	28	123	285	149	223
30	371	226	214	332	9	327	213	40	387	16
32	20	311	274	255	63	6	283	41	385	185
34	183	48	198	134	175	95	68	414	250	217
36	200	37	388	207	145	148	254	249	400	376
38	233	177	366	401	107	408	56	17	336	139
40	397	129	70	171	298	99	323	330	377	61
42	51	93	21	252	421	15	174	375	297	
44	78	156	393	234	202	33	240	312	270	280
46	158	111	104	318	79	390	289	348	178	358
48	117	236	275	189	326	182	147	396	14	157
50	181	30	35	367	364	426	169	256	419	436
52	31	195	287	314	394	353	417	267	402	404
54	166	260	64	225	282	36	55	92	239	235
56	168	259	432	108	228	113	433	7	152	4
58	368	66	342	247	203	334	320	59	409	76
60	24	109	284	273	413	365	329	392	347	34
62	266	431	58	57	302	345	229	42	350	44
64	427	244	210	338	241	142	221	303	18	360
66	46	114	386	133	399	170	296	317	13	313
68	238	246	346	337	12	72	434	186	164	306
70	257	191	340	73	271	85	300	230	140	82
72	294	8	184	144	138	420	279	325	435	281
74	3	412	43	398	305	137	153	49	379	154
76	437	102	89	187	159	362	382	351	130	53
78	370	5	199	407	50	32	116	425	165	112
80	23	344	45	71	293	136	369	135	309	380
82	196	423	205	307	105	120	97	428	172	122
84	310	67	176	322	155	288	29	416	258	319
86	430	220	245	299	411	381	343	96	219	
	1	3	5	7	9	11	13	15	17	19

P = **886** = 2 · 443, g = 5, φ (P) = 442 = 2 · 13 · 17

N

	0	1	2	3	4	5	6	7	8	9
0		5	25	125	625	467	563	157	785	381
1	133	665	667	677	727	91	455	503	743	171
2	855	731	111	555	117	585	267	449	473	593
3	307	649	587	277	499	723	71	355	3	15
4	75	375	103	515	803	471	583	257	399	223
5	229	259	409	273	479	623	457	513	793	421
6	333	779	351	869	801	461	533	7	35	175
7	875	831	611	397	213	179	9	45	225	239
8	309	659	637	527	863	771	311	669	687	777
9	341	819	551	97	485	653	607	377	113	565
10	167	835	631	497	713	21	105	525	853	721
11	61	305	639	537	27	135	675	717	41	205
12	139	695	817	541	47	235	289	559	137	685
13	767	291	569	187	49	245	339	809	501	733
14	121	605	367	63	315	689	787	391	183	29
15	145	725	81	405	253	379	123	615	417	313
16	679	737	141	705	867	791	411	283	529	873
17	821	561	147	735	131	655	617	427	363	43
18	215	189	59	295	589	287	549	87	435	403
19	243	329	759	251	369	73	365	53	265	439
20	423	343	829	601	347	849	701	847	691	797
21	441	433	393	193	79	395	203	129	645	567
22	177	885	881	861	761	261	419	323	729	101
23	505	753	221	219	209	159	795	431	383	143
24	715	31	155	775	331	769	301	619	437	413
25	293	579	237	299	609	387	163	815	531	883
26	871	811	511	783	371	83	415	303	629	487
27	663	657	627	477	613	407	263	429	373	93
28	465	553	107	535	17	85	425	353	879	851
29	711	11	55	275	489	673	707	877	841	661
30	647	577	227	249	359	23	115	575	217	199
31	109	545	67	335	789	401	233	279	509	773
32	321	719	51	255	389	173	865	781	361	33
33	165	825	581	247	349	859	751	211	169	845
34	681	747	191	69	345	839	651	597	327	749
35	201	119	595	317	699	837	641	547	77	385
36	153	765	281	519	823	571	197	99	495	703
37	857	741	161	805	481	633	507	763	271	469
38	573	207	149	745	181	19	95	475	603	357
39	13	65	325	739	151	755	231	269	459	523
40	843	671	697	827	591	297	599	337	799	451
41	483	643	557	127	635	517	813	521	833	621
42	447	463	543	57	285	539	37	185	39	195
43	89	445	453	493	693	807	491	683	757	241
44	319	709	1							
	0	1	2	3	4	5	6	7	8	9

I

	1	3	5	7	9	11	13	15	17	19
0	442	38	1	67	76	291	390	39	284	385
2	105	305	2	114	149	241	329	68	426	428
4	118	179	77	124	134	322	197	292	423	182
6	110	143	391	312	343	36	195	40	358	214
8	152	265	285	187	430	15	279	386	93	367
10	229	42	106	282	310	22	98	306	24	351
12	140	156	3	413	217	174	10	115	128	120
14	162	239	150	172	382	394	360	242	7	235
16	372	256	330	100	338	19	325	69	220	75
18	384	148	427	133	181	342	213	429	366	309
20	350	216	119	381	234	337	74	180	308	233
22	232	49	78	302	50	396	316	125	252	79
24	439	190	135	333	303	193	154	323	47	51
26	225	276	198	26	397	378	53	293	33	317
28	362	167	424	185	126	131	250	183	405	253
30	246	267	111	30	80	86	159	144	353	440
32	320	227	392	348	191	244	60	313	407	136
34	90	201	344	204	334	62	287	37	389	304
36	328	178	196	142	194	264	278	41	97	155
38	9	238	359	255	324	147	212	215	73	48
40	315	189	153	275	52	166	249	266	158	226
42	59	200	286	177	277	237	211	188	248	199
44	210		431	420	27	409	432	16	56	398
46	65	421	280	5	379	45	28	387	273	54
48	374	410	94	269	294	436	433	368	103	34
50	138	17	230	376	318	262	57	43	415	363
52	417	399	107	83	168	258	66	283	113	425
54	123	422	311	357	186	92	281	23	412	127
56	171	6	99	219	132	365	380	307	301	251
58	332	46	25	32	184	404	29	352	347	406
60	203	388	141	96	254	72	274	157	176	247
62	419	55	4	272	268	102	375	414	82	112
64	356	411	218	300	31	346	95	175	271	81
66	299	270	11	12	87	401	295	116	13	160
68	340	437	129	88	145	208	434	121	402	354
70	206	369	163	296	441	290	104	240	117	321
72	109	35	151	14	228	21	139	173	161	393
74	371	18	383	341	349	336	231	395	438	192
76	224	377	361	130	245	85	319	243	89	61
78	327	263	8	146	314	165	58	236	209	408
80	64	44	373	435	137	261	416	257	122	91
82	170	364	331	403	202	71	418	101	355	345
84	298	400	339	207	205	289	108	20	370	335
86	223	84	326	164	63	260	169	70	297	288
88	222	259	221							
	1	3	5	7	9	11	13	15	17	19

$P = 898 = 2 \cdot 449, \; g = 3, \; \varphi(P) = 448 = 2^6 \cdot 7$

N											I										
	0	1	2	3	4	5	6	7	8	9		1	3	5	7	9	11	13	15	17	19
0		3	9	27	81	243	729	391	275	825	0	448	1	96	44	2	264	115	97	347	177
1	679	241	723	373	221	663	193	579	839	721	2	45	108	192	3	425	23	265	140	259	116
2	367	203	609	31	93	279	837	715	349	149	4	438	51	98	143	88	348	102	360	178	242
3	447	443	431	395	287	861	787	565	797	595	6	250	46	211	112	109	77	233	193	308	385
4	887	865	799	601	7	21	63	189	567	803	8	4	281	443	426	188	159	24	273	414	266
5	613	43	129	387	263	789	571	815	649	151	10	262	423	141	209	279	260	389	204	117	391
6	453	461	485	557	773	523	671	217	651	157	12	80	439	288	182	52	133	221	99	206	149
7	471	515	647	145	435	407	323	71	213	639	14	144	379	73	89	29	59	349	119	69	103
8	121	363	191	573	821	667	205	615	49	147	16	152	409	361	174	230	179	393	236	243	129
9	441	425	377	233	699	301	5	15	45	135	18	396	251	355	163	47	82	16	212	330	318
10	405	317	53	159	477	533	701	307	23	69	20	113	21	86	110	441	421	78	147	67	234
11	207	621	67	201	603	13	39	117	351	155	22	14	419	194	290	196	309	93	239	386	171
12	465	497	593	881	847	745	439	419	359	179	24	11	5	184	292	282	296	372	444	405	303
13	537	713	343	131	393	281	843	733	403	311	26	427	54	198	189	382	218	160	8	335	25
14	35	105	315	47	141	423	371	215	645	139	28	135	311	274	34	246	415	400	338	267	223
15	417	353	161	483	551	755	469	509	629	91	30	95	263	346	107	424	139	437	142	101	241
16	273	819	661	187	561	785	559	779	541	725	32	210	76	307	280	187	272	261	208	388	390
17	379	239	717	355	167	501	605	19	57	171	34	287	132	205	378	28	118	151	173	392	128
18	513	641	127	381	245	735	409	329	89	267	36	354	81	329	20	440	146	13	289	92	170
19	801	607	25	75	225	675	229	687	265	795	38	183	295	404	53	381	7	134	33	399	222
20	589	869	811	637	115	345	137	411	335	107	40	345	138	100	75	186	207	286	377	150	127
21	321	65	195	585	857	775	529	689	271	813	42	328	145	91	294	380	32	344	74	285	126
22	643	133	399	299	897	895	889	871	817	655	44	90	31	284	30		254	60	255	314	350
23	169	507	623	73	219	657	175	525	677	235	46	61	298	120	256	156	70	315	369	104	351
24	705	319	59	177	531	695	289	867	805	619	48	374	153	62	431	410	299	324	362	121	446
25	61	183	549	749	451	455	467	503	611	37	50	175	257	358	231	157	277	180	71	407	394
26	111	333	101	303	11	33	99	297	891	877	52	316	65	237	370	216	244	105	305	130	352
27	835	709	331	95	285	855	769	511	635	109	54	168	397	375	342	252	154	429	356	63	166
28	327	83	249	747	445	437	413	341	125	375	56	164	432	37	48	411	56	83	300	434	17
29	227	681	247	741	427	383	251	753	463	491	58	325	366	213	363	200	331	122	39	319	447
30	575	827	685	259	777	535	707	325	77	231	60	43	114	176	191	22	258	50	87	359	249
31	693	283	849	751	457	473	521	665	199	597	62	111	232	384	442	158	413	422	278	203	79
32	893	883	853	763	493	581	845	739	421	365	64	181	220	148	72	58	68	408	229	235	395
33	197	591	875	829	691	277	831	697	295	885	66	162	15	317	85	420	66	418	195	238	10
34	859	781	547	743	433	401	305	17	51	153	68	291	371	302	197	217	334	310	245	337	94
35	459	479	539	719	361	185	555	767	505	617	70	106	436	240	306	271	387	131	27	172	353
36	55	165	495	587	863	793	583	851	757	475	72	19	12	169	403	6	398	137	185	376	327
37	527	683	253	759	481	545	737	415	347	143	74	293	343	125	283	253	313	297	155	368	373
38	429	389	269	807	625	79	237	711	337	113	76	430	323	445	357	276	406	64	215	304	167
39	339	119	357	173	519	659	181	543	731	397	78	341	428	165	36	55	433	365	199	38	42
40	293	879	841	727	385	257	771	517	653	163	80	190	49	248	383	412	202	219	57	228	161
41	489	569	809	631	97	291	873	823	673	223	82	84	417	9	301	333	336	435	270	26	18
42	669	211	633	103	309	29	87	261	783	553	84	402	136	326	124	312	367	322	275	214	340
43	761	487	563	791	577	833	703	313	41	123	86	35	364	41	247	201	227	416	332	269	401
44	369	209	627	85	255	765	499	599	1		88	123	321	339	40	226	268	320	225	224	
	0	1	2	3	4	5	6	7	8	9		1	3	5	7	9	11	13	15	17	19

$P = 914 = 2 \cdot 457,\ g = 13,\ \varphi(P) = 456 = 2^3 \cdot 3 \cdot 19$

N											I										
	0	1	2	3	4	5	6	7	8	9		1	3	5	7	9	11	13	15	17	19
0		13	169	369	227	209	889	589	345	829	0	456	394	345	44	332	201	1	283	348	260
1	723	259	625	813	515	297	205	837	827	697	2	438	181	234	270	308	203	139	389	423	395
2	835	801	359	97	347	855	147	83	165	317	4	127	447	221	406	88	286	337	90	198	253
3	465	561	895	667	445	301	257	599	475	691	6	173	376	346	218	119	331	388	172	245	248
4	757	701	887	563	7	91	269	755	675	549	8	208	27	237	246	145	45	141	149	23	77
5	739	467	587	319	491	899	719	207	863	251	10	241	125	327	212	342	361	249	70	333	392
6	521	375	305	309	361	123	685	679	601	501	12	402	65	123	418	385	350	304	159	177	209
7	115	581	241	391	513	271	781	99	373	279	14	344	202	197	26	341	158	224	92	268	275
8	885	537	583	267	729	337	725	285	49	637	16	225	416	28	131	2	136	427	278	191	143
9	55	715	155	187	603	527	453	405	695	809	18	215	111	312	93	314	238	397	284	442	319
10	463	535	557	843	905	797	307	335	699	861	20	156	352	16	57	5	455	269	336	247	326
11	225	183	551	765	805	411	773	909	849	69	22	349	267	110	4	294	183	170	295	186	276
12	897	693	783	125	711	103	425	41	533	531	24	72	146	433	261	421	59	382	175	36	11
13	505	167	343	803	385	435	171	395	565	33	26	184	413	226	83	46	75	439	435	317	79
14	429	93	295	179	499	89	243	417	851	95	28	165	180	87	171	240	417	223	142	15	182
15	321	517	323	543	661	367	201	785	151	135	30	35	179	62	106	63	322	296	265	29	53
16	841	879	459	483	795	281	911	875	407	721	32	150	152	235	280	450	310	299	107	85	187
17	233	287	75	61	793	255	573	137	867	303	34	404	132	8	24	366	271	259	220	330	22
18	283	23	299	231	261	651	237	339	751	623	36	64	340	277	155	3	381	78	61	309	329
19	787	177	473	665	419	877	433	145	57	741	38	356	357	134	323	444	73	288	137	379	242
20	493	11	143	31	403	669	471	639	81	139	40	302	204	97	168	358	115	297	372	147	194
21	893	641	107	477	717	181	525	427	67	871	42	428	282	126	217	140	391	196	135	441	266
22	355	45	585	293	153	161	265	703	913	901	44	420	434	34	279	258	328	96	390		162
23	745	545	687	705	25	325	569	85	191	655	46	324	100	30	51	262	206	192	38	213	363
24	289	101	399	617	709	77	87	217	79	113	48	424	163	368	445	354	54	200	422	375	144
25	555	817	567	59	767	831	749	597	449	353	50	69	343	130	396	325	432	74	14	151	365
26	19	247	469	613	657	315	439	223	157	213	52	60	301	216	95	362	129	128	101	81	289
27	27	351	907	823	645	159	239	365	175	447	54	306	153	231	383	49	112	292	250	102	448
28	327	595	423	15	195	707	51	663	393	539	56	31	43	138	252	236	360	176	415	313	335
29	609	605	553	791	229	235	313	413	799	333	58	71	82	222	52	7	380	378	281	257	37
30	673	523	401	643	133	815	541	635	29	377	60	68	94	291	334	290	407	263	410	243	370
31	331	647	185	577	189	629	865	277	859	199	62	451	189	12	399	315	408	393	307	89	207
32	759	727	311	387	461	509	219	105	451	379	64	211	303	274	311	454	185	412	239	264	403
33	357	71	9	117	607	579	215	53	689	731	66	154	287	193	33	205	374	300	48	414	67
34	363	149	109	503	141	5	65	845	17	221	68	398	411	66	232	338	39	121	98	19	108
35	131	789	203	811	489	873	381	383	409	747	70	41	227	233	285	244	124	384	91	214	56
36	571	111	529	479	743	519	349	881	485	821	72	169	10	86	321	84	339	443	371	419	50
37	619	735	415	825	671	497	63	819	593	397	74	199	364	230	359	256	188	453	47	40	320
38	591	371	253	547	713	129	763	779	73	35	76	452	386	113	254	425	430	116	437	405	387
39	455	431	119	633	3	39	507	193	681	627	78	76	122	157	190	351	293	174	164	105	298
40	839	853	121	659	341	777	47	611	631	891	80	21	133	114	440	99	353	13	305	251	377
41	615	683	653	263	677	575	163	291	127	737	82	369	273	373	18	9	255	436	20	17	400
42	441	249	495	37	481	769	857	173	421	903	84	160	103	347	446	118	148	401	25	426	318
43	771	883	511	245	443	275	833	775	21	273	86	109	58	316	178	449	219	355	167	195	161
44	807	437	197	733	389	487	847	43	559	869	88	367	431	80	42	6	409	210	32	120	55
45	329	621	761	753	649	211	1				90	229	429	104	272	117	166	228			
	0	1	2	3	4	5	6	7	8	9		1	3	5	7	9	11	13	15	17	19

$P = 922 = 2 \cdot 461, \; g = 3, \; \varphi(P) = 460 = 2^2 \cdot 5 \cdot 23$

N											I										
	0	1	2	3	4	5	6	7	8	9		1	3	5	7	9	11	13	15	17	19
0		3	9	27	81	243	729	343	107	321	0	460	1	448	309	2	179	365	449	198	304
1	41	123	369	185	555	743	385	233	699	253	2	310	300	436	3	117	413	180	297	25	366
2	759	433	377	209	627	37	111	333	77	231	4	10	224	450	43	158	199	342	167	305	266
3	693	235	705	271	813	595	863	745	391	251	6	90	311	353	64	301	95	98	437	28	393
4	753	415	323	47	141	423	347	119	357	149	8	4	53	186	118	126	214	414	292	386	181
5	447	419	335	83	249	747	397	269	807	577	10	133	446	298	8	264	26	290	288	367	47
6	809	583	827	637	67	201	603	887	817	607	12	358	11	424	101	225	369	153	451	176	350
7	899	853	715	301	903	865	751	409	305	915	14	44	84	105	159	49	142	200	401	418	343
8	901	859	733	355	143	429	365	173	519	635	16	149	250	168	360	270	306	87	285	267	245
9	61	183	549	725	331	71	213	639	73	219	18	440	91	13	377	312	192	236	354	323	110
10	657	127	381	221	663	145	435	383	227	681	20	65	426	458	302	23	165	96	212	262	99
11	199	597	869	763	445	413	317	29	87	261	22	103	248	438	108	260	29	17	31	394	227
12	783	505	593	857	727	337	89	267	801	559	24	339	5	146	209	54	39	19	187	371	334
13	755	421	341	101	303	909	883	805	571	791	26	119	382	330	127	57	33	215	155	443	415
14	529	665	151	453	437	389	245	735	361	161	28	162	327	293	319	396	387	453	254	182	205
15	483	527	659	133	399	275	825	631	49	147	30	73	134	78	229	447	178	197	299	116	296
16	441	401	281	843	685	211	633	55	165	495	32	9	42	341	265	352	94	27	52	125	291
17	563	767	457	449	425	353	137	411	311	11	34	132	7	289	46	423	368	175	83	48	400
18	33	99	297	891	829	643	85	255	765	451	36	148	359	86	244	12	191	322	425	22	211
19	431	371	191	573	797	547	719	313	17	51	38	102	107	16	226	145	38	370	381	56	154
20	153	459	455	443	407	299	897	847	697	247	40	161	318	452	204	77	177	115	41	351	51
21	741	379	215	645	91	273	819	613	917	907	42	131	45	174	399	85	190	21	106	144	380
22	877	787	517	629	43	129	387	239	717	307	44	160	203	114	50	173	189	143	202	172	201
23	921	919	913	895	841	679	193	579	815	601	46		431	402	432	373	419	403	280	344	433
24	881	799	553	737	367	179	537	689	223	669	48	390	150	374	336	251	420	315	169	404	275
25	163	489	545	713	295	885	811	589	845	691	50	361	281	121	271	345	407	307	434	222	88
26	229	687	217	651	109	327	59	177	531	671	52	391	384	286	151	140	268	375	456	246	337
27	169	507	599	875	781	499	575	803	565	773	54	332	441	252	195	92	421	242	14	316	129
28	475	503	587	839	673	175	525	653	115	345	56	378	170	278	313	405	138	193	276	59	237
29	113	339	95	285	855	721	319	35	105	315	58	362	61	355	282	257	324	122	35	111	272
30	23	69	207	621	19	57	171	513	617	7	60	239	66	346	69	427	408	217	459	308	364
31	21	63	189	567	779	493	557	749	403	287	62	303	435	412	24	223	157	166	89	63	97
32	861	739	373	197	591	851	709	283	849	703	64	392	185	213	385	445	263	287	357	100	152
33	265	795	541	701	259	777	487	539	695	241	66	349	104	141	417	249	269	284	439	376	235
34	723	325	53	159	477	509	605	893	835	661	68	109	457	164	261	247	259	30	338	208	18
35	139	417	329	65	195	585	833	655	121	363	70	333	329	32	442	326	395	253	72	228	196
36	167	501	581	821	619	13	39	117	351	131	72	295	340	93	124	6	422	82	147	243	321
37	393	257	771	469	485	533	677	187	561	761	74	210	15	37	55	317	76	40	130	398	20
38	439	395	263	789	523	647	97	291	873	775	76	379	113	188	171	430	372	279	389	335	314
39	481	521	641	79	237	711	289	867	757	427	78	274	120	406	221	383	139	455	331	194	241
40	559	155	465	473	497	569	785	511	611	911	80	128	277	137	58	60	256	34	238	68	216
41	889	823	625	31	93	279	837	667	157	471	82	363	411	156	62	184	444	356	348	416	283
42	491	551	731	349	125	375	203	609	905	871	84	234	163	258	207	328	325	71	294	123	81
43	769	463	467	479	515	623	25	75	225	675	86	320	36	75	397	112	429	388	273	220	454
44	181	543	707	277	831	649	103	309	5	15	88	240	136	255	67	410	183	347	233	206	70
45	45	135	405	293	879	793	535	683	205	615	90	80	74	428	219	135	409	232	79	218	231
46	1										92	230									
	0	1	2	3	4	5	6	7	8	9		1	3	5	7	9	11	13	15	17	19

$P = 926 = 2 \cdot 463, \; g = 3, \; \varphi(P) = 462 = 2 \cdot 3 \cdot 7 \cdot 11$

N

	0	1	2	3	4	5	6	7	8	9
0		3	9	27	81	243	729	335	79	237
1	711	281	843	677	179	537	685	203	609	901
2	851	701	251	753	407	295	885	803	557	745
3	383	223	669	155	465	469	481	517	625	23
4	69	207	621	11	33	99	297	891	821	611
5	907	869	755	413	313	13	39	117	351	127
6	381	217	651	101	303	909	875	773	467	475
7	499	571	787	509	601	877	779	485	529	661
8	131	393	253	759	425	349	121	363	163	489
9	541	697	239	717	299	897	839	665	143	429
10	361	157	471	487	535	679	185	555	739	365
11	169	507	595	859	725	323	43	129	387	235
12	705	263	789	515	619	5	15	45	135	405
13	289	867	749	395	259	777	479	511	607	895
14	833	647	89	267	801	551	727	329	61	183
15	549	721	311	7	21	63	189	567	775	473
16	493	553	733	347	115	345	109	327	55	165
17	495	559	751	401	277	831	641	71	213	639
18	65	195	585	829	635	53	159	477	505	589
19	841	671	161	483	523	643	77	231	693	227
20	681	191	573	793	527	655	113	339	91	273
21	819	605	889	815	593	853	707	269	807	569
22	781	491	547	715	293	879	785	503	583	823
23	617	925	923	917	899	845	683	197	591	847
24	689	215	645	83	249	747	389	241	723	317
25	25	75	225	675	173	519	631	41	123	369
26	181	543	703	257	771	461	457	445	409	301
27	903	857	719	305	915	893	827	629	35	105
28	315	19	57	171	513	613	913	887	809	575
29	799	545	709	275	825	623	17	51	153	459
30	451	427	355	139	417	325	49	147	441	397
31	265	795	533	673	167	501	577	805	563	763
32	437	385	229	687	209	627	29	87	261	783
33	497	565	769	455	439	391	247	741	371	187
34	561	757	419	331	67	201	603	883	797	539
35	691	221	663	137	411	307	921	911	881	791
36	521	637	59	177	531	667	149	447	415	319
37	31	93	279	837	659	125	375	199	597	865
38	743	377	205	615	919	905	863	737	359	151
39	453	433	373	193	579	811	581	817	599	871
40	761	431	367	175	525	649	95	285	855	713
41	287	861	731	341	97	291	873	767	449	421
42	337	85	255	765	443	403	283	849	695	233
43	699	245	735	353	133	399	271	813	587	835
44	653	107	321	37	111	333	73	219	657	119
45	357	145	435	379	211	633	47	141	423	343
46	103	309	1							
	0	1	2	3	4	5	6	7	8	9

I

	1	3	5	7	9	11	13	15	17	19
0	462	1	125	153	2	43	55	126	296	281
2	154	39	250	3	326	370	44	278	443	56
4	257	116	127	456	306	297	185	168	282	362
6	148	155	180	344	40	177	446	251	196	8
8	4	243	421	327	142	208	371	406	414	45
10	63	460	279	441	166	444	206	164	57	449
12	86	258	375	59	117	80	434	128	353	303
14	457	98	451	307	366	389	298	33	101	186
16	192	88	169	314	110	283	254	403	363	14
18	260	149	106	339	156	201	393	181	237	377
20	345	17	382	41	324	454	178	241	61	447
22	351	31	252	199	322	197	429	119	9	92
24	247	5	431	336	244	22	82	422	263	134
26	328	121	310	143	217	436	209	293	174	372
28	11	426	407	410	130	415	224	25	46	94
30	269	64	273	355	461	152	54	280	249	369
32	442	115	305	167	147	343	445	7	420	207
34	413	459	165	163	85	58	433	302	450	388
36	100	87	109	402	259	338	392	376	381	453
38	60	30	321	118	246	335	81	133	309	435
40	173	425	129	24	268	354	53	368	304	342
42	419	458	84	301	99	401	391	452	320	334
44	308	424	267	367	418	300	390	333	266	299
46	265		34	68	35	102	159	69	187	136
48	36	193	77	103	89	221	160	170	330	70
50	315	227	188	111	73	137	284	123	37	255
52	360	194	404	204	78	364	312	104	15	349
54	90	261	291	222	150	145	161	107	28	171
56	340	318	331	157	219	71	202	289	316	394
58	396	228	182	438	189	238	214	112	378	398
60	74	346	211	138	18	49	285	383	230	124
62	42	295	38	325	277	256	455	184	361	179
64	176	195	242	141	405	62	440	205	448	374
66	79	352	97	365	32	191	313	253	13	105
68	200	236	16	323	240	350	198	428	91	430
70	21	262	120	216	292	10	409	223	93	272
72	151	248	114	146	6	412	162	432	387	108
74	337	380	29	245	132	172	23	52	341	83
76	400	319	423	417	332	264	67	158	135	76
78	220	329	226	72	122	359	203	311	348	290
80	144	27	317	218	288	395	437	213	397	210
82	48	229	294	276	183	175	140	439	373	96
84	190	12	235	239	427	20	215	408	271	113
86	411	386	379	131	51	399	416	66	75	225
88	358	347	26	287	212	47	275	139	95	234
90	19	270	385	50	65	357	286	274	233	384
92	356	232	231							
	1	3	5	7	9	11	13	15	17	19

P = **934** = 2 · 467, g = 5, φ (P) = 466 = 2 · 233

N

	0	1	2	3	4	5	6	7	8	9
0		5	25	125	625	323	681	603	213	131
1	655	473	497	617	283	481	537	817	349	811
2	319	661	503	647	433	297	551	887	699	693
3	663	513	697	683	613	263	381	37	185	925
4	889	709	743	913	829	409	177	885	689	643
5	413	197	51	255	341	771	119	595	173	865
6	589	143	715	773	129	645	423	247	301	571
7	53	265	391	87	435	307	601	203	81	405
8	157	785	189	11	55	275	441	337	751	19
9	95	475	507	667	533	797	249	311	621	303
10	581	103	515	707	733	863	579	93	465	457
11	417	217	151	755	39	195	41	205	91	455
12	407	167	835	439	327	701	703	713	763	79
13	395	107	535	807	299	561	3	15	75	375
14	7	35	175	875	639	393	97	485	557	917
15	849	509	677	583	113	565	23	115	575	73
16	365	891	719	793	229	211	121	605	223	181
17	905	789	209	111	555	907	799	259	361	871
18	619	293	531	787	199	61	305	591	153	765
19	89	445	357	851	519	727	833	429	277	451
20	387	67	335	741	903	779	159	795	239	261
21	371	921	869	609	243	281	471	487	567	33
22	165	825	389	77	385	57	285	491	587	133
23	665	523	747	933	929	909	809	309	611	253
24	331	721	803	279	461	437	317	651	453	397
25	117	585	123	615	273	431	287	501	637	383
26	47	235	241	271	421	237	251	321	671	553
27	897	749	9	45	225	191	21	105	525	757
28	49	245	291	521	737	883	679	593	163	815
29	339	761	69	345	791	219	161	805	289	511
30	687	633	363	881	669	543	847	499	627	333
31	731	853	529	777	149	745	923	879	659	493
32	597	183	915	839	459	427	267	401	137	685
33	623	313	631	353	831	419	227	201	71	355
34	841	469	477	517	717	783	179	895	739	893
35	729	843	479	527	767	99	495	607	233	231
36	221	171	855	539	827	399	127	635	373	931
37	919	859	559	927	899	759	59	295	541	837
38	449	377	17	85	425	257	351	821	369	911
39	819	359	861	569	43	215	141	705	723	813
40	329	711	753	29	145	725	823	379	27	135
41	675	573	63	315	641	403	147	735	873	629
42	343	781	169	845	489	577	83	415	207	101
43	505	657	483	547	867	599	193	31	155	775
44	139	695	673	563	13	65	325	691	653	463
45	447	367	901	769	109	545	857	549	877	649
46	443	347	801	269	411	187	1			
	0	1	2	3	4	5	6	7	8	9

I

	1	3	5	7	9	11	13	15	17	19
0	466	136	1	140	272	83	444	137	382	89
2	276	156	2	408	403	437	219	141	37	114
4	116	394	273	260	280	52	70	84	225	376
6	185	412	445	201	292	338	159	138	223	129
8	78	426	383	73	190	118	107	90	146	355
10	429	101	277	131	454	173	154	157	250	56
12	166	252	3	366	64	9	229	409	328	440
14	396	61	404	416	314	112	188	438	80	206
16	296	288	220	121	422	361	58	142	46	346
18	169	321	38	465	82	275	436	115	51	184
20	337	77	117	428	172	165	8	395	111	295
22	360	168	274	336	164	359	358	261	265	208
24	262	214	281	67	96	266	239	53	385	177
26	209	35	71	326	463	263	254	85	198	243
28	215	14	226	256	298	282	181	377	25	134
30	68	99	186	75	237	97	331	413	246	20
32	267	5	446	124	400	240	309	202	87	290
34	54	420	293	461	18	386	333	339	192	391
36	178	302	160	451	388	210	368	139	381	407
38	36	259	224	200	222	72	145	130	249	365
40	327	415	79	120	45	464	50	427	110	335
42	264	66	384	325	197	255	24	74	245	123
44	86	460	191	450	380	199	248	119	109	324
46	244	449	108		341	216	11	91	342	352
48	15	432	147	217	424	227	319	356	12	307
50	257	22	430	92	151	299	31	102	343	194
52	283	231	278	353	312	182	94	132	16	363
54	378	305	455	433	457	26	269	174	148	372
56	135	443	155	218	393	69	411	158	425	106
58	100	153	251	228	60	187	287	57	320	435
60	76	7	167	357	213	238	34	253	13	180
62	98	330	4	308	419	332	301	367	258	144
64	414	49	65	23	459	247	448	10	431	318
66	21	30	230	93	304	268	442	410	152	286
68	6	33	329	300	48	447	29	441	32	28
70	125	126	397	103	41	401	127	62	344	162
72	241	398	405	195	350	310	104	417	284	348
74	203	42	315	232	271	88	402	113	279	375
76	291	128	189	354	453	55	63	439	313	205
78	421	345	81	183	171	294	163	207	95	176
80	462	242	297	133	236	19	399	289	17	390
82	387	406	221	364	44	334	196	122	379	323
84	340	351	423	306	150	193	311	362	456	371
86	392	105	59	434	212	179	418	143	458	317
88	303	285	47	27	40	161	349	347	270	374
90	452	204	170	175	235	389	43	322	149	370
92	211	316	39	373	234	369	233			
	1	3	5	7	9	11	13	15	17	19

$P = 958 = 2 \cdot 479, \; g = 13, \; \varphi(P) = 478 = 2 \cdot 239$

N

	0	1	2	3	4	5	6	7	8	9
0		13	169	281	779	547	405	475	427	761
1	313	237	207	775	495	687	309	185	489	609
2	253	415	605	201	697	439	917	425	735	933
3	633	565	639	643	695	413	579	821	135	797
4	781	573	743	79	69	897	165	229	103	381
5	163	203	723	777	521	67	871	785	625	461
6	245	311	211	827	213	853	551	457	193	593
7	45	585	899	191	567	665	23	299	55	715
8	673	127	693	387	241	259	493	661	929	581
9	847	473	401	423	709	595	71	923	503	791
10	703	517	15	195	619	383	189	541	327	419
11	657	877	863	681	231	129	719	725	803	859
12	629	513	921	477	453	141	875	837	343	627
13	487	583	873	811	5	65	845	447	63	819
14	109	459	219	931	607	227	77	43	559	561
15	587	925	529	171	307	159	151	47	611	279
16	753	209	801	833	291	909	321	341	601	149
17	21	273	675	153	73	949	841	395	345	653
18	825	187	515	947	815	57	741	53	689	335
19	523	93	251	389	267	597	97	303	107	433
20	839	369	7	91	225	51	663	955	919	451
21	115	537	275	701	491	635	591	19	247	337
22	549	431	813	31	403	449	89	199	671	101
23	355	783	599	123	641	669	75	17	221	957
24	945	789	677	179	411	553	483	531	197	645
25	721	751	183	463	271	649	773	469	349	705
26	543	353	757	261	519	41	533	223	25	325
27	393	319	315	263	545	379	137	823	161	177
28	385	215	879	889	61	793	729	855	577	795
29	755	235	181	437	891	87	173	333	497	713
30	647	747	131	745	105	407	501	765	365	913
31	373	59	767	391	293	935	659	903	243	285
32	831	265	571	717	699	465	297	29	377	111
33	485	557	535	249	363	887	35	455	167	255
34	441	943	763	339	575	769	417	631	539	301
35	81	95	277	727	829	239	233	155	99	329
36	445	37	481	505	817	83	121	615	331	471
37	375	85	147	953	893	113	511	895	139	849
38	499	739	27	351	731	881	915	399	397	371
39	33	429	787	651	799	807	911	347	679	205
40	749	157	125	667	49	637	617	357	809	937
41	685	283	805	885	9	117	563	613	305	133
42	771	443	11	143	901	217	905	269	623	435
43	865	707	569	691	361	861	655	851	525	119
44	589	951	867	733	907	295	3	39	507	843
45	421	683	257	467	323	367	939	711	621	409
46	527	145	927	555	509	869	759	287	857	603
47	175	359	835	317	289	883	941	737	1	
	0	1	2	3	4	5	6	7	8	9

I

	1	3	5	7	9	11	13	15	17	19
0	478	446	134	202	414	422	1	102	237	217
2	170	76	268	382	327	223	390	336	361	447
4	265	147	70	157	404	205	187	78	185	311
6	284	138	135	55	44	96	174	236	146	43
8	350	365	371	295	226	203	191	351	196	358
10	229	48	304	198	140	329	375	210	415	439
12	366	233	402	81	115	302	419	38	276	378
14	125	423	461	372	169	156	173	357	401	155
16	278	50	46	338	2	153	296	470	279	243
18	292	252	17	181	106	73	68	103	248	227
20	23	51	399	12	161	62	64	281	425	142
22	238	267	204	145	47	114	356	291	11	355
24	84	318	60	218	333	192	20	339	452	85
26	263	273	321	194	427	254	171	212	352	159
28	3	411	319	467	474	164	314	445	326	77
30	349	197	418	154	16	61	10	272	473	271
32	166	454	269	108	359	368	297	189	219	343
34	167	128	178	397	258	383	261	230	407	471
36	434	334	308	455	201	389	310	370	328	275
38	49	105	280	83	193	313	270	177	388	387
40	92	224	6	305	459	244	35	21	346	109
42	450	93	27	8	391	221	199	429	293	25
44	340	421	360	137	225	209	124	337	67	141
46	59	253	325	453	257	369	91	7	123	
48	362	246	330	130	18	214	86	14	298	380
50	306	98	363	448	464	376	121	182	101	264
52	54	190	438	460	152	247	266	332	211	348
54	107	260	274	5	220	66	245	463	331	148
56	149	416	31	74	432	322	41	344	288	36
58	89	131	71	150	440	216	69	95	195	232
60	168	469	22	144	19	158	417	367	406	104
62	458	428	58	129	120	347	30	215	405	32
64	234	33	249	300	255	393	179	436	110	316
66	87	206	75	403	235	228	80	172	242	398
68	113	451	410	15	188	433	82	34	24	324
70	213	100	259	431	94	457	299	79	323	116
72	250	52	117	353	286	384	443	28	477	381
74	186	42	303	301	400	251	160	290	262	466
76	9	342	307	312	345	420	256	13	53	4
78	40	231	57	392	241	99	285	289	39	394
80	162	118	412	395	408	133	222	184	364	139
82	37	277	180	63	354	320	163	472	127	200
84	176	449	136	90	379	437	65	287	468	119
86	435	112	430	442	465	56	132	126	111	282
88	385	475	413	335	283	294	374	377	45	72
90	424	317	426	444	165	396	309	386	26	208
92	122	97	151	462	88	143	29	315	409	456
94	476	341	240	183	175	441	373	207	239	
	1	3	5	7	9	11	13	15	17	19

P = **961** = 31^2, g = 3, φ (P) = 930 = 2 · 3 · 5 · 31

N

	0	1	2	3	4	5	6	7	8	9
0		3	9	27	81	243	729	265	795	463
1	428	323	8	24	72	216	648	22	66	198
2	594	821	541	662	64	192	576	767	379	176
3	528	623	908	802	484	491	512	575	764	370
4	149	447	380	179	537	650	28	84	252	756
5	346	77	231	693	157	471	452	395	224	672
6	94	282	846	616	887	739	295	885	733	277
7	831	571	752	334	41	123	369	146	438	353
8	98	294	882	724	250	750	328	23	69	207
9	621	902	784	430	329	26	78	234	702	184
10	552	695	163	489	506	557	710	208	624	911
11	811	511	572	755	343	68	204	612	875	703
12	187	561	722	244	732	274	822	544	671	91
13	273	819	535	644	10	30	90	270	810	508
14	563	728	262	786	436	347	80	240	720	238
15	714	220	660	58	174	522	605	854	640	959
16	955	943	907	799	475	464	431	332	35	105
17	315	945	913	817	529	626	917	829	565	734
18	280	840	598	833	577	770	388	203	609	866
19	676	106	318	954	940	898	772	394	221	663
20	67	201	603	848	622	905	793	457	410	269
21	807	499	536	647	19	57	171	513	578	773
22	397	230	690	148	444	371	152	456	407	260
23	780	418	293	879	715	223	669	85	255	765
24	373	158	474	461	422	305	915	823	547	680
25	118	354	101	303	909	805	493	518	593	818
26	532	635	944	910	808	502	545	674	100	300
27	900	778	412	275	825	553	698	172	516	587
28	800	478	473	458	413	278	834	580	779	415
29	284	852	634	941	901	781	421	302	906	796
30	466	437	350	89	267	801	481	482	485	494
31	521	602	845	613	878	712	214	642	4	12
32	36	108	324	11	33	99	297	891	751	331
33	32	96	288	864	670	88	264	792	454	401
34	242	726	256	768	382	185	555	704	190	570
35	749	325	14	42	126	378	173	519	596	827
36	559	716	226	678	112	336	47	141	423	308
37	924	850	628	923	847	619	896	766	376	167
38	501	542	665	73	219	657	49	147	441	362
39	125	375	164	492	515	584	791	451	392	215
40	645	13	39	117	351	92	276	828	562	725
41	253	759	355	104	312	936	886	736	286	858
42	652	34	102	306	918	832	574	761	361	122
43	366	137	411	272	816	526	617	890	748	322
44	5	15	45	135	405	254	762	364	131	393
45	218	654	40	120	360	119	357	110	330	29
46	87	261	783	427	320	960	958	952	934	880
47	718	232	696	166	498	533	638	953	937	889
48	745	313	939	895	763	367	140	420	299	897
49	769	385	194	582	785	433	338	53	159	477
	0	1	2	3	4	5	6	7	8	9

I

	0	1	2	3	4	5	6	7	8	9
0		930	624	1	318	440	625	658	12	2
1	134	323	319	401	352	441	636	727	626	214
2	758	659	17	87	13	880	95	3	46	459
3	135		330	324	421	168	320	835	838	402
4	452	74	353	889	641	442	711	366	637	386
5	574	728	719	497	627	763	670	215	153	556
6	759	735		660	24	841	18	200	115	88
7	792	902	14	383	529	881	532	51	96	547
8	146	4	698	779	47	237	583	460	335	303
9	136	129	405		60	654	331	798	80	325
10	268	252	422	884	413	169	191	622	321	756
11	457	836	364	668	839	527	777	403	250	455
12	453	646	429	75		390	354	751	648	890
13	535	448	642	872	824	443	739	431	712	591
14	486	367	596	724	638	899	77	387	223	40
15	575	603	226	729	675		720	54	241	498
16	770	745	628	102	392	764	473	379	671	802
17	861	216	277	356	154	608	29	557	927	43
18	760	695	753	736	99	345		120	684	661
19	348	650	25	808	492	842	704	503	19	911
20	892	201	876	187	116	514	578	89	107	537
21	793	550	815	903	316	399	15		450	384
22	151	198	530	235	58	882	362	644	533	589
23	221	52	471	606	97	806	874	548	149	587
24	147	613	340	5	123	826	699	615		780
25	84	571	48	410	445	238	342	812	584	563
26	229	461	142	741	336	7	566	304	518	209
27	137	687	433	130	125	273	406	69	285	
28	180	714	61	828	290	655	418	732	332	524
29	593	799	701	232	81	66	847	326	664	488
30	269	617	297	253	850	245	423	916	369	885
31		510	414	481	678	170	865	598	192	782
32	464	623	439	11	322	351	726	757	86	94
33	458	329	167	837	73	640	365	573	496	669
34	555		840	114	901	528	50	145	778	582
35	302	404	653	79	251	412	621	456	667	776
36	454	428	389	647	447	823	430	485	723	76
37	39	225		240	744	391	378	860	355	28
38	42	752	344	683	649	491	502	891	186	577
39	536	814	398	449	197	57	643	220	605	873
40	586	339	825		570	444	811	228	740	565
41	208	432	272	284	713	289	731	592	231	846
42	487	296	244	368	509	677	597	463	10	725
43	93	166	639	495		900	144	301	78	620
44	775	388	822	722	224	743	859	41	682	501
45	576	397	56	604	338	569	227	207	283	730
46	845	243	676	9	165		300	774	721	858
47	500	55	568	282	242	164	773	499	281	772
48	771	306	307	746	34	308	629	707	747	103
49	520	35	393	256	309	765		630	474	211
	0	1	2	3	4	5	6	7	8	9

P = 961 (Fortsetzung)

N

	0	1	2	3	4	5	6	7	8	9
50	470	449	386	197	591	812	514	581	782	424
51	311	933	877	709	205	615	884	730	268	804
52	490	509	566	737	289	867	679	115	345	74
53	222	666	76	228	684	130	390	209	627	920
54	838	592	815	523	608	863	667	79	237	711
55	211	633	938	892	754	340	59	177	531	632
56	935	883	727	259	777	409	266	798	472	455
57	404	251	753	337	50	150	450	389	206	618
58	893	757	349	86	258	774	400	239	717	229
59	687	139	417	290	870	688	142	426	317	951
60	931	871	691	151	453	398	233	699	175	525
61	614	881	721	241	723	247	741	301	903	787
62	439	356	107	321	2	6	18	54	162	486
63	497	530	629	926	856	646	16	48	144	432
64	335	44	132	396	227	681	121	363	128	384
65	191	573	758	352	95	285	855	643	7	21
66	63	189	567	740	298	894	760	358	113	339
67	56	168	504	551	692	154	462	425	314	942
68	904	790	448	383	188	564	731	271	813	517
69	590	809	505	554	701	181	543	668	82	246
70	738	292	876	706	196	588	803	487	500	539
71	656	46	138	414	281	843	607	860	658	52
72	156	468	443	368	143	429	326	17	51	153
73	459	416	287	861	661	61	183	549	686	136
74	408	263	789	445	374	161	483	488	503	548
75	683	127	381	182	546	677	109	327	20	60
76	180	540	659	55	165	495	524	611	872	694
77	160	480	479	476	467	440	359	116	348	83
78	249	747	319	957	949	925	853	637	950	928
79	862	664	70	210	630	929	865	673	97	291
80	873	697	169	507	560	719	235	705	193	579
81	776	406	257	771	391	212	636	947	919	835
82	583	788	442	365	134	402	245	735	283	849
83	625	914	820	538	653	37	111	333	38	114
84	342	65	195	585	794	460	419	296	888	742
85	304	912	814	520	599	836	586	797	469	446
86	377	170	510	569	746	316	948	922	844	610
87	869	685	133	399	236	708	202	606	857	649
88	25	75	225	675	103	309	927	859	655	43
89	129	387	200	600	839	595	824	550	689	145
90	435	344	71	213	639	956	946	916	826	556
91	707	199	597	830	568	743	307	921	841	601
92	842	604	851	631	932	874	700	178	534	641
93	1									
	0	1	2	3	4	5	6	7	8	9

I

	0	1	2	3	4	5	6	7	8	9
50	708	380	265	748	672	692	104	803	139	521
51	862	111	36	217	506	394	278	689	257	357
52	853	310	155	543	766	609	435		30	174
53	631	558	260	475	928	132	212	44	833	709
54	761	22	381	696	127	266	754	248	749	737
55	897	673	100	275	693	346	909	105		360
56	804	121	408	140	685	178	522	662	914	863
57	349	71	112	651	426	37	26	184	218	809
58	287	507	493	820	395	843	856	279	705	
59	690	504	541	258	20	895	358	912	182	854
60	893	919	311	202	921	156	877	716	544	188
61	869	767	117	313	610	515	63	436	579	375
62		90	204	31	108	830	175	538	372	632
63	794	923	559	551	292	261	816	787	476	904
64	158	929	317	657	133	400	635	213	16	879
65	45		420	834	451	888	710	385	718	762
66	152	734	23	199	791	382	531	546	697	236
67	334	128	59	797	267	883	190	755	363	526
68	249	645		750	534	871	738	590	595	898
69	222	602	674	53	769	101	472	801	276	607
70	926	694	98	119	347	807	703	910	875	513
71	106	549	315		150	234	361	588	470	805
72	148	612	122	614	83	409	341	562	141	6
73	517	686	124	68	179	827	417	523	700	65
74	663	616	849	915		480	864	781	438	350
75	85	328	72	572	554	113	49	581	652	411
76	666	427	446	484	38	239	377	27	343	490
77	185	813	196	219	585		810	564	271	288
78	230	295	508	462	92	494	143	619	821	742
79	681	396	337	206	844	8	299	857	567	163
80	280	305	33	706	519	255		210	264	691
81	138	110	505	688	852	542	434	173	259	131
82	832	21	126	247	896	274	908	359	407	177
83	913	70	425	183	286	819	855		540	894
84	181	918	920	715	868	312	62	374	203	829
85	371	922	291	786	157	656	634	878	419	887
86	717	733	790	545	333	796	189	525		870
87	594	601	768	800	925	118	702	512	314	233
88	469	611	82	561	516	67	416	64	848	479
89	437	327	553	580	665	483	376	489	195	
90	270	294	91	618	680	205	298	162	32	254
91	263	109	851	172	831	246	907	176	424	818
92	539	917	867	373	370	785	633	886	789	795
93		600	924	511	468	560	415	478	552	482
94	194	293	679	161	262	171	906	817	866	784
95	788	599	467	477	193	160	905	783	466	159
96	465									
	0	1	2	3	4	5	6	7	8	9

$P = 974 = 2 \cdot 487,\ g = 3,\ \varphi(P) = 486 = 2 \cdot 3^5$

N

	0	1	2	3	4	5	6	7	8	9
0		3	9	27	81	243	729	239	717	203
1	609	853	611	859	629	913	791	425	301	903
2	761	335	31	93	279	837	563	715	197	591
3	799	449	373	145	435	331	19	57	171	513
4	565	721	215	645	961	935	857	623	895	737
5	263	789	419	283	849	599	823	521	589	793
6	431	319	957	923	821	515	571	739	269	807
7	473	445	361	109	327	7	21	63	189	567
8	727	233	699	149	447	367	127	381	169	507
9	547	667	53	159	477	457	397	217	651	5
10	15	45	135	405	241	723	221	663	41	123
11	369	133	399	223	669	59	177	531	619	883
12	701	155	465	421	289	867	653	11	33	99
13	297	891	725	227	681	95	285	855	617	877
14	683	101	303	909	779	389	193	579	763	341
15	49	147	441	349	73	219	657	23	69	207
16	621	889	719	209	627	907	773	371	139	417
17	277	831	545	661	35	105	315	945	887	713
18	191	573	745	287	861	635	931	845	587	787
19	413	265	795	437	337	37	111	333	25	75
20	225	675	77	231	693	131	393	205	615	871
21	665	47	141	423	295	885	707	173	519	583
22	775	377	157	471	439	343	55	165	495	511
23	559	703	161	483	475	451	379	163	489	493
24	505	541	649	973	971	965	947	893	731	245
25	735	257	771	365	121	363	115	345	61	183
26	549	673	71	213	639	943	881	695	137	411
27	259	777	383	175	525	601	829	539	643	955
28	917	803	461	409	253	759	329	13	39	117
29	351	79	237	711	185	555	691	125	375	151
30	453	385	181	543	655	17	51	153	459	403
31	235	705	167	501	529	613	865	647	967	953
32	911	785	407	247	741	275	825	527	607	847
33	593	805	467	427	307	921	815	497	517	577
34	757	323	969	959	929	839	569	733	251	753
35	311	933	851	605	841	575	751	305	915	797
36	443	355	91	273	819	509	553	685	107	321
37	963	941	875	677	83	249	747	293	879	689
38	119	357	97	291	873	671	65	195	585	781
39	395	211	633	925	827	533	625	901	755	317
40	951	905	767	353	85	255	765	347	67	201
41	603	835	557	697	143	429	313	939	869	659
42	29	87	261	783	401	229	687	113	339	43
43	129	387	187	561	709	179	537	637	937	863
44	641	949	899	749	299	897	743	281	843	581
45	769	359	103	309	927	833	551	679	89	267
46	801	455	391	199	597	817	503	535	631	919
47	809	479	463	415	271	813	491	499	523	595
48	811	485	481	469	433	325	1			
	0	1	2	3	4	5	6	7	8	9

I

	1	3	5	7	9	11	13	15	17	19
0	486	1	99	75	2	127	287	100	305	36
2	76	157	198	3	420	22	128	174	195	288
4	108	429	101	211	150	306	92	226	37	115
6	258	77	386	408	158	262	154	199	202	291
8	4	374	404	421	458	362	23	135	382	129
10	141	452	175	368	73	196	427	256	289	380
12	254	109	297	86	430	205	111	102	268	168
14	212	414	33	151	83	299	307	121	222	93
16	232	237	227	312	88	38	217	273	116	435
18	302	259	294	432	78	180	146	387	28	463
20	409	9	207	159	163	391	263	42	97	155
22	106	113	200	133	425	203	81	310	292	7
24	104	5	249	323	375	348	284	405	251	270
26	422	50	191	459	68	474	363	325	170	24
28	447	53	136	183	124	383	377	214	130	444
30	18	142	357	334	453	350	416	176	399	61
32	369	341	485	74	286	35	197	21	194	428
34	149	225	257	407	153	290	403	361	381	451
36	72	255	253	85	110	167	32	298	221	236
38	87	272	301	431	145	462	206	390	96	112
40	424	309	103	322	283	269	190	473	169	52
42	123	213	17	333	415	60	484	34	193	224
44	152	360	71	84	31	235	300	461	95	308
46	282	472	122	332	483	223	70	234	94	471
48	482	233	481		238	476	239	228	337	477
50	313	466	240	89	365	229	39	65	338	218
52	57	478	274	327	314	117	395	467	436	277
54	241	303	172	90	260	456	366	295	412	230
56	433	26	40	79	346	66	181	355	339	147
58	449	219	388	188	58	29	330	479	464	55
60	275	410	353	328	10	12	315	208	138	118
62	160	47	396	164	14	468	392	185	437	264
64	440	278	43	317	242	98	126	304	156	419
66	173	107	210	91	114	385	261	201	373	457
68	134	140	367	426	379	296	204	267	413	82
70	120	231	311	216	434	293	179	27	8	162
72	41	105	132	80	6	248	347	250	49	67
74	324	446	182	376	443	356	349	398	340	285
76	20	148	406	402	450	252	166	220	271	144
78	389	423	321	189	51	16	59	192	359	30
80	460	281	331	69	470	480	475	336	465	364
82	64	56	326	394	276	171	455	411	25	345
84	354	448	187	329	54	352	11	137	46	13
86	184	439	316	125	418	209	384	372	139	378
88	266	119	215	178	161	131	247	48	445	442
90	397	19	401	165	143	320	15	358	280	469
92	335	63	393	454	344	186	351	45	438	417
94	371	265	177	246	441	400	319	279	62	343
96	44	370	245	318	342	244	243			
	1	3	5	7	9	11	13	15	17	19

$P = 982 = 2 \cdot 491,\ g = 7,\ \varphi(P) = 490 = 2 \cdot 5 \cdot 7^2$

N

	0	1	2	3	4	5	6	7	8	9
0		7	49	343	437	113	791	627	461	281
1	3	21	147	47	329	339	409	899	401	843
2	9	63	441	141	5	35	245	733	221	565
3	27	189	341	423	15	105	735	235	663	713
4	81	567	41	287	45	315	241	705	25	175
5	243	719	123	861	135	945	723	151	75	525
6	729	193	369	619	405	871	205	453	225	593
7	223	579	125	875	233	649	615	377	675	797
8	669	755	375	661	699	965	863	149	61	427
9	43	301	143	19	133	931	625	447	183	299
10	129	903	429	57	399	829	893	359	549	897
11	387	745	305	171	215	523	715	95	665	727
12	179	271	915	513	645	587	181	285	31	217
13	537	813	781	557	953	779	543	855	93	651
14	629	475	379	689	895	373	647	601	279	971
15	905	443	155	103	721	137	959	821	837	949
16	751	347	465	309	199	411	913	499	547	883
17	289	59	413	927	597	251	775	515	659	685
18	867	177	257	817	809	753	361	563	13	91
19	637	531	771	487	463	295	101	707	39	273
20	929	611	349	479	407	885	303	157	117	819
21	823	851	65	455	239	691	909	471	351	493
22	505	589	195	383	717	109	763	431	71	497
23	533	785	585	167	187	327	325	311	213	509
24	617	391	773	501	561	981	975	933	639	545
25	869	191	355	521	701	979	961	835	935	653
26	643	573	83	581	139	973	919	541	841	977
27	947	737	249	761	417	955	793	641	559	967
28	877	247	747	319	269	901	415	941	695	937
29	667	741	277	957	807	739	263	859	121	847
30	37	259	831	907	457	253	789	613	363	577
31	111	777	529	757	389	759	403	857	107	749
32	333	367	605	307	185	313	227	607	321	283
33	17	119	833	921	555	939	681	839	963	849
34	51	357	535	799	683	853	79	553	925	583
35	153	89	623	433	85	595	237	677	811	767
36	459	267	887	317	255	803	711	67	469	337
37	395	801	697	951	765	445	169	201	425	29
38	203	439	127	889	331	353	507	603	293	87
39	609	335	381	703	11	77	539	827	879	261
40	845	23	161	145	33	231	635	517	673	783
41	571	69	483	435	99	693	923	569	55	385
42	731	207	467	323	297	115	805	725	165	173
43	229	621	419	969	891	345	451	211	495	519
44	687	881	275	943	709	53	371	633	503	575
45	97	679	825	865	163	159	131	917	527	743
46	291	73	511	631	489	477	393	787	599	265
47	873	219	551	911	485	449	197	397	815	795
48	655	657	671	769	473	365	591	209	481	421
49	1									
	0	1	2	3	4	5	6	7	8	9

I

	1	3	5	7	9	11	13	15	17	19
0	490	10	24	1	20	394	188	34	330	93
2	11	401	48	30	379	128	404	25	300	198
4	42	90	44	13	2	340	445	418	103	171
6	88	21	212	367	411	228	461	58	395	346
8	40	262	354	389	351	189	138	117	450	414
10	196	153	35	318	225	310	5	425	208	331
12	298	52	72	382	100	456	94	54	155	264
14	23	92	403	12	87	57	350	152	207	455
16	402	454	428	233	376	113	429	49	181	120
18	126	98	324	234	31	251	61	222	476	164
20	377	380	66	421	487	437	238	114	129	471
22	28	70	68	326	430	405	74	37	356	214
24	46	50	26	281	272	175	305	364	182	301
26	399	296	469	361	284	121	199	442	292	148
28	9	329	127	43	170	460	388	195	424	99
30	91	206	112	323	163	237	325	45	363	283
32	328	423	236	235	14	384	320	391	369	15
34	32	3	435	161	202	218	385	252	341	107
36	186	308	485	321	62	446	145	82	77	142
38	392	223	419	110	314	241	466	370	477	104
40	18	316	64	204	16	165	172	286	274	432
42	489	33	378	89	102	227	353	413	4	381
44	22	151	375	97	475	436	67	213	304	360
46	8	194	162	422	368	217	484	141	465	203
48	488	412	474	193	464		219	438	229	167
50	243	448	220	386	239	462	123	177	407	439
52	253	115	59	458	312	191	230	342	130	396
54	267	136	249	168	108	472	347	334	133	278
56	244	187	29	41	417	410	261	449	309	71
58	263	349	232	125	221	486	69	355	174	468
60	147	387	322	327	390	201	307	76	240	63
62	431	352	96	7	140	463	447	406	190	248
64	277	260	124	146	75	139	259	480	481	178
66	83	38	118	290	80	482	408	78	357	451
68	336	344	179	440	143	215	415	288	372	84
70	254	393	47	197	444	366	39	116	224	51
72	154	56	427	119	60	420	27	36	271	295
74	291	459	111	282	319	160	185	81	313	315
76	273	226	374	359	483	192	242	176	311	135
78	132	409	231	467	306	6	276	479	79	343
80	371	365	426	294	184	358	131	478	183	209
82	157	210	452	397	105	302	332	257	158	337
84	268	19	400	299	339	211	345	137	317	297
86	53	86	453	180	250	65	470	73	280	398
88	441	169	205	362	383	434	106	144	109	17
90	285	101	150	303	216	473	166	122	457	266
92	333	416	348	173	200	95	247	258	289	335
94	287	443	55	270	159	373	134	275	293	156
96	256	338	85	279	433	149	265	246	269	255
98	245									
	1	3	5	7	9	11	13	15	17	19

P = 998 = 2 · 499, g = 7, φ (P) = 498 = 2 · 3 · 83

N

	0	1	2	3	4	5	6	7	8	9
0		7	49	343	405	839	883	193	353	475
1	331	321	251	759	323	265	857	11	77	539
2	779	463	247	731	127	889	235	647	537	765
3	365	559	919	445	121	847	939	585	103	721
4	57	399	797	589	131	917	431	23	161	129
5	903	333	335	349	447	135	945	627	397	783
6	491	443	107	749	253	773	421	951	669	691
7	845	925	487	415	909	375	629	411	881	179
8	255	787	519	639	481	373	615	313	195	367
9	573	19	133	931	529	709	971	809	673	719
10	43	301	111	777	449	149	45	315	209	465
11	261	829	813	701	915	417	923	473	317	223
12	563	947	641	495	471	303	125	875	137	959
13	725	85	595	173	213	493	457	205	437	65
14	455	191	339	377	643	509	569	989	935	557
15	905	347	433	37	259	815	715	15	105	735
16	155	87	609	271	899	305	139	973	823	771
17	407	853	981	879	165	157	101	707	957	711
18	985	907	361	531	723	71	497	485	401	811
19	687	817	729	113	791	547	835	855	995	977
20	851	967	781	477	345	419	937	571	5	35
21	245	717	29	203	423	965	767	379	657	607
22	257	801	617	327	293	55	385	699	901	319
23	237	661	635	453	177	241	689	831	827	799
24	603	229	605	243	703	929	515	611	285	997
25	991	949	655	593	159	115	805	645	523	667
26	677	747	239	675	733	141	987	921	459	219
27	535	751	267	871	109	763	351	461	233	633
28	439	79	553	877	151	59	413	895	277	941
29	599	201	409	867	81	567	975	837	869	95
30	665	663	649	551	863	53	371	601	215	507
31	555	891	249	745	225	577	47	329	307	153
32	73	511	583	89	623	369	587	117	819	743
33	211	479	359	517	625	383	685	803	631	425
34	979	865	67	469	289	27	189	325	279	955
35	697	887	221	549	849	953	683	789	533	737
36	169	185	297	83	581	75	525	681	775	435
37	51	357	503	527	695	873	123	861	39	273
38	913	403	825	785	505	541	793	561	933	543
39	807	659	621	355	489	429	9	63	441	93
40	651	565	961	739	183	283	983	893	263	843
41	911	389	727	99	693	859	25	175	227	591
42	145	17	119	833	841	897	291	41	287	13
43	91	637	467	275	927	501	513	597	187	311
44	181	269	885	207	451	163	143	3	21	147
45	31	217	521	653	579	61	427	993	963	753
46	281	969	795	575	33	231	619	341	391	741
47	197	381	671	705	943	613	299	97	679	761
48	337	363	545	821	757	309	167	171	199	395
49	769	393	755	295	69	483	387	713	1	
	0	1	2	3	4	5	6	7	8	9

I

	1	3	5	7	9	11	13	15	17	19
0	498	447	208	1	396	17	429	157	421	91
2	448	47	416	345	212	450	464	209	153	378
4	427	100	106	316	2	370	305	225	40	285
6	455	397	139	342	494	185	320	365	18	281
8	294	363	131	161	323	430	399	299	477	413
10	176	38	158	62	274	102	193	255	327	422
12	34	376	126	24	49	44	92	55	128	166
14	265	446	420	449	105	284	319	160	175	254
16	48	445	174	486	360	487	133	417	234	79
18	440	404	361	438	346	141	7	88	470	488
20	291	213	137	443	108	330	134	308	451	269
22	352	119	314	418	241	465	278	26	230	262
24	235	243	210	22	312	12	64	80	220	154
26	110	408	15	272	441	163	379	433	288	348
28	460	405	248	428	344	426	224	493	362	476
30	101	125	165	318	485	439	87	107	118	229
32	11	14	347	223	317	10	51	52	480	142
34	467	3	204	151	53	276	8	393	371	332
36	182	481	30	89	325	306	85	75	143	217
38	471	335	226	496	411	468	491	489	58	41
40	188	381	4	170	292	77	286	73	115	205
42	66	214	339	456	395	46	152	369	138	280
44	398	61	33	54	104	444	233	140	136	268
46	277	21	109	432	343	124	117	9	203	331
48	84	495	187	72	394	60	135	123	186	
50	435	372	384	309	145	321	436	246	333	82
52	452	258	366	373	94	183	358	270	28	19
54	385	389	482	195	353	303	282	310	149	31
56	387	120	401	295	146	207	90	463	315	454
58	364	322	37	326	43	419	253	132	437	290
60	307	240	242	219	162	247	475	86	222	466
62	392	324	334	57	76	338	279	232	431	83
64	122	144	257	27	302	400	453	252	218	391
66	231	301	300	259	68	472	98	263	260	478
68	367	356	336	190	236	69	414	374	350	227
70	113	244	473	177	95	179	497	156	211	99
72	39	184	130	412	192	23	264	159	359	403
74	469	329	313	261	63	271	459	492	484	13
76	479	275	29	216	490	169	65	368	103	20
78	202	59	383	81	357	194	386	462	42	239
80	221	337	256	390	97	189	112	155	191	328
82	483	168	382	238	111	237	423	196	297	5
84	424	409	70	35	354	200	171	197	16	415
86	377	304	341	293	298	273	375	127	283	173
88	78	6	442	351	25	311	407	287	425	164
90	228	50	150	181	74	410	380	114	45	32
92	267	116	71	434	245	93	388	148	206	36
94	289	474	56	121	251	67	355	349	178	129
96	402	458	215	201	461	96	167	296	199	340
98	172	406	180	266	147	250	457	198	249	
	1	3	5	7	9	11	13	15	17	19

III. TEIL

Numerus- und Indextafeln für die Potenzen 2^4 bis 2^{11}

N: ind x → x.

I: x → ind x.

$P = \mathbf{16},\ g = 3,\ \frac{1}{2}\varphi(P) = 2^2$

N										
	0	1	2	3	4	5	6	7	8	9
0		3	9	11	1					

I										
	1	3	5	7	9	11	13	15	17	19
0	4	1	*3*	*2*						

$P = \mathbf{32},\ g = 3,\ \frac{1}{2}\varphi(P) = 2^3$

N										
	0	1	2	3	4	5	6	7	8	9
0		3	9	27	17	19	25	11	1	

I										
	1	3	5	7	9	11	13	15	17	19
0	8	1	*3*	*6*	2	*7*	*5*	*4*		

$P = \mathbf{64},\ g = 3,\ \frac{1}{2}\varphi(P) = 2^4$

N										
	0	1	2	3	4	5	6	7	8	9
0		3	9	27	17	51	25	11	33	35
1	41	59	49	19	57	43	1			

I										
	1	3	5	7	9	11	13	15	17	19
0	16	1	*11*	*14*	2	7	*5*	*12*	4	13
2	*15*	*10*	6	3	9	*8*				

$P = \mathbf{128},\ g = 3,\ \frac{1}{2}\varphi(P) = 2^5$

N										
	0	1	2	3	4	5	6	7	8	9
0		3	9	27	81	115	89	11	33	99
1	41	123	113	83	121	107	65	67	73	91
2	17	51	25	75	97	35	105	59	49	19
3	57	43	1							

I										
	1	3	5	7	9	11	13	15	17	19
0	32	1	*11*	*14*	2	7	*5*	*12*	20	29
2	*15*	*26*	22	3	9	*24*	8	25	*19*	*6*
4	10	31	*13*	*4*	28	21	*23*	*18*	30	27
6	*17*	*16*								

$P = \mathbf{256},\ g = 3,\ \frac{1}{2}\varphi(P) = 2^6$

N										
	0	1	2	3	4	5	6	7	8	9
0		3	9	27	81	243	217	139	161	227
1	169	251	241	211	121	107	65	195	73	219
2	145	179	25	75	225	163	233	187	49	147
3	185	43	129	131	137	155	209	115	89	11
4	33	99	41	123	113	83	249	235	193	67
5	201	91	17	51	153	203	97	35	105	59
6	177	19	57	171	1					

I										
	1	3	5	7	9	11	13	15	17	19
0	64	1	*11*	*46*	2	39	*5*	*12*	52	61
2	*47*	*26*	22	3	9	*24*	40	57	*19*	*6*
4	42	31	*13*	*36*	28	53	*55*	*50*	62	59
6	*17*	*48*	16	49	*27*	*30*	18	23	*21*	*60*
8	4	45	*63*	*10*	38	51	*25*	*8*	56	41
10	*35*	*54*	58	15	*29*	*20*	44	37	*7*	*34*
12	14	43	*33*	*32*						

$P = \mathbf{512}, \; g = 3, \; \frac{1}{2}\varphi(P) = 2^7$

N

	0	1	2	3	4	5	6	7	8	9
0		3	9	27	81	243	217	139	417	227
1	169	507	497	467	377	107	321	451	329	475
2	401	179	25	75	225	163	489	443	305	403
3	185	43	129	387	137	411	209	115	345	11
4	33	99	297	379	113	339	505	491	449	323
5	457	347	17	51	153	459	353	35	105	315
6	433	275	313	427	257	259	265	283	337	499
7	473	395	161	483	425	251	241	211	121	363
8	65	195	73	219	145	435	281	331	481	419
9	233	187	49	147	441	299	385	131	393	155
10	465	371	89	267	289	355	41	123	369	83
11	249	235	193	67	201	91	273	307	409	203
12	97	291	361	59	177	19	57	171	1	

I

	1	3	5	7	9	11	13	15	17	19
0	128	1	*11*	*46*	2	39	*69*	*12*	52	125
2	*47*	*26*	22	3	*73*	*88*	40	57	*19*	*70*
4	106	31	*13*	*100*	92	53	*55*	*50*	126	123
6	*17*	*48*	80	113	*27*	*94*	82	23	*85*	*60*
8	4	109	*63*	*74*	102	115	*89*	*8*	120	41
10	*35*	*118*	58	15	*29*	*20*	44	37	*71*	*98*
12	78	107	*33*	*96*	32	97	*43*	*14*	34	7
14	*101*	*108*	84	93	*79*	*122*	54	99	*105*	*56*
16	72	25	*51*	*38*	10	127	*45*	*68*	124	21
18	*87*	*18*	30	91	*49*	*16*	112	81	*59*	*62*
20	114	119	*117*	*28*	36	77	*95*	*42*	6	83
22	*121*	*104*	24	9	*67*	*86*	90	111	*61*	*116*
24	76	5	*103*	*66*	110	75	*65*	*64*		

$P = 1024,\ g = 3,\ \frac{1}{2}\varphi(P) = 2^8$

N	0	1	2	3	4	5	6	7	8	9
0		3	9	27	81	243	729	139	417	227
1	681	1019	1009	979	889	619	833	451	329	987
2	913	691	25	75	225	675	1001	955	817	403
3	185	555	641	899	649	923	721	115	345	11
4	33	99	297	891	625	851	505	491	449	323
5	969	859	529	563	665	971	865	547	617	827
6	433	275	825	427	257	771	265	795	337	1011
7	985	907	673	995	937	763	241	723	121	363
8	65	195	585	731	145	435	281	843	481	419
9	233	699	49	147	441	299	897	643	905	667
10	977	883	601	779	289	867	553	635	881	595
11	761	235	705	67	201	603	785	307	921	715
12	97	291	873	571	689	19	57	171	513	515
13	521	539	593	755	217	651	929	739	169	507
14	497	467	377	107	321	963	841	475	401	179
15	537	587	737	163	489	443	305	915	697	43
16	129	387	137	411	209	627	857	523	545	611
17	809	379	113	339	1017	1003	961	835	457	347
18	17	51	153	459	353	35	105	315	945	787
19	313	939	769	259	777	283	849	499	473	395
20	161	483	425	251	753	211	633	875	577	707
21	73	219	657	947	793	331	993	931	745	187
22	561	659	953	811	385	131	393	155	465	371
23	89	267	801	355	41	123	369	83	249	747
24	193	579	713	91	273	819	409	203	609	803
25	361	59	177	531	569	683	1			

I	1	3	5	7	9	11	13	15	17	19
0	256	1	*11*	*174*	2	39	*69*	*12*	180	125
2	*175*	*26*	22	3	*73*	*216*	40	185	*19*	*70*
4	234	159	*13*	*100*	92	181	*55*	*50*	126	251
6	*145*	*176*	80	113	*27*	*222*	210	23	*213*	*188*
8	4	237	*191*	*74*	230	243	*217*	*136*	120	41
10	*35*	*118*	186	143	*157*	*20*	172	37	*71*	*98*
12	78	235	*33*	*96*	160	225	*43*	*14*	162	7
14	*101*	*108*	84	93	*207*	*122*	182	227	*105*	*56*
16	200	153	*51*	*166*	138	127	*45*	*196*	252	149
18	*87*	*146*	30	219	*177*	*16*	240	81	59	*62*
20	114	247	*245*	*28*	164	205	*223*	*170*	134	211
22	*249*	*232*	24	9	*67*	*214*	90	111	*189*	*116*
24	76	5	*103*	*194*	238	203	*65*	*192*	64	193
26	*75*	*110*	66	231	*133*	*204*	244	61	*239*	*218*
28	86	195	*137*	*152*	104	121	*83*	*6*	42	95
30	*77*	*36*	156	117	*119*	*242*	190	187	*209*	*112*
32	144	49	*91*	*158*	18	215	*21*	*124*	68	173
34	*255*	*10*	38	179	*25*	*72*	184	233	99	*54*
36	250	79	*221*	*212*	236	229	*135*	*34*	142	171
38	*97*	*32*	224	161	*107*	*206*	226	199	*165*	*44*
40	148	29	*15*	*58*	246	163	*169*	*248*	8	89
42	*115*	*102*	202	63	*109*	*132*	60	85	*151*	*82*
44	94	155	*241*	*208*	48	17	*123*	*254*	178	183
46	*53*	*220*	228	141	*31*	*105*	198	147	*57*	*168*
48	88	201	*131*	*150*	154	47	*253*	*52*	140	197
50	*167*	*130*	46	159	*129*	*128*				

$P = 2048,\ g = 3,\ \frac{1}{2}\varphi(P) = 2^9$

N	0	1	2	3	4	5	6	7	8	9
0		3	9	27	81	243	729	139	417	1251
1	1705	1019	1009	979	889	619	1857	1475	329	987
2	913	691	25	75	225	675	2025	1979	1841	1427
3	185	555	1665	899	649	1947	1745	1139	1369	11
4	33	99	297	891	625	1875	1529	491	1473	323
5	969	859	529	1587	665	1995	1889	1571	617	1851
6	1457	275	825	427	1281	1795	1289	1819	1361	2035
7	2009	1931	1697	995	937	763	241	723	121	363
8	1089	1219	1609	731	145	435	1305	1867	1505	419
9	1257	1723	1073	1171	1465	299	897	643	1929	1691
10	977	883	601	1803	1313	1891	1577	635	1905	1619
11	761	235	705	67	201	603	1809	1331	1945	1739
12	1121	1315	1897	1595	689	19	57	171	513	1539
13	521	1563	593	1779	1241	1675	929	739	169	507
14	1521	467	1401	107	321	963	841	475	1425	179

I	1	3	5	7	9	11	13	15	17	19
0	512	1	*267*	*174*	2	39	*69*	*268*	436	125
2	*175*	*26*	22	3	*329*	*216*	40	441	*275*	*70*
4	234	159	*269*	*356*	348	437	*55*	*306*	126	507
6	*401*	*176*	336	113	*27*	*222*	210	23	*213*	*188*
8	4	493	*191*	*330*	486	243	*217*	*392*	376	41
10	*35*	*118*	442	143	*413*	*276*	428	293	*71*	*98*
12	78	235	*289*	*352*	160	225	*299*	*270*	418	7
14	*357*	*108*	84	349	*207*	*122*	438	483	*105*	*56*
16	200	153	*307*	*166*	138	127	*45*	*196*	508	149
18	*87*	*402*	30	475	*177*	*16*	496	337	59	*318*
20	114	503	*501*	*28*	164	205	*223*	*426*	390	211
22	*505*	*232*	24	265	*67*	*214*	346	111	*189*	*116*
24	76	5	*103*	*194*	494	203	*65*	*192*	320	449
26	*331*	*366*	322	487	*133*	*460*	244	61	*239*	*218*
28	342	451	*393*	488	360	377	*339*	*262*	42	95

P = 2048 (Fortsetzung)

	N										I										
	0	1	2	3	4	5	6	7	8	9		1	3	5	7	9	11	13	15	17	19
15	537	1611	737	163	489	1467	305	915	697	43	30	333	36	156	373	119	498	446	443	465	368
16	129	387	1161	1435	209	627	1881	1547	545	1635	32	144	49	91	414	18	471	277	380	324	429
17	809	379	1137	1363	2041	2027	1985	1859	1481	347	34	255	10	294	179	281	72	184	489	99	310
18	1041	1075	1177	1483	353	1059	1129	1339	1969	1811	36	250	79	477	468	236	229	135	290	398	171
19	1337	1963	1793	1283	1801	1307	1873	1523	473	1419	38	353	32	480	161	363	462	226	455	421	300
20	161	483	1449	251	753	211	633	1899	1601	707	40	404	285	271	314	246	419	169	248	8	89
21	73	219	657	1971	1817	1355	2017	1955	1769	1211	42	371	358	458	63	109	388	316	85	151	82
22	1585	659	1977	1835	1409	131	393	1179	1489	371	44	350	411	241	208	304	273	123	510	434	439
23	1113	1291	1825	1379	41	123	369	1107	1273	1771	46	53	220	484	141	287	106	198	147	57	424
24	1217	1603	713	91	273	819	409	1227	1633	803	48	344	201	131	406	154	47	253	308	396	453
25	361	1083	1201	1555	569	1707	1025	1027	1033	1051	50	167	386	302	139	129	384	128	385	395	46
26	1105	1267	1753	1163	1441	227	681	2043	2033	2003	52	130	423	197	140	52	509	303	410	150	387
27	1913	1643	833	451	1353	2011	1937	1715	1049	1099	54	457	88	168	313	403	454	362	31	397	228
28	1249	1699	1001	955	817	403	1209	1579	641	1923	56	476	309	183	178	254	379	17	48	464	497
29	1673	923	721	115	345	1035	1057	1123	1321	1915	58	155	94	338	407	341	60	132	365	319	202
30	1649	851	505	1515	449	1347	1993	1883	1553	563	60	102	115	345	264	504	425	163	502	58	15
31	1689	971	865	547	1641	827	433	1299	1849	1451	62	29	148	44	165	199	482	206	107	417	224
32	257	771	265	795	337	1011	985	907	673	2019	64	288	97	427	142	34	391	485	492	212	221
33	1961	1787	1265	1747	1145	1387	65	195	585	1755	66	335	506	54	355	233	440	328	25	435	38
34	1169	1459	281	843	481	1443	233	699	49	147	68	266	511	173	68	124	21	215	274	158	347
35	441	1323	1921	1667	905	667	2001	1907	1625	779	70	305	400	112	209	187	190	242	375	117	412
36	289	867	553	1659	881	595	1785	1259	1729	1091	72	292	77	351	298	6	83	121	104	152	137
37	1225	1627	785	307	921	715	97	291	873	571	74	195	86	474	495	317	500	204	389	231	66
38	1713	1043	1081	1195	1537	515	1545	539	1617	755	76	110	75	193	64	448	321	459	238	450	359
39	217	651	1953	1763	1193	1531	497	1491	377	1131	78	261	332	372	445	367	90	470	323	9	280
40	1345	1987	1865	1499	401	1203	1561	587	1761	1187	80	488	249	467	134	170	479	461	420	284	245
41	1513	443	1329	1939	1721	1067	1153	1411	137	411	82	247	370	62	315	81	240	272	433	219	286
42	1233	1651	857	523	1569	611	1833	1403	113	339	84	146	343	405	252	452	301	383	394	422	51
43	1017	1003	961	835	457	1371	17	51	153	459	86	409	456	312	361	227	182	378	463	93	340
44	1377	35	105	315	945	787	313	939	769	259	88	364	101	263	162	14	43	481	416	96	33
45	777	283	849	499	1497	395	1185	1507	425	1275	90	491	334	354	327	37	172	20	157	399	186
46	1777	1235	1657	875	577	1731	1097	1243	1681	947	92	374	291	297	120	136	473	499	230	74	447
47	793	331	993	931	745	187	561	1683	953	811	94	237	260	444	469	279	466	478	283	369	80
48	385	1155	1417	155	465	1395	89	267	801	355	96	432	145	251	382	50	311	181	92	100	13
49	1065	1147	1393	83	249	747	193	579	1737	1115	98	415	490	326	19	185	296	472	73	259	278
50	1297	1843	1433	203	609	1827	1385	59	177	531	100	282	431	381	180	12	325	295	258	430	11
51	1593	683	1								102	257	256								
	0	1	2	3	4	5	6	7	8	9		1	3	5	7	9	11	13	15	17	19

Kolibri 360 GmbH
Ferdinand-Jühlke-Straße 7
99095 Erfurt, Deutschland
produktsicherheit@kolibri360.de